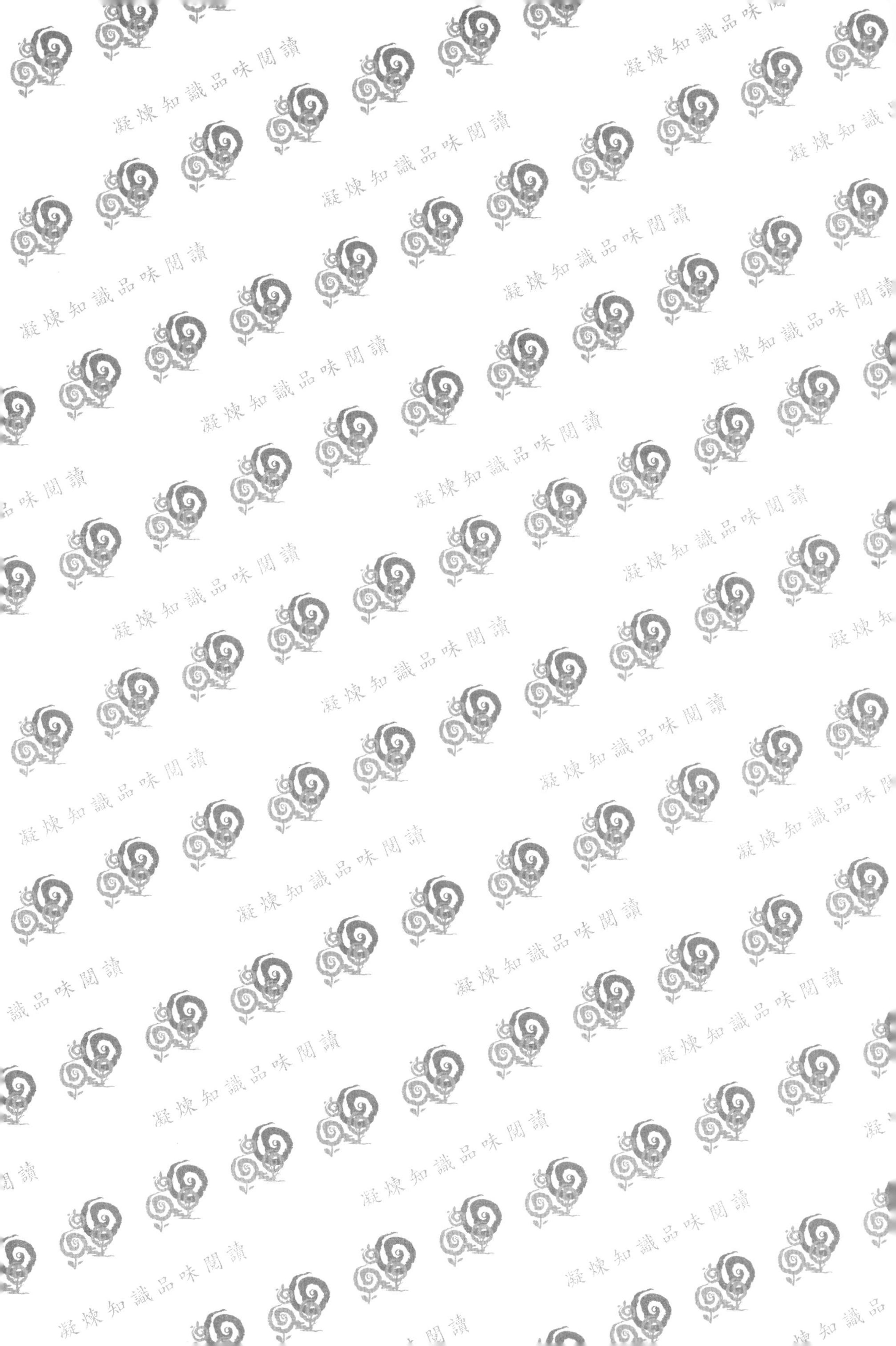
凝煉知識品味閱讀

精油學：基礎與應用

植物、成分與功效

Aroma Science: Fundamentals and Applications

Botanicals, Ingredients & Effectiveness

五南圖書出版公司 印行

作者序

精油學是「芳香化合物」的科學，包括天然和人工合成的芳香化合物。在撫觸按摩與芳香療育過程中，嗅覺訊息不經視丘直接傳到杏仁核與海馬迴，先對人產生作用，然後才進入意識，透過制約影響情緒。本書著重精油的植物—成分—功效之間的關聯性，在目前科技知識的範圍內，有系統探討芳香化合物的性質與功能。

書中介紹的知識與文獻資源除了應用在精油、芳療、園藝治療等與芳香植物直接相關的領域之外，還可以用於咖啡、茶飲、調酒等酒精／非酒精飲料。此外，香水、化妝品、食品加工、調味料、沐浴用品、清潔劑等，都會用到本書的知識，讀者可以根據書中的資訊，精製芳香又有助於健康的產品，增進生活品質。

精油學構成一個龐大的資訊系統，複方精油如同圍棋般複雜難解，實證研究難以窺其全貌。而目前芳香化合物的科學資訊迅速普及，正是單方精油資料建立的時機，相信未來精油科學在研究方法上能夠迅速發展，將知識從點連成線、擴展成面，揭開複方精油科學的奧祕。然而在此之前，化合物和精油植物的名稱問題需要先解決。

植物有拉丁文的學名，化合物有許多英文名稱，以及繁體和簡體的中文翻譯名稱。有的是學術機構訂定的名稱；有的是各地民間習用的稱呼或古代典籍的名稱。同一個英文名稱可能翻譯成幾種不同的中文，甚至兩個不同的化合物或植物也可能有同樣的中文名稱。植物名稱必須以學名爲基準，化合物名稱也要參照 IUPAC 名稱與 CAS 編號。有些植物的科，被併入其他科，成爲一個屬，或某個植物的屬現在獨立成科，這些資料都必須更新，以免名稱越來越多、知識越來越模糊。本書儘量參照國內精油名家所使用的中文名稱，以簡約爲原則，希望朝中文名稱統一的方向努力。

21 世紀科學的蓬勃發展，容許我們開始用研究結果驗證芳療經驗，讓精油學落實在實驗證據的基礎上。對精油學發展最重要的工作，就是要清楚區分經過科學驗證的芳療經驗和未經科學驗證的經驗，讓我們能夠有效評估現有知識的可靠度。本書列舉約四百種精油化合物，以及一百多種精油植物，書中提供的資訊都有標註文獻出處，來自科學研究與根據芳療經驗的療效都分別註明，然而讀者在執行任何牽涉醫療行爲的程序之前，還是必須先諮詢醫師，在醫學專業指導下實施。

本書的完成，感謝五南圖書出版股份有限公司的專業介入，感謝朝陽科技大學幼兒保育系同仁的鼓勵，感謝王美玲學苑團隊的科學指導與專業協助，也感謝家人滿滿的愛與支持，希望本書爲芳香療育與生活美學提供養分，希望團隊的努力對社會做出實質的貢獻。

王美玲 謹識
朝陽科技大學幼兒保育系

目錄

第一部　精油成分

第二部　精油植物與西方科與屬的正確性

第七章 ｜ 精油植物(G~O) 351

第一部　精油成分

第一章　精油來源與精油科技

本章大綱

第一節　精油的來源與歷史概述

一、何謂精油

精油是從植物的根、莖、葉、花、果實、種子、樹皮、樹脂等部位，利用蒸餾或冷壓法等萃取方法，取得其中的揮發性芳香化合物而得。當我們嗅吸香氣時，嗅覺接受器接觸這些芳香化合物，神經元將訊號傳送到大腦的邊緣系統，形成記憶與情緒儲存起來，這些情緒記憶與嗅覺訊號連結起來，產生提振、活絡、舒緩、安定等感受[1-4]。

1. 從花朵萃取的精油包括：德國洋甘菊、薰衣草、玫瑰、茉莉、百里香、橙花、依蘭依蘭、永久花、丁香等。
2. 從果皮萃取的精油包括：檸檬、萊姆、苦橙、佛手柑、葡萄柚等。
3. 從葉子萃取的精油包括：茶樹、香蜂草、尤加利、白千層、天竺葵、月桂、薄荷、廣霍香、絲柏、牛膝草、冷杉、苦橙葉等。
4. 從根部萃取的精油包括：薑、岩蘭草、穗甘松、歐白芷根、纈草根等。
5. 從樹皮萃取的精油包括：雪松、黃樺、肉桂等。

6. 從樹脂收集的精油包括：乳香、沒藥、古巴香脂、安息香、白松香等精油。

這些芳香化合物包括：萜烯類、醇類、醛類、酮類、酚類、醚類、酯類、氧化合物等，其功能包括[2-3]：

1. 萜烯類 (Terpenes)：抗發炎、止癢、抗感染、安撫肌膚；對心理的作用包括：激勵、增進活力、減少焦慮。
2. 醇類 (Alcohols)：制菌、抗感染，止痛、抗痙攣、血管收縮；對心理的作用包括：溫暖、紓緩壓力、情緒平和。
3. 醛類 (Aldehydes)：抗菌、抗發炎、降血壓；對心理的作用包括：鎮靜、溫暖、抗焦慮。
4. 酮類 (Ketones)：抗充血、助黏液流動、復原瘀傷、皮膚再生、預防疤痕、改善痔瘡、祛痰、分解脂肪；對心理的作用包括：精神清明。
5. 酯類 (Esters)：鎮靜、制菌、抗痙攣、抗炎止痛、平衡交感神經與副交感神經、促進新陳代謝；對心理的作用包括：心情放鬆，精神清明。
6. 酚類 (Phenols)：殺菌、抗感染、抗病毒，殺黴菌、抗寄生蟲；對心理的作用包括：精神清明、情感溫暖。
7. 醚類／酚醚類 (Ethers /Phenol ethers)：抗痙攣、止痛、抗發炎、抗微生物、制菌；對心理的作用包括：鎮定、抗沮喪。
8. 氧化物 (Oxides)：抗發炎、抗菌、祛痰止咳；對心理的作用包括：激勵、促進思考。

整體而言，精油的成分約有九成是萜類芳香化合物[3]。萜類芳香化合物廣泛存在植物的根、莖、葉、花、果等部位，如薄荷、檸檬等精油中都含有萜類化合物。除了植物以外，動物和眞菌中也含萜類化合物。萜類多數是易揮發的油狀芳香化合物，通常不溶於水。這些芳香化合物對生命體的活動有著相當重要的調節功能，其中的成分可以合成藥物以治療疾病，對動植物生命與健康有密切的關聯[4]。萜類化合物有：

1. 單萜烯的精油包括：檸檬、葡萄柚、萊姆、甜橙、乳香等。
2. 倍半萜烯的精油包括：沒藥、薑、依蘭依蘭、德國洋甘菊、穗甘松等。
3. 單萜醇的精油包括：澳洲茶樹、綠薄荷、橙花、玫瑰草等。
4. 倍半萜醇的精油包括：岩蘭草、澳洲檀香、東印度檀木等。
5. 單萜醛的精油包括：香蜂草、檸檬草、山雞椒、檸檬尤加利等。
6. 酮類的精油包括：迷迭香、鼠尾草、永久花、牛膝草等。
7. 酯類的精油包括：薰衣草、羅馬洋甘菊、快樂鼠尾草、佛手柑等。
8. 酚類的精油包括：野馬鬱蘭、肉桂皮、丁香花。
9. 醚類的精油包括：肉豆蔻、茴香、羅勒。

二、精油的使用法

1. 嗅吸香氣(Aromatic)

在我們嗅吸香氣時，這些芳香化合物刺激嗅覺神經，連結邊緣系統，在腦部儲存與香氣相關的情感經驗等記憶。因此特定香氣連結個人的經驗與記憶，形成「制約」(Conditioning)

反應，由刺激引起情緒的改變。經過學習之後，在我們嗅吸特定精油的芳香化合物刺激時，就會誘發這些記憶與情緒，因此每個人對於特定芳香化合物的刺激，感受會略有不同，但是通常都能達到調節情緒、改善心情的效果。就像音樂藉由聽覺連結邊緣系統，在腦部儲存情感經驗與記憶，每個人對於特定樂曲的聲波，感受會略有不同，但是多數人對於舒緩與提振的音樂，還是有相似的體驗。例如巴哈大提琴無伴奏曲和蕭邦夜曲，空氣振波引發的情緒反應雖然是一種主觀經驗，但是對多數人而言，彼此之間的感受還是相當接近。同樣地，對於提振與舒緩的精油香氣，多數人的感受也是相當接近，透過經驗與學習，引發相似的情緒反應，對同樣的精油產生類似的感受。

2. 擴香(Diffusion)

擴香是享受精油香氣最常用的方法，精油中的芳香化合物蒸發在空氣中，藉由擴散與空氣對流，讓空間充滿香氣。愛好芳香體驗的人，可以使用「芳香噴霧器」來擴香。芳香噴霧器透過微小振動加壓，將含有精油的水轉換成水霧氣或微細水滴，透過空氣對流讓香氣充滿整個空間。由於許多精油對溫度相當敏感，過高的溫度可能會破壞精油中芳香化合物的化學結構，因此儘量採用沒有加熱器的水噴霧或空氣噴霧裝置。如果沒有芳香噴霧器，可以將精油滴在手掌，雙手摩擦產生香氣，揮揮手讓香氣擴散到空氣中，或直接嗅吸香氣；也可以將精油滴在手巾或衣物上、沐浴的水中或沖澡附近地板上、滴在棉花球上置於冷氣出風口，或在居家清潔劑噴霧瓶中加入精油，也可以在烘衣紙滴上精油與衣物一起烘乾。冠狀病毒期間可以在酒精噴霧器中加入適當的精油配方，噴在手上、噴灑桌椅、地毯及家用品等進行消毒。

3. 外用塗抹

外用塗抹是最直接有效的精油使用方式。塗抹精油需要稀釋，以便增加皮膚與芳香化合物接觸面積，促進精油的吸收、延長芳香化合物散發的時間，並減少可能的不適感。在實施嬰幼兒按摩時如果使用精油，務必要做過敏測試並依正確比例稀釋精油。對於沒有過敏疑慮、經常使用精油的成人，可以選擇不經稀釋直接塗抹，但要注意不宜超過安全總劑量，塗抹時應避開眼、耳、鼻等敏感部位。牛至、檸檬草、肉桂、天竺葵等刺激性的精油必須經過稀釋才能塗抹使用。塗抹用的精油可以製作成香膏、乳霜、膠、泥岩等形式[3]，香膏包括護唇膏、磨砂膏、刮痧膏、口紅膏等；乳霜有基底霜和極致基礎乳霜；膠包括植物膠、礦物膠；泥岩則有泡澡泥岩、泥岩茶、泥岩體香粉、泥岩髮膏、泥岩藥草敷膏等。

精油稀釋的方法是用分餾椰子油等基底油，以 1 倍精油對 20 倍基底油的比例爲原則，或以精油瓶的 1 滴精油對 5 毫升基底油的比例配製。嬰幼兒按摩的過敏測試，可以用稀釋過的精油，單點塗抹在腳底中心，經過 5-10 分鐘，觀察是否有不適或敏感症狀，若無過敏反應，在 15 分鐘之後再測試一次。至於精油的安全總劑量，依個人的年齡、體重、體質而有不同。每次按摩時精油劑量的上限，以標準精油瓶計，兒童約 1-2 滴、成人爲 3-6 滴；一日精油使用的總劑量，兒童爲 3-12 滴、成人爲 12-36 滴[6]。另外，精油必須存放在兒童無法拿到的地方，才能保障不超過安全劑量或其他方式的誤用。

三、精油的傳說與歷史

人類使用芳香植物的傳說遠溯數萬年前，據說在六萬年前，尼安德塔人已經使用藥草植物，這些藥草如今伊拉克人還在使用 [3]。科學家對石器時代人居所的花粉分析，也顯示人類使用芳香植物的時間可追溯到 12,000 年前。

在西元前 1550 年古埃及的埃伯斯 (Ebers)《莎草卷》，是紀載埃及草藥知識的莎草紙，這 110 頁的書卷是古埃及最古老也最重要的醫學文獻，其中記載約 700 種藥材和配方，包括乳香、沒藥、百里香、茴香、芫荽等芳香植物 [5]。埃伯斯紙草卷中描述了加熱草藥醫學療法，讓病患吸入草藥的煙霧治療氣喘。

華人使用香草藥的歷史介於史實與傳說之間，神農嚐百草的時間可能比古埃及更早，雖然只是傳說，但幾千年前先人將植物作爲健康醫療用途的可能性相當高，從神農嚐百草發展到中醫草藥，編輯成《本草綱目》，進入歷史，流傳至今。

古希臘的醫學之父，希波克拉底 (Hippocrates of Kos, 460-370 BC)，在著作中也提到約 200 種藥用植物，並描述芳香植物的療效。古羅馬時期希臘的佩達努思 (Pedanius Dioscorides, 40-90 AD)，爲醫生與藥理學家。他曾被羅馬帝國君主尼祿聘爲軍醫，隨他四處征戰，因此得以在各地研究植物與藥理。在他的著作《藥材志》(De Materia Medica) 中提及 500 多種藥用植物，其中也記載鴉片可以作爲麻醉藥 [1,5]。另外西方的著名草藥家有波斯人伊本西那(Ibn Sina，或譯阿維森納 Avicenna, 980-1037 AD)、羅馬人蓋倫 (Galen)、德意志瑞士人帕拉塞爾蘇斯 (Paracelsus) 和英國人庫爾佩珀 (Nicholas Culpeper) 等，都有使用植物藥草的紀錄。

澳洲茶樹的傳說有四萬年之久，其實，澳洲茶樹是互葉白千層，被稱爲茶樹是因爲歐洲人在殖民澳洲的初期，看見原住民用這種狹長的葉子泡茶來喝，就把這種千層樹稱爲澳洲茶樹。澳洲人也用尤加利樹葉驅除蚊蟲。這些植物被澳洲原住民用來當作蚊蟲叮咬及燒燙碰撞傷的醫藥，同時也作爲平常的飲料。早期台灣華人也會喝苦茶和青草茶，其實青草茶有點像澳洲茶的作用，是清新退火的健康飲料，功能類似保健飲品 [8]。

關於精油的由來，文藝復興時代出生於瑞士的馮—霍恩海姆 (Theophrastus von Hohenheim)，筆名是帕拉塞爾蘇斯(Paracelsus, 1493-1541 AD)，被稱爲「毒物學之父」。他從植物中提取精華作爲治療用途，認爲蒸餾法可釋放出植物的「精華」(Quinta essentia)，並加以分離保留。目前使用的術語「精油」仍然是指帕拉塞爾蘇斯的《精華理論》[1.5]。

學者在 1975 年於印度河流域發現了一個陶器，年代大約在西元前 3000 年，形狀像一個簡易的蒸餾器，據推測是用來製備芳香水的器具。相關研究也顯示，當時的土耳其、波斯和印度也有蒸餾術。幾個世紀以來，阿拉伯煉金術士持續使用蒸餾的方法。中世紀波斯穆斯林醫生、哲學家伊本西那描述了蒸汽蒸餾的過程，後世學者普遍認爲伊本西那發明了盤繞的冷卻管來製備精油和香水。1025 年伊本西那出版了一套五冊的《醫典》，概述了當時伊斯蘭世界的醫學知識，這些知識廣泛受到希臘羅馬（尤其是蓋倫）、波斯、中國和印度等地醫學的影響。《醫典》確立了中世紀歐洲和伊斯蘭世界的醫學標準，在 18 世紀之前一直是歐洲的標準醫學教科書。目前文獻顯示最早描述蒸餾精油的人是西班牙醫生德—維拉—諾瓦 (Arnaldus de Villa Nova, 1235-1311 AD)。

十六世紀初，斯特拉斯堡 (Strasbourg) 的醫生布倫斯維克 (Hieronymus Brunschwig，1450-1512 AD) 在《蒸餾術》(Liber de arte distillandi de compositis) 一書中描述了各種類型的蒸餾器和蒸餾的製程，書中提到了迷迭香、薰衣草、杜松和松節油四種精油。在中世紀以前，蒸餾技術主要用於製備香水，蒸餾液表面的精油在當時被視爲不佳的副產物。在 1546 年科爾杜斯 (Valerius Cordus) 於紐倫堡出版的《藥典》(Dispensatorium Pharmacopolarum) 中列出三種精油，但在 1592 年的第二版中則列了 61 種蒸餾油，顯示精油的快速發展和廣泛被大衆接受。當時的蒸餾器「佛羅倫斯問號」(Florentine ask) 已經被用來分離精油。

古埃及貴族以香草植物作爲沐浴、薰香、護膚、香料，以及喪禮和宗教儀式等用途。歷史上最著名的埃及豔后克麗歐佩脫拉在尼羅河上以芳香撲鼻、裝飾華麗的彩船，歡迎安東尼的到來。古希臘時期的學者根據埃及人的發現，研究精油的芳香特性與療效，古羅馬人沐浴或按摩時加入芳香植物的萃取物。

聖經故事〈馬太福音〉也記載，在希律王的時候，耶穌誕生在伯利恆。東方博士來到耶路撒冷，拿黃金、乳香、沒藥爲禮物獻給他，乳香、沒藥這些芳香植物成爲東西方貿易的重要商品。伊朗區域中古時期的商人買賣這些香料與樹脂，用於芳香療育。

印度人與華人的按摩與芳香植物應用，傳說有五千年之久，有歷史可考的紀錄也有一千五百年以上。印度按摩從阿育吠陀 (Ayurvedic) 時期即爲印度傳統醫術的療法，芳香植物用在按摩、瑜珈冥想一直是印度的傳統，直到十九世紀傳入歐洲，輾轉傳到美國，成爲當今主要歐美按摩組織的淵源。

十九世紀法國化學家蓋特佛塞 (Rene-Maurice Gattefosse) 首創「芳香療法」(Aromatherapy) 一詞，讓芳香植物與輔助醫療結下不解之緣。在日據時期，台灣的香茅油、薄荷油及樟腦油都是重要的外銷產品，樟腦產量曾是世界第一 [3]。

第二節　精油化學與生產技術

一、精油化學與化合物

精油的主要成分是有機的揮發性芳香化合物，從植物的根、莖、葉、花、種子、樹皮等處萃取出來的精油即含有各種有機化合物的分子。有機化合物的各種立體異構物雖然物理性質相近，其香味與生物效應卻相當不同。所有精油的香氣、療效或效用都與精油化學有關，所有芳香療育的主張，都必須基於芳香化合物的科學證據。精油相關的訊息繁多，專業人士基於集體 / 個別經驗或古籍紀載，以陰陽五行、血型星座、塔羅牌、色彩光譜等原理解釋精油療效，許多尚未得到科學證據的支持。目前美國 FDA 並沒有將芳香療法列入法定正規醫療程序，即便世界最大的精油公司也只以「制約」機制 (Conditioning) 闡述精油的療效。可以說精油所有的秘密都藏在所含的化合物中，了解這些有機化合物的細部結構與功能，有助於未來精油科技的發展，並逐步銜接醫學研究與醫療實務。目前精油的中文名稱相當分歧，簡體與繁體中文習用的名稱也頗有差異，本書列舉常見的精油化合物約四百種、植物一百多種：化合物採用華人芳療組織與精油名家通用的中文名稱，並詳列其 CAS 編號和 IUPAC 名稱；植物名稱則以品種的拉丁文學名爲基準，採用植物學家建議的名稱，方便芳療專業人士進一步驗證與探索 [28,43]。

1. 異構物

有機化合物分子的異構物 (Isomer)，主要有結構異構物／構造異構物 (Constitutional isomers)；立體異構物／空間異構物 (Spatial isomer) 兩類。

(1) 結構異構物 (Structural isomers)：是分子式相同，而分子內的原子連接順序不同。結構異構物又分爲鏈異構物、位置異構物、官能基異構物。正丁烷與 2- 甲基丙烷是鏈異構物；1- 丙醇與 2- 丙醇是位置異構物；乙醇與甲醚（二甲醚）是官能基異構物 [5]。

(2) 立體異構物 (Stereoisomers)：是分子結構式相同，而原子的空間排列不同。立體異構物分爲構象異構物 (Conformational isomer) 和構型異構物 (Configurational isomer)[4]。用於構象異構物的投影方法有「紐曼投影」(Newman projection)、「鋸木架投影」(Sawhorse projection) 和「納塔投影」(Nata projection)。用於構型異構物的投影方法有「費歇爾投影」(Fischer projection) 與「哈沃斯投影」(Haworth projection)。

A. 構象異構物 (Conformational isomer)：是分子環繞 σ 鍵旋轉所造成的空間排列，包含：

(A) 轉子異構物 (Rotamer)：只圍繞一個 σ 鍵旋轉而不同的構象異構體。

(B) 阻轉異構物 (Atropisomer)：是某些分子單鍵自由旋轉受阻時所產生的光活性異構體的現象。

(C) 環狀構象 (Ring conformation)：例如環已烷有椅式 (Chair)、扭椅式 (Twist chair)、船式 (Boat)、扭船式 (Twist boat)。環狀構象還可以是平面式 (Planar)。環狀構象的研究起源於 1890 年的 H. Sachse 與 1918 年的 E. Mohr，到 1950 年 D.H.R. Barton 才闡明了椅式構象相互轉換的多種構象方位，Barton 於 1969 年獲得諾貝爾獎。

(D) 烯丙位張力 (Allylic Strain)：是烯丙位的取代之間相互作用而產生的構象異構體。

B. 構型異構物 (Configurational isomer)：構型異構物又分爲對映異構物 (Enantiomers) 與非對映異構物 (Diastereomers) 兩類。

(A) 對映異構物 (Enantiomers)：兩構型異構物，如果相對於對稱面（鏡面）或對稱中心／反對稱中心 (Inversion Center) 互爲「鏡像」關係，亦即兩者是「手性」或「對掌性」(Chirality) 關係，稱爲對映異構物。構型的絕對手性使用 R/S 標記，較舊的 d/l 標記仍然廣泛使用中。分子構型的手性與實際的旋光方向不一定相同，實際旋光方向使用的是 (+/-) 標記，因此精油分子常有構型手性和旋光方向一起標示。例如樟腦的鏡像異構物有「d-(+)-Camphor」與「l-(-)-Camphor」，d/l 是分子構型手性的標記，(+/-) 是實際旋光方向的標記。有機化合物兩種對映體的物理性質基本相同，然而生物效應卻相當的不同。換言之，同一種有機化合物分子，不同的對映體有著相當不同的香味與生物特性，因此精油科學專業人士必須注重芳香化合物的手性（對掌性）結構與旋光特性。

- 有機分子鏈上的碳原子，若連接四個相互不同的基團時，則會形成「手性中心」(Chiral Center)。

- 換言之，分子鏈上的碳原子如果連接兩個以上相同的基團，這個碳原子就不是手性中心。
- 有機分子鏈上如果只有一個手性中心，該分子即為「手性分子」。
- 分子鏈上有兩個或兩個以上手性中心的有機化合物，仍然有可能成為「非手性分子」，例如「內消旋化合物」(Meso compound)。

(B) 非對映異構物 (Diastereomers)：兩構型異構物若不存在手性關係，是為非對映異構物。非對映異構物包含幾何異構物、差向異構物 (Epimers) 與變旋異構物 (Anomers)。其中幾何異構物有絕對 (E/Z) 標記與相對（順／反，cis/trans）標記兩種表示法。

- 分子內有對稱面或對稱中心的構型異構物是一種非對映異構物（非手性）。例如 2-丁烯順反異構物有對稱面或對稱中心，屬於非對映異構物。
- 分子鏈上如果有兩個或兩個以上的手性中心，可能同時存在互為鏡像的對映異構物（手性分子），也存在不互為鏡像的非對映異構物（非手性分子）。
- 兩構型異構物，如果互為鏡像對稱，但不存在手性關係，是為「內消旋化合物」。
- 有兩個或兩個以上手性中心的構型異構物，如果存在分子內的對稱面，經過旋轉 180 度之後會與原來結構完全重疊，即是內消旋化合物。
    - ➢ 請注意，「分子內的對稱面」，不會是主鏈的平面，因為相對於主鏈的平面呈鏡像關係的碳原子會有兩個相同的基團，不可能是手性中心。
    - ➢ 並且「旋轉 180 度」是沿著垂直於主鏈平面的方向旋轉。
- 換言之，內消旋化合物雖然有多個手性中心，還是非手性分子，不具有旋光性。
- 外消旋化合物 (Racemic compound) 是精油或植物中同時有左旋分子和右旋分子，使得精油的整體旋光度為零，而內消旋化合物 (Meso compound) 則是分子內部的對稱，使得分子本身的旋光度為零。

酒石酸／2,3- 二羥基丁二酸 (tartaric acid/2,3-dihydroxy-butanedioic acid) 就是內消旋化合物。圖 1-2-1-1 右上的內消旋酒石酸分子，相對於分子內的對稱面，存在鏡像關係（垂直於紙面的平面為鏡像面），因此沿著紙面法線方向旋轉 180 度之後，會與原來結構完全重疊。

圖 1-2-1-1 左上，兩個 R 標記的手性中心，鏡像後會形成兩個 S 手性，旋轉 180 度之後不會變成兩個 R 手性，因此不是內消旋。圖 1-2-1-1 右上，一個 R 標記的手性中心、一個 S 標記的手性中心，鏡像後會形成一個 S 手性、一個 R 手性，沿著紙面法線方向旋轉 180 度之後會變回原來的型態，證實是內消旋。

圖 1-2-1-1 下方有「納塔投影」(Nata projection) 的「楔形標記」，實心楔形 (Solid wedge) 代表基團位置在紙面前方；虛線楔形 (Dashed wedges) 代表基團位置在紙面背後，可以看出分子的立體狀態。

mirror　　　　　　　　　　mirror

(+)-tartaric acid　(-)-tartaric acid　　*meso*-tartaric acid

（來源：LibreTexts libraries, https://chem.libretexts.org）

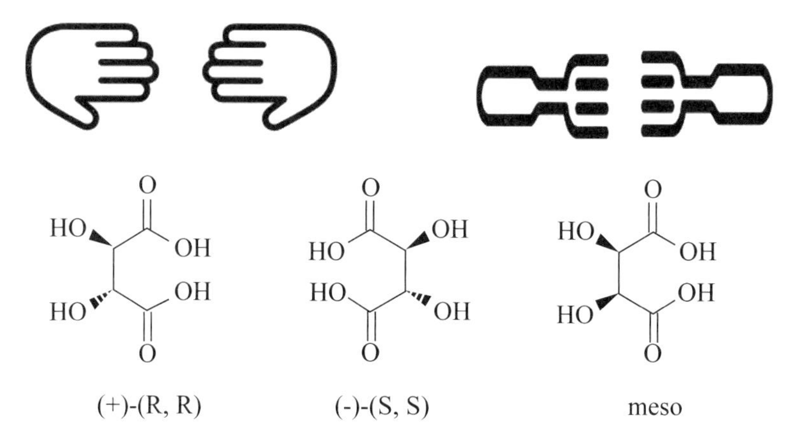

（來源：Joseph Gal, Chirality 20(1): 5-19, 2008）

圖1-2-1-1　酒石酸為內消旋化合物

圖 1-2-1-2 是 R.A. Valiulin 根據 IUPAC 2016 年版的定義，整理繪製的異構物地圖。然而在精油實務上相當多使用舊的化合物名稱與舊的異構物定義，因此新舊並存是相當普遍的現象。關於有機化學的命名規則以及非對映異構的定義，可以參考 IUPAC 有機化學的命名規則手冊，IUPAC 官網有許多免費的英文書籍。可使用英語的讀者，本書推薦 Youtube 的免費公開課：Professor Dave Explain、Leah4sci 或 Dr. Deboki Chakravarti(Crash Course) 的相關教學影片。

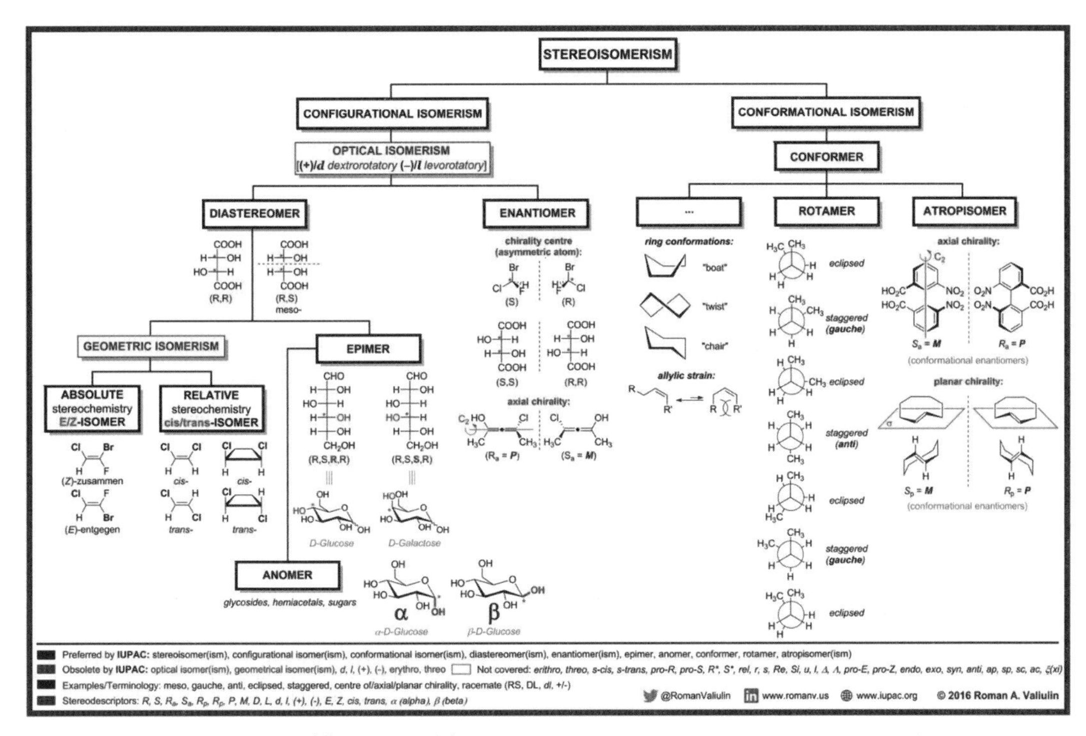

圖1-2-1-2　異構物地圖（來源：https://cheminfographic.wordpress.com）

2. 投影與標記

構型異構物中，定義對映異構物分子手性的方法主要有「費歐爾投影」(Fischer projection) 與「哈沃斯投影」(Haworth projection)[5]。哈沃斯投影是用立體投影的方式表達有機分子的空間結構，常用來定義分子手性的 R/S 標記，尤其是糖類的立體結構[5]；費歐爾投影則是用平面圖形表達有機分子的空間結構，用來定義分子手性的 d/l 標記。

CIP 序列法則 (CIP sequence rules) 是有機分子立體異構物命名的規則，主要用於定義具有對稱中心分子的 R/S 絕對構型，以及具有對稱面分子的 E/Z 絕對構型。CIP 是 R.S. Cahn, C. Ingold, V. Prelog 三個人姓氏的頭文字。

(1) E/Z標記

E/Z 標記用於具有對稱面的非對映異（幾何）構物分子「絕對構型」的標記，順反 (cis/trans) 標記則用於非對映（幾何）異構物分子「相對構型」的標記。E/Z 標記中，雙鍵兩端的高優先基團在雙鍵的反側時爲 E 標記（德文 entgegen，意思是「對面」，類似於相對構型的反式）；若在雙鍵同側則爲 Z 標記（德文 zusammen，意思是「共同、一起」，類似於相對構型的順式）。圖 1-2-1-3 左側的分子爲 Z 異構物（右側的分子也是 Z 異構物，留給各位分析）。

A. 雙鍵左側：

(A) 雙鍵左上方的 CH_3 基團，第一個碳三個鍵連結依序在 HHH 上

(B) 雙鍵左下的 CH_2CH_3 基團，第一個碳三個鍵連結依序在 CHH 上

(C) 因此雙鍵左下的 CH_2CH_3 基團定義爲優先的一端

B. 雙鍵右側：

(A) 雙鍵右上的 CH_2OH 基團，第一個碳三個鍵連結依序在 OHH 上

(B) 雙鍵右下的 CHO 基團，第一個碳三個鍵連結依序在 OOH 上（O 爲雙鍵）

(C) 雙鍵右下的 CHO 基團定義爲優先的一端

C. 雙鍵左右邊基團優先的一端都在下方（同側），因此該分子爲 Z 異構物

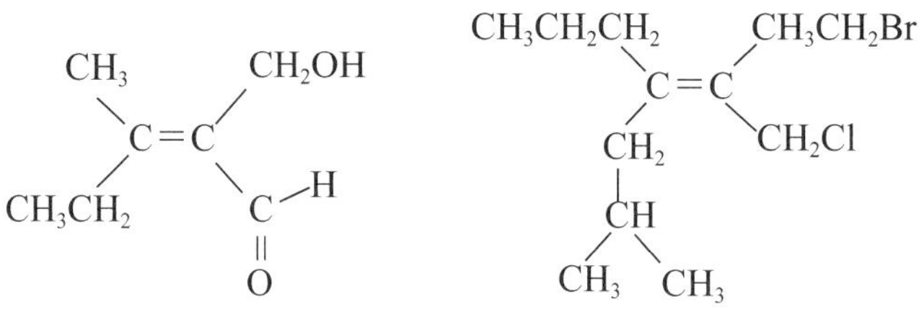

圖1-2-1-3　兩個Z異構物[18]

(2) R/S標記

將分子對稱中心的碳原子連接的四個基團（例如 a, b, c, d)，按照原子量小排列優先順序（假設 a>b>c>d)。然後將重量最小的基團 (d) 放在觀察者最遠處。其他三個基團 (a、b、c) 指向觀察者，由大到小 (a→b→c) 是順時針方向的稱爲 R 構型、逆時針方向的稱爲 S 構型。(R) 構型原文爲 Rectus，是順時針的軸手性；(S) 構型原文爲 Sinister，是逆時針的軸手性。R/S 手性是定義分子的構型，偏振光旋轉的方向，不一定會和分子構型的手性方向一致。圖 1-2-1-4 中，如果四個基團分別爲 H（氫）、F（氟）、Br（溴）、I（碘）。

A. 由於原子量：I（碘原子量：127）> Br（溴原子量：80）> F（氟原子量：19）> H（氫原子量：1），因此：a= I、b= Br 、c= F 、d= H。

B. 把 H（氫）放在進入紙面的位置；其他三個基團 (I、Br、F) 在紙面前方的位置，由大到小 (I→Br→F) 是逆時針旋轉，因此爲 S 構型分子。

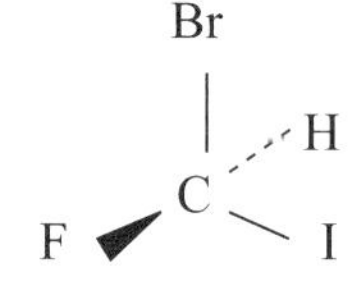

圖1-2-1-4　R/S標記的S構型分子（來源：LibreTexts libraries, DOE/UC Davis/CSU）

(3) d/l標記

對映異構物通常有相同的物理與化學性質，只有在手性環境中才顯示出差異。在 20 世紀初期由於「絕對構型」不易測得，因此用甘油醛 (Glyceral) 分子，以費歇爾投影將羥

基在左的異構體稱爲 l- 異構體 (Laevorotatory isomer)，羥基在右的異構體則稱爲 d- 異構體 (Dextrorotatory isomer)。1951 年經過 X 射線繞射確認，光線右旋 (+) 的甘油醛剛好是右手性 (d 構型），當初的定義恰好正確。然而相對於 R/S 標記而言，d/l 標記不夠嚴謹，因此科學上多用 R/S 標記的命名，芳療界則新舊並用。本書承襲目前業界習慣，有時把 d 手性的異構體稱爲右旋，事實上是指右手性，反之亦然。對於手性與旋光性（光活性）相反的分子，書中會特別強調分子的手性與旋光性。

費歇爾投影定義，手性中心的碳原子位於紙面，豎線連接的碳官能團在紙面後方；橫線連接的官能在紙面的前方。圖 1-2-1-5 中，OH 在左側的是 l- 甘油醛，OH 在右側的是 d- 甘油醛。台灣大學「科學 OnLine」的文章〈費雪投影式的定義與應用〉，有興趣的讀者請參考。

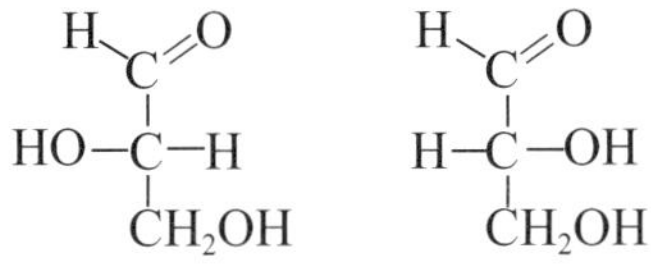

```
 H   O          H   O
  \ //           \ //
   C              C
   |              |
HO—C—H         H—C—OH
   |              |
   CH2OH          CH2OH
```

圖1-2-1-5　甘油醛分子，左：l-甘油醛，右：d-甘油醛

(4) 旋光性

R/S 標記和 d/l 標記是根據投影法定義的分子手性，屬於分子構型的描述，眞實的旋光性以 (+)、(-) 表示。觀察者面對通過有機分子的光源，光線通過一組偏振片／偏光片 (Polarizer) 之後，平面極化光順時針旋轉的稱爲右旋，以 (+) 標記表示；平面極化光逆時針旋轉的稱爲左旋，以 (-) 標記表示。因此 R/S 標記或 d/l 標記描述的是分子構型的手性，而 (+)、(-) 標記才是旋光性。分子構型的左右手性與旋光性的左右旋 (+/-) 不一定同方向。有機分子的旋光性以「旋光儀」(Polarimeter) 量測，單向偏振光通過光學活性物質時會順時針或逆時針旋轉，從旋轉的方向和旋轉角度可以檢驗分子的手性以及樣品中對映體的濃度。

大多數常見的化合物分子的手性方向與旋光方向都是一致的，因此芳療界通常把化合物分子手性和光活性（旋光性）混用。在所有化合物之中，手性方向與旋光方向相反（亦即：旋光左旋 (-) 的分子是右手性 (R)，旋光右旋 (+) 的分子是左手性 (S)) 的化合物大約只占 1~2%，包括：

- (+)-(S)- 薰衣草醇 (Lavandulol)，CAS 50373-53-0，請參考 2-2-1-1-5。【註 1】
- (-)-(R)- 沉香醇／伽羅木醇 (Linalool)，CAS 126-91-0，請參考 2-2-1-3-2。
- (+)-(S)- 芳薑黃酮 (ar-Tumerone)，CAS 532-65-0，請參考 3-2-2-12。
- (-)-(R)- 乙酸沉香酯／乙酸芳樟酯 (Linalyl acetate)，CAS 16509-46-9，請參考 4-1-1-1。
- (-)-(R)- 乙酸薰衣草酯 (Lavandulyl acetate)，CAS 20777-39-3，請參考 4-1-1-11。
- (+)-(S)- 薑辣素／薑油／薑醇 (Gingerol)，CAS 23513-14-6，請參考 5-2-3-8。

【註1】本書所有引用參考符號，例如「2-2-1-1-5」代表第二章，第二節，第一項，第1款，第(5)目，以此類推。

研究這些分子的特性時必須特別留意，古典芳療資料可能把左手性分子稱為左旋分子，講述的剛好是另一個相對的化合物。

3. 有機化合物與命名規則

有機化合物的科學命名通常依照 IUPAC 的規範，以主鏈、官能基、取代基的順序命名。第一步是辨識主鏈上碳的數量，第二步是依照官能基類群加上後綴 (Suffux)，例如醇是 ~ol、醛是 ~al、烯是 ~en、酮是 ~on 等，第三步是依照取代基團加上前綴 (Prefix)，例如甲基是 methyl~、二甲基是 dimethyl~ 等。主鏈上取代基的位置編號是以數字最小為原則。多個取代基命名的優先順序，以基團名稱開頭的字母順序 (A → B → C →…) 決定，例如乙基 e(ethyl) 比甲基 m(methyl) 優先；甲基 m(methyl) 比丙基 p(propyl) 優先。值得注意的是，di-（二）、tri-（三）、sec-（二級）、tert-（三級）這些數量的前綴字根不計算在字母的排序，然而結構異構物的前綴字根 iso（異）和 neo（新）卻計算在字母排序，例如異戊烷 (Isopentane) 算 i 而不是算 p。因此 isopropyl~ 算 i 開頭；而 dichloro~ 卻算 c 開頭，di- 不算。

主鏈的不飽和鍵必須標明位置，例如 4- 辛炔，4 號與 5 號碳原子之間為碳一碳三鍵，一般稱為 4-Octyne，IUPAC 稱為 Oct-4-yne。取代基名稱的字母優先順序相同時，依序以最靠近主鏈的「原子」（原子量）大小來定義，而不是以「整個基團」所有原子（原子量）的總和來定義優先順序。對於多官能基的主鏈，優先順序依序為：羧酸→醛基→酮基→醇基→烴基，烴基之間以名稱開頭的字母順序決定。

圖 1-2-1-6 的化合物為「2- 氯 -1- 丙醇」，IUPAC 較佳名稱 (Prefer name) 為「(S)-(+)-2-Chloropropan-1-ol」，也稱為 (S)-(+)- 2-Chloro-1-propanol。命名第一步是辨識主碳鏈數量，由於為三個碳，寫下「prop」，由於沒有不飽和鍵，因此再寫下「an」。第二步是依照官能基加上後綴 (Suffix)，在醇基位置指定碳編號的最小數值，寫下「-1-ol」。第三步是依照取代基團加上前綴 (Prefix)，Cl 取代基在第二個碳上面，寫下前綴「2-Chloro」。

前面的 (S)-(+)- 是構型手性標記與光活性標記。第二個碳上面有四個不同基團：H、CH_3、Cl、C_2OH，因此存在手性關係，確認第二個碳有手性中心。Cl 取代基 (35.5) 優先於碳 (12)，是第一優先基團；醇基所在的碳連接 HHO，甲基所在的碳連接 HHH，因此醇基是第二優先基團，甲基是第三優先基團。H 原子在手性中心的背後，三個優先基團 (Cl → CH_2OH → CH_3) 呈逆時針方向旋轉，分子構型是左手性、標記是 (S)。旋光儀檢驗出來的光活性是右旋，因此旋光性標記是 (+)，比旋光度為 [α]19/D +17.5°（標記為：[α]19/D +17.5°，其中記載量測條件，D 是指鈉氣燈光源，量測時溫度是 19℃，正號代表光活性為右旋）。

H_3C OH Cl

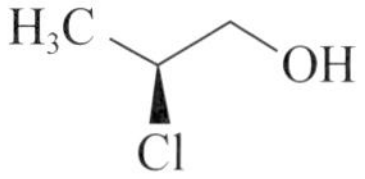

圖1-2-1-6　(S)-(+)-2-氯-1-丙醇

(1) 基團命名規則

現在簡單介紹有機化學英文的命名規則，方便大家辨識有機化合物[4.5]。

A. 官能基

(A) 烷烴 (Alkane)：官能基「烷基」，主鏈都是碳—碳單鍵，英文前綴爲「alkyl-」，後綴爲「-ane」。烴，讀爲「聽」。

(B) 烯烴 (Alkene)：官能基「烯基」，主鏈有碳—碳雙鍵，化學式爲 $R_2C=CR_2$，英文前綴爲「alkenyl-」，後綴爲「-ene」。

(C) 炔烴 (Alkyne)：官能基「炔基」，主鏈有碳—碳三鍵，化學式爲 $RC \equiv CR'$，英文前綴爲「alkynyl-」，後綴爲「-yne」。

(D) 苯 (Benzene)：官能基「苯基」，化學式爲 RC_6H_5(RPh)，英文前綴爲「phenyl-」，後綴爲「-benzene」。

(E)甲苯 (Toluene)：官能基「苯甲基」，化學式爲 $RCH_2C_6H_5$ (RBn)，英文前綴爲「benzyl-」，後綴爲「-toluene」。

(F)醇 (Alcohols)：官能基「羥基」又稱氫氧基 (Hydroxy group)，化學式爲 ROH，英文前綴爲「hydroxy-」，後綴爲「-ol」。一級醇 (1°) 又稱伯醇，連接羥基的碳有 R(OH)H_2；二級醇 (2°) 又稱仲醇，連接羥基的碳有 R_2(OH)H；三級醇 (3°) 又稱叔醇，連接羥基的碳有 R_3OH。羥，讀爲「搶」。

(G) 醛 (Aldehydes)：官能基「醛基」，化學式爲 RCHO，英文前綴爲「aldo-」，後綴爲「-al」。

(H) 酮 (Ketone)：官能基「羰基」(Carbonyl group) 化學式爲 RCOR'，英文前綴爲「keto-或 oxo-」，後綴爲「-one」。「羰」維基百科讀爲「湯」[5]，教育部讀爲「碳」。

(I) 醚 (Ether)：官能基「醚基」，化學式爲 ROR'，英文前綴爲「alkoxy-」，後綴爲「alkyl alkylether」。

(J) 脂 (Ester)：官能基「脂基」，化學式爲 RCOOR'，英文前綴爲「alkoxycarbonyl-」，後綴爲「alkyl alkanoate」。

(K) 羧酸 (Carboxylic acid) 官能基「羧基」，化學式爲 RCOOH，英文前綴爲「carboxy-」，後綴爲「-oic acid」。「羧」維基百科讀爲「縮」，教育部讀爲「ㄗㄨㄟ /zu 」。

(L)胺 (Amine)：官能基「胺基」，一級胺稱爲「伯胺」，化學式爲 RNH_2；二級胺稱爲「仲胺」，化學式爲 R_2NH；三級胺稱爲「叔胺」，化學式爲 R_3N，英文前綴爲「amino-」，後綴爲「-amine」。

(M) 亞胺 (Imine)：官能基「亞胺基」，一級 (1°) 酮亞胺化學式爲 RC(=NH)R'；二級 (2°) 的酮亞胺化學式爲 RC(=NR)R'，一級 (1°) 醛亞胺化學式爲 RC(=NH)H，二級 (2°) 醛亞胺化學式爲 RC(=NR')H。

(N) 醯胺 (Amide)：官能基「醯胺基」，化學式爲 $RCONR_2$，英文前綴爲「carboxamido-」，後綴爲「-amide」。醯亞胺化學式爲 RC(=O)NC(=O)R'。

(O) 腈 (Nitrile)：官能基「腈基」，化學式爲 RCN，英文前綴爲「cyano-」，後綴爲

「alkanenitrile 或 alkyl cyanide」。

(P)硫醇 (Thiol/Sulfhydryl)：官能基「巰基」，化學式爲 -RSH，英文前綴爲「mercapto-或 sulfanyl-」，後綴爲「-thiol」。巰，讀爲「球」。

B. 數量的命名：

(A)「甲」(C1) 爲「Meth~」 (B)「乙」(C2) 爲「Eth~」
(C)「丙」(C3) 爲「Prop~」 (D)「丁」(C4) 爲「But~」
(E)「戊」(C5) 爲「Pent~」 (F)「己」(C6) 爲「Hex~」
(G)「庚」(C7) 爲「Hept~」 (H)「辛」(C8) 爲「Oct~」
(I)「壬」(C9) 爲「Non~」 (J)「癸」(C10) 爲「Dec~」
(K)「十一」(C11) 爲「Undec~」 (L)「十二」(C12) 爲「Dodec~」

所以乙烷爲 Ethane、乙烯爲 Ethene、乙醇爲 Ethanol、丙酮爲 Propanone、甲醛爲 Methanal。

C. 羧酸類的命名

(A)「甲」(C1) 爲「Meth~」 (B)「乙」(C2) 爲「Acet~」
(C)「丙」(C3) 爲「Propi~」 (D)「丁」(C4) 爲「Butyr~」
(E)「戊」(C5) 爲「Valer~」 (F)「己」(C6) 爲「Capr~」

所以甲酸爲 Methanoic acid /Formic acid、乙酸爲 Acetic acid、丙酸爲 Propionic acid。

(2) 碳氫化合物

有機分子中最常見的是「烴」，又稱碳氫化合物，是指只含碳和氫兩種原子的官能團，可分爲芳香烴和非芳香烴。有機化合物中，如果存在碳和氫以外的原子，稱爲「雜原子」(Hetero atoms)，常見的雜原子有：硼、氮、磷、氧、硫、氯、溴、碘等原子。成環原子（環碳）被雜原子取代的環烴稱爲「雜環」(Hetero rings)

A. 非芳香烴可分爲環烴和無環烴，環烴的構象 (Conformation) 包括：橋環、稠環、螺環、孤立環等類型。分子中只有單鍵的烴稱爲飽和烴，有雙鍵以上的烴稱爲不飽和烴。單元不飽和脂肪酸分子中只有一個雙鍵，而多元不飽和脂肪酸分子中有多個雙鍵。

(A) 無環烴

a. 烷烴 (Alkane)：俗稱石蠟烴 (Paraffin)，是無環的飽和烴，所有的碳—碳鍵都是單鍵 (C-C)。烷烴的一般化學式爲 C_nH_{2n+2}，環烷烴爲 C_nH_{2n}。

b. 烯烴 (Alkene)：是指含有碳—碳雙鍵 (C=C) 的不飽和烴。烯烴類可分爲鏈烯烴與環烯烴。按含雙鍵的多少分別稱單烯烴（一個雙鍵）、二烯烴（兩個雙鍵）等。

c. 炔烴 (Alkyne)：是指含有碳—碳三鍵 (C ≡ C) 的不飽和烴。依三鍵的數量有單炔烴、二炔烴等。

(B) 環烴：包括：橋環 (Bridge ring)、稠環 (Fused/Condense ring)、螺環 (Spiral ring)、孤立環 (Isolated ring) 等類型，如圖 1-2-1-7 所示。許多學者並不將孤立環視爲一個獨立的環烴類型；有些學者把稠環包含在橋環類，將環烴分爲橋環和螺環兩類。

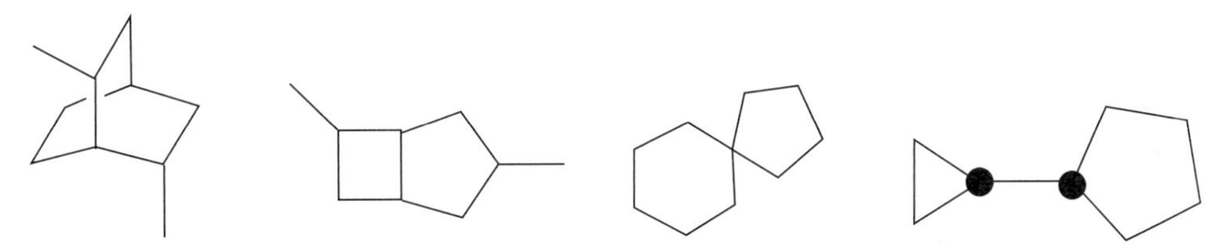

圖1-2-1-7　由左至右：橋環、稠環、螺環、孤立環等類型的環烴

a. 橋環 (Bridge ring)

橋環的名稱格式爲 [#.#.#.⋯]，# 爲每一條環碳的數量，「從大到小」排列。圖 1-2-1-8 圖左和圖中爲 [4.2.2] 雙環 (bicyclo) 結構，圖右爲 [3.2.1] 雙環 (bicyclo) 結構。

- 圖左的化合物，碳編號從橋碳 (Bridge carbon) 開始計算，編號爲「1」。
  - ➢ 首先從「4 碳環」起，編號「2」到「6」。
  - ➢ 再到第一個「2 碳環」，編號「7」和「8」。
  - ➢ 最後再編另一個「2 碳環」，編號「9」和「10」。

兩個「2 碳環」的優先順序，以取代基編號最小爲原則。

- 圖中的化合物，碳編號從橋碳開始計算，編號爲「1」。
  - ➢ 首先從「4 碳環」開始，編號「2」到「6」。有兩種方式：從兩側橋碳開始，分別編號爲「1」，甲基編號可以是「3」或「4」。甲基編號選擇最小，編號應爲「3」。
  - ➢ 有取代基的「2 碳環」優先編號爲「7」和「8」。
  - ➢ 沒有取代基的「2 碳環」編號「9」和「10」。
  - ➢ Cl 所在的碳原子編號「7」、甲基所在的碳原子編號「3」和「8」。甲基 (Methyl) 是 m 開頭，氯 (Cl) 是 c 開頭較爲優先。
  - ➢ 圖中的化合物命名爲 7-Chloro-3,8-dimethyl- bicyclo[4.2.2]decane。
- 圖右的化合物，碳編號從橋碳開始計算，編號爲「1」。
  - ➢ 首先從「3 碳環」開始，編號「2」到「5」。
  - ➢ 再到「2 碳環」，編號「6」到「7」。
  - ➢ 前面兩步驟有兩種方式：從兩側橋碳開始，分別編號爲「1」，甲基編號可以是「6」或「7」。甲基編號選擇最小，編號應爲「6」。
  - ➢ 最後再編「1 碳環」，編號「8」。
  - ➢ 乙基所在的碳原子編號「8」、甲基所在的碳原子編號「6」。甲基 (Methyl) 是 m 開頭，乙基 (Ethyl) 是 e 開頭較爲優先。
  - ➢ 圖右的化合物命名爲 8-Ethyl-6-methyl-bicyclo[3.2.1]octane。

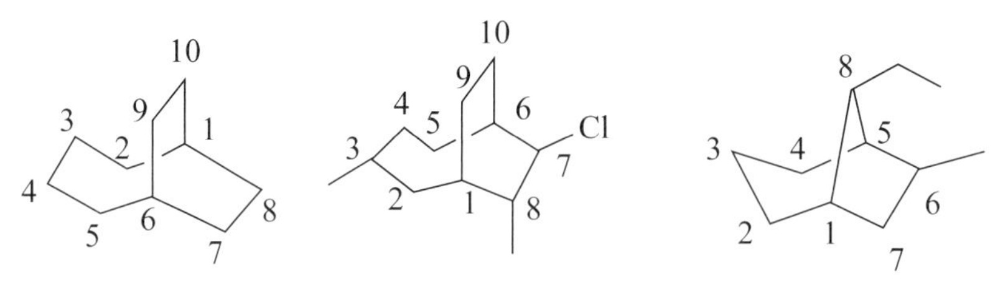

圖1-2-1-8　橋環烴的碳編號命名規則

b. 稠環 (Fused/Condense ring)

稠環的名稱格式爲 [‧‧‧.#.#.0.‧‧‧]，# 爲每一個條環碳的數量，「從大到小」排列，右邊可以有許多個「0」。事實上，稠環可以視爲橋環的特例，橋環的其中一條或許多條環碳的數量爲零，則縮減 (Condensed) / 熔合 (Fused) 成稠環。圖 1-2-1-9 爲 [4.3.0] 雙環 (bicyclo) 縮減 / 熔合爲稠環結構。碳編號也是從橋碳開始計算，命名爲 Bicyclo[4.3.0]nonane。

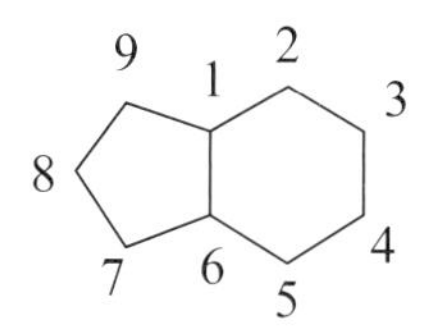

圖1-2-1-9　稠環烴的碳編號命名規則

c. 螺環 (Spiral ring)

螺環的名爲 [#.#]，# 爲每一個條環碳的數量，請注意，螺環碳的編號是「從小到大」排列，和橋環、稠環的命名規則相反。圖 1-2-1-10 圖左爲 spiro[2.3] 螺環結構、圖右爲 spiro[5.6] 螺環結構。碳編號從較短一側的環碳開始，從螺碳 (Spiro carbon) 相鄰的位置開始計算，到螺碳位置之後，編號沿第二個環反向旋轉，因此也和橋環、稠環的命名規則不同。

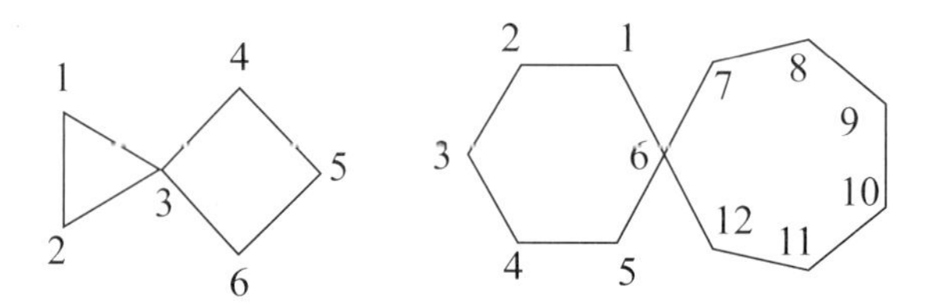

圖1-2-1-10　螺環烴的碳編號命名規則

d. 孤立環 (Isolated ring)

孤立環事實上是兩個或兩個以上環烴連結在一起，可以視爲不同的環烴，分別賦予編號，並以「'」、「"」等區分不同環的編號。圖 1-2-1-10 爲孤立環碳編號的示例。

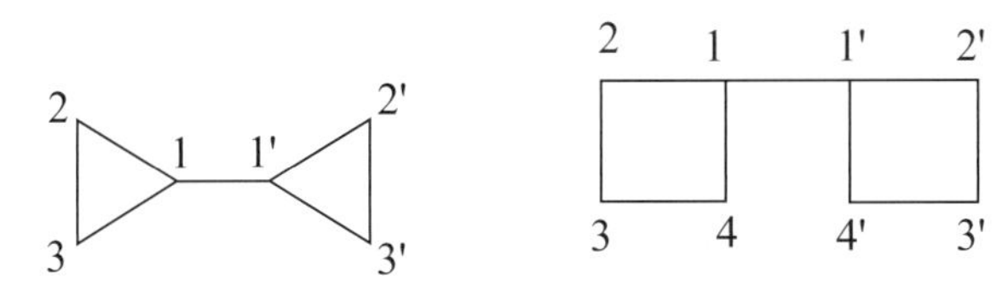

圖1-2-1-11　孤立環烴的碳編號命名規則

B. 芳香烴

芳香烴／芳烴為苯及其碳氫衍生物的總稱，是指分子結構有芳環的烴類[5]。根據芳香性 (Aromaticity) 可以將化合物分成：芳烴 (Aromatic hydrocarbon)、反芳烴 (Antiaromatic hydrocarbon)、非芳烴 (Non-aromatic hydrocarbon) 三類，其中反芳烴性質類似於芳香烴，但是分子不像芳烴那樣穩定。芳香烴取代模式中，o-(Ortho) 代表「鄰位」異構物，m-(Meta) 代表「間位」異構物，p-(Para) 代表「對位」異構物。脂肪烴 (Aliphatic hydrocarbon) 是無環烴類，屬於非芳烴。芳香烴是否有芳香性 (Aromaticity) 決定於幾個因素：

(A) 環狀 (Cyclic)。

(B) 平面 (Planar) 分子，不是 sp3 混成軌域。

(C) 共軛 (Conjugate) 結構。簡言之，雙鍵間隔出現。

(D) 休克爾法則 (Hückel rule)：π 電子總數等於 $4n + 2$。簡言之，芳烴有奇數個雙鍵、反芳烴有偶數個雙鍵。

台灣大學「科學 OnLine」的文章〈休克爾法則〉(Hückel's Rule)，有興趣的讀者請參考。

圖 1-2-1-12 左至右為：苯 (Benzene)、環丁二烯 (Cyclobutadiene)、環辛四烯 (all-(Z)-cyclo-octa- tetraene) 平面圖和 3D 立體圖。

- 苯環符合環狀結構、全部是 sp2 混成軌域、平面分子、共軛結構（雙鍵間隔出現），並符合休克爾法則芳香性判準 (Criteria)，奇數個雙鍵（電子 4n+2），因此為芳烴。
- 環丁二烯符合環狀結構、平面分子、全部是 sp2 混成軌域、共軛（雙鍵間隔出現），並屬於休克爾法則的反芳香性判準，偶數個雙鍵（電子 4n)，因此為反芳烴。
- 環辛四烯符合環狀結構、全部是 sp2 混成軌域、共軛（雙鍵間隔出現），並屬於休克爾法則的反芳香性判準，偶數個雙鍵（電子 4n），乍看之下是反芳烴，但是實際上環辛四烯不是平面分子，如圖 1-2-1-12 右的立體圖所示，因此為非芳烴。

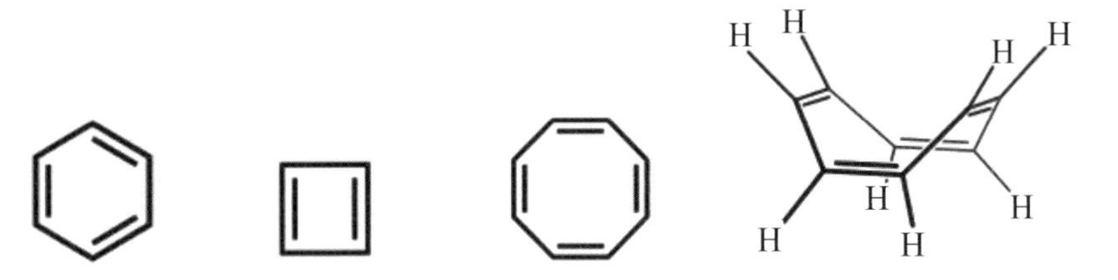

圖1-2-1-12　由左至右：芳烴（苯）、反芳烴（環丁二烯）、非芳烴（環辛四烯）平面圖和立體圖

圖 1-2-1-13 皆爲芳烴分子。

- 左起第一個分子符合環狀結構、平面分子、全部是 sp2 混成軌域，N 有兩個自由電子可以呈現共軛結構（雙鍵間隔出現）、6 個 π 電子 (4n+2)，符合休克爾法則芳香性判準，因此爲芳烴。
- 左起第二個分子符合環狀結構、平面分子、全部是 sp2 混成軌域，上方碳爲正離子，可以讓鄰近雙鍵的電子遷移過來，呈現共軛結構、6 個 π 電子 (4n+2)，符合休克爾法則芳香性判準，因此爲芳烴。
- 左起第三個分子符合環狀結構、平面分子、全部是 sp2 混成軌域，上方左右兩個碳爲負離子，各有兩個 π 電子可以遷移到鄰近的雙鍵，呈現共軛結構、10 個 π 電子 (4n+2)，符合休克爾法則芳香性判準，因此爲芳烴。
- 左起第四個分子符合環狀結構、平面分子、全部是 sp2 混成軌域，上方碳爲正離子，可以讓鄰近雙鍵的電子遷移過來，呈現共軛結構、2 個 π 電子 (4n+2)，符合休克爾法則芳香性判準，因此爲芳烴。
- 左起第五個分子符合環狀結構、平面分子、全部是 sp2 混成軌域，上方左右兩個碳爲負離子，各有兩個 π 電子可以遷移到鄰近的雙鍵，呈現共軛結構、6 個 π 電子 (4n+2)，符合休克爾法則芳香性判準，因此爲芳烴。
- 左起第六個分子符合環狀結構、平面分子、全部是 sp2 混成軌域，五個共價鍵呈現共軛結構、10 個 π 電子 (4n+2)，符合休克爾法則芳香性判準，因此爲芳烴。

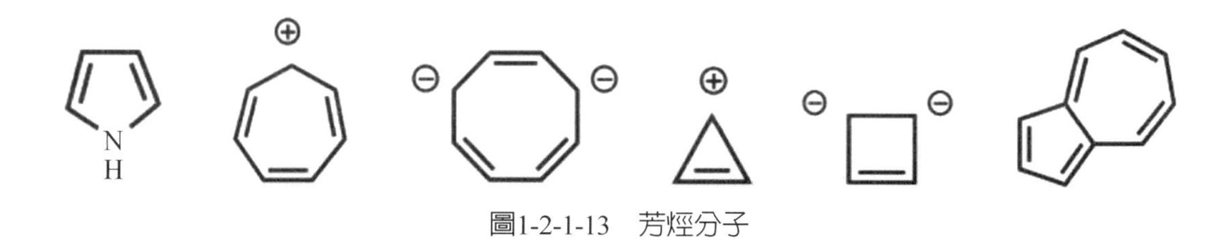

圖1-2-1-13 芳烴分子

圖 1-2-1-14 皆爲反芳烴分子。

- 左起第一個分子符合環狀結構、平面分子、下方碳爲正離子，可以讓鄰近雙鍵的電子遷移過來，呈現共軛結構、4 個 π 電子 (4n)，符合休克爾法則反芳香性判準，因此爲反芳烴。
- 左起第二個分子符合環狀結構、平面分子、上方碳爲負離子，有兩個 π 電子可以遷移到雙鍵，呈現共軛結構、4 個 π 電子 (4n)，符合休克爾法則反芳香性判準，因此爲反芳烴。
- 左起第三個分子符合環狀結構、平面分子、sp2 混成軌域、共軛結構、4 個 π 電子 (4n)，符合休克爾法則反芳香性判準，因此爲反芳烴。

圖1-2-1-14 反芳烴分子

圖 1-2-1-15 皆為非芳烴分子。

- 左起第一和第二個分子不符合環狀結構，因此為非芳烴分子。
- 左起第三和第四個分子不符合共軛結構（簡言之，單鍵和雙鍵交互出現），因此為非芳烴分子。
- 左起第五和第六個分子不符合 sp2 混成軌域，不是平面分子，因此為非芳烴分子。

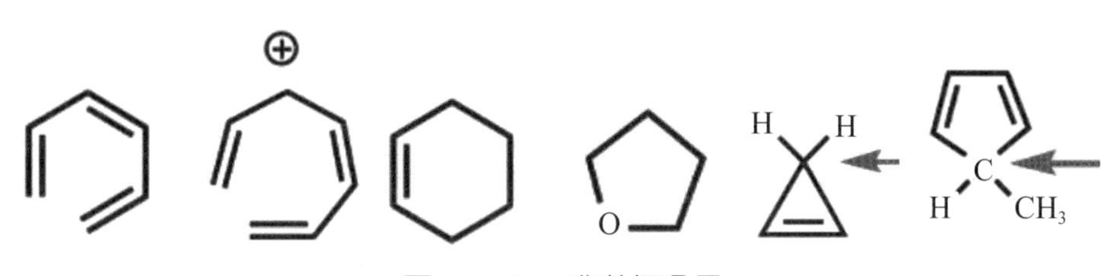

圖1-2-1-15 非芳烴分子

芳烴雖然看起來類似平面的稠環，但是編號規則與環烴並不相同，如圖 1-2-1-16 所示。

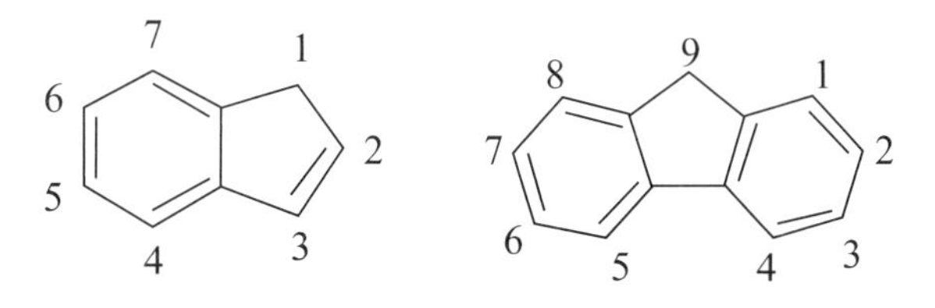

圖1-2-1-16 芳烴的碳編號命名規則

(3) 官能基的優先順序

A. 第一優先的組別：羧酸、磺酸、酯類、醯鹵、醯胺類

(A) 羧酸／羧基 (Carboxylic acid/Carboxy-/-oic acid) RCOOH

(B) 磺酸／磺酸基 (Sulfonic acid/Sulfo-) RSO_3H

(C) 酯類／酯基 (Ester/Alkoxycarbonyl-/Alkyl alkanoate) RCOOR'

(D) 醯鹵／鹵代甲醯基 (Acid halide/Halocarbonyl-/-oyl halide) RCOX

(E) 醯胺 (Amide/Carboxamino-/-amide) RCONR'R”

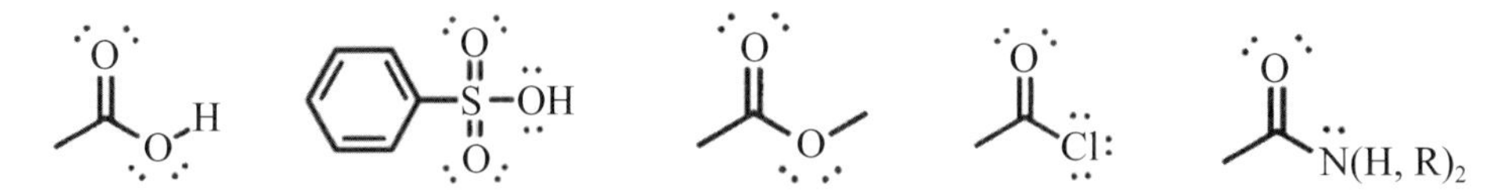

圖1-2-1-17　由左至右：羧酸、磺酸、酯類、醯鹵、醯胺類（來源：Master Organic Chemistry）

B. 第二優先的組別：氰基、醛基、酮基、醇基、硫醇、胺基

(A) 氰基／氰基 (Nitrile/Cyano-/Alkanenitrile/Alkyl cyanide) RCN

(B) 醛基 (Aldehyde/Aldo-/-al) RCHO

(C) 酮基 (Ketone/Oxo-/Keto-/-one) RCOR'

(D) 醇基 (Alcohol/Hydroxy-/-ol) ROH\

(E)硫醇／巰基 (Thiol/Mercapto-/Sulfanyl-/-thiol) RSH

(F)胺基 (Amine/Amino-/-amine) 伯胺 RNH_2／仲胺 R_2NH／叔胺 R3N

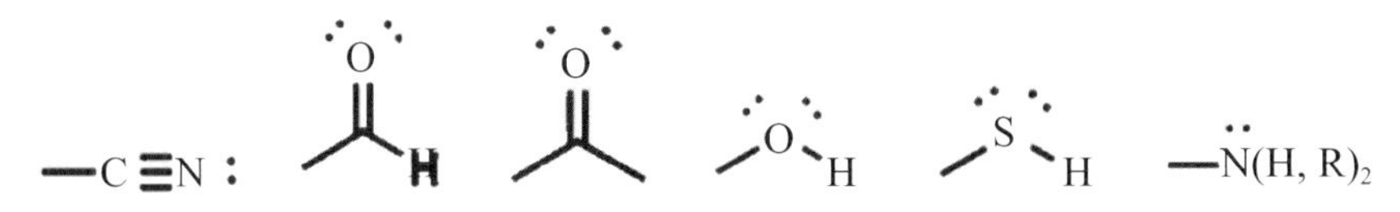

圖1-2-1-18　由左至右：氰基、醛基、酮基、醇基、硫醇、胺基

C. 優先順序殿後的組別：鹵化物，烷氧基，疊氮，硝基

(A) 溴基 (Bromide/Bromo-) Br-

(B) 氯基 (Chloride/Chloro-) Cl-

(C) 氟基 (Fluoride/Fluoro-) F-

(D) 碘基 (Iodide/Iodo-) I-

(E) 醚基 (Ether/Alkoxy-/Alkyl alkyl ether) ROR'

(F) 疊氮 (Azide/Azido-) N^-_3

(G) 硝基 (Nitride/Nitro-)RNO_2

—Br　　—Cl　　—F　　—I　　—O−R　　$—N_3$

圖1-2-1-19　由左至右：溴基、氯基、氟基、碘基、醚基、疊氮、硝基

二、精油的生產技術

1. 蒸餾法

蒸餾法 (Distillation) 是利用物質沸點不同，使低沸點物質蒸發，再冷凝分離的製程。蒸餾法又有「水」蒸餾 (Water distillation) 和「蒸汽」蒸餾 (Steam distillation)。「水」蒸餾是把植物泡在水裡，植物精油隨水蒸汽一起冷凝，然後基於比重的不同，分離出精油與純露。

「蒸氣」蒸餾是把植物放在架子上，有點像蒸籠的配置，將水加熱讓水蒸氣通過植物，把精油帶出來。由於以蒸餾法萃取用的水，沸點是攝氏 100 度，有些植物的精油或香氣成分在這樣的溫度會遭破壞，因此，柑橘類精油，必須要冷壓法萃取。簡單的蒸餾用於將水與溶解的固體分開，或者蒸餾酒類以除去水分，濃縮酒精成分。分餾，又稱精餾，是將沸點不同的許多種液體分離出來。有時也會利用壓力改變液體的沸點，以達成分離的目的。蒸餾法簡單易行，產量大、成本低、技術與設備門檻也不高，可以在植物產地直接實施，保障精油的品質，因此是生產精油最常用的方法 [2]。

2. 冷壓榨萃取法

冷壓榨萃取法（冷壓 Cold press／壓榨 Expression) 主要特點是溫度較低（通常在 40-60℃)，製造程序簡單易行，因此在精油生產方法中，是僅次於蒸餾法的最常用方法，尤其是對於不能在高溫萃取的精油成分，例如橘子、檸檬、葡萄柚、甜橙、萊姆等柑橘類精油。冷壓榨萃取法是將柑橘等植物果皮經過滾軋，將儲油細胞壓破，利用海棉吸取汁液，以離心機將壓榨出的汁液轉移到容器中並分離出精油。

3. 溶劑萃取法

溶劑萃取法 (Solvent extraction) 適用於對熱敏感的精油成分，尤其是精油含量較少的情況。萃取時將植物放在密閉容器中，用循環的揮發性溶劑澆注在植物上以溶出精油，再將溶劑去除，留下精油的蠟質香料浸膏，稱爲「凝香體」，經過第二道溶劑萃取後製得「原精」。常用的溶劑包括乙醇、乙醚、甲苯、甲醛等，甚至包括動植物的油脂，萃取時常使用低壓以降低溶劑沸點，使芳香化合物分子不致劣化。溶劑萃取法最大的兩個潛在問題就是溶劑的毒性以及溶劑的殘留量。國際標準溶劑的殘留量在 5-10ppm 以下，以此製程萃取必須確保殘留溶劑的含量。另外，劣質或不合法的精油製造商，也可能利用具有毒性或對皮膚刺激性強的溶劑萃取精油，因此成分的檢測必不可少。

(1) 環保冷媒萃取法／芳香醇萃取法：有一種環保冷煤 (Pytosols/R314a) 常做爲食品級萃取溶劑，可在室溫萃取精油，完整萃取出熱敏感的芳香化合物，此法稱爲「環保冷媒萃取法」(Phytosols/Phytonic process) 或稱「芳香醇萃取法」。

(2) 樹脂萃取法：對於沸點較高的精油，不適合使用一般溶劑，改用樹脂作爲溶劑，進行高溫萃取，稱爲「樹脂萃取法」。

4. 超臨界萃取法

德國在 1990 年代即以超臨界萃取法 (Supercritical fluid extraction, SFE) 量產低咖啡因的咖啡。目前，包括咖啡、茶、牛蒡、仙草等各式各樣的飲品都可以用超臨界萃取法生產。超臨界萃取法常用二氧化碳或氮氣在高壓下形成超臨界態二氧化碳。超臨界態物質的密度與黏度介於氣態與液態之間。二氧化碳超臨界態在 31℃、73 大氣壓。過去不溶於水的有機物香味成分都不容易在低溫萃取，現在以超臨界態的二氧化碳可以溶解大部分常見的有機物，因此可以用於生產極難萃取的精油成分。製程方面首先將植物打碎，放入壓力容器，注入高壓的二氧化碳，持續加壓到超臨界態壓力，保持約 33℃的溫度，植物精油成分會溶於超臨界二氧化碳中，然後將固體分離，降壓將二氧化碳排入空氣中，留下精油成分。

值得注意的是，二氧化碳對某些精油成分具有破壞作用，因此需要研發其他非二氧化碳的超臨界態物質作爲替代製程媒介；超臨界萃取的萜烯類化合物含量較低，酯類化合物含量較高，而且可能出現大分子有機物（分子量 MW>220)，其原因是，萜烯類化合物通常是在蒸餾過程中的化學反應產生，超臨界萃取沒有經過這些化學反應，因此產生的萜烯類成分含量較低。

超臨界萃取的高純度精油不一定適合直接使用，例如生薑的超臨界精油味道刺鼻，並且會刺激皮膚，因此超臨界精油在製成商品之前，必須先經過適當的前處理。超臨界萃取法由於成本較高，目前用於精油萃取並不普遍，但是隨著科技與工業技術的進步，製造成本持續下降，而且由於超臨界萃取法可以完整萃取所有熱敏精油成分，因此前景可期。

5. 脂吸法

脂吸法 (Enfleurage) 已經有數百年以上的歷史，用於生產高端香水，目前法國還持續使用這種方法製造橙花、茉莉等高級香水。純粹脂吸法製造的香水會標注「Enfleurage absolute」字樣。脂吸法的製程，將精油植物或花瓣鋪在牛油或豬油上，持續更換精油植物或花瓣，讓芳香化合物吸收在油脂中，最後除去雜質留下香膏 (Pomade)[13]，再以酒精分離出原精，整個製程需要一週以上，相當費時費力。原精純度高香味濃郁，有些原精呈現濃稠液體甚至固體狀態。喝過新鮮茉莉花或薑黃切片泡冰開水的人都可以體會，有些獨特香氣在一般萃取物中很難留存，香氣差很多，脂吸法因而有其獨特魅力。

6. 浸漬法

浸漬法 (Maceration) 又稱浸泡法 (Infusion) 或油泡法，是將植物浸泡在加熱的植物油中，在油胞破裂後溶入油中，經濾除雜質即得浸漬油，此法用於胡蘿蔔油、雷公根油、金盞花油等產品。

7. 滲透法

滲透法 (Percolate/Hydro-diffusion) 是 1990 年代才發展出來的精油製造方法，製程有些類似過濾，也類似蒸汽蒸餾法，但是蒸餾法是讓蒸汽從植物的下方進入，而滲透法是讓蒸汽從植物的上方往下滲透。蒸汽經過植物之後，透過一系列不同溫度的冷卻罐，分層次提取芳香物質。這種方法適合提取堅硬的木質材料精油和茴香、蒔蘿、茴香等傘形科植物。用蒸餾法提取需要 12 小時，而用滲透法只需 4 小時，植物與蒸汽接觸的時間更短，成本更低且精油的品質更好，但是目前滲透製程還沒有被廣泛使用。

芳療常見的芳香物質有：凝香體、香膏、原精、類樹脂、純露、稀釋用的基礎油以及酊劑等，是不同製程產生的製品，精油專業人士往往使用萃取製程的成品與半成品，自行配製成獨特的芳療配方。

- 凝香體 (Concrete)：溶劑萃取法產出的芳香物質，去除溶劑之後剩下的濃稠物質稱爲凝香體。
- 香膏 (Pomade)：脂吸法的製程除去雜質後，產生濃稠的芳香物質稱爲香膏。

- 原精 (Absolute)：溶劑萃取法產生的凝香體或脂吸法產生的香膏，加入酒精熔融並攪拌，抽眞空去除酒精，產生濃縮的香料稱爲原精。原精最濃也最昂貴，主要用於香水工業。
- 類樹脂 (Resinoid)：類樹脂是植物或動物分泌物，經過溶劑提取的芳香物質，常用的溶劑包括甲醇、乙醇、甲苯或丙酮等。動物性的類樹脂有龍涎香、麝香、果子狸等提取物，植物性的類樹脂有香膠 (Balsams)、油膠樹脂 (Oleo gum resins) 和精油樹脂 (Oleoresins)。類樹脂通常黏性很高，需要稀釋以改善其流動性。精油樹脂 (Oleoresins) 是從胡椒、生薑、香草等植物經過溶劑萃取製備的濃縮物，現在也常使用超臨界萃取。
- 純露 (Hydrosol)：又稱花水 (Floral water)／花露／精露／水溶膠。純露是蒸餾過程中的副產品，是類似精油的一種水合物。
- 基礎油 (Carrier oil)：也稱固定油 (Fixed oil) 或不揮發油，可以與精油混合的不揮發油稱爲基礎油。一些常見的基礎油包括椰子油、橄欖油、摩洛哥堅果油 (Argan) 和荷荷巴油 (Jojoba)。
- 酊劑 (Tincture)：浸漬法 (Maceration) 包含酒精浸泡（酊劑）與油類浸泡。酊劑是以酒精提取植物或動物身上的物質，酒精的濃度約 25-60%。酊劑也可能用其他溶劑製備。化學上的酊劑是化合物的乙醇溶液，草藥的酊劑含 20% 以上的酒精以利保存草藥性質。
- 硬酯腦 (Stearopten)：精油化合物冷卻後的結晶部稱爲「腦」（Stearopten：硬酯腦／硬酯萜），例如樟腦與薄荷腦；非結晶部稱爲「油」（Eleopten：油萜／揮發油精）[2]。

生產出來的精油，必須經過檢驗以確保品質 [1,6]，檢驗方法包括：感官測試、微生物檢測、氣相色譜分析、質譜分析、傅立葉轉換紅外光譜分析 (FTIR)、對掌性檢測、同位素分析、重金屬檢測等，以測試精油純度、產地、芳香化合物種類與手性、摻假、殘留物與毒性等特性，對檢測有興趣的讀者請參考文獻 [1]。

第二章　萜烯類與醇類精油

本章大綱

第一節　萜烯類精油

一、單萜烯

1.檸檬烯／薴烯(Limonene)；香芹烯(Carvene)；二戊烯(Dipentene) ♦ 2.月桂烯(Myrcene)；β-香葉烯(β-Geraniolene)；雙月桂烯(Dimyrcene) ♦ 3.蒎烯／松油萜(Pinene) ♦ 4.萜品烯／松油烯(Terpinene)；萜品油烯(Terpinolene)；異松油烯(Isoterpinene)；海茴香烯(Crithmene) ♦ 5.對傘花烴／對繖花烴(p-Cymene/4-Cymene) ♦ 6.3-蒈烯(3-Carene/Carene) ♦ 7.水芹烯／水茴香萜(Phellandrene) ♦ 8.莰烯／樟烯(Camphene) ♦ 9.羅勒烯(Ocimene) ♦ 10.側柏烯(Thujene)；檜烯／沙賓烯(Sabinene) ♦ 11.薄荷烯(Menthene) ♦ 12.松精油／樅油烯／洋樅萜(Sylvestrene) ♦ 13.薁／天藍烴(Azulene) ♦ 14.檀烯／檀萜烯(Santene) ♦ 15.三環萜／三環烯／檀油萜(Tricyclene/Teresantanane) ♦ 16.苯乙烯(Styrene) ♦ 17.扁柏烯(Chamene) ♦ 18.葑烯／小茴香烯(Fenchene)；去甲葑烯／去甲莰烯(Norfenchene/Norcamphene)；環葑烯(Cyclofenchene) ♦ 19.冰片烯／2-莰烯(Bornylene/2-Bornene)；去甲冰片烯(Norbornylene)

二、倍半萜烯

1.石竹烯(Caryophyllene)；α-蛇麻烯／α-葎草烯(Humulene/α-Humulene) ♦ 2.母菊天藍烴(Chamazulene)；癒創天藍烴／癒創薁／胍薁(Guaiazulene)；岩蘭草天藍烴／欖香天藍烴(Vetivazulene/Elemazulene)；雙氫母菊天藍烴(Dihydrochamazulene)母菊素(Matricin) ♦ 3.金合歡烯／法尼烯(Farnesene) ♦ 4.沒藥烯(Bisabolene)；罕沒藥烯(Heerabolene) ♦ 5.大根香葉烯／大根老鸛草烯(Germacrene) ♦ 6.薑烯(Zingiberene) ♦ 7.蛇麻烯／葎草烯(Humulene)；α-石竹烯(α-Caryophyllene) ♦ 8.香橙烯／香木蘭烯／芳萜烯(Aromadendrene)；別香橙烯(Alloaromadendrene)；香樹烯 ♦ 9.長葉烯(Longifolene)；異長葉烯(Isolongifolene)；長葉環烯(Longicyclene)；長葉蒎烯(Longipinene)；刺柏烯(Junipene) ♦ 10.香柑油烯／佛手柑油烯／香檸檬烯(Bergamotene) ♦ 11.異蘭烯／古巴烯(Copaene)；依蘭烯(Ylangene) ♦ 12.廣藿香烯／天竺薄荷烯／綠葉烯(Patchoulene)；莎草烯(Cyperene) ♦ 13.波旁烯／波旁老鸛草烯(Bourbonene) ♦ 14.華澄茄油烯(Cubebene)；立方烷／五環辛烷(Cubene) ♦ 15.芹子

烯／桉葉烯／蛇床烯(Selinene/Eudesmene) ♦ 16.欖香烯(Elemene)；甘香烯(Elixene) ♦ 17.癒創木烯／胍烯(Guaiene)；α-布藜烯(α-Bulnesene) ♦ 18.杜松烯(Cadinene)；卡達烷(Cadalane) ♦ 19.綠花白千層烯／喇叭烯／綠花烯(Viridiflorene/Ledene) ♦ 20.依蘭烯(Ylangene)異蘭烯／古巴烯(Copaene) ♦ 21.雪松烯／柏木烯(Cedrene) ♦ 22.古蕓烯／古香油烯(Gurjunene) ♦ 23.菖蒲萜烯／卡拉烯(Calamene/Calamenene) ♦ 24.羅漢柏烯／倍半扁柏烯(Thujopsene/Widdrene/Sesquichamene) ♦ 25.檀香烯／檀香萜(Santalene) ♦ 26.薑黃烯(Curcumene) ♦ 27.岩蘭草烯(Vetivenene)；岩蘭螺烯(Vetispirene)；岩蘭烯(Vetivene)；客烯／三環岩蘭烯(Khusimene/Khusene/Zizaene/Tricyclovetivene) ♦ 28.莎草烯(Cyperene)；香附烯(Rotundene) ♦ 29.馬兜鈴烯(Aristolene) ♦ 30.瓦倫西亞桔烯(Valencene) ♦ 31.白菖油萜(Calarene) ♦ 32.喜馬雪松烯(Himachalene) ♦ 33.艾菊烯／艾菊萜(Tanacetene) ♦ 34.烏藥根烯／釣樟揣烯(Lindestrene) ♦ 35.烏藥烯／釣樟烯(Lindenene) ♦ 36.莪术烯(Curzerine) ♦ 37.西車烯(Seychellene) ♦ 38.依蘭油烯(Muurolene) ♦ 39.倍半水芹烯／倍半水茴香萜(Sesquiphellandrene)

三、二萜烯／三萜烯

1.樟烯(Camphorene)；雙月桂烯(Dimyrcene) ♦ 2.紫杉烷／紅豆杉烷／塔三烷(Taxane) ♦ 3.角鯊烯(Squalene) ♦ 4.貝殼杉烯(Kaurene)；15-貝殼杉烯／異貝殼杉烯(Kau-15-rene/Isokaurene/Kryptomeren)；16-貝殼杉烯(Kau-16-rene)

第二節　醇類精油

一、單萜醇

1.一級醇／伯醇(Primary alcohol)

(1)香葉醇／牻牛兒醇(Geraniol/(E)-Geraniol/trans-Geraniol)；異香葉醇(Isogeraniol) ♦ (2)橙花醇(Nerol/(Z)-Geraniol/cis-Geranio) ♦ (3)香茅醇／玫紅醇(Citronellol/Rhodinol) ♦ (4)松柏醇(Coniferol/Coniferyl alcohol) ♦ (5)薰衣草醇(Lavandulol) ♦ (6)桃金娘烯醇／香桃木醇(Myrtenol) ♦ (7)紫蘇醇(Perillyl alcohol)；二氫枯茗醇(Dihydrocuminyl alcohol) ♦ (8)苄醇／苯甲醇(Phenylmethanol/Benzyl alcohol) ♦ (9)糠醇／呋喃甲醇(Furfuryl alcohol/Furturol) ♦ (10)正辛醇／1-辛醇(Octanol/Octan-1-ol)；2-辛醇(2-Octanol/Octan-2-ol) ♦ (11)2-苯乙醇／苄基甲醇(2-Phenylethanol/Phenylethyl alcohol/β-PEA) ♦ (12)壬醇／正壬醇／天竺葵醇(Nonanol/Pelargonic alcohol/Nonan-1-ol) ♦ (13)檀油醇(Teresantalol) ♦ (14)3-苯丙醇／氫化肉桂醇(3-Phenylpropyl alcohol/Hydrocinnamic alcohol) ♦ (15)肉桂醇／桂皮醇(Cinnamic alcohol/Cinnamyl alcohol/Styrone/3-Phenylallyl alcohol) ♦ (16)己醇(Hexyl Alcohol)

2.二級醇／仲醇(Secondary alcohol)

(1)薄荷醇／薄荷腦(Menthol)；異薄荷醇(Isomenthol)；新薄荷醇(Neomenthol)；

新異薄荷醇(Neoisomenthol) ◆ (2)冰片醇／龍腦(Borneol)；異冰片醇(Isoborneol) ◆ (3)香旱芹醇(Carveol) ◆ (4)胡薄荷醇(Pulegol)；異胡薄荷醇(Isopulegol)；新異胡薄荷醇(Neoisopulegol) ◆ (5)葑醇／小茴香醇(Fenchol/Fenchyl alcohol) ◆ (6)松香芹醇(Pinocarveol) ◆ (7)檜醇／檜萜醇(Sabinol) ◆ (8)檸檬桉醇(p-Menthane-3,8-diol/PMD/Citriodiol)

3. 三級醇／叔醇(Tertiary alcohol)

(1)松油醇／萜品醇(Terpineol)；4-松油醇／萜品烯-4-醇(Terpin-4-ol) ◆ (2)沉香醇／枷羅木醇(Linalool)；芳樟醇(Licareol)；芫荽醇(Coriandrol) ◆ (3)4-側柏烷醇／水合檜烯(4-Thujanol/Sabinene hydrate)；寧醇／3-側柏烷醇／3-新異側柏烷醇／崖柏醇(Thujol/3-Thujanol/3-Neoisothujanol) ◆ (4)檜木醇／β-側柏素(Hinokitiol/β-Thujaplicin)；側柏素(Thujaplicin) ◆ (5)棉杉菊醇／香綿菊醇(Santolina alcohol) ◆ (6)艾醇(Yomogi alcohol)

二、倍半萜醇

1.金合歡醇／法尼醇(Farnesol) ◆ 2.雪松醇／番松醇／柏木醇／柏木腦(Cedrol)；表雪松醇(epi-Cedrol)；別雪松醇(Allocedrol) ◆ 3.橙花叔醇／秘魯紫膠／戊烯醇(Nerolidol/Peruvio/Penetrol) ◆ 4.岩蘭草醇／香根草醇(Vetiverol)；岩蘭烯醇(Vetivenol)岩蘭醇(Vetivol)；異花柏醇／異諾卡醇(Isonootkatol) ◆ 5.廣藿香醇(Patchoulol/Patchouli alcohol)；去甲廣藿香醇(Norpatchoulenol) ◆ 6.檀香醇(Santalol) ◆ 7.桉葉醇／蛇床烯醇／榜油酚(Eudesmol)；芹子醇(Selinenol)；楨楠醇(Machilol) ◆ 8.沒藥醇(Bisabolol)；紅沒藥醇(Dragosantol)；左美諾醇(Levomenol) ◆ 9.大西洋醇(Atlantol) ◆ 10.石竹烯醇(Caryophyllenol/Caryophyllene alcohol)；石竹烷醇(Caryolanol) ◆ 11.欖香醇(Elemol) ◆ 12.杜松醇(Cadinol)；香榧醇／榧葉醇(Torreyol) ◆ 13.綠花白千層醇(Viridiflorol/Himbaccol) ◆ 14.樺木烯醇(Betulenol) ◆ 15.菖蒲醇(Acorenol)；菖蒲萜烯醇／卡拉烯醇(Calamol) ◆ 16.胡蘿蔔子醇／胡蘿蔔次醇(Carotol) ◆ 17.胡蘿蔔醇／胡蘿蔔腦(Daucol) ◆ 18.雪松烯醇／柏木烯醇(Cedrenol) ◆ 19.廣木香醇／木香醇(Costol/Sesquibenihiol) ◆ 20.葡萄柚醇(Paradisiol) ◆ 21.癒創木醇／癒創醇(Guaiol/Champacol)；異癒創木醇／布藜醇(Bulnesol) ◆ 22.廣藿香奧醇／刺蕊草醇(Pogostol) ◆ 23.纈草醇／枯樹醇(Valerianol/Kusunol) ◆ 24.客烯醇／三環岩蘭烯醇(Khusimol/Khusenol/Tricyclovetivenol)；雙環岩蘭烯醇(Bicyclovetivenol)；客醇(Khusol)；客萜醇(Khusinol)；客烯2醇(Khusiol/Helifolan-2-ol/Khusian-2-ol) ◆ 25.花柏醇／諾卡醇(Nootkatol)；異花柏醇／異諾卡醇(Isonootkatol) ◆ 26.莎草醇(Cyperol) ◆ 27.香附醇(Rotunol) ◆ 28.櫜吾醇／白蜂斗菜素(Ligularol/Petasalbin) ◆ 29.喜馬雪松醇(Himachalol)；別喜馬雪松醇(Allohimachalol) ◆ 30.白藜蘆醇(Resveratrol) ◆ 31.藍桉

醇(Globulol)；表藍桉醇(Epiglobulol)；杜香醇／喇叭茶醇(Ledol) ◆ 32.桉油烯醇／斯巴醇(Spathulenol) ◆ 33.艾菊醇／苦艾醇／苦艾腦(Tanacetol) ◆ 34.烏藥烯醇／釣樟烯醇(Lindenenol/Linderene) ◆ 35.荷葉醇／香榧醇(Nuciferol) ◆ 36.澳白檀醇(Lanceol)

三、二萜醇／三萜醇

1.香紫蘇醇／快樂鼠尾草醇／洋紫蘇醇(Sclareol) ◆ 2.因香醇／因香酚(Incensole) ◆ 3.樅醇(Abienol)；異樅醇(Isoabienol)；新樅醇(Neoabienol)；冷杉醇(Sempervirol) ◆ 4.淚杉醇／淚柏醇(Manool) ◆ 5.植醇／葉綠醇(Phytol) ◆ 6.樺腦／樺木腦／白樺酯醇(Betulin/Betulinol/Trochol/Betuline) ◆ 7.紫杉醇／太平洋紫杉醇(Paclitaxel/Taxol) ◆ 8.羽扇醇(Lupeol/Lupenol)；表羽扇醇(Epilupeol)；羽扇烯三醇(Lupenetriol/Heliantriol B_2)

第一節　萜烯類精油

萜烯類／萜品烯 (Terpenes) 是一個總稱，包含單萜烯、倍半萜烯、二萜烯、三萜烯等。單萜烯由兩個異戊二烯 (Isoprene) 構成，簡化符號爲「C_{10}」，常見於檸檬、萊姆、葡萄柚等柑橘類精油，以及樹木類與繖形科植物中；倍半萜烯由三個異戊二烯構成，簡化符號爲「C_{15}」，常見於薑、德國洋甘菊、依蘭依蘭等精油；二萜烯由四個異戊二烯構成，簡化符號爲「C_{20}」，常見於奶油、蛋黃、維生素 A 等食物中，以此類推，三萜烯由六個異戊二烯構成，簡化符號爲「C_{30}」，常見於胡蘿蔔、杏桃等食物中[1, 3]。

一、單萜烯

單萜烯由兩個異戊二烯構成，如圖 2-1-0-1 所示。單萜烯包括檸檬烯、月桂烯、蒎烯、對傘花烴（爲芳香烴）、3- 蒈烯、水芹烯／水茴香萜、莰烯／樟烯、羅勒烯、側柏烯（檜烯）等。單萜烯有 10 個碳，分子小，通常伴隨較低的黏度，多爲易揮發、易氧化的無色液體，抗菌抗發炎[7]，對人體產生的效果較快，香味通常比較淡，在香水中常被用於前調（頭香、前味）。

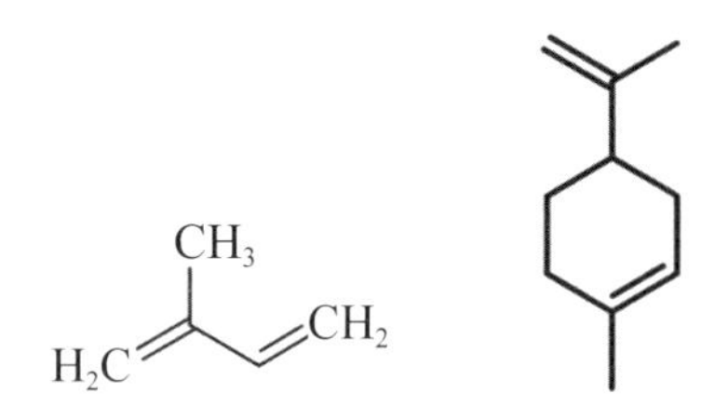

圖2-1-0-1　左：異戊二烯結構，右：單萜烯結構

1. 檸檬烯／薴烯 (Limonene)，是一種環狀結構的單萜烯，化學式 $C_{10}H_{16}$、密度 0.8411g/cm^3、熔點 -74.35°C、沸點 176°C[5]，如圖 2-1-1-1 所示。圖中 R/S 異構物，實心楔形 (Solid wedge) 代表基團位置在紙面前方，如右旋檸檬烯；虛線楔形 (Dashed wedges) 代表基團位置在紙面背後，如左旋檸檬烯，存在於檸檬、香橙、佛手柑、柳丁、蒔蘿等柑橘類植物的果皮中[5]。檸檬烯爲無色油狀液體，難溶於水，有著強烈檸檬的芳香，在室溫中易燃且易揮發，燃燒時產生具刺激性的煙霧。有左旋、右旋與外消旋體等手性異構物（對映體），左旋檸烯 ((S)-(-)-Limonene/l-Limonene)，旋光度 [α]19.5D-101.3（比旋光度 α 符號中，19.5 是溫度、D 是指鈉燈光波，負號是指左旋）。右旋檸烯 (d-(+)-Limonene/Carvene)[84]，旋光度 [α]19.5D +123.8 度。左旋體的檸檬烯有美洲野薄荷、羅勒、歐白芷和松科植物，右旋體的檸檬烯有檸檬、香橙等柑橘屬精油，消旋體的檸檬烯有欖香酯精油、橙花精油與樟腦白油等。檸檬烯的功能包括鎭咳、祛痰、抑菌等作用，在臨床上用於促進消化液的分泌和腸道排氣[4]。柑橘類與辛香類精油的通常做爲前調（頭香、前味），配合茉莉花或薰衣草等花香類的精油作爲主調（中味），與松木等木香類或樹脂類的精油做底調（後味），調製成完整的複方香精，用於化妝品、香皀、古龍水等產品[3]。除上述植物精油之外，檸檬烯也可以從加工樟腦油的副產物提純，或用松節油分餾而得[4]。在芳療經驗上，左旋檸檬烯有抗自由基、降低食欲、抗菌、抗感染等功效；右旋檸檬烯有養肝、抑制癌細胞擴散、分解酯肪、瘦身等功效[43]。研究證實右旋檸檬烯具有鎭痛、抗焦慮、活化激勵、紓解壓力的功效和抗癌的活性，左旋檸檬烯具有傷口癒合的功效[58]。

- 限於書本篇幅與編輯時間，化合物各別異構物的特性無法詳細羅列。
  - 異構物的 CAS 編號和特性，本書推薦 Perflavory 網站和 KNApSAcK 網站[67, 87]。
  - 對於化合物的 CAS 編號及分子結構圖與手性標示，本書推薦 ACS 網站[84]。
- 檸檬烯／薴烯 (Limonene)，CAS 138-86-3[67, 87]，IUPAC 名爲：1-Methyl-4-prop-1-en-2-yl-cyclohexene。
  - 左旋檸烯／l- 香芹烯 ((S)-(-)-Limonene/l-Carvene)，CAS 5989-54-8，IUPAC 名爲：(4S)-1-Methyl-4-(1-methylethenyl)cyclohexene。CAS 7721-11-1 已經停用[84]。
  - 右旋檸烯／d- 香芹烯 (d-(+)-Limonene/Carvene)[84]，CAS 5989-27-5，IUPAC 名爲：(4R)-1-Methyl-4-(1-methylethenyl)cyclohexene。CAS 7705-13-7, 94765-75-0, 95327-98-3, 1051930-86-9 已經停用[84]。
- 二戊烯 (Dipentene)：外消旋體檸檬烯，即左旋檸烯和右旋檸烯的混合物，又稱二戊烯／二聚戊烯，無光活性。右旋檸烯加熱到 300℃時會發生外消旋化[5]，用於化妝品、香皀及日化產品做爲木香型、茉莉型、薰衣草型、果香型香精的前調（頭香）。食品加工用於白檸檬、果香及辛香等香精作爲修飾劑，工業上用於配製橙花、檸檬、香檸精油[12]。

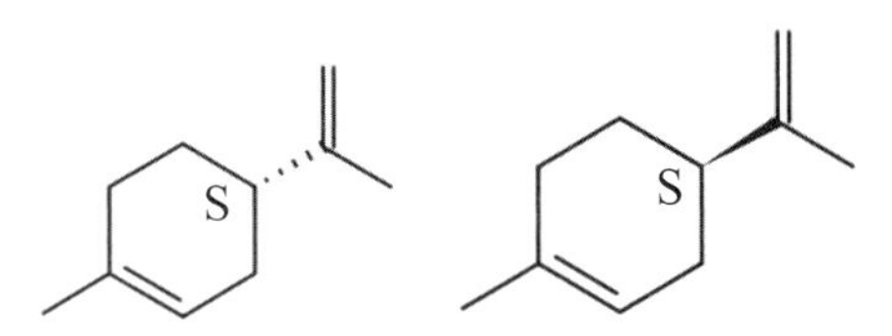

圖2-1-1-1　由左至右：左旋檸檬烯、右旋檸檬烯化學式[67, 84]

2. 月桂烯 (Myrcene)，有 α 和 β 兩種異構物，是無環狀單萜烯，化學式 $C_{10}H_{16}$、密度 0.794g/cm^3、熔點 <-10°C、沸點 165°C，大自然中尚未發現 α- 月桂烯的天然產物，因此植物的月桂烯即是 β- 月桂烯，如圖 2-1-1-2 所示。存在於西印度月桂、杜松漿果、快樂鼠尾草、肉桂葉、馬鞭草、香葉草、檸檬香茅、絲柏、歐洲冷杉及松節油中。β- 月桂烯是無色或淡黃色油狀液體，不溶於水，可溶於乙醇、乙醚、氯仿等溶劑，遇空氣易氧化或聚化。β- 月桂烯廣泛用於製造古龍水和除臭劑，並且也是香葉醇、橙花醇、香茅醇和檸檬醛等芳香化合物的中間原料，具有芬芳的香酯氣味。在芳療經驗上，月桂烯／香葉烯有增進性魅力、強化受孕等功效[4, 5, 43]。研究證實月桂烯具有鎮痛的功效[58]。

- 月桂烯 (Myrcene)，CAS 123-35-3。
    - ➢ α- 月桂烯 (α-Myrcene)，CAS 1686-30-2[21]，IUPAC 名爲：2-Methyl-6-methylene-1,7-octadiene。
    - ➢ β- 月桂烯／β- 香葉烯 (β-Myrcene/β-Geraniolene)，CAS 123-35-3，IUPAC 名爲：7-Methyl-3-methylene-1,6-octadiene。CAS 2153-31-3 已經停用[84]。
- 雙月桂烯 (Dimyrcene) 有 Dimyrcene I-a(CAS 855126-75-9)、Dimyrcene I-b(CAS 855126-76-0)、Dimyrcene II-a、Dimyrcene II-b 等異構物。雙月桂烯 II-a(Dimyrcene II-a)IUPAC 名爲：1-(6-Methylhepta-1,5-dien-2-yl)-3-(4-methylpent-3-enyl)cyclohexane，化學式 $C_{20}H_{34}$、熔點 8.87°C、沸點 412.18°C[11, 21]。

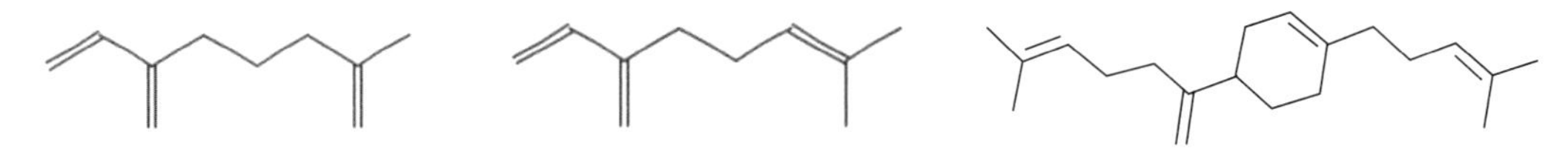

圖2-1-1-2　由左至右：α-月桂烯、β-月桂烯、雙香葉烯II-a化學式

3. 蒎烯／松油萜 (Pinene)，自然界有 α 和 β 兩種雙鍵異構物，各有其手性的旋光異構物。1,5 號碳有 RR 和 SS 手性異構物。R/S 標記是構型的絕對手性，(+/-) 標記是實際旋光的方向。蒎烯構型手性與實際旋光方向相同，因此是 R-(+) 和 S-(-)。蒎烯分子有 [3.1.1] 雙環 (bicyclo) 結構，化學式 $C_{10}H_{16}$，主要存在於松柏類植物中，大麻、鼠尾草、毒馬草、松子，少數菊科植物也有蒎烯存在，世界各地區植物中的蒎烯含有不同比例的異構物與旋光度。

- α- 蒎烯 (α-Pinene/Acintene A)，CAS 80-56-8，密度 0.8582g/cm^3、熔點 -55°C、沸點 156.2°C[5] 爲無色透明液體，幾乎不溶於水，旋光度 [α]20D -51.28°/[α]D20 +51.14°（比旋光度 α 符號中，20 是溫度、D 是指鈉燈光波，負號是左旋、正號是右旋），在空

氣中會氧化而聚化變稠，蒸氣比空氣重，有清新青草味，存在於乳香、桉油醇、香桃木、藍膠尤加利、歐洲赤松、迷迭香。左旋 (-)-*α*- 蒎烯在歐洲赤松較常見，右旋 (+)-*α*- 蒎烯在北美洲較常見，而外消旋混合物存在於桉樹等植物，常用作抗氧化劑，也用於塗料溶劑、殺蟲劑等產品中。在芳療經驗上，*α*- 蒎烯有抗關節炎以及類似可體松的功效 [4, 5, 35]。研究證實蒎烯／松油萜具有鎮痛的功效，*α*- 蒎烯／*α*- 松油萜具有抗真菌的活性 [58]。

- 左旋 -*α*- 蒎烯 ((-)-*α*-Pinene/l-*α*-Pinene)，CAS 7785-26-4，IUPAC 名爲：(-)-(1S,5S)-2,6,6-Trimethyl-bicyclo [3.1.1] hept-2-ene[17]。
- 右旋 -*α*- 蒎烯 ((+)-*α*-Pinene/d-*α*-Pinene)，CAS 7785-70-8，IUPAC 名爲：(+)-(1R,5R)-2,6,6-Trimethyl bicyclo[3.1.1]hept-2-ene[17]。

• *β*- 蒎烯 (*β*-Pinene/Terebenthene/Pseudopinene/Nopinene)，CAS 127-91-3，密度 0.872g/cm^3、熔點 -61.5°C、沸點 166°C，無色至淡黃色油狀易燃透明液體，不溶於水，能與無水乙醇、氯仿、乙醚、苯、石油醚等多種溶劑混溶，對鹼穩定，對酸不穩定，旋光度 [*α*] D -22.4°/[*α*]D +28.59°（比旋光度 *α* 符號中，D 是指鈉燈光波，負號是左旋、正號是右旋），在空氣中容易氧化聚合，生成樹脂狀的物質，有松香的刺鼻樹脂氣味，存在於貓薄荷、永久花、絲柏、白松、歐白芷根、迷迭香，含昆蟲警示費洛蒙，有驅蟲的功效，用於食品調味劑、空氣芳香劑、家用清潔劑與日常保養品 [11, 12, 13, 20, 35, 60]。

- 左旋 -*β*- 蒎烯 ((-)-*β*-Pinene/l-*β*-Pinene)，CAS 18172-67-3，IUPAC 名爲 (1S, 5S)-6,6-Dimethyl-2-methylidenebicyclo[3.1.1]heptane。
- 右旋 -*β*- 蒎烯 ((+)-*β*-Pinene/d-*β*-Pinene)，CAS 19902-08-0[17]，IUPAC 名爲 (1R,5R)-6,6-Dimethyl-2-methylidenebicyclo[3.1.1]heptane。

• 松節油的主要成分有 *α*- 蒎烯、*β*- 蒎烯、3- 蒈烯等，其中有 *α*- 蒎烯 58-65% 和 *β*- 蒎烯 30%[4]。

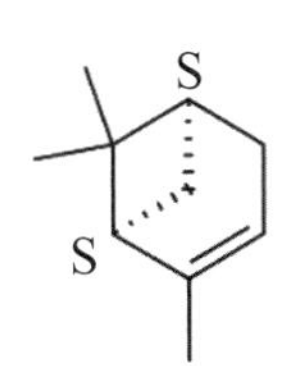

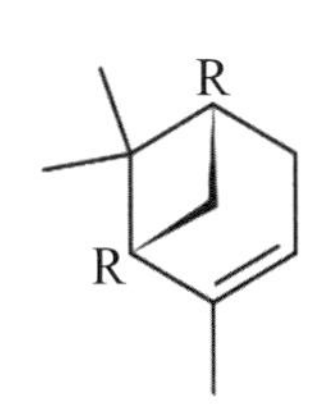

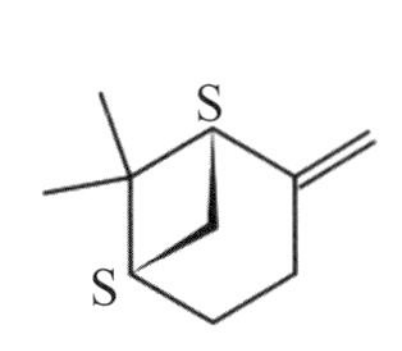

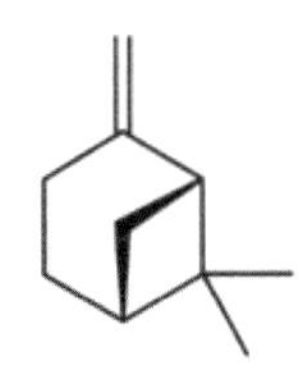

圖2-1-1-3　由左至右：左旋-*α*-蒎烯、右旋-*α*-蒎烯、左旋-*β*-蒎烯、右旋-*β*-蒎烯化學式[67, 84]

4. 萜品烯／松油烯 (Terpinene)、萜品油烯 (Terpinolene)/*δ*- 萜品烯／異松油烯：萜品烯是一種天然單萜烯，有雙鍵異構物，化學式 $C_{10}H_{16}$、密度 *α*：0.8375g/cm^3、*β*：0.838g/cm^3、*γ*：0.853g/cm^3、熔點 *α*：60-61°C、沸點 *α*：173.5-174.8°C、*β*：173-174°C、*γ*：183°C[14]，如圖 2-1-1-4 所示，存在於孜然（安息茴香、阿拉伯茴香）、互葉白千層（澳洲茶樹）、大麻、牛至、馬鬱蘭、芫荽等植物中。*α*- 萜品烯具有柑橘香氣，沒有光學活性 [5]，是從豆蔻和馬郁蘭等天然植物分離出，*β*- 萜品烯沒有天然來源，從檜烯／沙賓烯 (Sabinene) 中提取，

γ- 萜品烯和 δ- 萜品烯／萜品油烯／異松油烯 (Terpinolene) 從多種植物中分離而得。萜品烯是無色液體，有著類似松節油的氣味，工業上是由 α- 蒎烯酸反應產生，作爲香水與調味劑，氫化還原可得飽和的 p- 薄荷烯。在芳療經驗上，萜品烯有促進神經活化、保持青春的功效 [43]。研究證實萜品烯／松油烯、β- 萜品油烯具有抗氧化、抗菌的功效，γ- 萜品烯／γ- 松油烯具有抗眞菌的活性 [58]。

- α- 萜品烯 (α-Terpinene)，CAS 99-86-5，IUPAC 名爲：4-Methyl-1-(1-methylethyl)-1,3-cyclohexadiene。
- β- 萜品烯 (β-Terpinene)，CAS 99-84-3，IUPAC 名爲：4-Methylene-1-(1-methylethyl)cyclohexene。
- γ- 萜品烯／海茴香烯／石薺寧烯 (γ-Terpinene/Crithmene/Moslene)，CAS 99-85-4，IUPAC 名爲：4-Methyl-1-(1-methylethyl)-1,4-cyclohexa diene。
- δ- 萜品烯／萜品油烯／異松油烯 (δ-Terpinene/Terpinolene/Isoterpinene)，CAS 586-62-9，IUPAC 名爲：1-Methyl-4-(propan-2-ylidene)cyclohex-1-ene。
- 海茴香烯 (Crithmene)：γ- 萜品烯又稱爲海茴香烯。

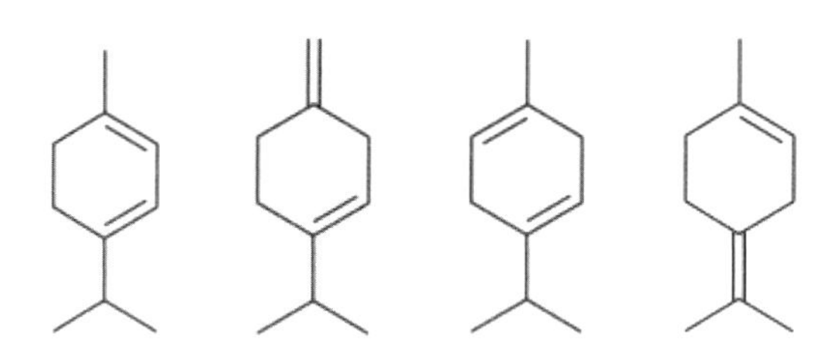

圖2-1-1-4　由左至右：α、β、γ、δ萜品烯化學式，δ萜品烯又稱萜品油烯 [5]

5. 對傘花烴／對繖花烴 (p-Cymene/4-Cymene)，是一種芳香烴，化學式 $C_{10}H_{14}$、密度 0.857g/cm^3、熔點 -68°C、沸點 177°C [5]，如圖 2-1-1-5 所示。對傘花烴的另外兩個位置異構物是鄰傘花烴 (m-Cymene/meta-Cymene) 和間傘花烴 (o-Cymene/ortho-Cymene)，大自然中並不常見。對傘花烴存在於甜馬鬱蘭、香薄荷、百里香、索馬利亞乳香、印度藏茴香等多種自然界的精油中，可紓緩關節疼痛、促進血液循環。傘花烴爲無色至淡黃色無臭液體，難溶於水，可與乙醇和乙醚混溶，遇明火或高熱可能燃燒，甚至爆炸，具有刺激性與微毒性 [4]。對傘花烴是止咳、祛痰的藥物，常用於製作丙酮與對甲苯酚，或作爲染料、醫藥和香料的中間物 [5]。在芳療經驗上，對傘花烴有紓解關節痛，促進血液循環的功效 [43]。研究證實對傘花烴具有鎮痛、抗眞菌的功效 [58]。
   - 鄰傘花烴 (o-Cymene/α-Cymene)，CAS 527-84-4，IUPAC 名爲：1-(1-Methylethyl)-2-methylbenzene/1-Methyl,2-N-isopropylbenzene。
   - 間傘花烴 (m-Cymene/β-Cymene)，CAS 535-77-3，IUPAC 名爲：1-Isopropyl-3-methylbenzene。
   - 對傘花烯／二氫對傘花烴 (p-Cymenene/4-Cymene/Camphogen/Dolcymene)，CAS 1195-32-0，IUPAC 名爲：1-Isopropenyl-4-methylbenzene。

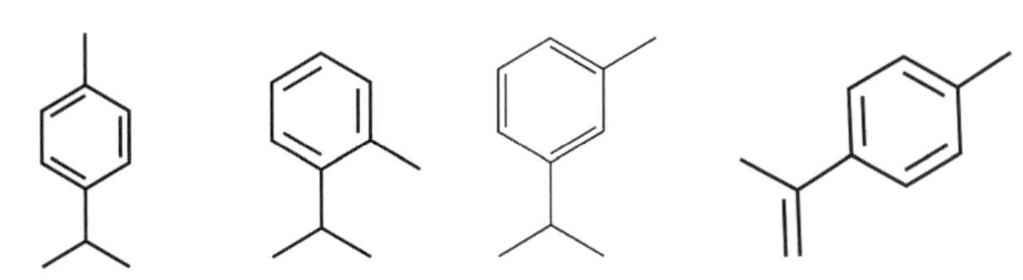

圖2-1-1-5　對傘花烴、鄰傘花烴、間傘花烴、對傘花烯／二氫對傘花烴化學式

6. 3- 蒈烯 (3-Carene/Carene)，有 [4.1.0] 稠環結構，是一種雙環單萜烯，化學式 $C_{10}H_{16}$、密度 0.867g/cm^3、熔點 <25°C、沸點 168-170°C[10]，如圖 2-1-1-6 所示，3- 蒈烯存在於矮松、歐洲赤松、加拿大鐵杉、香柏木、迷迭香、黑胡椒、蘇格蘭松等植物，以及松節油、胡椒油、圓葉當歸油等精油中，是精油中單萜烯的主要成分。3- 蒈烯爲無色液體，可溶於油但不溶於水，具有強烈的松木樣香氣，廣泛用於食品加工業，包括焙烤食品、魚肉產品、乳酪、果醬、果凍、布丁、調味料、酒精飲料、辛辣調味料、牛奶製品、口香糖、糖果等。在芳療經驗上，3- 蒈烯對肌肉骨骼的疼痛有止痛的功效[43]。
   - 蒈烯根據雙鍵位置有三種異構體：
     - 2- 蒈烯 (Hept-2-ene) 雙鍵位於 2 號碳，第 1、6 號碳有手性異構物。
     - 3- 蒈烯 (Hept-3-ene) 雙鍵位於 3 號碳，第 1、6 號碳有手性異構物。
     - 4- 蒈烯 (Hept-4-ene) 雙鍵位於 4 號碳，第 1、3、6 號碳有手性異構物。
   - 2- 蒈烯 (2-Carene)，CAS 554-61-0[11, 19, 20]，IUPAC 名爲：3,7,7-Trimethylbicyclo[4.1.0]-2-heptene。
   - 3- 蒈烯 (3-Carene/Carene/δ-3-Carene)，CAS 13466-78-9。
     - 左旋 3- 蒈烯 ((-)-3-Carene/l-δ3-Carene)，CAS 20296-50-8，IUPAC 名爲：(1R,6S)-3,7,7-Trimethylbicyclo[4.1.0]hept-3-ene。
     - 右旋 3- 蒈烯 ((+)-3-Carene/Isodiprene)，CAS 498-15-7，IUPAC 名爲：(1S,6R)-3,7,7-Trimethylbicyclo[4.1.0]hept-3-ene。
   - 4- 蒈烯 (4-Carene)，CAS 29050-33-7[11, 19, 20]，IUPAC 名爲：4,7,7-Trimethylbicyclo[4.1.0]hept-2-ene，由於 1、3、6 號碳有手性中心，因此 4- 蒈烯還有許多種異構物。

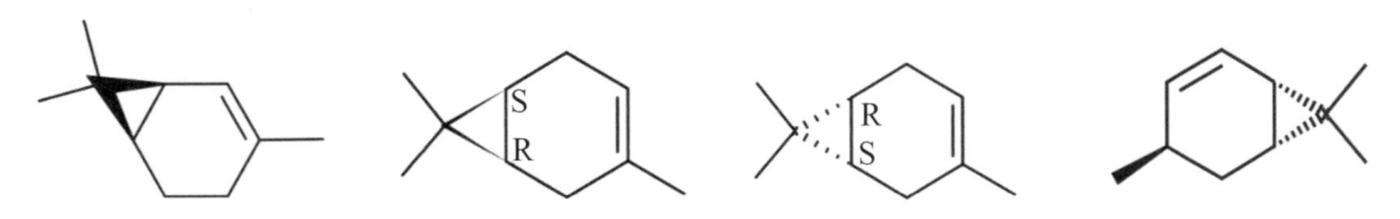

圖2-1-1-6　由左至右：2-蒈烯、左旋3-蒈烯、右旋3-蒈烯、4-蒈烯化學式

7. 水芹烯／水茴香萜 (Phellandrene)，是一種環狀的單萜烯，有 α、β 兩種雙鍵異構物，5 號碳各有手性異構物，α、β 異構物都是無色液體、都不溶於水，化學式 $C_{10}H_{16}$、密度 α：0.846g/cm^3；β：0.85g/cm^3、沸點 α：171-172°C、β：171-172°C[5]，如圖 2-1-1-7 所示。存在

於蒔蘿、乳香、黑胡椒、花椒、小茴香、洋茴香等植物中，蒔蘿含高濃度的水芹烯[10]。水芹烯味道類似黑胡椒而有薄荷味，具有利尿消腫的功能[5]。在芳療經驗上，α- 水芹烯有利尿、排水、消水腫的功效[43]。研究證實水芹烯、水茴香萜具有鎮痛的功效[58]。

- α- 水芹烯 ((±)-α-Phellandrene)，CAS 99-83-2。
  - ➢ 左旋 -α- 水芹烯 ((-)-α-Phellandrene)，IUPAC 名爲：(5R)-5-Isopropyl-2-methyl-1,3-cyclohexadiene。
  - ➢ 右旋 -α- 水芹烯 ((+)-α-Phellandrene)，IUPAC 名爲：(5S)-5-Isopropyl-2-methyl-1,3-cyclohexadiene。
- β- 水芹烯 ((±)-β-Phellandrene)，CAS 555-10-2[67, 87]。CAS 51941-36-7 已經停用[84]。
  - ➢ 左旋 -β- 水芹烯 ((-)-β-Phellandrene)，CAS 6153-17-9，IUPAC 名爲：(3R)-3-Isopropyl-6-methylenecyclohexene。
  - ➢ 右旋 -β- 水芹烯 ((+)-β-Phellandrene/d-β-Phellandrene)，CAS 6153-16-8，IUPAC 名爲：(3S)-3-Isopropyl-6-methylenecyclohexene。
- 倍半水芹烯 / 倍半水茴香萜 (Sesquiphellandrene)，請參考 2-1-2-39。

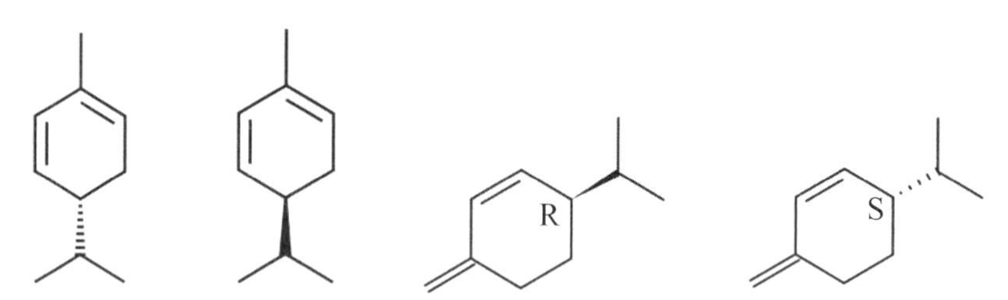

圖2-1-1-7　由左至右：(-)-α-水芹烯、(+)-α-水芹烯、(-)-β-水芹烯、(+)-β-水芹烯化學式[67, 84]

8. 莰烯 / 樟烯 (Camphene)，是蒎烯的異構物，爲雙環單萜烯，具有 [2.2.1] 結構，1、4 號碳有手性中心，化學式 $C_{10}H_{16}$、密度 0.842g/cm^3、熔點 51-52°C、沸點 159°C[5]，常溫下是白色結晶，在室溫易揮發，可溶於溶劑，但幾乎不溶於水，如圖 2-1-1-8 所示。存在於冷杉、白草蒿、橙花、樟腦、薰衣草、菖蒲和薑黃等樟屬、冷杉屬及雲杉屬植物中，例如樟腦油、香茅油、松節油、柏油等精油中皆含有莰烯。莰烯有刺鼻的樟腦味，用於香料及食品調味劑，在工業上的主要用途是作爲樟腦與檀香的原料。芳療經驗上，莰烯 / 樟烯可緩和呼吸道黏液的分泌的功效，然而不至於使黏膜過度乾燥[43]。研究證實莰烯 / 樟烯具有鎮痛的功效[58]。
   - 莰烯 / 樟烯 (Camphene/dl-Camphene/(±)-Camphene)，CAS 79-92-5。CAS 565-00-4 已經停用[84]。
     - ➢ 左旋莰烯 ((-)-Camphene/l-Camphene)，CAS 5794-04-7，IUPAC 名爲：(1S,4R)-(-)-2,2-Dimethyl-3-methylenebicyclo[2.2.1]heptane。
     - ➢ 右旋莰烯 ((+)-Camphene/d-Camphene)，CAS 5794-03-6，IUPAC 名爲：(1R,4S)-(+)-2,2-Dimethyl-3-methylenebicyclo[2.2.1]heptane。

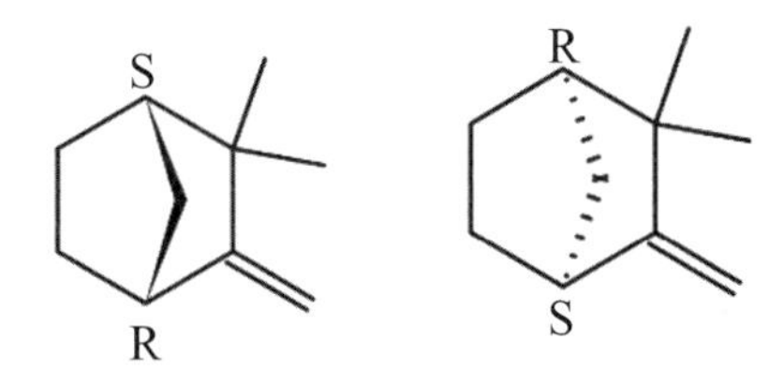

圖2-1-1-8　由左至右：左旋莰烯、右旋莰烯化學式

9. 羅勒烯 (Ocimene)，羅勒烯為月桂烯的異構物，是一種無環（鏈狀）單萜烯，化學式 $C_{10}H_{16}$、密度 0.796-0.804g/cm^3、沸點（異構體混合物）100°C[5, 11]，如圖 2-1-1-9 所示。存在於水果、薰衣草以及羅勒屬植物中，為無色或淡黃色油狀液體。溶可於乙醇和乙醚等溶劑，難溶於水，具有增強免疫力的效果，散發類似桂圓的強烈香味，可製成香精原料[10]。在芳療經驗上，羅勒烯有費洛蒙，可警示免疫系統有病菌侵入[43]。
   - *α*- 羅勒烯 (*α*-Ocimene)，CAS 502-99-8。
     - ➢ 反式 -*α*- 羅勒烯 ((E)-*α*-Ocimene)，CAS 502-99-8[11, 19, 60]，IUPAC 名為：(3E)-3,7-Dimethylocta-1,3,7-triene。
     - ➢ 順式 -*α*- 羅勒烯 ((Z)-*α*-Ocimene/cis-*α*-Ocimene)，CAS 6874-44-8，IUPAC 名為：(3Z)-3,7-Dimethylocta-1,3,7-triene。
   - *β*- 羅勒烯 (*β*-Ocimene)，CAS 13877-91-3。CAS 1856-63-9, 11009-78-2, 11022-64-3 已經停用[84]。
     - ➢ 反式 -*β*- 羅勒烯 ((E)-*β*-Ocimene/trans-*β*-Ocimene)，CAS 3779-61-1[11, 84]，IUPAC 名為：(3E)-3,7-Dimethyl-1,3,6-octatriene。
     - ➢ 順式 -*β*- 羅勒烯 ((Z)-*β*-Ocimene/cis-*β*-Ocimene)，CAS 3338-55-4，IUPAC 名為：(3Z)-3,7-Dimethyl-1,3,6-octatriene。
   - 萬壽菊烯酮／羅勒烯酮 (Tagetenone/Ocimenone)，請參考 3-2-1-11。

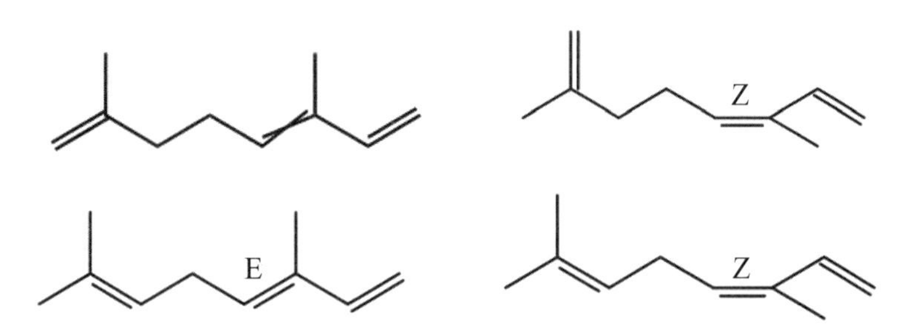

圖2-1-1-9　上排由左至右：*α*-羅勒烯、順式-*α*-羅勒烯化學式；下排由左至右：反式-*β*-羅勒烯、順式-*β*-羅勒烯化學式[84]

10. 側柏烯 (Thujene) 是一種天然的單萜烯，分子有 [3.1.0] 稠環，第 1、5 號碳有手性中心。有三種異構物：*α*- 側柏烯、*β*- 側柏烯、檜烯／沙賓烯 (Sabinene)。側柏烯通常是指 *α*- 側柏烯，*β*- 側柏烯比較少見。化學式 $C_{10}H_{16}$、密度 0.844g/cm^3、沸點 151-152°C[5, 11]，如圖 2-1-

1-10 所示。檜烯／沙賓烯是側柏烯的雙鍵異構物，化學式 $C_{10}H_{16}$、密度 0.844g/cm^3、沸點 163-164°C[5]，是胡蘿蔔籽油的主要成分，存在於沙賓檜、槲櫟、挪威雲杉、肉豆蔻、茶樹、馬纓丹、杜松、粉紅蓮花、小蒼蘭、西洋蓍草以及其他冷杉屬、雲杉屬、樟屬植物中，帶有樹脂或木頭氣味，對皮膚有刺激性，具有抗發炎的效果。在芳療經驗上，側柏是需要注意的植物，側柏酮 (Thujone) 爲口服毒素及墮胎藥劑，孕婦應避免接觸。台灣有毒中草藥毒性資料庫記載：側柏枝葉對人畜皆有毒性，會引起噁心、嘔吐，嚴重可能產生肺水腫、肌肉痙攣、呼吸衰竭。中醫用於利尿、止血、整腸、健胃；在芳療經驗上，檜烯／沙賓烯 (Sabinene)有消炎、防止慢性發炎的功效 [43]。研究證實檜烯／沙賓烯具有抗發炎、抗眞菌的功效 [58]。

- *α*- 側柏烯／牛至烯／野馬鬱蘭烯 (*α*-Thujene/Origanene)，CAS 2867-05-2，IUPAC 名爲：5-Isopropyl-2-methylbicyclo[3.1.0]hex-2-ene。CAS 1406-51-5, 75715-79-6 已經停用 [84]。
  - ➢ 左旋 -*α*- 側柏烯 ((-)-*α*-Thujene)，CAS 3917-48-4，IUPAC 名爲：(1R,5R)-5-Isopropyl-2-methyl bicyclo[3.1.0]hex-2-ene。
  - ➢ 右旋 -*α*- 側柏烯 ((+)-*α*-Thujene)，IUPAC 名爲：(1S,5S)-5-Isopropyl-2-methylbicyclo[3.1.0]hex-2-ene。
- *β*- 側柏烯 (*β*-Thujene/2-Thujene)，CAS 28634-89-1，IUPAC 名爲：1-Isopropyl-4-methyl bicyclo[3.1.0]hex-2-ene。CAS 1224161-31-2 已經停用 [84]。
  - ➢ 左旋 -*β*- 側柏烯 ((-)-*β*-Thujene)，IUPAC 名爲：(1R,4R,5S)-1-Isopropyl-4-methylbicyclo[3.1.0]hexan-3-one。
  - ➢ 右旋 -*β*- 側柏烯 ((+)-*β*-Thujene)，CAS 18767-59-4[19]，IUPAC 名爲：(1S,4S,5R)-1-Isopropyl-4-methylbicyclo[3.1.0]hexan-3-one。
- 檜烯／沙賓烯 (Sabinene)，CAS 3387-41-5，IUPAC 名爲：1-Isopropyl-4-methylenebicyclo[3.1.0] hexane。CAS 513-19-9, 4820-95-5, 15826-80-9 已經停用 [84]。
  - ➢ 左旋檜烯／左旋沙賓烯 ((-)-Sabinene/l-Sabinene)，CAS 10408-16-9，IUPAC 名爲：(1S,5S)-1-Isopropyl-4-methylenebicyclo[3.1.0]hexane。
  - ➢ 右旋檜烯／右旋沙賓烯 ((+)-Sabinene/d-Sabinene)，CAS 2009-00-9，IUPAC 名爲：(1R,5R)-1-Isopropyl-4-methylenebicyclo[3.1.0]hexane。
- 側柏酮／崖柏酮 (Thujone)，請參考 3-2-1-13。
- 羅漢柏烯 (Thujopsene)，請參考 2-1-2-24。

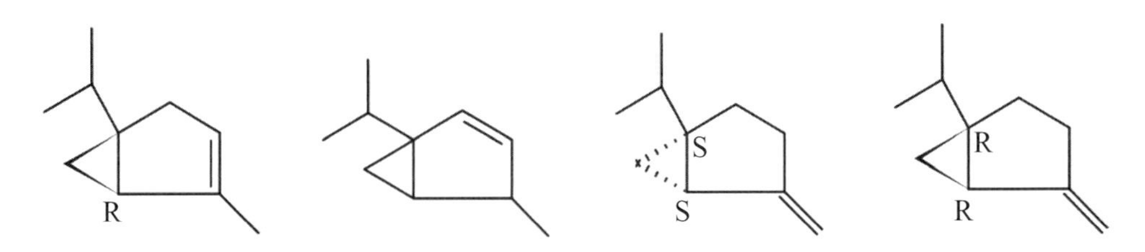

圖2-1-1-10　由左至右：左旋-*α*-側柏烯、*β*-側柏烯、左旋檜烯、右旋檜烯化學式

11. 薄荷烯 (Menthene) 根據取代基有對 (p/para)、鄰 (o/ortho)、間 (m/meta) 等三種異構物，依雙鍵位置各還有異構物，另外還有順／反 (Cis/Trans) 異構物，化學式 $C_{10}H_{18}$、密度 0.813g/cm^3、沸點 173.5°C[12, 35]，鄰 (o-) 薄荷烯和間 (m-) 薄荷烯較爲罕見，而對 (p-) 薄荷烯天然存在於小豆蔻 (Cardamom) 等植物中，可作爲潛在生物標誌物[35]。

- 1-對薄荷烯 (1-p-Menthene/p-Menth-1-ene)，CAS 5502-88-5。CAS 61585-35-1 已經停用[84]。
  - ➢ 左旋 1- 對薄荷烯／左旋旱芹薄荷烯 (((-)-p-Menth-1-ene/(-)-Carvomenthene)[67, 87]，CAS 499-94-5，IUPAC 名爲：(4S)-1-Methyl-4-(propan-2-yl)cyclohex-1-ene。
  - ➢ 右旋 1- 對薄荷烯／右旋旱芹薄荷烯 (((+)-p-Menth-1-ene/d-1-p-Menthene/(+)-Carvomenthene)[67, 87]，CAS 1195-31-9，IUPAC 名爲：(4R)-1-Methyl-4-(propan-2-yl)cyclohex-1-ene。
- 2- 對薄荷烯 (2-p-Menthene/p-Menth-2-ene)，CAS 5256-65-5[11, 19, 2]。
  - ➢ 右旋反式 2- 對薄荷烯 ((+)-trans-p-Menth-2-ene)，CAS 5113-93-9，IUPAC 名爲：(3R,6S)-3-Methyl-6-(propan-2-yl)cyclohex-1-ene。
- 3- 對薄荷烯 (3-p-Menthene/p-Menth-3-ene)，CAS 500-00-5。CAS 2230-69-5 已經停用[84]。
  - ➢ 右旋 3- 對薄荷烯 (p-Menth-3-ene/(+)-3-Menthene)，CAS 619-52-3，IUPAC 名爲：1-Isopropyl-4-methylcyclohexene。
- 8- 鄰薄荷烯 (o-Menth-8-ene)，CAS 15193-25-6[21, 66]，IUPAC 名爲：1-Isopropenyl-2-methylcyclohexane。

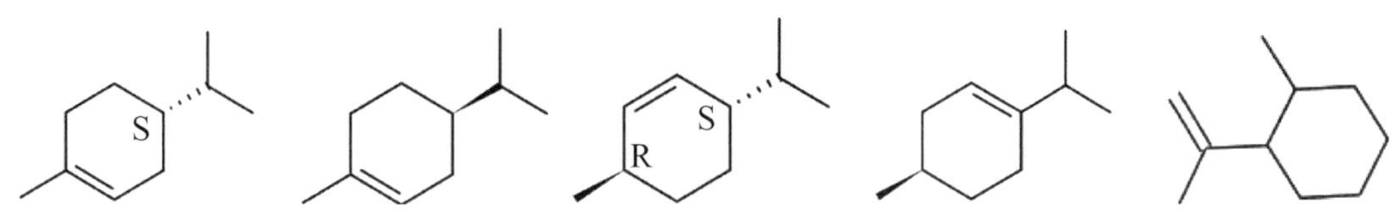

圖2-1-1-11 由左至右：左旋1-對薄荷烯、右旋1-對薄荷烯、右旋反式2-對薄荷烯、右旋3-對薄荷烯、8-鄰薄荷烯化學式

12. 松精油／樅油烯／洋樅萜 (Sylvestrene)，爲單環單萜烯，有左旋、右旋和外消旋等光學異構物，化學式 $C_{10}H_{16}$、密度 0.8±0.1g/cm^3、沸點 175.4°C，爲無色至淡黃色透明液體，溶於乙醇，不溶於水，天然存在於金鼠尾草、薑味草等植物中[11, 13, 19, 20, 66]。

- 松精油／樅油烯／洋樅萜 (Sylvestrene)，CAS 1461-27-4。
  - ➢ 右旋松精油 ((+)-Sylvestrene/d-Sylvestrene)，CAS 1461-27-4，IUPAC 名爲：(5R)-5-Isopropenyl-1-methylcyclohexene/(+)-m-Mentha-1(6),8-diene。CAS 13837-93-9, 17066-60-3 已經停用[84]。
- 樅樹 (Firs) 是松科 (Pinaceae)、冷杉亞科 (Abietoideae)、冷杉屬 (Abies) 植物。

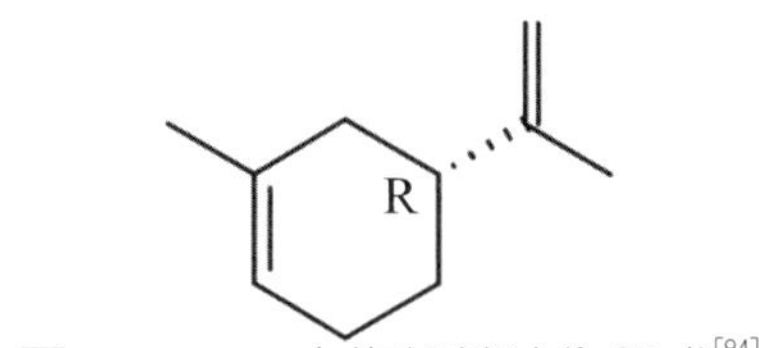

圖2-1-1-12　右旋松精油化學式[84]

13. 薁／天藍烴 (Azulene)，化學式 $C_{10}H_8$、密度 1.037g/cm^3、熔點 99-100°C、沸點 242°C[5]，不溶於水，溶於 60% 硫酸或鹽酸，是萘 (Naphthalene) 的同分異構體，高溫下會異構化成萘。萘無色而天藍烴是深藍色。薁／天藍烴有兩種萜類化合物：岩蘭草天藍烴 (Vetivazulene) 和癒創天藍烴 (Guaiazulene)，都具有薁／天藍烴骨架，自然存在於蘑菇、癒創木精油和某些海洋無脊椎動物的色素中。癒創天藍烴是天藍烴的烷基化衍生物，有著幾乎相同的深藍色，用於化妝品作為皮膚調理劑[5]。薁／天藍烴是母菊素 (Matricin) 的衍生物，可以合成母菊天藍烴 (Chamazulene)。
   - 薁／天藍烴 (Azulene)，CAS 275-51-4，IUPAC 名為：Bicyclo[5.3.0]decapentaene/Cyclopenta cycloheptane。

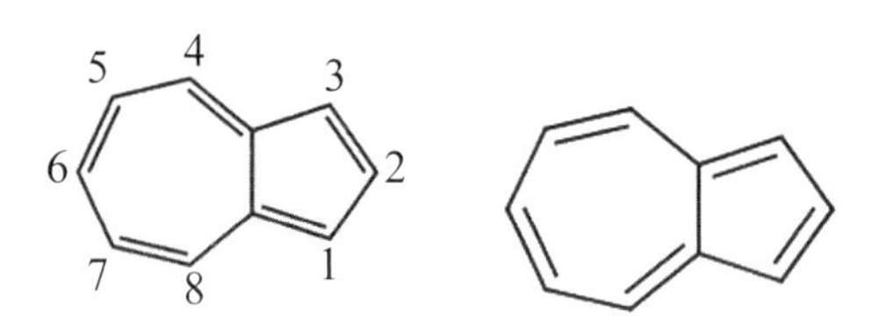

圖2-1-1-13　薁／天藍烴化學式

14. 檀烯／檀萜烯 (Santene)，分子有 [2.2.1] 雙環 (bicyclo) 結構，化學式 C_9H_{14}，檀烯 C_9 的結構應該不算單萜烯 (C_{10})，密度 0.909g/cm^3、沸點 140.5°C，溶於乙醇、微溶於水 (12.23mg/L@25°C)，天然存在於歐芹、野薄荷、迷迭香、異葉石龍尾、歐洲赤松等植物中，歐芹中含量最高，可以成為潛在生物標誌物[11, 19, 35]。
   - 檀烯／檀萜烯 (Santene)，CAS 529-16-8，IUPAC 名為：2,3-Dimethylbicyclo[2.2.1]hept-2-ene。CAS 22627-96-9 已經停用[84]。
   - 檀香精油中含有檀香醇 (Santalol, 2-2-2-6)、檀烯／檀萜烯 (Santene, 2-1-1-14)、檀香烯／檀香萜 (Santalene, 2-1-2-25)、檀香酸 (Santalic acid, 5-2-2-18)、檀萜烯酮 (Santenone)、檀萜烯酮醇 (Santenone alcohol)、檀油酸 (Teresantalic acid)、紫檀萜醛 (Santalal/Santal aldehyde) 等成分[40, 56]。

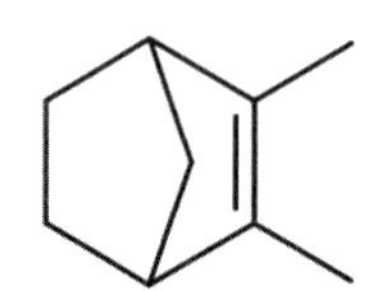

圖2-1-1-14　檀烯／檀萜烯化學式

15. 三環萜／三環烯／檀油萜 (Tricyclene/Teresantanane)，分子有 [2.2.1] 雙環，2,6 號碳還有稠環，成為三環結構，化學式 $C_{10}H_{16}$、密度 0.844g/cm^3、熔點 67.5°C、沸點 152.5°C，為無色固體，溶於乙醇，微溶於水 (7.484mg/L@25°C)，用於穀片、乳製品、冰品、蔬果製品、調味料、魚肉製品，以及酒精與非酒精飲料 [11, 19, 66]。
- 三環萜／三環烯／檀油萜 (Tricyclene/Teresantanane)，CAS 508-32-7，IUPAC 名為：1,7,7-Trimethyltricyclo [2.2.1.0^{2,6}]heptane。CAS 20347-59-5, 22273-90-1 已經停用 [84]。
- 檀油醇 (Teresantalol)，請參考 2-2-1-1-13。

圖2-1-1-15　三環萜／三環烯化學式

16. 苯乙烯／肉桂烯 (Styrene/Cinnamene)，化學式 C_8H_8，其 C_8 的結構並不屬於單萜烯 (C_{10})，密度 0.9g/cm^3、熔點 -31°C、沸點 145.2°C，為無色油狀揮發性透明液體，氧化後會呈黃色，溶於乙醇、乙醚，不溶於水，天然少量存在於肉桂、咖啡豆、香脂樹和花生等植物以及煤焦油中，有甜香氣，但濃度過高時氣味變得嗆鼻。苯乙烯對眼睛和上呼吸道黏膜有刺激和麻醉作用，高濃度時引起眼睛及上呼吸道黏膜的強烈刺激，出現眼睛痛、流淚、喉嚨痛、咳嗽等症狀，嚴重者會眩暈。在空氣中會氧化與聚化反應，是合成樹脂及橡膠的重要原料 [5]。
- 苯乙烯／肉桂烯 (Styrene/Cinnamene)，CAS 100-42-5，IUPAC 名為：Ethenylbenzene，CAS 79637-11-9。1161074-30-1, 1198090-46-8, 1453489-93-4, 1646200-96-5, 2015955-51-6, 2351150-23-5, 2576469-81-1 已經停用 [84]。

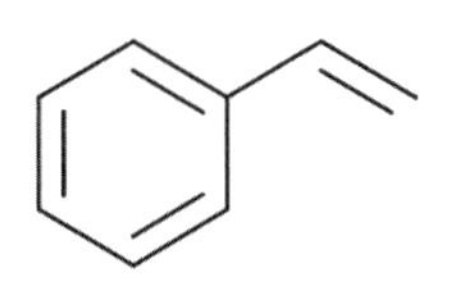

圖2-1-1-16　苯乙烯化學式

17. 扁柏烯 (Chamene)，化學式 $C_{10}H_{16}$、密度 0.87g/cm^3、熔點 46°C、沸點 156-160°C，難溶於水 (4mg/L@20°C)，為白色粉末或結晶固體，有特殊氣味，吸入會導致咳嗽，對眼睛有刺激性，對水生生物有強烈毒性，並可能在魚類生物身上累積，應避免進入環境 [11]。
- 扁柏烯 (Chamene)，CAS 5650-61-3[11]，IUPAC 名為：5-Methyl-4-methylidene-1-propan-2-ylcyclopentene。
- 羅漢柏烯／倍半扁柏烯 (Thujopsene/Widdrene/Sesquichamene)，請參考 2-1-2-24。

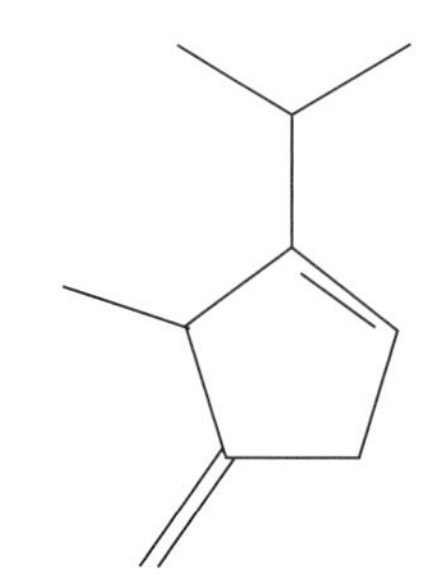

圖2-1-1-17　扁柏烯化學式

18.葑烯／小茴香烯 (Fenchene)，*α*- 葑烯化學式 $C_{10}H_{16}$、密度 0.8616g/cm^3、熔點 143°C、沸點 158°C，溶於乙醇，微溶於水 (4.886mg/L@25°C)，天然存在於歐刺柏、丁香花、葛縷子、敘利亞圓柏以及番荔枝科木瓣樹屬植物中，可抑制細菌生長，製成之藥物可促進胃腸蠕動、鬆弛氣管平滑肌 [11, 19]。

- 葑烯／小茴香烯 (Fenchene)，CAS 471-84-1，IUPAC 名爲：7,7-Dimethyl-2-methylene-norbornane。CAS 2623-54-3 已經停用 [84]。
  - ➢ *α*- 葑烯／*α*- 小茴香烯 ((±)-*α*-Fenchene)，CAS 471-84-1。
    - ✓ 左旋 -*α*- 葑烯／左旋 -*α*- 小茴香烯 ((-)-*α*-Fenchene)，CAS 7378-37-2[84]，IUPAC 名爲：(1S,4R)-7,7-Dimethyl-2-methylenebicyclo[2.2.1]heptane。
    - ✓ 右旋 -*α*- 葑烯／右旋 -*α*- 小茴香烯 ((+)-*α*-Fenchene)，CAS 116724-26-6[84]，IUPAC 名爲：(1R,4S)-7,7-Dimethyl-2-methylenebicyclo[2.2.1]heptane。
  - ➢ *β*- 葑烯／*β*- 小茴香烯 (*β*-Fenchene)，CAS 497-32-5[86]，IUPAC 名爲：2,2-Dimethyl-5-methylene norbornane。
    - ✓ 左旋 -*β*- 葑烯／左旋 -*β*- 小茴香烯 ((-)-*β*-Fenchene)，IUPAC 名爲：[1S,4S,(-)]-2,2-Dimethyl-5-methylenebicyclo[2.2.1]heptane[66]。
    - ✓ 右旋 -*β*- 葑烯／右旋 -*β*- 小茴香烯 ((+)-*β*-Fenchene)，CAS 33404-67-0[86]，IUPAC 名爲：[1R,4R,(+)]-2,2-Dimethyl-5-methylenebicyclo[2.2.1]heptane。
  - ➢ *γ*- 葑烯／*γ*- 小茴香烯 (*γ*-Fenchene)，CAS 497-33-6[86]，IUPAC 名爲：2,5,5-Trimethyl bicyclo[2.2.1]hept-2-ene。
  - ➢ *δ*- 葑烯／*δ*- 小茴香烯 (*δ*-Fenchene)，CAS 534-31-6，IUPAC 名爲：1,5,5-Trimethyl bicyclo[2.2.1]-2-heptene。
  - ➢ *ε*- 葑烯／*ε*- 小茴香烯 (*ε*-Fenchene)，CAS 512-50-5[84]，IUPAC 名爲：1,2,3-Trimethyl bicyclo(2.2.1)hept-2-ene。
  - ➢ *ζ*- 葑烯／*ζ*- 小茴香烯 (*ζ*-Fenchene/zeta-Fenchene)，CAS 514-14-7[11]，IUPAC 名爲：2,7,7-Trimethylbicyclo[2.2.1]hept-2-ene。
  - ➢ 去甲葑烯／去甲莰烯／去甲冰片烯 (Norfenchene/Norcamphene/Norbornylene/Norbornene)，CAS 498-66-8，IUPAC 名爲：Bicyclo[2.2.1]hept-2-ene。
- 環葑烯 (Cyclofenchene)，分子有 [2.2.1] 雙環，2,6 號碳還有稠環，成爲三環 (tricyclo) 結

構，化學式 $C_{10}H_{16}$、密度 0.8624g/cm^3、沸點 145°C，溶於乙醇，微溶於水 (7.484mg/L@25°C)，天然存在於油菊／野菊等植物中 [11, 19]。

➢ 環葑烯 (Cyclofenchene)，CAS 488-97-1，IUPAC 名爲：1,3,3-Trimethyltricyclo[2.2.1.0^{2,6}] heptane。CAS 1173164-43-6 已經停用 [84]。

- Nor- 翻譯成「去甲」或「降」，因此 Norfenchene 稱爲去甲葑烯／降葑烯，莰烯與冰片烯亦同。冰片又稱龍腦。
- 葑烯和莰烯、冰片烯結構很相似：
  ➢ 莰烯 (Camphene)，請參考 2-1-1-8。
  ➢ 冰片烯／2- 莰烯 (Bornylene/2-Bornene)，請參考 2-1-1-19。
- 葑醇／小茴香醇 (Fenchol/Fenchyl alcohol)，請參考 2-2-1-2-5。
- 葑酮／小茴香酮 (Fenchone)，請參考 3-2-1-8。

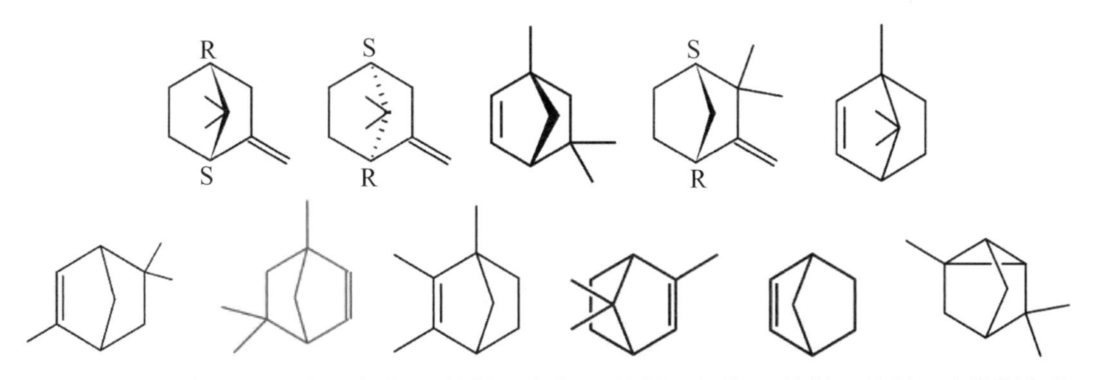

圖2-1-1-18　上排由左至右：左旋-α-葑烯、右旋-α-葑烯、左旋-β-葑烯、莰烯、冰片烯化學式；下排由左至右：γ-葑烯、δ-葑烯、ε-葑烯、ζ-葑烯、去甲葑烯、環葑烯化學式

19.冰片烯／2- 莰烯 (Bornylene/2-Bornene)，莰唸「博、伯」。化學式 $C_{10}H_{16}$、密度 0.898g/cm^3、熔點 113°C、沸點 146°C，爲白色固體，溶於乙醇，微溶於水 (6.858mg/L@25°C)，天然存在於無冠毛黃菊以及百里香屬與柴胡屬植物中 [11, 19, 84]。

- 冰片烯／2- 莰烯 [13](Bornylene/2-Bornene/α-Bornene)，CAS 464-17-5，IUPAC 名爲：1,7,7-Trimethylbicyclo[2.2.1]hept-2-ene。CAS 124712-51-2 已經停用 [84]。
  ➢ 左旋冰片烯／左旋 2- 莰烯 [13]((-)-Bornylene/(-)-2-Bornene)，CAS 2437-75-4 [86, 112]，IUPAC 名爲：(1S,4R)-1,7,7-Trimethylbicyclo[2.2.1]hept-2-ene。
  ➢ 右旋冰片烯／右旋 2- 莰烯 [13]((+)-Bornylene/(+)-2-Bornene)，CAS 18383-34-1 [86]，IUPAC 名爲：(1R,4S)-1,7,7-Trimethylbicyclo[2.2.1]hept-2-ene。
- 去甲冰片烯／降冰片烯 (Norbornene)，用於藥物，殺蟲劑，特種香料的原料，其聚合物：聚降冰片烯，則用於抗震、抗衝擊、製鞋配件、保險槓、玩具輪胎、傳輸系統、複印機、釣魚線等 [5]。
  ➢ Nor- 翻譯成「去甲」或「降」。
  ➢ 去甲冰片烯／降冰片烯 (Norbornene/Norfenchene/Norcamphene)，CAS 498-66-8，

IUPAC 名爲：Bicyclo[2.2.1]hept-2-ene。

• 冰片醇／龍腦 (Borneol)，請參考 2-2-1-2-2。

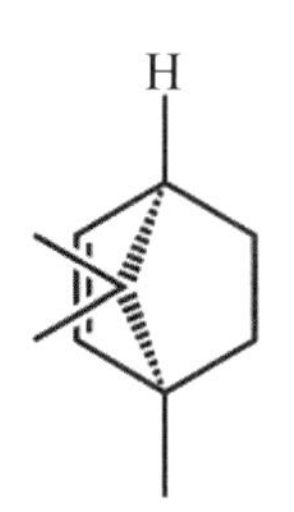

圖2-1-1-19　左旋冰片烯化學式

二、倍半萜烯

倍半萜烯包括石竹烯（丁香烴）、母菊天藍烴（爲芳香烴）、金合歡烯、沒藥烯、大根香葉烯等。倍半萜烯有 15 個碳，爲單萜烯的 1.5 倍，因此相較於單萜烯，通常倍半萜烯黏度比較高，揮發性較低、沸點較高、較不易氧化，香味較強烈，精油的效力也比較緩慢持久。倍半萜烯有抗菌抗發炎的效果，芳療上有舒緩安神的功效 [7]。

1. 石竹烯 (Caryophyllene)，有 α、β 異構物，化學式 $C_{15}H_{24}$、密度 $0.9052 g/cm^3$、沸點 262-264°C[5]，如圖 2-1-2-1 所示，爲無色至淡黃油狀液體、可溶於乙醚和乙醇，但不溶於水，散發出淡淡的丁香味 [10]，存在於丁香、迷迭香、多香果、依蘭依蘭、白千層、黑胡椒等植物中，丁香油、薰衣草油、百里香油、錫蘭桂皮油、肉桂葉油、胡椒油等精油中即含 β- 石竹烯，具有消炎止痛的功效，工業上用於用於配製丁香、胡椒、肉豆蔻、柑橘、藥草等食用香精 [10]。研究證實石竹烯具有抗發炎的功效 [58]。研究證實 β- 石竹烯與 α- 石竹烯（α- 蛇麻烯／α- 葎草烯）、異石竹烯以及抗癌藥物發揮協同作用產生抗癌的活性 [58]。
   • 蛇麻烯／葎草烯 (Humulene/α-Humulene)：α- 石竹烯，又稱 α- 蛇麻烯／α- 葎草烯，是單環結構，第 1、4、8 碳有 E/Z 異構物，存在於蛇麻草、葎草等植物中，有著鮮明沉穩的氣味，在芳療經驗上有鎮定神經系統，處理消化問題的功效。
     ➢ α- 石竹烯 ((±)-α-Caryophyllene)，CAS 6753-98-6，IUPAC 名爲：(1E,4E,8E)-2,6,6,9-Tetramethylcycloundeca-1,4-8-triene。CAS 19132-75-3, 65907-25-7 已經停用 [84]。
     ➢ 蛇麻烯／葎草烯 (Humulene)，請參考 2-1-2-7。
   • β- 石竹烯又稱石竹烯或丁香烯，是 [7.2.0] 雙環結構，第 1 和第 9 碳有手性異構物，第 4 碳有 E/Z 異構物，存在於黑胡椒、丁香、多香果、白千層植物中，有著活潑的丁香氣味，在芳療經驗上有消炎止痛的功效 [43]。
     ➢ 左旋 -β- 石竹烯 ((-)-β-Caryophyllene/l-β-Caryophyllene/(-)-(E)-Caryophyllene)，CAS 87-44-5，IUPAC 名爲：(1R,4E,9S)-4,11,11-Trimethyl-8-methylidenebicyclo[7.2.0]undec-4-ene。CAS 1407-53-0, 8007-38-3, 1233519-47-5 已經停用 [84]。
     ➢ 右旋 -β- 石竹烯 ((+)-β-Caryophyllene/d-β-Caryophyllene/(+)-(E)-Caryophyllene)，CAS

10579-93-8，IUPAC 名爲：(1R,4E,9R)-4,11,11-Trimethyl-8-methylidenebicyclo[7.2.0]undec-4-ene。

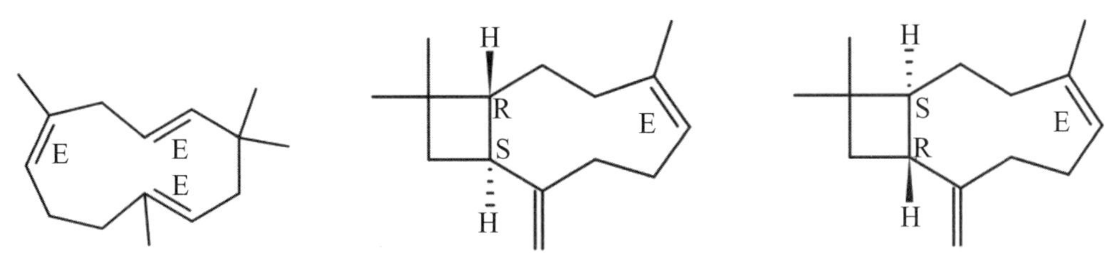

圖2-1-2-1　由左至右：*α*-石竹烯、左旋-*β*-石竹烯、右旋-*β*-石竹烯化學式

2. 母菊天藍烴 (Chamazulene)，分子有薁／天藍烴 (Azulene) 結構，爲 [5.3.0] 雙環結構、平面分子、全部是 sp2 混成軌域，五個共價鍵呈現共軛結構、10 個 π 電子 (4n+2)，符合休克爾法則，因此爲芳烴。有強烈的香氣，如圖 2-1-2-2 所示。化學式 $C_{14}H_{16}$、密度 0.9883g/cm^3、沸點 161°C[5]，爲藍色油狀液體，活性大、易氧化，C_{14} 雖然不屬於倍半萜烯，但是習慣上把母菊天藍烴包含在倍半萜烯。母菊天藍烴是從母菊素 (Matricin，$C_{17}H_{22}O_5$) 經由生物合成。母菊天藍烴存在於德國洋甘菊、苦艾、西洋蓍草 (Yarrow，蓍念「師」，學名 Achillea millefoliume)、摩洛哥藍艾菊、南木蒿等植物中。在芳療經驗上，母菊天藍烴有抑制發炎、抑制過敏反應、修護肌膚、促進傷口癒合、治療潰瘍的功效 [43]。研究證實母菊天藍烴具有消炎、抗過敏的功效 [58]。

- 母菊天藍烴 (Chamazulene/Dimethulene)，CAS 529-05-5，IUPAC 名爲：1,4-Dimethyl-7-ethylazulene。
- 薁／天藍烴 (Azulene)，CAS 275-51-4，IUPAC 名爲：Bicyclo[5.3.0]decapentaene/Cyclopenta cycloheptane，請參考 2-1-1-13。
- 癒創天藍烴／癒創薁／胍薁 (Guaiazulene)，是薁的衍生物，化學式 $C_{15}H_{18}$、密度 0.976g/cm^3、熔點 32°C[5]、沸點 153°C[5]，存在於癒創木、洋甘菊等植物以及軟珊瑚中，是美國 FDA 核准的化妝品色料添加物 [5]。
  - ➢ 癒創木烯／胍烯 (Guaiene)，請參考 2-1-2-17。癒創木醇／癒創醇 (Guaiol/Champacol)，請參考 2-2-2-21。
  - ➢ 癒創天藍烴／癒創薁／胍薁 (Guaiazulene/Eucazulen/Kessazulen/Purazulen/Uroazulen)，CAS 489-84-9，IUPAC 名爲：1,4-Dimethyl-7-(propan-2-yl)azulene。CAS 12040-47-0 已經停用 [84]。
- 岩蘭草天藍烴／欖香天藍烴 (Vetivazulene/Elemazulene)，化學式 $C_{15}H_{18}$、密度 1.0±0.1g/cm^3、熔點 32°C[5]、沸點 305°C[66]，爲綠色液體，有著類似土壤的氣味，存在於岩蘭草等植物中。
  - ➢ 岩蘭草天藍烴／欖香天藍烴 (Vetivazulene/Elemazulene)，CAS 529-08-8，IUPAC 名爲：2-Isopropyl-4,8-dimethylazulene。
- 雙氫母菊天藍烴，化學式 $C_{14}H_{18}$、沸點 211°C[21]，有效抑制發炎、過敏反應與促進傷口癒合的效果[5]。

➢ 3,6- 雙氫母菊天藍烴 (3,6-Dihydrochamazulene)，CAS 18454-88-1，IUPAC 名為：7-Ethyl-3,6-dihydro-1,4-dimethyl-dihydro chamazulene，分子沒有呈現共軛結構，因此不屬於芳烴，有著潮溼的抹布氣味。

➢ 5,6- 雙氫母菊天藍烴 (5,6-Dihydrochamazulene)，CAS 18454-89-2，IUPAC 名為：7-Ethyl-5,6-dihydro-1,4-dimethylazulene。

• 母菊素 (Matricin)，化學式 $C_{17}H_{22}O_5$、密度 1.24g/cm^3、熔點 159°C、沸點 481.7°C[12]，是一種無色的環狀倍半萜烯，是薁的藍紫色衍生物，存在於洋甘菊等植物中。

➢ 母菊素 (Matricin/(-)-Matricin/Proazulene)，CAS 29041-35-8，IUPAC 名為：(3S,3aR,4S,9R,9aS,9bS)-9-Hydroxy-3,6,9-trimethyl-2-oxo-2,3,3a,4,5,9,9a,9b-octahydroazuleno[4,5-b]furan-4-yl acetate。CAS 11037-28-8, 37361-22-1 已經停用[84]。

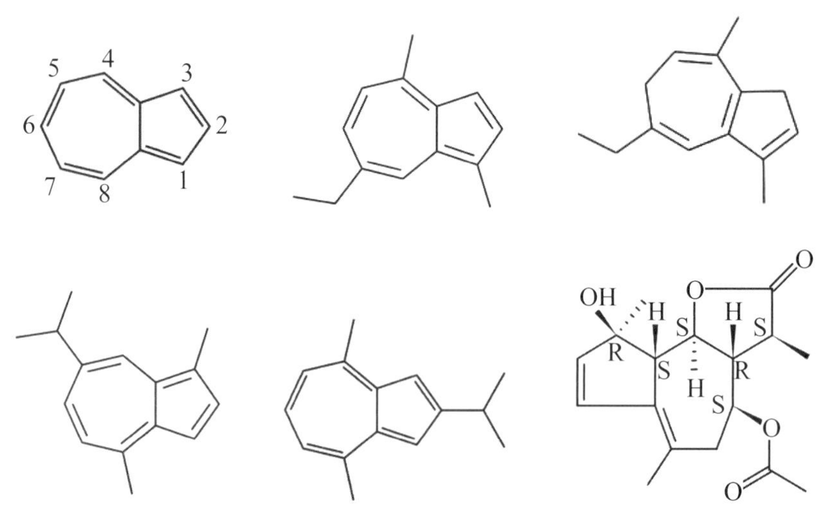

圖2-1-2-2　上排由左至右：薁、母菊天藍烴、雙氫母菊天藍烴化學式；下排由左至右：癒創天藍烴、岩蘭草天藍烴、母菊素化學式

3. 金合歡烯 / 法尼烯 (Farnesene)：*α*- 金合歡烯的 3、6 號碳有 E/Z 異構物，*β*- 金合歡烯的 6 號碳也有 E/Z 異構物，因此共有 4 個 *α* 異構物和 2 個 *β* 異構物。金合歡烯是一種無環（鏈狀）的倍半萜烯，化學式 $C_{15}H_{24}$、密度 0.813g/cm^3、沸點 *α*：125°C、*β*-(E)：124°C、*β*-(Z)：95-107°C[5]，如圖 2-1-2-3 所示。自然界中 (E,E)-*α*- 金合歡烯是最常見的異構體，存在於玫瑰、依蘭、橙花等植物的花朵，以及蘋果等水果中，具有的青蘋果的氣味。(Z,E)-*α*- 金合歡烯可從紫蘇油分離而得；*β*- 金合歡烯存在於德國洋甘菊、廣藿香、杜松等植物中，散發出類似塑膠、膠水味，可作為馬鈴薯等植物的天然驅蟲劑。在芳療經驗上，金合歡烯有費洛蒙效應，有促進人際溝通、兩性關係與親子關係的功效[43]。

• (E,E)-*α*- 金合歡烯 (Farnesene/*α*-Farnesene/(E,E)-*α*-Farnesene)，CAS 502-61-4，IUPAC 名為：(3E,6E)-3,7,11-Trimethyl dodeca-1,3,6,10-tetraene。CAS 18452-58-9, 21499-64-9 已經停用[84]。

• (E,Z)-*α*- 金合歡烯 ((E,Z)-*α*-Farnesene)，CAS 28973-98-0[12, 19]，IUPAC 名為：(3E,6Z)-

3,7,11-Trimethyl dodeca-1,3,6,10-tetraene。

- (Z,E)-α- 金合歡烯 ((Z,E)-α-Farnesene/Zataroside A)，CAS 26560-14-5[11, 12]，IUPAC 名為：(3Z,6E)-3,7,11-Trimethyldodeca-1,3,6,10-tetraene。
- (E)-β- 金合歡烯 (β-Farnesene/(E)-β-Farnesene/Biofene)，CAS 18794-84-8，IUPAC 名為：(6E)-7,11-Dimethyl-3-methylenedodeca-1,6,10-triene。CAS 502-60-3 已經停用[84]。
- (Z)-β- 金合歡烯 ((Z)-β-Farnesene)，CAS 28973-97-9，IUPAC 名為：(6Z)-7,11-Dimethyl-3-methylenedodeca-1,6,10-triene。

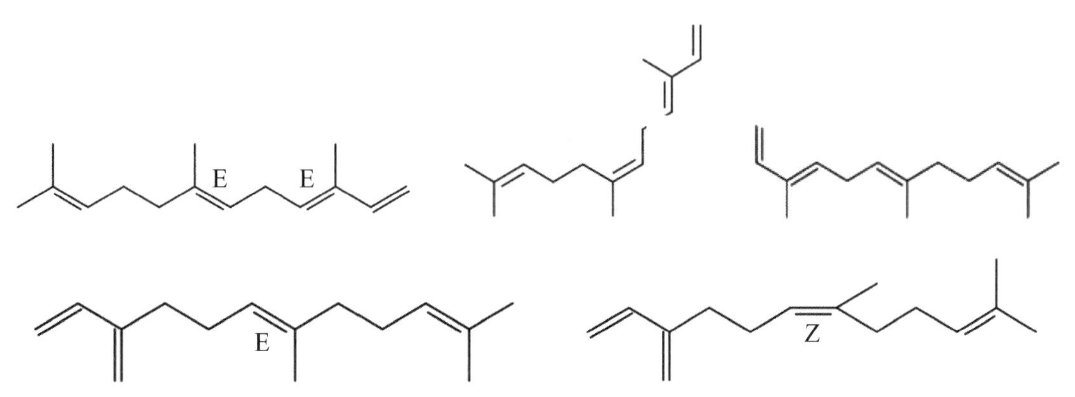

圖2-1-2-3　上排由左至右：(E,E)-α-金合歡烯、(E,Z)-α-金合歡烯、(Z,E)-α-金合歡烯化學式；下排由左至右：(E)-β-金合歡烯、(Z)-β-金合歡烯化學式

4. 沒藥烯 (Bisabolene)，有 α、β 和 γ 三種異構物，化學式 $C_{15}H_{24}$、密度 0.8673g/cm^3、沸點 275-277°C[5]，如圖 2-1-2-4 所示，存在於檸檬、牛至、沒藥、紅沒藥、薑、薑黃、野馬鬱蘭等植物中，有著溫暖的皮革香氣，是合成許多甜味與醋味劑的中間產品，常用於食品添加劑[5]。在芳療經驗上，沒藥烯有消炎、抗敏的功效，並有費洛蒙效應，發揮安撫鎮定的作用，消除內分泌與皮膚的問題[43]。
   - 與沒藥烯結構相近的有：薑烯 (Zingiberene) 與薑黃烯 (Curcumene)，薑烯氣味辛辣，有溫暖的香氣，不刺激皮膚，有驅寒與增進食慾的功能。薑黃烯氣味辛香，具有消炎抗氧化的功能[10]。
     - ➢ 薑烯 (Zingiberene)，請參考 2-1-2-6。薑黃烯 (Curcumene)，請參考 2-1-2-26。
   - α- 沒藥烯在 1 號碳有 E/Z 異構物。
     - ➢ (E)-α- 沒藥烯 ((E)-α-Bisabolene)，CAS 25532-79-0，IUPAC 名為：4-[(1E)-1,5-Dimethylhexa-1,4-dien-1-yl]-1-methylcyclohexene。CAS 70286-16-7 已經停用[84]。
     - ➢ (Z)-α- 沒藥烯 ((Z)-α-Bisabolene)，CAS 29837-07-8，IUPAC 名為：4-[(1Z)-1,5-Dimethylhexa-1,4-dien-1-yl]-1-methylcyclohexene。CAS 70332-15-9 已經停用[84]。
   - β- 沒藥烯在 4 號碳有手性中心。
     - ➢ (S)-β- 沒藥烯 (β-Bisabolene/(-)-β-Bisabolene/(S)-β-Bisabolene/l-β-Bisabolene)，CAS 495-61-4，IUPAC 名為：(4S)-1-Methyl-4-(5-methyl-1-methylenehex-4-en-1-yl)cyclohexene。CAS 23089-29-4 已經停用[84]。

  - ➢ (R)-β- 沒藥烯 ((R)-β-Bisabolene)，IUPAC 名為：(4R)-1-Methyl-4-(5-methyl-1-methylenehex-4-en-1-yl)cyclohexene。
- γ- 沒藥烯 (γ-Bisabolene/Bisabolene)，CAS 495-62-5，在 4 號碳有 E/Z 異構物。CAS 11003-31-9 已經停用 [84]。
  - ➢ (E)-γ- 沒藥烯 ((E)-γ-Bisabolene)，CAS 53585-13-0[11, 19]，IUPAC 名為：(4E)-4-(1,5-Dimethylhex-4-en-1-ylidene)-1-methylcyclohexene。
  - ➢ (Z)-γ- 沒藥烯 ((Z)-γ-Bisabolene)，CAS 13062-00-5，IUPAC 名為：(4Z)-4-(1,5-Dimethylhex-4-en-1-ylidene)-1-methylcyclohexene[11, 67]。
- 罕沒藥烯 (Heerabolene)：密度 0.943g/cm^3、沸點 130-136°C@16mmHg，旋光度 [α] D +14°（比旋光度 α 符號中，D 是指鈉燈光波，正號是指右旋），Gildemeister 認為罕沒藥烯可能是三環倍半萜烯，由 O. V. Friedrichs 在罕沒藥 (Heerabol myrrh) 植物中發現並命名 [49,50]。

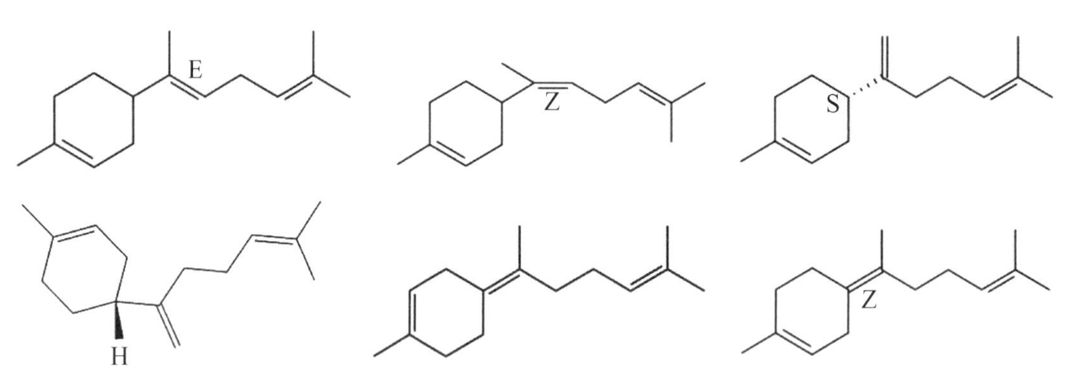

圖2-1-2-4　上排由左至右：(E)-α-沒藥烯、(Z)-α-沒藥烯、(S)-β-沒藥烯化學式；下排由左至右：(R)-β-沒藥烯、(E)-γ-沒藥烯、(Z)-γ-沒藥烯化學式

5. 大根香葉烯 / 大根老鸛草烯 (Germacrene)，CAS 28028-64-0，有 A、B、C、D、E 五種雙鍵異構物，其中 A、D、E 在 8 號碳有手性中心，B、C 沒有手性異構物。大根香葉烯是一種環狀倍半萜烯，化學式 $C_{15}H_{24}$、密度 0.793g/cm^3、沸點 236.4°C[5]，如圖 2-1-2-5 所示，存在於檸檬薄荷、辣薄荷、日本柚、檸檬馬鞭草等植物中，在紅紫草和水仙屬植物含量也相當高。大根香葉烯帶有甘草、花茶、菸草混和的香味，給人提振鼓舞的氣息，從松油萜轉化而得，具有驅蟲的效果。在芳療經驗上，大根香葉烯可驅蟲，並有費洛蒙效應，具催情的功效 [43]。
   - 大根香葉烯 A(Germacrene A)，CAS 28387-44-2。
     - ➢ 大根香葉烯 A / 左旋 (-) 大根香葉烯 A(Germacrene A/(-)-Germacrene A)，CAS 28387-44-2，IUPAC 名為：(-)-(1E,5E,8S)-1,5-Dimethyl-8-(1-methylethenyl)-1,5-cyclodecadiene。
     - ➢ 大根香葉烯 / 右旋 (+) 大根香葉烯 A(Germacrene/(+)-Germacrene A)，CAS 28028-64-0，IUPAC 名為：(+)-(1E,5E,8R)-8-Isopropenyl-1,5-dimethylcyclodeca-1,5-diene。
   - 大根香葉烯 B(Germacrene B)，CAS 15423-57-1，IUPAC 名為：(1E,5E)-1,5-Dimethyl-8-

(propan-2-ylidene)cyclodeca-1,5-diene。CAS 17463-45-5, 18409-98-8, 28625-52-7 已經停用 [84]。

- 大根香葉烯 C(Germacrene C)，CAS 34323-15-4，IUPAC 名為：(1E,3E,7E)-4-Isopropyl-1,7-dimethylcyclodeca-1,3,7-triene。CAS 23811-32-7, 34444-35-4, 36564-49-5 已經停用 [84]。
- Germacrene D(Germacrene D)，CAS 23986-74-5。
  - ➢ 左旋 (-) 大根香葉烯 D((-)-Germacrene D)，CAS 23986-74-5，IUPAC 名為：(-)-(1E,6E,8S)-1-Methyl-5-methylidene-8-(propan-2-yl)cyclodeca-1,6-diene。
  - ➢ 右旋 (+) 大根香葉烯 D((+)-Germacrene D)，IUPAC 名為：(+)-(1E,6E,8R)-1-Methyl-5-methylidene-8-(propan-2-yl)cyclodeca-1,6-diene。
- 大根香葉烯 E(Germacrene E)，IUPAC 名為：(1E,6E)-8-Isopropenyl-1,5-dimethyl-1,6-cyclodecadiene[66]，8 號碳有手性中心，類似大根香葉烯 A。

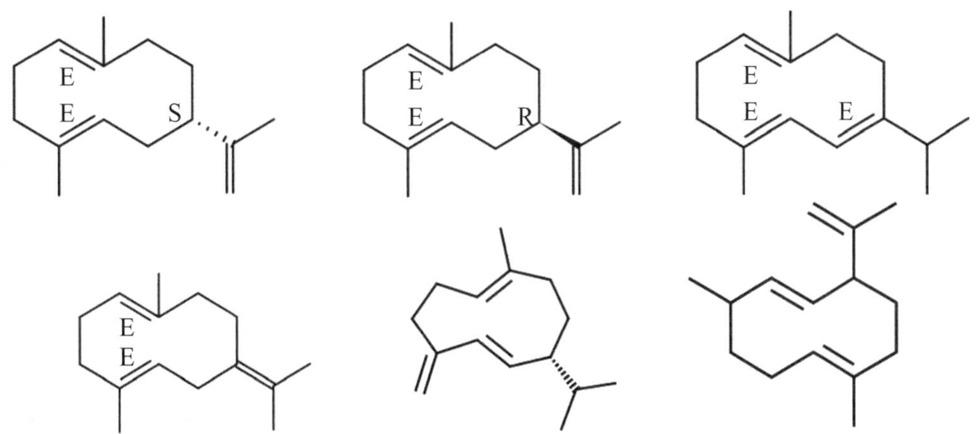

圖2-1-2-5　上排由左至右：左旋(-)大根香葉烯A、右旋(+)大根香葉烯A、大根香葉烯B化學式；下排由左至右：大根香葉烯C、大根香葉烯D、大根香葉烯E物化學式

6. 薑烯 (Zingiberene)，薑烯化學式 $C_{15}H_{24}$、密度 0.854g/cm^3、沸點 270.7°C，為單環倍半萜烯，如圖 2-1-2-7 所示，難溶於乙醇 (0.01498mg/L@25°C)，不溶於水，有刺鼻的辣味 [19]，是薑精油的主要成分，有保護神經的功能，並具有抗癌活性 [12]。左旋 -α- 薑烯存在於印尼生薑的乾燥根莖中；7- 表一薑烯具有毒性和驅避性，在腺毛中製造與儲存。
   - α- 薑烯 ((-)-α-Zingiberene)，CAS 495-60-3。α- 薑烯 (α-Zingiberene) 又稱為 α- 倍半水芹烯 (α-Sesquiphellandrene)[84]。
     - ➢ 左旋 -α- 薑烯 ((-)-Zingiberene/α-Zingiberene/α-Sesquiphellandrene)，CAS 495-60-3，IUPAC 名為：(-)-(5R)-5-[(1S)-1,5-Dimethyl-4-hexen-1-yl]-2-methyl-1,3-cyclohexadiene。CAS 7785-34-4, 22627-92-5 已經停用 [84]。
     - ➢ 右旋 -α- 薑烯 ((+)-α-Zingiberene)，IUPAC 名為：(+)-(5S)-5-[(1R)-1,5-Dimethyl-4-hexenyl]-2-methyl-1,3-cyclohexadiene。
   - 7- 表一薑烯 (7-epi-Zingiberene)IUPAC 名為：(-)-(5R)-2-Methyl-5-[(2R)-6-methylhept-5-en-2-yl]cyclo hexa-1,3-diene/(-)-(4S,7R)-7-epi-Zingiberene。

- 薑辣素／薑酚／薑油 (Gingerols)，請參考 5-2-3-8。薑烯酚 (Shogaol)，請參考 5-2-3-9。辣椒素／辣素／辣椒鹼 (Capsaicin)，請參考 5-2-3-10。薑酮／香草基丙酮／香蘭基丙酮 (Zingerone/Gingerone/ Vanillylacetone)，請參考 3-2-2-11。倍半水芹烯／倍半水茴香萜 (Sesquiphellandrene)，請參考 2-1-2-39。

圖2-1-2-6　由左至右：左旋-α-薑烯、右旋-α-薑烯、7-表一薑烯化學式

7. 蛇麻烯／葎草烯 (Humulene)，有 α、β、γ 異構物，化學式 $C_{15}H_{24}$、密度 0.886g/cm^3、熔點 <25°C[5]、沸點 166-168°C[12]，如圖 2-1-2-7 所示，爲單環倍半萜烯，淺黃色透明液體。葎草烯名稱源於啤酒花，存在於啤酒花的花球中，濃度最高達 40%。啤酒釀造過程中會產生多種葎草烯環氧化物，其水解產物產生啤酒的香氣。α- 葎草烯通常與 β- 石竹烯共存。α- 葎草烯存在於蛇麻草、葎草、鼠尾草、山胡椒、綠薄荷、馬鞭草、薑，以及松樹、橘子樹、菸草、向日葵等植物，有著鮮明沉穩的氣味，在芳療經驗上有鎮定神經系統、緩解消化不良等問題的功效[5]。
   - 蛇麻烯／葎草烯 (Humulene)，CAS 6753-98-6。
     - ➢ α- 葎草烯 (α-Humulene)，CAS 6753-98-6，IUPAC 名爲：(1E,4E,8E)-2,6,6,9-Tetramethylcyclo undeca-1,4,8-triene。CAS 19132-75-3, 65907-25-7 已經停用[84]。
       - ✓ α- 葎草烯又稱爲 α- 石竹烯，石竹烯 (Caryophyllene)，請參考 2-1-2-1。
     - ➢ β- 葎草烯 (β-Humulene)，CAS 116-04-1，IUPAC 名爲：(1E,5E)-1,4,4-Trimethyl-8-methyliden ecycloundeca-1,5-diene。
     - ➢ γ- 葎草烯／異葎草烯 (γ-Humulene/Isohumulene)，CAS 26259-79-0[12, 17, 19, 20]，IUPAC 名爲：(1E,6E)/(1Z,6Z)-1,8,8-Trimethyl-5-methylene-1,6-cycloundecadiene。

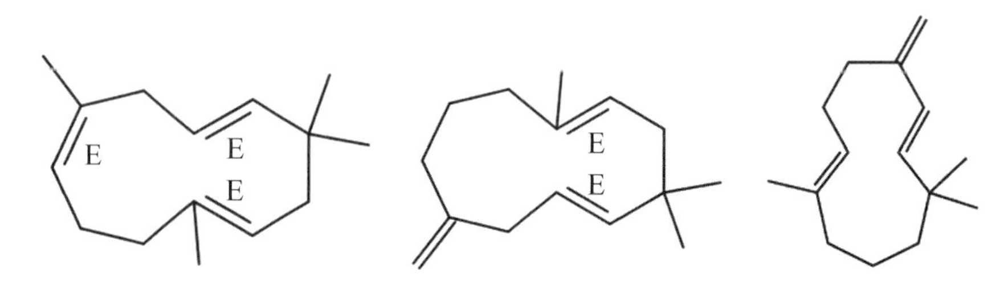

圖2-1-2-7　由左至右：α-葎草烯、β-葎草烯、γ-葎草烯／異葎草烯化學式

8. 香橙烯／香木蘭烯／芳萜烯 (Aromadendrene)，分子有 [6.3.0] 雙環，在 2、4 號碳還有稠環，成爲三環 (tricyclo) 結構，屬於類倍半萜化合物，化學式 $C_{15}H_{24}$、密度 0.912g/cm^3、沸

點 261-263°C，右旋香橙烯旋光度 [*α*]20D +12±1°（比旋光度 *α* 符號中，測定溫度 20℃、D 是指鈉燈光波，正號是指右旋），溶於乙醇，難溶於水 (0.0706mg/L@25°C)，如圖 2-1-2-8 所示，存在於白玉蘭、桂花、藍膠尤加利 [68]、山薑／華山薑 (Alpinia chinensis) 和薑黃等植物中，用於香料及試劑 [4, 19]。在芳療經驗上，香橙烯有安定情緒的功效 [43]。研究證實香橙烯具有抗癌的活性 [58]。

- 左旋香橙烯 ((-)-Aromadendrene/l-Aromadendrene/*β*-Diploalbicene)，CAS 14682-34-9，IUPAC 名爲：(-)-(1R,2S,8R,11R)-7-Methylene-3,3,11-trimethyltricyclo[6.3.0.0^{2,4}]undecane/(-)-(1aS,4aS,7S,7aS,7bR)-1,1,7-Trimethyl-4-methylidene-2,3,4a,5,6,7,7a,7b-octahydro-1aH-cyclopropa[e]azulene。CAS 11026-29-2, 66105-35-9 已經停用 [84]。
- 右旋香橙烯 ((+)-Aromadendrene)，CAS 489-39-4，IUPAC 名爲：(+)-(1R,2S,8R,11R)-7-Methylene-3,3,11-trimethyltricyclo[6.3.0.0^{2,4}]undecane/(+)-(1aS,4aS,7S,7aS,7bR)-1,1,7-Trimethyl-4-methylidene-2,3,4a,5,6,7,7a,7b-octahydro-1aH-cyclopropa[e]azulene。CAS 25246-26-8 已經停用 [84]。
- 別香橙烯 (Alloaromadendrene)，CAS 25246-27-9[11, 19, 20]，IUPAC 名爲：(4aS,7R,7aR)-1,1,7-Trimethyl-4-methylidene-2,3,4a,5,6,7,7a,7b-octahydro-1aH-cyclopropa[e]azulene。
  - ➢ 左旋別香橙烯 ((-)-Alloaromadendrene)，化學式 $C_{15}H_{24}$、密度 0.923g/cm^3、沸點 265-267°C，旋光度 [*α*]20D -33±1°（比旋光度 *α* 符號中，測定溫度 20℃、D 是指鈉燈光波，負號是指左旋），存在於薑黃等植物中，用於固相微萃取 (HS-SPME) 以及果蠅的甲基醚丁香酚代謝物時間變化的檢測 [17]。
- 「香樹烯」在簡體字的系統是指別香橙烯 (Alloaromadendrene)，有些芳療專業人士將「香樹烯」認定是香橙烯 (Aromadendrene)，國家教育研究院 [13] 將 Aromadendrene 翻譯爲香橙烯／香木蘭烯，本書稱 Aromadendrene 爲「香橙烯」以迴避「香樹烯」的名稱。

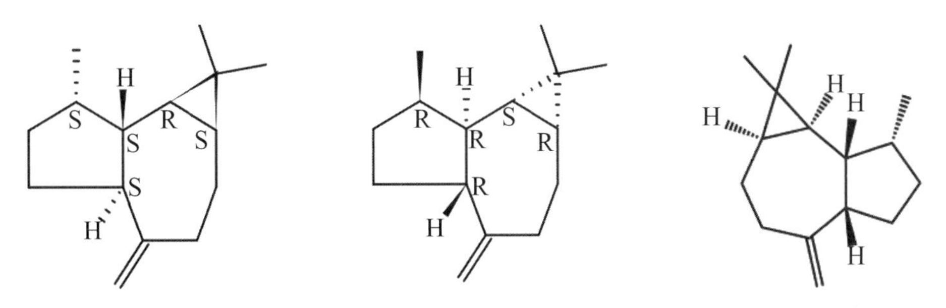

圖2-1-2-8　由左至右：左旋香橙烯、右旋香橙烯、別香橙烯化學式

9. 長葉烯 (Longifolene)，爲三環倍半萜烯，化學式 $C_{15}H_{24}$、密度 0.928g/cm^3、沸點 254°C，旋光度 [*α*]D-42.73°（比旋光度 *α* 符號中，D 是指鈉燈光波，負號是指左旋），如圖 2-1-2-9 所示，溶於乙醇，微溶於水，對皮膚與眼睛有刺激性，有松針味與木質玫瑰香。長葉烯最先是從西藏長葉松樹脂分離出的油狀化合物，存在於福建、江西、安徽等地的松節油中，少量存在於特定眞菌和苔蘚中，用於肉類、魚類、蛋類等食品、調味料、酒精與非

酒精飲料、化妝品與保養品[19]，也用於製備手性硼氫化試劑。正山小種茶是用松火薰蒸而成，因而富含長葉烯。

- 長葉烯 (Longifolene)，CAS 475-20-7。
  - ➢ 左旋長葉烯 ((-)-Longifolene)，CAS 16846-09-6，IUPAC 名爲：(-)-(1R,3aS,4R,8aR)-4,8,8-Trimethyl-9-methylidenedecahydro-1,4-methanoazulene。
  - ➢ 右旋長葉烯 ((+)-Longifolene/Junipene/*α*-Longifolene/d-Longifolene/Kuromatsuene)，CAS 475-20-7，IUPAC 名爲：(+)-(1S,3aR,4S,8aS)-4,8,8-Trimethyl-9-methylene-1,4-methano azulene[5, 61]。
- 異長葉烯 (Isolongifolene)，CAS 1135-66-6。化學式 $C_{15}H_{24}$、密度 0.9295g/cm^3、沸點 107°C @7 Torr[84]。
  - ➢ 左旋異長葉烯 ((-)-Isolongifolene)，CAS 1135-66-6，IUPAC 名爲：(2S,4aR)-1,3,4,5,6,7-Hexahydro-1,1,5,5-tetramethyl-2H-2,4a-methanonaphthalene。
- 長葉環烯 (Longicyclene)，化學式 $C_{15}H_{24}$、密度 0.9307g/cm^3、熔點 119.92°C、沸點 278.85°C[84, 21]。
  - ➢ 右旋長葉環烯 ((+)-Longicyclene)，CAS 1137-12-8，IUPAC 名爲：(1S,2R,3aR,4R,8aR,9S)-Decahydro-1,5,5,8a-tetramethyl-1,2,4-methenoazulene。CAS 19888-21-2 已經停用[84]。
- 長葉蒎烯 (Longipinene)。化學式 $C_{15}H_{24}$、密度 0.9122g/cm^3、熔點 85.44°C、沸點 288.51°C[84, 21]。
  - ➢ *α*- 長葉蒎烯 (*α*-Longipinene)，CAS 5989-08-2。

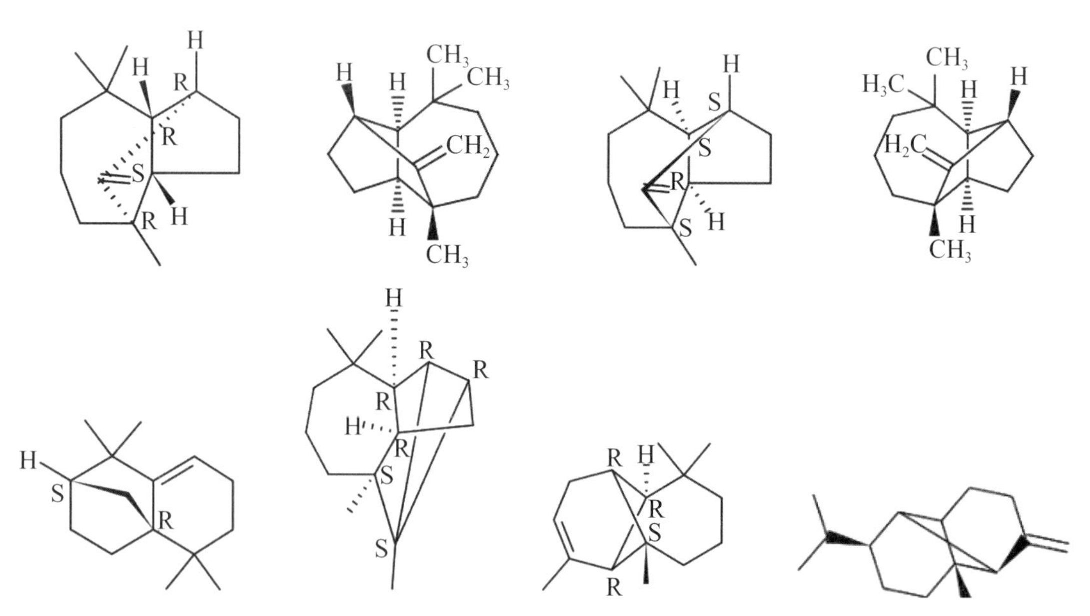

圖2-1-2-9　上排由左至右：左旋長葉烯(1)、左旋長葉烯(2)、右旋長葉烯(1)、右旋長葉烯(2)化學式；下排由左至右：左旋異長葉烯、右旋長葉環烯、右旋-*α*-長葉蒎烯、左旋-*β*-長葉蒎烯化學式

✓ 右旋 -α- 長葉蒎烯 ((+)-α-Longipinene)，CAS 5989-08-2，IUPAC 名爲：(1R,2S,7R,8R)-2,6,6,9-Tetramethyltricyclo[5.4.0.0^{2,8}]undec-9-ene。CAS 142792-92-5 已經停用[84]。

- β- 長葉蒎烯 (β-Longipinene)，CAS 39703-25-8。
  - ➢ 左旋 -β- 長葉蒎烯 ((-)β-Longipinene)，CAS 41432-70-6，IUPAC 名爲：(1S,2R,7S,8S)-2,6,6-Trimethyl-9-methylene-tricyclo[5.4.0.0^{2,8}]undecane。
- 刺柏烯／黑松烯 (Junipene/Kuromatsuene)。
  - ➢ 右旋長葉烯 ((+)-Longifolene) 又稱爲刺柏烯 (Junipene)、黑松烯 (Kuromatsuene)。

10. 香柑油烯／佛手柑油烯／香檸檬烯 (Bergamotene)，CAS 6895-56-3。分子有 [3.1.1] 雙環 (bicyclo) 結構，根據雙鍵位置有 α 和 β 兩種雙鍵異構物，並各有內／外 (Endo/Exo) 或順／反 (Cis/Trans) 異構物，化學式 $C_{15}H_{24}$、密度 0.9g/cm^3、沸點 260-261°C，爲淺綠色透明液體，溶於乙醇，微溶於水，旋光度 [α]20D-44.1°（比旋光度 α 符號中，測定溫度 20℃、D 是指鈉燈光波，負號是指左旋），如圖 2-1-2-10 所示，α- 佛手柑烯存在於胡蘿蔔、佛手柑、酸橙、檸檬、棉籽和金桔的油中。香柑油烯是昆蟲的信息素／費洛蒙 (Pheromone)，反式 -β- 香柑油烯是黃蜂的信息素。菸草植物的花夜間會釋放反式 -α- 香柑油烯以吸引傳粉蛾，而日間葉子則會產生反式 -α- 香柑油烯，以引誘昆蟲去捕食傳粉者留下的幼蟲和卵[5, 12, 19]。

- α- 香柑油烯（反式）(α-Bergamotene)，CAS 17699-05-7。
  - ➢ 左旋一內 -α- 香柑油烯（順式）((-)-endo-α-Bergamotene/cis-α-Bergamotene)，CAS 18252-46-5[81]，IUPAC 名爲：(1S,5S,6S)-2,6-Dimethyl-6-(4-methylpent-3-en-1-yl) bicyclo[3.1.1]hept-2-ene。
  - ➢ 左旋一外 -α- 香柑油烯（反式）((-)-exo-α-Bergamotene/(-)-α-trans-Bergamotene)，CAS 13474-59-4，IUPAC 名爲：(1S,5S,6R)-2,6-Dimethyl-6-(4-methylpent-3-en-1-yl) bicyclo[3.1.1]hept-2-ene。
- β- 香柑油烯 (β-Bergamotene)，CAS 6895-56-3。
  - ➢ 右旋一內 -β- 香柑油烯（順式）(+)-endo-β-Bergamotene/cis-β-Bergamotene)，CAS 6895-56-3[19, 20, 61]，IUPAC 名爲：(1S,5S,6S)-6-Methyl-2-methylidene-6-(4-methylpent-3-en-1-yl) bicyclo[3.1.1] heptane。
  - ➢ 右旋一外 -β- 香柑油烯（反式）(+)-exo-β-Bergamotene/trans-β-Bergamotene)，CAS 15438-94-5[20]，IUPAC 名爲：(1S,5S,6R)-6-Methyl-2-methylidene-6-(4-methylpent-3-enyl) bicyclo[3.1.1] heptane。
- 香柑素／佛手柑素／香檸檬素 (Bergamottin) 請參考 4-2-2-8。

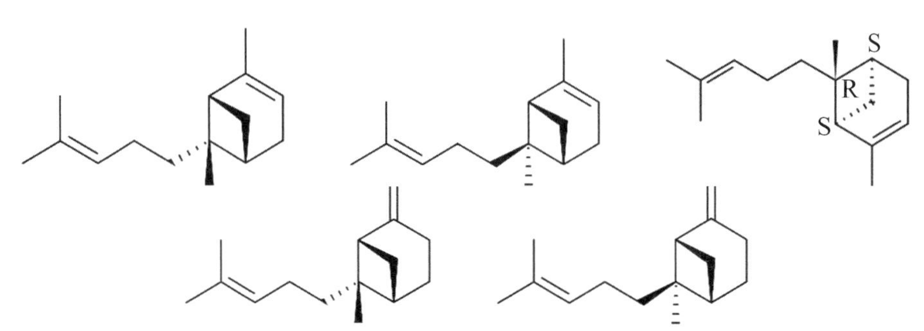

圖2-1-2-10　上排由左至右：左旋—內（順式）-α-香柑油烯、左旋—外（反式）-α-香柑油烯(1)、左旋—外（反式）-α-香柑油烯(2)；下排由左至右：右旋—內（順式）-β-香柑油烯、右旋—外（反式）-β-香柑油烯化學式

11. 異蘭烯／古巴烯 (Copaene)，分子有 [4.4.0] 雙環，2,7 號碳還有稠環，成為三環 (tricyclo) 結構。根據雙鍵位置有異構物：α- 異蘭烯／α- 古巴烯 (α-copaene) 和 β- 異蘭烯／β- 古巴烯，並各有手性異構物，化學式 $C_{15}H_{24}$、密度 0.939g/cm^3、沸點 248.5°C[19]，如圖 2-1-2-11 所示，溶於乙醇，微溶於水，有著略帶蜂蜜味的木質香氣，對皮膚有刺激性。α- 異蘭烯為油性無色透明液體，存在於酸橙、橘子、紅花、夏香草，可作為這些食品的生物標記物，也存在於青蒿及灰色鏈黴菌中。異蘭烯最初是從古巴香酯樹的樹脂分離而出。
    - α- 異蘭烯／α- 古巴烯 (α-Copaene/Aglaiene)，CAS 3856-25-5。
        - 左旋 -α- 異蘭烯／α- 古巴烯 ((-)-α-Copaene)，CAS 3856-25-5，IUPAC 名為：(-)-(1R,2S,6S,7S,8S)-1,3-Dimethyl-8-(1-methylethyl)tricyclo[4.4.0.0^{2,7}]dec-3-ene。
        - 右旋 -α- 異蘭烯／α- 古巴烯 ((+)-α-Copaene)，CAS 15493-66-0[67, 85]，IUPAC 名為：(+)-(1S,6S,7S,8S)-1,3-Dimethyl-8-(propan-2-yl)-tricyclo[4.4.0.0^{2,7}]dec-3-ene。
    - β- 異蘭烯／β- 古巴烯 (β-Copaene)，CAS 18252-44-3[11, 12, 19, 21, 81]，IUPAC 名為：(1R,2S,6S,7S,8S)-1-Methyl-3-methylene-8-(1-methylethyl)-Tricyclo[4.4.0.0^{2,7}]decane。
        - 左旋 -β- 異蘭烯／β- 古巴烯 ((-)-β-Copaene)，CAS 317819-78-6[5]。
        - 右旋 -β- 異蘭烯／β- 古巴烯 ((+)-β-Copaene)，CAS 70115-82-1[67, 87]。
    - 異蘭烯／古巴烯 (Copaene)，有些作者翻譯為胡椒烯。
    - 依蘭烯 (Ylangene)，請參考 2-1-2-20。
    - 依蘭油烯 (Muurolene)，請參考 2-1-2-38。

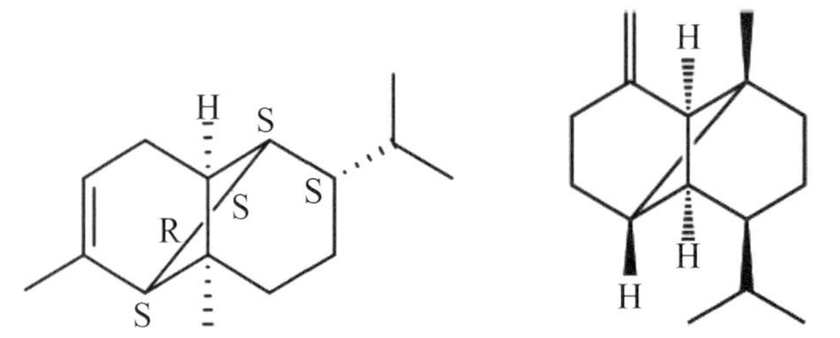

圖2-1-2-11　由左至右：左旋-α-異蘭烯、左旋-β-異蘭烯化學式

12. 廣藿香烯／天竺薄荷烯／綠葉烯 (Patchoulene)，有 α、β、γ、δ 異構物，並各有手性異構

物，α 和 γ 廣藿香烯爲 [5.3.1] 雙環，1、5 號碳有稠環，成爲三環 (tricyclo) 結構。β 和 δ 廣藿香烯爲 [6.2.1] 雙環，2、6 號碳有稠環，成爲三環 (tricyclo) 結構。α- 廣藿香烯化學式 $C_{15}H_{24}$、密度 0.94g/cm^3、沸點 293.7°C，如圖 2-1-2-12 所示，溶於乙醇，可溶於水 (α- 廣藿香烯 1.165g/L；δ- 廣藿香烯 1.504g/L)[12, 19]，存在於廣藿香、魚腥草等植物中，可作爲食物的潛在生物標誌物。

- α- 廣藿香烯 (α-Patchoulene)，CAS 560-32-7[12, 19, 20]，IUPAC 名爲：4,10,11,11-Tetramethyl-tricyclo [5.3.1.0^{1,5}]undec-9-ene。
- β- 廣藿香烯 (β-Patchoulene)，CAS 514-51-2，IUPAC 名爲：1,5,11,11-Tetramethyltricyclo [6.2.1.0^{2,6}]undec-2(6)-ene/(1S,4R,7R)-1,2,3,4,5,6,7,8-Octahydro-1,4,9,9-tetramethyl-4,7-methano azulene。
- γ- 廣藿香烯 (γ-Patchoulene)，CAS 508-55-4[12, 19, 20]，IUPAC 名爲：(1R,4S,7R)-4,11,11-Trimethyl-10-methylenetricyclo[5.3.1.0^{1,5}]undecane。
- δ- 廣藿香烯 (δ-Patchoulene)，CAS 53823-16-8，IUPAC 名爲：1,5,11,11-Tetramethyltricyclo [6.2.1.0^{2,6}]undec-2-ene/(1α,4α,7α,8aβ)-(-)-1,2,4,5,6,7,8,8a-Octahydro-1,4,9,9-tetramethyl-4,7-methanoazulene。
- 4- 廣藿香烯／莎草烯 (4-Patchoulene/Cyperene)[35]
    - ➢ 4- 廣藿香烯／左旋莎草烯 (4-Patchoulene/4-Isopatchoulene/(-)-Cyperene/α-Cyperene)，CAS 2387-78-2，IUPAC 名爲：(1R,7R,10R)-4,10,11,11-Tetramethyltricyclo[5.3.1.0^{1,5}]undec-4-ene/(3aR,4R,7R)-2,4,5,6,7,8-Hexahydro-1,4,9,9-tetramethyl-3H-3a,7-methanoazulene，是 α 和 γ 廣藿香烯的異構物，化學式 $C_{15}H_{24}$、密度 0.95g/cm^3、沸點 268.9°C[11, 20, 35]。
    - ➢ 莎草烯 (Cyperene)、香附烯 (Rotundene)，請參考 2-1-2-28。

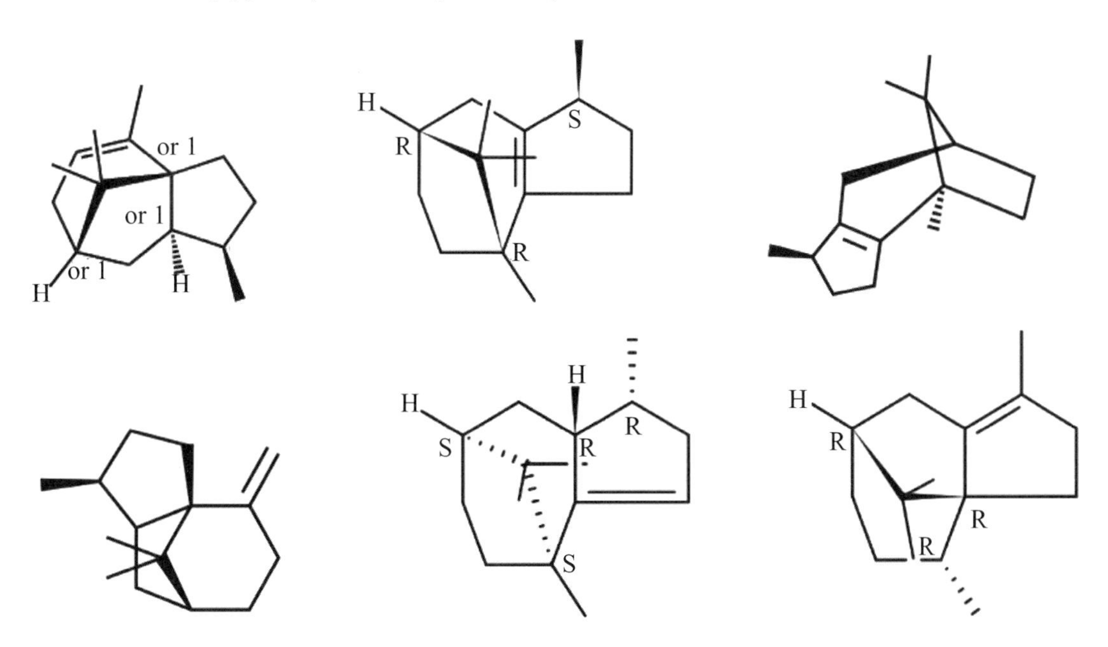

圖2-1-2-12　上排由左至右：α-廣藿香烯、β-廣藿香烯(1)、β-廣藿香烯(2)；下排由左至右：γ-廣藿香烯、δ-廣藿香烯、左旋莎草烯／4-廣藿香烯化學式

- 廣藿香 (Patchouli)，學名 Pogostemon cablin，唇形科植物，含有 β- 廣藿香烯 (β-Patchoulene, 6.91%)，以及廣藿香醇 (Patchoulol, 31.86%)，廣藿香酮 (Pogostone, 3.80%) 等成分 [68]。
- 廣藿香醇 (Patchoulol)，請參考 2-2-2-5。

13. 波旁烯／波旁老鸛草烯 (Bourbonene)，根據雙鍵的位置有 α、β 異構物，分子都是 [5.3.0] 雙環，2、6 號碳有稠環，成為三環 (tricyclo) 結構，化學式 $C_{15}H_{24}$、密度 0.9g/cm^3、沸點 255-256°C[19]，如圖 2-1-2-13 所示，溶於乙醇，微溶於水，有香酯般的花香及草木香，β-波旁烯用於食品添加劑、調味品、加工助劑以及芳香劑。
   - α- 波旁烯 (α-Bourbonene)，CAS 5208-58-2[20]，IUPAC 名為：3,7-Dimethyl-10-(propan-2-yl) tricyclo[5.3.0.0^{2,6}] dec-3-ene。
   - β- 波旁烯 (β-Bourbonene)，CAS 5208-59-3。
     - ➢ 左旋 β- 波旁烯 ((-)-β-Bourbonene)，CAS 5208-59-3，IUPAC 名為：(-)-(1S,2R,6S,7R,8S)-1-Methyl-5-methylidene-8-(propan-2-yl)tricyclo[5.3.0.0^{2,6}]decane。CAS 13833-27-7, 404928-83-2 已經停用 [84]。
   - 大根香葉烯／大根老鸛草烯 (Germacrene)，請參考 2-1-2-5。

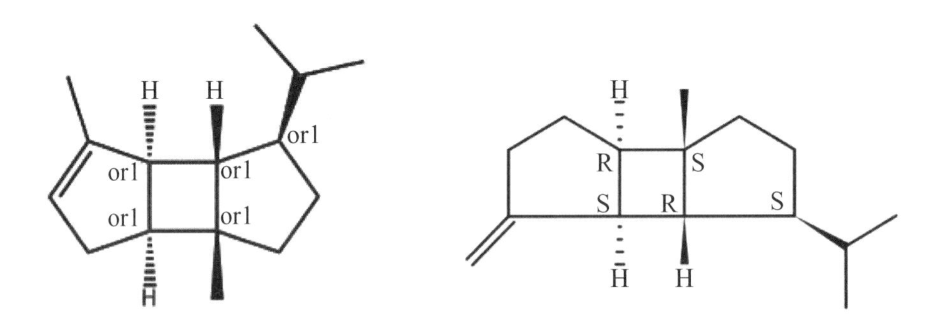

圖2-1-2-13　由左至右：α-波旁烯、β-波旁烯化學式

14. 蓽澄茄油烯 (Cubebene)，根據雙鍵的位置有 α、β 異構物，分子都是 [4.4.0] 雙環，1、5 號碳有稠環，成為三環 (tricyclo) 結構，化學式 $C_{15}H_{24}$、密度 0.889g/cm^3、沸點 245-246°C，如圖 2-1-2-14 所示，旋光度 [α]20D-23°（比旋光度 α 符號中，D 是指鈉燈光波，20 是指測定溫度 °C，負號是指左旋）[17, 20]，溶於乙醇，微溶於水，為淡綠色或藍黃色黏稠液體，帶有溫暖的木本香氣，略帶樟腦味 [5]，存在於娑羅樹和海岸松等植物中；β- 蓽澄茄油烯有辛辣的柑橘和水果味，香氣持久且略帶苦味，存在於蓽澄茄（爪哇胡椒）、甜羅勒、羅馬洋甘菊、月桂樹、大麻、日本柳杉和藿香薊等植物中，可作為潛在生物標誌物 [11]。
   - α- 蓽澄茄油烯 (α-Cubebene)，CAS 17699-14-8，IUPAC 名為：(1R,5S,6R,7S,10R)-4,10-Dimethyl-7-propan-2-yltricyclo[4.4.0.0^{1,5}]dec-3-ene。CAS 13744-14-4 已經停用 [84]。
   - β- 蓽澄茄油烯 (β-Cubebene)，CAS 13744-15-5。
     - ➢ 左旋 β- 蓽澄茄油烯 ((-)-β-Cubebene)，CAS 13744-15-5，IUPAC 名為：(1R,5S,6R,7S,10R)-10-Methyl-4-methylidene-7-propan-2-yltricyclo[4.4.0.0^{1,5}]decane。CAS 29484-26-2

已經停用[84]。

- 立方烷／五環辛烷 (Cubene)，化學式 C_8H_8、密度 1.29g/cm^3、熔點 131°C，是人工合成的化合物，英文名稱接近蓽澄茄油烯 (Cubebene)。

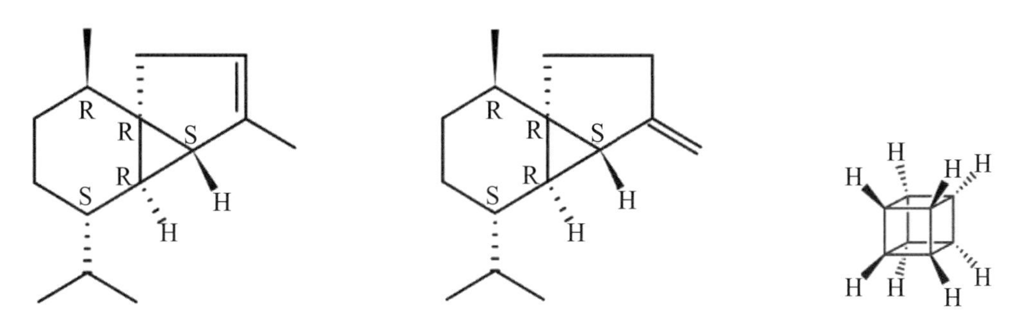

圖2-1-2-14　由左至右：*α*-蓽澄茄油烯、*β*-蓽澄茄油烯、立方烷化學式

15. 芹子烯／桉葉烯／蛇床烯 (Selinene/Eudesmene)，根據雙鍵的位置有 *α*、*β*、*γ*、*δ* 異構物，*γ* 與 *δ* 異構物自然界較少見，為雙環倍半萜烯，化學式 $C_{15}H_{24}$、密度 *α*：0.914g/cm^3；*β*：0.915g/cm^3[5]、沸點 *α*：270°C[12]；*β*：263°C[19, 66]；*γ*：243-270°C[19]，如圖 2-1-2-15所示，溶於乙醇，微溶於水，有木質香味，不作為香水或食用香精使用。存在於芹菜籽、莎草、雲木香、台灣紅檜、台灣扁柏等植物中，在芳療經驗上，蛇床烯有安定中樞神經、抗痙攣、止痛的功效[43]。

- *α*- 芹子烯 (*α*-Selinene)，CAS 473-13-2，IUPAC 名為：Eudesma-3,11-diene[67, 87]。
  - ➢ 左旋 -*α*- 芹子烯 ((-)-*α*-Selinene)，CAS CAS 473-13-2，IUPAC 名為：(2R,4aR,8aR)-4a,8-Dimethyl-2-(prop-1-en-2-yl)-1,2,3,4,4a,5,6,8a-octahydronaphthalene。
  - ➢ 右旋 -*α*- 芹子烯 ((+)-*α*-Selinene)，IUPAC 名為：(+)-5beta,7beta,10alpha-Eudesma-3,11-diene。
- *β*- 芹子烯／*β*- 桉葉烯 (*β*-Selinene/*β*-Eudesmene)，CAS 17066-67-0，IUPAC 名為：Eudesma-4(14),11-diene。
  - ➢ 左旋 -*β*- 芹子烯 ((-)-*β*-Selinene)，IUPAC 名為：(4aS,7S,8aR)-4a-Methyl-1-methylidene-7-(prop-1-en-2-yl)decahydronaphthalene。
  - ➢ 右旋 -*β*- 芹子烯／*β*- 桉葉烯 ((+)-*β*-Selinene/*β*-Eudesmene)，CAS473-11-0，IUPAC 名為：(4aR,7R,8aS)-4a-Methyl-1-methylidene-7-(prop-1-en-2-yl)decahydronaphthal ene。CAS 18423-23-9 已經停用[84]。
- *γ*- 芹子烯 (*γ*-Selinene)，CAS 515-17-3，IUPAC 名為：Eudesma-4(14),7(11)-diene/8a-Methyl-4-methylidene-6-propan-2-ylidene-2,3,4a,5,7,8-hexahydro-1H-naphthalene。
- *δ*- 芹子烯 (*δ*-Selinene)，IUPAC 名為：Eudesma-4,6-diene。
  - ➢ 左旋 -*δ*- 芹子烯 ((-)-*δ*-Selinene)，CAS 28624-23-9，IUPAC 名為：(8aS)-4,8a-Dimethyl-6-propan-2-yl-2,3,7,8-tetrahydro-1H-naphthalene。
  - ➢ 右旋 -*δ*- 芹子烯 ((+)-*δ*-Selinene)，CAS 28624-28-4，IUPAC 名為：(8aR)-4,8a-Dimethyl-

6-propan-2-yl-2,3,7,8-tetrahydro-1H-naphthalene[81]。

- 表 -*α*- 芹子烯 (epi-*α*-Selinene)，CAS 35387-23-6，IUPAC 名爲：1,2,3,4,4a,5,6,8a-Octahydro-4a,8-dimethyl-2-(1-methylethenyl)naphthalene。
- 桉葉醇／蛇床烯醇／榜油酚 (Eudesmol)，請參考 2-2-2-7。
- 1,8- 桉葉素／桉葉素／桉葉油醇／1,8- 桉樹腦 (Cineol/1,8-Cineole/Eucalyptol/Cajuputol)，請參考 5-2-1-1。

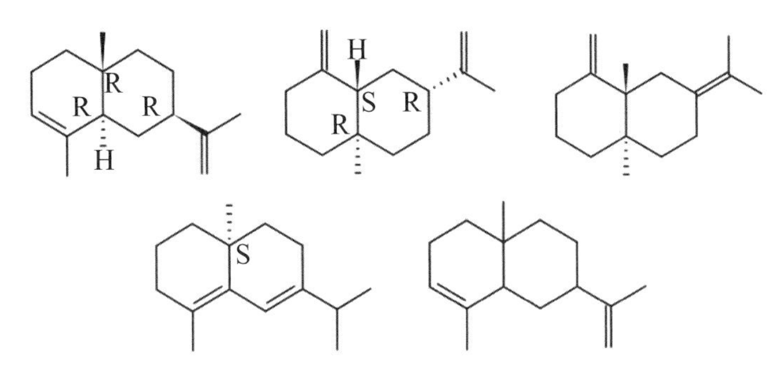

圖2-1-2-15　由左至右：左旋-*α*-芹子烯、右旋-*β*-芹子烯化學式、*γ*-芹子烯、左旋-*δ*-芹子烯、表-*α*-芹子烯化學式

16. 欖香烯 (Elemene)，根據雙鍵的位置有 *α*、*β*、*γ*、*δ* 異構物，化學式 $C_{15}H_{24}$、密度 0.862g/cm^3、沸點 252.1°C[12]，如圖 2-1-2-16 所示，溶於乙醇，微溶於水，爲無色至淡黃色液體，存在於溫鬱金、白肋菸和香料菸的菸葉中[12]，有花香的香氣，用於昆蟲費洛蒙／資訊素。薑科植物溫鬱金是中藥植物，*β*- 欖香烯對某些癌細胞具有抗增殖作用，中國大陸 CFDA 已批准爲癌症輔助療法，但是人體實驗還不能證明欖香烯作爲肺癌治療有效或無效[5]。研究證實 *δ*- 欖香烯具有抗癌的活性[58]。
   - *α*- 欖香烯 (*α*-Elemene)，CAS 5951-67-7[11, 19]，IUPAC 名爲：(6S)-6-Ethenyl-6-methyl-1-propan-2-yl-3-propan-2-ylidenecyclohexene。
   - *β*- 欖香烯 (*β*-Elemene/(±)-*β*-Elemene)，CAS 33880-83-0。CAS 100762-52-5 已經停用[84]。
     - 左旋 -*β*- 欖香烯 ((-)-*β*-Elemene)，CAS 515-13-9，IUPAC 名爲：(1S,2S,4R)-1-Ethenyl-1-methyl-2,4-di(prop-1-en-2-yl)cyclohexane。CAS 11033-44-6, 20296-36-0, 154028-29-2 已經停用[84]。
     - 右旋 -*β*- 欖香烯 ((+)-*β*-Elemene)，IUPAC 名爲：(1S,2S,4S)-1-Ethenyl-1-methyl-2,4-di(prop-1-en-2-yl)cyclohexane。
   - *γ*- 欖香烯 (*γ*-Elemene)，CAS 29873-99-2[12, 19]，右旋 -*γ*- 欖香烯又稱爲甘香烯 (Elixene)。
     - 左旋 -*γ*- 欖香烯 ((-)-*γ*-Elemene)，CAS 29873-99-2[12, 19, 21]，IUPAC 名爲：(1R,2R)-1-Ethenyl-1-methyl-4-(propan-2-ylidene)-2-(prop-1-en-2-yl)cyclohexane。
     - 右旋 -*γ*- 欖香烯／甘香烯 ((+)*γ*-Elemene/Elixene)[11]，CAS 3242-08-8[84]，IUPAC 名爲：(1S,2S)-1-Ethenyl-1-methyl-4-(propan-2-ylidene)-2-(prop-1-en-2-yl)cyclohexane。
   - *δ*- 欖香烯 (*δ*-Elemene)，CAS 20307-84-0。

➢ 左旋 -δ- 欖香烯 (((-)-δ-Elemene))，CAS 20307-84-0，IUPAC 名爲：(3R,4R)-1-Isopropyl-4-methyl-3-(prop-1-en-2-yl)-4-vinylcyclohexene。

➢ 右旋 -δ- 欖香烯 (((+)-δ-Elemene))，IUPAC 名爲：(3S,4R)-3-Isopropenyl-1-isopropyl-4-methyl-4-vinyl-1-cyclohexene。

• 欖香素／欖香酯醚 (Elemicin)，請參考 5-1-2-6。

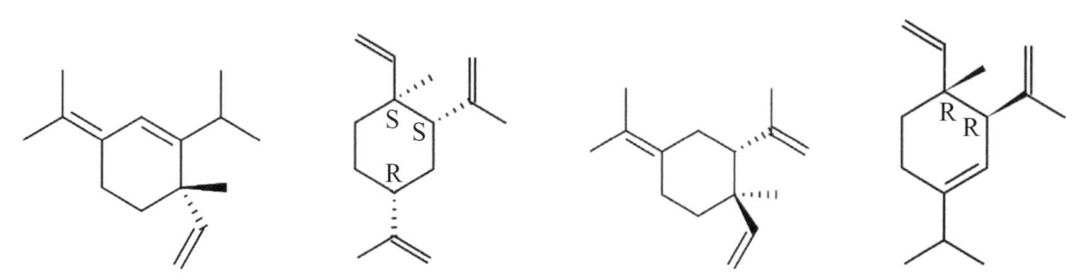

圖2-1-2-16　由左至右：(+)-α-欖香烯、(-)-β-欖香烯、(-)-γ-欖香烯、(-)-δ-欖香烯化學式

17.癒創木烯／胍烯 (Guaiene)，CAS 88-84-6，根據雙鍵的位置有 α、β、γ、δ 異構物，化學式 $C_{15}H_{24}$、密度 0.912-0.918g/cm^3、沸點 α：281-282°C；β：281°C，如圖 2-1-2-17 所示，是一系列的化合物，其中 α- 癒創木烯 (α-Guaiene) 最常見，爲黃綠色油狀液體，溶於乙醇，微溶於水，有著香甜的香酯味與木香，廣泛用於食品工業，作爲香料和調味料，以及酒精與非酒精飲料[5, 12, 19]。

• α- 癒創木烯 (α-Guaiene)，CAS 3691-12-1，IUPAC 名爲：(1S,4S,7R)-1,4-Dimethyl-7-(prop-1-en-2-yl)-1,2,3,4,5,6,7,8-octahydroazulene。

• β- 癒創木烯 (β-Guaiene)，CAS 88-84-6，IUPAC 名爲：(1S,4S)-7-Isopropylidene-1,4-dimethyl-1,2,3,4,5,6,7,8-octahydroazulene。

➢ 反式 -β- 癒創木烯 (trans-β-Guaiene)，CAS 192053-49-9[19, 20, 60]，IUPAC 名爲：(1R,4S)-1,4-Dimethyl-7-(propan-2-ylidene)-1,2,3,4,5,6,7,8-octahydroazulene。

➢ 順式 -β- 癒創木烯 (cis-β-Guaiene)，IUPAC 名爲：(1R,4R)-1,4-Dimethyl-7-propan-2-ylidene-2,3,4,5,6,8-hexahydro-1H-azulene。

• γ- 癒創木烯 (γ-Guaiene)，IUPAC 名爲：(1R,4R)-1,4-Dimethyl-7-propan-2-yl-1,2,3,4,5,6-hexahydro azulene[82]。

• δ- 癒創木烯／α- 布藜烯 (δ-Guaiene/α-Bulnesene)，化學式 $C_{15}H_{24}$、密度 0.89g/cm^3、熔點 14°C、沸點 274.5°C，溶於乙醇，略溶於水 (0.4167g/L)[12, 19, 21]。

➢ δ- 癒創木烯／α- 布藜烯 (δ-Guaiene/α-Bulnesene)，CAS 3691-11-0，IUPAC 名爲：(1S,7R,8aS)-1,2,3,5,6,7,8,8a-Octahydro-1,4-dimethyl-7-(1-methylethenyl)azulene/(3S,3aS,5R)-3,8-Dimethyl-5-(prop-1-en-2-yl)-1,2,3,3a,4,5,6,7-octahydroazulene。

• 癒創木醇／癒創醇 (Guaiol/Champacol)、異癒創木醇／布藜醇 (Bulnesol)，請參考 2-2-2-21。

• 癒創木酚 (Guaiacol/o-Methoxyphenol)，請參考 5-1-1-6。

• 癒創木烷氧化物／瓜烷氧化物癒創木醚 (Guaioxide/Guaiane oxide)，請參考 5-2-1-11。

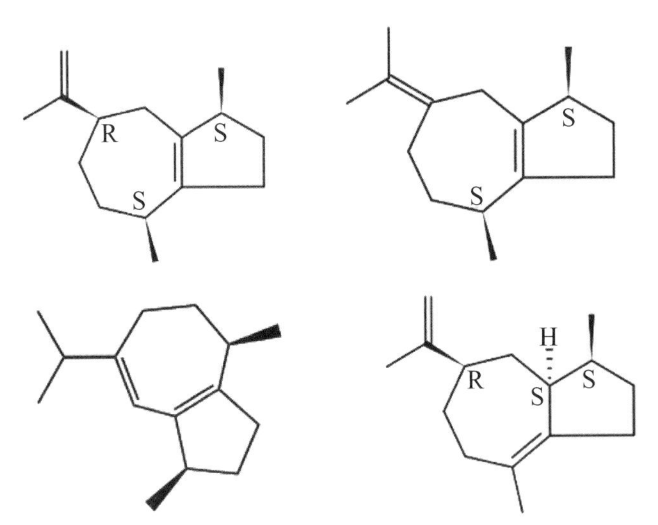

圖2-1-2-17　由左至右：*α*-癒創木烯、*β*-癒創木烯、*γ*-癒創木烯、*δ*-癒創木烯化學式

18. 杜松烯 (Cadinene)，廣泛指任何的卡達烷 (Cadalane) 結構的雙環倍半萜烯，最早從刺柏 (Juniperus oxycedrus L.) 分離而出，根據雙鍵的位置有 *α*、*β*、*γ*、*δ*、*ω* 等異構物，並各有手性異構物。*δ*- 杜松烯化學式 $C_{15}H_{24}$、密度 0.9g/cm^3、沸點 279.7°C[12]，溶於乙醇，微溶於水，有類似百里香的乾草香味，存在於陰香等樟科植物中[11, 19]。
   - 卡達烷 (Cadalane)，IUPAC 名爲：4-Isopropyl-1,6-dimethyldecahydronaphthalene，有 16 種異構物，包括：杜松烷／蓽橙茄烷 (Cadinane) 型、依蘭油烷 (Muurolane) 型、紫穗槐烷 (Amorphane) 型、保加烷 (Bulgarane) 型[5]。
   - *α*- 杜松烯 (*α*-Cadinene)，CAS 24406-05-1[11]。
     - ➢ 左旋 -*α*- 杜松烯 ((-)-*α*-Cadinene)，CAS 24406-05-1，IUPAC 名爲：(1S,4aR,8aR)-4,7-Dimethyl-1-(propan-2-yl)-1,2,4a,5,6,8a-hexahydronaphthalene[11]。CAS 17627-25-7, 29923-26-0 已經停用[84]。
     - ➢ 右旋 -*α*- 杜松烯 ((+)-*α*-Cadinene)，IUPAC 名爲：(1S,4aR,8aS)-4,7-Dimethyl-1-(propan-2-yl)-1,2,4a,5,6,8a-hexahydronaphthalene[19]。
   - *β*- 杜松烯 (*β*-Cadinene)，CAS 523-47-7。
     - ➢ 左旋 -*β*- 杜松烯 ((-)-*β*-Cadinene)，CAS 523-47-7，IUPAC 名爲：(1S,4aR,8aS)-4,7-Dimethyl-1-(propan-2-yl)-1,2,4a,5,8,8a-hexahydronaphthalene。CAS 1389-14-6, 1389-22-6, 3858-53-5, 5743-03-3 已經停用[84]。
   - *γ*- 杜松烯 ((±)-*γ*-Cadinene)，CAS 39029-41-9。CAS 28080-00-4 已經停用[84]。
     - ➢ γ^1- 杜松烯 ((+)-γ^1-Cadinene)，CAS 66141-11-5，IUPAC 名爲：(4aR,5R,8aS)-8-Methyl-3-methylidene-5-propan-2-yl-2,4,4a,5,6,8a-hexahydro-1H-naphthalene[11]/(1R,4aS,8aR)-1,2,4a,5,6,7,8,8a-Octahydro-4-methyl-7-methylene-1-(1-methylethyl)naphthalene[84]。
     - ➢ γ^2- 杜松烯 (γ^2-Cadinene)，CAS 5957-56-2[86]，[4R,(-)]-1,2,3,4,4a*α*,5,8,8a*β*-Octahydro-6-methyl-1-methylene-4-isopropylnaphthalene[12]。

➢ 左旋 -γ- 杜松烯 ((-)-γ-Cadinene)，CAS 1460-97-5，IUPAC 名爲：(1R,4aS,8aS)-7-Methyl-4-methylidene-1-(propan-2-yl)-1,2,3,4,4a,5,6,8a-octahydronaphthalene。

• δ- 杜松烯 (δ-Cadinene)，CAS 483-76-1。

➢ 左旋 -δ- 杜松烯 ((-)-δ-Cadinene)，IUPAC 名爲：(1R,8aS)-4,7-Dimethyl-1-(propan-2-yl)-1,2,3,5,6,8a-hexahydro naphthalene。

➢ 右旋 -δ- 杜松烯 ((+)-δ-Cadinene)，CAS 483-76-1，IUPAC 名爲：(1S,8aS)-4,7-Dimethyl-1-propan-2-yl-1,2,3,5,6,8a-hexahydronaphthalene [11]。

• ω- 杜松烯 (ω-Cadinene/Omega-Cadinene)，IUPAC 名爲：4,7-Dimethyl-1-propan-2-yl-1,2,3,5,8,8a-hexahydronaphthalene。

• 卡達萘 (Cadalene/Cadalin，CAS 483-78-3，IUPAC 名爲：4-Isopropyl-1,6-dimethyl naphthalene，是卡達烷結構的多環芳香烴 [5]。

➢ 杜松烯 (Cadinene) 一般是指杜松烷型 α- 異構物 [5]，與卡達萘 (Cadalene) 英文名稱接近，然而是不同的化合物。

• 杜松醇 (Cadinol)、δ- 杜松醇 / 香榧醇 / 榧葉醇 (Torreyol)，請參考 2-2-2-12。

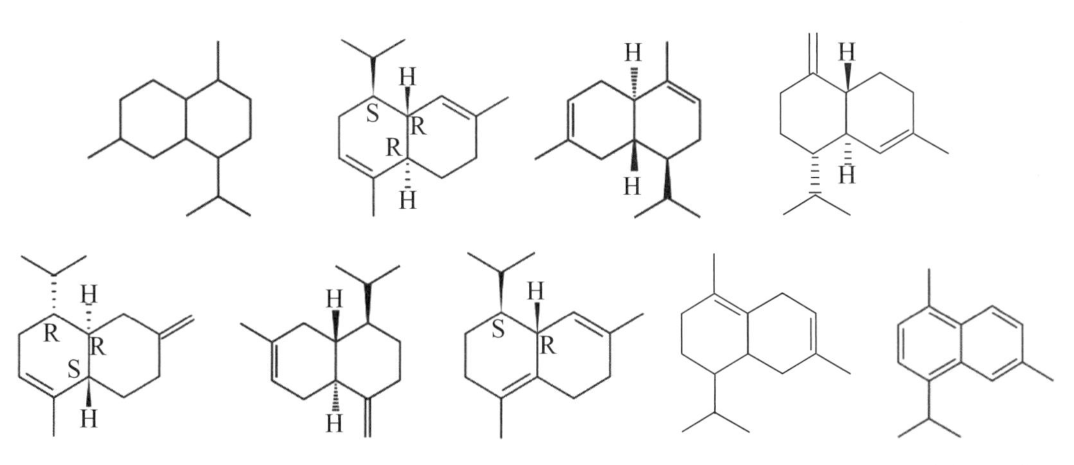

圖2-1-2-18　上排由左至右：卡達烷、左旋-α-杜松烯、左旋-β-杜松烯、左旋-γ-杜松烯化學式；下排由左至右：$γ^1$-杜松烯、$γ^2$-杜松烯、右旋-δ-杜松烯、ω-杜松烯、卡達萘化學式

19.綠花白千層烯 / 喇叭烯 / 綠花烯 (Viridiflorene/Ledene)，分子有 [6.3.0] 雙環，2、4 號碳還有稠環，成爲三環 (tricyclo) 結構。化學式 $C_{15}H_{24}$、密度 0.927g/cm^3、沸點 268-270°C，旋光度 [α]20/D +68±2°（比旋光度 α 符號中，D 是指鈉燈光波，20 是指測定溫度 °C，正號是指右旋），爲無色透明液體，溶於乙醇，微溶於水，存在於澳洲茶樹、白蘚葉桉樹等植物中，通常從右旋香橙烯 (Aromadendrene) 製成 [11, 12, 17, 61]。

• 右旋綠花白千層烯 / 右旋喇叭烯 ((+)-Viridiflorene/(+)-Ledene)，CAS 21747-46-6，IUPAC 名爲：(1S,2R,4R, 11R)-3,3,7,11-Tetramethyl tricyclo[6.3.0.$0^{2,4}$] undec-7-ene [17]/(1aR,7R,7aS,7bR)-1,1,4,7-Tetramethyl-1a,2,3,5,6,7,7a,7b-octa hydro-1H-cyclopropa[e]azulene [11, 61]。CAS 40520-60-3 已經停用 [84]。

- 綠花白千層醇 (Viridiflorol/Himbaccol)，請參考 2-2-2-13。
- 香橙烯 (Aromadendrene)，請參考 2-1-2-8。

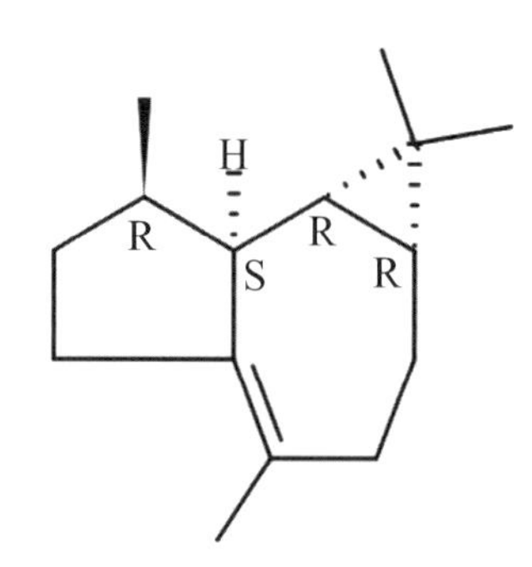

圖2-1-2-19　綠花白千層烯／喇叭烯化學式

20. 依蘭烯 (Ylangene)，分子有 [4.4.0] 雙環，2、7 號碳還有稠環，構成三環 (tricyclo) 結構，化學式 $C_{15}H_{24}$、密度 0.939g/cm^3、沸點 248-249°C[19]，如圖 2-1-2-20 所示，溶於乙醇，微溶於水。
    - *α*- 依蘭烯 (*α*-Ylangene)，CAS 14912-44-8。
        - ➢ 右旋 -*α*- 依蘭烯 ((+)-*α*-Ylangene/d-Ylangene)，CAS 13833-26-6，IUPAC 名爲：(1S,2R,6R,7R,8S)-8-Isopropyl-1,3-dimethyltricyclo[4.4.0.0^{2,7}]dec-3-ene[11]。
    - *β*- 依蘭烯 (*β*-Ylangene)，CAS 20479-06-5[11, 19, 67]，IUPAC 名爲：(1S,6R,7R)-1-Methyl-3-methylidene-8-propan-2-yltricyclo[4.4.0.0^{2,7}]decane。
    - 依蘭烯 (Ylangene) 與異蘭烯／古巴烯 (Copaene) 是結構異構物，都是 [4.4.0] 結構構成的三環 (tricyclo) 倍半萜烯。
    - 異蘭烯／古巴烯 (Copaene)，請參考 2-1-2-11。
    - 依蘭油烯 (Muurolene)，請參考 2-1-2-38。

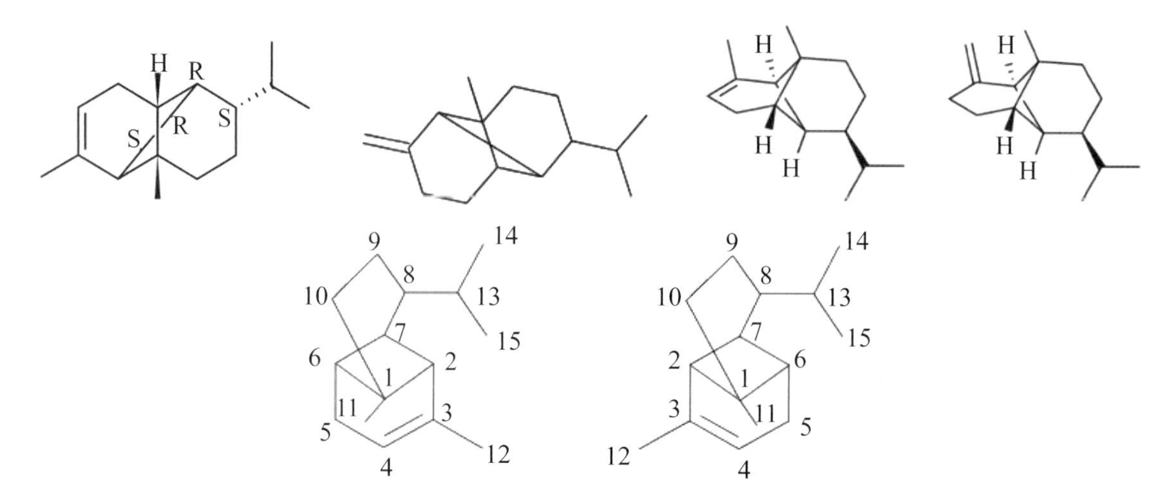

圖2-1-2-20　上排由左至右：右旋-*α*-依蘭烯、*β*-依蘭烯、*α*-異蘭烯、*β*-異蘭烯化學式；下排由左至右：*α*-依蘭烯(*α*-Ylangene)、*α*-異蘭烯／*α*-古巴烯(*α*-Copaene)化學式

21. 雪松烯／柏木烯 (Cedrene)，有 α 和 β 雪松烯兩種雙鍵異構物，分子有 [5.3.1] 雙環，1、5 號碳還有稠環，構成三環 (tricyclo) 結構，化學式 $C_{15}H_{24}$、密度 0.94g/cm^3、沸點 262.5°C[19]，溶於乙醇等溶劑，不溶於水，存在於柏木、廣木香、薰衣草、香紫蘇、煙葉中，大量用於製造乙醯基柏木烯、柏木酮等更具使用價值的木香型香料。(-)-α- 雪松烯具有抗白血病、抗菌和抗肥胖作用 [5, 12]。

- 左旋 -α- 雪松烯 ((-)-α-Cedrene)，CAS 469-61-4，IUPAC 名爲：(1S,2R,5S)-2,6,6,8-Tetramethyl tricyclo[5.3.1.$0^{1,5}$]undec-8-ene/(3R,3aS,7S,8aS)-2,3,4,7,8,8a-Hexahydro-3,6,8,8-tetramethyl-1H-3a,7-methanoazulene。CAS 1224161-35-6 已經停用 [84]。
- 右旋 -β- 雪松烯 ((+)-β-Cedrene)，CAS 546-28-1，IUPAC 名爲：(1S,2R,5S)-8-Methylene-2,6,6-trimethyltricyclo[5.3.1.$0^{1,5}$] undecane/(1S,2R,5S,7S)-2,6,6-Trimethyl-8-methylenetricyclo[5.3.1.$0^{1,5}$] undecane。CAS 2258642-97-4 已經停用 [84]。
- 雪松醇／柏木醇 (Cedrol)，請參考 2-2-2-2。

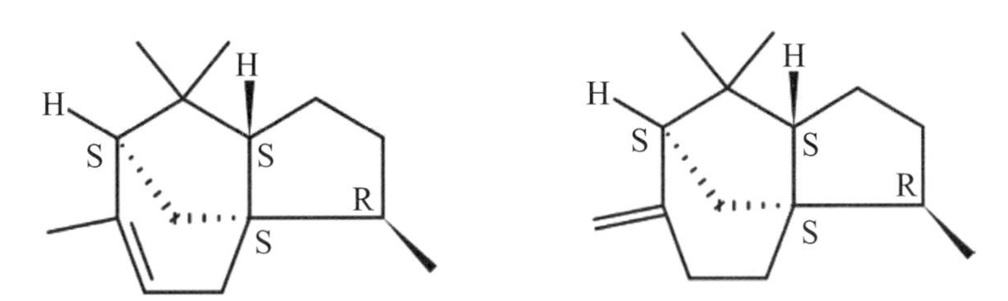

圖2-1-2-21　由左至右：左旋-α-雪松烯、右旋-β-雪松烯化學式

22. 古蕓烯／古香油烯 (Gurjunene)，根據雙鍵的位置有 α、β、γ 異構物，並有旋光異構物，α 和 β 古蕓烯有 [6.3.0] 雙環，2、4 號碳還有稠環，構成三環 (tricyclo) 結構；γ- 古蕓烯則有 [5.3.0] 雙環結構，化學式 $C_{15}H_{24}$、密度 0.918g/cm^3、沸點 262.5°C，爲無色透明液體，溶於乙醇等溶劑，不溶於水，有木質香酯氣息，純品對皮膚眼睛有刺激性 [19]，存在於古蕓香酯、穗甘松、大根老鸛草、中國天竺葵等植物中，用於芳香劑 [19]，在芳療經驗上，古蕓烯有寺廟的氣息及禪定的意境 [43]。

- α- 古蕓烯 (α-Gurjunene)，CAS 489-40-7。
  - ➢ 左旋 -α- 古蕓烯 ((-)-α-Gurjunene)，CAS 489-40-7，IUPAC 名爲：(2S,4R,7R,8R)-3,3,7,11-Tetramethyltricyclo[6.3.0.$0^{2.4}$]undec-1(11)-ene[17]/(1aR,4R,4aR,7bS)-1,1,4,7-Tetramethyl-1a,2,3,4,4a,5,6,7b-octahydro-1H-cyclopropa[e]azulene[61]。
  - ➢ 右旋 -α- 古蕓烯 ((+)-α-Gurjunene/ent-α-Gurjunene)，CAS 67650-50-4，IUPAC 名爲：(1aS,4S, 4aS,7bR)-3,3,7,11-Tetramethyltricyclo[6.3.0.$0^{2.4}$]undec-1(11)-ene。
- β- 古蕓烯 (β-Gurjunene)，CAS 73464-47-8，IUPAC 名爲：(1aR,4R,4aR,7aR,7bR)- 1,1,4-Trimethyl-7-methyl idenedecahydro-1H-cyclopropa[e] azulene[61]。
- γ- 古蕓烯 (γ-Gurjunene)，CAS 22567-17-5。
  - ➢ 右旋 -γ- 古蕓烯 ((+)-γ-Gurjunene/t-Gurjunene)，CAS 22567-17-5，IUPAC 名爲：

(3R,6R,7R,10R)-6,10-Dimethyl-3-isopropenylbicyclo [5.3.0]dec-1-ene[17]。CAS 11024-40-1, 1314118-50-7 已經停用[84]。

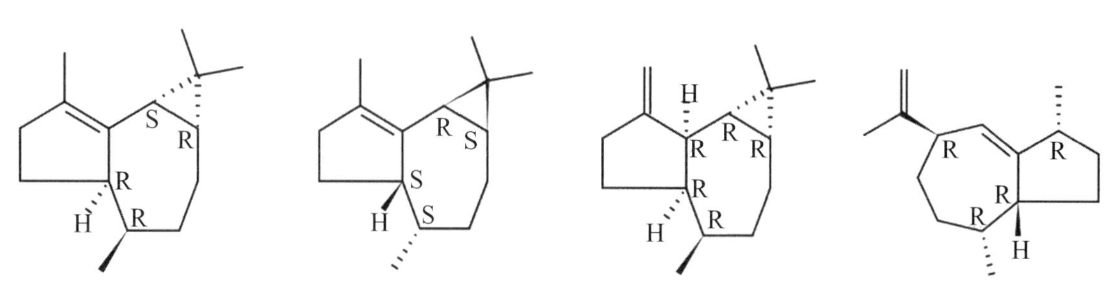

圖2-1-2-22　由左至右：左旋-*α*-古蕓烯、右旋-*α*-古蕓烯、*β*-古蕓烯、右旋-*γ*-古蕓烯化學式

23. 菖蒲萜烯／卡拉烯 (Calamene/Calamenene)，屬於雙環倍半萜烯，有順反異構物，化學式 $C_{15}H_{22}$，密度 0.9224g/cm^3、熔點 125.4°C、沸點 284.99°C，溶於高濃度乙醇、石油醚、乙醚等溶劑，微溶於低濃度乙醇[4]，不溶於水[19]，與空氣及光線接觸會氧化使之比重增加、顏色變深，失去原有香味[4]。菖蒲萜烯存在於牛至、迷迭香、多香果、歐當歸／圓葉當歸 (Lovage/Levisticum officinale，繖形科歐當歸屬）[5, 35]。
   - 菖蒲萜烯 (Calamenene)，CAS 483-77-2。
     - ➢ 順式菖蒲萜烯 (cis-Calamenene)，CAS 72937-55-4[19, 21, 60,]。0
       - ✓ 左旋順式菖蒲萜烯 ((-)-cis-Calamenene/l-Calamenene)，CAS 483-77-2，IUPAC 名爲：(1S,4S)-1,6-Dimethyl-4-(propan-2-yl)-1,2,3,4-tetrahydronaphthalene。CAS 13844-04-7 已經停用[84]。
       - ✓ 右旋順式菖蒲萜烯 ((+)-cis-Calamenene)，CAS 22339-23-7[11, 20, 21, 86]，IUPAC 名爲：(1R,4R)-1,2,3,4-Tetrahydro-1,6-dimethyl-4-(1-methylethyl)naphthalene。
     - ➢ 反式菖蒲萜烯 ((+/-)-trans-Calamenene)，CAS 73209-42-4[12, 21, 87]，IUPAC 名爲：(1S,4R)-1,6-Dimethyl-4-propan-2-yl-1,2,3,4-tetrahydronaphthalene。

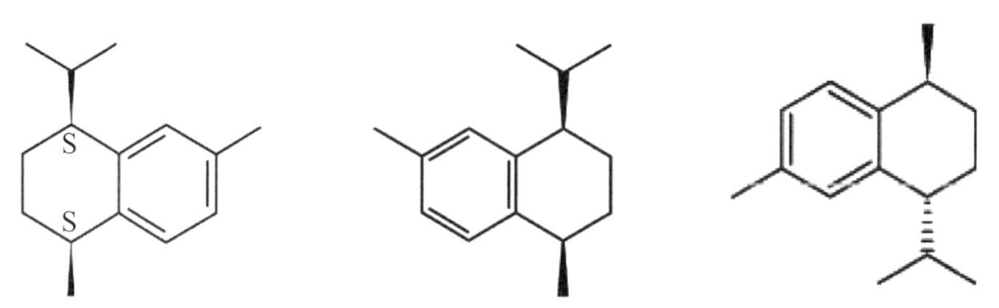

圖2-1-2-23　左旋順式菖蒲萜烯、右旋順式菖蒲萜烯、反式菖蒲萜烯化學式

24. 羅漢柏烯／倍半扁柏烯 (Thujopsene/Widdrene/Sesquichamene)，分子有 [8.1.0] 雙環，1、6 號碳還有稠環，成爲三環 (tricyclo) 結構，化學式 $C_{15}H_{24}$、密度 0.936g/cm^3、沸點 256.5°C，爲無色或淡黃色透明液體，溶於乙醇，幾乎不溶於水 (0.07152mg/L@25°C)，天然存在於

姆蘭傑雪松、短舌匹菊，以及雪松屬和羅漢柏屬針葉樹中，是一種植物代謝物[5, 11, 19]。

- 羅漢柏烯／倍半扁柏烯 (Thujopsene/Widdrene/Sesquichamene)，CAS 470-40-6。
  - ➢ 左旋羅漢柏烯 ((-)-Thujopsene/cis-(-)-Thujopsene/Sesquichamene/Widdrene)，CAS 470-40-6，IUPAC 名爲：(1S,6S,10S)-2,2,6,9-Tetramethyltricyclo[8.1.0.0^{1,6}]undec-8-ene[17]/(1aS,4aS,8aS)-2,4a,8,8-Tetramethyl-1,1a,4,4a,5,6,7,8-octahydrocyclopropa[d]naphthalene[19]。
  - ➢ 右旋羅漢柏烯 ((+)-Thujopsene)IUPAC 名爲：(1aR,4aR,8aR)-2,4a,8,8-Tetramethyl-1,1a,4,4a,5,6,7,8-octahydrocyclopropa[d] naphthalene。
- 側柏烯 (Thujene)，請參考 2-1-2-10。
- 扁柏烯 (Chamene)，請參考 2-1-1-17。

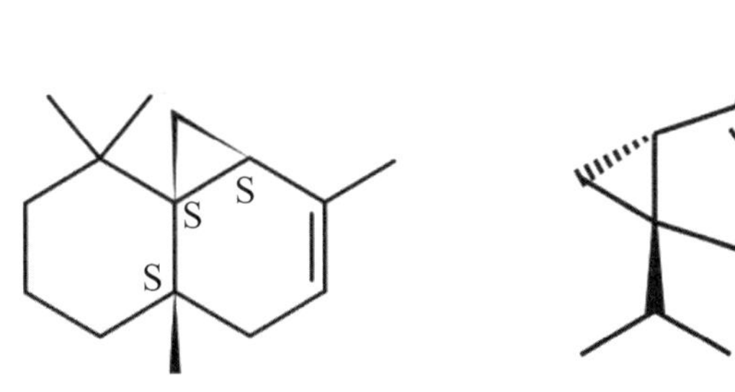

圖2-1-2-24　由左至右：左旋羅漢柏烯、側柏烯化學式

25. 檀香烯／檀香萜 (Santalene)，*α*- 檀香烯分子有 [2.2.1] 雙環及 2、6 號碳還有稠環，成爲三環 (tricyclo) 結構，*β*- 檀香烯分子有 [2.2.1] 雙環 (bicyclo) 結構，化學式 $C_{15}H_{24}$、密度 0.895-0.901g/cm^3、沸點 247-248°C，爲無色至淡黃色透明液體，溶於乙醇，幾乎不溶於水 (0.03917mg/L@25°C)。*α*- 檀香烯有木質檀香味，用於烘焙食品、非酒精飲料、冰品、水果、調味品以及肉類、魚類、豆類、脂肪類食品[11, 19]。

- *α*- 檀香烯 (*α*-Santalene)，CAS 512-61-8。
  - ➢ 左旋 -*α*- 檀香烯 ((-)-*α*-Santalene)，CAS 512-61-8，IUPAC 名爲：(2R,6S,7S)-1,7-Dimethyl-7-(4-methyl-3-penten-1-yl)tricyclo [2.2.1.0^{2,6}] heptane。CAS 117312-34-2 已經停用[84]。
  - ➢ 右旋 -*α*- 檀香烯 ((+)-*α*-Santalene)，IUPAC 名爲：(1S,2R,4S,6R,7R)-1,7-Dimethyl-7-(4-methyl-3-penten-1-yl)tricyclo [2.2.1.0^{2,6}] heptane[66]。
- *β*- 檀香烯 ((±)-*β*-Santalene)，CAS 37876-50-9[20, 53, 88]。
  - ➢ 左旋 -*β*- 檀香烯 ((-)-*β*-Santalene)，CAS 511-59-1，IUPAC 名爲：(1S,2R,4R)-2-Methyl-3-methylidene-2-(4-methylpent-3-en-1-yl)bicyclo[2.2.1]heptane，
- 檀香精油中含有檀香醇 (Santalol, 2-2-2-6)、檀烯／檀萜烯 (Santene, 2-1-1-14)、檀香烯／檀香萜 (Santalene, 2-1-2-25)、檀香酸 (Santalic acid, 5-2-2-18)、檀萜烯酮 (Santenone)、檀萜烯酮醇 (Santenone alcohol)、檀油酸 (Teresantalic acid)、紫檀萜醛 (Santalal/Santal aldehyde) 等成分[40, 56]。

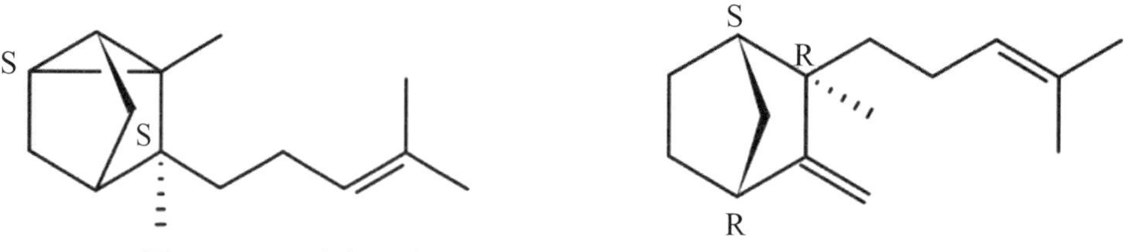

圖2-1-2-25　由左至右：左旋-α-檀香烯、左旋-β-檀香烯化學式

26. 薑黃烯 (Curcumene)，CAS 644-30-4，化學式 $C_{15}H_{22}$、α- 薑黃烯密度 0.8805g/cm^3、沸點 275.47°C，溶於乙醇、微溶於水 (0.1798mg/L@25°C)，有草本氣味，天然存在於敘利亞圓柏、疏花草果藥等植物中 [11, 19]。

- α- 薑黃烯 ((±)-α-Curcumene)，CAS 644-30-4。CAS 125147-49-1, 3649-81-8, 8011-80-1, 29837-49-8 已經停用 [84]。
  - ➢ 左旋 -α- 薑黃烯 ((-)-α-Curcumene/l-α-Curcumene/ar-Curcumene)，CAS 4176-17-4，IUPAC 名爲：1-Methyl-4-[(2R)-6-methylhept-5-en-2-yl]benzene/1-[(1R)-1,5-Dimethyl-4-hexenyl]-4-methylbenzene[84]。
  - ➢ 右旋 -α- 薑黃烯 (d-ar-Curcumene/(+)-α-Curcumene/(+)-ar-Curcumene/(+)-Curcumene)，CAS 4176-06-1，IUPAC 名爲：1-Methyl-4-[(2S)-6-methylhept-5-en-2-yl]benzene。
- β- 薑黃烯 β-Curcumene)，CAS 28976-67-2。
  - ➢ 左旋 -β- 薑黃烯 ((-)-β-Curcumene/l-β-Curcumene)，CAS 28976-67-2，IUPAC 名爲：1-Methyl-4-[(2R)-6-methylhept-5-en-2-yl] cyclohexa-1,4-diene。
- γ- 薑黃烯 (γ-Curcumene)，CAS 28976-68-3。CAS 872286-71-0 已經停用 [84]。
  - ➢ 左旋 -γ- 薑黃烯 ((-)-γ-Curcumene)，CAS 28976-68-3[11, 19]，IUPAC 名爲：1-Methyl-4-[(2R)-6-methylhept-5-en-2-yl]cyclohexa-1,3-diene。
  - ➢ 右旋 -γ- 薑黃烯 ((+)-γ-Curcumene)，CAS 73694-25-4[67, 87]，IUPAC 名爲：(6S)-2-Methyl-6-(4-methyl-cyclohexa-1,3-dienyl)-hept-2-en[67, 87]。
- 薑黃素 (Curcumin)，請參考 5-2-3-11。薑黃酮 (Tumerone)，請參考 3-2-2-12。

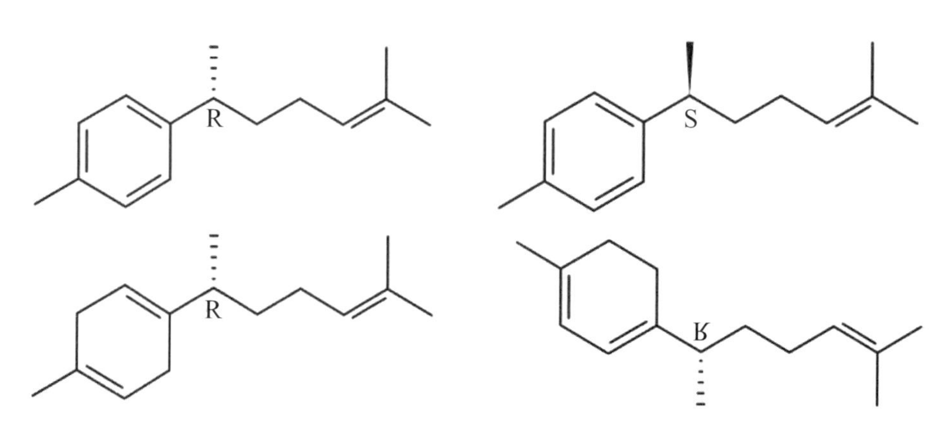

圖2-1-2-26　上排由左至右：左旋-α-薑黃烯、右旋-α-薑黃烯；下排由左至右：左旋-β-薑黃烯、γ-薑黃烯化學式

27.岩蘭草烯 (Vetivenene)，常見的化合物有 β 和 γ 兩種異構物，化學式 $C_{15}H_{22}$。β- 岩蘭草烯：熔點 41.8°C、沸點 310.07°C，天然存在於岩蘭草中 [20, 21]。γ- 岩蘭草烯：熔點 42.2°C、沸點 305.09°C，幾乎不溶於水 (0.06069mg/L@25°C)，天然存在於岩蘭草等植物中 [11, 19, 20, 21]。

- β- 岩蘭草烯 (β-Vetivenene/β-Vatirenene)，CAS 27840-40-0[11, 20, 60, 67]，IUPAC 名爲：(1R,8aS)-1,8a-Dimethyl-7-propan-2-ylidene-1,2,6,8-tetrahydronaphthalene。
- γ- 岩蘭草烯 (γ-Vetivenene)，CAS 28908-26-1[19, 67]，IUPAC 名爲：(1R,8aR)-1,2,3,4,6,8a-Hexahydro-1,8a-dimethyl-7-(1-methyleneethyl)naphthalene。
- 岩蘭螺烯 (Vetispirene)，有 α 和 β 兩種異構物。α- 岩蘭螺烯，化學式 $C_{15}H_{22}$，分子有 [4.5] 螺環結構，幾乎不溶於水 (0.005189mg/L@25°C)，天然存在於沉香等植物中。β- 岩蘭螺烯，化學式 $C_{15}H_{22}$，分子有 [4.5] 螺環結構，幾乎不溶於水 (0.07084mg/L @25°C)[11, 18, 19]。
  - ➢ α- 岩蘭螺烯 (α-Vetispirene)，CAS 28908-28-3[12, 20]，IUPAC 名爲：(5S,10R)-6,10-Dimethyl-2-(1-methylvinyl)spiro[4.5]deca-1,6-diene/(5S,6R)-6,10-Dimethyl-3-prop-1-en-2-ylspiro[4.5]deca-3,9-diene。
  - ➢ β- 岩蘭螺烯 (β-Vetispirene)，CAS 28908-27-2[18, 19, 20, 87]，IUPAC 名爲：(5R,10R)-10-Methyl-6-methylene-2-(propan-2-ylidene)spiro[4.5]dec-7-ene。
- 岩蘭烯 (Vetivene)，化學式 $C_{15}H_{24}$，爲白色固體粉末 [12]。
  - ➢ 岩蘭烯 (Vetivene)，CAS 10482-46-9，IUPAC 名爲：1,2,3,3a,4,5,6,8a-Octahydro-2-isopropyl idene-4,8-dimethylazulene。
- 客烯／三環岩蘭烯 (Khusimene/Khusene/Zizaene/Tricyclovetivene)，分子有 [6.2.1] 雙環，1,5 號碳還有稠環，成爲三環 (tricyclo) 結構，化學式 $C_{15}H_{24}$、密度 0.9±0.1g/cm^3、熔點 85.44°C、沸點 288.51°C，天然存在於岩蘭草等植物中 [11, 12, 21, 67]。
  - ➢ 客烯／三環岩蘭烯 (Khusimene/Khusene/Zizaene/Tricyclovetivene)，CAS 18444-94-5[20, 20, 52, 82]，IUPAC 名爲：(1S,2S,5S,8R)-2,7,7-Trimethyl-6-methylenetricyclo[6.2.1.0^{1,5}]undec ane。
- 客烯醇／三環岩蘭烯醇 (Khusimol/Khusenol/Tricyclovetivenol)，請參考 2-2-2-24。

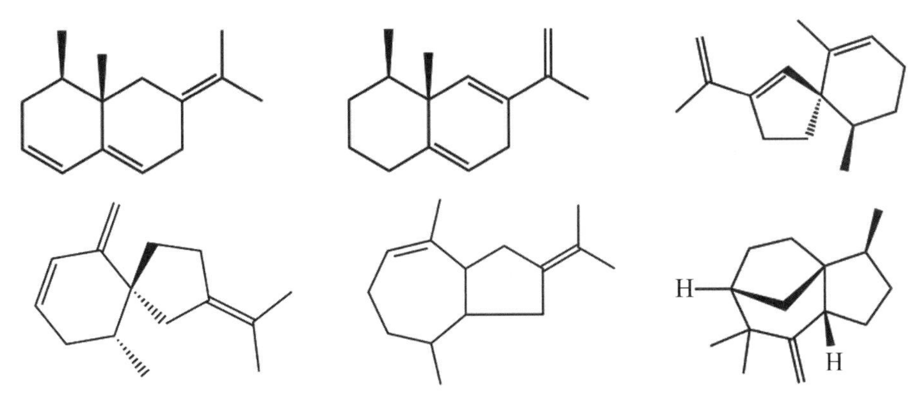

圖2-1-2-27　上排由左至右：β-岩蘭草烯、γ-岩蘭草烯、α-岩蘭螺烯化學式；下排由左至右：β-岩蘭螺烯、岩蘭烯(Vetivene)、客烯／三環岩蘭烯化學式

28. 莎草烯 (Cyperene)，分子有 [5.3.1] 雙環，第 2,6 號碳還有稠環，成為三環 (tricyclo) 結構，化學式 $C_{15}H_{24}$、密度 0.9354g/cm^3、沸點 268.91°C，微溶於水 (0.1165mg/L@25°C)，旋光度 [α]20D -20（比旋光度 α 符號中，20 是溫度 °C、D 是指鈉燈光波，負號是指左旋），天然存在於雅麗菊 (Iary/Psiadia altissima)、香附子等莎草屬植物中 [11, 19, 20, 92]。
   - 在漢文資料中 Cyperene 稱為香附烯／莎草烯、Rotundene 也稱為香附烯／莎草烯。香附子學名為 Cyperus rotundus，Cyperus 是莎草屬、rotundus 是香附子，因此本書將 Cyperene 稱為莎草烯、Rotundene 稱為香附烯。將 Cyperol 稱為莎草醇、Rotunol 稱為香附醇。將 Cyperone 稱為莎草酮、Rotundone 稱為香附酮。在莎草精油中，兩者都存在。
   - 莎草烯 (Cyperene)，CAS 2387-78-2。4- 廣藿香烯是 α 和 γ 廣藿香烯的異構物 [35]。
     - ➢ 左旋莎草烯／4- 廣藿香烯 ((-)-Cyperene/4-Patchoulene/4-Isopatchoulene/α-Cyperene)，CAS 2387-78-2，IUPAC 名為：(1R,7R,10R)-4,10,11,11-Tetramethyltricyclo[5.3.1.0^{1,5}]undec-4-ene。
   - 香附烯 (Rotundene)，分子有 [6.2.2] 雙環，第 1、5 號碳還有稠環，成為三環 (tricyclo) 結構，化學式 $C_{15}H_{24}$、熔點 58.12°C、沸點 292.64°C，難溶於水 (0.1397mg/L@25°C)，旋光度 [α]D -15.63° ,CHC1_3，天然存在於香附子等莎草屬植物中 [11, 19, 92]。
     - ➢ 香附烯 (Rotundene)，CAS 65128-08-7[86]，IUPAC 名為：1,5,9-Trimethyltricyclo[6.2.2.0^{2,6}]dodec-9-ene。
   - 廣藿香烯／天竺薄荷烯／綠葉烯 (Patchoulene)，請參考 2-1-2-12。

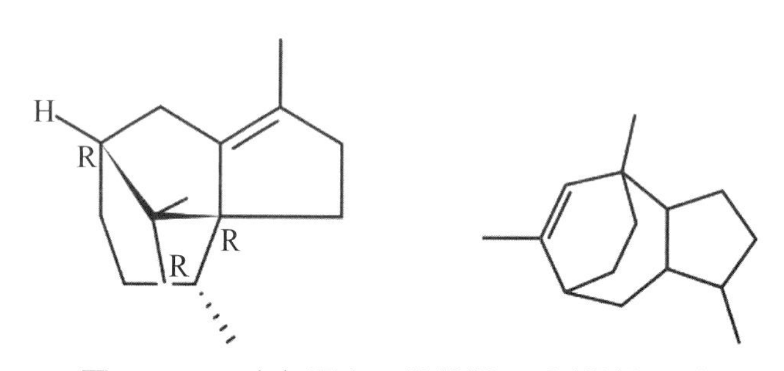

圖2-1-2-28　由左至右：莎草烯、香附烯化學式

29. 馬兜鈴烯 (Aristolene)，分子有 [5.4.0] 雙環，2、4 號碳還有稠環，成為三環 (tricyclo) 結構，化學式 $C_{15}H_{24}$、密度 0.9424g/cm^3、沸點 259.90°C，為白色針狀結晶固體，可溶於氯仿、丙酮等溶劑，幾乎不溶於水 (0.07675mg/L@25°C)，旋光度 [α]D-98.7（比旋光度 α 符號中，D 是指鈉燈光波，負號是指左旋），天然存在於香科科屬（唇形科）植物中 [11, 19, 35, 84, 87]。
   - 馬兜鈴烯／左旋 -9- 馬兜鈴烯 ((-)-Aristolene/(-)-9-Aristolene/Aristol-9-ene)，CAS 6831-16-9，IUPAC 名為：(1R,2S,4R,11R)-1,3,3,11-Tetramethyltricyclo[5.4.0.0^{2,4}]undec-6-ene。CAS 13971-68-1, 28329-90-0 已經停用 [84]。
   - 白菖油萜／1(10)- 馬兜鈴烯，請參考 2-1-2-34。

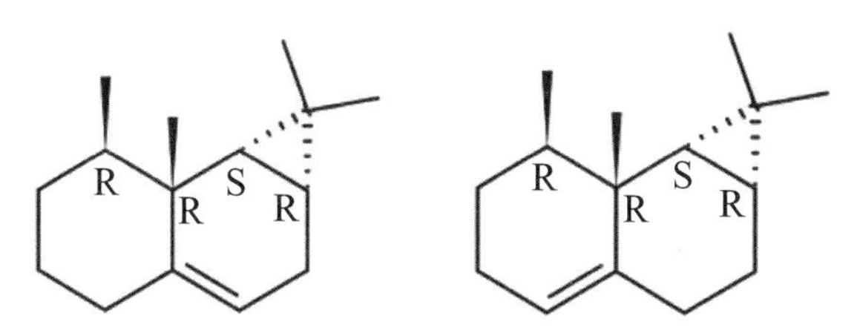

圖2-1-2-29 由左至右：馬兜鈴烯／左旋-9-馬兜鈴烯、白菖油萜／右旋1(10)-馬兜鈴烯化學式

30. 瓦倫西亞桔烯 (Valencene)，化學式 $C_{15}H_{24}$、密度 0.922g/cm^3、沸點 274.0°C，爲淡黃色至黃色透明液體，溶於乙醇，幾乎不溶於水 (0.05011mg/L@25°C)，有著甜美新鮮的葡萄柚柑橘類木質香氣，用於烘焙食品、酒精與非酒精飲料、穀片、口香糖、水果冰品、乳製品、果凍、布丁等製品 [87]。
   - 瓦倫西亞桔烯 (Valencene)，CAS 4630-07-3。
     - 右旋瓦倫西亞桔烯 ((+)-Valencene)，CAS 4630-07-3，IUPAC 名爲：(1R,7R,8aS)-1,2,3,5,6,7,8,8a-Octahydro-1,8a-dimethyl-7-(1-methylethenyl)naphthalene。CAS 20479-02-1 已經停用 [84]。

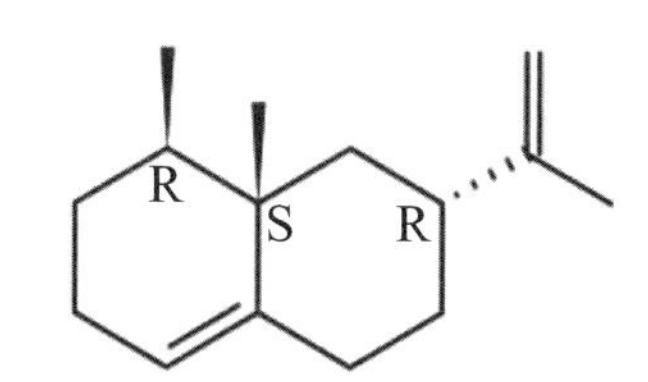

圖2-1-2-30 瓦倫西亞桔烯化學式

31. 白菖油萜 (Calarene)，化學式 $C_{15}H_{24}$、密度 0.9202g/cm^3、沸點 259.9°C，溶於乙醇，幾乎不溶於水 (0.07675mg/L@25°C)，天然存在於美洲紫羽珊瑚等生物中，工業上由馬兜鈴烷氫化製得 [11, 17, 84, 87]。
   - 白菖油萜 (Calarene)，CAS 17334-55-3。
     - 右旋白菖油萜／右旋 1(10)- 馬兜鈴烯 ((+)-Calarene/(+)-1(10)-Aristolene)，CAS 17334-55-3，IUPAC 名爲：(1R,2S,4R,11R)-1,3,3,11-Tetramethyltricyclo[5.4.0.0^{2,4}]undec-7-ene。
   - 右旋白菖油萜又稱爲右旋對古蕓烯 ((+)-p-Guriunene) [87]，但是古蕓烯 (Gurjunene) 是 [6.3.0.0] 三環、白菖油萜是 [5.4.0.0] 三環，結構不完全相同。
   - 有漢字資料庫稱白菖油萜 (Calarene) 爲卡拉烯，由於菖蒲萜烯也稱爲卡拉烯 (Calamene/Calamenene)，建議迴避。
   - 菖蒲萜烯／卡拉烯 (Calamene/Calamenene)，請參考 2-1-2-23。
   - 馬兜鈴烯／左旋 -9- 馬兜鈴烯 (Aristolene)，請參考 2-1-2-29。
   - 古蕓烯／古香油烯 (Gurjunene)，請參考 2-1-2-22。

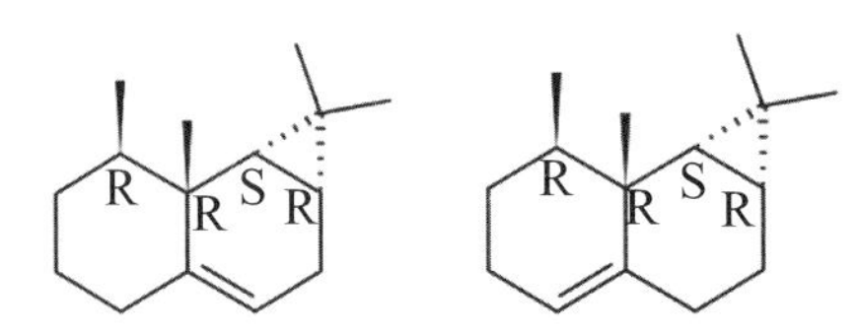

圖2-1-2-31　由左至右：馬兜鈴烯／左旋-9-馬兜鈴烯、白菖油萜／右旋1(10)-馬兜鈴烯化學式

32. 喜馬雪松烯(Himachalene)，屬於喜馬雪松烷類化合物，化學式$C_{15}H_{24}$、密度$0.9241 g/cm^3$[11, 19]。

- 喜馬雪松烯 (Himachalene)。
  - ➢ *α*- 喜馬雪松烯 ((-)-*α*-Himachalene)，CAS 3853-83-6，IUPAC 名爲：(4aS,9aR)-2,4a,5,6,7,8,9,9a-Octahydro-3,5,5-trimethyl-9-methylene-1H-benzocycloheptene。CAS 911479-97-5 已經停用 [84]。
  - ➢ *β*- 喜馬雪松烯 ((+)-*β*-Himachalene)，沸點 276°C，溶於乙醇，難溶於水 (0.04532mg/L@25°C)，天然存在於南非蠟菊精油／南非永久花、姆蘭傑南非柏等植物中。
    - ✓ *β*- 喜馬雪松烯 ((+)-*β*-Himachalene)，CAS 1461-03-6，IUPAC 名爲：(4AR)-3,5,5,9-Tetramethyl-2,4a,5,6,7,8-hexahydro-1H-benzo[7]annulene。CAS 19888-28-9 已經停用 [84]。
  - ➢ *γ*- 喜馬雪松烯 ((-)-*γ*-Himachalene)，沸點 268°C，溶於乙醇，難溶於水 (0.05849mg/L@25°C)，天然存在於柳枝稷、波瓣合葉苔等植物中。
    - ✓ *γ*- 喜馬雪松烯 ((-)-*γ*-Himachalene)，CAS 53111-25-4，IUPAC 名爲：(4aS,9aR)-2,4a,5,6,7,9a-Hexahydro-3,5,5,9-tetramethyl-1H-benzocycloheptene。
  - ➢ 芳喜馬雪松烯 ((+)-ar-Himachalene)，化學式 $C_{15}H_{22}$，爲揮發性無色油狀液體，溶於氯仿、甲醇等溶劑，天然存在於檜柏、姆蘭傑南非柏等植物中，是一種費洛蒙。
    - ✓ 芳喜馬雪松烯 ((+)-ar-Himachalene)，CAS 19419-67-1，IUPAC 名爲：(5S)-6,7,8,9-Tetrahydro-2,5,9,9-tetramethyl-5H-benzocycloheptene。
- 喜馬雪松醇 (Himachalol)、別喜馬雪松醇 (Allohimachalol)，請參考 2-2-2-29。

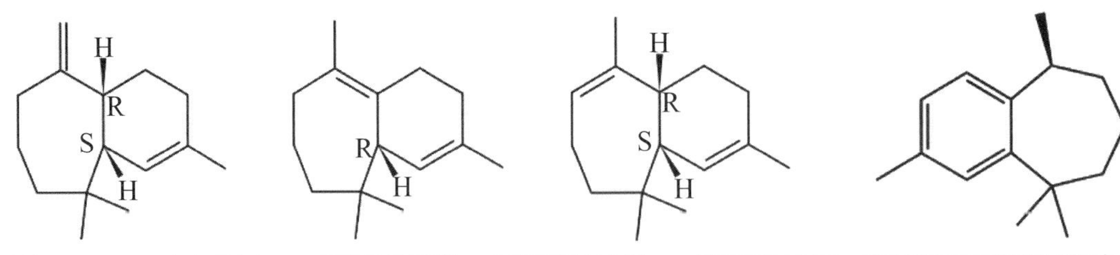

圖2-1-2-32　由左至右：*α*-喜馬雪松烯、*β*-喜馬雪松烯、*γ*-喜馬雪松烯、芳喜馬雪松烯化學式

33. 艾菊烯／艾菊萜 (Tanacetene)，化學式 $C_{15}H_{26}$，天然存在於網脈瓊楠／華河瓊楠、菲律賓樟樹等植物中，對玉米中的稻草蟲有除蟲的功效 [11, 107]。

- 艾菊烯／艾菊萜 (Tanacetene)，IUPAC 名爲：(2E,6E,10E)-2,6,11-Trimethyldodeca-2,6,10-triene。
- 艾菊醇／苦艾醇／苦艾腦 (Tanacetol)，請參考 2-2-2-33。

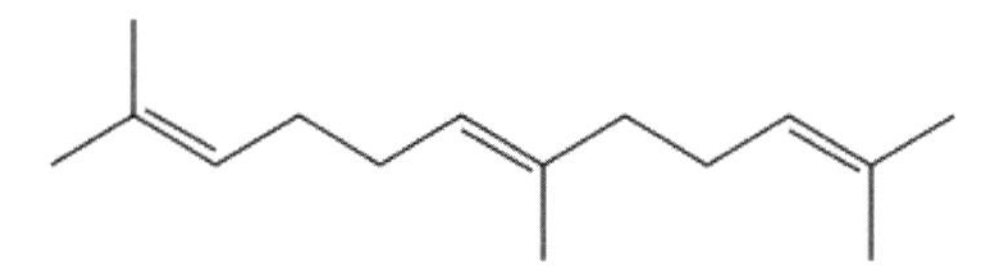

圖2-1-2-33　艾菊烯／艾菊萜化學式

34.烏藥根烯／釣樟揣烯 (Lindestrene)，分子為三環結構，化學式 $C_{15}H_{18}O$、密度 1.1±0.1g/cm^3、沸點 282.2°C，微溶於水 (0.6789mg/L@25°C)，為油狀液體，在空氣中容易氧化，成為樹脂狀物質，天然存在於印度香膠、懷特沒藥／印度沒藥（求求羅香）等植物中，有沒藥的香氣，在小鼠實驗中有抗缺氧的作用，能減低神經細胞缺氧損傷 [11, 19, 66]。

- 烏藥根烯／釣樟揣烯 (Lindestrene)，CAS 2221-88-7，IUPAC 名為：(4aS,8aS)-4,4a,5,6,8a,9-Hexahydro-3,8a-Dimethyl-5-methylene-Naphtho[2,3-b]furan/(8aS)-3,8a-Dimethyl-5-methylidene-4,4a,6,9-tetrahydrobenzo[f][1]benzofuran。
- 烏藥烯／釣樟烯 ((-)-Lindenene)，請參考 2-1-2-35。
- 烏藥烯醇／釣樟烯醇 (Lindenenol/Linderene)，請參考 2-2-2-34。
- 烏藥烯酮／釣樟烯酮 (Lindenenone)，請參考 3-2-2-22。

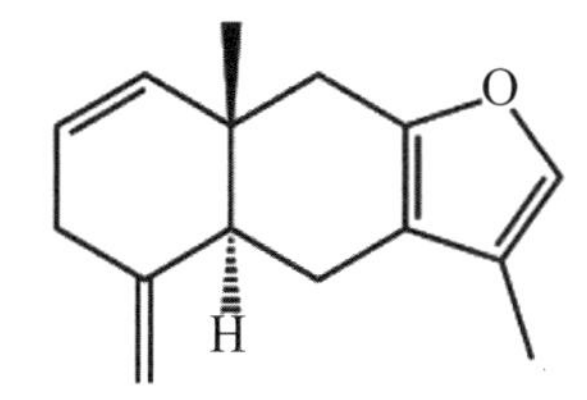

圖2-1-2-34　烏藥根烯／釣樟揣烯化學式

35.烏藥烯／釣樟烯 (Lindenene)，分子有四環 (tetracyclo) 結構，化學式 $C_{15}H_{18}O$、密度 1.11±0.1g/cm^3、沸點 284.8°C，旋光度 [*α*]D -50.1° , c=1.6, $CHC1_3$（比旋光度 *α* 符號中，D 是指鈉燈光波，負號是指左旋，c 是溶劑濃度 g/ml)，為油狀液體，天然存在於烏藥／斑皮柴等植物中，在中藥醫學中，烏藥有行氣止痛、溫腎散寒的功效 [11, 86, 92]。

- 烏藥烯／釣樟烯 (Lindenene)
  - ➢ 左旋烏藥烯／左旋釣樟烯 ((-)-Lindenene)，CAS 24173-83-9，IUPAC 名為：(1S,9S,10R,12S)-4,9-Dimethyl-13-methylidene-6-oxatetracyclo[7.4.0.0^{3,7}.0^{10,12}]trideca-3(7),4-diene /(4aS)-3,6b*β*-Dimethyl-5-methylene-4,4a*α*,5,5a*α*,6,6a*α*,6b,7-octahydrocycloprop[2.3]indeno[5.6-b]furan。
- 烏藥根烯／釣樟揣烯 (Lindestrene)，請參考 2-1-2-34。
- 烏藥烯醇／釣樟烯醇 (Lindenenol/Linderene)，請參考 2-2-2-34。
- 烏藥烯酮／釣樟烯酮 (Lindenenone)，請參考 3-2-2-22。

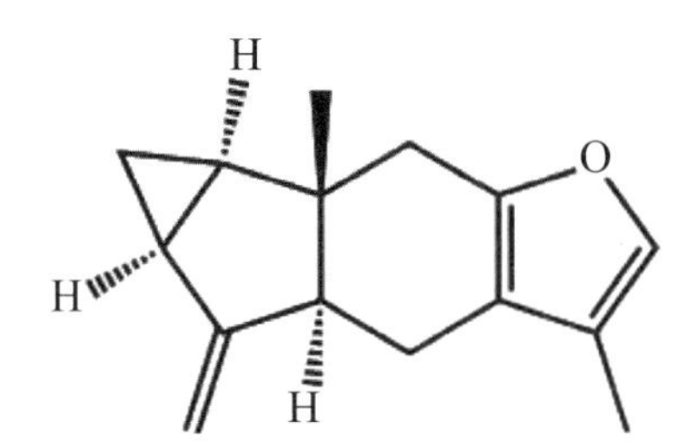

圖2-1-2-35　左旋烏藥烯／左旋釣樟烯化學式

36. 莪朮烯 (Curzerine)，莪朮唸「鵝竹」，化學式 $C_{15}H_{20}O$、密度 $0.982g/cm^3$、熔點 117.5°C、沸點 282.8°C，難溶於水 (0.1185 mg/L@25°C)，天然存在於沒藥、長葉烏藥／川釣樟等植物中，中藥莪朮用於緩解氣滯血瘀所致的癥瘕積聚、經閉以及心腹瘀痛等症狀，中醫藥對小鼠的研究發現，莪朮精油有止孕效果，以及抗腫瘤作用 [11, 20]。
   - 莪朮烯 (Curzerine/Isofuranogermacrene/Isogermafurene/Neocurzerene)，CAS 17910-09-7，IUPAC 名爲：rel-(5R,6R)-6-Ethenyl-4,5,6,7-tetrahydro-3,6-dimethyl-5-(1-methylethenyl) benzofuran。CAS 121470-80-2, 20482-56-8 已經停用 [84]。rel- 表示還有異構物。
   - 莪朮酮 (Curzerenone)，請參考 3-2-2-23。

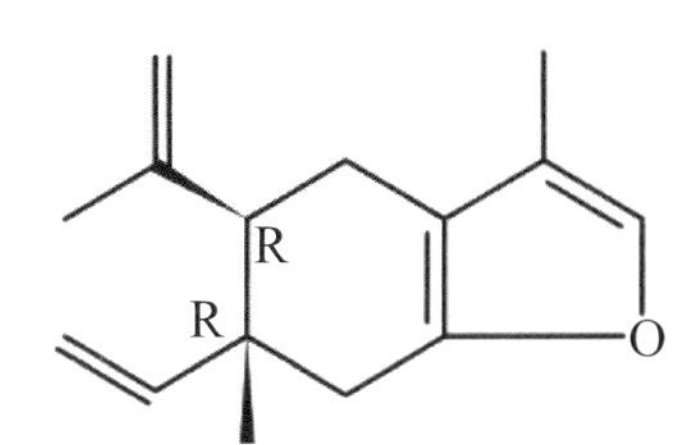

圖2-1-2-36　莪朮烯化學式

37. 西車烯 (Seychellene)，分子有 [5.3.1] 雙環，在 3,8 號碳還有稠環，成爲三環 (tricyclo) 結構，化學式 $C_{15}H_{24}$、密度 $0.93g/cm^3$、熔點 85.44°C、沸點 250.6[19, 86]-288.51[21]°C，爲無色至淡黃色透明液體，溶於乙醇，微溶於水 (0.2525mg/L@25°C)，旋光度 [α]D -72°, c=0.4, $CHCl_3$（比旋光度 α 符號中，D 是指鈉燈光波，負號是指左旋，c 是溶劑濃度 g/ml，$CHCl_3$ 是氯仿），天然存在於日本紫珠、瑞香纈草、廣藿香等植物中 [11, 19, 86, 92]。
   - 西車／塞席爾：塞席爾共和國 (Republic of Seychelles)，在坦尚尼亞以東，位於印度洋中西部的島國，爲大英國協成員國，首都維多利亞港。
   - 西車烯／塞席爾烯 (Seychellene)，CAS 20085-93-2，IUPAC 名爲：3,6,8-Trimethyl-2-methylidenetricyclo$[5.3.1.0^{3,8}]$undecane。
     - ➢ 左旋西車烯／左旋塞席爾烯 ((-)Seychellene)，CAS 20085-93-2，IUPAC 名爲：(-)-(1S,4S,4aS,6R,8aS)-Decahydro-1,4,8a-trimethyl-9-methylene-1,6-methanonaphthalene。

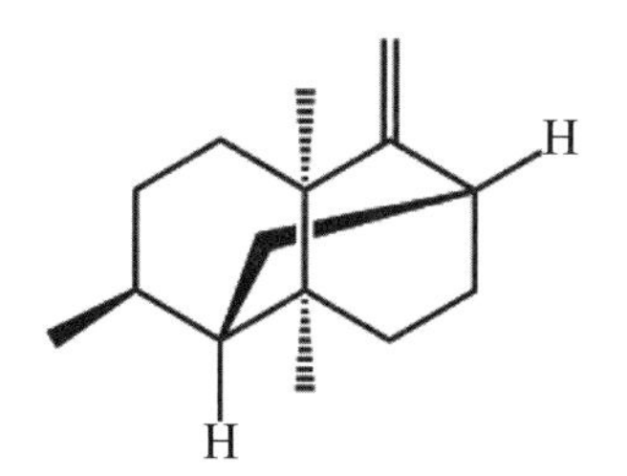

圖2-1-2-37　西車烯化學式

38. 依蘭油烯 (Muurolene)，化學式 $C_{15}H_{24}$，有 α、β、γ、δ、ε 等異構物，具有抗發炎、鎮痛作用，以及抗菌、抗氧化活性。

- α- 依蘭油烯 (α-Muurolene)，CAS 483-75-0[84]/CAS 31983-22-9[86]。化學式 $C_{15}H_{24}$、密度 0.914g/cm^3、沸點 271.5°C，爲無色至淡黃色透明液體，溶於乙醇，難溶於水 (0.06276mg/L@25°C)，有木質香氣，天然存在於黑心柳杉、香木瓣樹、大麻葉澤蘭等植物中，有抗發炎、鎮痛作用，以及抗菌、抗氧化活性，用於烘焙品、乳製品、穀片、冰品、加工水果製品、調味品、加工魚肉類製品、沙拉、湯品、酒精與非酒精飲料等食品[11, 19]。
  - ➢ 左旋 -α- 依蘭油烯 ((-)-α-Muurolene)，CAS 10208-80-7[84]，IUPAC 名爲：(1S,4aS,8aR)-4,7-Dimethyl-1-propan-2-yl-1,2,4a,5,6,8a-hexahydronaphthalene。
  - ➢ 右旋 -α- 依蘭油烯 ((+)-α-Muurolene)，CAS 17627-24-6[84]，IUPAC 名爲：(1R,4aR,8aS)-1,2,4a,5,6,8a-Hexahydro-4,7-dimethyl-1-(1-methylethyl)-Naphthalene。CAS 20555-00-4, 21063-35-4 已經停用[84]。
- β- 依蘭油烯 (β-Muurolene)，天然存在於牛至、丁子香／丁香、鏈黴菌／鏈絲菌等生物中[11]。
  - ➢ 右旋 -β- 依蘭油烯 ((+)-β-Muurolene)，IUPAC 名爲：(1S,4aS,8aS)-4,7-Dimethyl-1-propan-2-yl-1,2,4*a*,5,8,8*a*-hexahydronaphthalene。
- γ- 依蘭油烯 (γ-Muurolene)，CAS 30021-74-0[87]，溶於乙醇，難溶於水 (0.05378mg/L@25°C)，旋光度 [α]D -1.8°（比旋光度 α 符號中，D 是指鈉燈光波，負號是指左旋），有木質辛香與草香，天然存在於落葉松、黑心柳杉等植物中，有抗菌、抗眞菌、抗發炎、抗氧化、抗錐蟲和抗癌活性[11, 19, 35]。
  - ➢ 左旋 -γ- 依蘭油烯 ((-)-γ-Muurolene)，CAS 24268-39-1[84]，IUPAC 名爲：(1S,4aS,8aR)-1,2,3,4,4a,5,6,8a-Octahydro-7-methyl-4-methylene-1-(1-methylethyl) naphthalene。
  - ➢ 右旋 -γ- 依蘭油烯 ((+)-γ-Muurolene)，CAS 30021-74-0[87]，IUPAC 名爲：(1R,4aR,8aS)-1,2,3,4,4a,5,6,8a-Octahydro-7-methyl-4-methylene-1-(1-methylethyl) naphthalene。
- δ- 依蘭油烯 (δ-Muurolene)，CAS 120021-96-7[86]，密度 0.9±0.1g/cm^3、沸點 272°C，溶於乙醇，難溶於 (0.05378mg/L@25°C)，有抗菌、抗眞菌、抗發炎、抗氧化、抗錐蟲和抗癌活性[19]。
  - ➢ 右旋 -δ- 依蘭油烯 ((+)-δ-Muurolene)，CAS483-76-1[84]，IUPAC 名爲：(1S,8aR)-1,2,3,5,6,8a-Hexahydro-4,7-dimethyl-1-(1-methylethyl)naphthalene。

• ε- 依蘭油烯 (ε-Muurolene)，CAS 1136-29-4，密度 0.9±0.1g/cm^3、沸點 272C，旋光度 [α]22D +50.7°, c=2.2, $CHCl_3$（比旋光度 α 符號中，22 是指測定溫度 °C、D 是指鈉燈光波，正號是指右旋，c 是溶劑濃度 g/ml)，天然存在於牛蒡、水薄荷等植物中 [11, 35, 66]。

➢ 右旋 -ε- 依蘭油烯 ((+)-ε-Muurolene)，CAS 1136-29-4[84, 90]/CAS 30021-46-6[86]，IUPAC 名爲：(4S,4aS,8aS)-Decahydro-1,6-bis(methylene)-4-(1-methylethyl) naphthalene。

• 依蘭油烯 (Muurolene)：屬於卡達烷 (Cadalane) 的依蘭油烷 (Muurolane) 型。卡達烷的四個類型包括：杜松烷／蓽橙茄烷 (Cadinane) 型、依蘭油烷 (Muurolane) 型、紫穗槐烷 (Amorphane) 型、保加烷 (Bulgarane) 型。

• 卡達萘 (Cadalene 或 Cadalin) 與杜松烷／蓽橙茄烷 (Cadinane) 是不同的化合物。

• 杜松烯 (Cadinene)，請參考 2-1-2-18。

• 依蘭烯 (Ylangene)，請參考 2-1-2-20。

• 異蘭烯／古巴烯 (Copaene)，請參考 2-1-2-11。

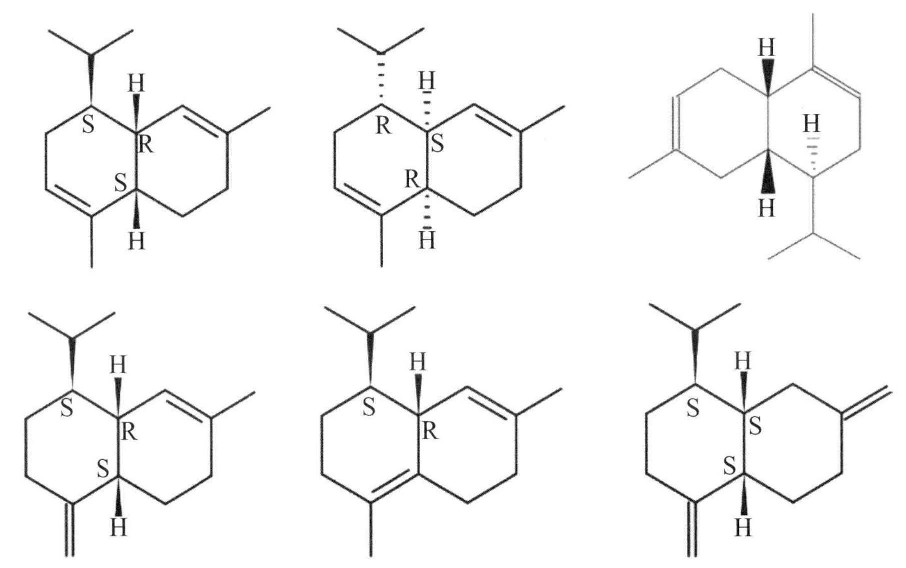

圖2-1-2-38　上排由左至右：左旋-α-依蘭油烯、右旋-α-依蘭油烯、右旋-β-依蘭油烯化學式；下排由左至右：左旋-γ-依蘭油烯、右旋-δ-依蘭油烯、右旋-ε-依蘭油烯化學式

39. 倍半水芹烯／倍半水茴香萜 (Sesquiphellandrene)，β- 倍半水芹烯化學式 $C_{15}H_{24}$、密度 0.8760g/cm^3、沸點 272°C，溶於乙醇，難溶於水 (0.01283mg/L@25°C)，有甜甜的草本水果香氣，天然存在於假蒿、智利柏等植物中，有潛在的抗菌、抗發炎、抗氧化和抗增殖活性 [11, 19, 87]。

• α- 倍半水芹烯／α- 薑烯 (α-Sesquiphellandrene/α-Zingiberene)，CAS 73744-93-1，IUPAC 名爲：3-(1,5-Dimethyl-4-hexenyl)-6-methylene cyclohexene。

➢ 左旋 -α- 倍半水芹烯／左旋 α- 薑烯 ((-)-α-Sesquiphellandrene/(-)-α-Zingiberene)，CAS 495-60-3，IUPAC 名爲：5R)-5-[(1S)-1,5-Dimethyl-4-hexen-1-yl]-2-methyl-1,3-

cyclohexadiene。CAS 7785-34-4, 22627-92-5 已經停用 [84]。

- β- 倍半水芹烯／β- 倍半水茴香萜 (β-Sesquiphellandrene)，CAS 20307-83-9。
  - ➢ 左旋 -β- 倍半水芹烯／左旋 -β- 倍半水茴香萜 ((-)-β-Sesquiphellandrene)，CAS 20307-83-9，IUPAC 名爲：(3R)-3-[(2S)-6-Methylhept-5-en-2-yl]-6-methylidenecyclohexene。CAS 1353-10-2 已經停用 [84]。
- α- 倍半水芹烯 (α-Sesquiphellandrene) 又稱爲 α- 薑烯 (α-Zingiberene)[84]。
- 水芹烯／水茴香萜 (Phellandrene)，請參考 2-1-1-7。
- 薑烯 (Zingiberene)，請參考 2-1-2-6。

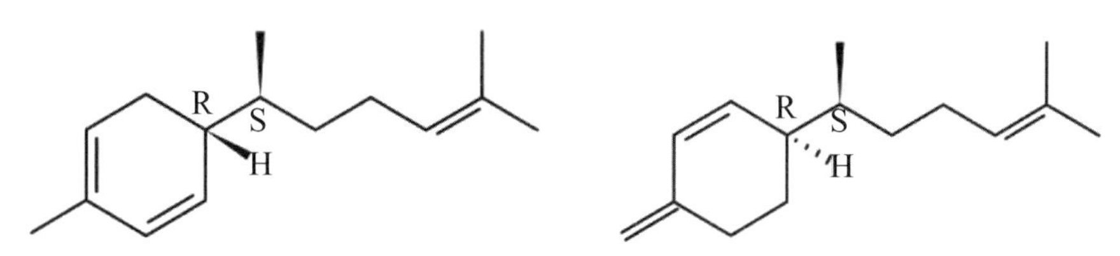

圖2-1-2-39 α-倍半水芹烯／α-薑烯、β-倍半水芹烯化學式

三、二萜烯／三萜烯

二萜烯在精油中並不常見，由於分子量大、沸點比較高，在蒸餾萃取過程不易揮發。因此最常出現在樹脂中。二萜的物理化學性質與倍半萜相似，其分子量更大，因此沸點較高且較不易氧化。二萜烯有抗眞菌、抗病毒、袪痰、瀉藥等作用，對內分泌系統也有平衡作用。二萜烯衍生物包括植物生長激素：赤黴酸 (Gibberellic acid)。三萜烯有固醇 (Sterols)、類固醇 (Steroids) 和皂苷 (Saponins) 等。四萜烯有類胡蘿蔔素，類胡蘿蔔素是維生素 A、酯溶性維生素 D、E、K 和膽固醇、性激素的重要的前導物 [7]。

1. 樟烯 (Camphorene/Dimyrcene)，有稱樟腦烯，與莰烯 (Camphene)、樟腦 (Camphor) 是不同的化合物。樟烯還有一個間位 (Ortho) 異構物：β-Camphorene/o-Camphorene，但自然界似乎沒發現間位異構物。樟烯是一種單環二萜烯，化學式 $C_{20}H_{32}$、密度 0.861g/cm^3、沸點 357.6°C[14]，溶於乙醇，幾乎不溶於水，沒什麼味道 [19]，如圖 2-1-3-1 所示。二萜在精油中並不常見，因爲它們的分子更高，蒸餾時出現在高沸點部分。樟烯存在於樟腦油的提煉過程，具抗菌、抗眞菌的功能，在芳療上能袪痰、整腸，並有平衡內分泌的效果 [7]。
   - α- 樟烯 (α-Camphorene/p-Camphorene/Alvasol)，CAS 532-87-6[11.19.67.84]/CAS 20016-72-2[21.60]，IUPAC 名爲：4-(5-Methyl-1-methylene-4-hexen-1-yl)-1-(4-methyl-3-penten-1-yl) cyclohexene。CAS 39057-12-0, 111958-43-1, 873989-72-1 已經停用 [84]。
   - m-樟烯／γ-樟烯 (m-Camphorene/γ-Camphorene)，CAS 20016-73-3，IUPAC 名爲：5-(5-Methyl-1-methylene-4-hexen-1-yl)-1-(4-methyl-3-penten-1-yl)cyclohexene。
   - 雙月桂烯 (Dimyrcene IIa)，IUPAC 名爲：1-(6-Methylhepta-1,5-dien-2-yl)-3-(4-methylpent-3-enyl) cyclohexane[11]，化學式 $C_{20}H_{34}$。有些資料庫將雙月桂烯等同 α- 樟烯 (α-Camphorene/

p-Camphorene)，化學式 $C_{20}H_{32}$，兩者並不相同。

- 月桂烯 (Myrcene)，請參考 2-1-1-2。

圖2-1-3-1　由左至右：α-樟烯（p-樟烯）、γ-樟烯（m-樟烯）、雙月桂烯-II化學式[4. 5. 11. 12]

2. 紫杉烷／紅豆杉烷／塔三烷 (Taxane)，分子有 [9.3.1] 雙環，3、8 號碳還有稠環，構成三環結構，化學式 $C_{20}H_{36}$、密度 0.860g/cm^3、沸點 338.5°C，如圖 2-1-3-2 所示，存在於紫杉與歐洲榛等植物中，爲紫杉二烯的衍生物，最早是從紫杉分離而得，可抑制腫瘤細胞有絲分裂，但水溶性低，藥物製程較爲困難[5. 20]。
    - 紫杉烷／紅豆杉烷／塔三烷 (Taxane)，CAS 1605-68-1[5]，IUPAC 名爲：(1S,3R,4R,8S,11S,12R)-4,8,12,15,15-Pentamethyltricyclo[9.3.1.0^{3,8}]pentadecane/(4R,4aR,6S,9R,10S,12aR)-Tetradecahydro-4,9,12a,13,13-pentamethyl-6,10-methanobenzocyclodecene。
    - 紫杉醇／太平洋紫杉醇 (Paclitaxel/Taxol)，請參考 2-2-3-7。

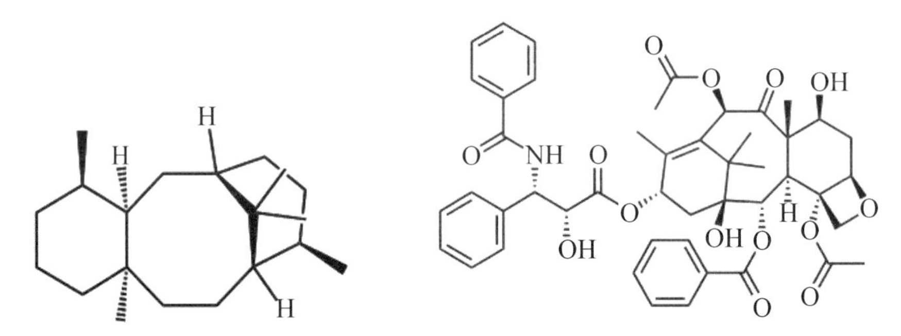

圖2-1-3-2　由左至右：紫杉烷、紫杉醇化學式

3. 角鯊烯 (Squalene)，化學式 $C_{30}H_{50}$、密度 0.8596g/cm^3、熔點 -75°C、沸點 350°C（部分分解），爲淡黃色液體，微溶於甲醇、乙醇，易溶於乙醚、丙酮及其他脂溶性溶劑，幾乎不溶於水，有香味。由於分子有六個雙鍵，容易氧化產生臭味。存在於橄欖、甘蔗、眞菌等生物中，在深海鯊魚肝油中含量最高，少量存在於苦茶油、橄欖油及人體脂肪中，最早是在鯊魚的肝臟中發現。角鯊烯具有滲透、擴散和殺菌作用，用於殺菌劑、皮膚滑潤劑，以及藥物、橡膠、香料等製品的原料[5. 84]。
    - 角鯊烯／菠菜烯 (Squalene/Spinacene/Supraene)，CAS 7683-64-9。
        - ➢ 反式角鯊烯 ((E)-Squalene/trans-Squalene)，CAS 111-02-4，IUPAC 名爲：(6E,10E,14E,18E)-2,6,10,15,19,23-Hexamethyl-2,6,10,14,18,22-tetracosahexaene。CAS 94016-35-0已經停用[84]。

圖2-1-3-3　反式角鯊烯化學式

4. 貝殼杉烯 (Kaurene)，分子爲四環 (tetracyclo) 結構，化學式 $C_{20}H_{32}$、密度 0.97±0.1g/cm^3、熔點 58°C、沸點 345°C，溶於乙醇，難溶於水 (0.002009mg/L@25°C)，有抗腫瘤活性，可誘導鼻咽癌、食道癌細胞凋亡 [19, 86, 110, 111]。
   - 貝殼杉烯 (Kaurene)，CAS 34424-57-2。
     - ➢ 右旋貝殼杉烯 ((+)-Kaurene)，CAS 34424-57-2，IUPAC 名爲：(4aR,6aR,8S,9R,11aR,11bR)-4,4,8,11b-Tetramethyl-3,4,4a,5,6,7,8,9,10,11,11a,11b-dodecahydro-6a,9-methanocyclohepta[a]naphthalene。
   - 15- 貝殼杉烯／異貝殼杉烯 (Kau-15-rene/Isokaurene/Kryptomeren)，熔點 112°C、沸點 346.4°C[86]。
     - ➢ 左旋 -15- 貝殼杉烯／左旋異貝殼杉烯 ((-)-Kau-15-rene/(-)-Isokaurene)，CAS 5947-50-2，IUPAC名爲：(1S,4R,9R,10S,13R)-5,5,9,14-Tetramethyltetracyclo [11.2.1.0^{1,10}.0^{4,9}]hexadec-14-ene。CAS 11014-30-5, 907582-36-9, 1848967-83-8 已經停用 [11, 84]。
     - ➢ 右旋 -15- 貝殼杉烯／右旋異貝殼杉烯／異扁枝烯 ((+)-Kau-15-rene/(+)-Isokaurene/Kryptomeren/(+)-Isophyllocladene)，CAS 511-85-3，IUPAC 名爲：(5α,9α,10β)-Kaur-15-ene。
   - 16- 貝殼杉烯 (Kau-16-rene)，熔點 51°C、沸點 346.9°C[86]。
     - ➢ 左旋 -16- 貝殼杉烯 ((-)-Kau-16-ene/(-)-α-Kaurene)，CAS 562-28-7，IUPAC 名爲：(-)-Kaur-16-ene/ent-Kaur-16-ene。ent- 是指異構物的一種。CAS 1773-75-7, 14046-72-1, 16202-19-0 已經停用 [84]。

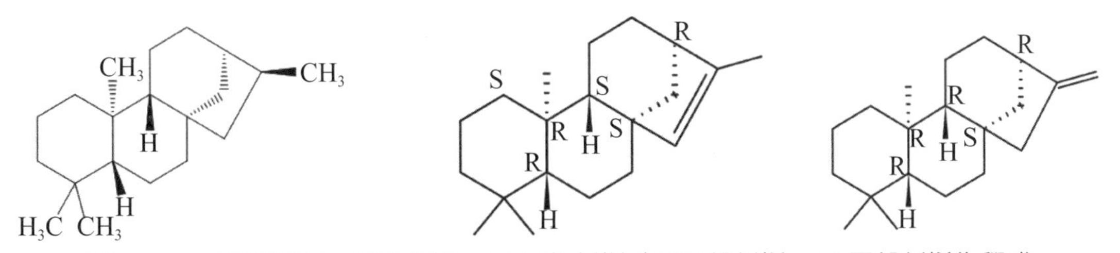

圖2-1-3-4　由左至右：貝殼杉烯、15-貝殼杉烯／異貝殼杉烯、16-貝殼杉烯化學式

第二節　醇類精油

醇類可分爲酯環醇、芳香醇和烯醇等，依照雙鍵存在與否可分爲飽和醇和不飽和醇。酯肪醇是鏈狀酯肪烴的氫原子被羥基 (-OH) 取代，烯醇是烯烴的氫原子被羥基取代，烯烴可以

爲環烴，芳香醇是芳環的氫原子被羥基取代。一般的醇類是指鏈狀的脂肪醇，由於羥基和芳環相連時，其化學特性與一般醇類有所不同，因此稱爲芳香醇；當羥基與雙鍵碳原子相連時稱爲烯醇類。

根據羥基所連碳原子的類型，醇類可分爲：伯醇、仲醇、叔醇等。

- 伯醇又稱爲一級醇 (1°)(Primary alcohol)，是指羥基 (-OH) 直接連接在一個伯碳原子上的醇，也就是含有 $R(OH)H_2$ 結構的醇。
- 仲醇又稱爲二級醇 (2°)(Secondary alcohol)，是指羥基直接連接在一個仲碳原子上的醇，也就是含有 $R_2(OH)H$ 結構的醇。
- 叔醇又稱三級醇 (3°)(Tertiary alcohol)，是指羥基直接連接在一個叔碳原子上的醇，也就是含有 R_3OH 結構的醇。

根據所含羥基數目的不同，醇類可分爲：一元醇（單羥醇，也就是含有一個 -OH）、二元醇（Diol，雙羥醇，也就是含有兩個 -OH）、三元醇（Triol，三羥醇，也就是含有三個 -OH）。含兩個以上羥基的醇稱爲多元醇[5]。

一、單萜醇

單萜醇常見於澳洲茶樹、綠薄荷、玫瑰草等精油，包括香葉醇／牻牛兒醇（牻念「忙」)、橙花醇、薄荷醇、松油醇、沉香醇、香茅醇、龍腦等。單萜醇分子親水性高，氣味宜人，多出現在藥草類與花朵類精油中，可抗細菌或黴菌病原，治療內分泌失調等疾病[10]。常見的單萜醇中，一級醇（伯醇）有香葉醇／牻牛兒醇、橙花醇、香茅醇。二級醇（仲醇）有薄荷醇、冰片醇／龍腦等。三級醇（叔醇）有松油醇／萜品醇、4-松油醇／萜品烯-4-醇、沉香醇／伽羅木醇等。

1. 一級醇／伯醇是含有基團伯醇 $R(OH)H_2$ 的醇，乙醇、正丙醇、正丁醇、香葉醇、橙花醇、香茅醇等是一級醇。

   (1)香葉醇／牻牛兒醇 (Geraniol/(E)-Geraniol/trans-Geraniol)，牻念「忙」，與橙花醇互爲 E/Z（順反）異構體，爲一級無環單萜醇，化學式 $C_{10}H_{18}O$、密度 0.889g/cm^3、熔點 -15°C、沸點 230°C，如圖 2-2-1-1-1 所示，存在於蜂香薄荷、玫瑰草、天竺葵、大馬士革玫瑰、爪哇香茅等植物中，是玫瑰精油與香茅等精油的主要成分，檸檬和天竺葵等精油中也有少量的香葉醇。香葉醇在常溫下爲無色或淡黃色的油狀液體，可溶於溶劑，但不易溶於水。香葉醇略有苦味，帶著溫暖宜人的玫瑰香氣，爲玫瑰系香精的主劑，用於製備食品與化妝品等日常用品的香精。化妝品香精中香葉醇占 90% 以上，配製香皂時香葉醇占 80% 以上，用香葉醇合成的酯類也是很好的香料。在芳療經驗上，香葉醇有抵抗細菌、黴菌和眞菌以及驅蟲等作用，對於皰疹病毒有特殊壓制作用[10, 43]，臨床上可以治療慢性支氣管炎[4]。研究證實香葉醇／牻牛兒醇具有抗發炎、抗菌、抗眞菌的功效和抗癌的活性[58]。

   - 香葉醇／牻牛兒醇 (Geraniol/(E)-Geraniol/trans-Geraniol)，CAS 106-24-1，IUPAC 名爲：(2E)-3,7-Dimethyl-2,6-octadien-1-ol。CAS 8007-13-4, 491611-08-6 已經停用[84]。

- 異香葉醇 ((Isogeraniol)，化學式 $C_{10}H_{18}O$、密度 0.765g/cm^3、沸點 144°C，存在於木瓣樹屬植物 Xylopia aromatica 以及蟻科泛針蟻亞科動物 Rhytidoponera metallica 身上，為單萜類化合物，可作為植物代謝物和費洛蒙 [11, 35]。
  - ➢ 異香葉醇 (Isogeraniol)，CAS 5944-20-7[12, 20, 82]。
    - ✓ 反式異香葉醇 ((E)-Isogeraniol)，CAS 16750-94-0，IUPAC 名為：(3E)-3,7-Dimethyl-3,6-octadien-1-ol。
- 香葉醛／牻牛兒醛 (Geranial)，請參考 3-1-2-8，α- 檸檬醛 (α-Citral) 又稱香葉醛／牻牛兒醛 (Geranial)，是反式 (E) 檸檬醛。

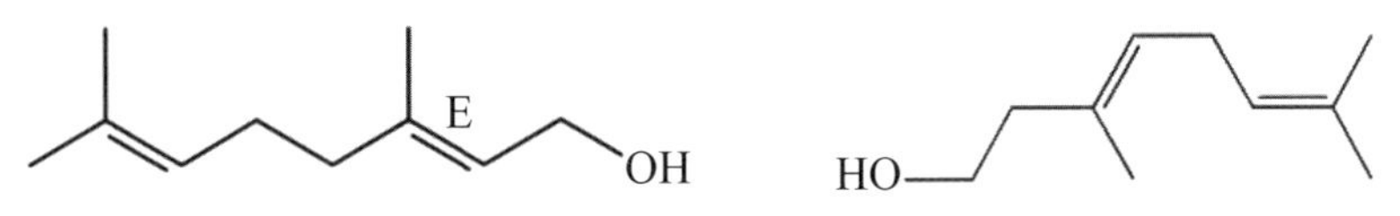

圖2-2-1-1-1　由左到右：香葉醇、反式異香葉醇化學式

(2)橙花醇 (Nerol/(Z)-Geraniol/cis-Geranio)，與香葉醇互為 E/Z（順反）異構體，為一級無環（鏈狀）單萜醇，化學式 $C_{10}H_{18}O$、密度 0.881g/cm^3、熔點 <-10°C、沸點 224-225°C[5]，如圖 2-2-1-1-2 所示。含有香葉醇的精油往往也含有橙花醇。橙花醇存在於橙葉、苦橙花、檸檬、柚子、甜橙、佛手柑、玫瑰花、大馬士革玫瑰、爪哇香茅、香蜂草、薰衣草和忍冬等植物中，為無色液體，無光活性，可以與乙醇、乙醚或氯仿混溶，但幾乎不溶於水，失去水分之後形成檸檬烯。橙花醇帶有新鮮柑橘的清香，有甜美的橙花及檸檬似的果香。橙花醇是貴重香料，用於仿造玫瑰氣味，在高檔食品與化妝品中被廣泛使用[4]，在芳療經驗上，橙花醇有安撫神經、緩解沮喪、憂鬱症、失眠等功能[10, 43]。

- 橙花醇 (Nerol/(Z)-Geraniol/cis-Geranio)，CAS 106-25-2，IUPAC 名為：(2Z)-3,7-Dimethyl-2,6-octadien-1-ol。
- 橙花醛 (Neral)，請參考 3-1-2-9，β- 檸檬醛 (β-Citral) 又稱橙花醛 (Neral)，是順式 (Z) 檸檬醛。

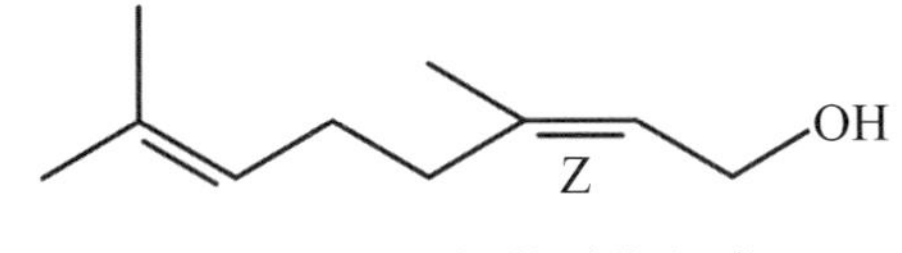

圖2-2-1-1-2　橙花醇化學式

(3)香茅醇／玫紅醇 (Citronellol/Rhodinol)，CAS 106-22-9[5]，根據雙鍵的位置，香茅醇有 α 和 β 兩種異構物，一般商業上所稱的香茅醇是指 β- 香茅醇，為一級無環（鏈狀）單萜醇，有左旋與右旋兩種異構物。右旋 (R)-(+)-β- 香茅醇較常見，化學式 $C_{10}H_{20}O$、密度 0.855g/cm^3、熔點 77-83°C、沸點 225°C，如圖 2-2-1-1-3 所示，存在於香茅油、百麥冬等植物中。左旋 (S)-(-)-β- 香茅醇存在於玫瑰、薔薇、大馬士革玫瑰、天竺葵等薔薇屬及天竺葵屬植物中。香茅醇可由香葉醇或橙花醇氫化合成，是生產玫瑰醚的原料，具

有抗菌、驅蟲等功效，用於香水、驅蟲劑和農業害蟎引誘劑。香茅醇在食品藥物應用上是一般安全原料，在食物中僅限作爲香料添加物[5]。研究證實香茅醇／玫紅醇具有鎮痛、抗發炎的功效[58]。

- α- 香茅醇 (α-Citronellol)：α- 香茅醇的雙鍵在 7 號碳，CAS 141-25-3[35]。
  - 左旋 -α- 香茅醇／玫紅醇 ((-)-α-Citronellol/Rhodinol)，CAS 6812-78-8[19, 84]，IUPAC 名爲：(-)-(3S)-3,7-Dimethyl-oct-7-en-1-ol，3 號碳是左手性，旋光是左旋。
  - 右旋 -α- 香茅醇 ((+)-α-Citronellol)，IUPAC 名爲：(+)-(3R)-3,7-Dimethyl-oct-7-en-1-ol，3 號碳是右手性，旋光是右旋。
- β- 香茅醇 (β-Citronellol)，CAS 106-22-9[84]，雙鍵在 6 號碳。CAS 1335-43-9, 26489-01-0 已經停用[84]。
  - 左旋 -β- 香茅醇 ((-)-β-Citronellol/l-Citronellol)，CAS 7540-51-4[5]，IUPAC 名爲：(-)-(3S)-3,7-Dimethyloct-6-en-1-ol，3 號碳有左手性，旋光是左旋。
  - 右旋 -β- 香茅醇 ((+)-β-Citronellol/d-Citronellol)，CAS 1117-61-9，IUPAC 名爲：(+)-(3R)-3,7-Dimethyloct-6-en-1-ol，3 號碳有右手性，旋光是右旋[5, 67]。
- 香茅醛／玫紅醛 (Citronellal/Rhodinal)，請參考 3-1-2-2。

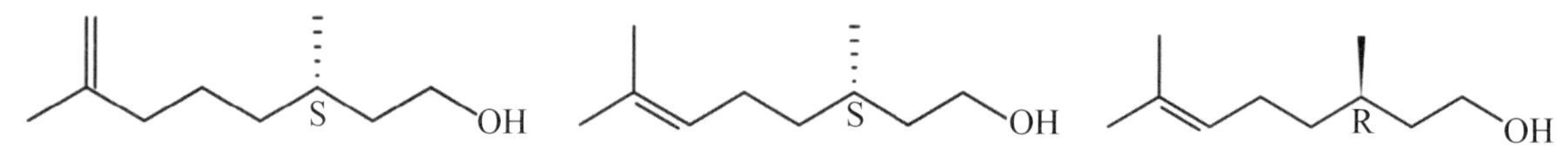

圖2-2-1-1-3　由左至右：左旋-α-香茅醇、左旋-β-香茅醇、右旋-β-香茅醇化學式

(4)松柏醇 (Coniferol/Coniferyl alcohol)，爲芳醇，長鏈雙鍵有 E/Z 異構物，化學式 $C_{10}H_{12}O_3$、密度 1.198g/cm^3、熔點 74°C、沸點 164°C[12, 20, 84]，如圖 2-2-1-1-4 所示，爲無色結晶固體，溶於乙醇和乙醚，不溶於水[4]，廣泛存在於山芝麻、黑灌木和許多裸子植物和被子植物中，可能引起皮膚過敏及眼睛、呼吸道、消化道的刺激，是蜜蜂等動物的費洛蒙[4, 5, 11]。

- 松柏醇 (Coniferol/Coniferyl alcohol)，CAS 458-35-5。
  - 反式松柏醇 ((E)-coniferol/trans-Coniferol)，CAS 32811-40-8，IUPAC 名爲：4-[(1E)-3-Hydroxyprop-1-en-1-yl]-2-methoxyphenol。
- 植物細胞壁在木質化過程中，松柏醇聚合並沉積在細胞壁和胞間層形成木質素 (Lignin)。形成木質素的四種醇單體是松柏醇、對香豆醇、5- 羥基松柏醇和芥子醇。松柏醇臭氧化及還原後可生成香豆醛[4, 5]。

圖2-2-1-1-4　反式松柏醇化學式

(5)薰衣草醇 (Lavandulol)：薰衣草醇旋光左旋 (-) 的分子是右手性 (R)，旋光右旋 (+) 的分子是左手性 (S)[11]，如圖 2-2-1-1-5 所示，化學式 $C_{10}H_{18}O$、密度 0.878g/cm^3、熔點 71~72°C、沸點 229-230°C，為無色至淡黃色透明液體，溶於乙醇，略溶於水 (253.2mg/L @25°C)[17, 19]，左旋 (-)-(R)- 薰衣草醇有草香及淡淡的類似金合歡的花香，並略帶柑橘果香，右旋 (+)-(S)- 薰衣草醇只有微弱的香味，薰衣草醇存在於薰衣草等植物中，用於香水及作為昆蟲費洛蒙[5]。

- 薰衣草醇 (Lavandulol)：旋光左旋 (-) 的分子是右手性 (R)，旋光右旋 (+) 的分子是左手性 (S)，研究這些分子時必須特別留意，古典芳療資料可能把左手性分子稱為左旋分子，講述的剛好是另一個相對的化合物。
- 薰衣草醇 (Lavandulol)，CAS 58461-27-1[84]。
  - ➢ 左旋 (-)-R- 薰衣草醇 ((-)-Lavandulol)，CAS 498-16-8，IUPAC 名為：(2R)-5-Methyl-2-(prop-1-en-2-yl)hex-4-en-1-ol。CAS 21090-68-6[11, 19] 已經停用[84]。
  - ➢ 右旋 (+)-S- 薰衣草醇 ((+)-Lavandulol)，CAS 50373-53-0[84]，IUPAC 名為：(2S)-5-Methyl-2-(prop-1-en-2-yl)hex-4-en-1-ol。

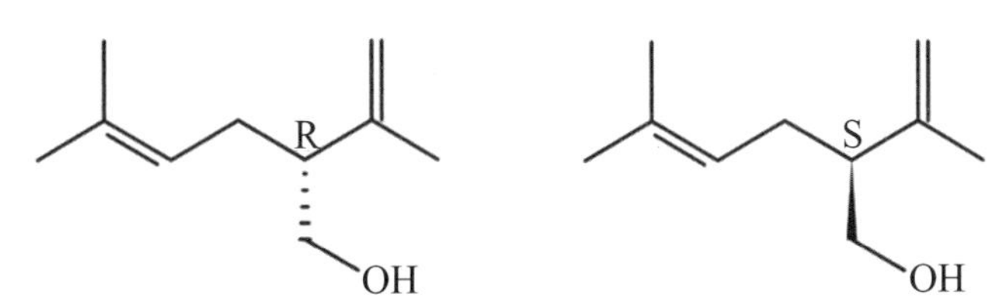

圖2-2-1-1-5　由左至右：左旋-(R)-薰衣草醇、右旋-(S)-薰衣草醇化學式

(6)桃金娘烯醇／香桃木醇 (Myrtenol)，是一級單萜醇，有 [3.1.1] 雙環 (bicyclo) 結構，如圖 2-2-1-1-6 所示，化學式 $C_{10}H_{16}O$、密度 0.954g/cm^3、沸點 221-222°C，旋光度 [α]20D -51°（比旋光度 α 符號中，20 是溫度、D 是指鈉燈光波，負值是指左旋），為無色透明液體，溶於乙醇，微溶於水，有非常溫和的樟木香味，存在於桃金娘、柑橘皮、覆盆子、黑莓、草莓、生薑、啤酒花、胡椒、辣薄荷、綠薄荷、歐洲薄荷／夏香薄荷、風鈴草和迷迭香，用於肥皂、化妝品、調味劑和洗滌劑，也用於糖果、口香糖、乳製品、布丁、果凍等食品，可作為潛在生物標誌物。桃金娘烯醇與異胡薄荷醇、馬鞭草烯醇 (Verbenol) 和松香芹醇 (Pinocarveol) 是 GABA(A) 受體功能的特別有效的調節劑[12, 17, 35]。

- 桃金娘烯醇 ((±)-Myrtenol/α-Pinene-10-ol//2-Pinen-10-ol)，CAS 515-00-4。CAS 111957-74-5,19250-18-1 已經停用[84]。
  - ➢ 左旋桃金娘烯醇 ((-)-Myrtenol/l-Myrtenol)，CAS 19894-97-4，IUPAC 名為：((1R,5S)-6,6-Dimethylbicyclo[3.1.1]hept-2-ene-2-methanol。CAS 1822306-00-2, 2308490-97-1 已經停用[84]。
  - ➢ 右旋桃金娘烯醇 (((+)-Myrtenol/Darwinol)，CAS 6712-78-3[67, 87]，IUPAC 名為：(1S,5R)-6,6-Dimethylbicyclo[3.1.1]hept-2-ene-2-methanol。CAS 12166338-98-1, 2310326-

42-0 已經停用 [84]。
- 桃金孃烯醛／香桃木醛 (Myrtenal)，請參考 3-1-2-12。
- 乙酸桃金娘烯酯 (Myrtenyl Acetate)，請參考 4-1-1-18。

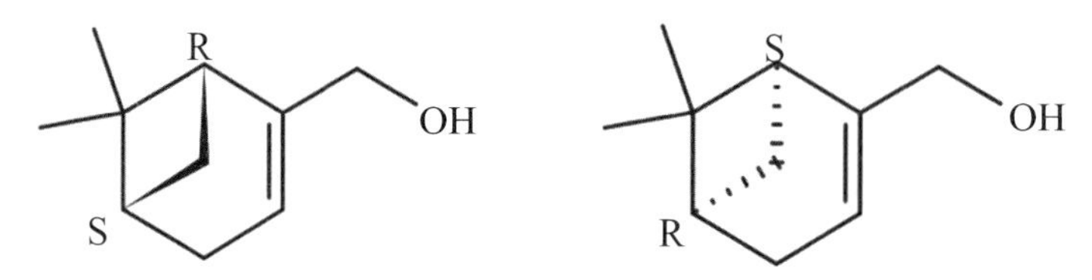

圖2-2-1-1-6　由左至右：左旋桃金娘烯醇、右旋桃金娘烯醇化學式

(7)紫蘇醇 (Perillyl alcohol)，化學式 $C_{10}H_{16}O$、密度 0.95g/cm^3、沸點 228-229°C，如圖 2-2-1-1-7 所示，爲無色較稠的液體，不溶於水，溶於乙醇等有機溶劑，有溫暖的草香，存在於紫蘇、薰衣草、檸檬草、鼠尾草、薄荷等植物中，用於仿製柑橘、香草、水果等香型的食用香精。也用於化妝品、家用清潔和醫療用品，有抗癌活性，動物實驗可抗腫瘤，有治療陽光損傷的皮膚和光化性角化的相關研究 [4, 5, 11, 12, 19]。研究證實紫蘇醇具有皮膚修復的功效及抗癌的活性 [58]。
- 左旋紫蘇醇 ((-)-Perillyl alcohol/l-Perillyl alcohol/Perycorolle)，CAS 18457-55-1，IUPAC 名爲：[(4S)-(-)-4-(Prop-1-en-2-yl)cyclohex-1-en-1-yl]methanol。
- 右旋紫蘇醇 ((+)-perillyl alcohol//d-Perillyl alcohol)，CAS 57717-97-2，IUPAC 名爲：[(4R)-(+)-4-(Prop-1-en-2-yl)cyclohex-1-en-1-yl]methanol。
- 二氫枯茗醇 (Dihydrocuminyl alcohol)：紫蘇醇又稱爲二氫枯茗醇。
- 紫蘇醛 (Perillaldehyde)，請參考 3-1-2-13。
- 紫蘇酮 (Perilla ketone)，請參考 3-2-1-20。

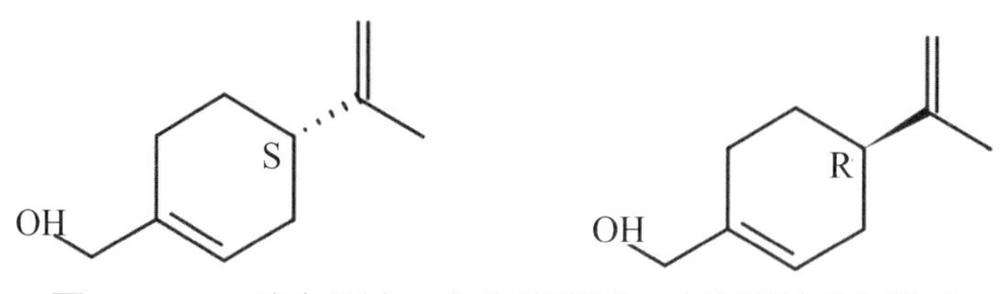

圖2-2-1-1-7　由左至右：左旋紫蘇醇、右旋紫蘇醇化學式

(8)苄醇／苯甲醇 (Phenylmethanol/Benzyl alcohol)，分子符合芳香性規則，屬於芳醇，其 C_7 的結構並不屬於單萜醇 (C_{10})，化學式 C_7H_8O、密度 1.044g/cm^3、熔點 -15°C、沸點 205°C，無色透明黏稠液體，可燃，可與苯、乙醇、乙醚、氯仿等有機溶劑混溶，易溶於水 (40 g/L)，有麻醉作用，對眼部、皮膚和呼吸道有強烈刺激作用，吞食、吸入或食入會引起頭痛、噁心、昏迷甚至死亡。苄醇有微弱的香氣，存在於依蘭依蘭、茉莉花、素馨花、風信子等精油中，用於香水與香精作爲定香劑、稀釋劑和調味劑，以及肥皂和化妝品等日用品 [5, 11]。

- 苄醇／苯甲醇 (Phenylmethanol/Benzyl alcohol/α-Toluenol)，CAS 100-51-6，IUPAC 名爲：Phenyl methanol/(Hydroxymethyl) benzene。CAS 1336-27-2, 185532-71-2, 2263936-23-6, 2565578-76-7已經停用 [84]。

圖2-2-1-1-8　苄醇／苯甲醇化學式

(9)糠醇／呋喃甲醇 (Furfuryl alcohol/Furfurol)，爲呋喃類，是一級芳醇，化學式 $C_5H_6O_2$、密度 1.128g/cm^3、熔點 -29°C、沸點 170°C，其 C_5 結構並不屬於單萜醇 (C_{10})，是一種無色液體，但放置過久會呈琥珀色，溶於乙醇，可溶於水，有微弱的燃燒氣味和苦味，有輕度刺激性，接觸可能會刺激皮膚、眼睛和黏膜，食入和皮膚接觸可能有毒，吸入有中度毒性，天然存在於梅樹、淩霄花等植物中，工業上糠醇是由糠醛氫化製成，而糠醛常由玉米芯或甘蔗渣等農業廢棄物生產，現已用於火箭燃料，可與氧化劑接觸即強烈自燃 [5, 11, 20]。

- 糠醇／呋喃甲醇 (Furfuryl alcohol/Furfurol/2-Furancarbinol/α-Furylcarbinol)，CAS 98-00-0，IUPAC 名爲：Furan-2-ylmethanol。CAS 1262335-14-7 已經停用 [84]。
- 糠醛／呋喃甲醛 (Furfural)，請參考 3-1-2-15。

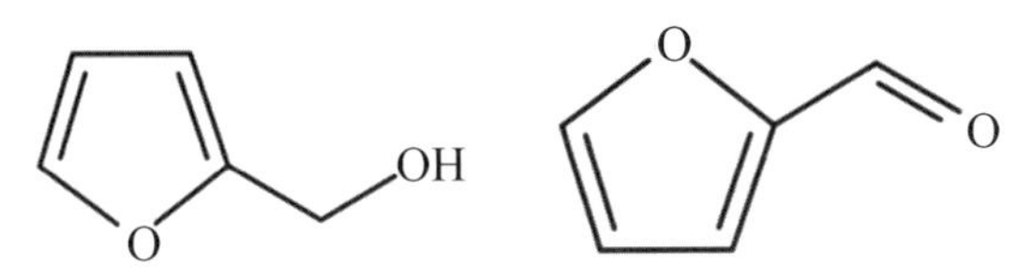

圖2-2-1-1-9　由左至右：糠醇／呋喃甲醇、糠醛／呋喃甲醛化學式

(10) 正辛醇／1- 辛醇 (Octanol/Octan-1-ol)，是飽和脂肪醇，化學式 $C_8H_{18}O$，雖然不屬於單萜醇 (C_{10})，然而放在一級單萜醇項下，讀者比較容易找。密度 0.8258g/cm^3、熔點 -14.8℃、沸點 195.2°C，爲無色油狀透明液體，溶於乙醇、乙醚、氯仿等溶劑，不溶於水，天然存在於甜橙、圓柚、乳香等植物中，對眼睛、皮膚、黏膜和上呼吸道有刺激性，有強烈的油脂氣味，並有柑橘的氣息，是一種極具吸引力的生物燃料，用於溶劑、增塑劑、萃取劑、穩定劑、防凍劑，也用於製作化妝品與香精，並可調合玫瑰，百合等花香，作爲皀用香料，中國大陸允許作爲食用香料，配製椰子、菠蘿、桃子、巧克力和柑桔類香精 [5, 12]。研究證實正辛醇具有抗癌的活性 [58]。

- 正辛醇／1- 辛醇 (1-Octanol/Octan-1-ol/Caprylic alcohol/Heptyl carbinol/n-Octanol/Octanol)，CAS 111-87-5，IUPAC 名爲：Octan-1-ol。CAS 220713-26-8 已經停用 [84]。
- 2- 辛醇 (2-Octanol/Octan-2-ol)，是二級醇，爲正辛醇／1- 辛醇的異構物，密度 0.822g/cm^3、熔點 -38℃、沸點 178-179°C，爲無色油狀透明液體，有特殊氣味，溶於乙醇、乙醚、氯仿等溶劑，可溶於水(1g/L@20ºC)天然存在於鬱金、溫鬱金等薑科植物中，用於製取增塑劑、消泡劑、表面活性劑等化合物，以及蠟和油脂的溶劑 [5, 11]。

➢ 2-辛醇(2-Octanol/Octan-2-ol/s-Octyl alcohol/β-Octyl alcohol/2-Octyl alcohol/n-Octan-2-ol)，CAS 123-96-6，IUPAC名為：Octan-2-ol。CAS 113244-40-9, 4128-31-8已經停用 [84]。

- 乙酸辛酯／醋酸辛酯(Octyl acetate)，請參考4-1-1-8。
- 羊酯酸／正辛酸(Caprylic acid/Octanoic acid)，參考5-2-2-15。

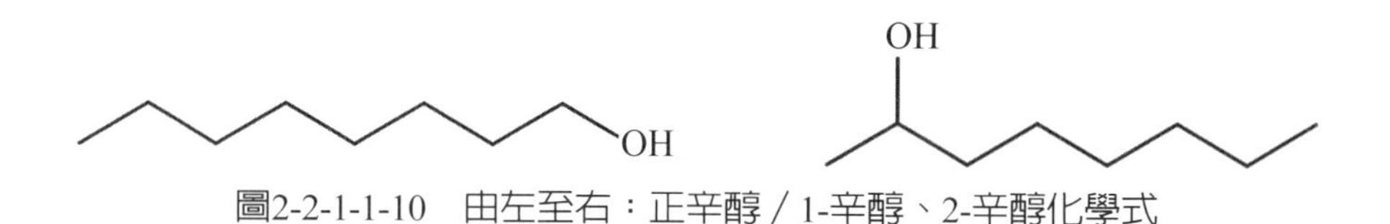

圖2-2-1-1-10　由左至右：正辛醇／1-辛醇、2-辛醇化學式

(11) 2-苯乙醇／苄基甲醇(2-Phenylethanol/Phenylethyl alcohol/β-PEA)IUPAC名為：2-phenylethanol/2-Hydroxyethylbenzene，是一種芳醇，化學式 $C_8H_{10}O$，其 C_8 的結構並不屬於單萜醇(C_{10})，密度1.023g/cm^3、熔點-27°C、沸點218.2°C，為無色透明液體，可與乙醇、乙醚和甘油混溶，易溶於水(20g/L)，有芳香醇的香味，對皮膚有輕微刺激、對眼睛造成嚴重刺激，食入後可能產生咳嗽、呼吸短促、頭痛、噁心、嘔吐等症狀，存在於玫瑰、依蘭、橙花、康乃馨、風信子、阿勒頗松樹、鈴蘭及天竺葵等植物中，是白色念珠菌／白假絲酵母菌(Candida albicans)產生的自體抗生素，常被用於香菸、香皂等產品 [5, 12, 17]。研究證實2-苯乙醇／苄基甲醇具有抗發炎的功效 [58]。

- 2-苯乙醇／苄基甲醇(2-Phenylethanol/Phenylethyl alcohol/β-PEA/Benzeneethanol/β-Phenylethyl alcohol/β-Phenylethanol/Phenylethanol)，CAS 60-12-8，IUPAC名為：2-Phenylethanol/2-Hydroxyethylbenzene。CAS 2043361-12-0已經停用 [84]。

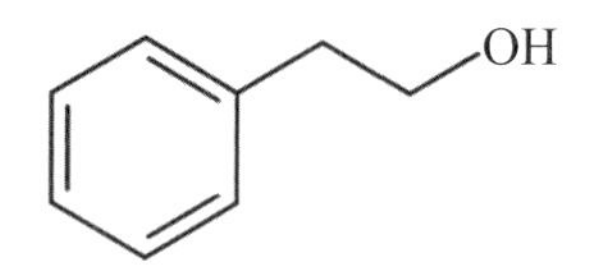

圖2-2-1-1-11　2-苯乙醇化學式

(12) 壬醇／正壬醇／天竺葵醇(1-Nonanol/Pelargonic alcohol/Nonan-1-ol)，是含9個碳原子的直鏈飽和脂肪醇，依照醇基的位置，有1-壬醇(1-Nonanol)至5-壬醇(5-Nonanol)等五種異構物。1-壬醇化學式 $C_9H_{20}O$、密度0.828g/cm^3、熔點-5°C、沸點213.1°C，為無色至淡黃色液體，溶於乙醇、乙醚，微溶於水。略有玫瑰香味和橙的愉快香氣，天然存在於甜橙、苦橙、柚子等柑橘類植物，以及玫瑰、蘋果、熟牛肉與乾酪中。主要用於人造檸檬油，壬醇的各種酯類用於香水和香料中。工業上用於硝基噴

漆和磁漆的溶劑、潤溼劑、消泡劑、增塑劑、穩定劑等，也用作介面活性劑及香料的製造原料。壬醇對黏膜有刺激作用，遇高熱、明火、氧化劑有燃燒的危險；蒸汽會損害肺部，嚴重時導致肺水腫；經口腔接觸有輕度毒性，導致類似乙醇的中毒症狀，也會導致肝損傷 [5, 12]。

- 壬醇／正壬醇／天竺葵醇 (Nonanol/Pelargonic alcohol/Nonyl alcohol/n-Nonyl alcohol)，CAS 143-08-8，IUPAC 名為：Nonan-1-ol。

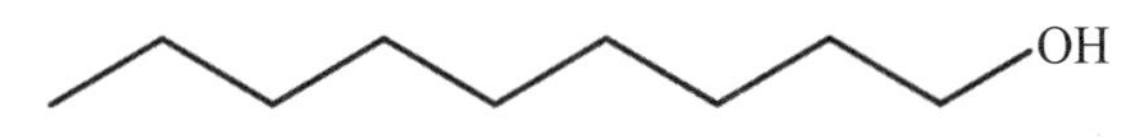

圖2-2-1-1-12 壬醇／正壬醇／天竺葵醇化學式

(13) 檀油醇 (Teresantalol)，為一級單萜醇，分子有 [2.2.1] 雙環，在 2,6 號碳還有稠環，成為三環 (tricyclo) 結構，與檀萜烯酮／檀香酮 (Santalone) 和三環類檀香醛／三環類紫檀萜醛 (Tri-cyclo-ekasantalal/Tricycloekasantalal) 相似，化學式 $C_{10}H_{16}O$、密度 1.1±0.1g/cm^3、熔點 112-113°C、沸點 214.8°C，旋光度 [*α*]D +12.1, EtOH（比旋光度 *α* 符號中，D 是指鈉燈光波，正號是指右旋，EtOH 是指乙醇），為固體，可溶於水 (1.270g/L@25°C)，天然存在於檀香與長葉甜樟木 (Ocotea longifolia) 等植物中 [11, 12, 19, 35, 66]。

- 檀油醇 (Teresantalol)，CAS 29550-55-8，IUPAC 名為：(2,3-Dimethyl-3-tricyclo[2.2.1.0^{2,6}] heptanyl)methanol。
- 檀萜烯酮／檀香酮 (Santalone)，請參考 3-2-2-13。
- 三環類檀香醛／三環類紫檀萜醛 (Tricycloekasantalal)，請參考 3-1-3-4。

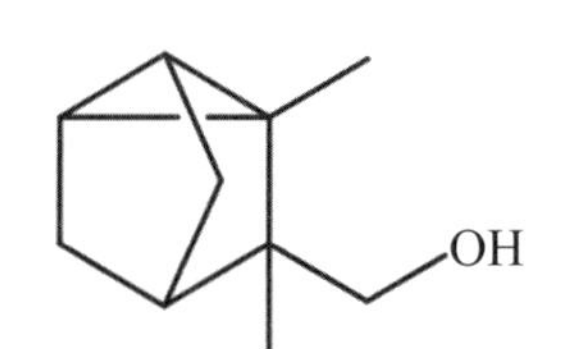

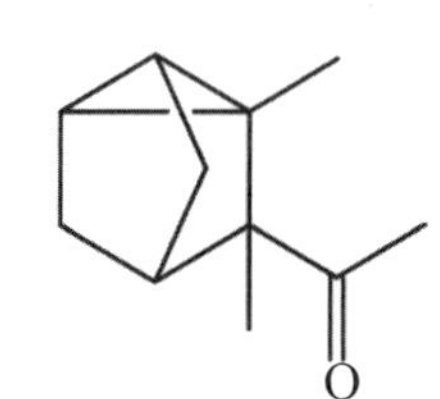

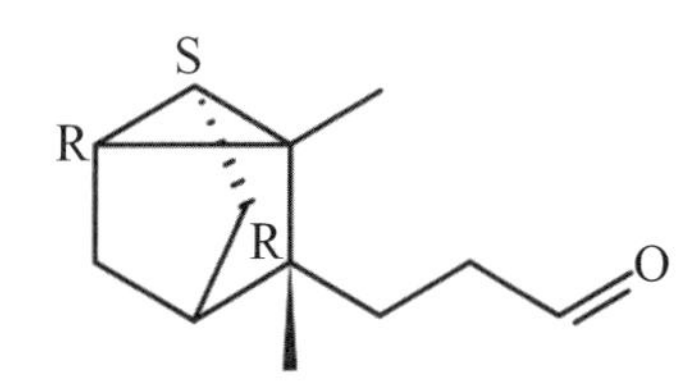

圖2-2-1-1-13 由左至右：檀油醇、檀萜烯酮／檀香酮、三環類檀香醛／三環類紫檀萜醛化學式

(14) 3- 苯丙醇／氫化肉桂醇 (3-Phenylpropyl alcohol/HydroCinnamic alcohol)，化學式 $C_9H_{12}O$、密度 0.998g/cm^3、熔點 -18°C、沸點 235.8°C，溶於乙醇和醚，可溶於水 (5.680g/L@25°C)，室溫下為無色透明油性可燃液體，天然存在於草莓、茶葉等植物中，以及桂葉油、安息香膏中，有略帶肉桂辣味的木樨草與風信子花香，稀釋後有清新的瓜果香，會造成皮膚刺激及眼睛嚴重刺激，也可能引起呼吸道刺激。中國大陸列為暫時允許使用的食用香料，配製桃、杏、李、西瓜、梅、草莓、胡桃、榛果等香精以及藥物合成，用於烘焙品、口香糖、糖果、冰乳品、冰水果製品以及酒精與非酒精飲料 [4, 12, 19]。

• 3- 苯丙醇／氫化肉桂醇 (3-Phenylpropyl alcoho/HydroCinnamic alcohol/γ-Phenylpropanol/3-Benzenepropanol/Dihydrocinnamyl alcohol)，CAS122-97-4，IUPAC 名爲：3-Phenylpropan-1-ol。

圖2-2-1-1-14　3苯丙醇化學式

(15) 肉桂醇／桂皮醇 (Cinnamic alcohol/Cinnamyl alcohol/Styrone/3-Phenylallyl alcohol)，化學式 $C_9H_{10}O$、密度 1.044g/cm^3、熔點 33°C、沸點 250°C，爲白色至淺黃色針狀結晶固體，溶於乙醇，可溶於水 (6.188g/L@25°C)，天然存在於肉桂、蘇合香、風信子花以及秘魯香脂中，有甜中帶辛的肉桂香氣與風信子花香，但會造成皮膚刺激與過敏，以及眼睛嚴重刺激。肉桂醇會增加組胺釋放以及細胞介導的免疫反應，是一種標準的化學過敏原，國際香料協會 (IFTR) 已有使用限制。肉桂醇具有抗肥胖的作用，用於香水、除臭劑等產品 [5, 11, 12, 19]。

• 肉桂醇／桂皮醇 (Cinnamic alcohol/Cinnamyl alcohol/Styrone/3-Phenylallyl alcohol/γ-Phenylallyl alcohol)，CAS 104-54-1[84]。

➢ 反式肉桂醇 ((E)-Cinnamic alcohol/trans-Cinnamyl alcohol) CAS 4407-36-7[67, 87]，IUPAC 名爲：(2E)-3-Phenylprop-2-en-1-ol。

➢ 順式肉桂醇 ((Z)-Cinnamic alcohol/cis-Cinnamyl alcohol) CAS 4510-34-3，IUPAC 名爲：(2 Z)-3-Phenylprop-2-en-1-ol。

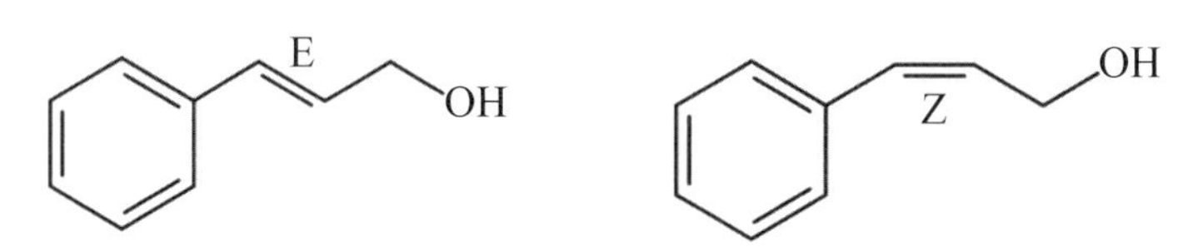

圖2-2-1-1-15　由左至右：反式(E)肉桂醇、順式(Z)肉桂醇化學式

(16) 己醇／正己醇／1- 己醇 (1-Hexanol/Hexyl Alcohol)，化學式 $C_6H_{14}O$，其 C_6 結構並不屬於單萜烯 (C_{10})，密度 0.8136g/cm^3、熔點 -52°C、沸點 158.2°C，爲透明無色液體，能與乙醇、乙醚混溶，可溶於水 (5.90g/L@25°C)，存在於柑橘類、漿果、茶葉、薰衣草、香蕉、蘋果、草莓，以及香堇菜／紫羅蘭葉精油中，有水果的草本香氣，工業上用於香水、防腐劑、香精酯、溶劑、塑化劑、紡織品、皮革製品，食品工業上用於烘焙品、非酒精飲料、冰乳品、冰水果製品、果凍、布丁、糖果等 [5, 12, 19]。

• 己醇／正己醇／1- 己醇 (1-Hexanol/Hexyl Alcohol/n-Hexanol/n-Hexyl alcohol)，CAS 111-27-3，IUPAC 名爲：1-Hexanol。CAS 220713-27-9 已經停用 [84]。

圖2-2-1-1-16　己醇／正己醇／1-己醇化學式

2. 二級醇／仲醇是含有基團 $R_2(OH)H$ 的醇，異丙醇、異丁醇都是二級醇。單萜醇中，薄荷醇、冰片醇是二級醇。

 (1)薄荷醇／薄荷腦 (Menthol)，液態爲薄荷醇、固態爲薄荷腦，自然界存在的是幾乎全部是 (1R,2S,5R)- 的左旋 (-)- 薄荷醇，如圖 2-2-1-2-1 所示。薄荷醇是二級醇環狀單萜醇，化學式 $C_{10}H_{20}O$、密度 0.890g/cm^3、熔點：左旋 42-45°C／外消旋 36-38°C、沸點 214.6°C[5]，左旋 (-)- 薄荷醇存在於薄荷類植物中，氣味清涼宜人；右旋 (+)- 薄荷醇是人工合成，聞起來像松節油。薄荷醇具有高揮發性，其成份有半萜 (C_5)、單萜 (C_{10}) 及倍半萜 (C_{15}) 等 [5]。薄荷醇在喉糖、口香糖、薄荷棒，以及綠油精、萬金油等日常保健與生活用品中廣泛使用，緩解暈車／暈船的症狀，以及止痛、止癢、抗發炎、收縮血管、抑制皮膚癢的功效 [43]。研究證實薄荷醇／薄荷腦具有鎮痛的功效 [58]。

 • 薄荷醇 (Menthol) IUPAC 名爲：5-Methyl-2-(propan-2-yl)cyclohexan-1-ol，其 1,2,5 號碳有手性中心共 8 種化合物：

  ➢ 左旋薄荷醇 ((-)-Menthol/l-Menthol)，CAS 2216-51-5，IUPAC 名爲：(1R,2S,5R)-5-Methyl-2-(1-methylethyl)cyclohexanol。CAS 98167-53-4, 95650-44-5 已經停用 [84]。

  ➢ 右旋薄荷醇 ((+)-Menthol/d-Menthol)，CAS 15356-60-2，IUPAC 名爲：(1S,2R,5S)-5-Methyl-2-(1-methylethyl)cyclohexanol。

  ➢ 異薄荷醇 (Isomenthol)。

   ✓ 左旋異薄荷醇 ((-)-Isomenthol/l-Isomenthol)，CAS 3623-52-7，IUPAC 名爲：(1R,2S,5S)-5-Methyl-2-(1-methylethyl)cyclohexanol。CAS 490-99-3 已經停用 [84]。

   ✓ 右旋異薄荷醇 ((+)-Isomenthol/d-Isomenthol)，CAS 23283-97-8，IUPAC 名爲：(1S,2R,5R)-5-Methyl-2-(1-methylethyl)cyclohexanol。

  ➢ 新薄荷醇 (Neomenthol)。

   ✓ 左旋新薄荷醇 ((-)-Neomenthol/l-Neomenthol)，CAS 20747-49-3[12, 18]，IUPAC 名爲：(1R,2R,5S)-5-Methyl-2-(1-methylethyl)cyclohexanol。

   ✓ 右旋新薄荷醇 ((+)-Neomenthol/d-Neomenthol)，CAS 2216-52-6，IUPAC 名爲：(1S,2S,5R)-5-Methyl-2-(1-methylethyl)cyclohexanol。

  ➢ 新異薄荷醇 (Neoisomenthol)。

   ✓ 左旋新異薄荷醇 ((-)-Neoisomenthol)，IUPAC 名爲：(1S,2S,5S)-5-Methyl-2-(1-methylethyl)cyclohexanol。

   ✓ 右旋新異薄荷醇 ((+)-Neoisomenthol)，CAS 20752-34-5，IUPAC 名爲：(1R,2R,5R)-5-Methyl-2-(1-methylethyl)cyclohexanol[84]。

  ➢ 同薄荷醇 (Homomenthol)，CAS 116-02-9，IUPAC 名爲：3,3,5-Trimethylcyclo hexanol。Homo 在化學上是指同源結構。

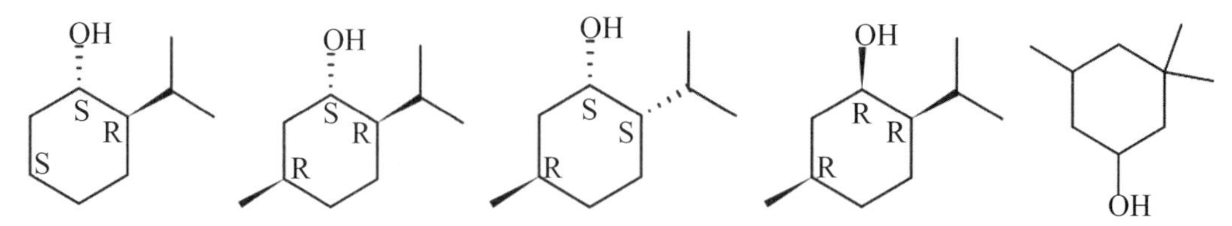

圖2-2-1-2-1 由左至右：右旋(+)-薄荷醇、右旋(+)-異薄荷醇、右旋(+)-新薄荷醇、右旋(+)-新異薄荷醇、同薄荷醇化學式

(2)冰片醇／龍腦 (Borneol)，又稱 2- 莰醇、婆羅洲樟腦、片腦、桔片、艾片、龍腦香、梅花冰片、羯布羅香、梅花腦、冰片腦、梅冰等，是二級雙環單萜醇，有 [2.2.1] 雙環 (bicyclo) 結構，其 1、2、4 號碳有手性中心，外消旋 (±)- 冰片是精油中同時有左旋和右旋冰片分子，使得精油的整體旋光度爲零。化學式 $C_{10}H_{18}O$、密度 1.011g/cm^3、熔點 206-209°C、沸點 212°C[12]，如圖 2-2-1-2-2 所示，存在於艾納香莖葉、樟科植物龍腦樟枝葉、松科植物以及黃花蒿、木樨草、白頭翁、山柰、阿密茴等植物中。自然界冰片醇有三種不同的異構物，左旋 (-)- 冰片由菊科植物艾納香蒸餾提取；右旋 (+)- 冰片由樟科植物龍腦樟枝葉提取。冰片醇由松節油化學合成產生，俗稱合成冰片。冰片很容易氧化成酮（樟腦），也可以由樟腦還原合成。冰片是白色半透明至淺灰棕色結晶，以片大而薄、色潔白、質鬆、氣清香純正者爲佳。冰片氣味清香，有辛味，具揮發性、易氧化、易昇華、易燃生濃煙，爲低毒類、刺激性固體，溶於乙醇、乙醚、氯仿、汽油等溶劑，幾乎不溶於水，有樟腦和松木香氣，用於食用香料、醫藥工業、香精、化妝品原料，可緩解皮膚腫痛，口瘡，潰瘍等[4]，有驅蟲、解熱、袪痰、解胸悶、改善心血管疾病、生殖器充血，增加性能量等功效[10, 43]。中醫記載冰片主散鬱火，能透骨熱，治癲癇、痰迷、喉痺，舌脹、牙痛、耳聾、鼻息、目赤浮翳、痘毒內陷、殺蟲、痔瘡；工業上廣泛用於配製迷迭香、薰衣草型香精，並入中藥[4]，芳療功效包括安撫，讓受創的心靈恢復平靜，重新再起[10]。研究證實冰片醇／龍腦具有殺菌、消炎、傷口癒合、抗微生物的功效[58]。

- 冰片醇 ((+/-)-Borneol)，CAS 507-70-0[67, 87]。
  - 左旋 (-)- 冰片醇 ((-)-Borneol/l-Borneol/Linderol/(-)-endo-Borneol/Ngai camphor/Camphyl alcohol)，CAS 464-45-9，IUPAC 名爲：(1S,2R,4S)-(-)-1,7,7-Trimethylbi cyclo[2.2.1] heptan-2-ol。
  - 右旋 (+)- 冰片醇 ((+)-Borneol/d-Borneol/(+)-endo-Borneol)，CAS 464-43-7，IUPAC 名爲：(1R,2S,4R)-(+)-1,7,7-Trimethylbi cyclo[2.2.1]heptan-2-ol。
- 異冰片醇 (Isoborneol)，CAS 124-76-5[67, 87]，是冰片醇的異構物，差別在 2 號碳的羥基位置。
  - 左旋異冰片醇 ((-)-Isoborneol/l-Isoborneol)，CAS 10334-13-1，IUPAC 名爲：(-)-(1R,2R,4R)-1,7,7-Trimethylbicyclo[2.2.1]heptan-2-ol。
  - 右旋異冰片醇 ((+)-Isoborneol)，CAS 16725-71-6，IUPAC 名爲：(+)-(1S,2S,4S)-

1,7,7-Trimethylbicyclo[2.2.1]heptan-2-ol。

- 冰片烯／2- 莰烯 (Bornylene/2-Bornene)，請參考 2-1-1-19。

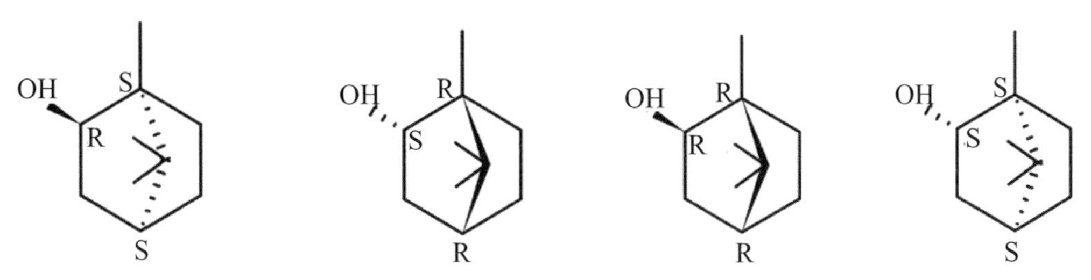

圖2-2-1-2-2　由左至右：左旋冰片醇、右旋冰片醇、左旋異冰片醇、右旋異冰片醇化學式

(3)香旱芹醇 (Carveol)，有左旋、右旋、順式、反式共四種異構物，1、5 號碳有手性中心。其分子無共軛結構，因此非芳環化合物，爲不飽和環狀單萜醇，是綠薄荷 (Spearmint) 精油的成分之一，天然的爲左旋順式香旱芹醇 ((-)-cis-Carveol)，化學式 $C_{10}H_{16}O$、密度 0.958g/cm^3、沸點 231.5°C，如圖 2-2-1-2-3 所示，爲無色至淡黃色液體[12]，溶於油，不溶於水，氣味和味道類似於綠薄荷和葛縷子 (Caraway)，用於化妝品香料和食品添加劑，有預防乳腺癌的作用；反式香旱芹醇的衍生物對動物具有抗帕金森症活性[5]。

- 香旱芹醇 (Carveol)，CAS 99-48-9，IUPAC 名爲：2-Methyl-5-(prop-1-en-2-yl)cyclohex-2-en-1-ol。CAS 20307-86-2, 22567-18-6 已經停用[84]。
  - ➢ 反式香旱芹醇 ((±)-trans-Carveol)，CAS 1197-07-5。CAS 5157-78-8 已經停用[84]。
    - ✓ 左旋反式香旱芹醇 ((-)-trans-Carveol/l-trans-Carveol)，CAS 2102-58-1，IUPAC 名爲：(1S,5R)-2-Methyl-5-(prop-1-en-2-yl)cyclohex-2-en-1-ol。
    - ✓ 右旋反式香旱芹醇 ((+)-trans-Carveol)，CAS 18383-51-2，IUPAC 名爲：(1R,5S)-2-Methyl-5-(prop-1-en-2-yl)cyclohex-en-1-ol。
  - ➢ 順式香旱芹醇 (cis-Carveol)，CAS 1197-06-4，IUPAC 名爲：rel-(1R,5R)-2-Methyl-5-(1-methylethenyl)-2-cyclohexen-1-ol。CAS 137878-71-8, 5503-11-7 已經停用[84]。"rel-" 表示還有相對的 (Relative) 異構物。
    - ✓ 左旋順式香旱芹醇 ((-)-cis-Carveol/l-cis-Carveol)，CAS 2102-59-2，IUPAC 名爲：(1R,5R)-2-Methyl-5-(prop-1-en-2-yl)cyclohex-2-en-1-ol。
    - ✓ 右旋順式香旱芹醇 ((+)-cis-Carveol/d-cis-Carveol)，CAS 7632-16-8，IUPAC 名爲：(1S,5S)-2-Methyl-5-(prop-1-en-2-yl)cyclohex-2-en-1-ol。
- 松香芹醇 (Pinocarveol)，請參考 2-2-1-2-6。
- 紫蘇醇 (Perillyl alcohol)、二氫枯茗醇 (Dihydrocuminyl alcohol)，請參考 2-2-1-1-7。

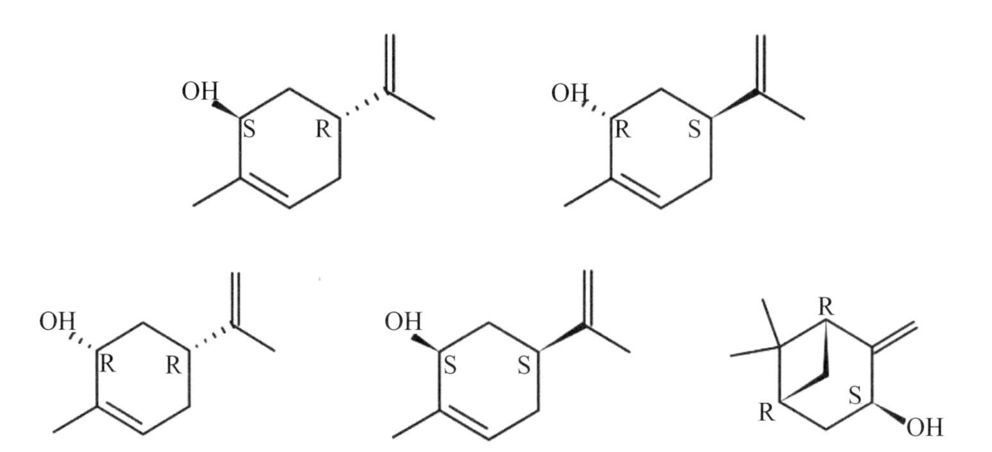

圖2-2-1-2-3 上排由左至右：左旋反式香旱芹醇、右旋反式香旱芹醇化學式；下排由左至右：左旋順式香旱芹醇、右旋順式香旱芹醇、反式松香芹醇化學式

(4)胡薄荷醇 (Pulegol)，1、5 號碳有手性異構物，2 號碳雙鍵沒有手性異構物也沒有順／反異構物，化學式 $C_{10}H_{16}O$、密度 0.9346g/cm^3、沸點 224°C，如圖 2-2-1-2-4 所示，為無色液體，不溶於乙醇、乙醚、氯仿，也不溶於水。薄荷殺蟲劑中最強的一種，老鼠大量食用胡薄荷醇會有中毒反應，2018 年美國 FDA 撤銷人工合成的胡薄荷醇用於調味品，但天然胡薄荷醇還是可以繼續使用 [5]。

- 胡薄荷醇 (Pulegol)，CAS 529-02-2。CAS 28582-41-4 已經停用 [84]。
  - ➢ 順式胡薄荷醇 (cis-Pulegol)，CAS 22472-80-6。
    - ✓ 左旋順式胡薄荷醇 ((-)-cis-Pulegol)，CAS 22472-80-6[67, 89]，IUPAC 名為：(1R,5R)-5-Methyl-2-propan-2-ylidene-1-cyclohexanol[11]。
    - ✓ 右旋順式胡薄荷醇 ((+)-cis-Pulegol)，CAS 118760-35-3[12]，IUPAC 名為：(1S,5S)-2-Isopropylidene-5-methyl-cyclohexanol。
  - ➢ 反式胡薄荷醇 (trans-Pulegol)。
    - ✓ 左旋反式胡薄荷醇 ((-)-trans-Pulegol)，IUPAC 名為：(1R,5S)-5-Methyl-2-(1-methylethyl idene)cyclohexanol。
    - ✓ 右旋反式胡薄荷醇 ((+)-trans-Pulegol)，CAS 22472-79-3[89]，IUPAC 名為：(1S,5R)-2-Isopropyl idene-5-methylcyclohexanol[11, 66]。
- 異胡薄荷醇 (Isopulcgol)，CAS 89-79-2[67, 87]，1、2、5 號碳有手性異構物，化學式 $C_{10}H_{18}O$、密度 0.908-0.912g/cm^3、熔點 78°C、沸點 212-217°C，旋光度 [α]20D+22°（比旋光度 α 符號中，20 是溫度、D 是指鈉燈光波，正號是指右旋），如圖 2-2-1-2-4 所示，溶於乙醇，略溶於水 (308.6mg/L@25°C)，有木香型薄荷香氣，熱帶清涼草本薄荷口味，用於烘焙食品、酒精與非酒精飲料、冰品、乳製品、口香糖、布丁、糖果、軟糖等製品，醫學研究對小鼠有抑制和抗焦慮的作用 [19, 20]。
  - ➢ 異胡薄荷醇 (Isopulegol)，CAS 89-79-2[67, 87]。
    - ✓ 左旋異胡薄荷醇 ((-)-Isopulegol)，CAS 89-79-2[67, 87]，IUPAC 名為：(1R,2S,5R)-2-

Isopropenyl-5-methylcyclohexanol。

✓ 右旋異胡薄荷醇 ((+)-Isopulegol)，CAS 104870-56-6，IUPAC 名爲：(1S,2R,5S)-5-Methyl-2-prop-1-en-2-ylcyclohexan-1-ol。

- 新異胡薄荷醇 (Neoisopulegol)，1、2、5 號碳有手性異構物，化學式 $C_{10}H_{18}O$、密度 0.904-0.913g/cm^3、熔點 78°C、沸點 197.0±19.0°C，爲無色液體，有薄荷草香及樟腦味，用於空氣清香劑、香蠟燭、調味品與個人清潔用品[11, 12]。
  - ➢ 新異胡薄荷醇 ((±)-Neoisopulegol)，CAS 29141-10-4[12]。
    - ✓ 左旋新異胡薄荷醇 ((-)-Neoisopulegol)，CAS 29141-10-4[82]，IUPAC 名爲：(1R,2R,5S)-2-Isopropenyl-5-methylcyclohexanol。
    - ✓ 右旋新異胡薄荷醇 ((+)-Neoisopulegol)，CAS 21290-09-5[12/]CAS 20549-46-6[67, 87]，IUPAC 名爲：(1R,2R,5R)-2-Isopropenyl-5-methylcyclo hexanol[12]/(1S,2S,5R)-2-Isopropenyl-5-methylcyclohexanol[11, 66]。
- 胡薄荷酮／蒲勒酮／長葉薄荷酮 (Pulegone)，請參考 3-2-1-2。

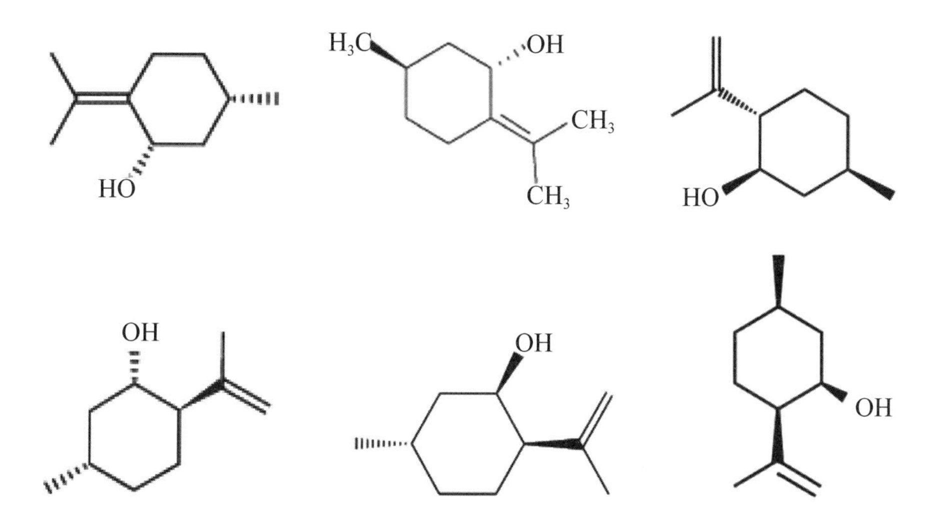

圖2-2-1-2-4　上排由左至右：右旋順式胡薄荷醇、右旋反式胡薄荷醇、左旋異胡薄荷醇化學式；下排由左至右：右旋異胡薄荷醇、左旋新異胡薄荷醇、右旋新異胡薄荷醇化學式

(5)葑醇／小茴香醇 (Fenchol/Fenchyl alcohol)，CAS 1632-73-1[67, 87]，爲冰片醇 (Borneol) 的異構物，分子有 [2.2.1] 雙環 (bicyclo) 結構，1、2、4 號碳有手性異構物，化學式 $C_{10}H_{18}O$、密度 0.942g/cm^3、熔點 39-45℃、沸點 201°C[12]，如圖 2-2-1-2-5 所示，爲無色至白色固體，存在於桉樹和日本隱球菌中，紫苑屬植物精油中含量也高達 15.9%。右旋一內一葑醇廣泛用於香水業，羅勒特有的香味即來自葑醇，葑醇可氧化成爲葑酮[5]。

- α- 葑醇／內一葑醇 (α-Fenchol/endo-Fenchol)，CAS 14575-74-7[67, 87]。
  - ➢ 左旋 -α- 葑醇／左旋一內一葑醇 ((-)-α-Fenchol/(-)-endo-Fenchol/l-α-Fenchol)，CAS 512-13-0[67, 87]，IUPAC 名爲：(1S,2S,4R)-1,3,3-Trimethylbicyclo[2.2.1]heptan-2-ol。

➢ 右旋 -α- 葑醇／右旋－內－葑醇 ((+)-α-Fenchol/(+)-endo-Fenchol/(+)-Fenchol/d-Fenchol)，CAS 2217-02-9[84]，IUPAC 名爲：(1R,2R,4S)-1,3,3-Trimethyl-2-norbornanol[5]。

- β- 葑醇／外－葑醇 (β-Fenchol/exo-Fenchol)，CAS 22627-95-8[67, 87]。
  ➢ 左旋 -β- 葑醇／左旋－外－葑醇 ((-)-β-Fenchol/(-)-exo-Fenchol)，CAS 470-08-6[12, 19]，IUPAC 名爲：(1S,2R,4R)-1,3,3-Trimethylbicyclo[2.2.1]heptan-2-ol。
  ➢ 右旋 -β- 葑醇／右旋－外－葑醇 ((+)-β-Fenchol/(+)-exo-Fenchol)，CAS 2217-02-9，IUPAC 名爲：(1R,2S,4S)-1,3,3-Trimethylbicyclo[2.2.1]heptan-2-ol。
- 葑烯／小茴香烯 (Fenchene)，請參考 2-1-1-18。
- 葑酮／小茴香酮 (Fenchone)，請參考 3-2-1-8。
- 冰片醇 (Borneol)，請參考 2-2-1-2-2。
- 幾種茴香名稱整理一下，看了之後就知道，「小茴香」是容易混淆的名稱。
  ➢ Star Anise：八角茴香
  ➢ Anise：大茴香、洋茴香、茴芹
  ➢ Fennel：茴香、甜茴香、小茴香
  ➢ Caraway：葛縷子、藏茴香、凱莉茴香
  ➢ Cumin：孜然、小茴香籽

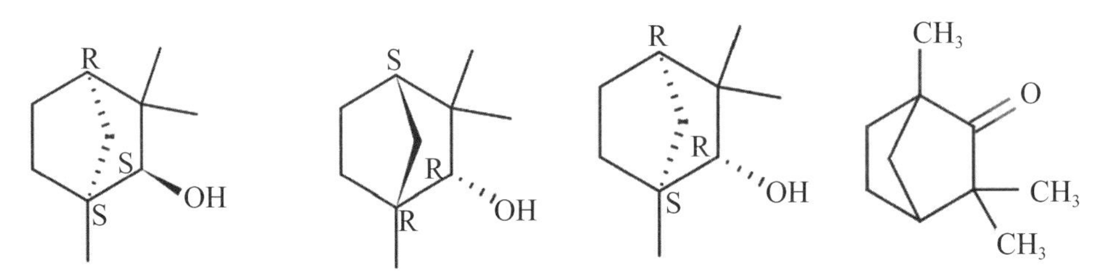

圖2-2-1-2-5 由左至右：左旋-α-葑醇／左旋－內－葑醇、右旋-α-葑醇／右旋－內－葑醇、左旋-β-葑醇／左旋－外－葑醇、葑酮化學式

(6)松香芹醇 (Pinocarveol)，有 [31.1] 雙環 (bicyclo) 結構，1、3、5 號碳有手性異構物，化學式 $C_{10}H_{16}O$、密度 0.979g/cm^3、熔點 5°C、沸點 217.5°C，如圖 2-2-1-2-6 所示，旋光度 [α]20D -72±3°[17]（比旋光度 α 符號中，20 是溫度、D 是指鈉燈光波，負值是指左旋），溶於乙醇和油，略溶於水 (958.1mg/L@25°C)[19]，爲乳白色至淡黃色黏性液體，有溫暖的木質香酯香氣，存在於藍桉、歐洲雲杉等植物中，用於烘焙食品、非酒精飲料、冰品、果凍、布丁、軟糖[5, 12, 19, 20]。

- 松香芹醇 (Pinocarveol/10-Pinen-3-ol)，CAS 5947-36-4。
  ➢ 反式松香芹醇 ((±)-trans-Pinocarveol)，CAS 1674-08-4[84]，IUPAC 名爲：rel-(1R,3S,5R)-6,6-Dimethyl-2-methylenebicyclo[3.1.1]heptan-3-ol。CAS 2158-49-8 已經停用[84]。"rel-" 表示還有相對的 (Relative) 異構物。

✓ 左旋反式松香芹醇 (trans-(-)-Pinocarveol/l-trans-Pinocarveol/l-Pinocarveol)，CAS 547-61-5，IUPAC 名爲：(1S,3R,5S)-6,6-Dimethyl-2-methylenebicyclo [3.1.1]heptan-3-ol。

✓ 右旋反式松香芹醇 (trans-(+)-Pinocarveol d-trans-Pinocarveol)，CAS 19894-98-5，IUPAC 名爲：(1R,3S,5R)-6,6-Dimethyl-2-methylenebicyclo[3.1.1]heptan-3-ol。

➢ 順式松香芹醇 (cis-Pinocarveol)，CAS 6712-79-4[67, 87]，IUPAC 名爲：rel-(1S,3S,5S)-6,6-Dimethyl-2-methylenebicyclo[3.1.1]heptan-3-ol。"rel-" 表示還有相對的 (Relative) 異構物。

✓ 左旋順式松香芹醇 (cis-(-)-Pinocarveol)，IUPAC 名爲：(1R,3R,5R)-6,6-Dimethyl-4-methylidenebicyclo[3.1.1]heptan-3-ol。

✓ 右旋順式松香芹醇 (cis-(+)-Pinocarveol)，CAS 9889-99-7[19]，IUPAC 名爲：(1S,3S,5S)-6,6- Ｄ imethyl-4-methylidenebicyclo[3.1.1]heptan-3-ol。

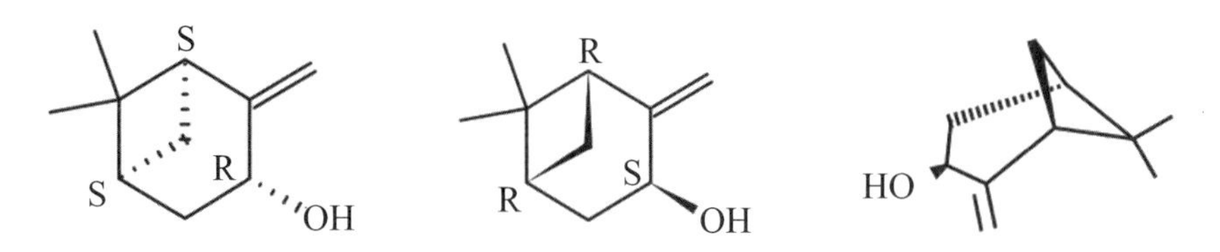

圖2-2-1-2-6　左旋反式松香芹醇、右旋反式松香芹醇、順式松香芹醇化學式

(7)檜醇／檜萜醇 (Sabinol)，CAS 471-16-9，分子有 [3.1.0] 雙環 (bicyclo) 結構，其 1、3、5 號碳有手性異構物，是二級單萜醇，化學式 $C_{10}H_{16}O$、密度 1.0±0.1g/cm^3、沸點 206-208°C，如圖2-2-1-2-7所示，爲無色透明液體，略溶於水(489mg/L@25°C)，順式檜醇天然存在於菊蒿、黃花蒿等植物中，右旋反式檜醇存在於普通鼠尾草、蒔蘿、向日葵等植物中，可作爲化學反應的催化酶 [5, 11, 12, 19, 35]。

• 順式檜醇 (cis-Sabinol)，CAS 3310-02-9[67, 87]。

➢ 左旋順式檜醇 ((-)-cis-Sabinol/(-)-(Z)-Sabinol)，CAS 3310-02-9[20]，IUPAC 名爲：(1R,3R,5R)-4-Methylidene-1-(propan-2-yl)bicyclo[3.1.0]hexan-3-ol。

➢ 右旋順式檜醇 ((+)-cis-Sabinol/(+)-(Z)-Sabinol)，CAS 3310-02-9[67, 82]，IUPAC 名爲：(1S,3R,5S)-4-Methylidene-1-(propan-2-yl)bicyclo[3.1.0]hexan-3-ol。

• 反式檜醇 (trans-Sabinol)，CAS 471-16-9[84]。

➢ 右旋反式檜醇 ((+)-trans-Sabinol)，CAS 471-16-9[84]，IUPAC 名爲：(1S,3R,5S)-4-Methylene-1-(1-methylethyl)bicyclo[3.1.0]hexan-3-ol。CAS 22555-53-9, 50464-77-2 已經停用 [84]。

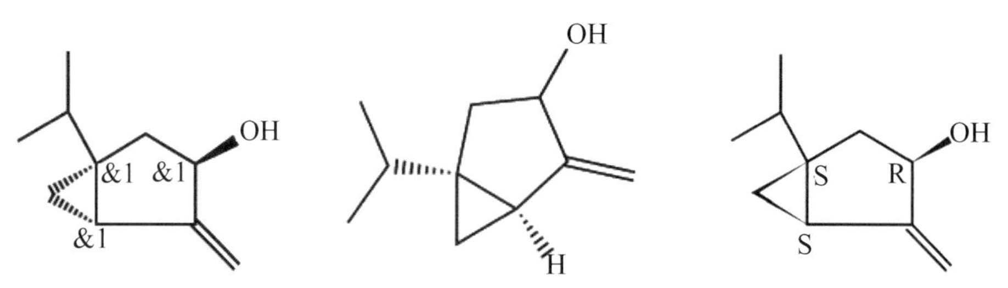

圖2-2-1-2-7　由左至右：左旋順式檜醇、右旋順式檜醇、右旋反式檜醇化學式

(8)檸檬桉醇 (p-Menthane-3,8-diol/PMD/Citriodiol)，是二級和三級的單萜二醇，有 8 種異構物，常以混合物型式存在，化學式 $C_{10}H_{20}O_2$、密度 1.009g/cm^3、熔點 34.5℃、沸點 267.58℃，如圖 2-2-1-2-8 所示，溶於乙醇，略溶於水 (670.6mg/L@25°C)，爲白色結晶固體或無色透明液體，帶有桉葉味的薄荷醇草本香氣，天然存在於檸檬桉、山蒼樹／山胡椒／山雞椒等植物中，用於烘焙食品、酒精與非酒精飲料、穀片、乳酪、口香糖、調味品、冰乳品、水果冰品、果凍、布丁、水果／蔬菜製品、軟糖、湯品等，以及防蚊液（三歲以下兒童避免使用）[5, 11, 87]。

- 檸檬桉醇的英文名稱 Citriodiol 已經是註冊商標，不能使用，因此 CAS 資料庫稱爲 p-Menthane-3,8-diol/PMD。
- 檸檬尤加利學名爲 Eucalyptus citriodora，因此許多資料庫把 Citriodorol 翻譯爲檸檬桉醇，但世界主要機構都沒有列 Citriodorol 這個化合物。
- 檸檬桉醇 (p-Menthane-3,8-diol/PMD/Citriodiol/Cubebaol/Geranodyle)，CAS 42822-86-6，IUPAC 名爲：2-(2-Hydroxypropan-2-yl)-5-methylcyclohexan-1-ol。

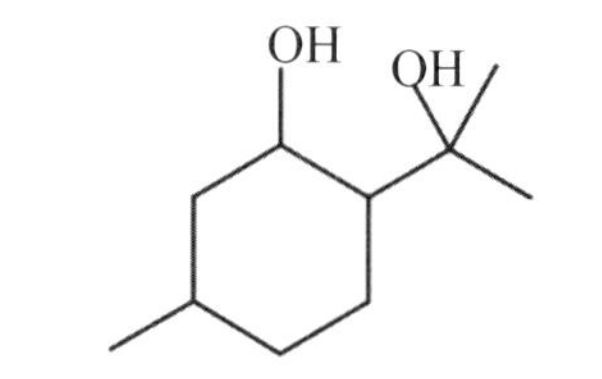

圖2-2-1-2-8　檸檬桉醇化學式

3. 三級醇／叔醇是含有基團 R_3OH 的醇，包括松油醇和沉香醇等。

(1)松油醇／萜品醇 (Terpineol) 有 α、β、γ、δ 和 4- 松油醇等異構物，如圖 2-2-1-3-1 所示。松油醇是三級環狀單萜醇，化學式 $C_{10}H_{18}O$、密度 0.93g/cm^3、熔點（異構物混和）-35.9°C、沸點（異構物混和）214-217°C[5]、(δ-)218-219°C[19]，這四種松油醇均爲無色透明濃稠液體，各有不同的氣味特徵。α- 松油醇可燃，微溶於水 (2.42g/L) 和甘油，可溶於 70％乙醇溶液，在精油領域松油醇有時也專指 α- 松油醇。(+)-α- 右旋異構物存在於甜橙、肉豆蔻與松節油等精油中，有紫丁香味；(-)-α- 左旋異構物存在於檸檬、松針、桂葉等精油中，有針葉氣味；外消旋 (±)-α- 松油醇存在於香葉油、玉樹油等精油。硫代松油醇（官能基 OH 改爲 SH) 有極強的柚子香氣。4- 松油醇又稱萜品烯 -4- 醇

(Terpinen-4-ol)，存在於茶樹、馬鬱蘭、澳洲尤加利等植物中。薑黃精油中的松油醇的含量高達 500ppm[5]。α- 松油醇由香葉醇或橙花醇環化而得，工業上則以松節油爲原料製得，廣泛應用在醫藥、塑膠、肥皂等製品以及高級溶劑與除臭劑中[5]。研究證實松油醇／萜品醇具有鎮痛的功效。α- 松油醇／α- 萜品醇具有抗菌、抗眞菌、消炎、傷口癒合、抗微生物的功效。4- 松油醇／萜品烯 -4- 醇具有抗菌、抗眞菌、抑制過敏的功效[58]。

- α- 松油醇 (α-Terpineol)，CAS 98-55-5，分子 1 號碳有手性中心，旋光性有 (-)- 左旋、(+)- 右旋和 (±)- 外消旋三種。CAS 2438-12-2, 22347-88-2 已經停用[84]。
  - 左旋 -α- 松油醇 ((-)-α-Terpineol/l-α-Terpineol)，CAS 10482-56-1，IUPAC 名爲：2-[(1S)-4-Methylcyclohex-3-en-1-yl]propan-2-ol/(1S)-α,α,4-trimethyl-3-cyclohexene-1-methanol。
  - 右旋 -α- 松油醇 ((+)-α-Terpineol/d-α-Terpineol)，CAS 7785-53-7，IUPAC 名爲：2-[(1R)-4-Methylcyclohex-3-en-1-yl]propan-2-ol/(1R)-α,α,4-trimethyl-3-cyclohexene-1-methanol。
- β- 松油醇 (β-Terpineol)，CAS 138-87-4，IUPAC 名爲：1-Methyl-4-(prop-1-en-2-yl)cyclohexan-1-ol，其 1、4 號碳可以有手性異構物。
  - 順式 -β- 松油醇 (cis-β-Terpineol/(Z)-beta-Terpineol)，CAS 7299-40-3，IUPAC 名爲：trans-1-Methyl-4-(1-methylethenyl)cyclohexanol[84, 86]。
  - 反式 -β- 松油醇 (trans-β-Terpineol/(E)-beta-Terpineol)，CAS 7299-41-4，IUPAC 名爲：cis-1-Methyl-4-(1-methylethenyl)cyclohexanol[84, 86]。
- γ- 松油醇 (γ-Terpineol)，CAS 586-81-2，IUPAC 名爲：1-Methyl-4-(1-methylethylidene)cyclohexan-1-ol。
- δ- 松油醇 (δ-Terpineol)，CAS 7299-42-5，IUPAC 名爲：2-(4-Methylidenecyclohexyl)propan-2-ol。CAS 17023-62-0 已經停用[84]。

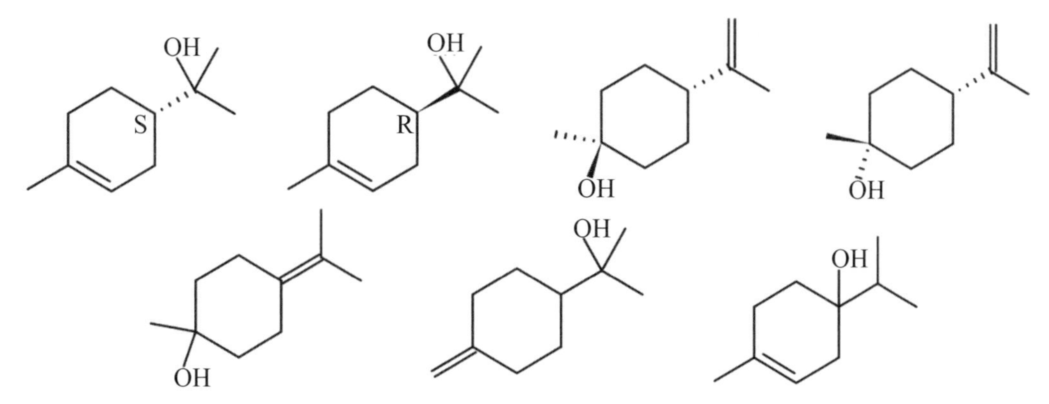

圖2-2-1-3-1　上排由左至右：(-)-α-松油醇、(+)-α-松油醇、順式-β-松油醇、反式-β-松油醇化學式；下排由左至右：γ-松油醇、δ-松油醇、4-松油醇化學式

• 4- 松油醇／萜品烯 -4- 醇 (Terpin-4-ol)，分子 4 號碳有手性中心，化學式 $C_{10}H_{18}O$、密度 0.933g/cm^3、沸點 211-213°C[17]，存在於澳洲茶樹中，有抗眞菌的效果，松柏中的 4- 松油醇可能是其高抗腐的原因 [5]。在芳療經驗上，萜品烯 -4- 醇有抗疾病感染的功效 [43]。

➢ 4- 松油醇／萜品烯 -4- 醇／茶樹醇／白千層醇 ((±)-Terpin-4-ol/dl-4-Terpineol/Melaleucol)，CAS 562-74-3，IUPAC 名爲：1-Methyl-4-isopropyl-1-cyclo hexen-4-ol。CAS 1336-05-6, 28219-82-1 已經停用 [84]。

(2)沉香醇／枷羅木醇 (Linalool)，有右旋 (S)-(+)- 沉香醇、左旋 (R)-(-)- 沉香醇和外消旋 (±)- 沉香醇等異構物，分子 3 號碳有手性中心。沉香醇是三級無環單萜醇，如圖 2-2-1-3-2 所示，化學式 $C_{10}H_{18}O$、密度 0.858-0.868g/cm^3、熔點 <-20°C、沸點 198-199°C[5]。左旋分子較常見。右旋沉香醇／芫荽醇 (Coriandrol) 存在於肉豆蔻、芫荽籽、甜橙等植物中，略有芫荽的清香，有提振激勵與提升免疫力的效果。左旋沉香醇／芳樟醇 (Licareol) 廣泛存在於唇形科（薄荷）、月桂科（肉桂、紅木）和芸香科（柑橘類），以及芳樟、薰衣草、苦橙葉、佛手柑、花梨木等等植物中，有著穩重的甜香，能鎮定舒眠，且有抗菌、抗感染的功效。芳樟醇（左旋沉香醇）用在 60% 至 80% 的衛生用品和清潔劑，包括肥皀、洗滌劑、洗髮精和乳液以及化學中間物，也常用來製造維生素 E。沉香醇無刺激性，可以長期使用，具有抗菌及提升免疫力的效果 [10]。在芳療經驗上，左旋沉香醇有抗菌、抗感染、鎮定、舒眠的功效，右旋沉香醇有提升免役力、解除脹氣與消化不良的功效 [68]。研究證實沉香醇具有鎮痛、抗氧化的功效，芳樟醇／左旋沉香醇具有抗眞菌、鎮定、抗焦慮的活性 [58]。

• 沉香醇／枷羅木醇 (Linalool)：旋光左旋 (-) 的分子是右手性 (R)，旋光右旋 (+) 的分子是左手性 (S)，研究這些分子時必須特別留意，古典芳療資料可能把左手性分子稱爲左旋分子，講述的剛好是另一個相對的化合物。

• 沉香醇／β- 沉香醇 (Linalool/β-Linalool/Phantol)，CAS 78-70-6 。CAS 11024-20-7, 22564-99-4 已經停用 [84]。

➢ 芳樟醇 (Licareol/(-)-β-Linalool)：左旋 -β- 沉香醇又稱芳樟醇。

✓ 左旋 -(R)- 沉香醇 ((R)-(-)-Linalool/(-)-β-Linalool)／芳樟醇 (Licareol)，CAS 126-91-0，IUPAC 名爲：(3R)-(-)-3,7-Dimethylocta-1,6-dien-3-ol。

➢ 芫荽醇 (Coriandrol/(+)-β-Linalool)：右旋 -β- 沉香醇又稱芫荽醇。

✓ 右旋 -(S)- 沉香醇 ((S)-(+)-Linalool/d-Linalool/(+)-β-Linalool)／芫荽醇 (Coriandrol)，CAS 126-90-9，IUPAC 名爲：(3S)-(+)-3,7-Dimethylocta-1,6-dien-3-ol。

➢ α- 沉香醇 (α-Linalool)，CAS 598-07-2，IUPAC 名爲：3,7-Dimethyl-1,7-octadien-3-ol。CAS 113278-84-5 已經停用 [84]。

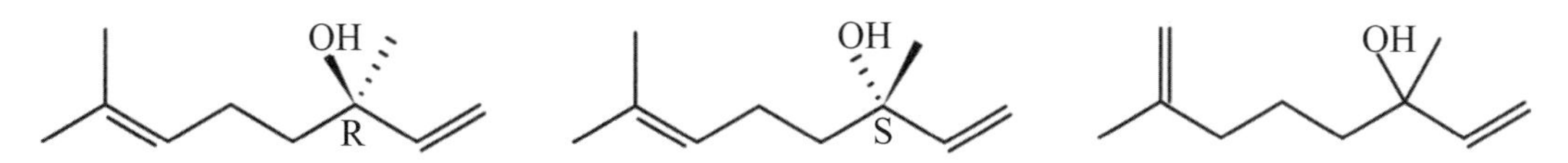

圖2-2-1-3-2　由左至右：芳樟醇／左旋-(R)-β-沉香醇、芫荽醇／右旋-(S)-β-沉香醇、α-沉香醇化學式

(3)4- 側柏烷醇／水合檜烯 (4-Thujanol/Sabinene hydrate)，4- 側柏烷醇爲三級醇，分子有 [3.1.0] 雙環結構，2 個橋碳和 OH 基（羥基）位置共有 3 個手性中心，化學式 $C_{10}H_{18}O$、密度 0.919-0.925g/cm^3、熔點 58-62°C、沸點 200-201°C，爲無色或白色結晶固體，溶於乙醇，略溶於水 (440.5mg/L@25°C)，天然存在於月桂葉、馬鬱蘭、普通百里香、苦艾、丁香、柳杉等植物中，有著帶薄荷味的桉葉醇辛香，對眼睛和黏膜有刺激性，用於乳製品、冰品、布丁、果凍、糖果和非酒精飲料[6, 11, 12, 17, 19, 66, 78]。

- 4- 側柏烷醇／水合檜烯 (4-Thujanol/Sabinene hydrate/Thujane-4-ol)，CAS 546-79-2。
  - ➢ 順式 -4- 側柏烷醇／順式水合檜烯 (cis-(±)-4-Thujanol/dl-cis-Sabinene hydrate/cis-Thujane-4-ol)，CAS 15537-55-0[88]，IUPAC 名爲：rel-(1R,2S,5S)-2-Methyl-5-(1-methylethyl)bicyclo[3.1.0]hexan-2-ol。CAS 15826-82-1 已經停用[84]。"rel-" 表示還有相對的 (Relative) 異構物。
  - ➢ 反式 -4- 側柏烷醇／反式水合檜烯 (trans-(±)-4-Thujanol/dl-trans-Sabinene hydrate/trans-Thujane-4-ol)，CAS 17699-16-0[84]，IUPAC 名爲：rel-(1R,2R,5S)-2-Methyl-5-(1-methylethyl)bicyclo[3.1.0]hexan-2-ol。CAS 15537-56-1, 15826-83-2, 1224161-32-3 已經停用[84]。"rel-" 表示還有相對的 (Relative) 異構物。
- 寧醇／3- 側柏烷醇／3- 新異側柏烷醇／崖柏醇 (Thujol/3-Thujanol/3-Neoisothujanol/Thujyl alcohol)。3- 側柏烷醇爲二級醇，與三級醇 (4- 側柏烷醇）並列於此方便對照，化學式 $C_{10}H_{18}O$、密度 0.92g/cm^3、沸點 209°C，爲無色結晶固體，天然存在於菊蒿、野菊／油菊等植物中，有薄荷味的樟腦香氣，溶於乙醇，略溶於水 (472.7mg/L@25°C)[11, 19]。
  - ➢ 寧醇／3-側柏烷醇／3-新異側柏烷醇／崖柏醇(3-Thujol/3-Thujanol/3-Neoisothujanol)，CAS 513-23-5[86, 92]。
    - ✓ 左旋寧醇／左旋 -3- 側柏烷醇／左旋崖柏醇 ((-)-3-Thujol/(-)-3-Thujanol/(-)-3-Neoisothujanol)，CAS 21653-20-3[84]，IUPAC 名爲：(1S,3S,4R,5R)-4-Methyl-1-(1-methylethyl) bicyclo[3.1.0]hexan-3-ol。
    - ✓ 右旋寧醇／右旋 -3- 側柏烷醇／右旋崖柏醇 ((+)-3-Thujol/(+)-3-Thujanol/(+)-3-Neoisothujanol)，CAS 3284-85-3，IUPAC 名爲：(1R,3R,4S,5S)-4-Methyl-1-(1-methylethyl)bicyclo [3.1.0]hexan-3-ol。
  - ➢ PubChem[11] 和 NIST[60] 資料庫把 3-Thujanol 定義成另一個化合物，本書依照 Dictionary of Terpenoids[92] 和 ChemSpider[66] 的定義。
- 側柏酮／崖柏酮 (Thujone)，請參考 3-2-1-13。

➢ 側柏酮又稱 3- 側柏烷酮 ((3-Thujanone)，但是 4- 側柏烷酮不能存在（因為會超過 4 個鍵結），而 3- 側柏烷醇和 4- 側柏烷醇則都存在。

• 側柏烯 (Thujene)、檜烯／沙賓烯 (Sabinene)，請參考 2-1-1-10。

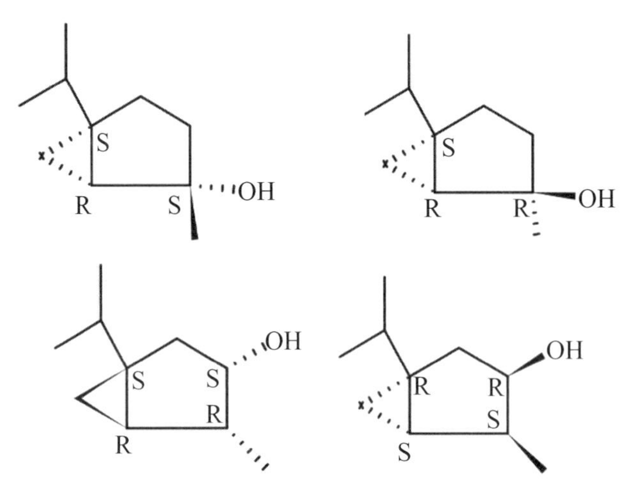

圖2-2-1-3-3　由左至右：順式-4-側柏烷醇、反式-4-側柏烷醇、左旋寧醇／左旋-3-側柏烷醇、右旋寧醇／右旋-3-側柏烷醇化學式

(4)檜木醇／β- 側柏素 (Hinokitiol/β-Thujaplicin)，化學式 $C_{10}H_{12}O_2$、密度 1.21g/cm^3、熔點 51°C、沸點 140°C，為無色至淡黃色透明液體，天然存在於西部紅柏、雪松等植物中，有廣泛的抗菌、抗病毒和抗發炎的功效，對肺炎鏈球菌，變形鏈球菌、金黃色葡萄球菌等細菌和眞菌有抗菌活性；對沙眼衣原體具有抑制作用；對鼻病毒、柯薩奇病毒、芒果病毒有抗病毒作用，此外還具有抗發炎和抗腫瘤活性，對癌細胞具有抗增殖作用，廣泛用於牙膏，口腔噴霧劑，防曬霜、化妝品、生髮劑、食品添加劑等產品[5, 84]。

• 檜木醇／β- 側柏素／日柏酚 (Hinokitiol/β-Thujaplicin)，CAS 499-44-5，IUPAC 名為：2-Hydroxy-6-propan-2-ylcyclohepta-2,4,6-trien-1-one。CAS 772-41-8, 333760-35-3, 1411673-73-8 已經停用[84]。

• 側柏素 (Thujaplicin)，化學式 $C_{10}H_{12}O_2$。α- 側柏素 (α-Thujaplicin)，熔點 34°C、沸點 302.8°C，可溶於水 (1592mg/L@25°C)，天然存在於羅漢柏、西部側柏／北美紅檜等植物中[11, 19]。γ- 側柏素 (γ-Thujaplicin)，熔點 82°C、沸點 303.4°C，溶於乙醇，可溶於水 (1592mg/L@25°C)，天然存在於北美翠柏、山達脂柏／非洲香松樹等植物中[11, 19, 66]。

• α- 側柏素 (α-Thujaplicin)，CAS 1946-74-3，IUPAC 名為：2-Hydroxy-3-(1-methylethyl)-2,4,6-cycloheptatrien-1-one。CAS 552-11-4 已經停用[84]。

• β- 側柏素 (β-Thujaplicin)，CAS 499-44-5，即檜木醇／日柏酚 (Hinokitiol)。

• γ- 側柏素 (γ-Thujaplicin)，CAS 672-76-4，IUPAC 名為：2-Hydroxy-5-(1-methylethyl)-2,4,6-cycloheptatrien-1-one。

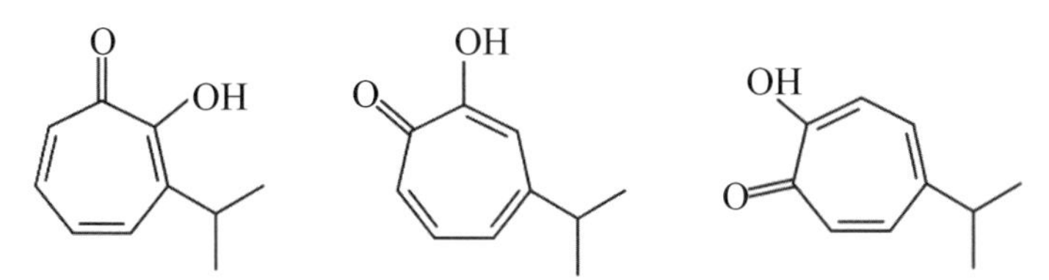

圖2-2-1-3-4　由左至右：α-側柏素、檜木醇／β-側柏素、γ-側柏素化學式

(5)棉杉菊醇／香綿菊醇 (Santolina alcohol)，化學式 $C_{10}H_{18}O$、密度 0.861g/cm^3、熔點 -43°C、沸點 218.7°C，溶於乙醇，微溶於水 (351.9mg/L@25°C)，爲無色透明液體，天然存在於摩洛哥藍艾菊（摩洛哥洋甘菊）、菊蒿、黃花蒿以及棉杉菊屬植物中 [11, 19, 20, 21, 86]。

- 野洋甘菊 (Chamomile Wild/Ormensis multicaulis et mixta) 原產於摩洛哥，也稱爲摩洛哥藍艾菊（摩洛哥洋甘菊），主要成分是棉杉菊醇／香綿菊醇 (Santolina alcohol, 27.9-32%)、α-蒎烯／α-松油萜(α-Pinene, 3.6-15%)、大根香葉烯／大根老鸛草烯(Germacrene D, 3.3-10.2%)、反式-β-金合歡烯 ((E)-β-Farnesene, 2.5-4.5%)、艾醇 (Yomogi alcohol, 2.8-4.5%)、1,8-桉油醇等 [115]。
- 棉杉菊醇／香綿菊醇 (Santolina alcohol)，CAS 21149-19-9。CAS 82166-06-1 已經停用 [84]。
  - ➢ 右旋棉杉菊醇／香綿菊醇 ((+)-Santolina alcohol)，CAS 35671-15-9，IUPAC 名爲：(3S)-3-Ethenyl-2,5-dimethyl-4-hexen-2-ol/(3)-2,5-Dimethyl-3-vinyl-4-hexen-2-ol。

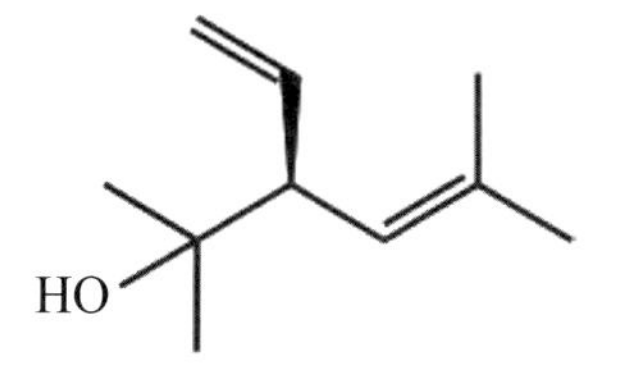

圖2-2-1-3-5　右旋棉杉菊醇／香綿菊醇化學式

(6)艾醇 (Yomogi alcohol)，化學式 $C_{10}H_{18}O$、密度 0.857g/cm^3、沸點 213.8°C，溶於乙醇，微溶於水 (423.2mg/L@25°C)，存在於銀葉艾、黃花蒿、菊蒿、摩洛哥藍艾菊／摩洛哥洋甘菊等植物中 [11, 19]。

- 反式艾醇／反式艾醇 A ((E)-Yomogi alcohol/(E)-Yomogi alcohol A)，CAS 26127-98-0，IUPAC 名爲：(3E)-2,5,5-Trimethylhepta-3,6-dien-2-ol。CAS 30635-77-9 已經停用 [84]。

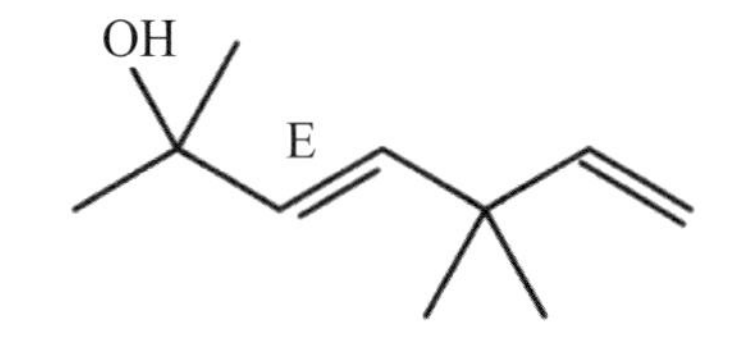

圖2-2-1-3-6　艾醇／艾醇A化學式

二、倍半萜醇

倍半萜醇有金合歡醇、雪松醇（又稱柏木醇、番松醇）、橙花叔醇、岩蘭烯醇（又稱香根烯醇）、廣藿香醇、檀香醇、桉葉醇、沒藥醇等，常見於雪松、檀木以及岩蘭草等植物中。相較於單萜醇 (C_{10})，倍半萜醇 (C_{15}) 分子量較大，因此通常黏度較高，產生作用的速度也較慢，然而更可延長使用時間。由於倍半萜醇質地與香氣層次豐富，常為高級香水的原料。

1. 金合歡醇／法尼醇 (Farnesol)，2、6 號碳有 E/Z（順反）異構物，是一級無環倍半萜醇，化學式 $C_{15}H_{26}O$、密度 0.887g/cm^3、熔點 <25°C、沸點 283-284°C[5]，如圖 2-2-2-1 所示，與橙花叔醇是異構物[10]，存在於香茅、橙花、檸檬草、依蘭依蘭、羅馬洋甘菊、大馬士革玫瑰、晚香玉、仙客來等植物，以及香脂與麝香之中。金合歡醇在標準條件下是無色液體，可溶於大多數溶劑，與油混溶，但不溶於水。含雜質過多的金合歡醇會引起人體過敏反應，因此相關商品含金合歡醇的異構體總量必須在 96% 以上[5]。金合歡醇有著甜美的鈴蘭花香氣，並有木香香韻，廣泛用在香水中，作為丁香、玫瑰、橙花、紫羅蘭、鈴蘭、仙客來等香精的調合料，以及作為調節香味的共溶劑，也作為捲菸的調味添加劑，工業上的製程是以橙花醇皀化而得。金合歡醇對細菌的生長繁殖有較強的阻礙和抑制作用，因此被用於化妝品中的除臭劑以及蟎蟲的殺蟲劑。研究證實金合歡醇／法尼醇具有抗發炎的功效[58]。
   - 橙花叔醇／秘魯紫膠／戊烯醇 (Nerolidol/Peruviol/Penetrol)，請參考 2-2-2-3。
   - 金合歡醇／法尼醇 (Farnesol/Nikkosome)，CAS 4602-84-0。
     - ➢ 順式金合歡醇 (cis-Farnesol/(2Z,6Z)-Farnesol/(±)-cis,cis-Farnesol)，CAS 16106-95-9，IUPAC 名為：(2Z,6Z)-3,7,11-Trimethyl-2,6,10-dodecatrien-1-ol。
     - ➢ 反式金合歡醇 (trans-Farnesol/(2E,6E)-Farnesol/(E)-β-Farnesol/trans,trans-Farnesol)，CAS 106-28-5，IUPAC 名為：(2E,6E)-3,7,11-Trimethyl-2,6,10-dodecatrien-1-ol。
     - ➢ 反順 (2E,6Z) 金合歡醇 ((2E,6Z)-Farnesol/(±)-trans,cis-Farnesol)，CAS 3879-60-5，IUPAC 名為：(2E,6Z)-3,7,11-Trimethyl-2,6,10-dodecatrien-1-ol。
     - ➢ 順反 (2Z,6E) 金合歡醇 ((2Z,6E)-Farnesol/(±)-cis,trans-Farnesol)，CAS 3790-71-4，IUPAC 名為：(2Z,6E)-3,7,11-Trimethyl-2,6,10-dodecatrien-1-ol。

Z Z OH E E OH Z E OH E Z OH

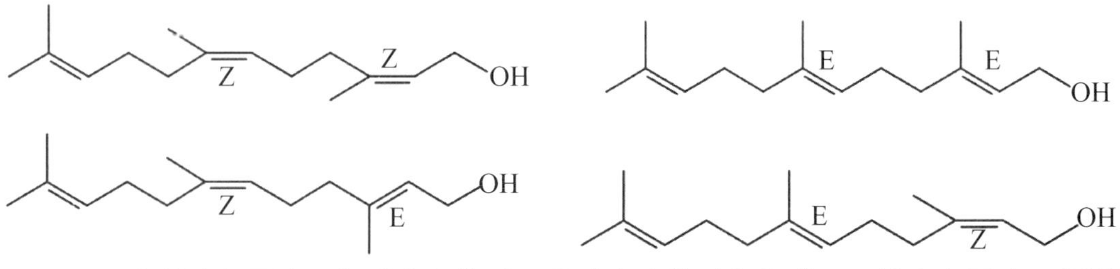

圖2-2-2-1 上排由左至右：順式金合歡醇、反式金合歡醇化學式；下排由左至右：反順(2E,6Z)金合歡醇、順反(2Z,6E)金合歡醇化學式

2. 雪松醇／番松醇／柏木醇／柏木腦 (Cedrol)，CAS 77-53-2，1、2、5、7、8 號碳有手性中心，醇基在 8 號碳，有 [5.3.1] 雙環，1、5 號碳還有稠環，成為三環 (tricyclo) 結構，為三級倍半萜醇[61]，化學式 $C_{15}H_{26}O$、密度 1.01g/cm^3、熔點 86-87°C、沸點 273°C[5]。純雪松醇為白色晶體，溶於乙醇[4]，如圖 2-2-2-2 所示，略具溫和的杉木香味，存在於柏木屬和刺柏屬等針葉樹，以及牛至屬的馬鬱蘭等植物中，廣泛用於木香與辛香的東方型香精[5]。工業上由柏木油分餾結晶製得，具有抗菌、殺蟲、抗氧化、抗發炎、解痙攣、收斂傷口、利尿與鎮靜等效用，被大量用於醫藥、化妝品、消毒劑和衛生用品中[5]。
   - 右旋雪松醇 ((+)-Cedrol/α-Cedrol)，CAS 77-53-2，IUPAC 名為：(3R,3aS,6R,7R,8aS)-Octahydro-3,6,8,8-tetramethyl-1H-3a,7-methanoazulen-6-ol。CAS 13567-37-8 已經停用[84]。
   - 表雪松醇 (epi-Cedrol/Cedran-8-ol)，CAS19903-73-2[67, 87]，IUPAC 名為：(3R,3aS,6S,7R,8aS)-Octahydro-3,6,8,8-tetramethyl-1H-3a,7-methanoazulen-6-ol。CAS 2258643-34-2 已經停用[84]。
   - 別雪松醇 (Allocedrol/allo-Cedrol)，CAS 50657-30-2[11, 20, 67, 86, 90]，IUPAC 名為：(1R,2R,5R,7R,8S)-2,6,6,7-Tetramethyltricyclo[5.2.2.0^{1,5}]undecan-8-ol[11]。

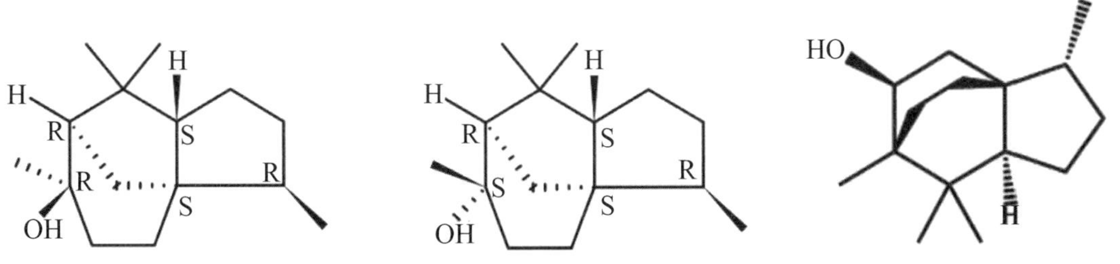

圖2-2-2-2　由左至右：右旋雪松醇、表雪松醇、別雪松醇化學式

3. 橙花叔醇／秘魯紫膠／戊烯醇 (Nerolidol/Peruviol/Penetrol)，分子 6 號碳有 E/Z 異構物，為三級倍半萜醇，三級醇又稱叔醇，與金合歡醇是異構物，化學式 $C_{15}H_{26}O$、密度 0.872g/cm^3、熔點 -75°C、沸點 145-146°C[12]，如圖 2-2-2-3 所示，存在於橙花、茉莉、檸檬草、薰衣草、茶樹、生薑、大麻、香酯果豆木（巴西檀木）、白千層等植物中，是白拉索蘭 (Brassavola Nodosa，天門冬目，俗稱夜夫人）主要香味化合物。橙花叔醇由於雙鍵結構有順反異構物，具疏水性，有穩定心情的木質香氣，由於其抗氧化與抗菌的功效，廣泛用於清潔劑、洗滌劑等日常用品以及作為香水與調味劑原料。研究證實橙花叔醇／秘魯紫膠／戊烯醇具有抗發炎的功效[58]。
   - 秘魯百合水仙 (Peruvian-lily) 是六出花科，百合水仙屬。
   - 橙花叔醇／秘魯紫膠／戊烯醇 (Nerolidol/Peruviol/Penetrol)，CAS 142-50-7。
     - ➢ 順式橙花叔醇 (cis-Nerolidol/(Z)-Nerolidol)，CAS 3790-78-1，IUPAC 名為：(6Z)-3,7,11-Trimethyl-1,6,10-dodecatrien-3-ol。CAS 24163-92-6, 53991-23-4 已經停用[84]。
       - ✓ 左旋順式橙花叔醇 ((-)-cis-Nerolidol)，CAS 132958-73-7，IUPAC 名為：(3R,6Z)-3,7,11-Trimethyl-1,6,10-dodecatrien-3-ol。

✓ 右旋順式橙花叔醇 ((+)-cis-Nerolidol/(+)-Nerolidol/*d*-Nerolidol)，CAS 142-50-7，IUPAC 名爲：(3S,6Z)-3,7,11-Trimethyl-1,6,10-dodecatrien-3-ol。CAS 11055-57-5, 14528-94-0 已經停用 [84]。

➢ 反式橙花叔醇 ((±)-trans-Nerolidol/(E)-Nerolidol/Nerolidol B)，CAS 40716-66-3，IUPAC 名爲：(6E)-3,7,11-Trimethyl-1,6,10-dodecatrien-3-ol。CAS 2211-29-2, 2381218-06-8 已經停用 [84]。

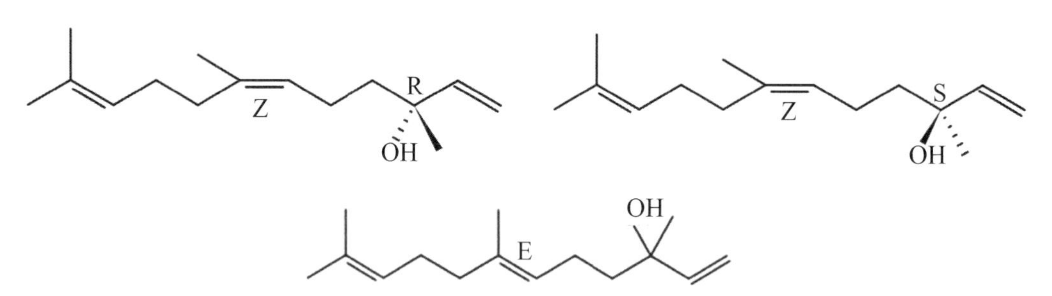

圖2-2-2-3　由左至右：左旋順式橙花叔醇、右旋順式橙花叔醇、反式橙花叔醇化學式

4. 岩蘭草醇／香根草醇 (Vetiverol)，爲二級環狀倍半萜醇，分子有 [5.3.0] 雙環 (bicyclo) 結構，化學式 $C_{15}H_{24}O$、密度 0.98g/cm^3、熔點 69-70°C、沸點 322.16°C，爲琥珀色粉末固体，溶於乙醇等溶劑，微溶於水 (9.203mg/L@25°C)，存在於岩蘭草等植物的根部，有中強度的香酯或檀香木氣味，可增強紅血球帶氧能力，有治療痔瘡、靜脈曲張等功效，常與檀香及紫羅蘭等合香，廣泛用於東方型及檀香型香水與香精，以及食品調味料中。在食品加工用於烘焙品、穀片、乳酪、調味品、魚肉奶製品、糖果、軟糖、湯品。岩蘭草醇可以乙醯化爲乙酸香根酯 (Vetiveryl acetate)，產生更強的果香和木香，作爲香水的基調 [4, 10, 12, 19]。

- 岩蘭草醇／香根草醇 (Vetiverol)，CAS 89-88-3[11, 19, 20]，IUPAC 名爲 (Z)-4,8-Dimethyl-2-(propan-2-ylidene)-1,2,3,3a,4,5,6,8a-octahydroazulen-6-ol。CAS 65380-59-8 已經停用 [84]。
  ➢ 美國化學學會 (ACS) 將 Vetiverol、Vetivenol、Vetivol、Lignolia 都視爲同一化合物，並定義爲 CAS 68129-81-7[11, 12, 20, 83, 84, 85]。ACS 有列 CAS 89-88-3 的化合物，但是沒有定義名稱。
- 岩蘭烯醇 (Vetivenol)，分子有 [4.5] 螺環 (spiro) 結構，5、10 號碳有手性中心，化學式 $C_{15}H_{24}O$、密度 0.98g/cm^3、沸點 327.5°C[11.13, 21, 60]。
  ➢ 岩蘭烯醇 (Vetivenol)，CAS 68129-81-7[21, 81, 83]，IUPAC 名爲：(5R,6R)-6,10-Dimethyl-3-propan-2-ylidenespiro[4.5]dec-9-en-8-ol[83]。
- 岩蘭醇／異花柏醇／異諾卡醇 (Vetivol/Isonootkatol)，CAS 1380573-94-3[21, 60]，分子有 [4.4.0] 雙環 (bicyclo) 結構，化學式 $C_{15}H_{24}O$、熔點 97.6°C、沸點 398.4°C [11, 12, 20, 21, 60]。
  ➢ α- 岩蘭醇／α- 異花柏醇／α- 異諾卡醇 (α-Vetivol/α-Isonootkatol)，CAS 57422-86-3[21, 60]，IUPAC 名爲：(2S,4R,4aS)-4,4a-Dimethyl-6-(propan-2-ylidene)-2,3,4,4a,5,6,7,8-octahydronaphthalen-2-ol/(2S)-2,3,4,4a,5,6,7,8-Octahydro-4β,4aβ-dimethyl-6-(1-methylethylidene)naphthalen-2β-ol。

➢ Vetivol 本書譯爲「岩蘭醇」，以區別岩蘭草醇 (Vetiverol) 和岩蘭烯醇 (Vetivenol)。

- 岩蘭草原精 (Vetiver absolute)：CAS 84238-29-9(TGSC[19]/ChemicalBook[20]/ECHA[62])。CAS 90320-55-1 已經停用 [84]。
- 客烯醇／三環岩蘭烯醇 (Khusimol/Khusenol/Ticyclovetivenol)、雙環岩蘭烯醇 (Bicyclo vetivenol)，請參考 2-2-2-24。
- 纈草醇／枯樹醇 (Valerianol/Kusunol)，請參考 2-2-2-23。
- 花柏醇／諾卡醇 (Nootkatol)，請參考 2-2-2-25。
- 岩蘭酮 (Vetivone)、岩蘭草酮／異花柏酮／異諾卡酮 (Vetiverone/Isonootkatone)，請參考 3-2-2-14。

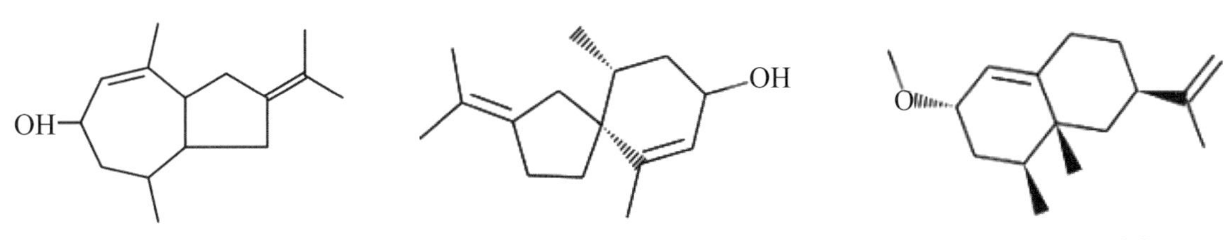

圖2-2-2-4 由左至右：岩蘭草醇／香根草醇(Vetiverol)、岩蘭烯醇(Vetivenol)、*α*-岩蘭醇[21]化學式

5. 廣藿香醇 (Patchoulol/Patchouli alcohol)，有 [5.3.1] 雙環，3、8 號碳還有稠環，成爲三環 (tricyclo) 結構，雪松醇 (Cedrol) 也有相似的的三環結構 [5.3.1.$0^{1,5}$]。廣藿香醇又稱藿香醇、百秋李醇、虎尾草醇，爲三級環狀倍半萜醇。左旋 (-) 廣藿香醇的 1、3、6、7、8 號碳有手性中心 [61]，化學式 $C_{15}H_{26}O$、密度 1.0284g/cm^3、熔點 56°C、沸點 287-288°C[5]，如圖 2-2-2-5 所示，存在於廣藿香等植物，廣藿香的香氣主要來自左旋 (-) 廣藿香醇 [5]，散發沉穩辛香的氣味。具有護膚的功效，可修護肌膚創傷、緩解皮膚潰爛龜裂、消除充血腫脹、改善便秘、改善頭皮屑，有抗黴菌、抗念珠菌等用途，常用於男性性功能障礙藥物或保健品中。泰國廣藿香萃取物可抑制瘧原蟲的感染，在大鼠實驗可緩解腸躁症、改善腹瀉。右旋 (+) 廣藿香醇香味弱得多，幾乎無法讓人想起廣藿香，有一種淡淡的檀香醇木質氣味。剛蒸餾的廣藿香精油有刺鼻的草味，在空氣中氧化之後成爲馥鬱的香氣。
   - 廣藿香醇 (Patchoulol/Patchouli alcohol)，CAS 5986-55-0。

     ➢ 左旋廣藿香醇 ((-)-Patchoulol)，CAS 5986-55-0，IUPAC 名爲：(-)-(1R,3R,6S,7S,8S)-2,2,6,8-Tetramethyltricyclo[5.3.1.$0^{3,8}$]undecan-3-ol/(1R,4S,4aS,6R,8aS)-Octahydro-4,8a,9,9-tetramethyl-1,6-methanonaphthalen-1(2H)-ol。CAS 1366-08-1 已經停用 [84]。

     ➢ 右旋廣藿香醇 ((+)-Patchoulol)，IUPAC 名爲：(+)-(1S,3S,6R,7R,8R)-2,2,6,8-Tetramethyltricyclo[5.3.1.$0^{3,8}$]undecan-3-ol。
   - 去甲廣藿香醇 (Norpatchoulenol)，爲三環萜醇類，分子有 [5.3.1] 雙環，3、8 號碳還有稠環，成爲三環 (tricyclo) 結構，化學式 $C_{14}H_{22}O$、密度 1.1±0.1g/cm^3、沸點 275-276°C，爲無色至淡黃色透明液體，溶於乙醇，略溶於水 (180.6mg/L@25°C)，對廣藿香油的香氣有很大貢獻[5, 19, 66]。

➢ 去甲廣藿香醇 (Norpatchoulenol)，CAS 41429-52-1，IUPAC 名爲：(1R,3R,7S,8S)-2,2,8-Trimethyltricyclo[5.3.1.0^{3,8}] undec-5-en-3-ol。

 ✓ 右旋去甲廣藿香醇 ((+)-Norpatchoulenol)，CAS 41429-52-1，IUPAC 名爲：(1R,4aS,6R,8aS)-4a,5,6,7,8,8a-Hexahydro-8a,9,9-trimethyl-1,6-methanonaphthalen-1(2H)-ol[84]/(1S,3R,7R,8R)-2,2,8-trimethyltricyclo[5.3.1.0^{3,8}]undec-5-en-3-ol[11]。

➢ 英文字首「Nor-」，中文可以翻譯成「去甲 -」、「降 -」，意思是去掉一個 CH_3、CH_2、或 CH 官能基，或甚至只移除一個 C（碳原子）[5]。

➢ 廣藿香醇爲四甲基、去甲廣藿香醇爲三甲基，同樣有 [5.3.1] 雙環的 9 碳和 2 個橋碳共 11 碳，因此廣藿香醇爲 C_{15}、去甲廣藿香醇爲 C_{14}。

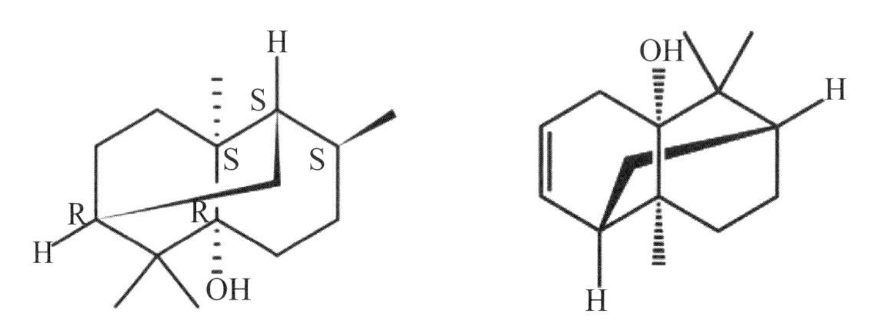

圖2-2-2-5　由左至右：左旋廣藿香醇、右旋去甲廣藿香醇化學式

6. 檀香醇 (Santalol)，有 *α* 型和 *β* 型異構物，*α*- 檀香醇在 [2.2.1] 雙環的 2、6 號碳形成一個稠環，因此爲 [2.2.1.0^{2,6}] 三環結構，雙鍵在長鏈的 2 號碳位置，有 E/Z 異構物，圖 2-2-2-6 左爲 Z（順式）構型。*β*- 檀香醇是一個單純的 [2.2.1] 雙環結構，1、2、4 號碳有手性中心，雙鍵也在長鏈的 2 號碳位置，有 E/Z 異構物。檀香醇爲一級環狀倍半萜醇，化學式 $C_{15}H_{24}O$、密度 *α*：0.9770g/cm^3、*β*：0.9717g/cm^3；沸點 *α*：166°C、*β*：177°C，如圖 2-2-2-6 所示，爲淡黃色液體，溶於氯仿、丙酮等溶劑，微溶於水 (6.414mg/L@25°C)，存在於澳洲白檀、太平洋檀香等檀木中。*α*- 檀香醇有淡淡的絲柏木香，*β*- 檀香醇有一種底韻豐富的沉靜芳香。檀木精油中大部分是 *α*- 檀香醇，*β*- 檀香醇只占約 20%，澳洲白檀、太平洋檀香與新生的印度檀香木主要成分是 *α*- 檀香醇，印度檀香木樹齡超過 20 年以上會逐漸轉變成 *β*- 檀香醇。檀木精油工業上選用檀香木的心材，以蒸汽蒸餾法製造而成，常作爲東方香型香水與香精的底調（後味），芳療上有安撫神經、穩定心情的功效。檀香醇有促進傷口癒合、改善肌膚老化等功效，並有良好的殺菌、抗菌、抗氧化和抗腫瘤活性。*α*- 檀香醇對紅毛癬菌（一種皮膚炎眞菌）有明顯的抗眞菌作用[5, 10, 61, 91]。

- 檀香醇 (Santalol)，CAS 11031-45-1。

 ➢ *α*- 檀香醇 (*α*-Santalol)，CAS 115-71-9，IUPAC 名爲：5-[(2R,3R,4S)-2,3-Dimethyl tricyclo[2.2.1.0^{2,6}]hept-3-yl]-2-methylpent-2-en-1-ol。

  ✓ 順式 -*α*- 檀香醇 (cis-*α*-Santalol/(+)-(Z)-*α*-Santalol/d-*α*-Santalol/Santalol A)，CAS 115-71-9，IUPAC 名爲：(2Z)-5-[(1R,3R,6S)-2,3-Dimethyltricyclo[2.2.1.0^{2,6}]hept-3-yl]-2-

methyl-2-penten-1-ol。

✓ 反式 -α- 檀香醇 (trans-α-Santalol/(E)-α-Santalol)，IUPAC 名爲：(2E)-5-(2,3-Dimethyltricyclo[2.2.1.0^{2,6}]hept-3-yl)-2-methylpent-2-en-1-ol。

➢ β- 檀香醇 (β-Santalol)，CAS 77-42-9，IUPAC 名爲：(2Z)-2-Methyl-5-[(1S,2R,4R)-2-methyl-3-methylidenebicyclo[2.2.1]hept-2-yl]pent-2-en-1-ol。

✓ 順式 -β- 檀香醇／反式一表 -β- 檀香醇 ((-)-(Z)-β-Santalol/cis-β-Santalol/epi-β-santalol/(E)-epi-β-santalol/Santalol B)，CAS 77-42-9[84]，IUPAC 名爲：(2Z)-2-Methyl-5-[(1S,2R,4R)-2-methyl-3-methylenebicyclo[2.2.1]hept-2-yl]-2-penten-1-ol。CAS 37172-31-9 已經停用[84]。

✓ 反式 -β- 檀香醇 (((-)-(E)-β-Santalol/(-)-trans-β-Santalol)，CAS 37172-32-0，IUPAC 名爲：(2E)-2-Methyl-5-[(1S,2S,4R)-2-methyl-3-methylidene-2-bicyclo[2.2.1]heptanyl]pent-2-en-1-ol。

✓ 順式一表 -β- 檀香醇 ((+)-epi-β-Santalol/(Z)-epi-β-Santalol)，CAS 42495-69-2[12]，IUPAC 名爲：(Z)-2-Methyl-5-((1R,2R,4S)-2-methyl-3-methylene-bicyclo[2.2.1]hept-2-yl)-pent-2-en-1-ol。

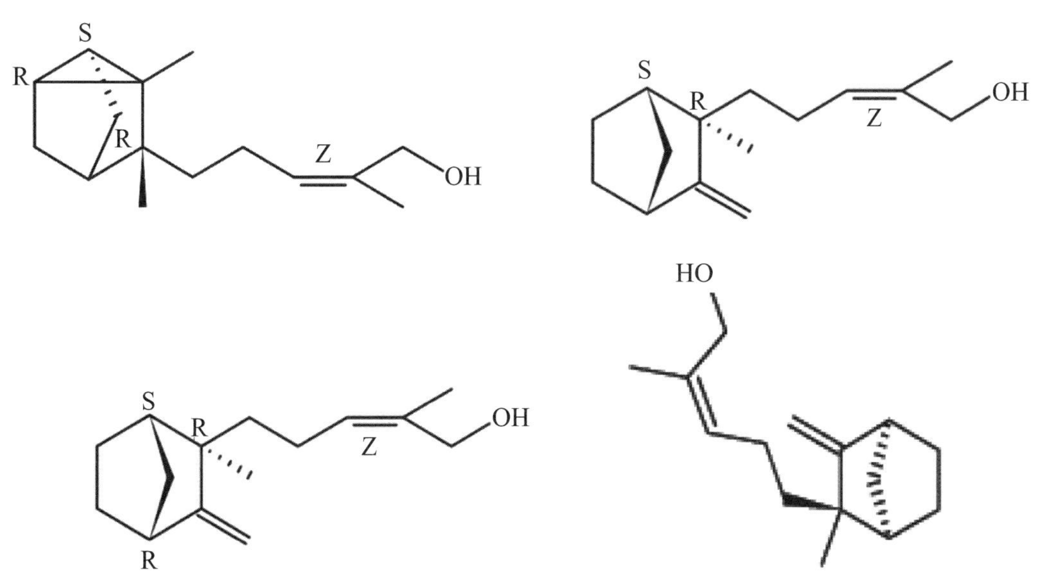

圖2-2-2-6　上排由左至右：順式-α-檀香醇、順式-β-檀香醇；下排由左至右：反式-β-檀香醇、順式一表-β-檀香醇化學式

7. 桉葉醇／蛇床烯醇／榜油酚[5](Eudesmol) 有 α、β 和 γ 三種異構物，都是 [4.4.0] 雙環結構，α、β 在 2、4a、8a 號碳各有手性中心、γ 在 2、4a 號碳有手性中心手性中心；α 在 7 號碳有 E/Z 異構物、γ 在 8 號碳有 E/Z 異構物。桉葉醇是三級雙環倍半萜醇，化學式 $C_{15}H_{26}O$、密度 0.9-1.1g/cm^3、熔點 β：81-83°C、沸點 β：301.7°C、γ：301.5°C[12]，爲淺米黃色結晶，有著類似薪柴燃燒香氣，如圖 2-2-2-7 所示。α- 桉葉醇存在於扁柏、紅檜、日

本杉、澳洲藍絲柏、阿米香樹等植物中；β- 桉葉醇存在於史密斯尤加利、扁柏、日本杉、穗甘松、阿米香樹等植物中。常用作定香劑，香療上有溫暖寧靜的放鬆感受[10]。

- α- 桉葉醇 / α- 芹子醇 (α-Eudesmol/(-)-α-Eudesmol/α-Selinenol)，CAS 473-16-5，IUPAC 名爲：2-[(2R,4aR,8aR)-4a,8-Dimethyl-1,2,3,4,4a,5,6,8a-octahydronaphthalen-2-yl]propan-2-ol/Eudesm-3-en-11-ol。CAS 75684-39-8, 92480-60-9 已經停用[84]。
- β- 桉葉醇 / β- 芹子醇 (β-Eudesmol/(+)-β-Eudesmol/β-Selinenol)，CAS 473-15-4，IUPAC 名爲：2-[(2R,4aR,8aS)-4a-Methyl-8-methylidenedecahydro naphthalen-2-yl]propan-2-ol/Eudesm-4(14)-en-11-ol。
- γ- 桉葉醇 / 芹子醇 / (γ-Eudesmol/(+)-γ-Eudesmol/Selinenol/Machilol/Uncineol)，CAS 1209-71-8，IUPAC 名爲：2-[(2R,4aR)-4a,8-Dimethyl-1,2,3,4,4a,5,6,7-octahydronaphthalen-2-yl]propan-2-ol[61]/Eudesm-4-en-11-ol。CAS 1406-60-6, 6710-66-3 已經停用[84]。
- 環桉葉醇 (Cycloeudesmol)，CAS 53823-06-6，IUPAC 名爲：(1aR,3aS,7S,7aR)-Hexahydro-α,α,3a,7-tetramethyl-1H-cycloprop[c]indene-1a(2H)-methanol。
- 桉葉醇與 1,8- 桉葉素是不同的化合物。1,8- 桉葉素 / 桉葉素 / 桉葉油醇 / 1,8- 桉樹腦 (Cineol /1,8-Cineole/Eucalyptol/Cajuputol)，請參考 5-2-1-1。
- 芹子醇 (Selinenol)：桉葉醇 (Eudesmol) 又稱芹子醇[84]。
- 楨楠醇 (Machilol)：γ- 桉葉醇又稱楨楠醇 (Machilol)[84]。
- 芹子烯 / 桉葉烯 / 蛇床烯 (Selinene/Eudesmene)，請參考 2-1-2-15。

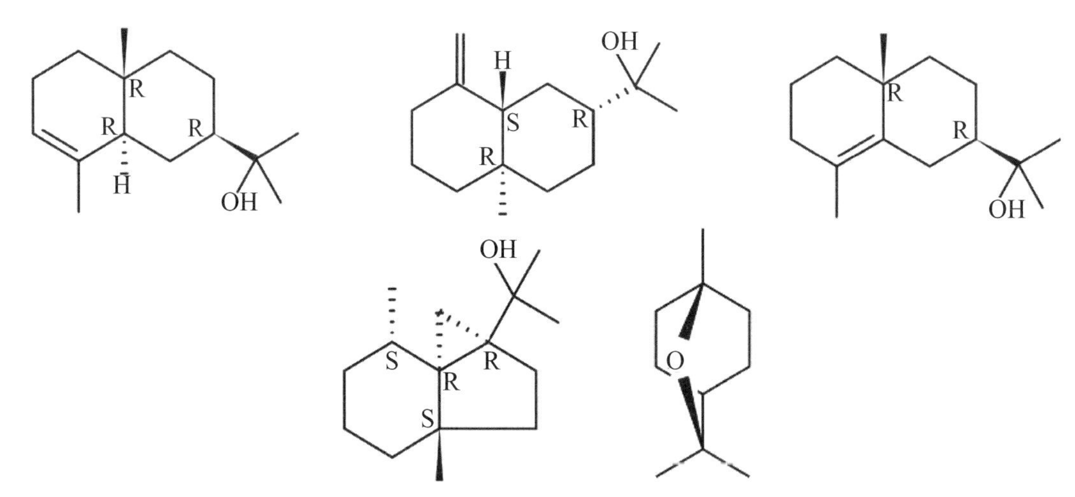

圖2-2-2-7 上排由左至右：左旋-α-桉葉醇、右旋-β-桉葉醇、右旋-γ-桉葉醇化學式；下排由左至右：環桉葉醇、1,8-桉葉素化學式

8. 沒藥醇 (Bisabolol)，α 和 β 沒藥醇，α- 沒藥醇分子長鏈有 7 個碳、環烴只有 6 個碳，長鏈的 2 號碳和環烴的 1 號碳有手性中心、3 號碳有 E/Z 異構物。β 沒藥醇分子長鏈有 6 個碳、環烴有 6 個碳，1 號碳有手性中心，如圖 2-2-2-8 所示。沒藥醇是三級單環倍半萜醇，化學式 $C_{15}H_{26}O$、密度 0.92g/cm^3、沸點 314°C[12]，溶於乙醇但難溶於水。左旋 (-)α- 沒藥醇存

在於沒藥樹、春黃菊、德國洋甘菊和厚葉苦藍盤／苦檻藍（玄參科苦藍盤屬）。右旋 (+)-α- 沒藥醇在自然界很少存在，人工合成的沒藥醇通常是外消旋混合物：(±)- 沒藥醇。沒藥醇爲無色至稻草黃液體，基於倍半萜醇的特性其黏度較高，可溶於乙醇與異丙醇等溶劑，但難溶於水或甘油。沒藥醇有著淡淡的花香／甜香，長久以來東西方都作爲藥材，並廣泛使用於化妝品以及香水中，由於有消炎、抗菌、抗發炎的功用，有助於皮膚癒合，添加於化妝品、嬰兒產品、防曬乳、刮鬍膏、牙膏、漱口水等日用品，保護過敏性皮膚以及滋潤乾燥老化的肌膚。使用濃度通常在 1% 以下，濃度太高效果反而降低 [4]，芳療上有平靜舒緩、溫暖怡人的感受。研究證實沒藥醇具有抗發炎、抗眞菌、抗過敏、止癢的功效和抗癌的活性 [58]。

- α- 沒藥醇／紅沒藥醇 ((±)-α-Bisabolol/dl-α-Bisabolol/Dragosantol/Camilol)，CAS 515-69-5。CAS 21090-60-8, 25428-43-7, 63601-23-0, 67375-41-1 已經停用 [84]。
  - 左旋 -α- 沒藥醇／左美諾醇 [12]((-)-α-Bisabolol/l-α-Bisabolol /Levomenol)，CAS 23089-26-1，IUPAC 名爲：(2R)-6-Methyl-2-[(1R)-4-methyl-3-cyclohexen-1-yl]-5-hepten-2-ol。CAS 101467-45-2 已經停用 [84]。
  - 右旋 -α- 沒藥醇 ((+)-α-Bisabolol/d-α-Bisabolol)，CAS 23178-88-3，IUPAC 名爲：(2S)-6-Methyl-2-[(1R)-4-methylcyclo hex-3-en-1-yl]hept-5-en-2-ol。
- β 沒藥醇 (β-Bisabolol)，CAS 15352-77-9，IUPAC 名爲：(1S)-1-[(1S)-1,5-Dimethyl-4-hexenyl]-4-methyl-3-cyclohexen-1-ol。
- 紅沒藥醇 (Dragosantol)：α- 沒藥醇又稱紅沒藥醇。
- 左美諾醇 (Levomenol)：左旋 -α- 沒藥醇又稱左美諾醇。
  - Levomenol 有作者翻譯爲左旋雌醇。

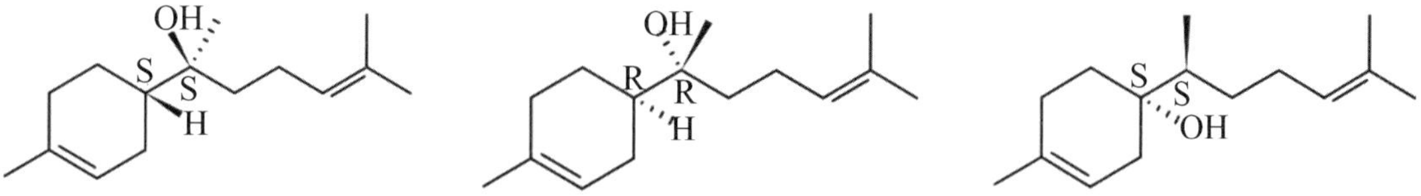

圖2-2-2-8　由左至右：左旋-α-沒藥醇、右旋-α-沒藥醇、β沒藥醇化學式

9. 大西洋醇 (Atlantol)，爲二級倍半萜醇，化學式 $C_{15}H_{24}O$、密度 0.987g/cm^3、熔點 17.38°C、沸點 385.5°C，微溶於水 (1.882mg/L@25°C)，如圖 2-2-2-9 所示，天然存在於爪哇薑黃／黃紅薑黃等植物中，具有殺菌功能，用於洗手乳等清潔用品 [11, 19, 21, 60]。

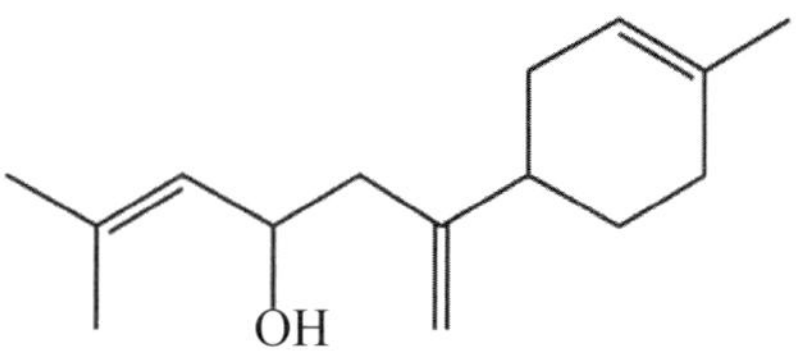

圖2-2-2-9　β-大西洋醇化學式

- β- 大西洋醇 (β-Atlantol/(+)-β-Atlantol)，CAS 420109-31-5[64]/ 38142-56-2[82]，IUPAC 名爲：(6-Methyl-2-(4-methylcyclohex-3-en-1-yl)hepta-1,5-dien-4-ol。
- 大西洋酮 (Atlantone)，請參考 3-2-2-4。

10. 石竹烯醇 (Caryophyllenol/Caryophyllene alcohol)，石竹烯醇 -I 和石竹烯醇 -I I 爲 [7.2.0] 雙環 (bicyclo) 結構的二級倍半萜醇，α 石竹烯醇爲 [5.3.1.$0^{2,6}$] 三環 (tricyclo) 結構、β 石竹烯醇爲 [6.3.1.$0^{2,5}$] 三環 (tricyclo) 結構的三級倍半萜醇，化學式 $C_{15}H_{26}O$[11]、密度 1.011g/cm^3、熔點 94-96°C、沸點 295°C，如圖 2-2-2-10 所示，爲白色結晶固體，微溶於水 (9.3mg/L)[35]，存在於葡萄柚、多香果、韓國紫菀、薄荷、丁香、啤酒花、胡椒、佛手柑、西西里漆樹以及許多柑橘、水果、草藥和香料中，用於化妝品、香精、洗髮乳、香皂和其他沐浴用品，以及清潔劑和洗滌劑[69, 70]。
   - 石竹烯醇 -I(Caryophyllenol I)，CAS 32214-88-3，IUPAC 名爲：(1R,3E,5S,9S)-4,11,11-Trimethyl-8-methylenebicyclo[7.2.0]undec-3-en-5-ol。
   - 石竹烯醇 -II(Caryophyllenol II)，CAS 32214-89-4，IUPAC 名爲：1R,3E,5R,9S)-4,11,11-Trimethyl-8-methylenebicyclo[7.2.0]undec-3-en-5-ol。
   - α- 石竹烯醇 (α-Caryophyllene alcohol/11-Apollanol)，CAS 4586-22-5，IUPAC 名爲：(1R,2S,6R,7S,11S)-1,4,4,7-Tetramethyltricyclo[5.3.1.$0^{2,6}$]undecan-11-ol[11]/1,2,3,3aα,4,5,6,7,8,8aα-Decahydro-2,2,4β,8β-tetramethyl-4,8-Methanoazulen-9-ol[84]。
   - β- 石竹烯醇 / β- 石竹烷醇 / 右旋 -1- 石竹烷醇 (β-Caryophyllene alcohol/β-Caryolanol/(+)-Caryolan-1-ol)，CAS 472-97-9，IUPAC 名爲：(1R,2S,5R,8S)-4,4,8-Trimethyl-tricyclo[6.3.1.$0^{2,5}$] dodecan-1-o[11, 60]。CAS 18099-00-8, 29123-46-4, 52104-11-7, 880764-53-4 已經停用[84]。
   - 石竹烷醇 (Caryolanol)：β- 石竹烯醇又稱石竹烷醇。
   - 石竹烯 (Caryophyllene)，請參考 2-1-2-1。

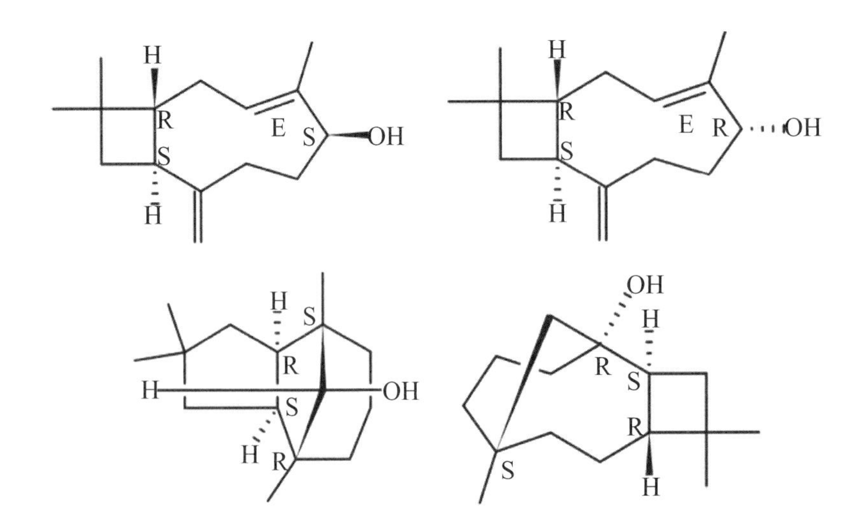

圖2-2-2-10　由左至右：石竹烯醇-I、石竹烯醇-II、α-石竹烯醇、β-石竹烯醇化學式

11. 欖香醇 (Elemol)，有 α 和 β 異構物，分子 1、3、4 號碳有手性異構物，為三級倍半萜醇，化學式 $C_{15}H_{26}O$、密度 0.9±0.1g/cm^3、熔點 46°C、沸點 289.6°C，為結晶固體，熔融後為黃色至黃棕色黏稠液體，難溶於水 (1.99mg/L@25°C)，如圖 2-2-2-11 所示，有著甜甜的木質香味，存在於牛膝草、胡椒、野芹菜、香菜、疏花草果藥和直布羅陀柴胡等植物中，為潛在生物標誌物 [35]。
   - 欖香醇 (Elemol)，CAS 639-99-6。
     - ➢ α- 欖香醇 (α-Elemol/(-)-Elemol)，CAS 639-99-6。CAS 8024-27-9 已經停用 [84]。
       - ✓ 左旋 -α- 欖香醇 ((-)-α-Elemol)，CAS 639-99-6，IUPAC 名為：(-)-2-[(1R,3S,4S)-3-Isopropenyl-4-methyl-4-vinylcyclohexyl]-2-propanol。
     - ➢ β- 欖香醇 (β-Elemol)，CAS 32142-08-8 [11, 19, 21, 82]，IUPAC 名為：2-[(1S,3S,4S)-3-Isopropenyl-4-methyl-4-vinylcyclohexyl]-2-propanol。
   - 欖香烯 (Elemene)，請參考 2-1-2-16。
   - 欖香素 / 欖香酯醚 (Elemicin)，請參考 5-1-2-6。

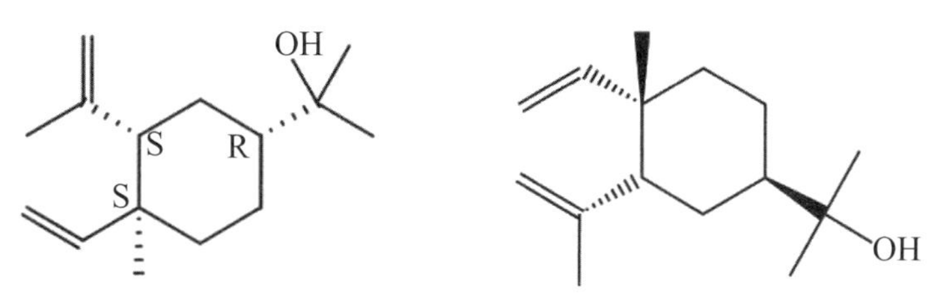

圖2-2-2-11　由左至右：α-欖香醇、β-欖香醇化學式

12. 杜松醇 (Cadinol)，為三級倍半萜醇，化學式 $C_{15}H_{26}O$、α- 杜松醇密度 0.937g/cm^3、熔點 73-74°C、沸點 303°C [19, 66]，τ- 杜松醇密度 0.937g/cm^3、熔點 139-140°C、沸點 302-304°C，溶於乙醇，微溶於水 (9.13mg/L@25°C) [19]，如圖 2-2-2-12 所示，皆為白色結晶固體，α- 杜松醇具有抗真菌和保護肝臟的作用，並可能治療耐藥性結核病。右旋 τ- 杜松醇 ((+)-τ-Cadinol) 存在於風輪菜、柳葉香根菊等植物中。研究證實杜松醇具有抗癌的活性 [58]。
   - α- 杜松醇 (α-Cadinol)，CAS 481-34-5。
     - ➢ 左旋 -α- 杜松醇 ((-)-α-Cadinol/l-α-Cadinol/Cadin-4-en-10-ol)，CAS 481-34-5，IUPAC 名為：(1R,4S,4aR,8aR)-1,6-Dimethyl-4-(propan-2-yl)-1,2,3,4,4a,7,8,8a-octahydronaphthalen-1-ol。
     - ➢ 右旋 -α- 杜松醇 ((+)-α-Cadinol)，CAS 58560-29-5，IUPAC 名為：(1S,4R,4aS,8aS)-1,6-Dimethyl-4-(propan-2-yl)-1,2,3,4,4a,7,8,8a-octahydronaphthalen-1-ol。
   - τ- 杜松醇 / 表 -α- 杜松醇 (τ-Cadinol/epi-α-Cadinol/10-epi-α-Cadinol)，CAS 5937-11-1。CAS 21439-72-5 已經停用 [84]。
     - ➢ 左旋 τ- 杜松醇 ((-)-τ-Cadinol)，CAS5937-11-1，IUPAC 名為：(1S,4S,4aR,8aR)-1,2,3,4,4a,7,8,8a-Octahydro-1,6-dimethyl-4-(1-methylethyl)-1-naphthalenol。

➢ 右旋 τ- 杜松醇 ((+)-τ-Cadinol/(+)-epi-α-Cadinol)，CAS 58580-31-7[64, 67]，IUPAC 名為：(1R,4R,4aS,8aS)-1,6-Dimethyl-4-propan-2-yl-3,4,4a,7,8,8a-hexahydro-2H-naphthalen-1-ol。

• δ- 杜松醇 / 香榧醇 / 倍半告衣醇 (δ-Cadinol/Torreyol/Sesquigoyol/Cedrelanol)，CAS 19435-97-3，為白色結晶固體，可溶於乙醇，存在於皮爾格柏 / 智利南部柏、龜背木丸菌 / 叢片趨木菌等植物中 [11]。左旋 -δ- 杜松醇從白松中分離而得、右旋 -δ- 杜松醇從香榧葉中鑑定出來。

➢ 左旋 -δ- 杜松醇 / 左旋香榧醇 ((-)-δ-Cadinol/(-)-Cedreanol/(-)-Torreyol/1-epi-α-Cadinol)，CAS 19435-97-3，IUPAC 名為：(1R,4S,4aR,8aS)-1,6-Dimethyl-4-(propan-2-yl)-1,2,3,4,4a,7,8,8a-octahydronaphthalen-1-ol。CAS 6755-83-5, 25528-79-4, 36564-42-8, 218949-23-6 已經停用 [84]。

➢ 右旋 -δ- 杜松醇 / 右旋香榧醇 ((+)-δ-Cadinol/(+)-Torreyol)，IUPAC 名為：(1S,4R,4aS,8aR)-1,6-Dimethyl-4-(propan-2-yl)-1,2,3,4,4a,7,8,8a-octahydronaphthalen-1-ol。

• 香榧醇 / 榧葉醇 (Torreyol)：δ- 杜松醇又稱香榧醇。

• 杜松烯 (Cadinene)、卡達烷 (Cadalane)，請參考 2-1-2-18。

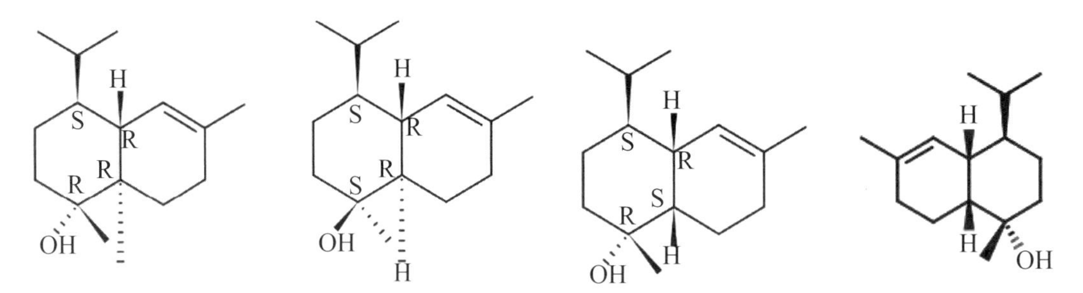

圖2-2-2-12 由左至右：左旋-α-杜松醇、τ-杜松醇、左旋-δ-杜松醇、右旋-δ-杜松醇化學式

13.綠花白千層醇 (Viridiflorol/Himbaccol)，為三級倍半萜醇，化學式 $C_{15}H_{26}O$、密度 0.962g/cm^3、熔點 73-75°C、沸點 293.9°C，有著香甜水果味，存在於薄荷、香橙薄荷、留蘭香和月桂，可作為潛在生物標誌物。左旋綠花白千層醇 ((-)-Viridiflorol) 旋光度 [α]20D -10（比旋光度 α 符號中，20 是溫度、D 是指鈉燈光波，負值是指左旋）。

• 綠花白千層醇 (Viridiflorol/Himbaccol)，CAS 552-02-3。

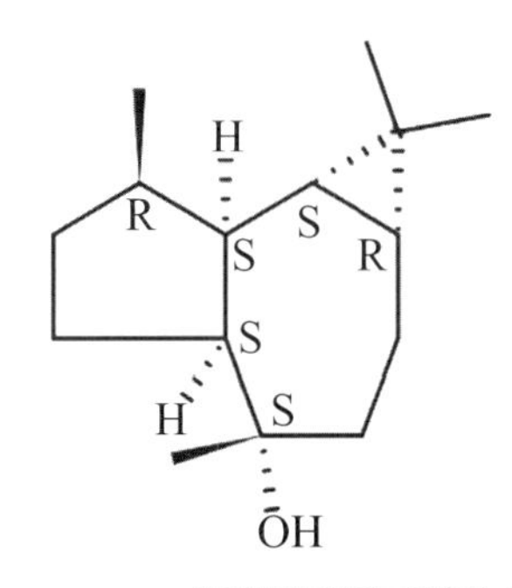

圖2-2-2-13 綠花白千層醇化學式

➢ 右旋綠花白千層醇 ((+)-Viridiflorol/d-Viridiflorol)，CAS 552-02-3，IUPAC 名爲：(1aR,4S,4aS,7R,7aS,7bS)-1,1,4,7-Tetramethyldecahydro-1H-cyclopropa[e]azulen-4-ol。

• 綠花白千層烯 / 喇叭烯 (Viridiflorene/Ledene)，請參考 2-1-2-19。

14. 樺木烯醇 (Betulenol)，是二級倍半萜醇，分子有 [7.2.0] 雙環 (bicyclo) 結構，α 和 β 異構物，並各有順反異構物，化學式 $C_{15}H_{24}O$、熔點 41°C，天然存在於垂枝樺等植物中，略溶於水 (9.48mg/L@25°C)[35]，通常不作香水或食用香精使用 [11, 60]。

• 樺木烯醇 (Betulenol)。

➢ α- 樺木烯醇 (α-Betulenol)，CAS 487-86-5[11, 19]，IUPAC 名爲：(2Z)-2,10,10-Trimethyl-6-methylidenebicyclo[7.2.0]undec-2-en-5-ol[11]。

➢ β- 樺木烯醇 (β-Betulenol/cis-β-Betulenol/d-β-Betulenol)，CAS 487-87-6，IUPAC 名爲：6,10,10-Trimethyl-2-methylenebicyclo[7.2.0]undec-5-en-3-ol。

• 樺腦 / 樺木腦 / 白樺酯醇 (Betulin/Betulinol/Trochol/Betuline) 與樺木烯醇 (Betulenol) 是不同化合物，樺腦 / 樺木腦 / 白樺酯醇是三萜醇，樺木烯醇是倍半萜醇，請參考 2-2-3-6。

• 樺木酸 / 白樺脂酸 (Betulinic acid/Mairin)，請參考 5-2-2-14。

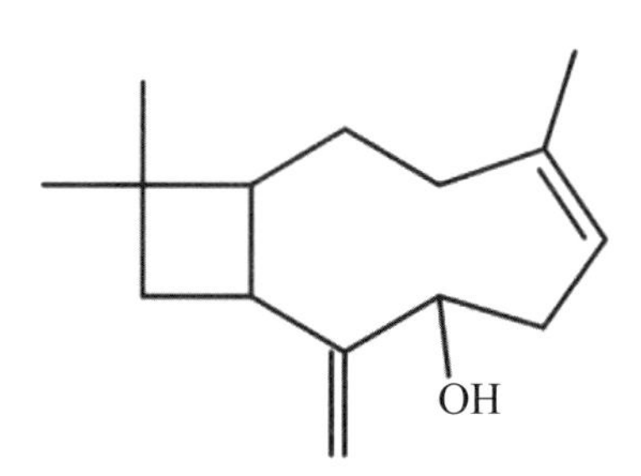

圖2-2-2-14　β-白樺烯醇化學式

15. 菖蒲醇 (Acorenol) 有 α 和 β 兩種雙鍵異構物，爲三級倍半萜醇，分子有 [4.5] 螺環結構，化學式 $C_{15}H_{26}O$，密度 0.96g/cm^3、沸點 312.2°C，微溶於水 (2.216mg/L@25°C)，天然存在於幾種馬纓丹屬植物與藤倉赤霉（水稻徒長病菌）中 [11, 19]。

• 菖蒲醇 (Acorenol)。

➢ 左旋 -α- 菖蒲醇 ((-)-α-Acorenol)，CAS 28296-85-7[12, 19, 67]，IUPAC 名爲：2-[(1R,4R,5S)-4,8-Dimethylspiro[4.5]dec-7-en-1-yl]-2-propanol。

➢ 右旋 -β- 菖蒲醇 ((+)-β-Acorenol)，CAS 28400-11-5[12, 19, 67, 82]，IUPAC 名爲：2-((1R,4R,5R)-4,8-Dimethylspiro[4.5]dec-7-en-1-yl)propan-2-ol。

• 菖蒲萜烯醇 / 卡拉烯醇 (Calamol)，CAS 66219-01-0，化學式 $C_{12}H_{16}O_3$，其的結構 C_{12} 的結構不屬於倍半帖醇 (C_{15})，密度 1.07g/cm^3、熔點 125.4°C、沸點 153-154°C@5.00 mmHg，爲無色液體，溶於乙醇，不溶於水，有香氣 [19]。

• 菖蒲萜烯 / 卡拉烯 (Calamene/Calamenene)，請參考 2-1-2-23，屬於倍半萜烯。

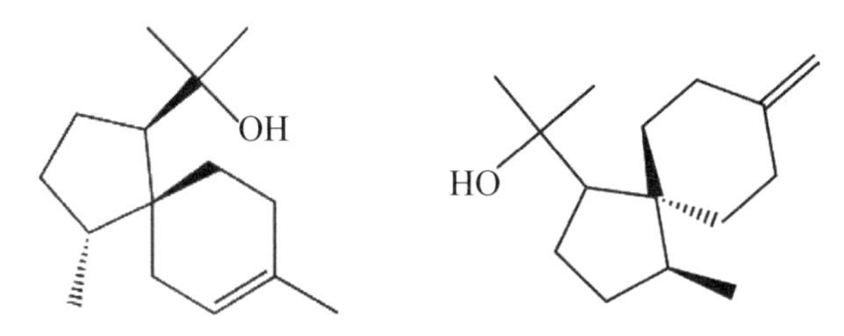

圖2-2-2-15　由左至右：左旋-α-菖蒲醇、右旋-β-菖蒲醇化學式

16. 胡蘿蔔子醇／胡蘿蔔次醇 (Carotol)，分子有 [5.3.0] 雙環結構，爲三級倍半萜醇，化學式 $C_{15}H_{26}O$、密度 0.9646g/cm^3、沸點 295-296°C，溶於乙醇，微溶於水 (8.507mg/L@25°C)，天然存在於胡蘿蔔籽以及川芎／條紋藁本 [5] 和水生刺芹等植物中 [11]，是胡蘿蔔籽的主要成分，約占精油的 40%[5]，有淡淡的清香，不作爲香水或食用香精使用 [19]，具有抗眞菌、除草和殺蟲等功效 [5, 19]。
- 胡蘿蔔子醇／胡蘿蔔次醇 (Carotol)，CAS 465-28-1。
- 右旋胡蘿蔔子醇 ((+)-Carotol)，CAS 465-28-1，IUPAC 名爲：(3R,3aS,8aR)-6,8a-Dimethyl-3-(propan-2-yl)-2,3,4, 5,8,8a-hexahydroazulen-3a(1H)-ol。
- 胡蘿蔔醇／胡蘿蔔腦 (Daucol)，請參考 2-2-2-17。

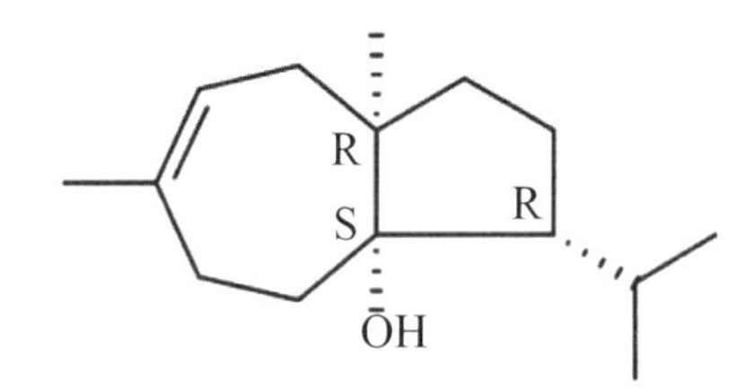

圖2-2-2-16　胡蘿蔔子醇／胡蘿蔔次醇化學式

17. 胡蘿蔔醇／胡蘿蔔腦 (Daucol)，分子有 [6.2.1] 雙環，1、5 號碳還有稠環，構成三環 (tricyclo) 結構，屬於氧烷化合物，爲二級倍半萜醇，化學式 $C_{15}H_{26}O_2$、熔點 115-116°C、沸點 289-291°C，溶於乙醇，略溶於水 (212.2mg/L@25°C)，天然存在於胡蘿蔔和野胡蘿蔔等植物中，可作爲這些食物的潛在生物標誌物，不作爲香水或食用香精使用 [19, 35]。
- 胡蘿蔔醇／胡蘿蔔腦 (Daucol)。
  - 左旋胡蘿蔔醇 ((-)-Daucol)，CAS 887-08-1，IUPAC 名爲：(1S,2R,5R,7S,8S)-5,8-Dimethyl-2-propan-2-yl-11-oxatricyclo[6.2.1.0^{1,5}]undecan-7-ol/(3R,3aS,6S,7S,8aR)-Octahydro-6,8a-dimethyl-3-(1-methylethyl)-1H-3a,6-epoxyazulen-7-ol。CAS 38602-01-6 已經停用 [84]。
- 胡蘿蔔子醇／胡蘿蔔次醇 (Carotol)，請參考 2-2-2-16。

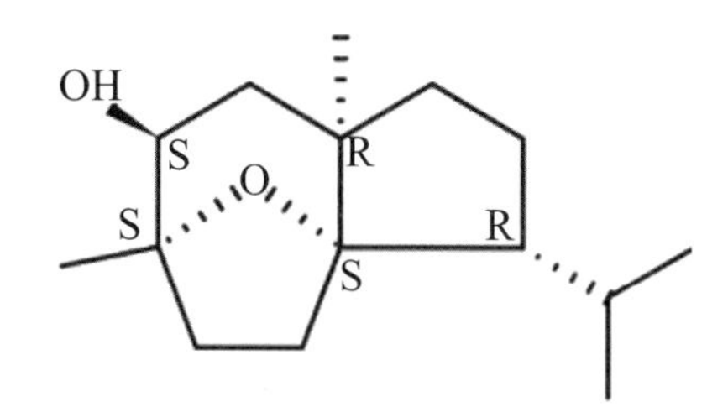

圖2-2-2-17 胡蘿蔔醇／胡蘿蔔腦化學式

18.雪松烯醇／柏木烯醇 (Cedrenol)，分子有 [5.3.1] 雙環，1、5 號碳還有稠環，成為三環 (tricyclo) 結構，為二級倍半萜醇，化學式 $C_{15}H_{24}O$、密度 1.0083g/cm^3、熔點 178°C[20]、沸點 289.1°C，為淡黃色至黃色黏稠狀液體，存在於艾屬植物中[11]，有甘甜木香，香氣濃而溫和持久，用於木香類型、檀香玫瑰型、東方型、桂花香型、龍涎香型、素心蘭型等日化用品，例如化妝品、香皂、洗滌用品、膏霜等，少量用於食品和香菸作為定香劑[12, 19, 20]。

- 知名精油團隊建議的翻譯名稱：Cidar 雪松、Juniper 杜松、Cypress 絲柏、Abovitae 東方側柏、Thuja 側柏，提供讀者參考。
- 雪松烯醇／柏木烯醇 (Cedrenol)，CAS 28231-03-0，IUPAC 名為：2,6,6-Trimethyl-8-methylidenetricyclo[5.3.1.0^{1,5}]undecan-9-ol/Octahydro-6-methylene-3,8,8-trimethyl-1H-3a,7-methanoazulen-5-oll/Cedr-8(15)-en-9-ol。CAS 1405-91-0 已經停用[84]。

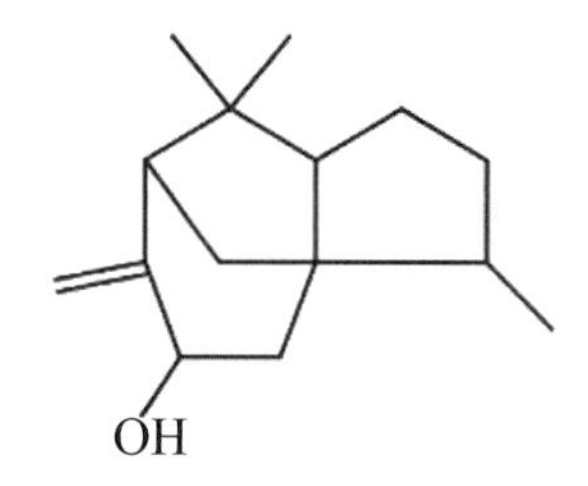

圖2-2-2-18 雪松烯醇／柏木烯醇化學式

19.廣木香醇／木香醇 (Costol/Sesquibenihiol)，化學式 $C_{15}H_{24}O$、密度 0.9797g/cm^3、熔點 85.9°C、沸點 383.48°C，略溶於水 (7.031mg/L@25°C)，旋光度 [α]D +32.8, c=4.3, $CHCl_3$（比旋光度 α 符號中，D 是指鈉燈光波，正值是指右旋，c 是溶劑濃度 g/ml)[4, 12, 19, 20, 21, 35]。

- 廣木香醇／木香醇 (Costol/Sesquibenihiol)。
  - ➢ α- 廣木香醇 (α-Costol)，CAS 65018-15-7[19, 20, 67, 88]。
    - ✓ 左旋 -α- 廣木香醇 ((-)-α-Costol)，CAS 65018-15-7[88]，IUPAC 名為：2-[(2R,4aR,8aR)-4a,8-Dimethyl-2,3,4,5,6,8a-hexahydro-1H-naphthalen-2-yl]prop-2-en-1-ol[19]。
  - ➢ β- 廣木香醇 (β-Costol)，CAS 515-20-8[67, 87]。
    - ✓ 右旋 -β- 廣木香醇 ((+)-β-Costol)，CAS 515-20-8，IUPAC 名為：2-((2R,4aR,8aS)-4a-Methyl-8-methylenedecahydronaphthalen-2-yl)prop-2-en-1-ol。
  - ➢ γ- 廣木香醇 (γ-Costol)，CAS 65018-14-6[19, 674, 82, 90]。

✓ 右旋 -γ- 廣木香醇 ((+)-γ-Costol)，CAS 65018-14-6，IUPAC 名爲：2-[(2R,4aR)-4a,8-Dimethyl-1,2,3,4,4a,5,6,7-octahydronaphthalen-2-yl]prop-2-en-1-ol。

- 廣木香酸 / 木香酸 (Costic acid/Costussaeure)，請參考 5-2-2-16。
- 廣木香內酯 / 木香烴內酯 / 閉鞘薑酯 (Costuslactone/Costunolide)，請參考 4-2-1-2。
- 土木香內酯 / 木香油內酯 / 木香腦 (Alantolactone/Helenin)，請參考 4-2-1-1。

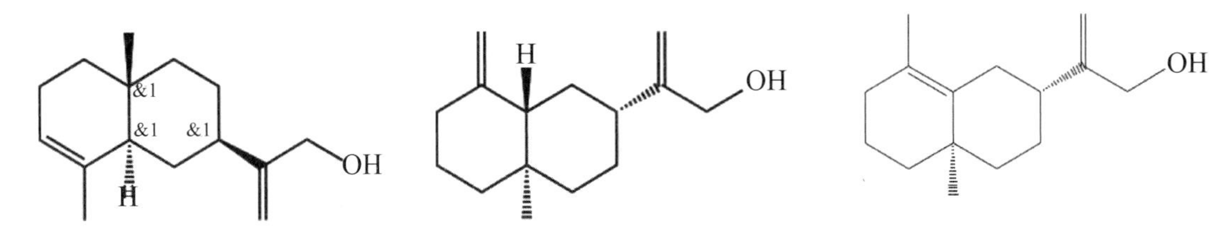

圖2-2-2-19　由左至右：左旋-α-廣木香醇、右旋-β-廣木香醇、右旋-γ-廣木香醇化學式

20. 葡萄柚醇 (Paradisiol)，爲雙環倍半萜醇，有 [4.4.0] 稠環結構，橋碳在 4a 和 8a，1、4a、6、8a 有手性中心，化學式 $C_{15}H_{26}O$，熔點 91.88°C、沸點 379.89°C，存在於葡萄柚等植物中 [11, 20, 21, 42]。
    - 葡萄柚醇 (Paradisiol)，IUPAC 名爲：(1R,4aS,6S,8aS)-1,4a-Dimethyl-6-prop-1-en-2-yl-2,3,4,5,6,7,8,8a-octahydronaphthalen-1-ol[21]。

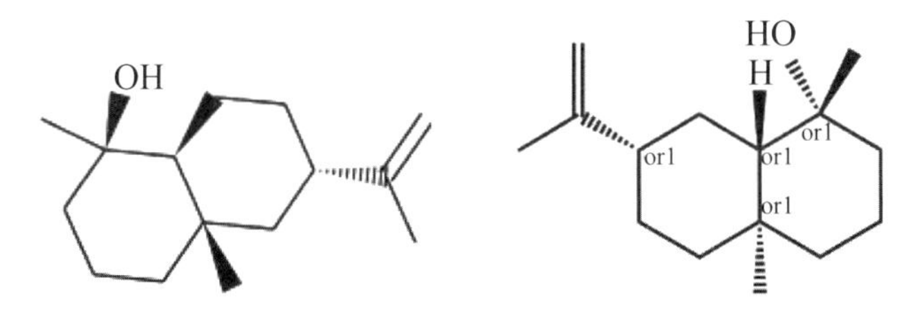

圖2-2-2-20　葡萄柚醇化學式

21. 癒創木醇 / 癒創醇 (Guaiol/Champacol)，爲倍半萜醇，化學式 $C_{15}H_{26}O$、密度 1.0g/cm^3、熔點 91-93°C、沸點 309-310°C，爲棕灰色結晶固體，溶於乙醇，易溶於水 (36.1g/L)，對皮膚和眼睛有刺激性，避免兒童取用，有著癒創木香，並帶有玫瑰與茶的香氣，天然存在於癒創木、松柏等植物中，具有驅蟲、殺蟲、抗細胞增殖等生物活性 [5, 12,19]。
    - 癒創木醇 / 癒創醇 (Guaiol/Champacol)，CAS 489-86-1。
        - ➢ 左旋癒創木醇 / 左旋癒創醇 ((-)-Guaiol/(-)-Champacol)，CAS 489-86-1，IUPAC 名爲：2-[(3S,5R,8S)-3,8-Dimethyl-1,2,3,4,5,6,7,8-octahydroazulen-5-yl]propan-2-ol。
    - 異癒創木醇 / 布藜醇 (Bulnesol)，爲倍半萜醇，化學式 $C_{15}H_{26}O$、密度 0.9389g/cm^3、熔點 69-70°C、沸點 136-138°C，溶於乙醇，易溶於水 (70.74g/L)，旋光度 [α]D +3.8, EtOH（比旋光度 α 符號中，D 是指鈉燈光波，正號是指右旋，EtOH 是乙醇），天然存在於鼠尾草屬植物中，有刺鼻的辣味，具抗增殖、抗氧化和抗菌等功效 [5, 11, 19, 35]。
        - ➢ 異癒創木醇 / 布藜醇 (Bulnesol)，CAS 22451-73-6[19, 82, 86]，IUPAC 名爲：2-[(3S,3aS,5R)-

3,8-Dimethyl-1,2,3,3a,4,5,6,7-octahydroazulen-5-yl]propan-2-ol。

- 癒創木烯／胍烯 (Guaiene)、異癒創木烯／布藜烯 (α-Bulnesene/δ-Guaiene)，請參考 2-1-2-17。
- 癒創木酚 (Guaiacol/o-Methoxyphenol)，請參考 5-1-1-6。
- 癒創木烷氧化物／瓜烷氧化物癒創木醚 (Guaioxide/Guaiane oxide)，請參考 5-2-1-11。

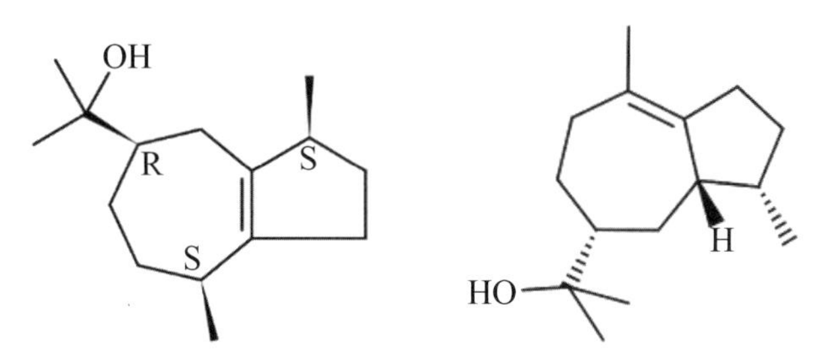

圖2-2-2-21　由左至右：左旋癒創木醇／左旋癒創醇、異癒創木醇／布藜醇化學式

22. 廣藿香奧醇／刺蕊草醇 (Pogostol)，爲三級倍半萜醇，化學式 $C_{15}H_{26}O$、沸點 303-304°C，溶於乙醇，難溶於水 (0.07822g/L)，旋光度 [α]D -20.2, c=8.7, $CHCl_3$（比旋光度 α 符號中，D 是指鈉燈光波，負號是指左旋，c 是溶劑濃度 g/ml)。
    - 廣藿香奧醇／刺蕊草醇 (Pogostol)，CAS 21698-41-9。
        - ➢ 左旋廣藿香奧醇／刺蕊草醇 ((-)-Pogostol/trans-Guai-11-en-10-ol)，CAS 21698-41-9，IUPAC 名爲：(1R,3aS,4R,7S,8aR)-Decahydro-1,4-dimethyl-7-(1-methylethenyl)-4-azulenol/trans-Guai-11-en-10-ol。CAS 593284-33-4 已經停用 [84]。

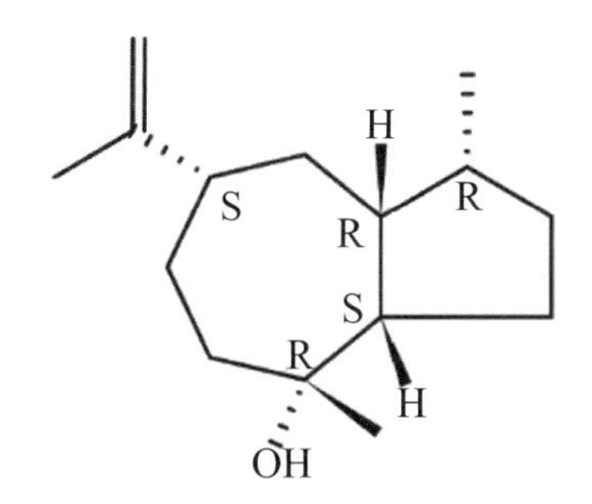

圖2-2-2-22　廣藿香奧醇／刺蕊草醇化學式

23. 纈草醇／桔樹醇 (Valerianol/Kusunol)，分子有 [4.4.0] 雙環結構，2、8、8a 號碳有手性中心，爲三級倍半萜醇，是八氫萘化合物，化學式 $C_{15}H_{26}O$、沸點 309-310°C，爲油狀液體，溶於乙醇，微溶於水 (8.507mg/L@25°C)，天然存在於纈草、阿米香樹、穗甘松、草果藥等植物中 [11, 12, 19, 66]。
    - 纈草醇／桔樹醇 (Valerianol/Kusunol)，CAS 20489-45-6。
        - ➢ 右旋纈草醇／桔樹醇 ((+)-Valerianol/Kusunol/Kusenol)，CAS 20489-45-6，IUPAC 名爲：2-[(2R,8R,8aS)-8,8a-Dimethyl-1,2,3,4,6,7,8,8a-octahydronaphthalen-2-yl]propan-2-ol。

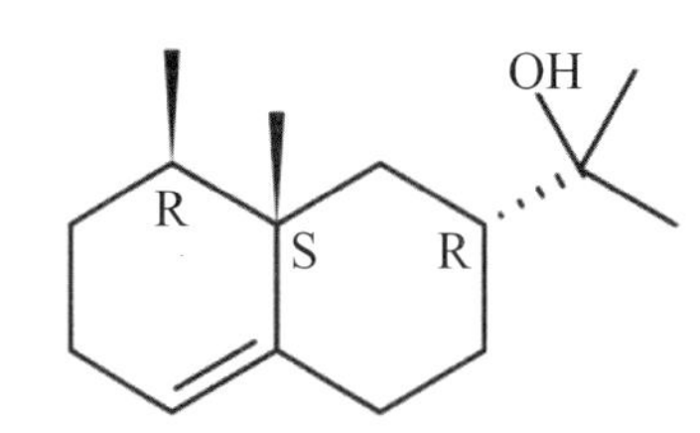

圖2-2-2-23　右旋纈草醇／枯樹醇化學式

24. 客烯醇／三環岩蘭烯醇 (Khusimol/Khusenol/Tricyclovetivenol)，分子有 [6.2.1] 雙環，1、5 號碳還有稠環，成為三環 (tricyclo) 結構，1、2、5、8 號碳有手性中心，為一級倍半萜醇，化學式 $C_{15}H_{24}O$、密度 1.0105g/cm^3、沸點 313.2°C，溶於乙醇，微溶於水 (21.1mg/L@25°C)，天然存在於岩蘭草／香根草等植物中，約 15%[5, 11, 19, 20, 66]。
  - 客烯醇／三環岩蘭烯醇 (Khusimol/Khusenol/Tricyclovetivenol)。
    - 右旋客烯醇 ((+)-Khusimol)，CAS 16223-63-5，IUPAC 名為：[(1R,2S,5S,8R)-7,7-Dimethyl-6-methylidene-2-tricyclo[6.2.1.0^{1,5}]undecanyl]methanol/[(3S,3aR,6R,8aS)-7,7-Dimethyl-8-methylideneoctahydro-1H-3a,6-methanoazulen-3-yl]methanol。CAS 6090-36-4, 6805-70-5, 18444-92-3, 24267-95-6, 26242-79-5, 26242-78-4, 26409-97-2 已經停用[84]。
  - 雙環岩蘭烯醇 (Bicyclovetivenol)，分子有 [5.3.0] 雙環結構，為三級倍半萜醇，化學式 $C_{15}H_{26}O$，微溶於水 (7.822mg/L@25°C)，天然存在於岩蘭草／香根草等植物中[11, 19]。
    - 雙環岩蘭烯醇 (Bicyclovetivenol)，IUPAC 名為：2-[(4S)-4-Methyl-8-methylidene-2,3,3a,4,5,6,7,8a-octahydro-1H-azulen-2-yl]propan-2-ol。
  - 客醇 (Khusol)，為一級倍半萜醇，化學式 $C_{15}H_{24}O$，天然存在於岩蘭草／香根草等植物中。
    - 左旋客醇 ((-)-Khusol)，CAS 18045-73-3，IUPAC 名為：1,2,3,4,4a,5,6,8a-Octahydro-β,7-dimethyl-4-methylene-1-naphthaleneethanol/2-(7-Methyl-4-methylidene-2,3,4a,5,6,8a-hexahydro-1H-naphthalen-1-yl)propan-1-ol。
    - Khusol 本書譯為客醇，以便和客烯醇 (Khusimol/Khusenol)、客萜醇 (Khusinol)、客烯 2 醇 (Khusiol/Helifolan-2-ol/Khusian-2-ol) 區分。
  - 客萜醇 (Khusinol)，為二級倍半萜醇，化學式 $C_{15}H_{24}O$、熔點 71.76°C、沸點 385.71°C，旋光度 [α]D +174.4, $CHCl_3$（比旋光度 α 符號中，D 是指鈉燈光波，正號 (+) 是右旋，$CHCl_3$ 是氯仿），天然存在於岩蘭草／香根草等植物中。
    - 客萜醇 (Khusinol)，CAS 24268-34-6[19, 21, 60, 67]，IUPAC 名為：(1R)-1,2,4aβ,5,6,7,8, 8aα-Octahydro-3-methyl-8-methylene-5β-isopropyl-1-naphthol/Isolongifolan-7-alpha-ol。
    - Khusino 本書譯為客萜醇，以便和客烯醇 (Khusimol/Khusenol)、客醇 (Khusol)、客烯 2 醇 (Khusiol/Helifolan-2-ol/Khusian-2-ol) 區分[19, 21]。
  - 客烯 2 醇 (Khusiol/Helifolan-2-ol/Khusian-2-ol)，分子有 [5.2.2] 雙環，1、5 號碳還有稠環，成為三環 (tricyclo) 結構，為二級倍半萜醇，化學式 $C_{15}H_{26}O$、密度 1.0g/cm^3、沸點 274.09°C，微溶於水 (21.88mg/L@25°C)，天然存在於岩蘭草／香根草等植物中。

➢ Khusiol 本書譯爲客烯 2 醇，以便和客烯醇 (Khusimol/Khusenol)、客醇 (Khusol)、客萜醇 (Khusinol) 區分 [11, 18, 19]。

➢ 客烯 2 醇 (Khusiol/Helifolan-2-ol/Khusian-2-ol)，CAS 66512-56-9，IUPAC 名爲：(1S,2S,5S,7S,8R)-2,6,6,7-Tetramethyltricyclo[5.2.2.0^{1,5}]undecan-8-ol[66]。

• 岩蘭草醇／香根草醇 (Vetiverol)、岩蘭烯醇 (Vetivenol)、α- 岩蘭醇／α- 異花柏醇／α- 異諾卡醇 (α-Vetivol/α-Isonootkatol) 請參考 2-2-2-4。

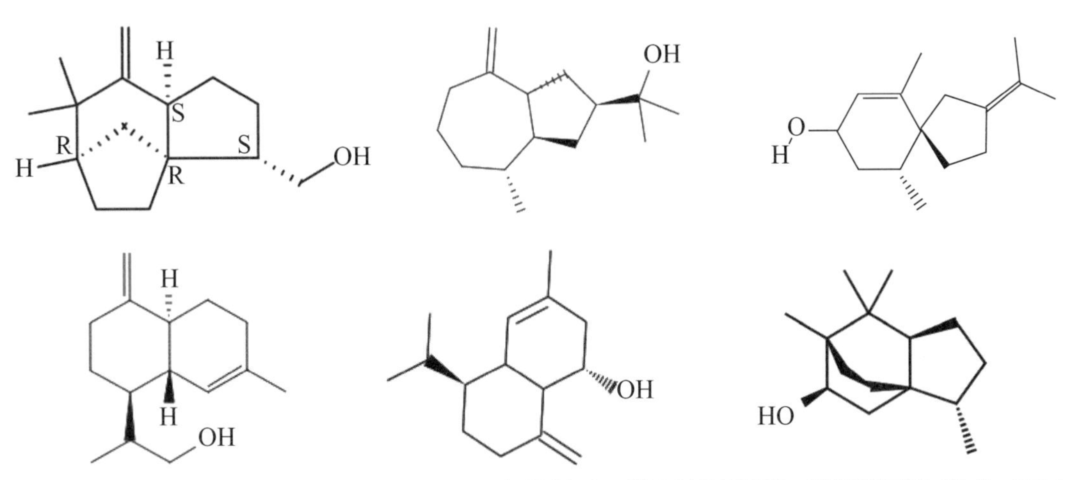

圖2-2-2-24　上排由左至右：客烯醇／三環岩蘭烯醇、雙環岩蘭烯醇、岩蘭烯醇化學式；下排由左至右：客醇(Khusol)、客萜醇(Khusinol)、客烯2醇(Khusiol)化學式

25. 花柏醇／諾卡醇 (Nootkatol)，有 [4.4.0] 雙環結構，爲二級倍半萜醇，是雅橄欖烷 (Eremophilane) 的衍生物，化學式 $C_{15}H_{24}O$，熔點 64°C、沸點 375°C，溶於乙醇，微溶於水 (12.44 mg/L@25°C)，天然存在於甜橙、紅果仔／稜果蒲桃、益智 (Alpinia oxyphylla，薑科）等植物中，可作爲潛在生物標誌物 [11, 19, 20, 35]。

• 花柏醇／諾卡醇 (Nootkatol)，CAS 53643-07-5[19, 82, 84]。

➢ α- 花柏醇／順式花柏醇／2- 表花柏醇 (α-Nootkatol/cis-Nootkatol/2-Epinootkatol)，IUPAC 名爲：(2R,4R,4aS,6R)-4,4a-Dimethyl-6-(prop-1-en-2-yl)-2,3,4,4a,5,6,7,8-octahydronaphthalen-2-ol[11]。

➢ β- 花柏醇 (β-Nootkatol/(+)-trans-Nootkatol)，CAS 50763-67-2[84]，IUPAC 名爲：(2S,4R,4aS,6R)-2,3,4,4a,5,6,7,8-Octahydro-4,4a-dimethyl-6-(1-methylethenyl)-2-naphthalenol[11]。

➢ 異花柏醇／異諾卡醇 (Isonootkatol)，CAS 57422-86-3[21, 60]，IUPAC 名爲：(2S,4R,4aS)-4,4a-Dimethyl-6-(propan-2-ylidene)-2,3,4,4a,5,6,7,8-octahydronaphthalen-2-ol。

✓ α- 異花柏醇／α- 異諾卡醇 (α-Isonootkatol) 又稱 α- 岩蘭醇 (α-Vetivol)，請參考 2-2-2-4。

• 花柏酮／諾卡酮 (Nootkatone)，請參考 3-2-2-7。

圖2-2-2-25　由左至右：α-花柏醇、β-花柏醇化學式

26. 莎草醇 (Cyperol)，化學式 $C_{15}H_{24}O$、熔點 112°C、沸點 318.61°C，微溶於水 (7.347mg/L@25°C)，爲固體，天然存在於香附子等莎草屬植物中 [11, 19, 84]。
   - 莎草醇 (Cyperol)，CAS 20084-99-5，IUPAC 名爲：(+)-(2R,4aS,7R)-2,3,4,4a,5,6,7,8-Octahydro-1,4a-dimethyl-7-(1-methylethenyl)-2-naphthalenol。
   - 在漢文資料中 Cyperene 稱爲香附烯／莎草烯、Rotundene 也稱爲香附烯／莎草烯。香附子學名爲 Cyperus rotundus，Cyperus 是莎草屬、rotundus 是香附子，因此本書將 Cyperene 稱爲莎草烯、Rotundene 稱爲香附烯。將 Cyperol 稱爲莎草醇、Rotunol 稱爲香附醇。將 Cyperone 稱爲莎草酮、Rotundone 稱爲香附酮。

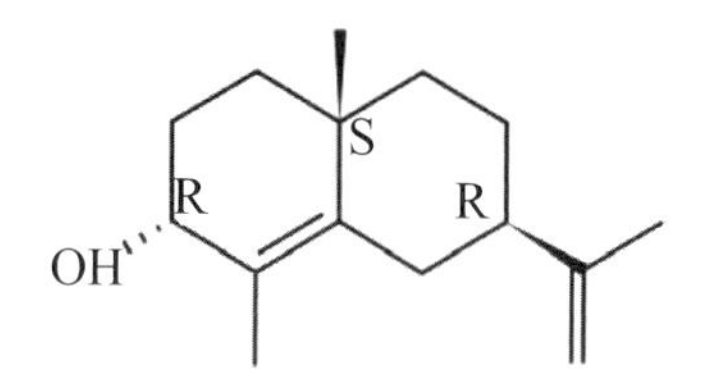

圖2-2-2-26　莎草醇化學式

27. 香附醇 (Rotunol)，化學式 $C_{15}H_{22}O_2$、密度 $1.073g/cm^3$、熔點 α：88.5°C；β：119°C、沸點 351.4°C，爲固體，略溶於水 (121.1mg/L@25°C)，天然存在於香附子等莎草屬植物中 [11, 86]。
   - α- 香附醇 (α-Rotunol)，CAS 24405-56-9，IUPAC 名爲：(4aS,6R,8aS)-4a,5,6,7,8,8a-Hexahydro-4a-hydroxy-4,8a-dimethyl-6-(1-methylethenyl)-2(1H)-naphthalenone。
   - β- 香附醇 (β-Rotunol)，CAS 24405-57-0，IUPAC 名爲：(4aR,6R,8aS)-4a,5,6,7,8,8a-Hexahydro-4a-hydroxy-4,8a-dimethyl-6-(1-methylethenyl)-2(1H)-naphthalenone。

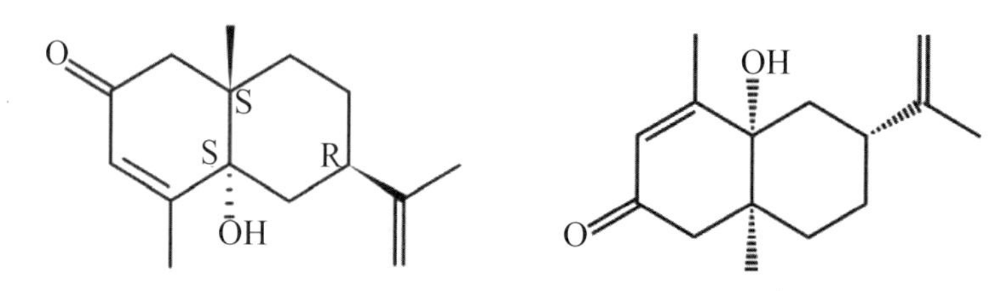

圖2-2-2-27　由左至右：α-香附醇、β-香附醇化學式

28.橐吾醇／白蜂斗菜素 (Ligularol/Petasalbin)，化學式 $C_{15}H_{22}O_2$、熔點 82°C，可溶於氯仿、丙酮等溶劑，微溶於水 (22.86mg/L@25°C)，旋光度 [α]D -11.2（比旋光度 α 符號中，D 是指鈉燈光波，負號是指左旋），天然存在於黃帚橐吾、蛇頭草／蜂斗菜與根莖層菀屬植物中[11, 92]。

- 橐吾醇／白蜂斗菜素 (Ligularol/Petasalbin/Petasol)，CAS 4176-11-8，IUPAC 名爲：(4S,4aR,5S,8aR)-4,4a,5,6,7,8,8a,9-Octahydro-3,4a,5-trimethylnaphtho[2,3-b]furan-4-ol。

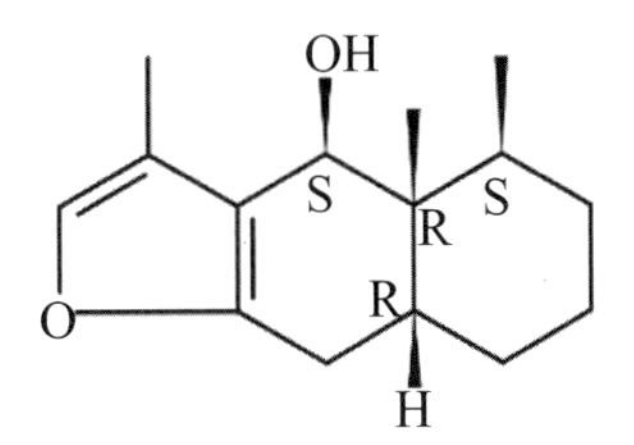

圖2-2-2-28 橐吾醇化學式

29.喜馬雪松醇 (Himachalol)，化學式 $C_{15}H_{26}O$、密度 0.921g/cm^3、熔點 68°C、沸點 299.6°C，爲固體，微溶於水 (8.507mg/L@25°C)，天然存在於銀毛椴／銀林登、遼椴等椴樹屬植物中。喜馬拉雅雪松精油中含有喜馬雪松醇約 3%、β- 喜馬雪松烯約 31%[11,12,19,84]。

- 喜馬雪松醇 (Himachalol)
  - ➢ 右旋喜馬雪松醇 ((+)-Himachalol)，CAS 1891-45-8，IUPAC 名爲：(4aS,9R,9aR)-2,4a,5,6,7,8,9,9a-Octahydro-3,5,5,9-tetramethyl-1H-benzocyclohepten-9-ol。
- 別喜馬雪松醇 (Allohimachalol)，化學式 $C_{15}H_{26}O$、熔點 117.36°C、沸點 391.74°C，爲結晶固體，微溶於水 (8.507mg/L@25°C)，旋光度 [α]D +37.4°, c=3.3, $CHC1_3$（比旋光度 α 符號中，D 是指鈉燈光波，正號是指右旋，c 是溶劑濃度 g/ml）[19, 21, 92]。
  - ➢ 別喜馬雪松醇 (Allohimachalol)，CAS 19435-77-9，IUPAC 名爲：(4aR,9R,9aR)-4,4,6,9a-Tetramethyl-2,3,4a,7,8,9-hexahydro-1H-benzo[7]annulen-9-ol。
- 喜馬雪松烯 (Himachalene)，請參考 2-1-2-32。

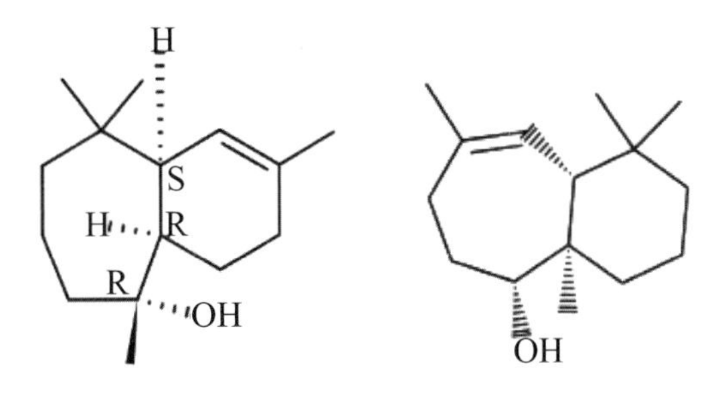

圖2-2-2-29 由左至右：喜馬雪松醇、別喜馬雪松醇化學式

30.白藜蘆醇 (Resveratrol)，化學式 $C_{14}H_{12}O_3$、密度 1.359g/cm^3、熔點 (E)：254°C；(Z)：173°C、沸點 (E)：449.1°C，爲米色粉末固體，略溶於水 (275mg/L@25°C)，天然存在於葡

萄、藍莓、樹莓、花生等植物及桑葚皮中，是植物爲抵禦細菌／眞菌入侵而產生的抗毒素／防禦素，具有抗發炎、抗氧化作用，臨床研究中發現具有潛在的抗癌特性，用於治療高脂血症、預防脂肪肝、糖尿病、動脈硬化和抗衰老藥物 [5, 11, 84, 85]。

- 白藜蘆醇 (Resveratrol)，CAS 501-36-0。CAS 400-97-1, 31100-06-8, 1337923-22-4, 2227028-63-7 已經停用 [84]。
  - ➢ 順式白藜蘆醇 ((Z)-Resveratrol/cis-Resveratrol)，CAS 61434-67-1，IUPAC 名爲：5-[(1Z)-2-(4-Hydroxyphenyl)ethenyl]-1,3-benzenediol。
  - ➢ 反式白藜蘆醇 ((E)-Resveratrol/trans-Resveratrol)，CAS 501-36-0，IUPAC 名爲：5-[(1E)-2-(4-Hydroxyphenyl)ethenyl]-1,3-benzenediol。

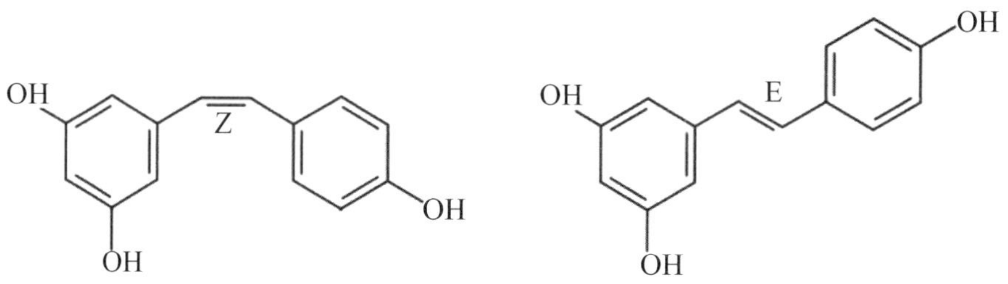

圖2-2-2-30　由左至右：順式白藜蘆醇、反式白藜蘆醇化學式

31. 藍桉醇 (Globulol)，化學式 $C_{15}H_{26}O$、密度 0.97g/cm^3、熔點 88.5°C、沸點 293°C，爲無色結晶固體，溶於乙醇，微溶於水 (11.98mg/L@25°C)，旋光度 [α]20D -35.3, $CHCl_3$（比旋光度 α 符號中，20 是溫度 °C、D 是指鈉燈光波，負號是指左旋），天然存在於大熊貓以及忍冬等植物中，有玫瑰花的香氣 [11, 19, 35, 84]。
    - 藍桉醇 (Globulol)，CAS 51371-47-2。
      - ➢ 左旋藍桉醇 ((-)-Globulol)，CAS 489-41-8，IUPAC 名爲：(1aR,4R,4aR,7R,7aS,7bS)-Decahydro-1,1,4,7-tetramethyl-1H-cycloprop[e]azulen-4-ol。
    - 表藍桉醇 (Epiglobulol)，CAS 88728-58-9。
      - ➢ 左旋表藍桉醇 ((-)-Epiglobulol)，CAS 88728-58-9，IUPAC 名爲：(1aR,4S,4aR,7R,7aS,7bS)-Decahydro-1,1,4,7-tetramethyl-1H-cycloprop[e]azulen-4-ol。
    - 杜香醇／喇叭茶醇 (Ledol)，與藍桉醇是異構物，化學式 $C_{15}H_{26}O$、密度 0.9814g/cm^3、熔點 105°C、沸點 292°C，溶於乙醇，天然存在於杜鵑花屬的杜香 (Ledum palustre L.) 和桔梗、白木等植物中，在體內可能表現出祛痰、抗發炎、止咳和鎮痛的作用，爲抗眞菌劑及潛在的抗發炎和鎮痛劑 [11, 84]。
      - ➢ 右旋杜香醇／喇叭茶醇 ((+)-Ledol/d-Ledol)，CAS 577-27-5，IUPAC 名爲：(1aS,4S,4aR,7S,7aR,7bR)-Decahydro-1,1,4,7-tetramethyl-1H-cycloprop[e]azulen-4-ol。CAS 20296-52-0 已經停用 [84]。

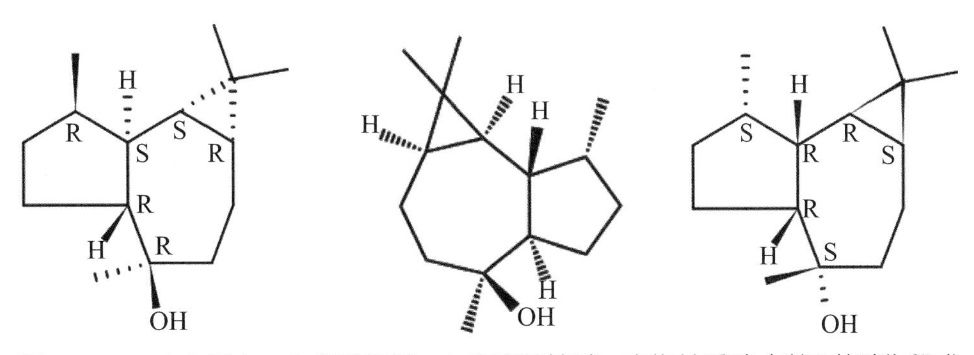

圖2-2-2-31　由左至右：左旋藍桉醇、左旋表藍桉醇、右旋杜香醇／喇叭茶醇化學式

32. 桉油烯醇／斯巴醇 (Spathulenol)，化學式 $C_{15}H_{24}O$、密度 1.022g/cm[3]、沸點 297°C，溶於乙醇，微溶於水 (12.44mg/L@25°C)，存在於快樂鼠尾草以及木瓣樹屬（番荔枝科）植物中，有草本的水果土香，具有麻醉劑、血管擴張劑和免疫抑制作用，有抑制淋巴細胞增殖的能力[11, 19, 67]。研究證實桉油烯醇／斯巴醇具有抗癌的活性[58]。

- 桉油烯醇／斯巴醇 (Spathulenol)，CAS 6750-60-3。
  - ➢ 左旋桉油烯醇／斯巴醇 ((-)-Spathulenol)、熔點：142.02 C、沸點 376.02°C[21]。
    - ✓ 左旋桉油烯醇／左旋斯巴醇 ((-)-Spathulenol)，CAS 77171-55-2，IUPAC 名爲：[1aS-(1aa,4aa,7b)] Decahydro-1,1,7-trimethyl-4-methylene-1H-cycloprop[e]azulen-7-ol。
  - ➢ 右旋桉油烯醇／右旋斯巴醇 ((+)-Spathulenol/(+)-Spathulenol/spainulenol/Sibachun)，CAS 6750-60-3，IUPAC 名爲：(1AR,4aR,7S,7aR,7bR)-1,1,7-Trimethyl-4-methylenedecahydro-1H-cyclopropa[e]azulen-7-ol。
- 異桉油烯醇／異斯巴醇 (Isospathulenol)，CAS 88395-46-4。
  - ➢ 異桉油烯醇／異斯巴醇 ((+)-Isospathulenol)，CAS 88395-46-4，IUPAC 名爲：(1aR,7S,7aS,7bR)-1a,2,3,5,6,7,7a,7b-Octahydro-1,1,4,7-tetramethyl-1H-cycloprop[e]azulen-7-ol。
- 內桉油烯醇／內斯巴醇 (Entspathulenol)：左旋桉油烯醇 ((-)-Spathulenol) 又稱左旋內桉油烯醇／β- 桉油烯醇 (β-Spathulenol)。

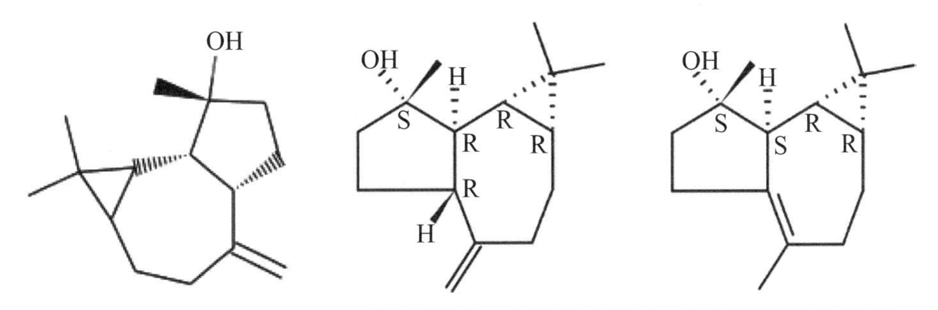

圖2-2-2-32　由左至右：左旋桉油烯醇、右旋桉油烯醇、異桉油烯醇化學式

33. 艾菊醇／苦艾醇／苦艾腦 (Tanacetol)

- 艾菊／菊蒿 (Tansy)，屬於菊科、菊蒿屬 (Tanacetum)，請參考第八章 T2。

- 艾蒿 (Mugwort/Artemisia vulgaris)，屬於菊科、蒿屬 (Artemisia)，請參考第七章 M10。
- 艾菊醇 A／苦艾醇 A／苦艾腦 A(Tanacetol A)，CAS 86778-06-5，化學式 $C_{17}H_{26}O_4$、熔點 98°C，爲斜方晶系結晶固體，微溶於水 (52.11mg/L@25°C)，旋光度 [α]25D -99°, c=1, $CHCl_3$（比旋光度 α 符號中，25 是溫度 °C、D 是指鈉燈光波，負號是指左旋，c 是溶劑濃度 g/ml)，天然存在於菊蒿、艾菊等植物中 [11, 35, 87, 108]。
  - ➢ 左旋艾菊醇 A((-)-Tanacetol A)，CAS 86778-06-5，IUPAC 名爲：[(1R,2E,6R)-6-(2-Hydroxypropan-2-yl)-3-methyl-9-methylidene-8-oxocyclodec-2-en-1-yl]acetate。
- 艾菊醇 B／苦艾醇 B／苦艾腦 B(Tanacetol B)，化學式 $C_{17}H_{28}O_4$、熔點 140°C，爲結晶固體，微溶於水 (4.549mg/L@25°C)，旋光度 [α]25D -205°, c=0.4, $CHCl_3$（比旋光度 α 符號中，25 是溫度 °C、D 是指鈉燈光波，負號是指左旋，c 是溶劑濃度 g/ml）[11, 35, 87, 108]。
  - ➢ 左旋艾菊醇 B／左旋苦艾醇 B／左旋苦艾腦 B((-)-Tanacetol B)，CAS 86787-28-2，IUPAC 名爲：[(1R,2E,6R,8S)-8-Hydroxy-6-(2-hydroxypropan-2-yl)-3-methyl-9-methylidenecyclodec-2-en-1-yl]acetate。
- 艾菊烯／艾菊萜 (Tanacetene)，請參考 2-1-2-33。

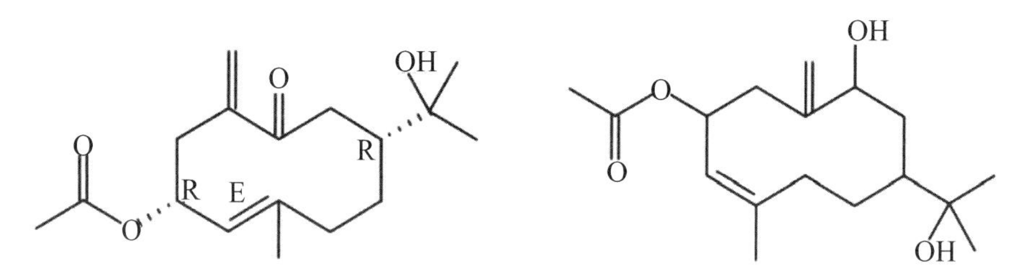

圖2-2-2-33　由左至右：艾菊醇A、艾菊醇B化學式

34. 烏藥烯醇／釣樟烯醇 (Lindenenol/Linderene)，化學式 $C_{15}H_{18}O_2$、密度 1.2g/cm^3、熔點 145°C、沸點 265.4°C，爲斜方晶系結晶固體或粉末狀固體，[α]D +15.1°, $CHC1_3$（比旋光度 α 符號中，D 是指鈉燈光波，正號是指右旋），天然存在於鼎湖釣樟、川釣樟等植物中，對 HIV-1 整合酶有抑制作用 [11, 84, 92]。
   - 烏藥烯醇／釣樟烯醇 (Lindenenol/Linderenol/Linderene)，CAS 26146-27-0，IUPAC 名爲：4R,4aS,5aS,6aR,6bS)-4,4a,5,5a,6,6a,6b,7-Octahydro-3,6b-dimethyl-5-methylenecycloprop [2, 3] indeno[5,6 b]furan 4 ol。CAS 59219 60 2, 467 89 0 已經停用 [84]。
   - 烏藥根烯／釣樟揣烯 (Lindestrene)，請參考 2-1-2-34。

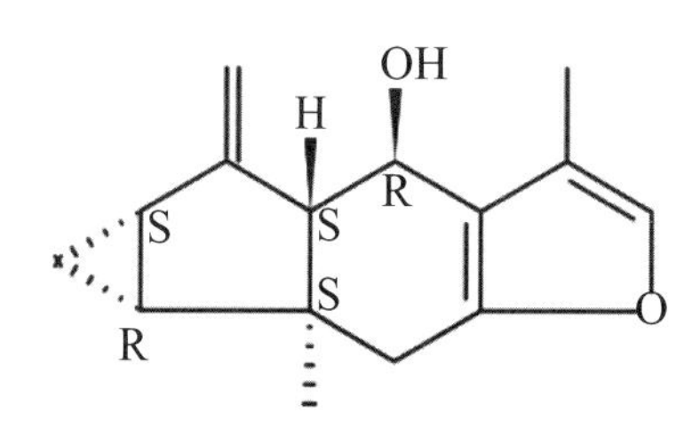

圖2-2-2-34　烏藥烯醇／釣樟烯醇化學式

- 烏藥烯／釣樟烯 (Lindenene)，請參考 2-1-2-35。
- 烏藥烯酮／釣樟烯酮 (Lindenenone)，請參考 3-2-2-22。

35. 荷葉醇／香榧醇 (Nuciferol)

- 荷葉醇／香榧醇 (Nuciferol)，化學式 $C_{15}H_{22}O$、熔點 66.38°C、沸點 397.33°C，微溶於水 (8.557mg/L@25°C)[21, 87]。
- 蓮學名 Nelumbo nucifera；香榧學名 Torreya grandis。許多專業人士稱 Nuciferol 爲香榧醇，國家教育研究院[13] 翻譯成「荷葉醇」。
- 關於荷葉醇／香榧醇 (Nuciferol) 的 CAS 編號，世界各大資料庫還不一致。
- 荷葉醇／香榧醇 (Nuciferol)，CAS 39599-18-3[67]。
  - ➢ 順式荷葉醇／順式香榧醇 ((-)-(Z)-Nuciferol/(-)-cis-Nuciferol)，CAS 78339-53-4[19, 67, 87]，IUPAC 名爲：[2Z,6R,(-)]-2-Methyl-6-p-tolyl-2-heptene-1-ol。
  - ➢ 反式荷葉醇／反式香榧醇 ((E)-Nuciferol/trans-Nuciferol)，CAS 1786-15-8[11, 67]/39599-18-3[19, 87]，IUPAC 名爲：(2E,6*S*)-2-Methyl-6-(4-methylphenyl)hept-2-en-1-ol。

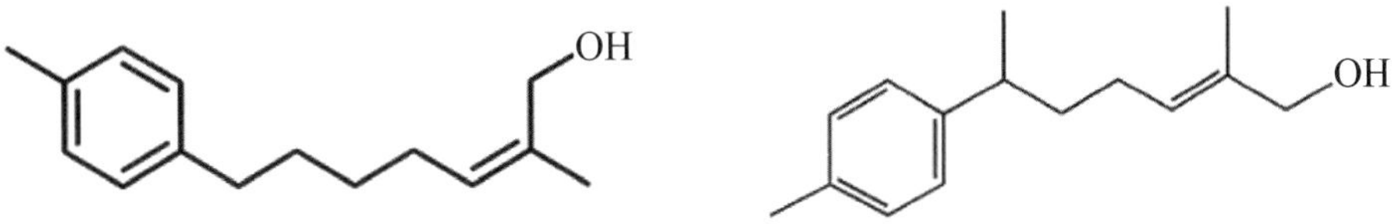

圖2-2-2-35　順式荷葉醇／順式香榧醇、反式荷葉醇／反式香榧醇化學式

36. 澳白檀醇 (Lanceol)，化學式 $C_{15}H_{24}O$、密度 0.9474g/cm^3、沸點 176°C，天然存在於檀香、大花澳洲檀香、野燕麥等植物中，微溶於水 (1.629mg/L@25°C)[11, 19, 86]。

- 反式澳白檀醇 ((E)-Lanceol)
  - ➢ 左旋反式澳白檀醇 ((-)-(E)-Lanceol)，CAS 10067-29-5[86]，IUPAC 名爲：(2E)-2-Methyl-6-[(S)-4-methyl-3-cyclohexen-1-yl]-2,6-heptadien-1-ol。
- 順式澳白檀醇 ((Z)-Lanceol)，CAS 10067-28-4，IUPAC 名爲：(2Z)-2-Methyl-6-(4-methylcyclohex-3-en-1-yl)hepta-2,6-dien-1-ol[19]。

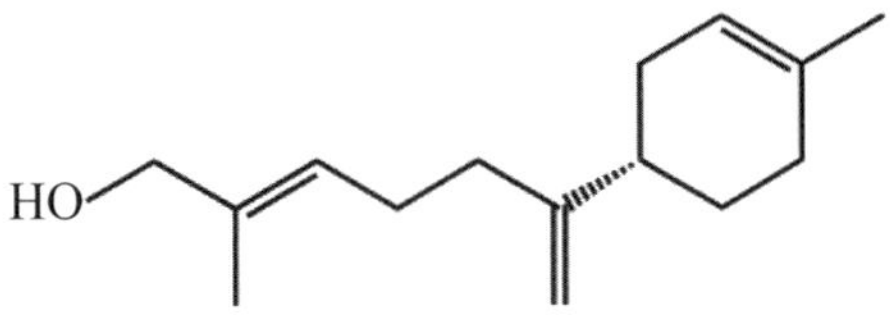

圖2-2-2-36　左旋反式澳白檀醇化學式

三、二萜醇／三萜醇

二萜醇 (Diterpenol，又稱雙萜醇）包括：香紫蘇醇、因香醇、樅醇、淚杉醇、植醇等。在精油中極爲少見。相較於單萜醇 (C_{10}) 與倍半萜醇 (C_{15})，二萜醇 (C_{20}) 分子量更大、黏度更

高，只需微量精油就足以產生非常鮮明且持久的方香。

1. 香紫蘇醇／快樂鼠尾草醇 (Sclareol)，分子有 [4.4.0] 雙環結構，2、5、5、8a 號碳有甲基，1、2、4a、8a 號碳有手性中心。是一種三級二萜醇（二元醇），化學式 $C_{20}H_{36}O_2$、密度 0.9-1.1g/cm^3、熔點 95-100°C、沸點 398.3°C[12]，如圖 2-2-3-1 所示，存在於快樂鼠尾草 (Salvia Sclarea，又名南歐丹參、蓮座鼠尾草）的花及莖葉中。天然香紫蘇醇爲琥珀色固體，分子結構可與雌激素受體香結合，因此有些微的雌激素功能。香紫蘇醇有著類似龍涎或黑醋的香味，香氣強烈且持久，有讓人深層放鬆的迷醉感 [10]。工業上香紫蘇醇爲白色晶體粉末，是合成龍涎香的原料，具有抗菌殺菌的活性，廣泛使用於香水、香精、化妝品、食品等產品中。
   - 香紫蘇醇／快樂鼠尾草醇／洋紫蘇醇 (Sclareol)，CAS 515-03-7。
     - 左旋香紫蘇醇／左旋快樂鼠尾草醇 ((-)-Sclareol)，CAS 515-03-7，IUPAC 名爲：(1R,2R,4aS,8aS)-1-[(3R)-3-Hydroxy-3-methylpent-4-en-1-yl]-2,5,5,8a-tetra methyldecahydro naphthalen-2-ol。CAS 17904-64-2, 886030-32-6 已經停用 [84]。

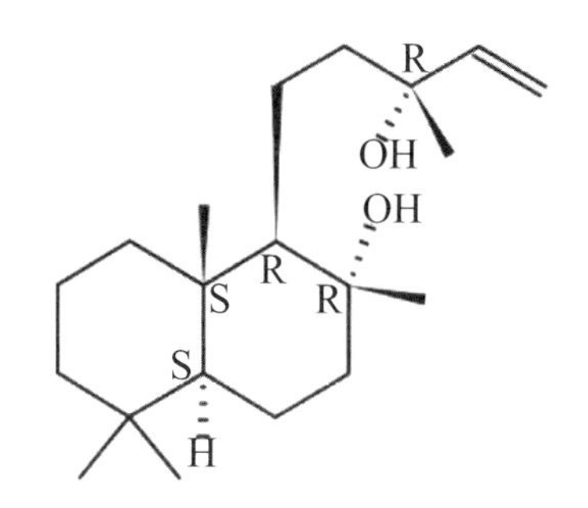

圖2-2-3-1　香紫蘇醇／快樂鼠尾草醇化學式

2. 因香醇／因香酚 (Incensole)，醇基在 2 號碳，1、2 號碳有手性中心，5、9 號碳有 E/Z 異構物。因香醇是 [10.2.1] 雙環 (bicyclo) 二級醇，化學式 $C_{20}H_{34}O_2$、密度 0.96g/cm^3、沸點 409°C，如圖 2-2-3-2 所示，存在於東非衣索比亞與索馬利亞的乳香中，常見的產品形式爲因香酚乙酸酯／乙酸因香酯 (Incensole acetate)，芳療上有舒緩平靜、緩解焦慮、抵抗抑鬱的感覺。
   - 因香醇／因香酚 (Incensole)，CAS 22419-74-5，IUPAC 名爲：(1R,2S,5E,9E,12S)-1,5,9-Trimethyl-12-(1-methylethyl)-15-oxabicyclo[10.2.1]pentadeca-5,9-dien-2-ol。

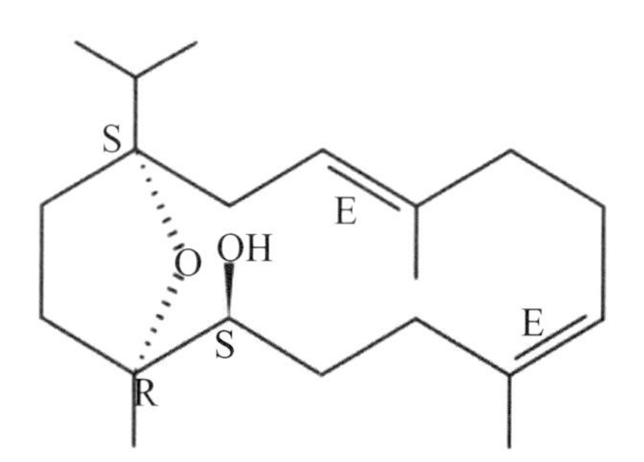

圖2-2-3-2　香醇／因香酚化學式

3. 樅醇 (Abienol)，分子 1、2、4a、8a 號碳有手性中心，長鏈的 2 號碳有 E/Z 異構物，分子有 [4.4.0] 雙環結構。樅醇是三級雙環二萜醇，化學式 $C_{20}H_{34}O$、密度 0.91g/cm^3、熔點 61-62.5°C、沸點369.9°C[4]，如圖2-2-3-3所示，存在於絲柏、冷杉、松子、菸葉中，有著龍涎香的撲鼻香氣。順式樅醇容易氧化降解爲降龍涎香醚（請參考 5-2-1-12) 與龍涎香內酯，常添加在菸草中以提升香氣。工業上經由冷杉油樹脂減壓蒸餾製成。
   - 樅醇 (Abienol)，CAS 1616-86-0[67, 87]。
     - ➢ 順式樅醇 ((Z)-Abienol/cis-Abienol)，CAS 17990-16-8。
       - ✓ 右旋順式樅醇 ((+)-cis-Abienol/(+)-(Z)-Abienol)，CAS 17990-16-8，IUPAC 名爲：(1R,2R,4aS,8aS)-2,5,5,8a-Tetramethyl-1-[(2Z)-3-methylpenta-2,4-dienyl]-3,4,4a,6,7,8-hexahydro-1H-naphthalen-2-ol。CAS 119864-29-8, 10267-32-0 已經停用[84]。
       - ✓ 反式樅醇 ((E)-Abienol/trans-Abienol)，CAS 17990-15-7[67, 87]，IUPAC 名爲：(1R,2R,4aS,8aS)-2,5,5,8a-Tetramethyl-1-[(2E)-3-methylpenta-2,4-dienyl]-3,4,4a,6,7,8-hexahydro-1H-naphthalen-2-ol[11]。
   - 異樅醇 (Isoabienol)，CAS 10207-79-1。
     - ➢ 右旋異樅醇 ((+)-Isoabienol)，CAS 10207-79-1，IUPAC 名爲：(1R,2R,4aS,8aS)-Decahydro-2,5,5,8a-tetramethyl-1-(3-methylene-4-penten-1-yl)-2-naphthalen。CAS 122712-78-1 已經停用[84]。
   - 新樅醇 (Neoabienol)，CAS 25578-83-0[52, 67]。
     - ➢ 順式新樅醇 (cis-Neoabienol/(Z)-Neoabienol)，CAS 35963-65-6，IUPAC 名爲：(1R,2R,4aS,8aS)-2,5,5,8a-Tetramethyl-1-[(1E,3Z)-3-methylpenta-1,3-dienyl]-3,4,4a,6,7,8-hexahydro-1H-naphthalen-2-ol[85]。
   - 冷杉醇 (Sempervirol)，4b、8a 號碳有手性中心，分子有芳環。
     - ➢ 右旋冷杉醇 ((+)-Sempervirol)，4b、8a 號碳爲左 (S) 手性，旋光是右旋[11]，CAS 1857-11-0[86]，IUPAC 名爲：(4bS,8aS)-4b,8,8-Trimethyl-3-propan-2-yl-5,6,7,8a,9,10-hexahydro phenanthren-2-ol。
   - 松精油／樅油烯／洋樅萜 (Sylvestrene)，請參考 2-1-1-12。
   - 對於冷杉醇，華人資料相當分歧，多數認爲冷杉醇又稱絲柏醇，化工專業通常認爲冷杉醇是 Abienol，精油與芳療專業通常認爲冷杉醇是 Sempervirol，兩者的確是不同的化合物。
     - ➢ 樅醇 (Abienol) 來自於膠冷杉，爲冷杉屬／樅屬 (Abies) 膠冷杉種 (Balsamea)，因此 Abienol 稱冷杉醇也不爲過。
     - ➢ 絲柏／地中海柏木 (Cypress/Sempervirens) 爲柏木屬 (Cupressus) 的地中海柏木種 (Sempervirens)[5]，含有少量 (0.1-0.4%)Sempervirol 和微量 Abienol[64]，因此稱 Sempervirol 爲絲柏醇也是合理的。
     - ➢ 本書依照植物學的分類稱 Abienol 爲樅醇，依照芳療專業稱 Sempervirol 爲冷杉醇。

圖2-2-3-3　上排由左至右：順式樅醇、反式樅醇、異樅醇化學式；下排由左至右：新樅醇、右旋冷杉醇化學式

4. 淚杉醇／淚柏醇 (Manool)，分子有 [4.4.0] 雙環結構，1、4a、8a 號碳有手性中心。是一種天然的三級雙環二萜醇，化學式 $C_{20}H_{34}O$、密度 0.93g/cm^3、熔點 51°C、沸點 368.2°C，如圖 2-2-3-4 所示，淚杉醇屬於半日花烯 (Labdane/Labdane 拉巴丹）的成員，存在於絲柏等植物中，最初是從膠薔薇的樹脂 (Labdanum) 提取。淚杉醇具有抗菌、抗眞菌、抗原蟲和抗發炎的活性，可調節雌激素，有效緩解熱潮紅與焦躁不安等更年期症狀[10, 12, 14, 84]。
   - 淚杉醇／淚柏醇 (Manool)，CAS 596-85-0。
     - ➢ 右旋淚杉醇／右旋淚柏醇 ((+)-Manool)，CAS 596-85-0，IUPAC 名爲：(+)-(3R)-3-Methyl-5-[(1R,4aR,8aR)-5,5,8a-Trimethyl-2-methylidenedecahydronaphthalen-1-yl]pent-1-en-3-ol。

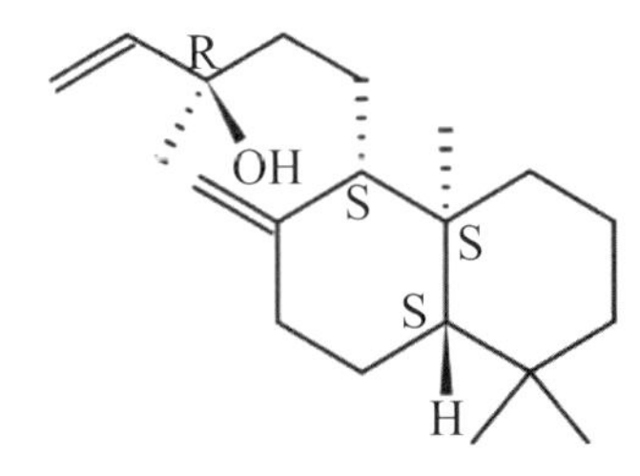

圖2-2-3-4　淚杉醇化學式[12]

5. 植醇／葉綠醇 (Phytol)，分子 7、11 號碳有手性中心，2 號碳有 E/Z 異構物。植醇是一級鏈狀二萜醇，化學式 $C_{20}H_{40}O$、密度 0.85g/cm^3、沸點 202-204°C@10mmHg[14]，如圖 2-2-3-5

所示，存在於超臨界萃取的茉莉精油中[10]。植醇爲葉綠素分子的構成部分，是自然界存量最豐富的鏈狀萜醇，雖然人體無法降解葉綠素產生植醇，但可經由轉化游離植醇產生植烷酸。天然存在的植醇有 E-、Z- 兩種雙鍵異構物，其 E- 異構物（反式）爲油狀液體，溶於溶劑，難溶於水。廣泛用於香料以及清潔劑、洗滌劑、化妝品、洗髮水、肥皂等日用品，工業上用於合成維生素 E 和維生素 K1。植醇在反芻動物中轉化爲植烷酸儲存於脂肪中，在鯊魚肝臟中轉化爲姥鮫烷[5]。有一種名爲雷弗素姆症 (Refsum，又稱植烷酸貯積症）的體染色體遺傳病症，患者體內植烷酸積累導致神經病變，因此患者必須嚴格控制反芻類動物及魚類的脂肪攝取量。

- 植醇／葉綠醇 (Phytol)，CAS 150-86-7。
  - 順式植醇／順式葉綠醇 (cis-Phytol/(Z)-Phytol)，CAS 5492-30-8，IUPAC 名爲：(2Z,7R,11R)-3,7,11,15-Tetramethyl-2-hexadecen-1-ol。
  - 反式植醇／反式葉綠醇 (trans-Phytol/(E)-Phytol)，CAS 150-86-7，IUPAC 名爲：(2E,7R,11R)-3,7,11,15-Tetramethyl-2-hexadecen-1-ol。CAS 5016-81-9, 951764-81-1 已經停用[84]。
  - 異植醇／異葉綠醇 (Isophytol/Isovegetable alcohol)，CAS 505-32-8，IUPAC 名爲：3,7,11,15-Tetramethyl-1-hexadecen-3-ol。

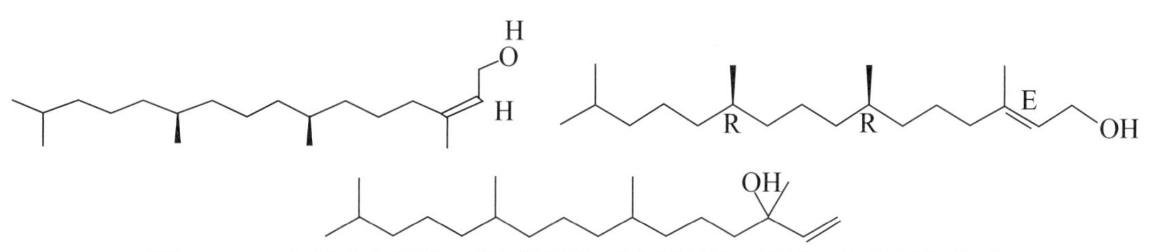

圖2-2-3-5　上排由左至右：順式植醇、反式植醇；下排：異植醇化學式

6. 樺腦／樺木腦／白樺酯醇 (Betulin/Betulinol/Trochol/Betuline)，爲三萜醇，化學式 $C_{30}H_{50}O_2$、密度 1.0g/cm^3、熔點 256-257°C、沸點 522.3°C，與樺木烯醇是不同的化合物，爲白色粉末結晶，溶於乙醇、乙醚等有機溶劑，微溶於水，有消炎、抗病毒等功能，用於食品加工、化妝品、藥品等[4]，對各種腫瘤表現出抗癌特性引起研究者注意，然而僅用在研發，不建議當作藥品或芳療等用途[5, 12]。焦樺木腦／毛樺酯醇 (Pyrobetulin/Pyro Betulin) 可產生皮革香味。
   - 樺腦／樺木腦／白樺酯醇 (Betulin/Betulinol/Trochol/Betuline)，CAS 473-98-3，IUPAC 名爲：(1R,3aS,5aR,5bR,7aR, 9S,11aR, 11bR,13aR,13bR)-3a-(Hydroxymethyl)-5a,5b,8,8,11a-pentamethyl-1-(prop-1-en-2-yl)icosa hydro-1H-cyclo penta[α]chrysen-9-ol。CAS 1406-58-2, 1192133-66-6, 1417540-43-2, 2088830-44-6 已經停用[84]。
   - 樺木烯醇 (Betulenol)，請參考 2-2-2-14。
   - 樺木酸／白樺脂酸 (Betulinic acid/Mairin)，請參考 5-2-2-14。

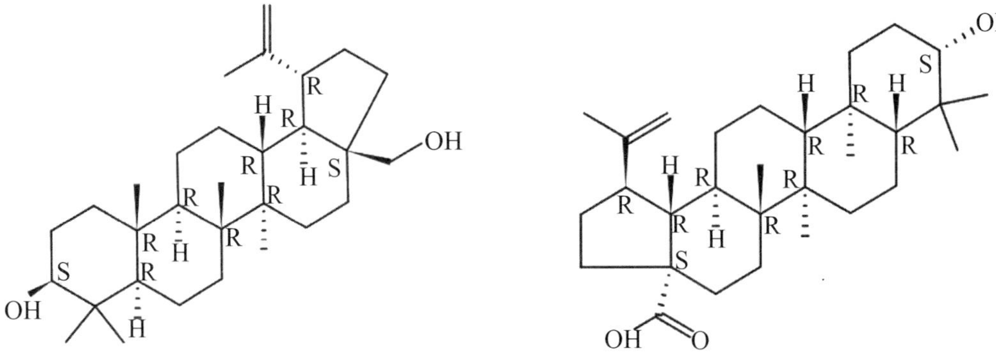

圖2-2-3-6　由左至右：樺腦／樺木腦／白樺酯醇、樺木酸／白樺脂酸化學式

7. 紫杉醇／太平洋紫杉醇 (Paclitaxel/Taxol)，化學式 $C_{47}H_{51}NO_{14}$、密度 1.4g/cm^3、熔點 213°C、沸點 957.1°C，天然存在於太平洋紫杉等植物中，是細胞有絲分裂的抑制劑，可作爲化療藥物，對乳腺癌、卵巢癌、頭頸癌、肺癌和前列腺癌有抗癌的活性，但是也有副作用，包括落髮、過敏反應、肌肉疼痛、腹瀉、感染肺炎等，也可能導致胎兒缺陷，部分病人出現周圍神經系統的病變[5, 11, 12]。
   - 紫杉醇／太平洋紫杉醇 (Paclitaxel/Taxol/Plaxicel/Ebetaxel/Capxol/Abraxane/Genexol/Mitotax/Intaxel)，CAS 33069-62-4，IUPAC 名爲：(2*α*,4*α*,5*β*,7*β*,10*β*,13*α*)-4,10-Bis(acetyloxy)-13-{[(2R,3S)-3-(benzoylamino)-2-hydroxy-3-phenyl propanoyl]oxy}-1,7-dihydroxy-9-oxo-5,20-epoxytax-11-en-2-yl benzoate。
   - 由於 Taxol 是一個註冊商標，使用上受到限制，因此紫杉醇英文名稱爲 Paclitaxel[11]。

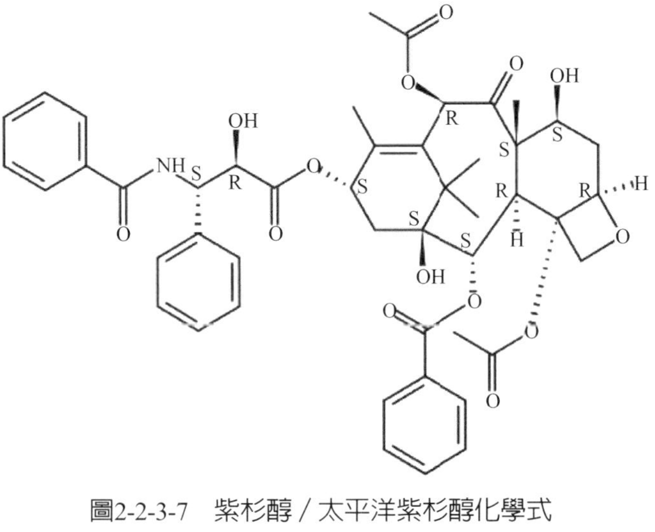

圖2-2-3-7　紫杉醇／太平洋紫杉醇化學式

8. 羽扇醇 (Lupeol/Lupenol)，羽扇豆 (Lupinus spp.) 即是魯冰花 (Lupine/Lupins)，羽扇醇爲二級醇／五環三萜類化合物，化學式 $C_{30}H_{50}O$、密度 0.9457g/cm^3@218°C、熔點 215°C、沸點

482.1°C，旋光度 [α]20D +27.2°, c=4.8, $CHCl_3$（比旋光度 α 符號中，20 是指測定溫度 °C、D 是指鈉燈光波，正號是指右旋，c 是溶劑濃度 g/ml)，極易溶於乙醇、丙酮、氯仿，易溶於乙醚、苯、石油醚、溫酒精，不溶於水 ($6.1x10^{-6}$mg/L@25°C)，天然存在於羽扇豆、山茶、芒果、蒲公英、咖啡、無花果、稜果榕、山紅柿／羅浮柿、橡膠等植物以及許多水果和蔬菜中，爲抗發炎劑，用於治療痤瘡，研究證實有抗癌作用，可抑制腫瘤生長[5, 11, 84, 86]。

- 羽扇醇／蛇麻醇酯／赬桐烯醇 (Lupeol/Lupenol/Clerodol/Fagarasterol/Fagarsterol/Monogynol B/β-Viscol)，CAS 545-47-1，IUPAC 名爲：(1R,3aR,5aR,5bR,7aR,9S,11aR,11bR,13aR,13bR)-3a,5a,5b,8,8,11a-Hexamethyl-1-prop-1-en-2-yl-1,2,3,4,5,6,7,7a,9,10,11,11b,12,13,13a,13b-hexadecahydrocyclopenta[a]chrysen-9-ol。CAS 132473-92-8, 200123-55-3 已經停用[84, 86]。
  - ➢ 赬桐烯醇 (Clerodol)：白花燈籠樹／鬼燈籠樹，學名爲 Clerodendrum fortunatum Linn.[96]。
- 表羽扇醇 (Epilupeol)，CAS 4439-99-0，熔點 202.5°C，天然存在於狼毒大戟、柱果木欖等植物中，具有抗發炎、抗結核和抗細胞毒活性。
  - ➢ 右旋表羽扇醇 ((+)-Epilupeol/3-Epilupeol)，CAS 4439-99-0，IUPAC 名爲：(3α)-Lup-20(29)-en-3-ol。CAS286408-43-3 已經停用[84, 86]。
- 羽扇烯三醇 (Lupenetriol/Heliantriol B_2)，分子爲五環 (pentacyclo) 結構，化學式 $C_{30}H_{50}O_3$、熔點 301°C，爲白色粉末狀固體，不溶於水 (0.002816mg/L@25°C)，旋光度 [α]D +8, c=0.4, $CHCl_3$（比旋光度 α 符號中，D 是指鈉燈光波，正號是指右旋，c 是溶劑濃度 g/ml)，可誘導人類白血病細胞凋亡和壞死，具有治療癌症的潛力[19,35]。
  - ➢ 羽扇烯三醇 (Lupenetriol/Heliantriol B_2)，CAS 61229-18-3，IUPAC名爲：5-(Hydroxymethyl)-1,2,14,18,18-pentamethyl-8-(prop-1-en-2-yl)pentacyclo[$11.8.0.0^{2,10}.0^{5,9}.0^{14,19}$]henicosane-4,17-diol。
  - ➢ 羽扇酮 (Lupenone)，請參考 3-2-2-24。

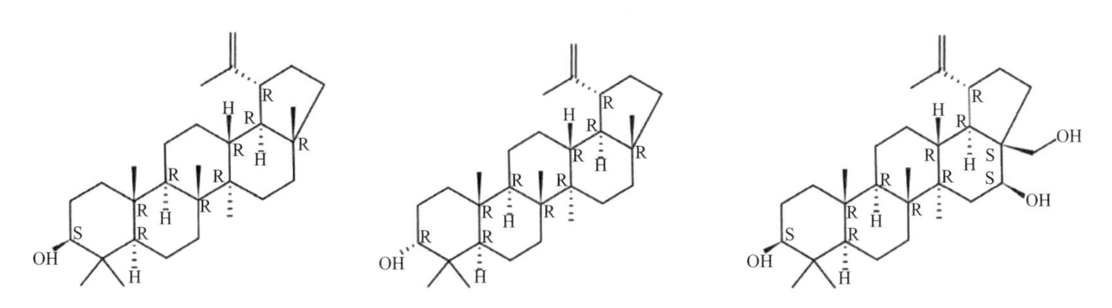

圖2-2-3-8　由左至右：羽扇醇、表羽扇醇、羽扇烯三醇化學式

第三章　醛類與酮類精油

本章大綱

第一節　醛類精油

一、脂肪醛

1.己醛(Hexanal/Caproicaldehyde, Aldehyde C-6) ♦ 2.庚醛(Heptanal, Aldehyde C-7) ♦ 3.辛醛(Octanal, Aldehyde C-8) ♦ 4.壬醛(Nonanal, Aldehyde C-9) ♦ 5.癸醛(Decanal, Aldehyde C-10) ♦ 6.十二醛／月桂醛(Dodecanal/Lauraldehyde/Laurylaldehyde) ♦ 7.十四醛／肉豆蔻醛(Tetradecanal/Myristic aldehyde/Myristylaldehyde) ♦ 8.十六醛／棕櫚醛(Hexadecanal/Palmitaldehyde) ♦ 9.異戊醛／3-甲基丁醛(Isovaleral/Isovaleric Aldehyde) ♦ 10.壬二烯醛(Nonadienal)；2,4-壬二烯醛(2,4-Nonadienal)

二、單萜醛（含芳醛）

1.檸檬醛(Citral) ♦ 2.香葉醛／α-檸檬醛／牻牛兒醛／反式檸檬醛(Geranial/(E)-Citral) ♦ 3.橙花醛／β-檸檬醛／順式檸檬醛(Neral/(Z)-Citral) ♦ 4.香茅醛／玫紅醛(Citronellal/Rhodinal) ♦ 5.洋茴香醛／大茴香醛(Anisaldehyde/Anisic aldehyde) ♦ 6.枯茗醛／小茴香醛(Cuminaldehyde/Cuminal) ♦ 7.肉桂醛／桂皮醛(Cinnamaldehyde) ♦ 8.苯甲醛(Phenylmethanal/Phenylaldehyde/Benzaldehyde) ♦ 9.香草精／香蘭素／香莢蘭醛／香草酚(Vanillin) ♦ 10.胡椒醛／向日醛(Piperonal/Heliotropine) ♦ 11.水芹醛／水茴香醛(Phellandral) ♦ 12.桃金孃烯醛／香桃木醛(Myrtenal/Benihinal) ♦ 13.紫蘇醛(Perillal/Perillaldehyde) ♦ 14.水楊醛／鄰羥苯甲醛(Salicylaldehyde/Salicylal/o-Hydroxybenzaldehyde)；間羥苯甲醛(m-Hydroxybenzaldehyde)；對羥苯甲醛(p-Hydroxybenzaldehyde)；甲基水楊醛(Methylsalicylaldehyde) ♦ 15.糠醛／呋喃甲醛(Furfural)

三、倍半萜醛

1.纈草烯醛(Valerenal)；纈草醛(Baldrinal) ♦ 2.金合歡醛／法尼醛(Farnesal) ♦ 3.中國橘醛／甜橙醛(Sinensal) ♦ 4.三環類檀香醛／三環類紫檀萜醛(Tricycloekasantalal)

第二節　酮類精油

一、單萜酮

1.薄荷酮(Menthone)；異薄荷酮(Isomenthone) ♦ 2.胡薄荷酮／蒲勒酮／長葉薄荷酮(Pulegone)；異胡薄荷酮／異蒲勒酮(Isopulegone) ♦ 3.樟腦(Camphor) ♦ 4.松

樟酮(Pinocamphone)；異松樟酮(Isopinocamphone) ♦ 5.香芹酮(Carvone)；二氫香芹酮(Dihydrocarvone) ♦ 6.馬鞭草烯酮(Varbenone) ♦ 7.菊油環酮／菊花烯酮／菊酮(Chrysanthenone) ♦ 8.葑酮／小茴香酮(Fenchone) ♦ 9.苯乙酮／醋苯酮(Acetophenone/Acetylbenzene/Hypnone) ♦ 10.洋茴香酮／大茴香酮／甲氧苯丙酮(Anisketone/4-Methoxyphenylacetone) ♦ 11.萬壽菊酮(Tagetone)；萬壽菊烯酮／羅勒烯酮(Tagetenone/Ocimenone)；雙氫萬壽菊酮(Dihydrotagetone) ♦ 12.松香芹酮(Pinocarvone) ♦ 13.側柏酮／崖柏酮(Thujone)；3-側柏烷酮／艾菊酮／白菊酮(3-Thujanone/Tanacetone/Chrysanthone) ♦ 14.胡椒酮(Piperitone)；薄荷二烯酮／胡椒烯酮／胡薄荷烯酮(Piperitenone/Pulespenone)；薄荷烯酮／辣薄荷酮(Pigeritone) ♦ 15.甲基庚烯酮(Methylheptenone/Sulcatone) ♦ 16.辛酮(Octanone) ♦ 17.二酮／雙酮(Diketone) ♦ 18.圓葉薄荷酮／過江藤酮(Rotundifolone/Lippione) ♦ 19.百里醌／瑞香醌(Thymoquinone) ♦ 20.紫蘇酮(Perilla ketone) ♦ 21.艾菊酮(Tanacetone/Chrysanthone) ♦ 22.香芹鞣酮／香芹艾菊酮(Carvotanacetone) ♦ 23.蒿酮(Artemisia ketone)

二、倍半萜酮／二萜酮／三萜酮

1.茉莉酮／素馨酮(Jasmone) ♦ 2.大馬士革烯酮(Damascenone)；大馬士革酮(Damascone) ♦ 3.香堇酮／紫羅蘭酮(Lonone) ♦ 4.大西洋酮(Atlantone) ♦ 5.纈草酮(Valeranone) ♦ 6.鳶尾草酮／甲基一香堇酮／甲基一紫羅蘭酮(Irone/Methyl-α-Lonon) ♦ 7.花柏酮／諾卡酮(Nootkatone) ♦ 8.2-十一酮／芸香酮(2-Undecanone/Rue ketone) ♦ 9.三酮(Triketone)；甲基磺草酮／硝草酮／硝磺草酮(Mesotrione)；纖精酮／細籽酮／細子酮(Leptospermone) ♦ 10.菖蒲酮／水菖蒲酮(Shyobunone)；異菖蒲酮／異水菖蒲酮(Isoshyobunone) ♦ 11.薑酮／香草基丙酮(Zingerone/Gingerone/Vanillylacetone/[0]-Paradol)；薑酮酚／[6]一薑酮酚／[6]一薑酮(Paradol/[6]-Paradol/[6]-Gingerone) ♦ 12.薑黃酮(Tumerone) ♦ 13.檀萜烯酮／檀香酮(Santalone) ♦ 14.岩蘭酮(Vetivone)；岩蘭草酮／異花柏酮／異諾卡酮(Vetiverone/Isonootkatone) ♦ 15.沒藥酮(Bisabolone) ♦ 16.莎草酮(Cyperone)；莎草烯酮(Cyperenone)；莎草醇酮(Cyperolone) ♦ 17.香附酮(Rotundone) ♦ 18.廣藿香烯酮(Patchoulenone)；異廣藿香烯酮(Isopatchoulenone) ♦ 19.橐吾酮(Ligularone)；橐吾鹼酮(Ligularinone) ♦ 20.印蒿酮(Davanone)；異印蒿酮(Isodavanone) ♦ 21.義大利二酮(Italidione) ♦ 22.烏藥烯酮／釣樟烯酮(Lindenenone) ♦ 23.莪术酮(Curzerenone) ♦ 24.羽扇酮(Lupenone) ♦ 25.麝香酮(Musk Ketone)

第一節　醛類精油

醛的通式爲 RCHO，醛基 (-CHO) 是羰基 (-CO-) 和一個 H 原子連接而成。醛和酮的分子都有羰基，都可以還原成醇，但所產生的醇分子中，羥基的位置會有差異。酮和醛可用銀氨溶液來鑑別。依烴基分類，醛類可分爲脂肪醛、酯環醛、芳醛和萜烯醛 [4]。脂肪醛爲鏈狀（無環）分子；酯環醛分子中碳鏈連接成閉合的環狀，但沒有芳香族結構；芳醛則是羰基 (-CO-) 直接連在芳環上，常見的芳族有數十種環狀化合物；芳環的鑑別方法包括：環狀、平面分子 / 不是 sp3 混成軌域、共軛結構、休克爾法則（基數個雙鍵）等，請參閱第一章。萜烯醛是含有醛基的萜烯類化合物，單萜烯是 10 個碳 [4]。

醛類分爲脂肪醛、酯環醛、芳醛、萜烯醛。各類常見的醛有 [4]：

1. 脂肪醛：有己醛 C_6)、庚醛 (C_7)、辛醛 (C_8)、壬醛 (C_9)、癸醛 (C_{10})、十一醛、十二醛（月桂醛）、十三醛、十四醛（肉豆蔻醛）。
2. 酯環醛：有女貞醛、柑青醛、艾薇醛、新鈴蘭醛、異環檸檬醛、甲基柑青醛等。
3. 芳醛：有苯甲醛、苯乙醛、苯丙醛、鈴蘭醛、香蘭素、乙基香蘭素、桂醛等。
4. 萜烯醛：有檸檬醛、香茅醛、紫蘇醛羥基香茅醛、三甲基庚烯醛等。

按照羰基 (C=O) 的數目，醛類可分爲一元醛（一個羰基）、二元醛（二個羰基）、三元醛（三個羰基）等。醛的一個重要合成方法是通過醇類氧化，並可再氧化爲酸，因此可以視爲醇氧化爲酸的中間過程。醛類的醛基也可以氫化還原爲伯醇（一級醇）[5]。

甲醛爲氣體，乙醛到十一醛 (C_2-C_{12}) 爲液體，高碳醛則爲固體。醛類可溶於溶劑，對水的溶解度隨著碳數增加而下降，芳醛和戊醛 (C_5) 以上則難溶於水。低級脂肪醛有刺鼻的味道，己醛有乾草味。辛醛 (C_8) 以上脂肪醛才有香氣，壬醛 (C_9) 和癸醛 (C_{10}) 有花果香氣，廣泛用於香料中 [4]。

一、脂肪醛

鏈狀的醛類稱爲脂肪醛，常見的有己醛 (Hexanal)、庚醛 (Heptanal)、辛醛 (Octanal)、壬醛 (Nonanal)、癸醛 (Decanal) 等，如圖 1-2-1-3-1 所示。

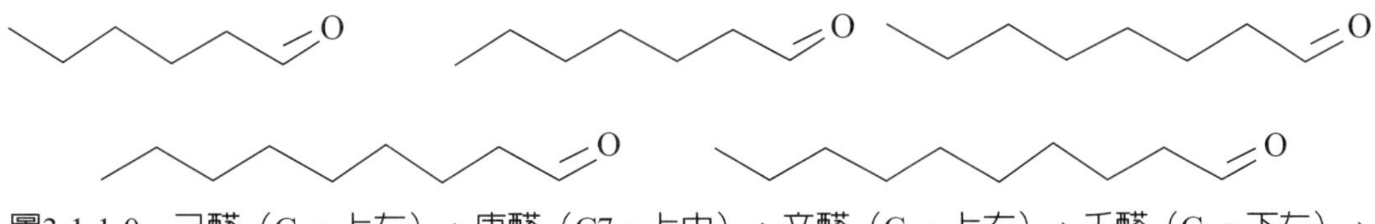

圖3-1-1-0　己醛（C_6，上左）、庚醛（C7，上中）、辛醛（C_8，上右）、壬醛（C_9，下左）、癸醛（C_{10}，下右）化學式[5]

1. 己醛 (Hexanal/Caproicaldehyde, Aldehyde C-6, C_6)，化學式 $C_6H_{12}O$、密度 0.8165g/cm^3、熔點 -56°C、沸點 130-131°C[14]，存在於薰衣草、香桃木、快樂鼠尾草、甜馬鬱蘭等植物中

[43]，爲無色液體，溶於乙醇等溶劑、難溶於水[4]，類似剛割草的氣味，一種潛在的天然提取物，添加在豌豆等產品散發出類似乾草的風味，並可防止水果腐敗，工業中用來生產具有果味香料的烷基醛[5]。

- 己醛／羊油醛 (Hexanal/Caproicaldehyde/Hexaldehyde/*n*-Hexanal/*n*-Caproaldehyde)，CAS 66-25-1，IUPAC 名爲：Hexanal。

圖3-1-1-1　己醛化學式

2. 庚醛 (Heptanal, Aldehyde C-7, C_7)，化學式 $C_7H_{14}O$、密度 0.809g/cm^3、熔點 -43.3°C、沸點 152.8°C，爲無色油狀液體，不溶於水，有刺鼻的水果味，存在於柑桔屬植物、線紋無齒莧等植物中，用於香水、藥品和潤滑劑，存在肺癌患者血液中，是肺癌的潛在生物標誌物[5, 11]。
   - 國家教育研究院[13]將 Phellandral(CAS 21391-98-0) 翻譯爲水芹醛，將 Heptanal 也翻譯成庚醛／水芹醛，簡體字資料庫也把庚醛稱爲水芹醛。建議迴避將庚醛 (Heptanal) 稱爲水芹醛。
   - 庚醛 (Heptanal/Enanthal/Oenanthal/*n*-Heptanal)，CAS 111-71-7，IUPAC 名爲：Heptanal。

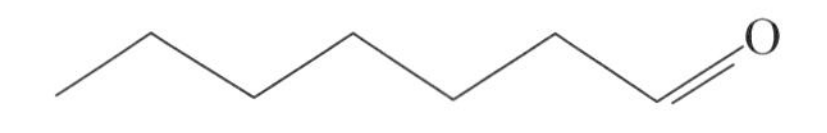

圖3-1-1-2　庚醛化學式

3. 辛醛 (Octanal, Aldehyde C-8, C_8)，化學式 $C_8H_{16}O$、密度 0.821g/cm^3、熔點 12-15°C、沸點 171°C[12]，存在於玫瑰、橙花、檸檬等植物中[43]，爲無色液體，易燃，微溶於水，對眼睛、皮膚和呼吸道有刺激性[4]，有水果的香氣，天然存在於柑橘類植物中。
   - 辛醛 (Octanal/Caprylaldehyde/Octaldehyde/n-Octanal)，CAS 124-13-0，IUPAC 名爲：Octanal。

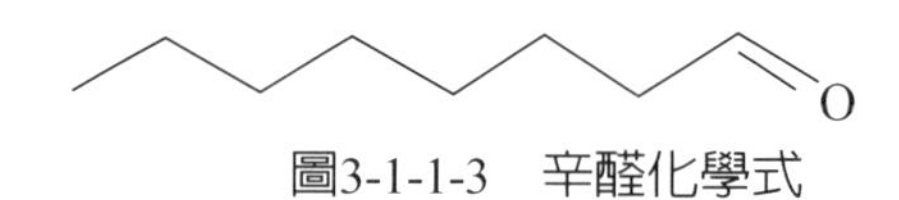

圖3-1-1-3　辛醛化學式

4. 壬醛 (Nonanal, Aldehyde C-9, C_9)，化學式 $C_9H_{18}O$、密度 0.827g/cm^3、熔點 -18°C、沸點 191°C[12]，爲無色液體，溶於水，存在於葡萄柚、紅桔、萊姆、紫羅蘭、玫瑰、橙花、錫蘭肉桂、紅茶、綠茶中[43]，有玫瑰與柑橘的香氣，有強烈的油酯氣味[4]。工業上由正辛烯透過甲醯化產生[5]。
   - 壬醛(Nonanal/Nonylic aldehyde/Pelargonaldehyde)，CAS 124-19-6，IUPAC名爲：Nonanal。

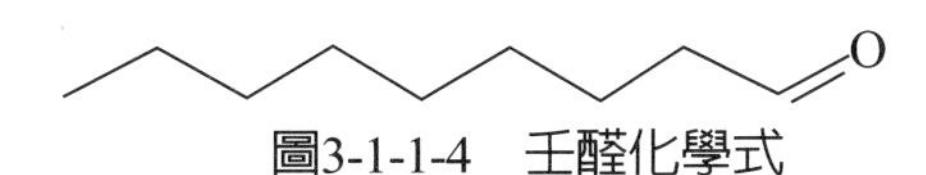

圖3-1-1-4　壬醛化學式

5. 癸醛 (Decanal, Aldehyde C-10, C_{10})，化學式 $C_{10}H_{20}O$、密度 0.83g/cm^3、沸點 207-209°C，溶於乙醇等有機熔劑、難溶於水，天然存在於芫荽、檸檬香茅、佛手柑、苦橙葉、橙花、鳶尾草、紫羅蘭、柑橘、檸檬、番茄、草莓等植物中 [4, 10]，有柑橘香及花香，廣泛用於香料與調味劑 [5]。
   - 癸醛 (Decanal/Caprinaldehyde/Decaldehyde)，CAS 112-31-2，IUPAC 名為：Decanal。

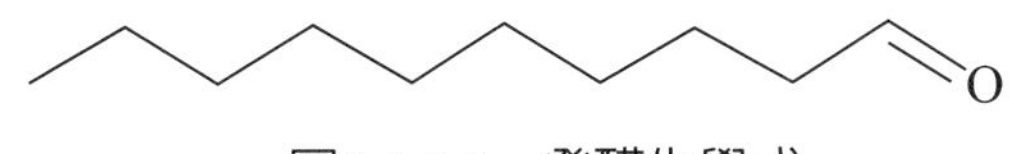

圖3-1-1-5　癸醛化學式

6. 十二醛／月桂醛 (Dodecanal/Lauraldehyde/Laurylaldehyde)，化學式 $C_{12}H_{24}O$、密度 0.83g/cm^3、熔點 12℃、沸點 257°C，為無色至淡黃色油狀液體，溶於乙醇和非揮發性油類及礦物油，不溶於甘油，微溶於水 (4.649mg/L@25°C)，天然存在於檸檬、白檸檬、甜橙、芸香、冷杉、小花蔓澤蘭等植物中 [5, 12]，有著些微肥皂味的柑橘類香氣，工業上通常由十二醇經過脫氫製成，用於烘焙食品、非酒精飲料、口香糖、乳製品、冰品、果凍、布丁、糖果等產品 [19, 61]。
   - 十二醛／月桂醛 (Dodecanal/Lauraldehyde/Laurylaldehyde/n-Dodecanal)，CAS 112-54-9，IUPAC 名為：Dodecanal。

圖3-1-1-6　十二醛／月桂醛化學式

7. 十四醛／肉豆蔻醛 (Tetradecanal/Myristic aldehyde/Myristylaldehyde)，化學式 $C_{14}H_{28}O$、密度 0.826g/cm^3、熔點 35℃、沸點 271.6°C，為白色半固體 (Semi-Solid)，具有強烈的脂肪鳶尾花氣味，有著甜甜的柑橘皮口味，為印度苦楝樹葉子的主要精油成分，天然存在於小花蔓澤蘭、金橘皮、柑橘皮、生薑、啤酒花、杏、山桑子、黑莓、黃瓜、當歸根、花生、決明子葉、芫荽葉、櫻桃醬、山木瓜等植物中，以及黃油、帕瑪森乳酪、奶粉、雞肉脂肪、鰹魚乾、熟雞、牛肉、醃豬肉、扇貝以及椿象中，為細菌和植物代謝物，工業上由相應的肉豆蔻酸製備而成 [11, 12, 20]。
   - 十四醛／肉豆蔻醛 (Tetradecanal/Myristic aldehyde/Myristylaldehyde/Peach aldehyde)，CAS 124-25-4，IUPAC 名為：Tetradecanal。CAS 511542-15-7 已經停用 [84]。

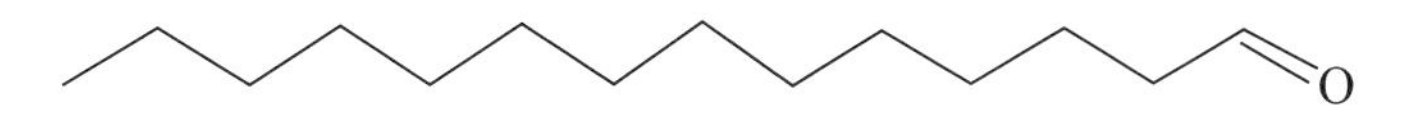

圖3-1-1-7　十四醛／肉豆蔻醛化學式

8. 十六醛／棕櫚醛 (Hexadecanal/Palmitaldehyde)，爲長鏈脂肪醛，化學式 $C_{16}H_{32}O$、密度 0.8g/cm^3、熔點 36-38°C、沸點 297.8°C，爲白色結晶固體或粉末，溶於乙醇，難溶於水 (0.04974mg/L@25°C)，存在於假澤蘭屬植物及人類、球海膽等動物體內，例如人類皮膚、唾液和糞便等，爲人類、釀酒酵母菌和小鼠等動物的代謝物。十六醛對小鼠有鎮靜作用，男性吸入會降低攻擊性，但女性吸入會後攻擊性會增加。人類嬰兒的頭部有豐富的十六醛，可能使母親保護嬰兒，而父親不攻擊嬰兒。十六醛廣泛用於烘焙食品、穀片、冰品、水果、乳製品、糖果、魚肉等產品，以及酒精與非酒精飲料 [5, 11, 12, 19]。
   - 十六醛／棕櫚醛 (Hexadecanal/Palmitaldehyde/n-Hexadecanal)，CAS 629-80-1，IUPAC 名爲：Hexadecanal。

圖3-1-1-8　十六醛／棕櫚醛化學式

9. 異戊醛／3- 甲基丁醛 (Isovaleral/Isovaleric Aldehyde)，化學式 $C_5H_{10}O$、密度 0.785g/cm^3、熔點 -51°C、沸點 92°C[5]，爲無色透明易燃液體，溶於乙醇、乙醚，微溶於水，有蘋果香及麥芽香味，存在於啤酒、乳酪、咖啡、雞肉、魚、巧克力、橄欖油和茶等食品中，用於食品原料、香精以及藥品與農藥試劑等。異戊醛具刺激性，接觸後可能引起胸部壓迫感、上呼吸道刺激、眩暈、頭痛、噁心、嘔吐、疲倦無力等症狀 [5, 12, 19]。
   - 異戊醛／3- 甲基丁醛 (Isovaleral/Isopentanal/Isovaleraldehyde/3-Methylbutanal)，CAS 590-86-3，IUPAC 名爲：3-Methylbutanal。

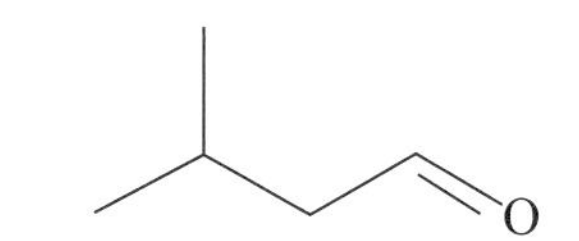

圖3-1-1-9　異戊醛／3-甲基丁醛化學式

10. 壬二烯醛 (Nonadienal)，常見的異構物有：2,4- 壬二烯醛、2,6- 壬二烯醛、3,6- 壬二烯醛、5,7- 壬二烯醛等，並各有 E/Z 異構物。
   - 2,4- 壬二烯醛 (2,4-Nonadienal/n-Nona-2,4-dienal)，CAS 6750-03-4，化學式 $C_9H_{14}O$、密度 0.862g/cm^3、沸點 97-98°C，爲淡黃色至黃綠色透明液體，天然存在於洋蔥、雙孢蘑菇等植物，以及魚類、燕麥、穀片中，有強烈脂肪味，口味是脂肪魚腥味，帶有花草香氣，溶於乙醇，略溶於水 (0.12g/L)，對皮膚有刺激性，避免眼睛或皮膚接觸，用於烘焙品、乳製品，調味品、魚類與肉類製品 [11, 12, 19, 35]。
     - ➢ (2Z,4E)-2,4- 壬二烯醛 ((2Z,4E)-2,4-Nonadienal)，IUPAC 名爲：(2Z,4E)-Nona-2,4-dienal。
     - ➢ (2E,4E)-2,4- 壬二烯醛 ((2E,4E)-2,4-Nonadienal)，CAS 6750-03-4，IUPAC 名爲：(2E,4E)-Nona-2,4-dienal。
   - 2,6- 壬二烯醛 (2,6-Nonadienal)：(E,Z)-2,6- 壬二烯醛，CAS 557-48-2[11, 17, 19]，IUPAC 名爲：

(E,Z)-2,6-Nonadienal。

• 3,6- 壬二烯醛 (3,6-Nonadienal)，CAS 78263-66-8[11]，IUPAC 名爲：Nona-3,6-dienal。

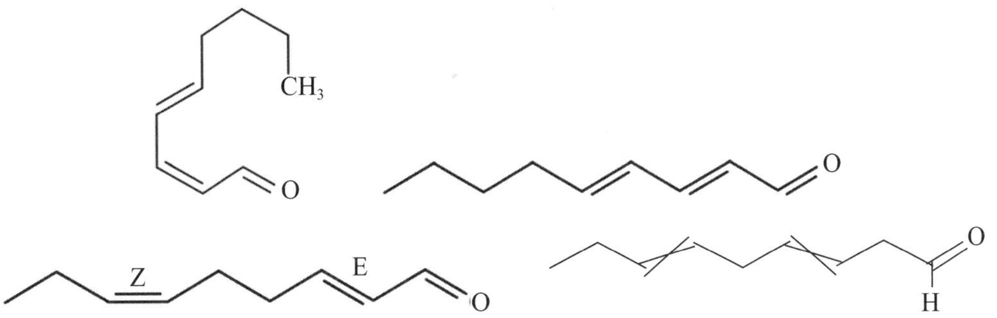

圖3-1-1-10 上排由左至右：(2Z,4E)-2,4-壬二烯醛、(2E,4E)-2,4-壬二烯醛化學式；下排由左至右：(E,Z)-2,6-壬二烯醛、3,6-壬二烯醛化學式

二、單萜醛（含芳醛）

單萜醛包括檸檬醛（順式檸檬醛稱爲 Neral 橙花醛；反式檸檬醛稱爲 Geranial 牻牛兒醛）、香茅醛、洋茴香醛、枯茗醛／小茴香醛、肉桂醛、苯甲醛、香草精（有多重取代基）等，常見於香蜂草、檸檬草、山雞椒、檸檬尤加利等精油中。樹木類精油含水茴香醛、洋茴香含有洋茴香醛，肉桂樹皮則含肉桂醛。單萜醛抗發炎功效良好，可安撫中樞神經系統，唯肉桂醛會嚴重刺激皮膚，必須稀釋後使用，不可直接塗抹。

1. 檸檬醛 (Citral)，分子 2 號碳有 E/Z 異構物，是無環（鏈狀）單萜醛 (C_{10})，如圖 3-1-2-1 所示，存在於檸檬香桃木、山雞椒、柑橘、檸檬、檸檬馬鞭草、丁香羅勒、香蜂草、白檸檬、柑桔、山蒼子等植物中。檸檬醛有 α、β 兩種異構物。α- 檸檬醛 (α-Citral) 又稱香葉醛／牻牛兒醛 (Geranial)，請參考 3-1-2-2，是反式／E- 異構體 (Trans/E-isomer)，爲無色或淡黃色油狀液體，在空氣中易氧化變黃，有強烈的檸檬香氣，密度 0.8898g/cm^3、沸點 228°C。β- 檸檬醛 (β-Citral) 又稱橙花醛 (Neral)，請參考 3-1-2-3，是順式／Z- 異構體 (Cis/Z-isomer)，爲無色有甜味的液體，密度 0.8869g/cm^3、沸點 120°C。α,β 兩種檸檬醛異構物都難溶於水，可溶於乙醇、乙醚、甘油、礦物油等溶劑。反式檸檬醛 (α- 檸檬醛）對亞硫酸氫鈉溶液的溶解度很大，順式檸檬醛 (β- 檸檬醛）的溶解度極微，因此可以分離兩種異構物。天然檸檬醛是 α,β 兩種異構物的混合物，化學式 $C_{10}H_{16}O$、密度 0.893g/cm^3、沸點 229°C，爲油狀易揮發液體，存在於檸檬桃金娘 (90-98%)、山胡椒／山雞椒 (90%)、檸檬香茅 (65-80%)、檸檬茶樹 (70-80%)、丁香羅勒、苦橙葉、檸檬馬鞭草、檸檬香酯、青檸、檸檬和橘子中，有檸檬香味，容易發生氧化還原反應生成酸或醇[4, 5]。檸檬醛可由檸檬油分離，也可從工業香葉醇及橙花醇脫氫製取，用於配製生薑、檸檬、甜橙、蘋果、櫻桃、葡萄、草莓、李子、圓柚及咖啡等食用香精，製作檸檬和柑橘調香劑、日用品、生長激素以及醫藥原料等，具有很強的抗菌性，對線蟲和昆蟲有費洛蒙的作用，對香水過敏者應少接觸。檸檬醛是檸檬型與木香型香精的原料，用於紫羅蘭酮、異胡薄荷醇、羥基香茅醛的合成中間物，檸檬醛也用於合成維生素 A、香堇酮和茄紅素[35]。研究證實檸檬醛具有鎮痛、抗氧化、抗眞菌、治療過敏、活化激勵、紓解壓力的功效[58]。

- 檸檬醛 (Citral)，CAS 5392-40-5。
  - ➢ 順式檸檬醛／橙花醛／β- 檸檬醛 (Neral/cis-Citral/β-Citral/(Z)-Citral/(Z)-Neral)，CAS 106-26-3，IUPAC 名爲：(2Z)-3,7-Dimethyl-2,6-octadien-1-al。
  - ➢ 反式檸檬醛／香葉醛／α- 檸檬醛 (Geranial/trans-Citral/α-Citral/β-Geranial/(E)-Geranial/(E)-Citral/(E)-Neral)，CAS 141-27-5，IUPAC 名爲：(2E)-3,7-Dimethyl-2,6-octadien-1-al。

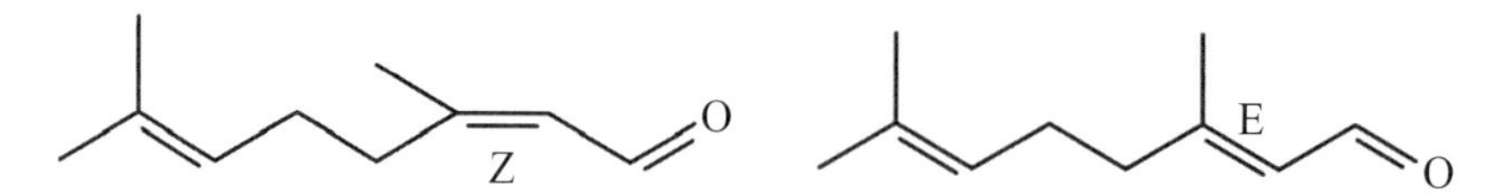

圖3-1-2-1　由左至右：順式檸檬醛／橙花醛／β-檸檬醛、反式檸檬醛／香葉醛／α-檸檬醛化學式[5]

2. 香葉醛／α- 檸檬醛／牻牛兒醛／反式檸檬醛 (Geranial/(E)-Citral)，爲無環單萜醛，化學式 $C_{10}H_{16}O$、密度 0.856g/cm^3、沸點 229°C，如圖 3-1-2-2 所示，有強烈的檸檬香氣。
   - 香葉醛／α- 檸檬醛／反式檸檬醛 (Geranial/trans-Citral/α-Citral/(E)-Geranial/(E)-Citral/(E)-Neral)，CAS 141-27-5，IUPAC 名爲：2(E)-3,7-Dimethyl-2,6-octadien-1-al。
   - 檸檬醛 (Citral)，請參考 3-1-2-1。
   - 香葉醇／牻牛兒醇 (Geraniol)，請參考 2-2-1-1-1。

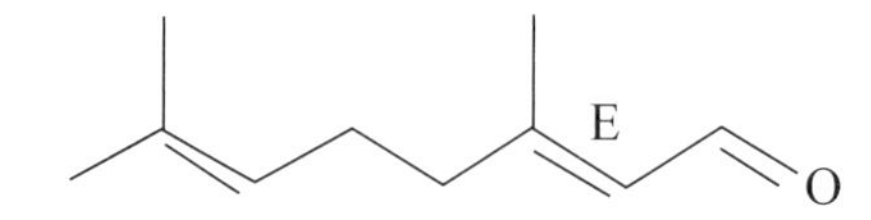

圖3-1-2-2　香葉醛／牻牛兒醛／α-檸檬醛／反式檸檬醛化學式

3. 橙花醛／β- 檸檬醛／順式檸檬醛 (Neral/(Z)-Citral)，爲無環單萜醛，化學式 $C_{10}H_{16}O$、密度 0.893g/cm^3、沸點 229°C，如圖 3-1-2-3 所示，有檸檬般的香味。橙花醛的檸檬味並不強烈，但更香甜，存在於檸檬、澳洲生薑、四方蒿、白瑞香等植物中，有誘導細胞凋亡的作用，是一種植物代謝產物[11]。
   - 橙花醛／β- 檸檬醛／順式檸檬醛 (Neral/cis-Citral/β-Citral/(Z)-Citral/(Z)-Neral)，CAS 106-26-3，IUPAC 名爲：(2Z)-3,7-Dimethyl-2,6-octadien-1-al。
   - 橙花醇 (Nerol)，請參考 2-2-1-1-2。

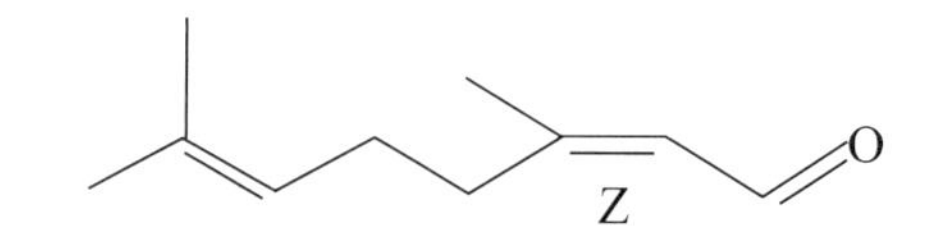

圖3-1-2-3　橙花醛／β-檸檬醛／順式檸檬醛化學式

4. 香茅醛／玫紅醛 (Citronellal/Rhodinal)，CAS 106-23-0，根據雙鍵的位置，香茅醛有 α 和 β 兩種異構物，一般所稱香茅醛是指 β 香茅醛，商業上少有使用 α 香茅醛 [19]。α 香茅醛雙鍵在 7 號碳，左旋 α 香茅醛的沸點 201-207°C，爲無色或淡黃色油狀液體，溶於乙醇，微溶於水。β 香茅醛雙鍵在 6 號碳，分子 3 號碳有手性中心，6 號碳雙鍵沒有 E/Z 異構物。爲無環（鏈狀）單萜醛，化學式 $C_{10}H_{18}O$、密度 0.855g/cm^3、沸點 201-207°C[5]，如圖 3-1-2-4 所示，有左旋、右旋、外消旋異構物，爲無色或淡黃色油狀液體，溶於乙醇、氯仿與乙醚等溶劑，微溶於甘油和水，有檸檬、香茅與玫瑰香氣，存在於錫蘭香茅、爪哇香茅、檸檬尤加利、香蜂草中，在檸檬葉／卡菲爾酸橙 (Kaffir lime) 葉中有高達 80% 的 (S)-(-) 左旋 -β- 香茅醛，香茅油和按葉油等主要成分爲 (*R*)-(+) 右旋 -β- 香茅醛，在酸性介質中易環化而成固體。香茅醛具有消炎止痛、驅蟲及抗眞菌的效果。工業上從檸檬香茅蒸餾出香茅油，並用亞硫酸氫鈉提純而得，也可以用香茅醇脫氫或以檸檬醛加氫而得。主要用於配製柑橘與櫻桃類的食用香精，也用在肥皂等日用品 [4]。研究證實香茅醛／玫紅醛具有鎮痛、抗氧化、鎮靜、助眠的功效 [58]。
   - α- 香茅醛／玫紅醛 (α-Citronellal/Rhodinal)，CAS 141-26-4。CAS 5749-59-7 已經停用 [84]。
     - 左旋 -α- 香茅醛／左旋玫紅醛 ((-)-α-Citronellal/(S)-α-Citronellal)，IUPAC 名爲：(3S)-(-)-3,7-Dimethyloct-7-en-1-al。
     - 右旋 -α- 香茅醛 ((+)-α-Citronellal)，IUPAC 名爲：(3*R*)-(+)-3,7-Dimethyloct-7-en-1-al。
   - β 香茅醛 (Citronellal/β-Citronellal/*dl*-Citronellal/(±)-Citronellal/Rhodinal)，CAS 106-23-0。
     - 左旋 -β- 香茅醛 ((-)-β-Citronellal/*l*-Citronellal/(-)-(S)-Citronellal)，CAS 5949-05-3，IUPAC 名爲：(3S)-(-)-3,7-Dimethyl oct-6-enal。
     - 右旋 -β- 香茅醛 ((+)-β-Citronellal/d-Citronellal/(+)-(R)-Citronellal)，CAS 2385-77-5，IUPAC 名爲：(3*R*)-(+)-3,7-Dimethyloct-6-enal。CAS 951036-03-6 已經停用 [84]。
   - 香茅醛／玫紅醛 (Citronellal/Rhodinal) 和香茅醇／玫紅醇 (Citronellol/Rhodinol) 英文相近，是不同化合物。香茅醇／玫紅醇 (Citronellol/Rhodinol)，請參考 2-2-1-1-3。

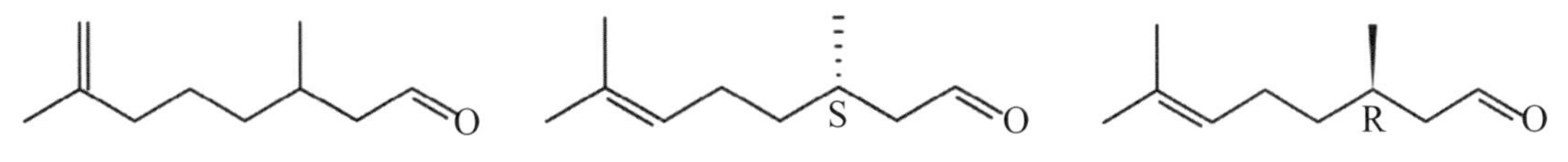

圖3-1-2-4 由左至右：α-香茅醛、左旋-β-香茅醛、右旋-β-香茅醛化學式

5. 洋茴香醛／大茴香醛 (Anisaldehyde/Anisic aldehyde)，屬於芳香族的醛類。苯基芳烴的 o-(Ortho) 爲鄰位異構物，m-(Meta) 爲間位異構物，p-(Para) 爲對位異構物。洋茴香醛和母菊天藍烴 (Chamazulene) 一樣：爲環狀結構、平面分子，不是 sp3 混成軌域、共軛結構、符合休克爾法則 (6=4n+2, n=1)，因此是芳醛。由於其化學式爲 $C_8H_8O_2(C_8)$，應該不屬於單萜醛 (C_{10})。洋茴香醛密度 1.119g/cm^3、熔點 -1°C、沸點 248°C，如圖 3-1-2-5 所示，存在於茴香、小茴香、洋茴香、蒔蘿、金合歡、香草等植物中 [43]，爲無色透明油狀液體，遇冷能固化，溶於乙醇、乙醚、丙酮、氯仿等溶劑，微溶於丙二醇和甘油，與油質香料

能互溶，不溶於水。工業上將對一甲酚甲醚的一個甲基轉化爲醛基而成，也可以由茴香醚氧化產生，廣泛應用於香料工業，作爲山楂、紫丁香和葵花等香精的香基，以及銀合歡、金合歡、香水草香精的調合料、桂花香精的修飾劑、梔子與鈴蘭香精的助香劑等，食用香料方面用於香草、薄荷、杏仁、櫻桃、奶油、胡桃、草莓、茴香、焦糖、巧克力、糕點、糖果等產品，此外也有抗菌的功效，用於合成醫藥的重要中間化合物[4, 5]。4-洋茴香醛屬於對位異構物，而鄰一洋茴香醛 (o-Anisaldehyde/2-Anis aldehyde) 和間一洋茴香醛 (m-Anisaldehyde/3-Anisaldehyde) 在自然界不常見。對一洋茴香醛有強烈的茴香和山楂的香氣；鄰一洋茴香醛則有甘草的香味[5]。

- 洋茴香醛／大茴香醛 (Anisaldehyde/Anisic aldehyde)，CAS 123-11-5。
  - ➢ 對一洋茴香醛 (p-Anisaldehyde/Crategine/Aubepine/4-Anisaldehyde/p-Formylanisole/Obepin)，CAS 123-11-5，IUPAC 名爲：4-Methoxybenzaldehyde。CAS 26249-15-0, 68894-36-0, 721942-53-6, 2409679-18-9 已經停用[84]。
  - ➢ 3- 洋茴香醛 (3-Anisaldehyde)，又稱間一洋茴香醛 (m-Anisaldehyde)，密度 1.118g/cm^3，爲甘藍菜的代謝物，存在於丁香 (Clove/Syzygium aromaticum) 中[5, 11]。
    - ✓ 間一洋茴香醛 (m-Anisaldehyde/m-Methoxybenzaldehyde)，CAS 591-31-1，IUPAC 名爲：3-Methoxybenzaldehyde。
  - ➢ 2- 洋茴香醛 (2-Anisaldehyde)，又稱鄰一洋茴香醛 (o-Anisaldehyde) ，密度 1.127g/cm^3、熔點 34-40°C、沸點 238°C[65]，爲無色固體，有令人愉悅的甘草香，工業上由苯甲醚經過甲醯化製得[5]。
    - ✓ 鄰一洋茴香醛 (o-Anisaldehyde/2-Anisaldehyde/o-Formylanisole)，CAS 135-02-4，IUPAC 名爲：2-Methoxybenzaldehyde。
- 國家教育研究院[13]將葛縷子 (Caraway/Carum carvi) 等同於小茴香，百度百科將孜然 (Cumin 等同於小茴香，請參考 2-2-1-2-5。

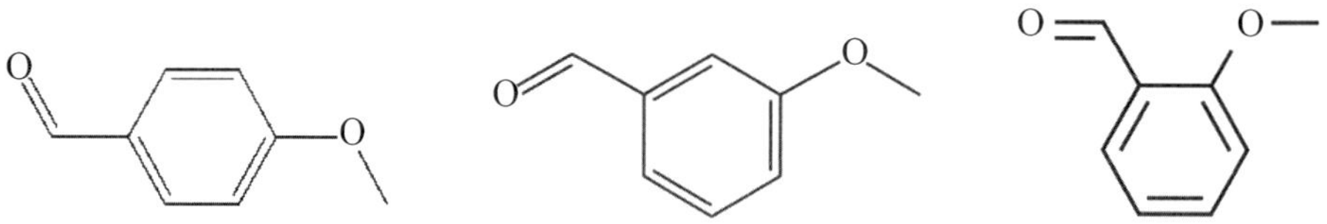

圖3-1-2-5 由左至右：對一洋茴香醛(p-Anisaldehyde)、間一洋茴香醛(m-Anisaldehyde)、鄰一洋茴香醛(o-Anisaldehyde)化學式[61]

6. 枯茗醛／小茴香醛 (Cuminaldehyde/Cuminal/4-Isopropylbenzaldehyde)，與洋茴香醛一樣是對位 (Para) 的芳醛，化學式 $C_{10}H_{12}O$、密度 0.978g/cm^3、沸點 235.5°C，如圖 3-1-2-6 所示，爲無色油狀液體，不溶於水，存在於桉樹、沒藥、決明子、孜然（安息茴香、阿拉伯茴香）、茴香、丁香、百里香、肉桂等植物中，具有抗菌、防腐、驅風健胃、安神助眠、催情助性、強化氣血等功能。工業上用異丙苯甲醯氯還原而成，或將異丙苯 (Cumene) 甲醯化製成，用於香水和化妝品等產品。枯茗醛具有生物活性，可避免帕金森症、路易氏體型失智症、多系統萎縮等疾病。研究也發現枯茗醛的衍生物具有抗病毒活性[5]。

- 枯茗醛雖然是對位的異構物，但是通常不稱爲「對一枯茗醛」(para-Cuminaldehyde)，其異構物也不稱爲間一枯茗醛 (meta-Cumin aldehyde)、鄰一枯茗醛 ortho-Cuminaldehyde)，而是以 IUPAC 名稱之。
- 枯茗醛／對一枯茗醛／4- 異丙基苯甲醛，是對位 (Para) 異構物。
  - ➢ 枯茗醛／對一枯茗醛／4- 異丙基苯甲醛 (Cuminal/p-Cuminal)，CAS 122-03-2，IUPAC 名爲：4-Isopropylbenzaldehyde。
- 間一枯茗醛／3- 異丙基苯甲醛，是枯茗醛的間位 (Meta) 異構物，密度 0.98g/cm^3、熔點 7.45°C、沸點 216.6°C。
  - ➢ 間一枯茗醛／3- 異丙基苯甲醛 (m-Cuminal)，CAS 34246-57-6[67, 86]，IUPAC 名爲：3-Isopropylbenzaldehyde。
- 鄰一枯茗醛／2- 異丙基苯甲醛，是枯茗醛的鄰位 (Ortho) 異構物。
  - ➢ 鄰一枯茗醛／2- 異丙基苯甲醛 (o-Cuminal)，CAS 6502-22-3[20, 86]，IUPAC 名爲：2-Isopropylbenzaldehyde。
- 既然中文把 Cumin 稱爲孜然，Cuminal 稱爲孜然醛更好。
- 葑醇／小茴香醇 (Fenchol/Fenchyl alcohol)，請參考 2-2-1-5 。

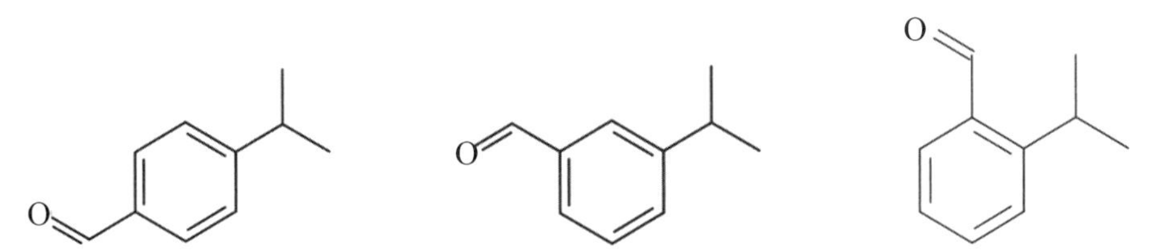

圖3-1-2-6　由左至右：對一枯茗醛／4-異丙基苯甲醛、間一枯茗醛／3-異丙基苯甲醛、鄰一枯茗醛／2-異丙基苯甲醛化學式[5]

7. 肉桂醛／桂皮醛 (Cinnamaldehyde)，分子長鏈第二個碳的雙鍵有 E/Z 異構物，化學式 C_9H_8O、密度 1.0497g/cm^3、熔點 -7.5°C、沸點 248°C[5]，天然存在的有順式與反式桂皮醛兩種異構物，但商品中存在的皆爲反式肉桂醛，如圖 3-1-2-7 所示。肉桂醛是芳醛，化學式 C_9H_8O 應該不屬於單萜醛 (C_{10})。肉桂醛是黃色黏稠狀液體[4, 5]，溶於醇、醚和石油醚、難溶於水或甘油，在空氣中容易氧化，宜存放於低溫通風、乾燥、防火的環境[4]，有強烈持久的肉桂香氣，對皮膚有刺激性，存在於肉桂樹、樟樹的樹皮，以及藿香、風信子、玫瑰和斯里蘭卡肉桂等植物精油中。桂皮所含的精油中有 90% 桂皮醛。工業上經由分餾桂皮油製成，或以苯甲醛和乙醛經縮合反應生成，也可以將肉桂醇氧化而得[5]。具有抗菌、殺菌、抗病毒、防蟲蛀、消毒、抗潰瘍、防腐、提升免疫、促進血液循環、加強腸胃蠕動、促進脂肪分解、擴張血管、控制血糖、降血壓、以及壯陽等功效，可殺滅蚊子幼蟲、甚至驅趕貓狗，用於農業上以消滅眞菌，用於玫瑰、素馨、鈴蘭、梔子等皀用香精，並廣泛用於食品工業中作爲蘋果、櫻桃、水果等香精，以及肉類、口腔護理用品、調味品、糖果、飲料、霜淇淋、口香糖等產品的食品添加劑，也常用在配製香水作爲風信子與紫丁香的香基[5]。此外肉桂醛可以作爲鋼鐵等金屬的防鏽劑，與藥品混合後可以作爲分散劑與表面活性劑。研究證實肉桂醛／桂皮醛具有抗發炎的功效[58]。

- 肉桂醛／桂皮醛 (Cinnamaldehyde/Zimtaldehyde)，CAS 104-55-2。
  - ➢ 順式肉桂醛 ((Z)-Cinnamaldehyde/cis-Cinnamaldehyde)，CAS 57194-69-1[84, 88]，IUPAC 名爲：(2*Z*)-3-Phenylacrylaldehyde/(2Z)-3-Phenyl-2-propenal。
  - ➢ 反式肉桂醛 ((E)-Cinnamaldehyde/trans-Cinnamaldehyde)，CAS 14371-10-9，IUPAC 名爲：(2E)-3-Phenylprop-2-enal。

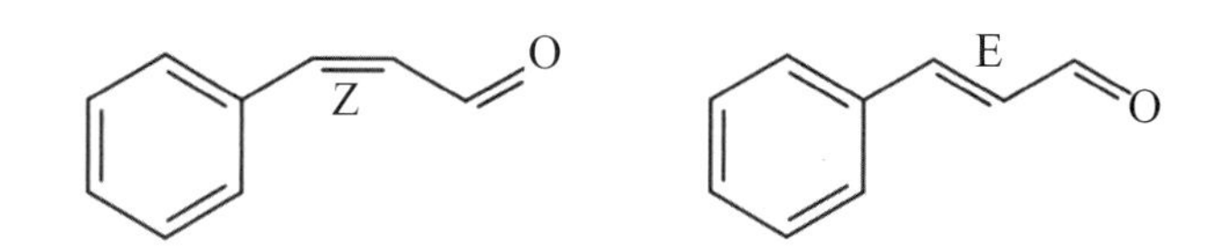

圖3-1-2-7　由左至右：順式肉桂醛、反式肉桂醛化學式[5]

8. 苯甲醛 (Benzaldehyde/Phenylmethanal/Phenylaldehyde)，化學式 C_7H_6O、密度 1.0415g/cm^3、熔點 -26°C、沸點 178.1°C[5]，如圖 3-1-2-8 所示，是最簡單的芳醛，由於化學式爲 $C_7H_6O(C_7)$，不屬於單萜醛 (C_{10})。苯甲醛爲無色液體，可與乙醇、乙醚、氯仿、苯等溶劑混溶，微溶於水，有毒性、對眼睛與呼吸道具刺激性，有苦杏仁、櫻桃及堅果的香氣[4]，存在於薔薇科植物以及肉桂、香茅、水仙、鳶尾草、安息香、苦杏仁、櫻桃、廣藿香、風信子、岩薔薇等植物中，也存在桃核果仁與堅果中，是爲苦扁桃油的主要成分。是工業上最常使用的芳醛，主要以甲苯氯化或氧化製得，可被氧化爲散發刺鼻氣味的白色苯甲酸固體[5]。苯甲醛主要用於合成藥品及作爲塑膠的添加劑，廣泛用於布丁、果凍等食品調味和工業溶劑，也是合成香精與香料的中間產物，做爲配製苯乙醛、苯甲酸苄酯、肉桂醛、肉桂酸等的原料，用於特殊香料，也可以作爲茉莉、橙花、紫丁香、紫羅蘭、金合歡、葵花等香精的頭香；在食用香料方面用於桃子、杏仁、櫻桃、椰子、杏子、香莢蘭豆、辛香、漿果等型香；在酒用香精方面用於蘭姆酒與白蘭地等，並用於香皂等日用品[4]，芳療經驗上有鎮痛、鎮咳、平喘、抗腫瘤、驅蟲、殺菌、催情、放鬆等功用[43]。
   - 苯甲醛 (Benzaldehyde/Phenylmethanal/Phenylaldehyde)，CAS 100-52-7，IUPAC 名爲：Benz aldehyde。

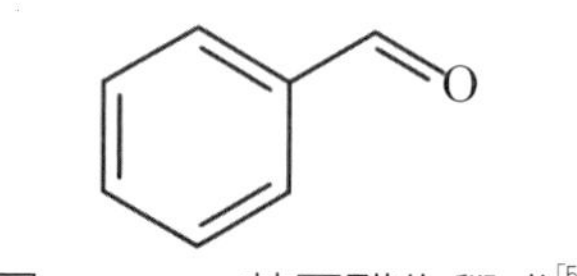

圖3-1-2-8　苯甲醛化學式[5]

9. 香草精／香蘭素／香莢蘭醛／香草酚 (Vanillin)，分子有芳環結構及多重取代基，爲苯甲醛類的成員，3 號碳的甲氧基可以看成甲基醚類。4 號碳有羥基，與 1 號碳的醛基成對位

(Para)，因此香草精即是對一香草精 (p-Vanillin)。香草精化學式 $C_8H_8O_3$、密度 1.056g/cm^3、熔點 80-81°C、沸點 285°C[5]，如圖 3-1-2-9 所示，由於化學式為 $C_8H_8O_3(C_8)$，應該不屬於單萜醛 (C_{10})，為白色或淡黃色針狀結晶，對皮膚、眼部和呼吸系統造成刺激，可能引發過敏反應和偏頭痛，存在於香草、甜菜，以及安息香膠、秘魯香脂、吐魯香脂／吐露香脂中，有抗黴菌、助消化、抗癲癇、抗氧化、抗癌、催情等功效[43]。廣泛用於食品業，是香草豆的主要成分，原產於墨西哥，現已在全球熱帶地區種植。馬達加斯加是目前最大生產國。由於天然香草精稀少昂貴，合成的香草精更常用於食品、藥品、化妝品、日常用品、飼料中作為調味劑。在霜淇淋和巧克力產品中，香草精調味品占 3/4。2016 年以後香草精的用途擴大至香水和藥物的芳香掩蔽劑，以及清潔用品和牲畜食品等。醫療上用於緩解癲癇、過動症、眩暈等[4]。香草精中的甲氧基($-O-CH_3$)若取代為乙氧基($-O-C_2H_5$)即成為更昂貴、更強的吸引力的乙基香草精（乙基香蘭素）。木質素製成的人工香草精含有乙醯香草精，香氣比油基香料更豐富，但由於環保因素已不再受歡迎，目前多數香草精都是由石油化工原料癒創木酚生產出來的[5]。

- 香草精／對一香草精 (Vanillin/p-Vanillin/Vanillaldehyde/Lioxin/Rhovanil)，CAS 121-33-5，IUPAC 名為：4-Hydroxy-3-methoxybenzaldehyde。CAS 8014-42-4, 52447-63-9 已經停用[84]。
- 間一香草精 (m-Vanillin)，天然存在於山核桃中[11]。
  - ➢ 間一香草精 (m-Vanillin)，CAS 57179-35-8[11, 88]，IUPAC 名為：3-Hydroxy-5-methoxy benzaldehyde。
- 鄰一香草精 (*o*-Vanillin/2-Vanillin)，為淺黃色纖維狀結晶固體，是一種不太常用的食品添加劑[5]。
  - ➢ 鄰一香草精 (*o*-Vanillin)，CAS 148-53-8[11, 17]，IUPAC 名為：2-Hydroxy-3-methoxybenz aldehyde。
- 異香草醛 (Isovanillin)，可作為化學合成嗎啡的前體[5]。
  - ➢ 異香草醛 (Isovanillin)，CAS 621-59-0，IUPAC 名為：3-Hydroxy-4-methoxybenz aldehyde。

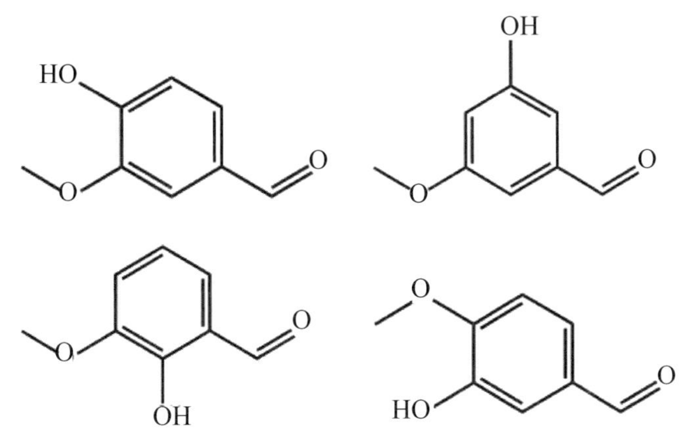

圖3-1-2-9　由左至右：香草精／對一香草精、間一香草精、鄰一香草精、異香草醛(Isovanillin)化學式[5]

10.胡椒醛／向日醛 (Piperonal/Heliotropine)，化學式 $C_8H_6O_3$、密度 1.337g/cm^3、熔點 37°C、沸點 263°C，如圖 3-1-2-10 所示，結構上類似苯甲醛和香蘭素，其 $C_8H_6O_3$ 的化學式應該不屬於單萜醛 (C_{10})，爲無色結晶固體，溶於乙醇和水，其名稱來自於香水草／洋茉莉 (Heliotrope)，有類似香蘭素或櫻桃的香氣，存在於蒔蘿、香草、紫羅蘭花、藍莓和黑胡椒中，用於香草或杏仁香精，帶來香酯與花香的氣息，製品包括烘焙品、非酒精飲料、口香糖、冰品、乳製品、糖果、布丁、果凍 [19]。乙酸胡椒酯是合成的櫻桃香精。胡椒醛和所有的醛類，可以被還原成胡椒醇，也可以被氧化成胡椒酸 [5, 35]。

- 胡椒醛／向日醛 (Piperonal/Heliotropine/Piperonaldehyde/Geliotropin)，CAS 120-57-0，IUPAC 名爲：1,3-Benzodioxole-5-carbaldehyde。CAS 30024-74-9, 659726-32-6, 1989611-55-3 已經停用 [84]。
- 胡椒酮 (Piperitone)，請參考 3-2-1-14。

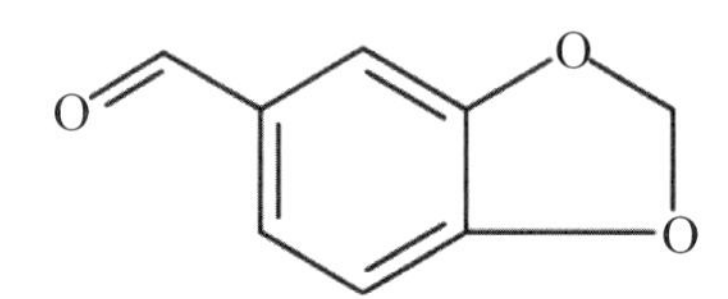

圖3-1-2-10　胡椒醛化學式

11.水芹醛／水茴香醛 (Phellandral)，爲環狀單萜醛，化學式 $C_{10}H_{16}O$、密度 0.9445g/cm^3、沸點 223°C，溶於乙醇，略溶於水 (103.2mg/L@25°C)，爲無色至淺黃色透明液體 [19, 35, 66]，如圖 3-1-2-11 所示，存在於赤桉、翼柄花椒等植物中 [11]。

- 水芹醛 (Phellandral) CAS 21391-98-0。CAS 536-58-3 已經停用 [84]。
  - ➢ 左旋水芹醛 ((-)-Phellandral/l-Phellandral/(S)-(-)-Phellandral) [11]，CAS 23963-70-4 [12, 66]，IUPAC 名爲：(4S)-(-)-4-(1-Methylethyl)-1-cyclohexene-1-carboxaldehyde。
- 國家教育研究院 [13] 將 Phellandral 翻譯爲水芹醛，將 Heptanal 也翻譯成庚／水芹醛，許多簡體字資料庫也把庚醛稱爲水芹醛。
- 洋茴香醛／對ㄧ洋茴香醛／大茴香醛 (Anisaldehyde/p-Anisaldehyde)，請參考 3-1-2-5。
- 枯茗醛／小茴香醛 (Cuminal/Cuminaldehyde/4-isopropylbenzaldehyde)，請參考 3-1-2-6。
- 水芹烯／水茴香萜 (Phellandrene)，請參考 2-1-1-7。

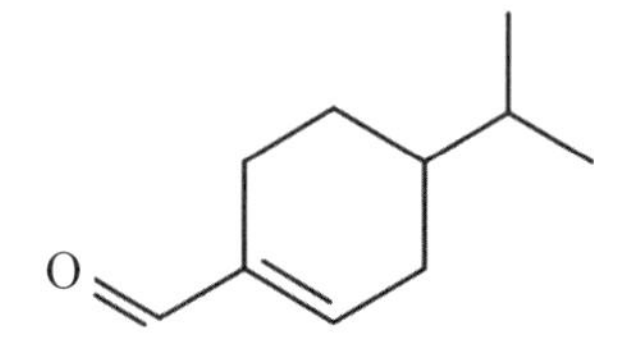

圖3-1-2-11　水芹醛化學式

12.桃金孃烯醛／香桃木醛 (Myrtenal/Benihinal)，分子是 [3.1.1] 雙環 (bicyclo) 結構，屬於環狀單萜醛，1、5 號碳有手性中心，化學式 $C_{10}H_{14}O$、密度 0.988g/cm^3、熔點 53-54°C、沸點

220-221°C，左旋桃金孃烯醛 ((-)-Myrtenal) 旋光度 [α]22D-15°（比旋光度 α 符號中，22 是溫度 °C、D 是指鈉燈光波，負號是指左旋）[17, 20]，爲無色至淺黃色液體，略溶於水 (0.9g/L)[35]，如圖 3-1-2-12 所示，辛辣木質的涼爽薄荷香味，存在於孜然籽、杜松子、胡椒、薄荷、蘇格蘭薄荷等植物中 [20]。

- 桃金孃烯醛／香桃木醛 ((±)-Myrtenal/Benihinal)，CAS 564-94-3。CAS 57526-63-3 已經停用 [84]。
  - ➢ 左旋桃金孃烯醛 ((-)-Myrtenal/l-Myrtenal/(1R)-Myrtenal)，CAS 18486-69-6[12, 17]，IUPAC 名爲：(1R,5S)-(-)-6,6-Dimethylbicyclo[3.1.1]hept-2-en-2-carboxaldehyde。
  - ➢ 右旋桃金孃烯醛 ((+)-Myrtenal/d-Myrtenal/(1S)-Myrtenal)，CAS 23727-16-4[11, 19, 84]，IUPAC 名爲：(1S,5R)-(+)-6,6-Dimethylbicyclo[3.1.1]hept-2-ene-2-carboxaldehyde。CAS 126935-14-6, 1822335-18-1, 2308507-20-0, 2408758-07-4 已經停用 [84]。
- 桃金娘烯醇／香桃木醇 (Myrtenol)，請參考 2-2-1-1-6。
- 乙酸桃金娘烯酯 (Myrtenyl Acetate)，請參考 4-1-1-18。

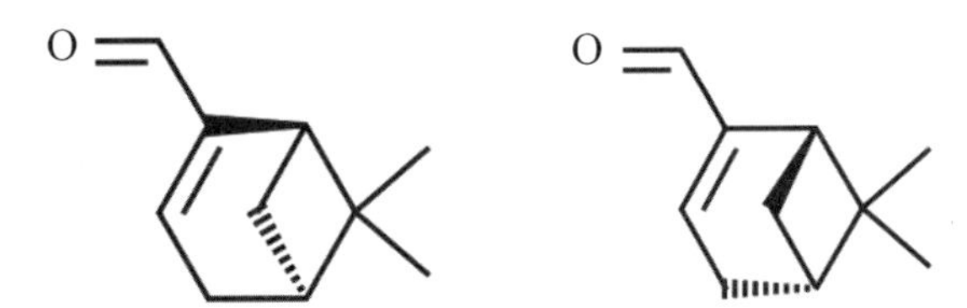

圖3-1-2-12　由左至右：左旋桃金孃烯醛、右旋桃金孃烯醛化學式

13. 紫蘇醛 (Perillal/Perillaldehyde)，化學式 $C_{10}H_{14}O$、密度 0.965g/cm^3、熔點 <25°C、沸點 237°C。大自然存在的多爲左旋化合物，其旋光度 [α]20D -120°（比旋光度 α 符號中，20 是溫度 °C、D 是指鈉燈光波，負號是指左旋），右旋化合物比旋光度爲 [α]20D +127°[4]。紫蘇醛爲無色至淺黃色液體，不溶於水，溶於乙醇、氯仿等溶劑，存在於白紫蘇等植物中，有著草本的紫蘇與小茴香醛／枯茗醛的香氣，是橙汁和柑橘皮油的關鍵風味化合物，用於調製茉莉、水仙等花香型的化妝品香精，以及檸檬、留蘭香、辛香料等食品香精 [4, 5, 20]。
    - 紫蘇醛 (Perillal/(±)-Perillaldehyde/dl-Perillaldehyde)，CAS 2111-75-3，IUPAC 名爲：4-(Prop-1-en-2-yl)cyclohex-1-ene-1-carbaldehyde。CAS 6611-91-2, 21090-66-4, 1254961-45-9 已經停用 [84]。
    - 二氫枯茗醛 (Dihydrocuminyl aldehyde)：紫蘇醛又稱爲二氫枯茗醛。
    - 紫蘇醇 (Perillyl alcohol)，請參考 2-2-1-1-7。
    - 紫蘇酮 (Perilla ketone)，請參考 3-2-1-20。
    - 枯茗醛／小茴香醛 (Cuminaldehyde/Cuminal/4-Isopropylbenzaldehyde)，請參考 3-1-2-6。

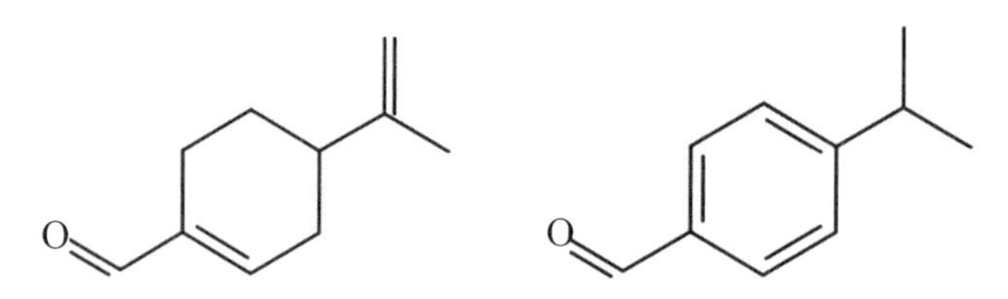

圖3-1-2-13　由左至右：紫蘇醛／二氫枯茗醛、枯茗醛化學式

14. 水楊醛／鄰羥苯甲醛／鄰羥苄醛／2- 羥基苯甲醛 (Salicylal/Salicylaldehyde/2-Hydroxybenzaldehyde)，化學式 $C_7H_6O_2$、密度 1.146g/cm^3、熔點 -7°C、沸點 197°C，無色至黃色油狀液體，溶於乙醇、乙醚等溶劑，微溶於水，天然存在於長尾栲及樟屬植物中，有燒焦的苦杏仁味。水楊醛是各種螯合劑的關鍵前體，在商業上很重要，用於分析試劑、香料、汽油添加劑及有機合成原料 [4, 5, 12, 61]。
   - 水楊醛／鄰羥苯甲醛／鄰羥苄醛／2- 羥基苯甲醛 (Salicylal/Salicylaldehyde/2-Hydroxybenz aldehyde)，CAS 90-02-8，IUPAC 名爲：2-Hydroxybenzaldehyde/o-Formylphenol/o-Hydroxy benzaldehyde。CAS 1563136-87-7 已經停用 [84]。
   - 對羥苯甲醛／4- 羥基苯甲醛 (4-Hydroxybenzaldehyde/p-Hydroxybenzaldehyde)，密度 1.226g/cm^3、熔點 112-116°C、沸點 310-311°C，爲米色粉末，天然存在於稜果榕以及白珠桐屬植物中，有香草與堅果味 [5, 11]。
     - ➢ 對羥苯甲醛／4- 羥基苯甲醛 (4-Hydroxybenzaldehyde/p-Hydroxybenzaldehyde/*p*-Formylphenol)，CAS 123-08-0，IUPAC 名爲：4-Hydroxybenzaldehyde。CAS 1187488-60-3 已經停用 [84]。
   - 間羥苯甲醛／3- 羥基苯甲醛 (3-Hydroxybenzaldehyde/m-Hydroxybenzaldehyde)，密度 1.1179g/cm^3、熔點 103°C、沸點 308°C，爲淺棕色結晶固體或粉末，存在於地錢等植物和綠頭蟻／綠蟻 (Rhytidoponera metallica) 中，有血管保護作用 [5, 11, 20]。
     - ➢ 間羥苯甲醛／3- 羥基苯甲醛 (3-Hydroxybenzaldehyde/m-Hydroxybenzaldehyde/m-Formylphenol)，CAS 100-83-4，IUPAC 名爲：3-Hydroxybenzaldehyde。
   - 甲基水楊醛 (Methylsalicylaldehyde[4])，化學式 $C_8H_8O_2$。3- 甲基水楊醛密度 1.123g/cm^3、沸點 207.9°C；5- 甲基水楊醛密度 1.2g/cm^3、熔點 54-57°C、沸點 217°C[12]，爲淡黃色至黃色結晶粉末 [4]。
     - ➢ 甲基水楊醛 (Methylsalicylaldehyde)。
       - ✓ 3- 甲基水楊醛 (3-Methylsalicylaldehyde/2,3-Cresotaldehyde/2-Hydroxy-3-methylbenz aldehyde/o-Homosalicylaldehyde)，CAS 824-42-0，IUPAC 名爲：2-Hydroxy-3-methylbenzaldehyde/3-Methyl-2-hydroxybenzaldehyde。
       - ✓ 4- 甲基水楊醛 (4-Methylsalicylaldehyde/2,4-Cresotaldehyde/m-Homosalicylaldehyde/2-Formyl-5-methylphenol)，CAS 698-27-1，IUPAC 名爲：2-Hydroxy-4-methylbenz aldehyde/4-Methyl-2-hydroxybenzaldehyde。
   - 水楊醛有 Formylphenol 這樣以「ol」結尾的名稱，可以看出分子也存在著羥基 (–OH)。

圖3-1-2-14　上排由左至右：水楊醛／鄰羥苯甲醛／鄰羥苄醛／2-羥基苯甲醛、對羥苯甲醛／4-羥基苯甲醛、間羥苯甲醛／3-羥基苯甲醛化學式；下由左至右：3-甲基水楊醛、4-甲基水楊醛化學式

15. 糠醛／呋喃甲醛 (Furfural)，是一種芳醛，化學式 $C_5H_4O_2$、密度 1.1g/cm^3、熔點 -36°C、沸點 161.8°C，其 C_5 結構並不屬於單萜醛 (C_{10})，爲無色的油狀液體，在空氣中會快速變黃或微紅的棕色，溶於乙醇、乙醚、苯等溶劑，溶於熱水，微溶於冷水，有杏仁的香氣，用於合成樹脂、清漆、農藥、醫藥、橡膠和塗料等 [5, 12]。

- 糠醛／呋喃甲醛 (Furfural/2-Furaldehyde/Fural/Furfuraldehyde/Pyromucic aldehyde/Furfurole/α-Furole)，CAS 98-01-1，IUPAC 名爲：Furan-2-carbaldehyde。
- 糠醇／呋喃甲醇 (Furfuryl alcohol/Furfurol)，請參考 2-2-1-1-9。

圖3-1-2-15　由左至右：糠醛／呋喃甲醛、糠醇／呋喃甲醇化學式

三、倍半萜醛

倍半萜醛包括纈草烯醛、金合歡醛、中國橘醛、三環類檀香醛等。

1. 纈草烯醛 (Valerenal)，長鏈的 2 號碳雙鍵是 E（反式）異構物，3 號碳連接 [4.3.0] 的雙環。化學式 $C_{15}H_{22}O$、沸點 325-327°C，如圖 3-1-3-1 所示，由於化學式爲式 $C_{15}H_{22}O$，屬於倍半萜醛 (C_{15})，溶於乙醇，不溶於水 [19]，存在於中國甘松、纈草等植物中。纈草烯醛是纈草 (Valeriana officinalis) 根莖的提取物，有泥土般的清香氣味 [5]，有抗發炎的作用，可抑制中樞神經的自主活動，具有鎮靜和抗焦慮等作用，但也可能導致頭昏及嗜睡。纈草成分需肝臟分解，所以肝機能不全者禁用 [5, 11, 12]。纈草精油中有活性倍半萜，包括乙酸基纈草烯酸和纈草烯酸 [5]。

- 纈草烯醛／纈草萜烯醛 (Valerenal/Nardal)，CAS 4176-16-3，IUPAC 名爲：(2E)-3-

[(4S,7R,7aR)-2,4,5,6,7,7a-Hexahydro-3,7-dimethyl-1H-inden-4-yl]-2-methyl-2-propenal。CAS 1019705-70-4, 2407942-12-3 已經停用[84]。

• 纈草醛 (Baldrinal)，屬於芳香醛，化學式 $C_{12}H_{10}O_4$、密度 1.29g/cm^3、沸點 451.4°C，白色結晶粉末，溶於甲醇、乙醇等有機溶劑，存在於纈草等植物中，由於化學式為 $C_{12}H_{10}O_4(C_{12})$，不屬於倍半萜 (C_{15})[11, 12]。
  ➢ 纈草醛 (Baldrinal)，CAS 18234-46-3，IUPAC 名為：4-(Hydroxymethyl)cyclopenta(c)pyran-7-carboxaldehydeacetate/(7-Formylcyclopenta[c]pyran-4-yl)methyl acetate。

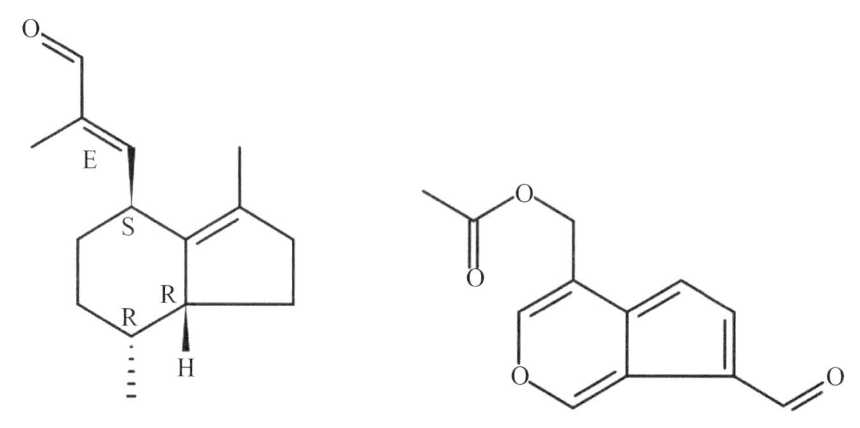

圖3-1-3-1 由左至右：纈草烯醛(Valerenal)、纈草醛(Baldrinal)化學式

2. 金合歡醛 (Farnesal)，2、6 號碳雙鍵有 E/Z 異構物，是一種無環（鏈狀）倍半萜醛，化學式 $C_{15}H_{24}O$、密度 0.89-0.90g/cm^3、沸點 328.6°C[12]，如圖 3-1-3-2 所示，為淺黃色至黃色透明液體，溶於乙醇，不溶於水，存在於檸檬香茅、馬鞭草等植物中[43]，有著薄荷味的花香，對眼睛、皮膚和呼吸道有刺激性，廣泛用在飲料、水果、魚類、肉類、烘焙食品、乳酪、口香糖、豆類、蔬菜等產品中，作為調味劑[19]。
   • 金合歡醛／法尼醛 (Farnesal/Farnesone)，CAS 19317-11-4，IUPAC 名為：3,7,11-Trimethyldodeca-2,6,10-trienal。
     ➢ (2E,6E)- 金合歡醛 (E,E-Farnesal/trans,trans-Farnesal)，CAS 502-67-0，IUPAC 名為：(2E,6E)-3,7,11-Trimethyldodeca-2,6,10-trienal。CAS 807656-93-5 已經停用[84]。
     ➢ (2Z,6E)- 金合歡醛 ((2Z,6E)-Farnesal)，CAS 4380-32-9[12, 82, 86]，IUPAC 名為：(2Z,6E)-3,7,11-Trimethyldodeca-2,6,10-trienal。

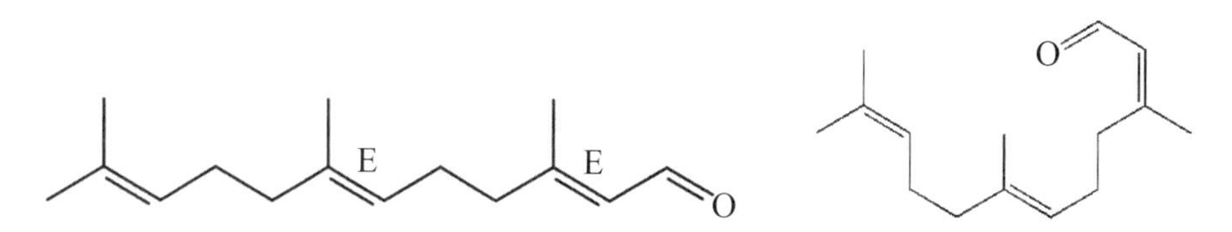

圖3-1-3-2 由左至右：(2E,6E)-金合歡醛、(2Z,6E)-金合歡醛化學式

3. 中國橘醛／甜橙醛 (Sinensal/Tianchengquan)，天然存在 α 與 β 異構物，α- 異構物分子 2、6、9 號碳有 E/Z 異構物、β- 異構物分子 2、6 號碳有 E/Z 異構物，兩種常見異構物都是反式結構。中國橘醛為無環（鏈狀）倍半萜醛，化學式 $C_{15}H_{22}O$、密度 0.917-0.923g/cm^3、沸點 331-333°C，如圖 3-1-3-3 所示。中國橘醛溶於乙醇，不溶於水，存在於甜橙皮、蕎麥和芫荽／香菜等植物中 [4]，有著香甜水果汁或橘子的香氣，用在飲料中作為調味劑 [19]。
   - 中國橘醛／甜橙醛 (Sinensal)，CAS 3779-62-2。
     - α- 中國橘醛 (α-Sinensal)，CAS 17909-77-2，IUPAC 名為：(2E,6E,9E)-2,6,10-Trimethyl dodeca-2,6,9,11-tetra enal。CAS 29994-82-9 已經停用 [84]。
     - β- 中國橘醛 (β-Sinensal/Tianchengquan)，CAS 3779-62-2，IUPAC 名為：(2E,6E)-2,6-Dimethyl-10-methylidene dodeca-2,6,11-trienal。

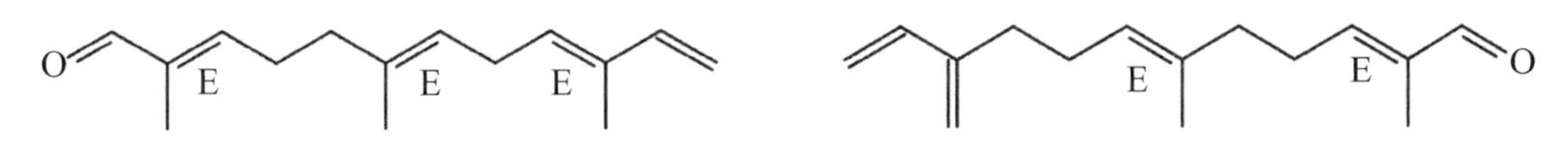

圖3-1-3-3　由左至右：α-中國橘醛、β-中國橘醛化學式

4. 三環類檀香醛／三環類紫檀萜醛 (Tricycloekasantalal)，分子有 [2.2.1] 雙環，在 2、6 號碳還有稠環，成為三環 (tricyclo) 結構，與檀油醇 (Teresantalol) 和檀萜烯酮／檀香酮 (Santalone) 結構相似，化學式 $C_{12}H_{18}O$、密度 1.0±0.1g/cm^3、沸點 236.9°C、旋光度 [α]D +13.30°（比旋光度 α 符號中，D 是指鈉燈光波，正值是指右旋），略溶於水 (45.2mg/L@25°C)，天然存在於檀香、薰衣草等植物中 [11, 19, 35, 64]。
   - 三環類檀香醛／三環類紫檀萜醛 (Tricycloekasantalal/eka-Tricyclosantalal)，CAS 16933-18-9，IUPAC 名為：3-[(3R)-2,3-Dimethyl-3-tricyclo[2.2.1.0^{2,6}]heptanyl]propanal。CAS 19388-57-9 已經停用 [84]。
     - 根據化學化工類專業術語 [55]，將 Tricycloekasantalal 譯為三環類檀香醛／三環類紫檀萜醛。
   - 檀油醇 (Teresantalol)，請參考 2-2-1-1-13。
   - 檀萜烯酮／檀香酮 (Santalone)，請參考 3-2-2-13。

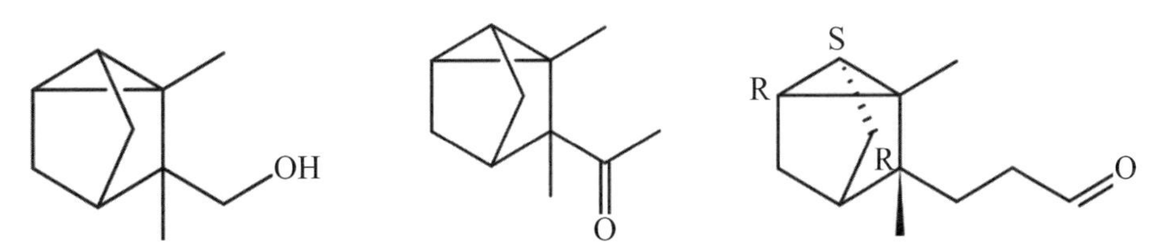

圖3-1-3-4　由左至右：檀油醇、檀萜烯酮／檀香酮、三環類檀香醛／三環類紫檀萜醛化學式

第二節　酮類精油

酮類的精油包括素馨酮、大馬士革酮、香堇酮／紫羅蘭酮、大西洋酮、薄荷酮、胡薄荷酮／蒲勒酮、樟腦、松樟酮、香芹酮、馬鞭草烯酮、纈草酮、雙酮（例如義大利二酮）、三酮（例如細籽酮／松紅梅酮），存在於迷迭香、鼠尾草、義大利永久花、牛膝草等植物中。

一、單萜酮

1. 薄荷酮 (Menthone)，分子 2、5 號碳有手性中心，爲環狀單萜酮，如圖 3-2-1-1 所示，化學式 $C_{10}H_{18}O$、密度 0.895g/cm^3、熔點 -6°C、沸點 207°C，有四種不同的立體異構物 [5]，溶於乙醇及大多數溶劑，不溶於水，爲無色油狀液體，有清涼的木香與薄荷香氣，香氣不持久，口味清涼但有苦味 [4]。工業上主要從薄荷醇氧化而得，也可從薄荷等植物眞空蒸餾後分離而出，或由胡薄荷酮／蒲勒酮或胡椒酮還原製得。主要用作薄荷、薰衣草、玫瑰等香精以及香葉天竺葵等香料 [4]。研究證實薄荷酮、異薄荷酮具有抗氧化的功效 [58]。
   - 薄荷酮 (Menthone)，CAS 89-80-5。
     - ➢ 左旋薄荷酮 ((-)-Menthone/l-Menthone)，CAS 14073-97-3，IUPAC 名爲：(2S,5R)-5-Methyl-2-(propan-2-yl)cyclohexan one。CAS 21060-23-1 已經停用 [84]。
     - ➢ 右旋薄荷酮 ((+)-Menthone/d-Menthone)，CAS 3391-87-5，IUPAC 名爲：(2R,5S)-5-Methyl-2-(propan-2-yl)cyclohexanone。
   - 異薄荷酮 (Isomenthone)，CAS 491-07-6。
     - ➢ 左旋異薄荷酮 ((-)-Isomenthone/l-Isomenthone)，CAS 18309-28-9，IUPAC 名爲：(2S,5S)-5-Methyl-2-(propan-2-yl)cyclohex anone。
     - ➢ 右旋異薄荷酮 ((+)-Isomenthone/d-Isomenthone)，是薄荷酮的異構物，爲環狀單萜酮，化學式 $C_{10}H_{18}O$、密度 0.896-0.909g/cm^3、沸點 208°C，爲無色油狀液體，溶於乙醇、乙醚，不溶於水，略帶薄荷香氣，存在於紅景天以及苔蘚植物等 [11, 12, 19]。
       - ✓ 右旋異薄荷酮 ((+)-Isomenthone/d-Isomenthone)，CAS 196-31-2，IUPAC 名爲：(2*R*,5*R*)-5-Methyl-2-(propan-2-yl)cyclohexanone。

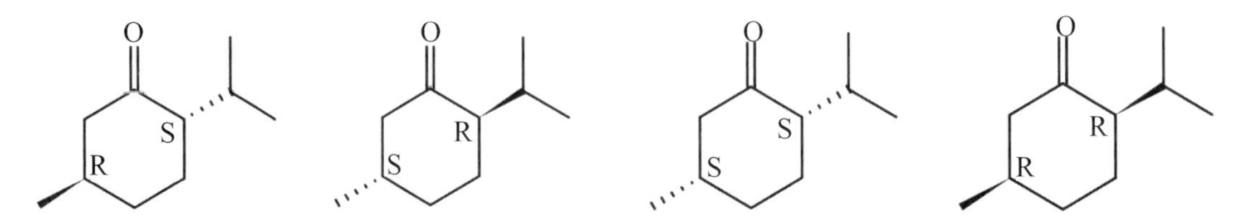

圖3-2-1-1　由左至右：左旋薄荷酮、右旋薄荷酮、左旋異薄荷酮、右旋異薄荷酮化學式

2. 胡薄荷酮／蒲勒酮／長葉薄荷酮 (Pulegone)，5 號碳有手性中心。胡薄荷酮爲環狀單萜酮，化學式 $C_{10}H_{16}O$、密度 0.9346g/cm^3、沸點 224°C，如圖 3-2-1-2 所示，存在於唇萼薄荷、長葉薄荷、貓薄荷和狼尾草，爲無色透明油性液體，與乙醇、乙醚、氯仿混溶，幾乎不溶於水，有薄荷和樟腦香氣（薄荷—牛至味 [12]）。胡薄荷酮具有肝臟毒性，在民間

被用作墮胎藥，大劑量食入會引起嚴重的中毒，偶爾會導致死亡。研究顯示大鼠和小鼠食用後的肝臟、腎臟、鼻子和胃的非腫瘤性病變以及有致癌的跡象。常用於香水、調味劑，是天然的殺蟲劑[5, 11]，食品工業用於烘焙食品、飲料、冰乳品等產品[19]。研究證實胡薄荷酮／蒲勒酮／長葉薄荷酮具有鎮痛的功效[58]。

- 胡薄荷酮／蒲勒酮／長葉薄荷酮 (Pulegone)，CAS 89-82-7。
  - ➢ 左旋胡薄荷酮 ((-)-Pulegone/l-Pulegone)，CAS 3391-90-0，IUPAC 名爲：(-)-(5S)-5-Methyl-2-propan-2-ylidenecyclo hexan-1-one。
  - ➢ 右旋胡薄荷酮 ((+)-Pulegone/d-Pulegone)，CAS 89-82-7，IUPAC 名爲：(+)-(5R)-5-Methyl-2-propan-2-ylidenecyclo hexan-1-one。CAS 90449-51-7 已經停用[84]。
- 異胡薄荷酮／異蒲勒酮 (Isopulegone)，反式較常見，2、5 號碳有手性中心，化學式 $C_{10}H_{16}O$、密度 0.925-0.932g/cm^3、沸點 208°C，溶於乙醇，幾乎不溶於水，有薄荷香氣，用於烘焙、非酒精飲料、冰品、糖果、乳製品、肉品等[11]。
  - ➢ 異胡薄荷酮／異蒲勒酮 (Isopulegone)，CAS 29606-79-9。CAS 6090-04-6 已經停用[84]。
    - ✓ 順式異胡薄荷酮 (cis-Isopulegone)。
      - ❖ 左旋順式異胡薄荷酮 ((-)-cis-Isopulegone)，IUPAC 名爲：(-)-(2S,5S)-5-Methyl-2-(prop-1-en-2-yl)cyclohexan-1-one[11]。
      - ❖ 右旋順式異胡薄荷酮((+)-cis-Isopulegone)，CAS 3391-89-7[20, 67]/CAS 52152-10-0[12, 19]，IUPAC 名爲：(+)-(2R,5R)-5-Methyl-2-(prop-1-en-2-yl)cyclohexan-1-one[11]。
    - ✓ 反式異胡薄荷酮 (trans-Isopulegone)，CAS 29606-79-9[19, 67]。
      - ❖ 左旋反式異胡薄荷酮 ((-)-trans-Isopulegone/(-)-Isopulegone)，CAS 17882-43-8[20]，IUPAC 名爲：(-)-(2S,5R)-5-Methyl-2-(1-methylethenyl)cyclohexanone。
      - ❖ 右旋反式異胡薄荷酮 ((+)-trans-Isopulegone/d-Isopulegone/(+)-Isopulegone)，CAS 57129-09-6，IUPAC 名爲：(+)-(2R,5S)-5-Methyl-2-(1-methylethenyl)cyclohexanone。

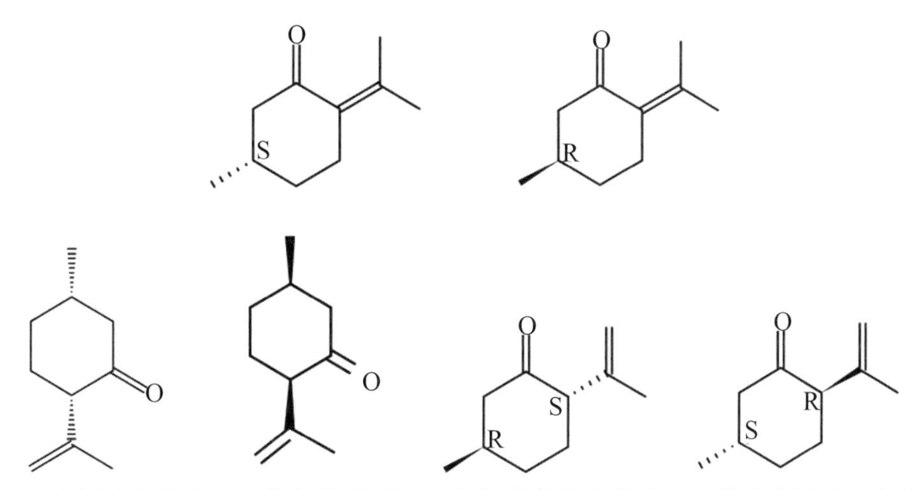

圖3-2-1-2　上排由左至右：左旋胡薄荷酮、右旋胡薄荷酮化學式；下排由左至右：左旋順式(2S,5S)異胡薄荷酮、右旋順式(2R,5R)異胡薄荷酮、左旋反式(2S,5R)異胡薄荷酮、右旋反式(2R,5S)異胡薄荷酮化學式

3. 樟腦 (Camphor)，有 [2.2.1] 雙環 (bicyclo) 結構，1、4 號碳有手性中心，有左旋 (-) 和右旋 (+) 異構物，自然界存在的多爲右旋。樟腦爲化學式 $C_{10}H_{16}O$、密度 0.99g/cm^3、熔點 179.75°C、沸點 204°C，如圖 3-2-1-3 所示。樟腦爲蠟狀透明的固體，易燃，具有強烈的香氣，存在於樟樹等月桂科的樹木以及迷迭香葉。傳統上以樟木木屑烘烤的蒸汽濃縮而成，或以蒸汽通過木屑，再將蒸汽冷凝而得。日本殖民時期大量砍伐樟木製成樟腦，因此台灣曾是世界的樟腦王國，然而過去使用的的樟腦丸實際上是用萘或萘酚製成，因此稱爲萘丸。工業上由松節油中蒸餾出 α- 蒎烯，再由 α- 蒎烯生產樟腦。樟腦常作爲驅蟲劑，可驅離蠹魚，但對蟑螂、蚊子效果不顯著。樟腦也用於皮膚霜或軟膏等外用藥物，以減輕昆蟲叮咬的搔癢，或用於防腐液、宗教儀式甚至食物中 [5]。樟腦具毒性，不可直接食用。患有蠶豆症 (G6PD 缺乏症）的不可使用含樟腦的產品。研究證實樟腦具有抗真菌的活性 [58]。
   - 樟腦 ((±)-Camphor/dl-Camphor/2-Camphanone)，CAS 76-22-2。CAS 8013-55-6, 8022-77-3, 21368-68-3, 48113-22-0 已經停用 [84]。
     - 左旋樟腦 ((-)-Camphor/l-Camphor)，CAS 464-48-2，IUPAC 名爲：(-)-(1S,4S)-1,7,7-Trimethylbicyclo [2.2.1]heptan-2-one。
     - 右旋樟腦 ((+)-Camphor/d-Camphor/(+)-2-Bornanone)，CAS 464-49-3，IUPAC 名爲：(+)-(1R,4R)-1,7,7-Trimethylbicyclo [2.2.1]heptan-2-one。CAS 68546-28-1 已經停用 [84]。

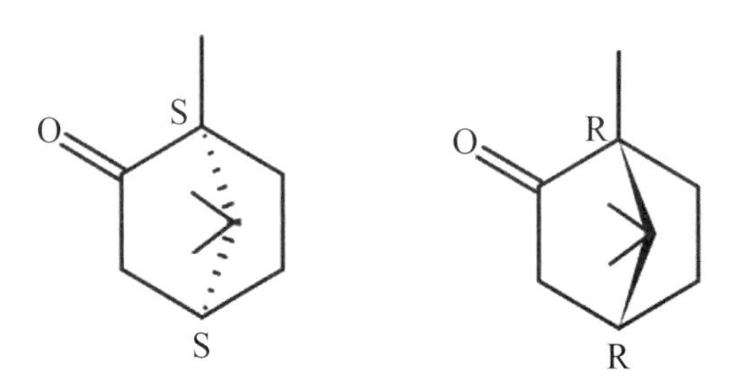

圖3-2-1-3　由左至右：左旋樟腦和右旋樟腦化學式[61]

4. 松樟酮 (Pinocamphone)，爲 [3.1.1] 雙環 (bicyclo) 單萜酮，1、2、5 號碳有手性中心。松樟酮化學式 $C_{10}H_{16}O$、密度 0.963-0.969g/cm^3、沸點 210-213°C[19]，如圖 3-2-1-4 所示，溶於乙醇、水等溶劑，有雪松與柏木醇的香味 [19]，常用於食品添加劑或作爲調味料，用於烘焙食品、餅乾、糖果、穀片、乳酪、肉類、魚類、乳製品及冰品等產品 [11, 19]。有研究報導松樟酮有干擾神經系統的毒性，用於控制殺死微生物或植物害蟲，但松樟酮的毒性與影響需要進一步確認 [35, 116]。
   - 松樟酮 (Pinocamphone/3-Pinanone)，CAS 547-60-4。
     - 左旋松樟酮 ((-)-Pinocamphone/l-Isopinocamphone)，CAS 14575-93-0，IUPAC 名爲：(1S,2S,5R)-2,6,6-Trimethylbicyclo[3.1.1]heptan-3-one/(1S,2S,5R)-(-)-3-Pinanone。
     - 反式松樟酮 / 松樟酮 (trans-Pinocamphone/trans-(±)-3-Pinanone)，CAS 547-60-4，IUPAC 名爲：(1S,2R,5R)-2,6,6-Trimethylbicyclo[3.1.1]heptan-3-one。CAS 30517-87-4 已

經停用 [84]。

- 異松樟酮 (Isopinocamphone/cis-Pinocamphone)：左旋 (-)- 異松樟酮與左旋 (-)- 松樟酮的差異在於 2 號碳甲基方向，因此左旋 (-)- 異松樟酮在 2 號碳的手性 (2S) 與左旋 (-)- 松樟酮 (2R) 相反。松樟酮化學式 $C_{10}H_{16}O$、密度 0.963-0.969g/cm^3、沸點 207-209°C，溶於乙醇、水等溶劑，有雪松的香味，用於乳製品、肉類、豆類、水果、軟糖、冰品、湯品等產品 [19]。
    - ➢ 異松樟酮 ((±)-Isopinocamphone/3-Pinanone)，CAS 15358-88-0。CAS 24558-58-5, 30469-22-8 已經停用 [84]。
        - ✓ 左旋異松樟酮 ((-)-Isopinocamphonell-Pinocamphone)，CAS 22339-21-5，IUPAC 名爲：(1S,2R,5R)-2,6,6-Trimethylbicyclo[3.1.1]heptan-3-one/(1S,2R,5R)-(-)-3-Pinanone)。CAS 1195518-93-4 已經停用 [84]。
        - ✓ 異松樟酮／順式松樟酮 ((±)-Isopinocamphone/cis-Pinocamphone/cis-(±)-3-Pinanone)，CAS 15358-88-0，IUPAC 名爲：(1S,2S,5R)-2,6,6-Trimethylbicyclo[3.1.1]heptan-3-one。

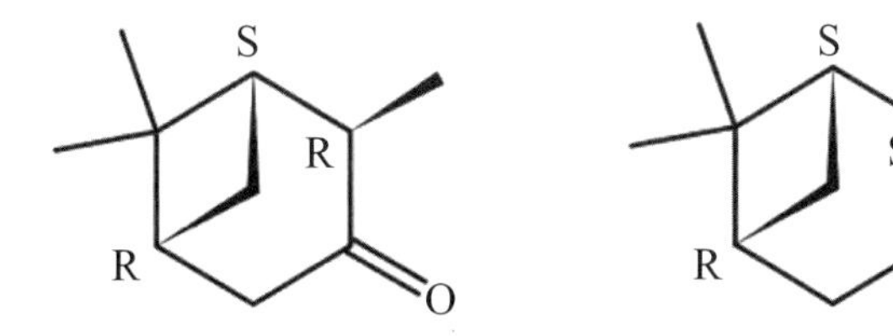

圖3-2-1-4　由左至右：松樟酮(1S,2R,5R)/CAS 547-60-4、異松樟酮(1S,2S,5R)/CAS 15358-88-0化學式

5. 香芹酮 (Carvone)，分子 5 號碳有手性中心，有左旋和右旋異構物。香芹酮爲環狀單萜酮，化學式 $C_{10}H_{14}O$、密度 0.96g/cm^3、熔點 25.2°C、沸點 227-230°C，如圖 3-2-1-5 所示，爲無色透明液體，溶於乙醇等溶劑、難溶於水，存在於香菜、留蘭香、蒔蘿等植物的種子以及柑桔皮中 [5]，左旋一香芹酮有甜甜的薄荷香味，存在於綠薄荷精油中；右旋香芹酮有香菜種子的辛辣氣味，存在於香芹籽精油中。主要用於配製香精，常用於口香糖、牙膏、醫藥等的調和香料 [12]，右旋香芹酮也用於防止馬鈴薯過早發芽。香芹酮可以還原得到香芹醇、氧化得到二酮、或用臭氧和蒸汽裂解得到雙內酯。研究證實香芹酮具有鎮痛、抗焦慮、安神的功效 [58]。
    - 香芹酮 (Carvone/(±)-Carvone/dl-Carvone/Limonen-6-one)，CAS 99-49-0。CAS 22327-39-5 已經停用 [84]。
        - ➢ 左旋香芹酮 ((-)-Carvone/l-Carvone)，CAS 6485-40-1，IUPAC 名爲：(-)-(5R)-2-Methyl-5-(prop-1-en-2-yl)cyclohex-2-en-1-one。
        - ➢ 右旋香芹酮 (+)-(Carvone/d-carvone)，CAS 2244-16-8，IUPAC 名爲：(+)-(5S)-2-Methyl-5-(prop-1-en-2-yl)cyclohex-2-en-1-one。CAS 53763-73-8 已經停用 [84]。

- 二氫香芹酮 (Dihydrocarvone)，化學式 $C_{10}H_{16}O$、密度 0.926g/cm^3、沸點 224-225°C，爲無色至淡黃色油狀黏稠液體，有草本的留蘭香氣味和胡椒香味，天然存在於黃蒿、薄荷等精油中，溶於乙醇，微溶於水，主要用於配製人造留蘭香和薄荷類香精 [12, 19]。
  - ➢ 二氫香芹酮 (Dihydrocarvone)，CAS 5948-04-9。
    - ✓ 順式二氫香芹酮 (cis-Dihydrocarvone)，CAS 3792-53-8，IUPAC 名爲：rel-(2S,5R)-2-Methyl-5-(prop-1-en-2-yl)cyclohexanone。CAS 69460-46-4 已經停用 [84]。"rel-" 表示還有相對的 (Relative) 異構物。
    - ✓ 反式二氫香芹酮 ((±)-Dihydrocarvone/trans-Dihydrocarvone)，CAS 5948-04-9，IUPAC 名爲：rel-(2R,5R)-2-Methyl-5-(prop-1-en-2-yl)cyclohexanone。CAS 4584-09-2 已經停用 [84]。"rel-" 表示還有相對的 (Relative) 異構物。
- 松香芹酮 (Pinocarvone)，請參考 3-2-1-12。

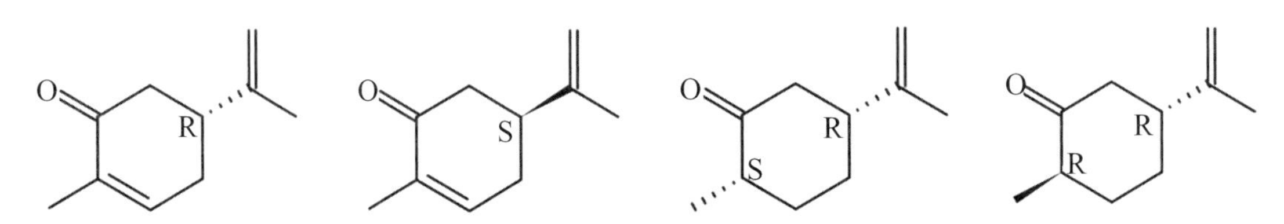

圖3-2-1-5　左至右：左旋香芹酮、右旋香芹酮、順式(2S,5R)二氫香芹酮、反式(2R,5R)二氫香芹酮化學式

6. 馬鞭草烯酮 (Varbenone)，有 [3.1.1] 環狀結構，分子 1、5 號碳有手性中心，化學式 $C_{10}H_{14}O$、密度 0.978g/cm^3、熔點 6.5°C、沸點 227-228°C，如圖 3-2-1-6 所示，爲無色黏稠液體，接觸空氣會迅速變黃，可與多數溶劑混溶，幾乎不溶於水，存在於藍桉、西班牙馬鞭草、迷迭香等植物，以及久存氧化的松節油中，有著有類似樟腦、薄荷腦、芹菜的香味 [4, 17]。工業上馬鞭草烯酮可以透過氧化 α- 蒎烯製得。馬鞭草烯酮有抗菌作用，用於香水、草藥茶、香料、草藥和芳療實務 [5]。
   - 馬鞭草烯酮 (Varbenone/(±)-Varbenone/)，CAS 80-57-9 [5, 19]。CAS 5480-12-6, 29789-40-0 已經停用 [84]。
     - ➢ 左旋馬鞭草烯酮 ((-)-Varbenone/Levoverbenone/l-Verbenone)，CAS 1196-01-6 [11, 17]，IUPAC 名爲：(1S,5S)-4,6,6-Trimethylbicyclo[3.1.1]hept-3-en-2-one。CAS 1933770-61-6, 2308489-04-3 已經停用 [84]。
     - ➢ 右旋馬鞭草烯酮 ((+)-Varbenone/d-Verbenone)，CAS 8309-32-5，IUPAC 名爲：(1R,5R)-4,6,6-Trimethylicyclo[3.1.1]hept-3-en-2-one。

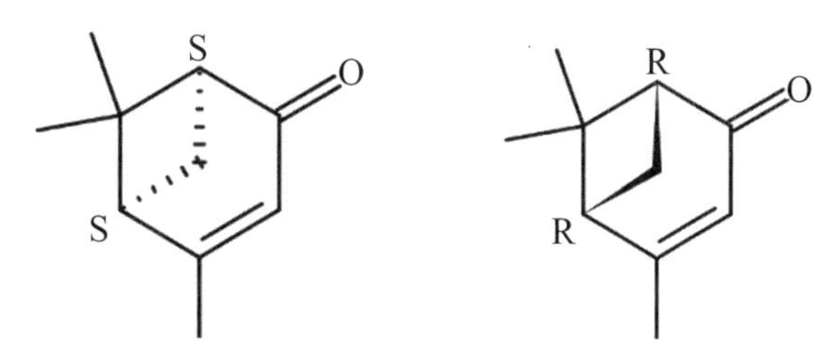

圖3-2-1-6　由左至右：左旋馬鞭草烯酮、右旋馬鞭草烯酮化學式

7. 菊油環酮／菊花烯酮／菊酮 (Chrysanthenone)，為雙環狀單萜酮，有 [3.1.1] 雙環 (bicyclo) 結構，分子 1、5 號碳有手性中心，化學式 $C_{10}H_{14}O$、密度 0.992g/cm^3、熔點 81-82°C、沸點 227-228°C，如圖 3-2-1-7 所示，為無色黏稠液體，溶於乙醇等溶劑，不溶於水 [19]，有菊花樹脂香氣而不是花的甜香，存在於白草蒿等植物精油與杭白菊樹脂、冰片、乙酸冰片酯中，有驅蟲的效果。菊油環酮可從香葉酸製取，或以馬鞭草酮通過紫外光化學反應轉化而成 [5, 19]。
   - 菊油環酮／菊花烯酮／菊酮 (Chrysanthenone)，CAS 473-06-3。CAS 97169-74-9, 16750-81-5 已經停用 [84]。
     - ➢ 左旋菊油環酮 ((-)-Chrysanthenone)，CAS 58437-73-3 [66, 67]，IUPAC 名為：(1R,5S)-2,7,7-Trimethylbicyclo[3.1.1]hept-2-en-6-one。
     - ➢ 右旋菊油環酮 ((+)-Chrysanthenone)，CAS 38301-80-3 [84, 85]，IUPAC 名為：(1S,5R)-2,7,7-Trimethylbicyclo[3.1.1]hept-2-en-6-one。
   - 側柏酮／崖柏酮／守酮 (Thujone)，請參考 3-2-1-13。
   - 艾菊酮／白菊酮／3- 側柏烷酮 (Tanacetone/3-Thujanone)，請參考 3-2-1-21。

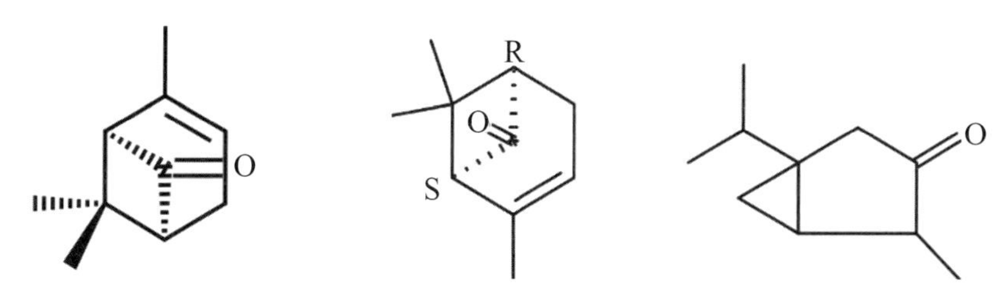

圖3-2-1-7　由左至右：左旋菊油環酮、右旋菊油環酮、艾菊酮／3-側柏烷酮化學式

8. 葑酮／小茴香酮 (Fenchone)，有 [2.2.1] 環狀結構，為雙環 (bicyclo) 單萜酮，化學式 $C_{10}H_{16}O$、密度 0.948g/cm^3、熔點 6°C、沸點 193.5°C [5, 19]，如圖 3-2-1-8 所示，為無色至淡黃色油性液體，溶於乙醇，極難溶於水，結構和氣味與樟腦相似，有濃鬱的果香和木香，且帶有鮮花和水果的香氣，左旋 (-) 葑酮存在於艾草、丹參和雪松中，右旋 (+) 葑酮存在於野生、苦味和甜味大茴香中 [5]。用於香水及配製覆盆子、櫻桃、葡萄、熱帶水果等食物香精。甜茴香和香茅等植物的香氣主要來自於葑酮、茴香醛、茴香腦、蒎烯等成分。葑酮是抗生素的一種，能破壞細菌的細胞壁 [4]。研究證實葑酮／小茴香酮具有鎮痛的功效 [58]。

- 葑酮／小茴香酮 (Fenchone/(±)-Fenchone/dl-Fenchone)，CAS 1195-79-5。CAS 126-21-6, 18492-37-0, 1071582-04-1 已經停用 [84]。
  - 左旋葑酮 ((-)-Fenchone/l-Fenchone)，CAS 7787-20-4，IUPAC 名爲：(1R,4S)-1,3,3-Trimethylbicyclo[2.2.1]heptan-2-one。CAS 11000-29-6, 1421788-37-5, 1822335-31-8, 1980023-27-5, 2180102-04-7, 2308507-23-3 已經停用 [84]。
  - 右旋葑酮 ((+)Fenchone/d-Fenchone)，CAS 4695-62-9，IUPAC 名爲：(1S,4R)-1,3,3-Trimethylbicyclo[2.2.1]heptan-2-one[61]。CAS 1212434-47-3, 1220042-99-8, 1276016-83-1, 1310540-18-1, 1325056-25-4, 1822336-36-6, 2180109-09-3, 2308490-83-5 已經停用 [84]。
- 「小茴香」是容易混淆的名稱，請參考 2-2-1-2-5。
- 葑醇／小茴香醇 (Fenchol/Fenchyl alcohol)，請參考 2-2-1-2-5。
- 葑烯／小茴香烯 (Fenchene)，請參考 2-1-1-18。

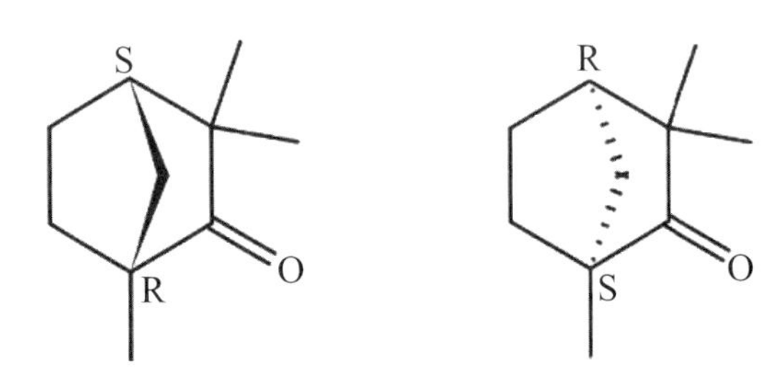

圖3-2-1-8　由左至右：左旋葑酮、右旋葑酮化學式

9. 苯乙酮／醋苯酮 (Acetophenone/1-Phenylethanone/Acetylbenzene/Hypnone)，化學式 C_8H_8O、密度 1.028g/cm^3、熔點 20°C、沸點 202°C，如圖 3-2-1-9 所示，苯乙酮 C_8H_8O 的化學式應該不屬於單萜酮 (C_{10})，溶於乙醇，略溶於水 (5.5g/L@25°C)，是最簡單的芳酮，爲無色黏稠液體。苯乙酮有類似杏仁、櫻桃、金銀花、茉莉花和草莓的香氣，存在於蘋果、乳酪、杏、香蕉、牛肉和花椰菜等食物中，對皮膚和眼睛有輕微刺激性，高濃度的蒸氣可產生麻醉作用，用於口香糖、調味劑、聚合催化劑、催淚瓦斯等產品，也曾用於催眠劑和抗驚厥劑，由於沸點高、穩定且氣味好，常作爲溶劑來溶解硝化纖維素、乙酸纖維素、乙烯樹脂、香豆酮樹脂、醇酸樹脂、甘油醇酸樹脂等材料。苯乙酮對大鼠爲致癌物，對人類目前沒有證據顯示會致癌，爲美國 FDA 批准的賦形劑 [4, 5, 11]。
   - 苯乙酮／醋苯酮 (Acetophenone/1-Phenylethanone/Acetylbenzene/Hypnone)，CAS 98-86-2，IUPAC 名爲：1-Phenylethan-1-one。

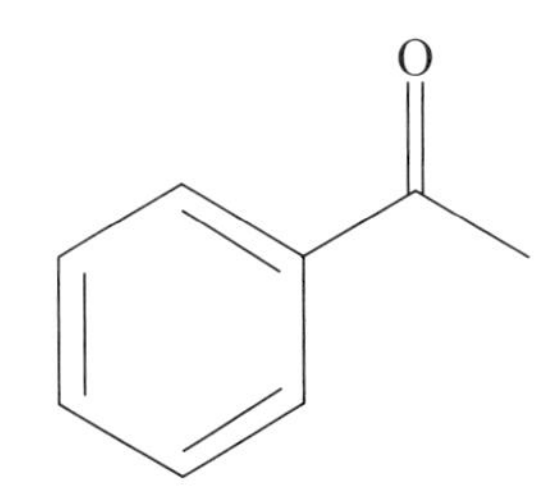

圖3-2-1-9　苯乙酮／醋苯酮化學式

10. 洋茴香酮／大茴香酮／甲氧苯丙酮 (Anisketone/4-Methoxyphenylacetone)，化學式 $C_{10}H_{12}O_2$、密度 1.069g/cm^3、熔點 -15°C、沸點 266-268°C[20]，如圖 3-2-1-10 所示，屬於烷基苯類化合物，爲淡黃色至黃綠色透明液體，溶於油與機溶劑，不溶於水，對皮膚和眼睛有刺激性，攝取有中度毒性，有甜辣的茴香香味，並略帶薄荷香氣，存在於八角茴香、七葉黃皮、洋茴香等植物中[11]。2020年台灣查獲超過3噸的毒品，原料之一即是「對甲氧基苯基丙酮」。
   - 洋茴香酮／大茴香酮／甲氧苯丙酮 (Anisketone/Anisyl methyl ketone/4-Methoxyphenyl acetone)，CAS 122-84-9，IUPAC 名爲：(1-(4-Methoxyphenyl)propan-2-one/4-Methoxybenzylmethylketone。

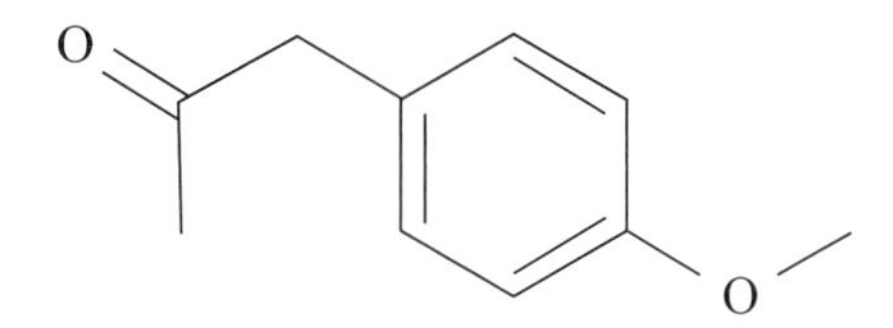

圖3-2-1-10　洋茴香酮／大茴香酮／甲氧苯丙酮化學式

11. 萬壽菊酮 (Tagetone)，化學式 $C_{10}H_{16}O$、密度 0.826g/cm^3、沸點 222-223°C，爲淡黃色透明液體，溶於乙醇，微溶於水，如圖 3-2-1-11 所示[12, 19]，存在於萬壽菊、日本獐牙菜等植物中。也有報導稱使用後發生皮膚炎[30]。
   - 萬壽菊酮 (Tagetone)，CAS 23985-25-3。
     - ➢ 順式萬壽菊酮 ((Z)-Tagetone/cis-Tagetone)，CAS 3588-18-9，IUPAC 名爲：(5Z)-2,6-Dimethyl-5,7-Octadien-4-one。
     - ➢ 反式萬壽菊酮 ((E)-Tagetone/trans-Tagetone)，CAS 6752-80-3，IUPAC 名爲：(5E)-2,6-Dimethyl-5,7-Octadien-4-one。
   - 萬壽菊烯酮／羅勒烯酮 (Tagetenone/Ocimenone)，化學式 $C_{10}H_{14}O$、沸點 227°C，溶於乙醇，可溶於水(192.9mg/L@25°C)，天然存在於印加孔雀草、野胡蘿蔔等植物中[11, 19, 87]。
     - ➢ 順式萬壽菊烯酮 (cis-Tagetenone/(Z)-Tagetenone/cis-Ocimenone)，CAS 33746-71-3，IUPAC 名爲：(5Z)-2,6-Dimethylocta-2,5,7-trien-4-one。
     - ➢ 反式萬壽菊烯酮 (trans-Tagetenone/(E)-Tagetenone/trans-Ocimenone/(E)-Ocimenone)，CAS 33746-72-4，IUPAC 名爲：(5E)-2,6-Dimethylocta-2,5,7-trien-4-one。
   - 雙氫萬壽菊酮 (Dihydrotagetone)，化學式 $C_{10}H_{18}O$、密度 0.8354g/cm^3、沸點 185-188°C，爲，溶於乙醇，微溶於水[19]，存在於萬壽菊中，可作爲是一種抗眞菌、抗菌和原生動物的抗菌劑。
     - ➢ 雙氫萬壽菊酮 (Dihydrotagetone)，CAS，IUPAC 名爲：2,6-Dimethyl-7-octen-4-one。
   - 羅勒烯 (Ocimene)，請參考 2-1-1-9。

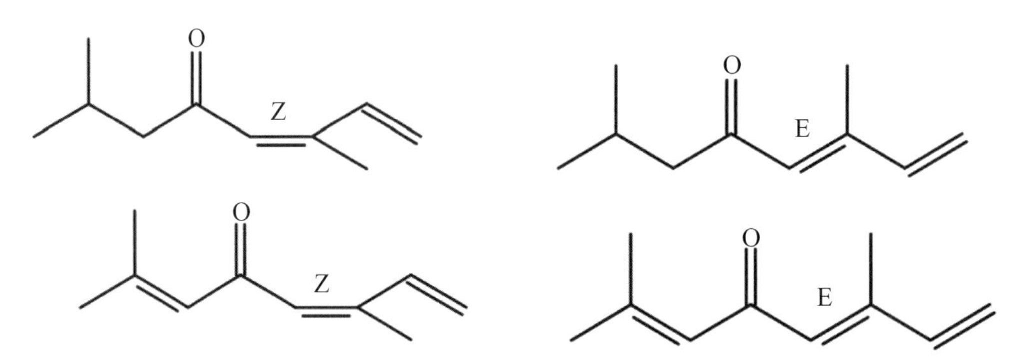

圖3-2-1-11　上排由左至右：順式(Z)萬壽菊酮、反式(E)萬壽菊酮化學式。下排由左至右：順式(Z)萬壽菊烯酮、反式(E)萬壽菊烯酮化學式

12. 松香芹酮 (Pinocarvone)，分子有 [3.1.1] 雙環 (bicyclo) 結構，1、5 號碳有手性中心，有右旋／左旋異構物，化學式 $C_{10}H_{14}O$、密度 0.9875g/cm^3、熔點 -1.8°C、沸點 217-218°C，溶於乙醇，微溶於水 (117.2mg/L@25°C)[35]，如圖 3-2-1-12 所示，有薄荷香氣，存在於牛膝草／神香草、綠薄荷、月桂等植物中，有抗增殖、抗氧化和抗菌的功效[5]，不建議作爲香水或食用香料[11, 19]。
    - 松香芹酮 (Pinocarvone/α-Pinocarvone/3-Nopinenone/±)-2(10)-Pinen-3-one)，CAS 30460-92-5。CAS 547-62-6, 16812-40-1 已經停用[84]。
        - ➢ 左旋松香芹酮 ((-)-Pinocarvone)，CAS 19890-00-7[11.12.66.87]，IUPAC 名爲：(1S,5S)-6,6-Dimethyl-2-methylidenebicyclo[3.1.1]heptan-3-one。
        - ➢ 右旋松香芹酮 ((+)-Pinocarvone)，CAS 34413-88-2[11.12.19.87]，IUPAC 名爲：(1R,5R)-6,6-Dimethyl-2-methylidenebicyclo[3.1.1]heptan-3-one。

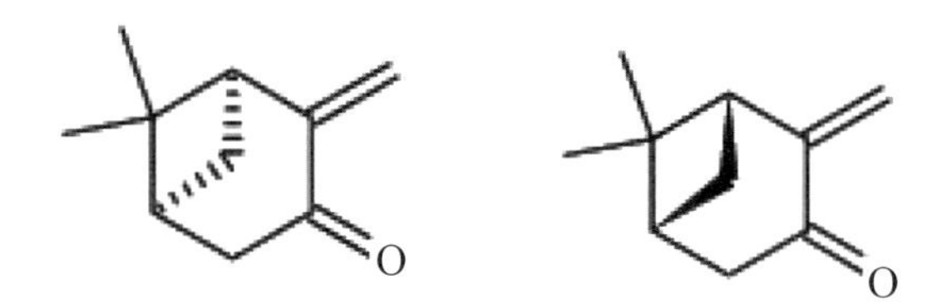

圖3-2-1-12　由左至右：左旋松香芹酮、右旋松香芹酮化學式

13. 側柏酮／崖柏酮／守酮 (Thujone)，有 α 和 β 異構物，並各有手性異構物，分子爲 [3.1.0] 雙環 (bicyclo) 結構，1、4、5 號碳有手性中心，化學式 $C_{10}H_{16}O$、密度 0.914g/cm^3、沸點 200-201°C，如圖 3-2-1-13 所示，溶於乙醇，不溶於水，對皮膚、眼睛、呼吸道黏膜具刺激性。側柏酮天然存在兩種非對映體：(-)-α- 側柏酮和 (+)β- 側柏酮，有著類似薄荷醇的氣味，苦艾酒中含有少量側柏酮。除了天然的側柏酮，理論上還存在另外兩個對映體形式：(+)-α- 側柏酮和 (-)β- 側柏酮。側柏酮不可食用，許多國家都對食物或飲料中側柏酮的含量做了限制[5, 19]。美國不允許食品中添加純的側柏酮；苦艾酒、蒿屬植物、白雪松、橡樹苔、丹參或蓍草的食品或飲料，側柏酮含量必須低於 10mg/L[5]。在芳療經驗上，側

柏酮爲口服毒素及墮胎藥劑，孕婦應避免接觸[30]。

- 側柏酮／崖柏酮／守酮 (α,β-Thujone)，CAS 76231-76-0[11, 12, 17, 20, 86]。
  - ➢ α- 側柏酮 (α-Thujone)，CAS 546-80-5[5]。
    - ✓ 左旋 -α- 側柏酮 ((-)-α-Thujone/Absinthol)，CAS 546-80-5，IUPAC 名爲：(1S,4R,5R)-4-Methyl-1-(propan-2-yl)bicyclo[3.1.0]hexan-3-one。CAS 1310340-03-4, 2407704-71-4 已經停用[84]。
    - ✓ 右旋 -α- 側柏酮 ((+)-α-Thujone/d-Thujone)[66]，IUPAC 名爲：(1R,4S,5S)-4-Methyl-1-(propan-2-yl)bicyclo[3.1.0]hexan-3-one。
  - ➢ β- 側柏酮 (β-Thujone/cis-Thujone/Isothujone)，CAS 471-15-8[5]。
    - ✓ 左旋 -β- 側柏酮 ((-)-β-Thujone)，IUPAC 名爲：(1R,4R,5S)-4-Methyl-1-(propan-2-yl) bicyclo[3.1.0]hexan-3-one。
    - ✓ 右旋 -β- 側柏酮 ((+)-β-thujone/d-β-Thujone/cis-Thujone/(+)-Isothujone/d-Isothujone/(1S,4S,5R)-(+)-3-Thujanone)，CAS 471-15-8，IUPAC 名爲：(1S,4S,5R)-4-Methyl-1-(propan-2-yl)bicyclo[3.1.0]hexan-3-one。CAS 7785-59-3, 33766-29-9, 1933729-95-3 已經停用[84]。
  - ➢ 3- 側柏烷酮／艾菊酮／白菊酮 (3-Thujanone/Tanacetone/Chrysanthone)，CAS 1125-12-8[84]，IUPAC 名爲：4-Methyl-1-(1-methylethyl)bicyclo [3.1.0]hexan-3-one。
- ACS[84] 把菊油環酮 (Chrysanthenone，CAS 473-06-3) 等同於 3- 側柏烷酮／艾菊酮／白菊酮 (3-Thujanone/Tanacetone)，其實是不同化合物。
- 菊油環酮／菊花烯酮／菊酮 (Chrysanthenone)，請參考 3-2-1-7。
- 艾菊酮／白菊酮／3- 側柏烷酮 (Tanacetone/3-Thujanone)，請參考 3-2-1-21。
- 側柏烯 (Thujene)、檜烯／沙賓烯 (Sabinene)，請參考 2-1-1-10。
- 4- 側柏烷醇／水合檜烯 (4-Thujanol/Sabinene hydrate)、寧醇／3- 側柏烷醇／3- 新異側柏烷醇／崖柏醇 (Thujol/3-Thujanol/3-Neoisothujanol)，請參考 2-2-1-3-3。

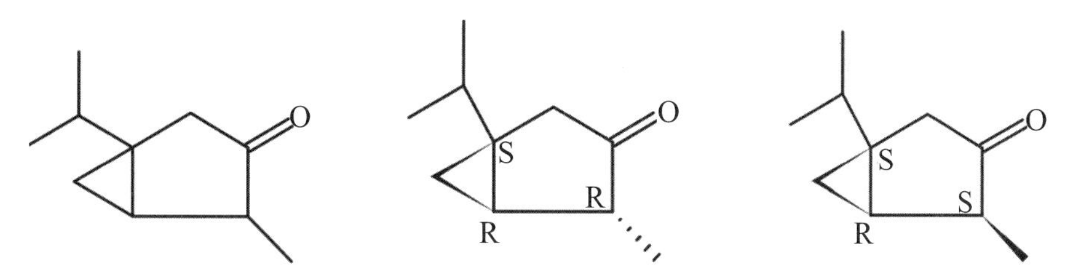

圖3-2-1-13 由左至右：3-側柏烷酮、左旋-α-側柏酮、右旋-β-側柏酮化學式

14. 胡椒酮 (Piperitone)，爲環狀單萜酮，化學式 $C_{10}H_{16}O$、密度左旋體 (-/l)：0.9324；右旋體 (+/d)：0.9344g/cm^3、沸點：左旋體 (-/l)：109.5-110.5°C；右旋體 (+/d)：232-235°C，旋光度左旋體 (-/l)：[α]20D-15.9°；右旋體 (+/d)：[α]20D +49.13°[17]，如圖 3-2-1-14 所示，爲無色透明液體，溶於乙醇，難溶於水。右旋體存在於臭草油，有樟腦氣味。左旋體存在於闊葉桉等多種桉樹中，有辛香薄荷香氣。胡椒酮用於薄荷腦和百里酚的合成，以及化妝品與

牙膏香精，化妝品多用右旋體[5, 12]。

- 胡椒酮 (Piperitone/(±)-Piperitone/dl-Piperitone)，CAS 89-81-6，IUPAC 名爲 3-Methyl-6-(1-methylethyl)-2-cyclohexen-1-one/p-Menth-1-en-3-。CAS 6091-52-7, 1082702-70-2 已經停用[84]。
  - ➢ 左旋胡椒酮 ((-)-Piperitone/l-Piperitone)，CAS 4573-50-6，IUPAC 名爲：(-)-(6R)-3-Methyl-6-(propan-2-yl)cyclohex-2-en-1-one。
  - ➢ 右旋胡椒酮 ((+)-Piperitone/d-Piperitone)，CAS 6091-50-5，IUPAC 名爲：(+)-(6S)-3-Methyl-6-(propan-2-yl)cyclohex-2-en-1-one。
- 胡薄荷烯酮 (Piperitenone/Pulespenone)，爲單萜酮，化學式 $C_{10}H_{14}O$、密度 0.976g/cm^3、沸點 239.5°C，爲黃色至琥珀色油狀液體，溶於乙醇和油，微溶於水，天然存在於迷迭香、綠薄荷／留蘭香、辣薄荷、柳橙薄荷／橘子薄荷／香橙薄荷、柑橘、薄荷、忍冬／金銀花、草藥和香料中，有強烈的薄荷及酚類氣味，具有抗氧化活性，可抑制亞油酸的過氧化[11, 12, 35]。
  - ➢ 薄荷二烯酮／胡椒烯酮／胡薄荷烯酮 (Piperitenone/Pulespenone/3-Terpinolenone)，CAS 491-09-8，IUPAC 名爲：3-Methyl-6-propan-2-ylidenecyclohex-2-en-1-one/p-Mentha-1,4(8)-dien-3-one/3-Terpinolenone。
- 異薄荷二烯酮／異胡椒烯酮 (Isopiperitenone)，CAS 529-01-1，IUPAC 名爲：3-Methyl-6-(1-methylethenyl)-2-cyclohexen-1-one。CAS 63844-92-8 已經停用[84]。異薄荷二烯酮／異胡椒烯酮右手性 (6R) 光旋爲左旋、左手性 (6S) 光旋爲右旋。
  - ➢ 左旋異薄荷二烯酮／左旋異胡椒烯酮 ((-)-Isopiperitenone)，CAS 80995-97-7，IUPAC 名爲：(6R)-3-Methyl-6-(1-methylethenyl)-2-cyclohexen-1-one。
  - ➢ 右旋異薄荷二烯酮／右旋異胡椒烯酮 ((+)-Isopiperitenone)，CAS 16750-82-6[11, 19, 20, 67]，IUPAC 名爲：(6S)-3-Methyl-6-(1-methylethenyl)-2-cyclohexen-1-one。
- 薄荷烯酮／辣薄荷酮 (Pigeritone)，Dictionary of Terpenoids[92] 沒有列這個化合物，世界上主要的英文資料庫也都沒有 Pigeritone 這個化合物，可能是中文資料庫將 Piperitone 誤爲 Pigeritone，譯爲胡椒酮／薄荷烯酮／辣薄荷酮，記載爲油狀液體，具有薄荷氣味，存在於胡椒、芸香草、信濃香茅、北美杉等植物中，具有平喘、止咳、抗菌作用。對金黃葡萄球菌、肺炎雙球菌、八聯球菌等球菌與桿菌有抑制作用[4]。
- 胡椒醛／向日醛 (Piperonal/Heliotropine)，請參考 3-1-2-10。

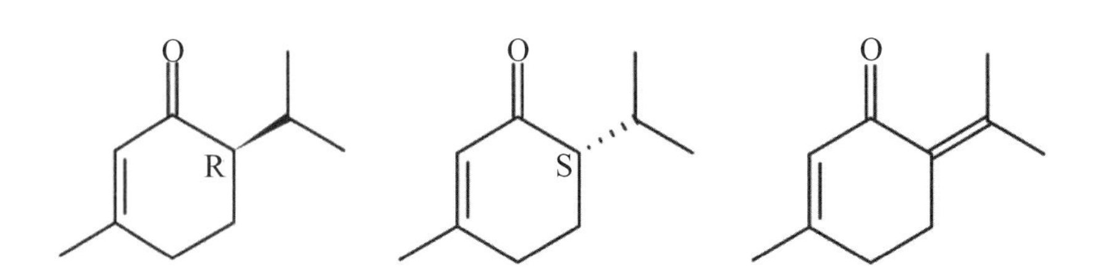

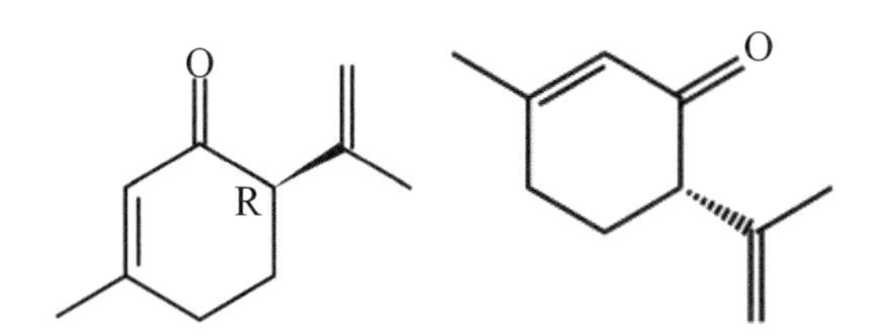

圖3-2-1-14　由左至右：左旋(-)胡椒酮、右旋(+)胡椒酮、薄荷二烯酮／胡椒烯酮、左旋異薄荷二烯酮／左旋異胡椒烯酮、右旋異薄荷二烯酮／右旋異胡椒烯酮化學式

15. 甲基庚烯酮 (Methylheptenone/Sulcatone)，常見的爲：6- 甲基 -5- 庚烯 -2- 酮 (6-Methyl-5-hepten-2-one)[5, 11, 19]，化學式 $C_8H_{14}O$、密度 0.846-0.854g/cm^3、熔點 -67-68°C、沸點 173.1°C，C_8 的結構應該不屬於單萜酮 (C_{10})，爲無色至淡黃色水狀透明液體，能與醇、醚混溶，不溶於水，有蘋果和香蕉的香氣[19]，天然存在於芭樂、番茄、薑、苦苣、眉藻，以及玫瑰草油、檸檬油、香茅油、香葉油等精油中，是埃及伊蚊 (Aedes aegypti) 等許多蚊子引誘劑[5]，用於烘焙品、非酒精飲料、乳製品、果凍、布丁、糖果等食品加工[4, 11, 12, 19]。
    - 甲基庚烯酮：6- 甲基 -5- 庚烯 -2- 酮 (Methylheptenone/Sulcatone/Isoprenylacetone)，CAS 110-93-0，IUPAC 名爲：6-Methyl-5-hepten-2-one。CAS 129085-68-3 已經停用[84]。
    - 甲基庚烯酮：4- 辛烯 -3- 酮 (Oct-4-en-3-one)，可視爲辛酮，化學式 $C_8H_{14}O$、密度 0.855g/cm^3、熔點 -66.9°C、沸點 180-181°C，爲無色至黃色液體，溶於乙醇，可溶於水 (1.045g/L@25°C)，天然存在於非洲仙草及牛至屬植物中，有類似椰子的水果氣味，具警報資訊素／費洛蒙的作用[11]，爲易燃性液體，遇明火高熱可能燃燒或爆炸，起火時會產生毒性或腐蝕性氣體[4]，用於烘焙品、酒精與非酒精飲料、穀片、口香糖、冰品、乳製品、布丁、果凍、糖果、醬料、調味品等，以及調配日化香精[19]。
        - ➢ 4- 辛烯 -3- 酮 (Oct-4-en-3-one/4-Octen-3-one)，CAS 14129-48-7，IUPAC 名爲：Oct-4-en-3-one。
        - ➢ 1- 辛烯 -3- 酮 (Oct-1-en-3-one/1-Octen-3-one/Vinyl amyl ketone/Pentyl vinyl ketone/*n*-Amyl vinyl ketone)，化學式 $C_8H_{14}O$、沸點 174-182°C，C_8 的結構應該不屬於單萜酮 (C_{10})，爲無色至淡黃色液體，有著強烈持久的奶油香氣，可作爲爲牛奶和奶油香精的原料，用於椰子、草莓、桃等香料與調味料，以及人造奶油、霜淇淋、非酒精飲料、糖果、烘焙食品等[20]。
            - ✓ 1- 辛烯 -3- 酮 (Oct-1-en-3-one/1-Octen-3-one/Vinyl amyl ketone/Pentyl vinyl ketone/*n*-Amyl vinyl ketone)，CAS 4312-99-6，IUPAC 名爲：Oct-1-en-3-one。

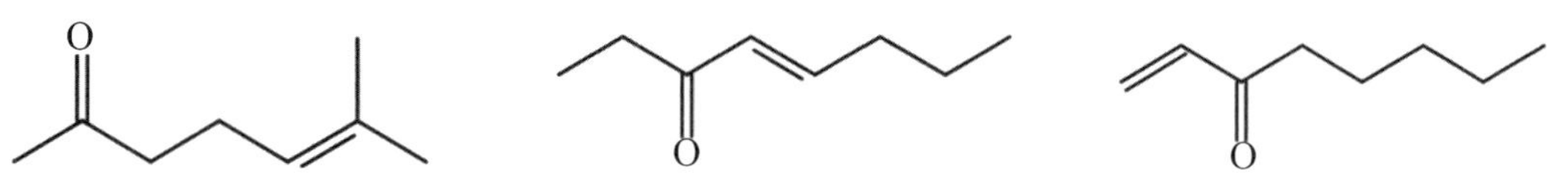

圖3-2-1-15　由左至右：甲基庚烯酮、4-辛烯-3-酮、1-辛烯-3-酮化學式

16. 辛酮 (Octanone)，化學式 $C_8H_{16}O$，其 C_8 應該不屬於單萜酮 (C_{10})。
   - 2- 辛酮 (2-Octanone/2-Oxooctane)：密度 0.8g/cm^3、熔點 -16°C、沸點 173.1°C，爲無色至淡黃色透明可燃液體，微溶於水，可與乙醇、乙醚混溶，有木樨草的花草香氣，少量存在於芸香油、香蕉、柑橘中，對皮膚及眼睛造成輕微刺激，對環境大氣可能造成汙染，用於調製硝基漆與化學試劑，也用於香精[12]。
     - 2- 辛酮 (2-Octanone/2-Oxooctane)，CAS 111-13-7，IUPAC 名爲：2-Octanone。
   - 3- 辛酮 (3-Octanone/3-Oxooctane)：密度 0.822g/cm^3、熔點 -23°C、沸點 167-168°C，有水果香氣，天然存在於薰衣草、迷迭香、油桃等植物，以及日本貓薄荷和松樹王牛肝菌中[5, 61]。
     - 3- 辛酮 (3-Octanone/3-Oxooctane/Amyl ethyl ketone/Ethyl amyl ketone/Ethyl pentyl ketone)，CAS 106-68-3[11, 17, 19, 20, 60]，IUPAC 名爲：3-Octanone。
   - 4- 辛酮 (4-Octanone/4-Oxooctane)：密度 0.82g/cm^3、熔點 -32.24°C、沸點 166°C，爲無色透明液體，天然存在於野菜中，是潛在生物標誌物[20, 35]。
     - 4- 辛酮 (4-Octanone/4-Oxooctane)，CAS 589-63-9[17, 19, 60, 66]，IUPAC 名爲：4-Octanone。

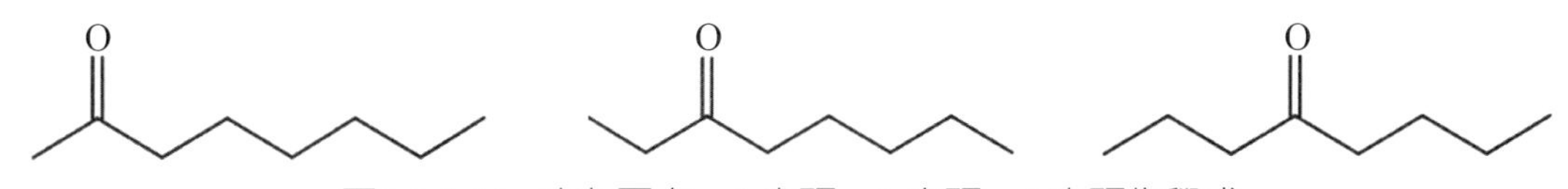

圖3-2-1-16　由左至右：2-辛酮、3-辛酮、4-辛酮化學式

17. 二酮／雙酮 (Diketone) 有 α、β 異構物，分子結構有兩個酮基，例如：義大利二酮 (Italidione)。義大利永久花中含有 β- 義大利二酮，對彈性蛋白酶有抑制作用，可以延緩皮膚老化。長期以來義大利永久花精油一直用於製備護膚化妝品，包括抗衰老產品。
   - α- 二酮：α- 酮酸是兩個羰基直接相鄰的酮酸。戊烷 -2,3- 二酮／2,3- 戊二酮是一種 α- 二酮，戊烷在 2- 和 3- 位置被羰基取代，化學式 $C_5H_8O_2$，因此應該不屬於單萜酮 (C_{10})。密度 0.957g/cm^3、熔點 -52°C、沸點 110-112°C，爲穀物咖啡沖泡時的香氣活性化合物成分[17]，具有調味劑的作用。
     - 戊烷 -2,3- 二酮／2,3- 戊二酮 (2,3-Pentanedione/Acetylpropionyl)，CAS 600-14-6[17, 60, 86]，IUPAC 名爲：Pentane-2,3-dione。CAS 1341-45-3 已經停用[84]。
     - 穀物咖啡是咖啡的替代品，經由大麥、黑麥、菊苣和甜菜等穀物烤製而成，是一種不含咖啡因、無刺激性的飲料，適合不能攝取咖啡因的消費者[17]。
   - β- 二酮：β- 酮酸的兩個羰基之間隔著一個碳。例如：4- 甲基庚烷 -3,5- 二酮是一種 β- 二酮，密度 0.916g/cm^3、沸點 197.4°C。
     - 4- 甲基庚烷 -3,5- 二酮／4- 甲基 -3,5- 庚二酮 (4-Methylheptane-3,5-dione/4-Methyl-3,5-heptanedione)，CAS 1187-04-8[12, 20]，IUPAC 名爲：4-Methylheptane-3,5-dione。
   - 義大利二酮 (Italidione)，請參考 3-2-2-21。

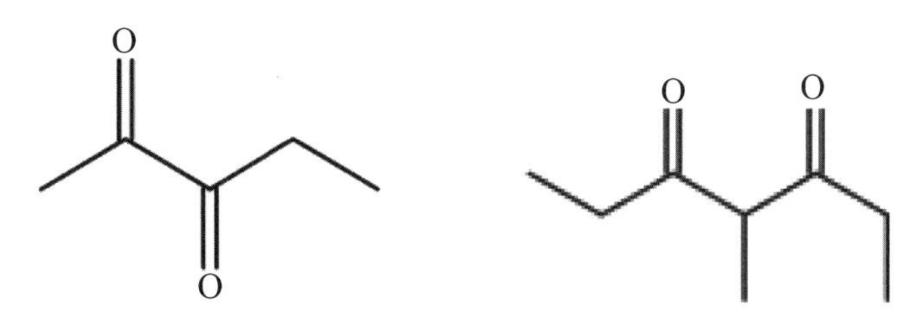

圖3-2-1-17 由左至右：α-二酮：戊烷-2,3-二酮、β-二酮：4-甲基庚烷-3,5-二酮化學式

18. 圓葉薄荷酮／過江藤酮 (Rotundifolone/Lippione)，化學式 $C_{10}H_{14}O_2$，密度 1.032g/cm^3、熔點 25°C、沸點 256°C，爲無色固體，溶於乙醇，略溶於水 (113.3mg/L@25°C)，旋光度 [α]10D +166.5, MeOH（比旋光度 α 符號中，10 是指檢測溫度 °C、D 是指鈉燈光波，正號是指右旋，MeOH 是溶劑甲醇），有草本薄荷香氣，天然存在於留蘭香／綠薄荷、野薄荷／土薄荷、尖頭花／魚香草等植物中，用於烘焙食品、穀片、乳酪、調味品、魚蛋製品、冰品、水果冰、糖果等製品 [19, 84]。研究證實圓葉薄荷酮／過江藤酮具有鎮痛的功效 [58]。
   - 圓葉薄荷酮／過江藤酮／圓葉帽柱木酮 (Rotundifolone/Lippione)，CAS 35178-55-3。
     - 右旋圓葉薄荷酮／右旋過江藤酮 ((+)-Rotundifolone/(+)-Lippione)，CAS 3564-96-3，IUPAC 名爲：(1S,6S)-6-Methyl-3-propan-2-ylidene-7-oxabicyclo[4.1.0]heptan-2-one。CAS 5056-08-6, 5945-46-0, 29592-74-3 已經停用 [84]。

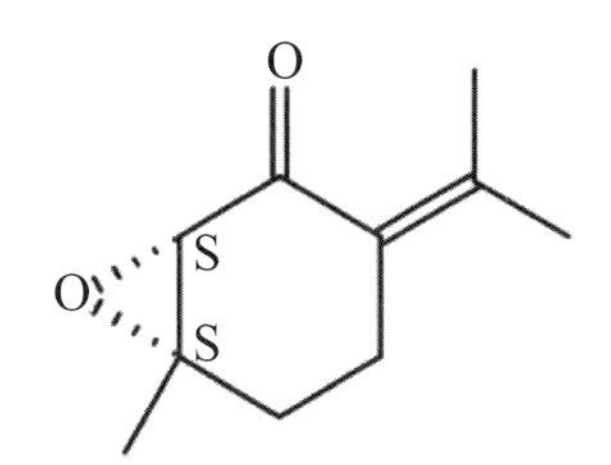

圖3-2-1-18 右旋圓葉薄荷酮化學式

19. 百里醌／瑞香醌 (Thymoquinone)，化學式 $C_{10}H_{12}O_2$，密度 1.065g/cm^3、熔點 45.5°C、沸點 232°C，爲固體，溶於乙醇，略溶於水，天然存在於黑種草和擬美國薄荷／管香蜂草／蜂香薄荷等植物中，研究證實百里醌具有保肝、抗發炎、抗氧化和抗癌活性等功效，用於坐骨神經和股骨肌肉的缺血／再灌流損傷藥物 [5, 17, 20, 99]。
   - 百里醌／瑞香醌 (Thymoquinone/p-Cymene-2,5-dione)，CAS 490-91-5，IUPAC 名爲：2-Methyl-5-(1-methylethyl)-2,5-cyclohexadiene-1,4-dione。

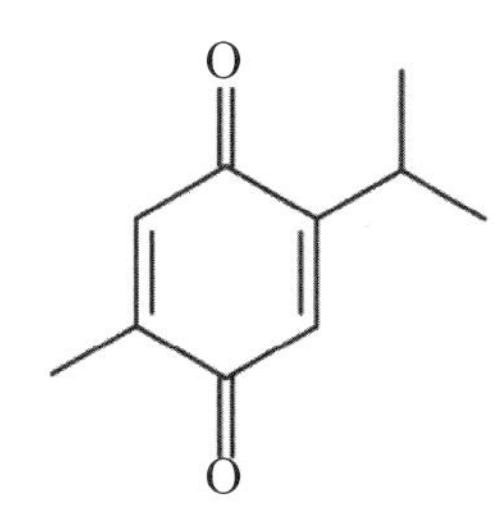

圖3-2-1-19　百里醌／瑞香醌化學式

20. 紫蘇酮 (Perilla ketone)，化學式 $C_{10}H_{14}O_2$，密度 0.9920g/cm^3、熔點 <25°C、沸點 196°C，爲油狀液體，溶於乙醇，略溶於水 281.5mg/L@25°C)，天然存在於白紫蘇／白蘇、回回蘇／赤蘇等紫蘇屬植物中，牛和馬等牲畜食用紫蘇後會導致中毒引起肺水腫 [5, 11]。
    - 紫蘇酮 (Perilla ketone)，CAS 553-84-4，IUPAC 名爲：1-(3-Furanyl)-4-methyl-1-pentanone。
    - 紫蘇醇 (Perillyl alcohol)，請參考 2-2-1-1-7。
    - 紫蘇醛 (Perillal/Perillaldehyde)，請參考 3-1-2-13。

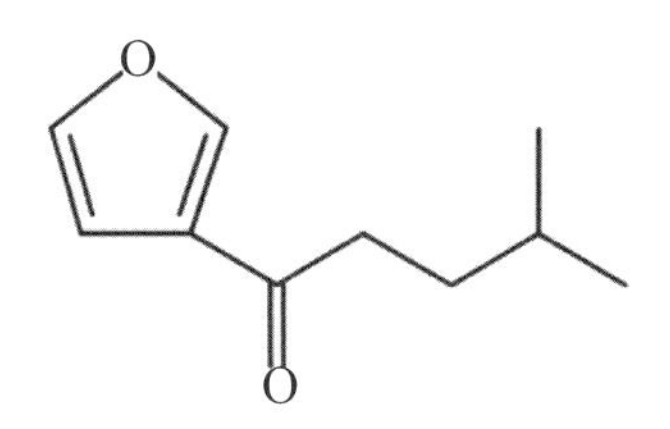

圖3-2-1-20　紫蘇酮化學式

21. 艾菊酮／白菊酮／3- 側柏烷酮 (Tanacetone/3-Thujanone)：艾菊酮與 3- 側柏酮是同一化合物，爲環狀單萜酮，有 α 和 β 異構物，並各有手性異構物，分子有 [3.1.0] 雙環 (bicyclo) 結構，1、4、5 號碳有手性中心，化學式 $C_{10}H_{16}O$、密度 0.914g/cm^3、沸點 200-201°C，溶於乙醇，不溶於水，對皮膚、眼睛、呼吸道黏膜具刺激性。
    - 艾菊酮／白菊酮／3- 側柏烷酮 (Tanacetone/3-Thujanone)，CAS 1125-12-8，IUPAC 名爲：4-Methyl-1-(1-methylethyl)bicyclo[3.1.0]hexan-3-one。
    - 根據 ACS 資料，α 和 β 側柏酮的混合 (3- 側柏烷酮／艾菊酮）是 CAS 1125-12-8；而 α 或 β 側柏酮是 CAS 76231-76-0，兩者應該整合。
    - 側柏酮／崖柏酮／守酮 (Thujone)，請參考 3-2-1-13。
        - ➢ 3- 側柏烷酮 (3-Thujanone) 即是艾菊酮／白菊酮 (Tanacetone)。
    - 菊油環酮／菊花烯酮／菊酮 (Chrysanthenone)，請參考 3-2-1-7。
        - ➢ 在 CAS 1125-12-8 資料中，ACS[84] 把菊油環酮 (CAS 473-06-3) 等同於 3- 側柏烷酮／艾菊酮／白菊酮 (3-Thujanone/Tanacetone)，其實是不同化合物。
    - 艾菊烯／艾菊萜 (Tanacetene)，請參考 2-1-2-33。
    - 艾菊醇／苦艾醇／苦艾腦 (Tanacetol)，請參考 2-2-2-33。

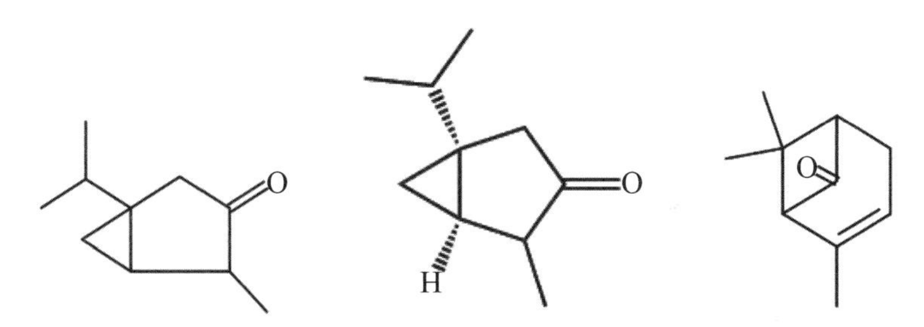

圖3-2-1-21　由左至右：艾菊酮(CAS 1125-12-8)、側柏酮(CAS 76231-76-0)、菊油環酮(CAS 473-06-3)化學式

22. 香芹鞣酮／香芹艾菊酮 (Carvotanacetone)，右手性 (R) 的分子旋光性爲左旋 (-)、左手性 (S) 的分子旋光性爲右旋 (+)，化學式 $C_{10}H_{16}O$、密度 0.9351g/cm^3、沸點 228.5°C，溶於乙醇，略溶於水(176.1mg/L@25°C)，天然存在於橡葉天竺葵／櫟葉天竺葵、絹毛蒿等植物中[11]。
    - 香芹鞣酮／香芹艾菊酮 (Carvotanacetone)，CAS 499-71-8。
        - 左旋香芹鞣酮／左旋香芹艾菊酮 ((-)-Carvotanacetone/(-)-8,9-Dihydrocarvone)，CAS 33375-08-5，IUPAC 名爲：(5R)-2-Methyl-5-(1-methylethyl)-2-cyclohexen-1-one。
        - 右旋香芹鞣酮／右旋香芹艾菊酮 ((+)-Carvotanacetone)，CAS 499-71-8，IUPAC 名爲：(5S)-2-Methyl-5-isopropyl-2-cyclohexene-1-one。

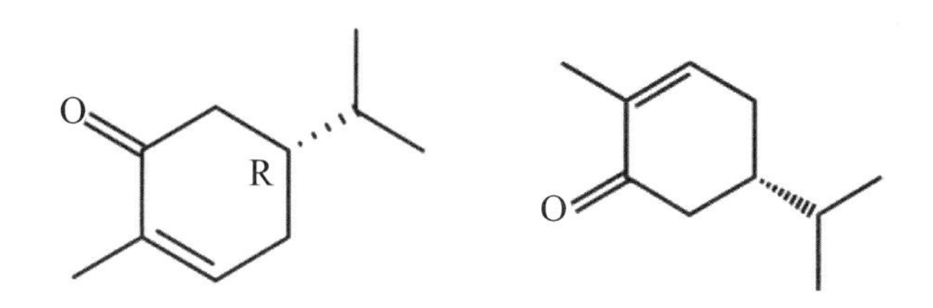

圖3-2-1-22　由左至右：左旋香芹鞣酮、右旋香芹鞣酮化學式

23. 蒿酮 (Artemisia ketone)，化學式 $C_{10}H_{16}O$、密度 0.8662g/cm^3、沸點 183.3°C，爲淡黃色至黃綠色透明液體，溶於乙醇，略溶於水 (172mg/L@25°C)，有著草本的蜂蜜薄荷漿果香氣，天然存在於向日葵、香葉棉杉菊、龍蒿、白蒿等植物中，用於乳製品、冰品、水果加工品、穀片、調味品、魚肉製品等[11, 19, 35]。
    - 蒿酮／異蒿酮 (Artemisia ketone/Isoartemisia ketone)，CAS 546-49-6，IUPAC 名爲：2,5,5-Trimethyl-1,6-heptadien-4-one。

O

圖3-2-1-23　蒿酮化學式

二、倍半萜酮／二萜酮／三萜酮

1. 茉莉酮／素馨酮 (Jasmone)，化學式 $C_{11}H_{16}O$、密度 0.94g/cm^3、熔點 203-205°C、沸點 264.3°C[5, 12, 19]，如圖 3-2-2-1 所示，雖然常被稱爲倍半萜酮，但是茉莉酮／素馨酮 C_{11} 的結構應該不屬於倍半萜酮 (C_{15})。茉莉酮／素馨酮爲無色至淺黃色油性液體，溶於乙醇、乙醚、氯仿及油脂，微溶於水，天然存在於茉莉花、橙花、香檸檬等植物中，有著茉莉的清香和芹菜籽的香氣。茉莉酮／素馨酮有順式和反式異構物，天然提取物只含順式，合成茉莉酮／素馨酮通常是兩種異構物的混合物，然以順式爲主，常作爲傳粉的引誘劑和食草昆蟲的資訊劑，主要用於香水和化妝品中[12]。
   - 茉莉酮／素馨酮 (Jasmone)，CAS 488-10-8。
     - ➢ 順式茉莉酮／順式素馨酮 (cis-Jasmone/(Z)-Jasmone)，CAS 488-10-8，IUPAC 名爲：3-Methyl-2-[(2Z)-pent-2-en-1-yl]cyclopent-2-en-1-one[5]。CAS 4907-07-7 已經停用[84]。
     - ➢ 反式茉莉酮／反式素馨酮 (trans-Jasmone/(E)-Jasmone)，CAS 6261-18-3，IUPAC 名爲：3-Methyl-2-[(2E)-pent-2-en-1-yl]cyclopent-2-en-1-one[61]。

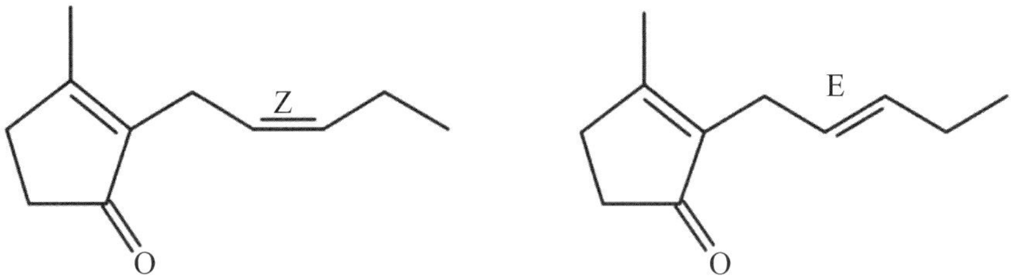

圖3-2-2-1　由左至右：順式茉莉酮／順式素馨酮、反式茉莉酮／反式素馨酮化學式

2. 大馬士革烯酮 (Damascenone)：大馬士革烯酮與大馬士革酮 (Damascone) 以及後續要介紹的香堇酮／紫羅蘭酮 (Lonone) 同屬於「玫瑰酮」家族。本書把前者翻譯成「烯酮」以便區分兩種不同的化合物。
   (1) 大馬士革烯酮 (Damascenone) 有 *α*- 和 *β*- 異構物，並各有 E/Z 異構物，化學式 $C_{13}H_{18}O$，其 C_{13} 的結構應該不屬於單萜酮 (C_{10}) 或倍半萜酮 (C_{15})。密度 0.93-0.96g/cm^3、沸點 275°C[12]，如圖 3-2-2-2 左所示。*β*- 大馬士革烯酮爲無色至淡黃色高度易燃的液體，溶於乙醚、丙酮、乙醇等溶劑，難溶於水，可能導致眼睛、皮膚、呼吸道的過敏反應。*β*- 大馬士革烯酮具有濃烈的天然花木香草味，味覺則有玫瑰、李子、葡萄、覆盆子等味道，並有菸草的辛香氣。具有抗發炎活性，*β*- 大馬士革烯酮是玫瑰香氣的主要來源，用於配製香水[19]。
   - ➢ 大馬士革烯酮 (Damascenone)，CAS 23726-93-4。
     - ✓ *α*- 大馬士革烯酮 (*α*-Damascenone)，CAS 35044-63-4[19, 87]。
       - ❖ 順式 -*α*- 大馬士革烯酮 (cis-*α*-Damascenone/(Z)-*α*-Damascenone)，IUPAC 名爲：(2Z)-1-(2,6,6-Trimethylcyclohexa-2,4-dien-1-yl)but-2-en-1-one。
       - ❖ 反式 -*α*- 大馬士革烯酮 (trans-*α*-Damascenone/(E)-*α*-Damascenone)，IUPAC 名爲：

(2E)-1-(2,6,6-Trimethylcyclohexa-2,4-dien-1-yl)but-2-en-1-one。

✓ β- 大馬士革烯酮 (β-Damascenone)，CAS 23696-85-7 。

❖ 順式-β-大馬士革烯酮(cis-β-Damascenone/(Z)-β-Damascenone)，CAS 59739-63-8[86, 87]，IUPAC 名爲：(2Z)-1-(2,6,6-Trimethylcyclohexa-1,3-dien-1-yl)but-2-en-1-one。

❖ 反式 -β- 大馬士革烯酮 (trans-β-Damascenone/(E)-β-Damascenone)，CAS 23726-93-4，IUPAC 名爲：(2E)-1-(2,6,6-Trimethylcyclohexa-1,3-dien-1-yl)but-2-en-1-one。CAS 36649-63-5 已經停用[84]。

(2)大馬士革酮(Damascone)，有α、β、γ和δ等異構物，還有異大馬士革酮(Isodamascone)，各有 E/Z 異構物，化學式 $C_{13}H_{20}O$、密度 0.934g/cm^3、沸點 200°C[19]，3-2-2-2 右所示，其 C_{13} 的結構應該不屬於單萜酮 (C_{10}) 或倍半萜酮 (C_{15})。大馬士革酮爲無色至淺黃色液體，溶於乙醇、略溶於水 (7.986mg/L@25°C)。反式 -β- 大馬士革酮具有花果味、漿果味、李子、黑醋栗、蜂蜜、玫瑰、菸草等香氣，味覺則有果味，果醬、漿果、熱帶煙草、李子、蜂蜜等味道，常用於配製香水[19]。

➢ 大馬士革酮 (Damascone)。

✓ α- 大馬士革酮 (α-Damascone)，CAS 43052-87-5 。CAS 72748-70-0 已經停用[84]。

❖ 順式 -α- 大馬士革酮 (cis-α-Damascone)，CAS 23726-94-5，IUPAC 名爲：(2Z)-1-(2,6,6-Trimethyl-2-cyclohexen-1-yl)-2-buten-1-one。CAS 57549-93-6 已經停用[84]。

❖ 反式 -α- 大馬士革酮 ((±)-trans-α-Damascone)，CAS 24720-09-0，IUPAC 名爲：(2E)-1-(2,6,6-Trimethyl-2-cyclohexen-1-yl)-2-buten-1-one。CAS 57549-92-5 已經停用[84]。

✓ β- 大馬士革酮 (β-Damascone)，CAS 23726-91-2 。

❖ 順式 -β- 大馬士革酮 (cis-β-Damascone)，CAS23726-91-2，IUPAC 名爲：(2Z)-1-(2,6,6-Trimethyl-1-cyclohexen-1-yl)-2-buten-1-one。

❖ 反式 -β- 大馬士革酮 (trans-β-Damascone/(E)-β-Damascone)，CAS 23726-91-2，IUPAC 名爲：(2E)-1-(2,6,6-Trimethyl-1-cyclohexen-1-yl)-2-buten-1-one。

✓ γ- 大馬士革酮 (γ-Damascone)，CAS 35087-49-1[67, 87]，IUPAC 名爲：1-(2,2-Dimethyl-6-methylenecyclohexyl)-2-buten-1-one。

✓ δ- 大馬士革酮 (δ-Damascone)，CAS 57378-68-4[67, 87]，IUPAC 名爲：1-(2,6,6-Trimethyl-3-cyclohexen-1-yl)-2-buten-1-one。

大馬士革烯酮與大馬士革酮都是從類胡蘿蔔素降解而來，其 (C_{13}) 結構並不屬於單萜酮或倍半萜酮。常用於精緻香水花果香氣的珍貴成分，以及乳液、面霜、護唇膏、嬰兒油、洗髮精、潤髮乳，日用品噴劑等產品。食用香料用途包括烘焙食品、飲料、酒精飲料、口香糖、冰品、布丁、果凍、糖果、軟糖等產品[19]。

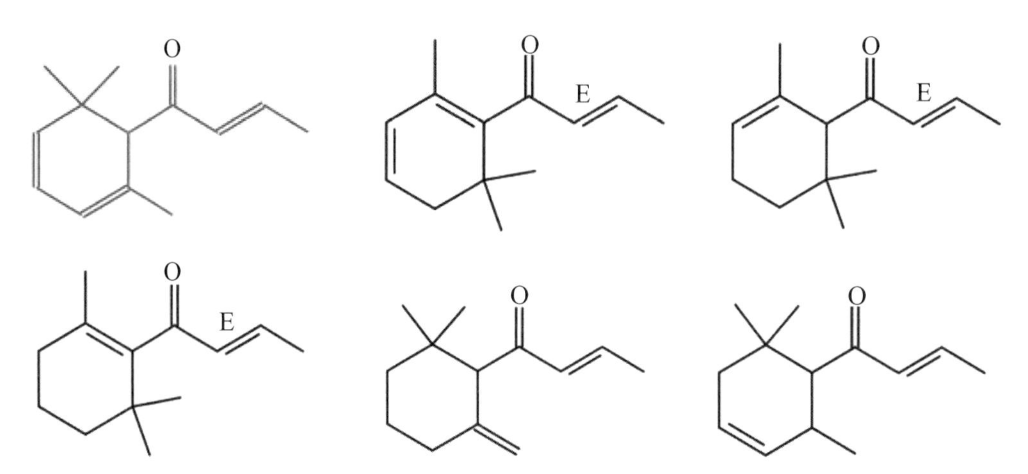

圖3-2-2-2　上排由左至右：反式-*α*-大馬士革烯酮、反式-*β*-大馬士革烯酮、反式-*α*-大馬士革酮化學式；下排由左至右：反式-*β*-大馬士革酮、反式-*γ*-大馬士革酮、反式-*δ*-大馬士革酮化學式

3. 香堇酮／紫羅蘭酮 (Lonone)，有 *α*、*β*、*γ* 等異構物，還有假紫羅蘭酮 (Pseudolonone/*ψ*-Lonone)，分子長鏈 3 號碳有 E/Z 異構物。香堇酮與大馬士革烯酮 (Damascenone)、大馬士革酮 (Damascone) 同屬於玫瑰酮家族，化學式 $C_{13}H_{20}O$、密度 *α*：0.933g/cm^3、*β*：0.945g/cm^3、熔點 *β*：-49°C、沸點 258°C[4]，如圖 3-2-2-3 所示，其 $C_{13}H_{20}O$ 的結構應該不屬於單萜酮或倍半萜酮。香堇酮為油狀液體，溶於乙醇、丙二醇等溶劑，不溶於水或甘油，在眼睛或皮膚上可能引起發炎[4]。香堇酮有溫暖的木香和紫羅蘭香氣，稀釋後呈鳶尾根香，再與乙醇混合則又呈紫羅蘭香氣[4]，目前並沒有文獻顯示紫羅蘭含有香堇酮[5]。香堇酮天然存在於覆盆子、杏仁（烤）、胡蘿蔔等植物中[4]，常用來配製櫻桃、柑橘、龍眼、黑莓等型香精。*β*- 香堇酮也是從類胡蘿蔔素降解而來。胡蘿蔔素 (*α*、*β*、*γ* 三種異構物）和葉黃素等都可以代謝成 *β*- 香堇酮，有維生素 A 活性，可轉化為視黃醇。不含 *β*- 香堇酮的類胡蘿蔔素沒有維生素 A 活性[5]。從植物提取的香堇酮昂貴且量少，因此主要來自化學合成，是玫瑰香氣的重要來源，*α*- 香堇酮用於香料[4]和調味料以呈現紫羅蘭的香味[5]，*β*- 香堇酮用於合成維生素 A[4]。

- 香堇酮／紫羅蘭酮 (Lonone)。
  - ➢ *α*- 香堇酮 (*α*-Lonone)，CAS 6901-97-9。
    - ✓ 反式 *α*- 香堇酮 ((±)-trans-*α*-Lonone/(E)-*α*-Lonone)，CAS 127-41-3，IUPAC 名為：(3E)-4-(2,6,6-Trimethylcyclohex-2-en-1-yl)but-3-en-2-one。CAS 30685-95-1, 31798-11-5 已經停用[84]。
  - ➢ *β*- 香堇酮 (*β*-Lonone)，CAS 14901-07-6。
    - ✓ 反式 *β*- 香堇酮 ((±)-trans-*β*-Lonone/(E)-*β*-Lonone)，CAS 79-77-6，IUPAC 名為：(3E)-4-(2,6,6-Trimethylcyclohex-1-en-1-yl)but-3-en-2-one。CAS 1353674-22-2 已經停用[84]。
  - ➢ *γ*- 香堇酮 (*γ*-Lonone)。
    - ✓ 反式 *γ*- 香堇酮 ((±)-trans-*γ*-Lonone/(E)-*γ*-Lonone)，CAS 79-76-5，IUPAC 名為：(3E)-

4-(2,2-Dimethyl-6-methylidenecyclo hexyl)but-3-en-2-one。

➢ 假香堇酮 / 假紫羅蘭酮 (Pseudolonone/ψ-Lonone)，CAS 141-10-6。

✓ (E,E)- 假香堇酮 / (E,E)- 假紫羅蘭酮 ((E,E)-Pseudolonone/ψ-Lonone)，CAS 3548-78-5，IUPAC 名爲：(3E,5E)-6,10-Dimethyl-3,5,9-undecatrien-2-one。

✓ (E,Z)- 假香堇酮 / (E,Z)- 假紫羅蘭酮 ((E,Z)-Pseudolonone/ψ-Lonone)，CAS 13927-47-4，IUPAC 名爲：(3E,5Z)-6,10-Dimethyl-3,5,9-undecatrien-2-one。

• 鳶尾草酮 / 甲基—香堇酮 / 甲基—紫羅蘭酮 (Irone/Methyl-α-Lonone)，請參考 3-2-2-6。

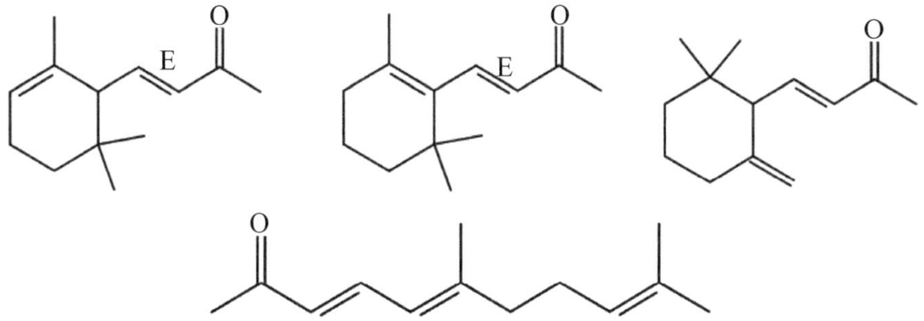

圖3-2-2-3　上排由左至右：反式-α-香堇酮、反式-β-香堇酮、反式-γ-香堇酮化學式；下排：(E,E)-假紫羅蘭酮化學式

4. 大西洋酮 (Atlantone)，有 α、β、γ 異構物，且有順反異構物，爲單環倍半萜酮，化學式 $C_{15}H_{22}O$、熔點 29.04°C、沸點 300.3°C[19]，如圖 3-2-2-4 所示，略溶於水 (1.078mg/L@25°C)[12]，存在於大西洋雪松、喜馬拉雅雪松、薑黃、黎巴嫩雪松、鬱金香等植物中，可作爲生物標誌物[35]，有著淡淡的木香，具有抗支氣管炎、結核病、皮膚病、改善水腫、消解脂肪的功能，可誘發癌細胞凋亡[43]，也可用於潔齒劑以清除牙漬[5]。

• 大西洋酮 (Atlantone)。

➢ α- 大西洋酮 (α-Atlantone)，CAS 26294-59-7。

✓ 順式 -α- 大西洋酮 ((Z)-α-Atlantone/cis-α-Atlantone)，CAS 56192-70-2，IUPAC 名爲：(5Z)-2-Methyl-6-[(1R)-4-methylcyclohex-3-en-1-yl]hepta-2,5-dien-4-one。

✓ 反式 -α- 大西洋酮 ((E)-α-Atlantone/trans-α-Atlantone)，CAS 108645-54-1，IUPAC 名爲：(5E)-2-Methyl-6-[(1R)-4-methylcyclohex-3-en-1-yl]hepta-2,5-dien-4-one。

➢ β- 大西洋酮 (β-Atlantone)，CAS 38331-79-2[67]。

✓ 右旋 -β- 大西洋酮 ((+)-β-Atlantone)，CAS 38331-79-2[67]，IUPAC 名爲：6-Methyl-2-[(1R)-4-methylcyclohex-3-en-1-yl]hepta-1,5-dien-4-one。CAS 1406-64-0 已經停用[84]。

✓ 左旋 -β- 大西洋酮 ((-)-β-Atlantone)，IUPAC 名爲：6-Methyl-2-[(1S)-4-methylcyclo hex-3-en-1-yl]hepta-1,5-dien-4-one。

➢ γ- 大西洋酮 (γ-Atlantone)。

✓ 順式 -γ- 大西洋酮 ((Z)-γ-Atlantone/cis-γ-Atlantone)，CAS 108549-48-0，IUPAC 名爲：(6Z)-2-Methyl-6-(4-methylcyclohex-3-en-1-ylidene)hept-2-en-4-one。

✓ 反式 -γ- 大西洋酮 ((E)-γ-Atlantone/trans-γ-Atlantone)，IUPAC 名爲：(6E)-2-Methyl-6-(4-methylcyclohex-3-en-1-ylidene)hept-2-en-4-one。

圖3-2-2-4　由左至右：順式-α-大西洋酮、右旋-β-大西洋酮、順式-γ-大西洋酮化學式

5. 纈草酮 (Valeranone)，分子有 [4.4.0] 稠環結構，酮基爲 1 號碳，稠環的橋碳位置編號爲 4a 和 8a。分子的 4a、7、8a 號碳有手性中心，7 號碳有異丙基。爲雙環倍半萜酮，化學式 $C_{15}H_{26}O$、密度 0.864g/cm^3、沸點 287-288°C，如圖 3-2-2-5 所示，溶於乙醇等溶劑，不溶於水，存在於纈草、穗甘松等植物中，有沉重的氣味或黴味，能改善心律不整症狀以及其衍生的心慌與失眠 [43]。人體研究發現吸入纈草和玫瑰香味可以改善睡眠，而吸入檸檬香味則可能導致失眠惡化 [22]。
   - 纈草酮 ((±)-Valeranone)，CAS 55528-90-0。
     - ➢ 左旋纈草酮 ((-)-Valeranone/Jatamansone/(-)-Jatamansone)，CAS 5090-54-0，IUPAC 名爲：(4aS,7R,8aR)-Octahydro-4a,8a-dimethyl-7-(1-methylethyl)-1(2H)-naphthalenone。
     - ➢ 右旋纈草酮 ((+)-Valeranone)，CAS 55528-90-0[11, 12, 17, 19]，IUPAC 名爲：(4aR,7S,8aS)-Octahydro-4a,8a-dimethyl-7-(1-methylethyl)-1(2H)-naphthalenone。CAS 50302-14-2 已經停用 [84]。

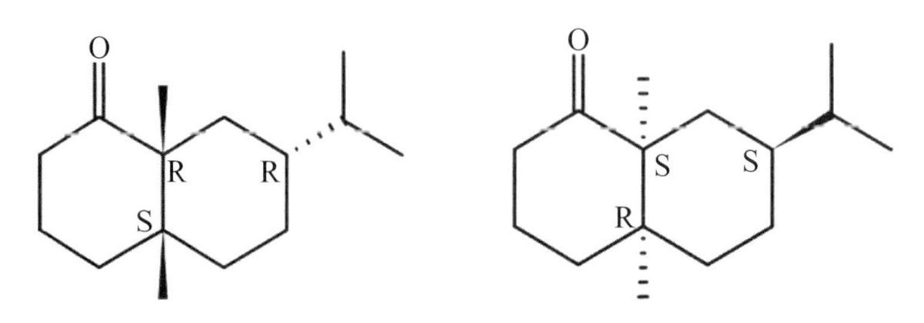

圖3-2-2-5　由左至右：左旋纈草酮、右旋纈草酮化學式

6. 鳶尾草酮 / 甲基一香堇酮 / 甲基一紫羅蘭酮 (Irone/Methyl-α-Lonone) 有 α、β、γ 異構物，並各有順反異構物，左旋 (E)-α- 鳶尾草酮 ((S)-(-)-(E)-α-Irone) 有類似雪松木、覆盆子獨特

而強烈的木質香氣。右旋 (Z)-α- 鳶尾草酮 ((R)-(+)-(Z)-α-Irone) 有類似紫羅蘭、覆盆子獨特而強烈的花香與水果香氣 [71]，左旋 (Z)-β- 鳶尾草酮 ((5S)-(-)-β-Irone) 有弱的鳶尾花與果香型的氣味，且帶有劣質的煙熏味，右旋 (E)-β- 鳶尾草酮 ((5R)-(+)-β-Irone) 有溫暖的花木香調，帶有綠茴香的持久性香氣，左旋 (Z)-γ- 鳶尾草酮 ((R)-(-)-γ-Irone) 有微弱的鳳梨般的水果香味，右旋 (Z)-γ- 鳶尾草酮 ((R)-(-)-γ-Irone) 有愉悅的花香與木質香氣，是香味最好的異構物 [71]。鳶尾草酮化學式 $C_{14}H_{22}O$、密度 0.934g/cm^3、熔點 <25°C、沸點 285.2°C[11, 20]，如圖 3-2-2-6 所示，爲無色至淡黃色液體，可溶於乙醇、石蠟油、丙二醇，有柔和的紫羅蘭和鳶尾香氣，天然存在於鳶尾根，其中 3/4 爲 γ- 異構物、1/4 爲 α- 異構物，只有微量的 β- 異構物，工業生產用於調香的鳶尾酮爲 α 和 β 的混合物，可作紫羅蘭和鳶尾精油的替代品，用於香水、冷霜、香皀等日用香精以及各種調香劑，也用於食用香料，配製樹莓、草莓等水果香型香精。α- 鳶尾草酮有柔和而細膩的紫羅蘭香氣，是貴重的食用香料 [4]。

- 鳶尾草酮／甲基—香堇酮／甲基—紫羅蘭酮 (Irone/Methyl-α-Lonone)，CAS 1335-94-0。CAS 1335-68-8, 8053-28-98 已經停用 [84]。
  - ➢ α- 鳶尾草酮／6- 甲基 -α- 香堇酮／6- 甲基 -α- 紫羅蘭酮 (α-Irone/6-Methyl-α-Lonone)，CAS 79-69-6，IUPAC 名爲：4-(2,5,6,6-Tetramethyl-2-cyclohexen-1-yl)-3-buten-2-one。CAS 54082-69-8 已經停用 [84]。
  - ➢ β- 鳶尾草酮／6- 甲基 -β- 香堇酮／6- 甲基 -β- 紫羅蘭酮 (β-Irone/6-Methyl-β-Lonone)，CAS 79-70-9[86]，IUPAC 名爲：4-(2,5,6,6-Tetramethyl-1-cyclohexen-1-yl)-3-buten-2-one。
  - ➢ γ- 鳶尾草酮／6- 甲基 -γ- 香堇酮／6- 甲基 -γ- 紫羅蘭酮 (γ-Irone/6-Methyl-γ-Lonone)，CAS 79-68-5，IUPAC 名爲：4-(2,2,3-Trimethyl-6-methylenecyclohexyl)-3-buten-2-one。
- 香堇酮／紫羅蘭酮 (Lonone)，請參考 3-2-2-3。

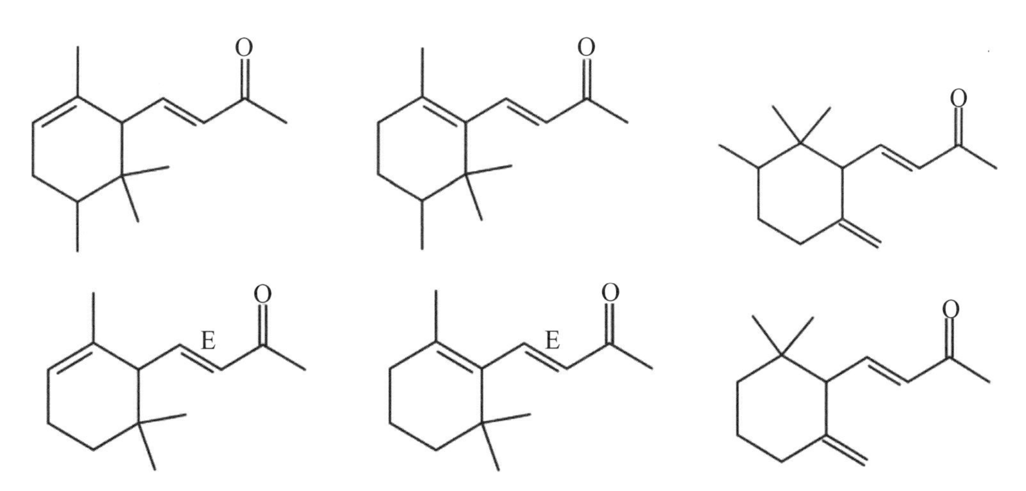

圖3-2-2-6　上排由左至右：α-鳶尾草酮／甲基-α-香堇酮、β-鳶尾草酮／甲基-β-香堇酮、γ-鳶尾草酮／甲基-γ-香堇酮化學式；下排由左至右：α-香堇酮、β-香堇酮、γ-香堇酮化學式

7. 花柏酮／諾卡酮 (Nootkatone)，得名於阿拉斯加扁柏 (Cupressus nootkatensis)，化學式 $C_{15}H_{22}O$、密度 0.968g/cm^3、熔點 36°C、沸點 170°C，如圖 3-2-2-7 所示，溶於乙醇，不溶於水，高純度的花柏酮爲無色至白色結晶固體，未精製之前是黃色黏稠液體，是葡萄柚氣味的主要化學成分，存在於阿拉斯加扁柏及香根草，是重要且昂貴的芳香劑[5, 61]。能啓動節肢動物的 α- 腎上腺素受體引起致命的痙攣，可作爲蚊子、臭蟲、頭蝨等昆蟲的驅避劑，是環保殺蟲劑。與香茅、薄荷和檸檬香茅的殺蟲劑相比，花柏酮對人類無毒無害，且是核准的食品添加劑，常用於食品、化妝品和藥品[5]。
   - 花柏酮／諾卡酮 (Nootkatone)，CAS 91416-23-8[86]。
     - 左旋 (-) 花柏酮 ((-)-Nootkatone)，CAS 38427-78-0[86]，IUPAC 名爲：(4S,4aR,6S)-4,4a-Dimethyl-6-(prop-1-en-2-yl)-4,4a,5,6,7,8-hexahydro naphthalen-2(3H)-one。
     - 右旋 (+) 花柏酮 ((+)-Nootkatone)，CAS 4674-50-4，IUPAC 名爲：(4R,4aS,6R)-4,4a-Dimethyl-6-(prop-1-en-2-yl)-4,4a,5,6,7,8-hexahydro naphthalen-2(3H)-one。
   - 異花柏酮／異諾卡酮／α- 岩蘭草酮 (Isonootkatone/α-Vetivone)，CAS 15764-04-2，IUPAC 名爲：(4R,4aS)-4,4a,5,6,7,8-Hexahydro-4,4a-dimethyl-6-(1-methylethylidene)-2(3H)-naphthalenone。CAS 89-89-4, 6152-50-7 已經停用[84]。
   - 花柏醇／諾卡醇，請參考 2-2-2-25。

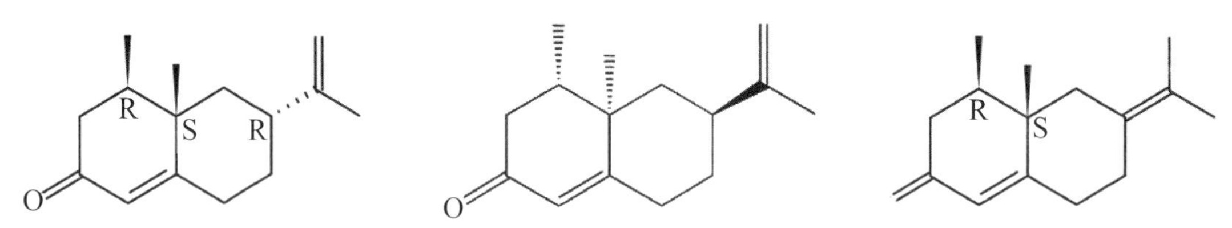

圖3-2-2-7　由左至右：右旋(+)花柏酮、右旋(+)花柏酮、異花柏酮／異諾卡酮／α-岩蘭草酮化學式

8. 2- 十一酮／芸香酮 (2-Undecanone/Undecan-2-one/Rue ketone)，化學式 $C_{11}H_{22}O$，應該不屬於單萜酮 (C_{10}) 或倍半萜酮 (C_{15})。密度 0.825g/cm^3、熔點 11-13°C、沸點 231-232°C，如圖 3-2-2-8 所示，爲無色至淺黃色油狀透明液體，溶於乙醇、乙醚、苯、氯仿和丙酮，不溶於水，對眼睛有刺激性，動物研究對小鼠與家蠅有毒性、對水生生物毒性極大，並具有長期持續影響，有強烈的柑橘及芸香氣味，低濃度時則是類似桃子的香氣，天然存在於生薑、丁香、香蕉、芭樂、草莓、野生番茄、魚腥草、大葉臭花椒、假蒿、黑醋栗、覆盆子、黑莓桃等植物，以及芸香、白檸檬、黃柏、椰子、棕櫚等精油和棕櫚仁油與大豆油中，是芸香精油的重要成分，用於香水、調味品，以及驅蟲劑或動物驅趕劑，有抑制肺腫瘤發生的功效[5, 11, 20, 35]。
   - 2- 十一酮／芸香酮 (2-Undecanone/Undecan-2-one/Rue ketone)，CAS 112-12-9，IUPAC 名爲：Methyl nonyl ketone。
   - 4- 十一酮 (4-Undecanone)，化學式 $C_{11}H_{22}O$，密度 0.83g/cm^3、熔點 4-5°C、沸點 226-227°C，爲無色透明液體，溶於乙醇，微溶於水 (42.95mg/L@25°C)，有水果香味。

➢ 4- 十一酮 (4-Undecanone)，CAS 14476-37-0，IUPAC 名為：Heptyl propyl ketone。

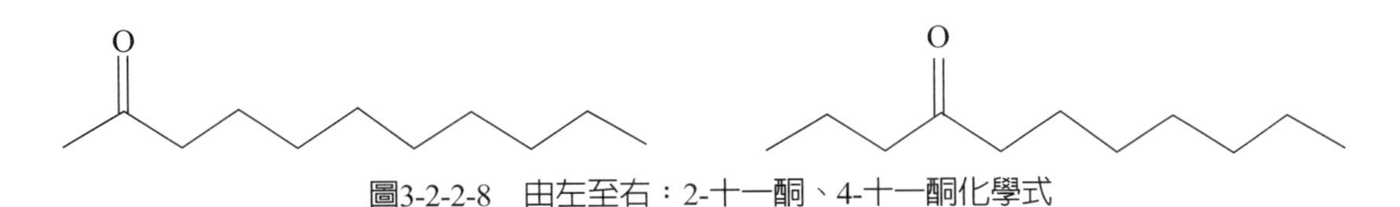

圖3-2-2-8　由左至右：2-十一酮、4-十一酮化學式

9. 三酮 (Triketone)，三酮分子結構有三個酮基，用於玉米等作物的選擇性除草劑。存在於松紅梅以及紅瓶刷樹，紐西蘭松紅梅中 β- 三酮含量超過 20%，有抗發炎，緩解血腫、促進細胞修復，抑制皰疹病毒等功能，工業上作為抑制型選擇性除草劑，特別是玉米競爭的闊葉雜草，也作為殺蟲劑，對眼睛造成嚴重刺激，大鼠口服幾乎無毒，但對水生生物有很強的毒性，並有長期的影響 [5, 43, 87]。
   - α- 三酮 (α-Triketone)，是指三個酮基連續出現，中間沒有隔著碳原子。
     ➢ 全氟異丙基 α- 三酮 (Perfluorodiisopropyl α-Triketone)，化學式 $C_9F_{14}O_3$。
       ✓ 全氟異丙基 α- 三酮 (Perfluorodiisopropyl α-Triketone)，CAS 199191-75-8，IUPAC 名為：1,1,1,2,6,7,7,7-Octafluoro-2,6-bis-trifluoro methyl-heptane-3,4,5-trione。
   - β- 三酮 (β-Triketone)，是指酮基之間隔著一個碳原子 。
     ➢ 甲基磺草酮／硝草酮／硝磺草酮 (Mesotrione)，化學式 $C_{14}H_{13}NO_7S$，密度 1.49g/cm^3、熔點 165°C、沸點 643°C，為黃色至棕褐色固体，可溶於水 (1.5g/L@20°C)。
       ✓ 甲基磺草酮／硝草酮／硝磺草酮 (Mesotrione)，CAS 104206-82-8，IUPAC 名為：2-[4-(Methanesulfonyl)-2-nitrobenzoyl]cyclohexane-1,3-dione。CAS 435270-61-4, 207996-81-4 已經停用 [84]。
     ➢ 纖精酮／細籽酮／細子酮 (Leptospermone)，化學式 $C_{15}H_{22}O_4$，密度 1.0688g/cm^3、沸點 377°C，為黃色黏稠液體，溶於乙醇，難溶於水 (0.7124mg/L@25°C)，用於護髮與護膚用品。
       ✓ 松紅梅屬於桃金孃科 (Myrtaceae) 松紅梅屬 (Leptospermum)，Lepto 是「輕／細」的意思，sperm 是「籽／子」的意思，纖精酮／細籽酮／細子酮 (Leptospermone) 其實可以稱為松紅梅酮。
       ✓ 纖精酮／細籽酮／細子酮 (Leptospermone)，CAS 567-75-9，IUPAC 名為：2,2,4,4-Tetramethyl-6-(3-methylbutanoyl)cyclohexane-1,3,5-trione[87]。CAS 22595-44-4 已經停用 [84]。
       ✓ 異纖精酮／異細籽酮／異細子酮 (Isoleptospermone/Adleptospermone)，CAS 5009-05-2[19, 20, 67]，IUPAC 名為：2,2,4,4-Tetramethyl-6-(2-methylbutanoyl)cyclohexane-1,3,5-trione 。
       ✓ 多特瑞 (doTERRA) 有麥蘆卡 (Manuka) 精油 [6]，麥蘆卡／馬奴卡又稱「紐西蘭茶樹」，台灣稱為松紅梅。紐西蘭茶樹與澳洲茶樹都屬於桃金孃科，但是不同屬。桃金孃科，御柳梅屬／細子木屬／薄子屬 (Leptospermum)。松紅梅／紐西蘭茶樹

／麥蘆卡／馬奴卡 (Leptospermum scoparium J. R. Forst. et G. Forst.)，有抗菌及幫助傷口癒合的功效[94]，芳療經驗上認爲松紅梅的抗菌力與抗眞菌能力甚至高於茶樹。

圖3-2-2-9　上排由左至右：全氟異丙基α-三酮、甲基磺草酮／硝草酮／硝磺草酮化學式；下排由左至右：纖精酮／細籽酮／細子酮、異纖精酮／異細籽酮／異細子酮

10. 菖蒲酮／水菖蒲酮 (Shyobunone)，爲倍半帖酮，化學式 $C_{15}H_{24}O$，密度 0.918g/cm^3、沸點 290°C，爲粉末狀固體，微溶於乙醇，微溶於水 (1.849mg/L@25°C)[87]，天然存在於距花山薑、野胡蘿蔔和菖蒲等植物中[11, 20]。
    - 菖蒲酮／水菖蒲酮 (Shyobunone)，CAS 21698-44-2，IUPAC 名爲：(2S,3S,6S)-3-Ethenyl-3-methyl-6-propan-2-yl-2-prop-1-en-2-ylcyclohexan-1-one。
    - 異菖蒲酮／異水菖蒲酮 (Isoshyobunone)，爲菖蒲酮的雙鍵異構物，化學式 $C_{15}H_{24}O$、沸點 289-291°C，溶於乙醇，難溶於水 (0.9481mg/ @25°C)，存在於白菖蒲 (Acorus calamus) 等菖蒲屬植物中[11, 19]。
        - ➢ 異菖蒲酮／異水菖蒲酮 (Isoshyobunone)，CAS 21698-46-4。
            - ✓ 左旋 (-)- 異菖蒲酮 ((-)-Isoshyobunone)，CAS 21698-46-4，IUPAC 名爲：(3S,6S)-6-Isopropyl-2-isopropylidene-3-methyl-3-vinylcyclohexanone。
    - 表菖蒲酮／表水菖蒲酮 (Epishyobunone)，CAS 39020-72-9，IUPAC 名爲：(2R,3R,6S)-3-Ethenyl-3-methyl-2-(1-methylethenyl)-6-(1-methylethyl)cyclohexanone。

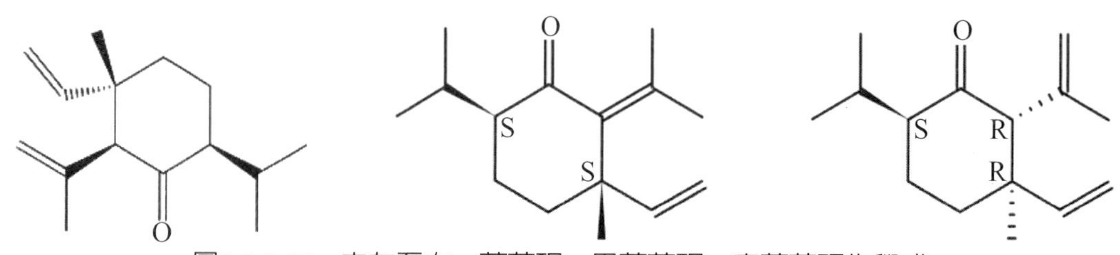

圖3-2-2-10　由左至右：菖蒲酮、異菖蒲酮、表菖蒲酮化學式

11. 薑酮／香草基丙酮／香蘭基丙酮／[0]—薑酮酚 (Zingerone/Gingerone/Vanillylacetone/[0]-Paradol)，化學結構上與香蘭素 (Vanillin)、丁香酚 (Eugenol) 等其它香料類似，化學式 $C_{11}H_{14}O_3$，其 C_{11} 的結構應該不屬於單萜酮 (C_{10}) 或倍半萜酮 (C_{15})。密度 1.14g/cm^3、熔點 40-41°C、沸點 323.0°C[12]，常溫下爲結晶固體，液態爲淡黃色透明液體，溶於乙醚，微溶於水，有甜美辛辣生薑香草木香型香氣，口感辣味濃郁回味無窮[87]。薑酮是在烹調過程中從薑酚／薑辣素中反向醛反應產生的，具有較低的辛辣性，而略具甜味[5]，具有抗發炎、抗糖尿病、抗脂質過敏、抗腹瀉、抗痙攣和抗腫瘤等活性，可抑制神經母細胞瘤的生長[12]，用於辛辣味香料。
   - 薑酮／香草基丙酮／香蘭基丙酮／[0]—薑酮酚 (Zingerone/Gingerone/Vanillylacetone/[0]-Paradol)，CAS 122-48-5，IUPAC 名爲：4-(4-Hydroxy-3-methoxyphenyl)butan-2-one。
   - 薑酮酚／[6]—薑酮酚／[6]—薑酮 (Paradol/[6]-Paradol/[6]-Gingerone)，化學式 $C_{17}H_{26}O_3$，密度 1.0690g/cm^3、熔點 32°C、沸點 407°C，溶於乙醇，微溶於水 (3.802mg/L@25°C)，天然存在於幾內亞胡椒、生薑、馬達加斯加豆蔻、天堂椒／非洲豆蔻等植物中，研究發現對小鼠有抗氧化和抗腫瘤的作用，用於調味品以提供辛辣味[5, 11]。
     - 薑酮酚／[6]—薑酮酚／[6]—薑酮 (Paradol/[6]-Paradol/[6]-Gingerone)，CAS 27113-22-0，IUPAC 名爲：1-(4-Hydroxy-3-methoxyphenyl)decan-3-one。CAS 1400-74-4 已經停用[84]。
     - 薑烯酚／薑酚 (Shogaol)，請參考 5-2-3-9。

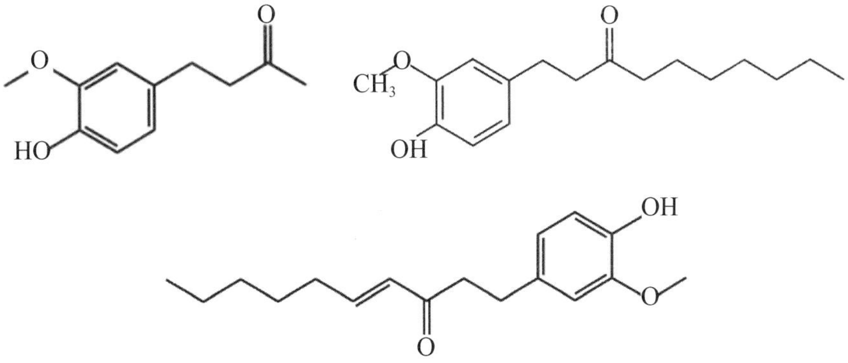

圖3-2-2-11　薑酮／[0]—薑酮酚、[6]—薑酮酚、6-薑烯酚化學式

12. 薑黃酮 (Tumerone)，芳薑黃酮 (ar-turmerone)，爲芳香族化合物，是薑黃酮的主要生物活性化合物，化學式 $C_{15}H_{20}O$、密度 0.9634g/cm^3、沸點 325.7°C，爲結晶固體，溶於乙醇、甲醇，微溶於水 (4.853mgL@25°C)，旋光度 [α]20D +82.21（比旋光度 α 符號中，20 是溫度、D 是指鈉燈光波，正號是指右旋），天然存在於薑黃、芒果薑等植物中，有濃郁的木質香氣，隱約有著花香、柑橘香以及薑味。嚐起來有一點苦味，辣味適中，帶有麝香味的溫暖口感，是一種天然的抗生素，有抗氧化和抗發炎作用，爲有效的抗蛇毒血清，能增強幹細胞的增殖，延緩細胞退化與衰老。具抗腫瘤活性，引發人類淋巴瘤細胞的凋亡蛋

白[4, 11, 12, 35, 66, 87]，芳療經驗上認為有中度毒性，高濃度時有刺激性，可能也會導致過敏[30]。

- 薑黃酮 (Tumerone)：旋光左旋 (-) 的分子是右手性 (R)，旋光右旋 (+) 的分子是左手性 (S)，研究這些分子時必須特別留意，古典芳療資料可能把左手性分子稱為左旋分子，講述的剛好是另一個相對的化合物。
- 薑黃酮 (Tumerone)。
  - ➢ 芳薑黃酮／右旋芳薑黃酮 (ar-Turmerone/(+)-(S)-ar-Turmerone)，CAS 532-65-0，IUPAC 名為：(6*S*)-2-Methyl-6-(4-methylphenyl)hept-2-en-4-one。
- 薑黃素 (Curcumin)，請參考 5-2-3-11。薑黃烯 (Curcumene)，請參考 2-1-2-26。

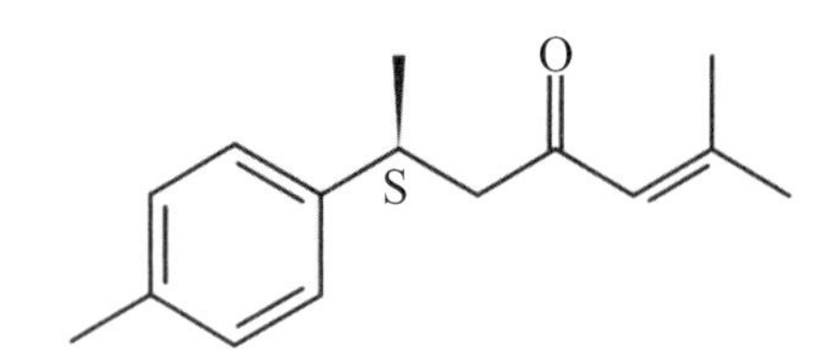

圖3-2-2-12　右旋(+)-(S)芳薑黃酮化學式

13. 檀萜烯酮／檀香酮 (Santalone)，化學式 $C_{11}H_{16}O$，分子有 [2.2.1] 雙環，在 2、6 號碳還有稠環，成為三環 (tricyclo) 結構，與檀油醇 (Teresantalol) 和三環類檀香醛／三環類紫檀萜醛 (Tri-cyclo-ekasantalal/ Tricycloekasantalal) 結構很相似，其 C_{11} 的結構應該不屬於單萜酮 (C_{10}) 或倍半萜酮 (C_{15})。密度 0.991g/cm^3、沸點 214-215°C，略溶於水 (416.3mg/L@25°C)，*α*- 檀香酮具有鎮痛和利尿的功效，可用於治療老年癡呆中的各種疼痛[11, 19, 35, 54]。
   - 檀萜烯酮／檀香酮 (Santalone)，CAS 59300-51-5，IUPAC 名為：1-(2,3-Dimethyltricyclo [2.2.1.0^{2,6}]hept-3-yl)ethenone。
   - 三環類檀香醛／三環類紫檀萜醛，請參考 3-1-3-4。
   - 檀油醇 (Teresantalol)，請參考 2-2-1-1-13。

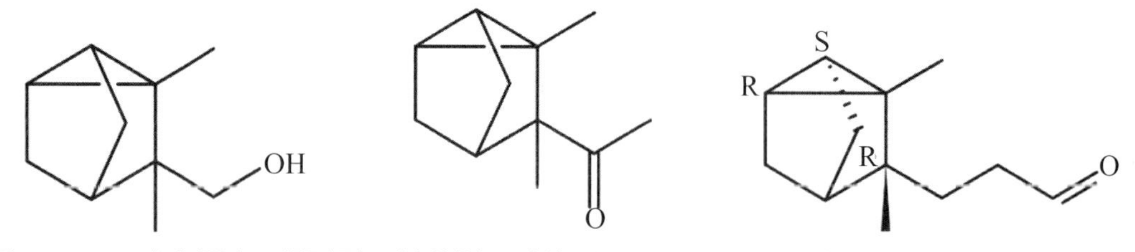

圖3-2-2-13　由左至右：檀油醇、檀萜烯酮／檀香酮、三環類檀香醛／三環類紫檀萜醛化學式

14. 岩蘭酮 (Vetivone)，有 *α*、*β* 兩種異構物，*α*- 岩蘭酮 (*α*-Vetivone) 又稱為岩蘭草酮 (Vetiverone)／異花柏酮／異諾卡酮 (Isonootkatone)，岩蘭酮分子有 [4.4.0] 雙環 (bicyclo) 結構，化學式 $C_{15}H_{22}O$、密度 0.962g/cm^3、沸點 270.5°C，為無色固體，溶於乙醇，難溶於水，是岩蘭草精油的主要成分，用來製備高級香水[5]。*β*- 岩蘭酮 (*β*-Vetivone)，有 [4.5] 螺環 (spiro) 結構，

化學式 $C_{15}H_{22}O$、密度 0.962g/cm^3、熔點 44.5°C、沸點 329.5°C，為無色固體，溶於乙醇，難溶於水 (1.096mg/L@25°C)，天然存在於岩蘭油中 [11, 19, 66]。

- 岩蘭酮 (Vetivone)，CAS 15764-04-2。
  - ➢ α- 岩蘭酮／岩蘭草酮／異花柏酮／異諾卡酮 (α-Vetivone/Vetiverone/Isonootkatone)
    - ✓ 右旋 -α- 岩蘭酮／右旋岩蘭草酮／右旋異花柏酮／右旋異諾卡酮 ((+)-α-Vetivone/(+)-Vetiverone /(+)-Isonootkatone)，CAS 15764-04-2，IUPAC 名為：(4R,4aS)-4,4a-Dimethyl-6-(propan-2-ylidene)-4,4a,5,6,7,8-hexahydronaphthalen-2(3H)-one。CAS 89-89-4, 6152-50-7 已經停用 [84]。
  - ➢ β- 岩蘭酮 (β-Vetivone)，CAS 18444-79-6。
    - ✓ 左旋 -β- 岩蘭酮 ((-)-β-Vetivone)，CAS 18444-79-6，IUPAC 名為：(5R,10R)-2-Isopropylidene-6,10-dimethylspiro[4.5]dec-6-en-8-one。
- 花柏酮／諾卡酮 (Nootkatone)、異花柏酮／異諾卡酮 (Isonootkatone)，請參考 2-2-2-7。
- 岩蘭草醇／香根草醇 (Vetiverol)、岩蘭烯醇 (Vetivenol)、α- 岩蘭醇 (α-Vetivol)，請參考 2-2-2-4。
- 客烯醇／三環岩蘭烯醇 (Khusimol/Khusenol/Tricyclovetivenol)、雙環岩蘭烯醇 (Bicyclovetivenol)、客醇 (Khusol)、客萜醇 (Khusinol)、客烯 2 醇 (Khusiol/Helifolan-2-ol/Khusian-2-ol)，請參考 2-2-2-24。
- 植物學大師 James A. Duke 的鉅著 [95]，在岩蘭草的成分有列 Vetivenone 這個化合物，如果要翻成中文，可以稱為「岩蘭烯酮」，目前世界所有主要資料庫都沒列這個化合物。

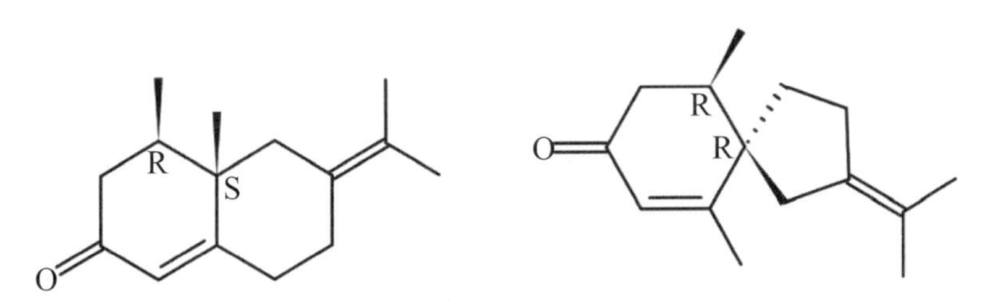

圖3-2-2-14　由左至右：右旋-α-岩蘭酮／右旋岩蘭草酮／右旋異花柏酮、左旋-β-岩蘭酮化學式

15.1- 沒藥酮 (1-Bisabolone)，化學式 $C_{15}H_{24}O$、密度 0.619303g/cm^3、沸點 120°C，為油狀液體，旋光度 [α]24D -37, c=3.7, chloroform（比旋光度 α 符號中，24 是溫度 °C、D 是指鈉燈光波，負號是指左旋，c 是溶劑濃度 g/ml)，天然存在於曲序香茅、鬱金／毛薑黃和甜菊屬及小頭尾藥菊屬植物中，具有抗菌活性 [11, 92, 96]。

- 沒藥酮 (l-Bisabolone/2,10-Bisaboladien-1-one)，CAS 61432-71-1，IUPAC 名為：(6R)-3-Methyl-6-[(2S)-6-methylhept-5-en-2-yl]cyclohex-2-en-1-one。

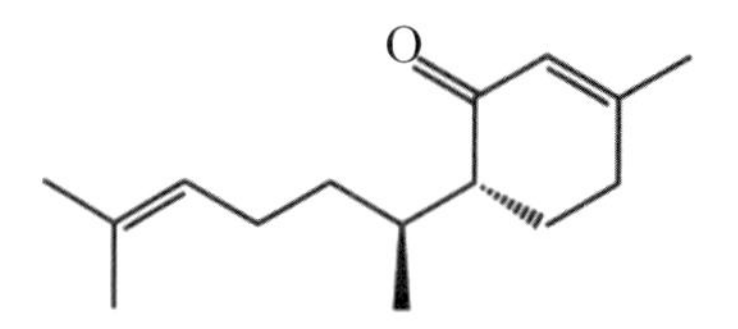

圖3-2-2-15　1-沒藥酮化學式

16. 莎草酮 (Cyperone)，化學式 $C_{15}H_{22}O$、密度 0.995g/cm^3、熔點 232°C、沸點 320.40°C，微溶於水 (1.84mg/L@25°C)，天然存在於香附子等莎草屬植物中，研究顯示 α- 莎草酮可降低發炎症狀，增強小鼠的神經可塑性，產生抗憂鬱的作用 [11, 19, 97, 98]。
   - 本書所稱的莎草酮，一般稱爲香附酮。
   - 莎草酮 (Cyperone)。
     - α- 莎草酮 ((+)-α-Cyperone)，CAS 473-08-5，IUPAC 名爲：(4aS,7R)-4,4a,5,6,7,8-Hexahydro-1,4a-dimethyl-7-(1-methylethenyl)-2(3H)-naphthalenone。
     - β- 莎草酮 (β-Cyperone)，CAS 23665-63-6 [86]，IUPAC 名爲：(4aS)-4,4a,5,6-Tetrahydro-1,4a-dimethyl-7-(1-methylethyl)-2(3H)-naphthalenone。
   - 莎草烯酮／異廣藿香烯酮／莎草香附酮 (Cyperenone/Cyperotundone/Isopatchoulenone)，化學式 $C_{15}H_{22}O$、密度 1.03g/cm^3、熔點 47.5°C、沸點 318.7°C，溶於甲醇、乙醇等有機溶劑，天然存在於香附子等莎草屬植物的根莖中，有抗經痛的功效，也是治療偏頭痛的有效成分 [11, 20, 82]。
     - 本書所稱的莎草烯酮，一般稱爲香附烯酮。
     - 莎草烯酮 ((+)-Cyperenone/Cyperotundone)，CAS 3466-15-7，IUPAC 名爲：(3aR,4R,7R)-5,6,7,8-Tetrahydro-1,4,9,9-tetramethyl-3H-3a,7-methanoazulen-2(4H)-one。CAS 4678-34-6, 4755-43-5, 25491-22-9, 31104-80-0 已經停用 [84]。
   - 莎草醇酮 (Cyperolone)，化學式 $C_{15}H_{24}O_2$、密度 1.1±0.1g/cm^3、熔點 39°C，沸點 332.3°C，天然存在於香附子等莎草屬植物中 [11, 66]。
     - 本書所稱的莎草醇酮，一般稱爲香附醇酮。
     - 莎草醇酮 ((+)-Cyperolone)，CAS 13741-46-3，IUPAC 名爲：1-[(3S,3aR,5R,7aS)-Octahydro-3-hydroxy-7a-methyl-5-(1-methylethenyl)-3aH-inden-3a-yl]ethanone。CAS 11007-30-0, 18310-65-1 已經停用 [84]。
   - 在漢文資料中 Cyperene 稱爲香附烯／莎草烯；Rotundene 也稱爲香附烯／莎草烯。香附子學名爲 Cyperus rotundus，Cyperus 是莎草屬、rotundus 是香附子，因此本書將 Cyperene 稱爲莎草烯、Rotundene 稱爲香附烯。將 Cyperol 稱爲莎草醇、Rotunol 稱爲香附醇。將 Cyperone 稱爲莎草酮、Rotundone 稱爲香附酮。

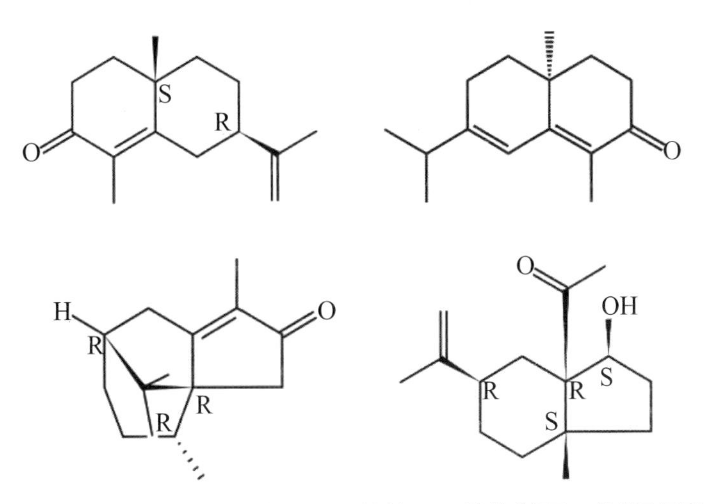

圖3-2-2-16　由左至右：α-莎草酮、β-莎草酮、莎草烯酮、莎草醇酮化學式

17. 香附酮 (Rotundone)，化學式 $C_{15}H_{22}O$、密度 1.0±0.1g/cm^3、熔點 58.02°C、沸點 292.54°C，難溶於水 (0.1397mg/L @25°C)，天然存在於香附子等莎草屬植物中，也存在於黑胡椒、馬鬱蘭、牛至、迷迭香、羅勒、百里香和天竺葵的精油，以及一些葡萄酒中 [5, 11, 20, 66]。
   - 本書所稱的香附酮，一般稱爲莎草薁酮／香附二烯酮。
   - 香附酮 ((-)-Rotundone)，CAS 18374-76-0，IUPAC 名爲：(3S,5R,8S)-3,4,5,6,7,8-Hexahydro-3,8-dimethyl-5-(1-methylethenyl)-1(2H)-azulenone。

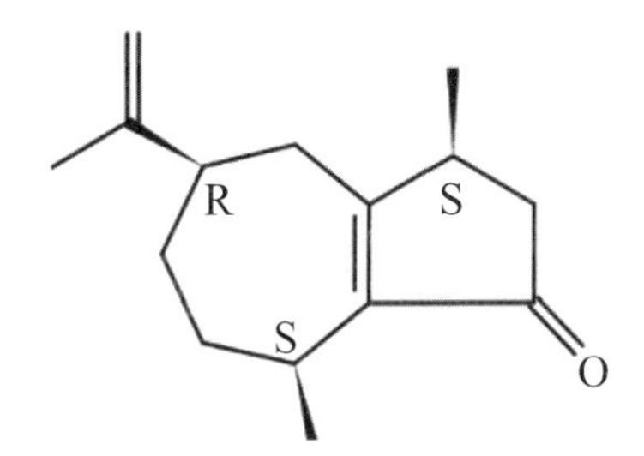

圖3-2-2-17　香附酮化學式

18. 廣藿香烯酮 (Patchoulenone)，分子有 [5.3.1] 雙環，1、5 號碳還有稠環，成爲三環 (tricyclo) 結構，化學式 $C_{15}H_{22}O$、密度 1.0±0.1g/cm^3、熔點 52.5°C、沸點 318.7°C，爲單斜晶系結晶固體，難溶於水 (0.4718mg/L@25°C)，天然存在於香附子等莎草屬植物中 [11, 19, 66]。
   - 廣藿香烯酮／8- 側氧基莎草烯 ((-)-Patchoulenone/8-Oxocyperene/Narucinone)，CAS 5986-54-9，IUPAC 名爲：4,10,11,11-Tetramethyltricyclo[5.3.1.0^{1,5}]undec-4-en-6-one/(5S,8R,8aR)-1,2,5,6,7,8-Hexahydro-3,8,9,9-tetramethyl-4H-5,8a-methanoazulen-4-one。
   - 異廣藿香烯酮 (Isopatchoulenone) 又稱莎草烯酮／莎草香附酮 (Cyperenone/Cyperotundone)，CAS 3466-15-7，請參考 3-2-2-16。

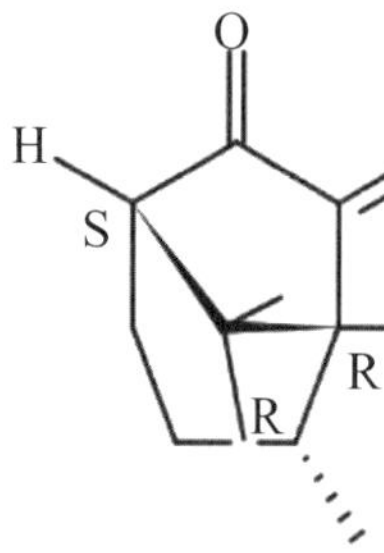

圖3-2-2-18　廣藿香烯酮化學式

19.橐吾酮 (Ligularone)，化學式 $C_{15}H_{22}O_2$、熔點 64-65°C，旋光度 [α]27D -57.7°, c=1, $CHCl_3$（比旋光度 α 符號中，27 是溫度 °C、D 是指鈉燈光波，負號是指左旋，c 是溶劑濃度 g/ml)[11, 90, 92]。

- 橐吾酮 (Ligularone)，CAS 900789-90-4[67]，IUPAC 名爲：(4aR,5S,8aR)-3,4a,5-Trimethyl-4H,4aH,5H,6H,7H,8H,8aH,9H-naphtho[2,3-b]furan-4-one。
- 橐吾鹼酮 (Ligularinone)。
  - ➢ 橐吾鹼酮 A(Ligularinone A)，化學式 $C_{25}H_{34}O_7$，CAS 64185-20-2[90]，IUPAC 名爲：Bis[(Z)-2-methyl-2-butenoic acid][(1R,2S,4S,6R,9S,10S,11R)-1,6-dimethyl-9-isopropenyl-7-oxo-5,12-dioxatricyclo[9.1.0.0^{4,6}]dodecane-2,10-diyl] ester。
    - ✓ bis 是雙併，意思和 di- 差不多，di- 可以翻譯爲「二」、bis- 可以翻譯爲「雙」。
  - ➢ 橐吾鹼酮 B(Ligularinone B)，化學式 $C_{20}H_{28}O_4$，CAS 64185-20-4[90]，IUPAC 名爲：(Z)-2-Methyl-2-butenoic acid [(1S,3S,4Z,7S,10R)-4,10-dimethyl-7-isopropenyl-9-oxo-11-oxa bicyclo[8.1.0]undec-4-en-3-yl] ester。
- 橐吾鹼 (Ligularine)，請參考 5-2-3-27。
- 橐吾醇／白蜂斗菜素 (Ligularol/Petasalbin)，請參考 2-2-2-28。

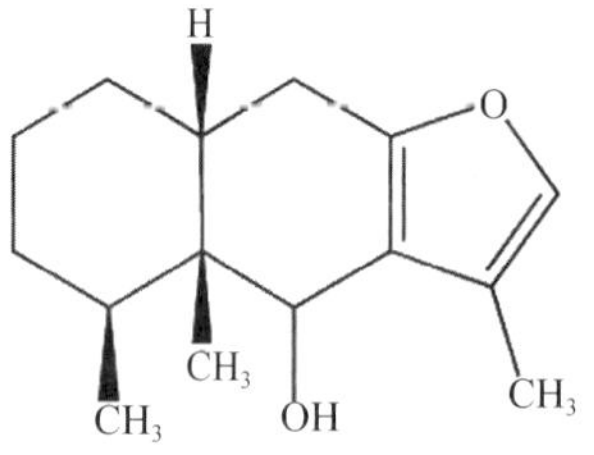

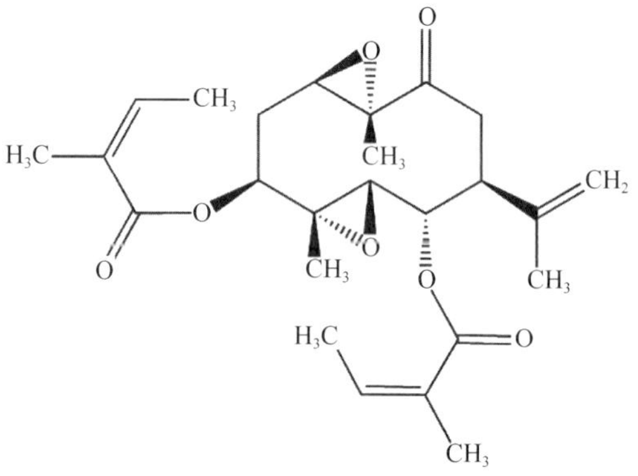

圖3-2-2-19　由左至右：槀吾酮、槀吾鹼酮A、槀吾鹼酮B化學式

20. 印蒿酮 (Davanone)，屬於四氫呋喃類化合物，化學式 $C_{15}H_{24}O_2$、密度 1.0±0.1g/cm^3、沸點 312.5°C，微溶於水 (18.13mg/L@25°C)，旋光度 [α]21D +77.7（比旋光度 α 符號中，21 是溫度 °C、D 是指鈉燈光波，正號是指右旋），天然存在於印蒿、馬纓丹、猶太蒿等蒿屬 (Artemisia) 植物中，有著濃烈的水果甜香，芳療經驗上認爲具抗菌、抗黴菌效果顯著，且有抗老化的效果 [11, 19, 35, 43, 66, 92]。
   - 印蒿酮 (Davanone)，CAS 30810-99-2，IUPAC 名爲：2-(5-Ethenyltetrahydro-5-methyl-2-furanyl)-6-methyl-5-hepten-3-one。
     - ➢ 右旋印蒿酮 ((+)-Davanone)，CAS 20482-11-5 [86]，IUPAC 名爲：(2S)-6-Methyl-2-[(2S,5R)-5-Methyl-5-vinyltetrahydro-2-furanyl]-5-hepten-3-one。
   - 異印蒿酮 (Isodavanone)，化學式 $C_{15}H_{24}O_2$、密度 1.0±0.1g/cm^3、熔點 56.92°C、沸點 361.4°C，微溶於水 (18.13mg/L@25°C)，旋光度 [α]20D +29.7°, c=10, $CHC1_3$（比旋光度 α 符號中，20 是溫度 °C、D 是指鈉燈光波，正號是指右旋，c 是溶劑濃度 g/ml）[11, 19, 20, 21, 66, 82, 92]。
     - ➢ 右旋反式異印蒿酮 ((+)-trans-Isodavanone)，CAS 54927-85-4，IUPAC 名爲：(+)-(2S,4E)-2-[(2S,5S)-5-Ethenyl-5-methyloxolan-2-yl]-6-methylhept-4-en-3-one [20, 86, 90]。
   - 去甲印蒿酮 (Nordavanone)，化學式 $C_{11}H_{18}O_2$，可溶於水 (1206mg/L@25°C) [19, 82]。
     - ➢ 去甲印蒿酮 (Nordavanone)，CAS 54933-91-4，IUPAC 名爲：3-[(2S,5R)-5-Ethenyl-5-methyloxolan-2-yl]butan-2-one。

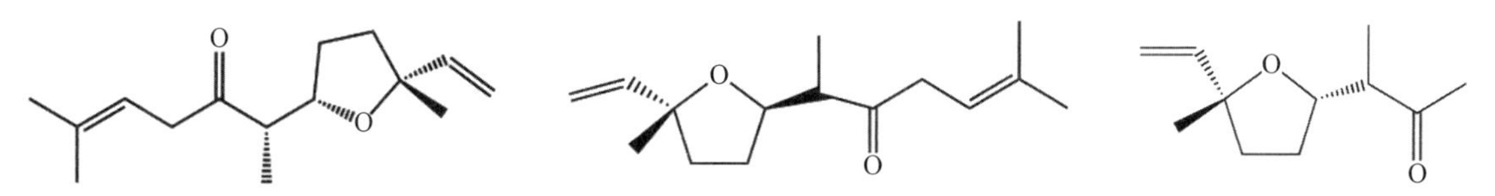

圖3-2-2-20　由左至右：右旋印蒿酮、右旋反式異印蒿酮、去甲印蒿酮化學式

21. 義大利二酮 (Italidione)，天然存在於義大利永久花等植物中，芳療經驗上認爲能具抗血腫、促進皮膚再生，對皮膚紅腫、血栓和瘀傷也有療效 [43]。研究證實義大利二酮具有消血腫、消炎的功效 [58]。

- 義大利二酮 I(Italidione I)，化學式 C13$H_{22}O_2$、密度 0.908g/cm^3、沸點 293.3°C，微溶於水 (28.12mg/L@25°C)[11, 12, 19]。
    - ➢ 義大利二酮 I(Italidione I)，CAS 13851-06-4，IUPAC 名爲：4,6,9-Trimethyldec-8-en-3,5-dione[106]。
- 義大利二酮 II(Italidione II)，化學式 $C_{14}H_{24}O_2$、密度 0.903g/cm^3、沸點 305.3°C [11, 12, 19]。
    - ➢ 義大利二酮 II(Italidione II)，CAS 13851-07-5，IUPAC 名爲：2,4,6,9-Tetramethyl-8-decene-3,5-dione[106]。
- 義大利二酮 III(Italidione III)，化學式 $C_{15}H_{26}O_2$、密度 0.899g/cm^3、沸點 322.1°C [11, 12, 19]。
    - ➢ 義大利二酮 III(Italidione III)，CAS 13851-08-6，IUPAC 名爲：3,5,7,10-Tetramethyl undec9-en-4,6-dione[106]。
- 二酮／雙酮 (Diketone)，請參考 3-2-1-17。

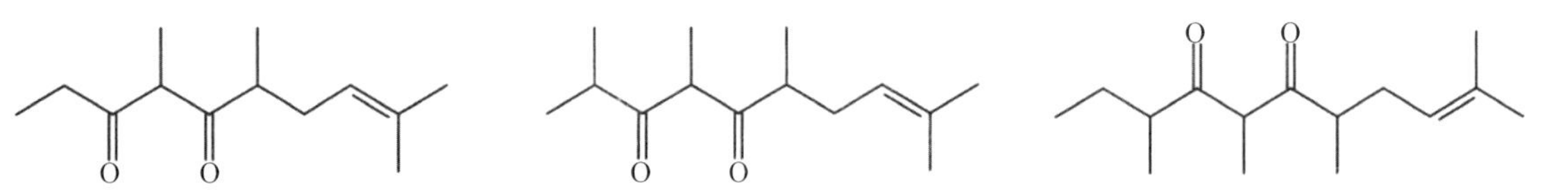

圖3-2-2-21　由左至右：義大利二酮I、義大利二酮II、義大利二酮III化學式

22. 烏藥烯酮／釣樟烯酮 (Lindenenone)，分子爲四環 (tracyclo) 結構，化學式 $C_{15}H_{16}O_2$、熔點 108°C，旋光度 [α]D -333°，c=0.2，石油醚（比旋光度 α 符號中，D 是指鈉燈光波，負號是指左旋，c 是溶劑濃度 g/ml)，爲結晶固體，中醫作爲前列腺炎和前列腺增生的藥品，西醫用於製備肝炎藥物 [11, 92]。
    - 烏藥烯酮／釣樟烯酮 (Lindenenone)，CAS 26379-19-1，IUPAC 名爲：(9S,10R,12S)-4,9,13-Trimethyl-6-oxatetracyclo[7.4.0.0^{3,7}.0^{10,12}]trideca-1(13),3(7),4-trien-2-one/(5aS)-3,5,6b*β*-Trimethyl-5a*α*,6a*α*,6b,7-tetrahydrocycloprop[2, 3]indeno[5,6-b]furan-4(6H)-one。
    - 烏藥根烯／釣樟揣烯 (Lindestrene)，2-1-2-34。
    - 烏藥烯／釣樟烯 (Lindenene)，2-1-2-35。
    - 烏藥烯醇／釣樟烯醇 (Lindenenol/Linderene)，請參考 2-2-2-34。

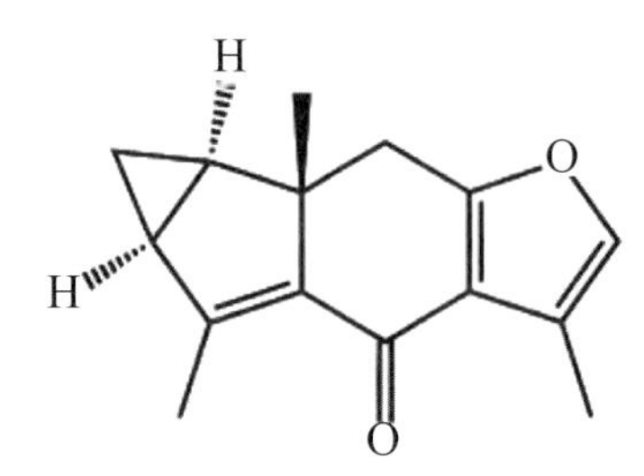

圖3-2-2-22　烏藥烯酮／釣樟烯酮化學式

23. 莪术酮 (Curzerenone)，莪术唸「鵝竹」，至少含有一個芳香環，屬於芳香族化合物[35]，化學式 $C_{15}H_{18}O_2$、密度 0.901g/cm^3、沸點 320.6°C，溶於乙醇，微溶於水 (1.441mg/L@25°C)，天然存在於莪术、長葉烏藥 / 川釣樟等植物中，有抗菌的功效[5]，對大腸桿菌有輕微的抑制作用。莪朮與薑黃同爲薑科薑黃屬，但與薑黃不同種。中藥莪术用於緩解氣滯血瘀所致的癥瘕積聚、經閉以及心腹瘀痛等症狀，中醫藥對小鼠的研究發現，莪术精油有止孕效果，以及抗腫瘤作用[11, 19, 20]。
   - 莪术酮 (Curzerenone)，CAS 20493-56-5，IUPAC 名爲：(5R,6R)-rel-6-Ethenyl-6,7-dihydro-3,6-dimethyl-5-4(5H)-benzofuranone。
   - 表莪术酮 (Epicurzerenone)，化學式 $C_{15}H_{18}O_2$、沸點 321°C，微溶於水 (1.441mg/L@25°C)。
     - 表莪术酮 (Epicurzerenone)，CAS 20085-85-2，IUPAC 名爲：rel-(5R,6S)-5-Isopropenyl-3,6-dimethyl-6-vinyl-6,7-dihydro-1-benzofuran-4(5H)-one。
   - 焦莪术酮(Pyrocurzerenone)，化學式 $C_{15}H_{16}O$、熔點 77°C，難溶於水 (0.326mg/L@25°C)。
     - 焦莪术酮 (Pyrocurzerenone)，CAS 20013-75-6，IUPAC名爲：,7-Dihydro-1,5,8-trimethylnaphtho[2,1-b]furan/1,5,8-Trimethyl-6H,7H-naphtho[2,1-b]furan。
   - 莪术烯 (Curzerine)，請參考 2-1-2-36。

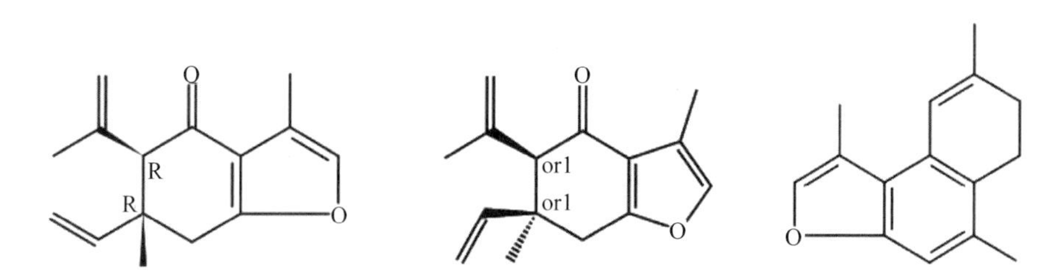

圖3-2-2-23 由左至右：莪术酮、表莪术酮、焦莪术酮化學式

24. 羽扇酮 (Lupenone)，羽扇豆台灣稱魯冰花，是由學名 lupinus 而來，化學式 $C_{30}H_{48}O$、密度 1.115g/cm^3、熔點 170°C、沸點 485.7°C，不溶於水 (7.638e-005mg/L@25°C)，旋光度 [α]20D + 60.6°, c=0.5, $CHCl_3$（比旋光度 α 符號中，20 是指測定溫度 °C、D 是指鈉燈光波，正號是指右旋，c 是溶劑濃度 g/ml），天然存在於聖誕紅，並廣泛存在於菊科、巴蘭科、仙人掌科、鳶尾科、麝香科、蕁麻科、豆科、木薯科等植物中，具有抗發炎、抗病毒、抗糖尿病、抗癌等活性[11, 84, 87, 92, 109]。
   - 羽扇酮 (Lupenone)，CAS 1617-70-5，IUPAC 名爲：(1R,3aR,5aR,5bR,7aR,11aR,11bR,13aR,13bR)-3a,5a,5b,8,8,11a-Hexamethyl-1-prop-1-en-2-yl-2,3,4,5,6,7,7a,10,11,11b,12,13,13a,13b-tetradecahydro-1H-cyclopenta[a]chrysen-9-one。
   - 羽扇醇 (Lupeol/Lupenol)、表羽扇醇 (Epilupeol)、羽扇烯三醇 (Lupenetriol/Heliantriol B_2)，請參考 2-2-3-8。

圖3-2-2-24　羽扇酮化學式

25.麝香酮 (Musk Ketone)，屬於芳酮，化學式 $C_{14}H_{18}N_2O_5$、密度 0.73g/cm^3、熔點 137°C、沸點 395°C，爲淡黃色結晶固體或粉末，加熱分解時釋放有毒的氧化氮蒸氣，微溶於水(0.6365mg/L@25°C)，有著持久甜美的麝香氣味，天然存在於麝香等生物中，爲抗腫瘤藥物，可抑制或防止贅生物的異常生長；可抑制大腦細胞凋亡，對中風病患有神經保護作用。麝香酮對環境有危害，尤其是水生生物，靠近火源有爆炸的風險，用於香水作爲定香劑，提供持久的香氣 [11,19]。

- 麝香酮 (Musk Ketone)，CAS 81-14-1，IUPAC 名爲：1-(4-Tert-butyl-2,6-dimethyl-3,5-dinitrophenyl)ethenone/1-[4-(1,1-Dimethylethyl)-2,6-dimethyl-3,5-dinitrophenyl]ethanone。

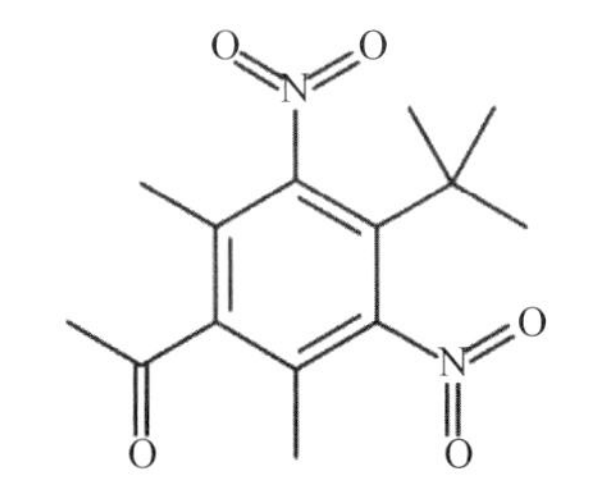

圖3-2-2-25　麝香酮化學式

第四章 酯類精油

本章大綱

第一節 萜醇酯與苯基酯精油

一、萜醇酯

1.乙酸沉香酯／乙酸芳樟酯(Linalyl acetate) ♦ 2.當歸酸異丁酯／歐白芷酸異丁酯(Isobutyl angelate) ♦ 3.甲酸香茅酯／蟻酸香茅酯(Citronellyl formate) ♦ 4.乙酸冰片酯／乙酸龍腦酯(Bornyl acetate)；乙酸異冰片酯／乙酸異龍腦酯(Isobornyl acetate) ♦ 5.乙酸香葉酯／乙酸牻牛兒酯(Geranyl acetate) ♦ 6.乙酸橙花酯(Neryl acetate) ♦ 7.乙酸松油酯／乙酸萜品酯(Terpinyl acetate) ♦ 8.乙酸辛酯／醋酸辛酯(Octyl acetate) ♦ 9.惕各酸香葉酯／甘菊花酸香葉酯(Geranyl tiglate) ♦ 10.茉莉酸甲酯／甲基茉莉酮酸酯(Methyl jasmonate/MeJA) ♦ 11.乙酸薰衣草酯(Lavandulyl acetate) ♦ 12.乙酸薄荷酯(Menthyl acetate) ♦ 13.二氫母菊酯(Dihydromatricaria ester) ♦ 14.纈草酸甲酯／戊酸甲酯(Methyl valerate/Methyl pentanoate) ♦ 15.乙酸檜酯(Sabinyl acetate) ♦ 16.戊酸萜品酯／纈草酸萜品酯(Terpinyl valerate/Terpenyl pentanoate) ♦ 17.因香酚乙酸酯／乙酰因香酚(Incensole acetate/Acetyl incensole) ♦ 18.乙酸桃金娘烯酯(Myrtenyl Acetate)

二、苯基酯

1.乙酸苄酯(Benzyl acetate/Phenylmethyl acetate) ♦ 2.苯乙酸乙酯(Ethylphenyl acetate/Ethylbenzene acetate) ♦ 3.苯甲酸苄酯／苯甲酸苯甲酯／安息酸甲苯(Benzyl benzoate) ♦ 4.苯甲酸松柏酯(Coniferyl benzoate) ♦ 5.水楊酸甲酯／鄰羥基苯甲酸甲酯／冬青油(Methyl salicylate) ♦ 6.乙酸苯酯(Phenyl acetate) ♦ 7.肉桂酸苄酯(Benzyl cinnamate) ♦ 8.肉桂酸肉桂酯／桂酸桂酯(Cinnamyl cinnamate) ♦ 9.苯甲酸肉桂酯(Cinnamyl benzoate) ♦ 10.乙酸丁香酯／乙酸丁香酚酯(Acetyleugenol/Eugenol acetate) ♦ 11.鄰胺苯甲酸甲酯／氨茴酸甲酯(Methyl anthranilate) ♦ 12.N-甲鄰胺苯甲酸甲酯／氨茴酸甲酯(Methyl N-methylanthranilate) ♦ 13.苯甲酸甲酯／安息香酸甲酯(Methyl Benzoate) ♦ 14.異戊酸丁香酚酯(Eugenyl Isovalerate)

第二節 內酯與香豆素精油

一、內酯

1.土木香內酯／木香油內酯／木香腦(Alantolactone/Helenin)；烏心石內酯

(Micheliolide/Mecheliolide) ♦ 2.廣木香內酯／木香烴內酯／閉鞘薑酯(Costuslactone/Costunolide)；去氫廣木香內酯／去氫木香烴內酯(Dehydrocostuslactone) ♦ 3.茉莉內酯(Jasminelactone) ♦ 4.心菊內酯／堆心菊素(Helenalin) ♦ 5.蓍草素／蓍草苦素(Achillin) ♦ 6.荊芥內酯／假荊芥內酯／貓薄荷內酯(Nepetalactone)；二氫荊芥內酯／二氫假荊芥內酯(Dihydronepetalactone) ♦ 7.黃葵內酯／麝子內酯(Ambrettolide)；黃葵酸(Ambrettolic acid) ♦ 8.苯酞／酞內酯(Phthalide/Phthalolactone)；2-香豆冉酮／異香豆冉酮(2-Cumaranone/Isophthalide/ Isocoumaranone)；3-香豆冉酮(3-Coumaranone) ♦ 9.丁苯酞／3-正丁基苯酞／芹菜甲素(Butylphthalide/3-n-Butylphthalide) ♦ 10.丁烯基苯酞／3-正丁烯基苯酞／3-丁烯基酞內酯(3-Butylidenephthalide) ♦ 11.藁本內酯／川芎內酯(Ligustilide) ♦ 12.瑟丹內酯／色丹內酯(Sedanolide)；新蛇床子內酯(Neocnidilide) ♦ 13.草木樨酸內酯／二氫香豆素(Melilotin/Melilotic acid lactone/Dihydrocoumarin) ♦ 14.馬兜鈴內酯(Aristolactone)；新馬兜鈴內酯／銀袋內酯A(Neoaristolactone/Versicolactone A)；銀袋內酯B(Versicolactone B) ♦ 15.穿心蓮內酯(Andrographolide)；異穿心蓮內酯(Isoandrographolide)；新穿心蓮內酯(Neoandrographolide)

二、香豆素(Coumarins)

1.香豆素／香豆內酯／苯並-α-吡喃酮(Coumarin/Benzo-α-pyrone)；色酮／色原酮／苯並-γ-吡喃酮(Chromone/Benzo-γ-pyrone) ♦ 2.脫腸草素／脫腸草內酯／7-甲氧基香豆素(Herniarin/7-Methylumbelliferone) ♦ 3.繖形花內酯／繖形酮／7-羥香豆素(Umbelliferone/7-Hydroxycoumarin) ♦ 4.補骨酯素／補骨酯內酯(Psoralen) ♦ 5.白芷素／異補骨酯內酯(Angelicin/Isopsoralen) ♦ 6.佛手柑內酯／香柑內酯／5-甲氧基補骨酯素(Bergapten/5-methoxypsoralen) ♦ 7.佛手酚／羥基佛手柑內酯／香柑醇(Bergaptol) ♦ 8.佛手柑素／香柑素／香檸檬素(Bergaptin/Bergamotin) ♦ 9.花椒毒素／甲氧沙林／黃毒素／8-甲氧基補骨酯素(Xanthotoxin/Methoxsalen) ♦ 10.邪蒿素／邪蒿內酯(Seselin/Amyrolin) ♦ 11.七葉素／七葉內酯／秦皮乙素／6,7-二羥基香豆素(Aesculetin/Cichorigenin/6,7-Dihydroxycoumarin) ♦ 12.檸美內酯／萊姆素／白檸檬素／5,7-二甲氧基香豆素(Citropten/Limettin/5,7-Dimethoxycoumarin) ♦ 13.酸橙素烯醇／橙皮油內酯烯酸(Auraptenol) ♦ 14.莨菪素(Scopoletin)

第一節　萜醇酯與苯基酯精油

酯類是醇與酸的化合物，是許多精油中重要的香氣分子，不會刺激皮膚，最溫和也最安全，毒性低（西班牙鼠尾草中的水楊酸甲酯和鋸葉皂苷酯除外）。酯類的精油包括：薰衣草、羅馬洋甘菊、快樂鼠尾草、佛手柑等，雖然很少有精油以酯類爲主要成分，但酯類的數量卻比其他官能團多[7]。酯類可以抗發炎、抗痙攣、調理神經系統。

1. 萜醇酯：包括乙酸沉香酯、當歸酸異丁酯／歐白芷酸異丁酯、甲酸香茅酯、乙酸冰片酯／乙酸龍腦酯、乙酸異冰片酯、乙酸香葉酯／乙酸牻牛兒酯、乙酸橙花酯、乙酸松油酯／乙酸萜品酯等。
2. 苯基酯：包括乙酸苄酯、苯甲酸苄酯／苯甲酸苯甲酯／安息酸甲苯、苯甲酸松柏酯、水楊酸甲酯等。
3. 內酯：包括木香油內酯、δ- 茉莉內酯等、堆心菊素、蓍草素／蓍草苦素。
4. 香豆素：包括香豆素、脫腸草素／7- 甲氧基香豆素、繖形酮／7- 羥香豆素等。
5. 呋喃香豆素：包括補骨酯素／補骨酯內酯、白芷素／異補骨酯內酯、香柑內酯／佛手柑內酯、佛手酚／羥基佛手柑內酯、佛手柑素／香柑素／香檸檬素、花椒毒內酯／花椒毒素／黃原毒、瑟丹內酯／芹菜子交酯／瑟丹交酯、槁苯內酯／川芎內酯／藁本交酯、荊芥內酯／貓薄荷內酯等。

一、萜醇酯

1. 乙酸沉香酯／乙酸芳樟酯 (Linalyl acetate)，長鏈的 3 號碳有手性中心，乙酸沉香酯爲萜烯醇酯類，化學式 $C_{12}H_{20}O_2$、密度 0.895g/cm^3、沸點 220°C，如圖 4-1-1-1 所示，爲無色液體，可燃、可溶於乙醇、丙二醇、乙醚和礦物油中，微溶於水，不溶於甘油。乙酸沉香酯是沉香醇 (Linalool，單萜醇，C_{10}) 和乙酸 (C_2) 化合而成，因此有 12 個碳。乙酸沉香酯廣泛存在於唇形科（薄荷）、月桂科（肉桂、紅木）和芸香科（柑橘類）植物中，例如：薰衣草，香檸檬、檸檬、香紫蘇、茉莉、依蘭、玫瑰、芳樟、橙花、橙葉及羅勒等精油，是佛手柑和薰衣草的主要成分，有著有類似鈴蘭與薰衣草的幽雅香氣，常用來製造香水與香精，是茉莉、依蘭、桂花、紫丁香等花香型香精的主要成分，由於化學性質穩定，不會變色，常用於中高檔製品，也廣泛用在食品、日用品、香皂、菸草等，市場上往往將合成的乙酸沉香酯當作摻假物，添加到薰衣草油出售。乙酸沉香酯對人類有輕微毒性，對魚類有毒。工業上合成品是將沉香醇加入乙酐和磷酸的混合物中低溫酯化而得，也可將沉香醇加入稀釋的乙酐和乙酸鈉中酯化而得[4]。研究證實乙酸沉香酯／乙酸芳樟酯具有鎮痛的功效[58]。
   - 乙酸沉香酯右手性 (3R) 分子旋光爲左旋 (-)；左手性 (3S) 分子旋光爲右旋 (+)。研究時必須特別留意，古典芳療資料可能把左手性分子稱爲左旋分子，講述的剛好是另一個相對的化合物。
   - 乙酸沉香酯 ((±)-Linalyl acetate/dl-Linalyl acetate/Bergamiol/Bergamol)，CAS 115-95-7。

CAS 8022-85-3, 16509-66-3, 40135-38-4 已經停用 [84]。

➢ 左旋（右手性 (3R)) 乙酸沉香酯 (R-(-)-Linalyl acetate/l-Linalyl acetate)，CAS 16509-46-9，IUPAC 名爲：(3R)-3,7-Dimethylocta-1,6-dien-3-ylacetate。

➢ 右旋（左手性 (3S)) 乙酸沉香酯 (S-(+)-Linalyl acetate/d-Linalyl acetate)，CAS 51685-40-6，IUPAC 名爲：(3S)-3,7-Dimethylocta-1,6-dien-3-ylacetate。CAS 151863-25-1 已經停用 [84]。

- 沉香醇：右旋 -*β*- 沉香醇又稱芫荽醇，左旋 -*β*- 沉香醇又稱芳樟醇，因此乙酸沉香酯又有稱爲乙酸芳樟酯，請參考 2-2-1-3-2。

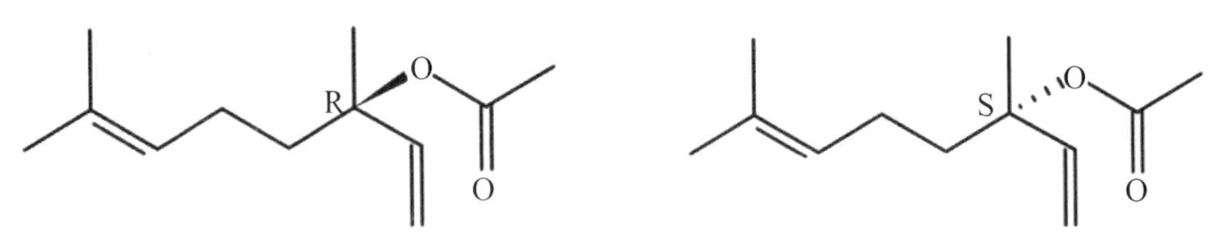

圖4-1-1-1　由左至右：左旋（右手性(3R)）乙酸沉香酯、右旋（左手性(3S)）乙酸沉香酯化學式

2. 當歸酸異丁酯 / 歐白芷酸異丁酯 (Isobutyl angelate)，化學式 $C_9H_{16}O_2$、密度 0.877g/cm^3、沸點 176-177°C[12]，如圖 4-1-1-2 所示，可溶於乙醇等溶劑中，不溶於水 [19]。當歸酸異丁酯是異丁醇 (C_4) 和當歸酸化合而成，因此有 9 個碳。當歸酸異丁酯爲草藥的活性成分 [5]，散發新鮮綠草香、香菜、芹菜香、果香等，讓人想起洋甘菊，有鎮痛和抗痙攣功效，用於糕點糖果、冰品、飲料、冰乳品等產品的食用香料 [19]。

   - 當歸酸 (Angelic acid) 與惕格酸 (Tiglic acid) 互爲順反 (E/Z) 異構物。當歸酸 (Angelic acid)，請參考 5-2-2-1。
   - 異丁醇 (Isobutanol)，化學式 $C_4H_{10}O$、密度 0.802g/cm^3、熔點 -108°C、沸點 108°C[5, 12]，爲無色液體，易燃、有特殊氣味。其異構物有：正丁醇、第二丁醇和第三丁醇。廣泛用於溶劑，也是有機合成的重要原料 [5]。

     ➢ 異丁醇 (Isobutanol)，CAS 78-83-1，IUPAC 名爲：2-Methylpropan-1-ol。

   - 當歸酸異丁酯 / 歐白芷酸異丁酯 (Isobutyl angelate)，CAS 7779-81-9，IUPAC 名爲：2-Methyl propyl-(Z)-2-methylbut-2-enoate。

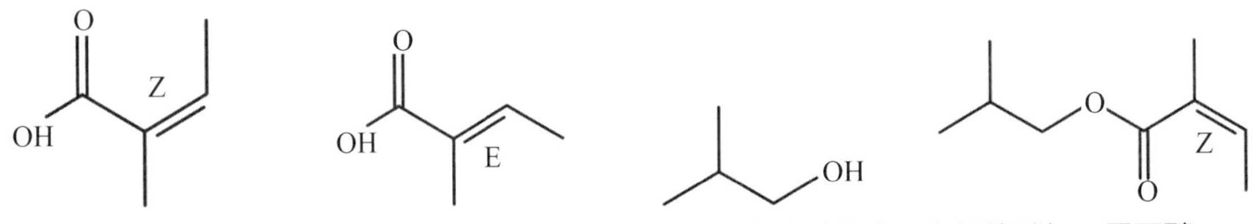

圖4-1-1-2　由左至右：當歸酸（順式(Z)為當歸酸）、惕格酸（反式(E)為惕格酸）、異丁醇、當歸酸異丁酯化學式

3. 甲酸香茅酯／蟻酸香茅酯 (Citronellyl formate)，爲萜烯醇酯類，化學式 $C_{11}H_{20}O_2$、密度 0.89-0.90g/cm^3、沸點 244.7°C[4, 12]，如圖 4-1-1-3 所示，溶於乙醇等溶劑，不溶於水或甘油，無色至淺黃色油狀液體，對皮膚、眼睛等部位有刺激性。甲酸香茅酯是香茅醇 (C_{10}) 和甲酸 (C_1) 酯化而得，因此有 11 個碳。甲酸香茅酯有玫瑰和及甜瓜的水果香氣，稍帶香檸檬或黃瓜的青香，存在於香葉油等植物精油中[4]。也可以從香茅、波旁薔薇、墨西哥柏等精油提取，用於古龍水與花露水，以及薰衣草、玫瑰、紫丁香、野百合等花香型日常用品香精的調合料，也用在桃子、李子、蘋果、甜橙等食用香精。
   - 甲酸香茅酯／蟻酸香茅酯 (Citronellyl formate)，CAS 105-85-1，IUPAC 名爲：(±)-3,7-Dimethyloct-6-enylformate。
   - 香茅醇／玫紅醇 (Citronellol/Rhodinol)，香茅醇的 3 號碳有手性中心，請參考 2-2-1-1-3。
   - 香茅醛 (Citronellal) 和香茅醇 (Citronellol) 英文相近，化合物卻相當不同。香茅醛 (Citronellal)，請參考 3-1-2-2。

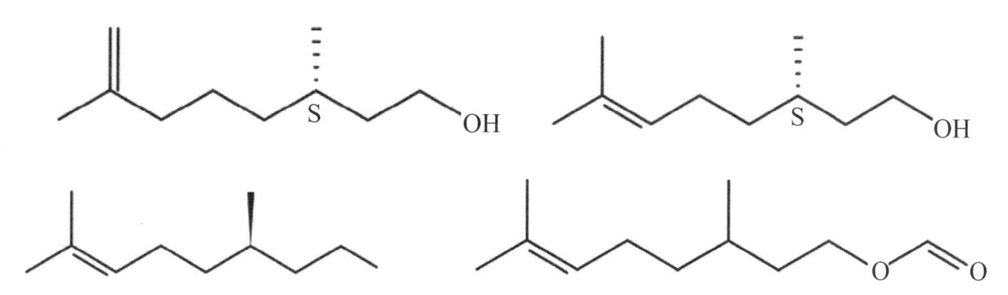

圖4-1-1-3　上排由左至右：左旋-α-香茅醇、左旋-β-香茅醇、右旋-β-香茅醇化學式；下排：甲酸香茅酯化學式

4. 乙酸冰片酯／乙酸龍腦酯 (Bornyl acetate)，爲萜烯醇酯類，化學式 $C_{12}H_{20}O_2$、密度 0.983g/cm^3、熔點 29°C、沸點 226°C，爲無色至淡黃色液體或者白色結晶固體，松木香氣，並有樟腦似的香味、可溶於乙醇中，微溶於水。乙酸冰片酯是冰片醇／龍腦 (C_{10}) 和乙酸 (C_2) 酯化而得，因此有 12 個碳。天然存在於冷杉等松科植物中，多爲左旋異構物，工業上以醋酸酐將左旋龍腦乙醯化而得，用於日用品香精的配製[4]。研究證實乙酸冰片酯具有抗發炎、抑菌的功效[58]。
   - 乙酸冰片酯／乙酸龍腦酯 ((±)-Bornyl acetate)，CAS 76-49-3。CAS 15313-72-1, 36386-52-4, 76306-81-5, 1192038-28-0, 1990151-21-7 已經停用[84]。
     - ➢ 左旋乙酸冰片酯 ((-)Bornyl acetate/l-Bornyl acetate)，CAS 5655-61-8，IUPAC 名爲：(1S,2R,4S)-(-)-1,7,7-Trimethylbicyclo[2.2.1]heptan-2-ol-2-acetate。CAS 626-35-3, 887774-31-4, 1224161-33-4, 2310325-84-7 已經停用[84]。
     - ➢ 右旋乙酸冰片酯 ((-)Bornyl acetate/d-Bornyl acetate)，CAS 20347-65-3，IUPAC 名爲：(1R,2S,4R)-(+)-1,7,7-Trimethylbicyclo[2.2.1]heptan-2-ol-2-acetate。CAS 1195141-69-5, 1933735-02-4, 2180110-06-7 已經停用[84]。

- 乙酸異冰片酯／乙酸異龍腦酯／醋酸異冰片酯 (Isobornyl acetate)，化學式 $C_{12}H_{20}O_2$、密度 0.978g/cm^3、熔點 29°C、沸點 223°C，為無色結晶粉末，有松香樟腦的香味、可溶於乙醇和乙醚中，幾乎不溶於水和甘油，工業上以莰烯與冰醋酸進行乙醯化反應而得，用於肥皂、爽身粉、噴霧劑、花露水等日用品香精的加香劑 [5]。
  - ➢ 乙酸異冰片酯／乙酸異龍腦酯／醋酸異冰片酯 (Isobornyl acetate)，CAS 125-12-2，IUPAC 名為：(1R,2R,4R)-rel-1,7,7-Trimethylbicyclo[2.2.1]heptan-2-ol-2-acetate。CAS 17283-45-3, 904815-44-7, 910885-10-8, 1637437-32-1 已經停用 [84]。"rel-" 表示還有相對的 (Relative) 異構物。
- 冰片醇／龍腦 (Borneol)、異冰片醇 (Isoborneol)，請參考 2-2-1-2-2。

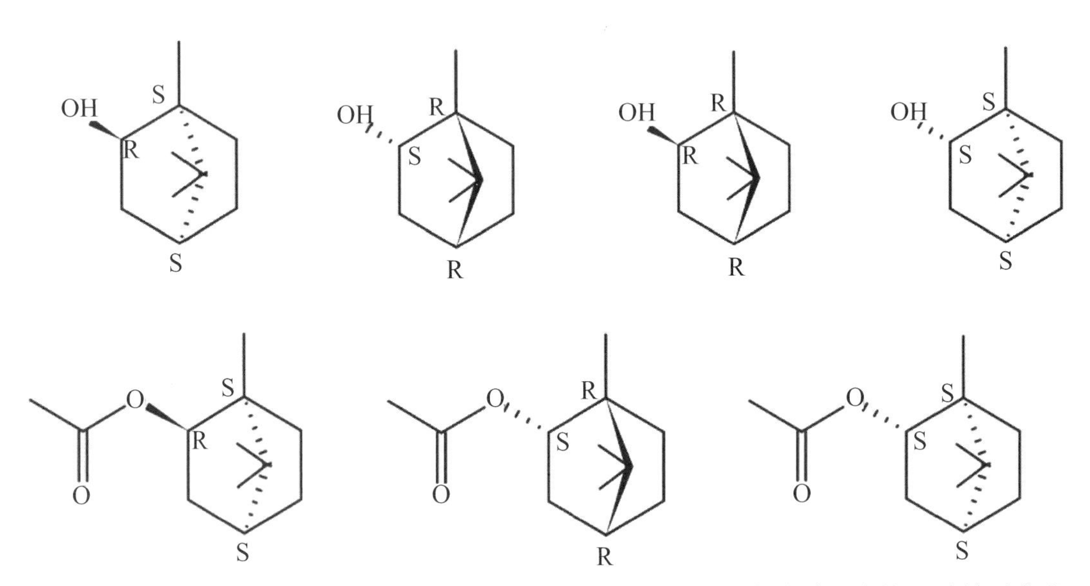

圖4-1-1-4　上排由左至右：左旋冰片醇、右旋冰片醇、左旋異冰片醇、右旋異冰片醇化學式；下排由左至右：左旋乙酸冰片酯、右旋乙酸冰片酯、乙酸異冰片酯化學式

5. 乙酸香葉酯／乙酸牻牛兒酯 (Geranyl acetate)，為萜烯醇酯類，化學式 $C_{12}H_{20}O_2$、密度 0.92g/cm^3、沸點 220-224°C，如圖 4-1-1-5 所示，為無色至淡黃色液體，有清甜柔和的玫瑰、薰衣草和香檸檬的香氣、易溶於乙醇、丙酮等溶劑，微溶於丙二醇，不溶於水和甘油，乙酸香葉酯是香葉醇 (C_{10}) 和乙酸 (C_2) 酯化而得，因此有 12 個碳。工業上以香葉油和冰醋酸酯化而得，或直接從植物精油中提取，用於配製玫瑰、橙花、香檸檬、薰衣草、桂花等型香精，或用於化妝品、肥皂等日用品香料，以及飲料、酒類等食品中。研究證實乙酸香葉酯／乙酸牻牛兒酯具有鎮痛、抑菌的功效 [58]。
   - 乙酸香葉酯／乙酸牻牛兒酯 (Geranyl acetate)，CAS 105-87-3。
     - ➢ 乙酸橙花酯／順式乙酸香葉酯 ((Z)-Geranyl acetate/cis-Geranyl acetate/Neryl acetate)，CAS 141-12-8，IUPAC 名為：(2Z)-3,7-Dimethylocta-2,6-dien-1-ylacetate。CAS 130396-85-9 已經停用 [84]。

➢ 乙酸香葉酯 / 乙酸牻牛兒酯 (Geranyl acetate/trans-Geranyl acetate/β-Geranyl acetate)，CAS 105-87-3，IUPAC 名爲：(2E)-3,7-Dimethylocta-2,6-dien-1-ylacetate。CAS 130396-84-8, 8022-83-1 已經停用 [84]。

- 香葉醇 / 牻牛兒醇 / 反式牻牛兒醇 / 天竺葵醇，請參考 2-2-1-1-1。

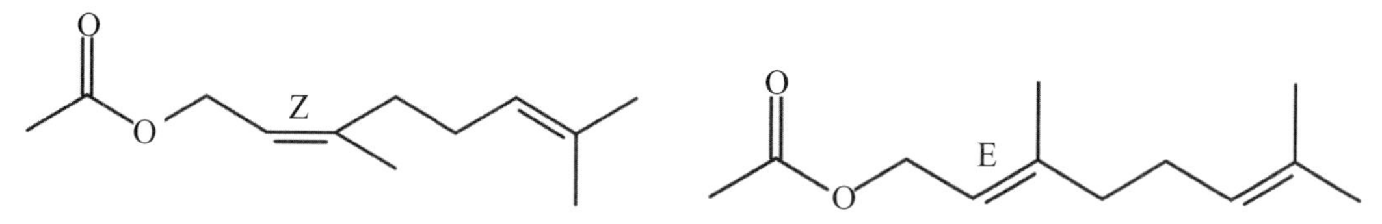

圖4-1-1-5　由左至右：乙酸橙花酯、乙酸香葉酯化學式

6. 乙酸橙花酯 (Neryl acetate)，爲萜烯醇酯類，化學式 $C_{12}H_{20}O_2$、密度 0.91g/cm^3、沸點 231°C[19]，如圖 4-1-1-6 所示，溶於乙醇、乙醚、二丙二醇、石蠟油等溶劑，微溶於水 [12]。乙酸橙花酯是橙花醇 (C_{10}) 和乙酸 (C_2) 酯化而得，因此有 12 個碳。橙花醇與香葉醇爲順反異構物，因此物理性質相近，唯香味略有不同。乙酸橙花酯有著花香、玫瑰香、柑橘香、葡萄柚香和水果香，口味接近藍莓，用於烘焙食品、飲料、糖果、乳製品、冰品等 [19]
   - 乙酸橙花酯 / 順式乙酸香葉酯 ((Z)-Geranyl acetate/cis-Geranyl acetate/Neryl acetate)，CAS 141-12-8，IUPAC 名爲：(2Z)-3,7-Dimethylocta-2,6-dien-1-ylacetate。CAS 130396-85-9 已經停用 [84]。
   - 橙花醇 / β- 檸檬醇 / 順式牻牛兒醇，請參考 2-2-1-1-2。

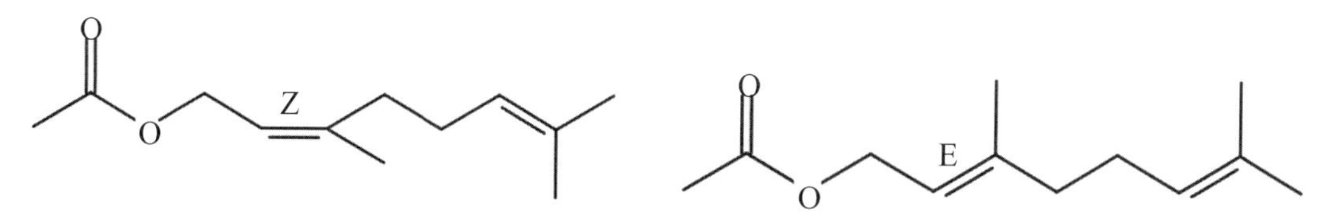

圖4-1-1-6　由左至右：乙酸橙花酯、乙酸香葉酯化學式

7. 乙酸松油酯 / 乙酸萜品酯 (Terpineolacetate/Terpinyl acetate)，爲萜烯醇酯類，化學式 $C_{12}H_{20}O_2$、密度 0.962g/cm^3、熔點 -50°C、沸點 239.9°C，如圖 4-1-1-7 所示，爲無色油狀液體，有檸檬和薰衣草香氣，溶於乙醇、乙酸乙酯、乙醚、環己烷等溶劑中，不溶於水，難溶於甘油，對眼睛與皮膚有刺激性。乙酸松油酯是松油醇 (Terpinol，C_{10}) 和乙酸 (C_2) 酯化而得，因此有 12 個碳。乙酸松油酯存在於玉樹、小豆蔻、松針、薰衣草、豆蔻、苦橙等精油以及烤菸葉中，工業上由松節油層析後分離蒸餾而得。也可由萜品醇和醋酐蒸餾製得 [12]，廣泛用在於薰衣草、鼠尾草、小豆蔻、柑橘、桃、梅、杏、櫻桃、圓柚、香辛料等香型的日用香精，也作爲櫻桃、白檸檬、肉類等食用香精，在調味精油中有辛香作用，常用於配製薰衣草、檸檬、橙葉等精油 [4]，以及烘焙食品、糖果、飲料、冷飲等產品。

- 乙酸松油酯／乙酸萜品酯 (Terpineolacetate/Terpinyl acetate)。
  - ➢ α- 乙酸松油酯 ((±)-α-Terpineolacetate)，CAS 80-26-2。CAS 104806-93-1, 10581-37-0, 21090-64-2 已經停用[84]。
    - ✓ 左旋 -α- 乙酸松油酯 ((S)-α-Terpineolacetate/l-α-Terpineolacetate)，CAS 58206-95-4，IUPAC 名爲：(1S)-α,α,4-Trimethyl-3-cyclohexene-1-methanol-1-acetate/2-[(1S)-4-Methyl-1-cyclohex-3-enyl]propan-2-yl acetate。
    - ✓ 右旋 -α- 乙酸松油酯 ((R)-α-Terpineolacetate/(+)-α-Terpineolacetate)，CAS 7785-54-8[84]，IUPAC 名爲：(1R)-α,α,4-Trimethyl-3-cyclohexene-1-methanol-1-acetate/2-[(1R)-4-Methylcyclohex-3-en-1-yl]propan-2-yl acetate。
  - ➢ β- 乙酸松油酯 (β-Terpineolacetate)，CAS 10198-23-9。
    - ✓ 順式 -β- 乙酸松油酯 (cis-β-Terpineolacetate)，CAS 20777-47-3，IUPAC 名爲：cis-1-Methyl-4-(1-methylethenyl)-cyclohexanol-1-acetate/(Z)-2-(4-Methyl-1-cyclohex-3-enyl) propan-2-yl acetate。
    - ✓ 反式 -β- 乙酸松油酯 (trans-β-Terpineolacetate)，CAS 59632-85-8，IUPAC 名爲：(trans-1-Methyl-4-(1-methylethenyl)-cyclohexanol-1-acetate/(E)-2-(4-Methyl-1-cyclohex-3-enyl)propan-2-yl acetate。
  - ➢ γ- 乙酸松油酯 (γ-Terpineolacetate)，CAS 10235-63-9，IUPAC 名爲：1-Methyl-4-(1-methylethylidene)-cyclohexanol-1-acetate/(1-Methyl-4-propan-2-ylidenecyclohexyl) acetate。
  - ➢ δ- 乙酸松油酯 (δ-Terpineolacetate)，CAS 93836-50-1，IUPAC 名爲：1-Methyl-4-(1-methylethylidene)cyclohexyl-1-acetate/2-(4-Methylidenecyclohexyl)propan-2-yl acetate。
- 松油醇／萜品醇 (Terpineol)，參考 2-2-1-3-1。

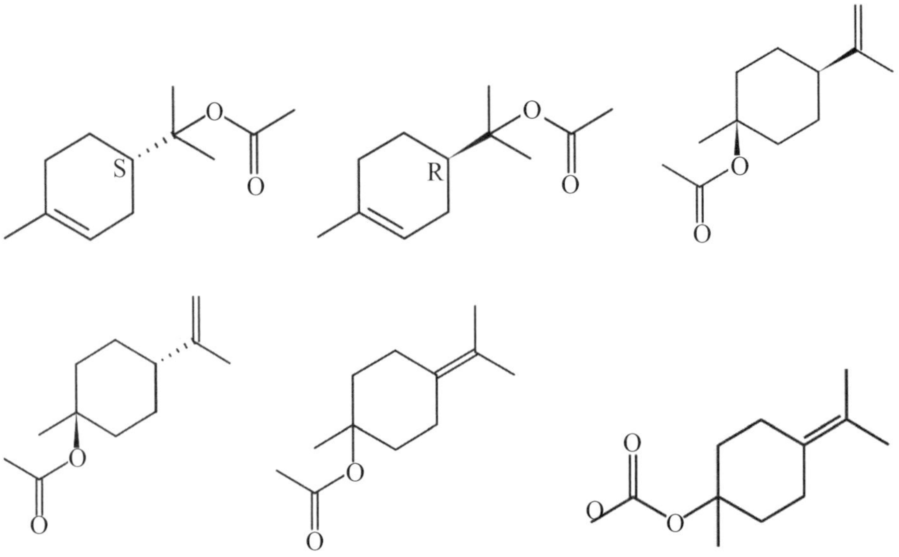

圖4-1-1-7 上排由左至右：左旋-α-乙酸松油酯、右旋-α-乙酸松油酯、順式-β-乙酸松油酯、反式-β-乙酸松油酯化學式；下排由左至右：γ-乙酸松油酯、δ-乙酸松油酯化學式

8. 乙酸辛酯／醋酸辛酯 (Octylacetate/Octyl acetate)，化學式 $C_{10}H_{20}O_2$、密度 0.9g/cm^3、熔點 -38.5℃、沸點 211.3°C，爲無色透明液體，溶於醇、醚、烴類等溶劑，微溶於水，天然存在於忍冬、西班牙百里香等植物中，也是野生歐洲防風草 (Pastinaca sativa) 精油的主要成分，有似大花茉莉／鳶尾的花香、蘋果／甜橙的果香、橙花／茉莉／玫瑰的後韻、木香的底蘊。吸入或經皮膚吸收對身體有害，燃燒之煙霧，對眼睛、皮膚、黏膜和上呼吸道有刺激性，具有抗氧化活性 [11, 12]。
   - 乙酸辛酯／醋酸辛酯／辛酰基酯 (1-Octylacetate/n-Octylacetate/Caprylyl acetate)，CAS 112-14-1，IUPAC 名爲：1-Octylacetate。
   - 乙酸 2- 辛酯 ((±)-2-Octylacetate)，CAS 2051-50-5，IUPAC 名爲：2-Octylacetate/1-Methylheptyl acetate。CAS 74112-36-0 已經停用 [84]。
   - 乙酸 3- 辛酯 ((±)-3-Octyl acetate)，CAS 4864-61-3 ，IUPAC 名爲：3-Octylacetate。CAS 50373-56-3 已經停用 [84]。
   - 正辛醇／1- 辛醇 (Octanol/Octan-1-ol)、2- 辛醇 (2-Octanol/Octan-2-ol)，請參考 2-2-1-1-10。

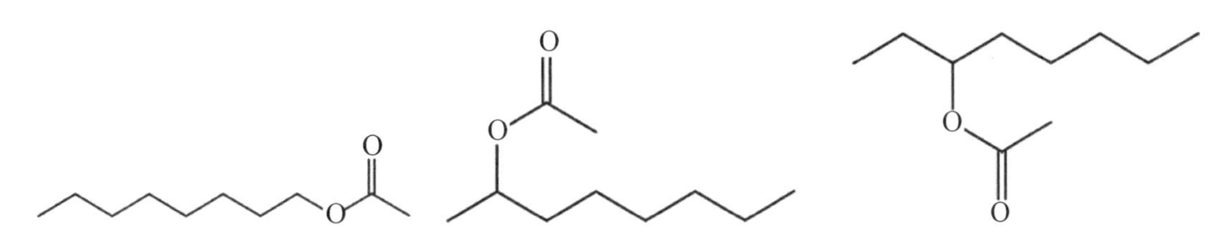

圖4-1-1-8　由左至右：乙酸辛酯、乙酸2-辛酯、乙酸3-辛酯式

9. 惕各酸香葉酯 (Geranyl tiglate)，化學式 $C_{15}H_{24}O_2$、密度 0.923g/cm^3、沸點 149-151°C，如圖 4-1-1-9 所示，溶於乙醇和油，不溶於水，爲無色油狀透明液體，有香葉醇／牻牛兒醇的香氣，且帶有令人愉快的草藥、天竺葵和水果的香味，存在於錫蘭香茅、檸檬香茅、棕櫚草、橙花、天竺葵、芫荽、胡蘿蔔、卡姆登毛蕊花、黃樟樹等植物，以及金桔和天竺葵精油中，用於面霜、肥皂等產品作香料，以及玫瑰、薰衣草、天竺葵等水果或柑橘類食用香精，美國 FDA 指定爲安全物質 [20, 61]。
   - 惕各酸香葉酯 (Geranyl tiglate)，CAS 7785-33-3 。
     - 反式惕各酸香葉酯 (trans-Geranyl tiglate/(E)-Geranyl tiglate)，CAS 7785-33-3，IUPAC 名爲：[(2E)-3,7-Dimethylocta-2,6-dienyl](E)-2-methylbut-2-enoate。
   - 惕格酸 (Tiglic acid) 與當歸酸 (Angelic acid) 互爲順反 (E/Z) 異構物。惕各酸／甘菊花酸／甲基丁烯酸／惕格酸 (Tiglicacid)，請參考 5-2-2-2 。
   - 香葉醇／牻牛兒醇 (Geraniol/(E)-nerol)，請參考 2-2-1-1-1 。

圖4-1-1-9　由左至右：惕各酸香葉酯、惕各酸化學式

10. 茉莉酸甲酯／甲基茉莉酮酸酯 (Methyl jasmonate/MeJA)，化學式 $C_{13}H_{20}O_3$、密度 1.02g/cm^3、熔點 <25℃、沸點 302.9°C，爲無色至淡黃色透明液體，微溶於水 (0.34g/L@25°C)，對眼睛造成嚴重刺激，對水生物有害。植物產生茉莉酸和茉莉酸甲酯，主要爲了應付食草動物的傷害。雖然茉莉酸就足以引起植物的防禦機制，但在與官能基結合後，其防禦機制及效度都會有變化，例如茉莉酸甲酯具揮發性，受到食草動物的攻擊的植物透過空氣傳播釋放茉莉酸甲酯，周圍的植物經過氣孔或葉細胞質吸收而促發防禦機制，既是作爲自我防禦，也保護其他植物。茉莉酮酸甲酯處理過的草莓耐旱性增強，改變了新陳代謝，降低水分蒸發，透過膜脂質過氧化作用，對乾旱環境的耐受力更佳。茉莉酸甲酯可有效地防止植物中的細菌生長，且在人類白血病細胞的線粒體中，可誘導細胞色素 C 的釋放，導致癌細胞死亡，但不會傷害正常細胞 [5. 12]。
    - 茉莉酸甲酯／甲基茉莉酮酸酯 (Methyl jasmonate/MeJA)，CAS 39924-52-2。
        - ➢ 順式茉莉酸甲酯 ((±)-(Z)-Methyl jasmonate)，CAS 20073-13-6。CAS 909294-03-7 已經停用 [84]。
            - ✓ 左旋順式茉莉酸甲酯 ((-)-Methyl jasmonate/(-)-(Z)-Methyl jasmonate)，CAS 1211-29-6，IUPAC 名爲：Methyl{(1R,2R)-3-oxo-2-[(2Z)-pent-2-en-1-yl]cyclopentyl} acetate。CAS 17627-54-2, 42536-40-3, 54595-01-6 已經停用 [84]。
    - 茉莉酸 (Jasmonic acid)，請參考 5-2-2-21。

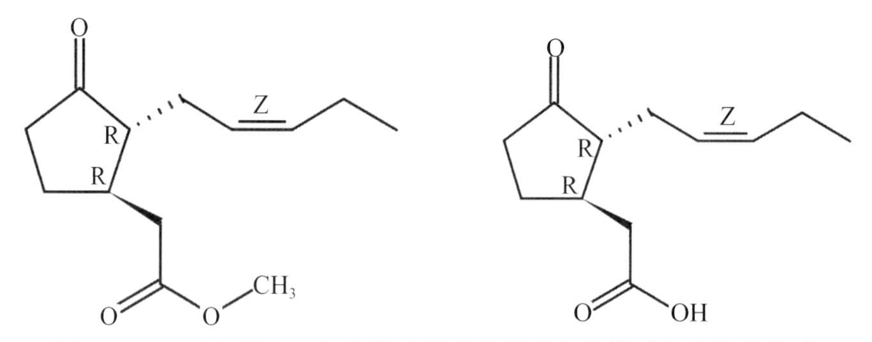

圖4-1-1-10　由左至右：左旋順式茉莉酸甲酯 左旋順式茉莉酸化學式

11. 乙酸薰衣草酯 (Lavandulyl acetate)，化學式 $C_{12}H_{20}O_2$、密度 0.909-0.915g/cm^3、沸點 228-229°C，爲無色透明液體，溶於乙醇、微溶於水 (6.816mg/L@25°C)，是薰衣草醇的乙酸酯，天然存在於薰衣草、芫荽、大高良薑／南薑／山薑等植物中，用於烘焙品、冰品、乳製品、醬料、魚類和肉類製品等食品加工，以及酒精與非酒精飲料 [11. 12. 19. 66]。

- 乙酸薰衣草酯和薰衣草醇，旋光左旋 (-) 的分子是右手性 (R)，旋光右旋 (+) 的分子是左手性 (S))，研究這些分子的特性時必須特別留意，古典芳療資料可能把左手性分子稱爲左旋分子，講述的剛好是另一個相對的化合物。
- 乙酸薰衣草酯 ((±)-Lavandulyl acetate)，CAS 25905-14-0。
  - ➢ 左旋 -(R)- 乙酸薰衣草酯 ((-)-Lavandulyl acetate/(-)-(R)-Lavandulyl acetate)，CAS 20777-39-3，IUPAC 名爲：(2R)-5-Methyl-2-(prop-1-en-2-yl)hex-4-en-1-yl acetate。CAS 22658-96-4 已經停用 [84]。
- 薰衣草醇 (Lavandulol)，自然界存在的是左旋／右手性 (-)-(R)- 薰衣草醇，請參考 2-2-1-1-5。

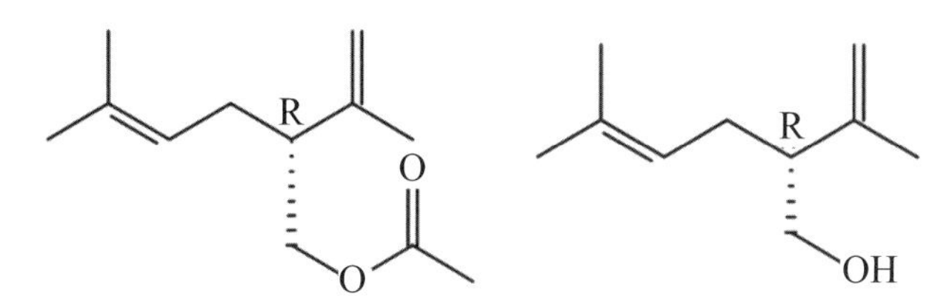

圖4-1-1-11　由左至右：左旋／右手性乙酸薰衣草酯、左旋／右手性薰衣草醇化學式

12. 乙酸薄荷酯 (Menthyl acetate)，化學式 $C_{12}H_{22}O_2$、密度 0.925g/cm^3、熔點 37-38°C、沸點 228.25°C，爲無色至淡黃色透明液體，微溶於水 (17.13mg/L@25°C)，可與乙醇、乙醚混溶，天然存在於薄荷等植物中，有薄荷味及玫瑰香氣以及水果茶的口味，接觸皮膚與呼吸道有刺激性、對眼睛有嚴重傷害，加熱到分解時有刺鼻的刺激性煙霧，用於烘焙品、非酒精飲料、口香糖、冰品、乳製品、水果冰、糖果等產品 [11. 12. 19. 35. 66]。
    - 乙酸薄荷酯 ((±)-Menthyl acetate)，CAS 89-48-5。CAS 29066-34-0 已經停用 [84]。
      - ➢ 左旋乙酸薄荷酯 ((-)-Menthol acetate/l-Menthol acetate)，CAS 2623-23-6，IUPAC 名爲：(-)-(1R,2S,5R)-5-Methyl-2-(propan-2-yl)cyclohexyl acetate。
      - ➢ 右旋乙酸薄荷酯 ((+)-Menthol acetate/d-Menthol acetate)，CAS 5157-89-1，IUPAC 名爲：(+)-(1S,2R,5S)-5-Methyl-2-(propan-2-yl)cyclohexyl acetate。
    - 乙酸異薄荷酯 ((±)-Isomenthyl acetate)，CAS 20777-45-1。
      - ➢ 左旋乙酸異薄荷酯 ((-)-Isomenthyl acetate)，CAS 20777-45-1，IUPAC 名爲：(1R,2S,5S)-5-Methyl-2-(propan-2-yl)cyclohexyl acetate。
    - 乙酸新薄荷酯((±)-Neomenthyl acetate)，CAS 2230-87-7。CAS 2166022-15-7已經停用 [84]。
      - ➢ 左旋乙酸新薄荷酯 ((1R)-(-)-Neomenthyl acetate)，CAS 146502-80-9[86]，IUPAC 名爲：(1R,2R,5S)-(5-Methyl-2-propan-2-ylcyclohexyl) acetate。
      - ➢ 右旋乙酸新薄荷酯 ((1S)-(+)-Neomenthyl acetate/d-Neomenthyl acetate)，CAS 2552-91-2[84]，IUPAC 名爲：(1S,2S,5R)-(5-Methyl-2-propan-2-ylcyclohexyl) acetate。
    - 乙酸新異薄荷酯(Neoisomenthyl acetate)，CAS 20777-36-0。CAS 50539-17-8已經停用 [84]。
      - ➢ 左旋乙酸新異薄荷酯 ((-)-Neoisomenthyl acetate)，IUPAC 名爲：(1S,2S,5S)-(5-Methyl-2-

propan-2-ylcyclohexyl) acetate。

➢ 右旋乙酸新異薄荷酯 ((+)-Neoisomenthyl acetate/cis-Neoisomenthyl acetate)，CAS 20777-36-0，IUPAC 名為：(1R,2R,5R)-(5-Methyl-2-propan-2-ylcyclohexyl) acetate。

- 乙酸同薄荷酯(Homomenthyl acetate)，CAS 67859-96-5，IUPAC 名為：3,3,5-Trimethylcyclohexanolacetate。
- 薄荷醇／薄荷腦 (Menthol)、異薄荷醇 (Isomenthol)、新薄荷醇 (Neomenthol)、新異薄荷醇 (Neoisomenthol)、同薄荷醇 (Homomenthol)，請參考 2-2-1-2-1。

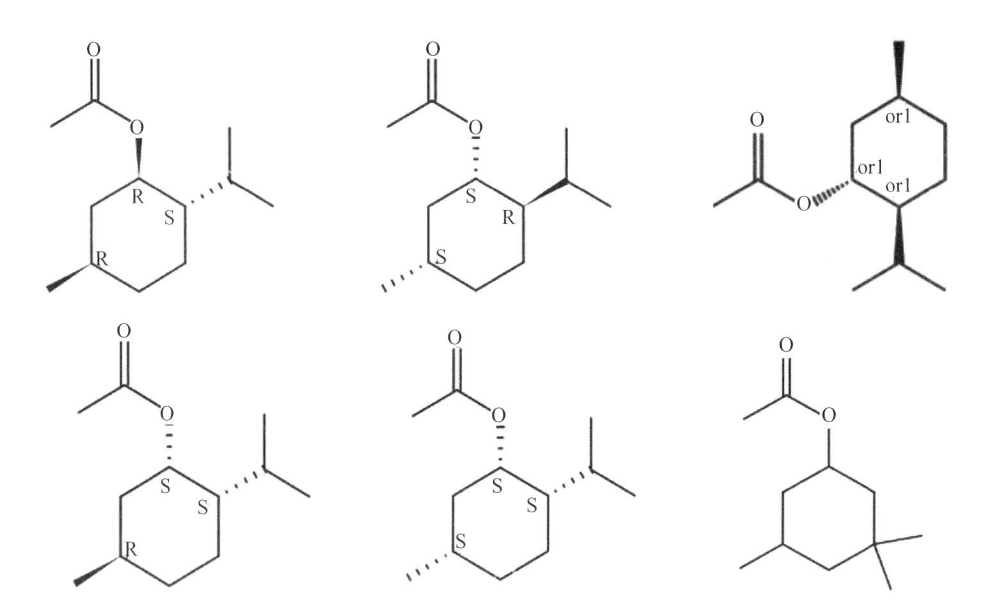

圖4-1-1-12　上排由左至右：左旋乙酸薄荷酯、右旋乙酸薄荷酯、乙酸異薄荷酯化學式；下排由左至右：右旋乙酸新薄荷酯、左旋乙酸新異薄荷酯、乙酸同薄荷酯化學式

13. 二氫母菊酯 (Dihydromatricaria ester)，化學式 $C_{11}H_{12}O_2$、熔點 255.9°C、沸點 312.4°C，天然存在於雛菊、白夏菊／海洋小白菊等植物中。叩甲總科 (Elateroidea) 的叩甲蟲：瘟疫麗艷菊虎 (Chauliognathus lugubris) 在遭遇攻擊時，會分泌一種白色黏稠液體：8Z- 二氫母菊酸 (DHMA) 的脂肪酸，來驅敵掠食者。這種叩甲蟲的脂肪酸具有抗腫瘤、抗微生物能力，該物種也是目前唯一已知可分泌這種化學物質的真核生物，這種脂肪酸存在於真菌、苔蘚、海綿和藻類等植物，未來可以培育叩甲蟲來研製抗生素或抗癌藥物[5, 11, 21, 48]。

- 二氫母菊酯 (Dihydromatricaria ester)，IUPAC 名為：(8Z)-2,3-Dihydromatricaria ester/Methyl(Z)-dec-8-en-4,6-diynoate。

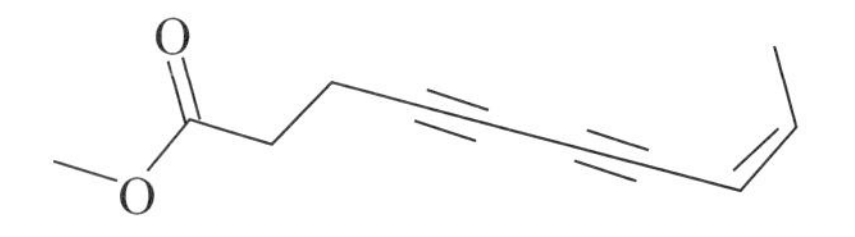

圖4-1-1-13　二氫母菊酯化學式

14.纈草酸甲酯／戊酸甲酯 (Methyl valerate/Methyl pentanoate)，由戊酸／纈草酸和甲醇縮合而成，屬於脂肪酸甲基酯類化合物，化學式 $C_6H_{12}O_2$、密度 0.89g/cm^3、熔點 -91°C、沸點 127°C，爲無色至淡黃色透明液體，能與乙醇、乙醚混溶，幾乎不溶於水，天然存在於中華獼猴桃、亞洲梨、加德納睡蓮等植物，以及茶、草藥、香料、酒精飲料、咖啡和咖啡製品中，遇明火、高熱或與氧化劑接觸，可能燃燒或爆炸，對眼睛與皮膚有刺激作用，吸入、食入或經皮膚吸收對身體可能有害，用於香水、肥皂、洗衣粉、日用美容與護理品、蘋果等水果味食用香料等製品，也用於生產洗滌劑和生物柴油 [5, 11, 12, 35]。

- 纈草酸甲酯／戊酸甲酯 (Methyl valerate/Methyl pentanoate)，CAS 624-24-8，IUPAC 名爲：4-Methylbutanoic acid methyl ester。

圖4-1-1-14　纈草酸甲酯／戊酸甲酯化學式

15.乙酸檜酯 (Sabinyl acetate)，分子有 [3.1.0] 雙環 (bicyclo) 結構，1、3、5 號碳有手性中心，化學式 $C_{12}H_{18}O_2$、密度 1.02g/cm^3、熔點 44.3°C、沸點 230.4°C，爲無色透明液體，溶於乙醇、微溶於水 (13.2mg/L@25°C)，天然存在於普通鼠尾草、迷迭香、野菊／油菊以及矢車菊屬植物中 [11, 12, 19, 21, 35]，研究者認爲其抗菌、抗真菌活性具有研究價值 [19]。

- 乙酸檜酯 (Sabinyl acetate)，CAS 3536-54-7。CAS 115957-93-2 已經停用 [84]。
  - ➢ 順式乙酸檜酯 ((Z)-Sabinyl acetate/cis-Sabinyl acetate)，CAS 53833-85-5，IUPAC 名爲：(1S,3R,5S)-4-Methylidene-1-(propan-2-yl)bicyclo[3.1.0]hex-3-yl acetate。
  - ➢ 反式乙酸檜酯 ((E)-Sabinyl acetate/trans-Sabinyl acetate)，CAS 71327-37-2，IUPAC 名爲：(1R,3S,5R)-4-Methylidene-1-(propan-2-yl)bicyclo[3.1.0]hex-3-yl acetate。
- 檜醇／檜萜醇 (Sabinol)，請參考 2-2-1-2-7。

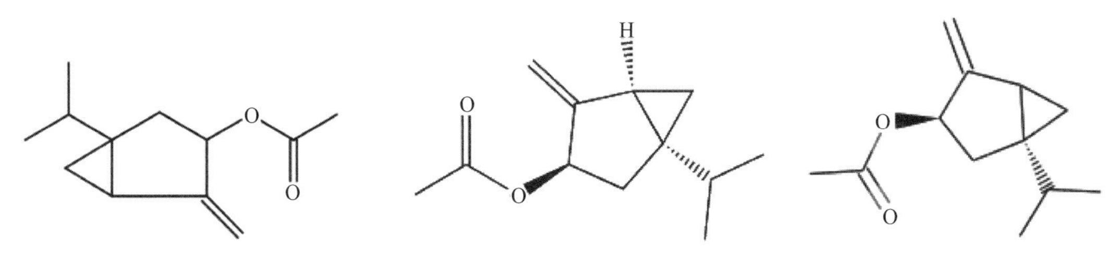

圖4-1-1-15　由左至右：乙酸檜酯[84]、順式乙酸檜酯[86]、反式乙酸檜酯化學式

16.戊酸萜品酯／纈草酸萜品酯 (Terpinyl valerate/Terpenyl pentanoate)，化學式 $C_{15}H_{26}O_2$、密度 0.942g/cm^3、沸點 295°C，爲無色透明液體，溶於乙醇，難溶於水 (0.299mg/L@25°C)，天然存在於絲柏／地中海柏木、穗甘松／匙葉甘松等植物中，有著水果般的花香，爲甜中帶苦的蘋果口味，用於香菸的調香 [11, 12, 19, 77]。

- 戊酸萜品酯／纈草酸萜品酯 (α-Terpinyl valerate/Terpenyl pentanoate)，CAS 14481-55-1，IUPAC 名爲：1-Methyl-1-(4-methyl-3-cyclohexen-1-yl)ethyl pentanoate/2-(4-Methyl-1-cyclohex-3-enyl)propan-2-yl pentanoate。CAS 1334-96-9 已經停用 [84]。

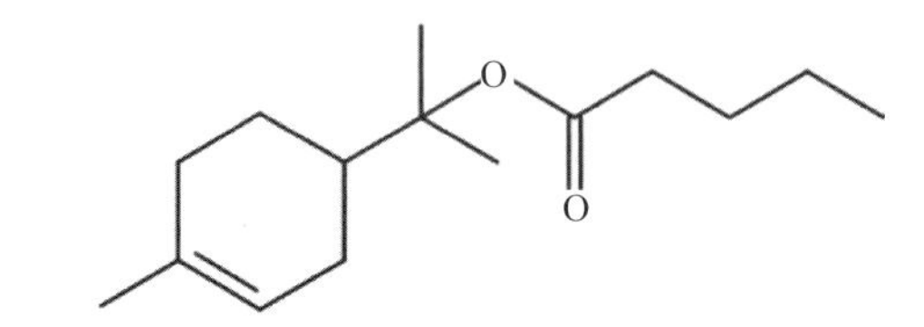

圖4-1-1-16　戊酸萜品酯／纈草酸萜品酯化學式

17. 因香酚乙酸酯／乙酰因香酚 (Incensole acetate/Acetyl incensole)，分子有 [10.2.1] 雙環 (bicyclo) 結構，化學式 $C_{22}H_{36}O_3$、密度 0.99g/cm^3、沸點 420.1°C，研究顯示因香酚乙酸酯有抗發炎的功效 [86, 104]。
   - 因香酚乙酸酯／乙酰因香酚 (Incensole acetate/Acetyl incensole)，CAS 4701-53-6，IUPAC 名爲：(1R,2S,5E,9E,12S)-rel-1,5,9-Trimethyl-12-(1-methylethyl)-15-oxabicyclo[10.2.1] pentadeca-5,9-dien-2-ol 2-acetate。rel- 表示還有相對的異構物。

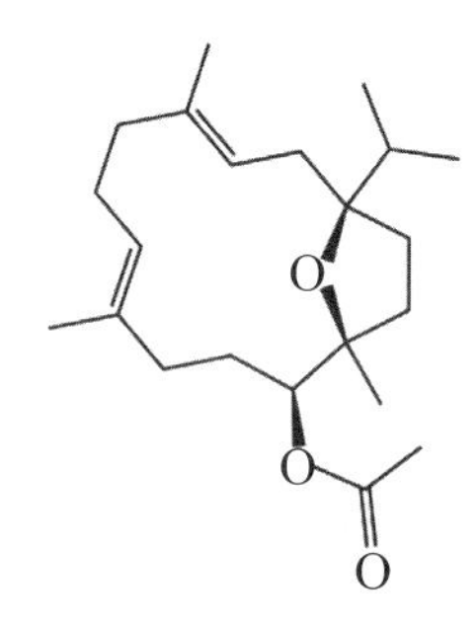

圖4-1-1-17　香酚乙酸酯化學式

18. 乙酸桃金娘烯酯 (Myrtenyl Acetate)，化學式 $C_{12}H_{18}O_2$、密度 0.99g/cm^3、沸點 243.2°C，旋光度 [α]D-46°（比旋光度 α 符號中，D 是指鈉燈光波，負號是指左旋），爲無色透明液體，可與乙醇互溶，微溶於水 (26.12mg/L@25°C)，有著草本柑橘甜香，帶有輕微的辣味及溫暖香氣，天然存在於鼠尾草等植物中，可作爲食品香料，用於烘焙食品、穀片、口香糖、糖果、軟糖、冰品、乳製品、水果加工品、調味品以及酒精與非酒精飲料 [11, 19, 66]。
   - 乙酸桃金娘烯酯 (Myrtenyl Acetate)，CAS 35670-93-0。
     - ➢ 左旋乙酸桃金娘烯酯 ((-)-Myrtenyl Acetate/(-)-o-Acetylmyrtenol)，CAS 36203-31-3，IUPAC 名爲：(1R,5S)-(6,6-Dimethylbicyclo[3.1.1]hept-2-en-2-yl)methylacetate。CAS 53318-05-1 已經停用 [84]。
     - ➢ 右旋乙酸桃金娘烯酯 ((+)-Myrtenyl Acetate)，CAS 1079-01-2，IUPAC 名爲：(1S,5R)-(6,6-Dimethylbicyclo[3.1.1]hept-2-en-2-yl)methylacetate。

- 桃金娘烯醇／香桃木醇 (Myrtenol)，請參考 2-2-1-1-6。
- 桃金孃烯醛／香桃木醛 (Myrtenal/Benihinal)，請參考 3-1-2-12。

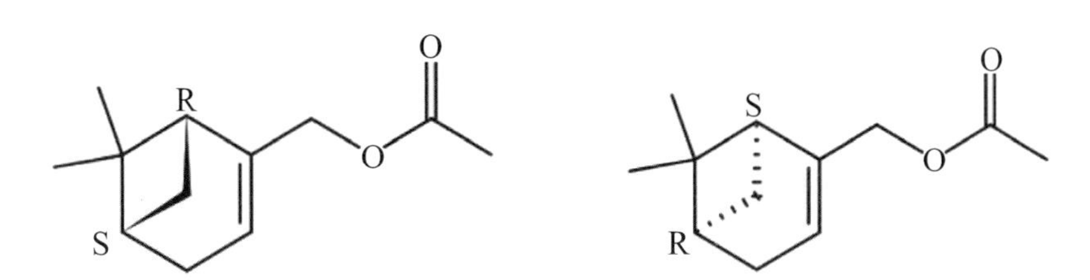

圖4-1-1-18　由左至右：左旋乙酸桃金娘烯酯、右旋乙酸桃金娘烯酯化學式

二、苯基酯

1. 乙酸苄酯 (Benzyl acetate/Phenylmethyl acetate)，苄讀為「變」，為苯基酯類化合物，化學式 $C_9H_{10}O_2$、密度 1.054g/cm^3、熔點 -51°C、沸點 212°C，如圖 4-1-2-1（左）所示，為無色液體，有梨和茉莉花香味、可溶於乙醇、乙醚中，難溶於水，不溶於甘油。乙酸苄酯是苄醇 (C_7) 和乙酸 (C_2) 酯化而得，因此有 9 個碳。乙酸苄酯存在於烤菸、白肋菸、香料菸等菸葉氣流中，是香馨、依蘭依蘭等香精不可或缺的原料 [4]，工業上以苄醇與醋酸直接酯化而得，或以氯苄與醋酸鈉為原料生成乙酸苄酯，再經分餾而得。用於配製茉莉、白蘭、水仙等香精，以及蘋果、鳳梨、葡萄、香蕉、草莓、桑椹等型食用香料，也用作纖維素、油墨、噴漆、油酯、染料的溶劑 [5]。有刺激和麻醉作用，對眼睛、呼吸道和黏膜有刺激作用，2017 年世界衛生組織公告為第 3 類致癌物（對致癌性的證據仍不充分）[4]。
   - 乙酸苄酯 (Benzyl acetate/Phenylmethyl acetate/α-Acetoxytoluene)，CAS 140-11-4，IUPAC 名為：Phenylmethyl acetate。
   - 苄醇／苯甲醇 (Phenylmethanol/Benzyl alcohol)，請參考 2-2-1-1-8。

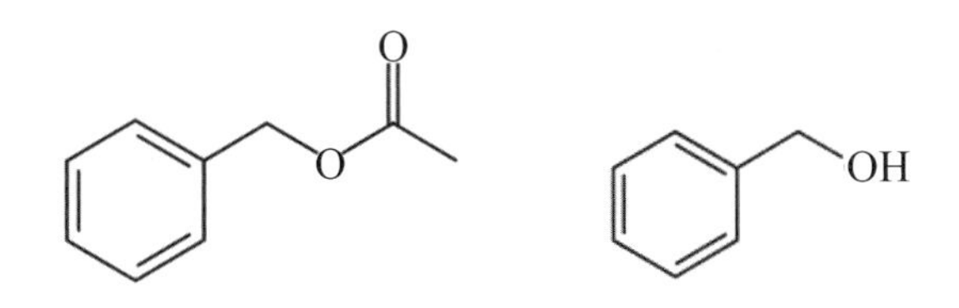

圖4-1-2-1　由左至右：乙酸苄酯、苄醇化學式

2. 苯乙酸乙酯 (Ethylphenyl acetate/Ethylbenzene acetate)，為苯基酯類化合物，化學式 $C_{10}H_{12}O_2$、密度 1.028g/cm^3、熔點 -29.40°C、沸點 228°C，為無色透明液體，能與乙醇、乙醚、苯和氯仿混溶，不溶於水，可能引起眼睛與皮膚刺激，有強烈的蜂蜜和可可味，且帶有糖蜜和酵母的香氣 [19]，苯乙酸乙酯是乙醇 (C_2) 和苯乙酸 (Phenylaceticacid, C_8) 酯化而得，因此有 10 個碳。苯乙酸乙酯天然存在於蜂蜜、小麥麵包、可可以及烤菸葉中，是一種天然香料。由苯乙腈和乙醇反應而得，也可由苯乙酸與乙醇酯化製得，或由苯乙醯胺

水解酯化而得，用於烘焙食品、飲料、糖果、乳製品、冰品等[19]。

- 苯乙酸乙酯 (Ethyl phenylacetate/Ethyl benzeneacetate/α-Toluic acid ethyl ester/Ethylα-toluate)，CAS 101-97-3，IUPAC 名爲：2-Phenylacetic acid ethyl ester。
- 苯乙酸／苯醋酸／苄基甲酸 (Phenylaceticacid/PAA)，請參考 5-2-2-6。

圖4-1-2-2　由左至右：苯乙酸乙酯、苯乙酸化學式

3. 苯甲酸苄酯／苯甲酸苯甲酯／安息酸甲苯 (Benzyl benzoate)，爲苯基酯類化合物，化學式 $C_{14}H_{12}O_2$、密度 1.12g/cm^3、熔點 18°C、沸點 323°C，如圖 4-1-2-3（左）所示，爲無色液體，苯甲酸苄酯是苄醇 (Benzylalcohol，C_7) 和苯甲酸 (C_7) 酯化而得，因此有 14 個碳。世界衛生組織 (WHO) 認可爲基本藥物，作爲殺疥藥和滅虱藥使用[5]，也可用作爲塗料、纖維和塑膠材料的塑化劑。
   - 苯甲酸苄酯／苯甲酸苯甲酯／安息酸甲苯 (Benzyl benzoate)，CAS 120-51-4，IUPAC 名爲：(2-Ethylphenyl) acetate。
   - 苯甲酸／安息香酸／苄酸 (Benzoic acid)，請參考 5-2-2-5。
   - 苄醇／苯甲醇 (Phenylmethanol/Benzyl alcohol)，請參考 2-2-1-1-8。

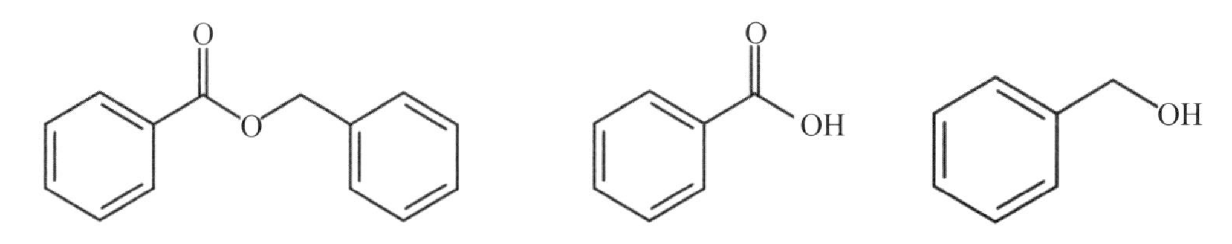

圖4-1-2-3　由左至右：苯甲酸苄酯、苯甲酸、苄醇／苯甲醇化學式

4. 苯甲酸松柏酯 (Coniferyl benzoate)，爲苯基酯類化合物，分子 2 號碳有 E/Z 異構物，化學式 $C_{17}H_{16}O_4$、沸點 471°C，如圖 4-1-2-4（左）所示，溶於乙醇，不溶於水[10]。苯甲酸松柏酯是松柏醇 (Coniferol，C_{10}) 和苯甲酸 (C_7) 酯化而得，因此有 17 個碳。存在於安息香等精油中，具有抗發炎、祛痰、鎮定的功效[3]。
   - 苯甲酸松柏酯 (Coniferyl benzoate)，CAS 4159-29-9。
     - ➢ 順式苯甲酸松柏酯 ((Z)-Coniferyl benzoate)，IUPAC 名爲：(2Z)-3-(4-Hydroxy-3-methoxyphenyl)prop-2-en-1-ylbenzoate。
     - ➢ 反式苯甲酸松柏酯 ((E)-Coniferyl benzoate)，CAS 4159-29-9，IUPAC 名爲：(2E)-3-(4-Hydroxy-3-methoxyphenyl)prop-2-en-1-ylbenzoate。

- 苯甲酸／安息香酸／苄酸 (Benzoic acid)，請參考 5-2-2-5。
- 松柏醇 (Coniferol/Coniferylalcohol)，請參考 2-2-1-1-4。

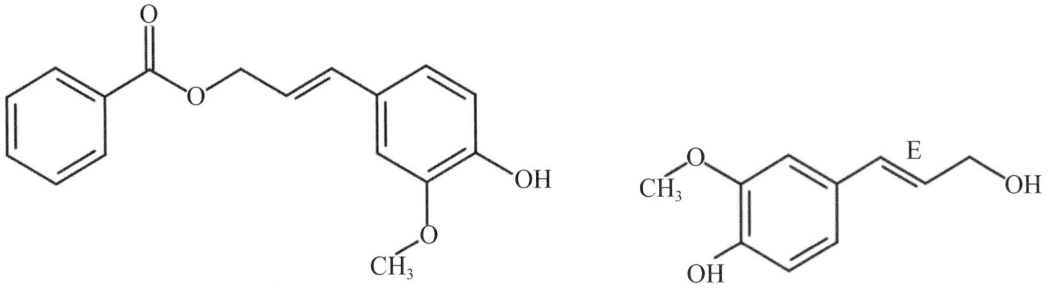

圖4-1-2-4　由左至右：反式苯甲酸松柏酯、反式松柏醇化學式

5. 水楊酸甲酯／鄰羥基苯甲酸甲酯／冬青油／柳酸甲酯 (Methyl salicylate)，化學式 $C_8H_8O_3$、密度 1.174g/cm^3、熔點 -8.6°C、沸點 223.3°C，如圖 4-1-2-5（左）所示，是無色或淡黃色透明油狀液體，溶於乙醇、乙醚、冰醋酸等溶劑，不溶於水。水楊酸甲酯是甲醇 (C_1) 和水楊酸 (C_7) 酯化而得，因此有 8 個碳，在空氣中容易變色，有強烈冬青油香，天然存在於草莓、櫻桃、蘋果等水果，以及依蘭依蘭、冬青、丁香、晚香玉、樺木等精油中，工業上用水楊酸與甲醇酯化而得，或用冬青樹的枝葉蒸餾提取而得，用於牙膏、漱口水、口香糖等日用品的調味劑、口腔藥與塗劑等醫藥製劑，以及依蘭依蘭、晚香玉、素心蘭、金合歡等香精，也用於殺蟲劑、塗料、化妝品等產品[4]。醫療功效包括消腫、消炎、鎮痛、止癢，可用於扭傷、挫傷、腰痛、肌肉痛、神經痛、止癢等[5]。阿斯匹靈，也稱乙醯水楊酸／乙醯柳酸 (Acetylsalicylicacid，ASA) 是水楊酸甲酯的代謝產物，生活上常作爲消炎止痛藥，可治療川崎氏病、心包炎等疾病[5]。北美地區的人用冬青葉泡的茶飲來舒緩頭痛、喉嚨痛或風溼痛等症狀，但冬青純精油含高濃度水楊酸甲酯，口服會有中毒危險，嚴重可能致死，台灣藥害救濟基金會指出，過量使用會引起中毒，症狀包括嘔吐、耳鳴、頭痛、呼吸困難和心跳加速，國外曾發生中毒案例[23]。哈佛營養心理學家 Uma Naidoo 認爲，含水楊酸鹽添加物的食物會讓兒童躁動不安[59]。研究證實水楊酸甲酯／鄰羥基苯甲酸甲酯／冬青油／柳酸甲酯具有鎮痛的功效[58]。
   - 水楊酸甲酯／鄰羥基苯甲酸甲酯／冬青油／冬綠油／樺木油／甜樺油／柳酸甲酯／茶籽油 (Methyl salicylate)，CAS 119-36-8，IUPAC 名爲：2-(Methoxycarbonyl)phenol/2-Hydroxybenzoicacid methylester。CAS 8022-86-4, 8024-54-2, 648434-07-5 已經停用[84]。
   - 水楊酸／柳酸／鄰羥基苯甲酸 (Salicylic acid/o-Hydroxybenzoicacid/2-Hydroxybenzoicacid)，請參考 5-2-2-3。

圖4-1-2-5　由左至右：水楊酸甲酯、水楊酸化學式

6. 乙酸苯酯 (Phenyl acetate)，化學式 $C_8H_8O_2$、密度 1.078g/cm^3、熔點 -30°C、沸點 195.7-196°C，爲無色透明液體，帶有苯酚甜甜的溶劑氣味，溶於乙醇、乙醚、氯仿等溶劑，幾乎不溶於水，有毒性，食入／吸入或皮膚吸收可能對身體有害，對眼睛／皮膚有刺激作用。苯乙酸酯在哺乳動物中自然存在，能誘導腫瘤細胞凋亡，具有潛在的抗腫瘤活性 [5, 11]。
   - 乙酸苯酯 (Phenyl acetate/2-Acetoxybenzene)，CAS 122-79-2，IUPAC 名爲：Phenol acetate。
   - 乙酸苄酯 (Benzyl acetate/Phenylmethyl acetate)，請參考 4-1-2-1。
   - 苯乙酸乙酯 (Ethylphenyl acetate/Ethylbenzene acetate)，請參考 4-1-2-2。

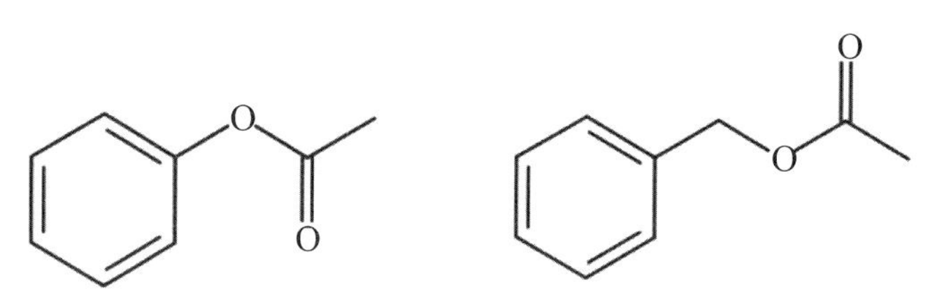

圖4-1-2-6　由左至右：乙酸苯酯、乙酸苄酯化學式。

7. 肉桂酸苄酯 (Benzyl cinnamate)，是由肉桂酸和苯甲醇合成的酯，化學式 $C_{16}H_{14}O_2$、密度 1.1g/cm^3、熔點 34-37°C、沸點 195-200°C [4, 5, 12]，存在於秘魯香酯、吐魯香酯／吐露香酯、古巴香酯、東亞直蒴蘚，以及蘇門答臘和檳榔嶼的安息香中 [5]，用於配製人造龍涎香，在東方型香精中作爲定香劑，也用於皂用、化妝用及食品果實香精的調香原料 [4]，藥學上被用作抗菌和抗真菌劑。工業上用氯化苄和過量肉桂酸鈉在水中或二乙胺中酯化而成。
   - 肉桂酸苄酯 (Benzyl cinnamate/Benzyl-γ-phenylacrylate/Cinnamein)，CAS 103-41-3。CAS 8014-16-2 已經停用 [84]。
     - ➢ 反式肉桂酸苄酯 ((E)-Benzyl cinnamate/trans-Benzyl cinnamate)，CAS 103 41 3，IUPAC 名爲：Benzyl-(2E)-3-phenylprop-2-enoate。
   - 肉桂酸 (Cinnamic acid)，請參考 5-2-2-7。

圖4-1-2-7　由左至右：肉桂酸苄酯、反式肉桂酸、苄醇／苯甲醇化學式

8. 肉桂酸肉桂酯／桂酸桂酯 (Cinnamyl cinnamate)，天然的肉桂酸肉桂酯爲順式和反式異構體的混合物，化學式 $C_{18}H_{16}O_2$、密度 1.1g/cm^3、熔點 42-45°C、沸點 436.4°C[12]，溶於乙醇、乙醚等溶劑，不溶於水，爲無色或白色結晶固體，容易氧化變色，有溫和的花香並帶肉桂的辛香味，甜美的樹脂香氣沉重而持久，口感辛辣有花香。肉桂酸肉桂酯存在於蘇合香、秘魯香膏、洪都拉斯香膏中，適用於重花香型香精，例如：風信子、晚香玉、香石竹、檀香、素心蘭、白蘭、玉蘭等香型，也可同時作爲定香劑，微量用於食用香精，作爲水果型香精的定香劑[11, 20]。
   - 肉桂酸肉桂酯／桂酸桂酯 (Cinnamyl cinnamate/Phenylallyl cinnamate)，CAS 122-69-0，IUPAC 名爲 [(E)-3-Phenylprop-2-enyl](E)-3-phenylprop-2-enoate。
   - 肉桂酸 (Cinnamic acid)，請參考 5-2-2-7。
   - 肉桂醇／桂皮醇 (Cinnamic alcohol)，請參考 2-2-1-1-15。

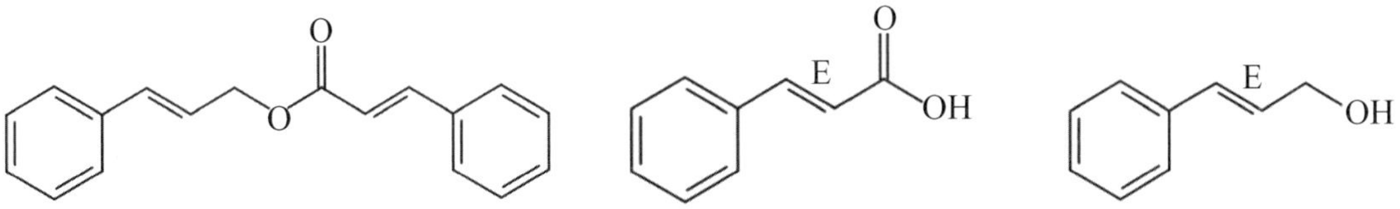

圖4-1-2-8　肉桂酸肉桂酯、反式肉桂酸、反式肉桂醇化學式

9. 苯甲酸肉桂酯 (Cinnamyl benzoate)，化學式 $C_{16}H_{14}O_2$、密度 1.12g/cm^3、熔點 31-33°C、沸點 335°C，溶於乙醇，微溶於水 (5.8mg/L@25°C)，有香酯的辛香和奶油水果香味，天然存在於假鷹爪等植物中[11, 12, 17, 19]。在 1950 年代前已廣泛應用，爲美國 FDA 批准的食用香料，常用於烘焙食品、酒精與非酒精飲料、乳製品、冰品、果凍、布丁、軟糖[19]，以及黃油、焦糖、懸鉤子等香型的食品中。常作爲日用化妝品的定香劑，以及配製梔子花型香精及東方型香精[12]。
   - 苯甲酸肉桂酯 (Cinnamyl benzoate)，CAS 5320-75-2。
     - 順式苯甲酸肉桂酯 ((Z)-Cinnamyl benzoate)，CAS 117204-78-1，IUPAC 名爲：[(Z)-3-Phenylprop-2-enyl] benzoate。
     - 反式苯甲酸肉桂酯 ((E)-Cinnamyl benzoate)，CAS 50555-04-9，IUPAC 名爲：[(E)-3-Phenylprop-2-enyl] benzoate。
   - 苯甲酸／安息香酸／苄酸 (Benzoic acid)，請參考 5-2-2-5。
   - 肉桂醇／桂皮醇 (Cinnamic alcohol)，請參考 2-2-1-1-15。

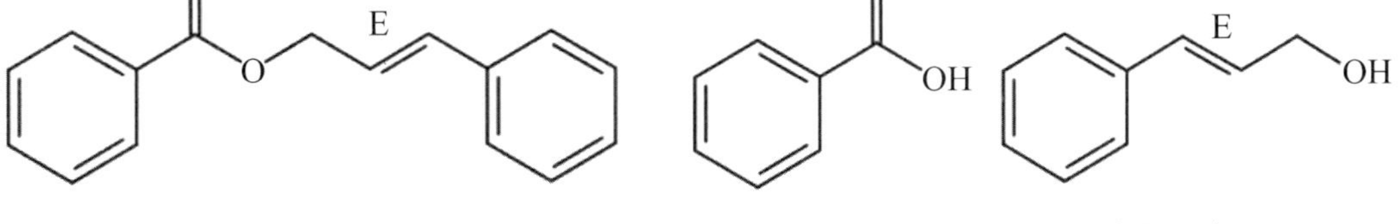

圖4-1-2-9　由左至右：反式苯甲酸肉桂酯、苯甲酸、反式肉桂醇化學式

10. 乙酸丁香酯／乙酸丁香酚酯 (Acetyleugenol/Eugenol acetate)，化學式 $C_{12}H_{14}O_3$、密度 1.1g/cm^3、熔點 26°C、沸點 268.0°C，溶於乙醇和乙醚，不溶於甘油和水，熔點以下爲白色結晶固體，熔融後爲淡黃色液體，有柔和的果香和丁香花的香氣，天然存在於丁香花芽及阿拉伯金合歡、蔞葉／荖藤等植物中，吞食有害且刺激皮膚，具有抗菌、抗氧化和抗毒活性[12]，對白喉桿菌和突變桿菌有抗菌特性，並可抑制血小板的聚集[5]，用於花香型日用品作爲香精，亦用於辛香型食用香料。由丁香酚 (Eugenol，$C_{10}H_{12}O_2$) 和乙酸酐／乙酐／醋酐 (Acetic anhydride，$C_4H_6O_3$) 反應而得，丁香酚 (C_{10}) 和乙酸 (C_2) 合成乙酸丁香酚酯 (C_{12})[4, 5, 12]。
   - 乙酸丁香酯／乙酸丁香酚酯 (Acetyleugenol/Eugenol acetate)，CAS 93-28-7，IUPAC 名爲：(2-Methoxy-4-prop-2-enylphenyl) acetate。
   - 丁香酚／丁香油酚 (Eugenol)，請參考 5-1-1-3。

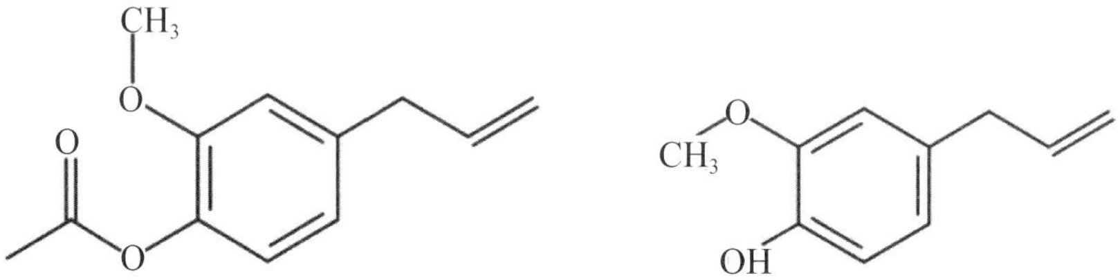

CH_3 O O O CH_3 O OH

圖4-1-2-10　由左至右：乙酸丁香酯、丁香酚化學式

11. 鄰胺苯甲酸甲酯／氨茴酸甲酯 (Methyl anthranilate)，是鄰氨基苯甲酸 (Anthranilic acid) 的酯類，也是芳族的伯胺（一級胺），化學式 $C_8H_9NO_2$、密度 1.161-1.169g/cm^3、熔點 23-24.5°C、沸點 238-241°C，爲無色至淡黃色液體，帶藍色螢光，微溶於水和酒精，不溶於甘油，有葡萄與橙花的果香，天然存在於柑橘、晚香玉、梔子、橙花、茉莉花、依蘭等植物中，於 1899 年在橙花油中發現，能與醛發生縮合反應而生成更穩定、香氣更濃郁、淡橙色或深色的希夫鹼 (Schiff base)，有濃郁的果香和花香，廣泛應用於日用與食用香精，在食用香精中是葡萄香型的主香，用於漿果、甜瓜、蜜香、柑橘、玫瑰、紫羅蘭等香精；與薄荷醇經過酯交換可得鄰氨基苯甲酸薄荷酯，作爲防曬劑。在日用香精中廣泛用於橙花等混合花卉香精，以及梔子、晚香玉和茉莉等異國情調香水。鄰氨基甲酸甲酯可與醛類或苯乙酮、麝香酮、紫羅蘭酮等酮類精油複方混合，產生縮合反應。鄰氨基苯甲酸甲酯是香料工業的骨幹產品，可製備約 60 種香料，用於烘焙食品、酒精與非酒精飲料、口香糖、乳製品、冰品、水果、果醬、果凍、布丁、糖果、軟糖等產品[5, 19, 20]。
   - 鄰胺苯甲酸甲酯／氨茴酸甲酯 (Methyl anthranilate/o-Carbomethoxyaniline/o-Aminobenzoic acid methyl ester)，CAS 134-20-3，IUPAC 名爲：2-(Methoxycarbonyl)aniline。
   - 鄰氨基苯甲酸／氨茴酸／2- 氨基苯甲酸 (Anthranilic acid)，請參考 5-2-2-19。

圖4-1-2-11　由左至右：鄰胺苯甲酸甲酯、鄰氨基苯甲酸／氨茴酸化學式

12. N- 甲鄰胺苯甲酸甲酯 (Methyl N-methylanthranilate)，由 N- 甲基鄰苯二甲酸與甲醇縮合而成，爲苯甲酸的酯類衍生物，化學式 $C_9H_{11}NO_2$、密度 1.130g/cm^3、熔點 17-19°C、沸點 256-258°C，固態爲白色至米色結晶固體，液態爲淡黃色液體，對眼睛造成嚴重刺激，溶於丙二醇、多數有機溶劑和油類，略溶於水 (1.62g/L)，天然存在於鰭花椒／胡椒木、柚子等植物中，具有眞菌、植物與動物代謝物的作用，有淡藍色螢光，有甜甜的柑橘味和苦橙葉味，可配製葡萄、桃子、柑橘等食品香精，用於烘焙品、非酒精飲料、冰品、糖果、果凍、布丁等產品 [4. 11. 12. 35. 35]。
   - N- 甲鄰胺苯甲酸甲酯 (Methyl N-methylanthranilate)，CAS 85-91-6，IUPAC 名爲：Methyl 2-(methyl amino)benzoate/2-Methylaminobenzoic acid methyl ester。

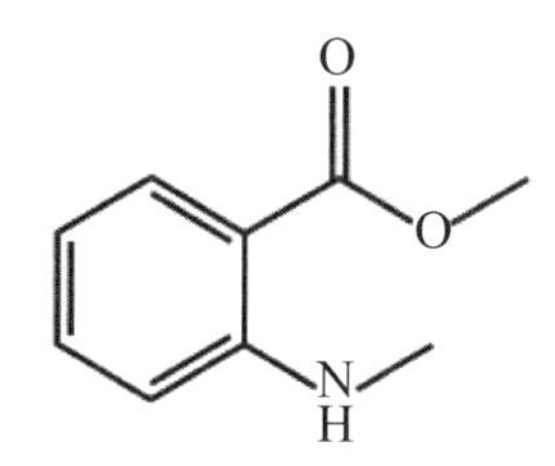

圖4-1-2-12　N-甲鄰胺苯甲酸甲酯／氨茴酸甲酯化學式

13. 苯甲酸甲酯／安息香酸甲酯 (Methyl Benzoate)，由甲醇和苯甲酸縮合而成，化學式 $C_8H_8O_2$、密度 1.0837g/cm^3、熔點 -12.5°C、沸點 199.6°C，爲無色至淡黃色透明油狀液體，可混溶於甲醇、乙醇、乙醚，可溶於水 (2.10g/L@25°C)，天然存在於晚香玉、圓葉葡萄、忍冬／金銀花等植物中，有著濃郁的花香和櫻桃香味，接觸時會輕微刺激皮膚、眼睛與黏膜，用於配製草莓、香蕉、鳳梨、櫻桃、咖啡、紅茶、蘭姆酒等香精和人造精油、食品保鮮劑和纖維素的溶劑。苯甲酸甲酯吸引雄性蘭花蜜蜂，可配製成吸引昆蟲的農藥。鹽酸古柯鹼水解會釋放苯甲酸甲酯，可訓練警犬協助偵查毒品，常用於烘焙品、非酒精飲料、口香糖、冰乳品、冰水果、糖果等食品 [4. 5. 12. 19. 20. 35]。
   - 苯甲酸甲酯／安息香酸甲酯 (Methyl Benzoate)，CAS 93-58-3，IUPAC 名爲：Methyl Benzoate。CAS 1082718-77-1 已經停用 [84]。
   - 苯甲酸／安息香酸／苄酸 (Benzoic acid)，請參考 5-2-2-5。

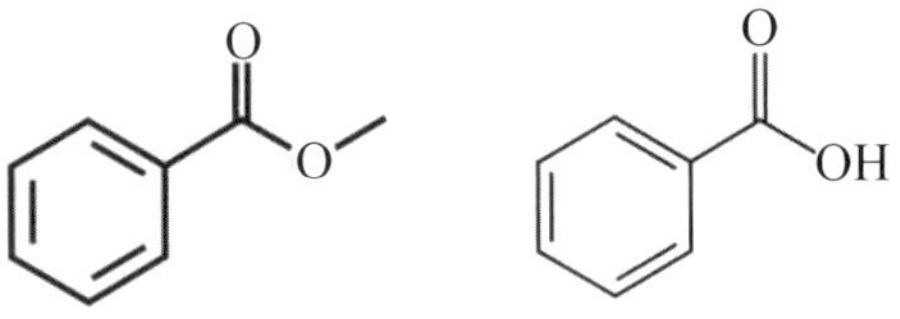

圖4-1-2-13　由左至右：苯甲酸甲酯／安息香酸甲酯、苯甲酸／安息香酸／苄酸化學式

14. 異戊酸丁香酚酯 (Eugenyl Isovalerate)，爲苯酚酯類芳香化合物，化學式 $C_{15}H_{20}O_3$、密度 1.011g/cm^3、熔點 85°C、沸點 221-223°C，爲白色固體，溶於乙醇，微溶於水 (3.727mg/L@25°C)，天然存在於纈草與藍菊屬植物 Felicia uliginosa 中，有類似丁香的辛香水果味，用於乳製品、烘焙食品、穀片、糖果、軟糖、口香糖、乳酪、調味品、冰水果、蔬果製品、魚類與肉類製品等 [11, 19, 66, 35]。
   - 異戊酸丁香酚酯 (Eugenyl Isovalerate)，CAS 61114-24-7，IUPAC 名爲：2-Methoxy-4-(prop-2-en-1-yl)phenyl 3-methylbutanoate。

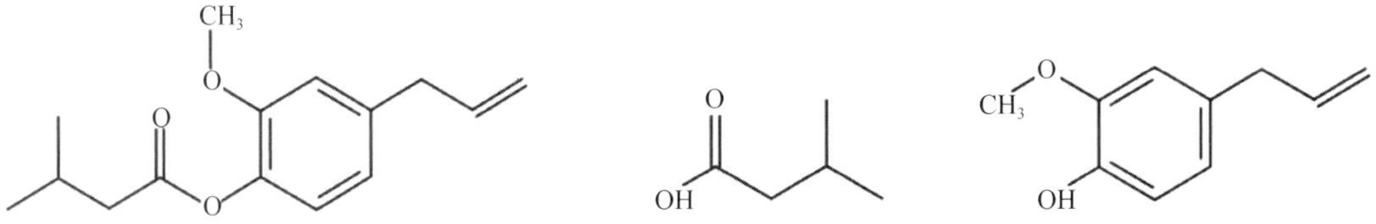

圖4-1-2-14　由左至右：異戊酸丁香酚酯、異戊酸、丁香酚化學式

第二節　內酯與香豆素精油

內酯 (Lactone) 即環狀的酯類，是由同時具有羥基 (-OH) 和羧基 (-COOH) 的分子，在分子內縮合環化而得 [5, 10]，如圖 4-1-0-1 所示。化合物上 COOH 基團的碳之後第一個碳原子爲 α，第二個碳原子爲 β，以此類推，因此 α- 內酯爲三元環，β- 內酯爲四元環，γ- 內酯爲五元環、δ- 內酯爲六元環。以五元環（γ- 內酯）與六元環（δ- 內酯）最穩定，三元環（α- 內酯）與四元環（β- 內酯）活性很高不容易萃取。大環內酯是內酯的多元環類，爲許多藥物的重要成分 [5]。內酯包括木香油內酯、茉莉內酯、心菊內酯（堆心菊素）、蓍草素等。

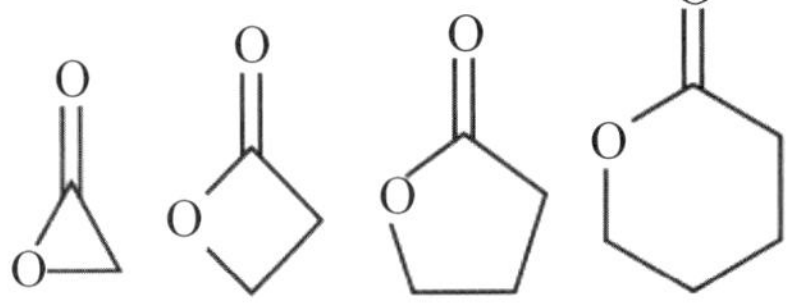

圖4-2-0-1　由左至右：α-、β-、γ-、δ-內酯化學式

一、內酯

1. 土木香內酯／木香油內酯 (Alantolactone/Helenin)，5 和 8a 號碳有甲基，3a、5、8a、9a 號碳有手性中心，爲倍半萜內酯，通常是兩種異構物的混合物，化學式 $C_{15}H_{20}O_2$、密度 1.1g/cm^3、熔點 78-79°C、沸點 275.0°C，如圖 4-2-1-1 所示，存在於土木香 (Elecampane) 等菊科植物的花中 [5, 13]，可用酒精等「非極性溶劑」從菊苣根提取，具有抗發炎、抗眞菌、抗菌作用，常作爲內外消毒劑 [5]。土木香內酯具有抗腫瘤活性 [12]，可誘導肺鱗癌細胞凋亡及細胞週期阻滯。
   - 乙醇羥基的一端具有極性，可溶解許多離子化合物，而另一端爲非極性，可以溶解非極性物質，包括大多數精油和許多種調味料、顏料和藥劑，請參考：台灣大學「科學OnLine」。
   - 土木香內酯／木香油內酯／木香腦 ((±)-Alantolactone/Helenin)，CAS 546-43-0。
     - 右旋土木香內酯 ((+)-Alantolactone/(+)-Helenin/Alant camphor/Eupatal/Inula camphor)，CAS 546-43-0，IUPAC 名爲：(3aR,5S,8aR,9aR)-5,8a-Dimethyl-3-methylidene-3a,5,6,7,8,8a,9,9a-octahydronaphtho[2,3-b]furan-2(3H)-one。
   - 異土木香內酯 (Isoalantolactone/Isohelenin)，CAS 470-17-7，3a,4a,8a,9a 號碳有手性中心，常見的是右旋 (+)- 異木香油內酯 [11]，從菊科旋覆花屬的植物，土木香 (Inulahelenium)[5] 分離而得。
     - 右旋異土木香內酯 ((+)-Isoalantolactone/(+)-Isohelenin)，CAS 470-17-7，IUPAC 名爲：(3aR,4aS,8aR,9aR)-Decahydro-8a-methyl-3,5-bis(methylene)naphtho[2,3-b]furan-2(3H)-one。CAS 26380-84-7 已經停用 [84]。
   - 新土木香內酯 (Neoalantolactone)，CAS 66397-38-4[12, 67]，IUPAC 名爲：(5S,8aR,9aR)-3,5,8a-Trimethyl-6,7,8,8a,9,9a-hexahydro-5H-naphtho[2,3-b]furan-2-one。
   - 別土木香內酯 (Alloalantolactone/1-Deoxyivangustin)，CAS 64340-41-6，IUPAC 名爲：(3aR,8aR,9aR)-3a,4,6,7,8,8a,9,9a-Octahydro-5,8a-dimethyl-3-methylenenaphtho[2,3-b]furan-2(3H)-one。
   - 異別土木香內酯 (Isoalloalantolactone/(+)-Isoalloalantolactone)，CAS 64395-76-2[67, 86]，IUPAC 名爲：(3aR,4aR,8aR,9aR)-3a,4,6,7,8,8a,9,9a-Octahydro-5,8a-dimethyl-3-methylenenaphtho[2,3-b]furan-2(3H)-one。
   - 烏心石內酯 (Micheliolide/Mecheliolide)，化學式 $C_{15}H_{20}O_3$、密度 1.2g/cm^3、沸點 426.1°C，有些資料庫稱之爲木香內酯，事實上是不同的化合物。
     - 烏心石內酯 (Micheliolide/Mecheliolide)，CAS 68370-47-8，IUPAC 名爲：(3aS,9R,9aS,9bS)-3a,4,5,7,8,9,9a,9b-Octahydro-9-hydroxy-6,9-dimethyl-3-methyleneazuleno[4,5-b]furan-2(3H)-one。CAS 2229044-01-1, 2488402-49-7 已經停用 [84]。

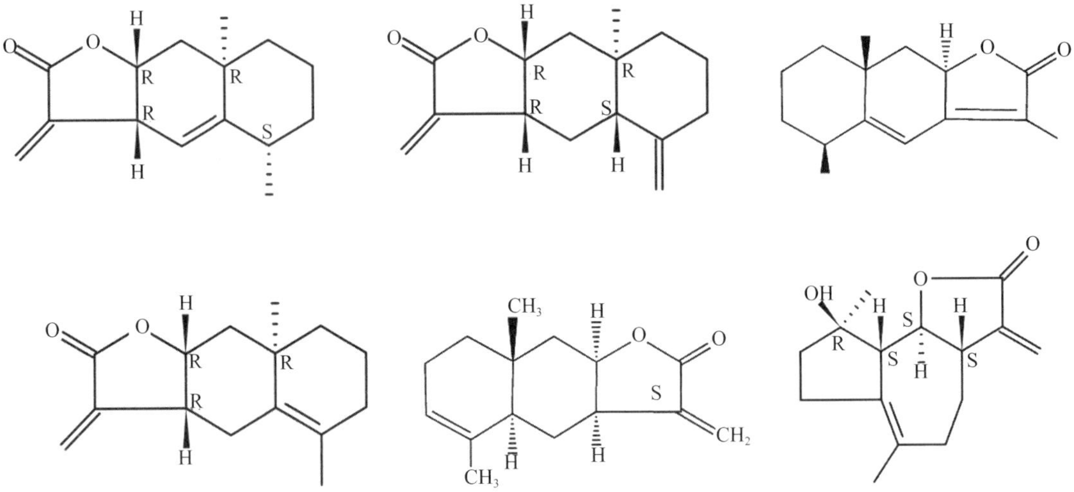

圖4-2-1-1 上排由左至右：(+)-土木香內酯、(+)-異土木香內酯、新土木香內酯化學式；下排由左至右：別土木香內酯、異別土木香內酯、烏心石內酯化學式

2. 廣木香內酯 / 木香烴內酯 / 閉鞘薑酯 (Costuslactone/Costunolide)，化學式 $C_{15}H_{20}O_2$、熔點 106-107°C、沸點 385.4°C，爲無色針狀結晶 [12, 19]，如圖 4-2-1-2 所示，旋光度 [α]D +128, c=0.45, $CHCl_3$)（比旋光度 α 符號中，D 是指鈉燈光波，正號是指右旋，c 是溶劑濃度 g/ml)，微溶於水 (0.097g/L)，爲大根香葉內酯類 (Germacranolide) 倍半萜 γ- 內酯，是從天女木蘭分離出的成分，有抗蠕蟲、抗寄生蟲、抗氧化、抗黴菌、抗發炎症和抗病毒的效果，具有細胞毒性，可以抑制端粒酶的活性 [5, 20, 35, 61]。
   - 廣木香內酯 / 木香烴內酯 / 閉鞘薑酯 (Costuslactone/Costunolide/Involucratolactone)，CAS 553-21-9。
     - ➢ 右旋反式廣木香內酯 / 木香烴內酯 ((+)-(E,E)-Costuslactone)，CAS 553-21-9，IUPAC 名爲：(3aS,6E,10E,11aR)-6,10-Dimethyl-3-methylene-3a,4,5,8,9,11a-hexahydrocyclodeca[*b*]furan-2(3H)-one。CAS 126621-28-1, 11028-78-7, 25333-06-6, 46814-17-9, 62458-56-4, 80750-19-2 已經停用 [84]。
   - 去氫廣木香內酯 / 去氫木香烴內酯 (Dehydrocostuslactone)，化學式 $C_{15}H_{18}O_2$、密度 1.09g/cm^3、熔點 57-61°C、沸點 140-143°C，如圖 4-2-1-2 所示，旋光度 [α]D-14.0±3.0°, c=1, $CHCl_3$（比旋光度 α 符號中，D 是指鈉燈光波，c 是溶劑濃度 g/ml，負號是指左旋），有豆類香氣，是從廣木香 (Costus) 根部分離而出，也存在於萵苣中 [5]，爲天然的癒創木酚類 (Guaianolide) 倍半萜 γ- 內酯，在人體細胞和動物中顯示抗癌特性，可誘導細胞凋亡，抑制癌細胞血管生成，並具有抗發炎的作用，用於香水和許多疾病的治療 [20]。
     - ➢ 去氫廣木香內酯 / 去氫木香烴內酯 (Dehydrocostuslactone)，CAS 477-43-0。
       - ✓ 左旋去氫廣木香內酯 ((-)-Dehydrocostuslactone)，CAS 477-43-0，IUPAC 名爲：(3aS,6aR,9aR,9bS)-Decahydro-3,6,9-tris(methylene)-azuleno[4,5-b]furan-2(3H)-one。
     - ➢ γ- 內酯：化合物上 COOH 基團的碳之後第一個碳原子爲 α，第二個碳原子爲 β，以此類推，因此 α- 內酯為 3 元環，β- 內酯為 4 元環，γ- 內酯為 5 元環。

- 廣木香內酯 / 木香烴內酯 (Costunolide) 和土木香內酯 / 木香油內酯 (Alantolactone) 兩個系列的中文很接近，是不同的化合物。土木香內酯 / 木香油內酯 (Alantolactone) 和大西洋酮 (Atlantone) 英文名稱也較為接近，也是不同的化合物，Alantol 是土木香醇，Atlantol 大西洋雪松醇是另一個化合物。

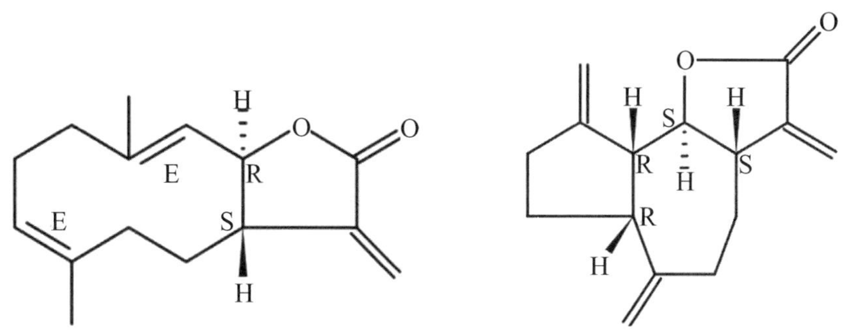

圖4-2-1-2　由左至右：右旋反式廣木香內酯、左旋去氫廣木香內酯化學式

3. 茉莉內酯 (Jasminlactone)，分子 6 號碳有 R/S 手性異構物，長鏈的 2 號碳雙鍵有 E/Z 異構物。茉莉內酯是一種單萜內酯 [5]，化學式 $C_{10}H_{16}O_2$、密度 0.962g/cm^3、沸點 281.5°C，如圖 4-2-1-3 所示，具有強烈的水果酯香以及桃子和杏子的香氣，天然存在於茉莉、百合、梔子、含羞草、金銀花、晚香藤、桃和薑中。在食品香料的應用包括杏、桃、熱帶水果香料以及乳製品等 [5]。茉莉內酯是茉莉花香的重要合成香料，為茉莉香精的主香劑，也可作為其他花香型香精的修飾劑 [12]。
   - 茉莉內酯 / δ- 茉莉酮酸內酯 (Jasminlactone/δ-Jasmolactone/Creamy lactone)/CAS 25524-95-2[67]，IUPAC 名為：6-[(Z)-Pent-2-enyl]oxan-2-one。CAS 68170-58-1 已經停用 [87]。
   - 茉莉酮酸內酯 / 茉莉花內酯 (Jasmalactone/Jasmolactone/Petal pyranone/Jasmine lactone[86])，CAS 32764-98-0 [84, 87]，IUPAC 名為：Tetrahydro-6-(3-penten-1-yl)-2H-pyran-2-one/6-(Pent-3-en-1-yl)tetrahydro-2H-pyran-2-one。
   - γ- 茉莉酮酸內酯 (γ-Jasmolactone)，CAS 67114-38-9。
     - 順式 -γ- 茉莉酮酸內酯 ((Z)-γ-Jasmolactone/cis-γ-Jasmolactone)，CAS 63095-33-0，IUPAC 名為：5-(3Z)-3-Hexen-1-yldihydro-2(3H)-furanone。CAS 93787-95-2 已經停用 [84]。
   - 茉莉內酯名稱還很亂：Jasminlactone/Jasmine lactone/Jasmalactone/Jasmolactone，Jasmolactone 的中文名稱暫時譯為茉莉酮酸內酯。
   - 茉莉酸甲酯 / 甲基茉莉酮酸酯 (Methyl jasmonate/MeJA)，請參考 4-1-1-10。

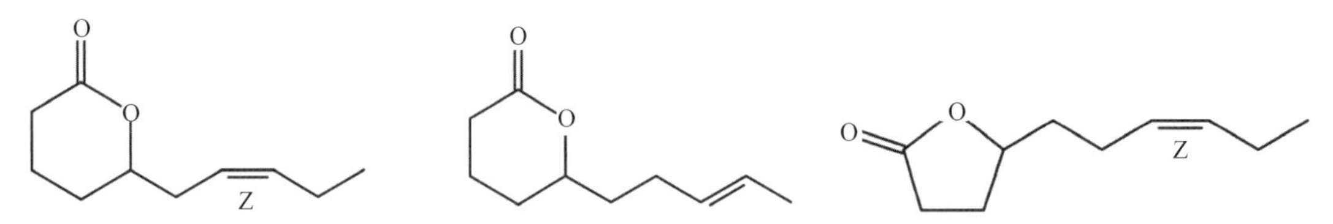

圖4-2-1-3　由左至右：茉莉內酯／δ-茉莉酮酸內酯、茉莉酮酸內酯、γ-茉莉酮酸內酯化學式

4. 心菊內酯／堆心菊素 (Helenalin)，分子 3a,4,4a,7a,8,9a 號碳有手性中心。是倍半萜內酯，化學式 $C_{15}H_{18}O_4$、密度 1.25g/cm^3、熔點 167-168°C、沸點 473°C，如圖 4-2-1-4 所示，存在於山金車屬 (Arnica) 植物中，有毒性 [5]。心菊內酯及其衍生物在體外具有很強的抗發炎和抗腫瘤作用 [5, 12]，目前還沒有關於體內抗發炎和抗腫瘤作用的證據。前述木香油內酯 (Alantolactone) 英文稱為 Helenin，名稱很接近，但是結構不一樣。
   - 心菊內酯／堆心菊素 (Helenalin)，CAS 6754-13-8。
     - 左旋心菊內酯／左旋堆心菊素 ((-)-Helenalin)，CAS 6754-13-8，IUPAC 名為：(3aS,4S,4aR,7aR,8R,9aR)-3,3a,4,4a,7a,8,9,9a-Octahydro-4-hydroxy-4a,8-dimethyl-3-methyleneazuleno[6,5-b]furan-2,5-dione。CAS 1195187-64-4 已經停用 [87]。
   - 新心菊內酯／新堆心菊素 (Neohelenaline/Mexicanin D)，CAS 5945-70-0，IUPAC 名為：3a,4a,5,8,9,9a-Hexahydro-4-hydroxy-7,8-dimethyl-3-methyleneazuleno[6,5-b]furan-2,6(3H,4H)-dione。

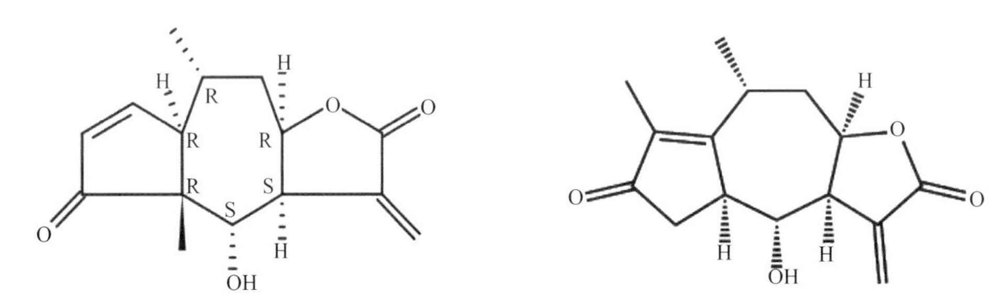

圖4-2-1-4　由左至右：心菊內酯、新心菊內酯化學式

5. 蓍草素／蓍草苦素 (Achillin)，分子 3,3a,9a,9b 號碳有手性中心。「蓍」念「詩、施」是倍半萜內酯，化學式 $C_{15}H_{18}O_3$、密度 1.18g/cm^3、熔點 208°C、沸點 436.2°C，如圖 4-2-1-5所示，存在於西洋蓍草、利古裡亞蓍草等植物中，有強力消炎效果 [10]。蓍草素可以逆轉對抗癌藥物的耐藥性，用於開發新的癌症治療藥物 [24]。
   - 蓍草素／蓍草苦素 (Achillin)，CAS 5956-04-7，IUPAC 名為：(3R,3aS,9aS,9bS)-3,6,9-Trimethyl-3,3a,4,5,9a,9b-hexahydro azuleno[4,5-b]furan-2,7-dione。

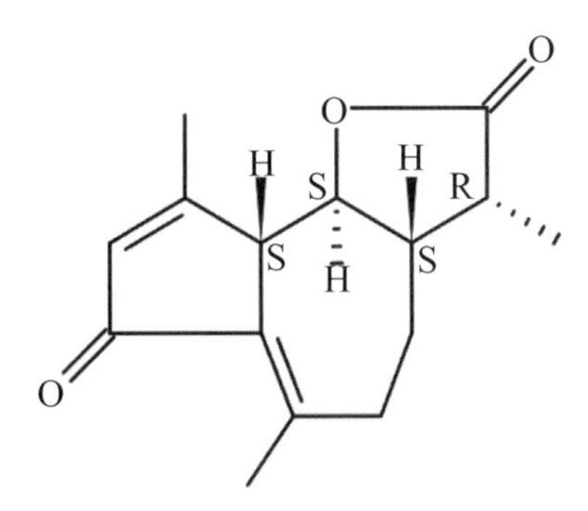

圖4-2-1-5　蓍草素化學式

6. 荊芥內酯／假荊芥內酯／貓薄荷內酯 (Nepetalactone)，結構上不屬於香豆素類，分子的環戊烷與酯環組成類萜分子，爲雙環類單萜烯內酯，化學式 $C_{10}H_{14}O_2$、密度 1.042g/cm^3、沸點 270.6°C[19]，如圖 4-2-1-6 所示，爲白色結晶或粉末，可溶於水，存在於忍冬木材中。荊芥內酯會引起貓興奮，然而對成年貓的影響僅占 2/3，對另外 1/3 以及絕育貓的影響不顯著。對許多其他貓科動物產生類似的影響，尤其是獅子和美洲虎，有研究者認爲貓科動物擦拭荊芥內酯是一種驅避昆蟲的行爲[5, 61]。常作爲抗菌、抗痙攣、退熱與安眠藥品，高劑量可催吐，也用於殺蠅、驅蟑和驅蚊，然而卻是蚜蟲的性費洛蒙[4, 5, 61]。
 - 荊芥內酯／假荊芥內酯／貓薄荷內酯 (Nepetalactone)。
   - ➢ 順—反—荊芥內酯 (cis,trans-Nepetalactone)。
     - ✓ 右旋—順—反—荊芥內酯 ((+)-cis,trans-Nepetalactone)，CAS 21651-62-7，IUPAC 名爲：(4aS,7S,7aR)-5,6,7,7a-Tetrahydro-4,7-dimethylcyclopenta[c]pyran-1(4aH)-one。CAS 123357-09-5 已經停用[87]。
     - ✓ 左旋—順—反—荊芥內酯 ((-)-cis,trans-Nepetalactone)，CAS 105660-81-9[67]，IUPAC 名爲：(4aR,7R,7aS)-5,6,7,7a-Tetrahydro-4,7-dimethylcyclopenta[c]pyran-1(4aH)-one。
   - ➢ 順—順—荊芥內酯 (cis,cis-Nepetalactone)，CAS 21651-53-6，IUPAC 名爲：(4aR,7S,7aS)-5,6,7, 7a-Tetrahydro-4,7-dimethylcyclopenta[c]pyran-1(4aH)-one。CAS 123357-11-9 已經停用[87]。
   - ➢ 反—順—荊芥內酯／表荊芥內酯／異荊芥內酯 (trans,cis-Nepetalactone/(+)-trans,cis-Nepetalactone/ Epinepetalactone/Iso nepetalactone)，CAS 17257-15-7，IUPAC 名爲：(4aS,7S,7aS)-5,6,7,7a-Tetrahydro-4,7-dimethylcyclopenta[c]pyran-1(4aH)-one。CAS 123357-10-8, 4581-79-7, 21651-56-9, 177695-28-2 已經停用[87]。
   - ➢ 反—反—荊芥內酯 (trans,trans-Nepetalactone/(+)-trans,trans-Nepetalactone)，CAS 21651-48-9[67]，IUPAC 名爲：(4aR,7S,7aR)-5,6,7,7a-Tetrahydro-4,7-dimethylcyclopenta[c]pyran-1(4aH)-one。
   - ➢ 新荊芥內酯 (Neonepetalactone)，CAS 24190-25-8，IUPAC 名爲：(4R,4aR)-4,7-Dimethyl-4,4a,5,6-tetrahydro-3H-cyclopenta[c]pyran-1-one。
 - 二氫荊芥內酯／二氫假荊芥內酯 (Dihydronepetalactone)，化學式 $C_{10}H_{16}O_2$，存在於紫花

貓薄荷和琉璃蟻亞科的蟻類身上，有特殊香味特性，用於生物殺傷劑、害蟲驅避劑、昆蟲吸引劑、植物生長調節劑等產品。

➢ 二氫荊芥內酯／二氫假荊芥內酯 (Dihydronepetalactone)，CAS 17672-81-0，IUPAC 名爲：4,7-Dimethyl-4,4a,5,6,7,7a-hexahydro-3H-cyclopenta[c]pyran-1-one。

- Nepetalactone 維基百科和百度百科都翻譯成「荊芥內酯」，而簡體字的化工專業則翻譯成「假荊芥內酯」。從心葉荊芥／假荊芥 (Nepeta cataria/Nepeta fordii Hemsl.) 和裂葉荊芥／荊芥 (Schizonepeta tenuifolia) 的名稱看來，翻譯成「假荊芥內酯」是有道理的。

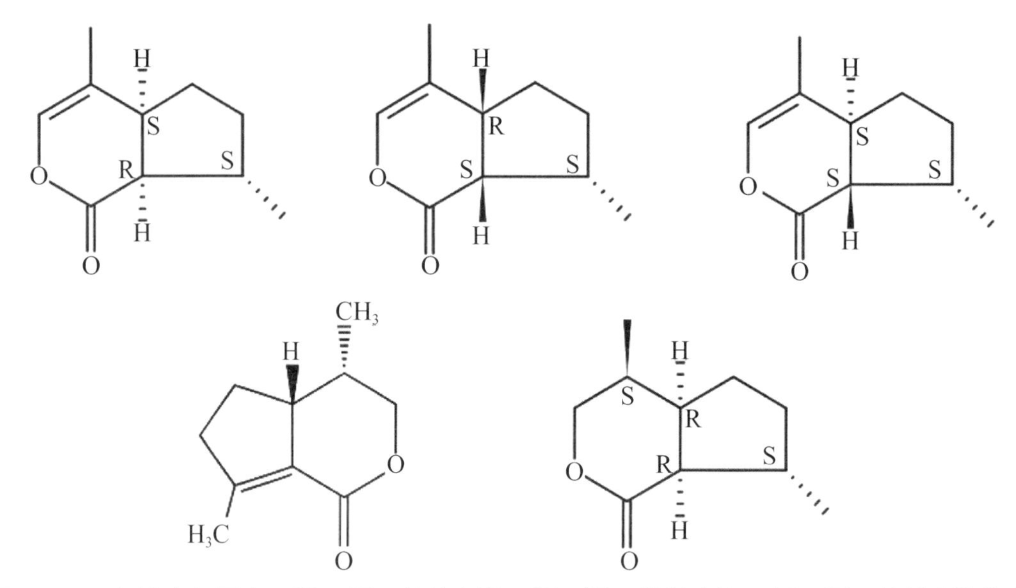

圖4-2-1-6　上排由左至右：順－反－荊芥內酯、順－順－荊芥內酯、反－順－荊芥內酯化學式；下排由左至右：新荊芥內酯、二氫荊芥內酯化學式

7. 黃葵內酯／麝子內酯 (Ambrettolide)，化學式 $C_{16}H_{28}O_2$、密度 0.95g/cm^3、沸點 308°C[11, 19]，溶於乙醇，有著水果奶油似的麝香氣味，是一種大環內酯，爲人造麝香的成分，具有特殊的擴散性，可提升香水的調性。
   - 黃葵內酯 (Ambrettolide/Ambrettol)，CAS 7779-50-2。
     ➢ 順式黃葵內酯 ((Z)-Ambrettolide/Ambrette musk)，CAS 123-69-3，IUPAC 名爲：(8Z)-Oxacycloheptadec-8-en-2-one。CAS 17598-28-6 已經停用[87]。
   - 異黃葵內酯 (Isoambrettolide)，爲無色液體，是一種大環麝香，有著溫暖強烈的果香味，具有特殊的擴散性，是一種極好的定香劑，能提升香水的前調。
     ➢ 異黃葵內酯 (Isoambrettolide)，CAS 28645-51-4，IUPAC 名爲：Oxacycloheptadec-10-en-2-one。
   - 黃葵酸 (Ambrettolic acid)，請參考 5-2-2-30。

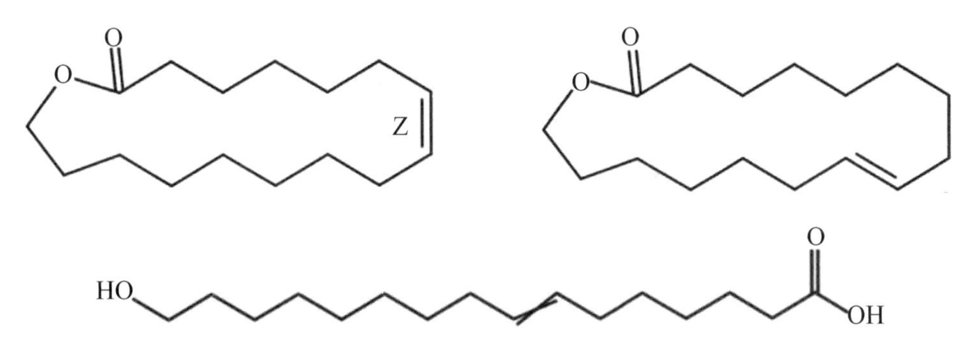

圖4-2-1-7 上排由左至右：順式黃葵內酯、異黃葵內酯化學式；下排：黃葵酸化學式

8. 苯酞／酞內酯 (Phthalide/1-Phthalolactone)，爲 γ- 內酯（五元環），化學式 $C_8H_6O_2$、密度 $1.636g/cm^3$、熔點 75°C、沸點 290°C，爲白色至灰白色針狀或片狀結晶固體，溶於乙醇、乙醚，可溶於水 (18.36g/L@25°C)[19]，有淡淡的椰子般的甜香氣，天然存在於圓葉當歸、川芎／條紋藁本等植物中，接觸眼睛時造成嚴重刺激，用於抗凝血藥、抗焦慮藥、殺菌劑有機合成的中間體，以及烘焙品、穀片、乳酪、乳品、非酒精飲料、調味品、醬料、湯類、魚、肉、水果等食品加工[4, 5, 11, 12, 19]。
   - 苯酞／酞內酯 (Phthalide/1-Phthalanone/Phthalolactone)，CAS 87-41-2，IUPAC 名爲：2-Benzofuran-1(3H)-one。CAS 1135443-46-7 已經停用[87]。
   - 異苯酞／2- 香豆冉酮／異香豆冉酮 (Isophthalide/2-Cumaranone)，化學式 $C_8H_6O_2$、密度 $1.264g/cm^3$、熔點 50°C、沸點 249°C，爲黃色粉末固體，可溶於水 (3.8g/L@30°C)，微溶於乙酸乙酯和氯仿，用於合成治療癌症的吲哚啉酮等化合物，以及抗腫瘤的雙吲哚衍生物[11, 17, 20, 66]。
     - ➢ 異苯酞／2- 香豆冉酮／異香豆冉酮 (Isophthalide/2-Cumaranone/α-Cumaranone/2-Coumarone)，CAS 553-86-6，IUPAC 名爲：3H-Benzofuran-2-one。
   - 3- 香豆冉酮 (3-Coumaranone)，化學式 $C_8H_6O_2$、密度 $1.1603g/cm^3$、熔點 102.5°C、沸點 249.6±20.0°C，爲白色至淡黃色結晶或粉狀固體[11, 12, 66]。
     - ➢ 3- 香豆冉酮 (3-Coumaranone)，CAS 7169-34-8，IUPAC 名爲：1-Benzofuran-3(2H)-one。

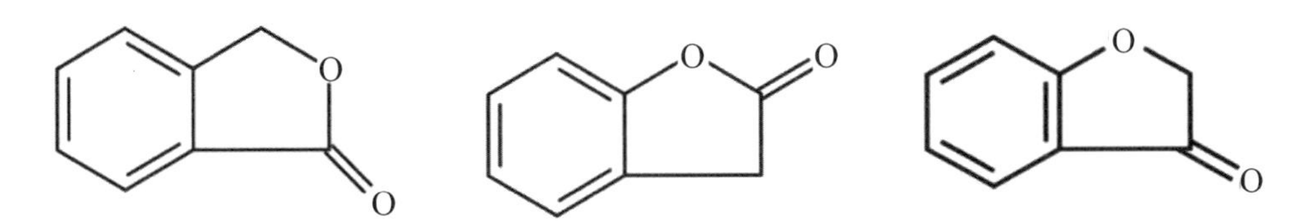

圖4-2-1-8 由左至右：苯酞、異苯酞／2-香豆冉酮、3-香豆冉酮化學式

9. 丁苯酞／3- 正丁基苯酞／芹菜甲素 (Butylphthalide/3-n-Butylphthalide)，化學式 $C_{12}H_{14}O_2$、密度 $1.7g/cm^3$、沸點 892.4°C[73]，溶於乙醇與油，微溶於水，爲無色油狀液體，有溫暖辛辣的草藥香和芹菜香氣，天然存在於當歸、川芎／條紋藁本等植物以及中國芹菜籽中，

是芹菜油的化學成分之一，具有抗氧化活性，可以防止線粒體損傷和細胞凋亡，且具有神經保護作用，可改善認知功能，降低阿茲海默症的症狀，用於治療高血壓及是抗腦缺血藥物，在臨床研究觀察到輕微的副作用，也用於食品加工[4, 5, 11, 17, 20]。

- 丁苯酞／3- 正丁基苯酞／芹菜甲素 ((±)-Butylphthalide/(±)-3-n-Butylphthalide)，CAS 6066-49-5。CAS 93133-67-6 已經停用[87]。
  - ➢ 左旋丁苯酞／左旋 3- 正丁基苯酞 ((-)-3-Butylphthalide/(-)-3-n-Butylphthalide/l-Butylphthalide/(S)-3-Butylphthalide)，CAS 3413-15-8，IUPAC 名爲：(3S)-3-Butyl-1(3H)-isobenzofuranone。
  - ➢ 右旋丁苯酞／右旋 3- 正丁基苯酞 ((+)-3-Butylphthalide/(+)-3-n-Butylphthalide)，CAS 125412-70-6[19]，IUPAC 名爲：(3R)-3-Butyl-1(3H)-isobenzofuranone。

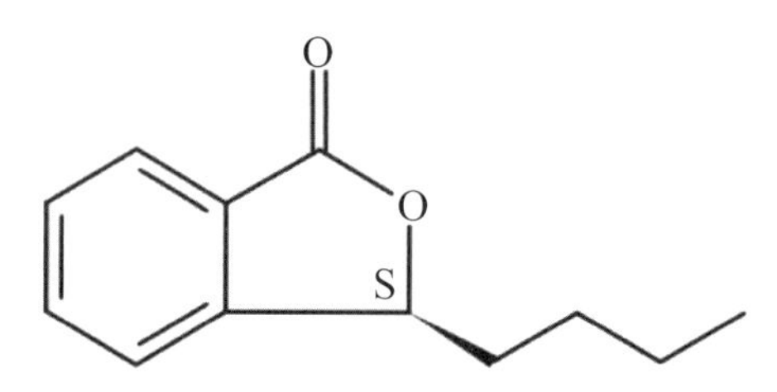

圖4-2-1-9　左旋丁苯酞化學式

10. 丁烯基苯酞／3- 正丁烯基苯酞／3- 丁烯基酞內酯 (3-Butylidenephthalide)，是一種 γ- 內酯（五元環），化學式 $C_{12}H_{12}O_2$、密度 1.103g/cm^3、熔點 76.23°C、沸點 319-321°C，溶於乙醇，略溶於水 (353.5mg/L@25°C)，爲黃色透明油狀液體，天然存在於當歸、川芎／條紋藁本等植物中，有類似甘草的草本芹菜味，對皮膚有輕微刺激性，吞食有害，具有降血糖和殺蟲活性，對水生生物有毒，用於烘焙品、肉品、調味料、湯品[11, 12, 19]。
    - 丁烯基苯酞／3- 正丁烯基苯酞／3- 丁烯基酞內酯 (3-Butylidenephthalide)，CAS 551-08-6。
      - ➢ 順式丁烯基苯酞 ((Z)-3-Butylidenephthalide/cis-3-Butylidenephthalide)，CAS 72917-31-8[86]，IUPAC 名爲：(3Z)-3-Butylidene-2-benzofuran-1(3H)-one。
      - ➢ 反式丁烯基苯酞 ((E)-Butylidenephthalide/trans3-Butylidenephthalide)，CAS 76681-73-7[19, 87]，IUPAC 名爲：(3E)-3-Butylidene-2-benzofuran-1(3H)-one。

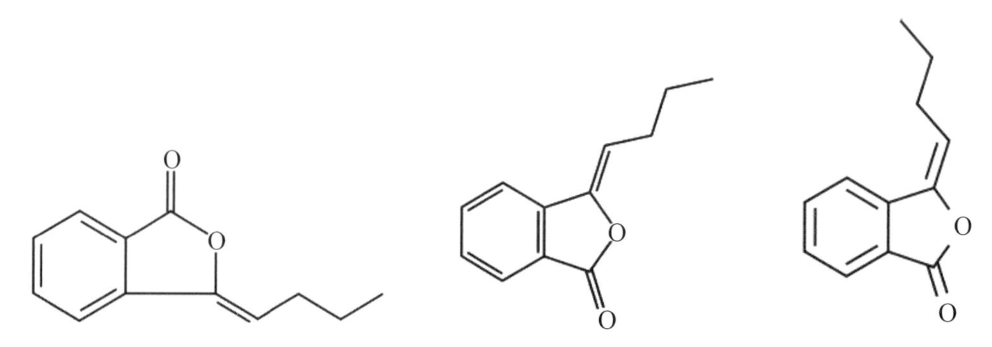

圖4-2-1-10　由左至右：丁烯基苯酞、順式丁烯基苯酞、反式丁烯基苯酞化學式

11. 藁本內酯／川芎內酯 (Ligustilide)，化學式 $C_{12}H_{14}O_2$、密度 1.10g/cm^3、熔點 297-298°C、沸點 377.9°C，溶於乙醇，略溶於水 (125.7mg/L@25°C)，天然存在於旱芹／芹菜、當歸、時蘿、藏茴香、歐當歸、川芎／條紋藁本、波特藁本／奧沙／波特甘草等植物中，是傘形科植物當歸的主要活性成分，對心腦血管、循環系統及免疫功能均有較強的藥理作用，有很強的解痙、平喘、鎮靜作用，能改善微循環、鬆弛平滑肌、抑菌、提高機體免疫調節功能，具抗癌、抗發炎、抗氧化、抗骨質疏鬆、抗動脈硬化以及神經保護活性，也有緩解神經源性疼痛和炎症性疼痛的功效，芳療經驗上具有平喘、退燒、鎮靜的作用 [4, 11, 17, 19, 43, 66]。
   - 藁本內酯／川芎內酯／東當歸酞內酯 (Ligustilide)，CAS 4431-01-0。
     - 順式藁本內酯 (Z-Ligustilide/cis-Ligustilide/Ligustilide A)，CAS 81944-09-4[86]，IUPAC 名爲：(3Z)-3-Butylidene-4,5-dihydro-1(3H)-isobenzofuranone。
     - 反式藁本內酯 ((E)-Ligustilide)，CAS 81944-08-3[11, 12, 19, 88]，IUPAC 名爲：(3E)-3-Butylidene-4,5-dihydro-1(3H)-isobenzofuranone。

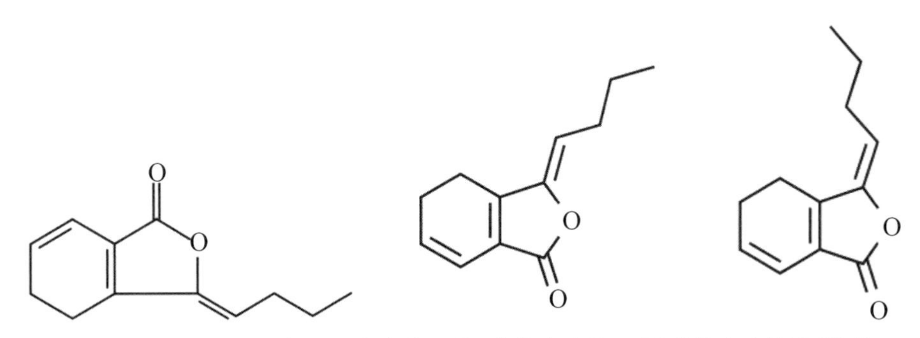

圖4-2-1-11 由左至右：藁本內酯、順式藁本內酯、反式藁本內酯化學式

12. 瑟丹內酯／色丹內酯 (Sedanolide)，屬於呋喃衍生物，結構上不屬於香豆素類，有順反異構物，化學式 $C_{12}H_{18}O_2$、密度 1.03g/cm^3、熔點 88-89°C、沸點 342°C[19]，如圖 4-2-2-12 所示，存在於傘形科植物種子及香菜、蒔蘿、綠色蔬菜和野生芹菜中，有芹菜香氣。瑟丹內酯不具光敏性，有消炎與鎮靜的功能，及提升肝臟解毒功效 [10]，工業上也用於殺蟲、殺線蟲和抗眞菌產品。
   - 瑟丹內酯／色丹內酯 (Sedanolide)，CAS 6415-59-4。
   - 新蛇床子內酯 (Neocnidilide)：左旋瑟丹內酯又稱新蛇床子內酯 [84]。
     - 左旋瑟丹內酯／新蛇床子內酯 ((-)-Sedanolide/Neocnidilide)，CAS 4567-33-3，IUPAC 名爲：(3S,3aR)-3-Butyl-3a,4,5,6-tetrahydro-3H-2-benzouran-1-one。CAS 23049-49-0 已經停用 [87]。

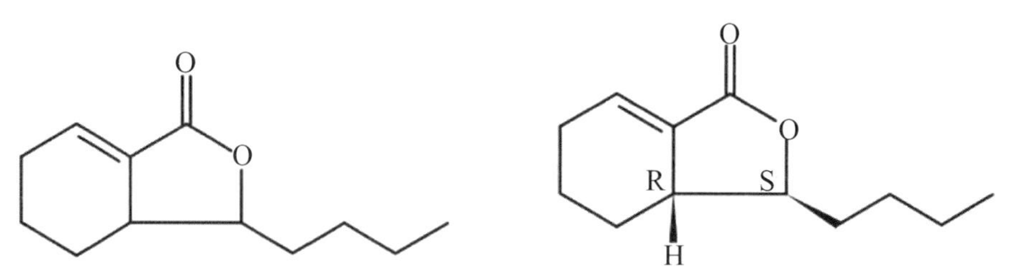

圖4-2-1-12　由左至右：瑟丹內酯、左旋瑟丹內酯／新蛇床子內酯化學式

13. 草木樨酸內酯／二氫香豆素／二氫色原酮 (Melilotin/Melilotic acid lactone/3,4-Dihydrocoumarin/2-Chromanone)，化學式 $C_9H_8O_2$、密度 1.169g/cm^3、熔點 25°C、沸點 272°C，液態爲無色至淡黃色透明液體，低溫結成無色透明片狀結晶固體，有著略帶草本的椰子或香草般甜香氣，溶於乙醇、乙醚，氯仿，微溶於水，高溫時有硝基苯氣味的辣味，蒸氣對皮膚、眼睛及呼吸道有刺激性，存在於黃香草木樨、南茼蒿、圓葉櫻桃／聖盧西櫻桃等植物中，用於化妝品及調製奶油、椰子、肉桂香型的香精與菸用香精，也用於烘焙品、酒精與非酒精飲料、口香糖、調味品、冰乳品、布丁、果凍、糖果等食品加工，常作爲香料及香豆素的代用品 [11, 12, 19]。
   - 草木樨酸內酯／二氫香豆素 (Melilotin/Melilotic acid lactone/3,4-Dihydrocoumarin)，CAS 119-84-6，IUPAC 名爲：3,4-Dihydro-2H-1-benzopyran-2-one/1,2-Benzo dihydropyrone/o-Hydroxyhydrocinnamic acid *δ*-lactone。
   - 草木樨酸／鄰羥薰草酸／鄰羥氫桂皮酸 (Melilotic acid/Melilotate/o-Hydrocoumaric acid)，請參考 5-2-2-22。

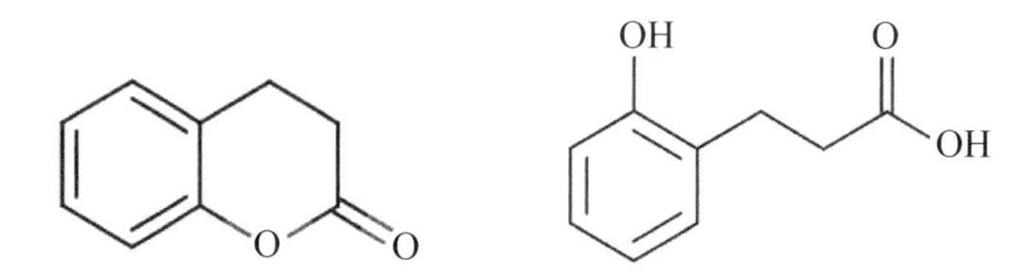

圖4-2-1-13　由左至右：草木樨酸內酯／鄰羥薰草酸內酯、草木樨酸化學式

14. 馬兜鈴內酯 (Aristolactone)，分子有 [7.2.1] 雙環結構，化學式 $C_{15}H_{20}O_2$、熔點 88.53°C、沸點 399.35°C，旋光度 [*α*]14D +156, c=1, EtOH（比旋光度 *α* 符號中，14 是測試溫度 °C，D 是指鈉燈光波，c 是溶劑濃度 g/ml，正號是指右旋），天然存在於瓜葉馬兜鈴（青香木）、大葉馬兜鈴等植物中 [11, 20, 86]。
   - 馬兜鈴內酯 (Aristolactone)，CAS 6790-85-8，IUPAC 名爲：(4E,8R,9R)-5-Methyl-8-(1-methylethenyl)-10-oxabicyclo[7.2.1]dodeca-1(12),4-dien-11-one。
   - 新馬兜鈴內酯／銀袋內酯 A(Neoaristolactone/Versicolactone A)，分子有 [9.2.1] 雙環結構，化學式 $C_{15}H_{20}O_2$、密度 1.04g/cm^3、沸點 411°C，天然存在於尋骨風／毛葉馬兜鈴與雜色麴黴／雜色麴菌中 [11, 86]。

➢ 新馬兜鈴內酯／銀袋內酯 A(Neoaristolactone/Versicolactone A)，CAS 136315-17-8，IUPAC 名爲：(4E,8E)-5,9-Dimethyl-12-oxabicyclo[9.2.1]tetradeca-1(14),4,8-trien-13-one。

- 銀袋內酯 B(Versicolactone B)，分子有 [7.2.1] 雙環結構，化學式 $C_{15}H_{20}O_2$、密度 1.064g/cm^3、沸點 420.5°C，天然存在於大葉馬兜鈴、尋骨風／毛葉馬兜鈴等植物中 [11, 86]。

➢ 銀袋內酯 B(Versicolactone B)，CAS 108885-62-7，IUPAC 名爲：(4S,5E,8R,9R)-4-Hydroxy-5-methyl-8-(1-methylethenyl)-10-oxabicyclo[7.2.1]dodeca-5,12-dien-11-one。CAS 104613-44-7 已經停用 [87]。

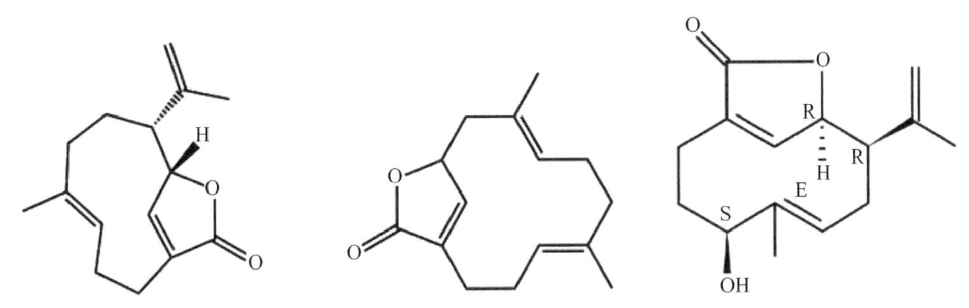

圖4-2-1-14　由左至右：馬兜鈴內酯、新馬兜鈴內酯／銀袋內酯A、銀袋內酯B化學式

15. 穿心蓮內酯 (Andrographolide)，化學式 $C_{20}H_{30}O_5$、密度 1.2317g/cm^3、熔點 229-232°C、沸點 557.32°C，爲粉末狀固體，略溶於水 (146.9mg/L@25°C)，旋光度 [α]D -126°, c=1.5, HAc（比旋光度 α 符號中，D 是指鈉燈光波，c 是溶劑濃度 g/ml，負號是指左旋），天然存在於穿心蓮等植物中，研究證實有抗菌、抗發炎、抗瘧疾、抗血栓、保肝等功效 [11, 87, 100, 101]。

- 穿心蓮內酯 (Andrographolide/Andrographis)，CAS 5508-58-7，IUPAC 名爲：(3E,4S)-3-[2-[(1R,4aS,5R,6R,8aS)-Decahydro-6-hydroxy-5-(hydroxymethyl)-5,8a-dimethyl-2-methylene-1-naphthalenyl]ethylidene]dihydro-4-hydroxy-2(3H)-furanone。CAS 101060-34-8, 5953-53-7 已經停用 [84]。
- 異穿心蓮內酯 (Isoandrographolide)，化學式 $C_{20}H_{30}O_5$，天然存在於穿心蓮等植物中，有抗病毒、抗原蟲的功效，並且是血小板凝集抑制劑 [11]，研究證實有抗菌、抗發炎、抗瘧疾、抗血栓、保肝等功效 [100]。

➢ 異穿心蓮內酯 (Isoandrographolide)，CAS 4176-96-9[67]，IUPAC 名爲：4-[(2R,3aS,5aS,6R,7R,9aR,9bS)-7-Hydroxy-6-(hydroxymethyl)-3a,6,9a-trimethyl-2,4,5,5a,7,8,9,9b-octahydro-1H-benzo[e][1]benzofuran-2-yl]-2H-furan-5-one。

- 新穿心蓮內酯 (Neoandrographolide)，化學式 $C_{26}H_{40}O_8$、熔點 174.5°C、沸點 668.07°C，爲粉末狀固體，天然存在於穿心蓮等植物中，具有抗心律失常、抗發炎和降血脂的作用，能保護心血管且沒有明顯的肝損傷 [66, 102]。

➢ 新穿心蓮內酯 (Neoandrographolide)，CAS 27215-14-1，IUPAC 名爲：3-[2-[(1R,4aS,5R,8aS)-5-[(β-d-Glucopyranosyloxy)methyl]decahydro-5,8a-dimethyl-2-methylene-1-naphthalenyl]ethyl]-2(5H)-furanone。CAS 31222-64-7 已經停用 [84]。

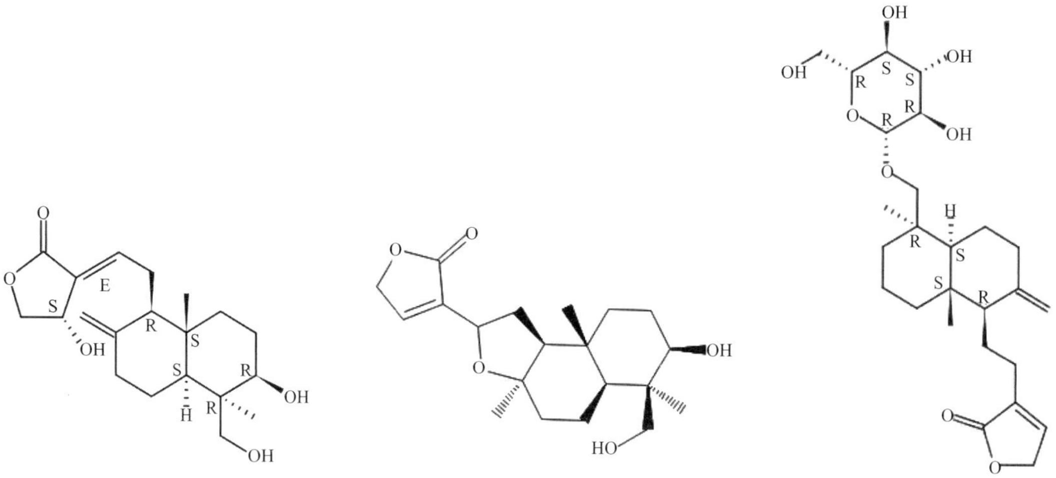

圖4-2-1-15　由左至右：穿心蓮內酯、異穿心蓮內酯、新穿心蓮內酯化學式

二、香豆素(Coumarins)

香豆素是內酯的一種，亦即環狀的酯類，是芳香族化合物。香豆素可分成幾大類：

1. 簡單香豆素類：只有苯環上有取代基的香豆素。
2. 呋喃香豆素類 (Furocoumarins)：香豆素有呋喃環結構，稱為呋喃香豆素。呋喃 (furan) 是一種五元芳環的雜環化合物。
3. 吡喃香豆素類 (Pyranocoumarins)：香豆素有吡喃環結構，稱為吡喃香豆素。吡喃 (Pyran) 是一種六元芳環的雜環化合物。
4. 雙香豆素類 (Dicoumarins)，異香豆類及其他香豆素，含有：
   - 雜環化合物[5](Heterocycliccompound) 成環的原子不僅是碳，還包括氮、氧、硫等原子。可以是酯環或芳環，也可以由幾個單環併合成為複雜的雜環系。
     - 「雜原子」(Heteroatoms) 是指非碳原子取代了分子結構主鏈中的碳。典型的雜原子包括氮 (N)、氧 (O)、硫 (S)、磷 (P)、氯 (Cl)、溴 (Br) 和碘 (I)，以及金屬鋰 (Li) 和鎂 (Mg)，「雜環」就是有雜原子的環。
   - 呋喃 (Furan) 是一種五元芳環的雜環有機物。含有呋喃環的化合物即為呋喃的同系物，如圖 4-2-2-0-1 所示。
   - 吡喃 (Pyran)，為六元的含氧雜環有機物，未取代的吡喃尚未被發現。吡喃自身價值不大，但吡喃酮等吡喃衍生物則廣泛存在自然界。色酮（苯並 -γ- 吡喃酮）、香豆素（苯並 -α- 吡喃酮）、花青素等都可視為吡喃的衍生物。
   - 吡喃酮 (Pyrone) 是吡喃的衍生酮類，廣泛存在於大自然。香豆素即是 α- 吡喃酮類；酒麴、黃酮等則是 γ- 吡喃酮類。

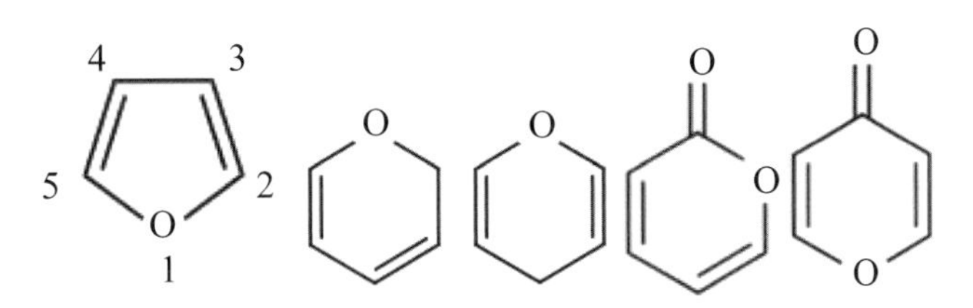

圖4-2-2-0-1　由左至右：呋喃、α-吡喃、γ-吡喃、α-吡喃酮、γ-吡喃酮化學式[12]

呋喃香豆素 (Furanocoumarin/Furocoumarins)，如圖 4-2-2-0-2（左）所示，是由香豆素和呋喃環稠合而成，常見的包括補骨酯素／補骨酯內酯 (Psoralen)、白芷素／異補骨酯內酯 (Angelicin/ Isopsoralen)、佛手柑內酯／香柑內酯／5- 甲氧補骨酯素 (Bergapten)、佛手酚／羥基佛手柑內酯 (Bergaptol)、花椒毒素／花椒毒內酯／黃原素 (Xanthotoxin) 等。呋喃香豆素對魚類毒性極強，在印尼用於捕魚[5]。佛手柑內酯和花椒毒素常用於長波紫外光治療。

吡喃香豆素 (Pyranocoumarin)，如圖 4-2-2-0-2（中）所示，是由香豆素和吡喃環稠合而成，包括邪蒿素／邪蒿內酯 (Seselin) 等，被用作治療肝炎、咳嗽、氣喘、發熱、頭痛、皮膚病和胃腸道疾病的傳統藥物[25]。

雙香豆素 (Dicoumarol)，如圖 4-2-2-0-2（右）所示，是植物和眞菌共同作用的天然化學物質，有甜苦味，是抗凝藥物。雙香豆素本身不影響凝血，被多種眞菌轉化後才具抗凝血功能[5]。

圖4-2-2-0-2　由左至右：呋喃香豆素（補骨酯素）、吡喃香豆素（邪蒿素）、雙香豆素化學式

1. 香豆素／香豆內酯／苯並 -α- 吡喃酮 (Coumarin/o-Hydroxycinnamic acid lactone/Benzo-α-pyrone)，其分子可以視爲苯分子的兩相鄰氫原子被內酯取代，形成第二個六元雜環，與苯環共用兩個碳，屬於苯並吡喃酮類，視爲一種 δ- 內酯。屬於簡單香豆素類，化學式 $C_9H_6O_2$、密度 0.935g/cm^3、熔點 71°C、沸點 301.7°C，如圖 4-2-2-1 所示，爲無色至白色片狀或粉狀結晶，有新鮮乾草香和香豆的香氣，以及類似香草的甜味和苦味[61]，溶於乙醚、氯仿、乙醇等溶劑，微溶於水 (0.17g/100mL)[4, 5]，較易溶於熱水，天然存在於肉桂、草莓、黑醋栗、杏、櫻桃、豆角、香草、甜半邊草、甜草、毛蘭、甜三葉草[5]，以及蘭花、香莢蘭、黑香豆、香蛇鞭菊、決明子和薰衣草中[4]，用於香草類的香水、化妝品、香料和芳香劑。香豆素可抑制食欲[5]，具抗菌、抗眞菌和抗凝血效果。華法林 (Warfarin)

是一種香豆素的抗凝血處方藥，透過抑制維生素 K 的合成，來抑制血栓及深靜脈血栓形成和肺栓塞。香豆素也用於治療靜脈或淋巴的水腫，然而患者陸續出現肝中毒，1954 年後美國已禁止作爲食品添加劑，1988 年歐盟也限制使用量，目前仍被用於肥皂與橡膠製品以及家蠅幼蟲的殺蟲劑。

- 香豆素／香豆內酯／苯並 -α- 吡喃酮 (Coumarin/o-Hydroxycinnamic acid lactone/Benzo-α-pyrone)，CAS 91-64-5，IUPAC 名爲：2H-1-Benzopyran-2-one。
- 色酮／色原酮／苯並 -γ- 吡喃酮 (Chromone/4-Chromone)，是香豆素的異構物，化學式 $C_9H_6O_2$、密度 1.248g/cm^3、熔點 59°C、沸點 239°C，可溶於熱水、乙醇、乙醚、苯、氯仿，溶於濃硫酸後產生紫色螢光，與高錳酸鉀作用後產生水楊酸，爲無色至米色結晶或粉末固體，天然存在於南美槐（豆科香脂豆屬）等植物中，具刺激性[5, 11, 20, 66]。
  - ➢ 色酮／色原酮／苯並 -γ- 吡喃酮 (Chromone/Benzo-γ-pyrone)，CAS 491-38-3，IUPAC 名爲：(4H-Chromen-4-one/1,4-Benzopyrone/2,3-Benzo-4-pyrone)。
- 草木樨酸內酯／二氫香豆素 (Melilotin/Melilotic acid lactone/3,4-Dihydrocoumarin)，請參考 4-2-1-13。
- δ- 內酯：α- 內酯爲三元環，β- 內酯爲四元環，γ- 內酯爲五元環、δ-內酯爲六元環，請參閱 3-2-1。

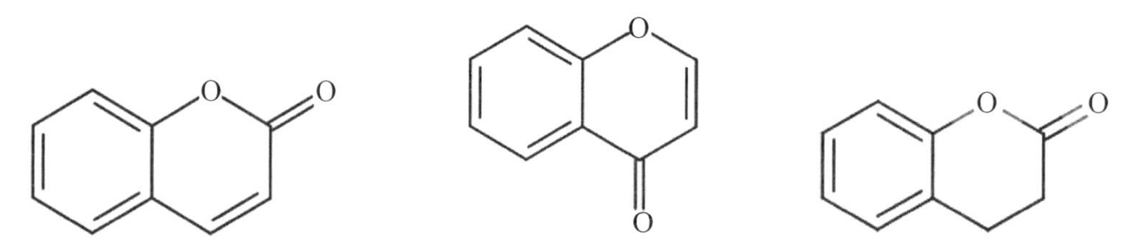

圖4-2-2-1　由左至右：香豆素／苯並-α-吡喃酮、色酮／色原酮／苯並-γ-吡喃酮、草木樨酸內酯／二氫香豆素化學式

2. 脫腸草素／脫腸草內酯／7- 甲氧基香豆素 (Herniarin/7-Methylumbelliferone/Ayapanin/Gerniarin)，屬於簡單香豆素類／苯並 -α- 吡喃酮，化學式 $C_{10}H_8O_3$、密度 1.36g/cm^3、熔點 117-121°C、沸點 334-335°C[12, 19]，如圖 4-2-2-2 所示，爲白色至米黃色粉末，溶於水，有香脂的氣味，對眼睛與皮膚有刺激性，存在於脫腸草、洋甘菊、熏衣草、三葉木樨和許多李屬植物中，具有保肝及抗腫瘤的作用[12, 19]。
   - 脫腸草素／脫腸草內酯／7- 甲氧基香豆素 (Herniarin/7-Methylumbelliferone/Ayapanin/Gerniarin)，CAS 531-59-9，IUPAC 名爲：7-(Methyloxy)-2H-chromen-2-one/7-methoxy-2H-1-benzopyran-2-one。

圖4-2-2-2　脫腸草素化學式[5]

3. 繖形花內酯／繖形酮／7- 羥香豆素 (Umbelliferone/7-Hydroxycoumarin)，屬於簡單香豆素類／苯並 -α- 吡喃酮，化學式 $C_9H_6O_3$、密度 1.4g/cm^3、熔點 230°C、沸點 382.1°C，如圖 4-2-2-3 所示，爲黃白色無味針狀結晶，溶於乙醇、氯仿、醋酸等溶劑，微溶於熱水，存在於蒔蘿及胡蘿蔔、芸香、香菜、當歸等植物，也存在於鼠耳鷹草、大葉繡球花、水麻和裂葉草的葉子中，具有抗菌、抗氧化、降血壓特性及抗癌的活性，會造成皮膚、眼睛、呼吸道刺激，可吸收不同波長的紫外線，工業上由間苯二酚和甲醯乙酸縮合而成，用作防曬劑和紡織品的增白劑[5, 12]。
   - 繖形花內酯／繖形酮／7- 羥香豆素 (Umbelliferone/7-Hydroxycoumarin/Hydrangine/Skimmetin)，CAS 93-35-6，IUPAC 名爲：7-Hydroxy-2H-chromen-2-one/7-hydroxy-2H-1-benzopyran-2-one。CAS 1391-97-5, 1082662-10-9 已經停用[87]。

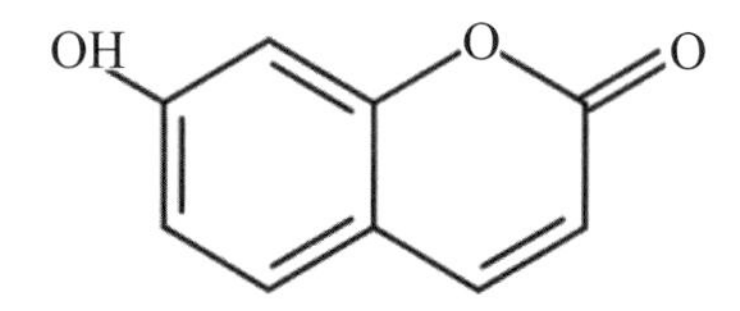

圖4-2-2-3　繖形花內酯化學式

4. 補骨酯素／補骨酯內酯 (Psoralen)，屬於呋喃香豆素類的「線形」(Linear) 呋喃香豆素，與白芷素 (Angelicin) 的角形 (Angular) 呋喃香豆素同樣是呋喃香豆素的主要類型，多數呋喃香豆素都可視爲線形與角形兩種結構的衍生物，於紫外線下皮膚會產生強烈的光敏劑作用[5]。化學式 $C_{11}H_6O_3$、密度 1.4g/cm^3、熔點 160-162°C、沸點 362.6°C，如圖 4-2-2-4 所示，爲無色針狀結晶，溶於乙醇和氯仿，微溶於水。存在於無花果、芹菜、歐芹以及柑橘類水果，以及補骨酯／破故紙 (Cullencorylifolium) 等植物中。補骨酯素是一種光化學敏感劑，在長波紫外線化學治療 (PUVA) 用於治療溼疹、乾癬、銀屑病、白斑、異位性皮膚炎與 T 細胞淋巴瘤，但是治療會導致更高的皮膚癌風險[5]。補骨酯素有止血作用，並可舒張支氣管[4]。長波紫外線化學治療使用的感光劑有三種：花椒毒素／甲氧沙林 (Methoxsalen)、佛手柑內酯 (Bergapten)、普膚寧錠 (Trioxsalen)，前兩者在台灣常見，第三種較多見於歐美[5]。
   - 補骨酯素／補骨酯內酯 (Psoralen/Ficusin/ Prosuler)，CAS 66-97-7，IUPAC 名爲：7H-Furo[3,2-g]chromen-7-one/7H-furo[3,2-g][1]benzopyran-7-one。

圖4-2-2-4　補骨酯素化學式

5. 白芷素／異補骨酯內酯 (Angelicin/Isopsoralen)，屬於呋喃香豆素類的「角形」呋喃香豆素 (Angular-furanocoumarins)，是香豆素的 7、8 位與呋喃環稠合，化學式 $C_{11}H_6O_3$、密度 1.4g/cm^3、熔點 134°C、沸點 362.6°C，如圖 4-2-2-5 所示，溶於醚、氯仿、苯及松節油，難溶於水，存在於歐白芷根部、圓葉當歸和某些豆科植物中，具有抗發炎、抗病毒等活性，具有細胞毒性 [12]，白芷素與皮膚接觸會表現出光毒性，導致嚴重的紅斑和水泡。[5]。白芷素也是光化學敏感劑，在長波紫外線化學治療 (PUVA) 用於治乾癬、銀屑病 [5]。2017 年 WHO 癌症研究機構公布，白芷素和補骨酯素在紫外線 UVA 下，列爲 3 類致癌物，亦即：對人體致癌性的證據不充分 [4]。
   - 白芷素／異補骨酯內酯 (Angelicin/Isopsoralen)，CAS 523-50-2，IUPAC 名爲：2H-Furo[2,3-h]chromen-2-one/2H-Furo[2,3-h]-1-benzopyran-2-one。CAS 39310-13-9 已經停用 [87]。

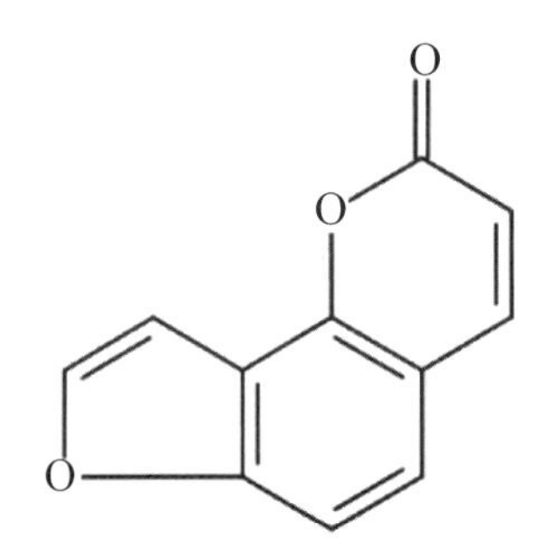

圖4-2-2-5　白芷素化學式[5]

6. 佛手柑內酯／香柑內酯／5- 甲氧基補骨酯素 (Bergapten/5-Methoxypsoralen)，屬於呋喃香豆素類的線形呋喃香豆素，是補骨酯素的衍生物，於紫外線下皮膚會產生強烈的光敏劑作用 [5]。化學式 $C_{12}H_8O_4$、密度 1.4g/cm^3、熔點 190-193°C、沸點 412.4°C，如圖 4-2-2-6 所示，爲白色至灰白色針狀結晶固體，溶於氯仿，微溶於乙醇和苯，不溶於水，存在於胡蘿蔔科、柑橘科和芸香科植物 [5]，例如柑橘、佛手柑、葡萄柚、無花果、苦橙之中，主要是含有香柑內酯。英式伯爵茶添加了佛手柑精油而產生獨特的茶香 [4]。有抗菌，抗血吸蟲，抗凝血、抗微生物活性，還有抗發炎和抗腫瘤的功用 [12]，對於治療銀屑病方面與補骨酯素同樣有效，因此常用於長波紫外線光化學治療 (PUVA)。佛手柑內酯似乎是導致柑橘類植物光敏性皮炎的主要光毒性化合物，會促進動物的癌症，但對人類致癌性的證據仍然不足[5]。目前市售香水通常不含佛手柑內酯／香柑內酯。

- 佛手柑內酯／香柑內酯／5- 甲氧基補骨酯素 (Bergapten/Majudin/Heraclin/Psoraderm/Geralen /5-Methoxypsoralen)，CAS 484-20-8，IUPAC 名爲：4-Methoxy-7H-furo[3,2-g][1]benzopyran-7-one。
- 異佛手柑內酯／異香柑內酯 (Isobergapten/5-Methoxyangelicin)，CAS 482-48-4，IUPAC 名爲：5-Methoxy-2H-furo[2,3-h]-1-benzopyran-2-one。

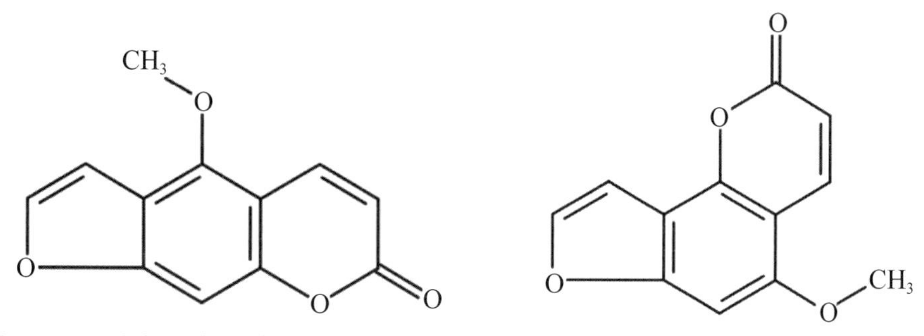

圖4-2-2-6　由左至右：佛手柑內酯／香柑內酯、異佛手柑內酯／異香柑內酯化學式

7. 佛手酚／羥基佛手柑內酯／香柑醇 (Bergaptol)，屬於呋喃香豆素類的線形呋喃香豆素，是補骨酯素的衍生物，化學式 $C_{11}H_6O_4$、密度 1.5g/cm^3、熔點 280-282°C、沸點 311.9°C[12]，如圖 4-2-2-7 所示，溶於乙醇，不溶於水[19]，無氣味，存在於柑橘、佛手柑、苦橙、葡萄柚、柚子等柑橘類精油中。可由佛手柑內酯的 5- 甲氧基經羥基化而得，有抗增殖和抗癌特性[12, 19]。
   - 佛手酚／羥基佛手柑內酯／香柑醇 (Bergaptol)，CAS 486-60-2，IUPAC 名爲：4-Hydroxy-7H-furo[3,2-g][1]benzopyran-7-one。

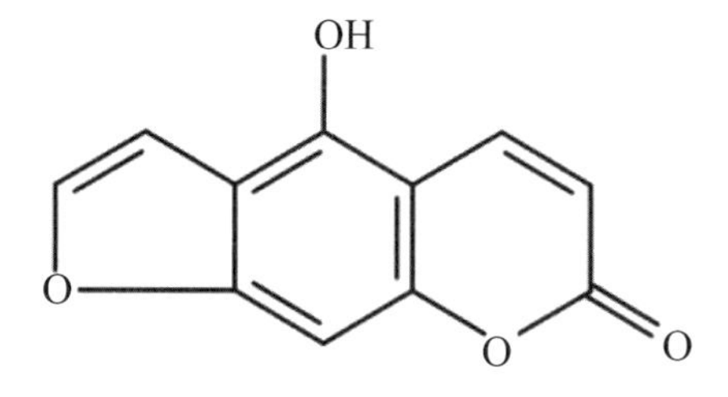

圖4-2-2-7　佛手酚化學式[5]

8. 佛手柑素／香柑素／香檸檬素 (Bergaptin/Bergamotin/5-Geranyloxypsoralen)，分子的長鏈 2 號碳有 E/Z 異構物，屬於呋喃香豆素類的線形呋喃香豆素，是補骨酯素的衍生物，其側鏈來自香葉醇[5]，化學式 $C_{21}H_{22}O_4$、密度 1.2g/cm^3、熔點 59-61°C、沸點 503-504°C[5, 19]，如圖 4-2-2-8 所示，爲白色至淡黃色結晶粉末，高溫會分解爲佛手酚，存在於馬蜂橙（Citrushystri，芸香科柑橘屬），以及佛手柑、柚子等柑橘類植物中。醫療上用於抑制

劑，與抗逆轉錄病毒藥物合用，可以抑制 HIV 的複製 [5]。中醫上有鎮咳、平喘、祛痰的功效，可緩解胃痛、胸痛和嘔吐等症狀 [4]。

- 佛手柑素／香柑素／香檸檬素 (Bergaptin/Bergamotin/5-Geranyloxypsoralen)，CAS 7380-40-7。
    - ➢ 反式佛手柑素 ((E)-Bergaptin/(E)-Bergamotin)，CAS 7380-40-7，IUPAC 名爲：4-{[(2E)-3,7-Dimethyl-2,6-octadien-1-yl]oxy}-4-methoxy-7H-furo[3,2-g]chromen-7-on。

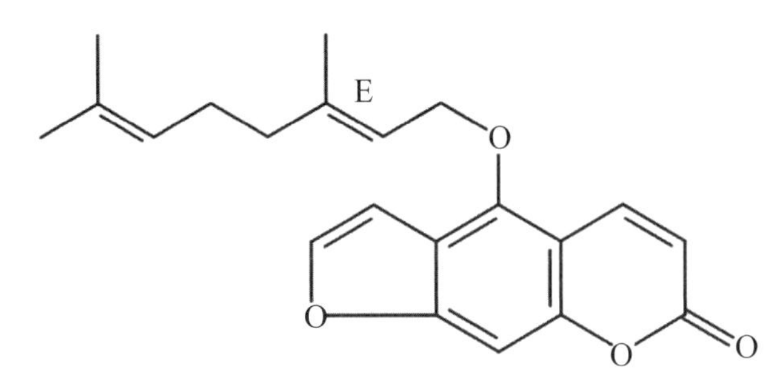

圖4-2-2-8　反式(2E)佛手柑素化學式

9. 花椒毒素／甲氧沙林／黃毒素／8- 甲氧基補骨酯素 (Xanthotoxin/Methoxsalen)，屬於呋喃香豆素類的線形呋喃香豆素，是補骨酯素的衍生物，化學式 $C_{12}H_8O_4$、密度 1.368g/cm^3、熔點 143-148°C、沸點 414.8°C[12]，如圖 4-2-2-9 所示，爲白色或淡黃色絲狀或棱柱狀結晶，可溶於沸乙醇、乙酸、苯、氯仿，微溶於沸水，不溶於冷水 [5]，主要存在於傘形科和芸香科等植物中，也常見於蛇床子、白芷、芫荽等根莖或果實，以及花椒、八角等調味料中，可治療牛皮癬，溼疹和皮膚淋巴瘤 [5, 12]。花椒毒素對高血壓或肝臟病的患者有發炎及損害的風險，其副作用包括噁心、頭暈、頭痛等。2017 年 WHO 將花椒毒素（甲氧沙林）列爲第 1 類致癌物（即：已知致癌），但是只有在與紫外線 UVA 結合才會致癌。
    - 花椒毒素／甲氧沙林／黃毒素／8- 甲氧基補骨酯素／黃原毒素／8- 花椒毒內酯）(Xanthotoxin/ Methoxsalen/Meladinin/Meladoxen/Ammoidin/Oxsoralen/8-Methoxypsoralen)，CAS 298-81-7，IUPAC 名爲：9-Methoxy-7H-furo[3,2-g]chromen-7-one。CAS 12692-94-3 已經停用 [87]。

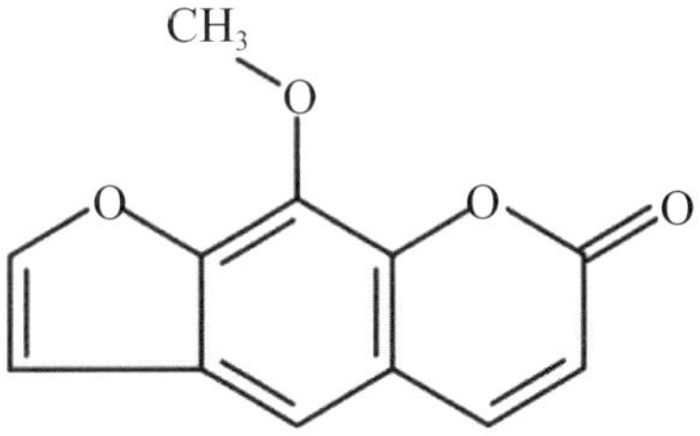

圖4-2-2-9　花椒毒素／甲氧沙林化學式[5]

10. 邪蒿素／邪蒿內酯 (Seselin/Amyrolin)，屬於「角形」吡喃香豆素，化學式 $C_{14}H_{12}O_3$、密度 1.222g/cm^3、熔點 122°C、沸點 403°C，如圖 4-2-2-10 所示，為白色至米色結晶粉末，略溶於水 (60.34mg/L@25°C)[19, 20]，存在於西非櫻桃橘 (Citropsisarticulate)[61]、檸檬、甜橙、茴香、野生芹菜和柑桔植物中[11]，有抗發炎、抗寄生蟲和抗眞菌的功效[17]。
   - 邪蒿素／邪蒿內酯 (Seselin/Amyrolin)，CAS 523-59-1，IUPAC 名為：8,8-Dimethyl-2H,8H-pyrano[2,3-f]chromen-2-one。

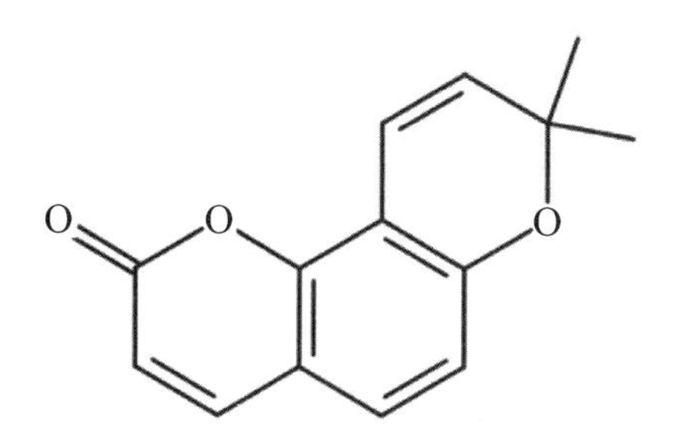

圖4-2-2-10　邪蒿素化學式[12]

11. 七葉素／七葉內酯／秦皮乙素／6,7- 二羥基香豆素 (Aesculetin/Cichorigenin/6,7-Dihydroxycoumarin)，屬於羥基香豆素，是傘形花內酯／傘形酮 (Umbelliferone) 類化合物，化學式 $C_9H_6O_4$、密度 1.3431g/cm^3、熔點 271-273°C、沸點 469.7°C，如圖 4-2-2-11 所示，為白色至淡黃色針狀結晶固體，溶於乙醇和稀鹼溶液，微溶於水，是從花曲柳／苦櫪白蠟樹提取的化合物，存在於南牡蒿以及大戟屬植物 Euphorbiadecipiens 中，味微苦，具抗氧化、抗發炎、抗菌、抑制痢疾桿菌的作用和抗腫瘤的活性，用於藥物中間體，也用於吸收紫外線的過濾器。芳療經驗上認為有鎮咳、祛痰的功效，可作為平喘劑[4, 11, 12, 20, 61]。
   - 七葉素／七葉內酯／秦皮乙素／6,7- 二羥基香豆素 (Aesculetin/Esculetin/Cichorigenin/6,7-Dihydroxycoumarin)，CAS 305-01-1，IUPAC 名為：6,7-Dihydroxy-2H-chromen-2-one。
   - 繖形花內酯／繖形酮／7- 羥香豆素 (Umbelliferone/7-Hydroxycoumarin)，請參考 4-2-2-3。

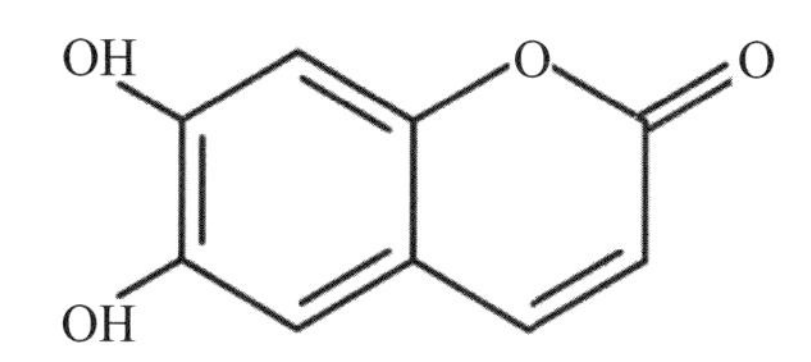

圖4-2-2-11　七葉素／七葉內酯／秦皮乙素／6,7-二羥基香豆素化學式

12. 檸美內酯／萊姆素／白檸檬素／5,7- 二甲氧基香豆素 (Citropten/Limettin/5,7-Dimethoxy coumarin)，為香豆素衍生物，化學式 $C_{11}H_{10}O_4$、密度 1.248g/cm^3、熔點 147°C、沸點 388.1°C，如圖 4-2-2-12 所示，為黃色至棕色結晶固體，存在於柑橘、青檸、檸檬、萊姆、佛手柑等柑橘類植物中，可以作為潛在生物標誌物，對人體黑色素瘤細胞有抗增殖

活性[4, 5, 12, 20, 35]。

- 檸美內酯／萊姆素／白檸檬素／5,7- 二甲氧基香豆素 (Citropten/Limettin/5,7-Dimethoxy coumarin)，CAS 487-06-9，IUPAC 名爲：5,7-Dimethoxy-2H-1-benzopyran-2-one。

圖4-2-2-12　檸美內酯／萊姆素／5,7-二甲氧基香豆素／白檸檬素化學式

13.酸橙素烯醇 (Auraptenol)，又稱橙皮油內酯烯酸，爲天然香豆素，化學式 $C_{15}H_{16}O_4$、密度 1.2g/cm^3、熔點 109-110°C、沸點 446.7°C，爲固體，難溶於水，存在於枳殼果實及柑橘植物中，具有抗纖維化和抗痛覺過敏的作用，可作爲潛在的治療神經性疼痛的藥劑[11, 12, 17, 19, 35]。

- 酸橙素烯醇／橙皮油內酯烯酸 (Auraptenol)，CAS 1221-43-8。
  - 右旋酸橙素烯醇／右旋橙皮油內酯烯酸 ((+)-Auraptenol)，CAS 1221-43-8，IUPAC 名爲：8-[(2S)-2-Hydroxy-3-methyl-3-butenyl]-7-methoxy-2H-chromen-2-one。

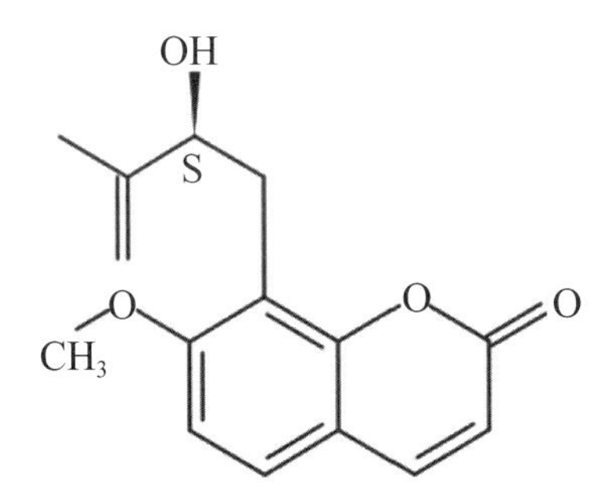

圖4-2-2-13　酸橙素烯醇／橙皮油內酯烯酸化學式

14.莨菪素 (Scopoletin/Chrysatropic acid)，「莨菪」唸成「良盪」，爲香豆素類化合物，化學式 $C_{10}H_8O_4$、密度 1.37g/cm^3、熔點 204°C、沸點 413.5°C，爲棕褐色粉末固體，可溶於水 (8.879 g/L@25°C)，天然存在於莨菪、諾麗果（檄樹的果實）、菊苣、大果榕、紅莖蒿、刺蕁麻、西番蓮、歐洲黑夜草、龍艾、羅馬洋甘菊、與顛茄根，與莨菪屬和文殊屬的植物中，屬於植物毒素類，有刺激性，具有抗氧化、改善記憶障礙、祛風、抗發炎、止痛、祛痰等功效[5, 43]。莨菪素加維生素 C 後，抗氧化活性協同效果顯著，而添加維生素 E 則協同效果不明顯[105]，此外還具有潛在的抗發炎、抗腫瘤、抗多巴胺和抗膽鹼酯酶作用[11, 19]。

- 莨菪素 (Scopoletin/Chrysatropic acid/Gelseminic acid/Murrayetin/Buxuletin)，CAS 92-61-5，IUPAC 名爲：7-Hydroxy-6-methoxy-2H-1-benzopyran-2-one/7-Hydroxy-6-methoxycoumarin。

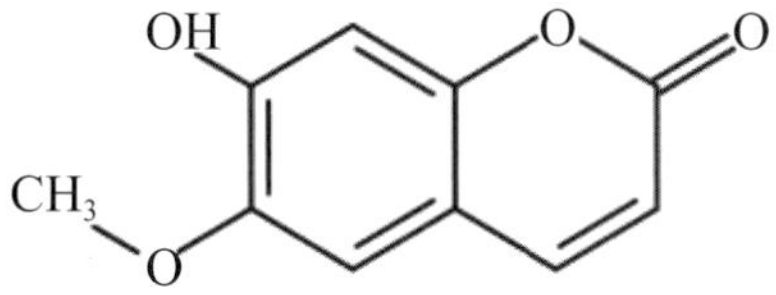

圖4-2-2-14　莨菪素化學式

第五章　酚類、醚類、氧化物精油與其他化合物

本章大綱

第一節　酚類和醚類

一、酚類

1.百里酚／麝香草酚／麝香草腦(Thymol) ♦ 2.香旱芹酚(Carvacrol/p-Cymen-2-ol/Antioxine) ♦ 3.丁香酚(Eugenol)萎葉酚／間丁香酚(Chavibetol/m-Eugenol)；甲基醚蔞葉酚(Methyl chavicol) ♦ 4.佳味酚(Chavicol) ♦ 5.兒茶酚／鄰苯二酚／焦兒茶酚(Catechol/o-Benzenediol/Pyrocatechol) ♦ 6.癒創木酚(Guaiacol/o-Methoxyphenol) ♦ 7.甲酚(Cresol) ♦ 8.木焦油醇／雜酚油醇／4-甲癒創木酚(Creosol/Kreosol/4-Methylguaiacol)

二、醚類／酚醚類(Ethers/Phenol ethers)

1.茴香腦／異草蒿腦／洋茴香醚／洋茴香腦(Anethole/Isoestragole/Anise camphor) ♦ 2.草蒿腦／甲基蒟酚／異茴香腦(Estragole/Methyl chavicol/Isoanethole/4-Allylanisole) ♦ 3.黃樟素(Safrole)；異黃樟素(Isosafrole) ♦ 4.肉豆蔻醚(Myristicin)；異肉豆蔻醚(Isomyristicin) ♦ 5.甲基醚丁香酚(Methyl eugenol)；異甲基醚丁香酚(Methylisoeugenol) ♦ 6.欖香素／欖香酯醚(Elemicin)；異欖香素(Isoelemicin) ♦ 7.細辛腦／細辛醚(Asarone) ♦ 8.洋芹腦／歐芹腦／芹菜醚(Apiole) ♦ 9.蒔蘿腦／蒔蘿油腦(Dillapiole)；異蒔蘿腦／異蒔蘿油腦(Isodillapiole) ♦ 10.甲基三級丁基醚(Methyl-tert-butyl ether) ♦ 11.百里香對苯二酚二甲醚(Thymohydroquinone dimethyl ether)；對苯二酚(p-Benzenediol) ♦ 12.香根芹醚(Osmorhizole)

第二節　氧化物和其他化合物

一、氧化物

1.1,8-桉葉素／桉葉素／桉葉油醇(Cineol/1,8-Cineole/Eucalyptol)；1,4-桉葉素／異桉葉素(1,4-Cineole/Isocineole) ♦ 2.氧化玫瑰／玫瑰醚(Rose oxide/Rose ether) ♦ 3.薄荷呋喃(Menthofuran) ♦ 4.沒藥醇氧化物(Bisabolol oxide) ♦ 5.沒藥酮氧化物(Bisabolonoxide/Bisabolone oxide) ♦ 6.沉香醇氧化物(Linalool oxide) ♦ 7.香紫蘇醇氧化物(Sclareol oxide) ♦ 8.石竹烯氧化物／石竹素(Caryophyllene oxide) ♦ 9.氧化蒎烯／環氧蒎烷(Pinene oxide) ♦ 10.驅蛔素／驅蛔萜／驅蛔腦(Ascaridole)；山道年／蛔

蒿素(Santonin) ♦ 11.癒創木烷氧化物(Guaiane oxide/Guaioxide)；橐吾醚(Liguloxide) ♦ 12.降龍涎香醚(Ambrox/Ambroxan/Ambrafuran/Ambrofix) ♦ 13.沒藥烯氧化物(Bisabolene oxide)

二、酸類

1.當歸酸／歐白芷酸(Angelic acid) ♦ 2.惕各酸／甘菊花酸／甲基丁烯酸(Tiglic acid) ♦ 3.水楊酸／柳酸／鄰羥基苯甲酸(Salicylic acid) ♦ 4.洋茴香酸／大茴香酸(Anisic acid) ♦ 5.苯甲酸／安息香酸／苄酸(Benzoic acid) ♦ 6.苯乙酸／苯醋酸／苄基甲酸(Phenylacetic acid) ♦ 7.肉桂酸(Cinnamic acid) ♦ 8.纈草烯酸(Valerenic acid)；纈草萜烯醇酸(Valerenolic acid)；纈草酸／戊酸(Valeric acid/Pentanoic acid) ♦ 9.香茅酸(Citronellic acid) ♦ 10.棕櫚酸／十六烷酸(Palmitic acid) ♦ 11.普魯士酸／氫氰酸(Prussic acid/Hydrogen cyanide) ♦ 12.阿魏酸(Ferulic acid)；異阿魏酸(Isoferulic acid/Hesperetic acid) ♦ 13.蘇門答剌樹脂酸(Sumaresinolic acid) ♦ 14.樺木酸／白樺脂酸(Betulinic acid/Mairin) ♦ 15.羊酯酸／正辛酸(Octanoic acid/n-Caprylic acid)；異羊酯酸(Iso-octanoic acid) ♦ 16.廣木香酸／木香酸(Costic acid/Costussaeure)；異廣木香酸／異木香酸(Isocostic acid) ♦ 17.油酸(Oleic acid) ♦ 18.檀香酸(Santalic acid) ♦ 19.鄰氨基苯甲酸／氨茴酸(Anthranilic acid) ♦ 20.蒜氨酸(Alliin) ♦ 21.茉莉酸(Jasmonic acid/Jasmonate) ♦ 22.草木樨酸／鄰羥薰草酸／鄰羥氫桂皮酸(Melilotic acid/Melilotate/o-Hydrocoumaric acid) ♦ 23.鄰香豆酸／鄰羥基肉桂酸(Orthocoumaric acid/o-Coumaric acid) ♦ 24.庚酸／葡萄花酸(Enanthic acid/Heptanoic acid) ♦ 25.苔醯苔色酸／扁枝衣二酸／煤地衣酸(Evernic acid) ♦ 26.松蘿酸／d-松蘿酸／d-地衣酸(d-Usnic acid/Usneine/Usniacin) ♦ 27.肉豆蔻酸／十四烷酸(Myristic acid/Tetradecanoic acid/Crodacid) ♦ 28.丁酸／酪酸(Butyric Acid)；異丁酸(Isobutyric Acid) ♦ 29.己酸(Caproic Acid/Hexanoic acid)；異己酸(Isocaproic Acid) ♦ 30.黃葵酸(Ambrettolic acid) ♦ 31.乳香酸(Boswellic acid)

三、其他化合物

1.金雀花素(Scoparin/Scoparoside) ♦ 2.野靛鹼／金雀花鹼(Cytisine/Sophorine/Laburnin) ♦ 3.鷹爪豆鹼(Sparteine)；異鷹爪豆鹼(Sparteine) ♦ 4.染料木素／染料木黃酮(Genistein) ♦ 5.布枯腦／地奧酚(Buccocamphor/Diosphenol)；異地奧酚／ψ-地奧酚(Isodiosphenol/ψ-Diosphenol) ♦ 6.大蒜素(Allicin) ♦ 7.烯丙基丙基二硫醚(Allylpropyl disulphide)；二烯丙基二硫醚(Diallyl disulphide/DADS)；二烯丙基三硫醚／大蒜新素(Diallyl trisulphide/Allitridin/DATS) ♦ 8.薑辣素／薑油／薑醇(Gingerol) ♦ 9.薑烯酚／薑酚(Shogaol) ♦ 10.辣椒素／辣素／辣椒鹼(Capsaicin) ♦ 11.薑黃素(Curcumin) ♦ 12.尿石素(Urolithin) ♦ 13.異硫氰酸烯丙酯(Allyl isothiocyanate/AITC) ♦ 14.異硫氰酸苯乙基酯(Phenylethyl isothiocyanate/PEITC) ♦ 15.毛果芸香鹼／匹魯

卡品(Pilocarpine)；異毛果芸香鹼／異匹魯卡品(Isopilocarpine) ♦ 16.毛果芸香啶／乙種毛果芸香鹼(Pilocarpidine) ♦ 17.槲皮素／槲黃酮／櫟精(Quercetin/Sophoretin/Xanthaurine) ♦ 18.石蒜鹼／水仙鹼(Lycorine/Narcissine) ♦ 19.黑茶漬素／荔枝素／巴美靈(Atranorin/Parmelin/Usnarin) ♦ 20.二丙基二硫醚(Dipropyl disulphide) ♦ 21.二丙基三硫醚(Dipropyl trisulphide) ♦ 22.甲基丙基二硫醚(Methylpropyl disulphide) ♦ 23.甲基丙基三硫醚(Methylpropyl trisulphide) ♦ 24.吲哚(Indole) ♦ 25.茵陳烯炔／茵陳炔(Capillene/Agropyrene)；去甲茵陳烯炔／去甲茵陳炔(Norcapillene) ♦ 26.冬綠苷／白珠木苷／水晶蘭苷(Gaultherin/Gaultheriline/Monotropitin) ♦ 27.橐吾鹼(Ligularine) ♦ 28.艾菊素(Tanacetin) ♦ 29.蔘薑素(Cassumunin) ♦ 30.高良薑素(Galangin)；類黃酮(Flavonoids) ♦ 31.金盞花素(Calendulin) ♦ 32.皂素／皂苷(Saponins) ♦ 33.油橄欖素／橄欖油刺激醛(Oleocanthal) ♦ 34.橄欖苦苷(Oleuropein) ♦ 35.毒芹鹼(Coniine) ♦ 36.山奈酚／番鬱金黃素(Kaempferol) ♦ 37.楊梅黃酮／楊梅素(Myricetin) ♦ 38.漆黃素(Fisetin) ♦ 39.木樨草素／葉黃酮(Luteolin) ♦ 40.茄紅素／番茄紅素(Lycopene) ♦ 41.花青素(Anthocyanin)；花色苷／花色素苷(Enocyanin)

第一節　酚類和醚類

一、酚類

酚類 (Phenol) 的結構爲芳烴環上的氫被羥基 (-OH) 取代的芳香族化合物，包括百里酚、香旱芹酚、香芹酚、丁香酚等。最簡單的酚爲苯酚／石炭酸，存在於茴香、羅勒、紅百里香、肉桂皮、丁香花、龍蒿、牛至等植物中。酚類化合物與酒精相似，但作用強得多，呈微酸性。早期用作防腐劑，由於對活細胞有害，不再使用，但仍可用於清潔用途。有抗菌、抗感染、殺菌和防腐的效果，可能對肝臟有毒性、對皮膚和黏膜有刺激性 [7]。在新鮮蔬菜中，酚類化合物是重要的植物營養素，能夠保護身體免受衰老和慢性疾病的侵害 [115, 118-123]。

1. 百里酚／百里香酚 (Thymol)，是單萜酚，爲對繖花烴的酚衍生物，化學式 $C_{10}H_{14}O$、密度 0.96g/cm^3、熔點 48-52°C、沸點 232°C [5]，如圖 1-2-1-6-1 所示，與香旱芹酚是異構物，爲無色至白色結晶粉末，溶於乙醇、氯仿、乙醚等溶劑，微溶於水，有百里香或麝香草的香氣，存在於百里香、牛至、麝香草、香青蘭以及粗果芹等植物中，對皮膚、眼睛和黏膜有刺激作用，主要用於製備香料，可作爲增味劑，也常用於皮膚黴菌和癬症 [4]。百里酚是很強的防腐劑，在牙科消腫止痛錠中可作爲穩定劑 [5]。研究證實百里酚／百里香酚具有鎮痛、抗氧化、抗菌、抗眞菌、減輕水腫、傷口癒合的功效 [58]。

   • 百里酚／對一百里 -3- 酚／百里香酚／麝香草酚／麝香草腦 (Thymol/p-Cymen-3-ol/Thyme camphor)，CAS 89-83-8，IUPAC 名爲：5-Methyl-2-(propan-2-yl)phenol。

- ➢ 鄰一百里 -5- 酚 (o-Cymen-5-ol/Biosol/Frecide)，CAS 3228-02-2，IUPAC 名爲：3-Methyl-4-(1-methylethyl)phenol。
- ➢ 對一百里 -2- 酚／香旱芹酚 (p-Cymen-2-ol/Carvacrol/Antioxine)，CAS 499-75-2，IUPAC 名爲：2-Methyl-5-(1-methylethyl)phenol。
- 異百里酚／間一百里 -4- 酚 (Isothymol/m-Cymen-4-ol)，CAS 4427-56-9，IUPAC 名爲：4-Methyl-2-(1-methylethyl)phenol。

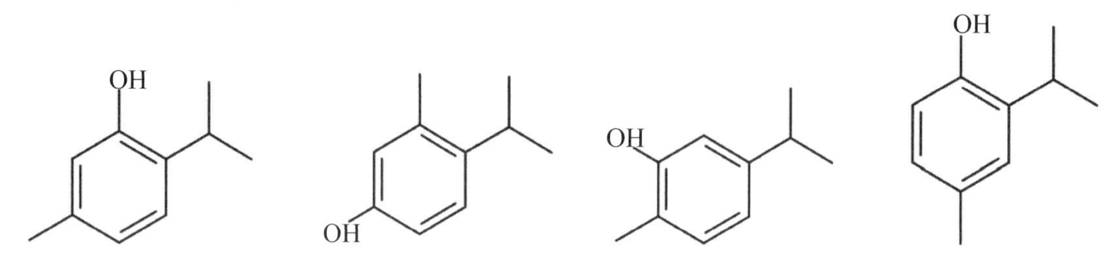

圖5-1-1-1　百里酚／對一百里-3-酚、鄰一百里-5-酚、對一百里-2-酚／香旱芹酚、異百里酚／間一百里-4-酚化學式

2. 香旱芹酚／對一百里 -2- 酚 (Carvacrol/p-Cymen-2-ol/Antioxine)，是單萜酚，化學式 $C_{10}H_{14}O$、密度 0.9772g/cm^3、熔點 1°C、沸點 237.7°C，如圖 5-1-1-2 左所示，溶於醇和醚，難溶於水[4]。爲無色至淡黃色黏稠油狀液體，有麝香草酚的香氣。香旱芹酚與百里酚是異構物，存在於牛至、百里香、黑麥草、蕨葉薰衣草、胡椒和野生佛手柑中，具有體外抗菌活性，包括牙周病菌、枝孢菌、青黴菌、念珠狀芽孢桿菌等[5]，廣泛用於香料、抗氧劑、食品或飼料添加劑、殺菌劑、驅蟲劑、防腐劑等產品[4]。研究證實香旱芹酚／香荊芥酚具有鎭痛、抗氧化、抗菌、抗眞菌、鎭定、抗焦慮的功效[58]。
   - 香旱芹酚／對一百里 -2- 酚 (Carvacrol/p-Cymen-2-ol/Antioxine)，CAS 499-75-2，IUPAC 名爲：2-Methyl-5-(1-methylethyl)phenol。
   - 香旱芹醇 (Carveol)[4, 13] 參閱 2-2-1-2-3。

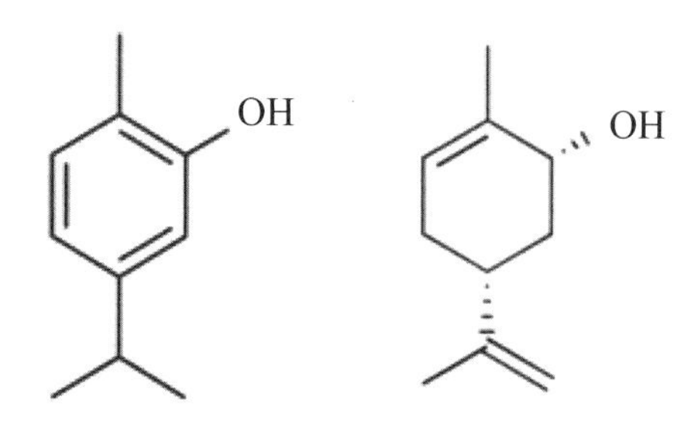

圖5-1-1-2　由左至右：香旱芹酚、左旋順式香旱芹醇化學式

3. 丁香酚／丁香油酚 (Eugenol)，常見的爲對丁香酚 (p-Eugenol)，化學式 $C_{10}H_{12}O_2$、密度 1.06g/cm^3、熔點 -9°C、沸點 256°C[5]，如圖 5-1-1-3 所示，爲無色至淡黃色油狀液體，有

強烈持久的丁香花香氣，溶於乙醇、乙醚、氯仿等溶劑，不溶於水，存在於丁香、肉荳蔻、肉桂、羅勒、蒔蘿等植物，長期暴露於空氣中會變爲黑色黏稠液體，並出現刺激性臭味。有抗菌、鎮痛、抗氧化、麻醉和降血壓的功能，過量攝取會出現心悸、頭暈、嘔吐，甚至抽搐昏迷等症狀，具有肝毒性，會影響肝功能，常用於製造香水、香精、定香劑等產品，並廣泛用於治療牙痛和牙髓炎。研究證實丁香酚具有抗發炎、抗氧化、抗菌、抗眞菌、抗痙攣的功效[58]。

- 丁香酚／丁香油酚 (Eugenol)，CAS 97-53-0，IUPAC 名爲：2-Methoxy-4-(prop-2-en-1-yl) phenol。
  - ➢ 鄰丁香酚／鄰烯丙基癒創木酚 (o-Eugenol/o-Allylguaiacol)，CAS 579-60-2，IUPAC 名爲：2-Methoxy-6-(2-propenyl)phenol。
  - ➢ 間丁香酚 (m-Eugenol)，CAS 501-19-9，IUPAC 名爲：2-Methoxy-5-prop-2-enylphenol。
  - ➢ 對丁香酚 (p-Eugenol)，CAS 97-53-0，IUPAC 名爲：2-Methoxy-4-(prop-2-en-1-yl) phenol。
- 異丁香酚 (Isoeugenol)，CAS 97-54-1，IUPAC 名爲：2-Methoxy-4-(1-methylvinyl)phenol。
  - ➢ 順式異丁香酚／(Z)-4- 丙烯基癒創木酚 ((Z)-Isoeugenol/cis-Isoeugenol/(Z)-4-Propenyl guaiacol)，CAS 5912-86-7，IUPAC 名爲：(Z)-2-Methoxy-4-(1-methylvinyl)phenol。CAS 61808-01-3 已經停用[84]。
  - ➢ 反式異丁香酚／(E)-4- 丙烯基癒創木酚 ((E)-Isoeugenol/trans-Isoeugenol/(E)-4-Propenyl guaiacol)，CAS 5932-68-3，IUPAC 名爲：(E)-2-Methoxy-4-(1-methylvinyl)phenol。
- 蒌葉酚／間丁香酚 (Chavibetol/m-Eugenol)：間丁香酚 (m-Eugenol) 又稱蒌葉酚 (Chavibetol)，CAS 501-19-9，IUPAC 名爲：2-Methoxy-5-prop-2-enylphenol。
- 甲基醚蔞葉酚 (Methyl chavicol)：蔞葉之中含有蒌葉酚／間丁香酚 (Chavibetol/m-Eugenol)。Chavicol 譯爲佳味酚，Methyl chavicol 常被稱爲甲基醚蔞葉酚，譯爲甲基醚佳味酚比較好，因爲蒌葉酚 (Chavibetol) 與佳味酚 (Chavicol) 是不同的化合物。
- 草蒿腦／異茴香腦／甲基蒟酚 (Estragole/Methyl chavicol/Isoanethole/4-Allylanisole)，請參考 5-1-2-2。
- 佳味酚 (Chavicol)，請參考 5-1-1-4。

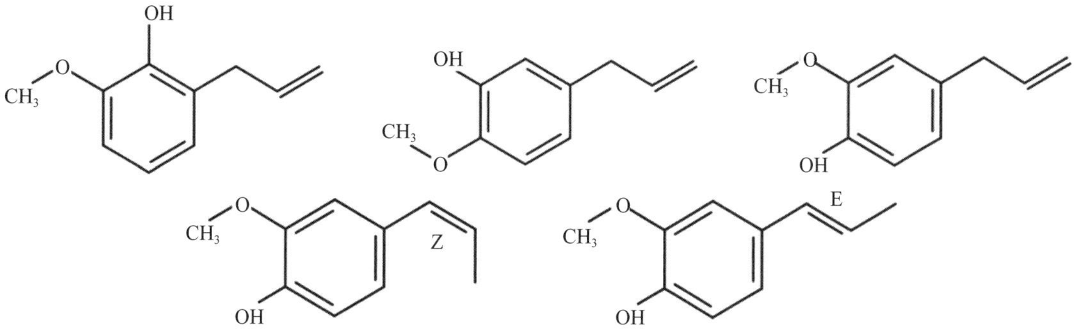

OH
O
CH_3
OH
CH_3
O
O
CH_3
OH
O
CH_3
Z
OH
O
E
CH_3
OH

圖5-1-1-3　上排由左至右：鄰丁香酚、間丁香酚／蒌葉酚、對丁香酚化學式。下排由左至右：順式異丁香酚、反式異丁香酚化學式

4. 佳味酚 (Chavicol)，爲天然苯丙烯類化合物，化學式 $C_9H_{10}O$、密度 1.02g/cm^3、熔點 16°C、沸點 238°C[5]，如圖 5-1-1-4 所示，無色透明液體，易溶於乙醇、乙醚、氯仿、石油醚等溶劑[5, 12]，不溶於水，存在於茴香、梔子花等植物及檳榔葉油中，常使用於香料工業和有機合成，用於烘焙食品、糖果、口香糖、乳製品、冰品、肉類等食品之香料與調味品[19]。
   - 佳味酚 (Chavicol)，CAS 501-92-8，IUPAC 名爲：4-(Prop-2-enyl)phenol。
   - 異佳味酚 (Isochavicol)，CAS 85960-81-2，IUPAC 名爲：(Z)-4-(1-Propen-1-yl)phenol。
   - 草蒿腦／異茴香腦／甲基蒟酚 (Estragole/Methyl chavicol/Isoanethole/4-Allylanisole)，請參考 5-1-2-2。
   - 蔞葉酚／間丁香酚 (Chavibetol/m-Eugenol) 與佳味酚 (Chavicol) 是不同的化合物。蔞葉酚／間丁香酚 (Chavibetol/m-Eugenol)，請參考 5-1-1-3。

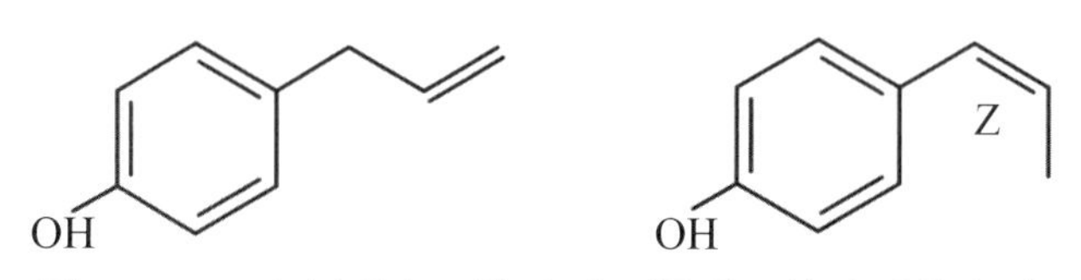

圖5-1-1-4　由左至右：佳味酚、順式異佳味酚化學式

5. 兒茶酚／鄰苯二酚／焦兒茶酚 (Catechol/o-Benzenediol/Pyrocatechol)，苯的兩個鄰位氫被羥基取代，化學式 $C_6H_6O_2$、密度 1.344g/cm^3、熔點 105°C、沸點 245.5°C，如圖 5-1-1-5 所示，爲無色或白色固體結晶，溶於乙醚、苯等溶劑，可溶於水，可燃且可升華，暴露於空氣中會逐漸氧化變爲棕褐色。兒茶酚用於殺蟲劑和醫藥製品，作爲香料或香精，也用於有機試劑。有毒性，中毒症狀類似苯酚，呼吸道刺激、血壓升高、體溫不穩[5]。
   - 兒茶酚／鄰苯二酚／焦兒茶酚 (Catechol/Pyrocatechol/o-Benzenediol/Pyrocatechin/o-Dihydroxy benzene/o-Hydroxyphenol/o-Phenylenediol/o-Hydroquinone)，CAS 120-80-9，IUPAC 名爲：Benzene-1,2-diol。CAS 16474-90-1, 16474-89-8, 37349-32-9 已經停用[84]。
   - 兒茶素 (Catechin)：是一種天然抗氧化劑，最早由含羞草屬兒茶或金合歡兒茶提取，因此稱爲兒茶素。人體激素的兒茶酚胺 (Catecholamines) 是具兒茶酚核的胺類化合物，其中最重要的是腎上腺素、去甲腎上腺素和多巴胺，許多興奮劑也是兒茶酚胺類化合物[5]。
     - ➢ 右旋兒茶素 ((+)Catechin/d-Catechin)，CAS 154-23-4，IUPAC 名爲：(2R,3S)-2-(3,4-Dihydroxyphenyl)-3,4-dihydro-2H-1-benzopyran-3,5,7-triol。
   - 類黃酮 (Flavonoids)，請參考 5-2-3-30。巧克力含的表兒茶素 (Epicatechin) 是類黃酮，其抗氧化力是紅酒／綠茶的兩三倍[5]。
   - 百里香對苯二酚二甲醚 (Thymohydroquinone dimethyl ether/2,5-Dimethoxy-p-cymene)，對苯二酚 (Hydroquinone/p-Benzenediol)，請參考 5-1-2-11。

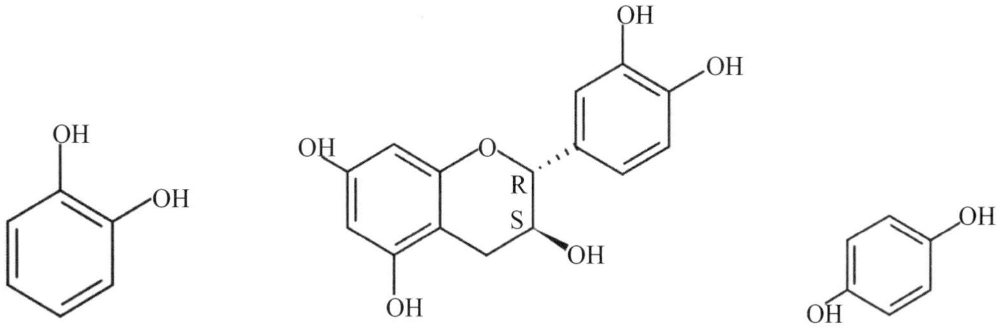

圖5-1-1-5　由左至右：兒茶酚／鄰苯二酚、右旋兒茶素、對苯二酚化學式

6. 癒創木酚 (Guaiacol/o-Methoxyphenol)，化學式 $C_7H_8O_2$、密度 1.2g/cm^3、熔點 28°C、沸點 207.5°C，如圖 5-1-1-6 所示，為無色至淡黃色液體，暴露於空氣中或日光照射下顏色逐漸加深，有焦甜的木質芳香，溶於甘油、乙醇、乙醚等溶劑，微溶於水，天然存在於癒創木樹脂、松油、芸香油、芹菜子油、菸葉油、橙葉蒸餾液和海狸香中；烤菸菸葉、白肋菸菸葉、香料菸菸葉的煙氣中即含有癒創木酚，煙燻食品時，癒創木酚與紫丁香醇作用，產生特殊的香氣。癒創木酚具有抗發炎活性，但有中等毒性，對皮膚也具刺激性，大量服用會刺激食道和胃，嚴重時可能導致心臟衰竭、虛脫、甚至死亡[5, 12]。癒創木酚常用於冷凍蔬菜前處理（漂燙，Blanching) 製程時的類黃酮 (Flavonoids) 氧化酶檢測的其中一種：過氧化物酶測試 (Peroxidases test/POD test)[115]。
   - 參與類黃酮 (Flavonoids) 氧化的三個主要的酶群：漆氧化酶 (Laccases)、兒茶酚氧化酶 (Catechol oxidases) 和過氧化物酶 (Peroxidases, POD)。冷凍蔬菜的前處理會降低類黃酮的活性，因此需要檢測各主要的氧化酶群含量。洋蔥、青豆和豌豆熱處理前後的類黃酮 (Flavonoids) 的含量：槲皮素 (Quercetin) 減少 25-41%，山奈酚 (Kaempferol) 減少 0.35-0.96%，進一步烹飪或油炸對黃酮含量的影響則很小[115, 123]。
   - 癒創木酚／鄰癒創木酚 (Guaiacol/o-Guaiacol/o-Methoxyphenol/o-Hydroxyanisole/o-Methyl catechol/Anastil/Guaiastil)，CAS 90-05-1，IUPAC 名為：2-Methoxyphenol。
   - 對癒創木酚 (p-Guaiacol/Mequinol/p-Methoxyphenol/Leucodine B/Mechinolum/p-Hydroxyanisol/Methoquinone)，CAS 150-76-5，IUPAC 名為：4-Methoxyphenol。
   - 間癒創木酚 (m-Guaiacol/m-Methoxyphenol/3-Hydroxyanisole/m-Hydroxyanisol)，CAS 150-19-6，IUPAC 名為：3-Methoxyphenol。

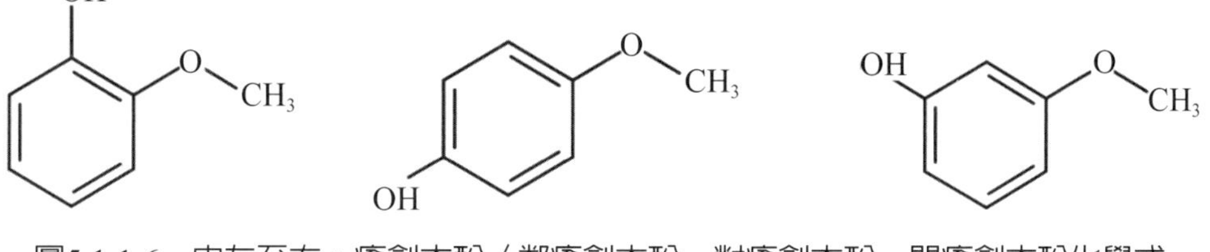

圖5-1-1-6　由左至右：癒創木酚／鄰癒創木酚、對癒創木酚、間癒創木酚化學式

7. 甲酚 (Cresol)：對甲酚／4- 甲酚 (p-Cresol/4-Cresol)，化學式 C_7H_8O、密度 1.03g/cm^3、熔點 32-34°C、沸點 202.0°C，如圖 5-1-1-7 所示，對甲酚屬於低毒類物質，對皮膚、黏膜有強烈刺激與腐蝕作用，可能引起多臟器損害。急性中毒會引起肌無力、胃腸道症狀、虛脫、體溫下降和昏迷，並可能導致肺水腫和肝腎損害，嚴重的可能呼吸衰竭[12]。對甲酚用於製造抗氧劑和橡膠防老化的原料，也是生產醫藥和染料的原料[12]。
   - 對甲酚／4- 甲酚 (p-Cresol/4-Cresol/p-Hydroxytoluene/p-Oxytoluene/p-Toluol)，CAS 106-44-5，IUPAC 名為：4-Methylphenol。
   - 鄰甲酚／2- 甲酚 (o-Cresol/2-Cresol/o-Hydroxytoluene/o-Oxytoluene/o-Toluol)，CAS 95-48-7，IUPAC 名為：2-Methylphenol。
   - 間甲酚／3- 甲酚 (m-Cresol/3-Cresol/m-Hydroxytoluene/m-Oxytoluene/m-Toluol)，CAS 108-39-4，IUPAC 名為：3-Methylphenol。

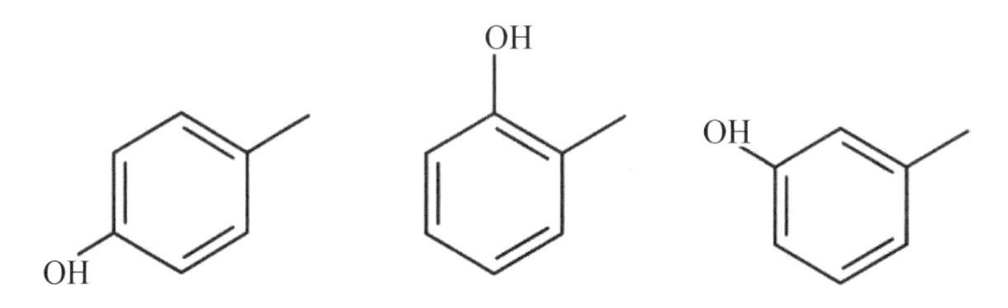

圖5-1-1-7　由左至右：對甲酚、鄰甲酚、間甲酚化學式

8. 木焦油醇／雜酚油醇／4- 甲癒創木酚 (Creosol/Kreosol/4-Methylguaiacol)，化學式 $C_8H_{10}O_2$、密度 1.0966g/cm^3、熔點 5.5°C、沸點 221-222°C[11, 19, 20]，如圖 5-1-1-8 所示，為無色至淡黃色液體，可與乙醇及醚等溶劑互溶，可溶於水 (2.093g/L@25°C)，有著溼潤辛辣的煙熏木質丁香和香草香氣，天然存在於瑞香、素馨以及水楊梅屬植物中，也存在於雜酚油／木焦油及龍舌蘭酒中，是一種毒性比苯酚更低的消毒劑[5]，用於烘焙食品、酒精與非酒精飲料、口香糖、冰品、乳製品、果凍、布丁、軟糖以及肉類製品[19]。
   - 木焦油醇／雜酚油醇／4- 甲癒創木酚／對木焦油醇 (Creosol/Kreosol/4-Methylguaiacol/p-Creosol)，CAS 93-51-6，IUPAC 名為：2-Methoxy-4-methylphenol。
   - 異木焦油醇／5- 甲癒創木酚 (Isocreosol/5-Methylguaiacol)，CAS 1195-09-1，IUPAC 名為：2-Methoxy-5-methylphenol。
   - 同木焦油醇／4- 乙癒創木酚 (Homocreosol/4-Ethylguaiacol)，CAS 2785-89-9，IUPAC 名為：2-Methoxy-4-ethylphenol。

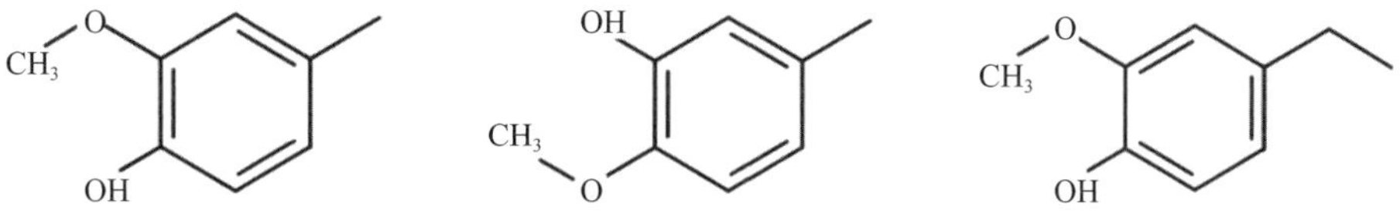

圖5-1-1-8　由左至右：木焦油醇／雜酚油醇／4-甲癒創木酚、異木焦油醇／5-甲癒創木酚、同木焦油醇／4-乙癒創木酚化學式

二、醚類／酚醚類(Ethers /Phenol ethers)

包括茴香腦、草蒿腦、黃樟素、肉豆蔻醚、甲基醚丁香酚、欖香素 、細辛腦、洋芹腦等。醚類化學式爲 ROR'，是指醇或酚分子上，羥基 (-OH) 的氫被烷基 (alkyl) 或芳基 (aryl) 所取代，所產生的醚類分子不再具有醇類的水溶性和低揮發性，轉變爲脂溶性和高揮發性。酚醚類由苯酚類衍生而的，因此酚醚類分子具有明顯的香氣[7, 10]。酚醚類的精油包括：肉豆蔻、茴香、羅勒等，許多酚類化合物以酚醚的形式出現在精油中。

1. 茴香腦／異草蒿腦／洋茴香醚／洋茴香腦 (Anethole/Isoestragole/Anise camphor)，長鏈的 1 號碳有 E/Z 異構物，是苯丙烯的衍生物，爲芳香不飽和醚，與草蒿腦／甲基胡椒酚 (Estragole) 互爲異構物，反式茴香腦爲結晶固體（順式則爲液體），化學式 $C_{10}H_{12}O$、密度 0.998g/cm^3、熔點 22.5°C、沸點 235°C[5, 12]，如圖 5-1-2-1 所示，溶於乙醇、苯、丙酮、石油醚等溶劑，能與氯仿和醚混溶，不溶於水[12]，爲無色透明液體，略具揮發性。茴香腦比糖甜 13 倍，有甜潤的茴香香氣，存在於大茴香、甜茴香、八角茴香、八角桃金娘、甘草、樟腦、木蘭花等植物以及苦艾酒中。八角茴香大部分來自中國大陸，甜茴香大部分來自西班牙。茴香腦可從樹木提取或從精油分離。廣泛用於烏蘇酒、大茴香、甜茴香和苦艾酒等酒精飲料作調味劑[5]，也用於糖果、牙膏等產品。茴香腦有抗菌、抗眞菌、酵母菌、沙門氏菌、白色念珠菌以及抗蠕蟲的功能，可作爲殺蟲劑或驅蚊劑。研究證實茴香腦具有抗發炎的功效，反式茴香腦具有抗血栓、抗痙攣的功效[58]。

- 茴香腦／異草蒿腦／洋茴香醚／洋茴香腦 (Anethole/Isoestragole/Anise camphor)，CAS 104-46-1。
  - ➢ 反式茴香腦 ((E)-Anethole/trans-Anethole)，CAS 4180-23-8，IUPAC 名爲：1-Methoxy-4-[(1E)-prop-1-en-1-yl]benzene。
- 異茴香腦／草蒿腦 (Isoanethole/Estragole)，CAS 140-67-0，IUPAC 名爲：1-Methoxy-4-(2-propen-1-yl)benzene。CAS 1407-27-8, 77525-18-9 已經停用[84]。

圖5-1-2-1　由左至右：茴香腦／異草蒿腦、異茴香腦／草蒿腦化學式

2. 草蒿腦／甲基蒟酚／異茴香腦 (Estragole/Methyl chavicol/Isoanethole/4-Allylanisole)，是茴香腦的雙鍵異構物，化學式 $C_{10}H_{12}O$、密度 0.946g/cm^3、沸點 216°C[5]，如圖 5-1-2-2 所示，為無色至淺黃色液體，有類似大茴香的香氣，溶於乙醇、氯仿等溶劑，難溶於水，存在於大茴香、甜茴香、八角茴香、黃皮、蘋果、馬鬱蘭、歐洲越橘、龍蒿和羅勒等植物以及松節油中[5]。工業上由松節油或龍蒿油分餾而得，用於香料，配製香辛料、啤酒香精、調味劑，以及烘焙食品、酒精和非酒精飲料、糖果、軟糖、蜜餞、霜淇淋、魚類等製品。雖然使用草蒿腦沒有顯著的癌症風險，然而幼兒、孕婦和哺乳期婦女應儘量減少接觸[4, 5]。研究證實草蒿腦／甲基蒟酚／異茴香腦／甲基醚蔞葉酚具有抗真菌的活性與抗痙攣的功效[58]。
   - 草蒿腦／甲基蒟酚／異茴香腦 (Estragole/Methyl chavicol/Isoanethole/4-Allylanisole)，CAS 140-67-0，IUPAC 名為：1-Methoxy-4-(2-propen-1-yl)benzene。CAS 1407-27-8, 77525-18-9 已經停用[84]。
   - 異草蒿腦／茴香腦 (Isoestragole/Anethole)，CAS 104-46-1，IUPAC 名為：1-Methoxy-4-(1-propen-1-yl)benzene。
   - 甲基醚蔞葉酚 (Methyl chavicol)：蔞葉之中含有萋葉酚／間丁香酚 (Chavibetol/m-Eugenol)。Chavicol 譯為佳味酚，Methyl chavicol 常被稱為甲基醚蔞葉酚，譯為甲基醚佳味酚比較好，因為萋葉酚／間丁香酚 (Chavibetol/m-Eugenol) 與佳味酚 (Chavicol) 是不同的化合物。
   - 丁香酚 (Eugenol)、萋葉酚／間丁香酚 (Chavibetol/m-Eugenol)，請參考 5-1-1-3。
   - 佳味酚 (Chavicol)，請參考 5-1-1-4。

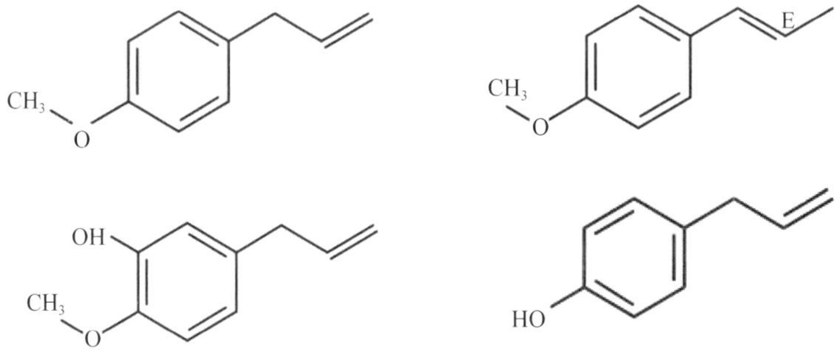

圖5-1-2-2　上排由左至右：草蒿腦／異茴香腦、異草蒿腦／茴香腦化學式。下排由左至右：萋葉酚／間丁香酚、佳味酚化學式

3. 黃樟素 (Safrole)，化學式 $C_{10}H_{10}O_2$、密度 1.096g/cm^3、熔點 11°C、沸點 232–234°C[5]，如圖 5-1-2-3 所示，為無色至淡黃色液體，有糖果香氣，存在於茴香、肉豆蔻、肉桂、羅勒和黑胡椒等植物中，美國東北的黃樟、巴西樟桂木／巴西甜樟木 (Ocotea odorifera) 以及日本八角 (Shikimi) 是主要來源，是黃樟精油、大葉樟油、八角精油和樟腦油的主要成分。黃樟素可以從黃樟樹的根皮或果實中，或從巴西樟桂木／巴西甜樟木中提取。黃樟素對大鼠是一種致癌物質，也會誘導人體肝臟形成脂質過氧化氫，氧化黃樟素對中樞神經系統

也有負面影響。黃樟素是天然的殺蟲劑，具有抗生素和抗血管生成的功能，用於藥物添加劑，以及麥根沙士、口香糖、牙膏、肥皂等產品。目前 WHO 將黃樟素列在 2B 類致癌物（動物實驗致癌證據尚不充分，人體的致癌證據有限）清單；美國禁止使用在食品添加物、肥皂、香水；歐盟認定黃樟素具有遺傳毒性和致癌性；中國大陸仍可合法使用[5]。由於黃樟素的致癌性，使用甜羅勒、香水樹／卡南迦 (Cananga)、肉豆蔻、胡椒、羅望子和依蘭依蘭精油謹慎斟酌成分。

- 黃樟素 (Safrole/Shikomol)，CAS 94-59-7，IUPAC 名爲：5-(2-Propen-1-yl)-1,3-benzodioxole。CAS 1406-55-9, 8022-92-2, 1548770-71-3 已經停用[84]。
- 異黃樟素 (Isosafrole)，長鏈的 1 號碳有 E/Z 異構物，化學式 $C_{10}H_{10}O_2$，密度：1.1182g/cm^3、熔點 -21.5°C、沸點 243°C。
  - ➢ 異黃樟素 (Isosafrole)，CAS 120-58-1 。CAS 191281-03-5 已經停用[84]。
    - ✓ 順式異黃樟素 ((Z)-Isosafrole/cis-Isosafrole/α-Isosafrole)，CAS 17627-76-8，IUPAC 名爲：5-[(1Z)-1-Propen-1-yl]-1,3-Benzodioxole。
    - ✓ 反式異黃樟素 ((E)-Isosafrole/trans-Isosafrole/β-Isosafrole)，CAS 4043-71-4，IUPAC 名爲：5-[(1E)-1-Propen-1-yl]-1,3-Benzodioxole。

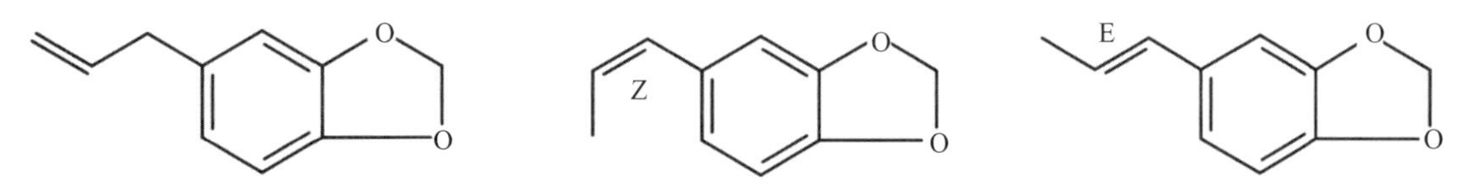

圖5-1-2-3　由左至右：黃樟素、順式異黃樟素、反式式異黃樟素化學式

4. 肉豆蔻醚 (Myristicin)，化學式 $C_{11}H_{12}O_3$、密度 1.1g/cm^3、熔點 -30°C、沸點 276.5°C[12]，如圖 5-1-2-4 所示，溶於乙醇和丙酮，不溶於水，存在於肉豆蔻、黑胡椒、茴香、胡蘿蔔、歐芹、芹菜、蒔蘿、防風草和傘形科植物，微量存在於臘梅科、樟科肉桂屬植物中。肉豆蔻醚化學結構類似安非他命，食入後出現定向障礙、頭暈、興奮、強烈幻覺、漂浮感、焦慮和高血壓等症狀，可用於合成非法致幻藥物，被青少年、學生、吸毒者、囚犯濫用爲低成本的迷幻藥，長期使用會導致慢性精神病，目前還沒有已知的解毒劑[5]。肉豆蔻醚對活細胞有毒性，可誘導細胞早期凋亡，濫用會損傷器官[12]。肉豆蔻醚是一種天然殺蟲劑，與其他殺蟲劑產生協同作用，用於防治果蠅、埃及伊蚊幼蟲、樺木細刺線蟲、墨西哥豆甲蟲、豌豆蚜蟲、蟎蟲等。肉豆蔻醚對水生生物有害，可能導致對水生環境長期不良的影響[4]。研究證實肉豆蔻醚具有抗發炎的功效[58]。
   - 肉豆蔻醚 (Myristicin)，CAS 607-91-0 。
   - 異肉豆蔻醚 (Isomyristicin)，長鏈 1 號碳有 E/Z 異構物，CAS 18312-21-5 。
     - ➢ 順式異肉豆蔻醚 ((Z)-Isomyristicin/cis-Isomyristicin)，IUPAC 名爲：4-Methoxy-6-[(Z)-prop-1-enyl]-1,3-benzodioxole。
     - ➢ 反式異肉豆蔻醚 ((E)-Isomyristicin/trans-Isomyristicin)，CAS 18312-21-5，IUPAC 名爲：

4-Methoxy-6-[(E)-prop-1-enyl]-1,3-benzodioxole。

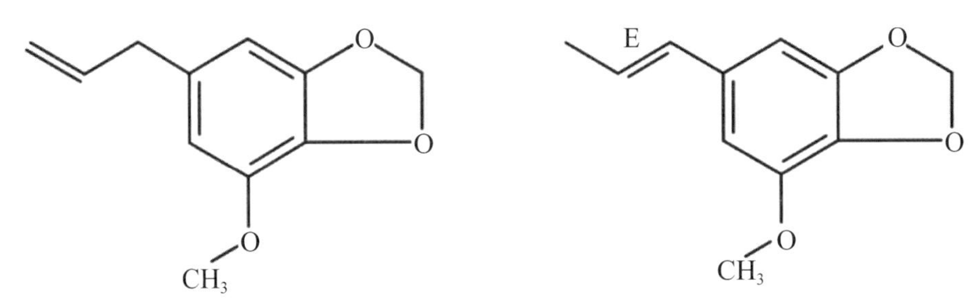

圖5-1-2-4　由左至右：肉豆蔻醚、反式異肉豆蔻醚化學式

5. 甲基醚丁香酚／甲基丁香酚 (Methyl eugenol)，俗稱誘蠅醚，化學式 $C_{11}H_{14}O_2$、密度 1.055g/ cm^3、熔點 -4°C、沸點 254.7°C[12]，如圖 5-1-2-5 所示，爲無色至淡黃色液體，溶於乙醇、乙醚、氯仿等溶劑，不溶於水，有丁香的香氣，對眼睛、呼吸系統和皮膚有刺激性，對許多動物產生麻醉作用，燃燒時釋放刺激性氣體，廣泛存在於四百多種被子植物和裸子植物中，在葉子、果實、根、莖受損時會釋放甲基丁香酚。甲基醚丁香酚具有抗眞菌活性，對昆蟲行爲和授粉有重要作用，有驅蟲和消滅雄性東方果蠅的效果。用於依蘭依蘭、康乃馨、紫丁香等香型的香精，也用在花香、藥草香、東方香型產品，少量用於玫瑰、香石竹、梔子、風信子、金合歡、晚香玉、薰衣草等香精，以及菸草與古龍水等產品。食品香料則用於飲料、霜淇淋、冰品、糖果、烘焙食品、果凍等產品作爲辛香修飾劑，提供薑的香氣。2017 年 WHO 致癌物清單列爲 2B 類致癌物（動物實驗致癌證據尚不充分，人體的致癌證據有限）；2021 年起，美國 FDA 規定含量超過 0.01% 的產品必須依法進行說明。研究證實甲基醚丁香酚具有抗眞菌的活性[58]。

- 甲基醚丁香酚／甲基丁香酚 (Methyl eugenol)，是對丁香酚 (p-Eugenol) 的鄰甲氧 (o-Methoxy) 化合物。
  - ➢ 鄰—甲基醚丁香酚 (o-Methyleugenol/4-Allylveratrole/Methylchavibetol)，CAS 93-15-2，IUPAC 名爲：1,2-Dimethoxy-4-(prop-2-en-1-yl)benzene。
- 異甲基醚丁香酚 (Methylisoeugenol/4-Propenylveratrole)，是異丁香酚 (Isoeugenol) 的甲基醚，爲類苯丙烷化合物，CAS 93-16-3。
  - ➢ 順式異甲基醚丁香酚 (cis-o-Methylisoeugenol/cis-Isomethyleugenol/4-cis-Propenyl veratrole)，CAS 6380-24-1，IUPAC 名爲：1,2-Dimeth oxy-4-[(1Z)-prop-1-en-1-yl] benzene。
  - ➢ 反式異甲基醚丁香酚 (trans-o-Ethylisoeugenol/trans-Isomethyleugenol/4-trans-Propenyl veratrole)，CAS 6379-72-2，IUPAC 名爲：1,2-Dimethoxy-4-[(1E)-prop-1-en-1-yl]benzene。
- 丁香酚／丁香油酚 (Eugenol)，請參考 5-1-1-3。
- 香根芹醚 (Osmorhizole)，請參考 5-1-2-12。

圖5-1-2-5　由左至右：甲基醚丁香酚、順式─異甲基醚丁香酚、反式─異甲基醚丁香酚化學式

6. 欖香素／欖香酯醚 (Elemicin)，屬於茴香醚類化合物[11]，化學式 $C_{12}H_{16}O_3$、密度 1.011g/cm^3、沸點 306-307°C[19]，如圖 5-1-2-6 所示，為無色到淡黃色的黏稠液體，溶於乙醇，幾乎不溶於水[19]，帶有辛香氣的花香，存在於橄欖樹、肉豆蔻、雙葉細辛、尖紫蘇、龍蒿、野胡蘿蔔、禾本科的橘草等植物中[5]，是呂宋橄欖油／欖香油的主要成分，工業上用減壓蒸餾法提取，廣泛用於食品香料，有抗氧化、抗病毒、抗微生物的功能，並有遺傳毒性，可能致癌[12]。研究證實欖香素／欖香酯醚具有抗發炎的功效[58]。
   - 欖香素／欖香酯醚 (Elemicin)，CAS 487-11-6，IUPAC 名為：1,2,3-Trimethoxy-5-(prop-2-en-1-yl)benzene /5-Allyl-1,2,3-trimethoxy-benzene。
   - 異欖香素 (Isoelemicin)，其長鏈有 E/Z 異構物，CAS 5273-85-8。
     - ➢ 順式異欖香素 ((Z)-Isoelemicin/cis-Isoelemicin)，CAS 5273-84-7[19, 60]，IUPAC 名為：1,2,3-Trimethoxy-5-[(1Z)-prop-1-enyl]benzene。
     - ➢ 反式異欖香素 ((E)-Isoelemicin/trans-Isoelemicin)，CAS 5273-85-8，IUPAC 名為：1,2,3-Trimethoxy-5-[(1E)-1-propenyl]benzene。

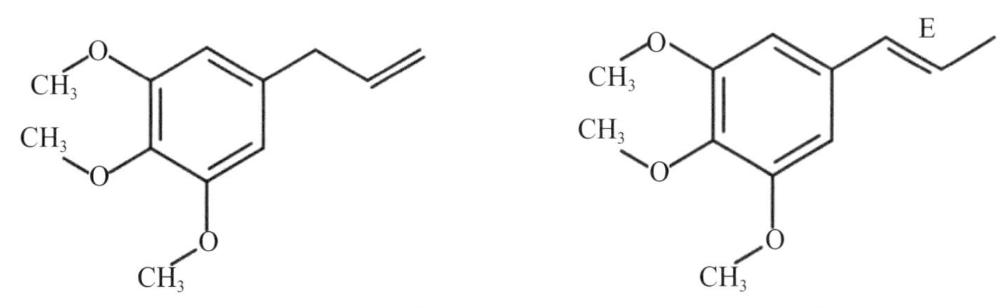

圖5-1-2-6　由左至右：欖香素、反式異欖香素化學式

7. 細辛腦／細辛醚 (Asarone)，化學式 $C_{12}H_{16}O_3$、密度 1.028g/cm^3、熔點 62-63°C、沸點 296°C[5]，如圖 5-1-2-7 所示，為無色至淡黃色透明液體，不溶於水，存在於菖蒲和細辛等植物中。*α*- 細辛腦在中藥上具有平喘、止咳、化痰、鎮靜、解痙的作用。歐洲調味物質專家委員會公告 *β*- 細辛腦有致癌作用，建議限制其濃度，主要臨床症狀是頭暈、噁心、心慌[4]，甚至可能長時間嘔吐，持續 15 小時以上[5]。由於細辛腦的毒性和致癌性，因此很難開發出任何西藥，作為揮發性芳香油用於殺滅細菌與害蟲[4]，具有抗眞菌活性[5]，*α*-細辛腦在醫藥應用上可以防止癲癇發作或減輕其症狀[61]。
   - 細辛腦／細辛醚 (Asarone)，長鏈的 1 號碳雙鍵有 E/Z 異構物，CAS 494-40-6。

- ➢ 順式細辛腦／β- 細辛腦／順式異細辛腦 ((Z)-Asarone/cis-Asarone/β-Asarone/cis-Isoasarone)，CAS 5273-86-9，IUPAC 名為：1,2,4-Trimethoxy-5-[(1Z)-prop-1-en-1-yl] benzene。
- ➢ 反式細辛腦／α- 細辛腦／反式異細辛腦 ((E)-Asarone/trans-Asarone/α-Asarone/trans-Isoasarone)，CAS 2883-98-9，IUPAC 名為：1,2,4-Trimethoxy-5-[(1E)-prop-1-en-1-yl] benzene。
- ➢ γ- 細辛腦／歐細辛醚／石菖醚 (γ-Asarone/Euasarone/Sekishone)，CAS 5353-15-1，IUPAC 名為：1,2,4-Trimethoxy-5-(2-propenyl)benzene。CAS 11029-91-7 已經停用 [84]。

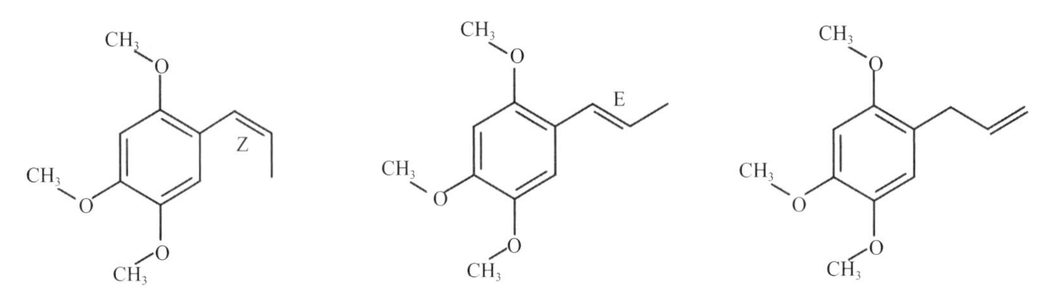

圖5-1-2-7　由左至右：順式細辛腦／β-細辛腦、反式細辛腦／α-細辛腦、γ-細辛腦／歐細辛醚化學式

8. 洋芹腦／歐芹腦／芹菜醚 (Apiole)，化學式 $C_{12}H_{14}O_4$、密度 1.1537g/cm^3、熔點 29-30°C、沸點 294-295°C，如圖 5-1-2-8 所示，為綠色晶體，溶於乙醇、乙醚、丙酮等溶劑，不溶於水，有淡淡的芹菜或蒔蘿的香氣，存在於芹菜、歐芹、蒔蘿等植物中，是一種刺激物，高劑量可能損害肝腎，可治療閉經與月經失調，古希臘醫書記載歐芹可導致流產，中世紀有用芹菜油來終止懷孕，當代也有使用洋芹腦企圖墮胎而導致死亡的病例。工業上常見的有芹菜洋芹腦 (Parsley apiole) 和蒔蘿洋芹腦 (Dill apiole) 兩種，物理化學性質相近，香味略有差異，在小鼠體內都未檢測到致癌性。洋芹腦也被用來合成毒品 DMMDA [5, 12, 19]。
   - 洋芹腦／歐芹腦／芹菜醚 (Apiole/Parsley apiole)，CAS 523-80-8，IUPAC 名為：4,7-Dimethoxy-5-(2-propen-1-yl)-1,3-Benzodioxole。
   - 蒔蘿腦／蒔蘿油腦 (Dillapiole)，請參考 5-1-2-9。

圖5-1-2-8　洋芹腦化學式

9. 蒔蘿腦／蒔蘿油腦 (Dillapiole)，化學式 $C_{12}H_{14}O_4$、密度 1.163g/cm^3、熔點 29.5°C、沸點 285°C，如圖 5-1-2-9 所示。蒔蘿油腦通常從蒔蘿草提取，也存在於茴香根等多種其他植物中，能抑制大鼠水腫，可作爲新型抗發炎化合物 [10]。該化合物與洋芹腦很相似，洋芹腦或蒔蘿油腦在小鼠體內未檢測到致癌性 [5]。
   - 蒔蘿腦／蒔蘿油腦 (Dillapiole)，CAS 484-31-1，IUPAC 名爲：4,5-Dimethoxy-6-(2-propenyl)-1,3-benzo dioxole。
   - 異蒔蘿腦／異蒔蘿油腦 (Isodillapiole)，其長鏈 1 號碳雙鍵有 E/Z 異構物，常見的化合物是反式 (E) 異構物，順式 (Z) 異構物非常罕見。
     - ➢ 反式異蒔蘿腦／反式異蒔蘿油腦 ((E)-Isodillapiole)，CAS 17672-89-8[67, 86]，IUPAC 名爲：4,5-Dimethoxy-6-[(E)-prop-1-enyl]-1,3-benzodioxole。
   - 蒔蘿 (Dill/Anethum graveolens) 又稱刁草，是傘形科蒔蘿屬，外形似茴香，葉爲針狀，開黃色小花。
   - 洋芹腦／歐芹腦／芹菜醚 (Apiole)，請參考 5-1-2-8。

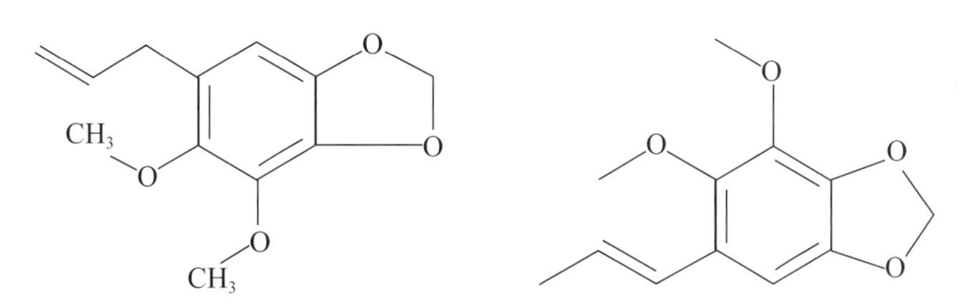

圖5-1-2-9　由左至右：蒔蘿油腦、反式異蒔蘿油腦化學式

10. 甲基三級丁基醚 (Methyl-tert-butyl ether/Tert-butyl methyl ether)，化學式 $C_5H_{12}O$、密度 0.7404g/cm^3、熔點 -109°C、沸點 55.2°C[5, 12]，如圖 5-1-2-10 所示，爲無色透明液體，易溶於水 (26g/L)，有特殊氣味，其蒸汽比空氣重，爲揮發性易燃物，與強氧化劑接觸時可沿地面燃燒擴散，主要作爲溶劑使用，爲汽油發動機燃料成分。可提高汽油含氧量，增強抗爆特性，幫助汽油完全燃燒，減少尾氣排放 [5, 61]。吸入後可能有頭痛、噁心、暈眩等症狀。老鼠研究中 MTBE 導致肝臟與腎臟的損害並影響神經系統。在醫療程序中直接注射到膽囊中以溶解膽結石。目前並無證據顯示對人類致癌，2000 年美國環保署起草 MTBE 逐步淘汰計畫，加州 2002 年、紐約州 2004 年禁止作爲燃料添加劑 [5, 72]。
    - 甲基三級丁基醚 (Methyl-tert-butyl ether/Tert-butyl methyl ether/MTBE)，CAS 1634-04-4，IUPAC 名爲：2-Methoxy-2-methylpropane。

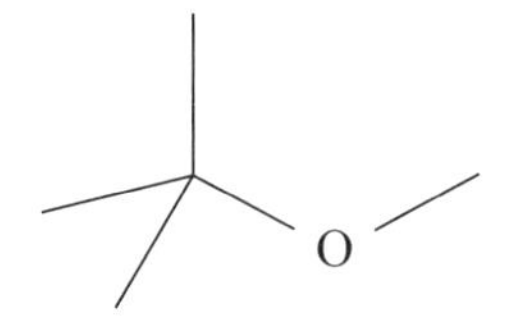

圖5-1-2-10　甲基三級丁基醚化學式

11. 百里香對苯二酚二甲醚 (Thymohydroquinone dimethyl ether/2,5-Dimethoxy-p-cymene)，化學式 $C_{12}H_{18}O_2$ [5]，如圖 5-1-2-11 所示，天然存在於山金車、三脈香青以及澤蘭族植物中，是一種菊科植物精油中的化學物質，具有抗眞菌、抗菌和殺蟲的效果。工業上是以香芹酚爲原料，經芳香鹵化合成 [5, 11, 20, 66]。
   - 百里香對苯二酚二甲醚 (Thymohydroquinone dimethyl ether/2,5-Dimethoxy-p-cymene)，CAS 14753-08-3，IUPAC 名爲：1,4-Dimethoxy-2-methyl-5-(1-methylethyl)benzene。
   - 對苯二酚 (Hydroquinone/p-Benzenediol)，化學式 $C_6H_6O_2$、密度 1.328g/cm^3、熔點 172-175°C、沸點286.0°C，爲白色結晶固體，在空氣中見光易變褐色，可溶於水、易溶於乙醇和乙醚，可燃，有中等毒性，口服 1 克就會刺激食道且引起耳鳴、噁心、嘔吐、腹痛、虛脫等急性中毒症狀，口服 5 克可能致死，用於黑白顯影劑、染料、橡膠抗氧化劑和抗老化劑 [12]。
     - 對苯二酚 (p-Hydroquinone/p-Benzenediol/Arctuvin/Eldoquin/Hydroquinol/Quinol/Tecquinol)，CAS 123-31-9，IUPAC 名爲：Benzene-1,4-diol。

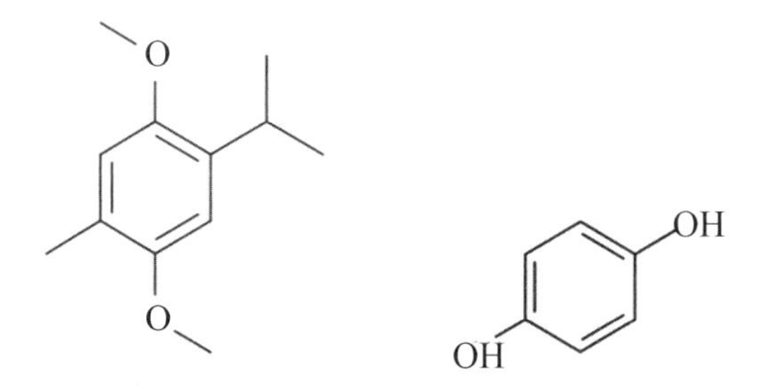

圖5-1-2-11　百里香對苯二酚二甲醚、對苯二酚化學式

12. 香根芹醚 (Osmorhizole)，化學式 $C_{11}H_{14}O_2$、密度 0.98g/cm^3、沸點 251.2°C，微溶於水 (52.43mg/L@25°C)，是烯丙基苯 (Allylbenzene) 類的芳香化合物，在草蒿腦／甲基醚佳味酚／甲基醚蔞葉酚 (Estragole/Methyl chavicol) 的苯環加上甲氧基的一種衍生物，也是甲基醚丁香酚 (Methyl eugenol) 和甲氧基丁香酚 (Methoxyeugenol) 的異構物，存在於西洋山人參／車窩草葉以及綠色蔬菜中 [19, 38, 61]。
   - 香根芹醚 (Osmorhizole)，CAS 3698-23-5，IUPAC 名爲：2,4-Dimethoxy-1-prop-2-enylbenzene。
   - 甲基醚丁香酚／甲基丁香酚 (Methyl eugenol)，請參考 5-1-2-5。

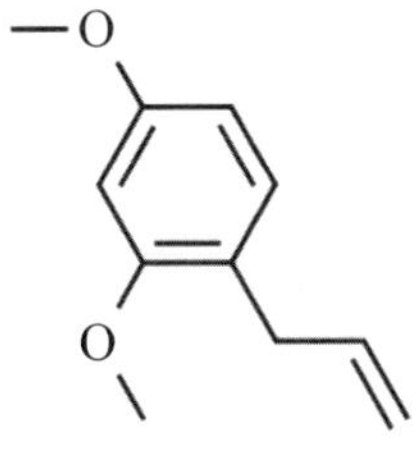

圖5-1-2-12　香根芹醚化學式

第二節　氧化物和其他常見化合物

一、氧化物

氧化物精油在環狀結構上有一個氧原子，通常由醇基／羥基 (-OH) 構成，存在桉樹、迷迭香、茶樹、木瓜等植物中 [7]，包括 1,8- 桉葉素、玫瑰醚、薄荷呋喃、沒藥醇氧化物、沒藥酮氧化物、沉香醇氧化物、香紫蘇醇氧化物、石竹烯氧化物、氧化蒎烯等。

1. 1,8- 桉葉素／桉葉素／桉葉油醇／1,8- 桉樹腦／玉樹油酚 (Cineol/1,8-Cineole/Eucalyptol/Cajuputol)，分子有 [2.2.2] 雙環結構，1 號碳有手性中心，化學式 $C_{10}H_{18}O$、密度 0.9225g/cm^3、熔點 1.5°C、沸點 177°C，如圖 5-2-1-1 所示，為無色透明黏稠液體，溶於乙醇、乙醚等溶劑，微溶於水，會與氫鹵酸、鄰甲酚、間苯二酚和磷酸形成結晶加合物 (Adducts) 有助於純化。1,8- 桉葉素有著類似香樟的清涼香氣，天然存在於桉樹、迷迭香、鼠尾草、艾草和大麻等植物，以及桉葉油、薰衣草油等兩百多種精油中，占桉樹精油的 90%，有抗發炎的作用，能產生舒緩的感覺，用於化妝品、家庭衛生用品、調味品、驅蟲劑等產品，如牙膏、漱口水、香皂等，也用於烘焙食品、飲料、糖果、肉品、喉糖和香菸等產品中，作為食用香精，也被用作誘餌來吸引並收集研究用的雄蜂 [5, 61]。研究證實 1,8- 桉葉素／桉葉素／桉葉油醇／1,8- 桉樹腦具有鎮痛、抗氧化、抗真菌的功效和抗癌的活性 [58]。
   - 1,8- 桉葉素／桉葉素／桉葉油醇／1,8- 桉樹腦／玉樹油酚 (Cineol/1,8-Cineole/Eucalyptol/Cajuputol)，CAS 470-82-6，IUPAC 名為：1,3,3-Trimethyl-2-oxabicyclo[2.2.2]octane。
   - 去氫 -1,8- 桉葉素 (Dehydrocineole/Dehydro-1,8-cineole)，CAS 92760-25-3，IUPAC 名為：1,3,3-Trimethyl-2-oxabicyclo[2.2.2]oct-5-ene。CAS 58264-16-7 已經停用 [84]。
   - 1,4- 桉葉素／異桉葉素 (1,4-Cineole/Isocineole)，分子有 [2.2.1] 雙環 (bicyclo) 結構，化學式 $C_{10}H_{18}O$、密度 0.8997g/cm^3、熔點 -46°C[19]、沸點 174°C[84]，如圖 5-2-1-1 所示，為無色透明可燃液體，溶於乙醇，略溶於水 (211.3mg/L@25°C)，有著草本薄荷涼爽的萊姆／松／樟香氣，可作為燻蒸殺蟲劑和中樞神經抑制劑，用於烘焙食品、酒精與非酒精飲料、口香糖、糖果、冰乳品、果凍、布丁、軟糖、肉品等製品 [11, 19]。
     - 1,4- 桉葉素／異桉葉素 (1,4-Cineole/Isocineole)，CAS 470-67-7，IUPAC 名為：1-Methyl-4-(propan-2-yl)-7-oxabicyclo[2.2.1]heptane。CAS21499-90-1 已經停用 [84]。

• 桉葉醇／蛇床烯醇／榜油酚[5](Eudesmol)，請參考 2-2-2-7。

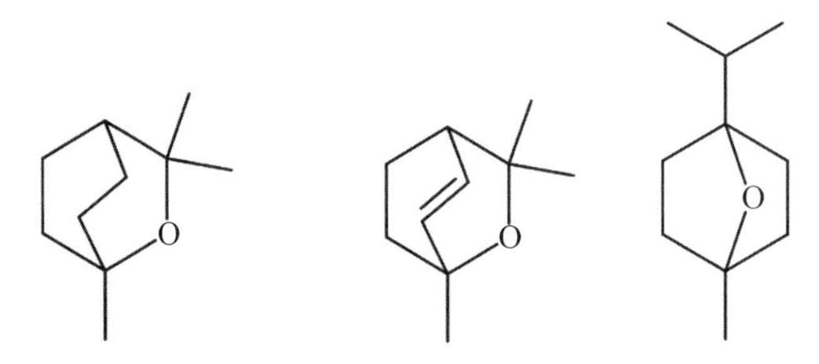

圖5-2-1-1　由左至右：1,8-桉葉素、去氫-1,8-桉葉素、1,4-桉葉素化學式

2. 氧化玫瑰／玫瑰醚 (Rose oxide/Rose ether)，分子 2、4 號碳有手性中心，共有 4 種異構物，爲吡喃類單萜有機化合物，只有左旋順式異構物才有典型的玫瑰香氣[5]。左旋玫瑰醚化學式 $C_{10}H_{18}O$、密度 0.871g/cm^3、沸點 182°C[19]，如圖 5-2-1-2 所示，爲無色透明液體，溶於乙醇，不溶於水[19]，天然存在於玫瑰油、香葉油等精油中，有類似玫瑰花的香氣，順式玫瑰醚香氣細膩，反式香氣粗獷[4]，工業上可從玫瑰油或香葉油中分離，或以 *β*- 香茅醇爲原料製得，用於香皀、乳液、洗髮精、爽身粉、洗滌劑、化妝品、家用護理產品等，也用於調製玫瑰、香葉等花香型香精，以及荔枝、覆盆子、黑莓等口味的飲料或葡萄酒等，以及乳製品、烘焙食品、糖果、醬料等的食用香精[4, 19]。
   - 氧化玫瑰／玫瑰醚 (Rose oxide/Rose ether)，CAS 16409-43-1。CAS 2377533-88-3 已經停用[84]。
     - ➢ 順式左旋玫瑰醚 ((-)-cis-Rose oxide/l-cis-Rose oxide)，CAS 3033-23-6，IUPAC 名爲：(-)-(2S,4R)-4-Methyl-2-(2-methylprop-1-en-1-yl)tetrahydro-2H-pyran。
     - ➢ 順式右旋玫瑰醚 ((+)-cis-Rose oxide/d-cis-Rose oxide)，CAS 4610-11-1，IUPAC 名爲：(+)-(2R,4S)-4-Methyl-2-(2-methylprop-1-en-1-yl)tetrahydro-2H-pyran。
     - ➢ 反式左旋玫瑰醚 ((-)-trans-Rose oxide)，CAS 5258-11-7，IUPAC 名爲：(-)-(2R,4R)-4-Methyl-2-(2-methylprop-1-en-1-yl)tetrahydro-2H-pyran。
     - ➢ 反式右旋玫瑰醚 ((+)-trans-Rose oxide)，CAS 5258-10-6，IUPAC 名爲：(+)-(2S,4S)-4-Methyl-2-(2-methylprop-1-en-1-yl)tetrahydro-2H-pyran。

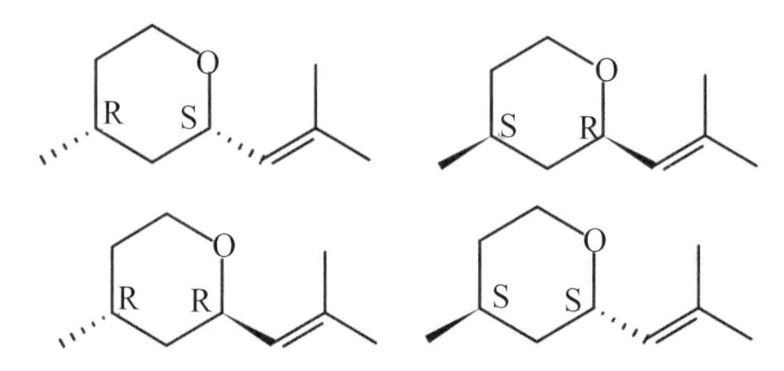

圖5-2-1-2　由左至右：玫瑰醚的四種異構物順式左旋、順式右旋、反式左旋、反式右旋化學式

3. 薄荷呋喃 (Menthofuran)，為 1- 苯並呋喃的單萜類化合物，化學式 $C_{10}H_{14}O_2$、密度 0.96-0.97g/cm^3、熔點 86°C、沸點 210.7°C，如圖 5-2-1-3 所示，為藍色液體，溶於乙醇與油類，微溶於水，存在於薄荷等精油中，有薄荷的氣味，口味為類似咖啡的泥土味和霉味，具有殺線蟲劑和植物代謝物的作用，為潛在致命的毒素，食入後代謝活化為具肝毒性的中間產物，對環境可能有危害，對水體應特別注意，用於乳製品、飲料、糖果 [11, 12, 19]。
 - 薄荷呋喃 (Menthofuran)，CAS 494-90-6。CAS 59553-66-1 已經停用 [84]。
   - 左旋薄荷呋喃 ((-)-Menthofuran)，CAS 80183-38-6，IUPAC 名為：(-)-(6S)-3,6-Dimethyl-4,5,6,7-tetrahydro-1-benzofuran。
   - 右旋薄荷呋喃 ((R)-(+)-Menthofuran)，CAS 17957-94-7，IUPAC 名為：(+)-(6R)-3,6-Dimethyl-4,5,6,7-tetrahydro-1-benzofuran。

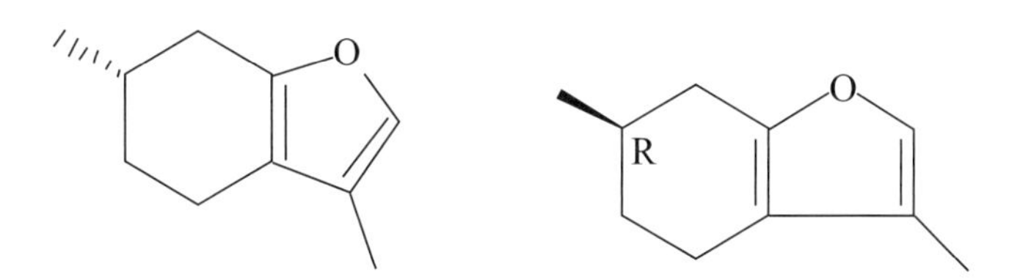

圖5-2-1-3　由左至右：左旋薄荷呋喃、右旋薄荷呋喃薄化學式

4. 沒藥醇氧化物 (Bisabolol oxide) 有 α、β 兩種異構物，α- 沒藥醇氧化物有 A、B、C 三種，化學式 $C_{15}H_{26}O_2$、密度 0.982g/cm^3、沸點 327.7°C [19]，如圖 5-2-1-4 所示，為無色液體，可能引起眼睛、呼吸道、皮膚刺激。α- 沒藥醇氧化物 A 屬於氧烷環（四氫吡喃）的化合物，為六元飽和脂肪族雜環，存在於德國甘菊、紅茶、油脂、羅馬甘菊、綠茶中。α- 沒藥醇氧化物 B 屬於四氫呋喃的雜環化合物，存在於紅茶、綠茶、花草茶、草藥和香料以及茶樹中。兩種 α- 沒藥醇氧化物都可作為食物的潛在生物標誌 [60]。
 - 沒藥醇氧化物 (Bisabolol oxide)。
   - α- 沒藥醇氧化物 A((-)-α-Bisabolol oxide A/Bisabolol oxide I)，CAS 22567-36-8，IUPAC 名為：(-)-(3S,6S)-2,2,6-Trimethyl-6-[(1S)-4-methyl cyclohex-3-en-1-yl]oxan-3-ol。
   - α- 沒藥醇氧化物 B((-)-α-Bisabolol oxide B/Bisabolol oxide II)，CAS 26184-88-3，IUPAC 名為：(-)-2-((2S,5S)-5-Methyl-5-((S)-4-methylcyclohex-3-en-1-yl)tetrahydrofuran-2-yl)propan-2-ol。CAS 26116-92-7, 51095-98-8 已經停用 [84]。
   - α- 沒藥醇氧化物 C(α-Bisabolol oxide C)，CAS 59861-08-4，IUPAC 名為：1,3-Dimethyl-3-(4-methylpent-3-en-1-yl)-2-oxabicyclo[2.2.2]octan-6-ol。
   - β- 沒藥醇氧化物 (β-Bisabolol oxide)，IUPAC 名為：(1S)-1-[4-(3,3-Dimethyloxiran-2-yl)butan-2-yl]-4-methylcyclohex-3-en-1-ol[11,19,60]。
 - 沒藥醇／左旋甜沒藥醇 (Bisabolol)，請參考 2-2-2-8。

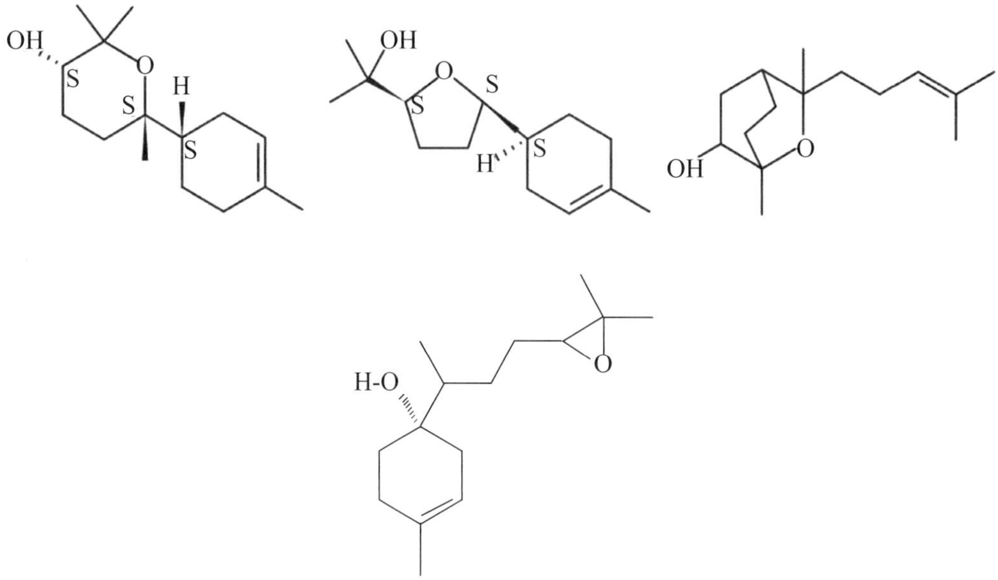

OH S O S H S
OH O S S H S
O OH
H-O O

圖5-2-1-4　上排由左至右：α-沒藥醇氧化物A、α-沒藥醇氧化物B、α-沒藥醇氧化物C；下排1β-沒藥醇氧化物化學式

5. 沒藥酮氧化物 (Bisabolonoxide/Bisabolone oxide)，化學式 $C_{15}H_{24}O_2$，如圖 5-2-1-5 左所示，爲粉末狀固體，可溶於氯仿、丙酮等溶劑，α 沒藥酮氧化物存在於德國洋甘菊 / 母菊、尼泊爾洋甘菊、細裂葉蓮蒿等植物中，爲α- 葡萄糖苷酶抑制劑，具有抗發炎效果[10, 11, 12, 19]。
   - 沒藥酮氧化物 (Bisabolonoxide/Bisabolone oxide)
     - ➢ α- 沒藥酮氧化物 A((-)-α-Bisabolonoxide/(-)-α-Bisabolone oxide A)，CAS 22567-38-0，IUPAC 名爲：(6S)-Dihydro-2,2,6-trimethyl-6-[(1S)-4-methyl-3-cyclohexen-1-yl]-2H-pyran-3(4H)-one。
   - 1- 沒藥酮 (1-Bisabolone)，請參考 3-2-2-15。
   - 沒藥烯 (Bisabolene))，有 α、β、γ 三種異構物，請參考 2-1-2-4。
   - 薑烯 (Zingiberene) 請參考 2-1-2-6。

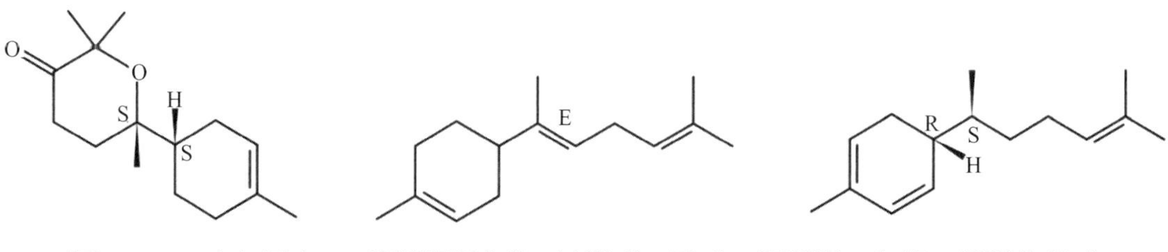

O O S H S
E
R S H

圖5-2-1-5　由左至右：α-沒藥酮氧化物A結構式、反式-α-沒藥烯、左旋-α-薑烯化學式

6. 沉香醇氧化物 (Linalool oxide)，有呋喃型 (Furanoid) 和吡喃型 (Pyranoid) 兩類。順式呋喃型

稱爲沉香醇氧化物 (I)、反式呋喃型稱爲沉香醇氧化物 (II)。順式吡喃型稱爲沉香醇氧化物 (III)、反式吡喃型稱爲沉香醇氧化物 (IV)，四種化合物各自都有異構物。左旋沉香醇又稱芳樟醇。

- 沉香醇氧化物 (Linalool oxide)，CAS 14049-11-7。CAS 5989-14-0, 13226-35-2 已經停用 [84]
  - ➢ 順式沉香醇氧化物 (cis-Linalool oxide)，CAS 11063-77-7，IUPAC 名爲：(Z)-3,7-Dimethyl-1,6-octadien-3-ol epoxy deriv.[19]。
  - ➢ 反式沉香醇氧化物 (trans-Linalool oxide)，CAS 11063-78-8，IUPAC 名爲：(E)-3,7-Dimethyl-1,6-octadien-3-ol epoxy deriv.[19]。
- 呋喃型沉香醇氧化物 (Linalool oxide, Furanoid)，化學式 $C_{10}H_{18}O_2$、密度 0.94g/cm^3、沸點 188°C[12, 19]，爲無色液體，具桉葉油素與樟腦等淺淡的木香氣，存在於鮮茶葉及各類茶品中，茶葉中的呋喃型沉香醇氧化物以反式爲主，製茶揉捻時會大量產生 [4]。
  - ➢ 呋喃型沉香醇氧化物 (Furanoid linalool oxide)，CAS 60047-17-8。
    - ✓ 順式呋喃型沉香醇氧化物／沉香醇氧化物 (I)(cis-Furan linalool oxide/Z-Furanoid linalool oxide/Linalool oxide I/Linalool oxide B)，CAS 5989-33-3，IUPAC 名爲：2-((2R,5S)-5-Methyl-5-vinyltetrahydrofuran-2-yl)propan-2-ol。CAS 128441-08-7, 10448-30-3, 17681-23-1, 21391-92-4, 37267-79-1, 63427-76-9, 68780-91-6 已經停用 [84]。
    - ✓ 反式呋喃型沉香醇氧化物／沉香醇氧化物 (II)(trans-Furan linalool oxide/(E)-Furanoid linalool oxide/Linalool oxide II/Linalool oxide A)，CAS 34995-77-2，IUPAC 名爲：2-[(2S,5S)-5-Ethenyl-5-methyloxolan-2-yl]propan-2-ol。CAS 128441-10-1, 10448-29-0, 37267-80-4 已經停用 [84]。
- 吡喃型沉香醇氧化物 (Pyranoid linalool oxide)，爲萜烯醇類，是茶葉中的揮發性成分，化學式 $C_{10}H_{18}O_2$、密度 0.99-1.00g/cm^3、熔點 93-97°C[12, 19]，爲白色結晶，存在於鮮茶葉及各類茶品中，製茶揉捻時會大量產生 [4]。
  - ➢ 吡喃型沉香醇氧化物 (Pyranoid linalool oxide)。
    - ✓ 順式吡喃型沉香醇氧化物／沉香醇氧化物 (III)(cis-Pyran linalool oxide/(Z)-Pyranoid linalool oxide/Linalool oxide III/Linalool oxide D)，CAS 14009-71-3，IUPAC 名爲：(3R,6R)-2,2,6-Trimethyl-6-vinyltetrahydro-2H-pyran-3-ol。CAS 10448-32-5 已經停用 [84]。
    - ✓ 反式吡喃型沉香醇氧化物／沉香醇氧化物 (IV)(trans-Pyran linalool oxide/(E)-Pyranoid linalool oxide/Linalool oxide IV/Linalool oxide C)，CAS 39028-58-5，IUPAC 名爲：(3R,6S)-6-Ethenyl-2,2,6-trimethyloxan-3-ol。CAS 11075-46-0, 37267-81-5 已經停用 [84]。
- 沉香醇／伽羅木醇 (Linalool)，右旋沉香醇又稱芫荽醇，左旋沉香醇又稱芳樟醇，請參閱 2-2-1-3-2。

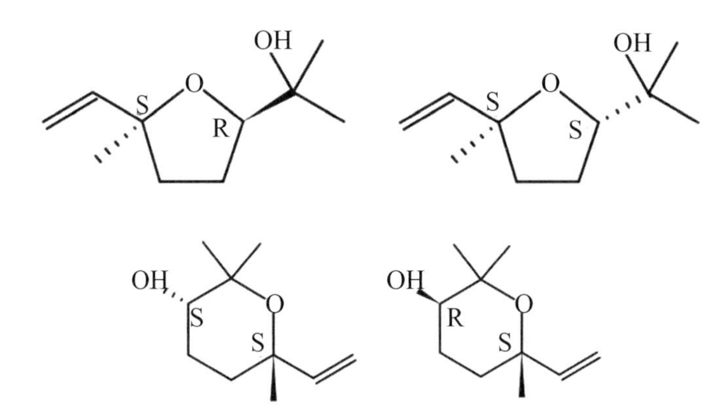

圖5-2-1-6 上排由左至右：順式呋喃型沉香醇氧化物／沉香醇氧化物(I)、反式呋喃型沉香醇氧化物／沉香醇氧化物(II)；下排由左至右順式吡喃型沉香醇氧化物／沉香醇氧化物(III)、反式吡喃型沉香醇氧化物／沉香醇氧化物(IV)化學式

7. 香紫蘇醇氧化物 (Sclareol oxide)，化學式 $C_{18}H_{30}O$、密度 0.935-0.950g/cm^3、熔點 158.97°C、沸點 325-326°C[12, 19]/402.13[21]，如圖 5-2-1-7 所示，溶於乙醇，難溶於水 (0.3461mg/L@25°C)。
   - 香紫蘇醇／快樂鼠尾草醇／洋紫蘇醇 (Sclareol)，存在於香紫蘇、快樂鼠尾草、菸草等植物中，爲白色結晶粉末，有淡淡的琥珀香氣，類似龍涎香，香氣持久細膩，具有抗癌活性，請參考 2-2-3-1。
   - 香紫蘇醇氧化物 (Sclareol oxide)，CAS 5153-92-4。CAS 24120-93-2, 52881-95-5 已經停用[84]。
     - 左旋香紫蘇醇氧化物 ((-)-Sclareol oxide)，IUPAC 名爲：((-)-4a,5,6,6a,7,8,9,10,10a,10b-Decahydro-3,4a,7,7,10a-pentamethyl-1H-naphtho[2,1-b]pyran。
     - 右旋香紫蘇醇氧化物 ((+)-Sclareol oxide)，CAS 5153-92-4，IUPAC 名爲：((+)-(4aR,6aS,10aS,10bR)-4a,5,6,6a,7,8,9,10,10a,10b-Decahydro-3,4a,7,7,10a-pentamethyl-1H-naphtho[2,1-b]pyran。

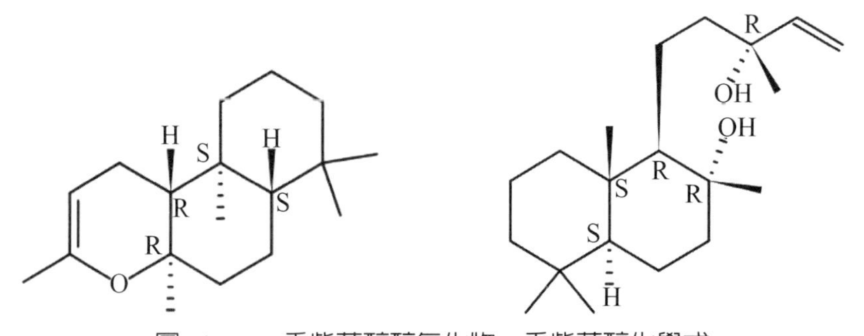

圖5-2-1-7 香紫蘇醇醇氧化物、香紫蘇醇化學式

8. 石竹烯氧化物／石竹素 (Caryophyllene oxide)，是一種倍半萜烯化合物，化學式 $C_{15}H_{24}O$、密度 0.96g/cm^3、熔點 62-63°C、沸點 279.7°C[12]，如圖 5-2-1-8 所示，為無色透明固體，溶於乙醇，有類似龍涎香的鮮乾木香氣，存在於大麻、丁香、羅勒、啤酒花、胡椒和迷迭香等植物，以及丁香子油、薰衣草油、柚子葉油等精油中，具有鎮痛和抗發炎活性，用於烘焙食品、蛋類、乳製品、水果、軟糖、冰品和魚類製品等食用香料[12, 19]。
   - 石竹烯氧化物／石竹素 (Caryophyllene oxide)，CAS 1139-30-6。
     - ➢ 左旋 -*β*- 石竹烯氧化物 (Caryophyllene oxide/(-)-*β*-Caryophyllene oxide/trans-Caryophyllene oxide)，CAS 1139-30-6，IUPAC 名為：(1R,4R,6R,10S)-4,12,12-Trimethyl-9-methylene-5-oxatricyclo[8.2.0.0^{4,6}]dodecane。CAS 105120-46-5, 11023-55-5, 32095-03-7, 52209-95-7 已經停用[84]。
   - 異石竹烯氧化物 (Isocaryophyllene oxide)，CAS 17627-43-9，IUPAC 名為：4,12,12-Trimethyl-9-methylene-5-oxatricyclo[8.2.0.0^{4,6}]dodecane。
     - ➢ 根據 CAS 的資料庫[84, 86]，石竹烯氧化物和異石竹烯氧化物的 IUPAC 名相同，CAS 編號卻不同，暫時接受目前命名，等待後續資料整合。
   - 石竹烯 (Caryophyllene)，*α*- 石竹烯又稱葎草烯／稱蛇麻烯，請參考 2-1-2-1。
   - 蛇麻烯／葎草烯 (Humulene)，有 *α*、*β*、*γ* 異構物，各自有 E/Z 異構物，請參考 2-1-2-7。

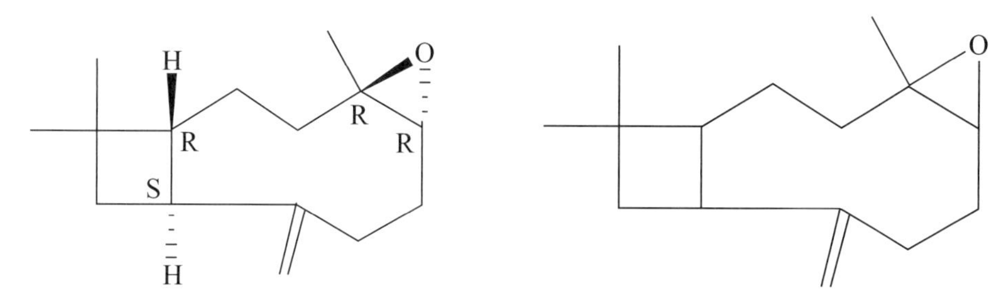

圖5-2-1-8　由左至右：石竹烯氧化物、異石竹烯氧化物化學式

9. 氧化蒎烯／環氧蒎烷 (Pinene oxide)，化學式 $C_{10}H_{16}O$、密度 0.964g/cm^3、沸點 102-103°C[12, 17]，如圖 5-2-1-9 所示，為透明液體，天然存在於野胡蘿蔔等植物中以及人類體內。
   - 氧化蒎烯／環氧蒎烷 (Pinene oxide)。
     - ➢ *α*- 氧化蒎烯／2,3- 環氧蒎烷 (*α*-Pinene oxide/2,3-Epoxypinane/*α*-Pinene 2,3-oxide)，CAS 1686-14-2。CAS 25488-94-2 已經停用[84]。
       - ✓ 左旋 -*α*- 氧化蒎烯 ((-)-*α*-Pinene oxide/(-)-2*α*,3*α*-Epoxypinane)，CAS 19894-99-6，IUPAC 名為：1R,2R,4S,6R)-2,7,7-Trimethyl-3-oxatricyclo[4.1.1.0^{2,4}]octane。
       - ✓ 右旋 -*α*- 氧化蒎烯 ((+)-*α*-Pinene oxide/(+)-2*α*,3*α*-Epoxypinane)，CAS 14575-92-9，IUPAC 名為：(1S,2S,4R,6S)-2,7,7-Trimethyl-3-oxatricyclo[4.1.1.0^{2,4}]octane。CAS 1226789-38-3 已經停用[84]。
     - ➢ *β*- 氧化蒎烯／2,10- 環氧蒎烷 (*β*-Pinene oxide/2,10-Epoxypinane)，CAS 6931-54-0，

IUPAC 名爲：6,6-Dimethylspiro[bicyclo[3.1.1]heptane-2,2'-oxirane]。

- 蒎烯／松油萜 (Pinene)，請參考 2-1-1-3，自然界有 *α*- 和 *β*- 兩種雙鍵異構物，各有其手性異構物。

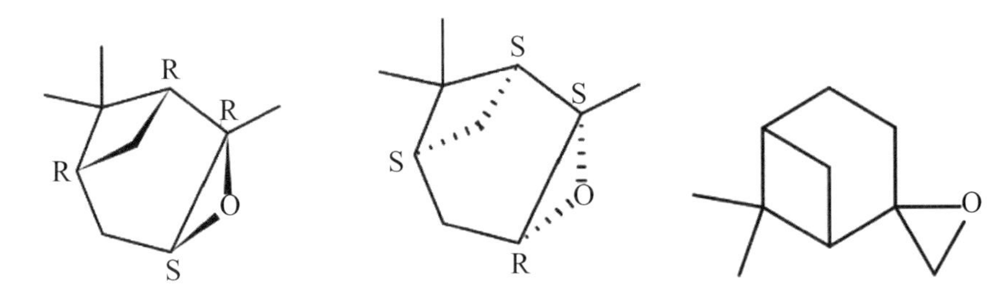

圖5-2-1-9　由左至右：左旋-*α*-氧化蒎烯、右旋-*α*-氧化蒎烯、*β*-氧化蒎烯化學式

10. 驅蛔素／驅蛔萜／驅蛔腦 (Ascaridole)，分子有 [2.2.2] 雙環 (bicyclo) 結構，橋碳有手性中心，爲雙環類單萜化合物，化學式 $C_{10}H_{16}O_2$、密度 1.01g/cm^3、熔點 3.3°C、沸點 40°C，如圖 5-2-1-10 所示，爲無色透明液體，有刺激性的難聞氣味，可溶於大多數有機溶劑，對醛類、酮類或酚類無反應，因此具有與酒精不同的化學特性，原先從藜屬植物分離而得。驅蛔素加熱或有機酸處理時容易爆炸，美國運輸部列爲禁止運輸材料。智利波爾多茶 (Boldo/Peumus boldus) 的味道即來自驅蛔素 [61]，也是墨西哥茶樹精油／蟲草油的主要成分 (16%-70%)，是天然藥物、滋補飲料和拉丁美洲菜肴中食品調味料，可防止含豆食物的脹氣。驅蛔素常用於驅逐植物、家畜和人體的寄生蟲，具有毒性，對大鼠有致癌作用，然而其毒性已被人類抑制，不過高劑量的食入還是會刺激皮膚和黏膜，引起皮膚和黏膜的刺激、噁心、嘔吐、便秘、頭痛、眩暈、耳鳴、暫時性耳聾和失明，長期會誘發抽搐、昏迷，甚至肺水腫、血尿、蛋白尿、黃疸 [5]。
    - 驅蛔素／驅蛔萜／驅蛔腦 (Ascaridole/Ascarisin/Ascaricum)，CAS 512-85-6，IUPAC 名爲：1-Methyl-4-(1-methylethyl)-2,3-dioxabicyclo[2.2.2]oct-5-ene。CAS 122346-63-8 已經停用 [84]。
    - 山道年／蛔蒿素 (Santonin)：驅蛔素也可以指山道年／蛔蒿素，是從菊科植物蛔蒿提取的一種酮內酯，可作爲驅蟲藥，現已被取代。
    - 山道年化學式 $C_{15}H_{18}O_3$、密度 1.2±0.1g/cm^3、熔點 175°C、沸點 423.4°C，爲無色至黃色結晶固體，略溶於水 (750mg/L@25°C)，天然存在於青蒿、披散直莖蒿等植物中 [5, 11, 66]。
        - 左旋山道年／左旋蛔蒿素 ((-)-Santonin/(-)-*α*-Santonin)，CAS 481-06-1，IUPAC 名爲：(3S,3aS,5aS,9bS)-3,5a,9-Trimethyl-3a,5,5a,9b-tetrahydronaphtho[1,2-b]furan-2,8(3H,4H)-dione。CAS 881738-49-4 已經停用 [84]。

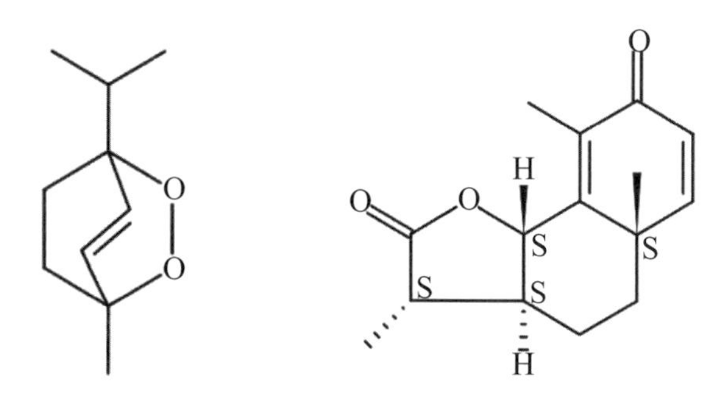

圖5-2-1-10　由左至右：驅蛔素(Ascaridole)、山道年／蛔蒿素(Santonin)化學式

11. 癒創木烷氧化物／瓜烷氧化物／癒創木醚 (Guaioxide/Guaiane oxide)，為倍半萜化合物，分子有 [7.2.1] 雙環，在 1、5 號碳還有稠環，成為三環 (tricyclo) 結構，化學式 $C_{15}H_{26}O$、熔點 90.6°C、沸點 261°C[19]，如圖 5-2-1-11 所示，溶於乙醇，微溶於水 (4.169mg/L@25°C)，存在於菊科橐吾屬植物離舌橐吾以及菊科油橄欖屬植物 Olearia phlogopappa(Dusty Daisy) 等植物中[11. 19. 21. 35]。
   - 癒創木烷氧化物／瓜烷氧化物／癒創木醚 (Guaiane oxide/Guaioxide)，CAS 20149-50-2，IUPAC 名為：2,6,10,10-Tetramethyl-11-oxatricyclo[7.2.1.$0^{1,5}$]dodecane/(3R,6S,6aR,9S,9aS)-Octahydro-2,2,6,9-tetramethyl-2H-3,9a-methanocyclopent[b]oxocin。
   - 橐吾醚 (Liguloxide)，美國化學學會 (ACS) 列其結構與癒創木烷氧化物 (Guaiane oxide/Guaioxide) 相同，而資料沒有相互關聯。目前橐吾醚 (Liguloxide) 可以視為癒創木烷氧化物 (Guaiane oxide/Guaioxide) 的一個異構物。
     - 橐吾醚 (Liguloxide)，CAS 21764-22-7，IUPAC 名為：(1R,2S,6R,9S)-2,6,10,10-Tetramethyl-11-oxatricyclo[7.2.1.$0^{1,5}$]dodecane/(3R,6S,6aR,9R,9aS)-Octahydro-2,2,6,9-tetramethyl-2H-3,9a-methanocyclopent[b]oxocin。
   - 癒創木醇／癒創醇 (Guaiol/Champacol)、異癒創木醇／布藜醇 (Bulnesol)，請參考 2-2-2-21。
   - 癒創木烯／胍烯 (Guaiene)、異癒創木烯／布藜烯 (α-Bulnesene/δ-Guaiene)，請參考 2-1-2-17。
   - 癒創木酚 (Guaiacol/o-Methoxyphenol)，請參考 5-1-1-6。

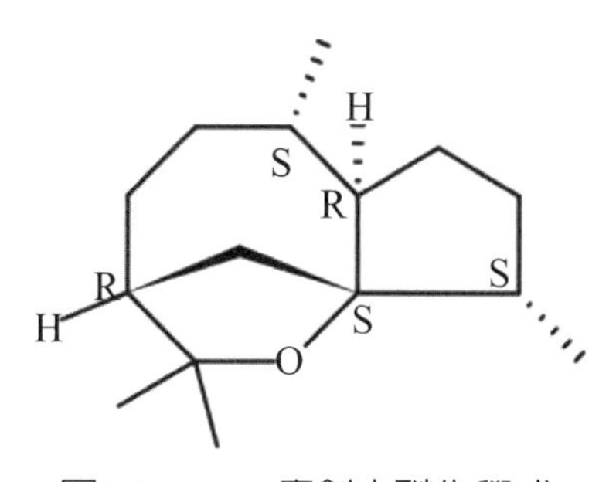

圖5-2-1-11　癒創木醚化學式

12.降龍涎香醚 (Ambroxide/Ambroxan)，請參考 5-2-1-12。化學式 $C_{16}H_{28}O$，熔點 75°C、沸點 120°C@0.133E3Pa，旋光度 [α]D -29, c=1, Toluene（比旋光度 α 符號中，D 是指鈉燈光波，負號是指左旋，c 是溶劑濃度 g/ml)，爲無色至白色結晶，具有龍涎香味 [4]，有「龍涎香效應」，可提高香精的擴散，用於高級香水等香精中，也用於肥皂、爽身粉、膏霜及洗髮精等生活用品，作爲定香劑 [4]。

- 降龍涎香醚 (Ambroxide/Ambroxan)，CAS 65588-69-4。
  - ➢ 左旋降龍涎香醚 ((-)-Ambrox/(-)-Ambroxan/(-)-Ambroxide/(-)-Norlabdane oxide)，CAS 6790-58-5，IUPAC 名爲：(3aR,5aS,9aS,9bR)-Dodecahydro-3a,6,6,9a-Tetramethylnaphtho[2,1-b]furan。CAS 31207-71-3, 254762-72-6, 301677-29-2, 435274-92-3 已經停用 [84]。

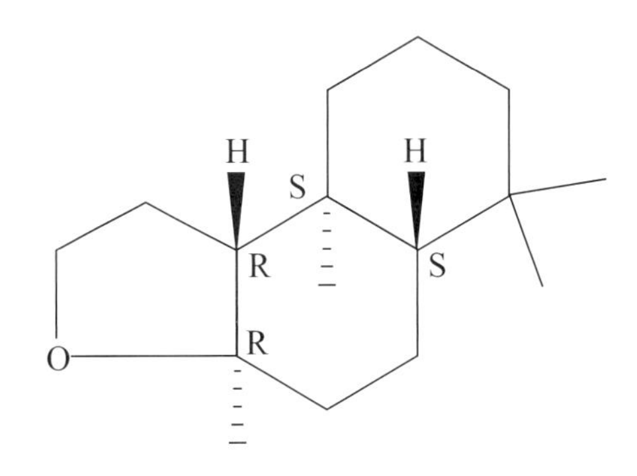

圖5-2-1-12　左旋降龍涎香醚化學式

13.沒藥烯氧化物 (Bisabolene oxide)，化學式 $C_{15}H_{24}O$，熔點 51.45°C、沸點 326.44°C，微溶於水 (0.5118mg/L@25°C)，天然存在於陸地棉等植物中 [11, 19, 21]。

- 沒藥烯氧化物 (Bisabolene oxide)，CAS 38970-57-9，IUPAC 名爲：4,8-Dimethyl-2-(2-methyl-1-propen-1-yl)-1-oxaspiro[4.5]dec-7-ene。

圖5-2-1-13　沒藥烯氧化物化學式

二、酸類

1. 當歸酸／歐白芷酸 (Angelic acid)，2 號碳雙鍵有 E/Z 異構物，化學式 $C_5H_8O_2$、密度 0.983g/cm^3、熔點 45°C、沸點 185°C，爲單斜晶系，呈針狀或片狀結晶，是不飽和的有機單羧酸，固態具揮發性，溶於乙醇和乙醚，易溶於熱水，微溶於冷水。加熱後很容易引起異構化成爲反式異構物，稱爲虎杖酸。虎杖酸也可由虎杖的根或莖直接提取。存在於歐白芷、益母草、圓葉當歸、廣藿香、羅馬洋甘菊以及其他繖形科植物中，有刺鼻的酸味[5]。
   - 當歸酸／歐白芷酸 (Angelic acid) 是惕格酸／甘菊花酸／甲基丁烯酸／惕各酸 (Tiglic acid) 的順式異構物。
   - 當歸酸／歐白芷酸 (Angelic acid)，CAS 565-63-9。
     - ➢ 當歸酸 (Angelic acid)，爲順式異構物，CAS 565-63-9，IUPAC 名爲：(2Z)-2-Methylbut-2-enoic acid。
     - ➢ 惕格酸 (Tiglic acid)，爲反式異構物，CAS 80-59-1，IUPAC 名爲：(2E)-2-Methylbut-2-enoic acid。

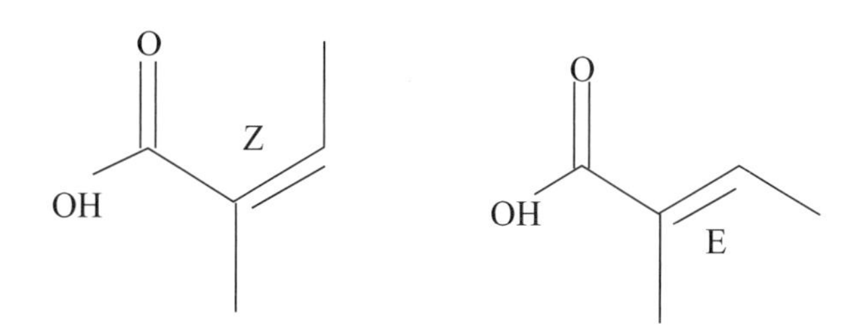

圖5-2-2-1　由左至右：當歸酸、惕格酸化學式，順式(2Z)為當歸酸、反式(2E)為惕格酸

2. 惕格酸／甘菊花酸／甲基丁烯酸／惕各酸 (Tiglic acid/Cevadic acid)，爲巴豆 (Croton tiglium) 提取物，是當歸酸／歐白芷酸 (Angelic acid) 的反式異構物，爲單羧酸不飽和有機酸，化學式 $C_5H_8O_2$、密度 0.9641g/cm^3、熔點 61-64°C、沸點 198.5°C[12]，白色至米色三斜晶系的片狀結晶，工業品通常呈粉末或塊狀，溶於乙醇和乙醚等溶劑中，易溶於熱水，微溶於冷水，有辛辣的香氣，存在於巴豆油以及菸葉與煙氣中，具有植物代謝物作用，對上呼吸道、眼睛黏膜組織和皮膚破壞性大，可能導致咳嗽、呼吸急促、頭痛、噁心等症狀[12]。
   - 惕格酸 (Tiglic acid) ，CAS 13201-46-2。
     - ➢ 當歸酸 (Angelic acid)，爲順式異構物，CAS 565-63-9，IUPAC 名爲：(2Z)-2-Methylbut-2-enoic acid。
     - ➢ 惕格酸 (Tiglic acid)，爲反式異構物，CAS 80-59-1，IUPAC 名爲：(2E)-2-Methylbut-2-enoic acid。

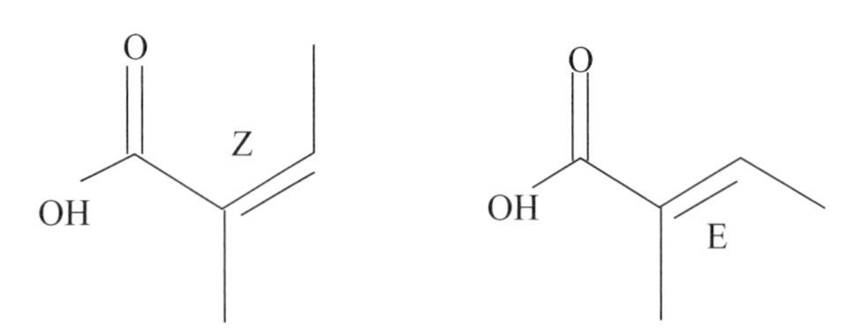

圖5-2-2-2　由左至右：當歸酸、惕格酸化學式，順式(2Z)為當歸酸、反式(2E)為惕格酸

3. 水楊酸／柳酸／鄰羥基苯甲酸 (Salicylic acid/o-Hydroxybenzoicacid/2-Hydroxybenzoicacid)，化學式 $C_7H_6O_3$、密度 1.443g/cm^3、熔點 158.6°C、沸點 211°C，如圖 5-2-2-3 所示，爲無色到白色無味帶狀結晶或結晶粉末，溶於乙醇、乙醚、氯仿等溶劑，微溶於水，天然存在於白柳及甜樺等樹中。工業上是用苯酚與二氧化碳合成水楊酸的鈉鹽，再經酸化製得。水楊酸與阿斯匹林結構與藥效相近，在古代已被用於緩解發炎、疼痛與發燒，可治療痤瘡或口腔潰瘍 [5]，也能幫助抗眞菌藥物的穿透並抑制細菌生長。水楊酸可引起接觸性皮膚炎，大面積吸收可能出現中毒症狀，如頭暈，呼吸急促，耳鳴，頭痛，意識模糊，精神錯亂等症狀 [5]。包括阿斯匹林在內的水楊酸鹽類 (Salicylates) 具有解熱、止痛、消炎及抗風溼作用。具有對水楊酸鹽類或非類固醇類消炎藥 (NSAIDs) 過敏病史的病人應避免使用。
   - 水楊酸／柳酸／鄰羥基苯甲酸(2-Salicylic acid/o-Hydroxybenzoicacid/2-Hydroxybenzoicacid)，CAS 69-72-7，IUPAC 名爲：2-Hydroxy benzoic acid。CAS 7681-06-3, 8052-31-1, 1186130-36-8 已經停用 [84]。
   - 間－羥基苯甲酸 (3-Salicylic acid/m-Hydroxybenzoic acid/3-Hydroxybenzoicacid)，化學式 $C_7H_6O_3$、密度 1.485g/cm^3、熔點 202°C、沸點 213.5°C，微溶於水 [20]，存在於紅豆杉中，用於合成增塑劑、樹脂、藥物等產品的中間體 [61]。
     - ➢ 間－羥基苯甲酸 (3-Salicylic acid/m-Hydroxybenzoic acid/3-Hydroxybenzoicacid)，CAS 99-06-9，IUPAC 名爲：3-Hydroxybenzoic acid。
   - 對－羥基苯甲酸 (4-Salicylic acid/p-hydroxybenzoic acid/4-Hydroxybenzoicacid)，化學式 $C_7H_6O_3$、密度 1.46g/cm^3、熔點 215°C，爲白色晶體固體，溶於乙醇、乙醚、丙酮，微溶於水和氯仿，用於化妝品和眼科溶液作爲防腐劑 [5]。
     - ➢ 對－羥基苯甲酸 (4-Salicylic acid/p-Hydroxybenzoic acid/4-Hydroxybenzoicacid)，CAS 99-96-7，IUPAC 名爲：4-Hydroxybenzoic acid。

圖5-2-2-3　由左至右：水楊酸／鄰－羥基苯甲酸、間－羥基苯甲酸、對－羥基苯甲酸化學式

4. 洋茴香酸／大茴香酸 (Anisic acid)，有對－茴香酸／p- 茴香酸／4- 甲氧基苯甲酸、間－茴香酸／m- 茴香酸／3- 甲氧基苯甲酸、鄰－茴香酸／o- 茴香酸／2- 甲氧基苯甲酸等異構物，如圖 5-2-2-4 所示，一般洋茴香酸／大茴香酸是對－茴香酸 (p-Anisic acid)，化學式 $C_8H_8O_3$、密度 1.385g/cm^3、熔點 182-185°C、沸點 278.3°C，爲白色針狀結晶固體或粉末，溶於乙醇、乙醚、氯仿、乙酸乙酯等溶劑，微溶於熱水，難溶於冷水，天然存在於茴香中，通常從氧化茴香醚或對甲氧基苯乙酮製得，具有抗菌和防腐活性 [12]。
   - 茴香酸／甲氧基苯甲酸 (Anisic acid)，CAS 1335-08-6。
     - 對－茴香酸／4- 甲氧基苯甲酸 (p-Anisic acid/Draconic acid)，CAS 100-09-4，IUPAC 名爲：4-Methoxybenzoic acid。
     - 間－茴香酸／3- 甲氧基苯甲酸 (m-Anisic acid)，CAS 586-38-9，IUPAC 名爲：3-Methoxybenzoic acid。
     - 鄰－茴香酸／2- 甲氧基苯甲酸 (o-Anisic acid)，CAS 579-75-9，IUPAC 名爲：2-Methoxybenzoic acid。

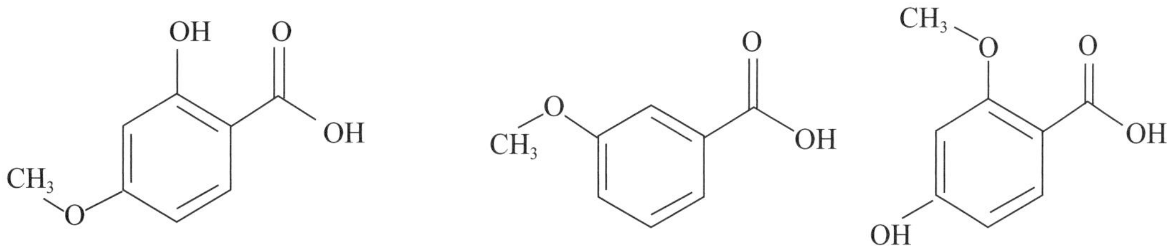

圖5-2-2-4　由左至右：對－茴香酸／p-茴香酸、間－茴香酸／m-茴香酸、鄰－茴香酸／o-茴香酸化學式

5. 苯甲酸／安息香酸／苄酸 (Benzoic acid)，化學式 $C_7H_6O_2$、密度 1.2659g/cm^3、熔點 122°C、沸點 250°C，如圖 5-2-2-5 所示，爲無色結晶固體，溶於乙醇、丙酮、苯、乙醚等溶劑，可溶於水 3.44g/L@25°C，有淡淡的香氣，可用於製作香料。常作藥物使用，有抑制眞菌、細菌、黴菌等功效，可以治療癬等皮膚疾病，常用於防鏽劑或防腐劑以及合成纖維、樹脂、塗料、橡膠等工業產品，也用作農藥、染料、媒染劑和增塑劑的原料 [5]。
   - 苯甲酸／安息香酸／苄酸 (Benzoic acid/Dracylic acid/Phenylformic acid/Benzeneformic acid/Benzenemethanoic acid)，CAS 65-85-0，IUPAC名爲：Benzoic acid。CAS 8013-63-6, 331473-08-6, 2244876-11-5 已經停用 [84]。

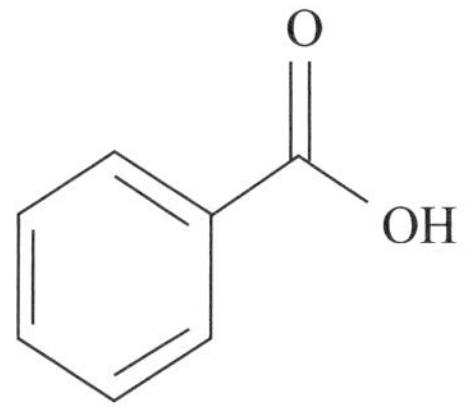

圖5-2-2-5　苯甲酸化學式

6. 苯乙酸／苯醋酸／苄基甲酸 (Phenylacetic acid)，化學式 $C_8H_8O_2$、密度 1.081g/cm^3、熔點 76-77°C、沸點 265.5°C，如圖 5-2-2-6 所示，爲白色的片狀或塊狀結晶，有類似蜂蜜的特殊氣味，可溶於乙醇、乙醚，存在於水果中，可作爲香水的添加劑以及合成青黴素的原料。
   - 苯乙酸／苯醋酸／苄基甲酸 (Phenylacetic acid/α-Phenylacetate/Benzeneacetic acid/α-Toluic acid/ω-Phenylacetic acid/PAA)，CAS 103-82-2，IUPAC 名爲：2-Phenylethanoic acid。

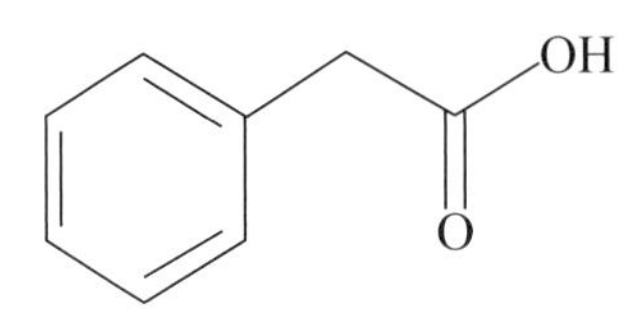

圖5-2-2-6　苯乙酸化學式

7. 肉桂酸 (Cinnamic acid)，長鏈的 2 號碳雙鍵有 E/Z 異構物，自然界中反式較常見，爲不飽和單元羧酸，化學式 $C_9H_8O_2$，密度 1.2475g/cm^3、熔點 133°C、沸點 300°C，如圖 5-2-2-7 所示，爲白色結晶，微溶於水和乙醚，溶於許多有機溶劑，天然存在於肉桂、蘇合香酯 (Storax) 和乳木果油 (Shea butter)，以及白花蛇舌草、麻黃等植物中，有蜂蜜般的香味，用於香料，也作爲甜味劑的前體 [5]。肉桂酸是生物合成木質素醇、類黃酮、異黃酮、香豆素、月桂酮、二苯乙烯、兒茶素和苯丙烷等化合物的中心中間體，具有植物代謝的作用，用於調味劑、藥品以及靛藍的製備。對黑色素瘤，前列腺癌，肺癌等癌細胞有潛在的抗癌活性 [12]。肉桂酸甲酯、肉桂酸乙酯和肉桂酸苄酯是香水的主要成分，肉桂酸是其前體 [5, 11]。研究證實肉桂酸具有抗發炎的功效 [58]。
   - 肉桂酸 (Cinnamic acid/Phenylacrylic acid/3-Phenylacrylic acid/β-Phenylacrylic acid)，CAS 621-82-9。
     - 順式肉桂酸 (cis-Cinnamic acid/(Z)-Cinnamic acid/Allocinnamic acid/cis-β-Carboxystyrene/Isocinnamic acid)I，CAS 102-94-3，UPAC 名爲：(2Z)-3-Phenylprop-2-enoic acid。
     - 反式肉桂酸 (trans-Cinnamic acid/(E)-Cinnamic acid/trans-Cinnamic acid/trans-β-Carboxy styrene)，CAS 140-10-3，IUPAC 名爲：(2E)-3-Phenylprop-2-enoic acid。
   - 月桂酸(Lauric acid)爲十二烷酸(C12)，IUPAC名爲：Dodecanoic acid，是不同的化合物。

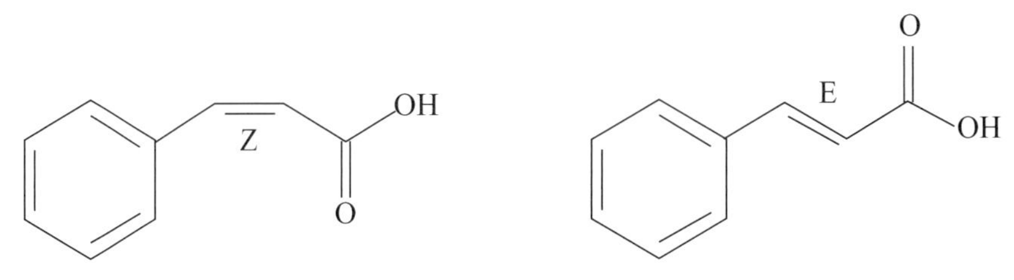

圖5-2-2-7　由左至右：順式肉桂酸、反式肉桂酸化學式

8. 纈草烯酸 (Valerenic acid)，旋光爲左旋 (-)，化學式 $C_{15}H_{22}O_2$，密度 1.06g/cm^3、熔點 134-139°C、沸點 374°C，如圖 5-2-2-8 所示，存在於纈草等植物中，爲雙環倍半萜酸，具有鎮靜與調節 GABA 的作用，有助於治療失眠。2006 年研究發現，纈草提取物和纈草酸都能抑制癌細胞 (HeLa)DNA 轉錄，可能與纈草的抗發炎作用有關 [5, 20, 61]。
   - 纈草烯酸 (Valerenic acid)，CAS 3569-10-6，IUPAC 名爲：(2E)-3-[(4S,7R,7aR)-3,7-Dimethyl-2,4,5,6,7,7a-hexahydro-1H-inden-4-yl]-2-methylprop-2-enoic acid。CAS 64130-69-4, 866350-53-0 已經停用 [84]。
   - 纈草萜烯醇酸 (Valerenolic acid/Hydroxyvalerenic acid)，CAS 1619-16-5，IUPAC 名爲：(2E)-3-[(1R,4S,7R,7aR)-2,4,5,6,7,7a-Hexahydro-1-hydroxy-3,7-dimethyl-1H-inden-4-yl]-2-methyl-2-propenoic acid。
   - 纈草酸／戊酸 (Valeric acid/Pentanoic acid)，化學式 $C_5H_{10}O_2$，密度 0.930g/cm^3、熔點 -34.5°C、沸點 186-187°C，存在於纈草等植物中，爲無色液體，有類似於臭襪子的難聞的氣味，常用於合成戊酸酯。戊酸酯則帶有宜人的氣味，用於香水和化妝品。戊酸乙酯和戊酸戊酯有水果香味，用於食品添加劑。戊酸接觸皮膚或眼部會有刺激性，對水生生物可能造成毒害，不可倒入下水道 [5]。
     - ➢ 纈草酸／戊酸 (Valeric acid/Pentanoic acid)，CAS 109-52-4，IUPAC 名爲：1-Butanecarboxylic acid。
   - 纈草烯醛 (Valerenal)／纈草醛 (Baldrinal)，請參考 3-1-3-1。

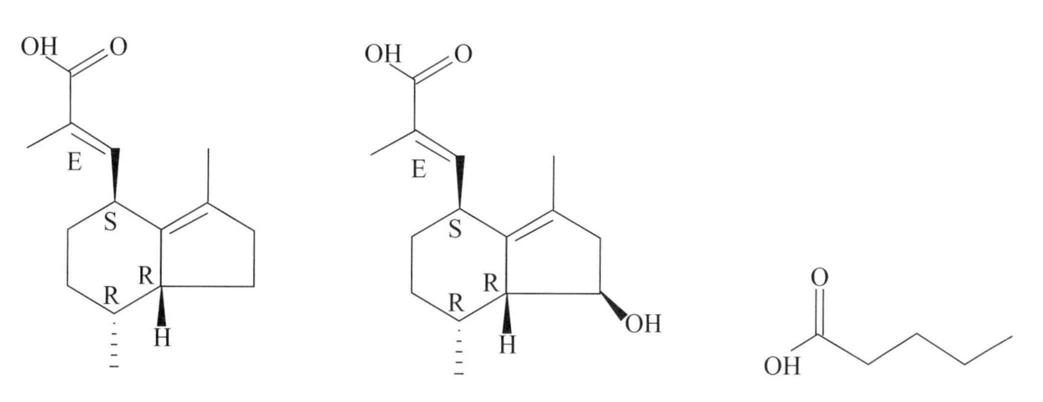

圖5-2-2-8　由左至右：纈草烯酸、纈草萜烯醇酸、纈草酸化學式

9. 香茅酸 (Citronellic acid)，屬於無環單萜化合物，3 號碳有手性中心，化學式 $C_{10}H_{18}O_2$，密度 0.926g/cm^3、沸點 126°C@4mmHg，如圖 5-2-2-9 所示，爲無色至淡黃色透明液體，溶於乙醇，微溶於水，存在於天竺葵屬植物葉子中，有厚重花香與香茅香氣，對皮膚有刺激性，用於化妝品、乳製品、烘焙食物、非酒精飲料、冰品、糖果、布丁，也用於抗菌劑與芳香劑 [17, 19]。
   - 香茅酸／洛定酸 ((±)-Citronellic acid/Rhodinic acid)，CAS 502-47-6。CAS 57030-77-0 已經停用 [84]。

- 左旋香茅酸 ((S)-(-)-Citronellic acid)，CAS 2111-53-7[86]，IUPAC 名爲：(-)-(3S)-3,7-Dimethyloct-6-enoic acid。
- 右旋香茅酸 ((R)-(+)-Citronellic acid)，CAS 18951-85-4[86]，IUPAC 名爲：(+)-(3R)-3,7-Dimethyloct-6-enoic acid。

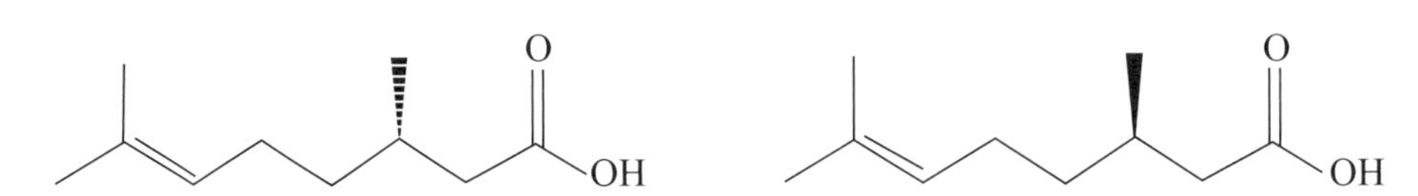

圖5-2-2-9　由左至右：左旋香茅酸、右旋香茅酸化學式

10. 棕櫚酸／十六烷酸／軟酯酸 (Palmitic acid/Hexadecanoic acid)，爲飽和脂肪酸，化學式 $C_{16}H_{32}O_2$，密度 0.852g/cm^3、熔點 62.9°C、沸點 352°C，如圖 5-2-2-10 所示，爲白色結晶固體，溶於乙醇、氯仿，微溶於水和乙醚，以甘油酯的形式普遍存在於動植物油脂中，在自然界分布很廣，包括棕櫚油、牛油、乳酪、牛奶、肉類及多種植物油，母乳中含量亦相當豐富。棕櫚酸酯是抗氧化劑，常加入脫脂牛奶中以穩定維生素 A[5]。
    - 棕櫚酸／十六烷酸／軟酯酸 (Palmitic acid/Hexadecanoic acid/Cetostearic acid)，CAS 57-10-3，IUPAC 名爲：Hexadecanoic acid。CAS 116860-99-2, 60605-23-4, 66321-94-6, 212625-86-0 已經停用 [84]。
    - 異棕櫚酸 (Isopalmitic acid/Isohexadecanoic acid/Isocetic acid)，CAS 32844-67-0，IUPAC 名爲：Isohexadecanoic acid。CAS 68199-95-1, 70518-67-1 已經停用 [84]。
    - 其他飽和脂肪酸有：葡萄花酸 (C7)、月桂酸 (C12)、肉豆蔻酸 (C14)、珠光酯酸 (C17)、硬酯酸 (C18)、花生酸 (C20)。

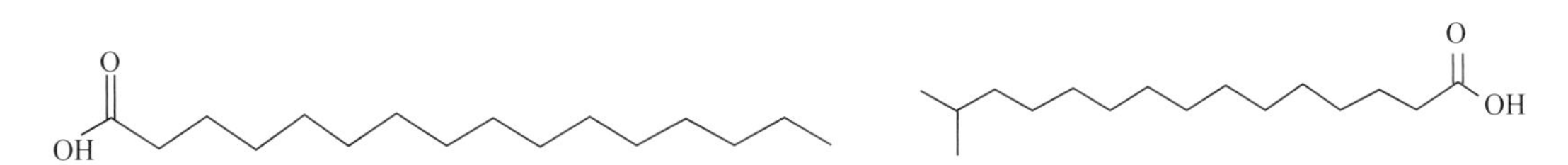

圖5-2-2-10　由左至右：棕櫚酸／十六烷酸、異棕櫚酸化學式

11. 普魯士酸／氫氰酸 (Prussic acid/Hydrogen cyanide)，化學式 HCN，密度 0.6876g/cm^3、熔點 -13.29°C、沸點 26°C，如圖 5-2-2-11 所示。普魯士酸／氫氰酸最早是從普魯士藍提取，爲無色氣體或淡藍色液體，易溶於水，有弱酸性、易燃，具有淡淡的杏仁味，天然存在於櫻桃、杏、蘋果和苦杏仁等植物中，有些馬陸／千足蟲也會釋出氫氰酸作爲防禦機制，接觸眼睛或皮膚會造成灼傷，吸入則有致命劇毒 [5]，是聚合物和藥品等化合物的重要前體，用於製造氰化鉀、己二腈，也用於塑膠材料和採金銀礦 [61]。
    - 普魯士酸／氫氰酸 (Prussic acid/Hydrogen cyanide/Formic anammonide/Formonitrile/Carbon hydride nitride)，CAS 74-90-8，IUPAC 名爲：Hydridonitridocarbon。CAS 341972-31-4,

191234-22-7 已經停用 [84]。

$H-C\equiv N$

圖5-2-2-11　普魯士酸／氫氰酸化學式

12.阿魏酸 (Ferulic acid)，屬於一種羥基苯丙烯酸，化學式 $C_{10}H_{10}O_4$、密度 1.316g/cm^3、熔點 168-172°C、沸點 372.3°C[5]，如圖 5-2-2-12 所示，順式阿魏酸爲黃色油狀液體，反式阿魏酸爲針狀固體結晶，溶於乙醇、乙醚和丙酮，可溶於熱水，微溶於冷水，阿魏酸是存在於植物細胞壁的一種酚類化合物 [5]，天然存在於阿魏、川芎等植物中，可以被小腸吸收，通過尿液排出體外 [12]。

- 阿魏酸 (Ferulic acid/Coniferic acid)，CAS 1135-24-6。CAS 1356408-74-6 已經停用 [84]。
  - ➢ 順式阿魏酸 ((Z)-Ferulic acid/cis-Ferulic acid)，CAS 1014-83-1，IUPAC 名爲：(2Z)-3-(4-Hydroxy-3-methoxyphenyl)prop-2-enoic acid。
  - ➢ 反式阿魏酸 ((E)-Ferulic acid/trans-Ferulic acid/Fumalic)，CAS 537-98-4，IUPAC 名爲：(2E)-3-(4-Hydroxy-3-methoxyphenyl)prop-2-enoic acid。
- 異阿魏酸 (Isoferulic acid/Hesperetic acid/4-o-Methylcaffeic acid)，CAS 537-73-5。
  - ➢ 反式異阿魏酸 ((E)-Isoferulic acid/trans-Isoferulic acid)，CAS 25522-33-2，IUPAC 名爲：(2E)-3-(3-Hydroxy-4-methoxyphenyl)-2-propenoic acid。

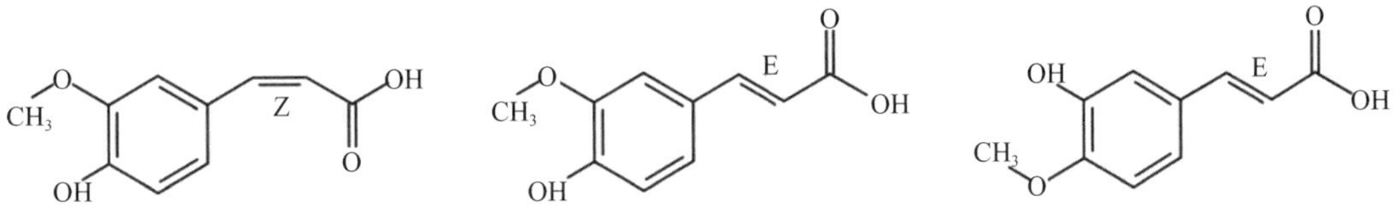

圖5-2-2-12　由左至右：順式阿魏酸、反式阿魏酸、反式異阿魏酸化學式

13.蘇門答剌樹脂酸 (Sumaresinolic acid)，爲三萜酸，化學式 $C_{30}H_{48}O_4$、密度 1.14g/cm^3、熔點 285-289°C、沸點 585°C，如圖 5-2-2-13 所示，爲白色至淡黃色固體，不溶於水，天然存在於布紋吊鐘花、越南安息香等植物中 [11]。

- 蘇門答剌樹脂酸 (Sumaresinolic acid)，CAS 559-64-8[12, 86]，IUPAC 名爲：(3β,6β)-3,6-Dihydroxyolean-12-en-28-oic acid/(4aS,6aR,6aS,6bR,8R,8aR,10S,12aR,14bS)-8,10-Dihydroxy-2,2,6a,6b,9,9,12a-heptamethyl-1,3,4,5,6,6a,7,8,8a,10,11,12,13,14b-tetradecahydropicene-4a-carboxylic acid。

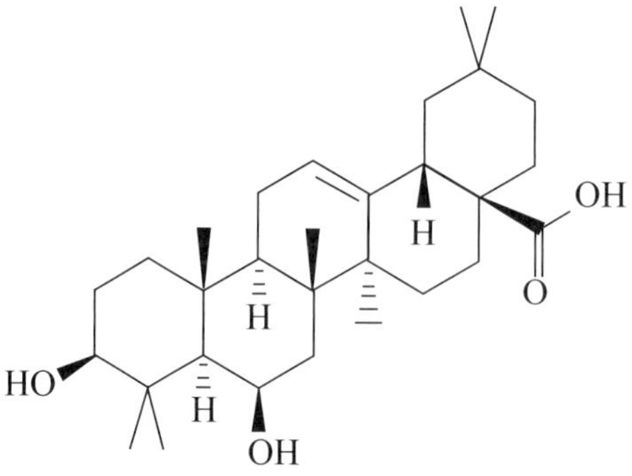

圖5-2-2-13　蘇門答剌樹脂酸化學式

14.樺木酸／白樺脂酸 (Betulinic acid/Mairin)，是天然的羽扇豆烷型五環三萜化合物，化學式 $C_{30}H_{48}O_3$、密度 1.069g/cm^3、熔點 295-298°C、沸點 548.1°C，如圖 5-2-2-14 所示，難溶於水 (0.2mg/L)，存在於迷迭香、印度棗、夏枯草、盾籽穗葉藤、鈎枝藤和柿樹屬植物中。白樺酯醇可轉化為白樺脂酸，其生物活性更強，具有抗瘧疾、抗發炎功效，以及抗逆轉錄病毒和抗癌活性[5, 20, 35]。

- 樺木酸／白樺脂酸 (Betulinic acid/Mairin)，CAS 472-15-1。
  - ➢ 右旋樺木酸／右旋白樺脂酸 ((+)-Betulinic acid)，CAS 472-15-1，IUPAC 名為：3*β*-Hydroxylup-20(29)-en-28-oic acid。CAS 853271-91-7, 1192133-35-9, 1192133-65-5, 2088830-43-5 已經停用[84]。
- 樺木烯醇 (Betulenol)，請參考 2-2-2-14。
- 樺腦／樺木腦／白樺酯醇 (Betulin/Betulinol/Trochol/Betuline)，請參考 2-2-3-6。

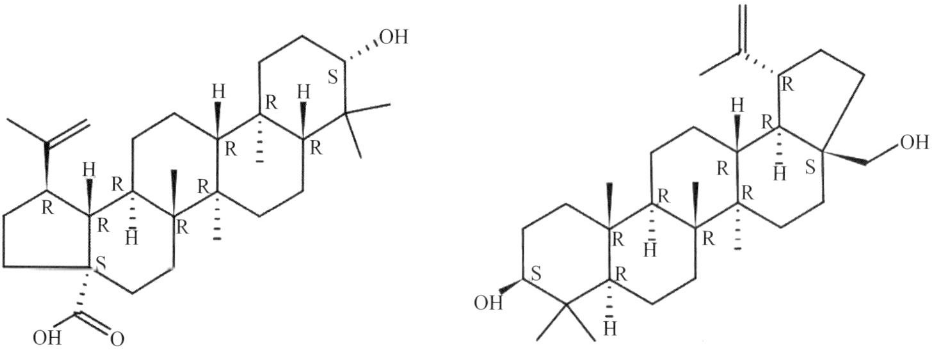

圖5-2-2-14　由左至右：樺木酸／白樺脂酸、樺腦／樺木腦／白樺酯醇化學式

15.羊酯酸／正辛酸 (Octanoic acid/n-Caprylic acid)，化學式 $C_8H_{16}O_2$、密度 0.91g/cm^3、熔點 16℃、沸點 239.7℃，如圖 5-2-2-15 所示，為飽和脂肪酸，無色透明油狀液體，溶於乙醇、苯、乙醚等溶劑，微溶於熱水，有著類似汗臭或腐臭的氣味，天然存在於蘋果、肉

豆蔻、西藏柏木、日本柳杉等植物中，以及小麥麵包、椰子油、棕櫚仁油、檸檬葉油、羊毛酯、哺乳動物的乳汁中，也存在於各種菸葉的煙氣，常用於染料、酯類香料、藥物、增塑劑、潤滑劑、防腐劑、殺菌劑等產品[4, 12]。

- 羊酯酸／正辛酸 (Octanoic acid/n-Caprylic acid)，CAS 124-07-2，IUPAC 名爲：Octanoic acid。
- 異羊酯酸 (Isocaprylic acid/6-Methylheptanoic acid)，CAS 929-10-2，IUPAC 名爲：6-Methylheptanoic acid。
- 羊酯酸名稱是從拉丁文山羊 (capra) 而來，山羊奶的脂肪酸有 15% 是由己酸 (C6)、辛酸 (C8) 和癸酸 (C10) 構成[5, 61]。

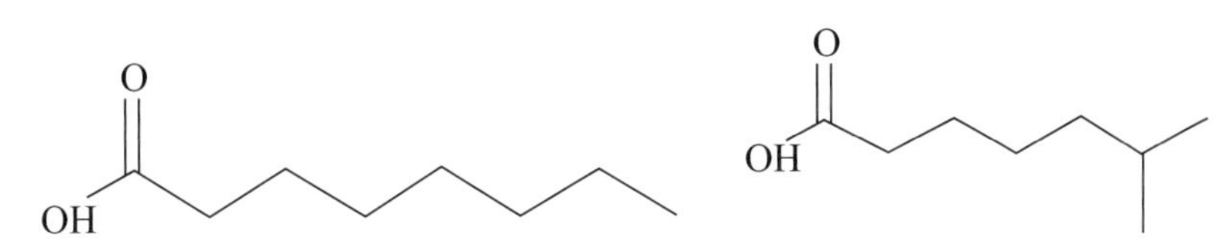

圖5-2-2-15　由左至右：羊酯酸、異羊酯酸化學式

16. 廣木香酸／木香酸 (Costic acid/Costussaeure)，化學式 $C_{15}H_{22}O_2$、密度 1.04g/cm^3、熔點 87-88°C、沸點 362.9°C，略溶於水[12]，從植物黏膠木黴 (Dittrichia viscosa) 中分離而出，對寄生蟲表現出強大的體內殺蟎活性，對人體沒有毒性，用於西方蜜蜂／歐洲蜜蜂 (Apis mellifera) 的寄生蟲瓦蟎的控制。瓦蟎 (Varroa destructor) 是蜜蜂的體外寄生蟲，長約 1 毫米，嚴重危害西方蜜蜂[4, 5]。
    - 廣木香酸／木香酸 (Costic acid/Costussaeure)，CAS 3650-43-9。
        - ➢ α- 廣木香酸 (α-Costic acid/α-Costussaeure)，CAS 28399-17-9，IUPAC 名爲：(2R,4aR,8aR)-1,2,3,4,4a,5,6,8a-Octahydro-4a,8-dimethyl-α-methylene-2-naphthaleneacetic acid。
        - ➢ β- 廣木香酸 (β-Costic acid/β-Costussaeure)，CAS 3650-43-9，IUPAC 名爲：(2R,4aR,8aS)-Decahydro-4a-methyl-α,8-bis(methylene)-2-naphthaleneacetic acid。
    - 異廣木香酸／異木香酸 (Isocostic acid)，CAS 69978-82-1[11, 86]，IUPAC 名爲：(2R,4aR)-1,2,3,4,4a,5,6,7-Octahydro-4a,8-dimethyl-α-methylene-2-Naphthaleneacetic acid。
    - 土木香酸 (Alantic acid) 和廣木香酸 (Costic acid) 中文名稱接近，是不同的化合物。

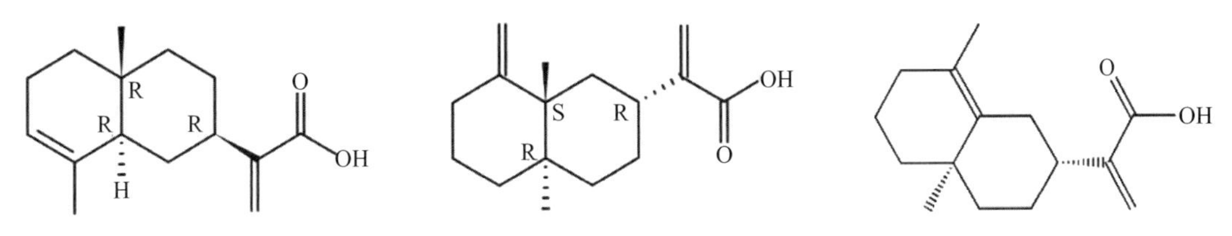

圖5-2-2-16　由左至右：α-廣木香酸、β-廣木香酸、異廣木香酸化學式

17. 油酸 (Oleic acid)，是自然界中最常見的單元不飽和脂肪酸（18:1, ω-9/18:1, n-9，意思是油酸分子有 18 個碳，有一個雙鍵，雙鍵位置在甲基端算起第 9 個碳），化學式 $C_{18}H_{34}O_2$、密度 0.895g/cm^3、熔點 13-14°C、沸點 360°C，爲無色至淡黃色的油狀液體，溶於乙醇，不溶於水。油酸是人體脂肪中含量最高的脂肪酸，在人體的含量僅次於棕櫚酸。橄欖油的主要成分是油酸的三酸甘油酯，有游離油酸的橄欖油不能食用。山核桃油、菜籽油、花生油、澳洲堅果油、葵花籽油、葡萄籽油、芝麻油都含有大量油酸 [5, 61]。

- 油酸 (Oleic acid)，CAS112-80-1。
  - ➢ 順式油酸 ((Z)-Oleic acid/cis-Oleic acid/(9Z)-9-Octadecenoic acid/cis-Δ^9-Octadecenoic acid/cis-9-Octadecenoic acid)，CAS 112-80-1，IUPAC 名爲：(9Z)-Octadec-9-enoic acid。CAS 8046-01-3, 17156-84-2, 56833-51-3, 949900-16-7, 1190712-11-8, 1190965-71-9, 1380514-02-2, 2252262-80-7 已經停用 [84]。
  - ➢ 反式油酸 (E)-Oleic acid/trans-Oleic acid/(9E)-9-Octadecenoic acid/trans-Δ^9-Octadecenoic acid/Elaidinic acid)，CAS 112-79-8，IUPAC 名爲：(9E)-Octadec-9-enoic acid。
    - ✓ 反式油酸／反油酸 (Elaidic acid)，是油酸的雙鍵反式異構體，微量存在於山羊奶、牛奶以及肉類食品中。

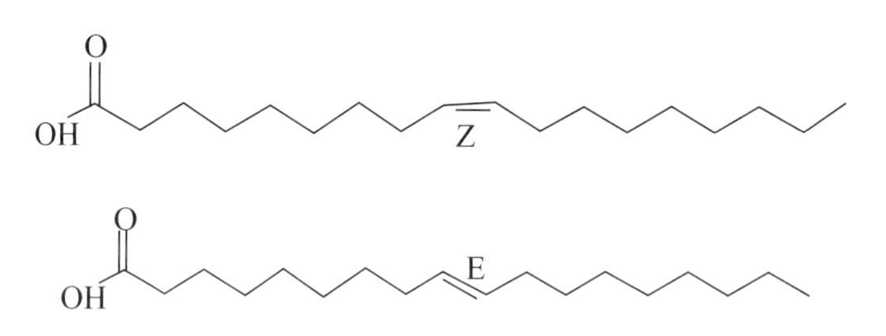

圖5-2-2-17　由左至右：順式油酸、反式油酸化學式

18. 檀香酸 (Santalic acid)，化學式 $C_{15}H_{22}O_2$，化學式 $C_{15}H_{22}O_2$、沸點 181°C @1Torr，爲紅色結晶固體 [5]，是一種香料成分，微溶於水 (0.015g/L)，天然存在於檀香等植物中 [11, 35]。

- β- 檀香酸 (β-Santalic acid)，CAS 73590-17-7，IUPAC 名爲：(2Z)-2-Methyl-5-{2-methyl-3-methylidenebicyclo[2.2.1]heptan-2-yl}pent-2-enoic acid。
- 檀香精油中含有檀香醇 (Santalol, 2-2-2-6)、檀烯／檀萜烯 (Santene, 2-1-1-14)、檀香烯／檀香萜 (Santalene, 2-1-2-25)、檀香酸 (Santalic acid, 5-2-2-18)、檀萜烯酮 (Santenone)、檀萜烯酮醇 (Santenone alcohol)、檀油酸 (Teresantalic acid)、紫檀萜醛 (Santalal/Santal aldehyde) 等成分 [40, 56]。

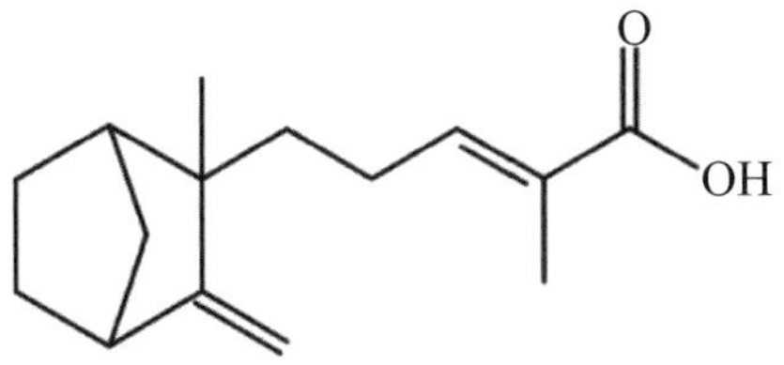

圖5-2-2-18 順式-β-檀香酸化學式

19. 鄰氨基苯甲酸／氨茴酸／2- 氨基苯甲酸 (Anthranilic acid)，爲芳香族酸，同時具有酸性和鹼性官能團，也算是氨基酸，是色胺酸的生物合成前體，化學式 $C_7H_7NO_2$、密度 1.412g/cm^3、熔點 147°C、沸點 200°C（昇華），爲白色至黃色單斜晶系的結晶固體，有些結構有摩擦熱發光的螢光特性，沒有香氣、有甜味，極易溶於氯仿、吡啶，可溶於乙醇、乙醚、乙基醚，微溶於三氟乙酸與苯，可溶於水 (5.72g/L@25°C)，工業是偶氮染料的中間物，用於纖維的染色和印花，以及油漆、塑膠、橡膠的著色。鄰氨基苯甲酸／氨茴酸是美國毒品管制的一級化學品，被用於製造興奮性的毒品[5, 61]。
   - 鄰氨基苯甲酸／氨茴酸／2-氨基苯甲酸(Anthranilic acid/o-Anthranilic acid/o-Carboxyaniline)，CAS 118-92-3，IUPAC 名爲：2-Aminobenzoic acid。
   - 間氨基苯甲酸 (m-Anthranilic acid/m-Carboxyaniline)，CAS 99-05-8，IUPAC 名爲：3-Aminobenzoic acid。CAS 915120-54-6, 1190921-66-4 已經停用[84]。
   - 對氨基苯甲酸 (p-Anthranilic acid/p-Carboxyaniline)，CAS 150-13-0，IUPAC 名爲：4-Aminobenzoic acid。
   - 鄰胺苯甲酸甲酯 (Methyl anthranilate)，請參考 4-1-2-11。

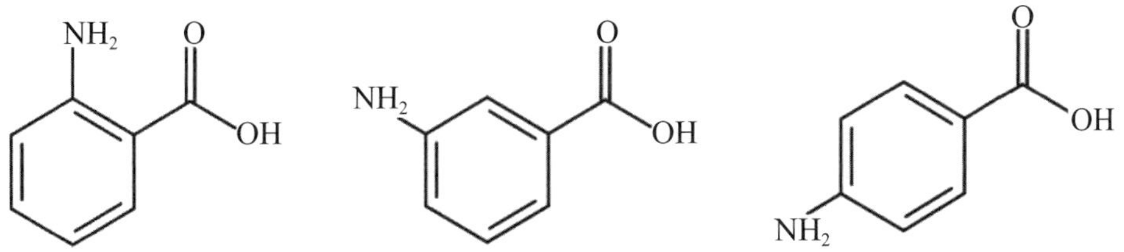

圖5-2-2-19 由左至右：鄰氨基苯甲酸／氨茴酸、間氨基苯甲酸、對氨基苯甲酸化學式

20. 蒜氨酸 (Alliin)，屬於亞碸化合物，是一種 α- 氨基酸，化學式 $C_6H_{11}NO_3S$、密度 1.35g/cm^3、熔點 165°C、沸點 416°C，爲白色固體，易溶於水 (25g/L@25°C)，不溶於乙醇、氯仿、丙酮、乙醚和苯，存在於大蒜等植物中，對黏膜和上呼吸道有刺激性，吸入可能有害，具有抗腫瘤、抗菌、抗病毒、協同降血壓、清除自由基、保肝護肝及抗糖尿病等功效[4, 5, 11, 20]。
   - 蒜氨酸 (Alliin)，CAS 556-27-4。CAS 23358-38-5 已經停用[84]。
     - ➢ 右旋蒜氨酸 ((+)-l-Alliin)，CAS 556-27-4，IUPAC 名爲：(+)-3-[(S)-Prop-2-ene-1-sulfinyl]-

L-alanine/(2R)-2-Amino-3-[(S)-prop-2-enylsulfinyl]propanoic acid。

- 大蒜素 (Allicin)，請參考 5-2-3-6。

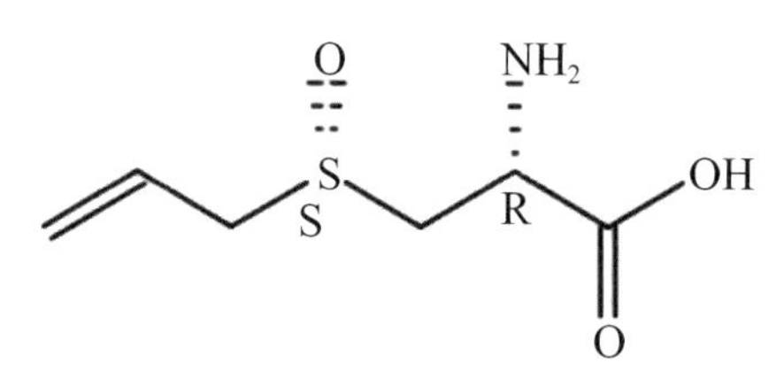

圖5-2-2-20　蒜氨酸化學式

21. 茉莉酸 (Jasmonic acid/Jasmonate)，化學式 $C_{12}H_{18}O_3$、密度 1.061g/cm^3、沸點 358.1°C，略溶於水 (0.92 g/L)，為無色透明液體，旋光度 [α]D -83.5, c= 0.97, $CHCl_3$）（比旋光度 α 符號中，D 是指鈉燈光波，負號是指左旋，c 是溶劑濃度 g/ml），天然存在於茉莉、紅淡比（茶科紅淡比屬）等植物中。茉莉等植物被昆蟲攻擊時釋放茉莉酸，活化蛋白酶抑制劑，阻止昆蟲消化酶的產生，降低其營養吸收。茉莉酸可作為種子處理劑以刺激植物的天然抗蟲害防禦力 [5, 11, 35]。
    - 茉莉酸 (Jasmonic acid/Jasmonate)，CAS 6894-38-8。
        - 左旋順式茉莉酸 ((-)-Jasmonic acid/(1R,2R)-Jasmonic acid)，CAS 6894-38-8，IUPAC 名為：{(1R,2R)-3-Oxo-2-[(2Z)-pent-2-en-1-yl]cyclopentyl} acetic acid。
    - 茉莉酸甲酯／甲基茉莉酮酸酯 (Methyl jasmonate)，請參考 4-1-1-10。

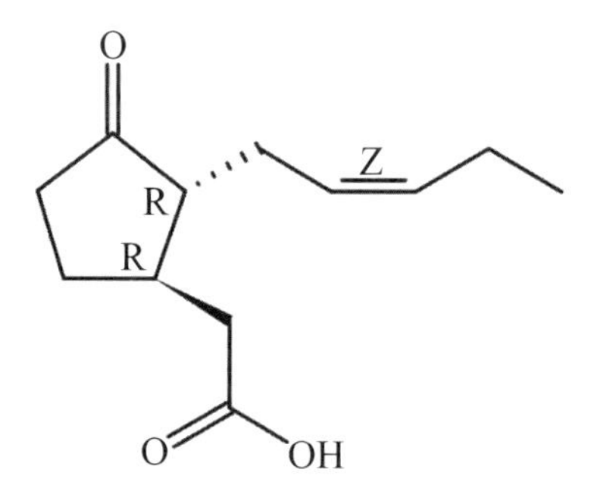

圖5-2-2-21　茉莉酸化學式

22. 草木樨酸／鄰羥薰草酸／鄰羥氫桂皮酸 (Melilotic acid/Melilotate/o-Hydrocoumaric acid)，化學式 $C_9H_{10}O_3$、密度 1.3g/cm^3、熔點 82-83°C、沸點 335.9°C，為白色至淡黃色結晶粉末，可溶於水 (2.76 g/L)，天然存在於肉桂、錫蘭肉桂、山桑子／黑果越橘／歐洲藍莓等植物，以及草藥、香料、豆類、甜菜塊根中，會造成皮膚與呼吸道刺激，以及眼睛嚴重刺激，對環境可能有危害，對水體應特別注意，為人類、細菌、真菌和植物等的異生物／外來物質代謝物 [11, 12, 35, 35]。

- 草木樨酸／鄰羥薰草酸／鄰羥氫桂皮酸 (Melilotic acid/Melilotate/o-Hydrocoumaric acid)，CAS 495-78-6，IUPAC 名爲：3-(2-Hydroxyphenyl)propanoic acid。

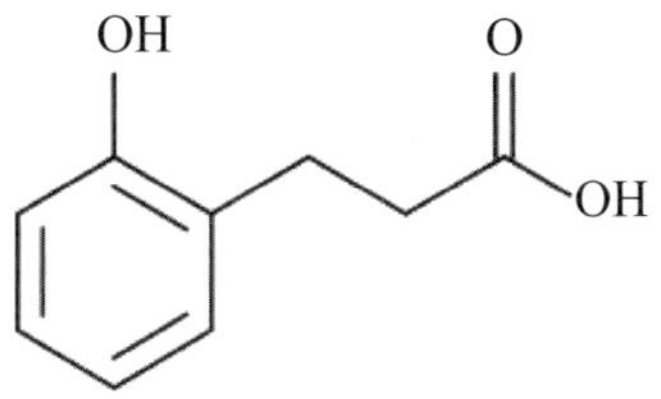

圖5-2-2-22　草木樨酸／鄰羥薰草酸／鄰羥氫桂皮酸／3-(2-羥苯基）丙酸化學式

23.鄰香豆酸／鄰羥基肉桂酸／2- 羥基肉桂酸 (Orthocoumaric acid/o-Coumaric acid/2-Hydroxy Cinnamic Acid)，常見的爲 (E) 反式，有間位 (m-) 與對位 (p-) 異構物，化學式 $C_9H_8O_3$、密度 1.3g/cm^3、熔點 217°C、沸點 348.0°C，常溫下爲灰白色至米黃色結晶粉末，溶於乙醇，可溶於水 (1.15g/L)，天然存在於玉米、硬粒小麥／杜蘭小麥、油橄欖、西洋梨、椰棗／海棗、薑黃、芝麻、月見草／待宵草、豌豆、德國洋甘菊、錫蘭肉桂、蔓澤蘭屬植物以及葡萄酒和食用醋中，廣泛用於烘焙食品、乳製品、糖果等產品，以及酒精與非酒精飲料 [5, 11, 12, 19]。

- 鄰香豆酸 (o-Coumaric acid/2-Coumaric acid)，CAS 583-17-5。
  - 順式鄰香豆酸 ((Z)-o-Coumaric acid/cis-o-Coumaric acid)，CAS 495-79-4，IUPAC 名爲：(2Z)-3-(2-Hydroxyphenyl)-2-propenoic acid。
  - 反式鄰香豆酸 ((E)-o-Coumaric acid/trans-o-Coumaric acid)，CAS 614-60-8，IUPAC 名爲：(2E)-3-(2-Hydroxyphenyl)-2-propenoic acid。
- 間香豆酸 (m-Coumaric acid/3-Coumaric acid)，CAS 588-30-7。
  - 順式間香豆酸 ((Z)-m-Coumaric acid/cis-m-Coumaric acid)，CAS 25429-38-3，IUPAC 名爲：(2Z)-3-(3-Hydroxyphenyl)-2-propenoic。
  - 反式間香豆酸 (((E)-m-Coumaric acid/trans-m-Coumaric acid)，CAS 14755-02-3，IUPAC 名爲：(2E)-3-(3-Hydroxyphenyl)-2-propenoic。
- 對香豆酸 (p-Coumaric acid/4-Coumaric acid)，CAS 7400-08-0。
  - 順式對香豆酸 ((Z)-p-Coumaric acid/cis-p-Coumaric acid)，CAS 4501-31-9，IUPAC 名爲：(2Z)-3-(4-Hydroxyphenyl)-2-propenoic。
  - 反式對香豆酸 (((E)-p-Coumaric acid/trans-p-Coumaric acid)，CAS 501-98-4，IUPAC 名爲：(2E)-3-(4-Hydroxyphenyl)-2-propenoic。

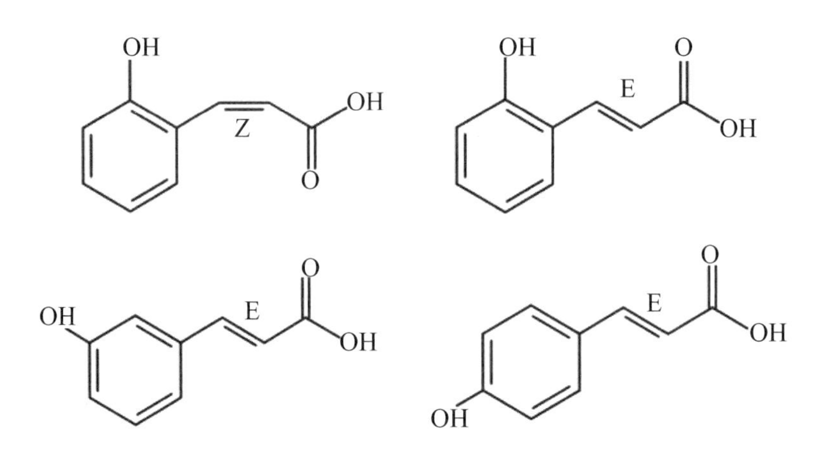

圖5-2-2-23　上排由左至右：順式鄰香豆酸、反式鄰香豆酸；下排由左至右：反式間香豆酸、反式對香豆酸化學式

24.庚酸／葡萄花酸 (Enanthic acid/Heptanoic acid)，化學式 $C_7H_{14}O_2$、密度 0.92g/cm^3、熔點 -10.5°C、沸點 222.6°C，爲無色至淡黃色透明液體，溶於乙醇、乙醚，可溶於水 (2.8g/L)，有脂肪酸的氣味，不純時有惡臭，人體吸收會中毒，對眼睛、皮膚、上呼吸道黏膜有強烈刺激，吸入會引起喉嚨和支氣管發炎、痙攣以及肺水腫。庚酸／葡萄花酸用於烘焙食品、乳製品、糖果等產品，爲重要的有機合成中間體，用於合成香料、醫藥、潤滑劑、增塑劑的原料，也用於製備庚酸酯香料以及抗黴菌藥 [5, 12, 19]。

- 庚酸／葡萄花酸 (Enanthic acid/Heptanoic acid/Oenanthic acid)，CAS 111-14-8，IUPAC 名爲：Heptanoic acid。CAS 2243153-85-5 已經停用 [84]。

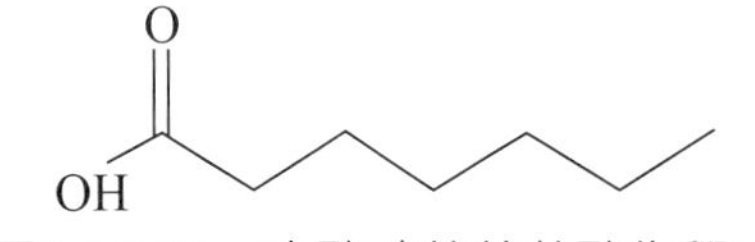

圖5-2-2-24　庚酸／葡萄花酸化學式

25.鹼苔色酸／扁枝衣二酸／煤地衣酸 (Evernic acid)，化學式 $C_{17}H_{16}O_7$、密度 1.391g/cm^3、熔點 166-167°C、沸點 531.8°C，爲針狀結晶固體，溶於乙醇、乙醚，微溶於熱水（冷卻後有沉澱），微溶於冷水 (4.404mg/L@25°C)，天然存在於長松蘿、肉疣衣等植物中，是地衣產生的次級代謝物，是常見的地衣過敏原，可作爲抗菌和抗瘧原蟲的藥物，有治療和預防功效，用於刮鬍膏、化妝品、香料和香水等產品 [4, 5, 12, 19]。

- 鹼苔色酸／扁枝衣二酸／煤地衣酸 (Evernic acid)，CAS 537-09-7，IUPAC名爲：2-Hydroxy-4-(2-hydroxy-4-methoxy-6-methylbenzoyl)oxy-6-methylbenzoic acid。

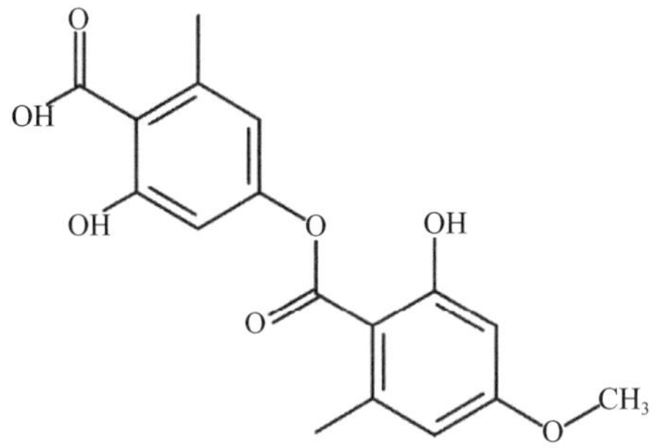

圖5-2-2-25　醯苔色酸／扁枝衣二酸／煤地衣酸化學式

26. 松蘿酸／d- 松蘿酸／d- 地衣酸 (d-Usnic acid/Usneine/Usniacin)，是二苯並呋喃衍生物，在自然界中松蘿酸以 d-、l- 和外消旋體的形式存在，化學式 $C_{18}H_{16}O_7$、密度 1.5g/cm^3、熔點 202°C、沸點 638.2°C，旋光度 [α]16D +509.4°, c=0.697, 氯仿（比旋光度 α 符號中，D 是指鈉燈光波，16 是指檢測溫度 °C，正號是指右旋，c 是溶劑濃度 g/ml)，爲淡黃色針狀結晶固體，溶於乙醇，微溶於水，天然存在於松蘿、紅茶菌／康普茶、非地衣型子囊菌和幾種地衣中，是有效的抗生素，具有抗病毒、抗原蟲、抗有絲分裂、抗發炎和鎮痛的活性，松蘿酸保健食品也被用於減肥，但缺乏科學證據支持。松蘿酸用於面霜、牙膏、漱口水、除臭劑、洗髮水、防曬乳液等產品 [5, 11, 12, 19]。
   - 松蘿酸／d- 松蘿酸／d- 地衣酸 (d-Usnic acid/Usneine/Usniacin)，CAS 7562-61-0，IUPAC 名爲：(9bR)-2,6-Diacetyl-7,9-dihydroxy-8,9b-dimethyldibenzo[b,d] furan-1,3(2H,9bH)-dione。CAS 1414-34-2 已經停用 [84]。
   - 黑茶漬素／荔枝素／巴美靈 (Atranorin/Parmelin/Usnarin)，請參考 5-2-3-19。

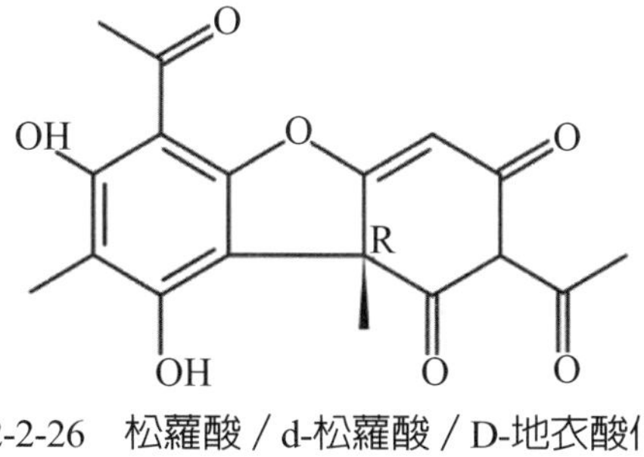

圖5-2-2-26　松蘿酸／d-松蘿酸／D-地衣酸化學式

27. 肉豆蔻酸／十四烷酸 (Myristic acid/Tetradecanoic acid/Crodacid)，是 14 碳的飽和脂肪酸，化學式 $C_{14}H_{28}O_2$、密度 0.852g/cm^3、熔點 54°C、沸點 326.2°C，爲白色至淡黃色蠟狀結晶固體或粉末，溶於無水乙醇、乙醚、氯仿，微溶於水 (22mg/L@30°C)，有蠟質或脂肪味，帶著淡淡的鳳梨和柑橘皮的香氣，沒有酸敗的味道，天然存在於義大利唐菖蒲、除虱草，以及多數動植物脂肪中，是大腸桿菌的代謝產物，在自然界以甘油酯形式存在於豆

蔻油 (70%-80%)、棕櫚油 (1%-3%)、椰子油 (17%-20%)、肉豆蔻黃油 (75%)、牛乳 (8%)、母乳 (8.6%) 中 [11, 12, 35]。

- 肉豆蔻酸／十四烷酸 (Myristic acid/Tetradecanoic acid/ Crodacid)，CAS 544-63-8，IUPAC 名為：1-Tetradecane carboxylic acid。CAS 45184-05-2 已經停用 [84]。

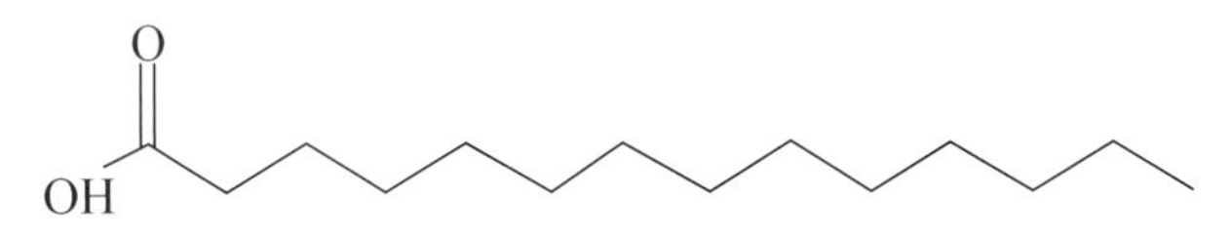

圖5-2-2-27　肉豆蔻酸／十四酸化學式

28. 丁酸／酪酸 (Butyric Acid)，化學式 $C_4H_8O_2$、密度 0.9528g/cm^3、熔點 -5.1°C、沸點 163.75°C，為無色油狀液體，有類似貓尿或嘔吐物的腐酸味，口味先辣後甜，與乙醚類似，可混溶於乙醇、乙醚，可與水混溶，毒性低，但高濃度接觸皮膚、眼睛或黏膜可能造成中度刺激，對金屬和生物組織有腐蝕性，具有作為人類尿液代謝物的作用，工業上用蔗糖或澱粉發酵製取，用於香料、藥品、皮革製程，以及萃取劑、脫鈣劑、殺菌劑、乳化劑等產品 [5, 12]。
    - 丁酸／酪酸 (Butyric acid/Ethylacetic acid)，CAS 107-92-6，IUPAC 名為：Butyric acid。
    - 異丁酸 (Isobutyric acid)，化學式 $C_4H_8O_2$、密度 0.9697g/cm^3、熔點 -47°C、沸點 155.2°C，為無色易燃液體，可混溶於乙醇、乙醚、氯仿、甘油、丙二醇等溶劑，可與水混溶，天然存在於香桃木、阿拉比卡咖啡／小果咖啡、角豆、香草、山金車等植物中，在巴豆油中以乙酯形式存在，有淡淡的酸敗奶油的氣味，對皮膚、黏膜、上呼吸道有強烈的刺激性，對金屬有腐蝕作用，屬低毒類，具有作為植物和水蚤代謝物的作用，用於製藥及食用香料 [5, 11, 12, 19]。
        - 異丁酸 (Isobutyric acid/Dimethylacetic acid/α-Methylpropionic acid/α-Isobutyric acid)，CAS 79-31-2，IUPAC 名為：2,2-Dimethylacetic acid。

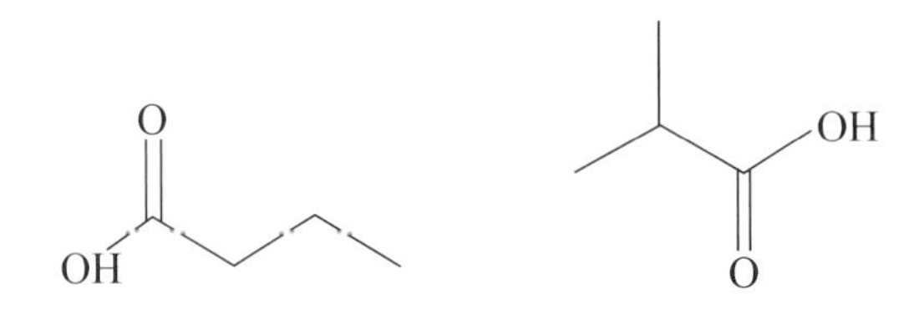

圖5-2-2-28　由左至右：丁酸／酪酸、異丁酸化學式

29. 己酸 (Caproic Acid/Hexanoic acid)，化學式 $C_6H_{12}O_2$、密度 0.923g/cm^3、熔點 -4°C、沸點 204.6°C，為無色或淡黃色油狀液體，能與乙醇、乙醚、丙酮、氯仿、苯等有機溶劑混溶，略溶於水，有類似羊或乳酪的辛酸氣味，天然存在於除虱草和白肉迷孔菌科植物，以及動物脂肪及油類中。銀杏果實難聞氣味就源於己酸，對眼睛、皮膚、黏膜和上呼吸

道有強烈刺激性，對環境可能有害，對水體應特別注意，用於調味料、糖果、烘焙食品、冷飲、乾酪、奶油等食用香料 [5. 11. 12. 19]。

- 己酸 (Caproic acid/Hexanoic acid/Butylacetic acid/Pentylformic acid)，CAS 142-62-1，IUPAC 名爲：1-Hexanoic acid。CAS 53896-26-7 已經停用 [84]。
- 異己酸 (Isocaproic acid/Isobutylacetic acid/Isohexanoic acid)，CAS 646-07-1，IUPAC 名爲：4-Methylpentanoic acid。CAS 1331-16-4, 1866-94-0, 38784-67-7 已經停用 [84]。

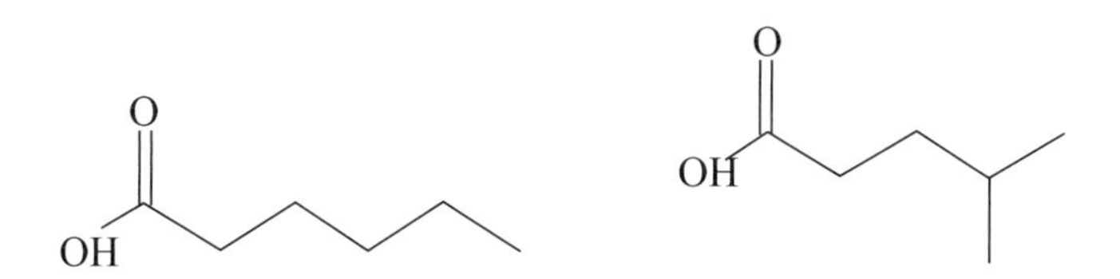

圖5-2-2-29　由左至右：己酸、異己酸化學式

30. 黃葵酸 (Ambrettolic acid)，爲 ω- 羥基長鏈脂肪酸，分子 7 號碳有 E/Z 異構物，化學式 $C_{16}H_{30}O_3$、密度 0.971g/cm^3、熔點 25°C、沸點 432.2°C，微溶於水 (4.5mg/L@25°C)，存在於香葵等秋葵屬植物中，不建議作爲香水或食品香料 [11. 19. 87]。
    - 黃葵酸 (Ambrettolic acid)，CAS 506-14-9[86]，IUPAC 名爲：16-Hydroxyhexadec-7-enoic acid。

圖5-2-2-30　黃葵酸化學式

31. 乳香酸 (Boswellic acid)，化學式 $C_{30}H_{48}O_3$、密度 1.09g/cm^3、熔點 α：151°C/β：238°C、沸點 β：556.02°C，爲結晶固體，不溶於水 (0.001876mg/L@25°C)，天然存在於齒葉乳香樹／印度乳香樹、紙皮乳香樹／蘇丹乳香、青錢柳等乳香屬植物中，β- 乳香酸有抗發炎、鎮痛、解熱、減輕關節炎、糖尿病、哮喘症狀和抑制血小板的功效，用於對抗腦瘤、白血病與結腸癌的藥物，在小鼠研究有保肝的作用 [5. 11]。
    - 乳香酸 (Boswellic acid)，CAS 631-69-6。
        - ➢ α- 乳香酸 (α-Boswellic acid)，CAS 471-66-9，IUPAC 名爲：(3α,4β)-3-Hydroxyolean-12-en-23-oic acid。
        - ➢ β- 乳香酸 (β-Boswellic acid)，CAS 631-69-6，IUPAC 名爲：(3α,4β)-3-Hydroxyurs-12-en-23-oic acid。CAS 1285527-37-8 已經停用 [84]。

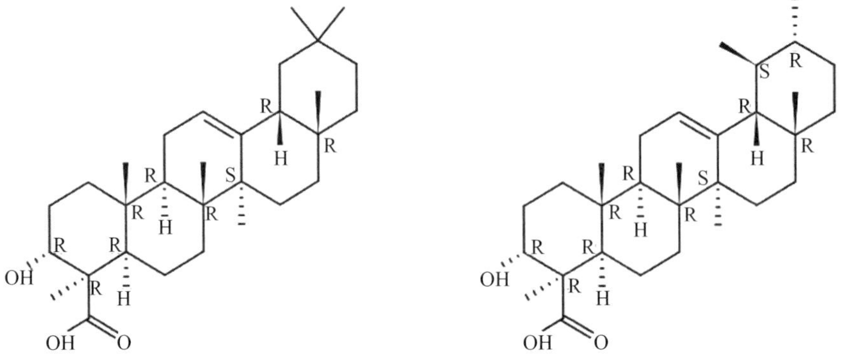

圖5-2-2-31　由左至右：α-乳香酸、β-乳香酸化學式

三、其他化合物

1. 金雀花素 (Scoparin/Scoparoside)，屬於苯並吡喃酮化合物，化學式 $C_{22}H_{22}O_{11}$、密度 1.649g/cm^3、熔點 253°C、沸點 781.6°C[12]，幾乎不溶於冷水、乙醚、氯仿、苯，溶於熱水、乙醇、甲醇、乙酸等溶劑，爲黃色結晶固體，存在於金雀花、補骨脂樹與其他豆科植物中[11]，用於醫藥，有利尿的功效[5]。
   - 金雀花素 (Scoparin/Scoparoside)，CAS 301-16-6[84, 86]，IUPAC 名爲：8-β-d-Glucopyranosyl-5,7-dihydroxy-2-(4-hydroxy-3-methoxyphenyl)-4H-1-benzopyran-4-one。

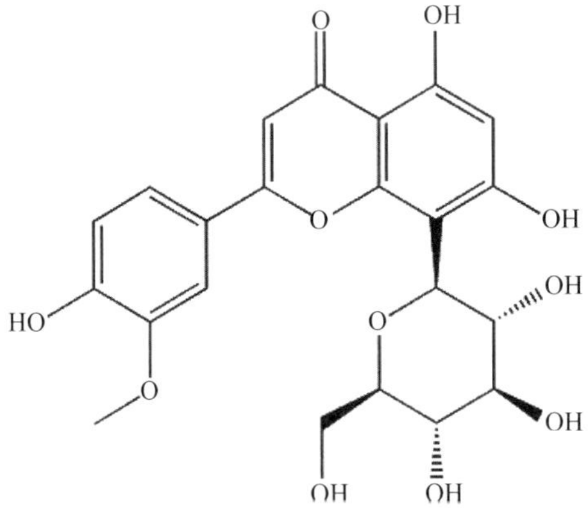

圖5-2-3-1　金雀花素化學式

2. 野靛鹼／金雀花鹼 (Cytisine/Sophorin/Laburnin)，化學式 $C_{11}H_{14}N_2O$、密度 1.0815g/cm^3、熔點 154-156°C、沸點 413.04°C[19]，爲淺黃色固體，可溶於水，天然存在於金鏈花等豆科金雀花屬植物中，種子具有毒性，臨床用於搶救反射性呼吸暫停、休克和新生兒窒息等病人，醫學上已被用於戒菸藥、急救藥、止咳藥[4, 5, 12, 61]。
   - 野靛鹼／金雀花鹼 (Cytisine/Sophorine/Laburnin/Baptitoxin/Cytiton/Tabex/Ulexin)，CAS 485-

35-8。

➢ 左旋野靛鹼 ((-)-Cytisine)，CAS 485-35-8，IUPAC 名為：(1R,5S)-1,2,3,4,5,6-Hexahydro-8H-1,5-methanopyrido[1,2-a][1,5]diazocin-8-one。CAS 3728-36-7, 1267572-93-9, 1932311-41-5, 1933793-08-8, 2308481-87-8 已經停用 [84]。

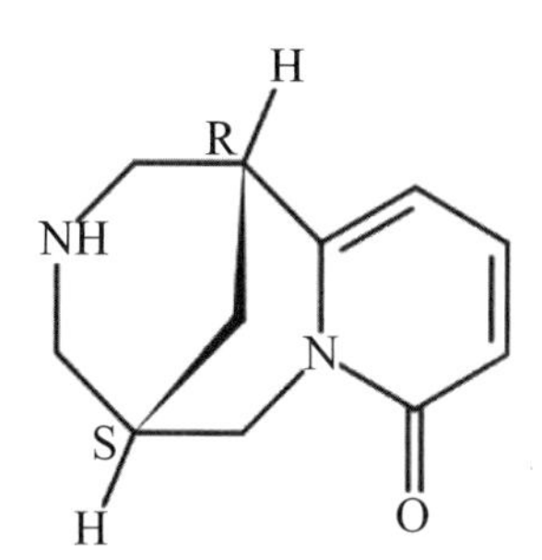

圖5-2-3-2　野靛鹼化學式

3. 鷹爪豆鹼 (Sparteine)，分子是一個四環 (tetracyclo) 結構，在 2、7 號碳與 10、15 號碳還有稠環，是從金雀花提取的生物鹼，是南美羽扇豆的主要成分 [5]，化學式 $C_{15}H_{26}N_2$、密度 1.08g/cm^3、熔點 30.5°C、沸點 325°C[11]，旋光度 [α]20D-16.5°, c = 10 , ethanol（比旋光度 α 符號中，D 是指鈉燈光波，20 是指檢測溫度 °C，負號是指左旋，c 是溶劑濃度 g/ml），為油狀黏稠液體，溶於乙醇、氯仿、乙醚等溶劑，微溶於水，存在於金雀花、黃羽扇豆、黑羽扇豆、披針葉野決明、白屈菜（罌粟科）的乳液以及梨樹屬和蠶豆屬植物中，具有植物代謝物的作用，有減慢心率、抑制心臟收縮力、降低心肌應激性與傳導性等功能，用於催產劑和抗心律失常劑。鷹爪豆鹼具有毒性，大劑量服用會引起嘔吐、腎臟刺激、心臟衰弱、抑制神經細胞和降低血壓，極端可能導致死亡 [4, 11]。

- 鷹爪豆鹼 (Sparteine/Lupinidin)，CAS 90-39-1。
  ➢ 左旋鷹爪豆鹼 (l-(-)-Spartein)，CAS 90-39-1，IUPAC 名為：(7S,7aR,14S,14aS)-Dodecahydro-7,14-methano-2H,6H-dipyrido[1,2-a:1',2'-e][1,5]diazocine。CAS 21156-83-2 已經停用 [84]。
- 異鷹爪豆鹼 (Isosparteine)。
  ➢ 左旋 -α- 異鷹爪豆鹼 ((-)-α-Isosparteine/Genisteine/α-Spartein)，CAS 446-95-7，IUPAC 名為：(7S,7aR,14S,14aR)-Dodecahydro-7,14-methano-2H,6H-dipyrido[1,2-a:1',2'-e][1,5]diazocine。CAS 492-05-7, 1399-44-6 已經停用 [84]。
  ➢ β- 異鷹爪豆鹼 (β-Isosparteine/β-Sparteine)，CAS 24915-04-6，IUPAC 名為：(7S,7aS,14S,14aS)-Dodecahydro-7,14-methano-2H,6H-dipyrido[1,2-a:1',2'-e][1,5]diazocine。CAS 14149-50-9 已經停用 [84]。
- 染料木素 (Genistein)，包括美國化學學會 (ACS) 的許多資料庫 [11, 61, 84] 將左旋 -α- 異鷹爪豆鹼 ((-)-α-Isosparteine/α-Spartein)，CAS 446-95-7，等同於染料木素。維基百科和 ACS 等資料庫 [5, 61, 84] 的染料木素是不同的化合物，CAS 446-72-0，世界各大資料庫的資料尚待整合。

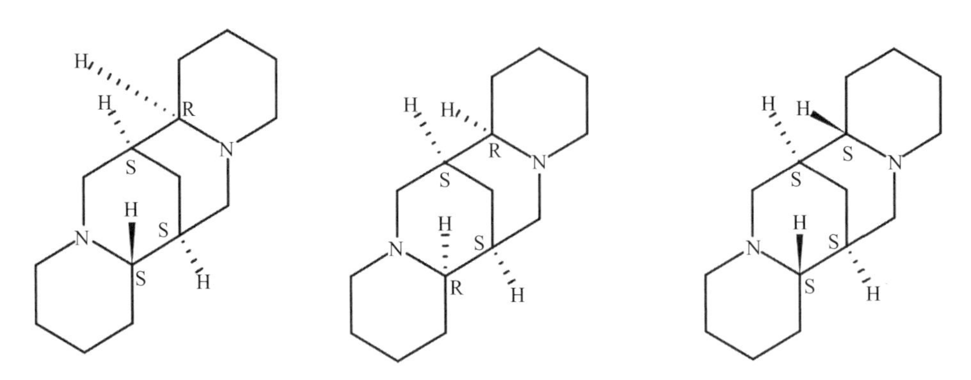

圖5-2-3-3　由左至右：左旋鷹爪豆鹼、左旋-α-異鷹爪豆鹼、β-異鷹爪豆鹼化學式

4. 染料木素／染料木黃酮 (Genistein)，化學式 $C_{15}H_{10}O_5$、密度 1.08g/cm^3、熔點 298°C、沸點 555°C[5, 12, 20, 66]，天然存在於豆腐、蠶豆、大豆、葛根和羽扇豆（白魯冰花）中，爲異黃酮化合物，是大豆異黃酮的主要活性因素，常作爲植物雌激素，預防絕經後婦女的心血管疾病，也用於血管生成抑制劑、生殖保護劑等。大豆異黃酮有抗氧化、抗溶血和抗眞菌等功能，能抑制白血病、骨質疏鬆、婦女更年期綜合症等疾病，對結腸癌、肺癌、胃癌具有抗腫瘤活性，尤其是對乳腺癌和前列腺癌有預防和治療的作用，並具有抗蠕蟲活性，可治療普通肝吸蟲、豬肉絛蟲和家禽絛蟲[4, 11]。
   - 染料木素／染料木黃酮／金雀異黃素 (Genistein/Genisterin/Genisteol/Prunetol/Sophoricol/Bonistein)，CAS 446-72-0，IUPAC 名爲：5,7-Dihydroxy-3-(4-hydroxyphenyl)chromen-4-one。CAS 944110-99-0 已經停用[84]。

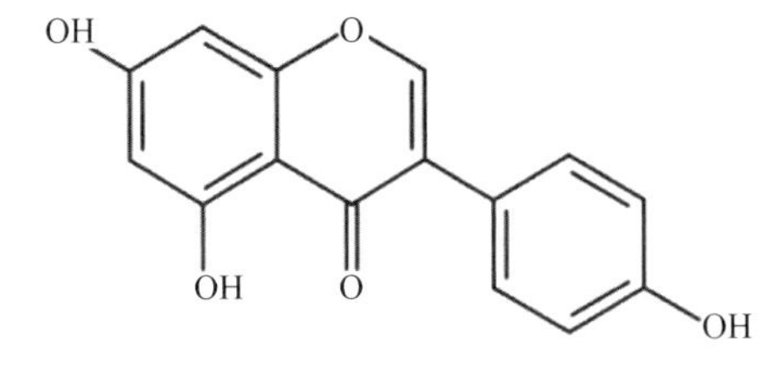

圖5-2-3-4　染料木素化學式

5. 布枯腦／地奧酚 (Buccocamphor/Diosphenol)，爲環狀單萜酮和烯醇類化合物，化學式 $C_{10}H_{16}O_2$、密度 0.9542g/cm^3、熔點 83°C、沸點 233°C，如圖 5-2-3-5 所示，溶於乙醇、乙醚、氯仿，微溶於水，天然存在於綠薄荷及各種布枯屬植物葉子中，爲植物代謝物[11, 66]，研究中用於治療冠心病。布枯精油爲深棕色液體，有強烈甘苦味，帶薄荷與樟腦的氣味，含布枯腦約 25-40%[4, 30]。
   - 布枯腦／地奧酚 (Buccocamphor/Diosphenol)，CAS 490-03-9，IUPAC 名爲：2-Hydroxy-3-

methyl-6-(propan-2-yl)cyclohex-2-en-1-one。

- 異地奧酚／ψ-地奧酚(Isodiosphenol/ψ-Diosphenol/Pseudodiosphenol)，是布枯腦的異構物。

➢ 異地奧酚／ψ-地奧酚(Isodiosphenol/ψ-Diosphenol/Pseudodiosphenol)，CAS 54783-36-7，IUPAC名爲：2-Hydroxy-6-methyl-3-propan-2-ylcyclohex-2-en-1-one

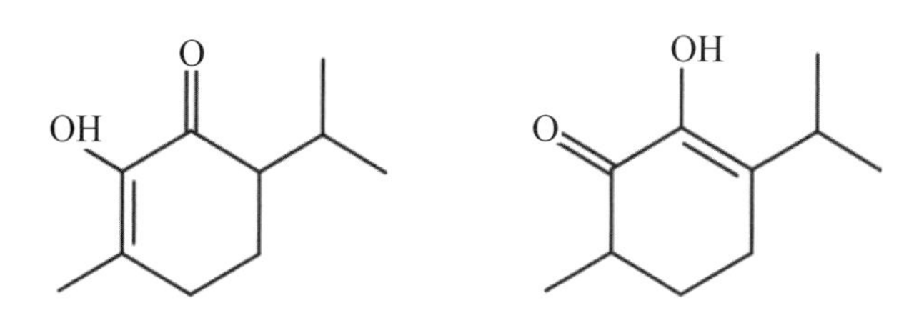

圖5-2-3-5　由左至右：地奧酚／布枯腦、異地奧酚／ψ-地奧酚化學式

6. 大蒜素(Allicin)，化學式$C_6H_{10}OS_2$、密度1.112g/cm^3、熔點<25°C、沸點248.60°C，爲無色至淡黃色透明油狀液體，溶於乙醇、乙醚、苯、氯仿等溶劑，可溶於水(6.13 g/L)[35, 41]，有強烈的大蒜味及辣味，存在於大蒜、洋蔥、夏香草、葛根和各種蔥族(Alliaceae)植物以及大魟／章魚中，是一種高效的天然抗菌和抗眞菌物質，能夠抑制多種微生物生長，其中包括抗抗生素菌株[5, 12]，用於抗菌藥、殺菌劑、殺蟲劑、飼料添加劑[5]。
   - 大蒜素(Allicin/Alliosan/Allimed)，CAS 539-86-6，IUPAC名爲：2-Propene-1-sulfinothioic acid S-2-propenyl ester。
   - 蒜氨酸(Alliin)，請參考5-2-2-20。

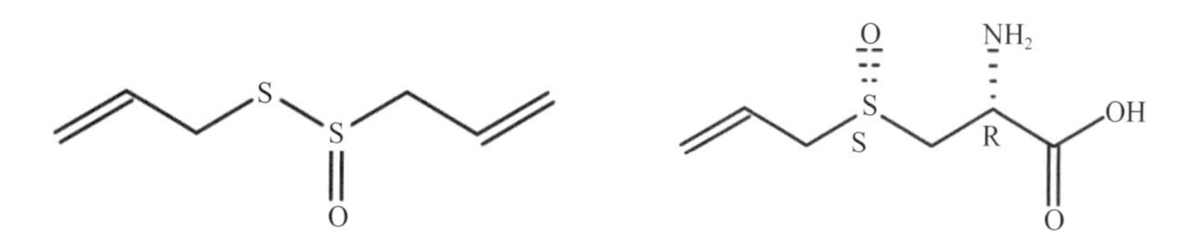

圖5-2-3-6　由左至右：大蒜素、蒜氨酸化學式

7. 烯丙基丙基二硫醚(Allylpropyl disulphide)，化學式$C_6H_{12}S_2$、密度0.984g/cm^3、熔點-15°C、沸點195-200°C，是揮發性淡黃色透明易燃液體，可溶於二乙醚、二硫化碳和氯仿，微溶於水(53.29mg/L @25°C)，有強烈刺激性的大蒜味，存在於大蒜、洋蔥、火蔥等植物中，用於食品添加劑和香料。洋蔥或大蒜切片時，洋蔥油會刺激眼睛，在大蒜或洋蔥煮熟後，洋蔥油會蒸發而失去辣味留下甜味，用於烘焙食品、穀片、乳酪、調味料、冰品、魚肉乳品、醬料、湯品等[5, 11, 19]。
   - 烯丙基丙基二硫醚(Allylpropyl disulphide)，CAS 2179-59-1，IUPAC名爲：1-(Prop-2-enyldisulfanyl)propane。

- 二烯丙基二硫醚 (Diallyl disulphide/DADS)，化學式 $C_6H_{10}S_2$、密度 1.01g/cm^3、80% 純度下沸點爲 138-139°C，爲淡黃色清澈液體，溶於脂肪、油酯、正己烷和甲苯，不溶於水，有著強烈蒜味。大蒜素／蒜素 (Allicin) 分解後可得到 DADS，對健康有好處，但也是一種皮膚刺激劑，可能會導致過敏。DADS 用於食品工業，以提升肉類、蔬菜和水果的口感 [5]。研究證實二烯丙基二硫醚 (DADS) 具有抗癌的活性 [58]。
  - ➢ 二烯丙基二硫醚 (Diallyl disulphide/Garlicin/DADS)，CAS 2179-57-9，IUPAC 名爲：3-(Prop-2-en-1-yldisulfanyl)prop-1-ene/4,5-Dithia-1,7-octadiene。
- 二烯丙基三硫醚／大蒜新素 (Diallyl trisulphide/Allitridin/DATS)，化學式 $C_6H_{10}S_3$、密度 1.135-1.170g/cm^3、沸點 229.5°C，爲淡黃色清澈液體，溶於乙醚，不溶於乙醇或水，對眼睛、呼吸道和皮膚有刺激性，DATS 會產生活性氧 (ROS)促進細胞凋亡，並具有抗癌能力，廣泛用於魚類、肉類等食品加工及烘焙食品。DATS 被紅血球中的谷胱甘肽代謝形成硫化氫，可保護心臟，具有抗氧化和抗發炎的作用 [5, 12, 19]。
  - ➢ 二烯丙基三硫醚／大蒜新素 (Diallyl trisulphide/Allitridin/DATS)，CAS 2050-87-5，IUPAC 名爲：Di(prop-2-en-1-yl)trisulfane。

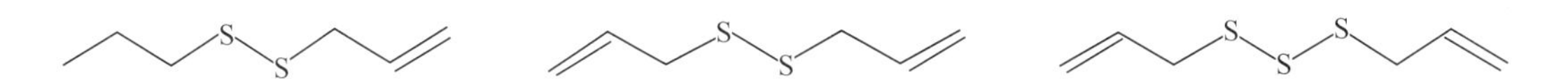

圖5-2-3-7 由左至右：烯丙基丙基二硫醚、二烯丙基二硫醚(DADS)、二烯丙基三硫醚／大蒜新素(DATS)化學式

8. 薑辣素／薑油／薑醇 (Gingerol)，薑辣素類有 4-、6-、8-、10-、12- 薑辣素等，6- 薑辣素 (6-Gingerol) 是主要的辛辣化合物 [5]，化學式 $C_{17}H_{26}O_4$、密度 1.1g/cm^3、熔點 20-25°C、沸點 453.0°C，固態爲無色、淡黃或淺紅色蠟狀固體，液態爲淡黃色油性液體，不溶於水，具有多種生物活性，包括抗癌，抗發炎和抗氧化。薑辣素在烹調過程中經過逆羥醛 (Reverse aldol) 反應產生薑酮 (Zingerone)，薑酮不像薑辣素那麼辛辣，有一種辛辣的甜味。當生薑被曬乾或稍加熱時，薑辣素會發生脫水反應，形成薑烯酚／薑酚 (Shogaol)，是薑辣素的兩倍辛辣，這就是「薑是老的辣」的科學基礎。生薑還含有 8- 薑辣素、10- 薑辣素、12- 薑辣素，統稱爲薑辣素類。薑辣素有抗氧化、保護神經和保護胃部的功用 [5, 12]。
   - 薑辣素／薑油／薑醇 (Gingerol)：旋光左旋 (-) 的分子是右手性 (R)，旋光右旋 (+) 的分子是左手性 (S)，研究這些分子時必須特別留意，古典芳療資料有可能把左手性分子稱爲左旋分子，講述的剛好是另一個相對的化合物。
   - 薑辣素／薑油／薑醇 (Gingerol)，CAS 58253-27-3。
     - ➢ 4- 薑辣素 (4-Gingerol)，CAS 41743-68-4，IUPAC 名爲：(5S)-5-Hydroxy-1-(4-hydroxy-3-methoxyphenyl)octan-3-one。
     - ➢ 6- 薑辣素 ((S)-(+)-6-Gingerol)，CAS 23513-14-6，IUPAC 名爲：(+)-(5S)-5-Hydroxy-1-(4-hydroxy-3-methoxyphenyl) decan-3-one。
     - ➢ 8- 薑辣素 (S)-(+)-(8-Gingerol)，CAS 23513-08-8，IUPAC 名爲：(5S)-5-Hydroxy-1-(4-

hydroxy-3-methoxyphenyl)-3-dodecanone。

- ➢ 10- 薑辣素 ((+)-(S)-10-Gingerol)，CAS 23513-15-7，IUPAC 名爲：(5S)-5-Hydroxy-1-(4-hydroxy-3-methoxyphenyl)-3-tetradecanone。CAS 39886-87-8 已經停用 [84]。
- ➢ 12- 薑辣素 (12-Gingerol)，CAS 104264-55-3，IUPAC 名爲：(5S)-5-Hydroxy-1-(4-hydroxy-3-methoxyphenyl)-3-hexadecanone。

- 1912 年美國化學家史高維爾 (Wilbur Scoville) 訂定辣度的單位爲 SHU(Scoville Heat Unit)，辣椒素 (Capsaicin) 爲 $1.6x10^7$ SHU、薑烯酚 / 薑酚 (Shogaol) 爲 $1.6x10^5$ SHU、胡椒鹼 (Piperine) 爲 $1.0x10^5$ SHU、薑辣素 (Gingerol) 爲 $6.0x10^4$ SHU、薑酮 (Zingerone/Gingerone) 爲 $3.75x10^4$ SHU[5, 13]。
- 百度 [4] 把 Gingerol 翻譯爲薑酚，國家教育研究院 [13] 把 Shogaol 翻譯爲薑酚。
- 薑酮 / 香草基丙酮 (Zingerone/Gingerone/Vanillylacetone)，請參考 3-2-2-11。
- 薑烯酚 / 薑酚 (Shogaol)，請參考 5-2-3-9。
- 辣椒素 / 辣素 / 辣椒鹼 (Capsaicin)，請參考 5-2-3-10。
- 薑黃素 (Curcumin)，請參考 5-2-3-11。
- 蔘薑素 (Cassumunin)，請參考 5-2-3-29。
- 高良薑素 (Galangin)，請參考 5-2-3-30。

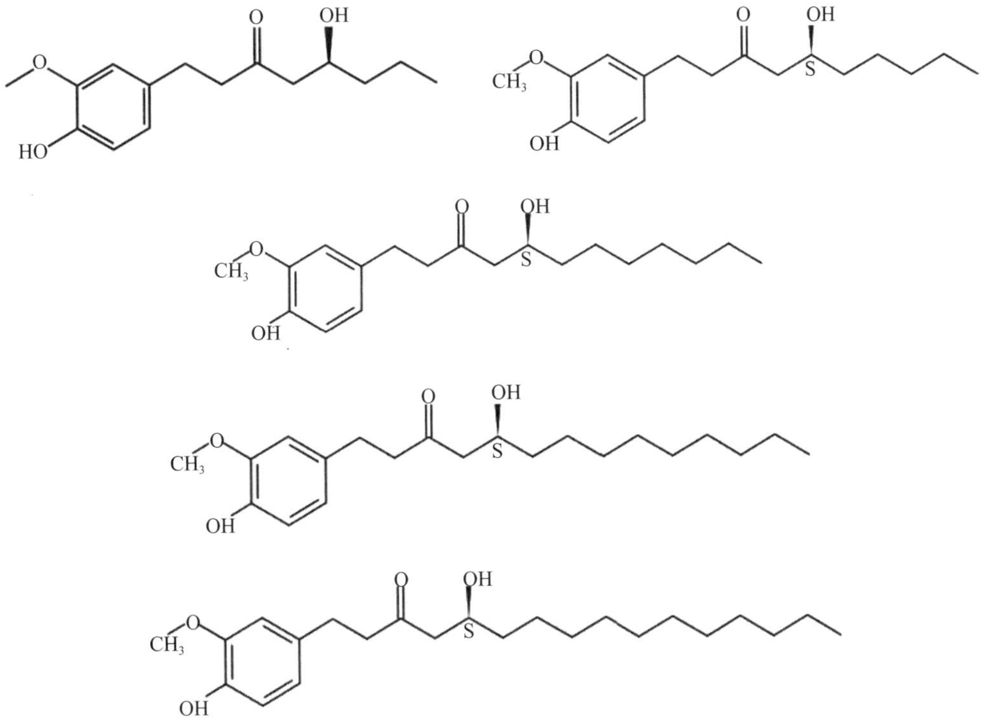

O OH O HO
O OH O CH3 S OH
O OH O CH3 S OH
O OH O CH3 S OH
O OH O CH3 S OH

圖5-2-3-8　上排由左至右：4-薑辣素、6-薑辣素化學式。中排由左至右：8-薑辣素、10-薑辣素化學式。下排：12-薑辣素化學式

9. 薑烯酚／薑酚 (Shogaol)，英文名稱源自日文的「生薑」，薑烯酚類有 4-、6-、8-、10-、12- 薑烯酚等，最常見的是 6- 薑烯酚，化學式 $C_{17}H_{24}O_3$、密度 1.033g/cm^3、沸點 427.5°C，是一種脫水形式的薑辣素，存在於新鮮或乾燥經熱處理的薑根，可以作爲抗發炎劑，用於食品與飲料中，6- 薑烯酚對脊髓神經元的再生有幫助。薑辣素 (Gingerol) 和薑烯酚／薑酚 (Shogaol) 在持續加熱之後會轉化爲其他成分，因此在烹飪過程中生薑的辛辣味會降低[5, 12, 17]。

- 薑烯酚／薑酚 (Shogaol)，CAS 555-66-8。
  - 4- 薑烯酚 (4-Shogaol)，CAS 211176-76-0，IUPAC 名爲：1-(4-Hydroxy-3-methoxyphenyl)oct-4-en-3-one。
  - 6- 薑烯酚 (Shogaol/6-Shogaol)，CAS 555-66-8。CAS 62168-97-2 已經停用[84]。反式 -6- 薑烯酚 ((E)-6-Shogaol)，CAS 23513-13-5，IUPAC 名爲：(4E)-1-(4-Hydroxy-3-methoxyphenyl)dec-4-en-3-one。
  - 8- 薑烯酚 (8-Shogaol)，CAS 36700-45-5，IUPAC 名爲：1-(4-Hydroxy-3-methoxyphenyl)-4-dodecen-3-one。
  - 10- 薑烯酚 (10-Shogaol)，CAS 36752-54-2。反式 -10- 薑烯酚 ((E)-10-Shogaol)，CAS 104186-05-2，IUPAC 名爲：(4E)-1-(4-Hydroxy-3-methoxyphenyl)-4-tetradecen-3-one。
  - 12- 薑烯酚 (12-Shogaol)，CAS 99742-10-6，IUPAC 名爲：(E)-1-(4-Hydroxy-3-methoxyphenyl)-4-hexadecen-3-one。

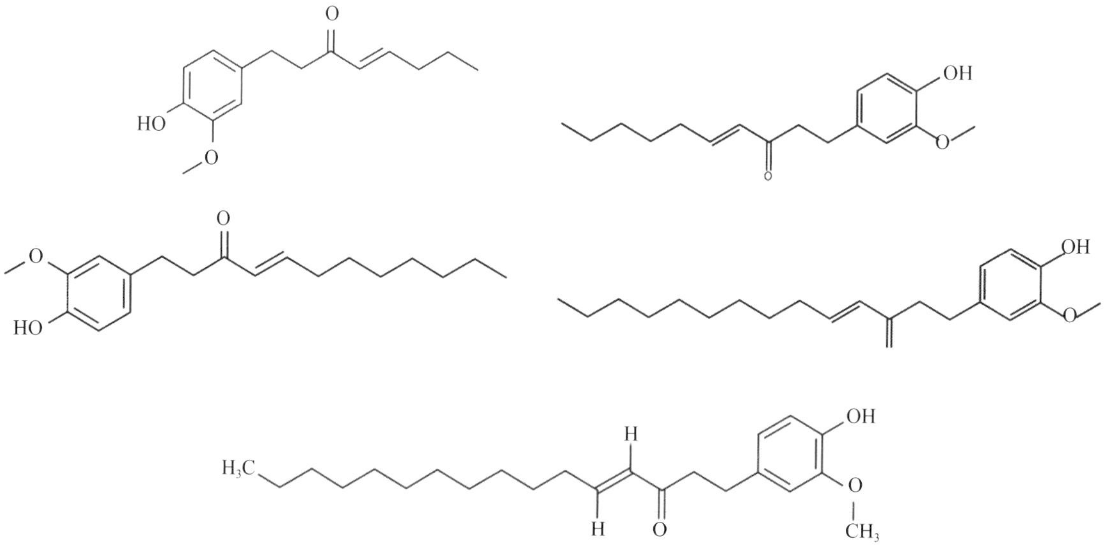

O
HO
O
OH
O
O
O
O
HO
OH
O
OH
H
H_3C
O
H
O
CH_3

圖5-2-3-9 上排由左至右：4-薑烯酚、6-薑烯酚化學式。中排由左至右：8-薑烯酚、10-薑烯酚化學式。下排：12-薑烯酚化學式

10. 辣椒素／辣素／辣椒鹼 (Capsaicin)，辣椒素屬於辣椒素類物質 (Capsaicinoids)，化學式 $C_{18}H_{27}NO_3$、密度 1.041g/cm^3、熔點 62-65°C、沸點 511.5°C，爲結晶或蠟狀固體、有斥水性

與親脂性、無色無嗅，是紅辣椒的活性成分，對哺乳動物有刺激性，產生皮膚灼燒感，大量食入會產生噁心、嘔吐、腹痛和灼熱的腹瀉，眼睛接觸會流淚、疼痛、結膜炎和眼瞼痙攣。冷牛奶和糖水可以緩解燒灼感。一般鳥類都對辣椒素類不敏感，因此辣椒植物的種子主要由鳥類散播。辣椒素可阻止動物啃食和眞菌寄生，野生辣椒感染眞菌病原體鐮刀菌，會降低種子的活力，辣椒素可以降低種子的死亡。辣椒素用於外用軟膏和皮膚貼劑作爲鎮痛劑，FDA 已經批准 8% 辣椒素貼片，緩解帶狀皰疹的神經性疼痛 [5]。

- 辣椒素／辣素／辣椒鹼 (Capsaicin/Axsain/Zostrix/Mioton)，CAS 404-86-4，IUPAC 名爲：(6E)-N-[(4-Hydroxy-3-methoxyphenyl)methyl]-8-methyl-6-nonenamide。CAS 912457-62-6 已經停用 [84]。
- 1912 年美國化學家史高維爾 (Wilbur Scoville) 訂定辣度的單位爲 SHU(Scoville Heat Unit)，辣椒素 (Capsaicin) 爲 $1.6x10^7$ SHU、薑烯酚／薑酚 (Shogaol) 爲 $1.6x10^5$ SHU、胡椒鹼 (Piperine) 爲 $1.0x10^5$ SHU、薑辣素 (Gingerol) 爲 $6.0x10^4$ SHU、薑酮 (Zingerone/Gingerone) 爲 $3.75x10^4$ SHU[5, 13]。

O
CH3 O NH E
OH

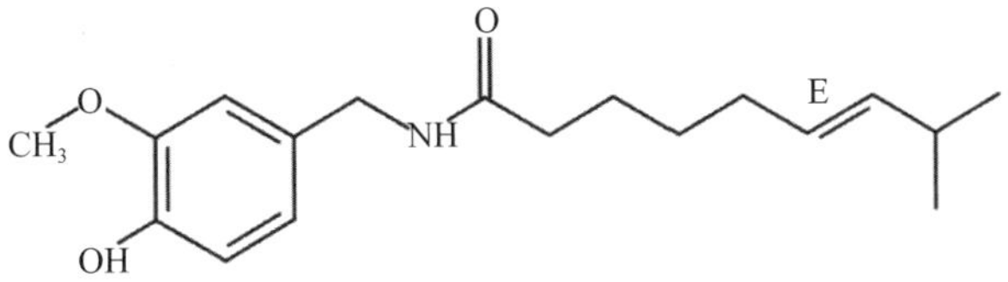

圖5-2-3-10　辣椒素／辣素／辣椒鹼化學式

11. 薑黃素 (Curcumin)，屬於多酚類化合物，有兩個鄰甲基化的酚和一個 β- 二酮，此 β- 二酮有烯醇—酮互變異構，但在固態和溶液中主要是以烯醇存在。化學式 $C_{21}H_{20}O_6$、密度 1.279g/cm^3、熔點 183°C、沸點 591.4°C，爲亮黃色至橙色粉末，有特殊氣味及苦味，溶於乙醇、丙酮，不溶於水和乙醚，有淡綠色螢光，鹼性溶液呈紅褐色、酸性呈淺黃色，可與鐵離子等形成螯合物而變色。薑黃素在酸性介質中與硼酸結合生成玫瑰花青苷和紅色薑黃素兩種有色配位化合物，反應檢出靈敏度高，用於土壤中硼的測定。在食品工業作爲天然色素，對還原劑穩定且著色力強，不易褪色，用於罐頭及臘腸等製品的染色，也用於酸鹼指示劑，pH 值小於 7.8 呈黃色，大於 9.2 呈紅棕色。麵食中含硼砂對人體有害，在炒薑黃或咖哩時會由鮮黃色轉爲帶橙色，也是一個方便的檢測。薑黃素有降血脂、抗氧化、抗發炎、抗癌、抗動脈粥樣硬化等作用 [5, 66]。
   - 薑黃素／薑黃素 I(Curcumin/Curcumin I/Halad/Indian Saffron/Yellow Ginger/Turmeric)，CAS 458-37-7，IUPAC 名爲：(1E,6E)-1,7-Bis(4-hydroxy-3-meth oxyphenyl)-1,6-heptadiene-3,5-dione。CAS 15845-47-3, 33171-04-9, 73729-23-4, 79257-48-0, 91884-86-5, 2103286-06-0 已經停用 [84]。
   - 薑黃素 II(Curcumin II/Demethoxycurcumin)，CAS 22608-11-3，IUPAC 名爲：(1E,6E)-1-(4-Hydroxyphenyl)-7-(4-hydroxy-3-methoxyphenyl)-1,6-heptadiene-3,5-。CAS 33171-16-3, 85801-

93-0, 91884-87-6, 1281950-91-1 已經停用 [84]。

- 環薑黃素 (Cyclocurcumin)，CAS 153127-42-5，IUPAC 名爲：2,3-Dihydro-2-(4-hydroxy-3-methoxyphenyl)-6-[(1E)-2-(4-hydroxy-3-methoxyphenyl)ethenyl]-4H-pyran-4-one。
- 六氫薑黃素 (Hexahydrocurcumin)，CAS 36062-05-2，IUPAC 名爲：5-Hydroxy-1,7-bis(4-hydroxy-3-methoxyphenyl)-3-heptanone。CAS 93559-28-5 已經停用 [84]。
- 薑黃烯 (Curcumene)，請參考 2-1-2-26。薑黃酮 (Tumerone)，請參考 3-2-2-12。

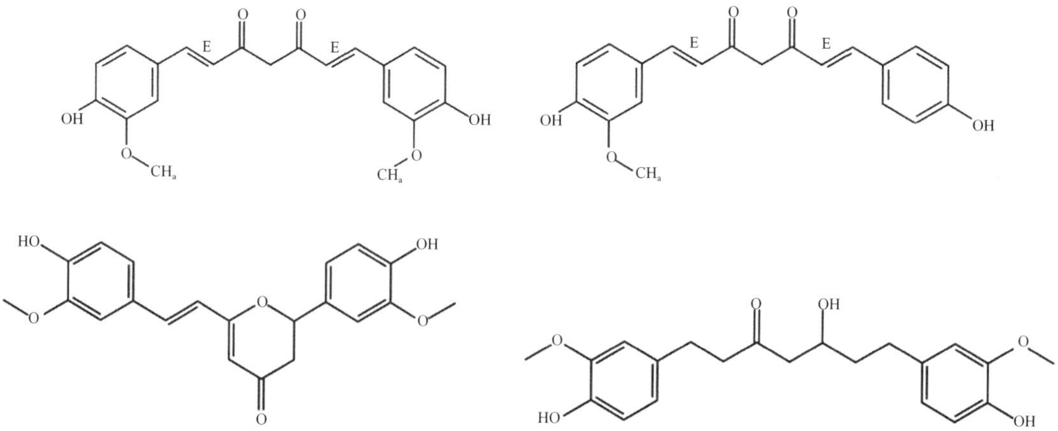

圖5-2-3-11　上排由左至右：薑黃素／薑黃素I、薑黃素II化學式。下排由左至右：環薑黃素、六氫薑黃素化學式

12.尿石素 (Urolithin)，化學式 $C_{13}H_8O_4$、密度：尿石素 A 爲 1.516g/cm^3／尿石素 B 爲 1.395g/cm^3、熔點：尿石素 A 爲 343°C／尿石素 B 爲 247°C。沸點：尿石素 A 爲 527.88°C／尿石素 B 爲 432.55°C，爲白色到米黃色固體，存在於石榴等植物中，以及複齒鼯鼠／橙足鼯鼠等動物身上。尿石素 A 由腸道菌群生成，是鞣花丹寧／併沒食子鞣質的天然代謝產物，可產生線粒體自噬的機制，改善線粒體功能，提高肌肉力量和耐力，因此有抗衰老的功效 [4, 11, 12, 73]。鞣花丹寧是種類繁多的可水解單寧，存在於石榴等水果和堅果中 [4, 5]。

- 尿石素 (Urolithin)。
  - ➢ 尿石素 A(Urolithin A)，CAS 1143-70-0，IUPAC 名爲：3,8-Dihydroxy-6H-dibenzo[b,d]pyran-6-one。
  - ➢ 尿石素 B(Urolithin B)，CAS 1139-83-9，IUPAC 名爲：3-Hydroxy-6H-dibenzo[b,d]pyran-6-one。
  - ➢ 尿石素 C(Urolithin C)，CAS 165393-06-6，IUPAC 名爲：3,8,9-Trihydroxy-6H-dibenzo[b,d] pyran-6-one。
  - ➢ 尿石素 D(Urolithin D)，CAS 131086-98-1，IUPAC 名爲：3,4,8,9-Tetrahydroxy-6H-dibenzo[b,d]pyran-6-one/6H-Dibenzo[b,d]pyran-6-one。

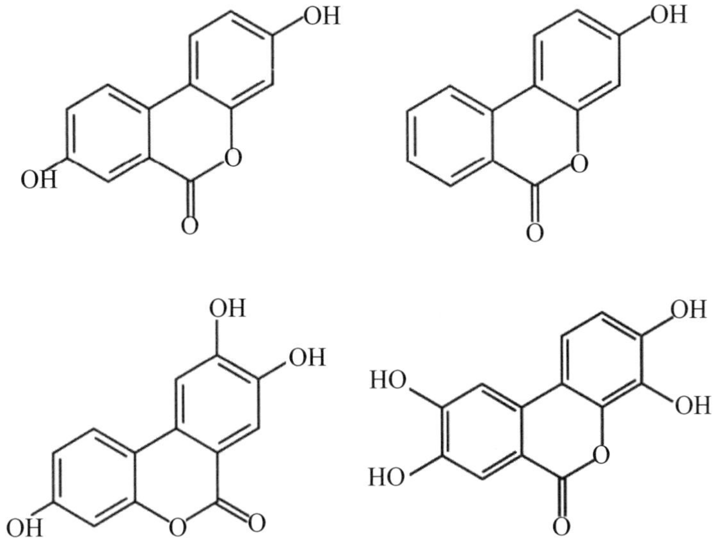

圖5-2-3-12　由左至右：尿石素A、尿石素B、尿石素C、尿石素D化學式

13. 異硫氰酸烯丙酯 (Allyl Isothiocyanate/AITC)，化學式 C_4H_5NS、密度 1.017g/cm^3、熔點 -102°C、沸點 151.9°C，爲無色至淡黃色油狀液體，貯藏期間顏色漸深，溶於乙醇、乙醚等溶劑，微溶於水，富含於十字花科蔬菜，有強烈的芥子辣味與刺激味道，有防黴、殺菌作用，對口腔與呼吸道黏膜有刺激性，可能引起鼻炎、咽喉炎、支氣管炎等；對眼睛有刺激性，可能引起結膜角膜炎；與皮膚接觸引起灼熱、疼痛、發紅，作用較長時間可能出現水疱；對皮膚有致敏性，可能引起皮膚溼疹。異硫氰酸烯丙酯是植物對食草動物的防禦物質，由於對植物本身有害，因此以無害的硫醣苷儲存，當動物咀嚼植物時，與芥子酶結合，水解後生成 AITC 驅趕動物。可作爲催淚劑，也能有效驅趕火蟻，在人類身上可誘發攝護腺癌細胞株自噬，具癌症化學預防劑的作用 [5, 12, 20, 74]。

- 異硫氰酸烯丙酯 (Allyl Isothiocyanate/Redskin/Oleum sinapis/Allylsevenolum/Senfoel/Carbospol/ Allyl thioisocyanate/Allyspol/AITC)，CAS 57-06-7，IUPAC 名爲：3-Isothiocyanatoprop-1-ene。
- 異硫氰酸酯類 (Isothiocyanates) 是硫氰酸鹽的鍵合異構體，通式爲 R-N=C=S，天然異硫氰酸酯是透過硫代葡萄糖苷（硫醣苷）促酶轉化產生，例如 AITC 就是自然界的異硫氰酸酯，芥菜、蘿蔔、辣根、芥末的刺激性味道都是源於此，十字花科蔬菜，如大白菜、花椰菜、捲心菜、甘藍等植物都是豐富的硫醣苷來源。
- 鍵合異構體：例如紫色的硫配位的化合物 $[(NH_3)_5Co\text{-}SCN]^{2+}$ 和橙黃色的氮配位的化合物 $[(NH_3)_5Co\text{-}NCS]^{2+}$ 存在分子內異構化反應 [5]。

HS—C≡N　　S=C=NH　　R—N=C=S

圖5-2-3-13　由左至右：硫氰酸、異硫氰酸、異硫氰酸酯、異硫氰酸烯丙酯化學式

14. 異硫氰酸苯乙基酯 (Phenylethyl isothiocyanate/PEITC)，又稱異硫氰酸 -2- 苯基乙酯，化學式 C_9H_9NS、密度 $1.094g/cm^3$、沸點 246.4 C，為無色至淡黃色透明液體，溶於三醋酸酯和庚烷，不溶於水，有強烈刺激的綠草味，天然存在於辣根及西洋菜／豆瓣菜等十字花科蔬菜中，能夠誘導腫瘤細胞的凋亡，具化學預防和潛在的抗腫瘤活性。PEITC 對皮膚與呼吸道有刺激性，可能導致過敏反應，會造成嚴重眼刺激，皮膚接觸或吞嚥後有咳嗽、呼吸短促、頭痛、噁心、嘔吐等症狀，反覆接觸或吸入可能導致氣喘或呼吸困難。PEITC 僅在植物被擊傷或粉碎時產生 [11. 12. 20. 73]。
   - 異硫氰酸苯乙基酯 (Phenylethyl isothiocyanate/Phenethyl mustard oil/β-Phenylethyl isothiocyanate/PEITC)，CAS 2257-09-2，IUPAC 名為：(2-Isothiocyanatoethyl)benzene。

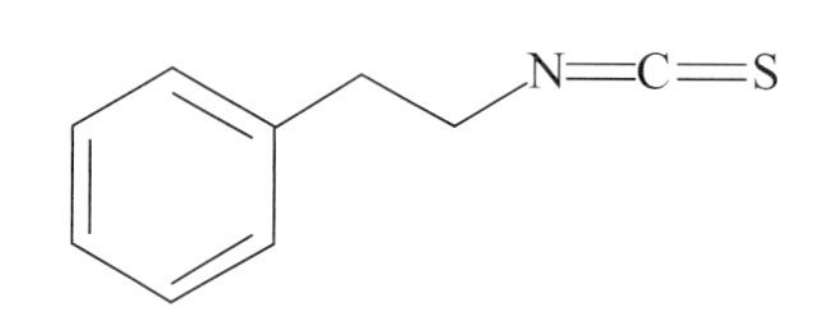

圖5-2-3-14　異硫氰酸苯乙基酯化學式

15. 毛果芸香鹼／匹魯卡品 (Pilocarpine)，化學式 $C_{11}H_{16}N_2O_2$、密度 $1.2g/cm^3$、熔點 34°C、沸點 431.8°C，為白色針狀結晶固體，溶於乙醇，可溶於水 (2.07g/L)，無特別氣味，略有苦味，存在於毛果芸香屬植物中，是天然生物鹼，可能的不良反應包括視網膜脫落、頭痛、噁心、嘔吐和腹瀉。毛果芸香鹼為蕈毒鹼型乙醯膽鹼受體，主要與毒蕈鹼受體結合，從而誘導外分泌腺體分泌，刺激支氣管、尿道、膽道和腸道的平滑肌，增加汗腺、唾液腺、淚腺、胃腺、胰腺、腸道腺等腺體分泌，並會刺激呼吸道的黏液細胞，適當劑量塗敷在眼睛會引起瞳孔縮小及適應性痙攣，可能有暫時性的眼壓上升，最後會產生持久的眼壓下降，可用於瞳孔縮小劑、治療青光眼以及口腔乾症的藥物，同名藥品匹魯卡品 (Pilocarpine) 為美國 FDA 核准藥物 [5. 11. 13. 66. 75]。
   - 毛果芸香鹼／匹魯卡品 (Pilocarpine/Syncarpine/Ocucarpine/Spersacarpine)，CAS 92-13-7。CAS 91484-73-0 已經停用 [84]。
     - ➢ 左旋毛果芸香鹼 ((-)-Pilocarpine)，IUPAC 名為：(3R,4S)-3-Ethyl-4-[(1-methyl-1H-imidazol-5-yl)methyl]dihydrofuran-2(3H)-one。
     - ➢ 右旋毛果芸香鹼 ((+)-Pilocarpine)，CAS 92-13-7，IUPAC 名為：(3S,4R)-3-Ethyl-4-[(1-methyl-1H-imidazol-5-yl)methyl]dihydrofuran-2(3H)-one。
   - 異毛果芸香鹼／異匹魯卡品 (Isopilocarpine/β-Pilocarpine)，CAS 531-35-1，天然存在於毛

果芸香樹的葉子，是毛果芸香鹼口服後的降解產物，可治療口渴症。

- ➢ 左旋異毛果芸香鹼 ((-)-Isopilocarpine)，IUPAC 名爲：(3S,4S)-3-Ethyl-4-[(1-methyl-1H-imidazol-5-yl)methyl]dihydrofuran-2(3H)-one。
- ➢ 右旋異毛果芸香鹼 ((+)-Isopilocarpine)，CAS 531-35-1，IUPAC 名爲：(3R,4R)-3-Ethyl-4-[(1-methyl-1H-imidazol-5-yl)methyl]dihydrofuran-2(3H)-one。

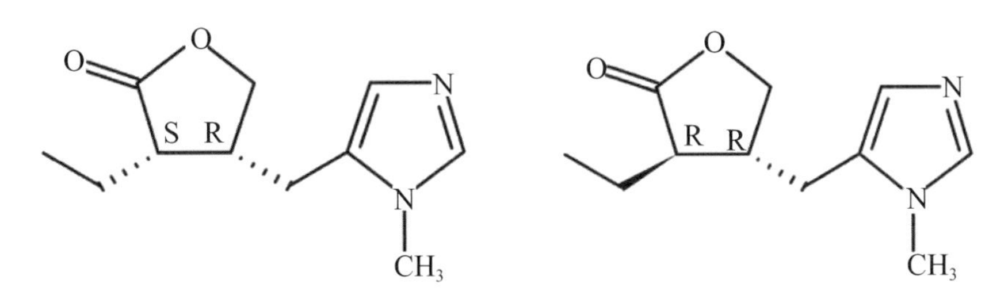

圖5-2-3-15　由左至右：左旋毛果芸香鹼、右旋異毛果芸香鹼化學式

16. 毛果芸香啶／乙種毛果芸香鹼 (Pilocarpidine)，化學式 $C_{10}H_{14}N_2O_2$、密度 1.2g/cm^3、沸點 457.0°C，旋光度 [α]20D +81.3,H_20（比旋光度 α 符號中，D 是指鈉燈光波，20 是指檢測溫度 °C，正號是指右旋），在加入鹼時旋光度下降到 +35.2°，爲結晶固體或黏稠油狀液體，在蒸餾時分解 [20, 66]。
   - 毛果芸香啶／乙種毛果芸香鹼 (Pilocarpidine)，CAS 127-67-3，IUPAC 名爲：(3S,4R)-3-Ethyl-4-(1H-imidazol-4-ylmethyl)dihydro-2(3H)-furanone/(3S,4R)-3-Ethyl-4-(1H-imidazol-5-ylmethyl)oxolan-2-one。CAS 46295-83-4 已經停用 [84]。

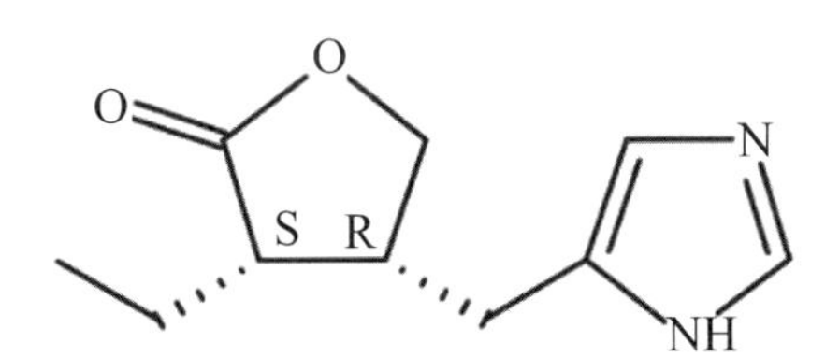

圖5-2-3-16　毛果芸香啶／乙種毛果芸香鹼化學式

17. 槲皮素／槲黃酮／櫟精 (Quercetin/Sophoretin/Xanthaurine)，化學式 $C_{15}H_{10}O_7$、密度 1.8g/cm^3、熔點 316°C、沸點 642.4°C，爲黃色至黃綠色針狀結晶粉末，在空氣中氧化顏色加深，溶於鹼性水溶液，微溶於水，吞咽會中毒，天然存在於水果、蔬菜和穀物中，例如茶葉、刺山柑、歐當歸、蘋果、紅洋蔥、紅葡萄、柑橘、西紅柿、花椰菜、覆盆子、歐洲越橘、越橘、蔓越莓、沙棘、岩高蘭等植物，及仙人掌的果實與桉樹、澳洲茶樹的蜂蜜中。槲皮素結合超音波可抑制體外培養的皮膚癌和前列腺癌細胞，可能也有抗發炎和抗氧化特性，但美國 FDA 尚未核准任何槲皮素的相關藥品。芳療經驗建議，肝腎功能不佳者、孕婦、哺乳期女性、喹諾酮類抗生素或細胞色素使用者禁用 [5, 12]。

- 槲皮素／槲黃酮／櫟精 (Quercetin/Sophoretin/Xanthaurine/Meletin)，CAS 117-39-5，IUPAC 名爲：2-(3,4-Dihydroxyphenyl)-3,5,7-trihydroxy-4H-chromen-4-one。CAS 73123-10-1, 74893-81-5 已經停用 [84]。
- Ewald(1999) 等人分析洋蔥、青豆和豌豆熱處理前後的類黃酮 (Flavonoids) 的含量，發現蒸煮後槲皮素 (Quercetin) 損失 25-41%，山奈酚 (Kaempferol) 損失 0.35-0.96%，進一步烹飪或油炸對黃酮含量的影響則很小 [115, 123]。

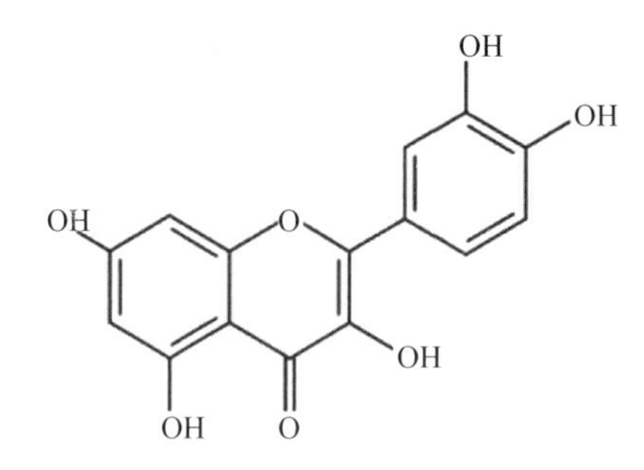

圖5-2-3-17　槲皮素／槲黃酮／櫟精化學式

18. 石蒜鹼／水仙鹼 (Lycorine/Narcissine)，爲喹啉生物鹼，分子有五環 (pentacyclo) 結構，化學式 $C_{16}H_{17}NO_4$、密度 1.5g/cm³、熔點 275-280℃（分解），旋光度 [α]D -129, 98% 乙醇（比旋光度 α 符號中，D 是指鈉燈光波，負號是指左旋），爲棱柱狀結晶固體，溶於乙醇與乙醚，不溶於水，吞食可能導致嘔吐和腹瀉，天然存在於石蒜科的黃花石蒜屬和全能花屬植物中，具有抗病毒、抗瘧疾和抗發炎的活性，也是黑色素瘤血管生成的抑制劑，並抑制前列腺癌的生長和轉移，也用於治療腸內外阿米巴痢疾 [4, 5, 11, 12]。
   - 石蒜鹼／水仙鹼 (Lycorine/Narcissine/Amarylline/Galanthidine)，CAS 476-28-8。
      - ➢ 左旋 (-) 石蒜鹼 ((-)-Lycorine)，CAS 476-28-8，IUPAC 名爲：(1S,17S,18S,19S)-5,7-Dioxa-12-azapentacyclo[10.6.1.0^{2,10}.0^{4,8}.0^{15,19}]nonadeca-2,4(8),9,15-tetraene-17,18-diol。

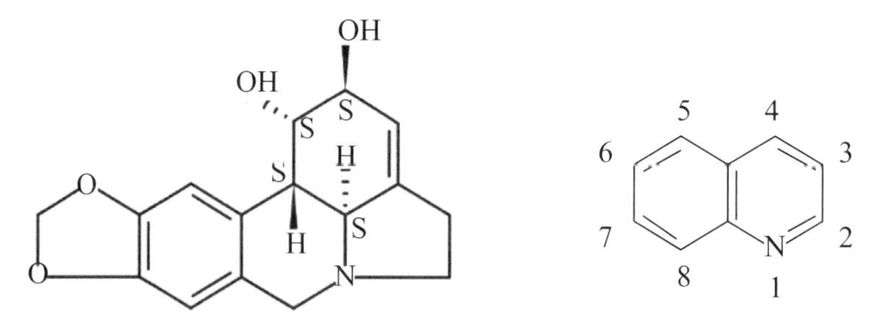

圖5-2-3-18　石蒜鹼／水仙鹼、喹啉化學式

19. 黑茶漬素／茘枝素／巴美靈 (Atranorin/Parmelin/Usnarin)，化學式 $C_{19}H_{18}O_8$、密度 1.4g/cm³、熔點 195°C、沸點 535.7°C，難溶於水，天然存在於黃燭衣以及棕網衣科植物

Loxospora elatina 與石蕊科植物 Cladina kalbii Ahti 中，文獻紀載黑茶漬素的消旋體有抗發炎、抗病毒、抗菌、抗眞菌、細胞毒性、抗氧化、鎮痛、癒合傷口的功能，並具有免疫調節活性，在動物試驗中也證實無毒性[5, 12, 19, 76]。

- 黑茶漬素 / 茘枝素 / 巴美靈 (Atranorin/Parmelin/Usnarin/Atranoric acid)，CAS 479-20-9，IUPAC 名爲：(3-Hydroxy-4-methoxycarbonyl-2,5-dimethylphenyl) 3-formyl-2,4-dihydroxy-6-methylbenzoate。
- 松蘿酸 / d- 松蘿酸 / d- 地衣酸 (d-Usnic acid/Usneine/Usniacin)，請參考 5-2-2-26。

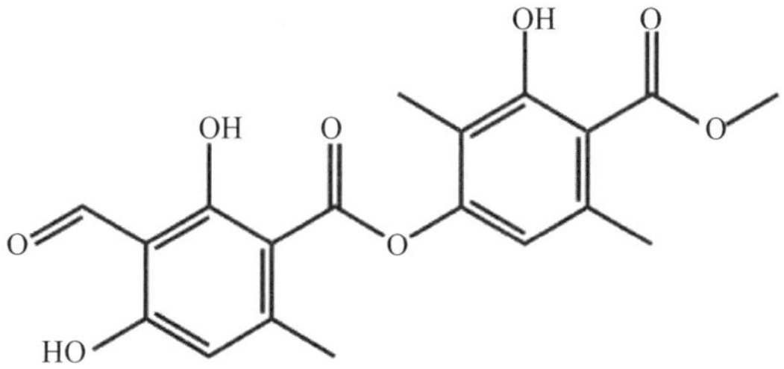

OH O OH O O O O HO

圖5-2-3-19　黑茶漬素 / 茘枝素 / 巴美靈化學式

20. 二丙基二硫醚 (Dipropyl disulphide)，化學式 $C_6H_{14}S_2$、密度 0.96g/cm^3、熔點 -86°C、沸點 194°C，爲無色至淡黃色透明液體，溶於乙醇與油，微溶於水，天然存在於大蒜、印度苦楝樹等植物中，有濃烈的洋蔥或大蒜的刺鼻硫磺味，用於肉製品、湯品、調味料等[12, 19]。
    - 二丙基二硫醚 (Dipropyl disulphide/4,5-Dithiaoctane/n-Propyl disulfide)，CAS 629-19-6，IUPAC 名爲：1-(Propyldisulfanyl)propane。

S S

圖5-2-3-20　二丙基二硫醚化學式

21. 二丙基三硫醚 (Dipropyl trisulphide)，化學式 $C_6H_{14}S_3$、密度 0.952g/cm^3、沸點 256.8°C，爲無色至淡黃色透明液體，溶於乙醇與油，微溶於水 (28.31mg/L@25°C)，天然存在於蔥 / 青蔥 / 大蔥、印度苦楝樹等植物中，有辛辣的蒜味和洋蔥狀味，對眼睛、呼吸系統和皮膚有刺激性，用於烘焙品、穀片、乳製品、魚肉製品、調味料、湯品、冰品以及酒精與非酒精飲料[11, 19]。
    - 二丙基三硫醚 (Dipropyl trisulphide/1,3-Dipropyltrisulfane)，CAS 6028-61-1，IUPAC 名爲：1-Propylsulfanyldisulfanyl propane/1-(Propyltrisulanyl)propane。CAS 58973-40-3 已經停用[84]。

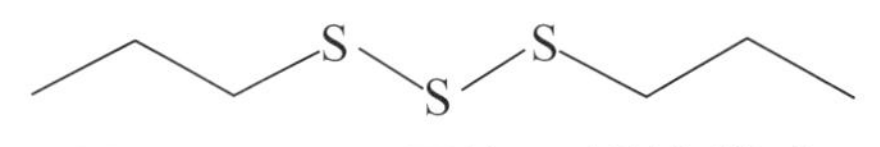

圖5-2-3-21　二丙基三硫醚化學式

22. 甲基丙基二硫醚 (Methylpropyl disulphide)，化學式 $C_4H_{10}S_2$、密度 0.99g/cm^3、沸點 154.1°C，爲無色至淡黃色透明液體，溶於乙醇與油，微溶於水 (358.7mg/L@25°C)，天然存在於薤／藠頭（薤唸「謝」；藠唸「較」或唸「校」）、印度苦楝樹等植物中，有類似大蒜與芥末的味道，對眼睛、呼吸系統和皮膚有刺激性，用於烘焙食品、肉製品、調味料等產品[11, 19]。
   - 甲基丙基二硫醚 (Methylpropyl disulphide/2,3-Dithiahexane)，CAS 2179-60-4，IUPAC 名爲：1-(Methyldisulfanyl)propane。

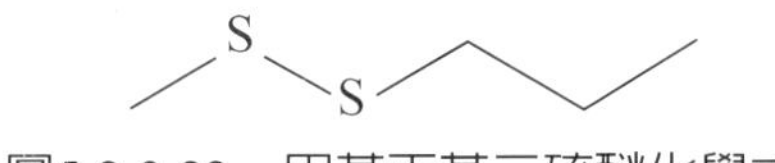

圖5-2-3-22　甲基丙基二硫醚化學式

23. 甲基丙基三硫醚 (Methylpropyl trisulphide)，化學式化學式 $C_4H_{10}S_3$、密度 1.098g/cm^3、沸點 220.4°C，爲無色至淡黃色透明液體，溶於乙醇，微溶於水，天然存在於薤／藠頭（薤唸「謝」；藠唸「較」或唸「校」）、印度苦楝樹、青蔥、馬鈴薯、洋蔥、紅洋蔥等植物中，有類似硫磺、洋蔥、大蒜、金屬味，對眼睛、呼吸系統和皮膚有刺激性，用於焙食品、穀片、乳製品、魚肉製品、調味料、冰品以及酒精與非酒精飲料[11, 19, 35]。
   - 甲基丙基三硫醚 (Methylpropyl trisulphide)，CAS 17619-36-2，IUPAC 名爲：1-Methylsulfanyl disulfanylpropane/1-Methyl-3-propyltrisulfane。

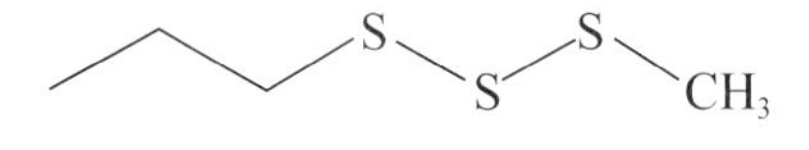

圖5-2-3-23　甲基丙基三硫醚化學式

24. 吲哚 (Indole)，是芳香雜環化合物，爲雙環結構，由六元苯環和五元含氮的吡咯環所構成，化學式 C_8H_7N、密度 1.1g/cm^3、熔點 53°C、沸點 253.0°C，爲無色片狀結晶固體，在空氣中或見光會樹脂化變成紅色，溶於乙醇、苯等溶劑，溶於熱水，存在於人畜禽的糞便中，有強烈的糞臭味，然而在很低的濃度下有類似橘子花的香味。吲哚可作爲香水、染料，香料，用於茉莉、紫丁香、荷花和蘭花等日用香精，也作爲農藥原料。吲哚某些衍生物可作爲染料、抗發炎藥物、血管舒張劑、植物生長素等[5, 12]。
   - 吲哚 (Indole/1-Azaindene/1-Benzazole/2,3-Benzopyrrole)，CAS 120-72-9，IUPAC 名爲：1H-Indole。

- 吲哚的英文名稱是由靛藍 (Indigo) 和發煙硫酸 (Oleum) 所構成，因爲吲哚是由靛藍和發煙硫酸製得[5]。

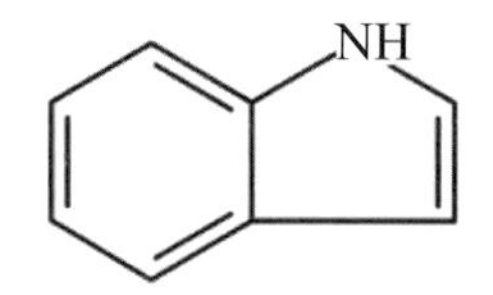

圖5-2-3-24　吲哚化學式

25. 茵陳烯炔／茵陳炔 (Capillene/Agropyrene)，化學式 $C_{12}H_{10}$，其 C_{12} 的結構並不屬於倍半萜烯，密度 0.9744g/cm^3、沸點 142°C，微溶於水 (22.99mg/L@25°C)，淡黃色至深黃色液體，天然存在於南茼蒿、茵陳蒿等植物中，有茴香味[11, 19]。
    - 茵陳烯炔／茵陳炔／茵陳二炔 (Capillene/Agropyrene)，CAS 520-74-1，IUPAC 名爲：2,4-Hexa diynyl-Benzene/1-Phenyl-2,4-hexadiyne。
    - 去甲茵陳烯炔／去甲茵陳炔 (Norcapillene)，化學式 $C_{11}H_8$、密度 1.0±0.1g/cm^3、沸點 242.2°C，天然存在於茵陳蒿等蒿屬 (Artemisia) 植物中[11, 19, 66]。
        - ➢ 去甲茵陳烯炔／去甲茵陳炔／去甲茵陳二炔 (Norcapillene)，CAS 4009-22-7，IUPAC 名爲：1,3-Pentadiyn-1-ylbenzene/1-Phenyl-1,3-pentadiyne。

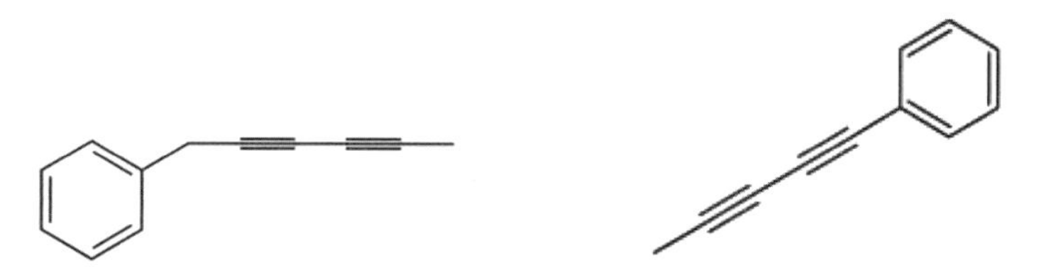

圖5-2-3-25　由左至右：茵陳烯炔／茵陳炔、去甲茵陳烯炔／去甲茵陳炔化學式

26. 冬綠苷／白珠木苷／水晶蘭苷 (Gaultherin/Gaultheriline/Monotropitin)，化學式 $C_{19}H_{26}O_{12}$、密度 1.58g/cm^3、熔點 249.2°C、沸點 709.0°C，旋光度 [α]20D -57 .73, H_2O（比旋光度 α 符號中，20 是指檢測溫度 °C、D 是指鈉燈光波，負號是指左旋），爲白色粉末固體，天然存在於平鋪白珠樹／矮冬青、松下蘭（鹿蹄草科水晶蘭屬）等植物中[4, 11, 12, 66]，冬綠苷具有鎮痛和抗發炎作用，不會在胃中釋放水楊酸，而是在腸道中緩慢釋放，因而不會像阿斯匹林導致胃潰瘍[70]。
    - 冬綠苷／白珠木苷／水晶蘭苷 (Gaultherin/Gaultheriline/Monotropitin/Winter green glycosides)，CAS 490-67-5[86]，IUPAC 名爲：Methyl-2-[(2S,3R,4S,5S,6R)-3,4,5-trihydroxy-6-[[(2S,3R,4S,5R)-3,4,5-trihydroxyoxan-2-yl]oxymethyl]oxan-2-yl]oxybenzoate。

圖5-2-3-26　冬綠苷／白珠木苷／水晶蘭苷化學式

27.橐吾鹼 (Ligularine)，分子有 [9.5.1] 雙環，14、17 號碳還有稠環，成為三環 (tricyclo) 結構，化學式 $C_{23}H_{32}NO_9^+$，為粉末狀固體，可溶於氯仿、丙酮等，天然存在於鹿蹄橐吾等菊科橐吾屬植物中，橐吾鹼和山崗橐吾鹼 (Clivorine) 皆為具有肝毒性的生物鹼 [11, 20, 102]。

- 橐吾鹼 (Ligularine)，CAS 34429-54-4，IUPAC 名為：[(4Z)-7-Acetyloxy-4-ethylidene-17-hydroxy-6,7,14-trimethyl-3,8-dioxo-2,9-dioxa-14-azoniatricyclo[9.5.1.0^{14,17}]heptadec-11-en-5-yl] acetate。

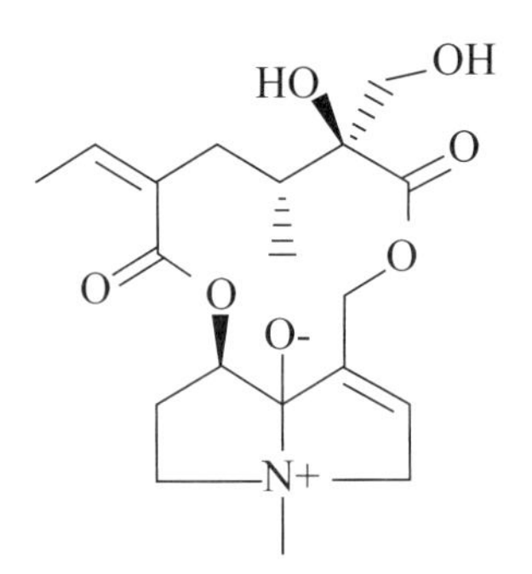

圖5-2-3-27　橐吾鹼化學式

28.艾菊素 (Tanacetin)，化學式 $C_{15}H_{20}O_4$，密度 1.3±0.1g/cm^3、熔點 205°C、沸點 461.5°C，為結晶固體，易溶於水 (4786mg/L@25°C)，旋光度 [a]22D +179.5, c=2.3, ethanol（比旋光度 α 符號中，22 是指檢測溫度 °C、D 是指鈉燈光波，正號是指右旋，c 是溶劑濃度 g/ml)，天然存在於艾菊等植物中 [11, 19, 66]。

- 艾菊素 (Tanacetin)，CAS 1401-54-3，IUPAC 名為：(3aS,5aS,6R,9aR,9bS)-Decahydro-6,9a-dihydroxy-5a-methyl-3,9-bis(methylene)naphtho[1,2-b]furan-2(3H)-one。CAS 50301-90-1 已經停用 [84]。
- 艾蒿 (Mugwort/Artemisia vulgaris)，屬於菊科蒿屬 (Artemisia)，請參考第七章 M10。艾菊 (Tansy)，屬於菊科菊蒿屬 (Tanacetum)，請參考第八章 T2。

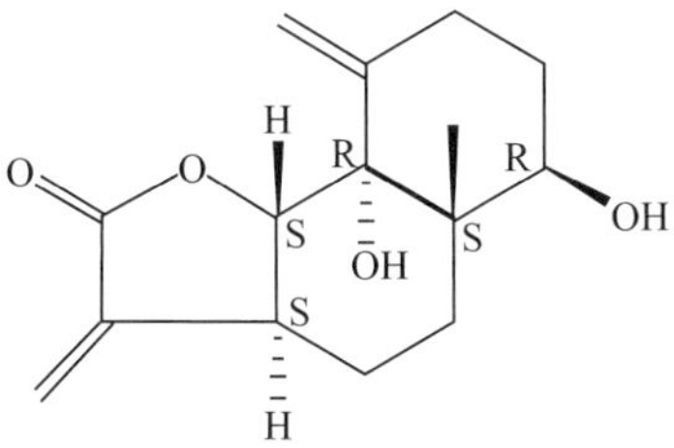

圖5-2-3-28 艾菊素化學式

29. 蓼薑素 (Cassumunin)，是一種新的複合薑黃素，有新鮮辛辣的胡椒味和木香香氣，天然存在於泰國蓼薑等植物中，有抗氧化、抗發炎功能及體外有抗腫瘤效果，對多種革蘭氏陽性／陰性細菌、皮癬菌、酵母菌有抗菌和抗眞菌活性，但懷孕或哺乳中、前列腺癌、肝病患者禁用。泰國傳統用於藥用按摩和食品，也製成精油以緩解疼痛和炎症 [4, 5]。研究證實蓼薑素具有抗發炎的功效 [58]。
   - 泰國蓼薑／卡薩蒙納薑 (Cassumunar Ginger)，學名爲 Zingiber cassumunar/Zingiber montanum[5]。大陸稱爲紫色薑 (Zingiber purpureum Roscoe)[4]，泰國稱爲 Plai、柬埔寨稱爲 Ponlei。屬於薑科 (Zingiberaceae) 薑屬 (Zingibe)，cassumunar roxb 種 (roxb 是人名 William Roxburgh)，是高良薑的親近物種 [5]。泰國蓼薑的一活性成分：DMPBD((E)-1-(3,4-dimethoxyphenyl)but-1-ene) 具有鎮痛和抗發炎特性。
   - 蓼薑素 A(Cassumunin A)，化學式 $C_{33}H_{34}O_8$。
     - 蓼薑素 A(Cassumunin A)，CAS 146763-90-8，IUPAC 名爲：(1E,6E)-1-{3-[(3E)-4-(3,4-Dimethoxyphenyl)but-3-en-2-yl]-4-hydroxy-5-methoxyphenyl}-7-(4-hydroxy-3-methoxyphenyl)hepta-1,6-diene-3,5-dione[90]。
   - 蓼薑素 B(Cassumunin B)，化學式 $C_{34}H_{36}O_9$
     - 蓼薑素 B(Cassumunin B)，CAS 146763-91-9，IUPAC 名爲：(1E,6E)-1-(4-Hydroxy-3-methoxyphenyl)-7-[4-hydroxy-3-methoxy-5-[1-methyl-3-(2,4,5-trimethoxyphenyl)-2-propenyl]phenyl]-1,6-heptadiene-3,5-dione[11]。
   - 蓼薑素 C(Cassumunin C)，化學式 $C_{33}H_{34}O_8$。
     - 蓼薑素 C(Cassumunin C)，IUPAC 名爲：(1E,6*E*)-1-[3-[(E)-1-(3,4-Dimethoxyphenyl)but-2-enyl]-4-hydroxy-5-methoxyphenyl]-7-(4-hydroxy-3-methoxyphenyl)hepta-1,6-diene-3,5-dione。
   - 薑辣素／薑油／薑醇 (Gingerol)，請參考 5-2-3-8。
   - 薑烯酚／薑酚 (Shogaol)，請參考 5-2-3-9。
   - 辣椒素／辣素／辣椒鹼 (Capsaicin)，請參考 5-2-3-10。
   - 薑黃素 (Curcumin)，請參考 5-2-3-11。

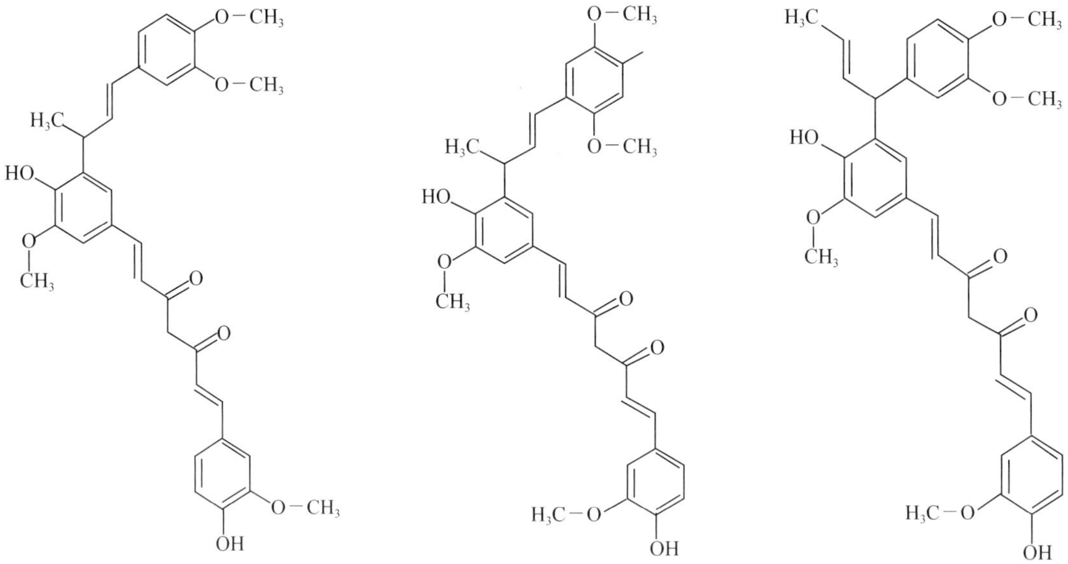

圖5-2-3-29　由左至右：蓼薑素A、蓼薑素B、蓼薑素C化學式

30. 高良薑素 (Galangin)，為黃酮類化合物，化學式 $C_{15}H_{10}O_5$，密度 1.579g/cm^3、熔點 214.5°C、沸點 518.64°C，為淡黃色針狀結晶固體，易溶於乙醇及乙醚，略溶於水 (571.9mg/L@25°C)，天然存在於高良薑、大高良薑、節鞭山薑、香楊木以及蠟菊科植物中，研究證實具有抗病毒、抗菌、抗糖尿病和對鼻咽癌及乳癌等抗癌特性 [4, 5, 11]。

- 高良薑素／高良薑黃素 (Galangin/Norizalpinin/3,5,7-triOH-Flavone)，CAS 548-83-4，IUPAC 名為：3,5,7-Trihydroxy-2-phenyl-4H-1-benzopyran-4-one。CAS 50306-94-0 已經停用 [84]。
- 類黃酮 (Flavonoids)，泛指一系列化合物，結構是三碳連接的兩個酚羥基苯環，存在於水果、蔬菜、茶、葡萄酒、種子或植物的根，有抗氧化、抗發炎的功效，以及潛在的抗腫瘤活性。巧克力含的表兒茶素 (Epicatechin) 即是類黃酮，其抗氧化力是紅酒、綠茶的兩、三倍 [5]。
    - ➢ Ewald(1999) 等人分析洋蔥、青豆和豌豆熱處理前後的類黃酮 (Flavonoids) 的含量，發現蒸煮後槲皮素 (Quercetin) 損失 25-41%，山奈酚 (Kaempferol) 損失 0.35-0.96%，進一步烹飪或油炸對黃酮含量的影響則很小 [115, 123]。
- 兒茶酚／鄰苯二酚／焦兒茶酚 (Catechol/o-Benzenediol/Pyrocatechol)、兒茶素 (Catechin)，請參考 5-1-1-5。

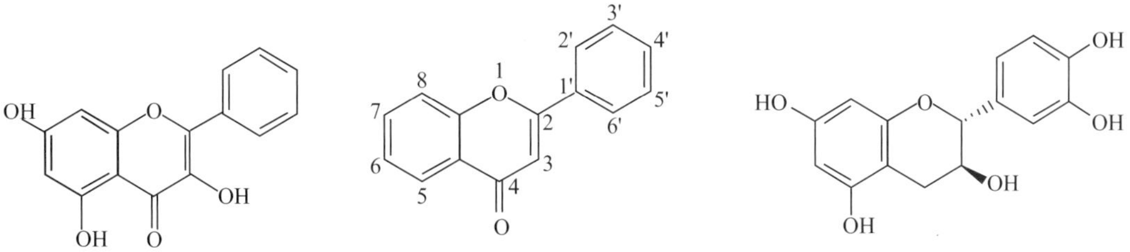

圖5-2-3-30 由左至右：高良薑素、類黃酮、表兒茶素化學式

31. 金盞花素 (Calendulin)，是一種類胡蘿蔔素，屬於四萜烯有機分子色素，化學式 $C_{40}H_{56}O_2$，從萬壽菊或金盞花中製得的膠狀黏性淡黃色固體，用於口紅、護膚霜、刮鬍膏、嬰兒油等化妝品與日常保養品[12]。
    - 金盞花素／金盞花精／金盞花提取物／萬壽菊提取物 (Calendulin)，CAS 84776-23-8[86]，IUPAC 名爲：4,4'-((1E,3Z,5E,7E,9Z,11E,13E,15E,17E)-3,7,12,16-Tetramethyl octadeca-1,3,5,7,9,11,13,15,17-nonaene-1,18-diyl)bis(3,5,5-trimethylcyclohex-3-enol)。
    - Calendulin 這個字已經被註冊爲商標，因此 CAS 名稱寫成 Calendula officinalis, ext.。

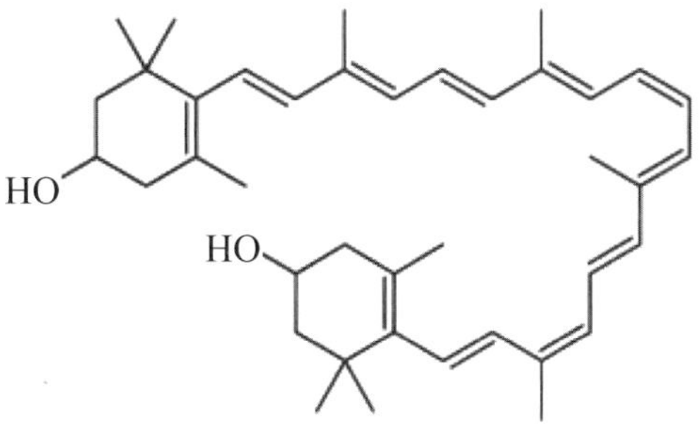

圖5-2-3-31 金盞花素化學式

32. 皀素／皀苷 (Saponins)：皀素由苷元與糖構成。苷元爲螺旋甾烷類 (C_{27}) 的皀素稱爲「甾體皀素」；苷元爲三萜類的皀素稱爲「三萜皀素」。根據苷元連接之糖鏈數目可分爲單糖鏈皀素、雙糖鏈皀素及三糖鏈皀素。苷元具親脂性，糖鏈具親水性，因此皀素可作爲表面活性劑。皀素分子量較大，多數呈白色或乳白色，爲非結晶粉末固體，少數爲結晶固體，通常有苦味和辣味，對人類黏膜有強烈刺激性，可溶於水，難溶於乙醚、苯等極性小的有機溶劑，存在於葫蘆巴／雲香草、肥皀草／石鹼花等植物以及人參、遠志、桔梗、甘草、知母和柴胡等中藥草中，可保護植物免受微生物和眞菌破壞[5, 12]。
    - 皀素／皀苷 (Saponins/Saponosides/Sasanquasaponin)，CAS 8047-15-2。CAS 11006-75-0 已經停用[84]，Wikiwand[113] 有値得參考的資料。
    - 苷類／配醣類 (Glycoside)：是指醣與其他不同的有機小分子連接所得到的化合物[46]。

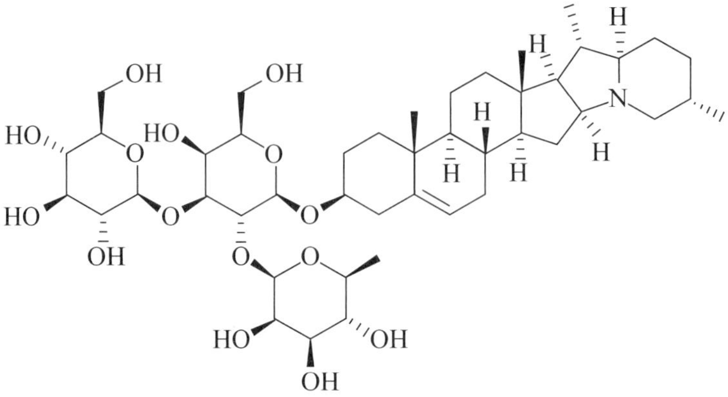

圖5-2-3-32　皂素／皂苷化學式

33. 油橄欖素／橄欖油刺激醛 (Oleocanthal)，屬於酚類化合物，化學式 $C_{17}H_{20}O_5$，密度 1.2g/cm^3、沸點 500.1°C，爲無色至黃色黏稠液體，溶於氯仿和乙烷，旋光度 [α]25D -0.78, c = 0.9, Chloroform（比旋光度 α 符號中，25 是指檢測溫度 °C、D 是指鈉燈光波，負號是指左旋，c 是溶劑濃度 g/ml)，天然存在於青橄欖等橄欖科植物以及初榨橄欖油中，具有抗發炎和抗氧化的特性。與非類固醇抗發炎藥相似，爲非選擇性的環氧合酶 (COX) 抑制劑、神經保護劑、抗腫瘤劑、凋亡誘導劑。研究證實油橄欖素對於治療炎症性退行性關節疾病有潛在功效，能夠在體外殺死各種人類癌細胞，而健康的細胞不受傷害 [5. 11. 20. 66]。
   - 油橄欖素／橄欖油刺激醛 (Oleocanthal)，CAS 289030-99-5。
     - 左旋油橄欖素／左旋橄欖油刺激醛 ((-)-Oleocanthal)，CAS 289030-99-5，IUPAC 名爲：(3S,4E)-4-Formyl-3-(2-oxoethyl)-4-hexenoic acid 2-(4-hydroxyphenyl)ethyl ester。

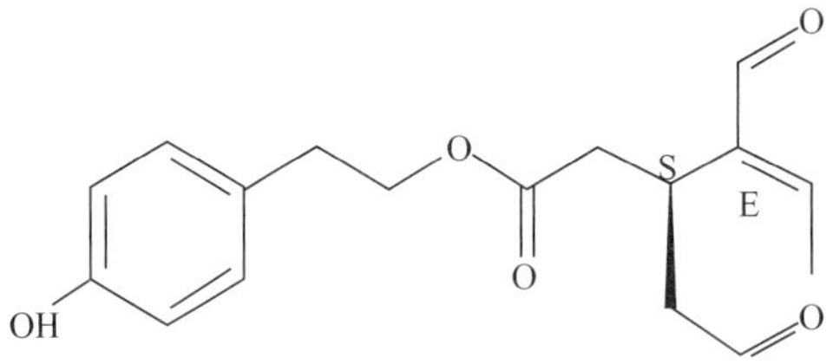

圖5-2-3-33　油橄欖素／橄欖油刺激醛化學式

34. 橄欖苦苷 (Oleuropein)，化學式 $C_{25}H_{32}O_{13}$，密度 1.5g/cm^3、熔點 88°C、沸點 772.9°C，爲棕色粉末固體，溶於二甲基亞碸 (DMSO)，旋光度 [α]20D -147, H_2O/Alcohol/Acetone（比旋光度 α 符號中，20 是指檢測溫度 °C、D 是指鈉燈光波，負號是指左旋），天然存在於青橄欖的皮／果肉／種子／葉子以及摩洛哥堅果油中。新鮮綠橄欖有苦味，必須浸泡在鹼液中以消除或直接分解橄欖苦苷，橄欖成熟過程的酶水解也會分解橄欖苦苷，消除苦味 [86]。橄欖苦苷有抗氧化、抗發炎和抗動脈粥樣硬化的作用，以及誘導乳腺癌細胞凋亡。

- 橄欖苦苷 (Oleuropein)，CAS 32619-42-4，IUPAC 名爲：(2S,3E,4S)-3-Ethylidene-2-(β-D-glucopyranosyloxy)-3,4-dihydro-5-(methoxycarbonyl)-2H-Pyran-4-acetic acid-2-(3,4-dihydroxy phenyl)ethyl ester。CAS 1392-73-0, 4809-64-7, 30675-34-4, 37341-33-6, 163436-64-4 已經停用[84]，
- 新橄欖苦苷 (Jasmultiside)，化學式 $C_{32}H_{38}O_{15}$，爲淺棕色非結晶粉末固體，旋光度 [α] D -42.6, MeOH（比旋光度 α 符號中，D 是指鈉燈光波，負號是指左旋，MeOH 是指甲醇），天然存在於毛茉莉、歐丁香、白蠟樹等植物中[11]。
  - ➢ 新橄欖苦苷 (Jasmultiside)，CAS 108789-16-8[67]，IUPAC 名爲：2-(3,4-Dihydroxyphenyl) ethyl (4S,5E,6S)-4-[2-[2-(3,4-dihydro xyphenyl)ethoxy]-2-oxoethyl]-5-ethylidene-6-[(2S,3R,4S, 5S,6R)-3,4,5-trihydroxy-6-(hydroxymethyl) oxan-2-yl]oxy-4H-pyran-3-carboxylate。
- 異橄欖苦苷 (Isooleuropein)，化學式 $C_{25}H_{32}O_{13}$，天然存在於歐丁香等植物中[11]。
  - ➢ 異橄欖苦苷 (Isooleuropein)，CAS 108789-17-9[67]，IUPAC 名爲：2-(3,4-Dihydroxyphenyl) ethyl (4S,5E,6S)-5-ethylidene-4-(2-methoxy-2-oxoethyl)-6-[(2S,3R,4S,5S,6R)-3,4,5-trihydroxy-6-(hydroxymethyl)oxan-2-yl]oxy-4H-pyran-3-carboxylate。

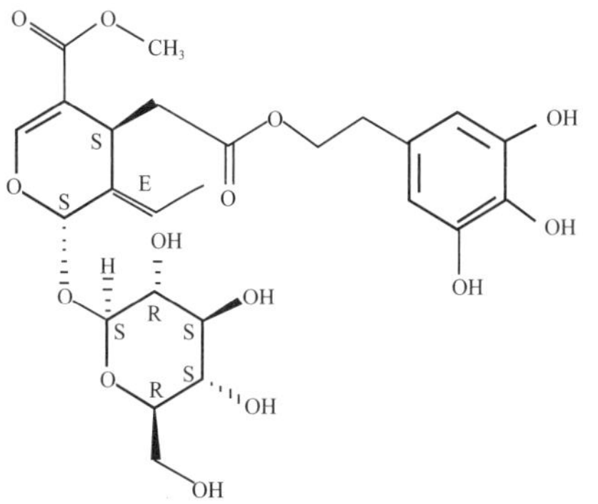

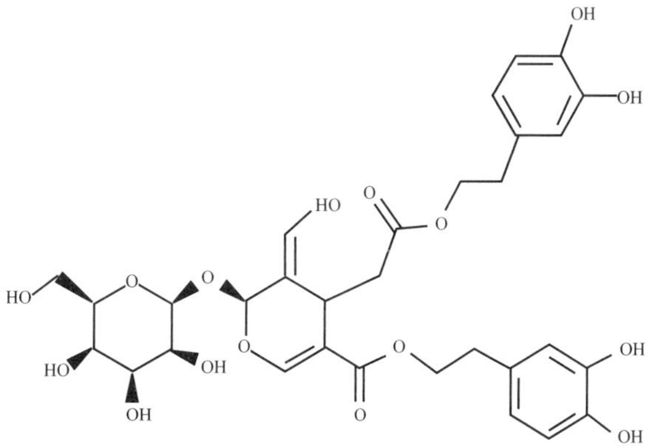

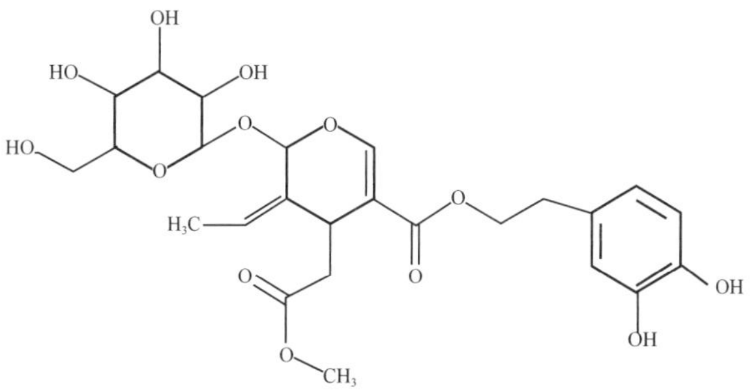

圖5-2-3-34　上排由左至右：橄欖苦苷、新橄欖苦苷；下排：異橄欖苦苷化學式

35. 毒芹鹼 (Coniine)，化學式 $C_8H_{17}N$、密度 0.846g/cm^3、熔點 -2°C、沸點 133°C，右旋毒芹鹼旋光度 [α]19D +15.7；左旋毒芹鹼旋光度 [α]21D -15（比旋光度 α 符號中，19/21 是指檢測溫度 °C，D 是指鈉燈光波，正號是指右旋、負號是指左旋），爲無色透明液體。在硝化鈉溶液中呈深紅色，升溫後消失，冷卻後會重新出現深紅色；在醛溶液中呈藍色或紫色。具有刺鼻的燒焦味，天然存在於毒芹 (Conium maculatum)、黃瓶子草、犬毒芹等植物中。(+/-) 兩種異構物對人類和牲畜都有毒性。在小鼠生物測定中，左旋 (R)-(-) 異構物的毒性比右旋 (S)-(+) 異構物高約 2 倍，生物活性也更高。毒芹鹼會破壞中樞神經系統，導致呼吸道麻痹而死亡。食肉植物黃瓶子草，使用糖和毒芹鹼混合物吸引並毒害昆蟲。猶太人和希臘人也曾因食用吃到毒芹種子的鵪鶉而中毒，造成肌紅蛋白尿和急性腎損傷。古希臘人把毒芹鹼用作死刑毒藥，西元前 399 年蘇格拉底飲用毒芹藥而死亡。毒芹鹼中毒死亡原因是呼吸道麻痺，導致大腦和心臟缺氧。因此如果保持呼吸道暢通，直到毒素清除，中毒的人有可能會恢復。美國原住民也用毒芹的汁液作爲箭毒 [5]。

- 毒芹鹼 (Coniine)，CAS 458-88-8。
  - ➢ 毒芹鹼 ((S)-(+)-Coniine)，CAS 458-88-8 [67]，IUPAC 名爲：(2S)-2-Propylpiperidine。
- 毒芹鹼左手性分子 (S)，旋光爲右旋 (+)，反之亦然，讀者請留意。

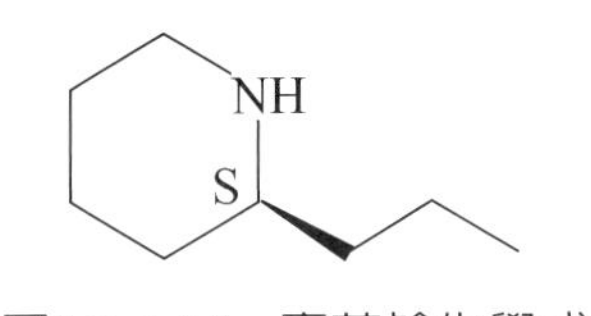

圖5-2-3-35 毒芹鹼化學式

36. 山奈酚／番鬱金黃素 (Kaempferol)，又稱堪非黃酮醇 [13]，是天然類黃酮化合物，化學式 $C_{15}H_{10}O_6$、密度 1.688g/cm^3、熔點 277°C、沸點 583°C，爲黃色針狀結晶固體，溶於乙醇和乙醚的熱混合液，可溶於水 (1.191g/L@25°C)，存在於茶葉、花椰菜、葡萄柚、抱子甘藍、蘋果、線葉金合歡、長葉金合歡、百脈根／鳥腳擬三葉草、白珠桐／簇珠桐、翠雀草、金縷梅等植物中，有抗氧化、抗發炎、抗菌等效果，以及抗糖尿病、抗骨質疏鬆、抗焦慮、抗過敏、止痛和保護神經與心臟等功能。山柰酚有抗肺癌的活性；山奈酚、槲皮素、楊梅素等三種黃酮醇可使胰腺癌的風險下降 23% [5, 19, 87]。

- 山奈酚／番鬱金黃素 (Kaempferol/ Indigo Yellow/Nimbecetin/Pelargidenon/Rhamnolutin/ Populnetin/ Robigenin/Swartziol/Trifolitin)，CAS 520-18-3，IUPAC 名爲：3,5,7-Trihydroxy-2-(4-hydroxyphenyl)chromen-4-one。CAS 14461-95-1 已經停用 [84]。
- 槲皮素／槲黃酮／櫟精 (Quercetin/Sophoretin/Xanthaurine/Meletin)，請參考 5-2-3-17。
- 類黃酮 (Flavonoids)，請參考 5-2-3-30。
- Ewald(1999) 等人分析洋蔥、青豆和豌豆熱處理前後的類黃酮 (Flavonoids) 的含量，發現蒸煮後槲皮素 (Quercetin) 損失 25-41%，山奈酚 (Kaempferol) 損失 0.35-0.96%，進一步烹飪或油炸對黃酮含量的影響則很小 [115, 123]。

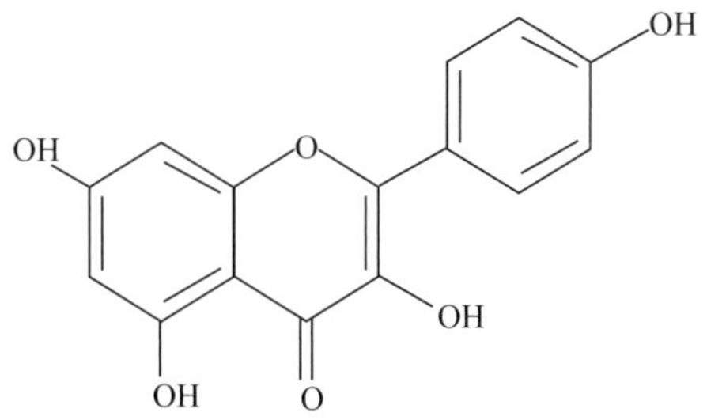

圖5-2-3-36　山奈酚／番鬱金黃素化學式

37.楊梅黃酮／楊梅素 (Myricetin)，是一種類黃酮化合物，結構上與漆黃素 (Fisetin)、木樨草素／葉黃酮 (Luteolin)、槲皮素 (Quercetin) 相近，化學式 $C_{15}H_{10}O_8$、密度 1.92g/cm^3、熔點 357.0°C、沸點 747.6°C，溶於乙醇，可溶於水 (2.234g/L@25°C)，爲黃棕色固體，天然存在於葡萄、番茄、柳橙與多種堅果、漿果、水果、蔬菜、草藥等植物，以及紅葡萄酒、茶等飲料中，可抗氧化、抗發炎、抗病毒、抗血栓、抗糖尿病、抗動脈粥樣硬化等功效，研究顯示楊梅素可降低前列腺癌的風險，山奈酚、槲皮素、楊梅素等三種黃酮醇可使胰腺癌的風險下降 23%[5, 86, 87]。

- 楊梅黃酮／楊梅素 (Myricetin/Myricetol/Cannabiscetin)，CAS 529-44-2，IUPAC 名爲：3,5,7-Trihydroxy-2-(3,4,5-trihydroxy phenyl)-4H-1-benzopyran-4-one。
- 類黃酮 (Flavonoids)，請參考 5-2-3-30。

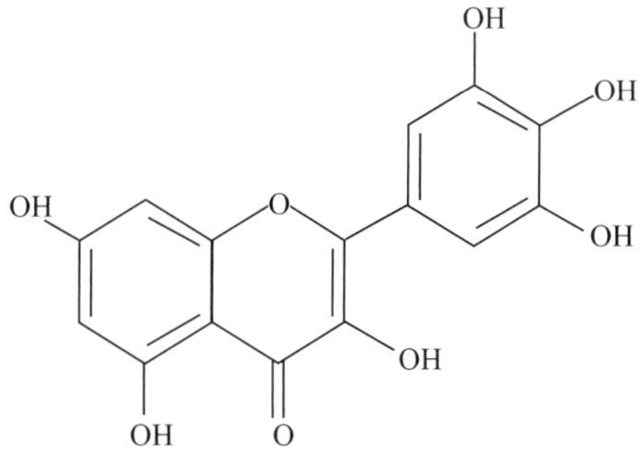

圖5-2-3-37　楊梅黃酮／楊梅素化學式

38.漆黃素 (Fisetin)，是一種類黃酮化合物，化學式 $C_{15}H_{10}O_6$、密度 1.688g/cm^3、熔點 330°C、沸點 599.4°C，可溶於水 (5.489g/L@25°C)，存在於貓爪金合歡、美洲金合歡、白雀樹、鹽膚木、紫礦、美國皀莢、阿拉斯加黃杉，以及蘋果、葡萄、草莓、柿子、黃瓜、洋蔥等多種蔬菜水果中，也存在於果汁、茶、葡萄酒等飲料中。漆黃素有抗發炎的功效，可延長小鼠、蠕蟲、蒼蠅、酵母的壽命，動物實驗中有抗癌活性[5, 87]。

- 漆黃素／非瑟素／非瑟酮 (Fisetin/Cotinin/Fustel)，CAS 528-48-3，IUPAC 名爲：2-(3,4-Dihydroxyphenyl)-3,7-dihydroxychromen-4-one。

• 類黃酮 (Flavonoids)，請參考 5-2-3-30。

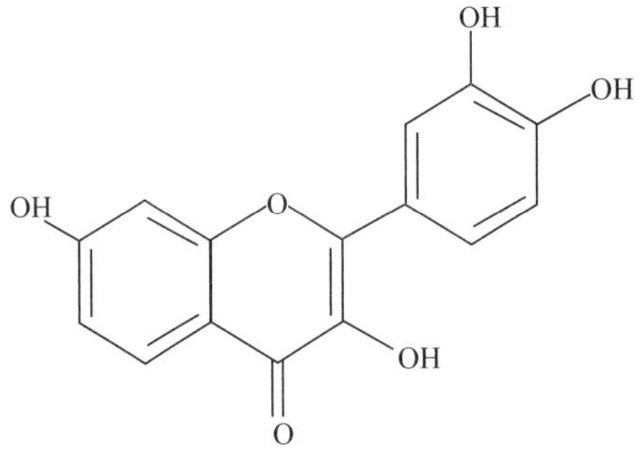

圖5-2-3-38 漆黃素化學式

39. 木樨草素／葉黃酮 (Luteolin)，是一種類黃酮化合物，化學式 $C_{15}H_{10}O_6$、密度 1.654g/cm^3、熔點 330.0°C、沸點 617°C，溶於乙醇，微溶於水 (387.5 mg/L@25°C)，爲黃色結晶或粉末固體，天然存在於芹菜、花椰菜、朝鮮薊、青椒、歐芹、百里香、蒲公英、紫蘇、胡蘿蔔、橄欖油、胡椒薄荷、迷迭香、牛至、丹參、臍橙等植物，以及甘菊茶、果皮、樹皮、苜蓿花和豚草花粉中，三千年前就被用作黃色染料，有抗氧化、抗發炎、抗過敏的功效，以及抗癌活性，可作爲植物代謝物、腎臟保護劑、血管生成抑制劑、凋亡誘導劑、自由基清除劑和免疫調節劑 [5, 11, 87]。
   • 木樨草素／葉黃酮 (Luteolin/Luteolol/Digitoflavone/Flacitran/Cyanidenon/Salifazide)，CAS 491-70-3，IUPAC 名爲：2-(3,4-Dihydroxyphenyl)-5,7-dihydroxy-4H-1-benzopyran-4-one。CAS 12671-63-5 已經停用 [84]。
   • 類黃酮 (Flavonoids)，請參考 5-2-3-30。

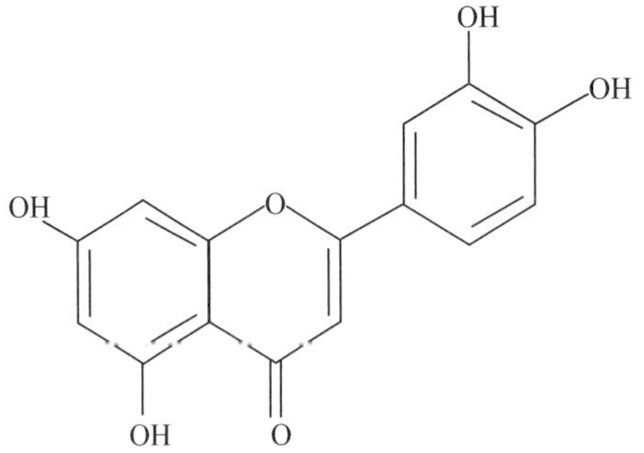

圖5-2-3-39 木樨草素／葉黃酮化學式

40. 茄紅素／番茄紅素 (Lycopene)，爲無環四萜烯化合物，化學式 $C_{40}H_{56}$、密度 0.889g/cm^3、熔點 177°C、沸點 660.90°C，碳鏈的共軛結構（單鍵／雙鍵交互出現），使雙鍵電子躍昇所需能量降低，因此呈紅色。茄紅素爲深紅色固體，溶於油脂、氯仿，不溶於水 (1.037e-10 g/L@25°C)，天然存在於番茄、西瓜、葡萄柚、芭樂、木瓜、紅椒、胡蘿蔔等蔬果中，爲人體常見的類胡蘿蔔素抗氧化劑，用於非酒精飲料 [5, 87]。

- 由於茄紅素與植物纖維緊密結合，因此番茄切碎加入油脂烹煮之後，大大提高人體對茄紅素的吸收 [5]。
- 衣物若剛沾到茄紅素還可以清除，但若塑膠被茄紅素擴散到內部，用熱水、肥皂、清潔劑都無法清除，漂白水可以破壞茄紅素結構 [5]。
- 茄紅素／番茄紅素 (Lycopene/all-trans-Lycopene/Lycored/Redivivo/Solanorubin)，CAS 502-65-8，IUPAC 名爲：(6E,8E,10E,12E,14E,16E,18E,20E, 22E,24E,26E)-2,6,10,14,19,23,27,31-Octamethyldotriaconta- 2,6,8,10,12,14,16,18,20,22,24,26,30- tridecaene。CAS 7634-65-3, 25453-98-9, 360790-67-6 已經停用 [84]。

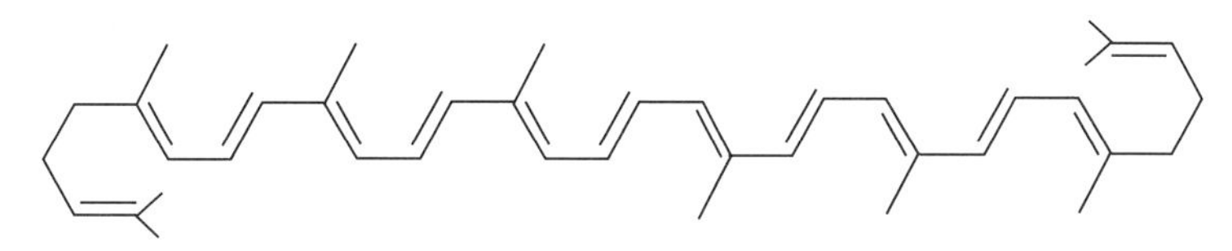

圖5-2-3-40　茄紅素化學式

41. 花青素 (Anthocyanin)，常見的花青素有：矢車菊素 (Cyanidin)、翠雀花素 (Delphinidin)／錦葵花素 (Malvidin)、天竺葵素 (Pelargonidin)、芍藥花素 (Peonidin)、矮牽牛素 (Petunidin) 等，化學式 $C_{15}H_{11}O$，可溶於水 (28.05g/L@ 25°C) 和乙醇，不溶於油脂，無氣味，天然存在於花椰菜、葡萄等植物中，可吸收光能但無光合作用，顏色隨酸鹼值而改變，酸性時爲紅色到紫色，鹼性時爲藍色，鐵離子存在下呈暗紫色，爲植物色素與抗氧化劑，用於食品色素，包括糖果、蛋糕、果醬、霜淇淋，以及各種乳製品、水果製品、酒精與非酒精飲料，顏色從黃色、橙色、紅色、粉紅色到紫色，有優良的光、熱、pH 值穩定性，也用於試紙 [5, 52, 87]。

   - antho/anthos 意思是花，cyan/kyanos 意思是青色
   - 花色苷／花色素苷 (Enocyanin)：花青素不穩定，多以結合醣苷配基的方式存在，稱爲花色苷。葡萄花色苷化學式 $C_{27}H_{31}O_{16}$，CAS 11029-12-2，IUPAC 名爲：2-Phenylchromenylium，爲紫紅色粉末固體。
   - 花青素 (Anthocyanin)，CAS 11029-12-2。CAS 39405-56-6, 85763-44-6 已經停用 [84]。

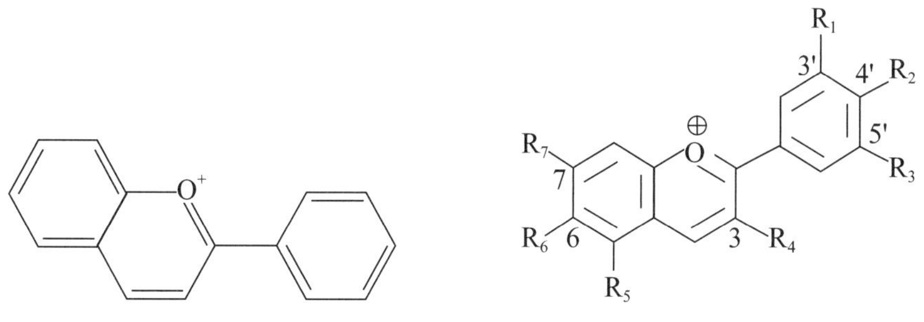

圖5-2-3-41　花青素化學式

42. 青蒿素／黃花蒿素 (Artemisinin)，分子有四環 (tetracyclo) 結構，是含過氧橋的倍半萜內酯，學者認為此過氧化結構與青蒿素的抗瘧活性有關，化學式 $C_{15}H_{22}O_5$、密度 1.300g/cm^3、熔點 156-157°C、沸點 389-390°C，微溶於水 (51.85mg/L@25°C)，天然存在於青蒿 (A. apiacea Hance) 和黃花蒿 (A.annua L.) 等植物中，(+)- 青蒿素是現今藥效最快的抗惡性瘧原蟲瘧疾藥，也有研究指出單獨使用青蒿素進行治療會增加瘧原蟲的耐藥性，具有抗微生物和抗寄生蟲感染（如血吸蟲病）的功效，在動物實驗中造成大鼠和小鼠睡眠時間的改變、共濟失調、震顫等效果。也有學者研究癌症治療，認為青蒿素在腫瘤學中具有重要的潛力 [135]。1969-1972 年中國科學家屠呦呦從黃花蒿中提取了青蒿素，獲得 2011 年拉斯克臨床醫學獎和 2015 年諾貝爾醫學獎 [5, 11, 87, 135]。

- 青蒿素／黃花蒿素 (Artemisinin/Qinghaosu/Huanghuahaosu)，CAS 63968-64-9，IUPAC 名為：(1S,4S,5R,8S,9R,12S,13R)-1,5,9-t Trimethyl-11,14,15,16-tetraoxatetracyclo[10.3.1.0^{4,13}.0^{8,13}]hexadecan-10-one/(3R,5aS,6R,8aS,9R,12S,12aR)-Octahydro-3,6,9-trimethyl-3,12-epoxy-12H-pyrano[4,3-j]-1,2-benzodioxepin-10(3H)-one。CAS 91487-93-3 已經停用 [84]。

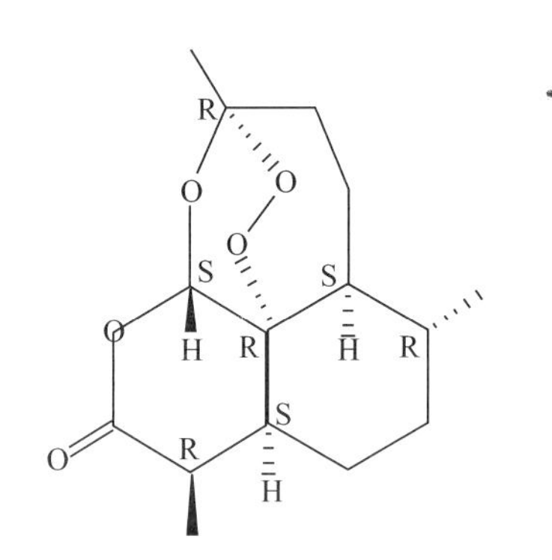

圖5-2-3-42　青蒿素／黃花蒿素化學式

43. 黃芩素 (Baicalein)，為三羥基類黃酮化合物，化學式 $C_{15}H_{10}O_5$、密度 1.7±0.1g/cm^3、熔點 264.5°C、沸點 575.90°C，為黃色固體，略溶於水 (112.5mg/L@25°C)，存在於黃芩、美黃芩（美洲種的黃芩）、木蝴蝶／印度喇叭花 (Oroxylum indicum, 紫葳科木蝴蝶屬）、百里香等植物中，有抗發炎、抗氧化、抗眞菌等作用，可作為激素拮抗劑、前列腺素拮抗劑、自由基清除劑、植物代謝物、鐵蛋白酶抑制劑、抗冠狀病毒劑、SARS 冠狀病毒主蛋白酶抑制劑、血管生成抑制劑、抗腫瘤劑、細胞凋亡誘導劑和生殖保護劑，在體外有抗肝細胞癌的增殖作用，在動物研究中具有抗抑鬱的潛力，在新冠肺炎 (COVID-19) 期間為常作為抗疫的中藥成分 [5, 11, 66, 87]。

- 黃芩素／黃芩苷元 (Baicalein)，CAS 491-67-8，IUPAC 名為：5,6,7-Trihydroxy-2-phenyl-4H-1-benzopyran-4-one/5,6,7-Trihydroxyflavone。
- 黃芩苷 (Baicalin)，化學式 $C_{21}H_{18}O_{11}$、熔點 223°C，是黃芩素與葡萄糖醛酸形成的糖苷，存在於黃芩、木蝴蝶／印度喇叭花、盔狀黃芩 (Scutellaria galericulata) 等植物中，有抗發炎、鎮痛、解熱和抑制血小板的作用，可治療哮喘及作為抗感染劑，阻止傳染源傳播或殺死傳染源以防止感染擴散，在小鼠實驗中有抗焦慮作用，但沒有鎮靜或肌肉放鬆的作用，能誘導胰腺癌細胞凋亡[5, 11, 84]。

➢ 黃芩苷 (Baicalin)，CAS 21967-41-9，IUPAC 名爲：5,6-Dihydroxy-4-oxygen-2-phenyl-4*H*-1-benzopyran-7-*β*-D-glucopyranose acid。CAS 100647-26-5, 27462-75-5, 31564-28-0, 912850-49-8 已經停用[84]。

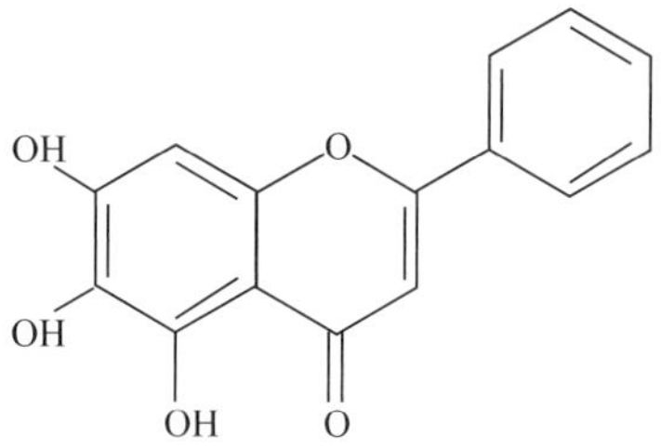

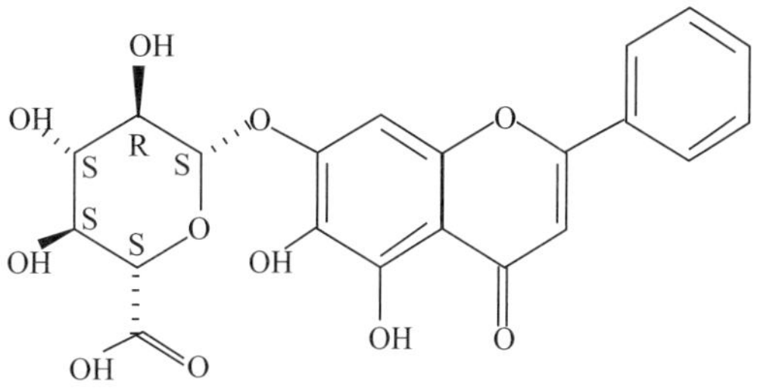

圖5-2-3-43　由左至右：黃芩素、黃芩苷化學式

44. 喜樹鹼 (Camptothecin, CPT)，是一種細胞毒性喹啉類生物鹼，化學式 $C_{20}H_{16}N_2O_4$、密度 1.3112 g/cm^3、熔點 260°C、沸點 757°C，旋光度 [*α*]25D +31.3, 8:2, chloroform-methanol（比旋光度 *α* 符號中，25 是指檢測溫度 °C，D 是指鈉燈光波，正號是指右旋），爲黃色固體，略溶於水 (207mg/L@25°C)，天然存在於喜樹／野芭蕉（產於中國大陸、臺東、蘭嶼）、大葉鹿角藤／香花鹿角藤等植物中，由樹皮和枝幹分離而得，爲中醫療法的抗胃腸道癌症的腫瘤，已有四種喜樹鹼的類似物批准，爲癌症進行化療，然而喜樹鹼的內酯環在人體易水解導致療效喪失，且喜樹鹼本身不易溶於水，藥物開發相當困難[5, 11, 84, 86]。
    - 右旋喜樹鹼 ((S)-(+)-Camptothecin/20(S)-Camptothecine, CPT)，CAS 7689-03-4，IUPAC 名爲：(S)-4-Ethyl-4-hydroxy-1H-pyrano[3',7]indolizino[1,2-b]quinoline-3,14(4H,12H)-dione。CAS 30628-51-4, 157405-40-8 已經停用[84]。
    - 中草藥學一書記載：喜樹苦、寒、有毒。
    - 國立台灣師範大學在「科學 Online」有兩篇關於喜樹鹼的文章。

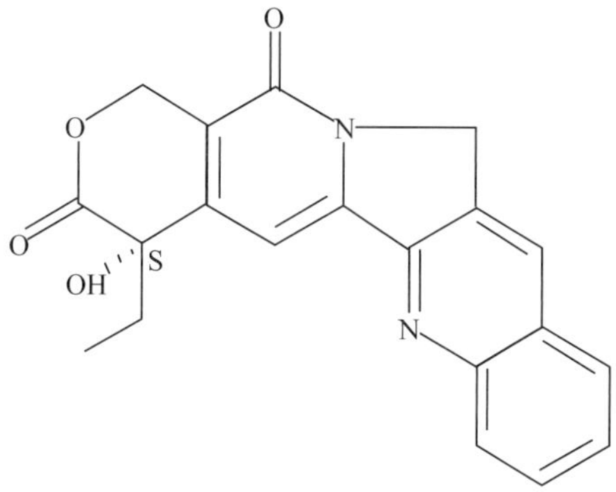

圖5-2-3-44　喜樹鹼化學式

45.秋水仙鹼／秋水仙素 (Colchicine)，最初是從秋水仙（百合科秋水仙屬）的種子、球莖萃取而得，化學式 $C_{22}H_{25}NO_6$、密度 1.3±0.1g/cm^3、熔點 156°C、沸點 726.03°C，旋光度 [α]17D -429,H_2O（比旋光度 α 符號中，17 是指檢測溫度 °C，D 是指鈉燈光波，負號是指左旋），爲白色至淡黃色針狀結晶固體或粉末，幾乎無味，加熱到分解時會釋放有毒煙霧，暴露在光線下顏色會變深，易溶於水 (45.0g/L@25°C)，有抗發炎、催吐等作用，可作爲瀉藥，目前多用於治療痛風性關節炎、假性痛風、肉芽腫性關節炎、鈣化性肌腱炎、口腔潰瘍、便秘等症狀。秋水仙鹼有劇毒，可能造成腎、肝衰竭，高劑量會損害骨髓、導致貧血，因此不適合用於治療癌症 [5, 11, 66, 87]。

- 秋水仙鹼 (Colchicine/Colchisol/Colcin/Mitigare)，CAS 64-86-8，IUPAC 名爲：(7S)-N-(5,6,7,9-Tetrahydro-1,2,3,10-tetramethoxy-9-oxobenzo[a]heptalen-7-yl)acetamide。CAS 5843-86-7, 30512-31-3 已經停用 [84]。

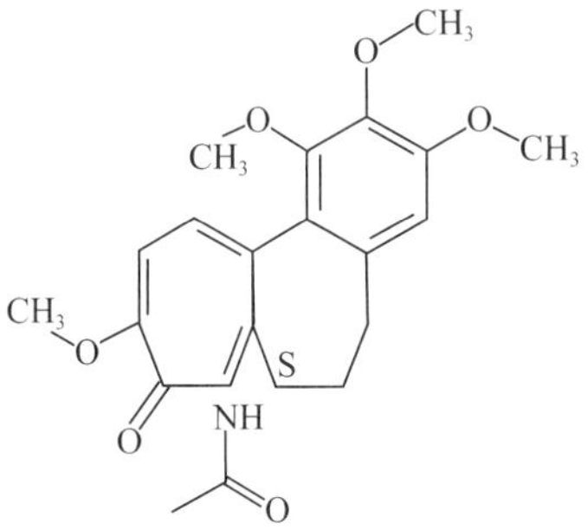

圖5-2-3-45　秋水仙鹼／秋水仙素化學式

46.長春鹼 (Vinblastine)，從夾竹桃科長春花屬的長春花 (Catharanthus roseus) 提取，爲 WHO 基本藥物，化學式 $C_{46}H_{58}N_4O_9$、密度 1.4±0.1g/cm^3、熔點 211-216°C、沸點 755.65°C，旋光度 [α]23D -32, c=0.88, methanol（比旋光度 α 符號中，23 是指檢測溫度 °C，D 是指鈉燈光波，負號是指左旋，c 是溶劑濃度 g/ml)，長春鹼是一種化療藥物，常與其他藥物一起用於治療多種癌症，包括霍奇金淋巴瘤、非小細胞肺癌、膀胱癌、腦癌、黑色素瘤和睪丸癌。大部分人對長春鹼都有副作用，包括感覺改變、便秘、虛弱、食欲不振和頭痛，嚴重的會造成血細胞變少和呼吸困難，在懷孕時使用長春鹼很可能傷害到嬰兒 [5, 66, 84, 87]。

- 長春鹼 (Vinblastine/Vincaleukoblastine/VLB/Valban/Rozevin)，CAS 865-21-4，IUPAC 名爲：[3aR-[3aα,4β,5β,5aβ,9(3R*,5S*,7R*,9S*),10bR*,13aα]]-Methyl 4-(acetyloxy)-3a-ethyl-9-[5-ethyl-1,4,5,6,7,8,9,10-octahydro-5-hydroxy-9-(methoxycarbonyl)-2H-3,7-methanoazacycloundecino[5,4-b]indol-9-yl]-3a,4,5,5a,6,11,12,13a-octahydro-5-hydroxy-8-methoxy-6-methyl-1H-indolizino[8,1-cd]carbazole-5-carboxylate。CAS 57-23-8, 7060-58-4, 1151994-97-6 已經停用。
- 硫酸長春鹼 (Vinblastine sulfate)，化學式 $C_{46}H_{60}N_4O_{13}S$、熔點 284-285°C，爲白色至淡黃色結晶固體或粉末，有劇毒，接觸後的症狀包括暫時性精神抑鬱、麻痺、頭痛、抽搐、自律神經失調、心動過速、口乾、噁心、嘔吐、厭食、腹瀉、脫髮、皮炎等。硫酸長春鹼可作爲植物性抗腫瘤藥物，具有明顯的細胞抑制或抗腫瘤活性，懷孕期間接受化療的婦女禁止母乳餵養[5, 11, 84]。

➢ 硫酸長春鹼 (Vinblastine sulfate/Velban/VLB monosulfate)，CAS 143-67-9。

- 長春新鹼 ((+)-Vincristine/VCR)，化學式 $C_{46}H_{56}N_4O_{10}$、密度 1.1539g/cm^3、熔點 218-220°C、沸點 761.92°C，旋光度 [α]25D +17/+26.2 ,ethylene chloride,（比旋光度 α 符號中，25 是指檢測溫度 °C，D 是指鈉燈光波，正號是指右旋）。長春新鹼爲有絲分裂抑制劑，廣泛用於化療，治療多種癌症，包括急性淋巴性白血病、急性骨髓性白血病、霍奇金氏淋巴瘤、神經母細胞瘤、小細胞肺癌等。常見的副作用包括感知變化、落髮、便秘、步行障礙、頭痛等，嚴重的會有神經性疼痛、間質性肺病或白血球低下。妊娠期間用藥可能會對胎兒造成傷害[5, 84, 87]。

➢ 長春新鹼 / 長春花新鹼 / 新長春鹼 ((+)-Vincristine//Leucristine/Alcrist/Cyctocristine/Vinlon)，CAS 57-22-7[67]，IUPAC 名爲：Methyl(1R,9R,10S,11R,12R,19R)-11-acetyloxy-12-ethyl-4-[(13S,15S,17S)-17-ethyl-17-hydroxy-13-methoxycarbonyl-1,11-diazatetracyclo[13.3.1.$0^{4,12}$.$0^{5,10}$] nonadeca-4(12),5,7,9-tetraen-13-yl]-8-formyl-10-hydroxy-5-methoxy-8,16-diazapentacyclo [10.6.1.$0^{1,9}$.$0^{2,7}$.$0^{16,19}$]nonadeca-2,4,6,13-tetraene-10-carboxylate。CAS 28379-27-3, 1151994-99-8 已經停用。

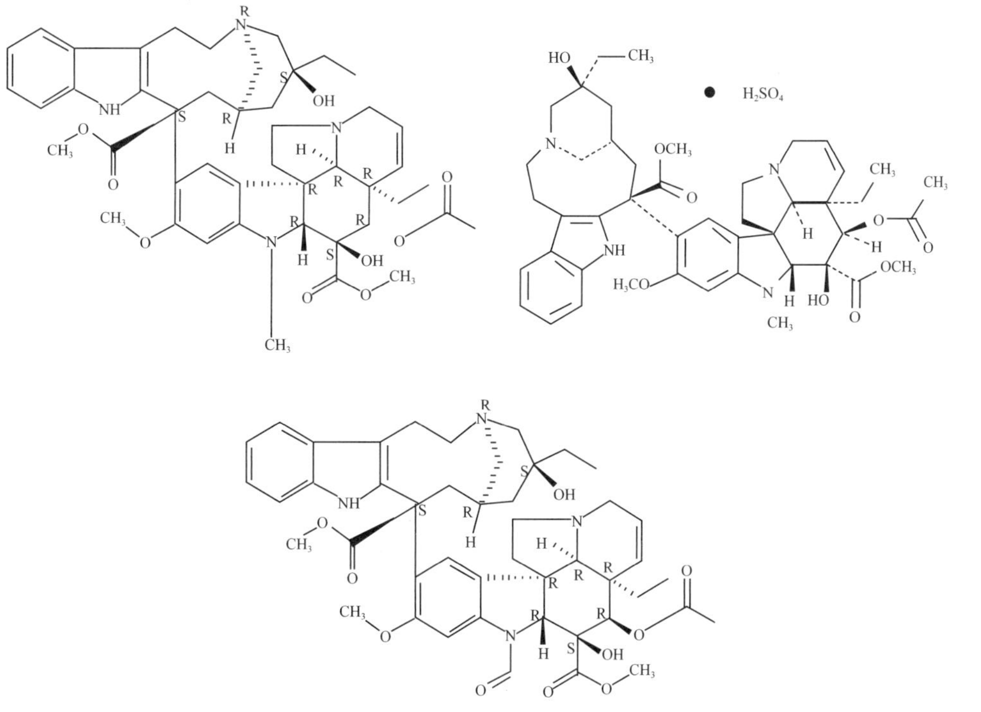

圖5-2-3-46　由左至右：長春鹼、硫酸長春鹼、長春新鹼化學式

47. 異鼠李素 (Isorhamnetin)，化學式 $C_{16}H_{12}O_7$、密度 1.634g/cm^3、熔點 295.00°C、沸點 627.90°C，可溶於水 (1.122g/L@25°C)，是從香蒲中分離出的固體，爲單甲氧基黃酮，第 3' 號碳位置被槲皮素甲基化，亦即鄰位 (ortho-/o-) 甲基化的黃酮醇，存在於洋蔥、梨、墨西哥龍蒿等植物，以及橄欖油、葡萄酒、番茄醬、香料、草藥等食品中，通常以超臨界流體萃取，具有抑制劑、抗凝血劑、抗腫瘤促進劑和代謝物的作用 [5. 11. 84. 86. 87]。
   - 鼠李 (Rhamnus davurica) 爲薔薇目 (Rosales) 鼠李科鼠李屬鼠李種，種子可榨潤滑油，果肉有解熱、止瀉功效，樹皮和果實可製作黃色染料，木材堅實可做傢俱及雕刻材 [5]。
   - 異鼠李素 (Isorhamnetin/3´-Methoxyquercetin)，CAS 480-19-3，IUPAC 名爲：3,5,7-Trihydroxy-2-(4-hydroxy-3-methoxyphenyl)chromen-4-one。CAS 98006-95-28 已經停用。
   - 鼠李素 (Rhamnetin/7-Methoxyquercetin/7-o-Methoxyquercetin)，化學式 $C_{16}H_{12}O_7$、密度 1.3347g/cm^3、熔點 295°C、沸點 627.9°C，略溶於水 (678.5mg/L@25°C)，爲單甲氧基黃酮，第 7 號碳位置被槲皮素甲基化，亦即鄰位 (ortho-/o-) 甲基化的黃酮醇，在功能上與槲皮素有關，天然存在於白蛇根草、耳葉水莧菜等植物中 [5. 11. 19. 84. 86. 87]。
     - ➢ 鼠李素 (Rhamnetin/7-Methoxyquercetin)，CAS 90-19-7，IUPAC 名爲：2-(3,4-Dihydroxy phenyl)-3,5-dihydroxy-7-methoxy-4H-1-benzopyran-4-one。

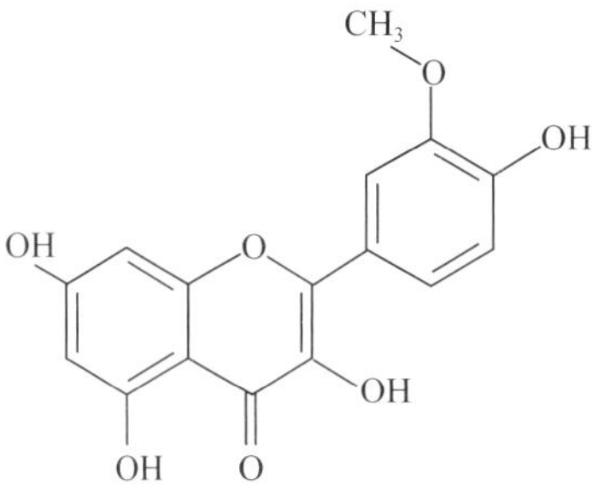

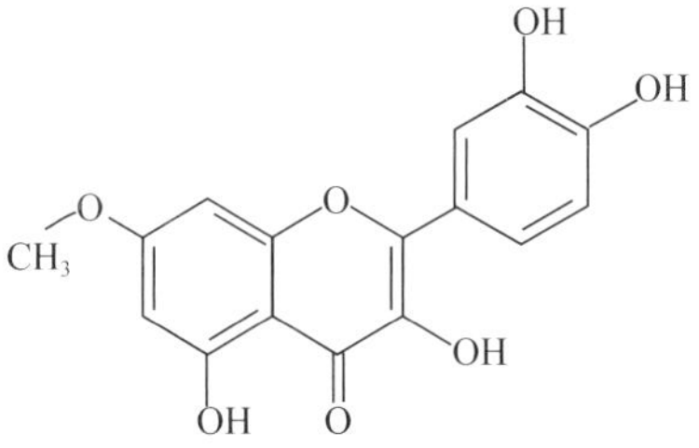

圖5-2-3-47　由左至右：異鼠李素、鼠李素化學式

48. 蘿蔔硫苷／萊菔子素 (Glucoraphanin)，化學式 $C_{12}H_{23}NO_{10}S_3$、密度 1.78±0.1g/cm^3，易溶於水 (est. 1000g/L@25°C)，天然存在於青花菜／西蘭花、阿拉伯芥／擬南芥和其他十字花科蔬菜中，經過芥子酶轉化爲蘿蔔硫素，可作爲抗氧化劑及選擇性抗生素，具有抗癌活性。新開發的青花菜品種，其蘿蔔硫苷／萊菔子素的含量可達原來的 3-10 倍 [5. 11. 84. 86. 87]。
   - 蘿蔔硫苷／萊菔子素 (Glucoraphanin)，CAS 21414-41-5，IUPAC 名爲：[(2S,3R,4S,5S,6R)-3,4,5-Trihydroxy-6-(hydroxymethyl)oxan-2-yl] (1Z)-5-methylsulfinyl-N-sulfooxypentanimidothioate。CAS 457655-34-4, 1245747-40-3 已經停用 [84. 86. 87]。
   - 蘿蔔硫素 (Sulforaphane)，化學式 $C_6H_{11}NOS_2$、密度 1.17g/cm^3、熔點 125-135°C、沸點 369°C，爲淡黃色液體，可溶於水 (13.82g/L@25°C)，天然存在於青花菜／西蘭花、捲心菜、甘藍和其他十字花科蔬菜中，具有抗腫瘤劑、植物代謝物、抗氧化劑的作用，研究中用於自閉症譜系障礙的治療 [5. 11. 84. 86. 87]。

➢ 蘿蔔硫素 (Sulforaphane/Detoxophane/BroccoPhane)，CAS 4478-93-7，IUPAC 名爲：1-Isothiocyanato-4-(methylsulfinyl)butane。CAS 142925-33-5 已經停用。

圖5-2-3-48　蘿蔔硫苷／萊菔子素、蘿蔔硫素化學式

49.芥蘭素／吲哚 -3- 甲醇 (Indole-3-carbinol)，化學式 C_9H_9NO、密度 1.1135g/cm^3、熔點 96-99°C、沸點 360.60°C，爲乳白色至黃橙色片狀結晶固體或粉末，可溶於水 (8.339g/L@25°C)，天然存在於歐洲赤松、青花菜／西蘭花、捲心菜、花椰菜、油菜、甘藍和其他十字花科蔬菜中，有抗氧化的作用，可以清除自由基，研究中用於預防婦女的乳腺癌、抑制黑色素瘤突變、紅斑狼瘡、復發性呼吸道乳頭瘤以及抗動脈粥樣硬化的作用 [5, 11, 84, 86, 87]。

• 芥蘭素／吲哚 -3- 甲醇 (Indole-3-carbinol/Indole-3-methanol/Indinol)，CAS 700-06-1，IUPAC 名爲：1H-Indol-3-ylmethanol。

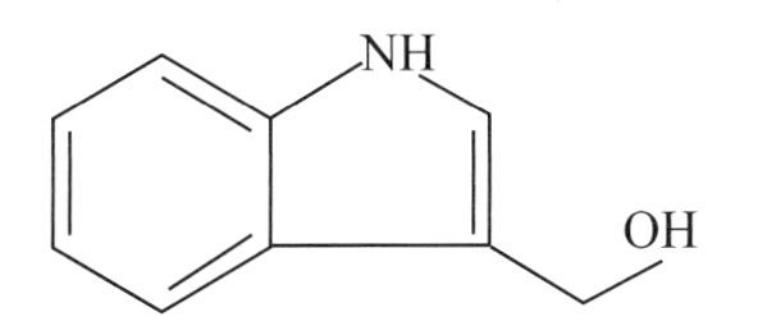

圖5-2-3-49　芥蘭素／吲哚-3-甲醇化學式

第六章　精油植物(A~F)

本章大綱

A1. 印度藏茴香／香旱芹(Ajowan)
A2. 多香果／牙買加胡椒／丁香胡椒(Allspice)
A3. 苦杏仁(Almond, Bitter)
A4. 麝香秋葵／麝香梨子／香葵／黃葵(Ambrette Seed)
A5. 西印度檀香／阿米香樹(Amyris)
A6. 歐白芷／洋當歸(Angelica)
A7. 八角茴香／中國八角(Anise, Star)
A8. 洋茴香／茴芹／大茴香(Anise/Aniseed)
A9. 東方側柏(Arborvitae)
A10. 山金車(Arnica)
A11. 阿魏(Asafoetida)
B1. 香蜂草(Balm, Lemon)
B2. 加拿大膠冷杉(Balsam, Canadian)
B3. 古巴香酯(Balsam, Copaiba)
B4. 祕魯香酯(Balsam, Peru)
B5. 吐魯香酯(Balsam, Tolu)
B6. 羅勒(Basil, Exotic)
B7. 法國羅勒(Basil, French)
B8. 月桂(Bay, Cineol)
B9. 西印度月桂(Bay, West Indian)
B10. 藥用安息香(Benzoin)
B11. 佛手柑(Bergamot)
B12. 赤樺(Birch, Sweet)
B13. 白樺(Birch, White)
B14. 波爾多葉(Boldo Leaf)
B15. 冰片／龍腦(Borneol)
B16. 波羅尼亞花(Boronia)
B17. 西班牙金雀花／鷹爪豆(Broom, Spanish)
B18. 布枯(Buchu)
C1. 巴西檀木(Cabreuva)
C2. 西班牙刺柏／西班牙雪松(Cade)
C3. 白千層(Cajeput)
C4. 新風輪(Calamintha)
C5. 菖蒲(Calamus)
C6. 樟木(Camphor)
C7. 香水樹（卡南迦）(Cananga)
C8. 葛縷子(Caraway)
C9. 小豆蔻／綠豆蔻(Cardamon)
C10. 胡蘿蔔籽(Carrot Seed)
C11. 卡藜皮(Cascarilla Bark)
C12. 中國肉桂(Cassia)
C13. 金合歡(Cassie)
C14. 大西洋雪松(Cedarwood, Atlas)
C15. 德州雪松(Cedarwood, Texas)
C16. 維吉尼亞雪松(Cedarwood, Virginian)
C17. 旱芹籽／根芹菜籽(Celery Seed)
C18. 德國洋甘菊(Chamomile, German)
C19. 摩洛哥藍艾菊(Chamomile, Maroc)
C20. 羅馬洋甘菊(Chamomile, Roman)

C21. 西洋山人參(Chervil)
C22. 錫蘭肉桂(Cinnamon)
C23. 香茅(Citronella)
C24. 丁香(Clove)
C25. 芫荽(Coriander)
C26. 木香(Costus)
C27. 華澄茄(Cubebs)
C28. 孜然(Cumin)
C29. 絲柏(Cypress)
C30. 虞美人／麗春花(Corn poppy)
D1. 鹿舌草(Deertongue)
D2. 蒔蘿(Dill)
E1. 大花土木香(Elecampane)
E2. 欖香酯(Elemi)
E3. 藍桉(Eucalyptus, Blue Gum)
E4. 檸檬桉(Eucalyptus, Lemon-Scented)
E5. 闊葉桉(Eucalyptus, Broad-Leaved Peppermint)
F1. 甜茴香(Fennel)
F2. 銀杉／歐洲冷杉／白杉(Fir Needle, Silver)
F3. 阿拉伯乳香(Frankincense)
F4. 芳枸葉(Fragonia)

A1. 印度藏茴香／香旱芹(Ajowan/Trachyspermum copticum)傘形科／繖形科(Apiaceae/Umbelliferae)

印度藏茴香／香旱芹 (Ajowan/Trachyspermum copticum) 為一年生草本植物，又稱印度藏茴香／阿育魏實／細葉糙果芹／獨活草／阿印茴。

• 幾種茴香名稱
  - Star Anise：八角茴香
  - Anise：大茴香、洋茴香、茴芹
  - Fennel：茴香、甜茴香、小茴香
  - Caraway：葛縷子、藏茴香、凱莉茴香
  - Cumin：孜然、小茴香籽、安息茴香

主要成分：

- 香旱芹酚／香荊芥酚 (Carvacrol/Cymophenol)，請參考 5-1-1-2。
- 百里酚／百里香酚 (Thymol)，請參考 5-1-1-1。
- 蒎烯／松油萜 (Pinene)，請參考 2-1-1-3。
- 對傘花烴／對繖花烴 (p-Cymene/4-Cymene)，請參考 2-1-1-5。
- 萜品烯／松油烯(Terpinene)與萜品油烯(Terpinolene)/δ-萜品烯／異松油烯，請參考2-1-1-4。
- 二戊烯 (Dipentene，請參考 2-1-1-1。

印度藏茴香／香旱芹是強效防腐劑和殺菌劑，具有殺菌作用。對皮膚和眼鼻黏膜有刺激性。懷孕期間應避免使用。不建議使用於芳香療法 [30]。

A2. 多香果／牙買加胡椒／丁香胡椒(Allspice/Pimenta dioica)；桃金孃科(Myrtaceae)

桃金孃科 (Myrtaceae) 有 100 屬，約 3000 種，Pimenta 是多香果屬。

主要成分：

- 丁香酚 (Eugenol)，請參考 5-1-1-3。
- 甲基醚丁香酚／甲基丁香酚 (Methyl eugenol)，請參考 5-1-2-5。
- 1、8- 桉葉素／桉葉素／桉葉油醇／1、8- 桉樹腦 (Cineol/1,8-Cineole/Eucalyptol/Cajuputol)，請參考 5-2-1-1。
- 桉葉醇／蛇床烯醇 (Eudesmol)，請參考 2-2-2-7。
- 水芹烯／水茴香萜 (Phellandrene)，請參考 2-1-1-7。
- 石竹烯 (Caryophyllene) 蛇麻烯／葎草烯／(Humulene)，請參考 2-1-2-1。

多香果／牙買加胡椒／丁香胡椒果實中的丁香酚含量約爲 60-80%，葉子中的丁香酚含量約爲 96%，常作爲麻醉劑、鎭痛劑、抗氧化劑、防腐劑、催情劑、肌肉鬆弛劑、止痛劑、興奮劑、補藥等用途。丁香酚對黏膜有刺激性，已發現會對皮膚產生刺激，應稀釋使用。芳香療法的作用包括增進血液循環、緩解肌肉和關節疼痛，以及關節炎、疲勞、肌肉痙攣、風溼症、僵硬等症狀 [30]。

A3. 苦杏仁(Almond, Bitter/Prunus dulcis var. amara)；薔薇科(Rosaceae)

扁桃與苦杏仁爲不同植物 [5]，苦杏仁學名爲 Prunus armeniaca Linne var. ans Maximowic。扁桃學名 Prunus dulcis，薔薇科李屬 (Prunus)。

主要成分：

- 苯甲醛 (Phenylmethanal/Phenylaldehyde/Benzaldehyde)，請參考 3-1-2-8。
- 普魯士酸／氫氰酸 (Prussic acid/Hydrogen cyanide)，請參考 5-2-2-11。

苦杏仁有麻醉、解痙、殺菌的功效。氰化物是衆所周知的毒藥，苯甲醛也有毒性。不應用於治療或芳香療法 [30]。

A4. 麝香秋葵／麝香梨子／香葵／黃葵(Ambrette Seed/Abelmoschus moschatus)錦葵科(Malvaceae)

香葵／黃葵 (Abelmoschus moschatus)，麝香秋葵／麝香梨子 [13](Ambrette Seed)，黃葵籽精油／麝葵籽油 (Ambrette Seed Essential Oil)。

主要成分：

- 金合歡醇／法尼醇 (Farnesol/Dodecatrienol)，請參考 2-2-2-1。
- 黃葵內酯／麝子內酯 (Ambrettolide)，請參考 4-2-1-7。
- 黃葵酸 (Ambrettolic acid))，請參考 4-2-1-7。
- 棕櫚酸／十六烷酸／軟酯酸 (Palmitic acid/Hexadecanoic acid)，請參考 5-2-2-10。

麝香秋葵／麝香梨子種子用水蒸氣蒸餾法提取精油，經過幾個月的熟化 (Age) 處理後使用。凝香體 (Concrete) 和原精 (Absolute) 也經由溶劑萃取製得 [30]。

- 凝香體 (Concrete)、原精 (Absolute)、類樹脂 (resinoid)、基礎油 (Carrier oil)，植物在經過溶劑萃取法提取的過程中，材料放在蒸餾容器中緩慢加熱，其熱量只夠回收溶劑，植物的揮發性成分不會逸出。
  - ➢ 凝香體 (Concrete)：溶劑除去後，剩下近乎固體的蠟狀物質稱爲凝香體。
  - ➢ 類樹脂 (Resinoid)：如果不用溶劑，而是使用植物性樹脂材料去提取，提取出的物質稱爲類樹脂。
  - ➢ 原精 (Absolute)：將凝香體加酒精後，加熱熔融並攪拌，此時精油、蠟、基礎油和脂肪等成分溶入酒精中，抽眞空蒸餾去除酒精，產生最濃縮的香料稱爲原精。原精最濃也最昂貴，主要用於香水工業。
  - ➢ 基礎油 (Carrier oil)：也稱固定油 (Fixed oil) 或不揮發油，可以與精油混合的不揮發油稱爲基礎油。一些常見的基礎油包括椰子油、橄欖油、摩洛哥堅果油 (Argan) 和荷荷巴油 (Jojoba)。

麝香秋葵／麝香梨子有抗痙攣、壯陽藥、催情藥、神經興奮劑的功效。目前所知爲無毒、無刺激性、無致敏性。芳香療法的應用上可緩解抽筋、疲勞、焦慮、緊張、壓力、抑鬱、肌肉酸痛、血液循環不良等症狀 [30]。

A5. 西印度檀香／阿米香樹(Amyris/Amyris balsamifera)芸香科(Rutaceae)

西印度檀香／阿米香樹 (Amyris balsamifera) 屬於芸香科阿米香屬 (Amyris)。

主要成分：

- 石竹烯 (Caryophyllene)、蛇麻烯／葎草烯 (Humulene)，請參考 2-1-2-1，多香果／牙買加胡椒／丁香胡椒 (Allspice)，請參考第六章 A2。
- 杜松烯 (Cadinene) 卡達烷 (Cadalane)，請參考 2-1-2-18。
- 杜松醇 (Cadinol)，請參考 2-2-2-12。

西印度檀香具有抗菌、鎮靜等功效，對於皮膚黏膜無刺激性，常用於香水和化妝品中，作爲東印度檀香木的替代品。

A6. 歐白芷／洋當歸(Angelica/Angelica archangelica)；傘形科／繖形科(Apiaceae/Umbelliferae)

歐白芷／洋當歸 (Angelica)：屬於傘形科／繖形科當歸屬 (Angelica)。

主要成分：

- 水芹烯／水茴香萜 (Phellandrene)，請參考 2-1-1-7，多香果／牙買加胡椒／丁香胡椒 (Allspice)，請參考第六章 A2。
- 蒎烯／松油萜 (Pinene)，請參考 2-1-1-3，是一種雙環單萜烯，印度藏茴香／香旱芹 (Ajowan)，請參考第六章 A1。

- 檸檬烯／薴烯 (Limonene)、二戊烯 (Dipentene)，請參考 2-1-1-1。
- 沉香醇／枷羅木醇 (Linalool，右旋：芫荽醇，左旋：芳樟醇）手性方向與旋光方向相反，請參考 2-2-1-3-2。
- 冰片醇／龍腦／2- 莰醇 (Borneol)，請參考 2-2-1-2-2。
- 香豆素類 (Coumarins)，請參考 4-2-2。
- 白芷素／異補骨酯內酯 (Angelicin/Isopsoralen)，請參考 4-2-2-5。
- 佛手柑內酯／香柑內酯／5- 甲氧基補骨酯素 (Bergapten/5-methoxypsoralen)，請參考 4-2-2-6。

歐白芷根和歐白芷種子含有水芹烯，並富含香豆素類，具有抗痙攣、止痛、消炎、利尿、催吐、祛痰、健胃、滋補等功能，並有殺菌和殺眞菌的效果。歐白芷根的根油具有光毒性，可能是由於佛手柑成分較高，種子油則不具光毒性。懷孕期間或糖尿病患者不能使用歐白芷。芳療功效包括緩解皮膚暗沉充血、治療關節炎、痛風、風溼、水腫、緩解支氣管炎、咳嗽，改善脹氣、消化不良，消除疲勞、偏頭痛、神經緊張和壓力相關的疾病，預防感冒等 [30]。

A7. 八角茴香／中國八角(Anise, Star/Illicium verum)；八角茴香科(Illiciaceae)

幾種茴香名稱整理一下。

- ➢ Star Anise：八角茴香
- ➢ Anise：大茴香、洋茴香、茴芹
- ➢ Fennel：茴香、甜茴香、小茴香
- ➢ Caraway：葛縷子、藏茴香、凱莉茴香
- ➢ Cumin：孜然、小茴香籽、安息茴香

主要成分：

- 茴香腦／洋茴香醚／洋茴香腦 (Anethole)，請參考 5-1-2-1。

八角茴香有抗菌、止血、祛痰、驅蟲等作用，不會對皮膚產生刺激。大劑量的大茴香有麻醉作用，使血液循環減慢，有可能導致腦部疾病，注意酌量使用。芳療上可以增進血液循環、緩解肌肉酸痛，改善風溼症、支氣管炎、咳嗽、腸胃絞痛、痙攣、脹氣、消化不良，預防感冒，常用在咳嗽藥、潤喉糖等做爲調味劑 [30]。

A8. 洋茴香／茴芹／大茴香(Anise/Aniseed/Pimpinella anisum)；傘形科／繖形科(Apiaceae/Umbelliferae)

洋茴香／茴芹／大茴香／歐洲大茴香／異葉茴芹 (Anise/Pimpinella anisum)，果實爲 3-5 公釐長的橢圓分裂果，俗稱茴芹籽 (Aniseed)。眞洋茴香和茴芹品種相近，學名是 Pimpinella anisum。

主要成分：

- 茴香腦／洋茴香醚／洋茴香腦 (Anethole)，請參考 5-1-2-1，八角茴香，請參考第六章 A7。

大茴香／茴芹有抗菌、解痙、止痛、利尿、祛痰、催乳、健胃等作用，可能引起皮膚炎，過敏性和炎症性皮膚病患者應避免使用。大劑量的洋茴香有麻醉作用，使血液循環減

慢，有可能導致腦部疾病，注意酌量使用。芳療效果請參考第六章 A7：八角茴香，常用在咳嗽藥、潤喉糖等作爲調味劑，也用於止咳劑，以及香水、化妝品、肥皂、牙膏、洗滌劑的香精原料和食用香精。

A9. 東方側柏(Arborvitae/Platycladus orientalis)；柏科(Cupressaceae)

東方側柏／柏樹／香柏：側柏屬 (Thuja) 是柏科 (Cupressaceae) 針葉樹的一個屬。該屬爲單系植物，與羅漢柏屬 (Thujopsis) 同科，成員通常稱爲側柏、崖柏或雪松 (Cedars)。香柏是較爲含混的名稱，可能指側柏、垂枝香柏 (Sabina pingii) 或雪松 (Cedrus)。

主要成分：

- 側柏酮／崖柏酮 (Thujone)，請參考 3-2-1-13。
  - 側柏酮不可食用，許多國家都對食物或飲料中側柏酮的含量做了限制[5.19]。
  - 美國不允許食品中添加純的側柏酮；苦艾酒、蒿屬植物、白雪松、橡樹苔、丹參或蓍草的食品或飲料，側柏酮含量必須低於 10mg/L[5]。
  - 在芳療經驗上，側柏酮爲口服毒素及墮胎藥劑，孕婦應避免接觸[30]。
- 樟腦 (Camphor)，請參考 3-2-1-3。
- 檜烯／沙賓烯 (Sabinene)，請參考 2-1-1-10。
- 蒎烯／松油萜 (Pinene)，請參考 2-1-1-3。
- 葑酮／小茴香酮 (Fenchone)，請參考 3-2-1-8。

東方側柏有抗風溼、利尿、祛痰、驅蟲、催吐等作用，並作爲神經興奮劑、墮胎藥、殺菌劑、消毒劑、鎮痛軟膏等，也用於沐浴品的香精。有毒性，不應用於芳香療法[30]。

A10. 山金車(Arnica/Arnica montana)；菊科(Compositae)

主要成分：

- 百里香對苯二酚二甲醚／2,5- 二甲氧基對異丙基甲苯 (Thymohydroquinone dimethyl ether/2,5-Dimethoxy-p-Cymene)，請參考 5-1-2-11。
- 對傘花烴／對繖花烴 (p-Cymene/4-Cymene)，請參考 2-1-1-5，是一種芳香烴，印度藏茴香／香旱芹 (Ajowan)，請參考第六章 A1。
- 百里酚／百里香酚 (Thymol)，請參考 5-1-1-1，是單萜酚，爲對撒花烴的酚衍生物，與香旱芹酚是異構物，印度藏茴香／香旱芹 (Ajowan)，請參考第六章 A1。
- 香旱芹酚／香荊芥酚 (Carvacrol/Cymophenol)，請參考 5-1-1-2。

山金車有抗發炎、緩解肌肉疼痛、減少腫脹、促進瘀傷和傷口的癒合、防止感染、減少糖尿病相關的視力問題、緩解骨關節炎等作用。山金車精油有劇毒，絕對不能內服或用於皮膚破損處，因此也不用於芳香療法，然而山金車酊劑或軟膏卻是常見的家庭藥[5.30.32]。

A11. 波斯阿魏(Asafoetida/Ferula asafoetida)；傘形科／繖形科(Apiaceae/Umbelliferae)

主要成分：

- 纈草酸／戊酸 (Valeric acid/ Pentanoic acid)，請參考 5-2-2-8。
- 纈草烯醛 (Valerenal)，纈草醛 (Baldrinal)，請參考 3-1-3-1。
- 香草精／香蘭素／香莢蘭醛／香草酚 (Vanillin)，有多重取代基，請參考 3-1-2-9。
- 阿魏酸 (Ferulic acid)，請參考 5-2-2-12。

波斯阿魏具有解痙、驅蟲、祛痰、降血壓等作用，雖然無毒且無刺激性，然而卻是市場上摻假最多的藥品。芳香療法在呼吸系統方面可緩解哮喘、支氣管炎、百日咳等；在神經系統方面可減輕疲勞、神經衰竭、壓力相關的症狀等。阿魏現在很少用於藥物製劑，偶爾作爲定香劑，用於玫瑰基等東方香型的香水中，此外也廣泛應用於各種食品和調味品[30]。

B1. 香蜂草(Balm, Lemon/Melissa officinalis)；唇形科(Lamiaceae)

香蜂草[5](Melissa officinalis)：屬於唇形科蜜蜂花屬 (Melissa)，又稱檸檬香蜂草／檸檬香酯草／檸檬薄荷／蜜蜂花，Melissa 希臘文爲「蜜蜂」的意思。

主要成分：

- 檸檬醛 (Citral)，請參考 3-1-2-1。
- 香茅醇／玫紅醇 (Citronellol/Rhodinol)，請參考 2-2-1-1-3。
  - 香茅醛／玫紅醛 (Citronellal/Rhodinal)，請參考 3-1-2-4，香茅 (Citronella)，請參考第六章 C23。
- 丁香酚 (Eugenol)，請參考 5-1-1-3，多香果／牙買加胡椒／丁香胡椒 (Allspice)，請參考第六章 A2。
- 香葉醇／牻牛兒醇 (Geraniol/(E)-Nerol)，請參考 2-2-1-1-1。
- 乙酸沉香酯／乙酸芳樟酯 (Linalyl acetate)，請參考 4-1-1-1。

香蜂草有抗抑鬱、抗組織胺、解痙、殺菌、止血、催情、催吐、通經血、驅蟲、鎮靜等功用。無毒，可能刺激皮膚、引起過敏。香蜂草常有摻假油，大多數都摻有檸檬或香茅的成分。芳香療法在皮膚護理方面可緩解過敏及昆蟲叮咬，並可治療溼疹等皮膚症狀；在呼吸系統方面可緩解哮喘、支氣管炎、慢性咳嗽；在消化系統方面可緩解消化不良、噁心、腹絞痛。在泌尿生殖系統方面可緩解經痛等問題；在神經系統方面可緩解焦慮、抑鬱、高血壓、失眠、偏頭痛、神經緊張、眩暈。香蜂草偶爾用於藥物製劑，並廣泛應用於沐浴用品、化妝品、香水等，也用於食品中，包括酒精和非酒精飲料[30]。

B2. 加拿大膠冷杉(Balsam, Canadian/Abies balsamea)；松科(Pinaceae)

通常由加拿大膠冷杉 (Abies balsamea) 的樹脂製成。膠冷杉的樹脂溶於精油，呈現無色或淡黃色的黏稠液體，在精油蒸發後轉變成透明黃色非晶態的物質。加拿大膠冷杉由於不結晶，光學性能不會隨時間劣化。由於光學品質佳，折射率 1.55 接近光學玻璃，傳統上純化的香酯用於光學元件的黏膠[5]。

主要成分：

- 蒎烯／松油萜 (Pinene)，請參考 2-1-1-3，印度藏茴香／香旱芹 (Ajowan)，請參考第六章 A1。
- 水芹烯／水茴香萜 (Phellandrene)，請參考 2-1-1-7，多香果／牙買加胡椒／丁香胡椒 (Allspice)，請參考第六章 A2。

加拿大膠冷杉有菌抗、鎮痛、收斂、催吐、利尿、祛痰、清腸、鎮靜神經等功用。無毒、無刺激性、無致敏性，大劑量使用時可能引起噁心。芳香療法在皮膚護理方面可緩解痔瘡、傷口疼痛；在呼吸系統方面可緩解哮喘、支氣管炎、慢性咳嗽、喉嚨痛；在泌尿生殖系統方面可緩解膀胱炎、泌尿生殖系統感染；在神經系統方面可緩解抑鬱、神經緊張、壓力相關症狀。加拿大膠冷杉可用於軟膏和霜劑中，作爲防腐劑和治療痔瘡。在牙科用於根管密封劑，也用於在食品、酒精和一般飲料中，以及在肥皂、洗滌劑、化妝品和香水中作爲定香劑。

B3. 古巴香酯(Balsam, Copaiba/Copaifera officinalis)；豆科(Fabaceae)

由古巴香酯樹的精油提煉而得。古巴香酯樹 (Copaifera officinalis) 屬於豆科 (Fabaceae) 香酯樹屬 (Copaifera L.)，是南美熱帶的豆科大喬木，最高可以長到 30 公尺[6]。

主要成分：

- 石竹烯 (Caryophyllene)、蛇麻烯／葎草烯／(Humulene)，請參考 2-1-2-1，多香果／牙買加胡椒／丁香胡椒 (Allspice)，請參考第六章 A2，*α*- 石竹烯又稱葎草烯／蛇麻烯 (Humulene)；*β*- 石竹烯又稱石竹烯或丁香烯。

古巴香酯的 *α*- 石竹烯具有鎮定神經系統的功效；*β*- 石竹烯具有消炎止痛的功效[10]，也可做作爲祛痰劑、利尿劑、芳香劑、殺菌劑等，並廣泛使用於乳液、香皂、香水等藥妝產品[6]。古巴香酯無毒、無刺激性，在芳香療法的應用上有舒緩焦慮、撫慰情緒的功效[30]。

B4. 祕魯香酯(Balsam, Peru/Myroxylon balsamum var. pereirae)；豆科(Fabaceae)

祕魯香酯樹是熱帶喬木，高可達 25 公尺，花香葉美樹幹筆直，現在主要產於薩爾瓦多。祕魯香酯是樹木的病理產物，剝開樹皮後，在裸露木頭收集而得琥珀色半固體香酯[5]。祕魯香酯和吐魯香酯都屬於豆科南美槐屬。

主要成分：

- 苯甲酸苄酯／苯甲酸苯甲酯／安息酸甲苯 (Benzyl benzoate)，請參考 4-1-2-3。
- 苯甲酸／安息香酸／苄酸 (Benzoic acid)，請參考 5-2-2-5。
- 肉桂酸苄酯 (Benzyl cinnamate)，請參考 4-1-1-8。
- 肉桂酸肉桂酯／桂酸桂酯 (Cinnamyl cinnamate)，請參考 4-1-1-9。
- 肉桂酸 (Cinnamic acid)，請參考 5-2-2-7。

祕魯香酯有抗發炎、殺菌、祛痰等公用，並可促進上皮細胞的生長，常作爲芳香劑與殺寄生蟲劑。雖然無毒、無刺激性，然而也是常見的接觸性過敏原，可能會引起皮膚發炎。芳香療法在皮膚護理方面可緩解皮膚乾燥皸裂、溼疹、皮疹與傷口；在循環方面可緩解風溼症；在呼吸系統方面可緩解哮喘、支氣管炎、感冒咳嗽等症狀；在神經系統方面可緩解神經緊張、壓力。常作爲定香劑，用在肥皂、洗滌劑、膏霜、乳液等產品中。祕魯香酯可用於大多數食品類別，包括酒精和無酒精的飲料[12,30]。

B5. 吐魯香酯(Balsam, Tolu/Myroxylon toluiferum H.B.K)；豆科(Fabaceae)

吐魯香酯爲淡黃褐色或琥珀色液體，冷卻後凝固結晶，有著濃郁的香花香，帶有胡椒味與多種花香完美融合，包括依蘭、檀香木、橙花、廣藿香、雪松、含羞草[30]。

主要成分：

- 萜烯類／萜品烯 (Terpenes)：是一個總稱，包含單萜烯、倍半萜烯、二萜烯、三萜烯等，有抗發炎、止癢、抗感染、安撫肌膚等作用。
- 丁香酚 (Eugenol)，請參考 5-1-1-3，多香果／牙買加胡椒／丁香胡椒 (Allspice)，請參考第六章 A2。
- 香草精／香蘭素／香莢蘭醛／香草酚 (Vanillin)，有多重取代基，請參考 3-1-2-9，阿魏 (Asafoetida/Ferula asafoetida)，請參考第六章 A11。
- 苯甲酸／安息香酸／苄酸 (Benzoic acid)，請參考 5-2-2-5，祕魯香酯 (Balsam, Peru)，請參考第六章 B4。
- 肉桂酸 (Cinnamic acid)，請參考 5-2-2-7，祕魯香酯 (Balsam, Peru)，請參考第六章 B4。

吐魯香酯有抗痙攣、防腐的功效，可作爲芳香劑、祛痰劑與興奮劑，無毒且無刺激性，但可能引起過敏。芳香療法的應用上在皮膚護理方面可緩解皮膚乾燥皸裂、溼疹、疥瘡、瘡疤、傷口等；在呼吸系統方面可緩解支氣管炎、咳嗽、哮鳴音、喉炎。常用於香水、古龍水、化妝品作爲定香劑，也用於止咳糖漿等藥劑。

B6. 羅勒(Basil, Exotic/Ocimum basilicum L.)；唇形科(Lamiaceae)

羅勒 (Basil, Exotic) 俗稱甜羅勒／異國羅勒，學名 Ocimum basilicum 下有許多不同品種。

主要成分：

- 草蒿腦／甲基蒟酚／異茴香腦 (Methyl chavicol/Estragole)，請參考 5-1-2-2。
- 佳味酚／蒟酚／對烯丙基苯酚 (Chavicol)，請參考 5-1-1-4。
- 沉香醇／枷羅木醇 (Linalool)，請參考 2-2-1-3-2，是三級無環（鏈狀）單萜醇，右旋沉香醇又稱芫荽醇，左旋沉香醇又稱芳樟醇，分子手性方向與旋光方向相反，歐白芷／洋當歸 (Angelica)，請參考第六章 A6。
- 1,8- 桉葉素／桉葉素／桉葉油醇 (Cineol/1,8-Cineole/Eucalyptol)，請參考 5-2-1-1，多香果／牙買加胡椒／丁香胡椒 (Allspice)，請參考第六章 A2。

- 樟腦 (Camphor)，請參考 3-2-1-3，東方側柏 (Arborvitae)，請參考第六章 A9。
- 丁香酚 (Eugenol)，請參考 5-1-1-3，多香果／牙買加胡椒／丁香胡椒 (Allspice)，請參考第六章 A2。
- 檸檬烯／薴烯 (Limonene)、二戊烯 (Dipentene)，請參考 2-1-1-1，歐白芷／洋當歸 (Angelica)，請參考第六章 A6。
- 香茅醇／玫紅醇 (Citronellol/Rhodinol)，請參考 2-2-1-1-3，香蜂草 (Balm, Lemon)，請參考第六章 B1。

羅勒的各項功效：法國羅勒 (Basil, French)，請參考第六章 B7。

B7. 法國羅勒(Basil, French/Ocimum basilicum CT linalol)；唇形科(Lamiaceae)

法國羅勒又名歐洲羅勒，學名 Ocimum basilicum 下有許多不同品種。

主要成分：

- 羅勒 (Basil, Exotic)，請參考第六章 B6。

法國羅勒可作爲抗抑鬱劑、解痙劑、鎮痛劑、消化劑、催吐劑、祛痰劑、半乳糖酶抑制劑、腎上腺皮質興奮劑、胃藥、防腐劑等。無毒、無刺激性，然而部分人可能有過敏反應，懷孕期間避免使用。芳香療法在皮膚護理方面可緩解蚊蟲叮咬及驅蟲等功效；在循環方面可緩解肌肉和關節痠痛、痛風、風溼症；在呼吸系統方面可緩解支氣管炎、咳嗽、風溼症，以及耳痛、鼻竇炎；在消化系統方面可緩解消化不良、脹氣；在泌尿生殖系統方面可緩解痙攣、月經不調；在免疫系統方面可緩解感冒、發燒、流感；在神經系統方面可緩解焦慮、抑鬱、疲勞、失眠、偏頭痛、神經緊張。法國羅勒精油可用於肥皂、化妝品和香水等產品中，並廣泛用於食品加工[30]。

B8. 月桂(Bay, Cineol/Laurus nobilis)；樟科(Lauraceae)

月桂屬於樟科 (Lauraceae) 月桂屬 (Laurus)。

主要成分：

- 1,8- 桉葉素／桉葉素／桉葉油醇 (Cineol/1,8-Cineole/Eucalyptol)，請參考 5-2-1-1，多香果／牙買加胡椒／丁香胡椒 (Allspice)，請參考第六章 A2。
- 蒎烯／松油萜 (Pinene)，請參考 2-1-1-3，是一種雙環單萜烯，印度藏茴香／香旱芹 (Ajowan)，請參考第六章 A1。
- 沉香醇／枷羅木醇 (Linalool，右旋：芫荽醇，左旋：芳樟醇）手性方向與旋光方向相反，請參考 2-2-1-3-2，是三級無環（鏈狀）單萜醇，右旋沉香醇又稱芫荽醇，左旋沉香醇又稱芳樟醇，歐白芷／洋當歸 (Angelica)，請參考第六章 A6。
- 甲基醚丁香酚／甲基丁香酚 (Methyl eugenol)，請參考 5-1-2-5，多香果／牙買加胡椒／丁香胡椒 (Allspice)，請參考第六章 A2。
- 乙酸松油酯／乙酸萜品酯 (Terpinyl acetate)，請參考 4-1-1-7。

• 松油醇／萜品醇 (Terpineol)、4- 松油醇／萜品烯 -4- 醇 (Terpin-4-ol)，請參考 2-2-1-3-1。

月桂有防風溼、殺菌、發汗、消化、利尿、整腸、降壓、鎮靜、健胃等作用，爲黃綠色液體，有強烈的辛辣氣味。無毒無刺激性，但可能導致某些人皮膚炎。甲基丁香酚有麻醉作用，應酌量使用，懷孕期不宜使用。芳香療法的應用上：在消化系統方面可緩解消化不良、脹氣、食欲不振；在生殖泌尿系統方面可緩解月經不調；在免疫系統方面可緩解感冒、流感、扁桃腺炎、病毒感染。月桂常用於洗髮精、洗滌劑、化妝品、盥洗用品和香水中，也廣泛用於食品加工，以及酒精與非酒精飲料。

B9. 西印度月桂(Bay, West Indian/Pimenta racemosa)；桃金孃科(Myrtaceae)

西印度月桂，或稱香葉多香果，英文稱爲 West Indian Bay 或 Bay Leaf ，學名爲 Pimenta racemosa，屬於桃金孃科 (Myrtaceae) 多香果屬 (Pimenta)，和樟科的月桂是不同的植物，精油成分差異大，有舒緩肌肉酸痛的作用 [33]。

主要成分：

• 丁香酚 (Eugenol)，請參考 5-1-1-3，多香果／牙買加胡椒／丁香胡椒 (Allspice)，請參考第六章 A2。

• 月桂烯 (Myrcene)、雙月桂烯 (Dimyrcene)，請參考 2-1-1-2。

• 佳味酚／蒟酚／對烯丙基苯酚 (Chavicol)，請參考 5-1-1-4。

• 甲基醚丁香酚／甲基丁香酚 (Methyl eugenol)，請參考 5-1-2-5，多香果／牙買加胡椒／丁香胡椒 (Allspice)，請參考第六章 A2。

• 沉香醇／枷羅木醇 (Linalool，右旋：芫荽醇，左旋：芳樟醇）手性方向與旋光方向相反，請參考 2-2-1-3-2，羅勒 (Basil, Exotic)，請參考第六章 B6。

• 檸檬烯／薴烯 (Limonene)、二戊烯 (Dipentene)，請參考 2-1-1-1，歐白芷／洋當歸 (Angelica)，請參考第六章 A6。

西印度月桂有鎮痛、抗神經痛、抗風溼、殺菌、祛痰等功效。由於丁香酚含量較高 (56%)，因此具有中度毒性，也會對黏膜產生刺激性，建議適量使用。與月桂不同的是，西印度月桂不會對皮膚造成刺激或過敏。芳香療法的應用上：在皮膚護理方面有刺激頭皮，去頭皮屑與油膩等功效；在循環方面可緩解肌肉和關節疼痛、神經痛、血液循環不良、風溼症、拉傷。在免疫系統方面可緩解感冒、流感等症狀。西印度月桂廣泛用於香水以及肥皂、洗滌劑、洗髮精等產品作爲香精，也作爲月桂酒等酒類和非酒精飲料 [30]。

B10. 藥用安息香(Benzoin/Styrax benzoin)；安息香科(Styracaceae)

常見的主要有蘇門答臘藥用安息香 (Sumatra Benzoin) 和暹羅藥用安息香 (Siam benzoin) 兩種。蘇門答臘安息香呈灰褐色脆塊狀，有紅色條紋，有類似於苯乙烯的氣味。暹羅安息香呈卵石狀或淚狀的橙褐色塊狀，有甜美的黑醋香草味，比前者氣味更加細膩 [12,30]。

主要成分：
- 苯甲酸松柏酯 (Coniferyl benzoate)，請參考 4-1-2-4。
- 香草精／香蘭素／香莢蘭醛／香草酚 (Vanillin)，有多重取代基，請參考 3-1-2-9，阿魏 (Asafoetida/Ferula asafoetida)，請參考第六章 A11。
- 苯甲酸／安息香酸／苄酸 (Benzoic acid)，請參考 5-2-2-5，祕魯香酯 (Balsam, Peru)，請參考第六章 B4。
- 肉桂酸 (Cinnamic acid)，請參考 5-2-2-7，祕魯香酯 (Balsam, Peru)，請參考第六章 B4。
- 苯甲酸肉桂酯 (Cinnamyl benzoate)，請參考 4-1-2-9。
- 蘇門答刺樹脂酸 (Sumaresinolic acid)，請參考 5-2-2-13。

藥用安息香有抗發炎、抗氧化、鎮痛、祛痰、除臭、利尿、鎮靜，催情等作用。無毒，無刺激性，但可能導致過敏。芳香療法的應用上：在皮膚護理方面可緩解傷口、皮膚皸裂、抗發炎等症狀；在循環方面可緩解痛風、肌肉和關節痠痛、循環不良、風溼等症狀。在呼吸系統方面可緩解哮喘、支氣管炎、咳嗽、喉炎等症狀；在免疫系統方面可緩解流感症狀；在神經系統方面可緩解神經緊張和壓力相關的症狀。複方安息香酊劑用於製藥和牙科治療牙齦炎症。安息香廣泛用於肥皂、化妝品、洗漱用品和香水中的定香劑，也用於食品及酒精與非酒精飲料[30]。

B11. 佛手柑(Bergamot/Citrus bergamia)；芸香科(Rutaceae)

佛手柑 (Bergamot) 精油中存在約 300 種化合物：主要是乙酸沉香酯／乙酸芳樟酯 (Linalyl acetate, 30-60%)、沉香醇 (Linalol/Linalool, 11-22%) 以及其他醇類、倍半萜類、萜類、烷烴類和呋喃香豆素 (Furocoumarins)，包括佛手柑內酯／香柑內酯／5- 甲氧基補骨酯素 (Bergapten/5-methoxypsoralen, 0.30-0.39%)。
- 乙酸沉香酯／乙酸芳樟酯 (Linalyl acetate)，請參考 4-1-1-1，香蜂草 (Balm, Lemon)，請參考第六章 B1。
- 沉香醇／枷羅木醇 (Linalool，右旋：芫荽醇，左旋：芳樟醇）手性方向與旋光方向相反，請參考 2-2-1-3-2，羅勒 (Basil, Exotic)，請參考第六章 B6。
- 香豆素類 (Coumarins)，請參考 4-2-2，歐白芷／洋當歸 (Angelica)，請參考第六章 A6。
- 佛手柑內酯／香柑內酯／5- 甲氧基補骨酯素 (Bergapten/5-methoxypsoralen)，請參考 4-2-2-6，屬於呋喃香豆素類的線形呋喃香豆素，是補骨酯素的衍生物，歐白芷／洋當歸 (Angelica)，請參考第六章 A6。
- 佛手酚／羥基佛手柑內酯／香柑醇 (Bergaptol)，請參考 4-2-2-7。
- 香柑素／佛手柑素／香檸檬素 (Bergamottin)，請參考 4-2-2-8。
- 橙花醇 (Nerol/(Z)-Geraniol)，請參考 2-2-1-1。
- 檸檬烯／薴烯 (Limonene)、二戊烯 (Dipentene)，請參考 2-1-1-1，歐白芷／洋當歸 (Angelica)，請參考第六章 A6。
- 香旱芹酚／香荊芥酚 (Carvacrol/Cymophenol)，請參考 5-1-1-2，山金車 (Arnica)，請參考第六章 A10。

佛手柑可作爲鎮痛劑、驅蟲劑、抗抑鬱劑、抗菌劑、解痙劑、抗毒素、催情劑、消化劑、利尿劑、除臭劑、發熱劑、瀉藥、殺寄生蟲劑、止痛劑。某些呋喃香豆素，特別是佛手柑內酯，對人體皮膚有光毒性，直接暴露在陽光下時，會引起過敏和皮膚色素沉著。在皮膚上使用該油時必須非常小心，或使用不含佛手柑的改良油來代替。芳香療法的應用上：在皮膚護理方面可緩解痤瘡、癤子、冷瘡、溼疹、驅蟲劑和昆蟲叮咬、油性皮膚、銀屑病、疥瘡、斑點、靜脈曲張；在呼吸系統方面可緩解口臭、口腔感染、喉嚨痛、扁桃腺炎；在消化系統方面可緩解脹氣，食欲不振；在泌尿生殖系統方面可緩解膀胱炎、白帶、瘙癢症、鵝口瘡；在免疫系統方面可緩解感冒、發燒、流感。在神經系統方面可緩解焦慮、抑鬱和壓力。佛手柑廣泛應用於化妝品、洗浴用品、防曬乳液和香水中作爲定香劑，也是古龍水的經典成分。廣泛應用於食品和飲料中，尤其是伯爵茶[30]。

B12. 赤樺(Birch, Sweet/Betula lenta)；樺科(Betulaceae)

赤樺／矮樺[13]／山樺[5](Birch, Sweet/Cherry-birch/Dwarf Birch，學名 Betula lenta。

主要成分：

- 水楊酸甲酯／鄰羥基苯甲酸甲酯／冬青油 (Methyl salicylate)，請參考 4-1-2-5。
- 水楊酸／柳酸／鄰羥基苯甲酸 (Salicylic acid)，請參考 5-2-2-3。

赤樺主要成分爲水楊酸甲酯，雖然不完全有毒，但濃度高時非常有害，會透過皮膚吸收，也被歸類爲環境危害及海洋汙染物，因此宜審慎適用。通常不建議用於芳香療法[30]。

B13. 白樺(Birch, White/Betula alba)；樺科(Betulaceae)

主要成分：

- 樺木烯醇 (Betulenol)，請參考 2-2-2-14。Betulinol 與 Betulenol 不應視爲同樣化合物，樺腦／樺木腦／白樺酯醇 (Betulinol/Betulin) 是三萜醇，樺木烯醇 (Betulenol) 是倍半萜醇。
- 樺腦／樺木腦／白樺酯醇 (Betulin/Betulinol/Trochol/Betuline)，請參考 2-2-3-6。
- 水楊酸甲酯／鄰羥基苯甲酸甲酯／冬青油 (Methyl salicylate)，請參考 4-1-2-5。
- 水楊酸／柳酸／鄰羥基苯甲酸 (Salicylic acid)，請參考 5-2-2-3，赤樺 (Birch, Sweet)，請參考第六章 B12。
- 酚類 (Phenols)：通式爲 ArOH，結構爲芳烴環上的氫被羥基取代的一類芳香化合物。酚類有殺菌、抗感染、抗病毒、殺黴菌、抗寄生蟲的功效。
- 兒茶酚／鄰苯二酚／焦兒茶酚 (Catechol/Pyrocatechol)，請參考 5-1-1-5。
- 癒創木酚 (Guaiacol)，請參考 5-1-1-6。
- 甲酚 (Cresol)，請參考 5-1-1-7。
- 木焦油醇／雜酚油醇／4- 甲癒創木酚 (Creosol/Kreosol/4-Methylguaiacol)，請參考 5-1-1-8。

白樺／毛樺精油爲淡黃色的油性黏稠液體，在低溫會結晶，有著香酯的木質氣味以及煙燻味、焦油味、俄羅斯皮革味。白樺／毛樺精油無毒無刺激性，也無致敏性。芳香療法的應用上：在皮膚護理方面可緩解皮膚炎、皮膚暗沉或充血、溼疹、銀屑病等症狀；在循環、肌肉、關節方面可緩解毒素堆積、風溼症、關節炎、蜂窩性組織炎、肌肉疼痛、水腫、循環不良等症狀。白樺／毛樺精油常用於化妝品、肥皂、頭髮調理和洗髮等用品，有皮膚治療的功用，並做爲皮革香型的香精。其粗焦油用於藥物製劑、軟膏、乳液等產品，用以治療皮膚病[30]。

B14. 波爾多葉(Boldo Leaf/Peumus boldus)；檬立米科／玉盤桂科(Monimiaceae)

檬立米科（樟樹目）／玉盤桂科／杯軸花科[5](Monimiaceae)，或直接音譯爲檬立木科，共有 18-25 個屬，約 150-220 種，全部生長在南半球，有灌木和小喬木[5]。波爾多樹的學名爲 Peumus boldus，這個屬只有一個種就是波爾多 (Boldus)。

主要成分：

- 驅蛔素／驅蛔萜／驅蛔腦 (Ascaridole)，請參考 5-2-1-10。
  - 墨西哥茶樹：土荊芥／臭草／殺蟲芥／鴨腳草 (Dysphania ambrosioides) 是莧科刺藜屬的植物，過去稱爲耶穌會士茶樹、墨西哥茶樹。
- 對傘花烴／對繖花烴 (p-Cymene/4-Cymene)，請參考 2-1-1-5，是一種芳香烴，印度藏茴香／香旱芹 (Ajowan)，請參考第六章 A1。
- 1,8- 桉葉素／桉葉素／桉葉油醇 (Cineol/1,8-Cineole/Eucalyptol)，請參考 5-2-1-1，多香果／牙買加胡椒／丁香胡椒 (Allspice)，請參考第六章 A2。
- 沉香醇／枷羅木醇 (Linalool，右旋：芫荽醇，左旋：芳樟醇）手性方向與旋光方向相反，請參考 2-2-1-3-2，羅勒 (Basil, Exotic)，請參考第六章 B6。

波爾多葉可作爲抗腐劑、利尿劑、鎮靜劑、滋補劑、膽汁淤積劑。在南美洲向來被認爲是治療淋病的藥草；西方草藥學用於治療泌尿生殖系統炎症、膽結石、肝膽囊疼痛、膀胱炎和風溼症；英國藥典中被列爲膽石疼痛的特效藥。波爾多葉含有毒的成分，不建議用於治療或芳香療法[30]。

B15. 婆羅洲樟樹(Borneol/Dryobalanops aromatica)；龍腦香科(Dipterocarpaceae)

龍腦香科 (Dipterocarpaceae) 共 16 屬、約 580-680 種，主要是熱帶雨林喬木，最高可以長到 85 公尺，廣泛分布在熱帶地區，有些品種已經瀕危[5]。龍腦的學名 Dryobalanops aromatica，Dryobalanops 是龍腦香亞科，冰片香屬。同樣屬於龍腦香亞科的龍腦香屬 (Dipterocarpu) 有 70 個種[5]。Aromatica 是芳香的意思。

主要成分：

- 冰片醇／龍腦／2- 茨醇 (Borneol)，請參考 2-2-1-2-2，歐白芷／洋當歸 (Angelica)，請參考第六章 A6。
- 乙酸冰片酯／乙酸龍腦酯 (Bornyl acetate)，請參考 4-1-1-4。
- 乙酸異冰片酯／醋酸異冰片酯／乙酸異龍腦酯 (Isobornyl acetate)，請參考 4-1-1-4。

➢ 莰烯／樟烯 (Camphene)，請參考 2-1-1-8。
➢ 蒎烯／松油萜 (Pinene)，請參考 2-1-1-3，印度藏茴香／香旱芹 (Ajowan)，請參考第六章 A1。

• 松油醇／萜品醇 (Terpineol)、4- 松油醇／萜品烯 -4- 醇 (Terpin-4-ol)，請參考 2-2-1-3-1，是三級環狀單萜醇，有 *α*-、*β*-、*γ*- 和 4- 松油醇等四種異構物，月桂 (Bay, Cineol)，請參考第六章 B8。
• 二戊烯 (Dipentene，請參考 2-1-1-1，外消旋體的檸檬烯稱爲二戊烯，印度藏茴香／香旱芹 (Ajowan)，請參考第六章 A1。

龍腦無毒、無致敏性，但對皮膚有刺激性。芳香療法的應用上：在皮膚護理方面可緩解傷口、瘀傷並可作爲驅蟲劑；在循環方面可緩解肌肉和關節痠痛、循環不良、風溼症、扭傷；在呼吸系統方面可緩解支氣管炎、咳嗽；在免疫系統方面可緩解感冒、發燒、流感等症狀以及其他感染性疾病；在神經系統方面可緩解神經衰弱、神經痛、壓力相關的情況。在亞洲各地常用於香皀等日用品，中國大陸和日本用龍腦製作清漆、墨水和顏料稀釋劑。

B16. 波羅尼亞花(Boronia/Boronia megastigma)；芸香科(Rutaceae)

波羅尼亞花／波羅尼花，學名 Boronia megastigma，是芸香科波羅尼亞屬 (Boronia)。

主要成分：

• 香堇酮／紫羅蘭酮 (Lonone)，請參考 3-2-2-3，與大馬士革烯酮 (Damascenone)、大馬士革酮 (Damascone) 同屬於「玫瑰酮」家族。
  ➢ 大馬士革烯酮 (Damascenone)，請參考 3-2-2-2。
  ➢ 大馬士革酮 (Damascone)，請參考 3-2-2-2。
  ➢ 大馬士革烯酮與大馬士革酮都是從類胡蘿蔔素降解而來，其 (C_{13}) 結構並不屬於單萜酮或倍半萜酮。常用於精緻香水花果香氣的珍貴成分，以及乳液、面霜、護唇膏、嬰兒油、洗髮精、潤髮乳、日用品噴劑等產品。食用香料用途包括烘焙食品、飲料、含酒飲品、口香糖、冰品、布丁／果凍、糖果、軟糖等產品[19]。
• 丁香酚 (Eugenol)，請參考 5-1-1-3，多香果／牙買加胡椒／丁香胡椒 (Allspice)，請參考第六章 A2。
• 酚類 (Phenols)：通式爲 ArOH，結構爲芳烴環上的氫被羥基取代的一類芳香化合物。酚類有殺菌、抗感染、抗病毒、殺黴菌、抗寄生蟲的功效。

波羅尼亞花的凝香體 (Concrete) 是深綠色的奶油狀物質，具有溫暖和木質甜味香氣；原精 (Absolute) 是綠色的黏稠液體，具有清新的果香、辛香和濃郁的花香。波羅尼亞花精油常與快樂鼠尾草、檀香、佛手柑、紫羅蘭、永久花、木香、含羞草和其他花香混合，用於配製高級香水，特別是花香和果香等香型產品，由於相當昂貴，因此經常摻假[30]。

• 凝香體 (Concrete)、原精 (Absolute)、類樹脂 (Resinoid)，麝香秋葵／麝香梨子／香葵／黃葵 (Ambrette Seed)，請參考第六章 A4。

B17. 西班牙金雀花／鷹爪豆(Broom, Spanish/Spartium junceum)豆科(Fabaceae)

一般的金雀花 (Common Broom) 是蘇格蘭金雀花／金雀兒[13](Scotch Broom/Cytisus scoparius)，屬於金雀兒屬 (Cytisus)。西班牙金雀花／鷹爪豆／鷹山[13](Spanish Broom)，屬於鷹爪豆屬 (Spartium)。

主要成分：

- 酚類 (Phenols) 通式爲 ArOH，結構爲芳烴環上的氫被羥基取代的一類芳香化合物。酚類有殺菌、抗感染、抗病毒、殺黴菌、抗寄生蟲的功效。
- 萜烯類／萜品烯 (Terpenes)：是一個總稱，包含單萜烯、倍半萜烯、二萜烯、三萜烯等，有抗發炎、止癢、抗感染、安撫肌膚等作用。
- 酯類 (Esters)：鎮靜、制菌、抗痙攣、抗發炎止痛、平衡交感及副交感神經、促進新陳代謝。酯類又分萜醇酯、苯基酯、內酯、香豆素、呋喃香豆素。
- 金雀花素 (Scoparin/Scoparoside)，請參考 5-2-3-1。
- 野靛鹼／金雀花鹼 (Cytisine/Sophorine/Laburnin)，請參考 5-2-3-2。
- 異鷹爪豆鹼 (Isosparteine)／鷹爪豆鹼 (Sparteine)，請參考 5-2-3-3。
- 染料木素／染料木黃酮／金雀異黃素 (Genistein)，請參考 5-2-3-4。
- 羊酯酸／正辛酸 (Capryllic acid/Octanoic acid)，參考 5-2-2-15。

西班牙金雀花精油爲深棕色的黏稠液體，具有強烈香甜的花香、乾草味和草藥味[30]。中醫記載金雀兒可強心、利尿並緩解心臟病水腫、心律不齊、疹發不透、跌打損傷[4]。金雀花精油常用於肥皂、化妝品以及高級香水，也用於酒精和非酒精飲料中作爲調味劑。鷹爪豆鹼具有毒性，不建議作芳香療法使用[30]

B18. 布枯(Buchu/Agothosma betulina/Barosma betulina)；芸香科(Rutaceae)

主要成分：

- 布枯腦／地奧酚 (Buccocamphor/Diosphenol)，請參考 5-2-3-5。
- 檸檬烯／薴烯 (Limonene)、二戊烯 (Dipentene)，請參考 2-1-1-1，歐白芷／洋當歸 (Angelica)，請參考第六章 A6。
- 薄荷酮 (Menthone)，請參考 3-2-1-1。
- 胡薄荷酮／蒲勒酮／長葉薄荷酮 (Pulegone)，請參考 3-2-1-2。
  - ➢ 胡薄荷酮具有肝臟毒性，在民間被用作墮胎藥，大劑量食入會引起嚴重的中毒，偶爾會導致死亡。研究顯示大鼠和小鼠的肝臟、腎臟、鼻子和胃的非腫瘤性病變以及有致癌的跡象。

布枯樹的精油爲深棕色液體，密度約 0.94g/cm^3，有強烈的黑醋栗氣味，用於古龍水、薄荷／水果香精，也做成酊劑用於醫藥。布枯葉有抗菌、利尿、殺蟲的功能，作爲茶飲可緩解咳嗽和感冒，也可以泡在白蘭地製成藥酒，以緩解各種輕微疾病，其毒性尚不清楚，但由於有高含量的地奧酚／布枯腦以及胡薄荷酮／蒲勒酮，懷孕期間不宜使用。目前不建議在芳香療法中使用[4,30]。

C1. 巴西檀木(Cabreuva/Myrocarpus fastigiatus)；豆科(Fabaceae)

巴西檀木，又稱香酯果豆木／卡盧瓦木，是一種野生大樹。

主要成分：

- 橙花叔醇／秘魯紫膠／戊烯醇 (Nerolidol/Peruvio/Penetrol)，請參考 2-2-2-3。
- 橙花醇 (Nerol/(Z)-Geraniol)，請參考 2-2-1-1，佛手柑 (Bergamot)，請參考第六章 B11。
- 金合歡醇／法尼醇 (Farnesol/Dodecatrienol)，請參考 2-2-2-1，是一級無環倍半萜醇，與橙花叔醇是結構異構物[10]，麝香秋葵／麝香梨子／香葵／黃葵 (Ambrette Seed)，請參考第六章 A4。
- 沒藥醇 (Bisabolol)，請參考 2-2-2-8。

巴西檀木精油具強烈花香，優雅鮮甜，可作爲花香、木香及東方香型高級香水的定香劑，未發現人體上的刺激或致敏反應，用於日化香精、洗滌劑、香皂等用品，可作爲抗菌劑、芳香劑、催眠劑，無毒、無刺激性也無致敏性，芳香療法的應用上：在皮膚護理方面可緩解割傷、疤痕、傷口，在免疫系統方面可緩解咳嗽、感冒[30]。

C2. 西班牙刺柏／西班牙雪松(Cade/Juniperus oxycedrus)；柏科(Cupressaceae)

柏科 (Cupressaceae) 下有 7 個亞科，刺柏屬學名是 Juniperus，屬於柏亞科 (Cupressoideae)，柏科尖葉刺柏屬 Oxycedrus 是「鋒利雪松」的意思。刺柏屬爲常綠喬木 (10-15m) 或灌木 (2-3m)，約有 71 種。刺柏在當地被稱爲 Cade。刺柏油是深色芳香油，有強烈的煙燻味，在極少數情況下會導致嬰兒嚴重過敏反應，用於化妝品、熏香等產品[5]。

主要成分：

- 杜松烯 (Cadinene)、卡達烷 (Cadalane)，請參考 2-1-2-18，杜松烯是雙環倍半萜烯。Cadinene 也泛指卡丹烷類化合物[5]，西印度檀香／阿米香樹 (Amyris)，請參考第六章 A5。
- 杜松醇 (Cadinol)，請參考 2-2-2-12，爲倍半萜醇，西印度檀香／阿米香樹 (Amyris)，請參考第六章 A5。
- 癒創木酚 (Guaiacol/o-Methoxyphenol)，請參考 5-1-1-6，白樺 (Birch, White)，請參考第六章 B13。
- 甲酚 (Cresol)，請參考 5-1-1-7，白樺 (Birch, White)，請參考第六章 B13。

西班牙刺柏／西班牙雪松有鎮痛、抗菌、止癢、殺菌、消毒、殺寄生蟲等功效，基本無毒、無刺激性，但可能有致敏性，應愼重使用。在芳香療法的應用上有護膚功能，可緩解割傷、頭皮屑、皮炎、溼疹、斑點等症狀，用於皮膚病藥膏、肥皂、乳液、奶油、皮革等產品[30]。

C3. 白千層(Cajeput/Melaleuca cajeputi)；桃金孃科(Myrtaceae)

桃金孃科 (Myrtaceae) 千層樹屬 (Melaleuca)，caju puti 意思是白色木材 [5]，澳洲茶樹就是千層樹屬。

主要成分：

- 1,8- 桉葉素／桉葉素／桉葉油醇 (Cineol/1,8-Cineole/Eucalyptol)，請參考 5-2-1-1，多香果／牙買加胡椒／丁香胡椒 (Allspice)，請參考第六章 A2。
- 松油醇／萜品醇 (Terpineol)、4- 松油醇／萜品烯 -4- 醇 (Terpin-4-ol)，請參考 2-2-3-1，是三級環狀單萜醇，有 α-、β-、γ- 和 4- 松油醇等四種異構物，月桂 (Bay, Cineol)，請參考第六章 B8。
- 乙酸松油酯／乙酸萜品酯 (Terpinyl acetate)，請參考 4-1-1-7，月桂 (Bay, Cineol)，請參考第六章 B8。
- 蒎烯／松油萜 (Pinene)，請參考 2-1-1-3，是一種雙環單萜烯，印度藏茴香／香旱芹 (Ajowan)，請參考第六章 A1。
- 橙花叔醇／秘魯紫膠／戊烯醇 (Nerolidol/Peruvio/Penetrol)，請參考 2-2-2-3，三級醇又稱叔醇，橙花叔醇是一種三級鏈狀倍半萜醇，與金合歡醇是結構異構物 [10]，巴西檀木 (Cabreuva)，請參考第六章 C1。

白千層精油是淺黃綠色液體，綠色來自樹上的銅成分，有樟腦氣味而帶有比桉樹油更溫和的果香，無毒、無致敏性，但高濃度時可能刺激皮膚。芳香療法的應用上：在皮膚護理方面可緩解蟲咬、斑點、油性皮膚；在循環方面可緩解關節炎、肌肉酸痛、風溼；在呼吸系統方面可緩解哮喘、支氣管炎、咳嗽、鼻竇炎、喉嚨痛；在泌尿生殖系統方面可緩解膀胱炎、尿道炎、泌尿系感染；在免疫系統方面可緩解感冒、流感、病毒感染。白千層精油常用於製藥作爲防腐劑，也用於喉片、漱口水、肥皂、化妝品、洗滌劑等產品中作爲香精，偶爾也用在食品和非酒精飲料中作爲調味劑 [30]。

C4. 新風輪(Calamintha/Calamintha officinalis)；唇形科(Lamiaceae)

新風輪是唇形科，野芝麻亞科 (Lamioideae)，新風輪屬。塔花／光風輪菜 (Calamintha gracilis Benth) 和假荊芥新風輪 (Calamintha nepeta/Lesser Calaminth) 都是新風輪屬。Nepeta 是荊芥屬，由於某些種類能刺激貓的費洛蒙受器，又稱爲貓薄荷 (Catmint) 或貓草 (Catnip)[5]。吸引貓咪的活性成分是偏苯丙酮 (metatabilacctonc, 3-5%)，中國灌木葛棗子／木天蓼／葛棗獼猴桃 (Actinidia polygama) 含有偏苯丙酮，是貓致幻的原因 [30]。

主要成分：

- 檸檬醛 (Citral)，請參考 3-1-2-1，是無環鏈狀單萜醛 (C10)，有 α(Trans)、β(Cis) 兩種異構物，香蜂草 (Balm, Lemon)，請參考第六章 B1。
- 橙花醇 (Nerol/(Z)-Geraniol)，請參考 2-2-1-1。
- 香葉醇／牻牛兒醇 (Geraniol/(E)-Nerol)，請參考 2-2-1-1-1，香蜂草 (Balm, Lemon)，請參考第六章 B1。

- 香茅醇／玫紅醇 (Citronellol/Rhodinol)，請參考 2-2-1-1-3，香蜂草 (Balm, Lemon)，請參考第六章 B1。
- 檸檬烯／薴烯 (Limonene)、二戊烯 (Dipentene)，請參考 2-1-1-1，歐白芷／洋當歸 (Angelica)，請參考第六章 A6。

新風輪有麻醉、抗風溼、解痙、收斂、止痛、止瀉、通經血、神經、鎮靜等功用，無刺激性也無致敏性，然而高濃度可能有毒性，孕期避免使用。芳香療法的應用上：在循環、肌肉、關節方面可緩解寒戰、肌肉疼痛、風溼症；在消化系統方面可緩解腹絞痛、脹氣、神經性消化不良；在神經系統方面可緩解失眠、神經緊張、神經衰弱等症狀。新風輪在美國用作野貓的誘餌，也用於香水[30]。

C5. 菖蒲(Calamus/Acorus calamus var. angustatus)；天南星科(Araceae)

天南星科菖蒲屬有七個變種，狹葉菖蒲 (Acorus calamus var.angustatus Besser) 是其中之一。菖蒲又稱白菖蒲、藏菖蒲，有香氣，是中國傳統的驅邪靈草，全株有毒，根莖毒性較大，食入量大時產生幻視。菖蒲是極好的綠色農藥，可防治稻飛蝨、稻葉蟬、稻螟蛉、蚜蟲等蟲害。狹葉菖蒲中毒導致胃腸炎、下痢等症狀[4]。

主要成分：

- 細辛腦／細辛醚 (Asarone)，請參考 5-1-2-7。
- 丁香酚 (Eugenol)，請參考 5-1-1-3，多香果／牙買加胡椒／丁香胡椒 (Allspice)，請參考第六章 A2。
- 菖蒲萜烯／卡拉烯 Calamene/ Calamenene)，請參考 2-1-2-23。
- 菖蒲烯醇／菖蒲萜醇 (Acorenol)，菖蒲醇 (Calamol)，請參考 2-2-2-15。
- 菖蒲酮／水菖蒲酮 (Shyobunone)、異菖蒲酮／異水菖蒲酮 (Isoshyobunone)，請參考 3-2-2-10。
- 菖蒲萜烯／卡拉烯／菖蒲醇／菖蒲萜醇／菖蒲螺烯酮等名稱，中文還相當分歧。

狹葉菖蒲精油爲濃稠的淡黃色液體，具有強烈溫暖的辛辣木香，可與肉桂、橄欖樹、廣藿香、雪松木、馬利筋等東方香基混合，具有抗菌、驅蟲、發汗、祛痰、降血壓、解痙、健胃等功能。據報導，石菖蒲油具有致癌性，不建議用於芳香療法[30]。

C6. 樟木(Camphor/Cinnamomum camphora)；樟科(Lauraceae)

主要成分：

- 樟木有許多品種，白樟木 (White camphor) 主要含 1,8- 桉葉素／桉葉素／桉葉油醇 (Cineol/1,8-Cineole/Eucalyptol)，蒎烯／松油萜 (Pinene)、松油醇／萜品醇 (Terpineol)、薄荷醇 (Menthol)、百里酚 (Thymol)，不含黃樟素 (Safrole/Safrol)；棕樟木 (Brown camphor) 含黃樟素高達 80%，並含部分松油醇／萜品醇；黃樟木 (Yellow camphor) 主要含有黃樟素、倍半萜烯 (Sesqui-terpenes) 和倍半萜醇 (Sesquiterpene alcohols)。
- 1,8- 桉葉素／桉葉素／桉葉油醇 (Cineol/Cineole/1,8-Cineole/Eucalyptol)，請參考 5-2-1-1，多

香果／牙買加胡椒／丁香胡椒 (Allspice)，請參考第六章 A2。

- 蒎烯／松油萜 (Pinene)，請參考 2-1-1-3，印度藏茴香／香旱芹 (Ajowan)，請參考第六章 A1。
- 松油醇／萜品醇 (Terpineol)、4- 松油醇／萜品烯 -4- 醇 (Terpin-4-ol)，請參考 2-2-1-3-1，是三級環狀單萜醇，有 α-、β-、γ- 和 4- 松油醇等四種異構物，月桂 (Bay, Cineol)，請參考第六章 B8。
- 薄荷醇／薄荷腦 (Menthol)，請參考 2-2-1-2-1。
- 百里酚／百里香酚 (Thymol)，請參考 5-1-1-1，是單萜酚，爲對撒花煙的酚衍生物，與香旱芹酚是異構物，印度藏茴香／香旱芹 (Ajowan)，請參考第六章 A1。
- 黃樟素 (Safrole)，請參考 5-1-2-3，目前 WHO 將黃樟素列在 2B 類致癌物清單；美國禁止使用在食品添加物、肥皂、香水；歐盟認定黃樟素具有遺傳毒性和致癌性；中國大陸仍可合法使用 [5]，樟木 (Camphor)，請參考第六章 C6。
- 倍半萜烯 (Sesquiterpenes)：包括石竹烯（丁香煙）、母菊天藍煙（爲芳香煙）、金合歡烯、沒藥烯、大根香葉烯等。通常倍半萜烯黏度比較高，揮發性較低、沸點較高、較不易氧化，香味較強烈，精油的效力也比較緩慢持久。倍半萜烯有抗菌抗發炎的效果，芳療上有舒緩安神的功效 [7]。倍半萜烯的精油包括沒藥、薑、依蘭依蘭、德國洋甘菊、穗甘松等。
- 倍半萜醇 (Sesquiterpene alcohols)：有金合歡醇、雪松醇（又稱柏木醇、番松醇）、橙花叔醇、岩蘭草醇（又稱香根草醇）、廣藿香醇、檀香醇、桉葉醇、沒藥醇等，常見於雪松、檀木以及岩蘭草等植物中。倍半萜醇 (C_{15}) 分子量較大，因此通常黏度較高，產生作用的速度也較慢，然而更可延長使用時間。由於倍半萜醇質地與香氣層次豐富，常爲高級香水的原料。倍半萜醇的精油包括岩蘭草、澳洲檀香、東印度檀木等。

白樟木沸點最低，爲輕餾分，無色至淡黃色液體，有刺鼻的樟腦味。棕樟木沸點居中，爲中間餾分，無色至淡黃色液體，有尖銳刺鼻的樟腦味。黃樟木沸點最高，是最重餾分的部分，爲藍綠色或淡黃色液體。棕樟和黃樟含有黃樟素，具毒性和致癌性，無論是內服還是外用都不應使用。白樟不含黃樟素，因此相對無毒、無刺激性且無致敏性，然而會汙染海洋危害環境。白樟腦可用於芳香療法，在皮膚護理方面可緩解痤瘡、炎症、斑點等症狀；在循環、肌肉、關節方面可緩解關節炎、肌肉酸痛、風溼症、扭傷等；在呼吸系統方面可緩解支氣管炎、咳嗽；在免疫系統方面可緩解感冒、發燒、流感等症狀。白樟腦油用於洗滌劑、肥皂、消毒劑和日化品 [30]。

C7. 香水樹（卡南迦）(Cananga/Cananga odorata)；番荔枝科 (Annonaceae)

香水樹（卡南迦）(Cananga) 與依蘭依蘭 (Ylang Ylang) 同爲番荔枝科 (Annonaceae) 香水樹屬／依蘭屬 (Cananga)，有變種稱爲小依蘭 (G. o. var. fruticose)[5]。卡南迦 (Cananga) 含有黃樟素 (Safrole/Safrol)，目前 WHO 將黃樟素列在 2B 類致癌物清單；美國禁止使用在食品添加物、肥皂、香水；歐盟認定黃樟素具有遺傳毒性和致癌性，香水樹（卡南迦）的變種香水樹（依蘭依蘭）主要成分則沒有黃樟素，是香療的較佳選擇，香水樹（依蘭依蘭）(Ylang Ylang/Cananga Odorata Var. Genuina)，請參考第八章 Y2。

主要成分：

- 石竹烯 (Caryophyllene)、蛇麻烯／葎草烯 (Humulene)，請參考 2-1-2-1，α- 石竹烯又稱葎草烯／蛇麻烯 (Humulene)；β- 石竹烯又稱石竹烯或丁香烯，多香果／牙買加胡椒／丁香胡椒 (Allspice)，請參考第六章 A2。
- 乙酸苄酯 (Benzyl acetate)，請參考 4-1-2-1，苄讀為「汴」或「變」。
- 苯乙酸／苯醋酸／苄基甲酸 (Phenylacetic acid)，請參考 5-2-2-6。
- 苄醇／苯甲醇 (Phenylmethanol/Benzyl alcohol)，請參考 2-2-1-1-8。
- 金合歡醇／法尼醇 (Farnesol/Dodecatrienol)，請參考 2-2-2-1，是一級無環倍半萜醇，與橙花叔醇是結構異構物 [10]，麝香秋葵／麝香梨子／香葵／黃葵 (Ambrette Seed)，請參考第六章 A4。
- 松油醇／萜品醇 (Terpineol)、4- 松油醇／萜品烯 -4- 醇 (Terpin-4-ol)，請參考 2-2-1-3-1，是三級環狀單萜醇，有 α-、β-、γ- 和 4- 松油醇等四種異構物，月桂 (Bay, Cineol)，請參考第六章 B8。
- 冰片醇／龍腦／2- 莰醇 (Borneol)，請參考 2-2-1-2-2，是一級雙環單萜醇，歐白芷／洋當歸 (Angelica)，請參考第六章 A6。
- 乙酸香葉酯／乙酸牻牛兒酯 (Geranyl acetate)，牻念「忙」，請參考 4-1-1-5。
- 香葉醇／牻牛兒醇 (Geraniol/(E)-Nerol)，請參考 2-2-1-1-1，香蜂草 (Balm, Lemon)，請參考第六章 B1。
- 黃樟素 (Safrole)，請參考 5-1-2-3，目前 WHO 將黃樟素列在 2B 類致癌物清單；美國禁止使用在食品添加物、肥皂、香水；歐盟認定黃樟素具有遺傳毒性和致癌性；中國大陸仍可合法使用 [5]，樟木 (Camphor)，請參考第六章 C6。
- 沉香醇／伽羅木醇 (Linalool，右旋：芫荽醇，左旋：芳樟醇）手性方向與旋光方向相反，請參考 2-2-1-3-2，羅勒 (Basil, Exotic)，請參考第六章 B6。
- 檸檬烯／薴烯 (Limonene)、二戊烯 (Dipentene)，請參考 2-1-1-1，歐白芷／洋當歸 (Angelica)，請參考第六章 A6。
- 水楊酸甲酯／鄰羥基苯甲酸甲酯／冬青油 (Methyl salicylate)，請參考 4-1-2-5，赤樺 (Birch, Sweet)，請參考第六章 B12。

香水樹（卡南迦）精油為綠黃色或橙色黏稠液體，有甜美的花香，有抗菌、抗抑鬱、壯陽、降血壓、鎮靜等功效，無毒、無刺激性，但對敏感皮膚的人可能致敏。Julia Lawless 認為在芳香療法的應用上有護膚的效果 [30]，但是卡南迦 (Cananga) 含有黃樟素 (Safrole/Safrol)，建議審慎斟酌使用。

C8. 葛縷子(Caraway/Carum carvi)；傘形科／繖形科(Apiaceae/Umbelliferae)

葛縷子又稱藏茴香／凱莉茴香，爲繖形科葛縷子屬的兩年生草本植物。

主要成分：

- 香芹酮 (Carvone)，請參考 3-2-1-5。
- 檸檬烯／薴烯 (Limonene)、二戊烯 (Dipentene)，請參考 2-1-1-1，歐白芷／洋當歸 (Angelica)，請參考第六章 A6。
- 香旱芹醇 (Carveol)，請參考 2-2-1-2-3。
- 香旱芹酚／香荊芥酚 (Carvacrol/Cymophenol)，請參考 5-1-1-2，山金車 (Arnica)，請參考第六章 A10。
- 二氫香芹酮 (Dihydrocarvone)，請參考 3-2-1-5。
- 蒎烯／松油萜 (Pinene)，請參考 2-1-1-3，印度藏茴香／香旱芹 (Ajowan)，請參考第六章 A1。
- 水芹烯／水茴香萜 (Phellandrene)，請參考 2-1-1-7，多香果／牙買加胡椒／丁香胡椒 (Allspice)，請參考第六章 A2。

葛縷子有抗組織胺、抗菌、開胃劑、止血、利尿、通經血、祛痰、催乳、殺幼蟲、解痙、健胃等功用；無毒、無致敏性，濃度高時可能刺激皮膚；芳香療法的應用上：在呼吸系統方面可緩解支氣管炎、咳嗽、咽喉炎等症狀；在消化系統方面可緩解消化不良、腹絞痛、脹氣、胃痙攣、神經性消化不良、食欲不佳等症狀；在免疫系統方面可緩解感冒症狀。香旱芹精油常用於藥品製劑及調味劑，也用於牙膏、漱口水、化妝品和香水中[30]。

C9. 小豆蔻／綠豆蔻(Cardamon, Elettaria cardamomum)；薑科(Zingiberaceae)

小豆蔻又稱綠豆蔻，是一種薑科(Zingiberaceae)小豆蔻屬(Elettaria)多年生的草本植物[5]。請區分清楚，肉豆蔻 (Nutmeg/Myristica fragrans Houtt) 是肉豆蔻科 (Myristicaceae) 肉豆蔻屬 (Myristica) 的高大喬木堅果類植物。

主要成分：

- 乙酸松油酯／乙酸萜品酯 (Terpinyl acetate)，請參考 4-1-1-7，月桂 (Bay, Cineol)，請參考第六章 B8。
- 1,8- 桉葉素／桉葉素／桉葉油醇 (Cineol/1,8-Cineole/Eucalyptol)，請參考 5-2-1-1，多香果／牙買加胡椒／丁香胡椒 (Allspice)，請參考第六章 A2。
- 檸檬烯／薴烯 (Limonene)、二戊烯 (Dipentene)，請參考 2-1-1-1，歐白芷／洋當歸 (Angelica)，請參考第六章 A6。
- 檜烯／沙賓烯 (Sabinene)，請參考 2-1-1-10，側柏烯 (Thujene)，有三種異構物：α- 側柏烯、β- 側柏烯、檜烯／沙賓烯 (Sabinene)，東方側柏 (Arborvitae)，請參考第六章 A9。
- 沉香醇／枷羅木醇 (Linalool，右旋：芫荽醇，左旋：芳樟醇）手性方向與旋光方向相反，請參考 2-2-1-3-2，羅勒 (Basil, Exotic)，請參考第六章 B6。
- 乙酸沉香酯／乙酸芳樟酯 (Linalyl acetate)，請參考 4-1-1-1，香蜂草 (Balm, Lemon)，請參考第六章 B1。
- 蒎烯／松油萜 (Pinene)，請參考 2-1-1-3，印度藏茴香／香旱芹 (Ajowan)，請參考第六章 A1。
- 沒藥烯 (Bisabolene)，請參考 2-1-2-4。
- 薑烯 (Zingiberene)，請參考 2-1-2-6。

小豆蔻／綠豆蔻具有解痙、壯陽、催情、利尿、催吐等功能，無毒、無刺激性，且無致敏性。芳香療法的應用上：在消化系統方面可緩解腹絞痛、痙攣、消化不良、脹氣、口臭、心悸、消化不良、嘔吐等症狀；在神經系統方面可緩解精神疲勞、神經緊張等症狀，常用於胃藥和瀉藥的製劑[30]。

C10. 胡蘿蔔籽(Carrot Seed/Daucus carota)；傘形科／繖形科(Apiaceae/Umbelliferae)

主要成分：
- 蒎烯／松油萜 (Pinene)，請參考 2-1-1-3，印度藏茴香／香旱芹 (Ajowan)，請參考第六章 A1。
- 檸檬烯／薴烯 (Limonene)、二戊烯 (Dipentene)，請參考 2-1-1-1，歐白芷／洋當歸 (Angelica)，請參考第六章 A6。
- 沒藥烯 (Bisabolene)，請參考 2-1-2-4，小豆蔻 (Cardomon)，請參考第六章 C9。
- 香葉醇／牻牛兒醇 (Geraniol/(E)-Nerol)，請參考 2-2-1-1-1，香蜂草 (Balm, Lemon)，請參考第六章 B1。
- 乙酸香葉酯／乙酸牻牛兒酯 (Geranyl acetate)，牻念「忙」，請參考 4-1-1-5，香水樹（卡南迦）(Cananga)，請參考本章 C7。
- 石竹烯 (Caryophyllene)、蛇麻烯／葎草烯 (Humulene)，請參考 2-1-2-1，α- 石竹烯又稱葎草烯／蛇麻烯 (Humulene)；β- 石竹烯又稱石竹烯／丁香油烯是一種天然的雙環倍半萜烯，多香果／牙買加胡椒／丁香胡椒 (Allspice)，請參考第六章 A2。
- 胡蘿蔔子醇／胡蘿蔔次醇 (Carotol)，請參考 2-2-2-16。
- 胡蘿蔔醇／胡蘿蔔腦 (Daucol)，請參考 2-2-2-17。
- 欖香烯 (Elemene)，請參考 2-1-2-16。
- 欖香素／欖香酯醚 (Elemicin)，請參考 5-1-2-6。

胡蘿蔔籽具有殺菌、驅蟲、淨化、利尿、滋補、血管舒張的作用，可作爲興奮劑和平滑肌鬆弛劑；無毒、無刺激性，也無致敏性；芳香療法的應用上：在皮膚護理方面可緩解皮炎、溼疹、牛皮癬、皮疹、皺紋，在循環、肌肉、關節方面可緩解毒素積累、關節炎、痛風、水腫、風溼等症狀；在消化系統方面可緩解貧血、厭食、腹絞痛、消化不良等症狀；在泌尿生殖和內分泌系統方面可緩解經痛等症狀。用於肥皂、洗滌劑、化妝品和香水等產品中，也用於食品調味料[30]。

C11. 卡藜皮(Cascarilla Bark/Croton eluteria)；大戟科(Euphorbiaceae)

卡藜[13]樹是大灌木或小喬木，高可達 12 公尺，樹皮有芳香的苦味。Cascarilla Bark 是卡藜皮／苦香皮。Croton eluteria 一般翻譯爲苦香樹／西尤苦香樹／加斯加利拉樹，是大戟科巴豆亞科 (Crotonoideae)，Croton 是巴豆屬[5,13]。

主要成分：

- 對傘花烴／對繖花烴 (p-Cymene/4-Cymene)，請參考 2-1-1-5，是一種芳香烴，印度藏茴香／香旱芹 (Ajowan)，請參考第六章 A1。
- 二萜烯／雙萜烯 (Diterpene)，由四個異戊二烯構成稱爲「C_{20}」，常見於奶油、蛋黃、維生素 A 等食物中[1,3]。
- 檸檬烯／薴烯 (Limonene)、二戊烯 (Dipentene)，請參考 2-1-1-1，歐白芷／洋當歸 (Angelica)，請參考第六章 A6。
- 石竹烯 (Caryophyllene)、蛇麻烯／葎草烯 (Humulene)，請參考 2-1-2-1，α- 石竹烯又稱葎草烯／蛇麻烯 (Humulene)；β- 石竹烯又稱石竹烯或丁香烯，多香果／牙買加胡椒／丁香胡椒 (Allspice)，請參考第六章 A2。
- 松油醇／萜品醇 (Terpineol)、4- 松油醇／萜品烯 -4- 醇 (Terpin-4-ol)，請參考 2-2-1-3-1，是三級環狀單萜醇，有 α、β、γ 和 4- 松油醇等四種異構物，月桂 (Bay, Cineol)，請參考第六章 B8。
- 丁香酚 (Eugenol)，請參考 5-1-1-3，多香果／牙買加胡椒／丁香胡椒 (Allspice)，請參考第六章 A2。

卡藜皮有收斂、抗菌、防腐、催情、助消化、祛痰，健胃等功效，可作爲興奮劑與健胃劑，無毒、無刺激性，也無致敏性，大劑量時可能有麻醉性。芳香療法的應用上：在呼吸系統方面可緩解支氣管炎、咳嗽等症狀；在消化系統方面可緩解消化不良、脹氣、噁心等症狀。用於肥皀、洗滌劑、化妝品和香水等產品，也用於食品調味料，也作爲苦艾酒等酒品與非酒精飲料的香料[30]。

C12. 中國肉桂(Cassia/Cinnamomum cassia)；樟科(Lauraceae)

肉桂屬於樟科是樟屬 (Cinnamomum)，學名 Cinnamomum obtusifolium(Roxb.)Nees var. cassia，是中國肉桂 (Chinese cinnamon)。

主要成分：

- 肉桂醛／桂皮醛 (Cinnamaldehyde)，請參考 3-1-2-7。
- 甲基醚丁香酚／甲基丁香酚 (Methyl eugenol)，請參考 5-1-2-5，多香果／牙買加胡椒／丁香胡椒 (Allspice)，請參考第六章 A2。
- 水楊醛／鄰羥苯甲醛／鄰羥苄醛／2- 羥基苯甲醛 (Salicylaldehyde/Salicylal/o-Hydroxybenzaldehyde/2-Hydroxybenzaldehyde)、間羥苯甲醛／3- 羥基苯甲醛 (3-Hydroxybenzaldehyde/m-Hydroxybenz aldehyde)、對羥苯甲醛／4- 羥基苯甲醛 (4-Hydroxybenzaldehyde/m-Hydroxybenzaldehyde)，請參考 3-1-2-14。

- 甲基水楊醛 (Methylsalicylaldehyde[4])，請參考 3-1-2-14。
- 水楊酸／柳酸／鄰羥基苯甲酸 (Salicylic acid)，請參考 5-2-2-3，赤樺 (Birch, Sweet)，請參考第六章 B12。
- 水楊酸甲酯／鄰羥基苯甲酸甲酯／冬青油 (Methyl salicylate)，請參考 4-1-2-5，赤樺 (Birch, Sweet)，請參考第六章 B12。

中國肉桂有抗腹瀉、止吐、抗菌、收斂、止痛、解痙等功用；有黏膜刺激性、皮膚刺激性、皮膚致敏劑、皮膚毒性，用於漱口水、牙膏等產品，也用於滋補品和催情劑，廣泛用於食品調味，包括酒精與非酒精飲料。不建議用於芳香療法，絕對不能用於皮膚[30]，孕婦、哺乳母親及肝腎功能不良者不宜長期大劑量服用。此外，肉桂有降血壓／血糖以及抗凝血作用，相關患者應注意使用[5]。

C13. 金合歡(Cassie/Acacia farnesiana)；蝶形花科／豆科(Fabaceae)含羞草亞科(Mimosoideae)

金合歡屬於蝶形花科／豆科 (Fabaceae) 含羞草亞科 (Mimosoideae) 金合歡族 (Acacieae)

主要成分：

- 苄醇／苯甲醇 (Phenylmethanol/Benzyl alcohol)，請參考 2-2-1-1-8，香水樹（卡南迦）(Cananga)，請參考第六章 C7。
- 水楊酸甲酯／鄰羥基苯甲酸甲酯／冬青油 (Methyl salicylate)，請參考 4-1-2-5，赤樺 (Birch, Sweet)，請參考第六章 B12。
- 金合歡醇／法尼醇 (Farnesol/Dodecatrienol)，請參考 2-2-2-1，與橙花叔醇是結構異構物[10]，麝香秋葵／麝香梨子／香葵／黃葵 (Ambrette Seed)，請參考第六章 A4。
- 香葉醇／牻牛兒醇 (Geraniol/(E)-Nerol)，請參考 2-2-1-1-1，香蜂草 (Balm, Lemon)，請參考第六章 B1。
- 沉香醇／枷羅木醇 (Linalool，右旋：芫荽醇，左旋：芳樟醇）手性方向與旋光方向相反，請參考 2-2-1-3-2，羅勒 (Basil, Exotic)，請參考第六章 B6。

金合歡有抗風溼、殺菌、解痙、壯陽等作用，可做爲芳香劑及殺蟲劑，目前無毒性資料。芳香療法的應用上可緩解抑鬱症、神經衰弱、壓力等症狀。常用於東方香型的高級香水，廣泛用於食品調味料，尤其是水果製品、酒精與非酒精飲料[30]。

C14. 大西洋雪松(Cedarwood, Atlas/Cedrus atlantica)；松科(Pinaceae)

大西洋雪松 (Cedrus atlantica)，爲松科冷杉亞科 (Abietoideae) 雪松屬 (Cedrus)。

主要成分：

- 大西洋酮 (Atlantone)，請參考 3-2-2-4。
- 石竹烯 (Caryophyllene)、蛇麻烯／葎草烯 (Humulene)，請參考 2-1-2-1，α- 石竹烯又稱葎草烯／蛇麻烯 (Humulene)；β- 石竹烯又稱石竹烯或丁香烯，多香果／牙買加胡椒／丁香胡椒 (Allspice)，請參考第六章 A2。

- 雪松醇／番松醇／柏木醇／柏木腦 (Cedrol)，請參考 2-2-2-2。
- 杜松烯(Cadinene)、卡達烷(Cadalane)，請參考2-1-2-18。Cadinene也廣泛指任何的卡丹烷[5]，西印度檀香／阿米香樹 (Amyris)，請參考第六章 A5。

大西洋雪松有抗腐、減緩新陳代謝、壯陽、利尿、祛痰、殺眞菌、鎭靜神經、刺激循環等作用，無毒、無刺激性，也無致敏性，但懷孕期間最好避免使用。芳香療法的應用上：在皮膚護理方面可緩解痤瘡、頭皮屑、皮炎、溼疹、眞菌感染、脫髮、皮疹、潰瘍；在循環、肌肉、關節方面可緩解關節炎、風溼症；在呼吸系統方面可緩解支氣管炎、腹瀉、充血、咳嗽；在泌尿生殖系統方面可緩解膀胱炎、白帶、瘙癢症；在神經系統方面可緩解神經緊張和壓力相關的症狀。大西洋雪松精油用於化妝品與家庭用品中作爲定香劑[30]。

C15. 德州雪松(Cedarwood, Texas/Juniperus ashei)；柏科(Cupressaceae)

德州雪松又稱墨西哥刺柏，屬於柏科 (Cupressaceae) 柏亞科 (Cupressoideae) 刺柏屬 (Juniperus)[5]。

主要成分：

- 雪松烯／柏木烯 (Cedrene)，請參考 2-1-2-21。
- 羅漢柏烯 (Thujopsene)，請參考 2-1-2-24。
- 雪松醇／番松醇／柏木醇／柏木腦 (Cedrol)，請參考 2-2-2-2，大西洋雪松 (Cedarwood, Atlas)，請參考第六章 C14。
- 檜烯／沙賓烯 (Sabinene)，請參考 2-1-1-10，側柏烯 (Thujene)，有三種異構物：*α*- 側柏烯、*β*- 側柏烯、檜烯／沙賓烯 (Sabinene)，東方側柏 (Arborvitae)，請參考第六章 A9。

德州雪松／墨西哥刺柏有抗菌、解痙、收斂、利尿、祛痰、鎭靜神經、刺激循環等作用，外用無毒，但可能引起急性局部刺激，對某些人可能致敏，因此使用時要稀釋，且必須適量。有些研究稱德州雪松精油是一種強有力的墮胎藥，使用德州雪松墮胎可能致命，因此孕期避免使用，選擇大西洋雪松會更安全些。芳香療法的應用上：在皮膚護理方面可緩解痤瘡、頭皮屑、溼疹、牛皮癬；在循環、肌肉、關節方面可緩解關節炎、風溼；在呼吸系統方面可緩解支氣管炎、咳嗽、鼻竇炎；在生殖泌尿系統方面可緩解膀胱炎、白帶；在神經系統方面可緩解神經緊張、壓力等症狀。德州雪松精油廣泛用於噴霧劑和驅蟲劑，也用於香皀、化妝品、香水等產品[30]。

C16. 維吉尼亞雪松(Cedarwood, Virginian/Juniperus virginiana)；柏科(Cupressaceae)

維吉尼亞雪松又稱北美圓柏／鉛筆柏，屬於柏科 (Cupressaceae) 柏亞科 (Cupressoideae) 刺柏屬 (Juniperus)[5]

主要成分：

- 雪松烯／柏木烯 (Cedrene)，請參考 2-1-2-21，德州雪松 (Cedarwood, Texas)，請參考第六章 C15。

• 雪松醇／番松醇／柏木醇／柏木腦 (Cedrol)，請參考 2-2-2-2，大西洋雪松 (Cedarwood, Atlas)，請參考第六章 C14。
• 雪松烯醇／柏木烯醇 (Cedrenol)，請參考 2-2-2-18。

維吉尼亞雪松與德州雪松在功能效用、芳香療法和用途都非常相似，同樣要注意孕期避免使用，選擇大西洋雪松會更安全些[30]

C17. 旱芹籽／根芹菜籽(Celery Seed/Apium graveolens)；傘形科／繖形科(Apiaceae/Umbelliferae)

旱芹／西洋芹 (Apium graveolens)，又稱芹菜、根芹菜，是傘形科／繖形科 (Apiaceae/Umbelliferae) 芹亞科 (Apioideae) 芹屬 (Apium)，食用部分主要爲葉柄，葉雖然也可以食用，但因略帶苦味，種子可取油及製香辛料。

主要成分：

• 檸檬烯／薴烯 (Limonene)、二戊烯 (Dipentene)，請參考 2-1-1-1，歐白芷／洋當歸 (Angelica)，請參考第六章 A6。
• 洋芹腦／歐芹腦／8 芹菜醚 (Apiole)，請參考 5-1-2-8。
• 檀香醇 (Santalol)，請參考 2-2-2-6。
• 瑟丹內酯／新蛇床子內酯／芹菜子交酯 (Sedanolide/Neocnidilid)，請參考 4-2-1-12。
• 芹子烯／桉葉烯／蛇床烯 (Selinene/Eudesmene)，請參考 2-1-2-15。
• 桉葉醇／蛇床烯醇 (Eudesmol)，請參考 2-2-2-7，多香果／牙買加胡椒／丁香胡椒 (Allspice)，請參考第六章 A2。

旱芹／西洋芹有抗氧化、抗風溼、抗菌、解痙、開胃、解毒、消化、利尿、催情、通經血、鎮靜神經等功能，無毒、無刺激性，但可能有過敏反應，其中洋芹腦／芹菜醚成分可能導致流產，懷孕期間避免使用。芳香療法的應用上：在循環、肌肉、關節方面可緩解關節炎、血液毒素堆積、痛風、風溼等症狀；在消化系統方面可緩解消化不良、脹氣、消化不良、肝臟充血、黃疸；在泌尿生殖系統和內分泌系統方面可緩解閉經、膀胱炎；在神經系統方面可緩解神經痛、坐骨神經痛。旱芹／根芹菜精油常用於香皀、洗滌劑、化妝品和香水中，也作爲食品調味劑以及酒精與非酒精飲料[30]。

C18. 德國洋甘菊(Chamomile, German/Chamomilla recutita/Matricaria recutica)；菊科(Asteraceae)

德國洋甘菊／母菊，學名 Matricaria chamomilla/Matricaria recutita，菊科母菊屬／洋甘菊屬 (Matricaria)，自古以來洋甘菊以治療疾病、美髮、護膚、緩解女性困擾等功效被廣泛利用，也具殺菌、抗發炎症、抗病毒、抗過敏的作用[5]，其特性類似羅馬洋甘菊，然而含有更高的母菊天藍烴，因此抗發炎效果更佳[30]。

主要成分：

• 母菊天藍烴 (Chamazulene)：母菊天藍烴 (Chamazulene)、母菊素 (Matricin)、癒創天藍烴／

癒創薁／胍薁 (Guaiazulene)、岩蘭草天藍烴 (Vetivazulene)，請參考 2-1-2-2

- 金合歡烯／法尼烯 (Farnesene)，請參考 2-1-2-3。
- 沒藥醇氧化物 (Bisabolol oxide)，請參考 5-2-1-4。
  - ➢ 沒藥醇 (Bisabolol)，請參考 2-2-2-8,，巴西檀木 (Cabreuva)，請參考第六章 C1。
  - ➢ 沒藥酮氧化物 (Bisabolonoxide/Bisabolone oxide)，請參考 5-2-1-5。
  - ➢ 沒藥烯 (Bisabolene)，請參考 2-1-2-4，小豆蔻 (Cardomon)，請參考第六章 C9。
- 烯炔雙環醚／烯雙環醚 (Enyndicycloether)：存在於德國洋甘菊、羅馬洋甘菊，以及中國大陸的藍甘菊 (5.09%)[36] 等植物中，具有抑制大鼠肥大細胞組胺釋放的功能。

德國洋甘菊／母菊精油顏色為深藍色，有鎮痛、抗過敏、抗發炎、殺菌、殺眞菌、消炎、解痙、驅蟲、催眠、助消化、催吐、神經鎮靜等功用，無毒、無刺激性，但可能導致某些人皮膚發炎。芳香療法的應用上：在皮膚護理方面可緩解痤瘡、過敏、癤子、燒傷、割傷、凍瘡、皮膚炎、溼疹、皮疹以及牙痛等症狀；在循環、肌肉、關節方面可緩解關節炎、肌肉疼痛、神經痛、風溼、扭傷；在消化系統方面可緩解消化不良、腹絞痛、噁心等症狀；在泌尿生殖系統方面可緩解痛經、更年期障礙、月經過多；在神經系統方面可緩解頭痛、失眠、神經緊張、偏頭痛和壓力相關症狀。德國洋甘菊精油常用於高級香水、化妝品、肥皂、洗滌劑、洗髮水、沐浴乳以及藥用軟膏和驅蟲劑等產品，也用於食品調味劑以及酒精與非酒精飲料[30]。

C19. 摩洛哥藍艾菊(Chamomile, Maroc/Ormenis multicaulis/Tanacetum annum)；菊科(Asteraceae)

摩洛哥藍艾菊 (Blue Tansy)，原產於摩洛哥，也稱為野洋甘菊／摩洛哥洋甘菊，學名 Tanacetum annum[33]/Ormenis multicaulis[30,115]。Ormenis 是指菊科 (Asteraceae) 側枝頂生花屬 (Cladanthus)[5,13]；Tanacetum 是指菊科菊亞科 (Asteroideae) 紫菀總族 (Asterodae) 春黃菊族 (Anthemideae) 菊亞族 (Chrysantheminae) 菊蒿屬 (Tanacetum)[5]。

- 摩洛哥藍艾菊（摩洛哥洋甘菊）與德國和羅馬洋甘菊有遠親關係，但在化學及嗅覺上有明顯的差異，不能視為替代品[30]。
- 艾菊／菊蒿 (Tansy)，屬於菊科菊蒿屬 (Tanacetum)，請參考第八章 T2。艾蒿 (Mugwort/Artemisia vulgaris)，屬於菊科蒿屬 (Artemisia)，請參考第七章 M10。

主要成分：

- 反式松香芹醇 (Trans-pinocarveol/(-)-trans-pinocarveol)：松香芹醇 (Pinocarveol)，請參考 2-2-2-6。
- 冰片醇／龍腦／2- 莰醇 (Borneol)，請參考 2-2-1-2-2，是一級雙環單萜醇，歐白芷／洋當歸 (Angelica)，請參考第六章 A6。
- 乙酸冰片酯／乙酸龍腦酯 (Bornyl acetate) 與乙酸異冰片酯／醋酸異冰片酯／乙酸異龍腦酯 (Isobornyl acetate)，請參考 4-1-1-4，冰片／龍腦 (Borneol)，請參考第六章 B15。
- 沒藥烯 (Bisabolene)，請參考 2-1-2-4，小豆蔻 (Cardomon)，請參考第六章 C9。

- 石竹烯 (Caryophyllene)、蛇麻烯／葎草烯 (Humulene)，請參考 2-1-2-1，α- 石竹烯又稱葎草烯／蛇麻烯 (Humulene)；β- 石竹烯又稱石竹烯或丁香烯，多香果／牙買加胡椒／丁香胡椒 (Allspice)，請參考第六章 A2。
- 蒎烯／松油萜 (Pinene)，請參考 2-1-1-3，印度藏茴香／香旱芹 (Ajowan)，請參考第六章 A1。
- 1,8- 桉葉素／桉葉素／桉葉油醇 (Cineol/1,8-Cineole/Eucalyptol)，請參考 5-2-1-1，多香果／牙買加胡椒／丁香胡椒 (Allspice)，請參考第六章 A2。
  - 桉葉醇／蛇床烯醇 (Eudesmol)，請參考 2-2-2-7，多香果／牙買加胡椒／丁香胡椒 (Allspice)，請參考第六章 A2。
- 棉杉菊醇 (Santolina alcohol)，請參考 2-2-1-3-5。
- 艾醇 (Yomogi alcohol)，請參考 2-2-1-3-6。
- 大根香葉烯／大根老鸛草烯 (Germacrene)，請參考 2-1-2-5。
- 金合歡烯／法尼烯 (Farnesene)，請參考 2-1-2-3。

摩洛哥藍艾菊有抗痙攣、通經血、鎮靜等功效，無毒、無刺激性。芳香療法的應用上：在皮膚護理方面可緩解敏感皮膚；在消化系統方面可緩解腹絞痛、結腸炎；在神經系統方面可緩解頭痛、失眠、煩躁、偏頭痛；在泌尿生殖系統和內分泌系統方面可緩解閉經、痛經、更年期障礙。摩洛哥洋甘菊廣泛用於配製香水與古龍水[30]。

C20. 羅馬洋甘菊(Chamomile, Roman/Chamaemelum nobile)；菊科(Asteraceae)

羅馬洋甘菊／貴族洋甘菊屬於菊科果香菊屬 (Chamaemelum)[33]。

主要成分：

- 當歸酸／歐白芷酸 (Angelic acid)，請參考 5-2-2-1。
  - 當歸酸異丁酯／歐白芷酸異丁酯 (Isobutyl angelate)，請參考 4-1-1-2。
- 惕各酸／甘菊花酸／甲基丁烯酸／惕格酸 (Tiglic acid)，請參考 5-2-2-2。
- 蒎烯／松油萜 (Pinene)，請參考 2-1-1-3，印度藏茴香／香旱芹 (Ajowan)，請參考第六章 A1。
- 金合歡醇／法尼醇 (Farnesol/Dodecatrienol)，請參考 2-2-2-1，與橙花叔醇是結構異構物[10]，麝香秋葵／麝香梨子／香葵／黃葵 (Ambrette Seed)，請參考第六章 A4。
- 橙花叔醇／秘魯紫膠／戊烯醇 (Nerolidol/Peruvio/Penetrol)，請參考 2-2-2-3，與金合歡醇是結構異構物[10]，巴西檀木 (Cabreuva)，請參考第六章 C1。
- 母菊天藍烴 (Chamazulene)：母菊天藍烴 (Chamazulene)、母菊素 (Matricin)、癒創天藍烴／癒創薁／胍薁 (Guaiazulene)、岩蘭草天藍烴 (Vetivazulene)，請參考 2-1-2-2，德國洋甘菊 (Chamomile, German)，請參考第六章 C18。
- 1,8- 桉葉素／桉葉素／桉葉油醇 (Cineol/1,8-Cineole/Eucalyptol)，請參考 5-2-1-1，多香果／牙買加胡椒／丁香胡椒 (Allspice)，請參考第六章 A2。

• 松香芹酮 (Pinocarvone)，請參考 3-2-1-12。

羅馬洋甘菊有鎮痛、抗貧血、抗神經痛、祛痰、解痙、殺菌、催情、催吐、助消化、助眠、鎮靜神經等作用，無毒、無刺激性，但可能引起某些人皮膚發炎。芳香療法及用途類似德國洋甘菊 [30]。

C21. 西洋山人參(Chervil/Anthriscus cerefolium)；傘形科／繖形科(Apiaceae/Umbelliferae)

西洋山人參是傘形科峨參屬，精油為淡黃色液體，有甜草本和茴香氣味 [30]。

主要成分：

• 草蒿腦／甲基蒟酚／甲基醚蔞葉酚 (Methyl chavicol/Estragole)，請參考 5-1-2-2，雖然使用草蒿腦沒有顯著的癌症風險，然而幼兒、孕婦和哺乳期婦女應儘量減少接觸 [4,5]。羅勒 (Basil, Exotic)，請參考第六章 B6。
• 香根芹醚 (Osmorhizole)，請參考 5-1-2-12。
• 甲基醚丁香酚／甲基丁香酚 (Methyl eugenol)，請參考 5-1-2-5，多香果／牙買加胡椒／丁香胡椒 (Allspice)，請參考第六章 A2。
• 茴香腦／洋茴香醚／洋茴香腦 (Anethole)，請參考 5-1-2-1，八角茴香，請參考第六章 A7。

西洋山人參可作為開胃劑、殺菌劑、驅蟲劑、止癢劑、淨化劑、發汗劑、消化劑、利尿劑，有助於促進新陳代謝、健胃、滋補。草蒿腦／甲基蒟酚／甲基醚蔞葉酚 (Methyl chavicol/Estragole) 和茴香腦／洋茴香醚 (Anethole) 已知具有刺激性，雖然沒有顯著的癌症風險，然而幼兒、孕婦和哺乳期婦女應儘量減少接觸 [4,5]，也避免用於治療或芳香療法，常用於肉製品等食品工業，以及與非酒精飲料 [30]。

C22. 錫蘭肉桂(Cinnamon/Cinnamomum verum J. Presl./Cinnamomum zeylanicum Ness)；樟科(Lauraceae)

錫蘭肉桂屬於樟科 (Lauraceae) 樟屬 (Cinnamomum)，有補脾健胃的功效，能緩解腹脹、便秘及消化不良等症狀 [5]。

主要成分：

• 丁香酚 (Eugenol)，請參考 5-1-1-3，多香果／牙買加胡椒／丁香胡椒 (Allspice)，請參考第六章 A2。
• 肉桂醛／桂皮醛 (Cinnamaldehyde)，請參考 3-1-2-7，中國肉桂 (Cassia)，請參考第六章 C12。
• 苯甲酸苄酯／苯甲酸苯甲酯／安息酸甲苯 (Benzyl benzoate)，請參考 4-1-2-3，祕魯香酯 (Balsam, Peru)，請參考第六章 B4。
• 沉香醇／伽羅木醇 (Linalool，右旋：芫荽醇，左旋：芳樟醇）手性方向與旋光方向相反，請參考 2-2-1-3-2，羅勒 (Basil, Exotic)，請參考第六章 B6。
• 黃樟素 (Safrole)，請參考 5-1-2-3，目前 WHO 將黃樟素列在 2B 類致癌物清單；美國禁止使用在食品添加物、肥皂、香水；歐盟認定黃樟素具有遺傳毒性和致癌性；中國大陸仍可合法使用[5]，樟木 (Camphor)，請參考第六章 C6。

- 苯甲醛 (Phenylmethanal/Phenylaldehyde/Benzaldehyde)，請參考 3-1-2-8，苦杏仁 (Almond, Bitter)，請參考第六章 A3。
- 蒎烯／松油萜 (Pinene)，請參考 2-1-1-3，印度藏茴香／香旱芹 (Ajowan)，請參考第六章 A1。
- 1,8- 桉葉素／桉葉素／桉葉油醇 (Cineol/1,8-Cineole/Eucalyptol)，請參考 5-2-1-1，多香果／牙買加胡椒／丁香胡椒 (Allspice)，請參考第六章 A2。
- 水芹烯／水茴香萜 (Phellandrene)，請參考 2-1-1-7，多香果／牙買加胡椒／丁香胡椒 (Allspice)，請參考第六章 A2。
- 對傘花烴／對繖花烴 (p-Cymene/4-Cymene)，請參考 2-1-1-5，印度藏茴香／香旱芹 (Ajowan)，請參考第六章 A1。
- 乙酸丁香酯／乙酸丁香酚酯 (Acetyleugenol/Eugenol acetate)，請參考 4-1-2-10。
  - ➢ 丁香酚／丁香油酚 (Eugenol)，請參考 5-1-1-3。
- 枯茗醛／小茴香醛 (Cuminaldehyde/Cuminal/4-isopropylbenzaldehyde)，請參考 3-1-2-6。
  - ➢ 葑醇／小茴香醇 (Fenchol/Fenchyl alcohol)，請參考 2-2-1-2-5。
- 糠醛／呋喃甲醛 (Furfural)，請參考 3-1-2-15。
  - ➢ 糠醇／呋喃甲醇 (Furfuryl alcohol)，請參考 2-2-1-1-9。

錫蘭肉桂可作為驅蟲劑、止瀉劑、解毒劑、解痙劑、壯陽劑、催情劑、止血劑、殺寄生蟲劑、殺菌劑。在護膚方面可緩解疥瘡、疣、黃蜂螫傷等症狀；在循環、肌肉、關節方面可緩解循環不良、風溼症；在消化系統方面可緩解結腸炎、腹瀉、消化不良、腸道感染；在泌尿生殖系統方面可緩解白帶、月經不調、月經量少；在免疫系統方面可緩解感冒、流感；在神經系統方面可緩解神經衰弱、壓力相關症狀。錫蘭肉桂樹皮和葉子精油用於牙膏、漱口水、咳嗽糖漿、鼻腔噴霧劑、牙科製劑等產品；葉子精油還用於肥皂、化妝品、洗浴用品和香水；桂皮油和桂葉油都廣泛用於食品調味、酒精和可樂等非酒精飲料[30]。

- 錫蘭肉桂「葉」精油相對無毒，但可能因肉桂醛而有刺激性，其中丁香酚對黏膜也有刺激性，應酌量使用。
- 錫蘭肉桂「樹皮」精油具皮膚毒性、刺激性和致敏性[30]。
- 因此芳香療法不應使用錫蘭肉桂樹皮精油，而使用稀釋的錫蘭肉桂葉精油。

C23. 香茅(Citronella/Cymbopogon nardus)；禾本科(Poaceae)

錫蘭香茅 (Cymbopogon nardus)，屬於禾本科 (Poaceae) 黍亞科 (Panicoideae) 鬚芒草族 (Andropogoneae) 香茅屬 (Cymbopogon) 亞香茅種 (C. nardus)，口味不佳，不能食用，可提取香茅油[5]。爪哇香茅 (Cymbopogon Winterianus Jowitt.) 也是禾本科 (Poaceae) 香茅屬 (Cymbopogon)。

主要成分：

- 香葉醇／牻牛兒醇 (Geraniol/(E)-Nerol)，請參考 2-2-1-1-1，香蜂草 (Balm, Lemon)，請參考第六章 B1。
- 香茅醛／玫紅醛 (Citronellal/Rhodinal)，請參考 3-1-2-4。
- 香茅醇／玫紅醇 (Citronellol/Rhodinol)，請參考 2-2-1-1-3，香蜂草 (Balm, Lemon)，請參考第六章 B1。
- 乙酸香葉酯／乙酸牻牛兒酯 (Geranyl acetate)，牻念「忙」，請參考 4-1-1-5，香水樹（卡南迦）(Cananga)，請參考本章 C7。
- 檸檬烯／薴烯 (Limonene)、二戊烯 (Dipentene)，請參考 2-1-1-1，歐白芷／洋當歸 (Angelica)，請參考第六章 A6。
- 莰烯／樟烯 (Camphene)，請參考 2-1-1-8，冰片／龍腦 (Borneol)，請參考第六章 B15。

香茅具有殺菌、解痙、除臭、利尿、鎮靜、解熱、除蟲等作用，無毒、無刺激性，但某些人可能導致皮膚炎；建議懷孕期間避免使用；芳香療法的應用上：在皮膚護理方面可緩解多汗、皮膚油性；在免疫系統：感冒、流感、輕微感染；在神經系統方面可緩解疲勞、頭痛、偏頭痛、神經痛。香茅常用於肥皂、洗滌劑、家居用品和工業用香水，也用於驅蚊蟲、防蛀、防蟻、防跳蚤等產品。錫蘭香茅精油用於食品加工以及酒精和非酒精飲料。爪哇香茅精油則作爲調製香葉醇和香茅醛的原料 [30]。

C24. 丁香(Clove/Syzygium aromaticum)；桃金孃科(Myrtaceae)

主要成分：

- 丁香酚 (Eugenol)，請參考 5-1-1-3，多香果／牙買加胡椒／丁香胡椒 (Allspice)，請參考第六章 A2。
- 乙酸丁香酯／乙酸丁香酚酯 (Acetyleugenol/Eugenol acetate)，請參考 4-1-2-10，錫蘭肉桂 (Cinnamon)，請參考第六章 C22。
- 石竹烯 (Caryophyllene)、蛇麻烯／葎草烯 (Humulene)，請參考 2-1-2-1，*α*- 石竹烯又稱葎草烯／蛇麻烯 (Humulene)；*β*- 石竹烯又稱石竹烯或丁香烯，多香果／牙買加胡椒／丁香胡椒 (Allspice)，請參考第六章 A2。

丁香可作爲驅蟲劑、抗生素、止吐劑、抗組胺劑、抗風溼藥、抗神經痛藥、抗氧化劑、抗病毒藥、壯陽藥、催情藥、祛痰藥、殺蟲劑、解痙藥、胃藥、殺菌劑。葉和莖的精油可能引起皮膚和黏膜刺激，花蕾和莖的精油可能會對部分人引起皮膚炎，丁香花蕾的精油毒性最低，因爲丁香酚的比例較低，建議稀釋至 1% 以下酌量使用。芳香療法只使用丁香花蕾精油，不使用葉或莖的精油，芳療在皮膚護理方面可緩解痤瘡、香港腳、瘀傷、青腫、割傷、牙痛、潰瘍；在循環、肌肉、關節方面可緩解關節炎、風溼症、扭傷；在呼吸系統方面可緩解氣喘、支氣管炎；在消化系統方面可緩解絞痛、消化不良、噁心；在免疫系統方面可緩解感冒、流感、輕微感染。丁香精油用於牙科製劑，以及牙膏、肥皂、洗浴用品、化妝品和香水等產品，並廣泛應用於食品加工、酒精和非酒精飲料，工業上用於生產印刷油墨、膠水和清漆 [30]。

C25. 芫荽(Coriander/Coriandrum sativum)；傘形科／繖形科(Apiaceae/Umbelliferae)

芫荽又名香菜、胡荽。

主要成分：

- 沉香醇／枷羅木醇 (Linalool，右旋：芫荽醇，左旋：芳樟醇）手性方向與旋光方向相反，請參考 2-2-1-3-2，羅勒 (Basil, Exotic)，請參考第六章 B6。
- 癸醛 (Decanal/Aldehyde C-10/Decylaldehyde/Decaldehyde)，請參考 3-1-1-5。
- 醛類 (Aldehydes)：有抗菌、抗發炎、降血壓等功效。醛類可分為脂肪醛、酯環醛、芳香醛、萜烯醛。各類常見的醛有 [4]：
  - 脂肪醛有辛醛 (C_8)、壬醛 (C_9)、癸醛 (C_{10})、十一醛、十二醛（月桂醛）、十三醛、十四醛（肉豆蔻醛）。
  - 酯環醛有女貞醛、柑青醛、艾薇醛、新鈴蘭醛、異環檸檬醛、甲基柑青醛等。
  - 芳香醛有苯甲醛、苯乙醛、苯丙醛、鈴蘭醛、香蘭素、乙基香蘭素、桂醛等。
  - 萜烯醛有檸檬醛、香茅醛、紫蘇醛羥基香茅醛、三甲基庚烯醛等。
- 冰片醇／龍腦／2- 莰醇 (Borneol)，請參考 2-2-1-2-2，歐白芷／洋當歸 (Angelica)，請參考第六章 A6。
- 香葉醇／牻牛兒醇 (Geraniol/(E)-Nerol)，請參考 2-2-1-1-1，香蜂草 (Balm, Lemon)，請參考第六章 B1。
- 香芹酮 (Carvone)，請參考 3-2-1-5，葛縷子 (Caraway)，請參考第六章 C8。
- 茴香腦／洋茴香醚／洋茴香腦 (Anethole)，請參考 5-1-2-1，八角茴香，請參考第六章 A7。

芫荽有鎮痛、壯陽、抗氧化、抗風溼、解痙、殺菌、助消化、驅蟲、殺幼蟲、溶脂、活膚、促進循環、健胃等功效，無毒、無刺激性，也無致敏性，然而大劑量可能使人眩暈，建議酌量使用。芳香療法的應用上：在循環、肌肉、關節方面可緩解毒素積聚、關節炎、痛風、肌肉酸痛、循環不良、風溼；在消化系統方面可緩解腹絞痛、腹瀉、消化不良、脹氣、噁心、胃痙攣；在免疫系統方面可緩解感冒、流感、一般感染等症狀。芫荽在藥物製劑中用作調味劑，用於香皂、洗漱用品和香水等產品，廣泛用於食品工業，製作肉品和調味酒，也用於菸草調味 [30]。

C26. 木香(Costus/Saussurea lappa Clarke/Saussurea costus)；菊科(Asteraceae)

木香／雲木香／廣木香是屬於菊科管狀花亞科 (Carduoideae) 菜薊族 (Cynareae) 風毛菊屬 (Saussurea)[5]。木香相關的化合物至少有三十幾種，其中廣木香內酯／木香烴內酯／閉鞘薑酯 (Costuslactone/Costunolide)、去氫廣木香內酯／去氫木香烴內酯 (Dehydrocostuslactone)、二氫木香內酯 (Dihydrocostuslactone) 和菜薊苦素 (Cynaropicrin) 具有多種藥理作用，可望開發為新藥物 [39]。

主要成分：

- 廣木香內酯／木香烴內酯／閉鞘薑酯 (Costuslactone/Costunolide)、去氫廣木香內酯／去氫木香烴內酯 (Dehydrocostuslactone)，請參考 4-2-1-2。
  - ➢ 土木香內酯／木香油內酯／木香腦 (Alantolactone/Helenin)、異土木香內酯／異木香油內酯 (Isoalantolactone)，請參考 4-2-1-1。
- 廣木香酸／木香酸 (Costic acid/Costussaeure)，請參考 5-2-2-16。
- 廣木香醇／木香醇 (Costol/Sesquibenihiol)，請參考 2-2-2-19。
- 油酸 (Oleic acids)，請參考 5-2-2-17。
- 土木香內酯／木香油內酯／木香腦 (Alantolactone/Helenin)、異土木香內酯／異木香油內酯 (Isoalanto- lactone)，請參考 4-2-1-1。
  - ➢ 烏心石內酯 (Mecheliolide) 化學式 $C_{15}H_{20}O_3$、密度 1.2g/cm^3、沸點 426.1°C，有些資料庫稱之爲木香內酯，是不同的化合物。
- 石竹烯 (Caryophyllene)、蛇麻烯／葎草烯 (Humulene)，請參考 2-1-2-1。
- 芹子烯／桉葉烯／蛇床烯 (Selinene/Eudesmene)，請參考 2-1-2-15，旱芹籽／根芹菜籽 (Celery Seed/Apium graveolens)，請參考第六章 C17。

木香有抗腐、解痙、抗病毒、殺菌、催情、消化、祛痰、降血壓等功能，無毒、無刺激性，對某些人可能致敏。雲木香精油經常有摻假的現象，應慎選供應商。芳香療法的應用上：在呼吸系統方面可緩解氣喘、支氣管炎、痙攣性咳嗽；在消化系統方面可緩解脹氣、消化不良；在神經系統方面可緩解神經衰弱和壓力相關症狀。雲木香精油常作爲化妝品和香水的定香劑等香料，也用在食品工業，作爲糖果、酒精和非酒精飲料的調味料 [30]。

C27. 蓽澄茄(Cubebs/Piper cubeba)；胡椒科(Piperaceae)

蓽澄茄／尾胡椒，屬於胡椒科胡椒屬，有辛辣刺鼻的香氣，略帶苦味 [5]。

主要成分：

- 石竹烯 (Caryophyllene)、蛇麻烯／葎草烯 (Humulene)，請參考 2-1-2-1，多香果／牙買加胡椒／丁香胡椒 (Allspice)，請參考第六章 A2。
- 杜松烯 (Cadinene)、卡達烷 (Cadalane)，請參考 2-1-2-18，西印度檀香／阿米香樹 (Amyris)，請參考第六章 A5。
- 檜烯／沙賓烯 (Sabinene)，請參考 2-1-1-10，側柏烯 (Thujene)，有三種異構物：α- 側柏烯、β- 側柏烯、檜烯／沙賓烯 (Sabinene)，東方側柏 (Arborvitae)，請參考第六章 A9。
- 畢澄茄油烯 (Cubebene)，請參考 2-1-2-14。

蓽澄茄／尾胡椒有抗菌、殺菌、抗病毒、解痙、催情、利尿、祛痰等功能，無毒、無刺激性，也無致敏性。蓽澄茄精油經常有摻假的現象，應慎選供應商。芳香療法的應用上：在呼吸系統方面可緩解支氣管炎、慢性咳嗽、鼻竇炎、咽喉感染；在消化系統方面可緩解脹氣、消化不良、痔瘡；在泌尿生殖系統方面可緩解膀胱炎、白帶、尿道炎。蓽澄茄精油常用於利尿和泌尿系統藥品，以及香皀、洗滌劑、洗浴用品、化妝品和香水的香精，廣泛用於食品以及菸草加工 [30]。

C28. 孜然(Cumin/Cuminum cyminum L.)；傘形科／繖形科(Apiaceae/Umbelliferae)

孜然，又稱孜然芹／阿拉伯茴香／安息茴香／枯茗，屬於傘形科孜然芹屬 (Cuminum)，爲一年生草本植物，可生長到 30-50 公分高，孜然的獨特香味是來自枯茗醛／小茴香醛。

主要成分：

- 在芳療與精油資料中有很多不同的大茴香與小茴香，請參考 2-2-1-2-5。
- 醛類 (Aldehydes)：有抗菌、抗發炎、降血壓等功效。醛類可分爲脂肪醛、酯環醛、芳香醛、萜烯醛。芫荽，請參考第六章 C25。
- 枯茗醛／小茴香醛 (Cuminaldehyde/Cuminal/p-isopropylbenzaldehyde)，請參考 3-1-2-6，是一種芳香族的單萜醛。枯茗醛／小茴香醛爲對位 (Para/p-) 的芳香族化合物，因此也稱爲對一異丙基苯甲醛，錫蘭肉桂 (Cinnamon)，請參考第六章 C22。
- 蒎烯／松油萜 (Pinene)，請參考 2-1-1-3，印度藏茴香／香旱芹 (Ajowan)，請參考第六章 A1。
- 萜品烯／松油烯 (Terpinene) 與萜品油烯 (Terpinolene)/δ- 萜品烯／異松油烯，請參考 2-1-1-4，α- 萜品烯是從豆蔻和馬鬱蘭等天然植物分離出。β- 萜品烯沒有天然來源，從檜烯／沙賓烯 (Sabinene) 中提取。γ- 萜品烯和 δ- 萜品烯／萜品油烯／異松油烯 (Terpinolene) 從多種植物中分離而得，印度藏茴香／香旱芹 (Ajowan)，請參考第六章 A1。
- 對傘花烴／對繖花烴 (p-Cymene/4-Cymene)，請參考 2-1-1-5，是一種芳香烴，印度藏茴香／香旱芹 (Ajowan)，請參考第六章 A1。
- 水芹烯／水茴香萜 (Phellandrene)，請參考 2-1-1-7，多香果／牙買加胡椒／丁香胡椒 (Allspice)，請參考第六章 A2。
- 月桂烯 (Myrcene)、雙月桂烯 (Dimyrcene)，請參考 2-1-1-2，西印度月桂 (Bay, West Indian)，請參考第六章 B9。
- 檸檬烯／薴烯 (Limonene)、二戊烯 (Dipentene)，請參考 2-1-1-1，歐白芷／洋當歸 (Angelica)，請參考第六章 A6。
- 金合歡烯／法尼烯 (Farnesene)，請參考 2-1-2-3，德國洋甘菊 (Chamomile, German)，請參考第六章 C18。
- 石竹烯 (Caryophyllene)、蛇麻烯／葎草烯 (Humulene)，請參考 2-1-2-1，α- 石竹烯又稱葎草烯／蛇麻烯 (Humulene)；β- 石竹烯又稱石竹烯／丁香烯，多香果／牙買加胡椒／丁香胡椒 (Allspice)，請參考第六章 A2。

孜然有抗氧化、解痙、解毒、壯陽、殺菌、殺蟲、催情、助消化、利尿、催吐等功效，無刺激性、無致敏性，但具有光毒性，使用孜然之後勿皮膚直接暴露在陽光下，懷孕期間避免使用。芳香療法的應用上：在循環方面可緩解毒素的積累以及循環不良；在消化系統方面可緩解絞痛、消化不良、脹氣、腸胃痙攣；在神經系統方面可緩解神經衰弱、頭痛、偏頭痛。孜然用於獸藥，緩解動物消化系統的問題。也用於化妝品和香水等產品，常用於肉品等食品加工和飲料中作爲調味料 [30]。

C29. 絲柏(Cypress/Cupressus sempervirens)；柏科(Cupressaceae)

絲柏／地中海柏木／義大利柏木／垂枝絲杉[13]屬於柏科柏木屬 (Cupressus)。

主要成分：

- 蒎烯／松油萜 (Pinene)，請參考 2-1-1-3，印度藏茴香／香旱芹 (Ajowan)，請參考第六章 A1。
- 莰烯／樟烯 (Camphene)，請參考 2-1-1-8，冰片／龍腦 (Borneol)，請參考第六章 B15。
- 對傘花烴／對繖花烴 (p-Cymene/4-Cymene)，請參考 2-1-1-5，是一種芳香烴，印度藏茴香／香旱芹 (Ajowan)，請參考第六章 A1。
- 松精油／樅油烯／洋樅萜 (Sylvestrene)，請參考 2-1-1-12。
- 檜醇／檜萜醇 (Sabinol)，請參考 2-2-1-2-7。
- 檜烯／沙賓烯 (Sabinene)，請參考 2-1-1-10，側柏烯 (Thujene)，有三種異構物：α- 側柏烯、β- 側柏烯、檜烯／沙賓烯 (Sabinene)。東方側柏 (Arborvitae)，請參考第六章 A9。

絲柏／地中海柏木的功效有抗風溼、殺菌、解痙、除臭、利尿、保肝、鎮靜、催吐、促進血管收縮等功用，無毒、無刺激性，也無致敏性。芳香療法的應用上：在皮膚護理方面可緩解痔瘡、盜汗、牙齦出血、靜脈曲張、傷口疼痛；在循環、肌肉、關節方面可緩解蜂窩性組織炎、肌肉痙攣、水腫、循環不良、風溼症；在呼吸系統方面可緩解哮喘、支氣管炎、痙攣性咳嗽；在泌尿生殖系統方面可緩解痛經、更年期障礙；在神經系統方面可緩解神經緊張和壓力相關症狀，用於醫藥、古龍水和香水等產品中[30]。

C30.虞美人／麗春花(Corn poppy/Papaver rhoeas)；罌粟科(Papaveraceae)

虞美人／麗春花，屬於罌粟科罌粟屬，又名賽牡丹、滿園春、仙女蒿、虞美人草、雛芥子、雛罌粟、小種罌粟花、蝴蝶滿春，為罌粟花的一種，在歐洲又稱穀物罌粟花 (Corn poppy)、穀物薔薇 (Corn rose)、田野罌粟花 (Field poppy)、法蘭德斯罌粟 (Flanders poppy)、紅罌粟花 (Red poppy)、紅雜草 (Red weed)。虞美人的花托和花梗上有白毛、冰島虞美人的花托和花梗上有黑毛、罌粟的花托和花梗則是光滑沒有毛。為比利時的國花，原產於歐亞大陸，古代中國即有大量栽培。虞美人全株含有毒生物鹼，誤食果實汁液有昏睡、心跳加速等症狀，嚴重可能致命[5]。

主要成分：葉子含有幾種類黃酮，如槲皮素 (Quercetin)、山奈酚 (Kaempferol)、楊梅黃酮／楊梅素 (Myricetin) 和異鼠李素 (Isorhamnetin)，以及礦物質，如鉀、鈉和鈣 (Trichopoulou 等，2000)。

現代藥理學發現，虞美人提取物含有麗春花定鹼 (Rhoeadine)、麗春花定酸 (Rhoeadic acid)、罌粟酸 (Papaveric acid)、麗春花寧鹼 (Rhoeagenine) 和花青素 (Anthocyanin/Anthocyanidin) 等生物鹼。

- 類黃酮 (Flavonoids)，請參考 5-2-3-30。
- 槲皮素／槲黃酮／櫟精 (Quercetin/Sophoretin/Xanthaurine/Meletin)，請參考 5-2-3-17。
- 山奈酚／番鬱金黃素 (Kaempferol/ Indigo Yellow/Nimbecetin/Pelargidenon/Rhamnolutin/

Populnetin/ Robigenin/Swartziol/Trifolitin)，請參考 5-2-3-36。
- 楊梅黃酮／楊梅素 (Myricetin)，請參考 5-2-3-37。
- 花青素 (Anthocyanin/Anthocyanidin)，請參考 5-2-3-41。

自古以來虞美人／麗春花就被用於治療炎症、腹瀉、睡眠障礙、咳嗽、疼痛等症狀，可緩解鴉片類藥物成癮的抽搐 (Zargari, 1994a, b)，並有鎮靜、麻醉、潤膚等效果 (Zargari, 1994)，也用於緩解腸道、泌尿系統的刺激，以及支氣管炎、肺炎和皮疹發燒 (Valnet, 1992)。在小鼠的研究有鎮痛和抗炎的作用 [115]。目前虞美人／麗春花用於抗腫瘤、抗菌、抗微生物、解痙和抗氧化、痛經、感冒、頭痛、失眠、輕微鎮靜和抗抑鬱，以及食品工業和化妝品工業，成為新型的治療劑，有效地治療各種疾病。

毒理學研究顯示，虞美人／麗春花提取物對小鼠沒有毒害作用，可能對人類也沒有毒害作用。該提取物不僅能抑制福馬林試驗 (Formalin test) 的兩個疼痛階段，而且還能抑制福馬林引起的炎症，其抗痛特性有很高價值 (Gürbüz 等，2003)。其葉提取物對氧化應激具有抗細胞毒和抗原毒的潛力 (Hassan 和 Hedayat, 2014)。

虞美人／麗春花全草含黃連鹼 (Coptisine)、四氫黃連鹼 (Tetrahydrocoptisine)]、麗春花定鹼 (Rhoeadine)、麗春花寧鹼 (Rhoeagenine)、異麗春花定鹼 (Isorhoeadine)、原阿片鹼 (Protopine)、粉綠罌鹼 (Glaudine)、白屈菜紅鹼 (Chelerythrine)、血根鹼 (Sanguinarine)、蒂巴因 (Thebaine)、罌粟紅鹼 (Papaverrubine)A/B/D/E、左旋四氫表小檗鹼 (Sinactine) [4]。花中含有花青素 (Anthocyaniden)、矢車菊素 (Cyanidin)、對羥基苯甲酸 (p-Hydroxybenzoic acid)、袂康蹄紋天竺甙 (Mecopelargonin)、袂康酸 (Meconic acid)、麗春花寧鹼 (Rhoeagenine)、異麗春花定鹼 (Isorhoeadine)、原阿片鹼 (Protopine)、蒂巴因 (Thebaine)、黃連鹼 (Coptisine) [4]。種皮含嗎啡 (Morphine)、那可汀 (Narcotine)、蒂巴因 (Thebaine) [4]。

罌粟 (Papaver somniferum)，也是罌粟科罌粟屬植物，是製取鴉片的原料，其提取物製成多種鎮痛劑，包括：嗎啡、蒂巴因 (Thebaine)、可待因 (Codeine)、罌粟鹼 (Papaverine)、那可汀 (Narcotine)。somniferum 的意思是「催眠」[5]。

D1. 鹿舌草(Deertongue/Carphephorus odoratissimus)；菊科(Asteraceae)

鹿舌草 (Deertongue)，學名 Carphephorus odoratissimus[30]，俗稱 (Vanillaleaf) 香草葉，是菊科植物。有一種禾本科 Poaceae 植物 Dichanthelium clandestinum 也稱鹿舌草 (Deertongue)。精油的鹿舌草是指菊科植物。

主要成分：

- 香豆素類 (Coumarins)，請參考 4-2-2，是內酯的一種，亦即環狀的酯類。香豆素可分成幾大類：簡單香豆素類、呋喃香豆素類 (Furocoumarins)、吡喃香豆素類 (Pyranocoumarins)、雙香豆素類 (Dicoumarins)、異香豆類等。歐白芷／洋當歸 (Angelica)，請參考第六章 A6。
- 二氫香豆素／二氫香蘭素／1,2- 苯并二氫吡喃酮 (3,4-Dihydrocoumarin/1,2-Benzodihydropyrone)，請參考 4-2-2-13。
- 萜烯類／萜品烯 (Terpenes)：是一個總稱，包含單萜烯、倍半萜烯、二萜烯、三萜烯等，有抗發炎、止癢、抗感染、安撫肌膚等作用。

- 醛類 (Aldehydes)：有抗菌、抗發炎、降血壓等功效。醛類可分爲脂肪醛、酯環醛、芳香醛、萜烯醛。
- 酮類 (Ketones)：酮類的精油包括茉莉酮／素馨酮、大馬士革酮、香堇酮／紫羅蘭酮、大西洋酮、薄荷酮、胡薄荷酮／蒲勒酮、樟腦、松樟酮、香芹酮、馬鞭草烯酮、纈草酮、雙酮（例如義大利二酮）、三酮（例如細籽酮／松紅梅酮），存在於迷迭香、鼠尾草、永久花、牛膝草等植物中。功能包括抗充血、助黏液流動、復原瘀傷、皮膚再生、預防疤痕、改善痔瘡、祛痰、分解脂肪。

鹿舌草／香草葉精油可作爲抗菌劑、鎭靜劑、利尿劑、發熱劑、興奮劑，有毒性，會造成肝臟損傷和出血。由於內酯的存在，對皮膚也會產生刺激和光毒性，不作爲芳香療法或家庭使用。鹿舌草精油用於肥皂、洗滌劑和香水的定香劑，也用於煙草的調味劑[30]。

D2. 蒔蘿(Dill/Anethum graveolens)；傘形科／繖形科(Apiaceae/Umbelliferae)

有芳香蒔蘿 (Anethum graveolens L.) 和印度蒔蘿 (Anethum graveolens L. cv. sowa Roxb.) 等品種。

主要成分：

- 香芹酮 (Carvone)，請參考 3-2-1-5，葛縷子 (Caraway)，請參考第六章 C8。
- 檸檬烯／薴烯 (Limonene)、二戊烯 (Dipentene)，請參考 2-1-1-1，歐白芷／洋當歸 (Angelica)，請參考第六章 A6。
- 水芹烯／水茴香萜 (Phellandrene)，請參考 2-1-1-7，多香果／牙買加胡椒／丁香胡椒 (Allspice)，請參考第六章 A2。
- 丁香酚 (Eugenol)，請參考 5-1-1-3，多香果／牙買加胡椒／丁香胡椒 (Allspice)，請參考第六章 A2。
- 蒎烯／松油萜 (Pinene)，請參考 2-1-1-3，印度藏茴香／香旱芹 (Ajowan)，請參考第六章 A1。
- 萜品烯／松油烯 (Terpinene) 與萜品油烯 (Terpinolene)/δ- 萜品烯／異松油烯，請參考 2-1-1-4，α- 萜品烯是從豆蔻和馬鬱蘭等天然植物分離出。β- 萜品烯沒有天然來源，從檜烯／沙賓烯 (Sabinene) 中提取。γ- 萜品烯和 δ- 萜品烯／萜品油烯／異松油烯 (Terpinolene) 從多種植物中分離而得，印度藏茴香／香旱芹 (Ajowan)，請參考第六章 A1。

蒔蘿有抗痙攣、殺菌、催情、助消化、通經血、降血壓等功效，無毒、無刺激性，也無致敏性。芳香療法的應用上：在消化系統方面可緩解消化不良、脹氣、腹絞痛；生殖泌尿和內分泌系統方面可緩解月經不調、促進哺乳期母親的奶水流動。蒔蘿果實與種子精油用於消化製劑，蒔蘿葉精油用於洗滌劑、化妝品、香水等產品。兩種精油都廣泛用於醃菜和調味品等食品添加物，以及酒精與非酒精飲料中[30]。

E1. 大花土木香(Elecampane/Inula helenium)；菊科(Asteraceae)

大花土木香屬於菊科旋覆花屬，又稱大花堆心菊 (Helenium grandiflorum)。另一個品種，小花土木香／芳香旋覆花，俗稱科西嘉土木香，學名為 Inula graveolens (L.) Desf。

主要成分：

- 薁／天藍烴 (Azulene)，請參考 2-1-1-13。
  - ➢ 母菊天藍烴 (Chamazulene)：母菊天藍烴 (Chamazulene)、母菊素 (Matricin)、癒創天藍烴／癒創薁／胍薁 (Guaiazulene)、岩蘭草天藍烴 (Vetivazulene)，請參考 2-1-2-2，德國洋甘菊 (Chamomile, German/Chamomilla recutita/Matricaria recutica)，請參考第六章 C18。
- 廣木香內酯／木香烴內酯／閉鞘薑酯 (Costuslactone/Costunolide)、去氫廣木香內酯／去氫木香烴內酯 (Dehydrocostuslactone)，請參考 4-2-1-2。
- 土木香內酯／木香油內酯／木香腦 (Alantolactone/Helenin)、異土木香內酯／異木香油內酯 (Isoalantolactone)，請參考 4-2-1-1。木香 (Costus)，請參考第六章 C26。
  - ➢ 木香烴內酯／廣木香內酯 (Costunolide)：和木香油內酯／土木香內酯 (Alantolactone) 兩個系列的中文很接近，是不同的化合物。
  - ➢ 土木香內酯／木香油內酯／木香腦 (Alantolactone/Helenin) 和大西洋酮 (Atlantone) 英文名稱也較為接近，也是不同的化合物。
  - ➢ 大西洋酮 (Atlantone)，請參考 3-2-2-4，大西洋雪松 (Cedarwood, Atlas/Cedrus atlantica)，請參考第六章 C14。
  - ➢ 廣木香酸／木香酸 (Costic acid/Costussaeure)，請參考 5-2-2-16。土木香酸 (Alantic acid) 和廣木香酸 (Costic acid) 中文名稱接近，是不同的化合物。

土木香精油具有驅蟲、消炎、防腐、抗痙攣、鎮咳、殺菌、利尿、祛痰等作用，無毒但可能導致嚴重的皮膚過敏，有一個 25 位受試者的臨床試驗中，有 92% 產生極其嚴重的過敏反應，因此根本不應該用於皮膚[30]。土木香在歐洲被用作驅蟲劑與殺菌劑，精油和原精 (Absolute) 用於肥皂、洗滌劑、化妝品和香水中作為定香劑，也用於酒精與非酒精飲料的調味劑[30]。

- 凝香體 (Concrete)、原精 (Absolute)、類樹脂 (Resinoid)，麝香秋葵／麝香梨子／香葵／黃葵 (Ambrette Seed)，請參考第六章 A4。

E2. 欖香酯(Elemi/Canarium luzonicum)；橄欖科(Burseraceae)

欖香酯又稱菲律賓欖香酯／馬尼拉欖香酯，屬於橄欖科橄欖屬(Canarium)的熱帶喬木[5]，樹膠中含有 10-25% 的精油[30]，此外還有孟加拉、中國、澳洲昆士蘭、馬達加斯加、喀麥隆／幾內亞等品種。

主要成分：

- 水芹烯／水茴香萜 (Phellandrene)，請參考 2-1-1-7，多香果／牙買加胡椒／丁香胡椒 (Allspice)，請參考第六章 A2。
- 欖香素／欖香酯醚 (Elemicin)，請參考 5-1-2-6。

- 松油醇／萜品醇 (Terpineol)、4- 松油醇／萜品烯 -4- 醇 (Terpin-4-ol)，請參考 2-2-1-3-1，是三級環狀單萜醇，有 α-、β-、γ- 和 4- 松油醇等四種異構物。月桂 (Bay, Cineol)，請參考第六章 B8。
- 香芹酮 (Carvone)，請參考 3-2-1-5，葛縷子 (Caraway)，請參考第六章 C8。
- 萜品烯／松油烯 (Terpinene) 與萜品油烯 (Terpinolene)/δ- 萜品烯／異松油烯，請參考 2-1-1-4，印度藏茴香／香旱芹 (Ajowan)，請參考第六章 A1。
  - ➢ 二戊烯 (Dipentene)，請參考 2-1-1-1，外消旋體的檸檬烯稱爲二戊烯，印度藏茴香／香旱芹 (Ajowan)，請參考第六章 A1。
  - ➢ 檸檬烯／薴烯 (Limonene)，請參考 2-1-1-1，左旋檸檬烯有薄荷、羅勒、歐白芷等精油，右旋檸檬烯有檸檬、香橙等精油，外消旋體的檸檬烯有欖香酯精油、橙花精油與樟腦白油等，歐白芷／洋當歸 (Angelica)，請參考第六章 A6。
- 欖香醇 [13](Elemol)，請參考 2-2-2-11。

欖香酯有殺菌、止痛、祛痰、強身等功用，無毒、無刺激性，也無致敏性。芳香療法的應用上：在皮膚護理方面可緩解皮膚老化、傷口感染、發炎；在呼吸系統方面可緩解支氣管炎、咳嗽；在神經系統方面可緩解神經衰竭和壓力相關症狀。欖香酯用於樹脂和油的定香劑，但也用於肥皂、洗滌劑、化妝品和香水，以及食品加工、酒精和非酒精飲料作調味成分 [30]。

E3. 藍桉(Eucalyptus, Blue Gum/Eucalyptus globulus var. globulus)；桃金孃科(Myrtaceae)

藍桉，又稱藍膠尤加利／藍膠樹／藥用桉樹 [33]。

主要成分：

- 1,8- 桉葉素／桉葉素／桉葉油醇 (Cineol/1,8-Cineole/Eucalyptol)，請參考 5-2-1-1，多香果／牙買加胡椒／丁香胡椒 (Allspice)，請參考第六章 A2。
- 蒎烯／松油萜 (Pinene)，請參考 2-1-1-3，印度藏茴香／香旱芹 (Ajowan)，請參考第六章 A1。
- 檸檬烯／薴烯 (Limonene)、二戊烯 (Dipentene)，請參考 2-1-1-1，歐白芷／洋當歸 (Angelica)，請參考第六章 A6。
- 對傘花烴／對繖花烴 (p-Cymene/4-Cymene)，請參考 2-1-1-5，是一種芳香烴，印度藏茴香／香旱芹 (Ajowan)，請參考第六章 A1。
- 水芹烯／水茴香萜 (Phellandrene)，請參考 2-1-1-7，多香果／牙買加胡椒／丁香胡椒 (Allspice)，請參考第六章 A2。
- 萜品烯／松油烯 (Terpinene) 與萜品油烯 (Terpinolene)/δ- 萜品烯／異松油烯，請參考 2-1-1-4，印度藏茴香／香旱芹 (Ajowan)，請參考第六章 A1。
- 香橙烯／香木蘭烯／芳萜烯 (Aromadendrene)、別香橙烯 (Allo-Aromadendrene)、香樹烯，請參考 2-1-2-8。

藍桉有鎮痛、抗神經痛、抗風溼、抗菌、抗痙攣、抗病毒、止血、除臭、利尿、祛痰、驅蟲等功效，稀釋外用無毒、無刺激性，也無致敏性，內服有毒，據報導食入 3.5 毫升的藍桉精油就可能致命。芳香療法的應用上：在皮膚護理方面可緩解燒傷、水泡、皰疹、昆蟲咬、皮膚感染等症狀；在循環、肌肉、關節方面可緩解肌肉疼痛、循環不良、風溼性關節炎、扭傷等症狀；在呼吸系統方面可緩解哮喘、支氣管炎、咳嗽、鼻竇炎等症狀；在泌尿生殖系統方面可緩解膀胱炎、白帶；在免疫系統方面可緩解水痘、感冒、流感、痲疹；在神經系統方面可緩解頭痛、神經痛。藍桉精油主要用於製備擦劑、吸入劑、止咳糖漿、藥膏、牙膏以及藥物調味劑，也用於肥皂、洗滌劑和化妝品，很少用於香水，廣泛用於食品加工作爲風味成分 [30]。

E4. 檸檬桉(Eucalyptus, Lemon-Scented/Eucalyptus citriodora)；桃金孃科(Myrtaceae)

檸檬桉又稱檸檬尤加利／檸檬香桉，屬於桃金孃科桉屬 (Eucalyptus)，

主要成分：

- 香茅醛／玫紅醛 (Citronellal/Rhodinal)，請參考 3-1-2-4，是一種無環（鏈狀）單萜醛，香茅 (Citronella)，請參考第六章 C23。
- 檸檬桉醇 (p-Menthane-3,8-diol/PMD/Citriodiol)，請參考 2-2-1-2-8。
- 香茅醇／玫紅醇 (Citronellol/Rhodinol)，請參考 2-2-1-1-3，香蜂草 (Balm, Lemon)，請參考第六章 B1。
- 香葉醇／牻牛兒醇 (Geraniol/(E)-Nerol)，請參考 2-2-1-1-1，香蜂草 (Balm, Lemon)，請參考第六章 B1。
- 蒎烯／松油萜 (Pinene)，請參考 2-1-1-3，印度藏茴香／香旱芹 (Ajowan)，請參考第六章 A1。

檸檬桉有殺菌、抗病毒、除臭、祛痰、殺蟲等功效，無毒、無刺激性，但對某些人可能有致敏性。桉樹油內服有毒，請參考前項：藍桉。檸檬桉葉中的香茅醛對金黃色葡萄球菌有抑菌作用。檸檬桉黑褐色的樹膠含有檸檬桉醇，用於緩解創傷感染，有解毒斂瘡的功效，也可做爲製作抗生素的原料 [4]。芳香療法的應用上：在皮膚護理方面可緩解腳氣、眞菌感染、傷口感染、頭皮屑、皰疹、痂、瘡；在呼吸系統方面可緩解氣喘、喉炎、喉嚨痛；在免疫系統方面可緩解感冒、發燒、傳染性皮膚疾病如水痘等傳染病。檸檬桉精油用於肥皂、洗滌劑和香水中作爲香精，也用於室內噴霧劑和驅蟲劑 [30]。

E5. 闊葉桉(Eucalyptus, Broad-Leaved Peppermint/Eucalyptus dives var. Type)；桃金孃科(Myrtaceae)

闊葉桉又稱寬葉薄荷桉／薄荷尤加利。

主要成分：

- 胡椒酮 (Piperitone)、薄荷二烯酮／胡椒烯酮／胡薄荷烯酮 (Piperitenone/Pulespenone)，請參

考 3-2-1-14。

- ➢ Pigeritone 是一個錯誤的英文字，世界上主要資料庫都沒有這個化合物，中文資料庫將 Piperitone 誤爲 Pigeritone，譯爲胡椒酮／薄荷烯酮／辣薄荷酮[4]。
- ➢ 胡椒醛／向日醛 (Piperonal/Heliotropine)，請參考 3-1-2-10。

- 水芹烯／水茴香萜 (Phellandrene)，請參考 2-1-1-7，多香果／牙買加胡椒／丁香胡椒 (Allspice)，請參考第六章 A2。
- 莰烯／樟烯 (Camphene)，請參考 2-1-1-8，冰片／龍腦 (Borneol)，請參考第六章 B15。
- 對傘花烴／對繖花烴 (p-Cymene/4-Cymene)，請參考 2-1-1-5，是一種芳香烴，印度藏茴香／香旱芹 (Ajowan)，請參考第六章 A1。
- 萜品烯／松油烯 (Terpinene) 與萜品油烯 (Terpinolene)/δ- 萜品烯／異松油烯，請參考 2-1-1-4，印度藏茴香／香旱芹 (Ajowan)，請參考第六章 A1。
- 側柏烯 (Thujene)，請參考 2-1-1-10，側柏烯有三種異構物：α- 側柏烯、β- 側柏烯、檜烯／沙賓烯 (Sabinene)，東方側柏 (Arborvitae)，請參考第六章 A9。

闊葉桉／寬葉薄荷桉的葉子可緩解發燒，用途與藍桉同。稀釋的寬葉薄荷桉外用無毒、無刺激性，也無致敏性，內服有毒與藍桉同。芳香療法的應用上：在皮膚護理方面可緩解傷口潰瘍；在循環、肌肉、關節方面可緩解關節炎、肌肉酸痛、風溼、運動損傷、扭傷等；在呼吸系統方面可緩解哮喘、支氣管炎、呼吸道黏膜發炎、咳嗽、咽喉及口腔感染等；在免疫系統方面可緩解感冒、發燒、流感、痲疹等；在神經系統方面可緩解頭痛、神經痛、坐骨神經痛。寬葉薄荷桉精油用於除臭劑、消毒劑、漱口水等產品[30]。

F1. 甜茴香(Fennel/Foeniculum vulgare Mill.)；傘形科／繖形科 (Apiaceae/Umbelliferae)

甜茴香／茴香，有相近的品種苦茴香 (Foeniculum vulgare Mill. ssp. piperitum (Ucria) Beg.) 和芳香甜茴香 (Foeniculum vulgare Mill. ssp. vulgare)。

主要成分：

- 茴香腦／洋茴香醚／洋茴香腦 (Anethole)，請參考 5-1-2-1，八角茴香，請參考第六章 A7。
- 檸檬烯／薴烯 (Limonene)、二戊烯 (Dipentene)，請參考 2-1-1-1，歐白芷／洋當歸 (Angelica)，請參考第六章 A6。
- 水芹烯／水茴香萜 (Phellandrene)，請參考 2-1-1-7，多香果／牙買加胡椒／丁香胡椒 (Allspice)，請參考第六章 A2。
- 蒎烯／松油萜 (Pinene)，請參考 2-1-1-3，印度藏茴香／香旱芹 (Ajowan)，請參考第六章 A1。
- 洋茴香酸／大茴香酸 (Anisic acid)，請參考 5-2-2-4。
- 洋茴香醛／大茴香醛 (Anisaldehyde/Anisic aldehyde)，3-1-2-5。
- 莰烯／樟烯 (Camphene)，請參考 2-1-1-8，冰片／龍腦 (Borneol)，請參考第六章 B15。
- 葑酮／小茴香酮 (Fenchone)，請參考 3-2-1-8，東方側柏 (Arborvitae)，請參考第六章 A9。

甜茴香有開胃、消炎、抗菌、防腐、止痙、利尿、祛痰、通便、刺激循環、驅蟲等功效，相對無毒、無刺激性，大劑量有麻醉效果。芳香療法的應用上：在皮膚護理方面可緩解瘀傷、皮膚暗沉、膿毒症；在循環、肌肉、關節方面可緩解蜂窩織炎、水腫、風溼症症狀。在呼吸系統方面可緩解氣喘、支氣管炎；在消化系統方面可緩解腹絞痛、便秘、消化不良、脹氣、噁心；在泌尿系統方面可緩解閉經、母乳不足、更年期問題；甜茴香油用於肥皂、化妝品、香水、咳嗽滴劑、噴霧劑、殺蟲劑，也用於齲齒藥和瀉藥，廣泛用於食品調味劑，以及白蘭地等酒精飲料和非精飲料[30]

- 苦茴香精油雖然具有高度的醫學價值，由於含有葑酮／小茴香酮，某些人可能對苦茴香過敏，因此不應使用在皮膚。
- 甜茴香精油不含葑酮／小茴香酮，因此無致敏性，是芳療首選，然而癲癇患者和孕期皆不宜使用。

F2. 銀杉／歐洲冷杉／白杉(Fir Needle, Silver/Abies alba Mill)松科(Pinaceae)

銀冷杉又稱歐洲冷杉／銀樅／歐洲白冷杉，屬於松科冷杉屬 (Abies)。

主要成分：

- 蒎烯／松油萜 (Pinene)，請參考 2-1-1-3，印度藏茴香／香旱芹 (Ajowan)，請參考第六章 A1。
- 檸檬烯／薴烯 (Limonene)、二戊烯 (Dipentene)，請參考 2-1-1-1，歐白芷／洋當歸 (Angelica)，請參考第六章 A6。
- 冰片醇／龍腦／2- 莰醇 (Borneol)，請參考 2-2-1-2-2，歐白芷／洋當歸 (Angelica)，請參考第六章 A6。
- 乙酸冰片酯／乙酸龍腦酯 (Bornyl acetate) 與乙酸異冰片酯 (Isobornyl acetate)，請參考 4-1-1-4，冰片／龍腦 (Borneol)，請參考第六章 B15。
- 十二醛／月桂醛 (Dodecanal, Aldehyde C-12, C_{12}/Lauraldehyde/Laurylaldehyde)，請參考 3-1-1-6。
- 肉桂醛／桂皮醛 (Cinnamaldehyde)，請參考 3-1-2-7，中國肉桂 (Cassia)，請參考第六章 C12。
- 檀烯／檀萜烯 (Santene)，請參考 2-1-1-14。
  - ➢ 檀香烯／檀香萜 (Santalene)，請參考 2-1-2-25。

銀杉／歐洲冷杉有鎮痛、鎮咳、殺菌、除臭、祛痰等作用，低濃度無毒、無刺激性，也無致敏性。芳香療法的應用上：在循環、肌肉、關節方面可緩解關節炎、肌肉酸痛、風溼症；在呼吸系統方面可緩解支氣管炎、咳嗽、鼻竇炎等；在免疫系統方面可緩解感冒、發燒、流感。銀冷杉精油用於咳嗽、感冒藥和風溼症藥品，也用於除臭劑、噴霧劑、消毒劑、沐浴製劑、肥皂和香水中[30]。

F3. 阿拉伯乳香(Frankincense/Boswellia carteri Birdw)；橄欖科(Burseraceae)

其他品種有印度乳香、蘇丹乳香、波葉乳香等。

主要成分：

- 檸檬烯／薴烯 (Limonene)、二戊烯 (Dipentene)，請參考 2-1-1-1，歐白芷／洋當歸 (Angelica)，請參考第六章 A6。
- 水芹烯／水茴香萜 (Phellandrene)，請參考 2-1-1-7，多香果／牙買加胡椒／丁香胡椒 (Allspice)，請參考第六章 A2。
- 蒎烯／松油萜 (Pinene)，請參考 2-1-1-3，印度藏茴香／香旱芹 (Ajowan)，請參考第六章 A1。
- 二戊烯 (Dipentene，請參考 2-1-1-1，外消旋體的檸檬烯稱爲二戊烯，印度藏茴香／香旱芹 (Ajowan)，請參考第六章 A1。
- 側柏烯 (Thujene)，請參考 2-1-1-10，側柏烯 (Thujene) 有三種異構物：α- 側柏烯、β- 側柏烯、檜烯／沙賓烯 (Sabinene)，東方側柏 (Arborvitae)，請參考第六章 A9。
- 對傘花烴／對繖花烴 (p-Cymene/4-Cymene)，請參考 2-1-1-5，印度藏茴香／香旱芹 (Ajowan)，請參考第六章 A1。
- 月桂烯 (Myrcene)、雙月桂烯 (Dimyrcene)，請參考 2-1-1-2，西印度月桂 (Bay, West Indian)，請參考第六章 B9。
- 萜品烯／松油烯 (Terpinene) 與萜品油烯 (Terpinolene)/δ- 萜品烯／異松油烯，請參考 2-1-1-4，印度藏茴香／香旱芹 (Ajowan)，請參考第六章 A1。
- 因香醇／因香酚 (Incensole)，請參考 2-2-3-2，是二級二萜醇。
- 正辛醇／1- 辛醇 (Octanol/Octan-1-ol)、2- 辛醇 (2-Octanol/Octan-2-ol)，請參考 2-2-1-1-10。
  - ➢ 羊酯酸／正辛酸 (Capryllic acid/Octanoic acid)，參考 5-2-2-15。
- 乙酸辛酯／醋酸辛酯 (Octyl acetate)，請參考 4-1-1-8。

阿拉伯乳香／神聖乳香有抗發炎、殺菌、收斂、止血、利尿、祛痰等功能，無毒、無刺激性，也無致敏性。芳香療法的應用上：在皮膚護理方面可緩解皮膚乾燥、疤痕、傷口；在呼吸系統方面可緩解哮喘、支氣管炎、黏膜炎、咳嗽、喉炎；在泌尿生殖系統方面可緩解膀胱炎、痛經、白帶、子宮出血；在免疫系統方面可緩解感冒、流感；在神經系統方面可緩解焦慮、神經緊張、壓力相關症狀。乳香樹膠和精油用於肥皂、化妝品、東方香型的香水、古龍水、咽喉止疼藥物以及酒精與非酒精飲料，也用於肉製品等食品中，乳香精油的含量很低[30]。

F.4 芳枸葉(Fragonia/Agonis fragrans)；桃金孃科(Myrtaceae)

芳枸葉精油帶有肉桂的辛辣草本香脂味，常作爲茶樹抗菌的替代品，英文名稱 Fragonia 已經成爲註冊商標。

主要成分：

- 1,8- 桉葉素 / 桉葉素 / 桉葉油醇 (Cineol/1,8-Cineole/Eucalyptol, 26-33%)、α- 蒎烯 / α- 松油萜 (α-Pinene, 22-27%)、α- 松油醇 / α- 萜品醇 (α-Terpineol, 5-8%)、沉香醇 / 枷羅木醇 (Linalool, 約 11%)、香葉醇 / 牻牛兒醇 (Geraniol/(E)-Geraniol, 約 1.75%)、4- 松油醇 / 萜品烯 -4- 醇 (Terpin-4-ol, 約 3%)、右旋檸檬烯 / 右旋薴烯 (d-(+)-Limonene/d-(+)-Carvene, 2.5%)、桃金娘烯醇 / 香桃木醇 (Myrtenol, <4%)。
- 1,8- 桉葉素 / 桉葉素 / 桉葉油醇 (Cineol/1,8-Cineole/Eucalyptol)，請參考 5-2-1-1，多香果 / 牙買加胡椒 / 丁香胡椒 (Allspice)，請參考第六章 A2。
- α- 蒎烯 / α- 松油萜 (α-Pinene)，請參考 2-1-1-3。
- α- 松油醇 / α- 萜品醇 (α-Terpineol)，請參考 2-2-1-3-1。
- 沉香醇 / 枷羅木醇 (Linalool，右旋：芫荽醇，左旋：芳樟醇）手性方向與旋光方向相反，請參考 2-2-1-3-2。
- 香葉醇 / 牻牛兒醇 (Geraniol/(E)-Nerol)，請參考 2-2-1-1-1。
- 4- 松油醇 / 萜品烯 -4- 醇 (Terpin-4-ol)，請參考 2-2-1-3-1。
- 檸檬烯 / 薴烯 (Limonene)，請參考 2-1-1-1。
- 桃金娘烯醇 / 香桃木醇 (Myrtenol)，請參考 2-2-1-1-6。

芳枸葉精油有抗菌、抗發炎、鎮痛、祛痰和抗菌特性，可治療呼吸道感染，是有效的抗菌劑，對大腸桿菌、金黃色葡萄球菌和白色念珠菌有活性 [29,133,134]。

第七章　精油植物(G~O)

本章大綱

G1. 小高良薑／藥用高良薑(Galangal/Alpinia officinarum Hance)；薑科(Zingiberaceae)

高良薑屬於薑科山薑屬／月桃屬 (Alpinia)，涵蓋四種植物：大高良薑 (Alpinia galanga)、小高良薑 (Alpinia officinarum)、山柰 (Kaempferia galanga) 與提琴形凹唇薑 (Boesenbergia pandurate)。除大、小高良薑之外，還有印度高良薑、中國高良薑、東方印度高良薑、麻六甲高良薑、艷山薑、節鞭山薑等品種。

主要成分：

- 高良薑素 (Galangin)，請參考 5-2-3-30。
- 蒎烯／松油萜 (Pinene)，請參考 2-1-1-3，印度藏茴香／香旱芹 (Ajowan)，請參考第六章 A1。
- 1,8- 桉葉素／桉葉素／桉葉油醇 (Cineol/1,8-Cineole/Eucalyptol)，請參考 5-2-1-1，多香果／牙買加胡椒／丁香胡椒 (Allspice)，請參考第六章 A2。
- 丁香酚 (Eugenol)，請參考 5-1-1-3，多香果／牙買加胡椒／丁香胡椒 (Allspice)，請參考第六章 A2。
- 倍半萜烯 (Sesquiterpenes)：包括石竹烯（丁香烴）、母菊天藍烴（爲芳香烴）、金合歡烯、沒藥烯、大根香葉烯等。樟木 (Camphor)，請參考第六章 C6。

小高良薑有抗菌、殺菌、抗腐、發汗等功效，用於調味料以及肉製品的香料，偶爾用於香水。

G2. 白松香(Galbanum/Ferula galbaniflua/Ferula gummosa Bois.)；傘形科／繖形科(Apiaceae/Umbelliferae)

白松香／阿虞／古蓬阿魏／格蓬阿魏屬於傘形科阿魏屬 (Ferula)。常見的阿魏 (Ferula/Ferula asafetida) 有白松香／阿虞／古蓬阿魏 (Ferulaqgummosa/Ferula galbaniflua[4,5]) 和紅莖阿魏 (Ferula rubricaulis)[5]；中藥有經莖阿魏 (Ferula rubricaulis Boiss)。波斯阿魏 (Asafoetida/Ferula asafoetida)，請參考第六章 A11。

主要成分：

- 蒎烯／松油萜 (Pinene)，請參考 2-1-1-3，印度藏茴香／香旱芹 (Ajowan)，請參考第六章 A1。
- 杜松醇 (Cadinol)、δ- 杜松醇：香榧醇／榧葉醇 (Torreyol)，請參考 2-2-2-12，西印度檀香／

阿米香樹 (Amyris)，請參考第六章 A5。

- 杜松烯 (Cadinene)、卡達烷 (Cadalane)，請參考 2-1-2-18，西印度檀香／阿米香樹 (Amyris)，請參考第六章 A5。
- 月桂烯 (Myrcene)、雙月桂烯 (Dimyrcene)，請參考 2-1-1-2，西印度月桂 (Bay, West Indian)，請參考第六章 B9。
- 繖形花內酯／繖形酮／7- 羥香豆素 (Umbelliferone/7-Hydroxycoumarin)，請參考 4-2-2-3。
- 萜烯類／萜品烯 (Terpenes)：是一個總稱，包含單萜烯、倍半萜烯、二萜烯、三萜烯等，有抗發炎、止癢、抗感染、安撫肌膚等作用。
- 檸檬烯／薴烯 (Limonene)、二戊烯 (Dipentene)，請參考 2-1-1-1，歐白芷／洋當歸 (Angelica)，請參考第六章 A6。
- 羅勒烯 (Ocimene)，請參考 2-1-1-9。
- 3- 蒈烯 (3-Carene/Carene)，請參考 2-1-1-6。

白松香／阿虞的樹膠／樹脂稱爲格蓬酯 (Galbanum)，有軟有硬，半透明不規則塊狀，黃綠色至淺棕色，有苦味，帶有麝香氣，密度約 1.20g/cm^3[5]，可能刺激黏膜組織或敏感皮膚。白松香精油可緩解傷口發炎與膿腫、肺部感染與咳嗽、閉經與經痛、更年期症狀[4]，也具有止痛、消炎、抗菌、解痙、壯陽、止痛、止血、利尿、催咳、祛痰等功效，無毒、無刺激性，也無致敏性。芳香療法的應用上：在皮膚護理方面可緩解膿腫、痤瘡、癬子、疤痕、炎症、皺紋；在循環、肌肉、關節方面可緩解循環不良、肌肉酸痛、風溼症；在呼吸系統方面可緩解哮喘、支氣管炎、黏膜炎、慢性咳嗽；在消化系統方面可緩解脹氣、消化不良；在神經系統方面可緩解神經緊張、壓力等症狀。白松香／阿虞精油用於肥皂、洗滌劑、面霜、乳液、香水，也廣泛用於食品、酒精和非酒精飲料[30]。

G3. 梔子花(Gardenia/Gardenia jasminoides)；茜草科(Rubiaceae)

梔子花又稱玉堂春／玉荷花，屬於茜草科梔子屬 (Gardenia)，梔子素能促進胰島素正常分泌，改善糖尿病病情[5]。

主要成分：

- 乙酸苄酯 (Benzyl acetate/Phenylmethyl acetate)，請參考 4-1-2-1，香水樹／卡南迦 (Cananga)，請參考第六章 C7。
  - ➢ 苯乙酸乙酯 (Ethylphenyl acetate/Ethylbenzene acetate)，請參考 4-1-2-2。
- 乙酸苯酯 (Phenyl acetate)，請參考 4-1-2-6。
- 沉香醇／枷羅木醇 (Linalool，右旋：芫荽醇，左旋：芳樟醇），分子手性方向與旋光方向相反，請參考 2-2-1-3-2，羅勒 (Basil, Exotic)，請參考第六章 B6。
- 乙酸沉香酯／乙酸芳樟酯 (Linalyl acetate)，請參考 4-1-1-1，香蜂草／蜜蜂花 (Balm, Lemon)，請參考第六章 B1。
- 松油醇／萜品醇 (Terpineol)、4- 松油醇／萜品烯 -4- 醇 (Terpin-4-ol)，請參考 2-2-1-3-1，是三級環狀單萜醇，有 α-、β-、γ- 和 4- 松油醇等四種異構物，月桂 (Bay, Cineol)，請參考第

六章 B8。

- 鄰胺苯甲酸甲酯／氨茴酸甲酯 (Methyl anthranilate)，請參考 4-1-2-11。
  - ➢ 鄰氨基苯甲酸／氨茴酸／2- 氨基苯甲酸 (Anthranilic acid)，請參考 5-2-2-19。

梔子花／黃梔子／山黃梔精油可作爲防腐劑、壯陽藥，目前無安全資料。市場上幾乎所有的梔子油都是人工合成，用於東方香型與花香型的高級香水[30]。

G4. 大蒜(Garlic/Allium sativum)；石蒜科(Amaryllidaceae)

大蒜屬於石蒜科蔥屬 (Allium)。蔥屬 (Allium) 和萱草屬 (Hemerocallis) 已歸入石蒜科 (Amaryllidaceae)，不再屬於百合科 (Liliaceae)[5]。

主要成分：

- ➢ 大蒜素 (Allicin)，請參考 5-2-3-6。
- ➢ 蒜氨酸 (Alliin)，請參考 5-2-2-20。
- 烯丙基丙基二硫醚／洋蔥油 (Allylpropyl disulphide/Onion oil)，請參考 5-2-3-7。
- 二烯丙基二硫醚 (Diallyl disulphide/DADS)，請參考 5-2-3-7。
- 二烯丙基三硫醚 (Diallyl trisulphide/Allitridin/DATS)，請參考 5-2-3-7。
- 檸檬醛 (Citral)，有 α(Trans)、β(Cis) 兩種異構物，請參考 3-1-2-1，香蜂草／蜜蜂花 (Balm, Lemon)，請參考第六章 B1。
- 香葉醇／牻牛兒醇 (Geraniol/(E)-Nerol)，請參考 2-2-1-1-1，香蜂草／蜜蜂花 (Balm, Lemon)，請參考第六章 B1。
- 沉香醇／枷羅木醇 (Linalool，右旋：芫荽醇，左旋：芳樟醇），分子手性方向與旋光方向相反，請參考 2-2-1-3-2，羅勒 (Basil, Exotic)，請參考第六章 B6。
- 水芹烯／水茴香萜 (Phellandrene)，請參考 2-1-1-7，多香果／牙買加胡椒／丁香胡椒 (Allspice)，請參考第六章 A2。

大蒜有殺菌、抗菌、抗病毒、抗腫瘤、驅蟲、殺蟲、殺蟎、降膽固醇、利尿、袪痰、降血糖等功能，一般無毒、無刺激性，但可能有刺激性，以及對某些人有致敏性。大蒜氣味一般不適合用於芳香療法，但內服可緩解呼吸道和胃腸道感染、膀胱炎等泌尿系統感染、心臟和循環系統疾病、以及一般傳染病。大蒜製成膠囊用於保健食品緩解高血壓、預防心臟病，並廣泛用於食品中作爲調味料[30]。

G5. 香葉天竺葵(Geranium/Pelargonium x graveolens)；牻牛兒苗科(Geraniaceae)

相近的品種有：香茅天竺葵、薄荷天竺葵、玫瑰天竺葵、芳香天竺葵、皺葉天竺葵、葡萄葉天竺葵等。

主要成分：

- 香茅醇／玫紅醇 (Citronellol/Rhodinol)，請參考 2-2-1-1-3，香蜂草／蜜蜂花 (Balm, Lemon)，請參考第六章 B1。

- 香葉醇／牻牛兒醇 (Geraniol/(E)-Nerol)，請參考 2-2-1-1-1，香蜂草／蜜蜂花 (Balm, Lemon)，請參考第六章 B1。
- 沉香醇／枷羅木醇 (Linalool，右旋：芫荽醇，左旋：芳樟醇），分子手性方向與旋光方向相反，請參考 2-2-1-3-2，羅勒 (Basil, Exotic)，請參考第六章 B6。
- 薄荷酮 (Menthone)／異薄荷酮 (Isomenthone)，請參考 3-2-1-1，胡薄荷酮／蒲勒酮 (Pulegone)，請參考 3-2-1-2，布枯 (Buchu)，請參考第六章 B18，香葉天竺葵 (Geranium)，請參考第七章 G5。
  - 胡薄荷酮具有肝臟毒性，在民間被用作墮胎藥，大劑量食入會引起嚴重的中毒，偶爾會導致死亡。研究顯示大鼠和小鼠的肝臟、腎臟、鼻子和胃的非腫瘤性病變以及有致癌的跡象。
- 水芹烯／水茴香萜 (Phellandrene)，請參考 2-1-1-7，多香果／牙買加胡椒／丁香胡椒 (Allspice)，請參考第六章 A2。
- 檜烯／沙賓烯 (Sabinene)，請參考 2-1-1-10，側柏烯 (Thujene)，有三種異構物：α- 側柏烯、β- 側柏烯、檜烯／沙賓烯 (Sabinene)，東方側柏 (Arborvitae)，請參考第六章 A9。
- 檸檬烯／薴烯 (Limonene)、二戊烯 (Dipentene)，請參考 2-1-1-1，歐白芷／洋當歸 (Angelica)，請參考第六章 A6。

天竺葵有抗抑鬱、抗發炎、殺菌、止血、除臭、利尿等功能，無毒、無刺激性，通常無致敏性，對過敏者可能產生接觸性皮膚炎。芳香療法的應用上：在皮膚護理方面可緩解痤瘡、瘀傷、毛細血管破裂、燒傷、割傷、皮膚炎、溼疹、痔瘡、癬；在循環、肌肉、關節方面可緩解蜂窩性組織炎、乳房腫脹、水腫、循環不良；在呼吸系統方面可緩解喉嚨痛、扁桃腺炎；在生殖泌尿和內分泌系統方面可緩解更年期問題；在神經系統方面可緩解神經緊張、神經痛、壓力相關症狀。天竺葵精油用於化妝品、香皂、面霜、香水等產品，廣泛用於食品加工，以及酒精和非酒精飲料 [30]。

G6. 薑(Ginger/Zingiber officinale)；薑科(Zingiberaceae)

相近的品種有棕薑、白薑、紅球薑、日本薑等。

主要成分：

- 薑烯 (Zingiberene)，請參考 2-1-2-6。
- 薑辣素／薑酚／薑油 (Gingerols)，手性方向與旋光方向相反，請參考 5-2-3-8。
  - 辣椒素／辣素／辣椒鹼 (Capsaicin)，請參考 5-2-3-10。
- 薑烯酚 (Shogaol)，請參考 5-2-3-9。薑烯酚類有 4、6-、8-、10-、12- 薑烯酚等，最常見的是 6- 薑烯酚。1912 年美國化學家史高維爾 (Wilbur Scoville) 訂定辣度的單位爲 SHU(Scoville Heat Unit)，辣椒素 [5.13](Capsaicin) 爲 $1.6 x 10^7$SHU、薑烯酚 (Shogaol) 爲 $1.6 x 10^5$SHU、胡椒鹼 [5.13](Piperine) 爲 $1.0 x 10^5$SHU、薑辣素 (Gingerols) 爲 $6.0 x 10^4$SHU、薑酮 (Zingerone/Gingerone) 爲 $3.75 x 10^4$SHU。
- 薑酮／香草基丙酮／香蘭基丙酮 (Zingerone/Gingerone/ Vanillylacetone)，請參考 3-2-2-11。

- 香草精／香蘭素／香莢蘭醛／香草酚 (Vanillin)，請參考 3-1-2-9，波斯阿魏 (Asafoetida/Ferula asafoetida)，請參考第六章 A11。
- 沉香醇／枷羅木醇 (Linalool，右旋：芫荽醇，左旋：芳樟醇），分子手性方向與旋光方向相反，請參考 2-2-1-3-2，羅勒 (Basil, Exotic)，請參考第六章 B6。
- 莰烯／樟烯 (Camphene)，請參考 2-1-1-8，冰片／龍腦 (Borneol)，請參考第六章 B15。
- 水芹烯／水茴香萜 (Phellandrene)，請參考 2-1-1-7，多香果／牙買加胡椒／丁香胡椒 (Allspice)，請參考第六章 A2。
- 檸檬醛 (Citral)，是無環鏈狀單萜醛 (C10)，有 α(Trans)、β(Cis) 兩種異構物，請參考 3-1-2-1，香蜂草／蜜蜂花 (Balm, Lemon)，請參考第六章 B1。
- 1,8- 桉葉素／桉葉素／桉葉油醇 (Cineol/1,8-Cineole/Eucalyptol)，請參考 5-2-1-1，多香果／牙買加胡椒／丁香胡椒 (Allspice)，請參考第六章 A2。
- 冰片醇／龍腦／2- 莰醇 (Borneol)，請參考 2-2-1-2-2，歐白芷／洋當歸 (Angelica)，請參考第六章 A6。
- 沒藥烯 (Bisabolene)，請參考 2-1-2-4，小豆蔻 (Cardomon)，請參考第六章 C9。
- 金合歡烯／法尼烯 (Farnesene)，請參考 2-1-2-3，德國洋甘菊 (Chamomile, German)，請參考第六章 C18。
- 薑黃烯 (Curcumene)，請參考 2-1-2-26。
  - 薑黃素 (Curcumin)，請參考 5-2-3-11。薑黃酮 (Tumerone)，請參考 3-2-2-12。

薑的功效有：鎮痛、抗氧化、防腐、解痙、止痛、開胃、壯陽、殺菌、催情、利尿、祛痰、發熱、通便、止痛、刺激、健胃，無毒、無刺激性，有輕微的光毒性，對某些人可能致敏。芳香療法的應用上：在循環、肌肉、關節方面可緩解關節炎，疲勞，肌肉疼痛，循環不良，風溼症，扭傷，拉傷等；在呼吸系統方面可緩解咽喉炎、鼻塞、咳嗽、鼻竇炎；在消化系統方面可緩解腹瀉、絞痛、痙攣、脹氣、消化不良、食欲不振、噁心；在免疫系統方面可緩解寒戰，感冒，流感，發燒，傳染病；在神經系統方面可緩解神經衰弱。薑常用於消化系統藥劑、催情劑和瀉藥製劑，也用於化妝品和東方香型的香水和古龍水，廣泛用於所有食品加工，以及酒精和非酒精飲料[30]。

G7. 葡萄柚(Grapefruit/Citrus paradise Macf.)；芸香科(Rutaceae)

主要成分：

- 檸檬烯／薴烯 (Limonene)、二戊烯 (Dipentene)，請參考 2-1-1-1，歐白芷／洋當歸 (Angelica)，請參考第六章 A6。
- 杜松烯 (Cadinene)、卡達烷 (Cadalane)，請參考 2-1-2-18，西印度檀香／阿米香樹 (Amyris)，請參考第六章 A5。
- 葡萄柚醇 (Paradisiol)，請參考 2-2-2-20。
- 橙花醛 (Neral) 和橙花醇 (Nerol) 英文容易混淆，橙花醛 (Neral) 是 β- 檸檬醛 (β-Citral)，是順式檸檬醛；α- 檸檬醛 (α-Citral) 又稱香葉醛／牻牛兒醛 (Geranial)，是反式檸檬醛，香蜂草

／蜜蜂花 (Balm, Lemon)，請參考第六章 B1。

- 香葉醇／牻牛兒醇 (Geraniol/(E)-Nerol)，請參考 2-2-1-1-1，香蜂草／蜜蜂花 (Balm, Lemon)，請參考第六章 B1。
- 香茅醛／玫紅醛 (Citronellal/Rhodinal)，請參考 3-1-2-4，香茅 (Citronella)，請參考第六章 C23。
- 中國橘醛 (Sinensal)，請參考 3-1-3-3。
- 酯類 (Esters) —鎮靜、制菌、抗痙攣、抗發炎止痛、平衡交感及副交感神經、促進新陳代謝；酯類又分萜醇酯、苯基酯、內酯、香豆素、呋喃香豆素，請參閱第四章。
- 香豆素類 (Coumarins)，請參考 4-2-2，是一種內酯，亦即環狀的酯類。香豆素可分成簡單香豆素類：呋喃香豆素類 (Furocoumarins)；吡喃香豆素類 (Pyranocoumarins)；雙香豆素類 (Dicoumarins)，異香豆類等，歐白芷／洋當歸 (Angelica)，請參考第六章 A6。
- 香豆素／薰草素／香豆內酯／苯並 -α- 吡喃酮 (Coumarins)，請參考 4-2-2-1。
- 呋喃香豆素 (Furanocoumarin/Furocoumarins)：是由香豆素和呋喃環稠合而成，常見的包括補骨酯素 (Psoralen)、白芷素／異補骨酯內酯 (Angelicin/Isopsoralen)、佛手柑內酯／香柑內酯／5- 甲氧基補骨酯素 (Bergapten/5-Methoxypsoralen)、佛手酚／羥基佛手柑內酯 (Bergaptol)、花椒毒素／花椒毒內酯 (Xanthotoxin) 等。呋喃香豆素對魚類毒性極強，在印尼用於捕魚[5]。佛手柑內酯和花椒毒素常用於長波紫外光治療。

葡萄柚有殺菌、抗菌、消炎、解毒、利尿等功能，無毒、無刺激性，無致敏性也無光毒性，但容易氧化。芳香療法的應用上：在皮膚護理方面可緩解痤瘡、調理皮膚組織、促進頭髮生長；在循環、肌肉、關節方面可緩解蜂窩性組織炎、肌肉疲勞、肌肉關節僵硬；在免疫系統方面可緩解感冒、流感；在神經系統方面可緩解抑鬱、頭痛、神經衰弱、壓力症狀等。葡萄柚精油用於肥皂、洗滌劑、化妝品和香水，也廣泛應用於甜品以及酒精與非酒精飲料[30]。

G8. 玉檀木／假癒創木(Guaiacwood/Champaca wood/Bulnesia sarmientoi Lorenz ex Griseb)；蒺藜科(Zygophyllaceae)

玉檀木／假癒創木／綠檀 (Bulnesia sarmienti) 又名薩米維臘木，屬於蒺藜科維臘木屬 (Bulnesia)。

主要成分：

- 癒創木烯／胍烯 (Guaiene)、異癒創木烯／布藜烯 (α-Bulnesene/δ-Guaiene)，請參考 2-1-2-17。
- 癒創木酚 (Guaiacol/o-Methoxyphenol)，請參考 5-1-1-6。
- 癒創木醇／癒創醇 (Guaiol/Champacol)、異癒創木醇／布藜醇 (Bulnesol)，請參考 2-2-2-21。
- 癒創木醚 (Guaioxide/Liguloxide)，請參考 5-2-1-11。
- 廣藿香烯／天竺薄荷烯／綠葉烯 (Patchoulene)、左旋絲柏烯 ((-)-Cyperene)，請參考 2-1-2-12，有 α、β 異構物，並各有手性異構物。
  - ➢ 左旋絲柏烯 ((-)-Cyperene) 是 α- 廣藿香烯的異構物。
  - ➢ 廣藿香 (Patchouli)，學名 Pogostemon cablin，唇形科）植物中含有 β- 廣藿香烯

(β-Patchoulene, 6.91%)，以及廣藿香醇(Patchoulol, 31.86%)，廣藿香酮(Pogostone, 3.80%)[68]。

• 廣藿香醇 (Patchoulol/Patchouli alcohol)，請參考 2-2-2-5。

玉檀木／假癒創木／綠檀有抗發炎、抗氧化、抗風溼、殺菌、利尿等功能，無毒、無刺激性，也無致敏性。芳香療法的應用上：可緩解關節炎、痛風、類風溼性關節炎等症狀，用於肥皂、化妝品和香水中作爲定香劑，也用於藥理學酊劑與血液試劑 [30]。

H1. 義大利永久花／蠟菊(Helichrysum/Immortelle/Helichrysum angustifolium)菊科(Asteraceae)

永久花屬於菊科蠟菊屬 (Helichrysum)，helios 是太陽、chrysos 是金黃 [6]、angustifolium 是狹葉。永久花 (Immortelle/everlasting) 又稱聖約翰草 (St John's herb)。相近的品種有頭狀永久花／法國蠟菊、苞葉永久花／公蠟菊、露頭永久花／母蠟菊、光輝永久花等。

主要成分：

• 義大利二酮 (Italidione)，請參考 3-2-2-21。
• 橙花醇 (Nerol/(Z)-Geraniol)，請參考 2-2-1-1，佛手柑 (Bergamot)，請參考第六章 B11。
• 乙酸橙花酯 (Neryl acetate)，請參 4-1-1-6。
• 香葉醇／牻牛兒醇 (Geraniol/(E)-Nerol)，請參考 2-2-1-1-1，香蜂草／蜜蜂花 (Balm, Lemon)，請參考第六章 B1。
• 蒎烯／松油萜 (Pinene)，請參考 2-1-1-3，印度藏茴香／香旱芹 (Ajowan)，請參考第六章 A1。
• 沉香醇／枷羅木醇 (Linalool，右旋：芫荽醇，左旋：芳樟醇），分子手性方向與旋光方向相反，請參考 2-2-1-3-2，羅勒 (Basil, Exotic)，請參考第六章 B6。
• 異戊醛／3- 甲基丁醛 (Isovaleral/Isovaleric Aldehyde)，請參考 3-1-1-9。
• 倍半萜烯 (Sesquiterpenes)：包括石竹烯（丁香烴）、母菊天藍烴（爲芳香烴）、金合歡烯、沒藥烯、大根香葉烯等，樟木 (Camphor)，請參考第六章 C6。
• 糠醛／呋喃甲醛 (Furfural)，請參考 3-1-2-15，是一種芳香醛，錫蘭肉桂 (Cinnamon)，請參考第六章 C22。
• 丁香酚 (Eugenol)，請參考 5-1-1-3，多香果／牙買加胡椒／丁香胡椒 (Allspice)，請參考第六章 A2。

永久花有抗過敏、抗發炎、抗菌、止痛、催眠、利尿、祛痰、殺眞菌等作用，無毒、無刺激性，也無致敏性，芳香療法的應用上：在皮膚病方面可緩解膿瘡、痤瘡、過敏、水腫、割傷、皮膚炎、溼疹、斑點等；在循環、肌肉、關節方面可緩解肌肉酸痛、風溼痛、扭傷、肌肉拉傷；在呼吸系統方面可緩解哮喘、支氣管炎、慢性咳嗽；在免疫系統方面可緩解細菌感染、感冒、流感、發燒；在神經系統方面可緩解神經衰弱、抑鬱症、神經痛、壓力相關症狀。永久花精油用於肥皂、化妝品和香水中，作爲定香劑。原精 (Absolute) 則用於菸草調味 [30]。

• 凝香體 (Concrete)、原精 (Absolute)、類樹脂 (Resinoid)，麝香秋葵／麝香梨子／香葵／黃葵 (Ambrette Seed)，請參考第六章 A4。

H2. 蛇麻(Hops/Humulus lupulus)；大麻科(Cannabaceae)

蛇麻屬於大麻科 (Cannabaceae) 葎草屬 (Humulus)。蛇麻音譯為忽布 (Hops)，其花用於釀造啤酒，因此又稱啤酒花[5]。

主要成分：

- 石竹烯 (Caryophyllene)、蛇麻烯／葎草烯 (Humulene)，請參考 2-1-2-1，α- 石竹烯又稱葎草烯／蛇麻烯 (Humulene)；β- 石竹烯又稱石竹烯／丁香油烯，多香果／牙買加胡椒／丁香胡椒 (Allspice)，請參考第六章 A2。
- 月桂烯 (Myrcene)、雙月桂烯 (Dimyrcene)，請參考 2-1-1-2，西印度月桂 (Bay, West Indian)，請參考第六章 B9。
- 金合歡烯／法尼烯 (Farnesene)，請參考 2-1-2-3，德國洋甘菊 (Chamomile, German)，請參考第六章 C18。

蛇麻有催情、壯陽、殺菌、抗菌、防腐、解痙、利尿、潤膚等作用，無毒、無刺激性，使用過量時有麻醉效果，且對某些人可能致敏，憂鬱症患者避免使用。芳香療法的應用上：在皮膚護理方面可緩解皮膚炎、皮疹、皮膚粗糙、皮膚潰瘍；在呼吸系統方面可緩解氣喘、痙攣性咳嗽；在消化系統方面可緩解消化不良、神經性消化不良；在生殖泌尿和內分泌系統方面可緩解閉經、促進雌激素分泌；在神經系統方面可緩解頭痛、失眠、神經緊張、神經痛、壓力相關症狀。蛇麻精油主要用於啤酒等酒精飲料，也用於東方香型的香水和香精，以及菸草、醬汁等製品[30]。

H3. 辣根(Horseradish/Armoracia rusticana)十字花科／蕓苔科(Brassicaceae)

蕓苔科 (Brassicaceae) 舊稱十字花科 (Cruciferae) 三種植物——山葵／辣根／黃芥子的差異：

- ➢ 山葵／山嵛菜 (Eutrema japonicum/Wasabia japonica)，屬於山嵛菜屬 (Eutrema)，味道極其強烈。
- ➢ 辣根／西洋山嵛菜／馬蘿蔔／山蘿蔔／粉山葵／西洋山葵 (Armoracia rusticana)，屬於辣根屬 (Armoracia)，具有刺激鼻的香辣味。
- ➢ 黃芥子芥子／芥菜子／青菜子 (Brassica juncea (L.) Czern.et Coss)，屬於蕓苔屬 (Brassica)，是乾燥成熟的種子。

中文稱常山葵為芥末，其實芥末是芥菜種子製成，與山葵無關。山葵英文名稱為 Wasabi，芥末為 Mustard，只是兩者都是刺激性醬料[5,45]。

主要成分：

- 異硫氰酸酯 (Isothiocyanate)，請參考 5-2-3-13。
- 異硫氰酸苯乙基酯 (Phenylethyl isothiocyanate)，請參考 5-2-3-13。

辣根有抗菌、防腐、利尿、鎮痛、祛痰、通便、止痛等作用，有口腔毒性與皮膚、黏膜刺激性，是精油中最危險的一類，不應外用或內服，也不用於芳香療法或家庭使用，微量用於食品調味料和罐頭產品[30]。

H4. 風信子(Hyacinth/Hyacinthus orientalis L.)；天門冬科(Asparagaceae)

風信子屬於天門冬科 (Asparagaceae) 風信子屬 (Hyacinthus)，傳統上常被分在百合科 (Liliaceae) 中，現代的植物分類學者多採 APG 分類法，將風信子歸在天門冬科 [4,5]。蘆筍 (Asparagus officinalis) 即屬於天門冬科 (Asparagaceae) 天門冬屬 (Asparagus)。

主要成分：

- 2- 苯乙醇 / 苄基甲醇 (2-Phenylethanol/Phenylethyl alcohol/β-PEA)，請參考 2-2-1-1-11。
- 苯甲醛 (Phenylmethanal/Phenylaldehyde/Benzaldehyde)，請參考 3-1-2-8，苦杏仁 (Almond, Bitter)，請參考第六章 A3。
- 肉桂醛 / 桂皮醛 (Cinnamaldehyde)，請參考 3-1-2-7，中國肉桂 (Cassia)，請參考第六章 C12。
- 苄醇 / 苯甲醇 (Phenylmethanol/Benzyl alcohol)，請參考 2-2-1-1-8，香水樹 / 卡南迦 (Cananga)，請參考第六章 C7。
- 苯甲酸 / 安息香酸 / 苄酸 (Benzoic acid)，請參考 5-2-2-5，祕魯香酯 (Balsam, Peru)，請參考第六章 B4。
- 乙酸苄酯 (Benzyl acetate)，請參考 4-1-2-1，香水樹 / 卡南迦 (Cananga)，請參考第六章 C7。
- 苯甲酸苄酯 / 苯甲酸苯甲酯 / 安息酸甲苯 (Benzyl benzoate)，請參考 4-1-2-3，祕魯香酯 (Balsam, Peru)，請參考第六章 B4。
- 丁香酚 (Eugenol)，請參考 5-1-1-3，多香果 / 牙買加胡椒 / 丁香胡椒 (Allspice)，請參考第六章 A2。
- 甲基醚丁香酚 / 甲基丁香酚 (Methyl eugenol)，請參考 5-1-2-5，多香果 / 牙買加胡椒 / 丁香胡椒 (Allspice)，請參考第六章 A2。
- 百里香對苯二酚二甲醚 (Thymohydroquinone dimethyl ether/2,5-Dimethoxy-p-Cymene)、對苯二酚 (Hydroquinone/p-Benzenediol)，請參考 5-1-2-11，山金車 (Arnica)，請參考第六章 A10。

風信子精油有抗菌、催眠、鎮靜、鎮痛等作用，芳香療法的應用上認爲風信子的香味能使人精神煥發，使疲憊的心靈充滿活力 [30]，但是苯乙醇 / 苄甲醇與對苯二酚等成分都有中等毒性，且市面上風信子精油多有摻假或合成成分，建議斟酌用量、謹慎使用。風信子精油用於東方香型與花卉型的高級香水 [30]。

H5. 牛膝草(Hyssop/Hyssopus officinalis ssp. officinalis)；唇形科(Lamiaceae)

牛膝草又名神香草 / 柳薄荷 / 海索草，屬於唇形科神香草屬 (Hyssopus)，其他的品種有高地牛膝草、藥用牛膝草等。

主要成分：

- 松樟酮 (Pinocamphone)，請參考 3-2-1-4。有研究報導顯示松樟酮有干擾神經系統的毒性，用於控制殺死微生物或植物害蟲，但松樟酮的毒性與影響需要進一步確認 [35,116]。
- 異松樟酮 / 異松莰酮 (Isopinocamphone)，請參考 3-2-1-4。

- 草蒿腦／甲基蒟酚／胡椒酚甲醚／愛草腦／甲基醚蔞葉酚 (Methyl chavicol/Estragole)，請參考 5-1-2-2，羅勒 (Basil, Exotic)，請參考第六章 B6。
- 冰片醇／龍腦／2- 莰醇 (Borneol)，請參考 2-2-1-2-2，歐白芷／洋當歸 (Angelica)，請參考第六章 A6。
- 香葉醇／牻牛兒醇 (Geraniol/(E)-Nerol)，請參考 2-2-1-1-1，香蜂草／蜜蜂花 (Balm, Lemon)，請參考第六章 B1。
- 檸檬烯／薴烯 (Limonene)、二戊烯 (Dipentene)，請參考 2-1-1-1，歐白芷／洋當歸 (Angelica)，請參考第六章 A6。
- 側柏酮／崖柏酮 (Thujone)，請參考 3-2-1-13，不可食用，許多國家都對食物或飲料中側柏酮的含量做了限制 [5,19]。在芳療經驗上，側柏酮 (Thujone) 爲口服毒素及墮胎藥劑，孕婦應避免接觸，東方側柏 (Arborvitae)，請參考第六章 A9。
- 月桂烯 (Myrcene)、雙月桂烯 (Dimyrcene)，請參考 2-1-1-2，西印度月桂 (Bay, West Indian)，請參考第六章 B9。
- 石竹烯 (Caryophyllene)、蛇麻烯／葎草烯 (Humulene)，請參考 2-1-2-1，α- 石竹烯又稱葎草烯／蛇麻烯 (Humulene)；β- 石竹烯又稱石竹烯或丁香烯），多香果／牙買加胡椒／丁香胡椒 (Allspice)，請參考第六章 A2。

牛膝草有抗菌、解痙、殺菌、抗病毒、驅蟲、利尿、催汗、祛痰、發熱、止痛等作用，無刺激性也無致敏性，但因含有松樟酮和側柏酮而有中等毒性，癲癇患者與孕期避免使用。芳香療法的應用上：在皮膚護理方面可緩解瘀傷、割傷、皮膚炎、溼疹、炎症；在循環、肌肉、關節方面可緩解低血壓、高血壓、風溼；在呼吸系統方面可緩解氣喘、支氣管炎、咳嗽、喉嚨痛、扁桃腺發炎、百日咳；在消化系統方面可緩解腹絞痛、消化不良；在泌尿生殖系統方面可緩解閉經、白帶；在免疫系統方面可緩解感冒、流感；在神經系統方面可緩解焦慮、疲勞、神經緊張和壓力相關的症狀。牛膝草精油用於香皂、化妝品和東方香型香水與古龍水等產品，廣泛用於食品加工，作爲醬汁和調味品成分，也用於酒精飲料 [30]。

J1. 毛果芸香(Jaborandi/Pilocarpus jaborandi)；芸香科(Rutaceae)

毛果芸香／毛果蕓香屬於芸香科 (Rutaceae) 毛果芸香屬 (Pilocarpus)。

主要成分：

- 毛果芸香鹼／匹魯卡品 (Pilocarpine)、異毛果芸香鹼 (Isopilocarpine)，請參考 5-2-3-15。
- 毛果芸香啶／乙種毛果芸香鹼 (Pilocarpidine)，請參考 5-2-3-16。
- 2- 十一酮／甲基壬基酮／芸香酮 (Undecan-2-one/Rue ketone)，請參考 3-2-2-8。
    - ➢ 2- 十一酮／甲基壬基酮／芸香酮對眼睛和皮膚和黏膜有刺激性，動物研究中對小鼠與家蠅有毒性、對水生生物毒性極大，並具有長期持續影響。
- 二戊烯 (Dipentene，請參考 2-1-1-1，外消旋體的檸檬烯稱爲二戊烯，印度藏茴香／香旱芹 (Ajowan)，請參考第六章 A1。
- 芸香 (Rue/Ruta graveolens L.)，請參考第八章 R5。

毛果芸香精油有抗菌、利尿、催吐、通經、興奮神經等作用，芳療經驗認為甲基壬基酮為口腔毒素，且民間作為墮胎藥，可能的不良反應包括視網膜脫落、頭痛、噁心、嘔吐和腹瀉，對皮膚有刺激性，因此不作為芳香療法或家庭使用，也很少用於香水或香料[30]。

J2. 茉莉花／素方花(Jasmine/Jasminum officinale)；木樨科／木犀科(Oleaceae)

茉莉花／素方花學名為 Jasminum officinale，茉莉花／小花茉莉的學名為 Jasminum sambac L.，都屬於木樨科／木犀科 (Oleaceae) 素馨屬／素英屬 (Jasminum)。因此茉莉花與素方花有些差異，學名亦不同，本書採用精油專業對 Jasmine 的通稱，不加以區分。素方花與小花茉莉之外的相關品種有皇家大花茉莉、芳香茉莉、星星茉莉等。

主要成分：

- 乙酸苄酯 (Benzyl acetate)，請參考 4-1-2-1，香水樹／卡南迦 (Cananga)，請參考第六章 C7。
- 沉香醇／伽羅木醇 (Linalool，右旋：芫荽醇，左旋：芳樟醇），分子手性方向與旋光方向相反，請參考 2-2-1-3-2，羅勒 (Basil, Exotic)，請參考第六章 B6。
- 苯乙酸／苯醋酸／苄基甲酸 (Phenylacetic acid)，請參考 5-2-2-6，香水樹／卡南迦 (Cananga)，請參考第六章 C7。
- 苄醇／苯甲醇 (Phenylmethanol/Benzyl alcohol)，請參考 2-2-1-1-8，香水樹／卡南迦 (Cananga)，請參考第六章 C7。
- 金合歡醇／法尼醇 (Farnesol/Dodecatrienol)，請參考 2-2-2-1，與橙花叔醇是結構異構物[10]，麝香秋葵／麝香梨子／香葵／黃葵 (Ambrette Seed)，請參考第六章 A4。
- 鄰胺苯甲酸甲酯／氨茴酸甲酯 (Methyl anthranilate)，請參考 4-1-2-11，梔子花 (Gardenia)，請參考第七章 G3。
- 茉莉酮／素馨酮 (Jasmone)，請參考 3-2-2-1。
- 茉莉酸甲酯／甲基茉莉酮酸酯 (Methyl jasmonate)，請參考 4-1-1-10。
  - ➢ 茉莉酸 (Jasmonic acid/Jasmonate)，請參考 5-2-2-21。

茉莉花／素方花有鎮痛、抗抑鬱、抗發炎、解痙、催情、催乳、祛痰、催產等功能，無毒、無刺激性，有些人可能會致敏。芳香療法的應用上：在皮膚病方面可緩解皮膚乾燥、油膩、敏感皮膚；在循環、肌肉、關節方面可緩解肌肉痙攣、扭傷；在呼吸系統方面可緩解咳嗽、聲音嘶啞、喉炎；在泌尿生殖系統方面可緩解痛經、分娩疼痛、子宮疾病；在神經系統方面可緩解抑鬱、神經衰弱和壓力相關症狀。茉莉花／素方花精油廣泛應用於肥皂、沐浴用品、化妝品，以及東方香型與花香型香水。茉莉花／素方花精油和原精 (Absolute) 也用於許多食品、酒精和非酒精飲料中，乾燥花用於茉莉花茶[30]。

- 凝香體 (Concrete)、原精 (Absolute)、類樹脂 (Resinoid)，麝香秋葵／麝香梨子／香葵／黃葵 (Ambrette Seed)，請參考第六章 A4。

J3. 杜松(Juniper/Juniperus communis L. ssp. communis)；柏科(Cupressaceae)

杜松 (Juniper) 屬於柏科 (Cupressaceae) 刺柏屬 (Juniperus)。目前的分類法將以前杉科的植物劃入柏科，杉科金松屬則被單獨分爲金松科，因此有些舊資料將杜松列爲杉科。

主要成分：

- 單萜烯 (Monoterpenes)：由兩個異戊二烯 (Isoprene) 構成，簡化符號爲「C_{10}」，常見於檸檬、萊姆、葡萄柚等柑橘類精油，以及樹木類與繖形科植物中，單萜烯包括：檸檬烯／薴烯、香葉烯／β- 月桂烯 (Myrcene)、蒎烯／松油萜 (Pinene)、萜品烯 (Terpinene)、對傘花烴／對繖花烴 (p-Cymene/4-Cymene)、3- 蒈烯 (δ-3-Carene/Carene)、水芹烯／水茴香萜 (Phellandrene)、莰烯／樟烯 (Camphene)、羅勒烯 (Ocimene)、側柏烯 (Thujene) 等。
- 蒎烯／松油萜 (Pinene)，請參考 2-1-1-3，是一種雙環單萜烯，印度藏茴香／香旱芹 (Ajowan)，請參考第六章 A1。
- 月桂烯 (Myrcene)、雙月桂烯 (Dimyrcene)，請參考 2-1-1-2，西印度月桂 (Bay, West Indian)，請參考第六章 B9。
- 檸檬烯／薴烯 (Limonene)、二戊烯 (Dipentene)，請參考 2-1-1-1，歐白芷／洋當歸 (Angelica)，請參考第六章 A6。
- 對傘花烴／對繖花烴 (p-Cymene/4-Cymene)，請參考 2-1-1-5，是一種芳香烴，印度藏茴香／香旱芹 (Ajowan)，請參考第六章 A1。
- 萜品烯／松油烯 (Terpinene) 與萜品油烯 (Terpinolene)/δ- 萜品烯／異松油烯，請參考 2-1-1-4，α- 萜品烯是從豆蔻和馬郁蘭等天然植物分離出。β- 萜品烯沒有天然來源，從檜烯／沙賓烯 (Sabinene) 中提取。γ- 萜品烯和 δ- 萜品烯／萜品油烯／異松油烯 (Terpinolene) 從多種植物中分離而得，印度藏茴香／香旱芹 (Ajowan)，請參考第六章 A1。
- 檜烯／沙賓烯 (Sabinene)，請參考 2-1-1-10，側柏烯 (Thujene)，有三種異構物：α- 側柏烯、β- 側柏烯、檜烯／沙賓烯 (Sabinene)，東方側柏 (Arborvitae)，請參考第六章 A9。
- 側柏烯 (Thujene)，請參考 2-1-1-10，東方側柏 (Arborvitae)，請參考第六章 A9。
- 莰烯／樟烯 (Camphene)，請參考 2-1-1-8，冰片／龍腦 (Borneol)，請參考第六章 B15。

杜松有抗菌、殺寄生蟲、壯陽、催情、消腫、解痙、通經、利尿、抗風溼等功能，無毒、無致敏性，可能有輕微刺激性，對子宮肌有刺激作用，孕期勿用；有腎毒性，腎病患者不應使用。芳香療法的應用上：在皮膚護理方面可緩解痤瘡、皮膚炎、溼疹、痔瘡、油性皮膚；在循環、肌肉、關節方面可緩解血管硬化、蜂窩性組織炎、痛風、肥胖；在免疫系統方面可緩解感冒、流感、感染；在泌尿生殖系統方面可緩解閉經、膀胱炎、痛經、白帶；在神經系統方面可緩解焦慮、神經緊張和壓力相關症狀。杜松精油可作爲利尿劑、止瀉劑、防蝨子跳蚤藥物，用於在肥皂、洗滌劑、化妝品和香水，也廣泛用於食品加工以及酒精與非酒精飲料[30]。

L1. 岩玫瑰(Labdanum/Cistus ladanifer L.)；半日花科(Cistaceae)

岩玫瑰 (Cistus ladaniferus) 有稱岩薔薇／膠薔樹，屬於半日花科 (Cistaceae) 岩薔薇屬 (Cistus)。岩玫瑰酯 (Labdanum) 稱爲勞丹酯／半日花酯／岩薔薇酯／膠薔樹脂。

主要成分：

- 蒎烯／松油萜 (Pinene)，請參考 2-1-1-3，印度藏茴香／香旱芹 (Ajowan)，請參考第六章 A1。
- 莰烯／樟烯 (Camphene)，請參考 2-1-1-8，冰片／龍腦 (Borneol)，請參考第六章 B15。
- 檜烯／沙賓烯 (Sabinene)，請參考 2-1-1-10，側柏烯 (Thujene)，有三種異構物：α- 側柏烯、β- 側柏烯、檜烯／沙賓烯 (Sabinene)，東方側柏 (Arborvitae)，請參考第六章 A9。
- 月桂烯 (Myrcene)、雙月桂烯 (Dimyrcene)，請參考 2-1-1-2，西印度月桂 (Bay, West Indian)，請參考第六章 B9。
- 水芹烯／水茴香萜 (Phellandrene)，請參考 2-1-1-7，多香果／牙買加胡椒／丁香胡椒 (Allspice)，請參考第六章 A2。
- 檸檬烯／薴烯 (Limonene)、二戊烯 (Dipentene)，請參考 2-1-1-1，歐白芷／洋當歸 (Angelica)，請參考第六章 A6。
- 對傘花烴／對繖花烴 (p-Cymene/4-Cymene)，請參考 2-1-1-5，是一種芳香烴，印度藏茴香／香旱芹 (Ajowan)，請參考第六章 A1。
- 1,8- 桉葉素／桉葉素／桉葉油醇 (Cineol/1,8-Cineole/Eucalyptol)，請參考 5-2-1-1，多香果／牙買加胡椒／丁香胡椒 (Allspice)，請參考第六章 A2。
- 冰片醇／龍腦／2- 莰醇 (Borneol)，請參考 2-2-1-2-2，歐白芷／洋當歸 (Angelica)，請參考第六章 A6。
- 香葉醇／牻牛兒醇 (Geraniol/(E)-Nerol)，請參考 2-2-1-1-1，香蜂草／蜜蜂花 (Balm, Lemon)，請參考第六章 B1。
  - 橙花醇 (Nerol) 和橙花醛 (Neral) 英文很接近，橙花醛 (Neral) 是 β- 檸檬醛 (β-Citral)，是順式檸檬醛；α- 檸檬醛 (α-Citral) 又稱香葉醛／牻牛兒醛 (Geranial)，是反式檸檬醛，香蜂草／蜜蜂花 (Balm, Lemon)，請參考第六章 B1。
- 葑酮／小茴香酮 (Fenchone)，請參考 3-2-1-8，東方側柏 (Arborvitae)，請參考第六章 A9。

岩玫瑰／膠薔樹精油有抗菌、防腐、止痛、通經、祛痰等功效，無毒、無刺激性，也無致敏性，但孕期避免使用。芳香療法的應用上：在皮膚護理方面可消除皺紋；在呼吸系統方面可緩解咳嗽、鼻炎、支氣管炎；在免疫系統方面可緩解感冒症狀。膠薔樹精油用於乳液、肥皂、洗滌劑，以及東方香型的香水和古龍水，作爲定香劑，也用於肉製品等多數食品、酒精和非酒精飲料 [30]。

L2. 醒目薰衣草(Lavandin/Lavandula x intermedia/Lavandula hybrida)；唇形科(Lamiaceae/ Labiatae)

醒目薰衣草的品種有超級 (Super)、葛羅索 (Grosso)、亞碧拉 (Abriel) 以及羅伊所 (Emeric

ex Loisel) 等。

主要成分：

- 乙酸沉香酯／乙酸芳樟酯 (Linalyl acetate)，請參考 4-1-1-1，香蜂草／蜜蜂花 (Balm, Lemon)，請參考第六章 B1。
- 沉香醇／枷羅木醇 (Linalool，右旋：芫荽醇，左旋：芳樟醇），分子手性方向與旋光方向相反，請參考 2-2-1-3-2，羅勒 (Basil, Exotic)，請參考第六章 B6。
- 1,8- 桉葉素／桉葉素／桉葉油醇 (Cineol/1,8-Cineole/Eucalyptol)，請參考 5-2-1-1，多香果／牙買加胡椒／丁香胡椒 (Allspice)，請參考第六章 A2。
- 莰烯／樟烯 (Camphene)，請參考 2-1-1-8，冰片／龍腦 (Borneol)，請參考第六章 B15。
- 蒎烯／松油萜 (Pinene)，請參考 2-1-1-3，印度藏茴香／香旱芹 (Ajowan)，請參考第六章 A1。

醒目薰衣草／雜薰衣草的用途與狹葉薰衣草／眞正薰衣草相似，但滲透力更強，具有更鮮明的香味，對呼吸系統、循環系統或肌肉有良好的效果，廣泛用於肥皂、洗滌劑、室內噴霧劑、頭髮製劑和工業香水，在多數主要食品中作爲調味劑，也是芳樟醇和乙酸芳樟酯的天然來源[30]。醒目薰衣草／雜薰衣草的功效與芳香療法的應用上的用途，請參考第七章 L4：狹葉薰衣草／眞正薰衣草 (Lavender, True)。

L3. 寬葉薰衣草／穗花薰衣草(Lavender, Spike/Lavandula latifolia)；唇形科(Lamiaceae)

主要成分：

- 1,8- 桉葉素／桉葉素／桉葉油醇／1,8- 桉樹腦 (Cineol/1,8-Cineole/Eucalyptol)，請參考 5-2-1-1，多香果／牙買加胡椒／丁香胡椒 (Allspice)，請參考第六章 A2。
- 莰烯／樟烯 (Camphene)，請參考 2-1-1-8，冰片／龍腦 (Borneol)，請參考第六章 B15。
- 沉香醇／枷羅木醇 (Linalool，右旋：芫荽醇，左旋：芳樟醇），分子手性方向與旋光方向相反，請參考 2-2-1-3-2，羅勒 (Basil, Exotic)，請參考第六章 B6。
- 乙酸沉香酯／乙酸芳樟酯 (Linalyl acetate)，請參考 4-1-1-1，香蜂草／蜜蜂花 (Balm, Lemon)，請參考第六章 B1。

寬葉薰衣草／穗花薰衣草可作爲藥物製劑，用於初發麻痺症、風溼症、關節炎，也廣泛用於肥皂、工業香水和除臭劑[30]。寬葉薰衣草／穗花薰衣草的功效與芳香療法的應用上的用途，請參考第七章 L4：狹葉薰衣草／眞正薰衣草 (Lavender, True)。

L4. 狹葉薰衣草／眞正薰衣草(Lavender, True/Lavandula angustifolia)；唇形科(Lamiaceae)

狹葉薰衣草／眞正薰衣草的品種有梅耶 (Maillette)、馬特宏 (Matherone) 以及許多亞種。

主要成分：

- 乙酸沉香酯／乙酸芳樟酯 (Linalyl acetate)，請參考 4-1-1-1，香蜂草／蜜蜂花 (Balm,

Lemon)，請參考第六章 B1。

- 沉香醇／枷羅木醇 (Linalool，右旋：芫荽醇，左旋：芳樟醇），分子手性方向與旋光方向相反，請參考 2-2-1-3-2，羅勒 (Basil, Exotic)，請參考第六章 B6。
- 薰衣草醇 (Lavandulol)，分子手性方向與旋光方向相反，請參考 2-2-1-1-5。
- 乙酸薰衣草酯 (Lavandulyl acetate)，請參考 4-1-1-11。
- 松油醇／萜品醇 (Terpineol)、4- 松油醇／萜品烯 -4- 醇 (Terpin-4-ol)，請參考 2-2-1-3-1，月桂 (Bay, Cineol)，請參考第六章 B8。
- 1,8- 桉葉素／桉葉素／桉葉油醇 (Cineol/1,8-Cineole/Eucalyptol)，請參考 5-2-1-1，多香果／牙買加胡椒／丁香胡椒 (Allspice)，請參考第六章 A2。
- 檸檬烯／薴烯 (Limonene)、二戊烯 (Dipentene)，請參考 2-1-1-1，歐白芷／洋當歸 (Angelica)，請參考第六章 A6。
- 羅勒烯 (Ocimene)，請參考 2-1-1-9，為月桂烯的異構物，白松香 (Galbanum)，請參考第七章 G2。
- 石竹烯 (Caryophyllene)、蛇麻烯／葎草烯 (Humulene)，請參考 2-1-2-1，α- 石竹烯又稱葎草烯／蛇麻烯 (Humulene)；β- 石竹烯又稱石竹烯或丁香烯，多香果／牙買加胡椒／丁香胡椒 (Allspice)，請參考第六章 A2。
- 酯類 (Esters)：鎮靜、制菌、抗痙攣、抗發炎止痛、平衡交感及副交感神經、促進新陳代謝，酯類又分萜醇酯、苯基酯、內酯、香豆素、呋喃香豆素。

狹葉薰衣草／眞正薰衣草有鎮痛、抗驚厥、殺菌、抗菌、除臭、殺蟲、解痙、催吐、利尿、降血壓、抗風溼、鎮靜、抗抑鬱等作用，無毒、無刺激性，也無致敏性。一般認為狹葉薰衣草／眞正薰衣草是芳香療法的應用上用途最廣的精油，在皮膚護理方面可緩解痤瘡、膿腫、香港腳、癤子、瘀傷、頭皮屑、皮膚炎、溼疹、炎症、蚊蟲叮咬、牛皮癬、疥瘡、曬傷；在循環、肌肉、關節方面可緩解腰痛、肌肉酸痛、風溼症、扭傷；在呼吸系統方面可緩解氣喘、支氣管炎、肺炎、口臭、喉炎、喉嚨感染；在消化系統方面可緩解腹部痙攣、腹絞痛、消化不良、脹氣、噁心；在泌尿生殖系統方面可緩解膀胱炎、痛經、白帶；在免疫系統方面可緩解流感；在神經系統方面可緩解頭痛、抑鬱症、失眠、神經緊張和壓力相關症狀、坐骨神經痛。狹葉薰衣草／眞正薰衣草用於醫藥軟膏，廣泛用於肥皂、洗滌劑、化妝品、香水、古龍水以及酒精與非酒精飲料 [30]。

L5. 檸檬(Lemon/Citrus limon L. Osbeck)；芸香科(Rutaceae)

主要成分：

- 檸檬烯／薴烯 (Limonene)、二戊烯 (Dipentene)，請參考 2-1-1-1，歐白芷／洋當歸 (Angelica)，請參考第六章 A6。
- 萜品烯／松油烯 (Terpinene) 與萜品油烯 (Terpinolene)/δ- 萜品烯／異松油烯，請參考 2-1-1-4，α- 萜品烯是從豆蔻和馬郁蘭等天然植物分離出。β- 萜品烯沒有天然來源，從檜烯／沙賓烯 (Sabinene) 中提取。γ- 萜品烯和 δ- 萜品烯／萜品油烯／異松油烯 (Terpinolene) 從多種植物中分離而得，印度藏茴香／香旱芹 (Ajowan)，請參考第六章 A1。

- 蒎烯／松油萜 (Pinene)，請參考 2-1-1-3，印度藏茴香／香旱芹 (Ajowan)，請參考第六章 A1。
- 檜烯／沙賓烯 (Sabinene)，請參考 2-1-1-10，側柏烯 (Thujene)，有三種異構物：α- 側柏烯、β- 側柏烯、檜烯／沙賓烯 (Sabinene)，東方側柏 (Arborvitae)，請參考第六章 A9。
- 月桂烯 (Myrcene)、雙月桂烯 (Dimyrcene)，請參考 2-1-1-2，西印度月桂 (Bay, West Indian)，請參考第六章 B9。
- 檸檬醛 (Citral)，請參考 3-1-2-1，有 α(Trans)、β(Cis) 兩種異構物，香蜂草／蜜蜂花 (Balm, Lemon)，請參考第六章 B1。
- 沉香醇／枷羅木醇 (Linalool，右旋：芫荽醇，左旋：芳樟醇），分子手性方向與旋光方向相反，請參考 2-2-1-3-2，羅勒 (Basil, Exotic)，請參考第六章 B6。
- 香葉醇／牻牛兒醇 (Geraniol/(E)-Nerol)，請參考 2-2-1-1-1，香蜂草／蜜蜂花 (Balm, Lemon)，請參考第六章 B1。
- 正辛醇／1- 辛醇 (Octanol/Octan-1-ol)2- 辛醇 (2-Octanol/Octan-2-ol)，請參考 2-2-1-1-10，阿拉伯乳香 (Frankincense)，請參考第六章 F3。
- 壬醇／正壬醇／天竺葵醇 (Nonanol/Pelargonic alcohol/Nonan-1-ol)，請參考 2-2-1-1-12。
- 香茅醛／玫紅醛 (Citronellal/Rhodinal)，請參考 3-1-2-4，香茅 (Citronella)，請參考第六章 C23。
- 香柑油烯／佛手柑油烯／香檸檬烯 (Bergamotene)，請參考 2-1-2-10。
- 香柑素／佛手柑素／香檸檬素 (Bergamottin)，請參考 4-2-2-8。

檸檬精油有抗貧血、殺菌、抗菌、驅蟲、抗風溼、解痙、發汗、利尿、止血等功能，無毒，對某些人可能刺激皮膚或致敏反應，建議酌量使用。檸檬精油有光毒性，使用檸檬精油的皮膚避免陽光直射。芳香療法的應用上：在皮膚護理方面可緩解痤瘡、指甲脆裂、瘤子、凍瘡、雞眼、皰疹、蟲咬、口腔潰瘍、斑點、靜脈曲張、疣；在循環、肌肉、關節方面可緩解關節炎、蜂窩性組織炎、高血壓、流鼻血、循環不良、風溼；在呼吸系統方面可緩解氣喘、咽喉感染、支氣管炎；在消化系統方面可緩解消化不良；在免疫系統方面可緩解感冒、流感、感染。檸檬精油用於香皂、洗滌劑、化妝品、香水以及藥品調味劑，也廣泛用於食品工業以及酒精與非酒精飲料 [30]。

L6. 印度檸檬香茅(Lemongrass/Cymbopogon citratus)；禾本科(Poaceae)

檸檬香茅／檸檬草 (Lemongrass/Cymbopogon citratus) 屬於禾本科香茅屬 (Cymbopogon)。

- 有資料稱香蜂草／蜜蜂花 (Lemon balm) 為「檸檬草」，建議迴避。香蜂草／蜜蜂花 (Lemon balm) 屬於唇形科 (Lamiaceae)，又稱檸檬香蜂草／檸檬香酯草／檸檬薄荷 (Melissa officinalis)，香蜂草／蜜蜂花 (Balm, Lemon)，請參考第六章 B1。

主要成分：

西印度香茅可能原產於斯里蘭卡，有清新的青草柑橘香味和泥土氣息，含有檸檬醛 (Citral, 65-85%)、香葉烯／月桂烯 (Myrcene, 12-25%)、二戊烯 (Dipentene)、6- 甲基 -5- 庚烯 -2-

酮 (Methylheptenone)、沉香醇 (Linalol/Linalool)、香葉醇 (Geraniol)、橙花醇 (Nerol)、香茅醇／玫紅醇 (Citronellol/Rhodinol)、金合歡醇／法尼醇 (Farnesol/Dodecatrienol)、甲基醚丁香酚 (Methyl eugenol)、冰片醇／冰片／龍腦 (Borneol) 等。東印度香茅原產於印度東部，有清新的青草檸檬味，含有檸檬醛 (Citral, 85%)、香葉醇 (Geraniol)、甲基醚丁香酚 (Methyl eugenol)、冰片醇／冰片／龍腦 (Borneol)、二戊烯 (Dipentene)，成分因品種而異。

- 檸檬醛 (Citral)，請參考 3-1-2-1，有 α(Trans)、β(Cis) 兩種異構物，香蜂草／蜜蜂花 (Balm, Lemon)，請參考第六章 B1。
- 月桂烯 (Myrcene)、雙月桂烯 (Dimyrcene)，請參考 2-1-1-2，西印度月桂 (Bay, West Indian)，請參考第六章 B9。
- 二戊烯 (Dipentene，請參考 2-1-1-1，外消旋體的檸檬烯稱為二戊烯，印度藏茴香／香旱芹 (Ajowan)，請參考第六章 A1。
- 甲基庚烯酮 (Methylheptenone/Sulcatone)、4- 辛烯 -3- 酮 (Oct-4-en-3-one)、1- 辛烯 -3- 酮 (Oct-1-en-3-onee/Vinyl amyl ketone/Pentyl vinyl ketone)，請參考 3-2-1-15。
- 沉香醇／枷羅木醇 (Linalool，右旋：芫荽醇，左旋：芳樟醇），分子手性方向與旋光方向相反，請參考 2-2-1-3-2，羅勒 (Basil, Exotic)，請參考第六章 B6。
- 香葉醇／牻牛兒醇 (Geraniol/(E)-Nerol)，請參考 2-2-1-1-1，香蜂草／蜜蜂花 (Balm, Lemon)，請參考第六章 B1。
- 橙花醇 (Nerol)，請參考 2-2-1-1-2。橙花醇 (Nerol) 和橙花醛 (Neral) 英文很接近，橙花醛 (Neral) 是 β- 檸檬醛 (β-Citral)，是順式檸檬醛；α- 檸檬醛 (α-Citral) 又稱香葉醛／牻牛兒醛 (Geranial)，是反式檸檬醛，香蜂草／蜜蜂花 (Balm, Lemon)，請參考第六章 B1。
- 香茅醇／玫紅醇 (Citronellol/Rhodinol)，請參考 2-2-1-1-3，香蜂草／蜜蜂花 (Balm, Lemon)，請參考第六章 B1。
- 金合歡醇／法尼醇 (Farnesol/Dodecatrienol)，請參考 2-2-2-1，與橙花叔醇是異構物，麝香秋葵／麝香梨子／香葵／黃葵 (Ambrette Seed)，請參考第六章 A4。
- 甲基醚丁香酚／甲基丁香酚 (Methyl eugenol)，請參考 5-1-2-5，多香果／牙買加胡椒／丁香胡椒 (Allspice)，請參考第六章 A2。
- 冰片醇／龍腦／2- 莰醇 (Borneol)，請參考 2-2-1-2-2，歐白芷／洋當歸 (Angelica)，請參考第六章 A6。

印度檸檬香茅有鎮痛、抗抑鬱、殺菌、抗菌、殺眞菌、抗氧化、催吐、除臭等功效，無毒，對某些人可能有刺激性或致敏性。芳香療法的應用上：在皮膚護理方面可緩解痤瘡、香港腳、腳氣、疥瘡；在循環、肌肉、關節方面可緩解肌肉疼痛、組織鬆弛；在消化系統方面可緩解結腸炎、消化不良、腸胃炎；在免疫系統方面可緩解發燒、傳染病；在神經系統方面可緩解頭痛、神經衰弱、緊張和壓力相關症狀。檸檬香茅精油廣泛用於肥皂、洗滌劑、化妝品和香水，以及多數食品、酒精與非酒精飲料[30]。

L7. 萊姆(Lime/Citrus aurantifolia Swing)；芸香科(Rutaceae)

萊姆／青檸檬屬於芸香科柑橘亞科 (Aurantioideae) 柑橘屬 (Citrus)。

主要成分：

- 檸檬烯／薴烯 (Limonene)、二戊烯 (Dipentene)，請參考 2-1-1-1，歐白芷／洋當歸 (Angelica)，請參考第六章 A6。
- 蒎烯／松油萜 (Pinene)，請參考 2-1-1-3，印度藏茴香／香旱芹 (Ajowan)，請參考第六章 A1。
- 莰烯／樟烯 (Camphene)，請參考 2-1-1-8，冰片／龍腦 (Borneol)，請參考第六章 B15。
- 檜烯／沙賓烯 (Sabinene)，請參考 2-1-1-10，側柏烯 (Thujene)，有三種異構物：α- 側柏烯、β- 側柏烯、檜烯／沙賓烯 (Sabinene)，東方側柏 (Arborvitae)，請參考第六章 A9。
- 檸檬醛 (Citral)，請參考 3-1-2-1，有 α(Trans)、β(Cis) 兩種異構物，香蜂草／蜜蜂花 (Balm, Lemon)，請參考第六章 B1。
- 對傘花烴／對繖花烴 (p-Cymene/4-Cymene)，請參考 2-1-1-5，是一種芳香烴，印度藏茴香／香旱芹 (Ajowan)，請參考第六章 A1。
- 1,8- 桉葉素／桉葉素／桉葉油醇 (Cineol/1,8-Cineole/Eucalyptol)，請參考 5-2-1-1，多香果／牙買加胡椒／丁香胡椒 (Allspice)，請參考第六章 A2。
- 沉香醇／枷羅木醇 (Linalool，右旋：芫荽醇，左旋：芳樟醇），分子手性方向與旋光方向相反，請參考 2-2-1-3-2，羅勒 (Basil, Exotic)，請參考第六章 B6。
- 香豆素類 (Coumarins)，請參考 4-2-2，屬於一種內酯，亦即環狀的酯類。香豆素可分成簡單香豆素類：呋喃香豆素類 (Furocoumarins)；吡喃香豆素類 (Pyranocoumarins)；雙香豆素類 (Dicoumarins)，異香豆類等，歐白芷／洋當歸 (Angelica)，請參考第六章 A6。

萊姆有殺菌、抗病毒、抗風溼、開胃、解便秘等功效，無毒、無刺激性，也無致敏性。然而，冷軋榨萃取的萊姆果皮精油有光毒性，但蒸餾的萊姆精油則沒有光毒性。萊姆果皮精油用於香皂、洗滌劑、化妝品和香水。全果蒸餾的精油不含萜烯類，用於食品工業和非酒精飲料[30]。芳香療法的應用請參考第七章 L5，檸檬 (Lemon)。

- 冷軋榨萃取法（冷軋 Cold press／壓榨 Expression)：主要特點是溫度較低（通常在 40-60℃)，製造程式簡單易行，因此在精油生產方法中，是僅次於蒸餾法的最常用方法，尤其是對於不能在高溫萃取的精油成分，例如：橘子、檸檬、葡萄柚、甜橙、萊姆等柑橘類精油。冷軋榨萃取法是將柑橘等植物果皮經過滾軋，將儲油細胞壓破，利用海棉吸取汁液，以離心機將壓榨出的汁液轉移到容器中並分離出精油。

L8. 光葉裂欖木(Linaloe/Bursera glabrifolia)；橄欖科(Burseraceae)

光葉裂欖木 (Linaloe/Bursera glabrifolia) 屬於橄欖科 (Burseraceae) 裂欖屬 (Bursera)，接近的品種有墨西哥沉香和假乳香／祕魯聖木／拉丁美洲乳香。市售的芳樟油 (Linaloe wood oil) 是以裂欖(Bursera)屬的木材經水蒸氣蒸餾而得[20]。土沉香／牙香樹／白木香／香樹(Aquilaria sinensis (Lour.) Spreng) 屬於瑞香科 (Thymelaeaceae) 土沉香屬／沉香屬 (Aquilaria)，與光葉裂欖木／墨西哥沉香不相同。俗稱的沉香是指沉香屬的植物流出的樹脂與木質的融合物[5]。

主要成分：

木質部精油爲淡黃色液體，有甜美的木本花香，主要含沉香醇 (Linalol/Linalool 和乙酸沉香酯 (Linalyl acetate)。樹皮精油爲無色液體，有類似萜類香氣，比木質部精油更刺鼻，主要含乙酸沉香酯，還有一些沉香醇。

- 沉香醇／枷羅木醇 (Linalool，右旋：芫荽醇，左旋：芳樟醇），分子手性方向與旋光方向相反，請參考 2-2-1-3-2，羅勒 (Basil, Exotic)，請參考第六章 B6。
- 乙酸沉香酯／乙酸芳樟酯 (Linalyl acetate)，請參考 4-1-1-1，香蜂草／蜜蜂花 (Balm, Lemon)，請參考第六章 B1。

光葉裂欖木有抗驚厥、抗發炎、抗菌、殺菌、除臭等功效，無毒、無刺激性，也無致敏性。芳香療法的應用上：在皮膚護理方面可緩解痤瘡、割傷、皮炎；在神經系統方面可緩解神經緊張和壓力相關症狀。光葉裂欖木／墨西哥沉香的木質部精油用於肥皂、沐浴用品、香水，也用於生產天然沉香醇／芳樟醇，但越來越多被人工合成的芳樟醇取代[30]。

L9. 荷蘭椴樹(Linden/Tilia vulgaris)；錦葵科(Malvaceae)

荷蘭椴樹 (Linden) 屬於錦葵科 (Malvaceae) 椴樹亞科 (Tilioideae) 椴樹屬 (Tilia)，舊時分類在椴樹科／田麻科 (Tiliaceae)，相近的品種有小葉椴樹、闊葉椴樹、義大利椴樹、西洋椴樹、林地椴樹等。

主要成分：

- 金合歡醇／法尼醇 (Farnesol/Dodecatrienol)，請參考 2-2-2-1，與橙花叔醇是結構異構物，麝香秋葵／麝香梨子／香葵／黃葵 (Ambrette Seed)，請參考第六章 A4。
- 凝香體 (Concrete)、原精 (Absolute)、類樹脂 (Resinoid)，麝香秋葵／麝香梨子／香葵／黃葵 (Ambrette Seed)，請參考第六章 A4。

荷蘭椴樹精油有收斂、解痙、鎭痛、利尿、潤膚等功效，大多數產品都是摻假或合成的。芳香療法的應用上：在消化系統方面可緩解胃痙攣、消化不良；在神經系統方面可緩解頭痛、失眠、神經緊張和與壓力相關症狀，也用於高級香水[30]。

L10. 山雞椒(Litsea Cubeba/Litsea cubeba (Lour.) Pers. ct. citral)；樟科(Lauraceae)

山雞椒／山胡椒／馬告／中國檸檬木薑子，屬於樟科 (Lauraceae) 木薑子屬 (Litsea)，相近的品種有山胡椒 (Litsea citrate Blume)，爲臺灣的原住民特色香料。

主要成分：

- 檸檬醛 (Citral)，請參考 3-1-2-1，有 α(Trans)、β(Cis) 兩種異構物，香蜂草／蜜蜂花 (Balm, Lemon)，請參考第六章 B1。

山雞椒／山胡椒精油有抗菌、殺蟲、消毒、除臭等功效，無毒、無刺激性，但對某些人可能致敏。芳香療法的應用上：在皮膚護理方面可緩解痤瘡、皮膚炎；在消化系統方面可緩解胃脹氣、消化不良；在免疫系統方面可緩解流行感冒症狀。山雞椒／山胡椒精油是天然檸檬醛的主要來源，廣泛用於肥皂、除臭劑、沐浴用品、空氣清新劑、香水、古龍水等產品，也用於水果製品等食品加工，做為調味劑[30]。

L11. 圓葉當歸／歐當歸(Lovage/Levisticum officinale)；傘形科／繖形科(Apiaceae/Umbelliferae)

圓葉當歸／歐當歸 (Levisticum officinale)，又稱獨活草／高山野芹，是繖形科歐當歸屬 (Levisticum)，相近的品種有蘇格蘭歐當歸 (Levisticum scoticum L.)。

主要成分：

- 苯酞／酞內酯 (Phthalide/Phthalolactone)，請參考 4-2-1-8。
- 丁苯酞／3- 正丁基苯酞／芹菜甲素 (Butylphthalide/3-n-Butylphthalide)，請參考 4-2-1-9。
- 丁烯基苯酞／3- 正丁烯基苯酞／3- 丁烯基酞內酯 (3-Butylidenephthalide)，請參考 4-2-1-10。
- 藁本內酯／／川芎內酯 (Ligustilide)，請參考 4-2-1-11。
- 瑟丹內酯／新蛇床子內酯／芹菜子交酯 (Sedanolide/Neocnidilid)，請參考 4-2-1-12。
- 類萜化合物 (Terpenoid)：有時稱為類異戊二烯 (Isoprenoids)，是天然存在的有機化合物，源於異戊二烯 (Isoprene) 和萜烯類 (Terpenes) 化合物。類萜化合物有時與萜烯類混用，事實上類萜化合物通常含有額外的氧官能團，萜烯類則是碳氫化合物，不含氧官能團。類萜化合物有桉樹的氣味以及肉桂、丁香、生薑的香氣，有向日葵的黃色和番茄的紅色。常見的類萜化合物包括檸檬醛 (Citral)、薄荷醇 (Menthol)、樟腦 (Camphor) 等。
- 香豆素類 (Coumarins)，請參考 4-2-2，屬於一種內酯，亦即環狀的酯類。香豆素可分成簡單香豆素類：呋喃香豆素類 (Furocoumarins)；吡喃香豆素類 (Pyranocoumarins)；雙香豆素類 (Dicoumarins)，異香豆類等，歐白芷／洋當歸 (Angelica)，請參考第六章 A6。

圓葉當歸／歐當歸精油有抗菌、解痙、利尿、止痛、止血、通經血、祛痰等功效，無毒、無刺激性，但可能有致敏性及光毒性，請審慎斟酌，孕期避免使用。芳香療法的應用上：在循環、肌肉、關節方面可緩解痛風、水腫、風溼症、循環不良、積累毒素；在消化系統方面可緩解脹氣、消化不良、胃痙攣；在泌尿生殖系統方面可緩解閉經、痛經、膀胱炎。圓葉當歸／歐當歸根部的精油用於香皂、化妝品和香水。精油和萃取物用於調味劑、酒類和煙草中[30]。

M1. 橘(Mandarin/Citrus reticulata Blanco var. mandarine)；芸香科(Rutaceae)

橘 (Mandarin) 屬於芸香科 (Rutaceae) 柑橘屬 (Citrus)，閩南語稱為柑仔，是柑橘／四季桔 (Citrus reticulata Blanco) 的相近品種[5]。

- ➢ 柚 (Pomelo/Citrus maxima)：屬於芸香科 (Rutaceae) 柑橘屬 (Citrus)，廣泛分佈於中國河南、江南等地及東南亞。
- ➢ 橙 (Orange/Citrus sinensis)：亦稱為柳橙，是柚與橘的雜交種，考古顯示西元前 2500 年起源於中國，原來品種應該是酸橙，甜橙則是酸橙在華南的變種。

➢ 柑 (Tangerine/Citrus tangerina)：爲橘與橙之雜交種；因爲橙爲橘與柚之雜交種，因而柑帶有柚的基因。柑與現代栽培出之橘橙（橘／柑，與橙之雜交種）有所不同。
 ✓ 柑和橘相似，中文常混淆，嚴格來說柑比橘大、比橙小，皮比橘厚，剝皮比橙容易。
 ✓ 柑、橘又合稱爲寬皮柑。

➢ 葡萄柚 (Grapefruit/Citrus paradisi)：17 世紀西印度群島東端的巴貝多從亞洲引入種植橙及柚，而出現的雜交種。

主要成分：

• 檸檬烯／薴烯 (Limonene)、二戊烯 (Dipentene)，請參考 2-1-1-1，歐白芷／洋當歸 (Angelica)，請參考第六章 A6。
• N- 甲鄰胺苯甲酸甲酯 (Methyl N-methylanthranilate)，請參考 4-1-2-12。
• 香葉醇／牻牛兒醇 (Geraniol/(E)-Nerol)，請參考 2-2-1-1-1，香蜂草／蜜蜂花 (Balm, Lemon)，請參考第六章 B1。
• 檸檬醛 (Citral)，請參考 3-1-2-1，有 α(Trans)、β(Cis) 兩種異構物，香蜂草／蜜蜂花 (Balm, Lemon)，請參考第六章 B1。
• 香茅醛／玫紅醛 (Citronellal/Rhodinal)，請參考 3-1-2-4，香茅 (Citronella)，請參考第六章 C23。

橘子精油有抗菌、解痙、催吐、助消化、利尿、通便等功效，無毒、無刺激性，也無致敏性。可能具有光毒性，但未明確證實。芳香療法的應用上：在皮膚護理方面可緩解痤瘡、疤痕、斑點、妊娠紋；在消化系統方面可緩解消化不良、打嗝、腸道問題；在神經系統方面可緩解失眠、神經緊張、煩躁不安[30]。

M2. 金盞花／金盞菊(Marigold/Calendula officinalis L.)；菊科(Asteraceae)

➢ 金盞花 (Calendula officinalis)：屬於菊科 (Asteraceae) 金盞花屬 (Calendula)[5]，又名金盞菊。英文金盞花的同義詞有：Pot marigold/Scotch marigold/Calendula/Common marigold。

➢ 萬壽菊 (Tagetes erecta)：屬於菊科 (Asteraceae) 萬壽菊屬 (Tagetes)，又名臭芙蓉[5,13]。英文萬壽菊的同義詞有：Marigold/Aztec marigold/Big marigold。

主要成分：

• 金盞花素 (Calendulin)，請參考 5-2-3-31。
 ➢ 四萜烯 (Tetraperpene)：由八個異戊二烯構成，稱爲「C_{40}」，常見於 β- 胡蘿蔔素 (β-Carotene)。
• 皀素／皀苷 (Saponins)，請參考 5-2-3-32。
• 類黃酮 (Flavonoids)，請參考 5-2-3-30。巧克力含的表兒茶素 (Epicatechin) 是類黃酮，其抗氧化力是紅酒／綠茶的兩三倍[5]。

金盞花有抗出血、抗發炎、殺菌、殺眞菌、解痙、收斂、催吐、通經血、鎭痛等功效，無毒、無刺激性，也無致敏性。眞正的金盞花原精 (Absolute) 僅少量生產，很難得。芳香療法的應用上：在皮膚護理方面可緩解割傷、溼疹、皮膚炎、昆蟲叮咬、皮疹等症狀。金盞花精油用於高級香水，其油浸劑 (Infused oil) / 浸漬油 (Macerated oil) 有強大的皮膚癒合功效，在芳香療法中很有價值 [30]。

- 凝香體 (Concrete)、原精 (Absolute)、類樹脂 (Resinoid)，麝香秋葵 / 麝香梨子 / 香葵 / 黃葵 (Ambrette Seed)，請參考第六章 A4。
- 油浸劑 (Infused oil) / 浸漬油 (Macerated oil)：由一種或多種草藥滲透的載體油組成，使用油浸劑 / 浸漬油的好處是包含了載體油和草藥的複合特性。

M3.甜馬鬱蘭(Marjoram, Sweet/Origanum majorana L.)；唇形科 (Lamiaceae)

甜馬鬱蘭屬於唇形科 (Lamiaceae) 牛至屬 (Origanum)。牛至 (Origanum vulgare L.) 又稱野馬鬱蘭 (Wild marjoram)。

主要成分：

- 萜品烯 / 松油烯 (Terpinene) 與萜品油烯 (Terpinolene)/δ- 萜品烯 / 異松油烯，請參考 2-1-1-4，印度藏茴香 / 香旱芹 (Ajowan)，請參考第六章 A1。
- 松油醇 / 萜品醇 (Terpineol)、4- 松油醇 / 萜品烯 -4- 醇 (Terpin-4-ol)，請參考 2-2-1-3-1，月桂 (Bay, Cineol)，請參考第六章 B8。
- 檜烯 / 沙賓烯 (Sabinene)，請參考 2-1-1-10，東方側柏 (Arborvitae)，請參考第六章 A9。
- 沉香醇 / 枷羅木醇 (Linalool，右旋：芫荽醇，左旋：芳樟醇），分子手性方向與旋光方向相反，請參考 2-2-1-3-2，羅勒 (Basil, Exotic)，請參考第六章 B6。
- 香旱芹酚 / 香荊芥酚 (Carvacrol/Cymophenol)，請參考 5-1-1-2，山金車 (Arnica)，請參考第六章 A10。
- 乙酸沉香酯 / 乙酸芳樟酯 (Linalyl acetate)，請參考 4-1-1-1，香蜂草 / 蜜蜂花 (Balm, Lemon)，請參考第六章 B1。
- 羅勒烯 (Ocimene)，請參考 2-1-1-9，爲月桂烯的異構物，白松香 (Galbanum)，請參考第七章 G2。
- 杜松烯 (Cadinene)、卡達烷 (Cadalane)，請參考 2-1-2-18，西印度檀香 / 阿米香樹 (Amyris)，請參考第六章 A5。
- 乙酸香葉酯 / 乙酸牻牛兒酯 (Geranyl acetate)，牻念「忙」，請參考 4-1-1-5，香水樹 / 卡南迦 (Cananga)，請參考本章 C7。
- 檸檬醛 (Citral)，請參考 3-1-2-1，香蜂草 / 蜜蜂花 (Balm, Lemon)，請參考第六章 B1。
- 丁香酚 (Eugenol)，請參考 5-1-1-3，多香果 / 牙買加胡椒 / 丁香胡椒 (Allspice)，請參考第六章 A2。

甜馬鬱蘭精油有殺菌、抗病毒、殺眞菌、鎭痛、壯陽、抗氧化、防腐、解痙、催情、利尿、助消化、催吐、祛痰、降血壓、通便等功效，無毒、無刺激性，也無致敏性，但懷孕期間不可使用。芳香療法的應用上：在皮膚護理方面可緩解雀斑、瘀傷、蝨子咬傷；在循環、肌肉、關節方面可緩解關節炎、腰痛、肌肉酸痛、風溼、扭傷；在呼吸系統方面可緩解氣喘、支氣管炎、咳嗽；在消化系統方面可緩解腹絞痛、便秘、消化不良、氣脹；在泌尿生殖系統方面可緩解閉經、痛經、白帶；在免疫系統方面可緩解感冒症狀；在神經系統方面可緩解頭痛、失眠、高血壓、神經緊張和壓力相關症狀。甜馬鬱蘭精油用於香皂、洗滌劑、化妝品、香水，並廣泛用於肉類、調味品、醬汁等食品，以及酒精與非酒精飲料[30]。

M4. 薰陸香／乳香黃連木(Mastic/Pistacia lentiscus)；漆樹科(Anacardiaceae)

薰陸香屬於漆樹科 (Anacardiaceae) 黃連木屬 (Pistacia)，相近的品種有奇歐島薰陸香 (Pistacia lentiscus var Chios)。薰陸香因爲 Pistacia（黃連木）而有乳香黃連木之名，然乳香屬於橄欖科 (Burseraceae)，薰陸香則屬於漆樹科 (Anacardiaceae)。

主要成分：

• 蒎烯／松油萜 (Pinene)，請參考 2-1-1-3，印度藏茴香／香旱芹 (Ajowan)，請參考第六章 A1。

薰陸香／乳香黃連木精油有抗菌、防腐、祛痰、解痙、利尿等功效，無毒、無刺激性，但對某些人可能有致敏性。芳香療法在皮膚護理方面可緩解痔瘡、傷口疼痛；在呼吸系統方面可緩解氣喘、支氣管炎、慢性咳嗽、喉嚨痛；在泌尿生殖系統方面可緩解膀胱炎、泌尿生殖系統感染；在神經系統方面可緩解抑鬱、神經緊張、壓力相關症狀。薰陸香／乳香黃連木精油用於牙科藥劑和清漆的生產，也用於香水、古龍水，以及酒精飲料的調味劑。

M5. 黃香草木樨(Melilotus/Melilotus officinalis)；豆科(Fabaceae)

黃香草木樨 (Melilotus) 屬於豆科／蝶形花科 (Fabaceae) 蝶形花亞科 (Faboideae) 草木樨屬 (Melilotus)，又名金花草，原產於歐、亞兩洲，分布在土耳其、伊朗和西伯利亞等地，以及中國大陸東北、華北、西南和長江流域以南都，相近的品種有白花木樨 (Melilotus albus Medic.)。

主要成分：

• 香豆素類 (Coumarins)，請參考 4-2-2，屬於一種內酯，亦即環狀的酯類。香豆素可分成簡單香豆素類：呋喃香豆素類 (Furocoumarins)、吡喃香豆素類 (Pyranocoumarins)、雙香豆素類 (Dicoumarins)、異香豆類等，歐白芷／洋當歸 (Angelica)，請參考第六章 A6。

• 草木樨酸／鄰一氫花薰草酸／鄰羥二氫桂皮酸／3-(2- 羥苯基）丙酸 (Melilotic acid/Melilotate/o-Hydro coumaric acid/3-(2-Hydroxy phenyl)propanoic acid)，請參考 5-2-2-22。

• 草木樨酸內酯／鄰一氫花薰草酸內酯／鄰羥二氫桂皮酸內酯 (Melilotin/Melilotic acid lactone/Hydro coumarin/Oxochroman/3,4-Dihydrocoumarin)，請參考 4-2-1-13。內酯 (Lactone)：即環狀酯，由羥基和羧基縮合環化而得[5]。

• 鄰香豆酸／鄰羥基肉桂酸／2- 羥基肉桂酸 (Orthocoumaric acid/o-Coumaric acid/2-Hydroxy Cinnamic Acid)，請參考 5-2-2-23。

➢ 芳香烴中，o-(Ortho) 代表鄰位異構物，m-(Meta) 代表間位異構物，p-(Para) 代表對位異構物。

黃香草木樨精油有抗發炎、抗風溼、解痙、潤膚、祛痰、助消化、殺飛蛾等功效，在美國等國家香豆素類禁止用於調味品，某些香豆素也被認定具光毒性，因此黃香草木樨精油不建議用於芳香療法或家庭使用。黃香草木樨樹脂用於高級香水，在沒有禁用香豆素的地區，黃香草木樨精油用於菸草。

M6. 銀栲／銀合歡(Mimosa/Silver Wattle/Acacia dealbata)；蝶形花科／豆科(Fabaceae)；含羞草亞科(Mimosoideae)

銀荊／銀栲 (Acacia dealbata) 屬於蝶形花科／豆科 (Fabaceae)；含羞草亞科 (Mimosoideae)；相思樹屬 (Acacia，原名金合歡屬）。含羞草 (Mimosa pudica) 屬於蝶形花科／豆科 (Fabaceae)；含羞草亞科 (Mimosoideae)；含羞草屬 (Mimosa)。銀栲／銀合歡相關品種有金合歡和黑栲／黑合歡等。

主要成分：

- 碳氫化合物 (Hydrocarbons)：在這裡主要是指萜烯類化合物。萜烯類／萜品烯 (Terpene) 是一個總稱，包含單萜烯、倍半萜烯、二萜烯、三萜烯等。
- 十六醛／棕櫚醛 (Palmitaldehyde/ Hexadecanal)，請參考 3-1-1-8。
- 庚酸／葡萄花酸 (Enanthic acid/Heptanoic acid)，請參考 5-2-2-24。
- 茴香酸／大茴香酸 (Anisic acid)，請參考 5-2-2-4。
- 乙酸／醋酸 (Acetic acid)：化學式 $C_2H_4O_2$、密度 1.05g/cm^3、熔點 16.2°C、沸點 117.1°C，為透明液體，溶於乙醇、乙醚、甘油、水，有刺激性酸臭氣味，具腐蝕性及刺激性，易燃，可致人體灼傷，用於製備醋酐、醋酸乙烯、乙酸酯類、金屬醋酸鹽、氯乙酸、醋酸纖維素等，也用作溶劑。
- 酚類 (Phenols)：通式為 ArOH，結構為芳烴環上的氫被羥基取代的一類芳香化合物。酚類有殺菌、抗感染、抗病毒，殺黴菌、抗寄生蟲的功效。

銀栲／銀合歡精油有抗菌功效，無毒、無刺激性，也無致敏性。芳香療法及家庭使用於一般皮膚及敏感性皮膚護理。在神經系統方面可緩解焦慮、神經緊張、壓力等症狀。銀栲／銀合歡精油主要用於肥皂，以及東方香型與花香香型的高級香水或古龍水。

M7. 野薄荷(Mint, Cornmint/Mentha arvensis)；唇形科(Lamiaceae)

野薄荷／玉米薄荷／土薄荷 (Mentha arvensis)，屬於唇形科薄荷屬。薄荷常見的品種繁多[114]，包括：

- 野薄荷類 (M. arvensis)，例如：中國薄荷、薑味薄荷、香蕉薄荷。
- 綠薄荷類 (M. spicata) ，例如：綠薄荷、縐葉綠薄荷、英國薄荷、黃金薄荷。
- 歐薄荷／胡椒薄荷類 (M.piperita)，例如：胡椒薄荷、斑葉胡椒薄荷、瑞士薄荷、巧克力薄荷、葡萄柚薄荷。

- 水薄荷類 (M. aquatica)，例如：水薄荷、萊姆薄荷、柳橙薄荷、柑橘薄荷。
- 長葉薄荷類 (M. longifolia)，例如：長葉薄荷、銀薄荷。
- gracilis 類，例如：越南薄荷、蘇格蘭薄荷、澳洲薄荷。
- suaveolens 類，例如：蘋果薄荷、鳳梨薄荷。
- Canadensis 類例如：日本薄荷。
- Pulegium 類，例如：普列薄荷。
- Requienii，例如：科西嘉薄荷。

主要成分：

- 薄荷醇／薄荷腦 (Menthol)，請參考 2-2-1-2-1，樟木 (Camphor)，請參考第六章 C6。
- 乙酸薄荷酯 (Menthyl acetate)，請參考 4-1-1-12。
- 薄荷酮 (Menthone)／異薄荷酮 (Isomenthone)，請參考 3-2-1-1，胡薄荷酮／蒲勒酮 (Pulegone)，請參考 3-2-1-2，布枯 (Buchu)，請參考第六章 B18，香葉天竺葵 (Geranium)，請參考第七章 G5。
  - ➢ 胡薄荷酮具有肝臟毒性，在民間被用作墮胎藥，大劑量食入會引起嚴重的中毒，偶爾會導致死亡。研究顯示大鼠和小鼠的肝臟、腎臟、鼻子和胃的非腫瘤性病變以及有致癌的跡象。
- 蒎烯／松油萜 (Pinene)，請參考 2-1-1-3，印度藏茴香／香旱芹 (Ajowan)，請參考第六章 A1。
- 側柏酮／崖柏酮 (Thujone)，請參考 3-2-1-13，不可食用，許多國家都對食物或飲料中側柏酮的含量做了限制 [5.19]。在芳療經驗上，側柏酮 (Thujone) 爲口服毒素及墮胎藥劑，孕婦應避免接觸，東方側柏 (Arborvitae)，請參考第六章 A9。
- 水芹烯／水茴香萜 (Phellandrene)，請參考 2-1-1-7，多香果／牙買加胡椒／丁香胡椒 (Allspice)，請參考第六章 A2。
- 胡椒酮 (Piperitone)、薄荷二烯酮／胡椒烯酮／胡薄荷烯酮 (Piperitenone/Pulespenone)、薄荷烯酮／辣薄荷酮 (Pigeritone)，請參考 3-2-1-14，闊葉桉 (Eucalyptus, Broad-Leaved Peppermint)，請參考第六章 E5。
- 薄荷呋喃 (Menthofuran)，請參考 5-2-1-3。

野薄荷／玉米薄荷／土薄荷有麻醉、抗菌、防腐、解痙、催情、助消化、祛痰等功效，一般濃度無毒、無刺激性，但對某些人可能有致敏性。薄荷醇和乙酸薄荷酯對皮膚有刺激性，芳香療法或家庭使用優先使用綠薄荷 (Mint, Spearmint)，因爲綠薄荷／留蘭香不像市售薄荷油經過分餾，因此具有更精緻的香氣。野薄荷以薄荷醇的形式用於止咳片、草藥茶、糖漿等藥物製劑，也廣泛用於肥皂、牙膏、洗滌劑、化妝品、香水以及工業香料，在食品工業上常用於糖果、酒精飲料和口香糖。野薄荷主要用於分離天然薄荷醇。

M8.歐薄荷／胡椒薄荷(Mint, Peppermint/Mentha piperita)；唇形科(Lamiaceae)

薄荷常見的品種繁多，在野薄荷／玉米薄荷／土薄荷 (Mint, Cornmint) 中介紹過[114]。歐薄荷／胡椒薄荷類 (M.piperita) 有胡椒薄荷、斑葉胡椒薄荷、瑞士薄荷、巧克力薄荷、葡萄柚薄荷等品種。野薄荷 (Mint, Cornmint)，請參考第七章 M7。

主要成分：

- 薄荷醇／薄荷腦 (Menthol)，請參考 2-2-1-2-1，樟木 (Camphor)，請參考第六章 C6。
- 薄荷酮 (Menthone)／異薄荷酮 (Isomenthone)，請參考 3-2-1-1，胡薄荷酮／蒲勒酮 (Pulegone)，請參考 3-2-1-2，布枯 (Buchu)，請參考第六章 B18，香葉天竺葵 (Geranium)，請參考第七章 G5。
  - ➢ 胡薄荷酮具有肝臟毒性，在民間被用作墮胎藥，大劑量食入會引起嚴重的中毒，偶爾會導致死亡。研究顯示大鼠和小鼠的肝臟、腎臟、鼻子和胃的非腫瘤性病變以及有致癌的跡象。
- 乙酸薄荷酯 (Menthyl acetate)，請參考 4-1-1-12，野薄荷 (Mint, Cornmint)，請參考第七章 M7。
- 薄荷呋喃 (Menthofuran)，請參考 5-2-1-3，野薄荷 (Mint, Cornmint)，請參考第七章 M7。
- 檸檬烯／薴烯 (Limonene)、二戊烯 (Dipentene)，請參考 2-1-1-1，歐白芷／洋當歸 (Angelica)，請參考第六章 A6。
- 1,8- 桉葉素／桉葉素／桉葉油醇 (Cineol/1,8-Cineole/Eucalyptol)，請參考 5-2-1-1，多香果／牙買加胡椒／丁香胡椒 (Allspice)，請參考第六章 A2。

歐薄荷／辣薄荷／胡椒薄荷有抗發炎、殺菌、抗菌、抗病毒、止痛、止癢、解痙、催吐、祛痰等功效，一般濃度無毒、無刺激性，但對某些人可能有致敏性，薄荷醇和乙酸薄荷酯對皮膚有刺激性，建議酌量使用。芳香療法的應用上：在皮膚護理方面可緩解痤瘡、皮膚炎、皮癬、疥瘡；在循環、肌肉、關節方面可緩解神經痛、肌肉痛、心悸；在呼吸系統方面可緩解氣喘、氣管或支氣管炎、口臭、鼻竇炎、痙攣性咳嗽；在消化系統方面可緩解腹絞痛、胃痙攣、消化不良、脹氣、噁心；在免疫系統方面可緩解感冒、流感；在神經系統方面可緩解昏厥、頭痛、精神不振、偏頭痛、神經緊張、眩暈。

歐薄荷／辣薄荷／胡椒薄荷常作爲咳嗽藥、感冒藥和消化藥的調味劑，廣泛用於糖果、口香糖、煙草、酒精與非酒精飲料，也用於肥皂、牙膏、洗滌劑、化妝品、古龍水和香水等產品。吸入歐薄荷／辣薄荷／胡椒薄荷蒸汽能暫時抑制咳嗽，成爲氣喘病最有用的吸入劑[30]。

M9.綠薄荷(Mint, Spearmint/Mentha spicata)；唇形科(Lamiaceae)

薄荷常見的品種繁多，在野薄荷 (Mint, Cornmint) 中介紹過[114]。綠薄荷類 (M. spicata) 有綠薄荷、縐葉綠薄荷、英國薄荷、黃金薄荷等品種。野薄荷 (Mint, Cornmint)，請參考第七章 M7。

主要成分：

- l- 香芹酮 (l-Carvone)：l- 香芹酮 (l-Carvone) 為香芹酮的對映體。香芹酮 (Carvone)，請參考 3-2-1-5，葛縷子 (Caraway)，請參考第六章 C8。
- 二氫香芹酮 (Dihydrocarvone)，請參考 3-2-1-5，葛縷子 (Caraway/Carum carvi)，請參考第六章 C8。
- 水芹烯／水茴香萜 (Phellandrene)，請參考 2-1-1-7，多香果／牙買加胡椒／丁香胡椒 (Allspice)，請參考第六章 A2。
- 檸檬烯／薴烯 (Limonene)、二戊烯 (Dipentene)，請參考 2-1-1-1，歐白芷／洋當歸 (Angelica)，請參考第六章 A6。
- 薄荷酮 (Menthone)／異薄荷酮 (Isomenthone)，請參考 3-2-1-1，胡薄荷酮／蒲勒酮 (Pulegone)，請參考 3-2-1-2，布枯 (Buchu)，請參考第六章 B18，香葉天竺葵 (Geranium)，請參考第七章 G5。
  - 胡薄荷酮具有肝臟毒性，在民間被用作墮胎藥，大劑量食入會引起嚴重的中毒，偶爾會導致死亡。研究顯示大鼠和小鼠的肝臟、腎臟、鼻子和胃的非腫瘤性病變以及有致癌的跡象。
- 薄荷醇／薄荷腦 (Menthol)，請參考 2-2-1-2-1，樟木 (Camphor)，請參考第六章 C6。
- 1,8- 桉葉素／桉葉素／桉葉油醇 (Cineol/1,8-Cineole/Eucalyptol)，請參考 5-2-1-1，多香果／牙買加胡椒／丁香胡椒 (Allspice)，請參考第六章 A2。
- 沉香醇／枷羅木醇 (Linalool，右旋：芫荽醇，左旋：芳樟醇），分子手性方向與旋光方向相反，請參考 2-2-1-3-2，羅勒 (Basil, Exotic)，請參考第六章 B6。
- 蒎烯／松油萜 (Pinene)，請參考 2-1-1-3，印度藏茴香／香旱芹 (Ajowan)，請參考第六章 A1。

綠薄荷／留蘭香有麻醉、防腐、解痙、收斂、催情、助消化、利尿、袪痰等功效，無毒、無刺激性，也無致敏性。綠薄荷／留蘭香精油性質類似於歐薄荷／辣薄荷／胡椒薄荷，但主要成分沒有乙酸薄荷酯，較不具刺激性，更適合兒童使用。芳香療法的應用上：在皮膚護理方面可緩解痤瘡、皮膚炎；在呼吸系統方面可緩解氣喘、支氣管炎、鼻竇炎；在消化系統方面可緩解腹絞痛、消化不良、腸胃氣脹、噁心、嘔吐；在免疫系統方面可緩解感冒、發燒、流感；在神經系統方面可緩解疲勞、頭痛與偏頭痛、神經緊張、神經衰弱、壓力相關症狀。綠薄荷／留蘭香精油主要用於肥皂和古龍水，以及作為牙膏、口香糖、糖果、酒精與非酒精飲料等產品的風味成分[30]。

M10. 艾蒿(Mugwort/Artemisia vulgaris)；菊科(Asteraceae)

艾蒿 (Mugwort) 屬於菊科蒿屬 (Artemisia)，是蒿屬植物的統稱，相關品種繁多[28]，包括龍艾、白苦艾、小苦艾、樹艾、中亞苦蒿、普通苦艾、非洲艾、巴爾幹蒿、羅馬苦艾、阿比西尼亞蒿、樟腦蒿、年蒿、白葉蒿等[28]。在歐洲，艾蒿通常指普通艾蒿 (Common mugwort/Artemisia vulgaris)，有時會用具體的名稱來稱呼其品種，但多數可能直接統稱為艾蒿。華人常用的艾草學名是 Artemisia argyi Levl. et Van。

- 艾菊／普通艾菊／菊蒿 (Tansy)，是菊科菊蒿屬 (Tanacetum)，請參考第八章 T2。
- 摩洛哥藍艾菊 (Chamomile, Maroc)，也是菊科菊蒿屬 (Tanacetum)，請參考第六章 C19。

主要成分：

- 側柏酮／崖柏酮 (Thujone)，請參考 3-2-1-13，不可食用，許多國家都對食物或飲料中側柏酮的含量做了限制[5,19]。在芳療經驗上，側柏酮 (Thujone) 為口服毒素及墮胎藥劑，孕婦應避免接觸，東方側柏 (Arborvitae)，請參考第六章 A9。
- 1,8- 桉葉素／桉葉素／桉葉油醇 (Cineol/1,8-Cineole/Eucalyptol)，請參考 5-2-1-1，多香果／牙買加胡椒／丁香胡椒 (Allspice)，請參考第六章 A2。
- 蒎烯／松油萜 (Pinene)，請參考 2-1-1-3，印度藏茴香／香旱芹 (Ajowan)，請參考第六章 A1。
- 二氫母菊酯 (Dihydromatricaria ester)，請參考 4-1-1-13。

艾蒿精油有驅蟲、殺菌、解痙、利尿、催吐等功能，因為含有高濃度的側柏酮，有墮胎藥效，口服有毒性，許多國家禁止使用，不論內服或外用都不建議用於芳香療法或家庭使用[30]。艾蒿精油用於香皂、古龍水和香水。由於側柏酮有墮胎藥效，很少作為調味用途。

M11. 黑芥(Mustard/Brassica nigra L. Koch.)十字花科／蕓苔科(Brassicaceae)

蕓苔科 (Brassicaceae) 舊稱十字花科 (Cruciferae)。黑芥 (Brassica nigra) 屬於十字花科／蕓苔科 (Brassicaceae)；蕓薹屬 (Brassica)，相關品種有白芥、褐芥等。

主要成分：

- 山葵／辣根／黃芥子的差異[45]，辣根 (Horseradish)，請參考第七章 H3。
- 異硫氰酸烯丙酯 (Allyl isothiocyanate/AITC)，請參考 5-2-3-13。

黑芥（芥末）有開胃藥、抗菌、殺菌、利尿、催吐、發熱、刺激等作用，為口腔與皮膚的毒素，對口腔與呼吸道黏膜有刺激性，是所有精油中毒性最強的一種，無論是外用還是內服都不應用於芳香療法或家庭療癒。芥末用於某些摩擦藥劑，廣泛用於醃菜、調料和醬料等食品工業，以及驅貓和驅狗劑，很少用於香料[30]。

M12. 沒藥(Myrrh/Commiphora myrrha Nees, Engl. var. molmol/Engl.)；橄欖科(Burseraceae)

沒藥／末藥 (myrrh)，是沒藥樹 (Commiphora myrrha) 或古阿沒藥樹 (Commiphora kua/C.habessinica) 的樹脂，品種繁多，有甜沒藥、苦沒藥、紅沒藥、芳香沒藥，還有許多非洲品種的沒藥[28]。沒藥樹汁液乾了之後會變成紅色，在東方是活血、化瘀、止痛、健胃的藥材，在西方常做成油膏，促進傷口癒合[5]。

主要成分：

- 沒藥烯 (Bisabolene)、罕沒藥烯 (Heerabolene)，請參考 4-1-2-4。

- 檸檬烯／薴烯 (Limonene)，請參考 2-1-1-1，歐白芷／洋當歸 (Angelica)，請參考第六章 A6。
- 二戊烯 (Dipentene，請參考 2-1-1-1，外消旋體的檸檬烯稱爲二戊烯，印度藏茴香／香旱芹 (Ajowan)，請參考第六章 A1。
- 蒎烯／松油萜 (Pinene)，請參考 2-1-1-3，印度藏茴香／香旱芹 (Ajowan)，請參考第六章 A1。
- 丁香酚 (Eugenol)，請參考 5-1-1-3，多香果／牙買加胡椒／丁香胡椒 (Allspice)，請參考第六章 A2。
- 肉桂醛／桂皮醛 (Cinnamaldehyde)，請參考 3-1-2-7，中國肉桂 (Cassia)，請參考第六章 C12。
- 枯茗醛／小茴香醛 (Cuminaldehyde/Cuminal)，請參考 3-1-2-6，是一種芳香族的單萜醛，錫蘭肉桂 (Cinnamon)，請參考第六章 C22。
- 杜松烯 (Cadinene)、卡達烷 (Cadalane)，請參考 2-1-2-18，西印度檀香／阿米香樹 (Amyris)，請參考第六章 A5。

沒藥／末藥有抗腹瀉、抗發炎、抗菌、殺菌、消炎、催情、通經血、祛痰、殺眞菌等功效，無刺激性也無致敏性，但高濃度可能有毒性，懷孕期間不應使用。芳香療法的應用上：在皮膚護理方面可緩解香港腳、皮膚皸裂、溼疹、皮癬、傷口、皺紋；在循環、肌肉、關節方面可緩解關節炎；在呼吸系統方面可緩解氣喘、支氣管炎、肺炎、咳嗽、牙齦炎、口腔潰瘍、喉嚨痛；在消化系統方面可緩解腹瀉、消化不良、脹氣、痔瘡、食欲不振；在泌尿生殖系統方面可緩解閉經、白帶、瘙癢症、鵝口瘡。沒藥／末藥的精油、樹脂或酊劑用於藥品以及漱口水、牙膏、肥皂、洗滌劑、化妝品等產品，也用於東方香型和重度花香型的香水，並廣泛用於食品加工以及酒精與非酒精飲料[30]。

M13. 香桃木(Myrtle/Myrtus communis L.)；桃金孃科(Myrtaceae)

香桃木屬於桃金孃科香桃木屬 (Myrtus)。

主要成分：

- 1,8- 桉葉素／桉葉素／桉葉油醇／1,8- 桉樹腦／(Cineol/Cineole/1,8-Cineole/Eucalyptol/)，請參考 5-2-1-1，多香果／牙買加胡椒／丁香胡椒 (Allspice)，請參考第六章 A2。
- 桃金娘烯醇／香桃木醇 (Myrtenol)，2-2-1-1-6。
  - ➢ 桃金孃烯醛／香桃木醛 (Myrtenal)，請參考 3-1-2-12。
- 蒎烯／松油萜 (Pinene)，請參考 2-1-1-3，印度藏茴香／香旱芹 (Ajowan)，請參考第六章 A1。
- 香葉醇／牻牛兒醇 (Geraniol/(E)-Nerol)，請參考 2-2-1-1-1，香蜂草／蜜蜂花 (Balm, Lemon)，請參考第六章 B1。
- 沉香醇／伽羅木醇 (Linalool，右旋：芫荽醇，左旋：芳樟醇），分子手性方向與旋光方向相反，請參考 2-2-1-3-2，羅勒 (Basil, Exotic)，請參考第六章 B6。

• 莰烯／樟烯 (Camphene)，請參考 2-1-1-8，冰片／龍腦 (Borneol)，請參考第六章 B15。

香桃木有抗凝血、抗菌、殺菌、祛痰等功效，無毒、無刺激性，也無致敏性。芳香療法的應用上：在皮膚護理方面可緩解痤瘡、痔瘡；在呼吸系統方面可緩解哮喘、支氣管炎、慢性咳嗽；在免疫系統方面可緩解感冒、流感。香桃木精油用於古龍水和化妝水，也用於肉醬和調味料，通常與草藥結合使用。香桃木精油相對溫和，適合兒童咳嗽和胸部不適等症狀使用[30]。

N1. 詩人水仙／紅口水仙(Narcissus/Narcissus poeticus)；石蒜科(Amaryllidaceae)

水仙 (Narcissus tazetta L.) 屬於石蒜科水仙屬 (Narcissus)，Narcissus poeticus 是詩人水仙／紅口水仙，相關品種還有黃水仙、木水仙等[28,30]。

主要成分：

• 槲皮素／槲黃酮／櫟精 (Quercetin/Sophoretin/Xanthaurine)，請參考 5-2-3-17。

• 石蒜鹼／水仙鹼 (Lycorine/Narcissine/Amarylline/Galanthidine/Belamarine)，會導致噁心、嘔吐，請參考 5-2-3-18。

水仙有抗痙攣、壯陽、催吐、麻醉、鎮靜等功效，石蒜科 (Amaryllidaceae) 植物對神經系統有很深的影響，尤其球莖會導致麻痺，某些情況下甚至會導致死亡。詩人水仙／紅口水仙 (Narcissus poeticus) 的鱗莖比一般水仙 (Daffodil) 更危險，具有強烈的催吐性和刺激性，密閉房間有水仙花也會使某些人頭痛甚至嘔吐，不作爲芳香療法或家庭使用。原精 (Absolute) 和凝香體 (Concrete) 幾乎只用於麻醉劑，以及花香型的高級香水[30]。

• 凝香體 (Concrete)、原精 (Absolute)、類樹脂 (Resinoid)，麝香秋葵／麝香梨子／香葵／黃葵 (Ambrette Seed)，請參考第六章 A4。

N2. 綠花白千層(Niaouli/Melaleuca viridiflora)；桃金孃科(Myrtaceae)

綠花白千層屬於桃金孃科白千層屬 (Melaleuca)，相關品種包括澳洲茶樹（互葉白千層）、狹葉白千層、刺葉白千層、具鉤白千層、黃金串錢柳以及許多亞種[6]。

主要成分：

• 1,8- 桉葉素／桉葉素／桉葉油醇 (Cineol/1,8-Cineole/Eucalyptol)，請參考 5-2-1-1，多香果／牙買加胡椒／丁香胡椒 (Allspice)，請參考第六章 A2。

• 松油醇／萜品醇 (Terpineol)、4- 松油醇／萜品烯 -4- 醇 (Terpin-4-ol)，請參考 2-2-1-3-1，月桂 (Bay, Cineol)，請參考第六章 B8。

• 蒎烯／松油萜 (Pinene)，請參考 2-1-1-3，印度藏茴香／香旱芹 (Ajowan)，請參考第六章 A1。

• 檸檬烯／薴烯 (Limonene)、二戊烯 (Dipentene)，請參考 2-1-1-1，歐白芷／洋當歸 (Angelica)，請參考第六章 A6。

• β- 蒎烯／松節油／(β-Pinene/Terebenthene/Pseudopinene/Nopinene)[11,13,60]：蒎烯／松油萜

(Pinene)，請參考 2-1-1-4。

- 戊酸酯 (Valeric ester)：纈草酸甲酯／戊酸甲酯 (Methyl valerate/Methyl pentanoate)，請參考 4-1-1-14。
  - ➢ 纈草酸／戊酸 (Valeric acid/Pentanoic acid)，請參考 5-2-2-8，波斯阿魏 (Asafoetida/Ferula asafoetida)，請參考第六章 A11。
  - ➢ 纈草烯醛 (Valerenal)，纈草醛 (Baldrinal)，請參考 3-1-3-1，請參考 5-2-2-8，波斯阿魏 (Asafoetida/Ferula asafoetida)，請參考第六章 A11。
  - ➢ 纈草酮 (Valeranone)，請參考 3-2-2-5。
- 乙酸酯 (Acetic ester)，例如：乙酸沉香酯／乙酸芳樟酯 (Linalyl acetate)，4-1-1-1、乙酸冰片酯與乙酸異冰片酯，4-1-1-4、乙酸香葉酯／乙酸牻牛兒酯 (Geranyl acetate)，4-1-1-5、乙酸橙花酯 (Neryl acetate)，4-1-1-6、乙酸松油酯／乙酸萜品酯 (Terpinyl acetate)，4-1-1-7、乙酸薰衣草酯 (Lavandulyl acetate)，4-1-1-11、乙酸薄荷酯 (Menthyl acetate)，4-1-1-12。
  - ➢ 乙酸甲酯 (Methyl acetic ester/Methyl acetate)：化學式 $C_3H_6O_2$、密度 0.93 g/cm^3、熔點 -98°C、沸點 44.0°C，爲無色透明液體，有水果香味，容易水解，易揮發、易燃燒，與空氣形成爆炸性混合物，高濃度時有麻醉作用。用作有機溶劑、人造皮革及香料等的原料以及食用香料 [12]。
  - ➢ 乙酸冰片酯／乙酸龍腦酯 (Bornyl acetate) 與乙酸異冰片酯／醋酸異冰片酯／乙酸異龍腦酯 (Isobornyl acetate)，請參考 4-1-1-4，冰片／龍腦 (Borneol)，請參考第六章 B15。
- 丁酸酯 (Butyric ester)，例如：當歸酸異丁酯／歐白芷酸異丁酯 (Isobutyl angelate)，請參考 4-1-1-2，羅馬洋甘菊 (Chamomile, Roman/Chamaemelum nobile)，請參考第六章 C19。

綠花白千層有殺菌、驅蟲、鎮痛、抗腹瀉、抗風溼、解痙、催吐、祛痰等功效，無毒、無刺激性，也無致敏性，但市售商品常常摻假。芳香療法的應用上：在皮膚護理方面可緩解痤瘡、癤子、水泡、割傷、蟲咬、潰瘍；在循環、肌肉、關節方面可緩解肌肉酸痛、循環不良；在呼吸系統方面可緩解氣喘、氣管與支氣管炎、咳嗽、鼻竇炎、喉嚨痛；在泌尿生殖系統方面可緩解膀胱炎、泌尿系統感染；在免疫系統方面可緩解感冒、發燒、流感。綠花白千層精油用於漱口水、咳嗽藥水、牙膏、口腔噴霧劑等藥物製劑 [30]。

N3. 肉豆蔻(Nutmeg/Myristica fragrans Houtt.)；肉豆蔻科(Myristicaceae)

肉豆蔻 (Nutmeg/Myristica fragrans Houtt)，是肉豆蔻科 (Myristicaceae) 肉豆蔻屬 (Myristica) 的高大喬木堅果類植物。小豆蔻又稱豆蔻／綠豆蔻／蔻米／三角荳蔻／印度荳蔻，是薑科 (Zingiberaceae) 小豆蔻屬 (Elettaria) 多年生的草本植物 [5]。小豆蔻 (Cardomon)，請參考第六章 C9。

主要成分：

- 單萜烯 (Monoterpenes)，杜松 (Juniper)，請參考第七章 J3。
- 莰烯／樟烯 (Camphene)，請參考 2-1-1-8，冰片／龍腦 (Borneol)，請參考第六章 B15。
- 蒎烯／松油萜 (Pinene)，請參考 2-1-1-3，印度藏茴香／香旱芹 (Ajowan)，請參考第六章

A1。
- 二戊烯 (Dipentene，請參考 2-1-1-1，外消旋體的檸檬烯稱爲二戊烯，印度藏茴香／香旱芹 (Ajowan)，請參考第六章 A1。
- 檜烯／沙賓烯 (Sabinene)，請參考 2-1-1-10，東方側柏 (Arborvitae)，請參考第六章 A9。
- 對傘花烴／對繖花烴 (p-Cymene/4-Cymene)，請參考 2-1-1-5，是一種芳香烴，印度藏茴香／香旱芹 (Ajowan)，請參考第六章 A1。
- 香葉醇／牻牛兒醇 (Geraniol/(E)-Nerol)，請參考 2-2-1-1-1，香蜂草／蜜蜂花 (Balm, Lemon)，請參考第六章 B1。
- 冰片醇／龍腦／2- 莰醇 (Borneol)，請參考 2-2-1-2-2，歐白芷／洋當歸 (Angelica)，請參考第六章 A6。
- 沉香醇／枷羅木醇 (Linalool，右旋：芫荽醇，左旋：芳樟醇），分子手性方向與旋光方向相反，請參考 2-2-1-3-2，羅勒 (Basil, Exotic)，請參考第六章 B6。
- 松油醇／萜品醇 (Terpineol)、4- 松油醇／萜品烯 -4- 醇 (Terpin-4-ol)，請參考 2-2-1-3-1，月桂 (Bay, Cineol)，請參考第六章 B8。
- 肉豆蔻醚 (Myristicin)、異肉豆蔻醚 (Isomyristicin)，請參考 5-1-2-4。
- 黃樟素 (Safrole)，請參考 5-1-2-3，目前 WHO 將黃樟素列在 2B 類致癌物清單；美國禁止使用在食品添加物、肥皂、香水；歐盟認定黃樟素具有遺傳毒性和致癌性；中國大陸仍可合法使用 [5]，樟木 (Camphor)，請參考第六章 C6。
- 欖香素／欖香酯醚 (Elemicin)，請參考 5-1-2-6，屬於茴香醚類化合物 [11]，欖香酯 (Elemi)，請參考第六章 E2。
- 油浸劑 (Infused oil)／浸漬油 (Macerated oil)：由一種或多種草藥滲透的載體油組成，使用油浸劑／浸漬油的好處是，包含了載體油和草藥的複合特性。

肉豆蔻精油有鎮痛、抗氧化、抗風溼、解痙、壯陽、催情、助消化、催吐，通常無毒、無刺激性，也無致敏性，大劑量使用會有心跳加速、興奮、幻覺，甚至噁心、昏迷等毒性反應，因此應適量使用，孕期更應審慎斟酌。芳香療法的應用上：在循環、肌肉、關節方面可緩解關節炎、痛風、肌肉疼痛、循環不良、風溼症；在消化系統方面可緩解脹氣、消化不良、噁心；在神經系統方面可緩解性冷感、陽痿、神經痛。肉豆蔻精油用於藥物作爲調味劑，以及肥皂、乳液、洗滌劑、化妝品和香水；樹脂用於古龍水和香水，廣泛用於食品加工，以及酒精與非酒精飲料 [30]。

O1. 橡苔(Oakmoss/Evernia prunastri)；梅衣科(Parmeliaceae)

橡苔 [5]／橡木苔 [4] 屬於囊子地衣綱 (Ascomycota)；茶漬目 (Lecanorales)；梅衣科／梅花衣科 (Parmeliaceae)，扁枝衣屬／木狀苔屬 (Evernia)，是一種地衣 [5]。

主要成分：
- 苔醯苔色酸／扁枝衣二酸／煤地衣酸 (Evernic acid)，請參考 5-2-2-25。
- 松蘿酸／d- 松蘿酸／d- 地衣酸 (d-Usnic acid/Usneine/Usniacin)，請參考 5-2-2-26。

- 黑茶漬素／荔枝素／巴美靈 (Atranorin/Parmelin/Usnarin)，請參考 5-2-3-19。

橡苔有抗菌、鎮痛、祛痰等作用，然而常摻雜其他地衣或合成香料。橡苔的凝香體 (Concrete) 主要用於肥皂，原精 (Absolute) 廣泛用於所有香型的香水，精油則用於高級香水，樹脂和類樹脂 (Resinoid) 溶解性差，用於肥皂、洗髮精、工業香水等產品[30]。

- 凝香體 (Concrete)、原精 (Absolute)、類樹脂 (Resinoid)，麝香秋葵／麝香梨子／香葵／黃葵 (Ambrette Seed)，請參考第六章 A4。

O2. 洋蔥(Onion/Allium cepa)；石蒜科(Amaryllidaceae)

洋蔥屬於石蒜科蔥屬 (Allium)。蔥屬 (Allium) 和萱草屬 (Hemerocallis) 已歸入石蒜科 (Amaryllidaceae)，不再屬於百合科 (Liliaceae)，相關品種有大蒜、火蔥、細香蔥等。

主要成分：

- 二丙基二硫醚 (Dipropyl disulphide)，請參考 5-2-3-20。
- 二丙基三硫醚 (Dipropyl trisulphide)，請參考 5-2-3-21。
- 甲基丙基二硫醚[20](Methylpropyl disulphide)，請參考 5-2-3-22。
- 甲基丙基三硫醚[20](Methylpropyl trisulphide)，請參考 5-2-3-23。
- 烯丙基丙基二硫醚／洋蔥油 (Allylpropyl disulphide/Onion oil)、二烯丙基二硫醚 (DADS)、二烯丙基三硫醚 (DATS)，請參考 5-2-3-7，大蒜 (Garlic)，請參考第七章 G4。

洋蔥有驅蟲、抗菌、殺菌、抗病毒、抗風溼、防腐、抗痙攣、止血、止癢、助消化、利尿、祛痰、降膽固醇、降血糖、降血壓、健胃、滋補等功效，一般無毒、無刺激，但可能有致敏性。由於有硫磺氣味，基本不用於芳香療法。洋蔥精油用於感冒、咳嗽等藥物製劑，廣泛用於肉類、鹹菜、沙拉醬等食品加工，以及酒精與非酒精飲料，但不用於香水[30]。

O3. 甜沒藥(Opopanax/Commiphora erythraea Ehrens. Engl.)；橄欖科(Burseraceae)

甜沒藥近似品種繁多，包括苦沒藥、紅沒藥、芳香沒藥，還有許多非洲品種的沒藥[28]。紅沒藥 (Commiphora erythraea Ehrens. Engl. var. glabrescens Engl.) 是甜沒藥的一個亞種。

主要成分：

- 沒藥烯 (Bisabolene)，請參考 2-1-2-4，小豆蔻 (Cardomon)，請參考第六章 C9。
- 常見的倍半萜醇包括：金合歡醇／法尼醇 (Farncsol/Dodecatrienol)、雪松醇／柏木醇 (Cedrol)、橙花叔醇／秘魯紫膠／戊烯醇 (Nerolidol/Peruvio/Penetrol)、岩蘭草醇 (Vetiverol)、廣藿香醇 (Patchoulol)、檀香醇 (Santalol)、桉葉醇／蛇床烯醇 (Eudesmol)、沒藥醇 (Bisabolol)。
  - ➢ 沒藥醇 (Bisabolol)，請參考 2-2-2-8。

甜沒藥有抗菌、解痙、芳香、祛痰，由於比黑沒藥更貴，市售商品經常摻假。甜沒藥用於高級香水作爲定香劑，也用於酒精飲料[30]。芳香療法類似沒藥 (Myrrh)，請參考第七章 M12。

O4. 苦橙(Orange, Bitter/Citrus aurantium L. var. amara)；芸香科(Rutaceae)

苦橙／酸橙／塞維亞柑橘 (Citrus aurantium)，是柚 (Citrus maxima) 與橘 (Citrus reticulata) 的雜交種，屬於芸香科柑橘屬 (Citrus)。

主要成分：

- 檸檬烯／薴烯 (Limonene)、二戊烯 (Dipentene)，請參考 2-1-1-1，歐白芷／洋當歸 (Angelica)，請參考第六章 A6。
- 月桂烯 (Myrcene)、雙月桂烯 (Dimyrcene)，請參考 2-1-1-2，西印度月桂 (Bay, West Indian)，請參考第六章 B9。
- 莰烯／樟烯 (Camphene)，請參考 2-1-1-8，冰片／龍腦 (Borneol)，請參考第六章 B15。
- 蒎烯／松油萜 (Pinene)，請參考 2-1-1-3，印度藏茴香／香旱芹 (Ajowan)，請參考第六章 A1。
- 羅勒烯 (Ocimene)，請參考 2-1-1-9，為月桂烯的異構物，白松香 (Galbanum)，請參考第七章 G2。
- 對傘花烴／對繖花烴 (p-Cymene/4-Cymene)，請參考 2-1-1-5，是一種芳香烴，印度藏茴香／香旱芹 (Ajowan)，請參考第六章 A1。
- 桉葉醇／蛇床烯醇 (Eudesmol)，請參考 2-2-2-7。
- 醇類 (Alcohols)：制菌、抗感染，止痛、抗痙攣、血管收縮。
- 醛類 (Aldehydes)：有抗菌、抗發炎、降血壓等功效。醛類可分為脂肪醛、酯環醛、芳香醛、萜烯醛。芫荽 (Coriander)，請參考第六章 C25。
- 酮類 (Ketones)：抗充血、助黏液流動、復原瘀傷、皮膚再生、預防疤痕、改善痔瘡、袪痰、分解脂肪。

苦橙／酸橙／塞維亞柑橘有抗發炎、防腐、殺菌、殺眞菌、催情、鎮靜、健胃、滋補等功效，一般無毒、無刺激性，也無致敏性，但柑橘皮精油有光毒性，有些人接觸檸檬烯可能會產生皮膚炎。芳香療法的應用上：在皮膚護理方面可緩解膚色暗沉油膩、口腔潰瘍；在循環、肌肉、關節方面可緩解肥胖、心悸、水腫；在呼吸系統方面可緩解支氣管炎；在消化系統方面可緩解便秘、消化不良、胃痙攣；在免疫系統方面可緩解感冒、流感；在神經系統方面可緩解神經緊張和壓力相關症狀。苦橙／酸橙／塞維亞柑橘用於胃藥、瀉藥和催情劑，也用於肥皂、洗滌劑、化妝品、古龍水和香水，廣泛用於調味料以及酒精與非酒精飲料[30]。

O5. 苦橙花(Orange Blossom/Citrus aurantium L. var. amara, flora)；芸香科(Rutaceae)

苦橙／酸橙／塞維亞柑橘 (Citrus aurantium) 的橙花栽培品種，苦橙 (Orange, Bitter/Citrus aurantium L. var. amara) 開白花，香氣濃鬱[5]。

主要成分：

- 沉香醇／伽羅木醇 (Linalool，右旋：芫荽醇，左旋：芳樟醇），分子手性方向與旋光方向相反，請參考 2-2-1-3-2，羅勒 (Basil, Exotic)，請參考第六章 B6。

• 乙酸沉香酯／乙酸芳樟酯 (Linalyl acetate)，請參考 4-1-1-1，香蜂草／蜜蜂花 (Balm, Lemon)，請參考第六章 B1。
• 檸檬烯／薴烯 (Limonene)、二戊烯 (Dipentene)，請參考 2-1-1-1，歐白芷／洋當歸 (Angelica)，請參考第六章 A6。
• 蒎烯／松油萜 (Pinene)，請參考 2-1-1-3，印度藏茴香／香旱芹 (Ajowan)，請參考第六章 A1。
• 橙花叔醇／秘魯紫膠／戊烯醇 (Nerolidol/Peruvio/Penetrol)，請參考 2-2-2-3，三級醇又稱叔醇，橙花叔醇是一種三級鏈狀倍半萜醇，與金合歡醇是結構異構物 [10]，巴西檀木 (Cabreuva)，請參考第六章 C1。
• 香葉醇／牻牛兒醇 (Geraniol/(E)-Nerol)，請參考 2-2-1-1-1，香蜂草／蜜蜂花 (Balm, Lemon)，請參考第六章 B1。
• 橙花醇 (Nerol/(Z)-Geraniol)，請參考 2-2-1-1，佛手柑 (Bergamot)，請參考第六章 B11。
• 鄰胺苯甲酸甲酯／氨茴酸甲酯 (Methyl anthranilate)，請參考 4-1-2-11，梔子花 (Gardenia)，請參考第七章 G3。
• 吲哚 (Indole)，請參考 5-2-3-26。
• 檸檬醛 (Citral)，請參考 3-1-2-1，有 α(Trans)、β(Cis) 兩種異構物，香蜂草／蜜蜂花 (Balm, Lemon)，請參考第六章 B1。
• 茉莉酮／素馨酮(Jasmone)，請參考3-2-2-1，茉莉花／素方花(Jasmine)，請參考第七章J2。

橙花有抗抑鬱、抗菌、殺菌、解痙、壯陽、驅蟲、除臭、助消化等功效、無毒、無刺激性，無致敏性也無光毒性。芳香療法的應用上：在皮膚護理方面可緩解疤痕、妊娠紋、細紋、敏感皮膚；在循環方面可緩解心悸、循環不良；在消化系統方面可緩解慢性腹瀉、腹絞痛、脹氣、胃痙攣、神經性消化不良；在神經系統方面可緩解焦慮、抑鬱、神經緊張與壓力相關的情症狀。橙花精油和花露水可作爲藥品調味劑，原精 (Absolute) 廣泛用於東方香型與花香型的高級香水，也作爲定香劑。橙花精油傳統上與薰衣草、檸檬、迷迭香和佛手柑混合，用於古龍水和化妝水，少量用在食品加工以及酒精與非酒精飲料 [30]。

• 凝香體 (Concrete)、原精 (Absolute)、類樹脂 (Resinoid)，麝香秋葵／麝香梨子／香葵／黃葵 (Ambrette Seed)，請參考第六章 A4。

O6. 甜橙(Orange, Sweet/Citrus sinensis L. Osbeck)；芸香科(Rutaceae)

甜橙／橙／柳橙 (Citrus sinensis) 本來是柚子 (Citrus maxima) 與橘子 (Citrus reticulata) 的雜交品種，原來的品種應該是酸橙，甜橙 (Orange, Sweet) 是酸橙在華南的變種 [5]。

主要成分：

• 檸檬烯／薴烯 (Limonene)、二戊烯 (Dipentene)，請參考 2-1-1-1，歐白芷／洋當歸 (Angelica)，請參考第六章 A6。
• 佛手柑內酯／香柑內酯／5- 甲氧基補骨酯素 (Bergapten/5-methoxypsoralen)，請參考 4-2-2-6，屬於呋喃香豆素類的線形呋喃香豆素，是補骨酯素的衍生物，歐白芷／洋當歸

(Angelica)，請參考第六章 A6。

- 酸橙素烯醇／橙皮油內酯烯酸 (Auraptenol)，請參考 4-2-2-14。

甜橙有抗抑鬱、抗發炎、抗菌、殺菌、殺眞菌、殺蟲、助消化、鎭靜、健胃、滋補等作用。檸檬烯可能對少數人會引起皮膚炎，已知大量食入橙皮會對兒童造成致命傷害，但一般而言甜橙無刺激性，也無致敏性。蒸餾的橙油具有光毒性，用於皮膚時應避免陽光曝曬。雖然冷軋榨的甜橙油也含有香豆素，但沒有證據表明其精油具有光毒性。甜橙皮的酊劑用於藥品調味，甜橙精油廣泛用於肥皂、洗滌劑、化妝品、香水和飲料 [30]。甜橙在芳香療法的應用請參考第七章 O4，苦橙 (Orange, Bitter)。

O7. 牛至／奧勒岡(Oregano, Common/Origanum vulgare)；唇形科 (Lamiaceae)

牛至又稱野馬鬱蘭 (Wild marjoram)／奧勒岡葉 (Oregano)／披薩草 (Pizza herb)，屬於唇形科牛至屬 (Origanum)，相關品種包括綠牛至、北非牛至、希臘牛至／土耳其牛至、克里特島牛至、巴勒斯坦牛至。另外還有義大利牛至，品種比較接近甜馬鬱蘭 [28]。甜馬鬱蘭 (Marjoram, Sweet/Origanum majorana L.)，請參考第七章 M3。

主要成分：

- 香旱芹酚／香荊芥酚 (Carvacrol/Cymophenol)，請參考 5-1-1-2，山金車 (Arnica)，請參考第六章 A10。
- 百里酚／百里香酚 (Thymol)，請參考 5-1-1-1，為對撒花烴的酚衍生物，與香旱芹酚是異構物，印度藏茴香／香旱芹 (Ajowan)，請參考第六章 A1。
- 對傘花烴／對繖花烴 (p-Cymene/4-Cymene)，請參考 2-1-1-5，是一種芳香烴，印度藏茴香／香旱芹 (Ajowan)，請參考第六章 A1。
- 石竹烯 (Caryophyllene)、蛇麻烯／葎草烯 (Humulene)，請參考 2-1-2-1，α- 石竹烯又稱葎草烯／蛇麻烯 (Humulene)；β- 石竹烯又稱石竹烯／丁香油烯是一種天然的雙環倍半萜烯，多香果／牙買加胡椒／丁香胡椒 (Allspice)，請參考第六章 A2。
- 蒎烯／松油萜 (Pinene)，請參考 2-1-1-3，印度藏茴香／香旱芹 (Ajowan)，請參考第六章 A1。
- 沒藥烯 (Bisabolene)，請參考 2-1-2-4，小豆蔻 (Cardomon)，請參考第六章 C9。
- 沉香醇／枷羅木醇 (Linalool，右旋：芫荽醇，左旋：芳樟醇），分子手性方向與旋光方向相反，請參考 2-2-1-3-2，羅勒 (Basil, Exotic)，請參考第六章 B6。
- 冰片醇／龍腦／2- 莰醇 (Borneol)，請參考 2-2-1-2-2，歐白芷／洋當歸 (Angelica)，請參考第六章 A6。
- 乙酸香葉酯／乙酸牻牛兒酯 (Geranyl acetate)，牻念「忙」，請參考 4-1-1-5，香水樹／卡南迦 (Cananga)，請參考本章 C7。
- 乙酸沉香酯／乙酸芳樟酯 (Linalyl acetate)，請參考 4-1-1-1，香蜂草／蜜蜂花 (Balm, Lemon)，請參考第六章 B1。

- 萜品烯／松油烯 (Terpinene) 與萜品油烯 (Terpinolene)/δ- 萜品烯／異松油烯，請參考 2-1-1-4，印度藏茴香／香旱芹 (Ajowan)，請參考第六章 A1。

牛至有殺菌、驅蟲、抗病毒、抗風溼、鎮痛、解痙、利尿、催汗、祛痰、發熱等功效。牛至爲皮膚毒素，對皮膚與黏膜有刺激性，孕期避免使用。不作爲芳香療法使用。牛至用於肥皂、古龍水和香水，也作爲一種肉製品和披薩的調味劑 [30]。

O8. 頭狀百里香／西班牙牛至(Oregano, Spanish/Thymus capitatus)；脣形科(Lamiaceae)

頭狀百里香 (Thymus capitatus)／西班牙牛至／西班牙奧勒岡 (Oregano, Spanish) 屬於脣形科百里香屬 (Thymus)，相關的品種繁多，有側柏百里香、百里酚百里香、檸檬百里香、穗花百里香、紅花百里香、早花百里香、薰陸香百里香、孜然百里香等 [28]。

主要成分：

- 香旱芹酚／香荊芥酚 (Carvacrol/Cymophenol)，請參考 5-1-1-2，山金車 (Arnica)，請參考第六章 A10。
- 百里酚／百里香酚 (Thymol)，請參考 5-1-1-1，爲對撒花烴的酚衍生物，與香旱芹酚是異構物，印度藏茴香／香旱芹 (Ajowan)，請參考第六章 A1。
- 對傘花烴／對繖花烴 (p-Cymene/4-Cymene)，請參考 2-1-1-5，是一種芳香烴，印度藏茴香／香旱芹 (Ajowan)，請參考第六章 A1。
- 石竹烯 (Caryophyllene)、蛇麻烯／葎草烯 (Humulene)，請參考 2-1-2-1，α- 石竹烯又稱葎草烯／蛇麻烯 (Humulene)；β- 石竹烯又稱石竹烯／丁香油烯是一種天然的雙環倍半萜烯，多香果／牙買加胡椒／丁香胡椒 (Allspice)，請參考第六章 A2。
- 蒎烯／松油萜 (Pinene)，請參考 2-1-1-3，印度藏茴香／香旱芹 (Ajowan)，請參考第六章 A1。
- 檸檬烯／薴烯 (Limonene)、二戊烯 (Dipentene)，請參考 2-1-1-1，歐白芷／洋當歸 (Angelica)，請參考第六章 A6。
- 沉香醇／枷羅木醇 (Linalool，右旋：芫荽醇，左旋：芳樟醇），分子手性方向與旋光方向相反，請參考 2-2-1-3-2，羅勒 (Basil, Exotic)，請參考第六章 B6。
- 月桂烯 (Myrcene)、雙月桂烯 (Dimyrcene)，請參考 2-1-1-2，西印度月桂 (Bay, West Indian)，請參考第六章 B9。
- 冰片醇／龍腦／2- 莰醇 (Borneol)，請參考 2-2-1-2-2，歐白芷／洋當歸 (Angelica)，請參考第六章 A6。
- 側柏酮／崖柏酮 (Thujone)，請參考 3-2-1-13，不可食用，許多國家都對食物或飲料中側柏酮的含量做了限制 [5.19]。在芳療經驗上，側柏酮 (Thujone) 爲口服毒素及墮胎藥劑，孕婦應避免接觸，東方側柏 (Arborvitae)，請參考第六章 A9。
- 萜品烯／松油烯 (Terpinene) 與萜品油烯 (Terpinolene)/δ- 萜品烯／異松油烯，請參考 2-1-1-4，印度藏茴香／香旱芹 (Ajowan)，請參考第六章 A1。

頭狀百里香 (Thymus capitatus) / 西班牙牛至作用與用途與一般牛至類似，有殺菌、驅蟲、抗病毒、抗風溼、鎮痛、解痙、利尿、催汗、祛痰、發熱等功效，爲皮膚毒素，對皮膚與黏膜有刺激性，孕期避免使用，也不作爲芳香療法使用。用於肥皂、古龍水和香水，也作爲一種肉製品和披薩的調味劑 [30]。

O9. 白色鳶尾 / 箱根鳶尾(Orris/Iris pallida Lam.)；鳶尾科(Iridaceae)

相關品種有一般鳶尾 / 德國鳶尾 (Iris germancia L.)、佛羅倫斯鳶尾 (Iris germancia var Florentina Dykes) 等。

主要成分：

- 肉豆蔻酸 / 十四烷酸 (Myristic acid/Tetradecanoic acid/Crodacid)，請參考 5-2-2-27。
- 肉豆蔻醚 (Myristicin)，請參考 5-1-2-4，肉豆蔻 (Nutmeg)，請參考第七章 N3。
- 鳶尾草酮 / 甲基一香堇酮 / 甲基一紫羅蘭酮 (Irone/Methyl-α-ionon)，請參考 3-2-2-6，有 α-、β-、γ- 三種異構物，以 α- 異構物爲主。
- 油酸 (Oleic acids)，請參考 5-2-2-17，木香 (Costus)，請參考第六章 C26。

白色鳶尾 / 箱根鳶尾有抗腹瀉、消炎、祛痰、利尿、催吐等功效，大劑量引起噁心或嘔吐。鳶尾精油和原精 (Absolute) 大多是摻雜或化學合成，天然的鳶尾花原精是茉莉花精油的三倍價格。鳶尾花不作芳香療法或家庭使用。鳶尾花粉劑用於芳香劑、潔牙粉；樹脂用於香皂、古龍水和香水；原精和凝香體 (Concrete) 用於高級香水；在歐洲偶爾用於製作糖果 [30]。

- 凝香體 (Concrete)、原精 (Absolute)、類樹脂 (Resinoid)，麝香秋葵 / 麝香梨子 / 香葵 / 黃葵 (Ambrette Seed)，請參考第六章 A4。

第八章　精油植物(P~Z)

本章大綱

P1. 魯沙香茅／玫瑰草(Palmarosa)
P2. 歐芹／巴西里(Parsley)
P3. 廣藿香(Patchouli)
P4. 唇萼薄荷／胡薄荷(Pennyroyal)
P5. 黑胡椒(Pepper, Black)
P6. 苦橙葉(Petitgrain)
P7. 歐洲山松(Pine, Dwarf)
P8. 長葉松／大王松(Pine, Longleaf)
P9. 歐洲赤松(Pine, Scotch)
R1. 千葉玫瑰(Rose, Cabbage)
R2. 大馬士革玫瑰(Rose, Damask)
R3. 迷迭香(Rosemary)
R4. 花梨木(Rosewood)
R5. 芸香(Rue)
S1. 快樂鼠尾草(Sage, Clary)
S2. 鼠尾草／藥用鼠尾草(Sage, Common)
S3. 西班牙鼠尾草／薰衣草葉鼠尾草(Sage, Spanish)
S4. 白檀／東印度檀香(Sandalwood)
S5. 棉杉菊／薰衣草棉(Santolina)
S6. 北美檫木／白檫木(Sassafras)
S7. 叉子圓柏／沙賓那刺柏(Savine)
S8. 夏香薄荷／香薄荷(Savory, Summer)
S9. 冬香薄荷／高山香薄荷(Savory, Winter)
S10. 粉紅胡椒／祕魯胡椒(Schinus mole L./Pink pepper)
S11.加拿大細辛(Snakeroot)
S12. 穗甘松(Spikenard)
S13. 加拿大鐵杉／東加拿大雲杉(Spruce, Hemlock)
S14. 東方香脂／蘇合香(Styrax, Levant)
S15. 黑雲杉(Spruce, Black)
T1. 印度萬壽菊(Tagetes)
T2. 艾菊／菊蒿(Tansy)
T3. 龍蒿／龍艾(Tarragon)
T4. 互葉白千層／澳洲茶樹(Tea Tree)
T5. 北美側柏(Thuja)
T6. 百里香／普通百里香(Thyme, Common)
T7. 東加豆／零陵香豆(Tonka)
T8. 晚香玉(Tuberose)
T9. 薑黃(Turmeric)
T10. 松節油(Turpentine)
V1. 纈草(Valerian)
V2. 香草／芳香香莢蘭(Vanilla)
V3. 檸檬馬鞭草(Verbena, Lemon)
V4. 岩蘭草(Vetiver)
V5. 香堇菜(Violet)
W1.平鋪白珠樹(Wintergreen)
W2.土荊芥(Wormseed)
W3.普通苦艾／洋艾(Wormwood)
Y1. 西洋蓍草(Yarrow)
Y2. 香水樹（依蘭依蘭）(Ylang Ylang)

P1. 魯沙香茅／玫瑰草(Palmarosa/Cymbopogon martinii var. martini/ Cymbopogon martinii (Roxb.) Stabf. var. moita)；禾本科(Poaceae)

魯沙香茅／玫瑰草 (Cymbopogon martinii) 屬於禾本科 (Poaceae) 香茅屬 (Cymbopogon)。魯沙香茅／玫瑰草 (Palmarosa) 又稱馬丁香，相關品種有薑草 (Cymbopogon martinii Stabf. var. sofia)。

主要成分：

- 香葉醇／牻牛兒醇 (Geraniol/(E)-Nerol)，請參考 2-2-1-1-1，香蜂草／蜜蜂花 (Balm, Lemon)，請參考第六章 B1。
- 金合歡醇／法尼醇 (Farnesol/Dodecatrienol)，請參考 2-2-2-1，與橙花叔醇是結構異構物[10]，麝香秋葵／麝香梨子／香葵／黃葵 (Ambrette Seed)，請參考第六章 A4。
- 乙酸香葉酯／乙酸牻牛兒酯 (Geranyl acetate)，牻念「忙」，請參考 4-1-1-5，香水樹（卡南迦）(Cananga)，請參考本章 C7。
- 甲基庚烯酮 (Methylheptenone/Sulcatone)，請參考 3-2-1-15。
- 香茅醇／玫紅醇 (Citronellol/Rhodinol)，請參考 2-2-1-1-3，香蜂草／蜜蜂花 (Balm, Lemon)，請參考第六章 B1。
- 檸檬醛 (Citral)，請參考 3-1-2-1，香蜂草／蜜蜂花 (Balm, Lemon)，請參考第六章 B1。
- 二戊烯 (Dipentene，請參考 2-1-1-1，外消旋體的檸檬烯稱為二戊烯，印度藏茴香／香旱芹 (Ajowan)，請參考第六章 A1。
- 檸檬烯／薴烯 (Limonene)、二戊烯 (Dipentene)，請參考 2-1-1-1，歐白芷／洋當歸 (Angelica)，請參考第六章 A6。

魯沙香茅／玫瑰草有抗菌、殺菌、助眠、助消化、發熱、保溼等功效，無毒、無刺激性，也無致敏性。芳香療法的應用上：在皮膚護理方面可緩解痤瘡、皮膚炎、皮膚感染、疤痕、皺紋；在消化系統方面可緩解厭食症、消化道炎症、腸道感染；在神經系統方面可緩解神經衰弱與壓力相關症狀。魯沙香茅／玫瑰草精油廣泛用於肥皂、化妝品和香水，也作為煙草調味劑[30]。

P2. 歐芹／巴西里(Parsley/Petroselinum sativum)；傘形科／繖形科 (Apiaceae/Umbelliferae)

歐芹／香芹又稱巴西利／巴西里／洋香菜／洋芫荽／番芫荽／荷蘭芹，屬於繖形科歐芹屬 (Petroselinum)，相關品種有皺葉歐芹 (Petroselinum crispum)。

主要成分：

- 肉豆蔻醚 (Myristicin)，請參考 5-1-2-4，肉豆蔻 (Nutmeg)，請參考第七章 N3。
  - ➢ 肉豆蔻醚化學結構類似安非他命，食入後出現定向障礙、頭暈、興奮、強烈幻覺、漂浮感、焦慮和高血壓等症狀，可用於合成非法致幻藥物，被青少年、學生、吸毒者、囚犯濫用為低成本的迷幻藥，長期使用會導致慢性精神病，目前還沒有已知的解毒劑[5]。

➢ 肉豆蔻醚對活細胞有毒性，可誘導細胞早期凋亡，濫用會損傷器官[12]。

- 洋芹腦／歐芹腦 (Apiole)，請參考 5-1-2-8，旱芹籽／根芹菜籽 (Celery Seed)，請參考第六章 C17。
- 蒎烯／松油萜 (Pinene)，請參考 2-1-1-3，印度藏茴香／香旱芹 (Ajowan)，請參考第六章 A1。
- 油酸 (Oleic acids)，請參考 5-2-2-17，木香 (Costus)，請參考第六章 C26。

歐芹／香芹有抗菌、抗風溼、抗菌、收斂、止血、利尿、催吐、降血壓、通便、健胃等功效。已證實肉豆蔻醚有毒性、洋芹腦／芹菜醚有刺激性，孕期避免使用。芳香療法的應用上：在循環、肌肉、關節方面可緩解風溼痛、關節炎、血管破裂、蜂窩性組織炎、坐骨神經痛；在消化系統方面可緩解腹絞痛、腸胃氣脹、消化不良、痔瘡；在泌尿生殖系統方面可緩解閉經、痛經、膀胱炎、尿道感染。歐芹／香芹用於驅蟲和消化製劑，種子精油用於肥皀、洗滌劑、古龍水、化妝品和香水；莖葉精油／種子精油／樹脂廣泛用於肉類、醃菜和醬汁等食品調味料，以及酒精與非酒精飲料[30]。

P3. 廣藿香(Patchouli/Pogostemon cablin (Blanco) Benth)；唇形科(Lamiaceae)

廣藿香 (Pogostemon cablin) 屬於唇形科刺蕊草屬 (Pogostemon)[5,13]。

主要成分：

- 廣藿香醇 (Patchoulol/Patchouli alcohol)，請參考 2-2-2-5，玉檀木／假癒創木 (Guaiacwood)，請參考第七章 G8。
- 去甲廣藿香醇 (Norpatchoulenol)，請參考 2-2-2-5。
  ➢ 字首「Nor」的意思是去掉一個 CH_3、CH_2、或 CH 官能基，或甚至只移除一個 C（碳原子），翻譯爲「去甲」或「降」（去甲廣藿香醇／降廣藿香醇）。
- 廣藿香烯／天竺薄荷烯／綠葉烯 (Patchoulene)、左旋絲柏烯 ((-)-Cyperene)，請參考 2-1-2-12，玉檀木／假癒創木 (Guaiacwood)，請參考第七章 G8。
- 癒創木醇／癒創醇 (Guaiol/Champacol)、異癒創木醇／布藜醇 (Bulnesol)，請參考 2-2-2-21，玉檀木／假癒創木 (Guaiacwood)，請參考第七章 G8。
- 癒創木烯／胍烯 (Guaiene)、異癒創木烯／布藜烯 (α-Bulnesene/δ-Guaiene)，請參考 2-1-2-17，玉檀木／假癒創木 (Guaiacwood)，請參考第七章 G8。
- 廣藿香奧醇／刺蕊草醇 (Pogostol)，爲三級倍半萜醇，請參考 2-2-2-22。

廣藿香有抗菌、殺菌、殺眞菌、消炎、抗病毒、抗抑鬱、壯陽、催情、除臭、助消化、利尿等功效，無毒、無刺激性，也無致敏性。芳香療法的應用上：在皮膚護理方面可緩解痤瘡、香港腳、皮膚炎、皮膚皸裂、頭皮屑、溼疹、眞菌感染、膿皰瘡、驅蟲、潰瘍、傷口、皺紋；在神經系統方面可緩解神經衰弱和壓力相關症狀。廣藿香精油廣泛用於化妝品、肥皀和東方香型的香水作爲定香劑，廣泛應用於食品工業，以及酒精與非酒精飲料中。廣藿香也是很好的臭味掩蓋劑[30]。

P4. 唇萼薄荷／胡薄荷(Pennyroyal/Mentha pulegium)；唇形科(Lamiaceae)

唇萼薄荷／胡薄荷 (Mentha pulegium) 又稱普列薄荷，屬於唇形科薄荷屬 (Mentha)，相關品種有康寧漢薄荷 (Mentha pulegium cv Cunningham mint)、直立唇萼薄荷 (Mentha pulegium L. var. erecta)。薄荷常見的品種繁多，在野薄荷 (Mint, Cornmint) 中介紹過，請參考第七章 M7。

主要成分：

- 薄荷酮 (Menthone)、異薄荷酮 (Isomenthone)，請參考 3-2-1-1；胡薄荷酮／蒲勒酮／長葉薄荷酮 (Pulegone)、異胡薄荷酮／異蒲勒酮 (isopulegone)，請參考 3-2-1-2，布枯 (Buchu)，請參考第六章 B18，香葉天竺葵 (Geranium)，請參考第七章 G5。
  - ➢ 胡薄荷酮具有肝臟毒性，在民間被用作墮胎藥，大劑量食入會引起嚴重的中毒，偶爾會導致死亡。研究顯示大鼠和小鼠的肝臟、腎臟、鼻子和胃的非腫瘤性病變以及有致癌的跡象。
- 胡椒酮 (Piperitone)、薄荷二烯酮／胡椒烯酮／胡薄荷烯酮 (Piperitenone/Pulespenone)、薄荷烯酮／辣薄荷酮 (Pigeritone)，請參考 3-2-1-14，闊葉桉 (Eucalyptus, Broad-Leaved Peppermint)，請參考第六章 E5。
- 正辛醇／1- 辛醇 (Octanol/Octan-1-ol)、2- 辛醇 (2-Octanol/Octan-2-ol)，請參考 2-2-1-1-10，阿拉伯乳香 (Frankincense)，請參考第六章 F3。

唇萼薄荷／胡薄荷有抗菌、解痙、利尿、催情、助消化、驅蟲等功效，口服有毒性，大劑量食入會致死。胡薄荷酮／蒲勒酮 (Pulegone) 爲民間墮胎藥，孕期禁用，也不應用於芳香療法，工業上用於洗滌劑或低成本香水。

P5. 黑胡椒(Pepper, Black/Piper nigrum)；胡椒科(Piperaceae)

黑胡椒 (Piper nigrum) 屬於胡椒科胡椒屬 (Piper)，其他品種有台灣／大圓葉胡椒、蓽澄茄、蔞葉／荖葉、長胡椒、狹葉胡椒、長葉胡椒、西非胡椒／幾內亞胡椒、哥倫比亞胡椒、波旁胡椒等。

主要成分：

- 單萜烯 (Monoterpenes)：杜松 (Juniper)，請參考第七章 J3。
- 側柏烯 (Thujene)，請參考 2-1-1-10，東方側柏 (Arborvitae)，請參考第六章 A9。
- 檜烯／沙賓烯 (Sabinene)，請參考 2-1-1-10，東方側柏 (Arborvitae)，請參考第六章 A9。
- 蒎烯／松油萜 (Pinene)，請參考 2-1-1-3，印度藏茴香／香旱芹 (Ajowan)，請參考第六章 A1。
- 莰烯／樟烯 (Camphene)，請參考 2-1-1-8，冰片／龍腦 (Borneol)，請參考第六章 B15。
- 3- 蒈烯 (3-Carene/Carene)，請參考 2-1-1-6，白松香 (Galbanum)，請參考第七章 G2。
- 月桂烯 (Myrcene)、雙月桂烯 (Dimyrcene)，請參考 2-1-1-2，西印度月桂 (Bay, West Indian)，請參考第六章 B9。
- 檸檬烯／薴烯 (Limonene)、二戊烯 (Dipentene)，請參考 2-1-1-1，歐白芷／洋當歸

(Angelica)，請參考第六章 A6。

- 水芹烯／水茴香萜 (Phellandrene)，請參考 2-1-1-7，多香果／牙買加胡椒／丁香胡椒 (Allspice)，請參考第六章 A2。
- 倍半萜烯 (Sesquiterpenes)：包括石竹烯（丁香烴）、母菊天藍烴（爲芳香烴）、金合歡烯、沒藥烯、大根香葉烯等，樟木 (Camphor)，請參考第六章 C6。
- 氧化物 (Oxides)：常見的包：1,8- 桉葉素／桉葉素／桉葉油醇 (Cineol/Cineole/1,8-Cineole)，請參考 5-2-1-1、氧化玫瑰／玫瑰醚 (Rose oxide/Rose ether)，請參考 5-2-1-2、薄荷呋喃 (Methofuran)，請參考 5-2-1-3、沒藥醇氧化物 (Bisabolol oxide)，請參考 5-2-1-4、沒藥酮氧化物 (Bisabolonoxide/Bisabolone oxide)，請參考 5-2-1-5、沉香醇氧化物 (Linalool oxide)，請參考 5-2-1-6、香紫蘇醇氧化物 (Sclareol oxide)，請參考 5-2-1-7、石竹烯氧化物／石竹素 (Caryophyllene oxide)，請參考 5-2-1-8、氧化蒎烯／環氧蒎烷 (Pinene oxide)，請參考 5-2-1-9、驅蛔素／驅蛔萜／驅蛔腦 (Ascaridole)，請參考 5-2-1-10、癒創木烷氧化物／瓜烷氧化物／癒創木醚 (Guaioxide/Guaiane oxide)，請參考 5-2-1-11。

黑胡椒有抗菌、殺菌、開胃、催情、壯陽、鎮痛、解痙、利尿、通便、止痛等功效，無毒、無致敏性，高濃度有刺激性，應酌量使用。芳香療法的應用上：在皮膚護理方面可緩解凍瘡；在循環、肌肉、關節方面可緩解關節炎、肌肉酸痛、神經痛、血液循環不良、風溼痛、肌肉僵硬；在呼吸系統方面可緩解腹瀉；在消化系統方面可緩解腹絞痛、便秘、腹瀉、脹氣、食欲不振、噁心；在免疫系統方面可緩解感冒、流感。黑胡椒用於滋補和和發熱，有時與玫瑰、康乃馨等精油用於於東方香型或花香型香水，產生特別的效果。黑胡椒精油和樹脂廣泛用於食品工業以及酒精飲料。

P6. 苦橙葉(Petitgrain/Citrus aurantium ssp. Aurantium, folia)；芸香科(Rutaceae)

苦橙葉 (Petitgrain)，苦橙／酸橙／塞維亞柑橘 (Citrus aurantium) 屬於芸香科柑橘屬 (Citrus)。苦橙 (Orange, Bitter)，請參考第七章 O4。苦橙花 (Orange Blossom)，請參考第七章 O5。

主要成分：

- 酯類 (Esters)：鎮靜、制菌、抗痙攣、抗發炎止痛、平衡交感及副交感神經、促進新陳代謝。酯類又分萜醇酯、苯基酯、內酯、香豆素、呋喃香豆素，請參閱第一章。
- 乙酸沉香酯／乙酸芳樟酯 (Linalyl acetate)，請參考 4-1-1-1，香蜂草／蜜蜂花 (Balm, Lemon)，請參考第六章 B1。
- 乙酸香葉酯／乙酸牻牛兒酯 (Geranyl acetate)，牻念「忙」，請參考 4-1-1-5，香水樹（卡南迦）(Cananga)，請參考本章 C7。
- 沉香醇／枷羅木醇 (Linalool，右旋：芫荽醇，左旋：芳樟醇），分子手性方向與旋光方向相反，請參考 2-2-1-3-2，羅勒 (Basil, Exotic)，請參考第六章 B6。
- 橙花醇 (Nerol/(Z)-Geraniol)，請參考 2-2-1-1，佛手柑 (Bergamot)，請參考第六章 B11。

- 松油醇／萜品醇 (Terpineol)、4- 松油醇／萜品烯 -4- 醇 (Terpin-4-ol)，請參考 2-2-1-3-1，月桂 (Bay, Cineol)，請參考第六章 B8。
- 香葉醇／牻牛兒醇 (Geraniol/(E)-Nerol)，請參考 2-2-1-1-1，香蜂草／蜜蜂花 (Balm, Lemon)，請參考第六章 B1。
- 橙花叔醇／秘魯紫膠／戊烯醇 (Nerolidol/Peruvio/Penetrol)，請參考 2-2-2-3，與金合歡醇是結構異構物 [10]，巴西檀木 (Cabreuva)，請參考第六章 C1。
- 金合歡醇／法尼醇 (Farnesol/Dodecatrienol)，請參考 2-2-2-1，麝香秋葵／麝香梨子／香葵／黃葵 (Ambrette Seed)，請參考第六章 A4。
- 檸檬烯／薴烯 (Limonene)、二戊烯 (Dipentene)，請參考 2-1-1-1，歐白芷／洋當歸 (Angelica)，請參考第六章 A6。

苦橙葉有抗菌、解痙、除臭、助消化、健胃、滋補等功效，無毒、無刺激性，無光毒性，也無致敏性。芳香療法的應用上：在皮膚護理方面可緩解痤瘡、多汗、皮膚油膩；在消化系統方面可緩解消化不良、脹氣；在神經系統方面可緩解神經衰弱、失眠、壓力相關症狀。苦橙葉精油廣泛用於香皀、洗滌劑、化妝品、香水，也用於糖果等食品加工以及酒精與非酒精飲料 [30]。

P7. 歐洲山松(Pine, Dwarf/Pinus mugo var. pumilio)；松科(Pinaceae)

歐洲山松 (Pine, Dwarf) 屬於松科松屬 (Pinus)，有許多相關品種 [28]。

主要成分：

- 單萜烯 (Monoterpenes)：杜松 (Juniper)，請參考第七章 J3。
- 檸檬烯／薴烯 (Limonene)、二戊烯 (Dipentene)，請參考 2-1-1-1，歐白芷／洋當歸 (Angelica)，請參考第六章 A6。
- 蒎烯／松油萜 (Pinene)，請參考 2-1-1-3，印度藏茴香／香旱芹 (Ajowan)，請參考第六章 A1。
- 水芹烯／水茴香萜 (Phellandrene)，請參考 2-1-1-7，多香果／牙買加胡椒／丁香胡椒 (Allspice)，請參考第六章 A2。
- 二戊烯 (Dipentene，請參考 2-1-1-1，外消旋體的檸檬烯稱爲二戊烯，印度藏茴香／香旱芹 (Ajowan)，請參考第六章 A1。
- 莰烯／樟烯 (Camphene)，請參考 2-1-1-8，冰片／龍腦 (Borneol)，請參考第六章 B15。
- 月桂烯 (Myrcene)、雙月桂烯 (Dimyrcene)，請參考 2-1-1-2，西印度月桂 (Bay, West Indian)，請參考第六章 B9。
- 乙酸冰片酯／乙酸龍腦酯 (Bornyl acetate) 與乙酸異冰片酯／醋酸異冰片酯／乙酸異龍腦酯 (Isobornyl acetate)，請參考 4-1-1-4，冰片／龍腦 (Borneol)，請參考第六章 B15。
- 醛類 (Aldehydes)：有抗菌、抗發炎、降血壓等功效。醛類可分爲脂肪醛、酯環醛、芳香醛、萜烯醛，芫荽 (Coriander)，請參考第六章 C25。

歐洲山松精油有抗菌、抗病毒、鎮痛、防腐、利尿、祛痰等功效，無毒，對皮膚有刺激性，是常見的致敏劑，避免使用於芳香療法。歐洲山松精油用於咳嗽、感冒、鼻塞的內服藥製劑以及外用鎮痛藥膏，廣泛用於肥皂、沐浴用品、化妝品，以及皮革與木香型的香水，也用於食品加工以及酒精與非酒精飲料[30]。

P8. 長葉松／大王松(Pine, Longleaf/Pinus palustris L.)；松科(Pinaceae)

長葉松 (Pine, Longleaf)／大王松 (Pinus palustris) 屬於松科松屬 (Pinus)。長葉松高度耐火，山火殺死周圍植物，形成開闊的長葉松森林[5.13]。

主要成分：

- 松油醇／萜品醇 (Terpineol)、4- 松油醇／萜品烯 -4- 醇 (Terpin-4-ol)，請參考 2-2-1-3-1，月桂 (Bay, Cineol)，請參考第六章 B8。
- 草蒿腦／甲基蔣酚／甲基醚蔞葉酚 (Methyl chavicol/Estragole)，請參考 5-1-2-2，雖然使用草蒿腦沒有顯著的癌症風險，然而幼兒、孕婦和哺乳期婦女應儘量減少接觸[4.5]，羅勒 (Basil, Exotic)，請參考第六章 B6。
- 葑酮／小茴香酮 (Fenchone)，請參考 3-2-1-8，東方側柏 (Arborvitae)，請參考第六章 A9。
- 葑醇／小茴香醇 (Fenchol/Fenchyl alcohol)，請參考 2-2-1-2-5。
  - ➢ 枯茗醛／小茴香醛 (Cuminaldehyde/Cuminal/4-isopropylbenzaldehyde)，請參考 3-1-2-6，錫蘭肉桂 (Cinnamon)，請參考第六章 C22。
- 冰片醇／龍腦／2- 莰醇 (Borneol)，請參考 2-2-1-2-2，歐白芷／洋當歸 (Angelica)，請參考第六章 A6。

長葉松／大王松有殺蟲、殺菌、鎮痛、抗風溼、祛痰等功效，一般濃度無毒、無刺激性，但對某些人可能有致敏性。芳香療法的應用上：在循環、肌肉、關節方面可緩解關節炎、腰痛、肌肉酸痛、循環不良、風溼；在呼吸系統方面可緩解氣喘、氣管與支氣管炎、鼻竇炎。長葉松／大王松有精油廣泛用於獸用噴霧劑、消毒劑、洗滌劑和殺蟲劑等醫藥用品，以及肥皂、沐浴用品和香水等產品，也用於塗料，但漸漸被化學合成的製劑取代[30]。

P9. 歐洲赤松(Pine, Scotch/Pinus sylvestris L.)；松科(Pinaceae)

歐洲赤松 (Pinus sylvestris) 屬於松科松屬 (Pinus)，又稱蘇格蘭松 (Pine, Scotch)，是蘇格蘭的國樹[5.13.30.33]。

主要成分：

- 單萜烯 (Monoterpenes)：杜松 (Juniper)，請參考第七章 J3。
- 蒎烯／松油萜 (Pinene)，請參考 2-1-1-3，印度藏茴香／香旱芹 (Ajowan)，請參考第六章 A1。
- 3- 蒈烯 (3-Carene/Carene)，請參考 2-1-1-6，白松香 (Galbanum)，請參考第七章 G2。
- 二戊烯 (Dipentene，請參考 2-1-1-1，外消旋體的檸檬烯稱爲二戊烯，印度藏茴香／香旱芹 (Ajowan)，請參考第六章 A1。
- 檸檬烯／薴烯 (Limonene)、二戊烯 (Dipentene)，請參考 2-1-1-1，歐白芷／洋當歸

(Angelica)，請參考第六章 A6。

- 萜品烯／松油烯 (Terpinene) 與萜品油烯 (Terpinolene)/δ- 萜品烯／異松油烯，請參考 2-1-1-4，印度藏茴香／香旱芹 (Ajowan)，請參考第六章 A1。
- 月桂烯 (Myrcene)、雙月桂烯 (Dimyrcene)，請參考 2-1-1-2，西印度月桂 (Bay, West Indian)，請參考第六章 B9。
- 羅勒烯 (Ocimene)，請參考 2-1-1-9，為月桂烯的異構物，白松香 (Galbanum)，請參考第七章 G2。
- 莰烯／樟烯 (Camphene)，請參考 2-1-1-8，冰片／龍腦 (Borneol)，請參考第六章 B15。
- 檜烯／沙賓烯 (Sabinene)，請參考 2-1-1-10，東方側柏 (Arborvitae)，請參考第六章 A9。
- 乙酸冰片酯／乙酸龍腦酯 (Bornyl acetate) 與乙酸異冰片酯／醋酸異冰片酯／乙酸異龍腦酯 (Isobornyl acetate)，請參考 4-1-1-4，冰片／龍腦 (Borneol)，請參考第六章 B15。
- 1,8- 桉葉素／桉葉素／桉葉油醇 (Cineol/1,8-Cineole/Eucalyptol)，請參考 5-2-1-1，多香果／牙買加胡椒／丁香胡椒 (Allspice)，請參考第六章 A2。
- 檸檬醛 (Citral)，請參考 3-1-2-1，母菊天藍烴 (Chamazulene)、母菊素 (Matricin)、癒創天藍烴／癒創薁／胍薁 (Guaiazulene)、岩蘭草天藍烴 (Vetivazulene)，請參考 2-1-2-2，德國洋甘菊 (Chamomile, German/Chamomilla recutita/Matricaria recutica)，請參考第六章 C18。

歐洲赤松有抗菌、殺菌、殺蟲、抗病毒、抗風溼、抗神經痛、除臭、利尿、祛痰等功效，一般濃度無毒、無刺激性，但對某些人可能有致敏性，過敏性皮膚者避免使用。芳香療法的應用上：在皮膚護理方面可緩解割傷、疥瘡、潰瘍；循環和肌肉關節方面可緩解關節炎、痛風、肌肉疼痛、循環不良、風溼症；在呼吸系統方面可緩解氣喘、支氣管炎、咳嗽、鼻竇炎、喉嚨痛；在泌尿生殖系統方面可緩解膀胱炎、泌尿系統感染；在免疫系統方面可緩解感冒、流感；在神經系統方面可緩解疲勞、神經衰弱和壓力相關症狀。歐洲赤松精油用於香皂、洗滌劑、化妝品、洗浴用品，少量用於香水，以及食品加工、酒精與非酒精飲料[30]。

R1. 千葉玫瑰(Rose, Cabbage/Rosa centifolia)；薔薇科(Rosaceae)

千葉玫瑰 (Rosa centifolia)，屬於薔薇科薔薇屬 (Rosa)，相關品種有月季、白玫瑰、法國玫瑰、波旁玫瑰、大馬士革玫瑰、夏季大馬士革玫瑰、秋季大馬士革玫瑰、麝香玫瑰、日本薔薇、茶薔薇[28]。

主要成分：

- 香茅醇／玫紅醇 (Citronellol/Rhodinol)，請參考 2-2-1-1-3，香蜂草／蜜蜂花 (Balm, Lemon)，請參考第六章 B1。
- 2- 苯乙醇／苄基甲醇 (2-Phenylethanol/Phenylethyl alcohol/β-PEA)，請參考 2-2-1-1-11，風信子 (Hyacinth)，請參考第七章 H4。
- 香葉醇／牻牛兒醇 (Geraniol/(E)-Nerol)，請參考 2-2-1-1-1，香蜂草／蜜蜂花 (Balm, Lemon)，請參考第六章 B1。
- 橙花醇 (Nerol/(Z)-Geraniol)，請參考 2-2-1-1，佛手柑 (Bergamot)，請參考第六章 B11。

- 硬酯腦／硬酯萜 (Stearopten/Stearoptene)：是精油冷卻或久置後氧化的固體部分。精油冷卻後的結晶部稱爲「腦」(Stearopten：硬酯腦／硬酯萜），例如：樟腦與薄荷腦；非結晶部稱爲「油」(Eleopten：油萜／揮發油精）[2]。
- 金合歡醇／法尼醇 (Farnesol/Dodecatrienol)，請參考 2-2-2-1，與橙花叔醇是結構異構物，麝香秋葵／麝香梨子／香葵／黃葵 (Ambrette Seed)，請參考第六章 A4。

千葉玫瑰精油有殺菌、抗病毒、壯陽、消炎、止咳、催汗、解痙、鎮靜、健胃、滋補等功效，無毒、無刺激性，也無致敏性。芳香療法的應用上：在皮膚護理方面可緩解毛細血管破裂、皮膚乾燥、溼疹、皰疹、皺紋；在循環、肌肉、關節方面可緩解心悸、循環不良；在呼吸系統方面可緩解哮喘、咳嗽、花粉熱；在消化系統方面可緩解膽囊炎、噁心；在泌尿生殖系統方面可緩解月經不順、白帶；在神經系統方面可緩解抑鬱、陽痿、失眠、頭痛、神經緊張和與壓力相關症狀。玫瑰水可作爲家用化妝品，也可以用於烹飪。凝香體 (Concrete)、原精 (Absolute) 和精油都廣泛用於肥皂、化妝品、洗漱用品、花香型和東方香型的香水，也用於水果製品和菸草[30]。

- 凝香體 (Concrete)、原精 (Absolute)、類樹脂 (Resinoid)，麝香秋葵／麝香梨子／香葵／黃葵 (Ambrette Seed)，請參考第六章 A4。

R2. 大馬士革玫瑰(Rose, Damask/Rosa damascene)；薔薇科(Rosaceae)

大馬士革玫瑰，薔薇科薔薇屬下的一個雜交種，親本爲法國薔薇／法國玫瑰 (Rosa gallica) 與麝香薔薇／麝香玫瑰 (Rosa moschata)。

主要成分：

- 香茅醇／玫紅醇 (Citronellol/Rhodinol)，請參考 2-2-1-1-3，香蜂草／蜜蜂花 (Balm, Lemon)，請參考第六章 B1。
- 香葉醇／牻牛兒醇 (Geraniol/(E)-Nerol)，請參考 2-2-1-1-1，香蜂草／蜜蜂花 (Balm, Lemon)，請參考第六章 B1。
- 橙花醇 (Nerol/(Z)-Geraniol)，請參考 2-2-1-1，佛手柑 (Bergamot)，請參考第六章 B11。
- 硬酯腦／硬酯萜 (Stearopten/Stearoptene)：是精油冷卻或久置後氧化的固體部分，千葉玫瑰 (Rose, Cabbage)，請參考第八章 R1。
- 2- 苯乙醇／苄基甲醇 (2-Phenylethanol/Phenylethyl alcohol/*β*-PEA)，請參考 2-2-1-1-11，風信子 (Hyacinth)，請參考第七章 H4。
- 金合歡醇／法尼醇 (Farnesol/Dodecatrienol)，請參考 2-2-2-1，與橙花叔醇是結構異構物，麝香秋葵／麝香梨子／香葵／黃葵 (Ambrette Seed)，請參考第六章 A4。

大馬士革玫瑰／突厥薔薇精油有殺菌、抗病毒、壯陽、消炎、止咳、催汗、解痙、鎮靜、健胃、滋補等功效，無毒、無刺激性，也無致敏性[30]。芳香療法與精油應用，請參考第八章 R1，千葉玫瑰 (Rosa centifolia)。

R3. 迷迭香(Rosemary/Rosmarinus officinalis L.)；唇形科(Lamiaceae)

迷迭香又稱藥用迷迭香，相關品種有高山迷迭香、樟腦迷迭香、馬鞭草酮迷迭香。

主要成分：

- 蒎烯／松油萜 (Pinene)，請參考 2-1-1-3，印度藏茴香／香旱芹 (Ajowan)，請參考第六章 A1。
- 莰烯／樟烯 (Camphene)，請參考 2-1-1-8，冰片／龍腦 (Borneol)，請參考第六章 B15。
- 檸檬烯／薴烯 (Limonene)、二戊烯 (Dipentene)，請參考 2-1-1-1，歐白芷／洋當歸 (Angelica)，請參考第六章 A6。
- 1,8- 桉葉素／桉葉素／桉葉油醇 (Cineol/1,8-Cineole/Eucalyptol)，請參考 5-2-1-1，多香果／牙買加胡椒／丁香胡椒 (Allspice)，請參考第六章 A2。
- 冰片醇／龍腦／2- 莰醇 (Borneol)，請參考 2-2-1-2-2，歐白芷／洋當歸 (Angelica)，請參考第六章 A6。
- 樟腦 (Camphor)，請參考 3-2-1-3，東方側柏 (Arborvitae)，請參考第六章 A9。
- 沉香醇／枷羅木醇 (Linalool，右旋：芫荽醇，左旋：芳樟醇），分子手性方向與旋光方向相反，請參考 2-2-1-3-2，羅勒 (Basil, Exotic)，請參考第六章 B6。
- 松油醇／萜品醇 (Terpineol)、4- 松油醇／萜品烯 -4- 醇 (Terpin-4-ol)，請參考 2-2-1-3-1，月桂 (Bay, Cineol)，請參考第六章 B8。
- 辛酮 (Octanone)，請參考 3-2-1-16。
- 乙酸冰片酯／乙酸龍腦酯 (Bornyl acetate) 與乙酸異冰片酯 (Isobornyl acetate)，請參考 4-1-1-4，冰片／龍腦 (Borneol)，請參考第六章 B15。

迷迭香有鎮痛、抗菌、殺眞菌、殺寄生蟲、抗氧化、抗風溼、解痙、催情、壯陽、利尿等功效，無毒、無刺激性，也無致敏性，但孕期及癲癇患者避免使用。芳香療法的應用上：在皮膚護理方面可緩解痤瘡、頭皮屑、皮膚炎、溼疹；在循環、肌肉、關節方面可緩解動脈硬化、痛風、肌肉疼痛、心悸、循環不良、風溼；在呼吸系統方面可緩解氣喘、支氣管炎；在消化系統方面可緩解結腸炎、消化不良、脹氣、黃疸；在泌尿生殖道方面可緩解痛經、白帶；在免疫系統方面可緩解感冒、流感、感染；在神經系統方面可緩解頭痛、神經痛、神經衰竭和壓力相關症狀。迷迭香精油廣泛用於肥皀、洗滌劑、化妝品、噴霧劑、香水、古龍水，也用於肉製品等食品加工，以及酒精與非酒精飲料[30]。

R4. 花梨木／(Rosewood/Aniba rosaeodora)；樟科(Lauraceae)

花梨木 (Rosewood) 爲樟科 (Lauraceae) 花梨木屬 (Aniba)，相關品種有玫瑰木 (Aniba terminalis (Heisen) Mezz) 等。

主要成分：

- 沉香醇／枷羅木醇 (Linalool)，右旋：芫荽醇，左旋：芳樟醇，分子手性方向與旋光方向相反，請參考 2-2-1-3-2，羅勒 (Basil, Exotic)，請參考第六章 B6。
- 1,8- 桉葉素／桉葉素／桉葉油醇 (Cineol/1,8-Cineole/Eucalyptol)，請參考 5-2-1-1，多香果／

牙買加胡椒／丁香胡椒 (Allspice)，請參考第六章 A2。

- 松油醇／萜品醇 (Terpineol)、4- 松油醇／萜品烯 -4- 醇 (Terpin-4-ol)，請參考 2-2-1-3-1，月桂 (Bay, Cineol)，請參考第六章 B8。
- 香葉醇／牻牛兒醇 (Geraniol/(E)-Nerol)，請參考 2-2-1-1-1，香蜂草／蜜蜂花 (Balm, Lemon)，請參考第六章 B1。
- 香茅醛／玫紅醛 (Citronellal/Rhodinal)，請參考 3-1-2-4，香茅 (Citronella)，請參考第六章 C23。
- 檸檬烯／薴烯 (Limonene)、二戊烯 (Dipentene)，請參考 2-1-1-1，歐白芷／洋當歸 (Angelica)，請參考第六章 A6。
- 蒎烯／松油萜 (Pinene)，請參考 2-1-1-3，印度藏茴香／香旱芹 (Ajowan)，請參考第六章 A1。

花梨木有抗菌、殺菌、抗微生物、除臭、鎮痛、抗驚厥、壯陽等作用，無毒、無刺激性，也無致敏性。芳香療法的應用上：在皮膚護理方面可緩解痤瘡、皮膚炎、疤痕、傷口、皺紋；在免疫系統方面可緩解感冒、咳嗽、發燒、感染；在神經系統方面可緩解頭痛、噁心、神經緊張和壓力相關症狀。花梨木精油曾經用於調製天然芳樟醇，現已被化學合成製劑取代。花梨木精油廣泛用於肥皂、沐浴用品，化妝品、香水，以及多數主要食品，以及酒精與非酒精飲料 [30]。

R5. 芸香(Rue/Ruta graveolens L.)；芸香科(Rutaceae)

芸香又稱芳香芸香，相關品種有埃及芸香／敘利亞芸香、山芸香。

主要成分：

- 2- 十一酮／甲基壬基酮／芸香酮 (Undecan-2-one/Rue ketone)，請參考 3-2-2-8，毛果芸香 (Jaborandi)，請參考第七章 J1。
  - ➢ 2- 十一酮／甲基壬基酮／芸香酮對眼睛和皮膚和黏膜有刺激性，動物研究中對小鼠與家蠅有毒性、對水生生物毒性極大，並具有長期持續影響。

芸香精油有殺菌、殺蟲、止痛、利尿、解痙、抗風溼等功效，芳療經驗認為甲基壬基酮為口腔毒素，且民間作為墮胎藥，絕對不能用於香水或香料，也不可用於芳香療法 [30]。

S1. 快樂鼠尾草(Sage, Clary/Salvia sclarea)；唇形科(Lamiaceae)

快樂鼠尾草又稱麝香鼠尾草，相關品種繁多，在鼠尾草／普通鼠尾草 (Sage, Common) 中介紹，請參考第八章 S2。

主要成分：

- 乙酸沉香酯／乙酸芳樟酯 (Linalyl acetate)，請參考 4-1-1-1，香蜂草／蜜蜂花 (Balm, Lemon)，請參考第六章 B1。
- 沉香醇／伽羅木醇 (Linalool，右旋：芫荽醇，左旋：芳樟醇），分子手性方向與旋光方向相反，請參考 2-2-1-3-2，羅勒 (Basil, Exotic)，請參考第六章 B6。

- 蒎烯／松油萜 (Pinene)，請參考 2-1-1-3，印度藏茴香／香旱芹 (Ajowan)，請參考第六章 A1。
- 月桂烯 (Myrcene)、雙月桂烯 (Dimyrcene)，請參考 2-1-1-2，西印度月桂 (Bay, West Indian)，請參考第六章 B9。
- 水芹烯／水茴香萜 (Phellandrene)，請參考 2-1-1-7，多香果／牙買加胡椒／丁香胡椒 (Allspice)，請參考第六章 A2。

快樂鼠尾草精油有抗菌、殺菌、除臭、抗驚厥、抗抑鬱、清痰、解痙、壯陽、催情、助消化、通經、降血壓等功效，無毒、無刺激性，也無致敏性，但孕期避免使用。快樂鼠尾草精油會誘發並擴大麻醉作用，飲酒時也不要使用。由於快樂鼠尾草的毒性比普通鼠尾草低，芳香療法中優先使用快樂鼠尾草，在皮膚護理方面可緩解痤瘡、癤子、頭皮屑、脫髮、皮膚潰瘍、皺紋；在循環、肌肉、關節方面可緩解肌肉酸痛；在呼吸系統方面可緩解哮喘、喉嚨感染；在消化系統方面可緩解胃痙攣、腹絞痛、消化不良、脹氣；在泌尿生殖系統方面可緩解閉經、痛經、白帶；在神經系統方面可緩解抑鬱症、陽痿、偏頭痛、神經緊張和壓力相關症狀。快樂鼠尾草精油和原精 (Absolute) 用於香皀、洗滌劑、化妝品、香水，作爲定香劑，精油則廣泛用於食品加工和酒精與非酒精飲料 [30]。

- 凝香體 (Concrete)、原精 (Absolute)、類樹脂 (Resinoid)，麝香秋葵／麝香梨子／香葵／黃葵 (Ambrette Seed)，請參考第六章 A4。

S2. 鼠尾草／藥用鼠尾草(Sage, Common/Salvia officinalis)；唇形科 (Lamiaceae)

鼠尾草／藥用鼠尾草 (Sage, Common) 又稱普通鼠尾草 [28]，相關品種繁多，除快樂鼠尾草／麝香鼠尾草之外，還有蜜蜂鼠尾草、鳳梨鼠尾草、大葉鼠尾草、狹葉鼠尾草、大花鼠尾草、多果鼠尾草、三裂葉鼠尾草／希臘鼠尾草／土耳其鼠尾草、薰衣草葉鼠尾草、馬鞭草葉鼠尾草、紫穗鼠尾草、中國鼠尾草、西班牙鼠尾草、孟加拉鼠尾草、薩丁尼亞鼠尾草、阿特拉斯山鼠尾草等。

主要成分：

- 側柏酮／崖柏酮 (Thujone)，請參考 3-2-1-13，不可食用，許多國家都對食物或飲料中側柏酮的含量做了限制 [5,19]。在芳療經驗上，側柏酮 (Thujone) 為口服毒素及墮胎藥劑，孕婦應避免接觸，東方側柏 (Arborvitac)，請參考第六章 A9。
- 1,8- 桉葉素／桉葉素／桉葉油醇 (Cineol/1,8-Cineole/Eucalyptol)，請參考 5-2-1-1，多香果／牙買加胡椒／丁香胡椒 (Allspice)，請參考第六章 A2。
- 冰片醇／龍腦／2- 莰醇 (Borneol)，請參考 2-2-1-2-2，歐白芷／洋當歸 (Angelica)，請參考第六章 A6。
- 石竹烯 (Caryophyllene)、蛇麻烯／葎草烯 (Humulene)，請參考 2-1-2-1，α- 石竹烯又稱葎草烯／蛇麻烯 (Humulene)；β- 石竹烯又稱石竹烯或丁香烯，多香果／牙買加胡椒／丁香胡椒 (Allspice)，請參考第六章 A2。

• 萜烯類／萜品烯 (Terpenes)：是一個總稱，包含單萜烯、倍半萜烯、二萜烯、三萜烯等，有抗發炎、止癢、抗感染、安撫肌膚等作用。

鼠尾草／普通鼠尾草精油有抗發炎、殺蟲、抗菌、抗氧化、助消化、利尿、通便、健胃、滋補等功效。在芳療經驗上側柏酮是口服毒素及墮胎藥劑，孕期及癲癇患者避免使用，也避免用於芳香療法，改用西班牙鼠尾草或快樂鼠尾草。鼠尾草／普通鼠尾草精油用於藥物製劑、香皂、漱口水、牙膏、洗髮水、洗滌劑、止汗劑、古龍水、香水。鼠尾草／普通鼠尾草精油和類樹脂廣泛用於肉製品等食品作爲調味料，也用於酒精與非酒精飲料。鼠尾草／普通鼠尾草是天然的抗氧化劑[30]。

S3. 西班牙鼠尾草／薰衣草葉鼠尾草(Sage, Spanish/Salvia lavendulaefolia)；唇形科(Lamiaceae)

關於西班牙鼠尾草和薰衣草葉鼠尾草，勞樂絲 (Julia Lawless)[30] 和維基百科[5] 都認爲西班牙鼠尾草就是薰衣草葉鼠尾草，而法蘭貢 (Pierre Franchomme)[28] 則列出西班牙鼠尾草和薰衣草葉鼠尾草的不同學名，顯示兩者品種不完全相同，本書暫時不加區分，有興趣深入探討品種差異的讀者，請參考文獻[28] 的相關資料。鼠尾草的各種品種，在鼠尾草／普通鼠尾草 (Sage, Common) 中有介紹，請參考第八章 S2。

主要成分：

• 樟腦 (Camphor)，請參考 3-2-1-3，東方側柏 (Arborvitae)，請參考第六章 A9。
• 1,8- 桉葉素／桉葉素／桉葉油醇 (Cineol/1,8-Cineole/Eucalyptol)，請參考 5-2-1-1，多香果／牙買加胡椒／丁香胡椒 (Allspice)，請參考第六章 A2。
• 檸檬烯／薴烯 (Limonene)、二戊烯 (Dipentene)，請參考 2-1-1-1，歐白芷／洋當歸 (Angelica)，請參考第六章 A6。
• 莰烯／樟烯 (Camphene)，請參考 2-1-1-8，冰片／龍腦 (Borneol)，請參考第六章 B15。
• 蒎烯／松油萜 (Pinene)，請參考 2-1-1-3，印度藏茴香／香旱芹 (Ajowan)，請參考第六章 A1。

西班牙鼠尾草／薰衣鼠尾草精油有抗發炎、抗菌、除臭、抗抑鬱、解痙、止血、助消化、祛痰、降血壓等功效，相對無毒、無刺激性，也無致敏性，但孕期也避免使用。

芳香療法的應用上：在皮膚護理方面可緩解痤瘡、割傷、頭皮屑、皮膚炎、牙齦炎、溼疹、脫髮；在循環、肌肉、關節方面可緩解循環不良、風溼症、關節炎、肌肉酸痛；在呼吸系統方面可緩解氣喘、咳嗽、咽喉炎；在消化系統方面可緩解黃疸、肝臟充血；在泌尿生殖系統方面可緩解閉經、經痛；在免疫系統方面可緩解感冒、發燒、流感；在神經系統方面可緩解頭痛、緊張、神經衰弱和壓力相關症狀。西班牙鼠尾草精油廣泛用於香皂、化妝品、洗浴用品、香水、肉製品等食品加工，以及酒精與非酒精飲料[30]。

S4. 白檀／東印度檀香(Sandalwood/Santalum album L.)；檀香科 (Santalaceae)

白檀／東印度檀香 (Santalum album/ Santalum album Linn)，屬於檀香科 (Santalaceae) 檀香屬 (Santalum)，檀香屬的其他品種有澳洲檀香、密花澳洲檀香、澳洲大花檀香、太平洋檀香、夏威夷檀香、斐濟檀香、玻里西亞檀香等。

主要成分：

- 檀香醇 (Santalol)，請參考 2-2-2-6，是一級環鏈狀倍半萜醇，存在於白檀、泛黃檀和雅西檀等檀木中 [5]，有 α 型和 β 型兩種異構物，旱芹籽／根芹菜籽 (Celery Seed)，請參考第六章 C17。
- 倍半萜烯 (Sesquiterpenes)：包括石竹烯、母菊天藍烴（為芳香烴）、金合歡烯、沒藥烯、大根香葉烯等，樟木 (Camphor)，請參考第六章 C6。
- 檀烯／檀萜烯 (Santene)，請參考 2-1-1-14，銀杉／歐洲冷杉／白杉 (Fir Needle, Silver/Abies alba)，請參考請參考第六章 F2。
- 冰片醇／龍腦／2- 莰醇 (Borneol)，請參考 2-2-1-2-2，歐白芷／洋當歸 (Angelica)，請參考第六章 A6。
- 檀萜烯酮／檀香酮 (Santalone)，請參考 3-2-2-13。
- 檀香酸 (Santalic acid)，請參考 5-2-2-18。
- 檀油醇 (Teresantalol)，請參考 2-2-1-1-13。
- 三環類檀香醛／三環類紫檀萜醛 (Tri-cyclo-ekasantalal/Tricycloekasantalal)，請參考 3-1-3-4。

白檀精油有抗菌、殺菌、殺眞菌、殺蟲、抗抑鬱、解痙、催情、壯陽、利尿、祛痰等功效，無毒、無刺激性，也無致敏性。芳香療法的應用上：在皮膚護理方面可緩解痤瘡、皮膚乾裂；在呼吸系統方面可緩解支氣管炎、肺炎、咳嗽、喉炎、喉嚨痛；在消化系統方面可緩解腹瀉、噁心；在泌尿生殖系統方面可緩解膀胱炎；在神經系統方面可緩解抑鬱、失眠、神經衰弱和壓力相關症狀。白檀精油廣泛用於肥皂、洗滌劑、化妝品、香水、多數主要食品類別，以及酒精與非酒精飲料 [30]。

S5. 棉杉菊／薰衣草棉(Santolina/Santolina chamaecyparissus)；菊科 (Asteraceae)

棉杉菊 (Santolina) 又稱薰衣草棉 (Cotton lavender)，屬於菊科棉杉菊屬／銀香菊屬／神聖亞麻屬 (Santolina)，相近的品種有科西嘉島薰衣草棉。

主要成分：

- 松油醇／萜品醇 (Terpineol)、4- 松油醇／萜品烯 -4- 醇 (Terpin-4-ol)，請參考 2-2-1-3-1，月桂 (Bay, Cineol)，請參考第六章 B8。
- 冰片醇／龍腦／2- 莰醇 (Borneol)，請參考 2-2-1-2-2，歐白芷／洋當歸 (Angelica)，請參考第六章 A6。
- 水芹烯／水茴香萜 (Phellandrene)，請參考 2-1-1-7，多香果／牙買加胡椒／丁香胡椒

(Allspice)，請參考第六章 A2。

- 棉杉菊醇／香綿菊醇 (Santolina alcohol)，請參考 2-2-1-3-5。

芳療經驗顯示，棉杉菊／薰衣草棉有抗痙攣、殺菌、殺蟲、驅蟲等功效，爲口服毒素，可能具有危險毒性，不應作爲芳香療法或家庭使用，也很少用於調味或香水[30]。目前關於棉杉菊酮／棉杉菊醇等化合物的資料還無法充分解釋棉杉菊毒性的芳療經驗，需要等待後續研究結論。

S6. 北美檫木／白檫木(Sassafras/Sassafras albidum)；樟科(Lauraceae)

北美檫木／白檫木屬於樟科檫樹屬 (Sassafras)，相關品種有藥用檫木 (Sassafras variifolium Nees) 等。

主要成分：

- 黃樟素 (Safrole)，請參考 5-1-2-3，目前 WHO 將黃樟素列在 2B 類致癌物清單；美國禁止使用在食品添加物、肥皂、香水；歐盟認定黃樟素具有遺傳毒性和致癌性；中國大陸仍可合法使用[5]，樟木 (Camphor)，請參考第六章 C6。
- 側柏酮／崖柏酮 (Thujone)，請參考 3-2-1-13，不可食用，許多國家都對食物或飲料中側柏酮的含量做了限制[5,19]。在芳療經驗上，側柏酮 (Thujone) 爲口服毒素及墮胎藥劑，孕婦應避免接觸，東方側柏 (Arborvitae)，請參考第六章 A9。
- 蒎烯／松油萜 (Pinene)，請參考 2-1-1-3，印度藏茴香／香旱芹 (Ajowan)，請參考第六章 A1。
- 水芹烯／水茴香萜 (Phellandrene)，請參考 2-1-1-7，多香果／牙買加胡椒／丁香胡椒 (Allspice)，請參考第六章 A2。
- 細辛腦／細辛醚 (Asarone)，請參考 5-1-2-7，菖蒲 (Calamus)，請參考第六章 C5。
- 樟腦 (Camphor)，請參考 3-2-1-3，東方側柏 (Arborvitae)，請參考第六章 A9。
- 肉豆蔻醚 (Myristicin)，請參考 5-1-2-4，肉豆蔻 (Nutmeg)，請參考第七章 N3。
- 胡薄荷酮／蒲勒酮 (Pulegone)：薄荷酮 (Menthone)／異薄荷酮 (Isomenthone)，請參考 3-2-1-1，胡薄荷酮／蒲勒酮 (Pulegone)，請參考 3-2-1-2，布枯 (Buchu)，請參考第六章 B18，香葉天竺葵 (Geranium)，請參考第七章 G5。
  - ➢ 胡薄荷酮具有肝臟毒性，在民間被用作墮胎藥，大劑量食入會引起嚴重的中毒，偶爾會導致死亡。研究顯示大鼠和小鼠的肝臟、腎臟、鼻子和胃的非腫瘤性病變以及有致癌的跡象。

北美檫木／白檫木有抗病毒、利尿、催情、殺蟲劑（蝨子）等功效，由於黃樟素高達 80-90%，因此爲致癌物與墮胎劑，有刺激性、有劇毒，少量食入也會導致死亡，不應用於芳香療法或家庭使用，無論內服還是外用[30]。

S7. 叉子圓柏／沙賓那刺柏(Savine/Juniperus Sabina)；柏科(Cupressaceae)

叉子圓柏／沙賓那刺柏／沙賓檜 (Savine/Savin)，屬於柏科刺柏屬 [5.13]／檜屬 [13] (Juniperus)。

主要成分：

- 檜醇／檜萜醇 (Sabinol)，請參考 2-2-1-2-7，絲柏／地中海柏木 (Cypress)，請參考第六章 c29。
- 萜品烯／松油烯 (Terpinene) 與萜品油烯 (Terpinolene)/δ- 萜品烯／異松油烯，請參考 2-1-1-4，印度藏茴香／香旱芹 (Ajowan)，請參考第六章 A1。
- 蒎烯／松油萜 (Pinene)，請參考 2-1-1-3，印度藏茴香／香旱芹 (Ajowan)，請參考第六章 A1。
- 檜烯／沙賓烯 (Sabinene)，請參考 2-1-1-10，東方側柏 (Arborvitae)，請參考第六章 A9。
- 癸醛 (Decanal/Aldehyde C-10/Decylaldehyde/Decaldehyde)，請參考 3-1-1-5，芫荽 (Coriander)，請參考第六章 C25。
- 香茅醇／玫紅醇 (Citronellol/Rhodinol)，請參考 2-2-1-1-3，香蜂草／蜜蜂花 (Balm, Lemon)，請參考第六章 B1。
- 香葉醇／牻牛兒醇 (Geraniol/(E)-Nerol)，請參考 2-2-1-1-1，香蜂草／蜜蜂花 (Balm, Lemon)，請參考第六章 B1。
- 杜松烯 (Cadinene)、卡達烷 (Cadalane)，請參考 2-1-2-18，西印度檀香／阿米香樹 (Amyris)，請參考第六章 A5。
- 紫蘇醇 (Perillyl alcohol)、二氫枯茗醇 (Dihydrocuminyl alcohol)，請參考 2-2-1-1-7。
- 乙酸檜酯 (Sabinyl acetate)，請參考 4-1-1-15。

叉子圓柏／沙賓那刺柏／沙賓檜經由是強力催吐劑，可緩解紅斑狼瘡症狀，芳療經驗認爲是墮胎藥與口服毒素，對眼睛、呼吸道和皮膚有刺激性，許多國家禁止向公眾出售，不應作爲芳香療法或家庭使用 [30]。

S8. 夏香薄荷／香薄荷(Savory, Summer/Satureja hortensis)；唇形科(Lamiaceae)

夏香薄荷／香薄荷 (Savory, Summer)，唇形科香薄荷屬／風輪草屬／豆草屬 (Satureja)，相關品種有冬香薄荷／高山香薄荷、法國香薄荷、阿根廷香薄荷、土耳其香薄荷、南美洲香薄荷、玻利維亞香薄荷、坦尙尼亞香薄荷等。薄荷常見的品種繁多，在野薄荷 (Mint, Cornmint) 中介紹過，請參考第七章 M7。

主要成分：

- 香旱芹酚／香荊芥酚 (Carvacrol/Cymophenol)，請參考 5-1-1-2，山金車 (Arnica)，請參考第六章 A10。
- 蒎烯／松油萜 (Pinene)，請參考 2-1-1-3，印度藏茴香／香旱芹 (Ajowan)，請參考第六章

A1。
- 對傘花烴／對繖花烴 (p-Cymene/4-Cymene)，請參考 2-1-1-5，是一種芳香烴，印度藏茴香／香旱芹 (Ajowan)，請參考第六章 A1。
- 莰烯／樟烯 (Camphene)，請參考 2-1-1-8，冰片／龍腦 (Borneol)，請參考第六章 B15。
- 檸檬烯／薴烯 (Limonene)、二戊烯 (Dipentene)，請參考 2-1-1-1，歐白芷／洋當歸 (Angelica)，請參考第六章 A6。
- 水芹烯／水茴香萜 (Phellandrene)，請參考 2-1-1-7，多香果／牙買加胡椒／丁香胡椒 (Allspice)，請參考第六章 A2。
- 冰片醇／龍腦／2- 莰醇 (Borneol)，請參考 2-2-1-2-2，歐白芷／洋當歸 (Angelica)，請參考第六章 A6。

夏香薄荷精油有殺菌、殺眞菌、抗腹瀉、抗疲勞、解痙、壯陽、催情、通經、祛痰等功效，芳療經驗上認爲是一種皮膚毒素，對皮膚與黏膜有刺激性，孕期避免使用，也不作爲芳香療法或家庭使用 [30]。夏香薄荷偶爾用於香水，以增進清新的草本香氣，精油和樹脂用於肉製品和罐頭等多數食品加工 [30]。

S9. 冬香薄荷／高山香薄荷(Savory, Winter/Satureja montana)；唇形科(Lamiaceae)

冬香薄荷／高山香薄荷 (Savory, Winter)，唇形科香薄荷屬／風輪草屬 (Satureja)。薄荷常見的品種繁多，在野薄荷 (Mint, Cornmint) 中介紹過，請參考第七章 M7。

主要成分：
- 香旱芹酚／香荊芥酚 (Carvacrol/Cymophenol)，請參考 5-1-1-2，山金車 (Arnica)，請參考第六章 A10。
- 對傘花烴／對繖花烴 (p-Cymene/4-Cymene)，請參考 2-1-1-5，一種芳香烴，印度藏茴香／香旱芹 (Ajowan)，請參考第六章 A1。
- 百里酚／百里香酚 (Thymol)，請參考 5-1-1-1，是單萜酚，爲對撒花烴的酚衍生物，與香旱芹酚是異構物，印度藏茴香／香旱芹 (Ajowan)，請參考第六章 A1。
- 蒎烯／松油萜 (Pinene)，請參考 2-1-1-3，印度藏茴香／香旱芹 (Ajowan)，請參考第六章 A1。
- 檸檬烯／薴烯 (Limonene)、二戊烯 (Dipentene)，請參考 2-1-1-1，歐白芷／洋當歸 (Angelica)，請參考第六章 A6。
- 1,8- 桉葉素／桉葉素／桉葉油醇 (Cineol/1,8-Cineole/Eucalyptol)，請參考 5-2-1-1，多香果／牙買加胡椒／丁香胡椒 (Allspice)，請參考第六章 A2。
- 冰片醇／龍腦／2- 莰醇 (Borneol)，請參考 2-2-1-2-2，歐白芷／洋當歸 (Angelica)，請參考第六章 A6。
- 松油醇／萜品醇 (Terpineol)、4- 松油醇／萜品烯 -4- 醇 (Terpin-4-ol)，請參考 2-2-1-3-1，月桂 (Bay, Cineol)，請參考第六章 B8。

冬香薄荷／高山香薄荷的作用、安全資料、芳香療法和用途，請參考第八章 S8：夏香薄荷／香薄荷 (Savory, Summer)。

S10. 粉紅胡椒／祕魯胡椒(Schinus molle L./Pink pepper)；漆樹科(Anacardiaceae)

粉紅胡椒 (Pink pepper)／祕魯胡椒 (Peruvian pepper)，屬於漆樹科肖乳香屬 (Schinus)，相關的品種有玫瑰胡椒／巴西胡椒 (Schinus terebinthifolia Raddi)。

主要成分：

- 水芹烯／水茴香萜 (Phellandrene)，請參考 2-1-1-7，多香果／牙買加胡椒／丁香胡椒 (Allspice)，請參考第六章 A2。
- 石竹烯 (Caryophyllene)、蛇麻烯／葎草烯 (Humulene)，請參考 2-1-2-1，*α*- 石竹烯又稱葎草烯／蛇麻烯 (Humulene)；*β*- 石竹烯又稱石竹烯或丁香烯是一種天然的雙環倍半萜烯，多香果／牙買加胡椒／丁香胡椒 (Allspice)，請參考第六章 A2。
- 蒎烯／松油萜 (Pinene)，請參考 2-1-1-3，印度藏茴香／香旱芹 (Ajowan)，請參考第六章 A1。
- 香旱芹酚／香荊芥酚 (Carvacrol/Cymophenol)，請參考 5-1-1-2，山金車 (Arnica)，請參考第六章 A10。

粉紅胡椒／祕魯胡椒有抗菌、殺菌、抗病毒、催情等功效，無毒、無刺激性，也無致敏性。芳香療法的應用上：在皮膚護理方面可緩解凍瘡；在循環、肌肉、關節方面可緩解關節炎、肌肉酸痛、神經痛、血液循環不良、風溼痛、肌肉僵硬；在呼吸系統方面可緩解腹瀉；在消化系統方面可緩解腹絞痛、便秘、腹瀉、脹氣、食欲不振、噁心；在免疫系統方面可緩解感冒、流感。粉紅胡椒／祕魯胡椒用於香水和調味料，作爲黑胡椒的替代品[30]。

S11.加拿大細辛(Snakeroot/Asarum canadense)；馬兜鈴科(Aristolochiaceae)

加拿大細辛 (Asarum canadense) 又稱蛇根草 (Snakeroot)／野生薑 (Wild ginger)，屬於馬兜鈴科細辛屬 (Asarum)，相關品種有歐細辛、亞洲細辛等。

主要成分：

- 蒎烯／松油萜 (Pinene)，請參考 2-1-1-3，印度藏茴香／香旱芹 (Ajowan)，請參考第六章 A1。
- 沉香醇／伽羅木醇 (Linalool，右旋：芫荽醇，左旋：芳樟醇），分子手性方向與旋光方向相反，請參考 2-2-1-3-2，羅勒 (Basil, Exotic)，請參考第六章 B6。
- 冰片醇／龍腦／2- 莰醇 (Borneol)，請參考 2-2-1-2-2，歐白芷／洋當歸 (Angelica)，請參考第六章 A6。
- 松油醇／萜品醇 (Terpineol)、4- 松油醇／萜品烯 -4- 醇 (Terpin-4-ol)，請參考 2-2-1-3-1，月桂 (Bay, Cineol)，請參考第六章 B8。

- 香葉醇／牻牛兒醇 (Geraniol/(E)-Nerol)，請參考 2-2-1-1-1，香蜂草／蜜蜂花 (Balm, Lemon)，請參考第六章 B1。
- 丁香酚 (Eugenol)，請參考 5-1-1-3，多香果／牙買加胡椒／丁香胡椒 (Allspice)，請參考第六章 A2。
- 甲基醚丁香酚／甲基丁香酚 (Methyl eugenol)，請參考 5-1-2-5，多香果／牙買加胡椒／丁香胡椒 (Allspice)，請參考第六章 A2。

加拿大細辛有抗發炎、解痙、鎮痛、利尿、通便、祛痰等功效，無毒、無刺激性，也無致敏性，但孕期避免使用。芳香療法上可用於解痙、緩解經痛或消化不良的症狀。加拿大細辛精油主要用作糖果等產品的調味劑，偶爾用於香水[30]。

S12. 穗甘松(Spikenard/Nardostachys jatamansi)；忍冬科(Caprifoliaceae)

穗甘松 (Spikenard)、印度甘松／喜馬拉雅 (Nardostachys jatamansi) 屬於忍冬科 (Caprifoliaceae) 甘松屬 (Nardostachys)，相關品種有大花甘松 (Nardostachys grandiflora)、中國甘松 (Nardostachys chinensis Batal) 等。

主要成分：

- 乙酸冰片酯／乙酸龍腦酯 (Bornyl acetate) 與乙酸異冰片酯 (Isobornyl acetate)，請參考 4-1-1-4，冰片／龍腦 (Borneol)，請參考第六章 B15。
- 纈草酸／戊酸 (Valeric acid/Pentanoic acid)，請參考 5-2-2-8，波斯阿魏 (Asafoetida/Ferula asafoetida)，請參考第六章 A11。
- 冰片醇／龍腦／2- 莰醇 (Borneol)，請參考 2-2-1-2-2，歐白芷／洋當歸 (Angelica)，請參考第六章 A6。
- 廣藿香醇 (Patchoulol/Patchouli alcohol)，請參考 2-2-2-5，玉檀木／假癒創木 (Guaiacwood)，請參考第七章 G8。
- 戊酸萜品酯／纈草酸萜品酯 (Terpinyl valerate /Terpenyl pentanoate/Terpinyl valerianate)，請參考 4-1-1-16。
- 松油醇／萜品醇 (Terpineol)、4- 松油醇／萜品烯 -4- 醇 (Terpin-4-ol)，請參考 2-2-1-3-1，月桂 (Bay, Cineol)，請參考第六章 B8。
- 丁香酚 (Eugenol)，請參考 5-1-1-3，多香果／牙買加胡椒／丁香胡椒 (Allspice)，請參考第六章 A2。
- 蒎烯／松油萜 (Pinene)，請參考 2-1-1-3，印度藏茴香／香旱芹 (Ajowan)，請參考第六章 A1。

穗甘松有殺菌、殺眞菌、除臭、抗發炎、解熱、通便等功效，無毒、無刺激性，也無致敏性。芳香療法的應用上：在皮膚護理方面可緩解皮膚過敏、皮膚炎，皮膚老化，皮疹等；在神經系統方面可緩解失眠、神經性消化不良、偏頭痛、失眠和壓力相關症狀。穗甘松精油通常作爲纈草油的替代品，現在很少使用[30]。

S13. 加拿大鐵杉／東加拿大雲杉(Spruce, Hemlock/Tsuga Canadensis)；松科(Pinaceae)

加拿大鐵杉／東加拿大雲杉[28]／美洲鐵杉[13]屬於松科鐵杉屬(Tsuga)。

主要成分：

- 蒎烯／松油萜(Pinene)，請參考2-1-1-3，印度藏茴香／香旱芹(Ajowan)，請參考第六章A1。
- 檸檬烯／薴烯(Limonene)、二戊烯(Dipentene)，請參考2-1-1-1，歐白芷／洋當歸(Angelica)，請參考第六章A6。
- 乙酸冰片酯／乙酸龍腦酯(Bornyl acetate)與乙酸異冰片酯／醋酸異冰片酯／乙酸異龍腦酯(Isobornyl acetate)，請參考4-1-1-4，冰片／龍腦(Borneol)，請參考第六章B15。
- 水芹烯／水茴香萜(Phellandrene)，請參考2-1-1-7，多香果／牙買加胡椒／丁香胡椒(Allspice)，請參考第六章A2。
- 月桂烯(Myrcene)、雙月桂烯(Dimyrcene)，請參考2-1-1-2，西印度月桂(Bay, West Indian)，請參考第六章B9。
- 側柏酮／崖柏酮(Thujone)，請參考3-2-1-13，不可食用，許多國家都對食物或飲料中側柏酮的含量做了限制[5,19]。在芳療經驗上側柏酮(Thujone)為口服毒素及墮胎藥劑，孕婦應避免接觸，東方側柏(Arborvitae)，請參考第六章A9。
- 二戊烯(Dipentene，請參考2-1-1-1，外消旋體的檸檬烯稱為二戊烯，印度藏茴香／香旱芹(Ajowan)，請參考第六章A1。
- 杜松烯(Cadinene)、卡達烷(Cadalane)，請參考2-1-2-18，西印度檀香／阿米香樹(Amyris)，請參考第六章A5。
- 三環萜／三環烯(Tricyclene)，請參考2-1-1-15。

加拿大鐵杉有抗菌、止痛、利尿、祛痰等功效，無毒、無刺激性，也無致敏性。芳香療法的應用上：在循環、肌肉、關節方面可緩解肌肉酸痛、循環不良；在呼吸系統方面可緩解氣喘、支氣管炎、咳嗽；在免疫系統方面可緩解感冒、流感、感染；在神經系統方面可緩解焦慮、壓力相關症狀。加拿大鐵杉廣泛用於噴霧劑、洗滌劑、肥皂、沐浴用品[30]。

S14. 東方香脂／蘇合香(Styrax, Levant/Liquidambar Orientalis Mill.)；楓香科(Altingiaceae)

東方香脂／蘇合香／安納托利亞蘇合香脂(Liquidambar Orientalis)屬於楓香科(Altingiaceae)楓香屬(Liquidambar)[5]。楓香科(Altingiaceae)以前屬於金縷梅科(Hamamelidaceae)，1998年單獨列為一科，屬於虎耳草目。相關品種有美洲香脂、福爾摩沙蘇合香脂等。

主要成分：

- 苯乙烯(Styrene)，請參考2-1-1-16。
- 香草精／香蘭素／香莢蘭醛／香草酚(Vanillin)，有多重取代基，請參考3-1-2-9，波斯阿魏

(Asafoetida/Ferula asafoetida)，請參考第六章 A11。

- 苯丙醇 (Phenylpropyl alcohol)：3- 苯丙醇／氫化肉桂醇 (3-Phenylpropyl alcohol/Hydrocinnamic alcohol))，請參考 2-2-1-1-14。
- 肉桂醇／桂皮醇 (Cinnamic Alcohol/Cinnamyl alcohol/Styrone/3-Phenylallyl alcohol)，請參考 2-2-1-1-15。
- 肉桂醛／桂皮醛 (Cinnamaldehyde)，請參考 3-1-2-7，中國肉桂 (Cassia)，請參考第六章 C12。
- 苄醇／苯甲醇 (Phenylmethanol/Benzyl alcohol)，請參考 2-2-1-1-8，香水樹（卡南迦）(Cananga)，請參考第六章 C7。
- 乙醇 (Ethyl alcohol/Ethanol)：俗稱酒精，化學式 C_2H_6O、密度 0.79g/cm^3、熔點 -114°C、沸點 72.6°C，室溫下為透明無色液體，易燃且具刺激性，有酒香氣，可與水混溶，也可混溶乙醚、氯仿、甘油、甲醇等有機溶劑。

東方香脂／蘇合香精油有抗發炎、抗菌、殺菌、防腐、止痛、袪痰等功效，無毒、無刺激性，對某些人可能有致敏性，市售產品經常有摻假。芳香療法的應用上：在皮膚護理方面可緩解割傷、皮癬、疥瘡、傷口；在呼吸系統方面可緩解支氣管炎、咳嗽；在神經系統方面可緩解焦慮與壓力相關症狀。蘇合香精油用於複方安息香酊劑，以緩解呼吸系統疾病；精油和類樹脂 (Resinoid) 用於肥皂、花香型和東方香型的香水。原精 (Absolute) 和類樹脂用於多數主要食品加工，以及酒精與非酒精飲料 [30]。

- 凝香體 (Concrete)、原精 (Absolute)、類樹脂 (Resinoid)：麝香秋葵／麝香梨子／香葵／黃葵 (Ambrette Seed)，請參考第六章 A4。

S15. 黑雲杉(Spruce, Black/Picea mariana)；松科(Pinaceae)

黑雲杉直立的小型常綠針葉樹，生長緩慢，平均高度為 5-15m，樹皮灰褐色，很薄、有鱗。葉針狀堅硬，長 6-15mm。與紅雲杉 (Picea rubens) 經常發生自然雜交，與白雲杉 (Picea glauca) 很少發生雜交 [5]。精油為透明液體，有著新鮮針葉樹的木質氣味，並帶著深層的泥土氣息 [29]。

主要成分：莰烯／樟烯 (Camphene, 14-19%), α- 蒎烯／α- 松油萜 (α-Pinene, 13-16%),β- 蒎烯／β- 松油萜 (β-Pinene, 4-10%), 檀烯／檀萜烯 (Santene, 2-3%), δ-3- 蒈烯 (δ-3-Carene, 4-11%), 檸檬烯／薴烯 (Limonene, 5%), 月桂烯 (Myrcene, 2-4%), 乙酸冰片酯／乙酸龍腦酯 (Bornyl acetate, 31-49%), 乙酸異冰片酯／醋酸異冰片酯／乙酸異龍腦酯 (Isobornyl acetate), 乙酸香葉酯／乙酸牻牛兒酯 (Geranyl acetate), 長葉烯 (Longifolene), 長葉環烯 (Longicyclene), 杜松烯 (Cadinene), 石竹烯 (Caryophyllene), 依蘭油烯 (Muurolene), 冰片醇／龍腦 (Borneol), 4- 側柏烷醇／水合檜烯 (4-Thujanol/Sabinene hydrate), 4- 松油醇／萜品烯 -4- 醇 (Terpin-4-ol), 長葉冰片醇／長葉龍腦醇 (Longiborneol)。

- 莰烯／樟烯 (Camphene)，請參考 2-1-1-8。
- 蒎烯／松油萜 (Pinene)，請參考 2-1-1-3。

- 檀烯／檀萜烯 (Santene)，請參考 2-1-1-14。
- 3- 蒈烯 (3-Carene/Carene)，請參考 2-1-1-6。
- 檸檬烯／薴烯 (Limonene)，請參考 2-1-1-1。
- 月桂烯 (Myrcene)，請參考 2-1-1-2。
- 乙酸冰片酯／乙酸龍腦酯 (Bornyl acetate)，請參考 4-1-1-4。
- 乙酸異冰片酯／醋酸異冰片酯／乙酸異龍腦酯 (Isobornyl acetate)，請參考 4-1-1-4。
- 乙酸香葉酯／乙酸牻牛兒酯 (Geranyl acetate)，牻念「忙」，請參考 4-1-1-5。
- 長葉烯 (Longifolene)、長葉環烯 (Longicyclene)，請參考 2-1-2-9。
- 杜松烯 (Cadinene)，請參考 2-1-2-18。
- 石竹烯 (Caryophyllene)，請參考 2-1-2-1。
- 依蘭油烯 (Muurolene)，請參考 2-1-2-38。
- 冰片醇／龍腦 (Borneol)，請參考 2-2-1-2-2。
- 4- 側柏烷醇／水合檜烯 (4-Thujanol/Sabinene hydrate)，請參考 2-2-1-3-3。
- 4- 松油醇／萜品烯 -4- 醇 (Terpin-4-ol)，請參考 2-2-1-3-1。

黑雲杉精油帶有辛辣的樟腦氣味和木香前調，爲透明液體，無毒、無刺激性，Delta-3-蒈烯含量較高的精油對某些人可能會有致敏性，有殺菌、防腐、消炎、抗眞菌抗痙攣等作用，可緩解肌肉痠痛、支氣管炎、泌尿系統感染等症狀 [29.133]。

T1. 印度萬壽菊(Tagetes/Tagetes Minuta)；菊科(Asteraceae)

印度萬壽菊 (Tagetes Minuta) 屬於菊科萬壽菊屬 (Tagetes)，又稱小孔雀草／矮萬壽菊／墨西哥萬壽菊。相近的品種有直立萬壽菊／萬壽菊／臭芙蓉 (Tagetes erecta/petula L.)、芳香萬壽菊、愛爾蘭萬壽菊／蕾絲萬壽菊、阿根廷萬壽菊。

主要成分：

- 萬壽菊酮 (Tagetone)、雙氫萬壽菊酮 (Dihydrotagetone)，請參考 3-2-1-11。
- 羅勒烯 (Ocimene)，請參考 2-1-1-9，爲月桂烯的異構物，白松香 (Galbanum)，請參考第七章 G2。
- 香葉烯／月桂烯 (Myrcene)、雙月桂烯 (Dimyrcene)，請參考 2-1-1-2，西印度月桂 (Bay, West Indian)，請參考第六章 B9。
- 沉香醇／芫羅木醇 (Linalool，右旋：芫荽醇，左旋：芳樟醇），分子手性方向與旋光方向相反，請參考 2-2-1-3-2，羅勒 (Basil, Exotic)，請參考第六章 B6。
- 檸檬烯／薴烯 (Limonene)、二戊烯 (Dipentene)，請參考 2-1-1-1，歐白芷／洋當歸 (Angelica)，請參考第六章 A6。
- 蒎烯／松油萜 (Pinene)，請參考 2-1-1-3，印度藏茴香／香旱芹 (Ajowan)，請參考第六章 A1。
- 香芹酮 (Carvone)，請參考 3-2-1-5，葛縷子 (Caraway)，請參考第六章 C8。
- l- 香芹酮 (l-Carvone)，爲香芹酮的對映體。香芹酮 (Carvone)，請參考 3-2-1-5，葛縷子

(Caraway)，請參考第六章 C8。

- ➢ 二氫香芹酮 (Dihydrocarvone)，請參考 3-2-1-5，葛縷子 (Caraway/Carum carvi)，請參考第六章 C8。

- 檸檬醛 (Citral)，請參考 3-1-2-1，有 *α*(Trans)、*β*(Cis) 兩種異構物，香蜂草／蜜蜂花 (Balm, Lemon)，請參考第六章 B1。
- 莰烯／樟烯 (Camphene)，請參考 2-1-1-8，冰片／龍腦 (Borneol)，請參考第六章 B15。
- 纈草酸／戊酸 (Valeric acid/Pentanoic acid)，請參考 5-2-2-8，波斯阿魏 (Asafoetida/Ferula asafoetida)，請參考第六章 A11。
- 水楊醛 (Salicylaldehyde/Salicylal)、甲基水楊醛 (Methylsalicylaldehyde)，請參考 3-1-2-7，中國肉桂 (Cassia)，請參考第六章 C12。
  - ➢ 水楊酸／柳酸／鄰羥基苯甲酸 (Salicylic acid)，請參考 5-2-2-3，矮樺／山樺 (Birch, Sweet)，請參考第六章 B12。
  - ➢ 水楊酸甲酯／鄰羥基苯甲酸甲酯／冬青油 (Methyl salicylate)，請參考 4-1-2-5，矮樺／山樺 (Birch, Sweet)，請參考第六章 B12。

印度萬壽菊有殺菌、殺眞菌、驅蟲、解痙、催情、通便等功效，萬壽菊酮 (Tagetone) 可能對人體有害，使用時需審慎斟酌。芳香療法的應用上：可緩解老繭、眞菌感染。印度萬壽菊精油用於某些藥品、菸草和多數主要食品，以及酒精與非酒精飲料，有時也用於草藥和花香型香水[30]。

T2. 艾菊／菊蒿(Tansy/Tanacetum Vulgare L.)；菊科(Asteraceae)

艾菊／普通艾菊／菊蒿 (Tansy)，屬於菊科、菊蒿屬 (Tanacetum)，相關品種有摩洛哥藍艾菊、長葉艾菊、脂艾菊、除蟲菊、大洋甘菊／小白菊／夏白菊等。

- 艾蒿 (Mugwort/Artemisia vulgaris)，屬於菊科、蒿屬 (Artemisia)，請參考第七章 M10。
- 摩洛哥藍艾菊 (Chamomile, Maroc)，屬於菊科菊蒿屬 (Tanacetum)，請參考第六章 C19。

主要成分：

- 側柏酮／崖柏酮 (Thujone)，請參考 3-2-1-13，不可食用，許多國家都對食物或飲料中側柏酮的含量做了限制[5,19]。在芳療經驗上，側柏酮 (Thujone) 爲口服毒素及墮胎藥劑，孕婦應避免接觸，東方側柏 (Arborvitae)，請參考第六章 A9。
- 樟腦 (Camphor)，請參考 3-2-1-3，東方側柏 (Arborvitae)，請參考第六章 A9。
- 冰片醇／龍腦／2- 莰醇 (Borneol)，請參考 2-2-1-2-2，歐白芷／洋當歸 (Angelica)，請參考第六章 A6。

艾菊／菊蒿精油有驅蟲、抗發炎、解痙、鎭痛、利尿、助消化、通經血等功效，由於含有高濃度的側柏酮 (Thujone)，所以爲口服毒素，也是墮胎藥。不作爲芳香療法或家庭使用，無論內服還是外用。艾菊精油偶爾用於香草型香水，曾經用於酒精飲料，目前已不再使用[30]。

T3. 龍蒿／龍艾(Tarragon/Artemisia Dracunculus)；菊科(Asteraceae)

龍蒿／龍艾屬於菊科蒿屬 (Artemisia)。艾蒿 (Mugwort/Artemisia vulgaris)，屬於菊科蒿屬 (Artemisia)，請參考第七章 M10。艾菊／普通艾菊／菊蒿 (Tansy)，屬於菊科菊蒿屬 (Tanacetum)，請參考第八章 T2。

主要成分：

- 草蒿腦／甲基蒟酚／甲基醚蔞葉酚 (Methyl chavicol/Estragole)，請參考 5-1-2-2，雖然使用草蒿腦沒有顯著的癌症風險，然而幼兒、孕婦和哺乳期婦女應儘量減少接觸 [4.5]，羅勒 (Basil, Exotic)，請參考第六章 B6。
- 羅勒烯 (Ocimene)，請參考 2-1-1-9，爲月桂烯的異構物，白松香 (Galbanum)，請參考第七章 G2。
- 橙花醇 (Nerol/(Z)-Geraniol)，請參考 2-2-1-1，佛手柑 (Bergamot)，請參考第六章 B11。
- 水芹烯／水茴香萜 (Phellandrene)，請參考 2-1-1-7，多香果／牙買加胡椒／丁香胡椒 (Allspice)，請參考第六章 A2。
- 側柏酮／崖柏酮 (Thujone)，請參考 3-2-1-13，不可食用，許多國家都對食物或飲料中側柏酮的含量做了限制 [5.19]。在芳療經驗上，側柏酮 (Thujone) 爲口服毒素及墮胎藥劑，孕婦應避免接觸，東方側柏 (Arborvitae)，請參考第六章 A9。
- 1,8- 桉葉素／桉葉素／桉葉油醇 (Cineol/1,8-Cineole/Eucalyptol)，請參考 5-2-1-1，多香果／牙買加胡椒／丁香胡椒 (Allspice)，請參考第六章 A2。
- 茵陳烯炔／茵陳炔／茵陳二炔／冰草烯／冰草炔 (Capillene/Agropyrene)、去甲茵陳烯炔／去甲茵陳炔／去甲茵陳二炔 (Norcapillene)，請參考 5-2-3-25。

龍蒿／龍艾精油有驅蟲、防腐、解痙、開胃、催情、助消化、利尿、通經等功效，由於含有草蒿腦／甲基蒟酚／異茴香腦 (Methyl chavicol/Estragole 而具有中度毒性 [30]，可能有潛在的致癌性。無刺激性也無致敏性，但孕期避免使用。芳香療法的應用上：在消化系統方面可緩解消化不良、脹氣、打嗝、腸道痙攣、神經性消化不良；在泌尿生殖系統方面可緩解閉經、痛經。龍蒿／龍艾精油用於香皀、洗滌劑、化妝品和香水，也用於多數主要食品以及酒精與非酒精飲料，作爲調味劑 [30]。

T4. 互葉白千層／澳洲茶樹(Tea Tree/Melaleuca Alternifolia)；桃金孃科(Myrtaccac)

互葉白千層／澳洲茶樹 (Melaleuca Alternifolia) 屬於桃金孃科千層樹屬 (Melaleuca)，相關品種包括綠花白千層、狹葉白千層、刺葉白千層、具鉤白千層、黃金串錢柳以及許多亞種。綠花白千層 (Niaouli/ Melaleuca viridiflora)，請參考第七章 N2。

主要成分：

- 松油醇／萜品醇 (Terpineol)、4- 松油醇／萜品烯 -4- 醇 (Terpin-4-ol)，請參考 2-2-1-3-1，月桂 (Bay, Cineol)，請參考第六章 B8。
- 1,8- 桉葉素／桉葉素／桉葉油醇 (Cineol/1,8-Cineole/Eucalyptol)，請參考 5-2-1-1，多香果／

牙買加胡椒／丁香胡椒 (Allspice)，請參考第六章 A2。

- 蒎烯／松油萜 (Pinene)，請參考 2-1-1-3，印度藏茴香／香旱芹 (Ajowan)，請參考第六章 A1。
- 萜品烯／松油烯 (Terpinene) 與萜品油烯 (Terpinolene)/δ- 萜品烯／異松油烯，請參考 2-1-1-4，α- 萜品烯是從豆蔻和馬鬱蘭等天然植物分離出。β- 萜品烯沒有天然來源，從檜烯／沙賓烯 (Sabinene) 中提取。γ- 萜品烯和 δ- 萜品烯／萜品油烯／異松油烯 (Terpinolene)：從多種植物中分離而得，印度藏茴香／香旱芹 (Ajowan)，請參考第六章 A1。
- 對傘花烴／對繖花烴 (p-Cymene/4-Cymene)，請參考 2-1-1-5，是一種芳香烴，印度藏茴香／香旱芹 (Ajowan)，請參考第六章 A1。
- 倍半萜烯 (Sesquiterpenes) 包括：石竹烯、母菊天藍烴（爲芳香烴）、金合歡烯、沒藥烯、大根香葉烯等，樟木 (Camphor)，請參考第六章 C6。
- 倍半萜醇 (Sesquiterpene alcohols)：有金合歡醇、雪松醇／柏木醇、橙花叔醇、岩蘭烯醇／香根烯醇、廣藿香醇、檀香醇、桉葉醇、沒藥醇等，常見於雪松、檀木以及岩蘭草等植物中。相較於單萜醇 (C_{10})，倍半萜醇 (C_{15}) 分子量較大，因此通常黏度較高，產生作用的速度也較慢，然而更可延長使用時間。由於倍半萜醇質地與香氣層次豐富，常爲高級香水的原料。倍半萜醇的精油包括岩蘭草、澳洲檀香、東印度檀木等。

互葉白千層／澳洲茶樹精油有殺菌、殺寄生蟲、抗感染、抗發炎、抗病毒、防腐、催情、舒緩、祛痰等功效，無毒、無刺激性，對某些人可能有致敏性。芳香療法的應用上：在皮膚護理方面可緩解膿腫、痤瘡、香港腳、頭皮屑、皰疹、昆蟲叮咬、尿布疹、疣、傷口感染；在呼吸系統方面可緩解氣喘、支氣管炎、咳嗽、鼻竇炎、百日咳；在泌尿生殖系統方面可緩解陰道炎、膀胱炎、瘙癢症；在免疫系統方面可緩解感冒、發燒、流感、水痘。互葉白千層／澳洲茶樹精油廣泛用於肥皂、牙膏、除臭劑、消毒劑、漱口水、殺菌劑，並逐漸用於古龍水 [30]。

T5. 北美側柏(Thuja/Thuja Occidentalis)；柏科(Cupressaceae)

北美側柏 (Thuja Occidentalis) 屬於柏科側柏亞科 (Thujoideae) 崖柏屬／側柏屬 [13](Thuja)，相近的品種有美西側柏、長白側柏／偃側柏、中國雪松。北美側柏名稱相當混雜，包括北美喬柏／西部側柏／大側柏／北美喬柏／美檜／北美紅檜／香杉／西洋杉／美國檜木。

主要成分：

- 側柏酮／崖柏酮 (Thujone)，請參考 3-2-1-13，不可食用，許多國家都對食物或飲料中側柏酮的含量做了限制 [5,19]。在芳療經驗上，側柏酮 (Thujone) 爲口服毒素及墮胎藥劑，孕婦應避免接觸，東方側柏 (Arborvitae)，請參考第六章 A9。
- 葑酮／小茴香酮 (Fenchone)，請參考 3-2-1-8，東方側柏 (Arborvitae)，請參考第六章 A9。
- 樟腦 (Camphor)，請參考 3-2-1-3，東方側柏 (Arborvitae)，請參考第六章 A9。
- 檜烯／沙賓烯 (Sabinene)，請參考 2-1-1-10，側柏烯 (Thujene)，有三種異構物：α- 側柏烯、β- 側柏烯、檜烯／沙賓烯 (Sabinene)，東方側柏 (Arborvitae)，請參考第六章 A9。

- 蒎烯／松油萜 (Pinene)，請參考 2-1-1-3，印度藏茴香／香旱芹 (Ajowan)，請參考第六章 A1。

北美側柏精油有殺菌、驅蟲、抗風溼、利尿、祛痰等功效，由於含有高濃度的側柏酮，所以口服有毒，也是墮胎藥，不作爲芳香療法或家庭使用。北美側柏精油用於消毒劑、噴霧劑、鎭痛軟膏、抗刺激劑等藥品，也作爲洗浴用品和香水，並在多數主要食品作爲調味料成分，前提是食品的成品不能含有側柏酮[30]。

T6. 百里香／普通百里香(Thyme, Common/Thymus Vulgaris)；唇形科 (Lamiaceae)

百里香又稱麝香草，屬於唇形科百里香屬 (Thymus)，相關的品種繁多，有頭狀百里香、側柏百里香、百里酚百里香、檸檬百里香、穗花百里香、紅花百里香、早花百里香、薰陸香百里香、孜然百里香等[28]。因而百里香精油有許多不同類型：溫暖和活性的百里酚 (Thymol) 與香旱芹酚 (Carvacrol) 型；滲透和抗病毒的側柏醇 (Thujanol) 型；溫和甜味無刺激的沉香醇 (Linalol)／檸檬醛 (Citral) 型等。百里香／普通百里香又稱南歐百里香／花園百里香 (Garden Thyme)。頭狀百里香 (Thymus capitatus)／西班牙牛至／西班牙奧勒岡 (Oregano, Spanish)，請參考第七章 O8。

主要成分：

- 百里酚／百里香酚 (Thymol)，請參考 5-1-1-1，爲對撒花烴的酚衍生物，與香旱芹酚是異構物，印度藏茴香／香旱芹 (Ajowan)，請參考第六章 A1。
- 香旱芹酚／香荊芥酚 (Carvacrol/Cymophenol)，請參考 5-1-1-2，山金車 (Arnica)，請參考第六章 A10。
- 對傘花烴／對繖花烴 (p-Cymene/4-Cymene)，請參考 2-1-1-5，是一種芳香烴，印度藏茴香／香旱芹 (Ajowan)，請參考第六章 A1。
- 萜品烯／松油烯 (Terpinene) 與萜品油烯 (Terpinolene)/δ- 萜品烯／異松油烯，請參考 2-1-1-4，印度藏茴香／香旱芹 (Ajowan)，請參考第六章 A1。
- 莰烯／樟烯 (Camphene)，請參考 2-1-1-8，冰片／龍腦 (Borneol)，請參考第六章 B15。
- 冰片醇／龍腦／2- 莰醇 (Borneol)，請參考 2-2-1-2-2，歐白芷／洋當歸 (Angelica)，請參考第六章 A6。
- 沉香醇／枷羅木醇 (Linalool，右旋：芫荽醇，左旋：芳樟醇），分子手性方向與旋光方向相反，請參考 2-2-1-3-2，羅勒 (Basil, Exotic)，請參考第六章 B6。
- 香葉醇／牻牛兒醇 (Geraniol/(E)-Nerol)，請參考 2-2-1-1-1，香蜂草／蜜蜂花 (Balm, Lemon)，請參考第六章 B1。
- 檸檬醛 (Citral)，請參考 3-1-2-1，有 α(Trans)、β(Cis) 兩種異構物，香蜂草／蜜蜂花 (Balm, Lemon)，請參考第六章 B1。
- 4- 側柏烷醇／水合檜烯 (4-Thujanol/Sabinene hydrate)，請參考 2-2-1-3-3。

百里香精油有抗菌、驅蟲、抗氧化、抗風溼、止痛、壯陽、解痙、開胃等功效，紅百里香精油含有大量的百里酚 (Thymol) 和香旱芹酚／香荊芥酚 (Carvacrol/Cymophenol) 等有毒酚類化合物，會刺激皮膚與黏膜，並可能對某些人有致敏性，請低濃度稀釋並適量使用，孕期避免使用。檸檬百里香和沉香醇 (Linalol/Linalool) 型百里香精油一般毒性較低、較無刺激性與致敏性，兒童也可以安全使用。市售的百里香精油經常有摻假，應慎選供應商。芳香療法的應用上：在皮膚護理方面可緩解膿腫、痤瘡、瘀傷、燙傷、割傷、皮膚炎、溼疹、蚊蟲蝨子叮咬、牙齦炎、疥瘡；在循環、肌肉、關節方面可緩解關節炎、蜂窩性組織炎、痛風、肌肉酸痛、扭傷、運動損傷、水腫、循環不良；在呼吸系統方面可緩解哮喘、支氣管炎、肺炎、咳嗽、喉炎、喉痛、鼻竇炎；在消化系統方面可緩解腹瀉、消化不良、脹氣；在泌尿生殖系統方面可緩解膀胱炎、尿道炎；在免疫系統方面可緩解感冒、流感；在神經系統方面可緩解頭痛、失眠、神經衰弱和壓力相關症狀。百里香精油用於漱口水、牙膏等產品 [30]。

T7. 東加豆／零陵香豆(Tonka/Dipteryx Odorata)；豆科(Fabaceae)

東加豆來自於巴西柚木 (Brazilian Teak)，是重要的香料之一。

主要成分：

- 香豆素類 (Coumarins)，請參考 4-2-2，歐白芷／洋當歸 (Angelica)，請參考第六章 A6。
- 香豆素／薰草素／香豆內酯／苯并 -α- 吡喃酮 (Coumarins)，請參考 4-2-2-1。
- 凝香體 (Concrete)、原精 (Absolute)、類樹脂 (Resinoid)，麝香秋葵／麝香梨子／香葵／黃葵 (Ambrette Seed)，請參考第六章 A4。

東加豆／零陵香豆有殺蟲、麻醉等功效，由於香豆素含量較高，為口服和皮膚毒素，許多國家禁止使用，因此也不作為芳香療法或家庭使用，少量用於藥物掩蔽劑和茜草類香水，作為定香劑 [30]。

T8. 晚香玉(Tuberose/Polianthes tuberosa)；石蒜科(Amaryllidaceae)

晚香玉／月下香 (Agave amica/Polianthes Tuberosa)，石蒜科 (Amaryllidaceae) 晚香玉屬 (Polianthes)。

主要成分：

- 苯甲酸甲酯／安息香酸甲酯 (Methyl Benzoate)，請參考 4-1-2-13。
- 苄醇／苯甲醇 (Phenylmethanol/Benzyl alcohol)，請參考 2-2-1-1-8，香水樹（卡南迦）(Cananga)，請參考第六章 C7。
- 鄰胺苯甲酸甲酯 (Methyl anthranilate)，請參考 4-1-2-11，梔子花 (Gardenia)，請參考第七章 G3。
- 丁香酚 (Eugenol)，請參考 5-1-1-3，多香果／牙買加胡椒／丁香胡椒 (Allspice)，請參考第六章 A2。
- 橙花醇 (Nerol/(Z)-Geraniol)，請參考 2-2-1-1，佛手柑 (Bergamot)，請參考第六章 B11。
- 金合歡醇／法尼醇 (Farnesol/Dodecatrienol)，請參考 2-2-2-1，與橙花叔醇是結構異構物 [10]，麝香秋葵／麝香梨子／香葵／黃葵 (Ambrette Seed)，請參考第六章 A4。
- 香葉醇／牻牛兒醇 (Geraniol/(E)-Nerol)，請參考 2-2-1-1-1，香蜂草／蜜蜂花 (Balm,

Lemon)，請參考第六章 B1。

- 丁酸／酪酸 (Butyric Acid)，請參考 5-2-2-28。

晚香玉／月下香有麻醉劑的效果。用於東方香型與花香型的高級香水，但市售的精油經常摻假，少量用於糖果和飲料 [30]。

T9. 薑黃(Turmeric/Curcuma Longa L.)；薑科(Zingiberaceae)

薑黃相關的品種有芳香薑黃、爪哇薑黃／束骨薑黃、莪朮、泰國蔘薑、芒果薑、粉藍薑等。

主要成分：

- 薑黃酮 (Tumerone)，請參考 3-2-2-12。芳薑黃酮 (ar-Tumerone)
  - 薑黃素 (Curcumin)，請參考 5-2-3-11。薑黃烯 (Curcumene)，請參考 2-1-2-26。
  - 莪术酮 (Curzerenone)，請參考 3-2-2-23。莪术烯 (Curzerine)，請參考 2-1-2-36。莪朮與薑黃同爲薑科／薑黃屬，但不同種。
- 大西洋酮(Atlantone)，請參考3-2-2-4，大西洋雪松(Cedarwood, Atlas)。請參考第六章C14。
- 薑烯 (Zingiberene)，請參考 2-1-2-6，薑 (Ginger)，請參考第七章 G6。
- 1,8- 桉葉素／桉葉素／桉葉油醇 (Cineol/1,8-Cineole/Eucalyptol)，請參考 5-2-1-1，多香果／牙買加胡椒／丁香胡椒 (Allspice)，請參考第六章 A2。
- 冰片醇／龍腦／2- 莰醇 (Borneol)，請參考 2-2-1-2-2，歐白芷／洋當歸 (Angelica)，請參考第六章 A6。
- 檜烯／沙賓烯 (Sabinene)，請參考 2-1-1-10，側柏烯 (Thujene)，有三種異構物：α- 側柏烯、β- 側柏烯、檜烯／沙賓烯 (Sabinene)，東方側柏 (Arborvitae)，請參考第六章 A9。
- 水芹烯／水茴香萜 (Phellandrene)，請參考 2-1-1-7，多香果／牙買加胡椒／丁香胡椒 (Allspice)，請參考第六章 A2。

薑黃精油有殺菌、殺蟲、抗發炎、鎮痛、抗氧化、助消化、利尿、通便等功效，薑黃酮 (Tumerone) 有中度毒性，必須酌量使用。芳香療法的應用上：在循環、肌肉、關節方面可緩解關節炎、肌肉酸痛、風溼病；在消化系統方面可緩解厭食症、消化不良。薑黃精油用於東方香型香水，精油樹脂 (Oil resin) 用於咖喱和肉製品等食品調味 [30]。2017 年的一篇統合分析 (Meta-analysis) 評估薑黃素 (Curcumin) 對憂鬱症 6 個臨床測試成效，發現薑黃素可以調整腦部化學狀態，保護腦細胞不受毒性物質破壞而導致憂鬱症。黑胡椒中的胡椒鹼 (Piperine) 可以增進薑黃素的吸收，效果高達 2000%[59.117]。

T10. 松節油(Turpentine/Pinus Palustris And Other Pinus Species)；松科(Pinaceae)

松節油主要來自長葉松／大王松 (Pinus palustris) 等品種。歐洲山松 (Pine, Dwarf/Pinus mugo var. pumilio)，請參考第八章 P7。長葉松／大王松 (Pine, Longleaf/Pinus palustris)，請參考第八章 P8。歐洲赤松 (Pine, Scotch/Pinus sylvestris L.)，請參考第八章 P9。

主要成分：
- 蒎烯／松油萜 (Pinene)，請參考 2-1-1-3，印度藏茴香／香旱芹 (Ajowan)，請參考第六章 A1。
- 3- 蒈烯 (3-Carene/Carene)，請參考 2-1-1-6，白松香 (Galbanum)，請參考第七章 G2。

松節油有抗菌、殺寄生蟲、鎮痛、抗風溼、解痙、利尿、催情、祛痰、止血等功效，相對無毒、無刺激性，但對某些人可能有致敏性，爲海洋汙染物，對環境有危害。芳香療法的應用上：在皮膚護理方面可緩解癬子、蝨子跳蚤叮咬、皮癬、疥瘡；在循環、肌肉、關節方面可緩解風溼症、關節炎、痛風、肌肉酸痛、坐骨神經痛；在呼吸系統方面可緩解支氣管炎、百日咳；在泌尿生殖系統方面可緩解膀胱炎、白帶、尿道炎；在免疫系統方面可緩解感冒；在神經系統方面可緩解神經痛。松節油用於許多緩解疼痛、咳嗽、感冒的軟膏和乳液。松節油的精油和樹脂用於油漆、除汙劑、溶劑、殺蟲劑，不用於香水[30]。

V1. 纈草(Valerian/Valeriana officinalis)；忍冬科(Caprifoliaceae)

纈草／闊葉纈草，屬於忍冬科 (Caprifoliaceae) 纈草屬 (Valeriana)。敗醬科在 2003 年和忍冬科合併。

主要成分：
- 乙酸冰片酯／乙酸龍腦酯 (Bornyl acetate) 與乙酸異冰片酯／醋酸異冰片酯／乙酸異龍腦酯 (Isobornyl acetate)，請參考 4-1-1-4，冰片／龍腦 (Borneol)，請參考第六章 B15。
- 石竹烯 (Caryophyllene)、蛇麻烯／葎草烯 (Humulene)，請參考 2-1-2-1，α- 石竹烯又稱葎草烯／蛇麻烯 (Humulene)；β- 石竹烯又稱石竹烯或丁香烯，多香果／牙買加胡椒／丁香胡椒 (Allspice)，請參考第六章 A2。
- 蒎烯／松油萜 (Pinene)，請參考 2-1-1-3，印度藏茴香／香旱芹 (Ajowan)，請參考第六章 A1。
- 纈草酮 (Valeranone)，請參考 3-2-2-5，綠花白千層 (Niaouli)，請參考第七章 N2。
- 香堇酮／紫羅蘭酮 (Lonone)，請參考 3-2-2-3，與大馬士革烯酮 (Damascenone)、大馬士革酮 (Damascone) 同屬於「玫瑰酮」家族，波羅尼亞花 (Boronia)，請參考第六章 B16。
- 丁香酚 (Eugenol)，請參考 5-1-1-3，多香果／牙買加胡椒／丁香胡椒 (Allspice)，請參考第六章 A2。
- 纈草酸／戊酸 (Valeric acid/Pentanoic acid)，請參考 5-2-2-8，波斯阿魏 (Asafoetida/Ferula asafoetida)，請參考第六章 A11。
- 冰片醇／龍腦／2- 莰醇 (Borneol)，請參考 2-2-1-2-2，歐白芷／洋當歸 (Angelica)，請參考第六章 A6。
- 廣藿香醇 (Patchoulol/Patchouli alcohol)，請參考 2-2-2-5，玉檀木／假癒創木 (Guaiacwood)，請參考第七章 G8。
- 纈草醇／桔樹醇 (Valerianol/Kusunol)、沉香雅檻藍醇 (Jinkoheremol)，請參考 2-2-2-23。
- 異戊酸丁香酚酯 (Eugenyl Isovalerate)，請參考 4-1-2-14。

纈草精油有殺菌、利尿、解痙、抗頭皮屑、助眠、降血壓、鎮靜等功效，無毒、無刺激性，但可能有致敏性，應酌量使用。芳香療法的應用上可緩解失眠、神經性消化不良、偏頭痛、不安和緊張。纈草精油用於放鬆的藥劑，精油和原精 (Absolute) 用於香皂、香料、煙草，以及酒精與非酒精飲料[30]。

- 凝香體 (Concrete)、原精 (Absolute)、類樹脂 (Resinoid)，麝香秋葵／麝香梨子／香葵／黃葵 (Ambrette Seed)，請參考第六章 A4。

V2. 香草／芳香香莢蘭(Vanilla/Vanilla Planifolia)；蘭科(Orchidaceae)

香草／芳香香莢蘭 (Vanilla Planifolia) 屬於蘭科香莢蘭屬 (Vanilla)，相關品種有大溪地香莢蘭、瓜德羅普香莢蘭等。

主要成分：

- 香草精／香蘭素／香莢蘭醛／香草酚 (Vanillin)，有多重取代基，請參考 3-1-2-9，波斯阿魏 (Asafoetida/Ferula asafoetida)，請參考第六章 A11。
- 乙酸／醋酸 (Acetic acid)，請參考第七章 M6，銀栲／銀合歡 (Silver Wattle)。
- 丁香酚 (Eugenol)，請參考 5-1-1-3，多香果／牙買加胡椒／丁香胡椒 (Allspice)，請參考第六章 A2。
- 糠醇／呋喃甲醇 (Furfuryl alcohol/Furfurol)，請參考 2-2-1-1-9。
- 糠醛／呋喃甲醛 (Furfural)，請參考 3-1-2-15，是一種芳香醛，錫蘭肉桂 (Cinnamon)，請參考第六章 C22。
- 羥基苯甲醛 (Hydroxybenzaldehyde)：水楊醛／鄰羥苯甲醛／鄰羥苄醛／2- 羥基苯甲醛 (Salicylaldehyde/ alicylal/o-Hydroxybenzaldehyde/2-Hydroxybenzaldehyde)、間羥苯甲醛／3- 羥基苯甲醛 (3-Hydroxybenz aldehyde/m-Hydroxybenzaldehyde)、對羥苯甲醛／4- 羥基苯甲醛 (4-Hydroxybenzaldehyde/m-Hydroxy benzaldehyde)，請參考 3-1-2-14，中國肉桂 (Cassia)，請參考第六章 C12。
- 丁酸／酪酸 (Butyric Acid)，請參考 5-2-2-28，晚香玉 (Tuberose)，請參考第八章 T8。
- 異丁酸 (Isobutyric Acid)，請參考 5-2-2-28。
- 己酸 (Caproic Acid/Hexanoic acid)，請參考 5-2-2-29。

香草／香莢蘭精油有像香脂一樣的功效，無毒、無刺激性，但有致敏性，市售商品常有摻假，不作爲芳香療法或家庭使用。香草／香莢蘭精油用於藥品調味劑與東方香型的香水，並廣泛用於菸草和霜淇淋、優酪乳、巧克力等食品調味。

V3. 檸檬馬鞭草(Verbena, Lemon/Aloysia Triphylla/Aloysia Citrodora)；馬鞭草科(Verbenaceae)

檸檬馬鞭草相關品種有德州白馬鞭草 (gratissima Tronc.)、Chamaetrifolia Cham.、Polystachya 等。

主要成分：

- ➢ 檸檬醛 (Citral)，請參考 3-1-2-1，有 α(Trans)、β(Cis) 兩種異構物，香蜂草／蜜蜂花 (Balm, Lemon)，請參考第六章 B1。
- ➢ 橙花醇 (Nerol/(Z)-Geraniol)，請參考 2-2-1-1，佛手柑 (Bergamot)，請參考第六章 B11。
- ➢ 香葉醇／牻牛兒醇 (Geraniol/(E)-Nerol)，請參考 2-2-1-1-1，香蜂草／蜜蜂花 (Balm, Lemon)，請參考第六章 B1。

檸檬馬鞭草／芳香馬鞭草精油有抗菌、解毒、解痙、助消化、鎮靜等功效，由於檸檬醛含量甚高，可能有光毒性。眞正的檸檬馬鞭草精油很少，多數是由西班牙馬鞭草或香茅等精油調製而成。馬鞭草 (Verbena, European/Verbena officinalis)，為另一個品種，有清熱解毒，利尿活血的功能，莖葉常用來泡茶。芳香療法的應用上：在消化系統方面可緩解胃痙攣、消化不良；在神經系統方面可緩解焦慮、失眠、神經緊張和與壓力相關症狀。檸檬馬鞭草精油用於柑橘類香水和古龍水 [30]。

V4. 岩蘭草(Vetiver/Chrysopogon zizanioides/Vetiveria zizanoides)；禾本科(Poaceae)

岩蘭草 (Chrysopogon zizanioides/Vetiveria Zizanoides) 屬於禾本科金鬚茅屬 (Chrysopogon)。

主要成分：

- 岩蘭草醇／香根草醇 (Vetiverol)、岩蘭烯醇 (Vetivenol)、α- 岩蘭醇 (α-Vetivol)，請參考 2-2-2-4。
- 客烯醇／三環岩蘭烯醇 (Khusimol/Khusenol/Tricyclovetivenol)、雙環岩蘭烯醇 (Bicyclovetivenol)、客醇 (Khusol)、客萜醇 (Khusinol)、客烯 2 醇 (Khusiol/Helifolan-2-ol/Khusian-2-ol)，請參考 2-2-2-24。
- 岩蘭草酮 (Vetivone)、α- 岩蘭草酮、β- 岩蘭草酮，請參考 3-2-2-14。
- 岩蘭草烯 (Vetivenene)、岩蘭螺烯 (Vetispirene)、岩蘭烯 (Vetivene)、客烯／三環岩蘭烯 (Khusimene/Khusene/Zizaene/Tricyclovetivene)，請參考 2-1-2-27。
- 萜烯類／萜品烯 (Terpenes)：是一個總稱，包含單萜烯、倍半萜烯、二萜烯、三萜烯等，有抗發炎、止癢、抗感染、安撫肌膚等作用。

岩蘭草精油有抗菌、殺菌、解痙、止痛、止血、鎮靜等功效，無毒、無刺激性，也無致敏性。岩蘭草精油能讓人深度放鬆，在按摩和芳香療法的應用上很有價值，在皮膚護理方面可緩解痤瘡、割傷；在循環、肌肉、關節方面可緩解肌肉疼痛、關節炎、扭傷、肌肉關節僵硬；在神經系統方面可緩解神經衰弱、神經緊張、抑鬱、失眠。岩蘭草精油用於肥皂、化妝品和東方香型的香水，作為定香劑，也作為蘆筍等食品的防腐劑 [30]。

V5. 香堇菜(Violet/Viola Odorata)；堇菜科(Violaceae)

香堇菜 (Viola odorata) 屬於堇菜科堇菜屬 (Viola) 英文為 Violet，有時被譯成紫羅蘭，與十字花科／蕓苔科的紫羅蘭混淆。用於製作紫羅蘭香水的材料實際上是香堇菜，然而大多數中文精油都稱爲紫羅蘭，因此本書也稱爲紫羅蘭，還好整個十字花科／蕓苔科紫羅蘭屬都沒有用在精油與芳療領域，不至於混淆，因此香堇酮 (Lonone) 也稱爲紫羅蘭酮，只是要知道並沒有紫羅蘭 (Matthiola) 的成分。紫羅蘭 (Matthiola incana) 是十字花科／蕓苔科紫羅蘭屬 (Matthiola)。蒜香藤又稱蔓性紫羅蘭。蕓苔科 (Brassicaceae) 舊稱十字花科 (Cruciferae)。

主要成分：

- 巴馬酮／異紫羅蘭酮 (Parmone)，請參考 3-2-2-3，右旋 -*α*- 香堇酮／右旋 -*α*- 紫羅蘭酮 ((R)-(+)-*α*-Lonone) 稱爲巴馬酮／異紫羅蘭酮，波羅尼亞花 (Boronia)，請參考第六章 B16。
- 香堇酮／紫羅蘭酮 (Lonone)，請參考 3-2-2-3，與大馬士革烯酮 (Damascenone)、大馬士革酮 (Damascone) 同屬於「玫瑰酮」家族，波羅尼亞花 (Boronia)，請參考第六章 B16。
- 苄醇／苯甲醇 (Phenylmethanol/Benzyl alcohol)，請參考 2-2-1-1-8，香水樹（卡南迦）(Cananga)，請參考第六章 C7。
- 槲皮素／槲黃酮／櫟精 (Quercetin/Sophoretin/Xanthaurine)，請參考 5-2-3-17，水仙 (Narcissus)，請參考第七章 N1。
- 己醇／正己醇／1- 己醇 (1-Hexanol /Hexyl Alcohol)，請參考 2-2-1-1-16。
- 壬二烯醛 (Nonadienal)，2,4- 壬二烯醛 (2,4- Nonadienal)、3,6- 壬二烯醛 (3,6- Nonadienal)、5,7- 壬二烯醛 (5,7- Nonadienal)，請參考 3-1-1-10。

香堇菜精油有殺菌、抗發炎、鎮痛、抗風溼、利尿、祛痰、通便等功效，無毒、無刺激性，但對某些人可能有致敏性。芳香療法的應用上：在皮膚護理方面可緩解痤瘡、溼疹、靜脈曲張；在循環、肌肉、關節方面可緩解循環不良、風溼症；在呼吸系統方面可緩解支氣管炎、口腔和咽喉感染；在神經系統方面可緩解頭暈、頭痛、失眠、神經衰弱。香堇菜精油用於高級香水，少量用於糖果等食品調味。

W1.平鋪白珠樹(Wintergreen/Gaultheria Procumbens)；杜鵑花科(Ericaceae)

平鋪白珠樹／冬青 (Wintergreen) 屬於杜鵑花科白珠樹屬 (Gaultheria)，又稱矮冬青／冬青白珠樹／平鋪白珠樹／匍匐白珠樹／傾臥白珠樹／匍匐冬青 [4]。水楊酸甲酯 (Methyl salicylate) 又名冬青油 (Oil of wintergreen)。平鋪白珠樹相近的品種有芳香白珠樹、攀緣白珠樹、斑點白珠樹、日本白珠樹、墨西哥白珠樹、雲南白珠樹等。

主要成分：

- 水楊酸／柳酸／鄰羥基苯甲酸 (Salicylic acid)，請參考 5-2-2-3，矮樺／山樺 (Birch, Sweet)，請參考第六章 B12。
- 水楊酸甲酯／鄰羥基苯甲酸甲酯／冬青油 (Methyl salicylate)，請參考 4-1-2-5，矮樺／山樺 (Birch, Sweet)，請參考第六章 B12。
- 醛類 (Aldehydes)：可分爲脂肪醛、酯環醛、芳香醛、萜烯醛。甲醛爲氣體，乙醛到十一醛 (C_2-C_{12}) 爲液體，高碳醛則爲固體。醛類可溶於溶劑，對水的溶解度隨著碳數增加而下降，芳醛和戊醛 (C_5) 以上則難溶於水。低級脂肪醛有刺鼻的味道，己醛有乾草味。辛醛

(C_8) 以上脂肪醛才有香氣，壬醛 (C_9) 和癸醛 (C_{10}) 有花果香氣，廣泛用於香料中 [4]。

- 甲醛 (Formaldehyde)：化學式 CH_2O、密度 0.7 g/cm^3、熔點 -92°C、沸點 -19.5°C，爲無色氣體，遇明火或高熱會燃燒爆炸，有強烈刺激性和窒息性氣味，有毒性，吸入甲醛蒸氣會引起噁心、鼻炎、支氣管炎和結膜炎。甲醛易溶於水和乙醚，通常以水溶液形式出現，爲強還原劑，極易聚合成各種聚合物，用於殺菌劑、消毒劑，以及防腐藥，炸藥、染料、醫藥、農藥的原料。
- 冬綠苷／白珠木苷／水晶蘭苷 (Gaultherin/Gaultheriline/Monotropitin)，請參考 5-2-3-26。

平鋪白珠樹／冬青有鎮痛、抗發炎、抗風溼、催情、利尿等功效，有毒性、有刺激性、有致敏性，會環境危害，也是海洋汙染物，天然精油已經被合成的水楊酸甲酯取代，不作爲芳香療法或家庭使用。平鋪白珠樹／冬青精油用於醫藥用和木香型香，在美國仍廣泛用於牙膏、口香糖、可樂和其他飲料。

W2. 土荊芥(Wormseed/Chenopodium Ambrosioides Var. Anthelminticum A. Gray)；莧科(Amaranthaceae)

土荊芥／山道年草 [13](Wormseed)，屬於莧科 (Amaranthaceae) 藜亞科 (Chenopodioideae) 藜屬 (Chenopodium)。2003 年 APG II 系統取消藜科併入莧科，成爲亞科 [5]。

主要成分：

- 驅蛔素／驅蛔萜／驅蛔腦 (Ascaridole)，請參考 5-2-1-10，波爾多葉 (Boldo Leaf)，請參考第六章 B14。
- 對傘花烴／對繖花烴 (p-Cymene/4-Cymene)，請參考 2-1-1-5，是一種芳香烴，印度藏茴香／香旱芹 (Ajowan)，請參考第六章 A1。
- 檸檬烯／薴烯 (Limonene)、二戊烯 (Dipentene)，請參考 2-1-1-1，歐白芷／洋當歸 (Angelica)，請參考第六章 A6。
- 萜品烯／松油烯 (Terpinene) 與萜品油烯 (Terpinolene)/δ- 萜品烯／異松油烯，請參考 2-1-1-4，印度藏茴香／香旱芹 (Ajowan)，請參考第六章 A1。
- 月桂烯 (Myrcene)、雙月桂烯 (Dimyrcene)，請參考 2-1-1-2，西印度月桂 (Bay, West Indian)，請參考第六章 B9。

土荊芥有驅蟲、抗風溼、解痙、祛痰等功效，由於驅蛔素的含量很高，在加熱或用酸處理時可能會爆炸，用於驅蟲，但已被合成製劑取代，也用於肥皂、洗滌劑、化妝品和香水，不可使用於食品。土荊芥毒性極強，即使是低劑量也可能中毒致命，不作爲芳香療法或家庭使用 [30]。

W3. 普通苦艾／洋艾(Wormwood/Artemisia Absinthium)菊科(Asteraceae)

普通苦艾／洋艾 (Wormwood) 屬於菊科蒿屬 (Artemisia)，其他品種包括中亞苦艾、非洲苦艾、白苦艾／銀苦艾、艾蒿等。苦艾酒 (Absinthe) 所萃取的植物就包括苦艾的花和葉。艾蒿 (Mugwort/Artemisia vulgaris)，請參考第七章 M10。

主要成分：

- 側柏酮／崖柏酮 (Thujone)，請參考 3-2-1-13，不可食用，許多國家都對食物或飲料中側柏酮的含量做了限制 [5.19]。在芳療經驗上，側柏酮 (Thujone) 爲口服毒素及墮胎藥劑，孕婦應避免接觸，東方側柏 (Arborvitae)，請參考第六章 A9。
- 薁／天藍烴 (Azulene)，請參考 2-1-1-13。
  - ➢ 母菊天藍烴 (Chamazulene)、母菊素 (Matricin)、癒創天藍烴／癒創薁／胍薁 (Guaiazulene)、岩蘭草天藍烴 (Vetivazulene)，請參考 2-1-2-2，德國洋甘菊 (Chamomile, German/Chamomilla recutita/Matricaria recutica)，請參考第六章 C18。
- 萜烯類／萜品烯 (Terpenes)：是一個總稱，包含單萜烯、倍半萜烯、二萜烯、三萜烯等，有抗發炎、止癢、抗感染、安撫肌膚等作用。

中亞苦蒿／苦艾精油有殺菌、除臭、驅蟲、催吐等功效，有毒性，爲墮胎藥，習慣性使用可能導致抽搐、嘔吐，極端情況可能損傷腦部。1915 年以後法國已禁用，不建議作爲芳香療法或家庭使用。中亞苦蒿／苦艾精油偶爾用於藥劑、洗浴用品、化妝品和香水，微量用於糖果和甜點等食品，以及苦艾酒和非酒精飲料的調味 [30]。

Y1. 西洋蓍草(Yarrow/Achillea Millefolium)；菊科(Asteraceae)

西洋蓍草／千葉蓍 (Achillea millefolium)，蓍唸成「詩」，又名歐蓍／鋸草／蚰蜒草／鋸齒草／羽衣草／魔鬼蕁麻，是菊科蓍屬 (Achillea)，古代用蓍草莖來占卜，相關的品種有大葉西洋蓍草、麝香蓍草、利古蓍草等。

主要成分：

- 薁／天藍烴 (Azulene)，請參考 2-1-1-13，普通苦艾／洋艾 (Wormwood)，請參考第八章 W3。
- 蒎烯／松油萜 (Pinene)，請參考 2-1-1-3，印度藏茴香／香旱芹 (Ajowan)，請參考第六章 A1。
- 石竹烯 (Caryophyllene)、蛇麻烯／葎草烯 (Humulene)，請參考 2-1-2-1，α- 石竹烯又稱葎草烯／蛇麻烯 (Humulene)；β- 石竹烯又稱石竹烯／丁香油烯是一種天然的雙環倍半萜烯，多香果／牙買加胡椒／丁香胡椒 (Allspice)，請參考第六章 A2。
- 冰片醇／龍腦／2- 莰醇 (Borneol)，請參考 2-2-1-2-2，歐白芷／洋當歸 (Angelica)，請參考第六章 A6。
- 松油醇／萜品醇 (Terpineol)、4- 松油醇／萜品烯 -4- 醇 (Terpin-4-ol)，請參考 2-2-1-3-1，有 α-、β-、γ- 和 4- 松油醇等四種異構物，月桂 (Bay, Cineol)，請參考第六章 B8。
- 1,8- 桉葉素／桉葉素／桉葉油醇 (Cineol/1,8-Cineole/Eucalyptol)，請參考 5-2-1-1，多香果／牙買加胡椒／丁香胡椒 (Allspice)，請參考第六章 A2。
- 乙酸冰片酯／乙酸龍腦酯 (Bornyl acetate) 與乙酸異冰片酯／醋酸異冰片酯／乙酸異龍腦酯 (Isobornyl acetate)，請參考 4-1-1-4，冰片／龍腦 (Borneol)，請參考第六章 B15。
- 樟腦 (Camphor)，請參考 3-2-1-3，東方側柏 (Arborvitae)，請參考第六章 A9。

- 檜烯／沙賓烯 (Sabinene)，請參考 2-1-1-10，側柏烯 (Thujene) 有三種異構物：α- 側柏烯、β- 側柏烯、檜烯／沙賓烯 (Sabinene)，東方側柏 (Arborvitae)，請參考第六章 A9。
- 側柏酮／崖柏酮 (Thujone)，請參考 3-2-1-13，不可食用，許多國家都對食物或飲料中側柏酮的含量做了限制 [5.19]。在芳療經驗上，側柏酮 (Thujone) 爲口服毒素及墮胎藥劑，孕婦應避免接觸，東方側柏 (Arborvitae)，請參考第六章 A9。

西洋蓍草／千葉蓍精油有殺菌、抗發炎、抗風溼、解痙、催情、利尿、助消化、祛痰、止血等功效，無毒、無刺激性，但對某些人可能有致敏性。芳香療法的應用上：在皮膚護理方面可緩解痤瘡、割傷、溼疹、炎症、皮疹、疤痕、靜脈曲張；在循環、肌肉、關節方面可緩解動脈硬化、高血壓、類風溼性關節炎；在消化系統方面可緩解便秘、胃痙攣、脹氣、痔瘡、消化不良；在泌尿生殖系統方面可緩解閉經、痛經、膀胱炎；在免疫系統方面可緩解感冒、發燒、流感；在神經系統方面可緩解高血壓、失眠、壓力相關症狀。蓍草精油偶爾用於皮膚病的藥浴製劑，少量於香水以及苦艾酒 [30]。

Y2. 香水樹（依蘭依蘭）(Ylang Ylang/Cananga Odorata Var. Genuina) 番荔枝科(Annonaceae)

依蘭依蘭 (Ylang Ylang) 是香水樹（卡南迦）(Cananga odorata) 的一個變種。卡南迦含有黃樟素 (Safrole/Safrol)，目前 WHO 將黃樟素列在 2B 類致癌物清單；美國禁止使用在食品添加物、肥皂、香水；歐盟認定黃樟素具有遺傳毒性和致癌性，變種香水樹（依蘭依蘭）主要成分則沒有黃樟素，是芳療的較佳選擇，香水樹（卡南迦）(Cananga)，請參考第六章 C7。

主要成分：

- 苯甲酸甲酯／安息香酸甲酯 (Methyl Benzoate)，請參考 4-1-2-13，晚香玉 (Tuberose)，請參考第八章 T8。
- 水楊酸／柳酸／鄰羥基苯甲酸 (Salicylic acid)，請參考 5-2-2-3，矮樺／山樺 (Birch, Sweet)，請參考第六章 B12。
- 水楊酸甲酯／鄰羥基苯甲酸甲酯／冬青油 (Methyl salicylate)，請參考 4-1-2-5，矮樺／山樺 (Birch, Sweet)，請參考第六章 B12。
- 甲酚 (Cresol)，請參考 5-1-1-7，西班牙刺柏／西班牙雪松 (Cade/Juniperus oxycedrus)，請參考第六章 C2。
  - ➢ 芳香烴中，o-(Ortho) 代表鄰位異構物，m-(Meta) 代表間位異構物，p-(Para) 代表對位異構物。
- 乙酸苄酯 (Benzyl acetate)，請參考 4-1-2-1，香水樹（卡南迦）(Cananga)，請參考第六章 C7。
- 丁香酚 (Eugenol)，請參考 5-1-1-3，多香果／牙買加胡椒／丁香胡椒 (Allspice)，請參考第六章 A2。
- 香葉醇／牻牛兒醇 (Geraniol/(E)-Nerol)，請參考 2-2-1-1-1，香蜂草／蜜蜂花 (Balm, Lemon)，請參考第六章 B1。

- 沉香醇／伽羅木醇 (Linalool，右旋：芫荽醇，左旋：芳樟醇），分子手性方向與旋光方向相反，請參考 2-2-1-3-2，羅勒 (Basil, Exotic)，請參考第六章 B6。
- 萜烯類／萜品烯 (Terpenes)：是一個總稱，包含單萜烯、倍半萜烯、二萜烯、三萜烯等，有抗發炎、止癢、抗感染、安撫肌膚等作用。
- 蒎烯／松油萜 (Pinene)，請參考 2-1-1-3，印度藏茴香／香旱芹 (Ajowan)，請參考第六章 A1。
- 杜松烯 (Cadinene)、卡達烷 (Cadalane)，請參考 2-1-2-18，西印度檀香／阿米香樹 (Amyris)，請參考第六章 A5。

依蘭依蘭精油有抗菌、抗抑鬱、抗感染、壯陽、興奮等功效，無毒、無刺激性，對少數人有致敏性，建議酌適量使用。芳香療法的應用上：在皮膚護理方面可緩解痤瘡、蚊蟲叮咬；在循環、肌肉、關節方面可緩解心搏過速、心悸；在神經系統方面可緩解抑鬱、性冷感、陽痿、失眠，並能抑制挫折、憤怒、神經緊張和壓力相關症狀。依蘭依蘭精油廣泛用於香皂、化妝品和東方香型與花香型的香水，作爲定香劑。特級的依蘭依蘭精油常用於高級香水，一般精油用於香皂、洗滌劑、水果香精、甜點，以及酒精與非酒精飲料。

第九章　精油與對症芳療

本章大綱

第一節　精油的混合活性

古代人就知道複方強化的效果，例如古代中國人就知道沒藥和乳香在一起做配方有強化的效果。古埃及的人也知道這種複方強化的效應，後來傳到希臘和羅馬，在耶穌的時代東方三賢士送給耶穌的就是乳香跟沒藥[58]。芳香化合物的組合效應：

- 協同效應 (Synergy)：1+1>2，個別成分混合後，比組成成分的總和療效更高，這種現象稱爲協同效應。
- 加成效應 (Additivity)：1+1=2，個別成分混合後，與組成成分的總和療效相等，這種現象稱爲加成效應。
- 抵銷效應 (Antagonism)：1+1<2，個別成分混合後，比組成成分的總和效果更低，這種現象稱爲抵銷效應。

精油的混合活性是複方精油實踐的核心，對於正面的療效，尋找協同效應擴大療效，對於負面的效果，例如毒性、刺激性、致敏性等，則尋找抵銷效應以減低毒性、刺激性與致敏性。Jennifer Peace Rhind[58] 在複方香療 *Aromatherapeutic Blending* 一書中提到一個例子：利用乙酸沉香酯／乙酸芳樟酯 (Linalyl acetate)、松油醇／萜品醇 (Terpineol) 和樟腦 (Camphor) 三種化合物，單方和混合複方，研究精油對大腸癌抗增殖活性的影響。

組成	大腸癌抗增殖活性
乙酸沉香酯／乙酸芳樟酯(Linalyl acetate)	效果低
松油醇／萜品醇(Terpineol)	無效果
樟腦(Camphor)	無效果
乙酸沉香酯+松油醇	效果中等：癌細胞增殖減少33%-45%)
乙酸沉香酯+松油醇+樟腦	效果顯著：癌細胞增殖減少50%-64%)

(1) 乙酸沉香酯／乙酸芳樟酯(Linalyl acetate)，請參考4-1-1-1。

(2) 松油醇／萜品醇(Terpineol)，有α、β、γ和 4-松油醇等異構物，請參考2-2-1-3-1。

(3) 樟腦(Camphor)，請參考3-2-1-3。

2005 年 Kuriyama 等人證明，雖然使用精油和不使用精油進行按摩都可以降低短期焦慮，但只有使用精油的按摩對血清皮質醇水平和免疫系統產生正面的影響。2008 年 Takeda 等人探討使用精油和不使用精油按摩，在生理和心理效果上的差異。結果顯示，無論是否使用精油，按摩都比單純的休息更有優勢，而使用精油按摩引起了更強烈且更持續的疲勞緩解，特別是精神疲勞[58]。以目前而言，複方精油的參數太多，實證研究的數量還不足以累積成爲一個系統，有待科學家繼續探索。然而單方精油的科學成果，在這個世紀卻蓬勃發展，隨著研究成果的擴大，嚴謹的精油科學逐漸成爲可能。

精油結合血型、星座、陰陽五行、塔羅牌、色彩光譜，產生許多未經實驗驗證的結論。當前芳療界最迫切的問題在於，許多累積的經驗還沒有科學證據的支持，因此面對大量的經驗資料，無法證實是否有效。21 世紀科學的蓬勃發展，開始容許我們用研究結果去驗證芳療經驗，讓精油學落實在實驗證據的基礎上。Jennifer Peace Rhind[58] 是少數引用研究論文支持其論點的芳療大師，可以當作精油學的起點。對精油學發展最重要的事情，就是需要把經過科學驗證的芳療經驗，和未經科學驗證的經驗區分出來，讓我們能夠有效評估現有的知識是否可信。當然，驗證這些大量的經驗，需要很多人、投入很多時間與精力，但這也是合作研發平台存在的可能性與可行性。希望華人芳療師與學術機構能夠分工合作，分別蒐集與閱讀文獻，共同整理出有科學根據的芳療經驗，這件工作可以從我們開始。

第二節　化合物與對症芳療

1. 示例1：具有鎮痛功效的化合物

2013 年 Guimarães 等人進行了系統研究，綜述 27 個有鎮痛效果的單萜烯及其含氧衍生物。我們可以在這個研究的基礎上，探討各化合物的精油植物與功效，作爲配置複方精油的依據。研究文獻[58] 證實具有鎮痛功效的化合物如下：

(1) 檸檬烯／薴烯 (Limonene)，請參考 2-1-1-1。

(2) 月桂烯 (Myrcene)、雙月桂烯 (Dimyrcene)，請參考 2-1-1-2。

(3)蒎烯／松油萜 (Pinene)，請參考 2-1-1-3。
(4)對傘花烴／對繖花烴 (p-Cymene/4-Cymene)，請參考 2-1-1-5。
(5)水芹烯／水茴香萜 (Phellandrene)，請參考 2-1-1-7。
(6)莰烯／樟烯 (Camphene)，請參考 2-1-1-8。
(7)香茅醇／玫紅醇 (Citronellol/Rhodinol)，請參考 2-2-1-1-3。
(8)薄荷醇／薄荷腦 (Menthol)，請參考 2-2-1-2-1。
(9)松油醇／萜品醇 (Terpineol)，請參考 2-2-1-3-1。
(10)沉香醇／伽羅木醇 (Linalool)，右旋：芫荽醇，左旋：芳樟醇，請參考 2-2-1-3-2。
(11)檸檬醛 (Citral)，請參考 3-1-2-1。
(12)香茅醛／玫紅醛 (Citronellal/Rhodinal)，請參考 3-1-2-4。
(13)胡薄荷酮／蒲勒酮／長葉薄荷酮 (Pulegone)，請參考 3-2-1-2。
(14)香芹酮 (Carvone)，請參考 3-2-1-5。
(15)葑酮／小茴香酮 (Fenchone)，請參考 3-2-1-8。
(16)圓葉薄荷酮／過江藤酮 (Rotundifolone/Lippione)，請參考 3-2-1-18。
(17)乙酸沉香酯／乙酸芳樟酯 (Linalyl acetate)，請參考 4-1-1-1。
(18)乙酸香葉酯／乙酸牻牛兒酯 (Geranyl acetate)，請參考 4-1-1-5。
(19)水楊酸甲酯 (Methyl salicylate)，請參考 4-1-2-5。
(20)百里酚／百里香酚 (Thymol)，請參考 5-1-1-1。
(21)香旱芹酚／香荊芥酚 (Carvacrol/Cymophenol)，請參考 5-1-1-2。
(22)1,8- 桉葉素／桉葉素／桉葉油醇／1,8- 桉樹腦 (Cineol/1,8-Cineole/Eucalyptol)，請參考 5-2-1-1。

芳療經驗上具有鎮痛功效的化合物[28.29.43]，其中多數是經過研究證實：
(1)3- 蒈烯 (3-Carene/Carene/δ-3-Carene)，請參考 2-1-1-6。（止痛）
(2)β- 石竹烯 (β-Caryophyllene)，請參考 2-1-2-1。（消炎止痛）
(3)芹子烯／桉葉烯／蛇床烯 (Selinene/Eudesmene)，請參考 2-1-2-15。（止痛）
(4)烏藥烯／釣樟烯 (Lindenene)，請參考 2-1-2-35。（行氣止痛）
(5)莪朮烯 (Curzerine)，請參考 2-1-2-36。（心腹瘀痛）
(6)依蘭油烯 (Muurolene)，請參考 2-1-2-38。（鎮痛）
(7)冰片醇／龍腦 (Borneol)，請參考 2-2-1-2-2。（緩解腫痛）
(8)杜香醇／喇叭茶醇 (Ledol)，與藍桉醇是異構物，請參考 2-2-2-31。（鎮痛劑）
(9)苯甲醛 (Benzaldehyde/Phenylmethanal/Phenylaldehyde)，請參考 3-1-2-8。（鎮痛）
(10)α- 檀香酮 (α-Santalone)，請參考 3-2-2-13。（鎮痛）
(11)莎草烯酮／異廣藿香烯酮／莎草香附酮(Cyperenone/Cyperotundone/Isopatchoulenone)，請參考 3-2-2-16。（抗經痛、治療偏頭痛）
(12)莪術酮 (Curzerenone)，請參考 3-2-2-23。（心腹瘀痛）
(13)當歸酸異丁酯／歐白芷酸異丁酯 (Isobutyl angelate)，請參考 4-1-1-2。（鎮痛、抗痙

攣）

(14)藁本內酯／川芎內酯 (Ligustilide)，請參考 4-2-1-11。（緩解神經源性疼痛和炎症性疼痛）

(15)佛手柑素／香柑素 (Bergaptin/Bergamotin)，請參考 4-2-2-8。（緩解胃痛、胸痛）

(16)酸橙素烯醇／橙皮油內酯烯酸 (Auraptenol)，請參考 4-2-2-13。（治療神經性疼痛）

(17)莨菪素 (Scopoletin/Chrysatropic acid)，請參考 4-2-2-13。（抗發炎、止痛）

(18)石竹烯氧化物／石竹素(Caryophyllene oxide)，請參考 5-2-1-8。（鎮痛和抗發炎活性）

(19)水楊酸／柳酸 (Salicylic acid)，請參考 5-2-2-3。（止痛、消炎）

(20)松蘿酸／d- 松蘿酸／d- 地衣酸 (d-Usnic acid/Usneine/Usniacin)，請參考 5-2-2-26。（抗發炎和鎮痛活性）

(21)*β*- 乳香酸 (*β*-Boswellic acid)，請參考 5-2-2-31。（抗發炎、鎮痛）

(22)辣椒素／辣素／辣椒鹼 (Capsaicin)，請參考 5-2-3-10。（FDA 批准，緩解帶狀皰疹的神經性疼痛）

(23)黑茶漬素／荔枝素／巴美靈 (Atranorin/Parmelin/Usnarin)，請參考 5-2-3-19。（抗發炎、鎮痛）

(24)冬綠苷／白珠木苷／水晶蘭苷 (Gaultherin/Gaultheriline/Monotropitin)，請參考 5-2-3-26。（鎮痛和抗發炎）

(25)蔘薑素 (Cassumunin)，請參考 5-2-3-29。（緩解疼痛和炎症）

2. 示例2：具有抗發炎功效的化合物

營養學家 Mark Hyman 曾說：「憂鬱症、癌症、心臟病、肥胖症、糖尿病、癡呆症、過敏、哮喘、慢性疲勞、自身免疫性疾病等，都是炎症的疾病。」，抗發炎對身心健康非常重要。研究文獻 [58] 證實具有抗發炎功效的化合物如下：

(1)檜烯／沙賓烯 (Sabinene)，請參考 2-1-1-10。

(2)石竹烯 (Caryophyllene)，請參考 2-1-2-1。

(3)香葉醇／牻牛兒醇 (Geraniol/(E)-Nerol)，請參考 2-2-1-1-1。

(4)香茅醇／玫紅醇 (Citronellol/Rhodinol)，請參考 2-2-1-1-3。

(5)2- 苯乙醇／苄基甲醇 (2-Phenylethanol/Phenylethyl alcohol/*β*-PEA)，請參考 2-2-1-1-11。

(6)金合歡醇／法尼醇 (Farnesol/Dodecatrienol)，請參考 2-2-2-1。

(7)橙花叔醇／秘魯紫膠／戊烯醇 (Nerolidol/Peruvio/Penetrol)，請參考 2-2-2-3。

(8)沒藥醇 (Bisabolol)，請參考 2-2-2-8。

(9)肉桂醛／桂皮醛 (Cinnamaldehyde)，請參考 3-1-2-7。

(10)乙酸冰片酯／乙酸龍腦酯 (Bornyl acetate)，請參考 4-1-1-4。

(11)丁香酚 (Eugenol)，請參考 5-1-1-3。

(12)肉豆蔻醚 (Myristicin)，請參考 5-1-2-4。

(13)茴香腦／洋茴香醚／洋茴香腦 (Anethole)，請參考 5-1-2-1。

(14)欖香素／欖香酯醚 (Elemicin)，請參考 5-1-2-6。

(15)肉桂酸 (Cinnamic acid)，請參考 5-2-2-7。
(16)蔘薑素 (Cassumunin)，請參考 5-2-3-29。
(17)油橄欖素／橄欖油刺激醛 (Oleocanthal)，請參考 5-2-3-33。[5.11.20.66]
(18)橄欖苦苷 (Oleuropein)，請參考 5-2-3-34。
(19)山奈酚／番鬱金黃素 (Kaempferol)，請參考 5-2-3-36。[5.87]

芳療經驗上具有抗發炎功效的化合物 [28.29.43]：
(1)α- 蒎烯／α- 松油萜 (α-Pinene)，請參考 2-1-1-3。（抗關節炎）
(2)母菊天藍烴 (Chamazulene)，請參考 2-1-2-2。（抑制發炎）
(3)沒藥烯 (Bisabolene)，請參考 2-1-2-4。（消炎）
(4)依蘭油烯 (Muurolene)，請參考 2-1-2-38。（抗發炎）
(5)倍半水芹烯／倍半水茴香萜 (Sesquiphellandrene)，請參考 2-1-2-39。（抗發炎）
(6)檜木醇／β- 側柏素 (Hinokitiol/β-Thujaplicin)，請參考 2-2-1-3-4。（抗發炎）
(7)雪松醇／番松醇／柏木醇／柏木腦 (Cedrol)，請參考 2-2-2-2。（抗發炎）
(8)白藜蘆醇 (Resveratrol)，請參考 2-2-2-30。（抗發炎）
(9)杜香醇／喇叭茶醇 (Ledol)，與藍桉醇是異構物，請參考 2-2-2-31。（抗發炎）
(10)淚杉醇／淚柏醇 (Manool)，請參考 2-2-3-4。（抗發炎活性）
(11)樺腦／樺木腦／白樺酯醇 (Betulin/Betulinol/Trochol/Betuline)，請參考 2-2-3-6。（消炎）
(12)羽扇醇 (Lupeol/Lupenol)，請參考 2-2-3-8。（抗發炎）
(13)纈草烯醛 (Valerenal)，請參考 3-1-3-1。（抗發炎）
(14)百里醌／瑞香醌 (Thymoquinone)，請參考 3-2-1-19。（抗發炎）
(15)大馬士革烯酮 (Damascenone)，請參考 3-2-2-2。（抗發炎活性）
(16)大西洋酮 (Atlantone)，請參考 3-2-2-4。（抗支氣管炎）
(17)薑酮／香草基丙酮 (Zingerone/Gingerone)，請參考 3-2-2-11。（抗發炎）
(18)薑黃酮 (Tumerone)，請參考 3-2-2-12。（抗發炎）
(19)莎草酮 (Cyperone)，請參考 3-2-2-16。（降低發炎症狀）
(20)烏藥烯酮／釣樟烯酮 (Lindenenone)，請參考 3-2-2-22。（中醫作爲前列腺炎藥，西醫用於肝炎藥）
(21)羽扇酮 (Lupenone)，請參考 3-2-2-24。（抗發炎）
(22)因香酚乙酸酯 (Incensole acetate)，請參考 4-1-1-17。（研究顯示有抗發炎功效 [86.104]）
(23)苯甲酸松柏酯 (Coniferyl benzoate)，請參考 4-1-2-4。（抗發炎）
(24)土木香內酯／木香油內酯 (Alantolactone/Helenin)，請參考 4-2-1-1。（抗發炎）
(25)廣木香內酯／木香烴內酯／閉鞘薑酯 (Costuslactone/Costunolide)，請參考 4-2-1-2。（抗發炎症）
(26)心菊內酯／堆心菊素 (Helenalin)，請參考 4-2-1-4。（研究顯示體外具有很強的抗發炎作用）

(27)蓍草素／蓍草苦素 (Achillin)，請參考 4-2-1-5。（強力消炎效果）
(28)藁本內酯／川芎內酯 (Ligustilide)，請參考 4-2-1-11。（抗發炎）
(29)瑟丹內酯／色丹內酯 (Sedanolide)，請參考 4-2-1-12。（消炎）
(30)去氫廣木香內酯／去氫木香烴內酯 (Dehydrocostuslactone)，請參考 4-2-1-2。（抗發炎）
(31)補骨酯素／補骨酯內酯 (Psoralen)，請參考 4-2-2-4。（異位性皮膚炎）
(32)白芷素／異補骨酯內酯 (Angelicin/Isopsoralen)，請參考 4-2-2-5。（抗發炎）
(33)佛手柑內酯／香柑內酯 (Bergapten)，請參考 -2-2-6。（抗發炎，但會導致光敏性皮炎）
(34)邪蒿素／邪蒿內酯 (Seselin/Amyrolin)，請參考 4-2-2-10。（抗發炎）
(35)七葉素／七葉內酯 (Aesculetin/Cichorigenin)，請參考 4-2-2-11。（抗發炎）
(36)莨菪素 (Scopoletin/Chrysatropic acid)，請參考 4-2-2-13。（抗發炎）
(37)癒創木酚 (Guaiacol/o-Methoxyphenol)，請參考 5-1-1-6。（抗發炎活性）
(38)蒔蘿腦／蒔蘿油腦 (Dillapiole)，請參考 5-1-2-9。（新型抗發炎化合物）
(39)沒藥酮氧化物 (Bisabolonoxide/Bisabolone oxide)，請參考 5-2-1-5。（抗發炎）
(40)石竹烯氧化物／石竹素 (Caryophyllene oxide)，請參考 5-2-1-8。（抗發炎活性）
(41)水楊酸／柳酸 (Salicylic acid)，請參考 5-2-2-3。（消炎）
(42)纈草烯酸 (Valerenic acid)，請參考 5-2-2-8。（抗發炎）
(43)樺木酸／白樺脂酸 (Betulinic acid/Mairin)，請參考 5-2-2-14。（抗發炎）
(44)松蘿酸／d- 松蘿酸／d- 地衣酸 (d-Usnic acid/Usneine/Usniacin)，請參考 5-2-2-26。（抗發炎）
(45)乳香酸 (Boswellic acid)，請參考 5-2-2-31。（抗發炎）
(46)二烯丙基三硫醚／大蒜新素 (Diallyl trisulphide/Allitridin/DATS)，請參考 5-2-3-7。（抗發炎）
(47)薑辣素／薑油／薑醇 (Gingerol)，請參考 5-2-3-8。（抗發炎）
(48)薑烯酚／薑酚 (Shogaol)，請參考 5-2-3-9。（作爲抗發炎劑）
(49)薑黃素 (Curcumin)，請參考 5-2-3-11。（抗發炎）
(50)槲皮素／槲黃酮／櫟精 (Quercetin/Sophoretin/Xanthaurine)，請參考 5-2-3-17。（抗發炎）
(51)石蒜鹼／水仙鹼 (Lycorine/Narcissine)，請參考 5-2-3-18。（抗發炎活性）
(52)黑茶漬素／荔枝素／巴美靈 (Atranorin/Parmelin/Usnarin)，請參考 5-2-3-19。（抗發炎）
(53)吲哚 (Indole)，請參考 5-2-3-24。（衍生物可作爲抗發炎藥物）
(54)冬綠苷／白珠木苷／水晶蘭苷 (Gaultherin/Gaultheriline/Monotropitin)，請參考 5-2-3-26。（抗發炎）

3. 示例3：具有抗氧化功效的化合物

研究文獻[58] 證實具有抗氧化功效的化合物如下：

(1)萜品烯／松油烯 (Terpinene)、β- 萜品油烯 (Terpinolene)，請參考 2-1-1-4。
(2)沉香醇／枷羅木醇 (Linalool)，請參考 2-2-1-3-2。
(3)檸檬醛 (Citral)，請參考 3-1-2-1。
(4)香茅醛／玫紅醛 (Citronellal/Rhodinal)，請參考 3-1-2-4。
(5)薄荷酮 (Menthone)；異薄荷酮 (Isomenthone)，請參考 3-2-1-1。
(6)百里酚 (Thymol)，請參考 5-1-1-1。
(7)香旱芹酚／對一百里 -2- 酚 (Carvacrol/p-Cymen-2-ol/Antioxine)，請參考 5-1-1-2。
(8)丁香酚 (Eugenol)，請參考 5-1-1-3。
(9)1,8- 桉葉素／桉葉素／桉葉油醇 (Cineol/1,8-Cineole/Eucalyptol)，請參考 5-2-1-1。
(10)山奈酚／番鬱金黃素 (Kaempferol)，請參考 5-2-3-36。[5.87]
(11)楊梅黃酮／楊梅素 (Myricetin)，請參考 5-2-3-37。[87]

芳療經驗上具有抗氧化功效的化合物[28.29.43]：
(1)α- 蒎烯／α- 松油萜 (α-Pinene)，請參考 2-1-1-3。（抗氧化劑）
(2)依蘭油烯 (Muurolene)，請參考 2-1-2-38。（抗氧化活性）
(3)倍半水芹烯／倍半水茴香萜 (Sesquiphellandrene)，請參考 2-1-2-39。（抗氧化活性）
(4)雪松醇／番松醇／柏木醇／柏木腦 (Cedrol)，請參考 2-2-2-2。（抗氧化）
(5)橙花叔醇／秘魯紫膠／戊烯醇 (Nerolidol/Peruviol/Penetrol)，請參考 2-2-2-3。（抗氧化）
(6)檀香醇 (Santalol)，有 α 型和 β 型異構物，請參考 2-2-2-6。（抗氧化）
(7)異癒創木醇／布藜醇 (Bulnesol)，請參考 2-2-2-21。（抗氧化）
(8)白藜蘆醇 (Resveratrol)，請參考 2-2-2-30。（抗氧化）
(9)香草精／香蘭素／香莢蘭醛／香草酚 (Vanillin)，請參考 3-1-2-9。（抗氧化）
(10)松香芹酮 (Pinocarvone)，請參考 3-2-1-12。（抗氧化）
(11)胡薄荷烯酮 (Piperitenone/Pulespenone)，請參考 3-2-1-14。（抗氧化活性）
(12)百里醌／瑞香醌 (Thymoquinone)，請參考 3-2-1-19。（抗氧化）
(13)薑酮酚／[6]一薑酮酚／[6]一薑酮 (Paradol/[6]-Paradol/[6]-Gingerone)，請參考 3-2-2-11。（對小鼠抗氧化）
(14)薑黃酮 (Tumerone)，請參考 3-2-2-12。（抗氧化）
(15)乙酸辛酯／醋酸辛酯 (Octylacetate/Octyl acetate)，請參考 4-1-1-8。（抗氧化活性）
(16)乙酸丁香酯／乙酸丁香酚酯 (Acetyleugenol/Eugenol acetate)，請參考 4-1-2-10。（抗氧化）
(17)廣木香內酯／木香烴內酯／閉鞘薑酯 (Costuslactone/Costunolide)，請參考 4-2-1-2。（抗氧化）
(18)丁苯酞／3- 正丁基苯酞／芹菜甲素 (Butylphthalide/3-n-Butylphthalide)，請參考 4-2-1-9。（抗氧化活性）
(19)藁本內酯／川芎內酯 (Ligustilide)，請參考 4-2-1-11。（抗氧化）
(20)繖形花內酯／繖形酮／7- 羥香豆素 (Umbelliferone/7-Hydroxycoumarin)，請參考 4-2-2-

3。（抗氧化）

(21)七葉素／七葉內酯 (Aesculetin/Cichorigenin)，請參考 4-2-2-11。（抗氧化活性）

(22)莨菪素 (Scopoletin/Chrysatropic acid)，請參考 4-2-2-13。（抗氧化）

(23)欖香素／欖香酯醚 (Elemicin)，請參考 5-1-2-6。（抗氧化）

(24)棕櫚酸／十六烷酸／軟酯酸 (Palmitic acid/Hexadecanoic acid)，請參考 5-2-2-10。（抗氧化劑）

(25)染料木素／染料木黃酮 (Genistein)，請參考 5-2-3-4。（染料木素是大豆異黃酮的主要活性因素，大豆異黃酮有抗氧化功能）

(26)二烯丙基三硫醚／大蒜新素 (Diallyl trisulphide/Allitridin/DATS)，請參考 5-2-3-7。（抗氧化）

(27)薑辣素／薑油／薑醇 (Gingerol)，請參考 5-2-3-8。（抗氧化）

(28)薑黃素 (Curcumin)，請參考 5-2-3-11。（抗氧化）

(29)槲皮素／槲黃酮／櫟精 (Quercetin/Sophoretin/Xanthaurine)，請參考 5-2-3-17。（抗氧化）

(30)黑茶漬素／荔枝素／巴美靈(Atranorin/Parmelin/Usnarin)，請參考5-2-3-19。（抗氧化）

(31)蔘薑素 (Cassumunin)，請參考 5-2-3-29。（抗氧化）

4. 示例4：具有抗癌功效的化合物

研究文獻 [58] 證實具有抗癌功效的化合物如下：

(1) 右旋檸檬烯 (d-Limonene)，請參考 2-1-1-1。

(2) 香橙烯／香木蘭烯／芳萜烯 (Aromadendrene)，請參考 2-1-2-8。

(3) δ- 欖香烯 (δ-Elemene)，請參考 2-1-2-16。

(4) 香葉醇／牻牛兒醇 (Geraniol)，請參考 2-2-1-1-1。

(5) 紫蘇醇 (Perillyl alcohol)，請參考 2-2-1-1-7。

(6) 正辛醇／1- 辛醇 (Octanol/Octan-1-ol)，請參考 2-2-1-1-10。

(7) α- 沒藥醇 (α-Bisabolol)，請參考 2-2-2-8。

(8) 杜松醇 (Cadinol)，請參考 2-2-2-12。

(9) 桉油烯醇／斯巴醇 (Spathulenol)，請參考 2-2-2-32。

(10)1,8- 桉葉素／桉葉素／桉葉油醇 (Cineol/1,8-Cineole/Eucalyptol)，請參考 5-2-1-1。

(11)二烯丙基二硫醚 (Diallyl disulphide/DADS)，請參考 5-2-3-7。

(12)β- 石竹烯 (β-Caryophyllene)，請參考 2-1-2-1。（與 α- 石竹烯 (α- 蛇麻烯／α- 葎草烯）、異石竹烯以及抗癌藥物發揮協同作用產生抗癌的活性）

(13)山奈酚／番鬱金黃素 (Kaempferol)，請參考 5-2-3-36。[5,87]

(14)楊梅黃酮／楊梅素 (Myricetin)，請參考 5-2-3-37。[87]

芳療經驗上具有抗癌、抗腫瘤功效的化合物 [28,29,43]

(1) 薑烯 (Zingiberene)，請參考 2-1-2-6。（抗癌活性）

(2)莪朮烯 (Curzerine)，請參考 2-1-2-36。（抗腫瘤）
(3)依蘭油烯 (Muurolene)，請參考 2-1-2-38。（抗癌活性）
(4)貝殼杉烯 (Kaurene)，請參考 2-1-3-4。（抗腫瘤活性）
(5)檜木醇／β- 側柏素 (Hinokitiol/β-Thujaplicin)，請參考 2-2-1-3-4。（抗腫瘤活性）
(6)檀香醇 (Santalol)，請參考 2-2-2-6。（抗腫瘤活性）
(7)白藜蘆醇 (Resveratrol)，請參考 2-2-2-30。（潛在的抗癌特性）
(8)樺腦／樺木腦／白樺酯醇 (Betulin/Betulinol/Trochol/Betuline)，請參考 2-2-3-6。（抗癌特性引起研究者注意）
(9)紫杉醇／太平洋紫杉醇 (Paclitaxel/Taxol)，請參考 2-2-3-7。（抗癌）
(10)羽扇醇 (Lupeol/Lupenol)，請參考 2-2-3-8。（抗癌）
(11)苯甲醛 (Benzaldehyde/Phenylmethanal/Phenylaldehyde)，請參考 3-1-2-8。（抗腫瘤）
(12)香草精／香蘭素／香莢蘭醛／香草酚 (Vanillin)，請參考 3-1-2-9。（抗癌）
(13)百里醌／瑞香醌 (Thymoquinone)，請參考 3-2-1-19。（抗癌活性）
(14)薑酮／香草基丙酮／香蘭基丙酮／[0]—薑酮酚 (Zingerone/Gingerone/Vanillylacetone/[0]-Paradol)，請參考 3-2-2-11。（抗腫瘤）
(15)薑黃酮 (Tumerone)，請參考 3-2-2-12。（抗腫瘤活性）
(16)莪朮酮 (Curzerenone)，請參考 3-2-2-23。（抗腫瘤）
(17)羽扇酮 (Lupenone)，請參考 3-2-2-24。（抗癌活性）
(18)麝香酮 (Musk Ketone)，請參考 3-2-2-25。（抗腫瘤藥物）
(19)二氫母菊酯 (Dihydromatricaria ester)，請參考 4-1-1-13。（研製抗腫瘤／抗癌藥物）
(20)乙酸苯酯 (Phenyl acetate)，請參考 4-1-2-6。（抗腫瘤活性）
(21)土木香內酯／木香油內酯 (Alantolactone/Helenin)，請參考 4-2-1-1。（抗腫瘤活性）
(22)去氫廣木香內酯／去氫木香烴內酯 (Dehydrocostuslactone)，請參考 4-2-1-2。（抗癌）
(23)心菊內酯／堆心菊素 (Helenalin)，請參考 4-2-1-4。（抗腫瘤）
(24)蓍草素／蓍草苦素 (Achillin)，請參考 4-2-1-5。（開發新的癌症治療藥物）
(25)異苯酞／2- 香豆冉酮／異香豆冉酮 (Isophthalide/2-Cumaranone)，請參考 4-2-1-8。（抗腫瘤）
(26)藁本內酯／川芎內酯 (Ligustilide)，請參考 4-2-1-11。（抗癌）
(27)脫腸草素 (Herniarin/7-Methylumbelliferone)，請參考 4-2-2-2。（抗腫瘤）
(28)繖形花內酯 (Umbelliferone/7-Hydroxycoumarin)，請參考 4-2-2-3。（抗癌）
(29)佛手柑內酯／香柑內酯 (Bergapten/5-methoxypsoralen)，請參考 4-2-2-6。（抗腫瘤）
(30)佛手酚／羥基佛手柑內酯／香柑醇 (Bergaptol)，請參考 4-2-2-7。（抗癌）
(31)七葉素／七葉內酯 (Aesculetin/Cichorigenin)，請參考 4-2-2-11。（抗腫瘤）
(32)莨菪素 (Scopoletin/Chrysatropic acid)，請參考 4-2-2-13。（抗腫瘤）
(33)香紫蘇醇氧化物 (Sclareol oxide)，請參考 5-2-1-7。（抗癌活性）
(34)樺木酸／白樺脂酸 (Betulinic acid/Mairin)，請參考 5-2-2-14。（抗癌活性）
(35)蒜氨酸 (Alliin)，請參考 5-2-2-20。（抗腫瘤）

(36)染料木素／染料木黃酮 (Genistein)，請參考 5-2-3-4。（抗腫瘤活性）
(37)薑辣素／薑油／薑醇 (Gingerol)，請參考 5-2-3-8。（抗癌）
(38)薑黃素 (Curcumin)，請參考 5-2-3-11。（抗癌）
(39)異硫氰酸苯乙基酯 (Phenylethyl isothiocyanate/PEITC)，請參考 5-2-3-14。（抗腫瘤活性）
(40)蔘薑素 (Cassumunin)，請參考 5-2-3-29。（抗腫瘤）
(41)高良薑素 (Galangin)，請參考 5-2-3-30。（抗癌）

5. 示例5：具有抗菌功效的化合物

研究文獻[58]證實具有抗菌功效的化合物如下：
(1)香葉醇／牻牛兒醇 (Geraniol)，請參考 2-2-1-1-1。（殺菌）
(2)萜品烯／松油烯 (Terpinene)、β- 萜品油烯 (Terpinolene)，請參考 2-1-1-4。（抗菌）
(3)冰片醇／龍腦 (Borneol)，請參考 2-2-1-2-2。（殺菌）
(4)α- 松油醇／α- 萜品醇 (α-Terpineol)、4- 松油醇／萜品烯 -4- 醇 (Terpinen-4-ol)，請參考 2-2-1-3-1。（抗菌）
(5)乙酸冰片酯／乙酸龍腦酯 (Bornyl acetate)，請參考 4-1-1-4。（抑菌）
(6)乙酸香葉酯／乙酸牻牛兒酯 (Geranyl acetate)，請參考 4-1-1-5。（抑菌）
(7)百里酚 (Thymol)，請參考 5-1-1-1。（抗菌）
(8)香旱芹酚／對一百里 -2- 酚 (Carvacrol/p-Cymen-2-ol/Antioxine)，請參考 5-1-1-2。（抗菌）
(9)丁香酚 (Eugenol)，請參考 5-1-1-3。（抗菌）
(10)山奈酚／番鬱金黃素 (Kaempferol)，請參考 5-2-3-36。（抗菌）[5,87]

芳療經驗上具有抗菌功效的化合物[28,29,43]：
(1)左旋檸檬烯／左旋薴烯 (l-Limonene)，請參考 2-1-1-1。（抗菌／抑菌）
(2)葑烯／小茴香烯 (Fenchene)，請參考 2-1-1-18。（抑制細菌生長）
(3)左旋 -α- 雪松烯 ((-)-α-Cedrene)，請參考 2-1-2-21。（抗菌）
(4)依蘭油烯 (Muurolene)，請參考 2-1-2-38。（抗菌）
(5)倍半水芹烯／倍半水茴香萜 (Sesquiphellandrene)，請參考 2-1-2-39。（抗菌）
(6)樟烯 (Camphorene/Dimyrcene)，請參考 2-1-3-1。樟烯／樟腦烯 (Camphorene/Dimyrcene) 與莰烯 (Camphene) 是不同的化合物。（抗菌）
(7)角鯊烯 (Squalene)，請參考 2-1-3-3。（殺菌）
(8)香茅醇／玫紅醇 (Citronellol/Rhodinol)，請參考 2-2-1-1-3。（抗菌）
(9)沉香醇／枷羅木醇 (Linalool)，請參考 2-2-1-3-2。（抗菌）
(10)檜木醇／β- 側柏素 (Hinokitiol/β-Thujaplicin)，請參考 2-2-1-3-4。（抗菌）
(11)金合歡醇／法尼醇 (Farnesol)，請參考 2-2-2-1。（抑菌）
(12)雪松醇／番松醇／柏木醇／柏木腦 (Cedrol)，請參考 2-2-2-2。（抗菌）
(13)檀香醇 (Santalol)，請參考 2-2-2-6。（殺菌、抗菌）

(14)沒藥醇 (Bisabolol)，請參考 2-2-2-8。（抗菌）
(15)大西洋醇 (Atlantol)，請參考 2-2-2-9。（殺菌）
(16)癒創木醇／癒創醇 (Guaiol/Champacol)，請參考 2-2-2-21。（抗菌）
(17)白藜蘆醇 (Resveratrol)，請參考 2-2-2-30。（抵禦細菌入侵）
(18)香紫蘇醇／快樂鼠尾草醇／洋紫蘇醇 (Sclareol)，請參考 2-2-3-1。（抗菌、殺菌的活性）
(19)淚杉醇／淚柏醇 (Manool)，請參考 2-2-3-4。（抗菌）
(20)檸檬醛 (Citral)，請參考 3-1-2-1。（抗菌）
(21)洋茴香醛／大茴香醛 (Anisaldehyde/Anisic aldehyde)，請參考 3-1-2-5。（抗菌）
(22)枯茗醛／小茴香醛 (Cuminaldehyde/Cuminal)，請參考 3-1-2-6。（抗菌）
(23)肉桂醛／桂皮醛 (Cinnamaldehyde)，請參考 3-1-2-7。（抗菌、殺菌）
(24)苯甲醛 (Benzaldehyde/Phenylmethanal/Phenylaldehyde)，請參考 3-1-2-8。（殺菌）
(25)馬鞭草烯酮 (Varbenone)，請參考 3-2-1-6。（抗菌）
(26)葑酮／小茴香酮 (Fenchone)，請參考 3-2-1-8。（殺菌／破壞細菌的細胞壁）
(27)萬壽菊酮 (Tagetone)，請參考 3-2-1-11。（抗菌）
(28)松香芹酮 (Pinocarvone)，請參考 3-2-1-12。（抗菌）
(29)纖精酮／細籽酮／細子酮 (Leptospermone)，請參考 3-2-2-9。（抗菌）
(30)l- 沒藥酮 (1-Bisabolone)，請參考 3-2-2-15。（抗菌）
(31)印蒿酮 (Davanone)，請參考 3-2-2-20。（抗菌）
(32)莪术酮 (Curzerenone)，請參考 3-2-2-23。（抗菌）
(33)茉莉酸甲酯 (Methyl jasmonate/MeJA)，請參考 4-1-1-10。（防止植物中的細菌生長）
(34)肉桂酸苄酯 (Benzyl cinnamate)，請參考 4-1-2-7。（抗菌）
(35)乙酸丁香酯／乙酸丁香酚酯 (Acetyleugenol/Eugenol acetate)，請參考 4-1-2-10。（抗菌）
(36)土木香內酯／木香油內酯 (Alantolactone/Helenin)，請參考 4-2-1-1。（抗菌）
(37)荊芥內酯／假荊芥內酯／貓薄荷內酯 (Nepetalactone)，請參考 4-2-1-6。（抗菌）
(38)苯酞／酞內酯 (Phthalide/1-Phthalolactone)，請參考 4-2-1-8。（殺菌劑）
(39)藁本內酯／川芎內酯 (Ligustilide)，請參考 4-2-1-11。（抑菌）
(40)穿心蓮內酯 (Andrographolide)，請參考 4-2-1-15。（抗菌）
(41)香豆素／香豆內酯 (Coumarin)，請參考 4-2-2-1。（抗菌）
(42)繖形花內酯／繖形酮／7- 羥香豆素 (Umbelliferone)，請參考 4-2-2-3。（抗菌）
(43)佛手柑內酯／香柑內酯 (Bergapten)，請參考 4-2-2-6。（抗菌）
(44)七葉素／七葉內酯 (Aesculetin/Cichorigenin)，請參考 4-2-2-11。（抗菌）
(45)茴香腦／異草蒿腦／洋茴香醚 (Anethole/Isoestragole)，請參考 5-1-2-1。（抗菌）
(46)細辛腦／細辛醚 (Asarone)，請參考 5-1-2-7。（殺菌）
(47)百里香對苯二酚二甲醚 (Thymohydroquinone dimethyl ether)，請參考 5-1-2-11。（抗菌）
(48)水楊酸／柳酸 (Salicylic acid)，請參考 5-2-2-3。（抑菌）

(49)洋茴香酸／大茴香酸 (Anisic acid)，請參考 5-2-2-4。（抗菌）
(50)苯甲酸／安息香酸／苄酸 (Benzoic acid)，請參考 5-2-2-5。（抑菌）
(51)香茅酸 (Citronellic acid)，請參考 5-2-2-9。（抗菌劑）
(52)羊酯酸／正辛酸 (Octanoic acid/*n*-Caprylic acid)，請參考 5-2-2-15。（殺菌劑）
(53)蒜氨酸 (Alliin)，請參考 5-2-2-20。（抗菌）
(54)醯苔色酸／扁枝衣二酸／煤地衣酸 (Evernic acid)，請參考 5-2-2-25。（抗菌）
(55)丁酸／酪酸 (Butyric Acid)，請參考 5-2-2-28。（殺菌劑）
(56)大蒜素 (Allicin)，請參考 5-2-3-6。（抗菌）
(57)辣椒素／辣素／辣椒鹼 (Capsaicin)，請參考 5-2-3-10。（阻止眞菌寄生）
(58)異硫氰酸烯丙酯 (Allyl Isothiocyanate/AITC)，請參考 5-2-3-13。（殺菌）
(59)黑茶漬素／荔枝素／巴美靈 (Atranorin/Parmelin/Usnarin)，請參考 5-2-3-19。（抗菌）
(60)蔘薑素 (Cassumunin)，請參考 5-2-3-29。（抗菌活性）
(61)高良薑素 (Galangin)，請參考 5-2-3-30。（抗菌）

6. 示例6：具有抗真菌功效的化合物

研究文獻 [58] 證實具有抗眞菌功效的化合物如下：
(1) *α*- 蒎烯／*α*- 松油萜 (*α*-Pinene)，請參考 2-1-1-3。
(2) *γ*- 萜品烯／*γ*- 松油烯 (*γ*-Terpinene)，請參考 2-1-1-4。
(3) 對傘花烴／對繖花烴 (p-Cymene/4-Cymene)，請參考 2-1-1-5。
(4) 檜烯／沙賓烯 (Sabinene)，請參考 2-1-1-10。
(5) 香葉醇／牻牛兒醇 (Geraniol/(E)-Nerol)，請參考 2-2-1-1-1。
(6) 4- 松油醇／萜品烯 -4- 醇 (Terpinen-4-ol)，請參考 2-2-1-3-1。
(7) 芳樟醇／左旋沉香醇／左旋伽羅木醇 (l-Linalool)，請參考 2-2-1-3-2。
(8) *α*- 沒藥醇 (*α*-Bisabolol)，請參考 2-2-2-8。
(9) 檸檬醛 (Citral)，請參考 3-1-2-1。
(10) 樟腦 (Camphor)，請參考 3-2-1-3。
(11) 百里酚／百里香酚 (Thymol)，請參考 5-1-1-1。
(12) 香旱芹酚／香荊芥酚 (Carvacrol/Cymophenol)，請參考 5-1-1-2。
(13) 丁香酚 (Eugenol)，請參考 5-1-1-3。
(14) 草蒿腦／甲基蒟酚／異茴香腦／甲基醚蔞葉酚 (Estragole/Methyl chavicol/Isoanethole)，請參考 5-1-2-2。
(15) 甲基醚丁香酚／甲基丁香酚 (Methyl eugenol)，請參考 5-1-2-5。
(16) 1,8- 桉葉素／桉葉素／桉葉油醇 (Cineol/1,8-Cineole/Eucalyptol)，請參考 5-2-1-1。

芳療經驗上具有抗眞菌功效的化合物 [28,29,43]：
(1) 樟烯 (Camphorene/Dimyrcene)，請參考 2-1-3-1。樟烯／樟腦烯 (Camphorene/Dimyrcene) 與莰烯 (Camphene) 是不同的化合物。（抗眞菌）

(2)4- 松油醇／萜品烯 -4- 醇 (Terpin-4-ol)，請參考 2-2-1-3-1。（抗眞菌）
(3)廣藿香醇 (Patchoulol/Patchouli alcohol)，請參考 2-2-2-5。（抗黴菌、抗念珠菌）
(4)檀香醇 (Santalol)，請參考 2-2-2-6。（抗眞菌）
(5)α- 杜松醇 (α-Cadinol)，請參考 2-2-2-12。（抗眞菌）
(6)胡蘿蔔子醇／胡蘿蔔次醇 (Carotol)，請參考 2-2-2-16。（抗眞菌）
(7)白藜蘆醇 (Resveratrol)，請參考 2-2-2-30。（抵禦眞菌入侵）
(8)杜香醇／喇叭茶醇 (Ledol)，請參考 2-2-2-31。（抗眞菌劑）
(9)泪杉醇／泪柏醇 (Manool)，請參考 2-2-3-4。（抗眞菌）
(10)香茅醛／玫紅醛 (Citronellal/Rhodinal)，請參考 3-1-2-4。（抗眞菌）
(11)香草精／香蘭素／香莢蘭醛／香草酚 (Vanillin)，請參考 3-1-2-9。（抗黴菌）
(12)萬壽菊酮 (Tagetone)，請參考 3-2-1-11。（抗眞菌）
(13)印蒿酮 (Davanone)，請參考 3-2-2-20。（抗黴菌）
(14)肉桂酸苄酯 (Benzyl cinnamate)，請參考 4-1-2-7。（抗眞菌）
(15)土木香內酯／木香油內酯 (Alantolactone/Helenin)，請參考 4-2-1-1。（抗眞菌）
(16)廣木香內酯／木香烴內酯／閉鞘薑酯 (Costuslactone/Costunolide)，請參考 4-2-1-2。（抗黴菌、抗病毒）
(17)瑟丹內酯／色丹內酯 (Sedanolide)，請參考 4-2-1-12。（抗眞菌）
(18)香豆素／香豆內酯 (Coumarin)，請參考 4-2-2-1。（抗眞菌）
(19)邪蒿素／邪蒿內酯 (Seselin/Amyrolin)，請參考 4-2-2-10。（抗眞菌）
(20)茴香腦／異草蒿腦／洋茴香醚 (Anethole/Isoestragole)，請參考 5-1-2-1。（抗眞菌）
(21)細辛腦／細辛醚 (Asarone)，請參考 5-1-2-7。（抗眞菌）
(22)百里香對苯二酚二甲醚 (Thymohydroquinone dimethyl ether)，請參考 5-1-2-11。（抗眞菌）
(23)水楊酸／柳酸 (Salicylic acid)，請參考 5-2-2-3。（抗眞菌）
(24)苯甲酸／安息香酸／苄酸 (Benzoic acid)，請參考 5-2-2-5。（抑制眞菌）
(25)庚酸／葡萄花酸 (Enanthic acid/Heptanoic acid)，請參考 5-2-2-24。（抗黴菌藥）
(26)染料木素／染料木黃酮 (Genistein)，請參考 5-2-3-4。（抗眞菌）
(27)大蒜素 (Allicin)，請參考 5-2-3-6。（抗眞菌）
(28)黑茶漬素／荔枝素／巴美靈(Atranorin/Parmelin/Usnarin)，請參考5-2-3-19。（抗眞菌）
(29)蔘薑素 (Cassumunin)，請參考 5-2-3-29。（抗眞菌活性）

7. 示例7：具有抗焦慮、抗憂鬱、抗痙攣的功效的化合物

研究文獻[58]證實具有抗焦慮功效的化合物如下：
(1)右旋檸檬烯 (d-Limonene)，請參考 2-1-1-1。（抗焦慮）
(2)芳樟醇／左旋沉香醇／左旋枷羅木醇(l-Linalool)，請參考2-2-1-3-2。（鎮定、抗焦慮）
(3)香茅醛／玫紅醛 (Citronellal/Rhodinal)，請參考 3-1-2-4。（鎮靜、助眠）
(4)香芹酮 (Carvone)，請參考 3-2-1-5。（抗焦慮、安神）

(5) 香旱芹酚 / 對一百里 -2- 酚 (Carvacrol/p-Cymen-2-ol/Antioxine)，請參考 5-1-1-2。（鎮定、抗焦慮）

芳療經驗上具有抗焦慮功效的化合物[28.29.43]：
(1) 異胡薄荷醇 (Isopulegol)，請參考 2-2-1-2-4。（對小鼠抗焦慮）
(2) 纈草烯醛 (Valerenal)，請參考 3-1-3-1。（抗焦慮）
(3) 苯酞 / 酞內酯 (Phthalide/1-Phthalolactone)，請參考 4-2-1-8。（用於抗焦慮藥）

研究文獻[58] 證實具有抗憂鬱功效的化合物如下：
(1) 檸檬烯 (Limonene)，請參考 2-1-1-1。（活化激勵、紓解壓力）
(2) 檸檬醛 (Citral)，請參考 3-1-2-1。（活化激勵、紓解壓力）

芳療經驗上具有抗憂鬱功效的化合物[28.29.43]：
(1) 大根香葉烯 / 大根老鸛草烯 (Germacrene)，請參考 2-1-2-5。（提振鼓舞）
(2) 右旋沉香醇 ((+)-Linalool)，請參考 2-2-1-3-2。（提振激勵）

研究文獻[58] 證實具有抗痙攣功效的化合物如下：
(1) 丁香酚 (Eugenol)，請參考 5-1-1-3。
(2) 反式茴香腦 / 反式洋茴香醚 / 反式洋茴香腦 ((E)-Anethole)，請參考 5-1-2-1。
(3) 草蒿腦 / 甲基蒟酚 / 甲基醚蔞葉酚 (Estragole/Methyl chavicol)，請參考 5-1-2-2。

芳療經驗上具有抗痙攣功效的化合物[28.29.43]：
(1) 芹子烯 / 桉葉烯 / 蛇床烯 (Selinene/Eudesmene)，請參考 2-1-2-15。（安定中樞神經、抗痙攣）
(2) 薑酮 / 香草基丙酮 (Zingerone/Gingerone)，請參考 3-2-2-11。（抗痙攣）
(3) 當歸酸異丁酯 / 歐白芷酸異丁酯 (Isobutyl angelate)，請參考 4-1-1-2。（抗痙攣）
(4) 荊芥內酯 / 假荊芥內酯 / 貓薄荷內酯 (Nepetalactone)，請參考 4-2-1-6。（抗痙攣）

8. 示例8：具有降低血壓、血管舒張的功效的化合物

研究文獻[58] 證實具有降低血壓 / 血管舒張功效的化合物如下：
(1) 右旋檸檬烯 (d-Limonene)，請參考 2-1-1-1。（血管舒張）
(2) 對傘花烴 / 對繖花烴 (p-Cymene/4-Cymene)，請參考 2-1-1-5。（抗高血壓）
(3) β- 月桂烯 (β-Myrcene)，雙月桂烯 (Dimyrcene)，請參考 2-1-1-2。（抗高血壓）
(4) β- 欖香烯 (β-Elemene)，請參考 2-1-2-16。（抗高血壓）
(5) 4- 松油醇 / 萜品烯 -4- 醇 (Terpinen-4-ol)，請參考 2-2-1-3-1。（降低血壓 / 平滑肌鬆弛）
(6) 香茅醇 / 玫紅醇 (Citronellol/Rhodinol)，請參考 2-2-1-1-3。（降低血壓 / 血管舒張）
(7) d- 胡薄荷酮 / d- 蒲勒酮 / d- 長葉薄荷酮 (d-Pulegone)，請參考 3-2-1-2。（血管舒張）

(8)圓葉薄荷酮／過江藤酮 (Rotundifolone/Lippione)，請參考 3-2-1-18。（降低血壓／心搏徐緩／血管舒張）
(9)乙酸沉香酯／乙酸芳樟酯 (Linalyl acetate)，請參考 4-1-1-1。（平滑肌鬆弛）
(10)丁香酚 (Eugenol)，請參考 5-1-1-3。（降低血壓／心搏徐緩）
(11)胡薄荷酮環氧化物 (Pulegone epoxide)：胡薄荷酮／蒲勒酮／長葉薄荷酮 (Pulegone)，請參考 3-2-1-2。（血管舒張）
(12)香芹酮環氧化物 (Carvone epoxide)：香芹酮 (Carvone)，請參考 3-2-1-5。（血管舒張）
(13)胡椒酮氧化物 (Piperitone oxide)：胡椒酮 (Piperitone)，請參考 3-2-1-14。（降低血壓）

芳療經驗上具有降低血壓／血管舒張功效的化合物[28,29,43]：
(1)丁苯酞／3- 正丁基苯酞／芹菜甲素 (Butylphthalide/3-n-Butylphthalide)，請參考 4-2-1-9。（治療高血壓）
(2)丁香酚／丁香油酚 (Eugenol)，請參考 5-1-1-3。（降血壓）
(3)蒜氨酸 (Alliin)，請參考 5-2-2-20。（協同降血壓）
(4)冰片醇／龍腦 (Borneol)，請參考 2-2-1-2-2。（改善心血管疾病）
(5)桉油烯醇／斯巴醇 (Spathulenol)，請參考 2-2-2-32。（血管擴張劑）
(6)肉桂醛／桂皮醛 (Cinnamaldehyde)，請參考 3-1-2-7。（擴張血管、降血壓）
(7)間羥苯甲醛／3- 羥基苯甲醛 (3-Hydroxybenzaldehyde)，請參考 3-1-2-14。（血管保護作用）
(8)新穿心蓮內酯 (Neoandrographolide)，請參考 4-1-2-15。（保護心血管）
(9)染料木素／染料木黃酮(Genistein)，請參考5-2-3-4。（預防絕經後婦女的心血管疾病）
(10)吲哚 (Indole)，請參考 5-2-3-24。（血管舒張劑）

9. 示例9：具有傷口癒合、消血腫、抗過敏功效的化合物

研究文獻[58]證實具有傷口癒合／消血腫／抗過敏功效的化合物如下：
(1)左旋檸檬烯 (l-Limonene)，請參考 2-1-1-1。（傷口癒合）
(2)α- 蒎烯／α- 松油萜 (α-Pinene)，請參考 2-1-1-3。（消炎、傷口癒合）
(3)母菊天藍烴 (Chamazulene)，請參考 2-1-2-2。（消炎、抗過敏）
(4)紫蘇醇 (Perillyl alcohol)，請參考 2-2-1-1-7。（皮膚修復）
(5)冰片醇／龍腦 (Borneol)，請參考 2-2-1-2-2。（消炎、傷口癒合、抗微生物）
(6)α-松油醇／α-萜品醇(α-Terpineol)，請參考2-2-1-3-1。（消炎、傷口癒合、抗微生物）
(7)4- 松油醇／萜品烯 -4- 醇 (Terpinen-4-ol)，請參考 2-2-1-3-1。（抑制過敏）
(8)α- 沒藥醇 (α-Bisabolol)，請參考 2-2-2-8。（抗過敏、止癢）
(9)檸檬醛 (Citral)，請參考 3-1-2-1。（治療過敏）
(10)義大利二酮 (Italidione)，請參考 3-2-2-21。（消血腫、消炎）
(11)百里酚／百里香酚 (Thymol)，請參考 5-1-1-1。（抗氧化、減輕水腫、傷口癒合）

芳療經驗上具有傷口癒合／消血腫／抗過敏功效的化合物[28.29.43]：

(1)母菊天藍烴 (Chamazulene)，請參考 2-1-2-2。（傷口癒合）

(2)檀香醇 (Santalol)，請參考 2-2-2-6。（傷口癒合）

(3)α- 沒藥醇 (α-Bisabolol)，請參考 2-2-2-8。（有助於皮膚癒合）

(4)纖精酮／細籽酮／細子酮 (Leptospermone)，請參考 3-2-2-9。（傷口癒合）

(5)黑茶漬素／荔枝素／巴美靈 (Atranorin/Parmelin/Usnarin)，請參考 5-2-3-19。（傷口癒合）

(6)廣藿香醇 (Patchoulol/Patchouli alcohol)，請參考 2-2-2-5。（消除充血腫脹）

(7)β- 三酮 (β-Triketone)，請參考 3-2-2-9。（緩解血腫）

(8)薑酮／香草基丙酮 (Zingerone/Gingerone)，請參考 3-2-2-11。（抗酯質過敏）

(9)酸橙素烯醇／橙皮油內酯烯酸 (Auraptenol)，請參考 4-2-2-13。（抗痛覺過敏）

10. 示例10：具有止咳／祛痰功效的化合物

研究文獻[58]證實具有止咳／祛痰功效的化合物如下：

(1)4- 松油醇／萜品烯 -4- 醇 (Terpinen-4-ol)，請參考 2-2-1-3-1。（舒緩組織胺引起的支氣管收縮）_

(2)薄荷酮 (Menthone)，請參考 3-2-1-1。（降低黏液分泌）

(3)左旋香芹酮 (l-Carvone)，請參考 3-2-1-5。（降低黏液分泌）

(4)樟腦 (Camphor)，請參考 3-2-1-3。（降低黏液分泌）

(5)左旋乙酸冰片酯／左旋乙酸龍腦酯 (l-Bornyl acetate)，請參考 4-1-1-4。（預防肺部發炎）

(6)百里酚／百里香酚 (Thymol)，請參考 5-1-1-1。（氣管的抗痙攣）

(7)香旱芹酚／香荊芥酚 (Carvacrol/Cymophenol)，請參考 5-1-1-2。（氣管的抗痙攣）

(8)1,8- 桉葉素／桉葉素／桉葉油醇 (Cineol/1,8-Cineole/Eucalyptol)，請參考 5-2-1-1。（祛痰、消炎）

芳療經驗上具有止咳／祛痰功效的化合物[28.29.43]：

(1)檸檬烯／薴烯 (Limonene)，請參考 2-1-1-1。（鎮咳、祛痰）

(2)對傘花烴／對繖花烴 (p-Cymene/4-Cymene)，請參考 2-1-1-5。（止咳、祛痰）

(3)莰烯／樟烯 (Camphene)，請參考 2-1-1-8。（祛痰）

(4)冰片醇／龍腦 (Borneol)，請參考 2-2-1-2-2。（祛痰）

(5)杜香醇／喇叭茶醇 (Ledol)，與藍桉醇是異構物，請參考 2-2-2-31。（止咳、祛痰）

(6)苯甲醛 (Benzaldehyde/Phenylmethanal/Phenylaldehyde)，請參考 3-1-2-8。（鎮咳、平喘）

(7)苯甲酸松柏酯 (Coniferyl benzoate)，請參考 4-1-2-4。（祛痰）

(8)佛手柑素／香柑素 (Bergaptin/Bergamotin)，請參考 4-2-2-8。（鎮咳、平喘、祛痰）

(9)七葉素／七葉內酯 (Aesculetin/Cichorigenin)，請參考 4-2-2-11。（鎮咳、祛痰）

(10)莨菪素 (Scopoletin/Chrysatropic acid)，請參考 4-2-2-13。（祛痰）

(11)細辛腦／細辛醚 (Asarone)，請參考 5-1-2-7。（止咳、化痰、平喘）
(12)野靛鹼／金雀花鹼 (Cytisine/Sophorin/Laburnin)，請參考 5-2-3-2。（已被用於止咳藥）

第三節　對症芳療的資料庫建置

對症芳療複方精油的研究可以就三種方法來進行：

- 第一個種方法是透過有機化學和醫學的實證研究，得到特定的化合物和精油相互作用（協同或抵消）產生的療效或降低毒性、刺激性與致敏性。但是現有的有機化學和醫學實證研究的結果還無法滿足芳香療法以及精油按摩當前的需求，因為目前複方精油各成份之間的互動關係並無法點連成線，只是散落的點，更不用說成片成面。
- 第二種方法是透過古往今來的經驗與文獻，例如 Jennifer Peace Rhind[58] 的複方精油研究就透過古代的文獻經驗、過去的芳香療法的經驗，以及中國與印度的草本藥材及數千年累積的經驗。
- 第三種方法是訴諸個人的經驗與心得，亦即芳香療法或精油專業人士的個人體驗或經驗心得。
  - ✓ 但是第二和第三種方法都需要科學證據的支持，有時候心理效應訴諸個人感受，因人而異，難以證實是否眞正有效。

例如針對特定症狀，列出上述對症芳療的化合物，例如研究報導沉香醇有鎮痛的功效，如果我們要驗證其功效，可以選取含有該化合物的植物精油，或依照化合物的 CAS 編號採購化合物，進行測試或做有系統的實驗。

沉香醇(Linalool)

沉香醇／伽羅木醇 (Linalool)，請參考 2-2-1-3-2，有右旋 (S)-(+)- 沉香醇、左旋 (R)-(-)- 沉香醇和外消旋 (±)- 沉香醇等異構物，分子 3 號碳有手性中心。沉香醇是三級無環單萜醇，如圖 2-2-1-3-2 所示，化學式 $C_{10}H_{18}O$、密度 0.858-0.868g/cm^3、熔點 <-20°C、沸點 198-199°C[5]。左旋分子較常見。右旋沉香醇／芫荽醇 (Coriandrol) 存在於肉豆蔻、芫荽籽、甜橙等植物中，略有芫荽的清香，有提振激勵與提升免疫力的效果。左旋沉香醇／芳樟醇 (Licareol) 廣泛存在於唇形科（薄荷）、月桂科（肉桂、紅木）和芸香科（柑橘類），以及芳樟、薰衣草、苦橙葉、佛手柑、花梨木等等植物中，有著穩重的甜香能鎮定舒眠，且有抗菌、抗感染的功效。芳樟醇（左旋沉香醇）用在 60% 至 80% 的衛生用品和清潔劑，包括肥皂、洗滌劑、洗髮精和乳液以及化學中間物，也常用來製造維生素 E。沉香醇無刺激性，可以長期使用，具有抗菌及提升免疫力的效果[10]。在芳療經驗上，左旋沉香醇有抗菌、抗感染鎮定、舒眠的功效，右旋沉香醇有提升免役力、解除脹氣與消化不良的功效[68]。研究證實沉香醇具有鎮痛、抗氧化的功效，芳樟醇／左旋沉香醇具有抗眞菌、鎮定、抗焦慮的活性[58]。

- 沉香醇／伽羅木醇 (Linalool)：旋光左旋 (-) 的分子是右手性 (R)，旋光右旋 (+) 的分子是左手性 (S)，研究這些分子時必須特別留意，古典芳療資料可能把左手性分子稱為左旋分子，講述的剛好是另一個相對的化合物。

- 沉香醇 / β- 沉香醇 (Linalool/β-Linalool/Phantol)，CAS 78-70-6。CAS 11024-20-7, 22564-99-4 已經停用 [84]。
  - ➢ 芳樟醇 (Licareol/(-)-β-Linalool)：左旋 -β- 沉香醇又稱芳樟醇。
    - ✓ 左旋 -(R)- 沉香醇 ((R)-(-)-Linalool/(-)-β-Linalool) / 芳樟醇 (Licareol)，CAS 126-91-0，IUPAC 名為：(3R)-(-)-3,7-Dimethylocta-1,6-dien-3-ol。
  - ➢ 芫荽醇 (Coriandrol/(+)-β-Linalool)：右旋 -β- 沉香醇又稱芫荽醇。
    - ✓ 右旋 -(S)- 沉香醇 ((S)-(+)-Linalool/d-Linalool/(+)-β-Linalool) / 芫荽醇 (Coriandrol)，CAS 126-90-9，IUPAC 名為：(3S)-(+)-3,7-Dimethylocta-1,6-dien-3-ol。
  - ➢ α- 沉香醇 (α-Linalool)，CAS 598-07-2，IUPAC 名為：3,7-Dimethyl-1,7-octadien-3-ol。CAS 113278-84-5 已經停用 [84]。

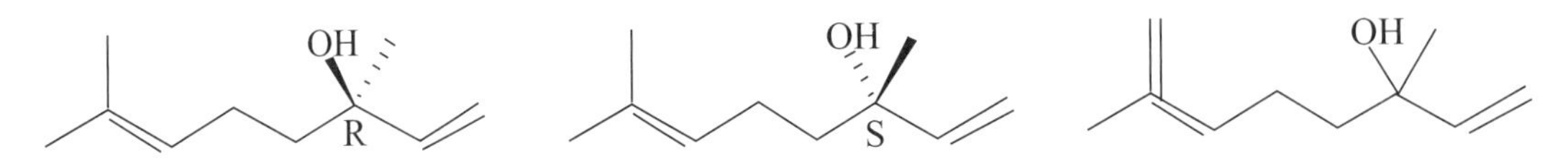

由左至右：芳樟醇 / 左旋-(R)-β-沉香醇、芫荽醇 / 右旋-(S)-β-沉香醇、α-沉香醇化學式

含有沉香醇的植物有：

- ➢ 歐白芷 / 洋當歸 (Angelica)，請參考第六章 A6。
- ➢ 羅勒 (Basil, Exotic)，請參考第六章 B6。
- ➢ 法國羅勒 (Basil, French)，請參考第六章 B7。
- ➢ 月桂 (Bay, Cineol)，請參考第六章 B8。
- ➢ 西印度月桂 (Bay, West Indian)，請參考第六章 B9。
- ➢ 佛手柑 (Bergamot)，請參考第六章 B11。
- ➢ 波爾多葉 (Boldo Leaf)，請參考第六章 B14。
- ➢ 香水樹（卡南迦）(Cananga)，請參考第六章 C7。
- ➢ 小豆蔻 (Cardomon)，請參考第六章 C9。
- ➢ 金合歡 (Cassie)，請參考第六章 C13。
- ➢ 錫蘭肉桂 (Cinnamon)，請參考第六章 C22。
- ➢ 芫荽 (Coriander)，請參考第六章 C25。
- ➢ 梔子花 (Gardenia)，請參考第七章 G3。
- ➢ 大蒜 (Garlic)，請參考第七章 G4。
- ➢ 香葉天竺葵 (Geranium)，請參考第七章 G5。
- ➢ 薑 (Ginger)，請參考第七章 G6。
- ➢ 永久花 / 狹葉蠟菊 (Helichrysum)，請參考第七章 H1。
- ➢ 茉莉花 / 素方花 (Jasmine)，請參考第七章 J2。
- ➢ 醒目薰衣草 (Lavandin)，請參考第七章 L2。

- 寬葉薰衣草／穗花薰衣草 (Lavender, Spike)，請參考第七章 L3。
- 狹葉薰衣草／眞正薰衣草 (Lavender, True)，請參考第七章 L4。
- 檸檬 (Lemon)，請參考第七章 L5。
- 印度檸檬香茅 (Lemongrass)，請參考第七章 L6。
- 萊姆 (Lime)，請參考第七章 L7。
- 光葉裂欖木 (Linaloe)，請參考第七章 L8。
- 甜馬鬱蘭 (Marjoram, Sweet)，請參考第七章 M3。
- 綠薄荷 (Mint, Spearmint)，請參考第七章 M9。
- 香桃木 (Myrtle)，請參考第七章 M13。
- 肉豆蔻 (Nutmeg)，請參考第七章 N3。
- 苦橙花 (Orange Blossom)，請參考第七章 O5。
- 牛至 (Oregano, Common)，請參考第七章 O7。
- 頭狀百里香／西班牙牛至 (Oregano, Spanish)，請參考第七章 O8。
- 苦橙葉 (Petitgrain)，請參考第八章 P6。
- 迷迭香 (Rosemary)，請參考第八章 R3。
- 花梨木 (Rosewood)，請參考第八章 R4。
- 快樂鼠尾草 (Sage, Clary)，請參考第八章 S1。
- 加拿大細辛 (Snakeroot)，請參考第八章 S11。
- 印度萬壽菊 (Tagetes)，請參考第八章 T1。
- 百里香／普通百里香 (Thyme, Common)，請參考第八章 T6。
- 香水樹（依蘭依蘭）(Ylang Ylang)，請參考第八章 Y2。

就特定化合物而言，每一種植物的含量相差甚大，因此需考慮目標植物的含量。由於多種化合物混合在一起的時候，會產生化學變化。在協同或抵消之後，各化合物原本的特性可能改變，產生新的化合物。事實上不只是複方精油，即使是單方精油，也有多種化合物混合在一起，因此這些化合物也產生協同、加成或抵銷的作用。研究複方精油主要是透過這些協同和抵銷的機制來探索複方的整體效果。例如經過協同以後，化合物有療效的特性大大增加，而有毒性、致敏性或刺激性的特性，也可能透過抵銷的效果減少負面的效果，這些都是複方精油需要研究的重點。

當前我們來到一個能夠用科學來解讀精油秘密的時代，這本書試圖從單方精油開始，建立華人精油科學的資料庫，讓後續的專業人士可以繼續爲精油科學注入新的生命。精油是龐大的資訊系統，尤其是複方精油，如同圍棋一般複雜難解，無法用單獨的研究破解其中奧秘。在這個人工智慧的時代，電腦已經可以勝過世界級的圍棋高手。相信未來複方的精油科學在研究方法上能夠打破現在孤立單點的格局，而能連成一線、擴展成面。而目前正是單方精油資料庫建立的時機，有熱情的專業人士可以共同建立這個資料庫，以嘉惠後人。

研究複方精油首先要把單方精油從孤立的單點聯成一條線。例如用 Jennifer Peace Rhind 的鎭痛單方開始，列出可以鎭痛的單方精油，從成分去分析，哪些是鎭痛的成分。這有兩種可能：第一是，這些單方可能有共同的化合物，我們可以尋找有鎭痛功能的精油，列出共同的化合物，探討是否該成分是鎮痛效果的原因；另一個可能是，單方精油的衆多化合物的協同作用所產生的效果。在這樣研究過程中，文獻的取得、閱讀、資料建檔、評估等工作，都是非常耗時費力的工作。

然而在此之前，還需解決化合物和精油植物的名稱問題。每一個化合物或植物有一個學名，但是世界各地加起來可能有五個英文名稱，簡體和繁體資料加起來可能有八到十個名稱。這些名稱有的是學術機構定的名稱、有的是民間習用的稱呼、還有古代典籍用的名稱、大陸各地不同的名稱。同一個英文名稱也可能翻譯成幾種不同的中文名稱。還有，兩個不同的化合物或植物可能有同樣的名稱，這些都是首先需要面對的問題。植物名稱必須以學名爲準，化合物名稱也要用最新世界公用的名稱。尤其是有些植物的科，被併入其他的科，成爲一個屬，或某個屬現在獨立成一個科，這些資料都必須更新，才不會名稱越來越多。

這樣整理單方植物與化合物之後，就可以把點連成線。本書列舉約四百種精油化合物，以及一百多種精油植物。未來可以藉由專業人士公用資料庫的方式，合力建立精油資料，有系統地持續加入新資料，擴大化合物和精油植物資料庫內容，爲複方精油的研究打下基礎。當單方精油資料足夠龐大時，線結合成面，將來可以根據這些資料庫，利用人工智慧判斷出複方的規則。在機器學習與人工智慧的時代，資料庫是決勝的關鍵。共同建立資料庫是未來共同享用資訊的基礎。不論單方還是複方，資料庫的建立都有賴專業人士團隊的努力，搜尋研究論文、分享重要的資料、閱讀討論。建立參考資料的文獻共享機制，逐漸將文獻資料鍵入精油資料庫作爲佐證文獻，這些工作都有賴專業人士的熱情合作。

參考文獻

1. K. Hüsnü Can Baser & Gerhard Buchbauer (eds.), 2016, Handbook of Essential Oils Science, Technology and Applications, CRC Press, New York.
2. 陳福安、謝博銓等，2012，花草的精靈，科學發展，469，科技部。
3. 卓芷聿，2011，精油大全圖說與應用，大樹林出版社。
4. 百度百科網站，https://baike.baidu.com, 2022/01/21擷取。
5. 維基百科網站，https://zh.wikipedia.org, 2022/01/21擷取。
6. doTERRA多特瑞精油電子書，多特瑞香港公司。
7. Sue Clarke, 2009, Essential Chemistry for Aromatherapy, 2e, Churchill Livingstone.
8. 施玟玲，2015，澳洲茶樹精油的生物活性，科學發展，506，科技部。
9. 蘇裕昌，2008，精油的化學，林業研究專訊，15(3)，行政院農業委員會。
10. Roberto Parise-Filho. 2011, The Anti-inflammatory Activity of Dillapiole and Some Semisynthetic Analogues, Pharm Biol. , 49(11):1173-9.
11. Pubchem網站，https://pubchem.ncbi.nlm.nih.gov, 2022/01/21擷取。
12. ChemSrc化源網網站，https://www.chemsrc.com, 2022/01/21擷取。
13. 國家教育研究院網站，https://www.naer.edu.tw, 2022/01/21擷取。
14. 物競數據庫網站，http://www.basechem.org, 2022/01/21擷取。
15. Aromatic Science網站，http://www.aromaticscience.com, 2022/01/21擷取。
16. Chembase網站，http://www.chembase.cn, 2022/01/21擷取。
17. Merck網站，https://www.sigmaaldrich.com, 2022/01/21擷取。
18. Chemguide網站，www.chemguide.co.uk, 2022/01/21擷取。
19. TGSC Information System網站，http://www.thegoodscentscompany.com, 2022/01/21擷取。
20. ChemicalBook網站，https://www.chemicalbook.com, 2022/01/21擷取。
21. Cheméo網站，https://www.chemeo.com, 2022/01/21擷取。
22. Teruhisa Komori et. al, 2006, The Sleep-Enhancing Effect of Valerian Inhalation and Sleep-Shortening Effect of Lemon Inhalation, Chem. Senses, 31:731-737.
23. 藥害救濟基金會網站，https://www.tdrf.org.tw, 2022/01/21擷取。
24. Jessica Nayelli Sanchez-Carranza et. al, 2019, Achillin Increases Chemosensitivity to Paclitaxel, Overcoming Resistance and Enhancing Apoptosis in Human Hepatocellular Carcinoma Cell Line Resistant to Paclitaxel (Hep3B/PTX), Pharmaceutics, 11(10), 512.
25. Satya P. Gupta, 2018, The Medicinal Chemistry of Antihepatitis Agents II, Studies on Hepatitis Viruses, Academic Press US.

26. Hussain, M.I., 2018, Activities and Novel Applications of Secondary Metabolite Coumarins, Planta daninha Viçosa, (36).
27. 劉崇喜，2008，中草藥標準品(Ferulic Acid, Ligustilide)之研究與開發及檢驗技術之研究(二)，中醫藥年報，26(4), 359-426。
28. Pierre Franchomme, 2001, Aromatherapie Exactement, Roger Jollois. (中譯本：源流學堂，2020)
29. Peter Holmes, 2016/2019, Aromatica A Clinical Guide to Essential Oil Therapeutics. (1/2), Singing Dragon. (中譯本：世茂，2021)
30. Julia Lawless, 1992/2013, The Encyclopedia of Essential Oils: The Complete Guide to the Use of Aromatic Oils in Aromatherapy, Herbalism, Health & Well-Beingm HarperCollins, NY.
31. 醫學全在線網站，https://www.med126.com 2020/10/30擷取。
32. Mercola網站，https://www.drmercola.cn/山金車，2022/01/21擷取。
33. GM網站，http://www.gmaxbio.com, 2022/01/21擷取。
34. Porche Berry, 2019, The Oil Apothecary: A complete introduction, Porche Berry Publish.
35. FoodB網站，https://foodb.ca, 2022/01/21擷取。
36. 劉波，王劉勝等，2014，藍甘菊超臨界萃取物成分分析及其在捲菸加香中的應用，中國測試，第40卷第3期。
37. Amphora Aromatics網站，https://www.amphora-aromatics.com, 2022/01/21擷取。
38. HerbPedia網站，http://herbpedia.wikidot.com, 2022/01/21擷取。
39. 魏華，彭勇等，2012，木香有效成分及藥理作用研究進展，中草藥，43(3)。
40. 蔡豐仁，張簡美新等，2012，檀香精油對人類角質層蛋白質羰基化的影響，美容科技學刊，pp. 5-12。
41. Nature4science網站，http://www.nature4science.com/index.html, 2022/01/21擷取。
42. 李宗芳文，2009，芳香療法按摩對於女性體重，體脂肪與心率變異之影響，南華大學自然醫學研究所碩士論文。
43. 溫佑君(肯園) , 2018，芳療實證全書，野人文化公司。
44. 大英百科，Encyclopædia Britannica網站，https://www.britannica.com, 2022/01/21擷取。
45. 行政院農業委員會全球資訊網 https://www.coa.gov.tw, 2022/01/21擷取。
46. 科學Online網站，https://highscope.ch.ntu.edu.tw/wordpress, 2022/01/21擷取。
47. Gardenia網站，https://www.gardenia.net, 2022/01/21擷取。
48. Phys.org網站，https://phys.org/news/2012-11-gene-discovery-soldier-beetle-defence.html, 2022/01/21擷取。
49. Chestofbooks網站，https://chestofbooks.com, 2022/01/21擷取。
50. Gildemeister, Eduard, 2007, The Volatile Oils Vol.1, 2nd. Ed., Digitized.
51. Ulf Arup1 et. al, 2007, The Sister Group Relation of Parmeliaceae (Lecanorales, Ascomycota), Mycologia, 99(1), pp. 42-49.
52. 愛化學網站，http://www.ichemistry.cn, 2022/01/21擷取。
53. Lookchem網站，https://www.lookchem.com, 2022/01/21擷取。

54. Mazid, Abdul, et. al, 2010, Analgesic and Diuretic Properties of α-Santalone from Polygonum flaccidum, Phytotherapy Research, Phytother. Res. 24: 1084-1087.
55. 化學化工類專業術語，海川化工論壇，https://bbs.hcbbs.com/thread-282447-1-1.html, 2022/01/21擷取。
56. 蔡豐仁，2011，檀香精油對角質蛋白羰基暴露的減緩效果，美和科技大學健康與生技產業研究所芳動諾生技產學合作計畫結案報告。
57. Yarosh A.M., Melikov F.M., Shevchuk O.M., Feskov S.A., 2017, Component Composition of Essential oil Santolina chamaecyparissus L. and Santolina rosmarinifolia L. on the Southern Coast of the Crimea. Bulletin of the State Nikitsky Botanical Gardens, (124):71-77.
58. Jennifer Peace Rhind, 2016, Aromatherapeutic Blending Essential Oils in Synergy, Jessica Kingsley Publishers, Philadelphia, USA. (中譯本：大樹林，2017)
59. Uma Naidoo, 2020, Your Brain on Food: an Indispensable Guide to the Surprising Foods that Fight Depression, Anxiety, PTSD, OCD, ADHD, and More, Hachette, NY.
60. NIST網站，https://webbook.nist.gov/chemistry/, 2022/02/23擷取。
61. ChEBI網站，https://www.ebi.ac.uk/chebi/init.do, 2022/02/23擷取。
62. ECHA網站，https://echa.europa.eu, 2022/02/23擷取。
63. NIH網站，https://www.nlm.nih.gov, 2022/02/23擷取。
64. Anton C. de Groot, Erich Schmidt, 2016, Essential Oils: Contact Allergy and Chemical Composition, CRC Press, USA.
65. ChemSynthesis網站，https://www.chemsynthesis.com, 2022/02/23擷取。
66. ChemSpider網站，http://www.chemspider.com, 2022/02/23擷取。
67. KNApSAcK網站，http://www.knapsackfamily.com/knapsack_core/top.php, 2022/07/18擷取。
68. 藥用植物圖像數據庫，https://libproject.hkbu.edu.hk, 2022/04/01擷取。
69. Alfa-Chemistry網站，https://www.alfa-chemistry.com, 2022/04/13擷取。
70. Bhatia, S.P., C.S.Letizia, A.M.Api, 2008, Fragrance material review on β-caryophyllene alcohol, Food and Chemical Toxicology, 46(11).
71. Leffingwell網站，http://www.leffingwell.com/chirality/alphaionone.htm, 2022/04/20擷取。
72. 國家環境毒物研究中心 http://nehrc.nhri.org.tw, 2022/04/26擷取。
73. ChemBK網站，https://www.chembk.com, 2022/06/28擷取。
74. 陳宏恩等，2016，異硫氰酸烯丙酯誘發人類攝護腺癌細胞株自噬現象，台灣醫學，20(6)。
75. Drugbank網站，https://go.drugbank.com, 2022/06/28擷取。
76. Studzinska-Sroka E, Galanty A, Bylka W., 2017, Atranorin: An Interesting Lichen Secondary Metabolite, Mini Rev Med Chem. 17(17):1633-1645.
77. Poucher, W. A., 1974, Perfumes, Cosmetics and Soaps Volume I: The Raw Materials of Perfumery, John Wiley & Sons, Inc., New York, pp. 394-395.
78. 古喬雲等，2008，柳杉葉部精油及其成分之抗細菌活性評估，中華林學季刊，41(2), pp.

237-247.

79. Simonsen, J. L., & Owen, L. N., 1931, The Terpenes- Vol.1&2, Cambridge University Press.
80. Zhang, B., et al., Gaultherin, 2006, A Natural Salicylate Derivative from Gaultheria yunnanensis: Towards a Better Non-steroidal Anti-inflammatory Drug, Eur J Pharmacol., 13;530(1-2): 166-71.
81. BenchChem網站，https://www.benchchem.com, 2022/07/23擷取。
82. The Pherobase, http://www.pherobase.com, 2022/07/25擷取。
83. Chemindustry網站，http://www.chemindustry.com, 2022/07/29擷取。
84. CAS Common Chemistry網站，https://commonchemistry.cas.org, 2022/07/29擷取。
85. GuideChem網站，https://www.guidechem.com, 2022/08/02擷取。
86. CAS號查詢網站，https://cas.b910.cn, 2022/08/02擷取。
87. Perflavory Information System網站，http://www.perflavory.com, 2022/08/03擷取。
88. TRC, Toronto Research Chemicals網站，https://www.trc-canada.com, 2022/08/03擷取。
89. Landolt Börnstein網站，https://lb.chemie.uni-hamburg.de, 2022/08/03擷取。
90. J-Global網站，https://jglobal.jst.go.jp, 2022/08/03擷取。
91. BioCrick BioTech網站，https://www.biocrick.com, 2022/08/03擷取。
92. J. D. Connolly & R. A., Hill, 1991, Dictionary of Terpenoids, Vol. 1-3, Springer US.
93. Sukh Dev, et al., 2018, Handbook of Terpenoids, Vol. 1&2, CRC Press US.
94. 國立自然科學博物館網站，https://www.nmns.edu.tw, 2022/08/16擷取。
95. James A. Duke, 2017, Handbook of Phytochemical Constituent Grass, Herbs and Other Economic Plants, Taylor & Francis US.
96. 中醫藥學院中草藥化學圖像數據庫網站，https://libproject.hkbu.edu.hk, 2022/08/23擷取。
97. Baomei Xia, et al.. 2020, α-Cyperone Confers Antidepressant-Like Effects in Mice via Neuroplasticity Enhancement by SIRT3/ROS Mediated NLRP3 Inflammasome Deactivation, Front. Pharmacol.
98. Azam Azimi, et al., 2016, α-Cyperone of *Cyperus rotundus* is an Effective Candidate for Reduction of Inflammation by Destabilization of Microtubule Fibers in Brain, Journal of Ethnopharmacology Vol. 194.
99. Mohannad Khader, Peter M Eckl, 2014, Thymoquinone: An Emerging Natural Drug with a Wide Range of Medical Applications, Iran J Basic Med Sci.,17(12).
100. Swapan Pramanick, et al., 2006, Andropanolide and Isoandrographolide, Minor Diterpenoids from Andrographis paniculata: Structure and X-ray Crystallographic Analysis, J. Nat. Prod., 69(3).
101. LookChem網站，https://www.lookchem.com, 2022/08/29擷取。
102. ChemFaces網站，https://www.chemfaces.com, 2022/08/29擷取。
103. ChemRTP網站，http://www.chemrtp.com, 2022/08/29擷取。
104. Arieh Moussaieff, et al., 2007, Incensole Acetate, A Novel Anti-Inflammatory Compound Isolated from Boswellia Resin, Inhibits Nuclear Factor-κB Activation, Molecular Pharmacology, 72 (6).
105. 周玉青等，2009，莨菪素抗氧化特性之評估研究，弘光學報，56。

106. Daniele Fraternale, et al., 2019, In Vitro Anticollagenase and Antielastase Activities of Essential Oil of Helichrysum italicum subsp. italicum (Roth) G. Don, (10), J Med Food.
107. Soujanya, P.L., et al., 2015, Potentiality of Various Extracts of Ixora Coccinea and its Major Component Tanacetene from Rubiaceae Family Against Stored Maize, Journal of Insect Science, 28(2).
108. Calleri, M., et al., 1983, The Structure of Tanacetols A, C17H26O4, and B, C19H30O5, Two New Sesquiterpene Alcohols from Tanacetum vulgare L., Acta Crystallographica Section C Crystal Structure Communications, 39(6):758-761.
109. Feng Xu, et al., 2018, Beneficial Health Effects of Lupenone Triterpene: A Review, Biomedicine & Pharmacotherapy, 103, 198-203.
110. Qing-Feng Zou, et al., 2013, Anti-tumour Activity of Longikaurin: A (LK-A), A Novel Natural Diterpenoid, in Nasopharyngeal Carcinoma, J Transl Med. 11: 200.
111. Han-Zhang Xu, et al., 2010, Pharicin A, A Novel Natural ent-Kaurene Diterpenoid, Induces Mitotic Arrest and Mitotic Catastrophe of Cancer Cells by Interfering with BubR1 Function, Cell Cycle, 9(14), 2897-907.
112. FDA Global Substance Registration System網站，www.drugfuture.com, 2022/09/09擷取。
113. Wikiwand網站，https://www.wikiwand.com/zh-tw/皂苷，2022/09/12擷取。
114. 吳依倩等，2010，香草植物薄荷的妙用，中國醫訊，82.。
115. Ronald R. Watson, Victor R. Preedy, 2016, Fruits, Vegetables, and Herbs-Bioactive Foods in Health Promotion, Academic Press, 41-56.
116. James Duke, 2004, Dr. Duke's Phytochemical and Ethnobotanical Databases. Agricultural Research Service, United States Department of Agriculture.
117. Qin Xiang Ng, 2017. Clinical Use of Curcumin in Depression: A Meta-Analysis, J Am Med Dir Assoc, 18(6), 503-508.
118. Finkel, T., Holbrook, N.J., 2000. Oxidants, oxidative stress and the biology of ageing, Nature, 408, 239-247.
119. Block, G., 1992. The data support a role for antioxidants in reducing cancer risk, Nutr., Rev. 50, 207-213.
120. Boeing, H., Bechthold, A., Bub, A., Ellinger, S., Haller, D., Kroke, A., et al., 2012.,Critical review: vegetables and fruit in the prevention of chronic diseases. Eur. J., Nutr. 51, 637-663.
121. Gil, M.I., Ferreres, F., Tomas-Barberan, F.A., 1999. Effect of postharvest storage and bprocessing on the antioxidant constituents (flavonoids and vitamin C) of fresh-cut, spinach. J. Agric. Food Chem. 47, 2213-2217.
122. Lampe, J.W., 1999. Health effects of vegetables and fruit: assessing mechanisms of action in human experimental studies. Am. J. Clin. Nutr. 70, 475S-490S.
123. Ewald, C., Fjelkner-Modig, S., Johansson, K., Sjoholm, I., Akesson, B., 1999. Effect of processing on major flavonoids in processed onions, green beans, and peas. Food Chem. 64, 231-235.

124. Ompal, S., Zakia, K., Neelam, M., Manoj, K., 2011. Chamomile (*Matricaria chamomilla* L.): an overview. Pharmacogn Rev. 5 (9), 82-95.

125. Hajjaj, G., Bounihi, A., Tajani, M., Chebraoui, L., Bouabdellah, M., Cherradi, N., et al., 2015. Acute and sub-chronic oral toxicity of standardized water extract of *Matricaria chamomilla* L. in Morocco. Int. J. Universal Pharm. Bio Sci. 4 (1), 1-14.

126. Hajjaj, G., Bounihi, A., Tajani, M., Cherrah, Y., Zellou, A., 2013a. Anti-inflammatory evaluation of aqueous extract of *Matricaria chamomilla* L. (asteraceae) in experimental animal models from Morocco. World J. Pharm. Res. 2 (5), 1218-1228.

127. Hajjaj, G., Bounihi, A., Tajani, M., Cherrah, Y., Zellou, A., 2013b. Evaluation of CNS activities of *Matricaria chamomilla* L. essential oil in experimental animals from Morocco. Int. J. Pharm. Pharm. Sci. 5 (2), 530-534.

128. Lawrence, B.M., 1993. A planning scheme to evaluate new aromatic plants for the flavor and fragrance industries. In: Janick, J., Simon, J.E. (Eds.), New Crops Wiley, New York, pp. 620-627.

129. Lahsissene, H., Kahouadji, A., Tijane, M., Hseini, S., 2009. Catalogue des plantes medicinales utilisees dans la region de Zaer (Maroc Occidental), 186. Rev. Bot., Lejeunia.

130. Toulemonde, B., Beauverd, D., 1984. Contribution a l'etude d'une camomille sauvage du Maroc: L'huile essentielle d'*Ormenis mixta* L. 1er Colloque International sur les Plantes Aromatiques et Medicinales du Maroc. Centre National de Coordination et de Planification de la Recherche Scientifique et Technique, Rabat, Morocco.169-173.

131. Lahsissene, H., Kahouadji, A., Tijane, M., Hseini, S., 2009. Catalogue des plantes medicinales utilisees dans la region de Zaer (Maroc Occidental), 186. Rev. Bot., Lejeunia.

132. Nawal, M., Laila, B., Saaid, A., Hamid, M., El mzibri, M., 2009. Cytotoxic effect of some Moroccan medicinal plant extracts on human cervical cell lines. J. Med Plants Res. 3 (12), 1045-1050.

133. Françoise Couic-Marinier, 2017/2020, Les Huiles Essentielles Pour les Enfants et les Adolescents, Terre Vivante, France. (中譯本：大樹林，2021)

134. Jennifer Peace Rhind, 2012, Essential Oils A Handbook for Aromatherapy Practice, Jessica Kingsley Publishers, Philadelphia, USA. (中譯本：大樹林，2017)

135. Sanjeev Krishna,[1] Leyla Bustamante,[1] Richard K. Haynes,[2] and Henry M. Staines, 2008, Artemisinins: their growing importance in medicine, Trends Pharmacol Sci., 29(10):520-527.

國家圖書館出版品預行編目(CIP)資料

精油學：基礎與應用：植物、成分與功效／王美玲著. -- 初版. -- 臺北市：五南圖書出版股份有限公司, 2023.05
面；　公分
ISBN 978-626-366-044-1(平裝)
1.CST: 香精油
346.71　　112006016

5L0D

精油學：基礎與應用
植物、成分與功效

作　　者 — 王美玲（8.5）
發 行 人 — 楊榮川
總 經 理 — 楊士清
總 編 輯 — 楊秀麗
副總編輯 — 王俐文
責任編輯 — 金明芬
封面設計 — 姚孝慈
出 版 者 — 五南圖書出版股份有限公司
地　　址：106台北市大安區和平東路二段339號4樓
電　　話：(02)2705-5066　　傳　　真：(02)2706-6100
網　　址：https://www.wunan.com.tw
電子郵件：wunan@wunan.com.tw
劃撥帳號：01068953
戶　　名：五南圖書出版股份有限公司
法律顧問　林勝安律師
出版日期　2023年5月初版一刷
定　　價　新臺幣720元